目　　录

ICS 13.060
CCS C 51

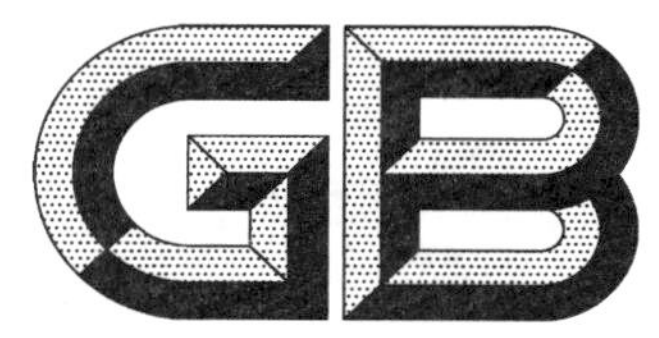

中华人民共和国国家标准

GB/T 5750.1—2023
代替 GB/T 5750.1—2006

生活饮用水标准检验方法 第1部分:总则

Standard examination methods for drinking water—
Part 1: General principles

2023-03-17 发布 2023-10-01 实施

国家市场监督管理总局
国家标准化管理委员会 发布

目　次

前 言

本文件按照 GB/T 1.1—2020《标准化工作导则　第 1 部分：标准化文件的结构和起草规则》的规定起草。

本文件是 GB/T 5750《生活饮用水标准检验方法》的第 1 部分。GB/T 5750 已经发布了以下部分：

——第 1 部分：总则；

——第 2 部分：水样的采集与保存；

——第 3 部分：水质分析质量控制；

——第 4 部分：感官性状和物理指标；

——第 5 部分：无机非金属指标；

——第 6 部分：金属和类金属指标；

——第 7 部分：有机物综合指标；

——第 8 部分：有机物指标；

——第 9 部分：农药指标；

——第 10 部分：消毒副产物指标；

——第 11 部分：消毒剂指标；

——第 12 部分：微生物指标；

——第 13 部分：放射性指标。

本文件代替 GB/T 5750.1—2006《生活饮用水标准检验方法　总则》，与 GB/T 5750.1—2006 相比，除结构调整和编辑性改动外，主要技术变化如下：

a) 增加了“最低检测质量”“最低检测质量浓度”“总量最低检测质量浓度”的术语和定义（见 3.5、3.6、3.7）；

b) 删除了“参比溶液”的术语和定义（见 2006 年版的 3.5）；

c) 增加了检测结果的报告（见第 5 章）；

d) 删除了标准检验方法中第一法为仲裁法的规定（见 2006 年版的 4.1）；

e) 更改了实验用水要求（见第 7 章，2006 年版的第 6 章）；

f) 增加了碱性高锰酸钾洗涤液的配制和使用（见 8.2.2）。

请注意本文件的某些内容可能涉及专利。本文件的发布机构不承担识别专利的责任。

本文件由中华人民共和国国家卫生健康委员会提出并归口。

本文件起草单位：中国疾病预防控制中心环境与健康相关产品安全所、上海市疾病预防控制中心、江苏省疾病预防控制中心、吉林省疾病预防控制中心、湖南省疾病预防控制中心、浙江省疾病预防控制中心、北京市疾病预防控制中心、河南省疾病预防控制中心。

本文件主要起草人：施小明、姚孝元、张岚、陈永艳、吕佳、汪国权、吉文亮、刘思洁、冯家力、韩见龙、刘丽萍、张榕杰。

本文件及其所代替文件的历次版本发布情况为：

——1985 年首次发布为 GB/T 5750—1985，2006 年第一次修订为 GB/T 5750.1—2006；

——本次为第二次修订。

引 言

GB/T 5750《生活饮用水标准检验方法》作为生活饮用水检验技术的推荐性国家标准，与 GB 5749《生活饮用水卫生标准》配套，是 GB 5749 的重要技术支撑，为贯彻实施 GB 5749、开展生活饮用水卫生安全性评价提供检验方法。

GB/T 5750 由 13 个部分构成。

——第 1 部分：总则。目的在于提供水质检验的基本原则和要求。

——第 2 部分：水样的采集与保存。目的在于提供水样采集、保存、管理、运输和采样质量控制的基本原则、措施和要求。

——第 3 部分：水质分析质量控制。目的在于提供水质检验检测实验室质量控制要求与方法。

——第 4 部分：感官性状和物理指标。目的在于提供感官性状和物理指标的相应检验方法。

——第 5 部分：无机非金属指标。目的在于提供无机非金属指标的相应检验方法。

——第 6 部分：金属和类金属指标。目的在于提供金属和类金属指标的相应检验方法。

——第 7 部分：有机物综合指标。目的在于提供有机物综合指标的相应检验方法。

——第 8 部分：有机物指标。目的在于提供有机物指标的相应检验方法。

——第 9 部分：农药指标。目的在于提供农药指标的相应检验方法。

——第 10 部分：消毒副产物指标。目的在于提供消毒副产物指标的相应检验方法。

——第 11 部分：消毒剂指标。目的在于提供消毒剂指标的相应检验方法。

——第 12 部分：微生物指标。目的在于提供微生物指标的相应检验方法。

——第 13 部分：放射性指标。目的在于提供放射性指标的相应检验方法。

生活饮用水标准检验方法
第1部分：总则

1 范围

本文件规定了生活饮用水水质检验的基本原则和要求。

本文件适用于生活饮用水水质检验以及水源水和经过处理、储存和输送的饮用水的水质检验。

2 规范性引用文件

下列文件中的内容通过文中的规范性引用而构成本文件必不可少的条款。其中，注日期的引用文件，仅该日期对应的版本适用于本文件；不注日期的引用文件，其最新版本（包括所有的修改单）适用于本文件。

GB 4789.28 食品安全国家标准 食品微生物学检验 培养基和试剂的质量要求

GB/T 6682 分析实验室用水规格和试验方法

GB 15603 危险化学品仓库储存通则

GB 19489 实验室 生物安全通用要求

JJG 196 常用玻璃量器

3 术语和定义

下列术语和定义适用于本文件。

3.1

恒量 constant mass

除溶解性总固体外，连续两次干燥后的质量差异在0.2 mg以下。

3.2

量取 measure

用量筒取水样或试液的操作。

3.3

吸取 pipetting

用无分度吸管、分度吸管（又称吸量管）或移液器取水样或试液的操作。

3.4

定容 constant volume

在容量瓶中用纯水或其他溶剂稀释至刻度线的操作。

3.5

最低检测质量 minimum detectable mass

能够准确测定的被测物的最低质量。

注：单位为毫克（mg）、微克（μg）等。

3.6

最低检测质量浓度　minimum detectable mass concentration

最低检测质量所对应的被测物的质量浓度。

注：单位为毫克每升(mg/L)、微克每升(μg/L)等。

3.7

总量最低检测质量浓度　total minimum detectable mass concentration

对有总量限值的指标，各项指标最低检测质量浓度的1/2加和值。

4　检验方法的选择

同一个项目如果有两个或两个以上的检验方法时，可根据设备及技术条件，选择使用相应的检验方法。

5　检测结果的报告

5.1　低于方法最低检测质量浓度的检测结果，按照"小于最低检测质量浓度"报告。

5.2　报告涉及总量限值要求指标的检测结果时，若所有分指标的检测结果均小于分指标的最低检测质量浓度，按照"小于总量最低检测质量浓度"报告；若有分指标检出，按照"检出指标的检测结果与未检出指标最低检测质量浓度的1/2加和"报告。

6　试剂及浓度表示

6.1　本文件所用试剂，凡未指明规格者，均为分析纯(AR)级，指示剂和生物染料不分规格。检验方法中有特殊要求的，以检验方法中规定为准。

6.2　试验中相关标准物质溶液，可按照检验方法要求进行配制和储存，也可使用有证标准溶液。

6.3　试剂溶液未指明用何种溶剂配制时，均指用纯水配制。

6.4　本文件各检验方法中，除另有规定外，均以溶剂空白(纯水或有机溶剂)作参比溶液。

6.5　文件中以密度表示的盐酸、硫酸、氨水等均为浓试剂，如 HCl($\rho_{20}=1.19$ g/mL)、H_2SO_4($\rho_{20}=1.84$ g/mL)等，配制后试剂的浓度以摩尔每升(mol/L)或体积比等形式表示。

6.6　试剂的配制方法均在各检验方法中阐明，表1提供了几种常用酸、碱的浓度和配制稀溶液的配方。

表1　几种常用酸、碱的浓度及稀释配方

名称	盐酸	硫酸	硝酸	冰乙酸	氨水
密度(20℃)/(g/mL)	1.19	1.84	1.42	1.05	0.88
物质的质量分数/%	36.8～38	95～98	65～68	99	32～34
物质的量浓度/(mol/L)	≈12	≈18	≈15	≈17	≈17
配制每升下列溶液所需浓酸或浓碱的体积[a]/mL					
6 mol/L 溶液	500	334	400	353	353
1 mol/L 溶液	83	56	67	59	59

[a] 各种溶液的基本单元分别为：c(HCl)、$c(H_2SO_4)$、$c(HNO_3)$、$c(CH_3COOH)$、$c(NH_3 \cdot H_2O)$。

6.7 物质B的浓度：又称物质B的物质的量浓度，是指物质B的物质的量(n_B)除以混合物的体积(V)，常用单位为摩尔每升(mol/L)，按式(1)计算：

$$c(B)=\frac{n_B}{V} \qquad \cdots\cdots(1)$$

6.8 物质B的质量浓度：是指物质B的质量(m_B)除以混合物的体积(V)，常用单位为克每升(g/L)、毫克每升(mg/L)、微克每毫升(μg/mL)，按式(2)计算：

$$\rho(B)=\frac{m_B}{V} \qquad \cdots\cdots(2)$$

6.9 物质B的质量分数：是指物质B的质量(m_B)除以混合物的质量(m)，量纲一致时单位用%表示，按式(3)计算：

$$w(B)=\frac{m_B}{m} \qquad \cdots\cdots(3)$$

6.10 物质B的体积分数：是指物质B的体积(V_B)除以混合物的体积(V)，量纲一致时单位用%表示，按式(4)计算：

$$\varphi(B)=\frac{V_B}{V} \qquad \cdots\cdots(4)$$

6.11 体积比浓度：是指两种液体分别以 V_1 与 V_2 体积相混。凡未注明溶剂名称时，均指与纯水混合；当两种以上特定液体与水混合时，应注明水。

示例：HCl(1+2)，$H_2SO_4+H_3PO_4+H_2O$=(1.5+1.5+7)。

7 实验用水

7.1 检验中所使用的水均为纯水，可由蒸馏、重蒸馏、亚沸蒸馏和离子交换等方法制得，也可采用复合处理技术制取。检验方法中有特殊要求的，以检验方法中规定为准。

7.2 实验室检验用一级水、二级水、三级水应符合GB/T 6682的要求。微生物指标检验用水应符合GB 4789.28的要求。

7.3 超痕量分析或其他有严格要求的分析时使用一级水，对高灵敏度微量分析时使用二级水，一般化学分析时使用三级水。

7.4 各级纯水均应使用密闭、专用的容器存储。新容器在使用前应进行处理，常用20%盐酸溶液浸泡2 d～3 d，再用纯水反复冲洗，并注满纯水浸泡6 h以上，沥空后再使用。

7.5 由于纯水贮存期间，可能会受到实验室空气中CO_2、NH_3、微生物和其他物质以及来自容器壁污染物的污染，因此，一级水不可贮存，应在使用前制备；二级水、三级水可适量制备，分别贮存在预先经同级水清洗过的相应容器中。

7.6 各级用水在运输过程中不应受到污染。

8 玻璃器皿与洗涤

8.1 玻璃器皿的一般要求

8.1.1 玻璃器皿的检定与校正：容量瓶、滴定管、无分度吸管、刻度吸管等应按照JJG 196进行检定与校正。

8.1.2 配制标准色列时，应使用成套的比色管，各管内径与分度高低应一致，必要时应对体积进行校正。

8.1.3 玻璃器皿应彻底洗净后方能使用。玻璃器皿的洗涤可先用自来水浸泡和冲洗，再用洗涤液浸泡洗涤，然后用自来水冲洗干净，最后用纯水淋洗 3 次。洗净后的器皿内壁应能均匀地被水润湿，如果发现有小水珠或不沾水的地方，说明容器壁上有油垢，应重新洗涤。

8.1.4 洗涤玻璃器皿时应防止受到新的污染，如测铁所用的玻璃器皿不能用铁丝柄毛刷，可用塑料棒拴以泡沫塑料刷洗；测锌、铁用的玻璃器皿用酸洗后不能再用自来水冲洗，应直接用纯水淋洗；测氨和碘化物用的器皿洗净后应浸泡在纯水中。

8.1.5 检验方法中对器皿的洗涤有特殊要求的，以检测方法中规定为准。

8.2 洗涤液的配制和使用

8.2.1 重铬酸钾洗涤液按下述方法配制和使用。

a) 重铬酸钾洗涤液的配制：用重铬酸钾溶液与浓硫酸配制，称取 100 g 经研细的重铬酸钾于烧杯中，加入约 100 mL 纯水，沿烧杯壁缓缓加入浓硫酸，边加边用玻璃棒搅动(注意：此过程为放热反应，需防止硫酸溅出)，开始加入硫酸时有红色沉淀析出，继续加入硫酸至沉淀刚好溶解为止。

b) 重铬酸钾洗涤液应储存于磨口瓶塞的玻璃瓶内，以免吸收水分，用后可倒回瓶中。经多次使用洗涤液中重铬酸钾被还原，洗涤液颜色变为绿褐色后不再具氧化性，不能再用。

c) 重铬酸钾洗涤液是一种很强的氧化剂，但作用比较慢，因此应使洗涤的器皿与洗涤液充分接触，浸泡数分钟至数小时。器皿用重铬酸钾洗涤液清洗后，需用自来水充分清洗(一般要冲洗 7 次～10 次)，最后用纯水淋洗 3 次。用洗涤液洗过的器皿要特别注意吸附在器皿壁上尤其是磨砂部分沾污铬和其他杂质对试验的干扰。

8.2.2 碱性高锰酸钾洗涤液：称取 4 g 高锰酸钾，溶于少量水中，加入 10 g 氢氧化钾，用水稀释至 100 mL。可用于清洗油污或其他有机物质。洗后容器沾污处有褐色二氧化锰析出，可用盐酸(1＋1)溶液或草酸洗液、硫酸亚铁、亚硫酸钠等还原剂去除。

8.2.3 酸性草酸或酸性羟胺洗涤液：称取 10 g 草酸或 1 g 盐酸羟胺，溶于 100 mL 盐酸溶液(1＋4)中。可用于洗涤氧化性物质。

8.2.4 氢氧化钾酒精溶液：称取 100 g 氢氧化钾，加入 50 mL 水溶解，加入酒精至 1 000 mL。可用于洗涤油垢、树脂等。

8.2.5 硝酸溶液：测定金属离子时可用不同浓度的硝酸溶液[常用(1＋9)]浸泡洗涤玻璃器皿。

8.2.6 肥皂液、碱液及合成洗涤剂可用于洗涤油脂和有机物。

9 检测仪器、设备的运行要求

各检验方法中使用的天平、分析仪器以及与检测数据直接有关的设备，应按工作需要定期进行量值溯源，并有详细的记录，以保证仪器和设备在分析工作中正常运行。

10 实验室安全

10.1 常用化学危险品贮存的基本要求应按照 GB 15603 执行。

10.2 微生物实验室生物安全管理、实验室设施设备的配置、个人防护和实验室安全行为等应按照 GB 19489 执行。

ICS 13.060
CCS C 51

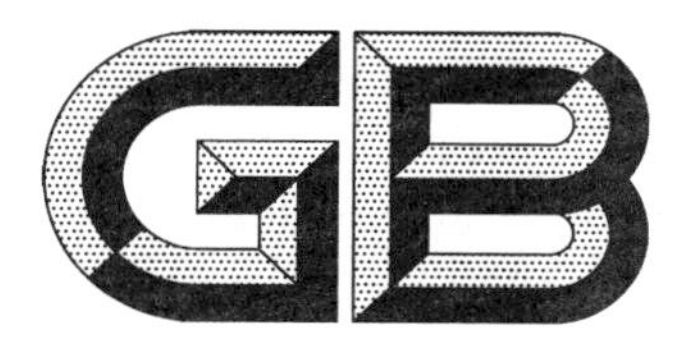

中华人民共和国国家标准

GB/T 5750.2—2023
代替 GB/T 5750.2—2006

生活饮用水标准检验方法 第2部分:水样的采集与保存

Standard examination methods for drinking water—
Part 2:Collection and preservation of water samples

2023-03-17 发布

2023-10-01 实施

国家市场监督管理总局
国家标准化管理委员会 发布

目　次

前　言

本文件按照 GB/T 1.1—2020《标准化工作导则　第 1 部分：标准化文件的结构和起草规则》的规定起草。

本文件是 GB/T 5750《生活饮用水标准检验方法》的第 2 部分。GB/T 5750 已经发布了以下部分：

——第 1 部分：总则；

——第 2 部分：水样的采集与保存；

——第 3 部分：水质分析质量控制；

——第 4 部分：感官性状和物理指标；

——第 5 部分：无机非金属指标；

——第 6 部分：金属和类金属指标；

——第 7 部分：有机物综合指标；

——第 8 部分：有机物指标；

——第 9 部分：农药指标；

——第 10 部分：消毒副产物指标；

——第 11 部分：消毒剂指标；

——第 12 部分：微生物指标；

——第 13 部分：放射性指标。

本文件代替 GB/T 5750.2—2006《生活饮用水标准检验方法　水样的采集与保存》，与 GB/T 5750.2—2006 相比，除结构调整和编辑性改动外，主要技术变化如下：

a) 更改了"注意事项"(见 4.12，2006 年版的 7.1.3)；

b) 更改了生活饮用水常规指标及扩展指标的采样体积(见表 1，2006 年版的表 1)；

c) 更改了采样容器和水样的保存方法(见表 2，2006 年版的表 2)。

请注意本文件的某些内容可能涉及专利。本文件的发布机构不承担识别专利的责任。

本文件由中华人民共和国国家卫生健康委员会提出并归口。

本文件起草单位：中国疾病预防控制中心环境与健康相关产品安全所、深圳市疾病预防控制中心、深圳市水文水质中心。

本文件主要起草人：施小明、姚孝元、张岚、姜杰、刘桂华、陈慧玲、许欣欣、王超、陈裕华、常爱敏、王丽、闫韫、陈庚、吕佳、陈永艳、邢方潇。

本文件及其所代替文件的历次版本发布情况为：

——1985 年首次发布为 GB/T 5750—1985，2006 年第一次修订为 GB/T 5750.2—2006；

——本次为第二次修订。

引　言

GB/T 5750《生活饮用水标准检验方法》作为生活饮用水检验技术的推荐性国家标准，与GB 5749《生活饮用水卫生标准》配套，是GB 5749的重要技术支撑，为贯彻实施GB 5749、开展生活饮用水卫生安全性评价提供检验方法。

GB/T 5750由13个部分构成。

——第1部分：总则。目的在于提供水质检验的基本原则和要求。

——第2部分：水样的采集与保存。目的在于提供水样采集、保存、管理、运输和采样质量控制的基本原则、措施和要求。

——第3部分：水质分析质量控制。目的在于提供水质检验检测实验室质量控制要求与方法。

——第4部分：感官性状和物理指标。目的在于提供感官性状和物理指标的相应检验方法。

——第5部分：无机非金属指标。目的在于提供无机非金属指标的相应检验方法。

——第6部分：金属和类金属指标。目的在于提供金属和类金属指标的相应检验方法。

——第7部分：有机物综合指标。目的在于提供有机物综合指标的相应检验方法。

——第8部分：有机物指标。目的在于提供有机物指标的相应检验方法。

——第9部分：农药指标。目的在于提供农药指标的相应检验方法。

——第10部分：消毒副产物指标。目的在于提供消毒副产物指标的相应检验方法。

——第11部分：消毒剂指标。目的在于提供消毒剂指标的相应检验方法。

——第12部分：微生物指标。目的在于提供微生物指标的相应检验方法。

——第13部分：放射性指标。目的在于提供放射性指标的相应检验方法。

生活饮用水标准检验方法
第2部分：水样的采集与保存

1 范围

本文件规定了生活饮用水及水源水的样品采集、保存、管理、运输和采样质量控制的基本原则、措施和要求。

本文件适用于生活饮用水及水源水的样品采集与保存。

2 规范性引用文件

本文件没有规范性引用文件。

3 术语和定义

本文件没有需要界定的术语和定义。

4 水样采集

4.1 采样计划

采样前应根据水质检验目的和任务制定采样计划，内容包括：采样目的、检验指标、采样时间、采样地点、采样方法、采样频率、采样数量、采样容器与清洗、采样体积、样品保存方法、样品标签、现场测定指标、采样质量控制、样品运输工具和贮存条件等。

4.2 采样容器的选择

4.2.1 应根据待测组分的特性选择合适的采样容器。

4.2.2 容器或容器盖（塞）的材质应具有化学和生物惰性，不应与水样中组分发生反应，容器壁和容器盖（塞）不溶出、吸收或吸附待测组分。

4.2.3 采样容器应可适应环境温度的变化，具有一定的抗震性能。

4.2.4 采样容器大小与采样量相适宜，能严密封口，并容易打开，且易清洗。

4.2.5 宜尽量选用细口容器，容器盖（塞）的材质应与容器材质统一。在特殊情况下需用软木塞或橡胶塞时，应用稳定的金属箔或聚乙烯薄膜包裹，且宜有蜡封（检测石油类水样除外）。采集供有机物和某些微生物检测用的样品时不能用具橡胶塞的容器，水样呈碱性时不能用具玻璃塞的采集容器。

4.2.6 测定无机物、金属和类金属及放射性元素的水样应使用有机材质的采样容器，如聚乙烯或聚四氟乙烯容器等。

4.2.7 测定有机物指标的水样应使用玻璃材质的采样容器。

4.2.8 测定微生物指标的水样应使用玻璃材质的采样容器，也可以使用符合要求的一次性采样袋或采样瓶。

4.2.9 测定特殊指标的水样可选用其他化学惰性材质的容器。如热敏物质应选用热吸收玻璃容器；温度高和(或)压力大的样品应选用不锈钢容器;生物(含藻类)样品应选用不透明的非活性玻璃容器;光敏性物质应选用棕色或深色的容器。

4.3 采样容器的洗涤

4.3.1 测定一般理化指标采样容器的洗涤

将容器用水和洗涤剂清洗,除去灰尘和油垢后用自来水冲洗干净,然后用质量分数为10%的硝酸(或盐酸)浸泡8 h以上,取出沥净后用自来水冲洗3次,并用纯水充分淋洗干净。

4.3.2 测定有机物指标采样容器的洗涤

用重铬酸钾洗液浸泡24 h,然后用自来水冲洗干净,用纯水淋洗并沥干后置于烘箱内180 ℃烘4 h,冷却后备用;必要时再用纯化过的正己烷、丙酮和甲醇冲洗数次。

4.3.3 测定微生物指标采样容器的洗涤和灭菌

4.3.3.1 容器洗涤:将容器用自来水和洗涤剂洗涤,并用自来水彻底冲洗后用质量分数为10%的硝酸(或盐酸)浸泡8 h以上,然后依次用自来水和纯水洗净。

4.3.3.2 容器灭菌:容器灭菌可采用干热或高压蒸汽灭菌两种。干热灭菌要求160 ℃下维持2 h;高压蒸汽灭菌要求121 ℃下维持15 min,高压蒸汽灭菌后的容器如不立即使用,应置于60 ℃烘箱内将瓶内冷凝水烘干。灭菌后的容器应在2周内使用。

4.4 采样器

4.4.1 对有一定深度水源水样品的采集,采样前应选择适宜的采样器。

4.4.2 塑料或玻璃材质的采样器及用于采样的橡胶管、乳胶管或硅胶管可按照4.3.1洗净备用。

4.4.3 金属材质的采样器,应先用洗涤剂清除油垢,再依次用自来水和纯水冲洗干净后晾干备用。

4.4.4 特殊采样器的清洗方法可参照仪器说明书。

4.5 水样采集一般要求

4.5.1 理化指标

采样前应先用待采集的水样荡洗采样器、容器和塞子2次～3次(测定石油类水样除外)。

4.5.2 微生物指标

采样时应做好个人防护,采取无菌操作直接采集,不应用水样荡洗已灭菌的采样瓶或采样袋,并避免手指和其他物品对瓶口或袋口的沾污。

4.6 水源水的采集

4.6.1 采样点设置

水源水的采样点通常设置在汲水处。

4.6.2 表层水的采集

在河流或湖泊可以直接汲水的场合,可用适当的容器采样。从桥上等地方采样时,可将系着绳子的桶或带有坠子的采样瓶投入水中汲水。注意不能混入漂浮于水面上的物质。

4.6.3 一定深度水的采集

在湖泊或水库等地采集具有一定深度的水时,可用直立式采样器。这类装置是在下沉过程中水从采样器中流过,当达到预定深度时容器能自动闭合而汲取水样。在河水流动缓慢的情况下使用上述方法时,宜在采样器下系上适当质量的坠子,当水深流急时要系上相应质量的铅鱼,并配备绞车。上述所采集的水样均应充分混合后作为待检样品送检,以保证水样的代表性。

4.6.4 泉水和井水的采集

对于自喷的泉水可在涌口处直接采样。采集不自喷泉水时,应将停滞在抽水管中的水汲出,待新水更替后再进行采样。从井中采集水样,应在充分抽汲后进行,以保证水样的代表性。

4.7 出厂水的采集

出厂水的采样点应设置在出厂水进入输(配)送管道之前。

4.8 末梢水的采集

末梢水的采样点应设置在出厂水经输配水管网输送至用户的水龙头处。采样时,通常宜放水数分钟,排除沉积物,特殊情况可适当延长放水时间。采集用于微生物指标检验的样品前应对水龙头进行消毒。

4.9 二次供水的采集

可根据实际工作需要在水箱(或蓄水池)进水、出水和(或)末梢水处进行水样采集。

4.10 分散式供水的采集

可根据实际使用情况在取水点或用户储水容器中采集。

4.11 水样的过滤和离心分离

在采样时或采样后不久,必要时用滤纸、滤膜、砂芯漏斗或玻璃纤维等过滤样品或将样品离心分离除去其中的悬浮物、沉积物、藻类及其他微生物。在分析时,过滤的目的主要是区分溶解态和吸附态,在滤器的选择上要注意可能的吸附损失,如测有机项目时,一般选用砂芯漏斗和玻璃纤维过滤,测定无机项目时,则常用 0.45 μm 的滤膜过滤。

4.12 注意事项

4.12.1 采集几类检测指标的水样时,应先采集供微生物指标检测的水样。

4.12.2 采样时应去掉水龙头上的过滤器和(或)雾化喷头等。

4.12.3 采样时不可搅动水底的沉积物。

4.12.4 采集测定石油类的水样时,应在水面至水面下 30 cm 采集柱状水样,全部用于测定。不能用水样荡洗采样器(瓶)。

4.12.5 采集测定溶解氧、生化需氧量和有机污染物的水样时应将水样充满容器,上部不留空间,并采用水封。

4.12.6 采集含有可沉降性固体(如泥沙等)的水样时,应分离除去沉淀后的可沉降性固体。分离方法为:将所采水样摇匀后倒入筒形玻璃容器(如量筒),静置 30 min,将上层水样移入采样容器并加入保存剂。测定总悬浮物和石油类的水样除外。需要分别测定悬浮物和水中所含组分时,应在现场将水样经 0.45 μm滤膜过滤后,分别加入固定剂保存。

4.12.7 石油类、生化需氧量、硫化物、微生物和放射性等指标检测应单独采样。

4.12.8 采样前注意观察可能对样品检测造成影响的环境因素，比如异常气味，并应采取相应的措施进行消除。

4.12.9 完成现场测定的水样，不能带回实验室供其他指标测定使用。

4.13 采样体积

4.13.1 根据测定指标、检验方法以及平行样检测所需样品量等情况计算并确定采样体积。

4.13.2 样品采集时应分类采集，采样体积可参考表1，也可根据具体检验方法选择采样体积。

4.13.3 有特殊要求指标的采样体积应根据检验方法的具体要求确定。

表1 生活饮用水常规指标及扩展指标的采样体积

指标类型	指标分类	采样容器	保存方法	采样体积/L
常规指标	一般理化	G,P	0 ℃～4 ℃冷藏，避光	3～5
	氰化物[a]	G	加入氢氧化钠（NaOH），调至 pH≥12，0 ℃～4 ℃冷藏，避光。水样如有余氯，现场加入适量抗坏血酸除去	1
	一般金属和类金属	P	加入硝酸（HNO_3），调至 pH≤2	0.5～1
	砷	P	加入硝酸（HNO_3），调至 pH≤2。采用氢化物发生技术分析时，加入盐酸（HCl）调至 pH≤2	0.2
	铬（六价）	G,P（内壁无磨损）	加入氢氧化钠（NaOH），将 pH 调至 7～9	0.2
	高锰酸盐指数	G	每升水样加入 0.8 mL 浓硫酸（H_2SO_4），0 ℃～4 ℃冷藏	0.5
	挥发性有机物	G	加入盐酸（HCl）（1+1），调至 pH≤2，水样应充满容器至溢流并密封，0 ℃～4 ℃冷藏，避光。对于含余氯等消毒剂的水样，每升水样加入 0.01 g～0.02 g 抗坏血酸	0.2
	氨（以 N 计）	G,P	每升水样加入 0.8 mL 浓硫酸（H_2SO_4），0 ℃～4 ℃冷藏，避光	0.5
	放射性指标	P	加入硝酸（HNO_3），调至 pH<2	3～5
	微生物（细菌类）	G（无菌）	0 ℃～4 ℃冷藏，避光。对于含余氯等消毒剂的水样，每升水样加入 0.8 mg 硫代硫酸钠（$Na_2S_2O_3 \cdot 5H_2O$）	0.5
		P（市售无菌即用型）	0 ℃～4 ℃冷藏，避光	
扩展指标	挥发酚类[a]	G	加入氢氧化钠（NaOH），调至 pH≥12，0 ℃～4 ℃冷藏，避光。水样如有余氯，现场加入适量抗坏血酸除去	1
	一般金属和类金属	P	加入硝酸（HNO_3），调至 pH≤2	0.5～1

表 1　生活饮用水常规指标及扩展指标的采样体积（续）

指标类型	指标分类	采样容器	保存方法	采样体积/L
扩展指标	银	G,P(棕色)	加入硝酸(HNO_3)，调至 pH≤2	0.5
	硼	P	—	0.2
	挥发性有机物	G	加入盐酸(HCl)(1+1)，调至 pH≤2，水样应充满容器至溢流并密封，0 ℃～4 ℃冷藏，避光。对于含余氯等消毒剂的水样，每升水样加入 0.01 g～0.02 g 抗坏血酸	0.2
	农药类	G（衬聚四氟乙烯盖）	0 ℃～4 ℃冷藏，避光。对于含余氯等消毒剂的水样，每升水样加入 0.01 g～0.02 g 抗坏血酸	2.5
	邻苯二甲酸酯类	G	0 ℃～4 ℃冷藏，避光。对于含余氯等消毒剂的水样，每升水样加入 0.01 g～0.02 g 抗坏血酸	1
	贾第鞭毛虫和隐孢子虫	P	0 ℃～4 ℃冷藏，避光	根据采用的检测方法确定

注：G 为洁净磨口硬质玻璃瓶；P 为洁净聚乙烯瓶（桶或袋）；P(市售无菌即用型)中含有保存剂。

[a] 对于含余氯等消毒剂的水样，现场根据余氯含量确定加入抗坏血酸的量。余氯含量与加入抗坏血酸的量呈线性关系，当水样中余氯含量为 0.05 mg/L 时，每升水样加入 1.6 mg 抗坏血酸；余氯含量为 0.3 mg/L 时，每升水样加入 3.0 mg 抗坏血酸；余氯含量为 1.0 mg/L 时，每升水样加入 6.0 mg 抗坏血酸。

5　水样保存

5.1　保存措施

应根据测定指标选择适宜的保存方法，主要有冷藏、避光和加入保存剂等。

5.2　保存剂

5.2.1　保存剂不应干扰待测物的测定，不能影响待测物的浓度。如果是液体，应校正体积的变化。保存剂的纯度和等级应达到分析的要求。

5.2.2　保存剂可预先加入采样容器中，也可在采样后尽快加入。易变质的保存剂不能预先添加。

5.3　保存条件

5.3.1　水样的保存期限主要取决于待测物的浓度、化学组成和物理化学性质。

5.3.2　由于水样的组分、目标分析物的浓度和性质不同，检验方法多样，水样保存宜优先参照检验方法中的规定，若检验方法中没有规定，可参照表 2。当水样中含有余氯等消毒剂干扰测定需加入抗坏血酸或硫代硫酸钠等还原剂时，应根据消毒剂浓度设定适宜的加入量，以达到消除干扰的目的。

5.3.3　水样采集后应尽快测定。水温和游离氯、总氯、二氧化氯、臭氧等指标应在现场测定，其余指标的测定也应在规定时间内完成。

表 2　采样容器和水样的保存方法

项目	采样容器	保存方法	保存时间
浑浊度与色度[a]	G,P	0 ℃～4 ℃冷藏	24 h
pH[a]	G,P	0 ℃～4 ℃冷藏	12 h
电导率[a]	G,P	—	12 h
碱度	G,P	0 ℃～4 ℃冷藏,避光	12 h
酸度	G,P	0 ℃～4 ℃冷藏,避光	30 d
高锰酸盐指数	G	每升水样加入 0.8 mL 浓硫酸(H_2SO_4),0 ℃～4 ℃冷藏	24 h
溶解氧[a]	溶解氧瓶	加入硫酸锰($MnSO_4$)、碱性碘化钾(KI)-叠氮化钠(NaN_3)溶液,现场固定	24 h
生化需氧量	溶解氧瓶	0 ℃～4 ℃冷藏,避光	6 h
总有机碳	G	加入硫酸(H_2SO_4),调至 pH≤2	7 d
氟化物	P	0 ℃～4 ℃冷藏,避光	14 d
氯化物	G,P	0 ℃～4 ℃冷藏,避光	28 d
溴化物	G,P	0 ℃～4 ℃冷藏,避光	14 h
碘化物	G,P	水样充满容器至溢流并密封保存,0 ℃～4 ℃冷藏,避光	30 d
硫酸盐	G,P	0 ℃～4 ℃冷藏,避光	28 d
磷酸盐	G	0 ℃～4 ℃冷藏,避光	48 h
氨(以 N 计)	G,P	每升水样加入 0.8 mL 浓硫酸(H_2SO_4),0 ℃～4 ℃冷藏,避光	24 h
亚硝酸盐(以 N 计)	G,P	0 ℃～4 ℃冷藏,避光	尽快测定
硝酸盐(以 N 计)	G,P	0 ℃～4 ℃冷藏,避光	48 h
硫化物	G	每 500 mL 水样加入 1 mL 乙酸锌溶液(220 g/L),混匀后再加入 1 mL 氢氧化钠溶液(40 g/L),避光	7 d
氰化物与挥发酚类[b]	G	加入氢氧化钠(NaOH),调至 pH≥12,0 ℃～4 ℃冷藏,避光。水样如有余氯,现场加入适量抗坏血酸除去	24 h
硼	P	—	14 d
一般金属和类金属	P	加入硝酸(HNO_3),调至 pH≤2	14 d
银	G,P(棕色)	加入硝酸(HNO_3),调至 pH≤2	14 d
砷	P	加入硝酸(HNO_3),调至 pH≤2。采用氢化物发生技术分析时,加入盐酸(HCl),调至 pH≤2	14 d
铬(六价)	G,P(内壁无磨损)	加入氢氧化钠(NaOH),将 pH 调至 7～9	48 h

表 2　采样容器和水样的保存方法（续）

项目	采样容器	保存方法	保存时间
石油类	G(广口瓶)	加入盐酸(HCl)，调至 pH≤2	7 d
农药类	G (衬聚四氟乙烯盖)	0 ℃～4 ℃冷藏，避光。对于含余氯等消毒剂的水样，每升水样加入 0.01 g～0.02 g 抗坏血酸	24 h
邻苯二甲酸酯类	G	0 ℃～4 ℃冷藏，避光。对于含余氯等消毒剂的水样，每升水样加入 0.01 g～0.02 g 抗坏血酸	24 h
挥发性有机物	G	加入盐酸(HCl)(1+1)，调至 pH≤2，水样应充满容器至溢流并密封，0 ℃～4 ℃冷藏，避光。对于含余氯等消毒剂的水样，每升水样加入 0.01 g～0.02 g 抗坏血酸	12 h
甲醛，乙醛，丙烯醛	G	每升水样加入 1 mL 浓硫酸(H_2SO_4)，0 ℃～4 ℃冷藏，避光	24 h
放射性指标	P	加入硝酸(HNO_3)，调至 pH<2	30 d
微生物(细菌类)	G(无菌)	0 ℃～4 ℃冷藏，避光。对于含余氯等消毒剂的水样，每升水样加入 0.8 mg 硫代硫酸钠($Na_2S_2O_3 \cdot 5H_2O$)	8 h
	P(市售无菌即用型)	0 ℃～4 ℃冷藏，避光	
贾第鞭毛虫和隐孢子虫	P	0 ℃～4 ℃冷藏，避光	72 h
注：G 为洁净磨口硬质玻璃瓶；P 为洁净聚乙烯瓶(桶或袋)；P(市售无菌即用型)中含有保存剂。			
[a] 表示宜现场测定。 [b] 对于含余氯等消毒剂的水样，现场根据余氯含量确定加入抗坏血酸的量。余氯含量与加入抗坏血酸的量呈线性关系，当水样中余氯含量为 0.05 mg/L 时，每升水样加入 1.6 mg 抗坏血酸；余氯含量为 0.3 mg/L 时，每升水样加入 3.0 mg 抗坏血酸；余氯含量为 1.0 mg/L 时，每升水样加入 6.0 mg 抗坏血酸。			

6　样品管理和运输

6.1　样品管理

6.1.1　除用于现场测定的样品外，其余水样都应运回实验室进行检验分析。在水样的运输和实验室管理过程中应保证其性质稳定、完整、不受污染、损坏和丢失。

6.1.2　现场测试样品：应详细记录现场检测结果并妥善保管。

6.1.3　实验室测试样品：应准确填写采样记录和标签，并将标签粘贴在采样容器上，注明水样编号、采样者、日期、时间及地点等相关信息。在采样时，还应记录所有野外调查及采样情况，包括采样目的、采样地点、样品种类、编号、数量、样品保存方法及采样时的气候条件等。

6.2　样品运输

6.2.1　水样采集后应立即送回实验室检验分析。样品运送应根据采样点的地理位置和测定指标的最长可保存时间选用适当的运输方式，在现场采样工作开始之前应安排好运输工作，以防延误。

6.2.2　样品装运前应逐一与样品登记表、样品标签和采样记录进行核对，核对无误后分类装箱。

6.2.3 塑料容器要塞紧内塞，拧紧外盖，贴好密封带。玻璃瓶要塞紧磨口塞，并用细绳将瓶塞与瓶颈拴紧，或用封口胶（或石蜡）封口。待测石油类的水样不能用石蜡封口。

6.2.4 需要冷藏的样品（见表2），应配备专门的隔热容器，并放入制冷剂。

6.2.5 冬季应采取保温措施，以防采样容器冻裂。

6.2.6 样品在运输过程中应做好保护措施，防止样品因震动和（或）碰撞而导致损失或污染。

7 采样质量控制

7.1 质量控制的目的

保证采样全过程质量，防止样品采集过程中水样受到污染或发生性状改变。

7.2 现场空白

7.2.1 现场空白是在采样现场以纯水作为样品，按照测定指标的采样方法和要求，在与样品相同条件下装瓶、保存和运输，直至送交实验室分析。

7.2.2 通过将现场空白与实验室空白测定结果相对照，掌握采样过程中操作步骤和环境条件对样品中待测物浓度影响的状况。

7.2.3 现场空白所用的纯水要用洁净的专用容器，由采样人员带到采样现场，运输过程中应注意防止污染。

7.2.4 每批样品至少设一个现场空白。

7.3 运输空白

7.3.1 运输空白是以纯水作为样品，从实验室到采样现场又返回实验室。运输空白可用来掌握样品运输、现场处理和贮存期间带来的可能污染。

7.3.2 每批样品至少设一个运输空白。

7.4 现场平行样

7.4.1 现场平行样是在相同的采样条件下，采集平行双样送实验室分析。

7.4.2 现场平行样要注意控制采样操作和条件的一致。对水样中非均相物质或分布不均匀的污染物，在样品灌装时应摇动采样器，使样品保持均匀。

7.4.3 现场平行样的数量一般控制在样品总量的10%以上。

7.5 现场加标样或质控样

7.5.1 现场加标样是取一组现场平行样，将实验室配制的一定浓度的被测物质标准溶液加入到其中一份，另一份不加，然后按样品要求进行处理，送实验室分析。将测定结果与实验室加标样对比，掌握测定对象在采样和运输过程中的准确度变化情况。现场加标样除加标过程在采样现场进行外，其他要求与实验室加标样一致。现场使用的标准溶液与实验室使用的应为同一标准溶液。

7.5.2 现场质控样是将与样品基体组分接近的质控样带到采样现场，按样品要求处理后与样品一起送实验室分析。

7.5.3 现场加标样或质控样的数量一般控制在样品总量的10%以上。

ICS 13.060
CCS C 51

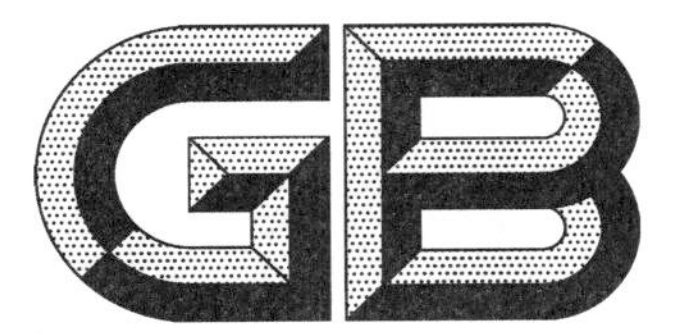

中华人民共和国国家标准

GB/T 5750.3—2023
代替 GB/T 5750.3—2006

生活饮用水标准检验方法 第3部分：水质分析质量控制

Standard examination methods for drinking water—
Part 3: Water analysis quality control

2023-03-17 发布　　　　2023-10-01 实施

国家市场监督管理总局
国家标准化管理委员会　发布

目　次

前　　言

本文件按照 GB/T 1.1—2020《标准化工作导则　第 1 部分：标准化文件的结构和起草规则》的规定起草。

本文件是 GB/T 5750《生活饮用水标准检验方法》的第 3 部分。GB/T 5750 已经发布了以下部分：

——第 1 部分：总则；

——第 2 部分：水样的采集与保存；

——第 3 部分：水质分析质量控制；

——第 4 部分：感官性状和物理指标；

——第 5 部分：无机非金属指标；

——第 6 部分：金属和类金属指标；

——第 7 部分：有机物综合指标；

——第 8 部分：有机物指标；

——第 9 部分：农药指标；

——第 10 部分：消毒副产物指标；

——第 11 部分：消毒剂指标；

——第 12 部分：微生物指标；

——第 13 部分：放射性指标。

本文件代替 GB/T 5750.3—2006《生活饮用水标准检验方法　水质分析质量控制》，与 GB/T 5750.3—2006 相比，除结构调整和编辑性改动外，主要技术变化如下：

a）增加了术语和定义（见第 3 章）；

b）更改了质量控制要求（见第 4 章，2006 年版的第 3 章）；

c）增加了滴定法检出限（见 6.4）；

d）更改了校准与回归（见 6.6，2006 年版的第 5 章）；

e）增加了“能力验证”的质量控制方法（见 7.6）；

f）更改了测定结果的报告（见第 9 章，2006 年版的 9.1）。

请注意本文件的某些内容可能涉及专利。本文件的发布机构不承担识别专利的责任。

本文件由中华人民共和国国家卫生健康委员会提出并归口。

本文件起草单位：中国疾病预防控制中心环境与健康相关产品安全所、深圳市疾病预防控制中心、北京市疾病预防控制中心。

本文件主要起草人：施小明、姚孝元、张岚、朱英、杨艳伟、姜杰、陆一夫、刘丽萍、谢琳娜、陈永艳、吕佳。

本文件及其所代替文件的历次版本发布情况为：

——1985 年首次发布为 GB/T 5750—1985，2006 年第一次修订为 GB/T 5750.3—2006；

——本次为第二次修订。

引　言

GB/T 5750《生活饮用水标准检验方法》作为生活饮用水检验技术的推荐性国家标准，与 GB 5749《生活饮用水卫生标准》配套，是 GB 5749 的重要技术支撑，为贯彻实施 GB 5749、开展生活饮用水卫生安全性评价提供检验方法。

GB/T 5750 由 13 个部分构成。

——第 1 部分：总则。目的在于提供水质检验的基本原则和要求。

——第 2 部分：水样的采集与保存。目的在于提供水样采集、保存、管理、运输和采样质量控制的基本原则、措施和要求。

——第 3 部分：水质分析质量控制。目的在于提供水质检验检测实验室质量控制要求与方法。

——第 4 部分：感官性状和物理指标。目的在于提供感官性状和物理指标的相应检验方法。

——第 5 部分：无机非金属指标。目的在于提供无机非金属指标的相应检验方法。

——第 6 部分：金属和类金属指标。目的在于提供金属和类金属指标的相应检验方法。

——第 7 部分：有机物综合指标。目的在于提供有机物综合指标的相应检验方法。

——第 8 部分：有机物指标。目的在于提供有机物指标的相应检验方法。

——第 9 部分：农药指标。目的在于提供农药指标的相应检验方法。

——第 10 部分：消毒副产物指标。目的在于提供消毒副产物指标的相应检验方法。

——第 11 部分：消毒剂指标。目的在于提供消毒剂指标的相应检验方法。

——第 12 部分：微生物指标。目的在于提供微生物指标的相应检验方法。

——第 13 部分：放射性指标。目的在于提供放射性指标的相应检验方法。

生活饮用水标准检验方法
第3部分:水质分析质量控制

1 范围

本文件规定了生活饮用水和水源水水质检验检测实验室质量控制要求与方法。

本文件适用于生活饮用水和水源水水质的测定过程。

2 规范性引用文件

下列文件中的内容通过文中的规范性引用而构成本文件必不可少的条款。其中,注日期的引用文件,仅该日期对应的版本适用于本文件;不注日期的引用文件,其最新版本(包括所有的修改单)适用于本文件。

GB/T 4883 数据的统计处理和解释 正态样本离群值的判断和处理

GB 5749 生活饮用水卫生标准

GB/T 5750.1 生活饮用水标准检验方法 第1部分:总则

GB/T 5750.2 生活饮用水标准检验方法 第2部分:水样的采集与保存

GB/T 8170 数值修约规则与极限数值的表示和判定

GB/T 27418 测量不确定度评定和表示

GB/T 32465 化学分析方法验证确认和内部质量控制要求

CNAS-GL 027:2018 化学分析实验室内部质量控制指南——控制图的应用

3 术语和定义

下列术语和定义适用于本文件。

3.1

质量控制 quality control;QC

质量管理的一部分,致力于满足质量要求。

[来源:GB/T 19000—2016,3.3.7]

3.2

方法验证 method verification

针对要采用的标准方法或官方发布的方法,通过提供客观证据对规定要求已得到满足的证实。

[来源:GB/T 32467—2015,9.2]

3.3

精密度 precision

在规定条件下,对同一或类似被测对象重复测量所得示值或测得的量值间的一致程度。

[来源:GB/T 27417—2017,3.15]

3.4

准确度 accuracy

被测量的测得的量值与其真值间的一致程度。

［来源：GB/T 27417—2017，3.25］

3.5

检出限　limit of detection；LOD

样品中可被（定性）检测，但并不需要准确定量的最低含量（或浓度），是在一定置信水平下，从统计学上与空白样品区分的最低浓度水平（或含量）。

［来源：GB/T 32467—2015，9.19］

3.6

方法检出限　method detection limit；MDL

通过分析方法的全部检测过程后（包括样品预处理），目标分析物产生的信号能以一定的置信度区别于空白样而被检测出来的最低浓度或含量。

［来源：GB/T 32467—2015，9.20］

3.7

定量限　limit of quantification；LOQ

样品中被测组分能被定量测定的最低浓度或最低量，此时的分析结果应能保证一定的准确度和精密度。

［来源：GB/T 27417—2017，3.14］

3.8

方法定量限　method quantification limit；MQL

在特定基质中在一定可信度内，用某一方法可靠地检出并定量被分析物的最低浓度或最低量。

注：水质分析中，以最低检测质量和最低检测质量浓度表示。

［来源：GB/T 27417—2017，5.4.3］

3.9

校准曲线　calibration curve

表示目标分析物浓度或含量和响应信号之间的关系的数学函数表达式或图形。

［来源：GB/T 32467—2015，5.5］

3.10

标准物质　reference material；RM

具有足够均匀和稳定的特定特性的物质，其特性适用于测量或标称特性检查中的预期用途。

［来源：JJF 1005—2016，3.1］

3.11

有证标准物质　certified reference material；CRM

附有由权威机构发布的文件，提供使用有效程序获得的具有不确定度和溯源性的一个或多个特性值的标准物质。

［来源：JJF 1005—2016，3.2］

3.12

质量控制样品　quality control sample

一种要求的存储条件能得到满足、数量充足、稳定且充分均匀的材料，其物理或化学特性与常规测试样相同或充分相似，用于长期确定和监控系统的精密度和稳定性。

［来源：GB/T 32467—2015，6.3］

4　质量控制要求

4.1　质量控制的目的是把分析工作中的误差减小到一定限度以获得准确可靠的测试结果。

4.2 质量控制应贯穿水质分析工作的全过程，如样品采集与保存、样品分析、数据处理等。理化指标、微生物指标、放射性指标检验的质量控制应符合 GB/T 5750.1 和 GB/T 5750.2 及相关指标检验方法的相关要求。

4.3 实验室首次采用标准方法之前，应对其进行验证。

4.4 质量控制是发现、控制和分析产生误差来源的过程，用以控制和减小误差，可通过使用标准物质或质量控制样品、进行比对试验(如人员比对、方法比对、仪器比对、留样再测等)、参加能力验证计划或实验室间比对、平行双样法、加标回收法及其他有效技术方法来实现，以保证分析结果的准确可靠。

5 分析误差

5.1 误差的分类

分析工作中的误差有三类：系统因素影响引起的误差、随机因素影响引起的误差和过失行为引起的误差。

5.2 误差的表示方法

5.2.1 精密度反映了随机误差的大小，可用重复测定结果的标准偏差或相对标准偏差表述精密度。

5.2.2 准确度反映了分析方法或测量系统中系统误差和随机误差的大小，可通过有证标准物质或质量控制样品检验结果的偏差评价分析工作的准确度；或通过测定加标回收率表述准确度。

6 方法验证

6.1 基本要求

实验室应按照 GB/T 32465 对标准方法进行验证，以了解和掌握分析方法的原理、条件和特性。验证内容包括但不限于系统适应性试验、空白值测定、方法检出限估算、校准曲线绘制及检验、方法误差预测(如精密度、准确度)、干扰因素排查等。

6.2 系统适应性检验

实验室应详细研究拟采用方法所要求的相关条件，最终确定分析系统所要求的条件。

6.3 空白值测定

空白值是指以实验用水代替样品，其他分析步骤及所加试液与样品测定完全相同的操作过程所测得的值。影响空白值的因素有实验用水质量、试剂纯度、器皿洁净度、计量仪器性能及环境条件、分析人员的操作水平和经验等。空白值应小于对应的方法检出限。

空白值的测定方法是每批做平行双样测定，分别在一段时间内(隔天)重复测定一批，共测定 5 批～6 批。

按式(1)计算空白平均值：

$$\bar{b}=\frac{\sum X_b}{p\times n} \qquad \cdots\cdots(1)$$

式中：

$\bar{b}$ ——空白平均值；

X_b——空白测定值；

p ——批数；

n ——平行份数。

按式(2)计算空白平行测定(批内)标准偏差：

$$S_{wb}=\sqrt{\frac{\sum_{i=1}^{p}\sum_{j=1}^{n}x_{ij}^{2}-\frac{1}{n}\sum_{i=1}^{p}\left(\sum_{j=1}^{n}x_{ij}\right)^{2}}{p\times(n-1)}} \quad \cdots\cdots(2)$$

式中：

S_{wb}——空白平行测定(批内)标准偏差；

p ——批数；

i ——代表批；

n ——平行份数；

j ——代表同一批内各个测定值；

x_{ij}——为各批所包含的各个测定值。

6.4 方法检出限确定

6.4.1 按全程序空白值确定方法检出限

6.4.1.1 当空白测定次数≥20 时，按式(3)计算：

$$\text{MDL}=4.6\times\sigma_{wb} \quad \cdots\cdots(3)$$

式中：

MDL——方法检出限；

σ_{wb} ——空白平行测定(批内)标准偏差。

6.4.1.2 当空白测定次数<20 时，按式(4)计算：

$$\text{MDL}=2\sqrt{2}\times t_{f}\times S_{wb} \quad \cdots\cdots(4)$$

式中：

MDL——方法检出限；

t_f ——显著性水平为 0.05(单侧)、自由度为 f 的 t 值；

S_{wb} ——空白平行测定(批内)标准偏差；

f ——批内自由度，等于 $p(n-1)$，p 为批数，n 为每批平行测定个数。

当遇到某些仪器的分析方法空白值测定结果接近于 0 时，可配制接近零浓度的基质加标溶液来代替实验用水进行空白值测定，以获得有实际意义的数据进行计算。当空白有本底值时，方法检出限应考虑空白值。

6.4.2 不同分析方法的具体规定

6.4.2.1 光学分析法

光学分析法可通过测量最小分析信号 X_L，按式(5)和式(6)确定：

$$X_L=\overline{X_b}+K\times S_b \quad \cdots\cdots(5)$$

式中：

X_L ——样品中可测量的最小分析信号；

$\overline{X_b}$ ——空白多次测量平均值；

K ——根据一定置信水平确定的系数，当置信水平约为 90%时，$K=3$；

S_b ——空白多次测量的标准偏差。

与 $X_L-\overline{X_b}$(即 KS_b)相应的样品中浓度或量即为方法检出限 MDL。

$$\mathrm{MDL}=\frac{X_{\mathrm{L}}-\overline{X_{\mathrm{b}}}}{S}=\frac{3\,S_{\mathrm{b}}}{S} \qquad \cdots\cdots(6)$$

式中：

MDL——方法检出限；

S ——方法的灵敏度(即校准曲线的斜率)。

为了评估$\overline{X_{\mathrm{b}}}$和$S_{\mathrm{b}}$,空白测定次数应足够多,宜不少于20次。

分光光度法通常以吸光度(扣除空白)为0.010相对应样品中的浓度值为方法检出限。

6.4.2.2 色谱法

检测器能产生与基线噪声相区别的响应信号时所需进入检测器的样品中物质最小量为色谱法方法检出限,一般为基线噪声的三倍。

6.4.2.3 离子选择电极法

当校准曲线的直线部分外延的延长线与通过空白电位且平行于浓度轴的直线相交时,其交点所对应的样品中浓度值即为离子选择电极法的方法检出限。

6.4.2.4 滴定法

一般以所用滴定管产生最小液滴的体积所对应的样品中浓度值作为方法检出限。

6.5 方法定量限

方法定量限的确定主要从其可信性考虑,如测试是否是基于法规要求、目标测量不确定度和可接受准则等。通常建议将空白值加上10倍的重复性标准偏差作为方法定量限,也可以3倍检出限或高于方法确认中使用最低加标量的50%作为方法定量限。特定的基质和方法,其方法定量限可能在不同实验室之间或在同一个实验室内由于使用不同设备、技术和试剂而有差异。分光光度法中通常按净吸光度0.020所对应的质量或质量浓度作为方法定量限。物理、感官分析方法等,方法定量限根据具体情况确定。实验室也可根据行业规则使用其他参数。

6.6 校准与回归

6.6.1 校准曲线

校准曲线描述了待测物质浓度或含量与检测仪器响应值或指示量之间的定量关系,分为"工作曲线"(标准溶液处理程序及分析步骤与样品完全相同)和"标准曲线"(标准溶液处理程序较样品有所省略,如样品预处理)。

6.6.2 校准曲线的制作

6.6.2.1 在测量范围内,配制标准溶液系列,已知浓度点不应少于6个(可含空白或一个低浓度标准点,最低浓度标准点可为定量限或略高于定量限),根据浓度值与响应值绘制校准曲线,必要时还应考虑基质的影响。

6.6.2.2 制作校准曲线用的容器和量器,应经检定(或自校准)合格,如使用比色管应成套使用,必要时应进行容积校正。

6.6.2.3 校准曲线绘制应与样品测定同时进行。

6.6.2.4 在校正系统误差之后,校准曲线可用最小二乘法对测试结果进行处理后绘制。

6.6.2.5 校准曲线的相关系数(r)绝对值至少应大于0.99。

6.6.2.6 使用校准曲线时，应选用曲线的最佳测量范围，不应任意外延。

6.6.2.7 理想情况下用校准曲线测定一批样品时，仪器的响应在测定期间是不变的（不漂移）。实际上，由于仪器本身存在漂移，需要经常进行再校准，如通过间隔分析已知浓度的标准样或样品进行校正。

6.6.3 回归校准曲线统计检验

必要时，采用校准曲线法进行定量之前，需对校准曲线的线性、截距和斜率进行统计检验，检查其是否满足标准方法的要求。

6.7 精密度检验

6.7.1 精密度检验方法

检测分析方法精密度时，通常以空白溶液（实验用水）、标准溶液（浓度可选在校准曲线上限浓度值的0.1倍和0.9倍）、生活饮用水、生活饮用水加标样等几种分析样品，求得批内、批间标准偏差和总标准偏差。各类偏差值应小于或等于分析方法规定的值。

6.7.2 精密度表示

6.7.2.1 平行双样的精密度用相对偏差表示，计算方法见式(7)，多次平行测定结果的精密度用相对偏差表示，计算方法见式(8)：

$$R_V = \frac{|x_1 - x_2|}{x_1 + x_2} \times 100\% \qquad \cdots\cdots(7)$$

式中：

R_V ——平行双样的相对偏差；

x_1、x_2——同一水样两次平行测定结果。

$$\eta_i = \frac{x_i - \overline{x}}{\overline{x}} \times 100\% \qquad \cdots\cdots(8)$$

式中：

η_i ——相对偏差；

x_i ——某一次测定结果；

$\overline{x}$ ——多次测定结果的平均值。

6.7.2.2 一组测定结果的精密度常用标准偏差或相对标准偏差表示。标准偏差或相对标准偏差的计算方法见式(9)和式(10)：

$$S = \sqrt{\frac{1}{n-1}\sum_{i=1}^{n}(x_i - \overline{x})^2} \qquad \cdots\cdots(9)$$

$$\text{RSD} = \frac{S}{\overline{x}} \times 100\% \qquad \cdots\cdots(10)$$

式中：

S ——标准偏差；

n ——测定次数；

x_i ——某一测定结果；

$\overline{x}$ ——一组测定结果的平均值；

RSD ——相对标准偏差。

6.8 准确度检验

6.8.1 使用标准物质进行分析测定，比较测得值与参考值，其绝对误差或相对误差应符合方法规定的要求，相对误差的计算方法见式(11)：

$$E=\frac{X-\mu}{\mu}\times 100\% \qquad (11)$$

式中：

E ——相对误差；

X ——测定值；

μ ——参考值。

6.8.2 测定加标回收率(向实际水样中加入标准物质，加标量一般为样品含量的0.5倍～2倍，且加标后的总浓度不应超过方法的测定上限浓度值，低浓度点建议选择方法的最低检测质量浓度)，回收率应符合方法规定的要求；以加标回收率评价准确度时，计算方法见式(12)：

$$P=\frac{\mu_a-\mu_b}{m}\times 100\% \qquad (12)$$

式中：

P ——回收率，%；

μ_a ——加标水样测定结果；

μ_b ——原水样测定结果；

m ——加入标准的质量。

6.9 干扰试验

通过干扰试验，检验实际样品中可能存在的共存物是否对测定有干扰，了解共存物的最大允许浓度。干扰可能导致正或负的系统误差，干扰作用大小与待测物浓度和共存物浓度大小有关。应选择两个(或多个)待测物浓度值和不同浓度水平的共存物溶液进行干扰试验测定。

7 质量控制方法

7.1 质量控制图法

化学分析实验室用到的最重要的控制图有两类，即 X-图(单值图或均值图)和 R-图(极差图)。空白值 X-图和回收率 X-图是 X-图的特殊应用。图1为最常用的由均值绘制的 X-图。

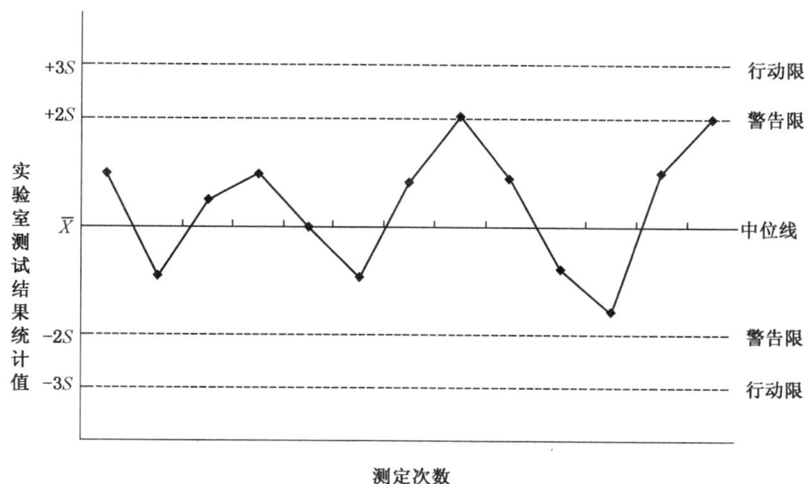

图1 质量控制图

质量控制图应按如下原则绘制和使用。

a) 逐日分析质量控制样品达20次以上后，计算统计值。绘制中位线、警告限、行动限，按测定次序将相对应的各统计值在图上标注，用直线连接各点即成质量控制图。当积累了新的20批数据，应绘制新的质量控制图，作为下一阶段的控制依据。其中中位线代表测定值的平均值或参考值；警告限位于中位线两侧的两倍标准偏差（$2S$）距离处；行动限位于中位线两侧的三倍标准偏差（$3S$）距离处。
b) 日常测量过程中，应同时分析质量控制样品和实际被测样品，并将质量控制样品测定结果标于质量控制图中，判断分析过程是否处于控制状态。
c) 如果测定值在警告限之内，或测定值在警告限和行动限之间，但前两个测定值在警告限之内，在这种情况下，分析过程处于控制状态。
d) 如果所有测定值落在警告限之内（最后3个测定值中最多有1个落在警告限和行动限之间），且连续7个测定值单调上升或下降；或连续11个测定值中有10个落在中位线的同一侧，在这种情况下，存在失控风险。
e) 如果一个测量值超出行动限（$3S$），立刻重新分析。如果重新测量的结果在行动限内，则可以继续分析工作；如果重新测量的结果超出行动限，则应停止测定并查找问题予以纠正。
f) 如果连续3个点中有2个超过警告限（$2S$），分析另一个样品。如果下一个点在警告限内，则可以继续分析工作；如果下一个点仍超出警告限，则需要评价潜在的偏差并查找问题予以纠正。
g) 实验室应从目的适宜性原则出发建立控制程序，包括选择合适的质量控制样品、确定质量控制图的类型、建立控制限，以及确定控制分析的频次等。具体按照CNAS-GL 027：2018。

7.2 平行双样法

7.2.1 每批样品随机抽取10%～20%的样品进行平行双样测定。若样品数量较少，应增加平行双样测定比例。

7.2.2 不同浓度平行双样测定结果的相对偏差应符合要求，最大允许值见表1。相对偏差的计算方法见式(7)。

表1 平行双样测定结果的相对偏差最大允许值

被测样品的质量浓度水平/(mg/L)	100	10	1	0.1	0.01	0.001	0.000 1
相对偏差最大允许值/%	1	2.5	5	10	20	30	50

7.3 加标回收分析法

测定样品时，于同一样品中加入一定量的标准物质进行测定，将测定结果扣除样品测定值，计算回收率。加标回收分析法在一定程度上能反映测定结果的准确度，但在实际应用过程中应注意加标物质的形态、加标量和样品基体等因素的影响。每批相同基体类型的被测样品应随机抽取10%～20%的样品进行加标回收分析。

7.4 有证标准物质或质量控制样品测定法

测定样品时，同步测定有证标准物质或质量控制样品，将有证标准物质或质量控制样品的测定结果与参考值进行比较，通过计算相对误差，评价其准确度，检查实验室内（或个人）是否存在系统误差。

7.5 比对试验

实验室可根据工作需要制定比对计划,进行比对试验。比对试验形式可以是人员比对、方法比对、仪器比对、留样再测及其他比对形式。实验室完成比对试验后应对结果进行汇总、分析和评价。

7.6 能力验证

可行及适当时参加能力验证及能力验证之外的实验室间比对。

8 数据处理

8.1 离群值的判断和处理

8.1.1 离群值的判断和处理按照 GB/T 4883 执行。

8.1.2 格拉布斯(Grubbs)检验法可用于检验多组测量均值的一致性和剔除多组测量值均值中的离群值,亦可用于检验一组测量值的一致性和剔除一组测量值中的离群值,检出的离群值个数不超过 1。

8.1.3 狄克逊(Dixon)检验法用于检验一组测量值的一致性和剔除一组测量值中的离群值,适用于检出一个或多个离群值。检出离群值的显著性水平 α(即检出水平)适宜取值是 5%。对于检出的离群值,按规定以剔除水平 α^* 代替检出水平 α 进行检验,若在剔除水平下此检验是显著的,则判此离群值为高度异常。剔除水平 α^* 一般采用 1%。上述规则的选用应根据实际问题的性质,权衡寻找产生离群值原因的代价以及正确权衡离群值的得益和错误剔除正常值的风险而定。

8.1.4 科克伦(Cochran)最大方差检验法用于检验多组测量值的方差一致性或剔除多组测量值中精密度较差的一组数据。

8.1.5 实验室内对于测定结果中的离群值判断和处理可用格拉布斯(Grubbs)检验法或狄克逊(Dixon)检验法;多个实验室平均值中的离群值判断和处理可用格拉布斯(Grubbs)检验法;测定结果方差中的离群值判断和处理可用科克伦(Cochran)最大方差检验法。

8.2 测定结果的数值修约

8.2.1 测定结果的数值修约按照 GB/T 8170 执行。

8.2.2 有效数字用于表示测量数字的有效意义。指测量中实际能测得的数字,由有效数字构成的数值,其倒数第二位以上的数字应是可靠的(确定的),只有末位数是可疑的(不确定的)。对有效数字的位数不能任意增删。

8.2.3 测定结果的有效数字位数主要取决于原始数据的正确记录和数值的正确计算。在记录测量值时,要同时考虑到计量器具的精密度和准确度,以及测量仪器本身的读数误差。对检定合格的计量器具,有效位数可以记录到最小分度值,最多保留一位不确定数字(估计值)。以实验室最常用的计量器具为例:

——用天平(最小分度值为 0.1 mg)进行称量时,有效数字可以记录到小数点后面第四位,如 1.223 5 g,此时有效数字为五位;称取 0.945 2 g,则为四位;

——用玻璃量器量取体积的有效数字位数是根据量器的容量允许差和读数误差来确定的,如单标线 A 级 50 mL 容量瓶,准确容积为 50.00 mL;单标线 A 级 10 mL 移液管,准确容积为 10.00 mL,有效数字均为四位;用分度移液管或滴定管,其读数的有效数字可达到其最小分度后一位,保留一位不确定数字;

——分光光度计最小分度值为0.001,因此,吸光度一般可记到小数点后第三位,有效数字位数最多只有三位;

——带有计算机处理系统的分析仪器,往往根据计算机自身的设定,打印或显示结果,可以有很多位数,但这并不增加仪器的精度和可读的有效位数;

——在一系列操作中,使用多种计量仪器时,有效数字以精确位数或有效位数最少的一种计量仪器的位数表示。

8.2.4 数字"0"是否为有效数字,与其在数值中的位置有关。当它位于非零数字前仅起定位作用,而与测量的准确度无关时,不是有效数字;当它用于表示与测量准确度有关的精确位数时,即为有效数字。

8.2.5 倍数、分数、不连续物理量的数值,以及不经测量而完全根据理论计算或定义得到的数值,其有效数字的位数可视为无限,这类数值在运算过程中按照需要定位。

8.2.6 由有效数字构成的测定值必然是近似值,因此,测定值的运算应按近似计算规则进行。

8.2.7 运算过程中,有效数字位数确定后,其余数字应按修约规则修约后舍去。

8.2.8 校准曲线的相关系数只舍不入,保留到小数点后出现非9的一位,如0.999 89 →0.999 8。如果小数点后都是9,最多保留小数点后4位。校准曲线的斜率 b 的有效位数,应与自变量 x 的有效数字位数相等,或最多比 x 多保留一位。截距 a 的最后一位数,则和因变量 y 数值的最后一位取齐,或最多比 y 多保留一位。校准曲线的斜率和截距有时小数点后位数很多,一般保留3位有效数字,并以幂表示。

8.2.9 表示精密度的相对标准偏差的有效数字根据分析方法和待测物的浓度不同,一般只取1位~2位有效数字。

9 测定结果的报告

9.1 测定结果的计量单位应采用中华人民共和国法定计量单位。

9.2 化学分析指标的测定结果一般以毫克每升(mg/L)表示,浓度较低时,则以微克每升(μg/L)表示。

9.3 放射性指标的测定结果以贝可每升(Bq/L)表示。

9.4 其他指标的测定结果表示应按照GB 5749的限值要求执行。

9.5 平行样测定结果应在允许偏差范围内,并以其平均值表示测定结果。

9.6 测定结果有效位数与方法最低检测质量浓度保持一致,一般不超过3位有效数字。例如,一个方法的最低检测质量浓度为0.02 mg/L,而测定结果为0.088 mg/L时,应报0.09 mg/L。

9.7 低于方法最低检测质量浓度的测定结果,应以小于方法最低检测质量浓度表示,如<0.005 mg/L。

9.8 需要时,应给出测定结果的不确定度范围,具体应按照GB/T 27418执行。

10 数据的正确性判断

各种离子在水体中处于相互影响、相互制约的平衡状态,任何一种影响因素的变化,都必然会使原有的平衡发生改变,达到新的平衡。因此,利用化学平衡理论,如电荷平衡、沉淀平衡等,可以及时发现较大的分析误差和失误,控制和核对数据的正确性,弥补质量控制不能对每份样品提供可靠控制的不足。表2中列出了水体中各种化学平衡、误差计算公式及评价标准。为计算方便,可建立测定数据的正确性检验程序,在报告测定结果的同时,报告正确性检验的计算结果。

表 2 水体中各种化学平衡、误差计算公式及评价标准

化学平衡	误差计算公式	评价标准
阴离子与阳离子[a]	$\frac{\sum 阴离子毫摩尔-\sum 阳离子毫摩尔}{\sum 阴离子毫摩尔+\sum 阳离子毫摩尔}\times 100\%$ 阴离子：Cl^-，SO_4^{2-}，HCO_3^-，NO_3^-，F^-，… 阳离子：K^+，Na^+，Ca^{2+}，Mg^{2+}，Fe^{3+}，Mn^{2+}，…	−10%～10%
溶解性总固体与离子总量[b]	$\left[\frac{溶解性总固体计算值(mg/L)}{溶解性总固体测定值(mg/L)}-1\right]\times 100\%$ 计算值$=K^++Na^++Ca^{2+}+Mg^{2+}+Fe^{3+}+Mn^{2+}+Cl^-+SO_4^{2-}+NO_3^-+(60/122)HCO_3^-$	−10%～10%
溶解性总固体与电导率	$\frac{溶解性总固体计算值(或测定值)}{电导率}$	0.55～0.70
电导率与阴离子或阳离子[c]	$[(\sum 阴离子毫摩尔\times 100/电导率)-1]\times 100\%$ 或$[(\sum 阳离子毫摩尔\times 100/电导率)-1]\times 100\%$	−10%～10%
钙、镁等金属与总硬度(按 $CaCO_3$ 计)	$\left[\frac{总硬度计算值(mg/L)}{总硬度测定值(mg/L)}-1\right]\times 100\%$ 计算值$=(Ca^{2+}/20+Mg^{2+}/12+Fe^{3+}/18.6+Mn^{2+}/27.5)\times 50$	−10%～10%
沉淀溶解平衡	$\frac{(Ca^{2+})\times(CO_3^{2-})}{(Ca^{2+})\times(SO_4^{2-})}$	$\frac{3.8\times 10^{-9}}{2.4\times 10^{-5}}$
	$\frac{(Pb^{2+})\times(CrO_4^{2-})}{(Pb^{2+})\times(SO_4^{2-})}$	$\frac{1.8\times 10^{-14}}{1.7\times 10^{-8}}$

[a] 阴离子与阳离子的化学平衡计算中需考虑价态。

[b] 灼烧过程中，大约有 1/2 的重碳酸盐分解，以二氧化碳(CO_2)形式挥发，故以 60/122 计算。

[c] 测量数据通常以质量浓度(mg/L)表示。计算离子和电导率的平衡时，将质量浓度 $B^{Z\pm}$ 转换成毫摩尔浓度 $c[B^{Z\pm}/(M_B/Z)]$，并考虑离子的价态。具体方式如下：SO_4^{2-} 换算成 $SO_4^{2-}/48$；Cl^- 换算成 $Cl^-/35.5$；Ca^{2+} 换算成 $Ca^{2+}/20$；Mg^{2+} 换算成 $Mg^{2+}/12$；Fe^{3+} 换算成 $Fe^{3+}/18.6$；Mn^{2+} 换算成 $Mn^{2+}/27.5$；HCO_3^- 换算成 $HCO_3^-/61$；等等。其中，B 表示化合物，Z 表示化合价，M_B 表示化合物 B 的摩尔质量。

参 考 文 献

[1] GB/T 19000—2016 质量管理体系 基础和术语
[2] GB/T 27417—2017 合格评定 化学分析方法确认和验证指南
[3] GB/T 32467—2015 化学分析方法验证确认和内部质量控制 术语及定义
[4] JJF 1005—2016 标准物质通用术语和定义

ICS 13.060
CCS C 51

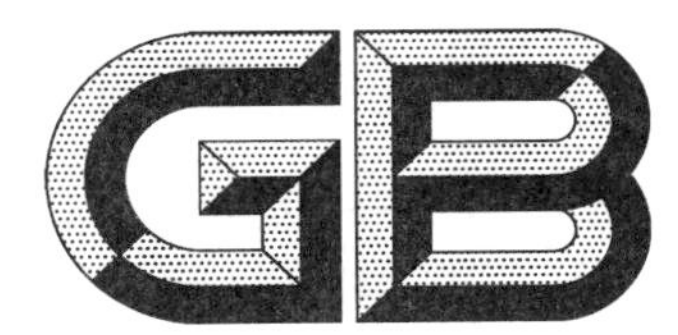

中华人民共和国国家标准

GB/T 5750.4—2023
代替 GB/T 5750.4—2006

生活饮用水标准检验方法 第4部分：感官性状和物理指标

Standard examination methods for drinking water—
Part 4: Organoleptic and physical indices

2023-03-17 发布 2023-10-01 实施

国家市场监督管理总局
国家标准化管理委员会 发布

目　次

前　言

本文件按照 GB/T 1.1—2020《标准化工作导则　第 1 部分：标准化文件的结构和起草规则》的规定起草。

本文件是 GB/T 5750《生活饮用水标准检验方法》的第 4 部分。GB/T 5750 已经发布了以下部分：

——第 1 部分：总则；

——第 2 部分：水样的采集与保存；

——第 3 部分：水质分析质量控制；

——第 4 部分：感官性状和物理指标；

——第 5 部分：无机非金属指标；

——第 6 部分：金属和类金属指标；

——第 7 部分：有机物综合指标；

——第 8 部分：有机物指标；

——第 9 部分：农药指标；

——第 10 部分：消毒副产物指标；

——第 11 部分：消毒剂指标；

——第 12 部分：微生物指标；

——第 13 部分：放射性指标。

本文件代替 GB/T 5750.4—2006《生活饮用水标准检验方法　感官性状和物理指标》，与 GB/T 5750.4—2006 相比，除结构调整和编辑性改动外，主要技术变化如下：

a)　增加了"术语和定义"(见第 3 章)；

b)　增加了 6 个检验方法(见 6.2、6.3、12.2、12.3、13.3、13.4)；

c)　删除了 1 个检验方法(见 2006 年版的 9.2)。

请注意本文件的某些内容可能涉及专利。本文件的发布机构不承担识别专利的责任。

本文件由中华人民共和国国家卫生健康委员会提出并归口。

本文件起草单位：中国疾病预防控制中心环境与健康相关产品安全所、中国科学院生态环境研究中心、北京市疾病预防控制中心、河南省疾病预防控制中心、广东省疾病预防控制中心。

本文件主要起草人：施小明、姚孝元、张岚、陈永艳、吕佳、岳银玲、王君、于建伟、李勇、张榕杰、李敏、陈曦、张森、杨敏、陈斌生、夏芳、连晓文、谢琳娜。

本文件及其所代替文件的历次版本发布情况为：

——1985 年首次发布为 GB/T 5750—1985，2006 年第一次修订为 GB/T 5750.4—2006；

——本次为第二次修订。

引　言

GB/T 5750《生活饮用水标准检验方法》作为生活饮用水检验技术的推荐性国家标准,与 GB 5749《生活饮用水卫生标准》配套,是 GB 5749 的重要技术支撑,为贯彻实施 GB 5749、开展生活饮用水卫生安全性评价提供检验方法。

GB/T 5750 由 13 个部分构成。

——第 1 部分:总则。目的在于提供水质检验的基本原则和要求。

——第 2 部分:水样的采集与保存。目的在于提供水样采集、保存、管理、运输和采样质量控制的基本原则、措施和要求。

——第 3 部分:水质分析质量控制。目的在于提供水质检验检测实验室质量控制要求与方法。

——第 4 部分:感官性状和物理指标。目的在于提供感官性状和物理指标的相应检验方法。

——第 5 部分:无机非金属指标。目的在于提供无机非金属指标的相应检验方法。

——第 6 部分:金属和类金属指标。目的在于提供金属和类金属指标的相应检验方法。

——第 7 部分:有机物综合指标。目的在于提供有机物综合指标的相应检验方法。

——第 8 部分:有机物指标。目的在于提供有机物指标的相应检验方法。

——第 9 部分:农药指标。目的在于提供农药指标的相应检验方法。

——第 10 部分:消毒副产物指标。目的在于提供消毒副产物指标的相应检验方法。

——第 11 部分:消毒剂指标。目的在于提供消毒剂指标的相应检验方法。

——第 12 部分:微生物指标。目的在于提供微生物指标的相应检验方法。

——第 13 部分:放射性指标。目的在于提供放射性指标的相应检验方法。

生活饮用水标准检验方法 第4部分:感官性状和物理指标

1 范围

本文件描述了生活饮用水中色度、浑浊度、臭和味、肉眼可见物、pH、电导率、总硬度、溶解性总固体、挥发酚类、阴离子合成洗涤剂的测定方法和水源水中色度、浑浊度、臭和味、肉眼可见物、pH、电导率、总硬度、溶解性总固体、挥发酚类(4-氨基安替比林三氯甲烷萃取分光光度法)、阴离子合成洗涤剂的测定方法。

本文件适用于生活饮用水和(或)水源水中感官性状和物理指标的测定。

2 规范性引用文件

下列文件中的内容通过文中的规范性引用而构成本文件必不可少的条款。其中,注日期的引用文件,仅该日期对应的版本适用于本文件;不注日期的引用文件,其最新版本(包括所有的修改单)适用于本文件。

GB/T 5750.1 生活饮用水标准检验方法 第1部分:总则

GB/T 5750.3 生活饮用水标准检验方法 第3部分:水质分析质量控制

GB/T 6682 分析实验室用水规格和试验方法

3 术语和定义

GB/T 5750.1 和 GB/T 5750.3 界定的术语和定义适用于本文件。

4 色度

4.1 铂-钴标准比色法

4.1.1 最低检测值

水样不经稀释,本方法最低检测色度为5度,测定范围为5度~50度。

4.1.2 原理

用氯铂酸钾和氯化钴配制成与天然水黄色色调相似的标准色列,用于水样目视比色测定。规定1 mg/L 铂[以$(PtCl_6)^{2-}$形式存在]所具有的颜色作为1个色度单位,称为1度。即使轻微的浑浊度也干扰测定,浑浊水样测定时需先离心,使之清澈。

4.1.3 试剂

4.1.3.1 纯水:取蒸馏水经0.22 μm滤膜过滤后使用。

4.1.3.2 铂-钴标准溶液:称取1.246 g氯铂酸钾(K_2PtCl_6)和1.000 g干燥的六水合氯化钴($CoCl_2 \cdot 6H_2O$),溶于100 mL纯水中,加入100 mL盐酸(ρ_{20}=1.19 g/mL),用纯水定容至1 000 mL。此标准溶

液的色度为500度。

4.1.4 仪器设备

4.1.4.1 成套高型无色具塞比色管:50 mL。

4.1.4.2 离心机。

4.1.5 试验步骤

4.1.5.1 测定前除去水样中的悬浮物,取50 mL透明的水样于比色管中。如水样色度过高,可取少量水样,加纯水稀释后比色,将结果乘以稀释倍数。

4.1.5.2 另取比色管11支,分别加入铂-钴标准溶液0 mL、0.50 mL、1.00 mL、1.50 mL、2.00 mL、2.50 mL、3.00 mL、3.50 mL、4.00 mL、4.50 mL和5.00 mL,加纯水至刻度,摇匀,配制成色度为0度、5度、10度、15度、20度、25度、30度、35度、40度、45度和50度的标准色列,可长期使用。

4.1.5.3 将水样与铂-钴标准色列比较。如水样与标准色列的色调不一致,即为异色,可用文字描述。

4.1.6 试验数据处理

按式(1)计算色度:

$$D=\frac{V_1\times 500}{V} \quad \cdots\cdots(1)$$

式中:

D ——水样中的色度,单位为度;

V_1——相当于铂-钴标准溶液的用量,单位为毫升(mL);

V ——水样体积,单位为毫升(mL)。

5 浑浊度

5.1 散射法-福尔马肼标准

5.1.1 最低检测值

本方法浑浊度最低检测值为0.5散射浊度单位(NTU)。

浑浊度是反映水源水及生活饮用水物理性状的一项指标,用以表示水的浑浊程度。水的浑浊度是由于水中存在悬浮物或胶态物,或两者造成的光学散射或吸收行为引起的。

5.1.2 原理

在相同条件下用福尔马肼标准混悬液散射光的强度和水样散射光的强度进行比较。散射光的强度越大,表示浑浊度越高。

5.1.3 试剂

警示:硫酸肼具致癌毒性,避免吸入、摄入和与皮肤接触!

5.1.3.1 纯水:取蒸馏水经0.22 μm滤膜过滤后使用。

5.1.3.2 硫酸肼溶液(10 g/L):称取硫酸肼[$(NH_2)_2\cdot H_2SO_4$,又名硫酸联胺]1.000 g溶于纯水并于100 mL容量瓶中定容。

5.1.3.3 六亚甲基四胺溶液(100 g/L):称取六亚甲基四胺[$(CH_2)_6N_4$]10.00 g溶于纯水,于100 mL容量瓶中定容。

5.1.3.4 福尔马肼标准混悬液:分别吸取硫酸肼溶液 5.00 mL、六亚甲基四胺溶液 5.00 mL 于 100 mL 容量瓶内,混匀,在 25 ℃±3 ℃放置 24 h 后,加入纯水至刻度,混匀。此标准混悬液浑浊度为 400 NTU,可使用约一个月,或使用有证标准溶液。

5.1.3.5 福尔马肼标准使用溶液:将福尔马肼标准混悬液用纯水稀释 10 倍。此混悬液浑浊度为 40 NTU,使用时再根据需要适当稀释。

5.1.4 仪器设备

散射式浑浊度仪。

5.1.5 试验步骤

按操作手册进行操作,浑浊度超过 40 NTU 时,可用纯水稀释后测定。

5.1.6 试验数据处理

根据仪器测定时所显示的浑浊度读数乘以稀释倍数计算结果。

5.2 目视比浊法-福尔马肼标准

5.2.1 最低检测值

本方法浑浊度最低检测值为 1 散射浊度单位(NTU)。

5.2.2 原理

在适当温度下,硫酸肼与六亚甲基四胺聚合,形成白色高分子聚合物,以此作为浑浊度标准溶液,在一定条件下与水样浑浊度相比较。

5.2.3 试剂

5.2.3.1 纯水:见 5.1.3.1。

5.2.3.2 硫酸肼溶液(10 g/L):见 5.1.3.2。

5.2.3.3 六亚甲基四胺溶液(100 g/L):见 5.1.3.3。

5.2.3.4 福尔马肼标准混悬液:见 5.1.3.4。

5.2.4 仪器设备

成套高型无色具塞比色管:50 mL,玻璃质量及直径均一致。

5.2.5 试验步骤

5.2.5.1 摇匀后吸取浑浊度为 400 NTU 的福尔马肼标准混悬液 0 mL、0.25 mL、0.50 mL、0.75 mL、1.00 mL、1.25 mL、2.50 mL、3.75 mL 和 5.00 mL 分别置于成套的 50 mL 比色管内,加纯水至刻度,摇匀后即得浑浊度为 0 NTU、2 NTU、4 NTU、6 NTU、8 NTU、10 NTU、20 NTU、30 NTU 和 40 NTU 的标准混悬液。

5.2.5.2 取 50 mL 摇匀的水样,置于同样规格的比色管内,与浑浊度标准混悬液系列同时振摇均匀后,由管的侧面观察,进行比较。水样的浑浊度超过 40 NTU 时,可用纯水稀释后测定。

5.2.6 试验数据处理

浑浊度结果可于测定时直接比较读取,乘以稀释倍数。不同浑浊度范围的读数精度要求见表 1。

表 1 不同浑浊度范围的读数精度要求

浑浊度范围/NTU	读数精度/NTU
1～10(不含)	1
10～100(不含)	5
100～400(不含)	10
400～700(不含)	50
700 及以上	100

6 臭和味

6.1 嗅气和尝味法

6.1.1 仪器设备

锥形瓶：250 mL。

6.1.2 试验步骤

6.1.2.1 原水样的臭和味

取 100 mL 水样，置于 250 mL 锥形瓶中，振摇后从瓶口嗅水的气味，用适当文字描述，并按六级记录其强度，见表 2。

注：分析在通风良好、无异味的环境中进行，分析人员测试前 30 min 避免进食、喝饮料或吸烟，患感冒、过敏症者或有其他相关问题时不参加闻测。分析人员身体无异味，避免使用香皂、香水、修脸剂等，避免外来气味对试验的干扰。闻测高异臭强度样品后休息 15 min 以上继续进行分析，当分析人员出现嗅觉疲劳时停止试验，在无气味的房间进行休息。

与此同时，取少量水样放入口中，不要咽下，品尝水的味道，予以描述，并按六级记录强度，见表 2。

6.1.2.2 原水煮沸后的臭和味

将上述锥形瓶内水样加热至开始沸腾，立即取下锥形瓶，稍冷后按上法嗅气和尝味，用适当的文字加以描述，并按 6 级记录其强度，见表 2。

表 2 臭和味的强度等级

等级	强度	说明
0	无	无任何臭和味
1	微弱	一般饮用者甚难察觉，但臭、味敏感者可以发觉
2	弱	一般饮用者刚能察觉
3	明显	已能明显察觉
4	强	已有很显著的臭味
5	很强	有强烈的恶臭或异味
注：必要时用活性炭处理过的纯水作为无臭对照水。		

6.2 嗅阈值法

6.2.1 原理

用无臭水稀释水样，直至闻出最低可辨别臭气的浓度(称嗅阈浓度)，用其表示嗅的阈限。水样稀释到刚好闻出臭味时的稀释倍数称为嗅阈值(TON)。由于分析人员的嗅觉敏感度有差别，对于同一水样无绝对的嗅阈值。分析人员在过度工作中敏感性会减弱，甚至每天或一天之内也不一样，臭味特征及产臭物浓度的反应也因人而异。一般情况下，分析人员人数为3人～5人，人数越多越有可能获得准确一致的试验结果。

6.2.2 试剂

除非另有说明，本方法所用试剂均为分析纯，实验用水为GB/T 6682规定的二级水，现用现备。

6.2.2.1 无臭水：用活性炭处理过的无异臭异味的纯水。

6.2.2.2 2-甲基异莰醇($C_{11}H_{20}O$)标准品：纯度≥95%。

6.2.2.3 土臭素($C_{12}H_{22}O$)标准品：纯度≥95%。

6.2.2.4 硫代硫酸钠溶液[$\rho(Na_2S_2O_3 \cdot 5H_2O)=70$ g/L]：称取7.0 g五水合硫代硫酸钠($Na_2S_2O_3 \cdot 5H_2O$)溶于100 mL无臭水中。

6.2.2.5 2-甲基异莰醇标准储备溶液[ρ(2-MIB)=100 mg/L]：称取2-甲基异莰醇标准品10 mg，置于100 mL容量瓶中，用甲醇溶解并稀释至刻度，此溶液ρ(2-MIB)=100 mg/L。或使用有证标准溶液。

6.2.2.6 2-甲基异莰醇标准使用溶液[ρ(2-MIB)=25.0 ng/L]：取1.00 mL 2-甲基异莰醇标准储备溶液于容量瓶中，用无臭水定容至100 mL，从中吸取1.00 mL，用无臭水定容至200 mL，再从中吸取1.00 mL，用无臭水定容至200 mL。此标准使用溶液现用现配。

6.2.2.7 土臭素标准储备溶液[ρ(GSM)=100 mg/L]：称取土臭素标准品10 mg，置于100 mL容量瓶中，用甲醇溶解并稀释至刻度，此溶液ρ(GSM)=100 mg/L。或使用有证标准溶液。

6.2.2.8 土臭素标准使用溶液[ρ(GSM)=25.0 ng/L]：取1.00 mL土臭素标准储备溶液于容量瓶中，用无臭水定容至100 mL，从中吸取1.00 mL，用无臭水定容至200 mL，再从中吸取1.00 mL，用无臭水定容至200 mL。此标准使用溶液现用现配。

6.2.3 仪器设备

6.2.3.1 电热恒温水浴锅：可调至100 ℃，控温精度为±1 ℃。

6.2.3.2 具塞锥形瓶：250 mL。

6.2.3.3 温度计：0 ℃～100 ℃。

6.2.4 样品

6.2.4.1 样品采集

500 mL棕色玻璃瓶采样。样品采集时，使水样在取样瓶完全充满且没有气泡，再盖上瓶塞。若样品中含有余氯，应在取样瓶中加入硫代硫酸钠溶液[$\rho(Na_2S_2O_3 \cdot 5H_2O)=70$ g/L]，参考投入量为0.2 mL/500 mL水样。

6.2.4.2 样品保存

样品采集后于0 ℃～4 ℃冷藏保存，保存时间为24 h。

6.2.5 试验步骤

6.2.5.1 选定分析人员：取2-甲基异莰醇标准使用溶液或土臭素标准使用溶液150 mL于250 mL具塞

锥形瓶中，让拟选定的分析人员闻其气味。

注 1：未闻出气味的分析人员不被选定检测；拟选定的分析人员避免制备试样或知道试样的稀释浓度，且样瓶编暗码。

注 2：分析在通风良好、无异味的环境中进行，分析人员测试前 30 min 避免进食、喝饮料或吸烟，患感冒、过敏症者或有其他相关问题时不参加闻测。分析人员身体无异味，避免使用香皂、香水、修脸剂等，避免外来气味对试验的干扰。闻测高异臭强度样品后休息 15 min 以上继续进行分析，当分析人员出现嗅觉疲劳时停止试验，在无气味的房间进行休息。

6.2.5.2 取 150 mL 水样置于 250 mL 具塞锥形瓶中，将具塞锥形瓶放入电热恒温水浴锅内水浴加热至 60 ℃，恒温 5 min 后取出锥形瓶，轻轻振荡 2 s～3 s，去塞闻其气味。同时做一无臭水空白试验。与无臭水对比，如水样未闻出气味，记录水样嗅阈值为 1。

6.2.5.3 如水样闻出气味，则另取适量水样，加入无臭水，使水样总体积为 150 mL，同上述步骤，记录确定闻出最低臭味时水样的稀释倍数，确定水样的嗅阈值(TON)。不同取样体积水样的嗅阈值见表 3。

注：试验在无气味的房间进行。

表 3 不同取样体积水样的嗅阈值

水样体积/mL	加入无臭水体积/mL	嗅阈值
150	0	1.0
75.0	75.0	2.0
50.0	100	3.0
37.5	112.5	4.0
30.0	120	5.0

6.2.6 试验数据处理

按式(2)计算水样的嗅阈值(TON)：

$$\mathrm{TON}=\frac{A+B}{A} \qquad (2)$$

采用测定结果的几何均数按式(3)计算多人参加试验测定水样的嗅阈值(TON)：

$$\mathrm{TON}=\sqrt[n]{\mathrm{TON}_1\times\mathrm{TON}_2\times\cdots\times\mathrm{TON}_n} \qquad (3)$$

式中：

TON ——水样的嗅阈值；

A ——水样的体积，单位为毫升(mL)；

B ——无臭水的体积，单位为毫升(mL)；

n ——分析人员个数($n\geqslant3$)；

TON_n ——第 n 个分析人员测定的嗅阈值。

6.2.7 精密度

6 个实验室分别分析并测定了生活饮用水及其水源水，生活饮用水嗅阈值相对标准偏差为 0%～3.6%，水源水嗅阈值相对标准偏差为 0%～6.7%。

6.3 嗅觉层次分析法

6.3.1 原理

选定分析人员 3 人～5 人组成嗅觉评价小组，将水样加热到 45 ℃，使臭溢出，分析人员闻其臭气。

各分析人员先单独评价测试水样的异臭类型和异臭强度等级，再共同讨论确定水样的异臭类型，其中异臭强度等级取平均值。

6.3.2 试剂

除非另有说明，本方法所用试剂均为分析纯，实验用水为 GB/T 6682 规定的二级水，现用现备。

6.3.2.1 无臭水：用活性炭处理过的无异臭异味的纯水。

6.3.2.2 己醛($C_6H_{12}O$)标准品：纯度≥95%。

6.3.2.3 2,6-壬二烯醛($C_9H_{14}O$)标准品：纯度≥95%。

6.3.2.4 土臭素($C_{12}H_{22}O$)标准品：纯度≥95%。

6.3.2.5 2-甲基异莰醇($C_{11}H_{20}O$)标准品：纯度≥95%。

6.3.2.6 2-甲基异莰醇($C_{11}H_{20}O$)标准储备溶液[ρ(2-MIB)＝100 mg/L]：称取 2-甲基异莰醇标准品 10 mg，置于 100 mL 容量瓶中，用甲醇溶解并稀释至刻度，此溶液 ρ(2-MIB)＝100 mg/L。或使用有证标准溶液。

6.3.2.7 2-甲基异莰醇标准使用溶液[ρ(2-MIB)＝0.04 μg/L]：取 100 μL 2-甲基异莰醇标准储备溶液于 100 mL 容量瓶中，用无臭水定容至刻度 100 mL，此溶液可于 0 ℃～4 ℃冷藏保存 1 个月。使用时再从中吸取 100 μL，用无臭水定容至 250 mL。

6.3.2.8 土臭素($C_{12}H_{22}O$)标准储备溶液[ρ(GSM)＝100 mg/L]：称取土臭素标准品 10 mg，置于 100 mL 容量瓶中，用甲醇溶解并稀释至刻度，此溶液 ρ(GSM)＝100 mg/L。或使用有证标准溶液。

6.3.2.9 抗坏血酸溶液[ρ($C_6H_8O_6$)＝100 g/L]：称取 10 g 抗坏血酸溶于无臭水中，稀释至 100 mL，0 ℃～4 ℃冷藏贮存备用，每周配制。

6.3.3 仪器设备

6.3.3.1 恒温水浴锅：控温精度±1 ℃。

6.3.3.2 移液器：20 μL 和 100 μL。

6.3.3.3 温度计：0 ℃～100 ℃。

6.3.3.4 量筒：200 mL。

6.3.3.5 容量瓶：100 mL 和 250 mL。

6.3.3.6 取样瓶：具塞玻璃瓶，不小于 500 mL。

6.3.3.7 样品瓶：具塞磨口锥形瓶，500 mL。

6.3.4 样品

6.3.4.1 样品采集

500 mL 棕色玻璃瓶采样，样品采集时，使水样在取样瓶完全充满且没有气泡，再盖上瓶塞。样品中含有余氯，应在取样瓶中加入抗坏血酸溶液[ρ($C_6H_8O_6$)＝100 g/L]，参考投入量为 0.1 mL/500 mL 水样。

6.3.4.2 样品保存

样品采集后于 0 ℃～4 ℃冷藏保存，保存时间为 24 h。

6.3.5 试验步骤

6.3.5.1 嗅觉评测

以 2-甲基异莰醇标准使用溶液[ρ(2-MIB)＝0.04 μg/L]对分析人员进行嗅觉灵敏度测试，按照

6.3.5.2 和 6.3.5.3 进行样品准备及分析，测试结果为土霉味异臭强度等级为 4～6 时方可进行样品分析。

6.3.5.2 样品准备

量取 200 mL 水样至样品瓶中，置于 45 ℃水浴中加热 10 min～15 min。

6.3.5.3 样品分析

分析人员分别对水样进行闻测。闻测时，一只手托住瓶底，另一只手压紧瓶盖，以画圆圈的形式轻轻摇动样品瓶 2 s～3 s；再将样品瓶靠近鼻孔 3 cm～5 cm，移除瓶盖，进行闻测。分析下一个水样时，分析人员先闻无臭水，休息 2 min 以上，方可再进行水样分析。

注 1：分析在通风良好、无异味的环境中进行，分析人员测试前 30 min 避免进食、喝饮料或吸烟，患感冒、过敏症者或有其他相关问题时不参加闻测。分析人员身体无异味，避免使用香皂、香水、修脸剂等，避免外来气味对试验的干扰。闻测高异臭强度样品后休息 15 min 以上继续进行分析，当分析人员出现嗅觉疲劳时停止试验，在无气味的房间进行休息。

注 2：样品瓶加热升温时可能会有器皿塞蹦出现象，注意观察，防止伤人。

注 3：分析人员对样品进行闻测时，不接触瓶颈部位。

注 4：清洗盛装含有异臭的水样或者长时间空置的样品瓶时，用无臭的洗涤剂进行清洗，然后用自来水反复冲洗 3 次，最后用无臭水洗涤 3 次，晾干或者低温烘干备用。

6.3.5.4 结果记录

6.3.5.4.1 异臭强度分为 7 个等级，按表 4 记录闻测得到的异臭类型和异臭强度等级。

表 4 异臭强度等级表

序号	异臭强度等级	异臭强度描述	说明
1	0	无	无任何异臭
2	2	微弱	一般饮用者甚难察觉，但嗅觉敏感者可以察觉
3	4	弱	一般饮用者刚能察觉，易分辨出不同的异臭种类
4	6	中等强度	已能明显察觉异臭
5	8	较强	有较强的异臭，闻测时有刺激性感觉
6	10	强	有很显著的异臭，长时间闻测难以忍受
7	12	很强	有强烈的恶臭或异味，强度让人无法忍受

6.3.5.4.2 进行水样分析时，记录第一感觉的测定结果；当水样中的异臭难以描述时，分析人员应重新对其进行分析。

6.3.5.5 质量控制

6.3.5.5.1 对照试验：取 200 mL 无臭水，和水样同时进行分析，检测结果不能有任何异臭的检出。样品分析时，对照试验每批进行一次。

6.3.5.5.2 加标试验：选择 1 种～2 种常见的参考致臭物质，用无臭水配制成一定浓度的标准溶液和标准系列。参考致臭物质的异臭类型及标准溶液浓度见表 5，标准系列的配制浓度及对应的异臭强度等级见表 6。按照样品分析步骤对其进行测定，记录水样的异臭类型及异臭强度等级，水样异臭强度等级测定值与理论计算值不应超过 2 个异臭强度等级单位。同时以参考致臭物质标准系列浓度的对数值为横坐标，异臭强度等级为纵坐标绘制浓度-响应曲线，两者之间应呈线性关系，相关系数应大于 0.80。样品分析时，每个月在水样检测前应进行一次加标试验。

表 5 参考致臭物质异臭类型及标准溶液浓度

组分名称	异臭类型	质量浓度/(μg/L)
2-甲基异莰醇	土霉味	0.200
土臭素	土霉味	0.200
2,6-壬二烯醛	黄瓜味	10.0
己醛	腐败胡桃油味	200

表 6 参考致臭物质标准溶液的配制浓度及异臭强度等级

异臭强度等级	参考致臭物质标准溶液配制质量浓度/(μg/L)			
	2-甲基异莰醇	土臭素	2,6-壬二烯醛	己醛
0	0	0	0	0
2	0.015	0.01	0.05	0.35
4	0.04	0.02	0.10	0.60
6	0.06	0.04	0.20	1.20
8	0.20	0.08	0.40	2.50
10	0.30	0.12	0.80	5.00
12	0.40	0.30	1.60	10.00

6.3.6 试验数据处理

6.3.6.1 水样分析结束后，异臭类型需由分析人员根据各自的测评结果通过共同讨论确定，对单一异臭类型水样，经共同讨论并达成一致确定异臭类型，异臭强度等级取各分析人员测定结果的算术平均值；对混合异臭类型水样，分析人员共同讨论确定存在的异臭类型，对应每种异臭类型的强度等级取各分析人员对每种异臭测定结果的算术平均值。将测定结果记录在表 7 中。

表 7 水样中异臭测定结果记录表

样品描述			
采样时间			
分析人员编号	测定结果		
	异臭类型 1	异臭类型 2	异臭类型 3
1			
2			
3			
4			
分析结果			

6.3.6.2 本方法中异臭强度等级与 6.1 中的臭和味强度等级对应关系，见表 8。

表 8 异臭强度等级对照表

异臭强度描述	说明	异臭强度等级	
		嗅气和尝味法	嗅觉层次分析法
无	无任何异臭	0	0
微弱	一般饮用者甚难察觉，但臭味敏感者可以察觉	1	1(不含)～3
弱	一般饮用者刚能察觉	2	3(不含)～5
明显	已能明显察觉	3	5(不含)～7
强	已有很显著的臭味	4	7(不含)～10
很强	有强烈的恶臭或异臭	5	10(不含)～12

7 肉眼可见物

7.1 直接观察法

将水样摇匀，倒入洁净透明的锥形瓶中在光线明亮处迎光直接观察，记录所观察到的肉眼可见物。

8 pH

8.1 玻璃电极法

8.1.1 原理

用本方法测定 pH 值可准确到 0.01。

pH 值是水中氢离子活度倒数的对数值。水的色度、浑浊度、余氯、氧化剂、还原剂、较高含盐量均不干扰测定，但在较强的碱性溶液中，当有大量钠离子存在时会产生误差，使读数偏低。

以玻璃电极为指示电极，饱和甘汞电极为参比电极，插入溶液中组成原电池。当氢离子浓度发生变化时，玻璃电极和甘汞电极之间的电动势也随之变化，在 25 ℃时，每单位 pH 标度相当于 59.1 mV 电动势变化值，在仪器上直接以 pH 的读数表示。仪器配有温度差异补偿装置。

8.1.2 试剂

除非另有说明，实验用水为 GB/T 6682 规定的二级水，现用现备。

8.1.2.1 邻苯二甲酸氢钾标准缓冲溶液：称取 10.21 g 在 105 ℃烘干 2 h 的邻苯二甲酸氢钾（$KHC_8H_4O_4$），溶于纯水中，并稀释至 1 000 mL，此溶液的 pH 值在 20 ℃时为 4.00，或使用有证标准物质。

8.1.2.2 混合磷酸盐标准缓冲溶液：称取 3.40 g 在 105 ℃烘干 2 h 的磷酸二氢钾（KH_2PO_4）和 3.55 g 磷酸氢二钠（Na_2HPO_4），溶于纯水中，并稀释至 1 000 mL。此溶液的 pH 值在 20 ℃时为 6.88，或使用有证标准物质。

8.1.2.3 四硼酸钠标准缓冲溶液：称取 3.81 g 十水合四硼酸钠（$Na_2B_4O_7 \cdot 10H_2O$），溶于纯水中，并稀释至 1 000 mL，此溶液的 pH 值在 20 ℃时为 9.22，或使用有证标准物质。

8.1.2.4 配制上述缓冲溶液所用纯水均为新煮沸并放冷的蒸馏水。配成的溶液应储存在聚乙烯瓶或硬质玻璃瓶内。此类溶液可以稳定 1 个月～2 个月。以上三种缓冲溶液的 pH 值随温度变化而稍有差异，见表 9。

表 9 pH 标准缓冲溶液在不同温度时的 pH 值

温度/℃	标准缓冲溶液的 pH 值		
	邻苯二甲酸氢钾标准缓冲溶液	混合磷酸盐标准缓冲溶液	四硼酸钠标准缓冲溶液
0	4.00	6.98	9.46
5	4.00	6.95	9.40
10	4.00	6.92	9.33
15	4.00	6.90	9.28
20	4.00	6.88	9.22
25	4.01	6.86	9.18
30	4.02	6.85	9.14
35	4.02	6.84	9.10
40	4.04	6.84	9.07

8.1.3 仪器设备

8.1.3.1 精密酸度计:测量范围 0～14。精度小于或等于 0.02。

8.1.3.2 pH 玻璃电极。

8.1.3.3 饱和甘汞电极。

8.1.3.4 温度计:0 ℃～50 ℃。

8.1.3.5 塑料烧杯:50 mL。

8.1.4 试验步骤

8.1.4.1 玻璃电极在使用前应放入纯水中浸泡 24 h 以上。

8.1.4.2 仪器校正:仪器开启 30 min 后,按仪器使用说明书操作。

8.1.4.3 pH 定位:选用一种与被测水样 pH 接近的标准缓冲溶液,重复定位 1 次～2 次,当水样 pH＜7.0 时,使用邻苯二甲酸氢钾标准缓冲溶液定位,以四硼酸钠或混合磷酸盐缓冲溶液复定位;如果水样 pH＞7.0 时,则用四硼酸钠缓冲溶液定位,以邻苯二甲酸氢钾或混合磷酸盐缓冲溶液复定位。

注:如发现三种缓冲溶液的定位值不成线性,检查玻璃电极的质量。

8.1.4.4 用洗瓶以纯水缓缓淋洗 2 个电极数次,再以水样淋洗 6 次～8 次,然后插入水样中,1 min 后直接从仪器上读出 pH 值。

注 1:甘汞电极内为氯化钾的饱和溶液,当室温升高后,溶液可能由饱和状态变为不饱和状态,故保持一定量氯化钾晶体。

注 2:对于 pH 值大于 9 的溶液,测定 pH 值的电极为高碱玻璃电极。

8.2 标准缓冲溶液比色法

8.2.1 原理

用本方法测定 pH 值可准确到 0.1。

不同的酸碱指示剂在一定的 pH 范围内显示出不同颜色。在一系列已知 pH 值的标准缓冲溶液及水样中加入相同的指示剂,显色后比对测得水样的 pH 值。

水样带有颜色、浑浊或含有较多的游离余氯、氧化剂、还原剂时均有干扰。

8.2.2 试剂

除非另有说明,实验用水为 GB/T 6682 规定的二级水,现用现备。

8.2.2.1 邻苯二甲酸氢钾溶液[$c(KHC_8H_4O_4)=0.10$ mol/L]:将邻苯二甲酸氢钾($KHC_8H_4O_4$)置于 105 ℃烘箱内干燥 2 h,放在硅胶干燥器内冷却 30 min,称取 20.422 g 溶于纯水中,并定容至 1 000 mL,或使用有证标准物质。

8.2.2.2 磷酸二氢钾溶液[$c(KH_2PO_4)=0.10$ mol/L]:将磷酸二氢钾(KH_2PO_4)置于 105 ℃烘箱内干燥 2 h,于硅胶干燥器内冷却 30 min,称取 13.609 g 溶于纯水中,并定容至 1 000 mL,静置 4 d 后,倾出上层澄清液,贮存于清洁瓶中。所配成的溶液应对甲基红指示剂呈显著红色,对溴酚蓝指示剂呈显著紫蓝色。或使用有证标准物质。

8.2.2.3 硼酸-氯化钾混合溶液[$c(H_3BO_3)=0.10$ mol/L,$c(KCl)=0.10$ mol/L]:将硼酸(H_3BO_3)用研钵研碎,放入硅胶干燥器中,24 h 后取出,称取 6.20 g;另称取 7.456 g 干燥的氯化钾(KCl),一并溶解于纯水中,并定容至 1 000 mL,或使用有证标准物质。

注:配制上述缓冲溶液所需的纯水均为新煮沸冷却的蒸馏水。

8.2.2.4 氢氧化钠溶液[$c(NaOH)=0.100\ 0$ mol/L]:称取 30 g 氢氧化钠(NaOH),溶于 50 mL 纯水中,倾入 150 mL 锥形瓶内,冷却后用橡皮塞塞紧,静置 4 d 以上,使碳酸钠沉淀。小心吸取上清液约 10 mL,用纯水定容至 1 000 mL。此溶液浓度约为 $c(NaOH)=0.1$ mol/L,其准确浓度用邻苯二甲酸氢钾标定,方法如下。

将邻苯二甲酸氢钾($KHC_8H_4O_4$)置于 105 ℃烘箱内烘至恒量,称取 0.5 g,精确到 0.1 mg,共称 3 份,分别置于 250 mL 锥形瓶中,加入 100 mL 纯水,使邻苯二甲酸氢钾完全溶解,然后加入 4 滴酚酞指示剂,用氢氧化钠溶液滴定至淡红色 30 s 内不褪为止。滴定时应不断振摇,但滴定时间不宜太久,以免空气中二氧化碳进入溶液而引起误差。需同时滴定一份空白溶液,并从滴定邻苯二甲酸氢钾所用的氢氧化钠溶液毫升数中减去此数值,按式(4)计算出氢氧化钠原液的准确浓度:

$$c_1(NaOH)=\frac{m}{(V-V_0)\times 0.204\ 2} \qquad \cdots\cdots(4)$$

式中:

$c_1(NaOH)$——氢氧化钠溶液浓度,单位为摩尔每升(mol/L);

m——邻苯二甲酸氢钾的质量,单位为克(g);

V——滴定邻苯二甲酸氢钾所用氢氧化钠溶液体积,单位为毫升(mL);

V_0——滴定空白溶液所用氢氧化钠溶液体积,单位为毫升(mL);

0.204 2——与 1.00 mL 氢氧化钠标准溶液[$c(NaOH)=1.000$ mol/L]所相当的邻苯二甲酸氢钾的质量,单位为微克每摩尔(μg/mol)。

根据氢氧化钠原液的浓度,按照式(5)计算配制 0.100 0 mol/L 的氢氧化钠溶液所需原液体积,并用纯水定容至所需体积。

$$V_1=\frac{V_2\times 0.100\ 0}{c_1(NaOH)} \qquad \cdots\cdots(5)$$

式中:

V_1——原液体积,单位为毫升(mL);

V_2——稀释后体积,单位为毫升(mL);

$c_1(NaOH)$——原液浓度,单位为摩尔每升(mol/L)。

8.2.2.5 氯酚红指示剂[$\rho(C_{19}H_{12}Cl_2O_5S)=0.4$ g/L]:称取 100 mg 氯酚红($C_{19}H_{12}Cl_2O_5S$),置于玛瑙研钵中,加入 23.6 mL 0.01 mol/L 氢氧化钠溶液,研磨至完全溶解后,用纯水定容至 250 mL。此指示剂适用的 pH 范围为 4.8～6.4。

8.2.2.6　溴百里酚蓝指示剂[$\rho(C_{27}H_{28}Br_2O_5S)$=0.4 g/L]：称取100 mg溴百里酚蓝($C_{27}H_{28}Br_2O_5S$，又称麝香草酚蓝)，置于玛瑙研钵中，加入16.0 mL 0.01 mol/L氢氧化钠溶液，研磨至完全溶解后，用纯水定容至250 mL。此指示剂适用的pH范围为6.2～7.6。

8.2.2.7　酚红指示剂[$\rho(C_{19}H_{14}O_5S)$=0.4 g/L]：称取100 mg酚红($C_{19}H_{14}O_5S$)，置于玛瑙研钵中，加入28.2 mL 0.01 mol/L氢氧化钠溶液，研磨至完全溶解后，用纯水定容至250 mL。此指示剂适用的pH范围为6.8～8.4。

8.2.2.8　百里酚蓝指示剂[$\rho(C_{27}H_{30}O_5S)$=0.4 g/L]：称取100 mg百里酚蓝($C_{27}H_{30}O_5S$，又称麝香草酚蓝)，置于玛瑙研钵中，加入21.5 mL 0.01 mol/L氢氧化钠溶液，研磨至完全溶解后，用纯水定容至250 mL。此指示剂适用的pH范围为8.0～9.6。

8.2.2.9　酚酞指示剂[$\rho(C_{20}H_{14}O_4)$=0.5 g/L]：称取50 mg酚酞($C_{20}H_{14}O_4$)，溶于50 mL乙醇[$\varphi(C_2H_5OH)$=95%]中，再加入50 mL纯水，滴加0.01 mol/L氢氧化钠溶液至溶液刚呈现微红色。

8.2.3　仪器设备

8.2.3.1　安瓿：内径15 mm，高约60 mm，无色中性硬质玻璃制成。

8.2.3.2　pH比色架，如图1所示。

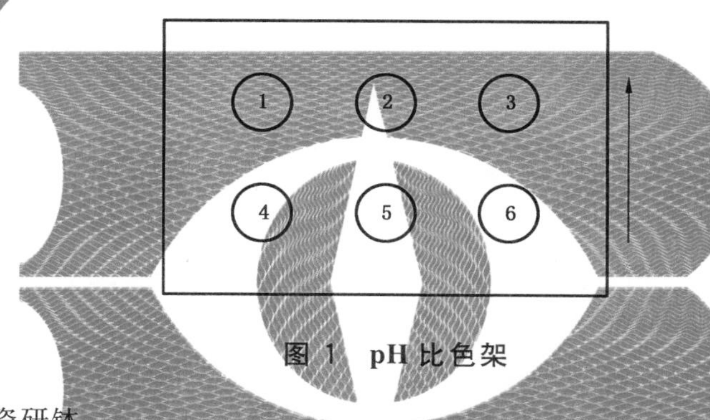

图1　pH比色架

8.2.3.3　玛瑙研钵或瓷研钵。

8.2.3.4　比色管：内径15 mm，高约60 mm的无色中性硬质玻璃管，玻璃质量及壁厚均与安瓿一致。

8.2.4　试验步骤

8.2.4.1　标准色列的制备

8.2.4.1.1　按照表10、表11、表12所列用量，将邻苯二甲酸氢钾标准溶液或磷酸二氢钾溶液或硼酸-氯化钾混合溶液，与氢氧化钠溶液混合，配成各种pH的标准缓冲溶液。

8.2.4.1.2　取10.0 mL配成的各种标准缓冲溶液，分别置于内径一致的安瓿中，向pH 4.8～pH 6.4的标准缓冲溶液中各加0.5 mL氯酚红指示剂；向pH 6.0～pH 7.6标准缓冲溶液中各加0.5 mL溴百里酚蓝指示剂；向pH 7.0～pH 8.4标准缓冲溶液中各加0.5 mL酚红指示剂；向pH 8.0～pH 9.6标准缓冲溶液中各加0.5 mL百里酚蓝指示剂。用喷灯迅速封口，然后放入铁丝筐中，将铁丝筐放在沸水浴内消毒30 min，每隔24 h消毒一次，共3次，置于暗处保存。

表10　pH 4.8～pH 5.8标准缓冲溶液的配制

pH值	邻苯二甲酸氢钾标准溶液体积/mL	氢氧化钠溶液体积/mL	用纯水定容至总体积/mL
4.8	50	16.5	100
5.0	50	22.6	100

表 10　pH 4.8～pH 5.8 标准缓冲溶液的配制（续）

pH 值	邻苯二甲酸氢钾标准溶液体积/mL	氢氧化钠溶液体积/mL	用纯水定容至总体积/mL
5.2	50	28.8	100
5.4	50	34.1	100
5.6	50	38.8	100
5.8	50	42.3	100

表 11　pH 6.0～pH 8.0 标准缓冲溶液的配制

pH 值	磷酸二氢钾溶液体积/mL	氢氧化钠溶液体积/mL	用纯水定容至总体积/mL
6.0	50	5.6	100
6.2	50	8.1	100
6.4	50	11.6	100
6.6	50	16.4	100
6.8	50	22.4	100
7.0	50	29.1	100
7.2	50	34.7	100
7.4	50	39.1	100
7.6	50	42.4	100
7.8	50	44.5	100
8.0	50	46.1	100

表 12　pH 8.0～pH 9.6 标准缓冲溶液的配制

pH 值	硼酸-氯化钾混合溶液体积/mL	氢氧化钠溶液体积/mL	用纯水定容至总体积/mL
8.0	50	3.9	100
8.2	50	6.0	100
8.4	50	8.6	100
8.6	50	11.8	100
8.8	50	15.8	100
9.0	50	20.8	100
9.2	50	26.4	100
9.4	50	32.1	100
9.6	50	36.9	100

8.2.4.2　水样测定

吸取 10.0 mL 澄清水样，置于与标准系列同型的试管中，加入 0.5 mL 指示剂（指示剂种类与标准色列相同),混匀后放入比色架(图 1)中的 5 号孔内。另取 2 支试管,各加入 10 mL 水样,插入 1 号与 3 号孔内。再取标准管 2 支,插入 4 号及 6 号孔内。在 2 号孔内放入 1 支纯水管。从比色架前面迎光观察,记录与水样相近似的标准管的 pH 值。

9 电导率

9.1 电极法

9.1.1 原理

电导率是用数字来表示水溶液传导电流的能力。它与水中矿物质有密切的关系,可用于检测生活饮用水及其水源水中溶解性矿物质浓度的变化和估计水中离子化合物的数量。

水的电导率与电解质浓度成正比,具有线性关系。水中多数无机盐以离子状态存在,是电的良好导体,但是有机物不离解或离解极微弱,导电也很微弱的,因此用电导率不能反映这类污染因素。

一般天然水的电导率在 50 μS/cm～1 500 μS/cm 之间,含无机盐高的水可达 10 000 μS/cm 以上。

水中溶解的电解质特性、浓度和水温与电导率的测定有密切关系。因此,试验条件和电导仪电极的选择及安装可影响测量电导率的精密度和准确度。

在电解质的溶液里,离子在电场的作用下,由于离子的移动具有导电作用。在相同温度下测定水样的电导 G,它与水样的电阻 R 呈倒数关系,按式(6)计算:

$$G=\frac{1}{R} \qquad \cdots\cdots(6)$$

式中:

G ——水样的电导,单位为西门子(S);

R ——水样的电阻,单位为欧姆(Ω)。

在一定条件下,水样的电导随着离子含量的增加而升高,电阻则降低。因此,电导率 γ 是电流通过单位面积为 1 cm^2,距离为 1 cm 的两铂黑电极的电导能力,按式(7)计算:

$$\gamma=G\times\frac{L}{A} \qquad \cdots\cdots(7)$$

式中:

γ ——水样的电导率,单位为微西门子每厘米(μS/cm);

G ——水样的电导,单位为微西门子(μS);

L ——两铂黑电极间的距离,单位为厘米(cm);

A ——面积(测量电极的有效极板面积),单位为平方厘米(cm^2)。

注:1 μS=10^{-6} S;1 μS/cm=10^{-1} mS/m=10^{-4} S/m。

电导率 γ 为给定的电导池常数 C 与水样电阻 R_s 的比值,按式(8)计算,只要测定出水样的 R_s 或水样的 G_s,γ 即可得出。

$$\gamma=C\times G_s=\frac{C}{R_s}\times 10^6 \qquad \cdots\cdots(8)$$

式中:

γ ——电导率,单位为微西门子每厘米(μS/cm);

C ——电导池常数,单位为每厘米(/cm);

G_s——水样的电导,单位为微西门子(μS);

R_s——水样的电阻,单位为欧姆(Ω)。

9.1.2 试剂

除非另有说明,实验用水为 GB/T 6682 规定的二级水,现用现备。

氯化钾标准溶液[c(KCl)=0.010 00 mol/L]:称取0.745 6 g在110 ℃烘干后的优级纯氯化钾,溶于新煮沸冷却的蒸馏水中(电导率小于1 μS/cm),于25 ℃时在容量瓶中稀释至1 000 mL。此溶液25 ℃时的电导率为1 413 μS/cm,溶液应储存在塑料瓶中,或使用有证标准物质。

9.1.3 仪器设备

9.1.3.1 电导仪。

9.1.3.2 恒温水浴:温度控制为±0.1 ℃。

9.1.4 试验步骤

9.1.4.1 将氯化钾标准溶液[c(KCl)=0.010 00 mol/L]注入4支试管。再把水样注入2支试管中。把6支试管同时放入25 ℃±0.1 ℃恒温水浴中,加热30 min,使管内溶液温度达到25 ℃。

9.1.4.2 用其中3管氯化钾溶液依次冲洗电导电极和电导池。然后将第4管氯化钾溶液倒入电导池中,插入电导电极测量氯化钾的电导 G_{KCl} 或电阻 R_{KCl}。

9.1.4.3 用1管水样充分冲洗电极,测量另一管水样的电导 G_s 或电阻 R_s。

依次测量其他水样。如测定过程中,温度变化小于0.2 ℃,氯化钾标准溶液电导或电阻不必再次测定。但不同批(日)测量时,应重新测量氯化钾标准溶液电导或电阻。

9.1.5 试验数据处理

9.1.5.1 电导池常数 C:等于氯化钾标准溶液的电导率(1 413 μS/cm)除以测得的氯化钾标准溶液的电导。测定温度为25 ℃±0.1 ℃,按式(9)计算:

$$C = 1\ 413/G_{KCl} \quad \cdots\cdots(9)$$

式中:

C ——电导池常数,单位为每厘米(/cm);

1 413——25 ℃时0.010 00 mol/L氯化钾标准溶液的电导率,单位为微西门子每厘米(μS/cm);

G_{KCl} ——25 ℃时0.010 00 mol/L氯化钾标准溶液的电导,单位为微西门子(μS)。

9.1.5.2 水样在25 ℃±0.1 ℃时,电导率等于电导池常数乘以测得水样的电导,或除以在25 ℃±0.1 ℃时测得水样的电阻,按式(10)计算:

$$\gamma = C \times G_s = \frac{C}{R_s} \times 10^6 \quad \cdots\cdots(10)$$

式中:

γ ——25 ℃时水样的电导率,单位为微西门子每厘米(μS/cm);

C ——电导池常数,单位为每厘米(/cm);

G_s——25 ℃时水样的电导,单位为微西门子(μS);

R_s——25 ℃时水样的电阻,单位为欧姆(Ω)。

9.1.6 精密度和准确度

21个天然水样测定结果与理论值比较,平均相对误差为4.2%~9.9%,相对标准偏差为3.7%~8.1%。

10 总硬度

10.1 乙二胺四乙酸二钠滴定法

10.1.1 最低检测质量浓度

本方法最低检测质量0.05 mg,若取50 mL水样测定,则最低检测质量浓度为1.0 mg/L。

本方法主要干扰元素铁、锰、铝、铜、镍、钴等金属离子能使指示剂褪色或终点不明显。硫化钠及氰化钾可隐蔽重金属的干扰，盐酸羟胺可使高铁离子及高价锰离子还原为低价离子而消除其干扰。

10.1.2 原理

水样中的钙、镁离子与铬黑T指示剂形成紫红色螯合物，这些螯合物的不稳定常数大于乙二胺四乙酸钙和镁螯合物的不稳定常数。当pH=10时，乙二胺四乙酸二钠先与钙离子，再与镁离子形成螯合物，滴定至终点时，溶液呈现出铬黑T指示剂的纯蓝色。

10.1.3 试剂

警示：氰化钾溶液剧毒！

除非另有说明，实验用水为GB/T 6682规定的二级水。

10.1.3.1 缓冲溶液(pH=10)如下。

a) 氯化铵-氢氧化铵溶液：称取16.9 g氯化铵，溶于143 mL氨水(ρ_{20}=0.88 g/mL)中。

b) 称取0.780 g七水合硫酸镁($MgSO_4 \cdot 7H_2O$)及1.178 g二水合乙二胺四乙酸二钠($Na_2EDTA \cdot 2H_2O$)，溶于50 mL纯水中，加入2 mL氯化铵-氢氧化铵溶液和5滴铬黑T指示剂(此时溶液应呈紫红色。若为纯蓝色，应再加极少量硫酸镁使呈紫红色)，用Na_2EDTA标准溶液滴定至溶液由紫红色变为纯蓝色。合并10.1.3.1a)及10.1.3.1b)溶液，并用纯水稀释至250 mL。合并后如溶液又变为紫红色，在计算结果时应扣除试剂空白。

注1：此缓冲溶液储存于聚乙烯瓶或硬质玻璃瓶中。使用中反复开盖使氨逸失可能影响pH值。缓冲溶液放置时间较长，氨水浓度降低时，重新配制。

注2：配制缓冲溶液时加入MgEDTA是为了使某些含镁较低的水样滴定终点更为敏锐。如果备有市售MgEDTA试剂则可直接称取1.25 g MgEDTA，加入250 mL缓冲溶液中。

注3：以铬黑T为指示剂，用Na_2EDTA滴定钙、镁离子时，在pH 9.7～pH 11范围内，溶液愈偏碱性，滴定终点愈敏锐。但可使碳酸钙和氢氧化镁沉淀，从而造成滴定误差。因此适宜的滴定pH值为10。

注4：由于钙离子与铬黑T指示剂在滴定到达终点时的反应不能呈现出明显的颜色转变，所以当水样中镁含量很少时，需要加入已知量的镁盐，使滴定终点颜色转变清晰，在计算结果时，再减去加入的镁盐量，或者在缓冲溶液中加入少量乙二胺四乙酸镁(MgEDTA)，以保证明显的终点。

注5：在一般情况下，钙、镁离子以外的其他金属离子的浓度都很低，所以多采用乙二胺四乙酸二钠滴定法测定钙、镁离子的总量，并经过换算，以每升水中碳酸钙的质量表示。

10.1.3.2 硫化钠溶液[$\rho(Na_2S \cdot 9H_2O)$=50 g/L]：称取5.0 g九水合硫化钠($Na_2S \cdot 9H_2O$)溶于纯水中，并稀释至100 mL。

10.1.3.3 盐酸羟胺溶液[$\rho(NH_2OH \cdot HCl)$=10 g/L]：称取1.0 g盐酸羟胺($NH_2OH \cdot HCl$)，溶于纯水中，并稀释至100 mL。

10.1.3.4 氰化钾溶液[$\rho(KCN)$=100 g/L]：称取10.0 g氰化钾(KCN)溶于纯水中，并稀释至100 mL。

10.1.3.5 乙二胺四乙酸二钠标准溶液[$c(Na_2EDTA \cdot 2H_2O)$=0.01 mol/L]：称取3.72 g二水合乙二胺四乙酸二钠($Na_2EDTA \cdot 2H_2O$)溶解于1 000 mL纯水中，按如下方法标定其准确浓度，或使用有证标准物质。

a) 锌标准溶液：称取0.6 g～0.7 g纯锌粒，溶于少量盐酸溶液(1+1)中，置于水浴上温热至完全溶解，转移至容量瓶中，纯水定容至1 000 mL，并按式(11)计算锌标准溶液的浓度：

$$c(Zn)=\frac{m}{65.39 \times V} \qquad (11)$$

式中：

$c(Zn)$——锌标准溶液的浓度，单位为摩尔每升(mol/L)；

m——锌的质量，单位为克(g)；

V ——定容体积,单位为升(L);

65.39 ——锌的摩尔质量,单位为克每摩尔(g/mol)。

b) 吸取 25.00 mL 锌标准溶液于 150 mL 锥形瓶中,加入 25 mL 纯水,加入几滴氨水调节溶液至近中性,再加 5 mL 缓冲溶液和 5 滴铬黑 T 指示剂,在不断振荡下,用 Na_2EDTA 溶液滴定至不变的纯蓝色,按式(12)计算 Na_2EDTA 标准溶液的浓度。

$$c(Na_2EDTA) = \frac{c(Zn) \times V_2}{V_1} \qquad \cdots\cdots(12)$$

式中:

$c(Na_2EDTA)$——Na_2EDTA 标准溶液的浓度,单位为摩尔每升(mol/L);

$c(Zn)$ ——锌标准溶液的浓度,单位为摩尔每升(mol/L);

V_2 ——所取锌标准溶液的体积,单位为毫升(mL);

V_1 ——消耗 Na_2EDTA 溶液的体积,单位为毫升(mL)。

10.1.3.6 铬黑 T 指示剂[$\rho(C_{20}H_{12}N_3NaO_7S)=5$ g/L]:称取 0.5 g 铬黑 T($C_{20}H_{12}N_3NaO_7S$)用乙醇[$\varphi(C_2H_5OH)=95\%$]溶解,并稀释至 100 mL。放置于冰箱中保存,可稳定一个月。

10.1.4 仪器设备

10.1.4.1 锥形瓶:150 mL。

10.1.4.2 滴定管:10 mL 或 25 mL。

10.1.5 试验步骤

10.1.5.1 吸取 50.0 mL 水样(硬度过高的水样,可取适量水样,用纯水稀释至 50 mL,硬度过低的水样,可取 100 mL),置于 150 mL 锥形瓶中。

10.1.5.2 加入 1 mL~2 mL 缓冲溶液,5 滴铬黑 T 指示剂,立即用 Na_2EDTA 标准溶液滴定至溶液从紫红色转变成纯蓝色,同时做空白试验,记下用量。

10.1.5.3 若水样中含有金属干扰离子,使滴定终点延迟或颜色变暗,可另取水样,加入 0.5 mL 盐酸羟胺溶液(10 g/L)及 1 mL 硫化钠溶液或 0.5 mL 氰化钾溶液再行滴定。

10.1.5.4 水样中钙、镁的重碳酸盐含量较大时,要预先酸化水样,并加热除去二氧化碳,以防碱化后生成碳酸盐沉淀,影响滴定时反应的进行。

10.1.5.5 水样中含悬浮性或胶体有机物可影响终点的观察。可预先将水样蒸干并于 550 ℃灰化,用纯水溶解残渣后再行滴定。

10.1.6 试验数据处理

总硬度用式(13)计算:

$$\rho(CaCO_3) = \frac{(V_1 - V_0) \times c \times 100.09}{V} \times 1\,000 \qquad \cdots\cdots(13)$$

式中:

$\rho(CaCO_3)$——总硬度(以 $CaCO_3$ 计),单位为毫克每升(mg/L);

V_1 ——滴定中消耗乙二胺四乙酸二钠标准溶液的体积,单位为毫升(mL);

V_0 ——空白滴定所消耗 Na_2EDTA 标准溶液的体积,单位为毫升(mL);

c ——乙二胺四乙酸二钠标准溶液的浓度,单位为摩尔每升(mol/L);

100.09 ——与 1.00 mL 乙二胺四乙酸二钠标准溶液[$c(Na_2EDTA)=1.000$ mol/L]相当的以毫克表示的总硬度(以 $CaCO_3$ 计),单位为克每摩尔(g/mol);

V ——水样体积,单位为毫升(mL)。

11 溶解性总固体

11.1 称量法

11.1.1 原理

11.1.1.1 水样经过滤后，在一定温度下烘干，所得的固体残渣称为溶解性总固体，包括不易挥发的可溶性盐类、有机物及能通过滤器的不溶性微粒等。

11.1.1.2 烘干温度一般采用 105 ℃±3 ℃。但 105 ℃的烘干温度不能彻底除去高矿化水样中盐类所含的结晶水。采用 180 ℃±3 ℃的烘干温度，可得到较为准确的结果。

11.1.1.3 当水样的溶解性总固体中含有多量氯化钙、硝酸钙、氯化镁、硝酸镁时，由于这些化合物具有强烈的吸湿性使称量不能恒定质量，此时可在水样中加入适量碳酸钠溶液而得到改进。

11.1.2 试剂

碳酸钠溶液[$\rho(Na_2CO_3)=10$ g/L]：称取 10 g 无水碳酸钠(Na_2CO_3)，溶于纯水中，稀释至 1 000 mL。

11.1.3 仪器设备

11.1.3.1 天平：分辨力不低于 0.000 1 g。

11.1.3.2 水浴锅。

11.1.3.3 电恒温干燥箱。

11.1.3.4 瓷蒸发皿：100 mL。

11.1.3.5 干燥器：用硅胶作干燥剂。

11.1.3.6 中速定量滤纸或滤膜(孔径 0.45 μm)及相应滤器。

11.1.4 试验步骤

11.1.4.1 溶解性总固体(在 105 ℃±3 ℃烘干)

11.1.4.1.1 将蒸发皿洗净，放在 105 ℃±3 ℃烘箱内 30 min。取出，于干燥器内冷却 30 min。

11.1.4.1.2 在天平上称量，再次烘烤、称量，直至恒定质量(两次称量相差不超过 0.000 4 g)。

11.1.4.1.3 将水样上清液用滤器过滤。用无分度吸管吸取过滤水样 100 mL 于蒸发皿中，如水样的溶解性总固体过少时可增加水样体积。

11.1.4.1.4 将蒸发皿置于水浴上蒸干(水浴液面不要接触皿底)。将蒸发皿移入 105 ℃±3 ℃烘箱内，1 h 后取出。干燥器内冷却 30 min，称量。

11.1.4.1.5 将称过质量的蒸发皿再放入 105 ℃±3 ℃烘箱内 30 min，干燥器内冷却 30 min，称量，直至恒定质量。

11.1.4.2 溶解性总固体(在 180 ℃±3 ℃烘干)

11.1.4.2.1 按溶解性总固体(在 105 ℃±3 ℃烘干)步骤将蒸发皿在 180 ℃±3 ℃烘干并称量至恒定质量。

11.1.4.2.2 吸取 100 mL 水样于蒸发皿中，精确加入 25.0 mL 碳酸钠溶液于蒸发皿内，混匀。同时做一个只加 25.0 mL 碳酸钠溶液的空白。计算水样结果时应减去碳酸钠空白的质量。

11.1.5 试验数据处理

按式(14)计算水样中溶解性总固体的质量浓度：

$$\rho(\mathrm{TDS})=\frac{m_1-m_0}{V}\times 1\ 000 \qquad \cdots\cdots(14)$$

式中：

ρ(TDS)——水样中溶解性总固体的质量浓度，单位为毫克每升(mg/L)；

m_1 ——蒸发皿和溶解性总固体的质量，单位为毫克(mg)；

m_0 ——蒸发皿的质量，单位为毫克(mg)；

V ——水样体积，单位为毫升(mL)。

11.1.6 精密度和准确度

279 个实验室测定溶解性总固体为 170.5 mg/L 的合成水样，105 ℃烘干，测定的相对标准偏差为 4.9%，相对误差为 2.0%；204 个实验室测定同一合成水样，180 ℃烘干测定的相对标准差为 5.4%，相对误差为 0.4%。

12 挥发酚类

12.1 4-氨基安替比林三氯甲烷萃取分光光度法

12.1.1 最低检测质量浓度

本方法最低检测质量为 0.5 μg 挥发酚类(以苯酚计)。若取 250 mL 水样，则其最低检测质量浓度为 0.002 mg/L 挥发酚类(以苯酚计)。

干扰物及其消除方法：水中还原性硫化物、氧化剂、苯胺类化合物及石油等干扰酚的测定。硫化物经酸化及加入硫酸铜在蒸馏时与挥发酚分离；余氯等氧化剂可在采样时加入硫酸亚铁或亚砷酸钠还原。苯胺类在酸性溶液中形成盐类不被蒸出。石油可在碱性条件下用有机溶剂萃取后除去。

12.1.2 原理

在 pH 10.0±0.2 和有氧化剂铁氰化钾存在的溶液中，酚与 4-氨基安替比林形成红色的安替比林染料，用三氯甲烷萃取后比色定量。

酚的对位取代基可阻止酚与安替比林的反应，但羟基(—OH)、卤素、磺酰基($—SO_2H$)、羧基(—COOH)、甲氧基($—OCH_3$)除外。此外，邻位硝基也阻止反应，间位硝基部分地阻止反应。

12.1.3 试剂

12.1.3.1 本方法所用纯水不应含酚及游离余氯。无酚纯水的制备方法如下：于水中加入氢氧化钠至 pH 为 12 以上，进行蒸馏。在碱性溶液中，酚形成酚钠不被蒸出。

12.1.3.2 三氯甲烷。

12.1.3.3 硫酸铜溶液[$\rho(CuSO_4 \cdot 5H_2O)=100$ g/L]：称取 10 g 五水合硫酸铜($CuSO_4 \cdot 5H_2O$)，溶于纯水中，并稀释至 100 mL。

12.1.3.4 氨水-氯化铵缓冲溶液(pH 9.8)：称取 20 g 氯化铵(NH_4Cl)，溶于 100 mL 氨水(ρ_{20} = 0.88 g/mL)中。

12.1.3.5 4-氨基安替比林溶液[ρ(4-AAP，$C_{11}H_{13}N_3O$) = 20 g/L]：称取 2.0 g 4-氨基安替比林(4-AAP，$C_{11}H_{13}N_3O$)，溶于纯水中，并稀释至 100 mL。储于棕色瓶中，现用现配。

12.1.3.6 铁氰化钾溶液{$\rho[K_3Fe(CN)_6]=80$ g/L}：称取 8.0 g 铁氰化钾[$K_3Fe(CN)_6$]，溶于纯水中，并稀释至 100 mL。储于棕色瓶中，现用现配。

12.1.3.7 溴酸钾-溴化钾溶液[$c(1/6KBrO_3)=0.1$ mol/L]：称取 2.78 g 干燥的溴酸钾($KBrO_3$)，溶于

纯水中，加入 10 g 溴化钾(KBr)，并稀释至 1 000 mL。

12.1.3.8 淀粉溶液(5 g/L)：将 0.5 g 可溶性淀粉用少量纯水调成糊状，再加刚煮沸的纯水至 100 mL。冷却后加入 0.1 g 水杨酸或 0.4 g 氯化锌保存。

12.1.3.9 硫酸溶液(1+9)。

12.1.3.10 酚标准储备溶液：取苯酚于具空气冷凝管的蒸馏瓶中，加热蒸馏，收集 182 ℃～184 ℃的馏出部分，冷却后为白色精制苯酚，密塞储于冷暗处。溶解 1 g 白色精制苯酚于 1 000 mL 纯水中，标定后保存于冰箱中，或使用有证标准物质。

酚标准储备溶液的标定：吸取 25.00 mL 待标定的酚标准储备溶液，置于 250 mL 碘量瓶中。加入 100 mL 纯水，然后准确加入 25.00 mL 溴酸钾-溴化钾溶液。立即加入 5 mL 盐酸(ρ_{20}=1.19 g/mL)，盖严瓶塞，缓缓旋摇。静置 10 min。加入 1 g 碘化钾，盖严瓶塞，摇匀，于暗处放置 5 min 后，用硫代硫酸钠标准溶液滴定，至呈浅黄色时，加入 1 mL 淀粉溶液(5 g/L)，继续滴定至蓝色消失为止。同时用纯水作试剂空白滴定。按式(15)计算酚标准溶液的质量浓度：

$$\rho(C_6H_5OH)=\frac{(V_0-V_1)\times 0.050\,00\times 15.68}{25}\times 1\,000=(V_0-V_1)\times 31.36 \quad\cdots\cdots\cdots(15)$$

式中：

$\rho(C_6H_5OH)$——酚标准溶液(以苯酚计)的质量浓度，单位为毫克每升(mg/L)；

V_0——试剂空白消耗硫代硫酸钠溶液的体积，单位为毫升(mL)；

V_1——酚标准储备溶液消耗硫代硫酸钠溶液的体积，单位为毫升(mL)；

15.68——与 1.00 mL 硫代硫酸钠标准溶液[$c(Na_2S_2O_3)$=1.000 mol/L]相当的以毫克表示的苯酚的质量，单位克每摩尔(g/mol)。

12.1.3.11 酚标准使用溶液[$\rho(C_6H_5OH)$=1.00 μg/mL]：临用时将酚标准储备溶液用纯水稀释成[$\rho(C_6H_5OH)$=10.00 μg/mL]。再将此溶液进一步稀释成[$\rho(C_6H_5OH)$=1.00 μg/mL]酚标准使用溶液。

12.1.3.12 硫代硫酸钠标准溶液[$c(Na_2S_2O_3)$=0.050 00 mol/L]：称取 25 g 五水合硫代硫酸钠($Na_2S_2O_3\cdot 5H_2O$)溶于 1 000 mL 新煮沸冷却的纯水中，加入 0.4 g 氢氧化钠或 0.2 g 无水碳酸钠，储存于棕色瓶内，7 d～10 d 后进行标定。将经过标定的硫代硫酸钠溶液定量稀释至[$c(Na_2S_2O_3)$=0.050 00 mol/L]。

硫代硫酸钠标定方法如下：准确吸取 25.00 mL 重铬酸钾标准溶液[$c(1/6K_2Cr_2O_7)$=0.100 0 mol/L]于 500 mL 碘量瓶中，加 2.0 g 碘化钾和 20 mL 硫酸溶液，密塞，摇匀，于暗处放置 10 min。加入 150 mL 纯水，用待标定的硫代硫酸钠溶液滴定，直到溶液呈浅黄色时，加入 1 mL 淀粉溶液，继续滴定至蓝色变为亮绿色。同时做空白试验。平行滴定所用硫代硫酸钠溶液体积相差不应大于 0.2%。按式(16)计算硫代硫酸钠溶液的浓度：

$$c(Na_2S_2O_3)=\frac{c'\times 25.00}{(V_1-V_0)} \quad\cdots\cdots\cdots(16)$$

式中：

$c(Na_2S_2O_3)$——硫代硫酸钠标准溶液的浓度，单位为摩尔每升(mol/L)；

c'——重铬酸钾标准溶液的浓度[$c(1/6K_2Cr_2O_7)$]，单位为摩尔每升(mol/L)；

V_1——硫代硫酸钠标准溶液的用量，单位为毫升(mL)；

V_0——空白试验硫代硫酸钠标准溶液的用量，单位为毫升(mL)。

12.1.4 仪器设备

12.1.4.1 全玻璃蒸馏器：500 mL。

12.1.4.2 分液漏斗：500 mL。

12.1.4.3 具塞比色管：10 mL。

12.1.4.4 容量瓶：250 mL。

12.1.4.5 分光光度计。

注：避免用橡胶塞、橡胶管连接蒸馏瓶及冷凝器，以防止对测定的干扰。

12.1.5 试验步骤

12.1.5.1 水样处理

操作步骤：量取 250 mL 水样，置于 500 mL 全玻璃蒸馏瓶中。以甲基橙为指示剂用硫酸溶液调 pH 至 4.0 以下，使水样由橘黄色变为橙色，加入 5 mL 硫酸铜溶液及数粒玻璃珠，加热蒸馏。待蒸馏出总体积的 90%左右，停止蒸馏。稍冷，向蒸馏瓶内加入 25 mL 纯水，继续蒸馏，直到收集 250 mL 馏出液为止。

注：由于酚随水蒸气挥发，速度缓慢，收集馏出液的体积与原水样体积相等。试验证明接收的馏出液体积若不与原水样相等，将影响回收率。

12.1.5.2 比色测定

12.1.5.2.1 将水样馏出液全部转入 500 mL 分液漏斗中，另取酚标准使用溶液 0 mL、0.50 mL、1.00 mL、2.00 mL、4.00 mL、6.00 mL、8.00 mL 和 10.00 mL，分别置于预先盛有 100 mL 纯水的 500 mL 分液漏斗内，最后补加纯水至 250 mL。

12.1.5.2.2 向各分液漏斗内加入 2 mL 氨水-氯化铵缓冲溶液，混匀。再各加 1.50 mL 4-氨基安替比林溶液，混匀，最后加入 1.50 mL 铁氰化钾溶液，充分混匀，准确静置 10 min。加入 10.0 mL 三氯甲烷，振摇 2 min，静置分层。在分液漏斗颈部塞入滤纸卷将三氯甲烷萃取溶液缓缓放入干燥比色管中，用分光光度计，于 460 nm 波长，用 2 cm 比色皿，以三氯甲烷为参比，测量吸光度。

注 1：严格按照试验步骤中各种试剂加入的顺序操作。4-AAP 的加入量要准确，以消除 4-AAP 可能分解生成的安替比林红，使空白值增高所造成的误差。

注 2：4-AAP 与酚在水溶液中生成的红色染料萃取至三氯甲烷中可稳定 4 h。时间过长颜色由红变黄。

12.1.5.2.3 绘制标准曲线，从标准曲线上查出挥发酚类的质量。

12.1.6 试验数据处理

按式(17)计算水样中挥发酚类(以苯酚计)的质量浓度：

$$\rho(C_6H_5OH)=\frac{m}{V} \qquad \cdots\cdots(17)$$

式中：

$\rho(C_6H_5OH)$——水样中挥发酚类(以苯酚计)的质量浓度，单位为毫克每升(mg/L)；

m——从标准曲线上查得的样品管中挥发酚类的质量(以苯酚计)，单位为微克(μg)；

V——水样体积，单位为毫升(mL)。

12.1.7 精密度和准确度

单个实验室取 0.5 μg、5.0 μg 和 7.0 μg 酚(以苯酚计)重复测定 6 次，其相对标准偏差分别为 21%、1.9%和 2.6%；对 12 个不同来源水样加入酚标准为 10.0 μg/L 酚(以苯酚计)，测得回收率为 85%～109%，平均回收率为 96%。

12.2 流动注射法

12.2.1 最低检测质量浓度

本方法最低检测质量浓度为 2.0 μg/L 挥发酚类(以苯酚计)。

本方法仅用于生活饮用水中挥发酚类的测定。

12.2.2 原理

样品通过流动注射分析仪被带入连续流动的载液流中，与磷酸混合后进行在线蒸馏；含有挥发酚类的蒸馏液与连续流动的4-氨基安替比林及铁氰化钾混合，挥发酚类被铁氰化物氧化生成醌物质，再与4-氨基安替比林反应形成红色物质，于波长500 nm处进行比色测定。

12.2.3 试剂

12.2.3.1 硫酸亚铁铵溶液{$\rho[(NH_4)_2Fe(SO_4)_2 \cdot 6H_2O]=1.1\ g/L$}：称取0.55 g六水合硫酸亚铁铵[$(NH_4)_2Fe(SO_4)_2 \cdot 6H_2O$]于含有0.5 mL浓硫酸($\rho_{20}=1.84\ g/mL$)的250 mL纯水中，冷却后用纯水稀释至500 mL，混匀。密闭保存。

12.2.3.2 氢氧化钠溶液[$\rho(NaOH)=40\ g/L$]：称取20 g氢氧化钠(NaOH)于纯水中并稀释至500 mL。密闭保存。

12.2.3.3 磷酸溶液[$c(H_3PO_4)=2.92\ mol/L$]：取100 mL磷酸($\rho_{20}=1.69\ g/mL$)加入纯水中，并稀释至500 mL。临用时配制。

12.2.3.4 4-氨基安替比林溶液[$\rho(4\text{-AAP}, C_{11}H_{13}N_3O)=1.0\ g/L$]：称取0.5 g 4-氨基安替比林(4-AAP，$C_{11}H_{13}N_3O$)溶于纯水中并稀释至500 mL，保存在玻璃容器中，临用时配制。

12.2.3.5 铁氰化钾缓冲溶液{$\rho[K_3Fe(CN)_6]=2.0\ g/L$}：称取2.0 g铁氰化钾[$K_3Fe(CN)_6$]、3.1 g硼酸($H_3BO_3$)和3.75 g氯化钾(KCl)于800 mL纯水中，再加入氢氧化钠溶液(40 g/L)直到溶液的pH值达到10.3后定容至1 000 mL，混匀。保存在玻璃容器中，可保持一周内稳定。

12.2.3.6 酚标准储备溶液：见12.1.3.10酚标准储备溶液。

12.2.3.7 酚标准使用溶液[$\rho(C_6H_5OH)=1.00\ \mu g/mL$]：临用前将酚标准储备溶液用纯水稀释成[$\rho(C_6H_5OH)=10.00\ \mu g/mL$]。再用此液稀释成[$\rho(C_6H_5OH)=1.00\ \mu g/mL$]酚标准使用溶液。

12.2.3.8 纯水：本方法中所用的纯水均为无酚纯水。无酚水的制备方法如下：于纯水中加入氢氧化钠至pH为12以上，进行蒸馏制备。

注：不同品牌或型号仪器的试剂配制有所不同，可根据实际情况进行调整，经方法验证后使用。

12.2.4 仪器设备

12.2.4.1 流动注射分析仪：挥发酚反应单元和模块、500 nm比色检测器、自动进样器、多通道蠕动泵、数据处理系统。

12.2.4.2 容量瓶：100 mL。

12.2.5 试验步骤

12.2.5.1 标准系列的配制

分别吸取酚标准使用溶液0 mL、0.20 mL、0.50 mL、1.00 mL、2.00 mL、3.00 mL和5.00 mL置于7个预先盛有少量纯水的100 mL容量瓶中，用纯水定容至刻度。标准系列溶液中挥发酚类的质量浓度(以苯酚计)分别为0 μg/L、2.0 μg/L、5.0 μg/L、10.0 μg/L、20.0 μg/L、30.0 μg/L和50.0 μg/L。

12.2.5.2 仪器操作

参考仪器说明书，输入系统参数，确定分析条件，并将工作条件调整至测挥发酚类最佳状态。仪器参考条件见表13。

表 13 仪器参考条件

自动进样器	蠕动泵	加热蒸馏装置	流路系统	数据处理系统
初始化正常	转速设为 35 r/min,转动平稳	加热温度稳定于 150 ℃±1 ℃	无泄漏,试剂流动平稳	基线平直

12.2.5.3 测定

流路系统稳定后,依次测定标准系列及样品。测定样品时,如已知有余氯存在,需除去余氯的干扰。取 50 mL 待测水样,加入 0.5 mL 硫酸亚铁铵溶液{$\rho[(NH_4)_2Fe(SO_4)_2 \cdot 6H_2O]=1.1$ g/L}混匀后测定。

注:所列测量范围受不同型号仪器的灵敏度及操作条件的影响而变化时,可酌情改变上述测量范围。

12.2.5.4 干扰与排除

芳香胺、硫化物、氧化性物质、油和焦油等均干扰酚的测定。芳香胺在 pH 为 1.4 时可去除;硫化物在 pH 低于 2 时可通过酸化水样且搅拌、曝气去除;氯等氧化性物质可加入过量的硫酸亚铁铵去除;油和焦油可在分析之前通过三氯甲烷($CHCl_3$)萃取去除。

12.2.6 试验数据处理

以所测样品的吸光度,从校准曲线或回归方程中查得样品溶液中挥发酚类的质量浓度(mg/L,以苯酚计)。

12.2.7 精密度与准确度

4 个实验室测定两种质量浓度的人工合成水样,其相对标准偏差为 2.3%~6.3%,回收率为 89.0%~104%。

12.3 连续流动法

12.3.1 最低检测质量浓度

本方法最低检测质量浓度为 1.8 μg/L 挥发酚类(以苯酚计)。

本方法仅用于生活饮用水中挥发酚类的测定。

12.3.2 原理

连续流动分析仪是利用连续流,通过蠕动泵将样品和试剂泵入分析模块中混合、反应,并泵入气泡将流体分割成片段,使反应达到完全的稳态,然后进入流通检测池进行分析测定。在酸化条件下,样品通过在线蒸馏,释放出的酚在有碱性铁氰化钾氧化剂存在的溶液中,与 4-氨基安替比林反应,生成红色的络合物,然后进入 50 mm 流通池中在 505 nm 处进行比色测定。

12.3.3 试剂

12.3.3.1 曲拉通 X-100(Triton X-100,辛基苯基聚氧乙烯醚)溶液(1+1):分别取 50 mL 曲拉通 X-100($C_{34}H_{62}O_{11}$)和 50 mL 无水乙醇,混匀备用。

12.3.3.2 盐酸溶液[c(HCl)=1.0 mol/L]:吸取 8.3 mL 盐酸(ρ_{20}=1.19 g/mL)溶于纯水中并稀释至 100 mL。

12.3.3.3 蒸馏试剂:吸取 160 mL 磷酸(ρ_{20}=1.71 g/mL) 溶于纯水中并稀释至 1 000 mL。

12.3.3.4 储备缓冲液：分别称取 9 g 硼酸(H_3BO_3)、5 g 氢氧化钠(NaOH)和 10 g 氯化钾(KCl)，溶于纯水中并稀释至 1 000 mL。

12.3.3.5 吸收试剂：吸取 1 mL 曲拉通 X-100 溶液(1+1)到 100 mL 储备缓冲液中，混匀。过滤后使用。

12.3.3.6 铁氰化钾溶液{$\rho[K_3Fe(CN)_6]=1.5$ g/L}：称取 0.3 g 铁氰化钾[$K_3Fe(CN)_6$]溶于 200 mL 储备缓冲液中，加入 2 mL 曲拉通 X-100 溶液(1+1)，混匀。经 0.45 μm 滤膜过滤后使用。

注：使用铁氰化钾的优级纯试剂，有利于基线稳定及降低噪声。

12.3.3.7 4-氨基安替比林溶液[ρ(4-AAP，$C_{11}H_{13}N_3O$)=1.0 g/L]：称取 0.2 g 4-氨基安替比林($C_{11}H_{13}N_3O$)溶于 200 mL 储备缓冲液，加入 2 mL 曲拉通 X-100 溶液(1+1)，混匀。经 0.45 μm 滤膜过滤后使用。

注：使用 4-氨基安替比林的优级纯或纯度更高的试剂，有利于基线稳定及降低噪声。

12.3.3.8 氢氧化钠溶液[c(NaOH)=0.01 mol/L]：称取 0.4 g 氢氧化钠，溶于 800 mL 纯水中，冷却后稀释至 1 000 mL，保存于密封的容器中。

12.3.3.9 挥发酚标准储备溶液[$\rho(C_6H_5OH)=500$ mg/L]：称取 0.500 g 苯酚于 500 mL 纯水中，完全溶解后，加入 5 mL 浓盐酸作保护，定容至 1 000 mL。

12.3.3.10 挥发酚标准中间储备溶液[$\rho(C_6H_5OH)=5$ mg/L]：吸取 1.0 mL 挥发酚标准储备溶液[$\rho(C_6H_5OH)=500$ mg/L]于 100 mL 容量瓶中，用氢氧化钠溶液[c(NaOH)=0.01 mol/L]定容至 100 mL。

12.3.3.11 挥发酚标准使用溶液[$\rho(C_6H_5OH)=0.2$ mg/L]：吸取 10 mL 挥发酚标准中间储备溶液[$\rho(C_6H_5OH)=5$ mg/L]于 250 mL 容量瓶中，用氢氧化钠溶液[c(NaOH)=0.01 mol/L]定容至 250 mL。

注：不同品牌或型号仪器的试剂配制有所不同，可根据实际情况进行调整，经方法验证后使用。

12.3.4 仪器设备

12.3.4.1 连续流动分析仪：自动进样器、多通道蠕动泵、挥发酚类反应单元和蒸馏模块、比色检测器、数据处理系统。

12.3.4.2 天平：分辨力不低于 0.000 1 g。

12.3.4.3 容量瓶：100 mL。

12.3.4.4 滤膜：0.45 μm。

12.3.5 试验步骤

12.3.5.1 标准系列的制备

分别吸取挥发酚标准使用溶液[$\rho(C_6H_5OH)=0.2$ mg/L]0 mL、0.9 mL、2.0 mL、5.0 mL、10.0 mL、25.0 mL、50 mL 和 100 mL 置于 8 个 100 mL 容量瓶中，用氢氧化钠溶液[c(NaOH)=0.01 mol/L]稀释至刻度。其质量浓度分别为：0 μg/L、1.8 μg/L、4.0 μg/L、10.0 μg/L、20.0 μg/L、50.0 μg/L、100 μg/L 和 200 μg/L。

12.3.5.2 仪器操作

按照仪器说明书流程图安装挥发酚模块，依次将管路放入对应的试剂瓶中，并按照给出的最佳工作参数进行仪器调试，使仪器基线、峰高等各项指标达到测定要求，待基线平稳之后，自动进样。

仪器参考条件见表 14。

表 14 仪器参考条件

进样速率	进样：清洗比	加热蒸馏装置	流路系统	数据处理系统
30 个样品/h	2：1	温度稳定于 145 ℃±2 ℃	无泄漏，气泡规则，试剂流动平稳	基线平直

12.3.5.3 测定

流路系统稳定大约 5 min 后，进行标准曲线系列的测定。建立校准曲线之后，本方法使用 50 mm 比色池，进行样品及质控样品等的测定。

注：所列参考条件受不同型号仪器的灵敏度及操作条件的影响而变化时，可酌情改变上述测量条件。

12.3.5.4 干扰与排除

12.3.5.4.1 干扰主要来自余氯，去除余氯可以加少量抗坏血酸。

12.3.5.4.2 试剂干扰主要是铁氰化钾和 4-氨基安替比林，纯度和颜色干扰，尽量采用级别高的试剂。每天过滤铁氰化钾，不可多加，棕色瓶存放。

12.3.5.4.3 配制试剂和清洗的水需要使用无酚水，用玻璃瓶装。

12.3.6 试验数据处理

数据处理系统会将标准溶液的质量浓度与其仪器响应信号值一一对照，自动绘制校准曲线，用线性回归方程来计算样品中挥发酚类的质量浓度(μg/L，以苯酚计)。

12.3.7 精密度和准确度

4 个实验室测定含挥发酚类 10.0 μg/L～180.0 μg/L(以苯酚计)的水样，重复测定 6 次，其相对标准偏差为 0.1%～1.9%。测定含挥发酚类 2.0 μg/L～12.0 μg/L (以苯酚计)的水样，测得回收率为 95.1%～101%。

13 阴离子合成洗涤剂

13.1 亚甲基蓝分光光度法

13.1.1 最低检测质量浓度

本方法用十二烷基苯磺酸钠作为标准，水样中阴离子合成洗涤剂最低检测质量为 5 μg。若取 100 mL 水样测定，则最低检测质量浓度为 0.050 mg/L。

能与亚甲基蓝反应的物质对本方法均有干扰。酚、有机硫酸盐、磺酸盐、磷酸盐以及大量氯化物(2 000 mg)、硝酸盐(5 000 mg)、硫氰酸盐等均可使结果偏高。

13.1.2 原理

亚甲基蓝染料在水溶液中与阴离子合成洗涤剂形成易被有机溶剂萃取的蓝色化合物。未反应的亚甲基蓝则仍留在水溶液中。根据有机相蓝色的强度，测定阴离子合成洗涤剂的含量。

13.1.3 试剂

除非另有说明，本方法所用试剂均为分析纯，实验用水为 GB/T 6682 规定的二级水。

13.1.3.1 三氯甲烷。

13.1.3.2　亚甲基蓝溶液[$\rho(C_{16}H_{18}N_3ClS \cdot 3H_2O)=0.03$ g/L]:称取 30 mg 三水合亚甲基蓝($C_{16}H_{18}N_3ClS \cdot 3H_2O$),溶于 500 mL 纯水中,加入 6.8 mL 硫酸($\rho_{20}=1.84$ g/mL)及 50 g 一水合磷酸二氢钠($NaH_2PO_4 \cdot H_2O$),溶解后用纯水稀释至 1 000 mL。

13.1.3.3　洗涤液:取 6.8 mL 硫酸($\rho_{20}=1.84$ g/mL)及 50 g 磷酸二氢钠,溶于纯水中,并稀释至 1 000 mL。

13.1.3.4　氢氧化钠溶液(40 g/L)。

13.1.3.5　硫酸溶液[$c(1/2H_2SO_4)=0.5$ mol/L]:取 1.4 mL 硫酸($\rho_{20}=1.84$ g/mL)加入纯水中,并稀释至 100 mL。

13.1.3.6　十二烷基苯磺酸钠标准储备溶液[ρ(DBS)=1 mg/mL]:称取 0.500 g 十二烷基苯磺酸钠($C_{18}H_{29}NaO_3S$,简称 DBS),溶于纯水中,定容至 500 mL,或使用有证标准物质。

十二烷基苯磺酸钠标准溶液需用纯品配制。如无纯品,可用市售阴离子型洗衣粉提纯。方法如下:

将洗衣粉用热的乙醇[$\varphi(C_2H_5OH)=95\%$]处理,滤去不溶物。再将滤液加热挥发去除部分乙醇,过滤,弃去滤液。将滤渣再溶于少量热的乙醇中,过滤,如此重复 3 次。然后于十二烷基苯磺酸钠乙醇溶液中加等体积的纯水,用相当于溶液三分之一体积的石油醚(沸程 30 ℃~60 ℃)萃洗,分离出石油醚相,按同样步骤连续用石油醚洗涤 5 次,弃去石油醚。最后将十二烷基苯磺酸钠乙醇溶液蒸发至干,在 105 ℃烘烤,得到白色或淡黄色固体,即为纯品。

13.1.3.7　十二烷基苯磺酸钠标准使用溶液[ρ(DBS)=10 μg/mL]:取十二烷基苯磺酸钠标准储备溶液[ρ(DBS)=1 mg/mL]10.00 mL 于 1 000 mL 容量瓶中,用纯水定容。

13.1.3.8　酚酞溶液[$\rho(C_{20}H_{14}O_4=1$ g/L)]:称取 0.1 g 酚酞($C_{20}H_{14}O_4$),溶于乙醇溶液(1+1)中,并稀释至 100 mL。

13.1.4　仪器设备

13.1.4.1　分光光度计。

13.1.4.2　比色管:25 mL。

13.1.4.3　分液漏斗:125 mL。

13.1.5　试验步骤

13.1.5.1　吸取 50.0 mL 水样,置于 125 mL 分液漏斗中(若水样中阴离子合成洗涤剂小于 5 μg,应增加水样体积。此时标准系列的体积也应一致;若大于 100 μg 时,取适量水样,稀释至 50 mL)。

13.1.5.2　另取 125 mL 分液漏斗 7 个,分别加入十二烷基苯磺酸钠标准使用溶液[ρ(DBS)=10 μg/mL] 0 mL、0.50 mL、1.00 mL、2.00 mL、3.00 mL、4.00 mL 和 5.00 mL,用纯水稀释至 50 mL。

13.1.5.3　向水样和标准系列中各加 3 滴酚酞溶液,逐滴加入氢氧化钠溶液(40 g/L),使水样呈碱性。然后再逐滴加入硫酸溶液[$c(1/2H_2SO_4)=0.5$ mol/L],使红色刚褪去。加入 5 mL 三氯甲烷及 10 mL 亚甲基蓝溶液,猛烈振摇半分钟,放置分层。若水相中蓝色耗尽,则应另取少量水样重新测定。

13.1.5.4　将三氯甲烷相放入第二套分液漏斗中。

13.1.5.5　向第二套分液漏斗中加入 25 mL 洗涤液,猛烈振摇半分钟,静置分层。

13.1.5.6　在分液漏斗颈管内,塞入少许洁净的玻璃棉滤除水珠,将三氯甲烷缓缓放入 25 mL 比色管中。

13.1.5.7　各加 5 mL 三氯甲烷于分液漏斗中,振荡并放置分层后,合并三氯甲烷相于 25 mL 比色管中,同样再操作一次。最后用三氯甲烷稀释到刻度。

13.1.5.8　于 650 nm 波长,用 3 cm 比色皿,以三氯甲烷作参比,测量吸光度。

13.1.5.9　绘制工作曲线,从曲线上查出样品管中十二烷基苯磺酸钠的质量。

13.1.6　试验数据处理

按式(18)计算水样中阴离子合成洗涤剂(以十二烷基苯磺酸钠计)的质量浓度:

$$\rho(\mathrm{DBS})=\frac{m}{V} \qquad \cdots\cdots(18)$$

式中：

ρ(DBS)——水样中阴离子合成洗涤剂(以十二烷基苯磺酸钠计)的质量浓度,单位为毫克每升(mg/L)；

m ——从工作曲线上查得十二烷基苯磺酸钠的质量,单位为微克(μg)；

V ——水样体积,单位为毫升(mL)。

13.1.7 精密度和准确度

用纯水配制不同质量浓度的十二烷基苯磺酸钠溶液(0.1 mg/L、0.4 mg/L、0.6 mg/L、0.9 mg/L),各测6次,相对标准偏差分别为1.6%、0.6%、0.8%、0.7%。分别用河水、井水、自来水作回收试验,回收率范围为100%～105%,平均回收率为103%。

13.2 二氮杂菲萃取分光光度法

13.2.1 最低检测质量浓度

本方法用十二烷基苯磺酸钠作为标准,水样中阴离子合成洗涤剂最低检测质量为2.5 μg。若取100 mL水样测定,则最低检测质量浓度为0.025 mg/L。

生活饮用水及其水源水中常见的共存物质对本方法无干扰：Ca^{2+}、NO_3^-(400 mg/L)、SO_4^{2-}(100 mg/L)、Mg^{2+}(70 mg/L)、NO_2^-(17 mg/L)、PO_4^{3-}(10 mg/L)、F^-(7 mg/L)、SCN^-(5 mg/L)、Mn^{2+}、Cl_2(1 mg/L)、Cu^{2+}(0.1 mg/L)。阳离子表面活性剂质量浓度为0.1 mg/L时,会产生误差为−28.4%的严重干扰。

13.2.2 原理

水中阴离子合成洗涤剂与Ferroin(Fe^{2+}与二氮杂菲形成的配合物)形成离子缔合物,可被三氯甲烷萃取,于510 nm波长下测定吸光度。

13.2.3 试剂

除非另有说明,本方法所用试剂均为分析纯,实验用水为GB/T 6682规定的二级水。

13.2.3.1 三氯甲烷。

13.2.3.2 二氮杂菲溶液(2 g/L)：称取0.2 g一水合二氮杂菲($C_{12}H_8N_2 \cdot H_2O$,又名邻菲罗啉),溶于纯水中,加2滴盐酸(ρ_{20}=1.19 g/mL),并用纯水稀释至100 mL。

13.2.3.3 乙酸铵缓冲溶液：称取250 g乙酸铵($NH_4C_2H_3O_2$),溶于150 mL纯水中,加入700 mL冰乙酸(ρ_{20}=1.06 g/mL),混匀。

13.2.3.4 盐酸羟胺-亚铁溶液：称取10 g盐酸羟胺,加0.211 g六水合硫酸亚铁铵[$(NH_4)_2Fe(SO_4)_2 \cdot 6H_2O$]溶于纯水中,并稀释至100 mL。

13.2.3.5 十二烷基苯磺酸钠(DBS)标准使用溶液[ρ(DBS)=10 μg/mL]。

13.2.4 仪器设备

13.2.4.1 分液漏斗：250 mL。

13.2.4.2 分光光度计。

13.2.5 试验步骤

13.2.5.1 吸取100 mL水样于250 mL分液漏斗中。另取250 mL分液漏斗8只,各加入50 mL纯水，再分别加入十二烷基苯磺酸钠(DBS)标准使用溶液[ρ(DBS)=10 μg/mL]0 mL、0.25 mL、0.50 mL、1.00 mL、2.00 mL、3.00 mL、4.00 mL 和 5.00 mL，加纯水至 100 mL，质量浓度分别为：0 mg/L、0.025 mg/L、0.050 mg/L、0.100 mg/L、0.200 mg/L、0.300 mg/L、0.400 mg/L、0.500 mg/L。

13.2.5.2 于水样及标准系列中各加 2 mL 二氮杂菲溶液(2 g/L)、10 mL 乙酸铵缓冲溶液、1.0 mL 盐酸羟胺-亚铁溶液和 10 mL 三氯甲烷(每加入一种试剂均需摇匀)，萃取振摇 2 min，静置分层，于分液漏斗颈部塞入一小团脱脂棉，分出三氯甲烷相于干燥的 10 mL 比色管中，供测定。

13.2.5.3 于 510 nm 波长，用 3 cm 比色皿，以三氯甲烷为参比，测量吸光度。

13.2.5.4 绘制工作曲线，从曲线上查出样品管中阴离子合成洗涤剂的质量。

13.2.6 试验数据处理

按式(19)计算水样中阴离子合成洗涤剂(以十二烷基苯磺酸钠计)的质量浓度：

$$\rho(\mathrm{DBS})=\frac{m}{V} \qquad (19)$$

式中：

ρ(DBS)——水样中阴离子合成洗涤剂(以十二烷基苯磺酸钠计)的质量浓度，单位为毫克每升(mg/L)；

m ——从工作曲线上查得阴离子合成洗涤剂(以十二烷基苯磺酸钠计)的质量，单位为微克(μg)；

V ——水样体积，单位为毫升(mL)。

13.2.7 精密度和准确度

8 个实验室重复测定阴离子合成洗涤剂质量浓度为 0.050 mg/L～0.400 mg/L，相对标准偏差为 0.4%～13%。8 个实验室分别用地表水、地下水、生活饮用水做回收试验，加入标准 0.05 mg/L～0.50 mg/L，回收率范围为 92%～110%，平均回收率为 99.7%。

13.3 流动注射法

13.3.1 最低检测质量浓度

本方法用十二烷基苯磺酸钠作为标准，当检测光程为 10 mm 时，水样中阴离子合成洗涤剂最低检测质量浓度为 0.050 mg/L。

13.3.2 原理

通过注入阀将样品注入到一个连续流动载流、无空气间隔的封闭反应模块中，载流携带样品中的阴离子合成洗涤剂与碱性亚甲基蓝溶液混合反应成离子络合物，该离子络合物可被三氯甲烷萃取，通过萃取模块分离有机相和水相。包含离子络合物的三氯甲烷再与酸性亚甲基蓝溶液混合，反萃取洗涤三氯甲烷，再次通过萃取模块分离有机相和水相。于波长 650 nm 处，对包含离子络合物的三氯甲烷进行比色分析，有机相的蓝色强度与阴离子合成洗涤剂的质量浓度成正比。

13.3.3 试剂

除非另有说明，本方法所用试剂均为分析纯，实验用水为 GB/T 6682 规定的一级水，现用现备。除标准溶液外，其他溶液均用超声脱气。

13.3.3.1 氢氧化钠($NaOH$)。

13.3.3.2 十水合四硼酸钠($Na_2B_4O_7 \cdot 10H_2O$)。

13.3.3.3　三水合亚甲基蓝($C_{16}H_{18}N_3ClS \cdot 3H_2O$),纯度≥98.5%。

13.3.3.4　二水合磷酸二氢钠($NaH_2PO_4 \cdot 2H_2O$)。

13.3.3.5　硫酸(H_2SO_4,ρ_{20}=1.84 g/mL),优级纯。

13.3.3.6　三氯甲烷($CHCl_3$):临用前超声脱气 10 min。

13.3.3.7　无水乙醇(C_2H_5OH)。

13.3.3.8　异丙醇(C_3H_8O)。

13.3.3.9　甲醛水溶液:质量分数为 35%～40%。

13.3.3.10　亚甲基蓝储备溶液(2 g/L):称取 0.2 g 三水合亚甲基蓝($C_{16}H_{18}N_3ClS \cdot 3H_2O$),溶于 50 mL 无水乙醇($C_2H_5OH$),充分溶解后用纯水稀释至 100 mL。超声 10 min 确保充分溶解后,过 0.22 μm 微孔滤膜,储存于棕色试剂瓶中,于 0 ℃～4 ℃冷藏可保存 30 d。

13.3.3.11　酸性亚甲基蓝溶液:称取 56 g 二水合磷酸二氢钠($NaH_2PO_4 \cdot 2H_2O$),溶于 600 mL 纯水中。充分溶解后加入 50 mL 无水乙醇(C_2H_5OH),加入 6.8 mL 硫酸(H_2SO_4,ρ_{20}=1.84 g/mL),混匀后再加入 7.6 mL 亚甲基蓝储备溶液(2 g/L),用纯水稀释至 1 000 mL。储存于棕色试剂瓶中,于 0 ℃～4 ℃冷藏可保存 14 d。临用前过 0.22 μm 微孔滤膜,超声脱气 10 min。

13.3.3.12　碱性亚甲基蓝溶液:称取 0.34 g 氢氧化钠(NaOH)和 1.6 g 十水合四硼酸钠($Na_2B_4O_7 \cdot 10H_2O$),溶于 600 mL 纯水中。充分溶解后加入 36 mL 亚甲基蓝储备溶液(2 g/L)和 100 mL 无水乙醇(C_2H_5OH),用纯水稀释至 1 000 mL。储存于棕色试剂瓶中,于 0 ℃～4 ℃冷藏可保存 14 d。临用前过 0.22 μm 微孔滤膜,超声脱气 10 min。

13.3.3.13　载流:纯水,临用前超声脱气 10 min。

13.3.3.14　管路清洗液:取 20 mL 异丙醇(C_3H_8O)加入到纯水中,并稀释至 100 mL。

13.3.3.15　流通池清洗液:无水乙醇(C_2H_5OH)。

13.3.3.16　十二烷基苯磺酸钠标准储备溶液[ρ(DBS)=1.00 mg/mL]:参见 13.1.3.6,或使用有证标准物质。

13.3.3.17　十二烷基苯磺酸钠标准使用溶液[ρ(DBS)=10.0 mg/L]:准确吸取 1.00 mL 十二烷基苯磺酸钠标准储备溶液[ρ(DBS)=1.00 mg/mL]于容量瓶中,用纯水定容至 100 mL。于 0 ℃～4 ℃冷藏可保存 14 d。

注 1:不同品牌或型号仪器的试剂配制有所不同,可根据实际情况进行调整,经方法验证后使用。

注 2:测试过程中使用的三氯甲烷、亚甲基蓝具有一定毒性,试验过程中做好安全防护工作。操作时按规定佩戴防护器具并在通风橱内进行,避免接触皮肤。检测后的残渣废液按规定安全处理。

注 3:所有试验玻璃器皿保证洁净,不使用合成洗涤剂清洗。临用前用硫酸溶液(1+9)浸泡,再用纯水清洗干净。

13.3.4　仪器设备

13.3.4.1　流动注射分析仪:阴离子合成洗涤剂分析模块、10 mm 比色池、650 nm 滤光片、自动进样器、多通道蠕动泵、工作站和数据处理系统。

13.3.4.2　天平:分辨力不低于 0.000 1 g。

13.3.4.3　超声波清洗器。

13.3.5　样品

13.3.5.1　样品采集。样品采集所用玻璃器皿不宜用合成洗涤剂清洗。

13.3.5.2　样品保存。样品采集后宜在 0 ℃～4 ℃冷藏保存,保存时间为 24 h。当保存时间超过 24 h 时,将甲醛水溶液(质量分数为 35%～40%)作为保存剂,加入量为水样体积的 1%,保存时间为 7 d。

13.3.5.3　样品处理。可用滤纸过滤或离心处理浑浊水样。

13.3.6 试验步骤

13.3.6.1 标准系列的制备

准确吸取十二烷基苯磺酸钠标准使用溶液[ρ(DBS)=10.0 mg/L]0 mL、0.50 mL、1.00 mL、2.00 mL、5.00 mL、10.0 mL，依次加入到6个100 mL容量瓶中，用纯水定容至刻度。标准系列中阴离子合成洗涤剂（以十二烷基苯磺酸钠计）的质量浓度分别为0 mg/L、0.05 mg/L、0.10 mg/L、0.20 mg/L、0.50 mg/L、1.00 mg/L。每批样品分析均绘制标准曲线。

13.3.6.2 仪器操作

13.3.6.2.1 参考仪器说明书，安装阴离子合成洗涤剂分析模块，设定仪器参数，将工作条件调整至最佳状态。仪器参考测试参数见表15。

13.3.6.2.2 三氯甲烷泵管注入三氯甲烷，其他泵管注入纯水，检查整个流路系统的密封性及液体流动的顺畅性。待基线稳定后，所有泵管注入对应试剂，并确认进入检测器为三氯甲烷有机相，水相不能进入检测器。待基线再次稳定后可自动进样进行测定。

13.3.6.2.3 仪器使用前后按照说明书对管路进行必要的清洗。

表15 仪器参考测试参数

周期时间/s	洗针时间/s	注射时间/s	进样时间/s	出峰时间/s	进载时间/s	到阀时间/s	峰宽/s
200	50	50	80	100	80	80	180
注：不同品牌或型号仪器的测试参数有所不同，可根据实际情况进行调整。							

13.3.6.3 测定

13.3.6.3.1 分别往样品杯中加入标准系列溶液和待测样品，依次测定。以峰面积信号值为纵坐标，对应的阴离子合成洗涤剂质量浓度为横坐标，仪器自动绘制标准曲线并计算样品含量。

13.3.6.3.2 若样品含量超出标准曲线线性范围，则样品稀释后进样。

13.3.6.4 干扰及控制

水中阴离子合成洗涤剂测试的基质干扰物质主要有以下几种：钙离子、酚盐、阳离子及硝酸盐等。当试样溶液中含有大量钙离子、酚盐及硝酸盐等时，多种离子的干扰会比较严重，应进行干扰消除。钙镁离子浓度较高的水样，可预先用离子交换树脂处理，并向样品中加入过量的焦磷酸钠(3 mmol/L)，焦磷酸钠可与钙离子络合，从而消除钙离子的干扰。在实际样品测定中，该干扰消除法可消除大部分样品中金属离子的干扰，使得检测结果更接近真实值。试剂、玻璃器皿和仪器中残留的污染物会干扰目标化合物的测定，采用全程序空白及实验室试剂空白控制试验过程中的污染。

13.3.7 试验数据处理

按式(20)计算水样中阴离子合成洗涤剂（以十二烷基苯磺酸钠计）的质量浓度：

$$\rho(\text{DBS})=\rho_1(\text{DBS})\times f \qquad (20)$$

式中：

ρ(DBS) ——水样中阴离子合成洗涤剂（以十二烷基苯磺酸钠计）的质量浓度，单位为毫克每升(mg/L)；

ρ_1(DBS)——由标准曲线得到的阴离子合成洗涤剂（以十二烷基苯磺酸钠计）的质量浓度，单位为

毫克每升(mg/L);

f ——稀释倍数。

13.3.8 精密度和准确度

6个实验室分别用水源水、生活饮用水进行低、中、高加标回收试验，重复测定6次。水源水中阴离子合成洗涤剂测定结果相对标准偏差为0.33%～3.1%，回收率为87.8%～106%；生活饮用水相对标准偏差为0.32%～2.9%，回收率为82.0%～107%。

13.4 连续流动法

13.4.1 最低检测质量浓度

本方法用十二烷基苯磺酸钠作为标准，当检测光程为10 mm时，水样中阴离子合成洗涤剂最低检测质量浓度为0.050 mg/L。

13.4.2 原理

连续流动分析方法是利用连续流动分析仪，通过蠕动泵将样品和试剂泵入分析模块中混合、反应，并泵入气泡将流体分割成片段，使反应达到完全的稳态，然后进入流通检测池进行分析测定。

在水溶液中，阴离子合成洗涤剂和亚甲基蓝反应生成蓝色络合物，统称为亚甲基蓝活性物质(Methylene Blue Active Substance，MBAS)，该化合物被萃取到三氯甲烷中并由相分离器分离，三氯甲烷相被酸性亚甲基蓝洗涤以除去干扰物质并在第二个相分离器中被再次分离。其色度与浓度成正比，在650/660 nm处用10 mm比色池测量其信号值。

13.4.3 试剂

除非另有说明，本方法所用试剂均为分析纯，实验用水为GB/T 6682规定的一级水，现用现备。除标准溶液外，其他溶液均用超声脱气。

13.4.3.1 氢氧化钠(NaOH)。

13.4.3.2 十水合四硼酸钠($Na_2B_4O_7 \cdot 10H_2O$)。

13.4.3.3 三水合亚甲基蓝($C_{16}H_{18}N_3ClS \cdot 3H_2O$)，纯度≥98.5%。

13.4.3.4 十水合焦磷酸钠($Na_4P_2O_7 \cdot 10H_2O$)，纯度≥99%。

13.4.3.5 三氯甲烷($CHCl_3$)，临用前超声脱气10 min。

13.4.3.6 无水乙醇(C_2H_5OH)。

13.4.3.7 硫酸(H_2SO_4)，$\rho_{20}=1.84$ g/mL。

13.4.3.8 甲醛水溶液：质量分数为35%～40%。

13.4.3.9 硼酸盐溶液：称取10 g四硼酸钠和2 g氢氧化钠溶于800 mL纯水中，定容至1 000 mL，溶液稳定使用7 d。

13.4.3.10 硫酸溶液(1+99)：缓慢将5 mL浓硫酸加入到400 mL纯水中，冷却至室温后用纯水定容到500 mL。

13.4.3.11 亚甲基蓝储备溶液(0.25 g/L)：称取0.05 g亚甲基蓝溶解于200 mL纯水中，超声10 min确保充分溶解后，0.22 μm微孔滤膜过滤，滤液储存于棕色试剂瓶中，于0 ℃～4 ℃冷藏可保存30 d。

13.4.3.12 亚甲基蓝缓冲溶液：移取20 mL亚甲基蓝溶液和100 mL硼酸盐溶液混匀后用三氯甲烷进行洗涤，弃去三氯甲烷并用新的三氯甲烷反复洗涤，直至三氯甲烷层中没有蓝色或红色为止(通常需要2次～3次)。储存于棕色试剂瓶中，于0 ℃～4 ℃冷藏可保存30 d。临用前过0.22 μm微孔滤膜，超声脱气10 min。

13.4.3.13 碱性亚甲基蓝溶液：移取 60 mL 亚甲基蓝缓冲溶液于容量瓶中，用硼酸盐溶液定容至 200 mL，加入 20 mL 乙醇，混匀。0 ℃～4 ℃冷藏保存，溶液可稳定使用 7 d。临用前过 0.22 μm 微孔滤膜，超声脱气 10 min。

13.4.3.14 酸性亚甲基蓝溶液：移取 2 mL 亚甲基蓝溶液于容量瓶中，加入到 150 mL 纯水中，缓慢加入 1 mL 硫酸溶液(1+99)，定容至 200 mL 后加入 80 mL 乙醇后混匀。0 ℃～4 ℃冷藏保存，溶液可稳定使用 7 d。临用前过 0.22 μm 微孔滤膜，超声脱气 10 min。

13.4.3.15 十二烷基苯磺酸钠(DBS)标准储备溶液[ρ(DBS)＝1.00 mg/mL]：参见 13.1.3.6，或使用有证标准物质。

13.4.3.16 十二烷基苯磺酸钠标准使用溶液[ρ(DBS)＝10.0 mg/L]：准确吸取 1.00 mL 十二烷基苯磺酸钠(DBS)标准储备溶液[ρ(DBS)＝1.00 mg/mL]，用纯水定容至 100 mL，混匀，此溶液中 DBS 质量浓度为 10.0 mg/L。于 0 ℃～4 ℃冷藏可保存 14 d。

注 1：不同品牌或型号仪器的试剂配制有所不同，可根据实际情况进行调整，经方法验证后使用。

注 2：测试过程中使用的三氯甲烷、亚甲基蓝具有一定毒性，试验过程中做好安全防护工作。操作时按规定佩戴防护器具并在通风橱内进行，避免接触皮肤。检测后的残渣废液按规定安全处理。

注 3：所有的试验玻璃器皿保证洁净，不使用合成洗涤剂清洗。临用前可用硫酸溶液(1+9)浸泡，再用纯水清洗干净。

13.4.4 仪器设备

13.4.4.1 连续流动分析仪：自动进样器，阴离子合成洗涤剂分析单元(即化学反应模块，由相分离器、多道蠕动泵、歧管、泵管、混合反应圈等组成)，检测单元(检测单元可配备 10 mm 比色池，阴离子合成洗涤剂检测配备 650/660 nm 滤光片)，数据处理单元及相应附件。

13.4.4.2 天平：分辨力不低于 0.000 1 g。

13.4.4.3 pH 计。

13.4.4.4 超声波清洗器。

13.4.5 样品

13.4.5.1 样品采集。采样前用纯水清洗所有接触样品的器皿。玻璃器皿不宜用合成洗涤剂清洗。

13.4.5.2 样品保存。样品采集后宜在 0 ℃～4 ℃冷藏保存，保存时间为 24 h。当保存时间超过 24 h 时，将甲醛水溶液(质量分数为 35%～40%)作为保存剂，加入量为水样体积的 1%，保存时间为 7 d。

13.4.6 试验步骤

13.4.6.1 仪器调试

连接仪器管路后，启动仪器和进样器，运行软件，设定工作参数，检查分析流路的密闭性和液体流动的顺畅性，在分析前对仪器进行调谐和基线校准，以保证检出限、灵敏度、定量测定范围满足方法要求。

13.4.6.2 标准曲线的绘制

分别准确吸取十二烷基苯磺酸钠标准使用溶液[ρ(DBS)＝10.0 mg/L]0 mL、0.50 mL、1.00 mL、2.00 mL、4.00 mL、6.00 mL、8.00 mL 和 10.0 mL，加入 100 mL 容量瓶中，用纯水定容至刻度线。此标准系列的质量浓度分别为 0 mg/L、0.050 mg/L、0.100 mg/L、0.200 mg/L、0.400 mg/L、0.600 mg/L、0.800 mg/L 和 1.000 mg/L，现用现配。

标准溶液配制和样品前处理时应使用分析纯或以上等级试剂。每批样品分析均应绘制标准曲线。

13.4.6.3 样品分析

调整仪器使其进入可测试状态，将样品编号或名称输入样品列表，并适当设置曲线重校点和清洗点

(一般每 10 个样品重校一次)。然后将无色澄清无干扰的样品或经消除干扰后的样品放入样品列表中所对应的自动进样器位置上，按照与绘制校准曲线相同的条件，进行样品的测定。

按编排好的程序开始运行，包括标准曲线、基线校正、带过校正、漂移校正、样品测定等，软件按峰高和质量浓度值自动绘制标准曲线并计算样品含量。

若样品含量超出标准曲线线性范围，可稀释后进样。

13.4.6.4 干扰及控制

生活饮用水中阴离子合成洗涤剂测试的基质干扰物质主要有以下几种：钙离子、酚盐、阳离子及硝酸盐等。当试样溶液中含有钙离子、酚盐及硝酸盐等时，多种离子的干扰会比较严重，应进行干扰消除。钙镁离子浓度较高的水样，可预先用离子交换树脂处理，并向样品中加入过量的焦磷酸钠(3 mmol/L)，焦磷酸钠可与钙离子络合，从而消除钙离子的干扰。在实际样品测定中，该干扰消除法可消除大部分样品中金属离子的干扰，使得检测结果更接近真实值。试剂、玻璃器皿和仪器中残留的污染物会干扰目标化合物的测定，采用全程序空白及实验室试剂空白控制试验过程中的污染。

13.4.7 试验数据处理

样品中阴离子合成洗涤剂的含量(mg/L)按照式(21)进行计算：

$$\rho(\mathrm{DBS}) = \rho_1(\mathrm{DBS}) \times f \qquad \cdots\cdots (21)$$

式中：

$\rho(\mathrm{DBS})$ ——样品中阴离子合成洗涤剂(以十二烷基苯磺酸钠计)的质量浓度，单位为毫克每升(mg/L)；

$\rho_1(\mathrm{DBS})$——由标准曲线得到的阴离子合成洗涤剂(以十二烷基苯磺酸钠计)的质量浓度，单位为毫克每升(mg/L)；

f ——稀释倍数。

13.4.8 精密度和准确度

本方法测定末梢水中阴离子合成洗涤剂，6 个实验室测试方法精密度为 0.6%～6.5%，6 个实验室通过加标回收试验测试方法准确度为 82.3%～107%。本方法测定地表水(水源水)中阴离子合成洗涤剂，6 个实验室测试方法精密度为 2.2%～8.7%，6 个实验室通过加标回收试验测试方法准确度为 81.6%～112%。

ICS 13.060
CCS C 51

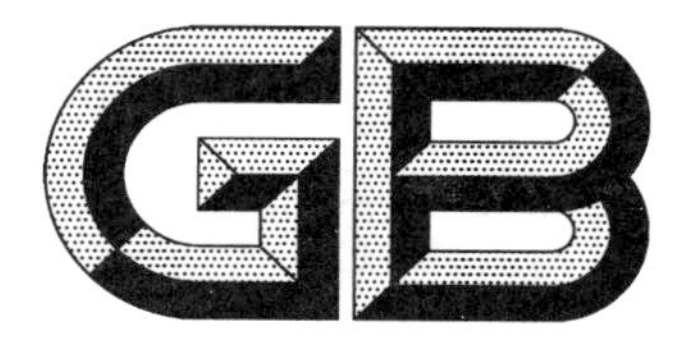

中华人民共和国国家标准

GB/T 5750.5—2023
代替 GB/T 5750.5—2006

生活饮用水标准检验方法 第5部分:无机非金属指标

Standard examination methods for drinking water—Part 5: Inorganic nonmetallic indices

2023-03-17 发布 2023-10-01 实施

国家市场监督管理总局
国家标准化管理委员会 发布

目　次

前　言

本文件按照 GB/T 1.1—2020《标准化工作导则　第 1 部分：标准化文件的结构和起草规则》的规定起草。

本文件为 GB/T 5750《生活饮用水标准检验方法》的第 5 部分。GB/T 5750 已经发布了以下部分：

——第 1 部分：总则；

——第 2 部分：水样的采集与保存；

——第 3 部分：水质分析质量控制；

——第 4 部分：感官性状和物理指标；

——第 5 部分：无机非金属指标；

——第 6 部分：金属和类金属指标；

——第 7 部分：有机物综合指标；

——第 8 部分：有机物指标；

——第 9 部分：农药指标；

——第 10 部分：消毒副产物指标；

——第 11 部分：消毒剂指标；

——第 12 部分：微生物指标；

——第 13 部分：放射性指标。

本文件代替 GB/T 5750.5—2006《生活饮用水标准检验方法　无机非金属指标》，与 GB/T 5750.5—2006 相比，除结构调整和编辑性改动外，主要技术变化如下：

a）增加了"术语和定义"（见第 3 章）；

b）增加了 8 个检验方法（见 7.3、7.4、11.4、11.5、13.4、14.1、14.2、14.3）；

c）更改了 2 个检验方法（见 9.1、13.1，2006 年版的 6.1，11.1）；

d）更改了 3 项指标的名称，包括"硝酸盐氮"更改为"硝酸盐（以 N 计）"，"氨氮"更改为"氨（以 N 计）"，"亚硝酸盐氮"更改为"亚硝酸盐（以 N 计）"（见第 8 章、第 11 章、第 12 章，2006 年版的第 5 章、第 9 章、第 10 章）；

e）删除了 5 个检验方法（见 2006 年版的 3.5、5.4、6.2、8.1、11.4）。

请注意本文件的某些内容可能涉及专利。本文件的发布机构不承担识别专利的责任。

本文件由中华人民共和国国家卫生健康委员会提出并归口。

本文件起草单位：中国疾病预防控制中心环境与健康相关产品安全所、北京市疾病预防控制中心、河南省疾病预防控制中心、中国疾病预防控制中心营养与健康所、四川省疾病预防控制中心。

本文件主要起草人：施小明、姚孝元、张岚、陈永艳、吕佳、岳银玲、陈斌生、王谢、王心宇、王海燕、刘丽萍、雍莉、李勇、夏芳、田佩瑶、李秀维、王小艳、闫旭、王瑜、薛莹。

本文件及其所代替文件的历次版本发布情况：

——1985 年首次发布为 GB/T 5750—1985，2006 年第一次修订为 GB/T 5750.5—2006；

——本次为第二次修订。

引　言

GB/T 5750《生活饮用水标准检验方法》作为生活饮用水检验技术的推荐性国家标准，与 GB 5749《生活饮用水卫生标准》配套，是 GB 5749 的重要技术支撑，为贯彻实施 GB 5749、开展生活饮用水卫生安全性评价提供检验方法。

GB/T 5750 由 13 个部分构成。

——第 1 部分：总则。目的在于提供水质检验的基本原则和要求。

——第 2 部分：水样的采集与保存。目的在于提供水样采集、保存、管理、运输和采样质量控制的基本原则、措施和要求。

——第 3 部分：水质分析质量控制。目的在于提供水质检验检测实验室质量控制要求与方法。

——第 4 部分：感官性状和物理指标。目的在于提供感官性状和物理指标的相应检验方法。

——第 5 部分：无机非金属指标。目的在于提供无机非金属指标的相应检验方法。

——第 6 部分：金属和类金属指标。目的在于提供金属和类金属指标的相应检验方法。

——第 7 部分：有机物综合指标。目的在于提供有机物综合指标的相应检验方法。

——第 8 部分：有机物指标。目的在于提供有机物指标的相应检验方法。

——第 9 部分：农药指标。目的在于提供农药指标的相应检验方法。

——第 10 部分：消毒副产物指标。目的在于提供消毒副产物指标的相应检验方法。

——第 11 部分：消毒剂指标。目的在于提供消毒剂指标的相应检验方法。

——第 12 部分：微生物指标。目的在于提供微生物指标的相应检验方法。

——第 13 部分：放射性指标。目的在于提供放射性指标的相应检验方法。

生活饮用水标准检验方法 第5部分：无机非金属指标

1 范围

本文件描述了生活饮用水中硫酸盐、氯化物、氟化物、氰化物、硝酸盐（以N计）、硫化物、磷酸盐、氨（以N计）、亚硝酸盐（以N计）、碘化物、高氯酸盐的测定方法和水源水中硫酸盐、氯化物、氟化物、氰化物（异烟酸-吡唑啉酮分光光度法、异烟酸-巴比妥酸分光光度法）、硝酸盐（以N计）、硫化物、磷酸盐、氨（以N计）、亚硝酸盐（以N计）、碘化物的测定方法。

本文件适用于生活饮用水和（或）水源水中无机非金属指标的测定。

2 规范性引用文件

下列文件中的内容通过文中的规范性引用而构成本文件必不可少的条款。其中，注日期的引用文件，仅该日期对应的版本适用于本文件；不注日期的引用文件，其最新版本（包括所有的修改单）适用于本文件。

GB/T 5750.1 生活饮用水标准检验方法 第1部分：总则

GB/T 5750.3 生活饮用水标准检验方法 第3部分：水质分析质量控制

GB/T 6682 分析实验室用水规格和试验方法

3 术语和定义

GB/T 5750.1 和 GB/T 5750.3 界定的术语和定义适用于本文件。

4 硫酸盐

4.1 硫酸钡比浊法

4.1.1 最低检测质量浓度

本方法最低检测质量为0.25 mg，若取50 mL水样测定，则最低检测质量浓度为5 mg/L。

本方法适用于测定硫酸盐质量浓度低于40 mg/L的水样。搅拌速度、时间、温度及试剂加入方式均能影响硫酸钡比浊法的测定结果，因此要求严格控制操作条件的一致。

4.1.2 原理

水中硫酸盐和钡离子生成硫酸钡沉淀，形成浑浊，其浑浊程度和水样中硫酸盐含量成正比。

4.1.3 试剂

4.1.3.1 硫酸盐标准溶液[$\rho(SO_4^{2-})=1$ mg/mL]：称取1.478 6 g无水硫酸钠（Na_2SO_4）或1.814 1 g无水硫酸钾（K_2SO_4），溶于纯水中，并定容至1 000 mL，或使用有证标准物质。

4.1.3.2　稳定剂溶液：称取 75 g 氯化钠（NaCl），溶于 300 mL 纯水中，加入 30 mL 盐酸（ρ_{20} = 1.19 g/mL）、50 mL 甘油（$C_3H_8O_3$）和 100 mL 乙醇[$\varphi(C_2H_5OH)$=95%]，混合均匀。

4.1.3.3　二水合氯化钡晶体（$BaCl_2 \cdot 2H_2O$），粒度为 20 目～30 目。

4.1.4　仪器设备

4.1.4.1　电磁搅拌器。

4.1.4.2　浊度仪或分光光度计。

4.1.5　试验步骤

4.1.5.1　吸取 50 mL 水样于 100 mL 烧杯中，若水样中硫酸盐质量浓度超过 40 mg/L，取适量水样并稀释至 50 mL。

4.1.5.2　加入 2.5 mL 稳定剂溶液，调节电磁搅拌器速度，使溶液在搅拌时不溅出，并能使 0.2 g 二水合氯化钡晶体（$BaCl_2 \cdot 2H_2O$）在 10 s～30 s 溶解。固定此条件，在同批测定中不应改变。

4.1.5.3　取同型 100 mL 烧杯 6 个，分别加入硫酸盐标准溶液[$\rho(SO_4^{2-})$=1 mg/mL]0 mL、0.25 mL、0.50 mL、1.00 mL、1.50 mL 和 2.00 mL。各加纯水至 50 mL。使质量浓度分别为 0 mg/L、5.0 mg/L、10.0 mg/L、20.0 mg/L、30.0 mg/L 和 40.0 mg/L（以 SO_4^{2-} 计）。

4.1.5.4　另取 50 mL 水样，与标准系列在同一条件下，在水样与标准系列中各加入 2.5 mL 稳定剂溶液，待搅拌速度稳定后加入 0.2 g 二水合氯化钡晶体（$BaCl_2 \cdot 2H_2O$）并立即计时，搅拌 60 s±5 s。各烧杯均从加入氯化钡晶体起计时，到准确 10 min 时于 420 nm 波长，3 cm 比色皿，以纯水为参比，测量吸光度。或用浊度仪测定浑浊度。

4.1.5.5　绘制工作曲线，从曲线上查得样品中硫酸盐质量。

4.1.6　试验数据处理

按式(1)计算水样中硫酸盐（以 SO_4^{2-} 计）的质量浓度：

$$\rho(SO_4^{2-}) = \frac{m}{V} \times 1\,000 \qquad \cdots\cdots(1)$$

式中：

$\rho(SO_4^{2-})$ ——水样中硫酸盐（以 SO_4^{2-} 计）的质量浓度，单位为毫克每升（mg/L）；

m ——从工作曲线上查得样品中硫酸盐质量，单位为毫克（mg）；

V ——水样体积，单位为毫升（mL）。

4.2　离子色谱法

按 6.2 描述的方法进行。

4.3　铬酸钡分光光度法（热法）

4.3.1　最低检测质量浓度

本方法最低检测质量为 0.25 mg，若取 50 mL 水样测定，则最低检测质量浓度为 5 mg/L。

本方法适用于测定硫酸盐质量浓度低于 200 mg/L 的水样。水样中碳酸盐可与钡离子形成沉淀干扰测定，但经加酸煮沸后可消除其干扰。

4.3.2　原理

在酸性溶液中，铬酸钡与硫酸盐生成硫酸钡沉淀和铬酸离子。将溶液中和后，过滤除去多余的铬酸钡和生成的硫酸钡,滤液中即为硫酸盐所取代出的铬酸离子,呈现黄色,比色定量。

4.3.3 试剂

4.3.3.1 硫酸盐标准溶液[$\rho(SO_4^{2-})$=1 mg/mL]:见4.1.3.1。

4.3.3.2 铬酸钡悬浊液:称取19.44 g铬酸钾(K_2CrO_4)和24.44 g二水合氯化钡($BaCl_2 \cdot 2H_2O$),分别溶于1 000 mL纯水中,加热至沸。将两种溶液于3 000 mL烧杯中混合,使生成黄色铬酸钡沉淀。待沉淀下降后,倾出上层清液。每次用1 000 mL纯水以倾泻法洗涤沉淀5次。加纯水至1 000 mL配成悬浊液。每次使用前混匀。

注:每5 mL悬浊液约可沉淀48 mg硫酸盐。

4.3.3.3 氨水(1+1):取氨水(ρ_{20}=0.88 g/mL)与纯水等体积混合。

4.3.3.4 盐酸溶液[c(HCl)=2.5 mol/L]:取208 mL盐酸(ρ_{20}=1.19 g/mL),加纯水稀释至1 000 mL。

4.3.4 仪器设备

4.3.4.1 分光光度计。

4.3.4.2 具塞比色管:50 mL和25 mL。

4.3.5 试验步骤

4.3.5.1 吸取50.0 mL水样,置于150 mL锥形瓶中。

注:本方法所用玻璃仪器不用重铬酸钾-硫酸洗液处理。为防止试验中污染的影响,锥形瓶临用前用盐酸溶液(1+1)处理后并用自来水及纯水淋洗干净。

4.3.5.2 另取150 mL锥形瓶8个,分别加入0 mL、0.25 mL、0.50 mL、1.00 mL、3.00 mL、5.00 mL、7.00 mL和10.00 mL硫酸盐标准溶液[$\rho(SO_4^{2-})$=1 mg/mL],各加纯水至50.0 mL。使硫酸盐质量浓度分别为0 mg/L、5 mg/L、10 mg/L、20 mg/L、60 mg/L、100 mg/L、140 mg/L和200 mg/L(以SO_4^{2-}计)。

4.3.5.3 向水样及标准系列溶液中各加1 mL盐酸溶液[c(HCl)=2.5 mol/L],加热煮沸5 min左右,以分解除去碳酸盐的干扰。各加入2.5 mL铬酸钡悬浊液,再煮沸5 min左右(此时溶液体积约为25 mL)。

4.3.5.4 取下锥形瓶,各瓶逐滴加入氨水(1+1)至液体呈柠檬黄色,再多加2滴。

4.3.5.5 冷却后,移入50 mL具塞比色管,加纯水至刻度,摇匀。

4.3.5.6 将上述溶液通过干的慢速定量滤纸过滤。弃去最初的5 mL滤液。收集滤液于干燥的25 mL比色管中。于420 nm波长,用0.5 cm比色皿,以纯水作参比,测量吸光度。

注:若采用440 nm波长,使用1 cm比色皿,低于4 mg的硫酸盐系列采用3 cm比色皿。

4.3.5.7 绘制工作曲线,从曲线上查出样品管中硫酸盐质量。

4.3.6 试验数据处理

按式(2)计算水样中硫酸盐(以SO_4^{2-}计)的质量浓度:

$$\rho(SO_4^{2-})=\frac{m}{V}\times 1\ 000 \qquad \cdots\cdots(2)$$

式中:

$\rho(SO_4^{2-})$ ——水样中硫酸盐(以SO_4^{2-}计)的质量浓度,单位为毫克每升(mg/L);

m ——从工作曲线上查得样品中硫酸盐质量,单位为毫克(mg);

V ——水样体积,单位为毫升(mL)。

4.3.7 精密度和准确度

20 个实验室测定硫酸盐质量浓度为 20.0 mg/L 的合成水样，含其他离子质量浓度为：硝酸盐 25.0 mg/L、氯化物 1.25 mg/L，其相对标准偏差为 3.0%。

4.4 铬酸钡分光光度法(冷法)

4.4.1 最低检测质量浓度

本方法最低检测质量为 0.05 mg，若取 10 mL 水样测定，则最低检测质量浓度为 5 mg/L。

本方法适用于测定硫酸盐质量浓度低于 100 mg/L 的水样。水样中碳酸盐可与钡离子生成沉淀，加入氯化钙-氨水溶液消除碳酸盐的干扰。

4.4.2 原理

在酸性溶液中，硫酸盐与铬酸钡生成硫酸钡沉淀和铬酸离子，加入乙醇降低铬酸钡在水溶液中的溶解度。过滤除去硫酸钡及过量的铬酸钡沉淀，滤液中为硫酸盐所取代的铬酸离子，呈现黄色，比色定量。

4.4.3 试剂

除非另有说明，本方法所用试剂均为分析纯，实验用水为蒸馏水或去离子水。

4.4.3.1 硫酸盐标准溶液[$\rho(SO_4^{2-})=0.5$ mg/mL]：准确称取 0.907 1 g 经 105 ℃干燥的硫酸钾(K_2SO_4)。用纯水溶解，并稀释定容至 1 000 mL，或使用有证标准物质。

4.4.3.2 铬酸钡悬浊液：称取 2.5 g 铬酸钡($BaCrO_4$)，加入 200 mL 乙酸-盐酸混合液{[$c(CH_3COOH)=1$ mol/L]和[$c(HCl)=0.02$ mol/L]等体积混合}中，充分振摇混合，制成悬浊液，储存于聚乙烯瓶中，使用前摇匀。

4.4.3.3 氯化钙-氨水溶液：称取 1.9 g 二水合氯化钙($CaCl_2 \cdot 2H_2O$)，溶于 500 mL 氨水[$c(NH_3 \cdot H_2O)=6$ mol/L]中，密塞保存。

4.4.3.4 乙醇[$\varphi(C_2H_5OH)=95\%$]。

4.4.4 仪器设备

4.4.4.1 分光光度计。

4.4.4.2 具塞比色管：25 mL 和 10 mL。

4.4.5 试验步骤

4.4.5.1 吸取 10.0 mL 水样，置于 25 mL 比色管中。

4.4.5.2 取 8 支 25 mL 具塞比色管，分别加入 0 mL、0.10 mL、0.20 mL、0.40 mL、0.60 mL、0.80 mL、1.00 mL 和 2.00 mL 硫酸盐标准溶液[$\rho(SO_4^{2-})=0.5$ mg/mL]，加纯水至 10.0 mL 刻度。使硫酸盐质量浓度分别为 0 mg/L、5 mg/L、10 mg/L、20 mg/L、30 mg/L、40 mg/L、50 mg/L 和 100 mg/L(以 SO_4^{2-} 计)。

4.4.5.3 于水样和标准管中各加入 5.0 mL 经充分摇匀的铬酸钡悬浊液，充分混匀，静置 3 min。

4.4.5.4 加入 1.0 mL 氯化钙-氨水溶液，混匀，加入 10 mL 乙醇[$\varphi(C_2H_5OH)=95\%$]，密塞，猛烈振摇 1 min。

4.4.5.5 用慢速定量滤纸过滤，弃去 10 mL 初滤液，收集滤液于 10 mL 具塞比色管中，于 420 nm 波长，3 cm 比色皿，以纯水为参比，测量吸光度。

4.4.5.6 以减去空白后的吸光度对应硫酸盐质量，绘制工作曲线，从曲线上查出样品管中硫酸盐质量。

4.4.6 试验数据处理

按式(3)计算水样中硫酸盐(以 SO_4^{2-} 计)的质量浓度：

$$\rho(SO_4^{2-})=\frac{m}{V}\times 1\,000 \qquad \cdots\cdots(3)$$

式中：

$\rho(SO_4^{2-})$——水样中硫酸盐(以 SO_4^{2-} 计)的质量浓度，单位为毫克每升(mg/L)；

m ——从工作曲线上查得样品中硫酸盐质量，单位为毫克(mg)；

V ——水样体积，单位为毫升(mL)。

4.4.7 精密度和准确度

硫酸盐质量浓度为 10 mg/L、50 mg/L、100 mg/L 测定的相对标准偏差分别为 6.8%、2.1%和 1.8%，平均回收率为 94%～101%。

4.5 硫酸钡烧灼称量法

4.5.1 最低检测质量浓度

本方法最低检测质量为 5 mg，若取 500 mL 水样测定，则最低检测质量浓度为 10 mg/L。

水中悬浮物、二氧化硅、水样处理过程中形成的不溶性硅酸盐及由亚硫酸盐氧化形成的硫酸盐，因操作不当包埋在硫酸钡沉淀中的氯化钡、硝酸钡等可造成测定结果的偏高。铁和铬影响硫酸钡的完全沉淀使结果偏低。

4.5.2 原理

硫酸盐和氯化钡在强酸性的盐酸溶液中生成白色硫酸钡沉淀，经陈化后过滤，洗涤沉淀至滤液不含氯离子，灼烧至恒量，根据硫酸钡质量计算硫酸盐的质量浓度。

4.5.3 试剂

除非另有说明，本方法所用试剂均为分析纯，所用纯水为蒸馏水或去离子水。

4.5.3.1 氯化钡溶液(50 g/L)：称取 5 g 二水合氯化钡($BaCl_2 \cdot 2H_2O$)，溶于纯水中，并稀释至 100 mL。此溶液稳定，可长期保存。

4.5.3.2 盐酸溶液(1+1)。

4.5.3.3 硝酸银溶液(17.0 g/L)：称取 4.25 g 硝酸银($AgNO_3$)，溶于含 0.25 mL 硝酸(ρ_{20}=1.42 g/mL)的纯水中，并稀释至 250 mL。

4.5.3.4 甲基红指示剂溶液(1 g/L)：称取 0.1 g 甲基红($C_{15}H_{15}N_3O_2$)，溶于 74 mL 氢氧化钠溶液[c(NaOH)=0.5 mol/L]中，用纯水稀释至 100 mL。

4.5.4 仪器设备

4.5.4.1 高温炉。

4.5.4.2 瓷坩埚：25 mL。

4.5.4.3 天平：分辨力不低于 0.000 1 g。

4.5.5 试验步骤

4.5.5.1 水样中阳离子总量大于 250 mg/L，或重金属离子质量浓度大于 10 mg/L 时，应将水样通过阳离子交换树脂柱除去水中阳离子。

4.5.5.2 取 200 mL～500 mL 水样（含硫酸盐 5 mg～50 mg，勿超过 100 mg），置于烧杯中。加入数滴甲基红指示剂溶液（1 g/L），加盐酸溶液（1＋1）使水样呈酸性，加热浓缩至 50 mL 左右。

注：水样在浓缩前酸化，可防止碳酸钡和磷酸钡沉淀。碳酸盐在酸化加热时分解为二氧化碳；磷酸钡在酸性溶液中溶解。

4.5.5.3 将水样过滤，除去悬浮物及二氧化硅。用盐酸溶液（1＋1）酸化过的纯水冲洗滤纸及沉淀，收集过滤的水样于烧杯中。

注：当水样中只有少量不溶性二氧化硅时，可以过滤除去。当二氧化硅质量浓度超过 25 mg/L 时将干扰测定。硅酸盐可与钡离子生成硅酸钡（$BaSiO_3$）白色沉淀，在酸性时形成 H_2SiO_3 胶状沉淀。这类水样在铂皿中蒸干，并加 1 mL 盐酸（$\rho_{20}=1.19$ g/mL），使充分接触后继续蒸干，于 180 ℃烘箱中烘干，加入 2 mL 盐酸（$\rho_{20}=1.19$ g/mL）及热水，过滤，用少量纯水反复洗涤滤渣。合并洗液于滤液中供测定硫酸盐。

4.5.5.4 于试样中缓缓加入热氯化钡溶液（50 g/L），搅拌，直到硫酸钡沉淀完全为止，并多加 2 mL。

注：在浓缩水样中，缓缓加入氯化钡溶液并不断搅拌，防止局部浓度过高、沉淀过快，包埋其他杂质引起误差。

4.5.5.5 将烧杯置于 80 ℃～90 ℃水浴中，盖以表面皿，加热 2 h 以陈化沉淀。

注：陈化过程中可使晶体变大以利过滤；可减少吸附作用使沉淀更纯净。

4.5.5.6 取下烧杯，在沉淀中加入少量无灰滤纸浆，用慢速定量滤纸过滤。用 50 ℃纯水冲洗沉淀和滤纸，直至向滤液中滴加硝酸银溶液（17.0 g/L）不发生浑浊时为止。

4.5.5.7 将洗净并干燥的坩埚在高温炉内 800 ℃灼烧 30 min。冷后称量，重复灼烧至恒量。

4.5.5.8 将包好沉淀的滤纸放至坩埚中在 110 ℃烘箱中烘干。在电炉上缓缓加热炭化。

4.5.5.9 将坩埚移入高温炉内，于 800 ℃灼烧 30 min。在干燥器中冷却，称量，重复操作直至恒量。

4.5.6 试验数据处理

按式（4）计算水样中硫酸盐（以 SO_4^{2-} 计）的质量浓度：

$$\rho(SO_4^{2-})=\frac{m\times 0.411\,6}{V}\times 1\,000 \qquad \cdots\cdots(4)$$

式中：

$\rho(SO_4^{2-})$——水样中硫酸盐（以 SO_4^{2-} 计）的质量浓度，单位为毫克每升（mg/L）；

m ——硫酸钡质量，单位为毫克（mg）；

0.411 6 ——1 mol 硫酸钡（$BaSO_4$）的质量相当于 1 mol SO_4^{2-} 的质量换算系数；

V ——水样体积，单位为毫升（mL）。

5 氯化物

5.1 硝酸银容量法

5.1.1 最低检测质量浓度

本方法最低检测质量为 0.05 mg，若取 50 mL 水样测定，则最低检测质量浓度为 1.0 mg/L。

溴化物及碘化物均能引起相同反应，并以相当于氯化物的质量计入结果。硫化物、亚硫酸盐、硫代硫酸盐及超过 15 mg/L 的耗氧量可干扰本方法测定。亚硫酸盐等干扰可用过氧化氢处理除去。耗氧量较高的水样可用高锰酸钾处理或蒸干后灰化处理。

5.1.2 原理

硝酸银与氯化物生成氯化银沉淀，过量的硝酸银与铬酸钾指示剂反应生成红色铬酸银沉淀，指示反应到达终点。

5.1.3 试剂

5.1.3.1 高锰酸钾。

5.1.3.2 乙醇[$\varphi(C_2H_5OH)=95\%$]。

5.1.3.3 过氧化氢[$w(H_2O_2)=30\%$]。

5.1.3.4 氢氧化钠溶液(2 g/L)。

5.1.3.5 硫酸溶液[$c(1/2H_2SO_4)=0.05$ mol/L]。

5.1.3.6 氢氧化铝悬浮液：称取 125 g 十二水合硫酸铝钾[$KAl(SO_4)_2 \cdot 12H_2O$]或十二水合硫酸铝铵[$NH_4Al(SO_4)_2 \cdot 12H_2O$]，溶于 1 000 mL 纯水中。加热至 60 ℃，缓缓加入 55 mL 氨水($\rho_{20}=$ 0.88 g/mL)，使氢氧化铝沉淀完全。充分搅拌后静置，弃去上清液，用纯水反复洗涤沉淀，至倾出上清液中不含氯离子(用硝酸银硝酸溶液试验)为止。然后加入 300 mL 纯水成悬浮液，使用前振摇均匀。

5.1.3.7 铬酸钾溶液(50 g/L)：称取 5 g 铬酸钾(K_2CrO_4)，溶于少量纯水中，滴加硝酸银标准溶液[$c(AgNO_3)=0.014\ 00$ mol/L]至生成红色不褪为止，混匀，静置 24 h 后过滤，滤液用纯水稀释至 100 mL。

5.1.3.8 氯化钠标准溶液[$\rho(Cl^-)=0.5$ mg/mL]：见 5.3.3.8。

5.1.3.9 硝酸银标准溶液[$c(AgNO_3)=0.014\ 00$ mol/L]：称取 2.4 g 硝酸银($AgNO_3$)，溶于纯水，并定容至 1 000 mL。储存于棕色试剂瓶内。用氯化钠标准溶液[$\rho(Cl^-)=0.5$ mg/mL]标定。

吸取 25.00 mL 氯化钠标准溶液[$\rho(Cl^-)=0.5$ mg/mL]，置于瓷蒸发皿内，加纯水 25 mL。另取一瓷蒸发皿，加 50 mL 纯水作为空白，各加 1 mL 铬酸钾溶液(50 g/L)，用硝酸银标准溶液滴定，直至产生淡橘黄色为止。按式(5)计算硝酸银的浓度：

$$m=\frac{25\times 0.50}{V_1-V_0} \qquad \cdots\cdots (5)$$

式中：

m ——1.00 mL 硝酸银标准溶液相当于氯化物的质量，单位为毫克(mg)；

V_1 ——滴定氯化钠标准溶液的硝酸银标准溶液用量，单位为毫升(mL)；

V_0 ——滴定空白的硝酸银标准溶液用量，单位为毫升(mL)。

根据标定的浓度，校正硝酸银标准溶液[$c(AgNO_3)=0.014\ 00$ mol/L]的浓度，使 1.00 mL 相当于氯化物 0.50 mg。

5.1.3.10 酚酞指示剂(5 g/L)：称取 0.5 g 酚酞($C_{20}H_{14}O_4$)，溶于 50 mL 乙醇[$\varphi(C_2H_5OH)=95\%$]中，加入 50 mL 纯水，并滴加氢氧化钠溶液(2 g/L)使溶液呈微红色。

5.1.4 仪器设备

5.1.4.1 锥形瓶：250 mL。

5.1.4.2 滴定管：25 mL，棕色。

5.1.4.3 无分度吸管：50 mL 和 25 mL。

5.1.5 试验步骤

5.1.5.1 水样的预处理

5.1.5.1.1 对有色的水样：取 150 mL，置于 250 mL 锥形瓶中。加 2 mL 氢氧化铝悬浮液，振荡均匀，过滤，弃去初滤液 20 mL。

5.1.5.1.2 对含有亚硫酸盐和硫化物的水样：将水样用氢氧化钠溶液（2 g/L）调节至中性或弱碱性，加入 1 mL 过氧化氢[$w(H_2O_2)=30\%$]，搅拌均匀。

5.1.5.1.3 对耗氧量大于 15 mg/L 的水样：加入少许高锰酸钾晶体，煮沸，然后加入数滴乙醇[$\varphi(C_2H_5OH)=95\%$]还原过多的高锰酸钾，过滤。

5.1.5.2 测定

5.1.5.2.1 吸取水样或经过预处理的水样 50.0 mL（或适量水样加纯水稀释至 50 mL），置于瓷蒸发皿内。另取一瓷蒸发皿，加入 50 mL 纯水，作为空白。

5.1.5.2.2 分别加入 2 滴酚酞指示剂（5 g/L），用硫酸溶液[$c(1/2H_2SO_4)=0.05$ mol/L]或氢氧化钠溶液（2 g/L）调节至溶液红色恰好褪去。各加 1 mL 铬酸钾溶液（50 g/L），用硝酸银标准溶液[$c(AgNO_3)=0.014\ 00$ mol/L]滴定，同时用玻璃棒不停搅拌，直至溶液生成橘黄色为止。

注 1：本方法只在中性溶液中进行滴定，因为在酸性溶液中铬酸银溶解度增高，滴定终点时，不能形成铬酸银沉淀。在碱性溶液中将形成氧化银沉淀。

注 2：铬酸钾指示终点的最佳浓度为 1.3×10^{-2} mol/L。但由于铬酸钾的颜色影响终点的观察，实际使用的浓度为 5.1×10^{-3} mol/L，即 50 mL 样品中加入 1 mL 铬酸钾溶液（50 g/L）。同时用空白滴定值予以校正。

5.1.6 试验数据处理

按式(6)计算水样中氯化物（以 Cl^- 计）的质量浓度：

$$\rho(Cl^-)=\frac{(V_1-V_0)\times0.50}{V}\times1\ 000 \qquad \cdots\cdots(6)$$

式中：

$\rho(Cl^-)$——水样中氯化物（以 Cl^- 计）的质量浓度，单位为毫克每升（mg/L）；

V_1 ——水样消耗硝酸银标准溶液的体积，单位为毫升（mL）；

V_0 ——空白试验消耗硝酸银标准溶液的体积，单位为毫升（mL）；

0.50 ——与 1.00 mL 硝酸银标准溶液[$c(AgNO_3)=0.014\ 00$ mol/L]相当的以毫克（mg）表示的氯化物质量（以 Cl^- 计），单位为毫克每毫升（mg/mL）；

V ——水样体积，单位为毫升（mL）。

5.1.7 精密度和准确度

75 个实验室用本方法测定含氯化物 87.9 mg/L 和 18.4 mg/L 的合成水样（含其他离子质量浓度：氟化物，1.30 mg/L 和 0.43 mg/L；硫酸盐，93.6 mg/L 和 7.2 mg/L；可溶性固体，338 mg/L 和 54 mg/L；总硬度，136 mg/L 和 20.7 mg/L），其相对标准偏差分别为 2.1% 和 3.9%，相对误差分别为 3.0% 和 2.2%。

5.2 离子色谱法

按 6.2 描述的方法进行。

5.3 硝酸汞容量法

5.3.1 最低检测质量浓度

本方法最低检测质量为 0.05 mg,若取 50 mL 水样测定,则最低检测质量浓度为 1.0 mg/L。

水样中的溴化物及碘化物均能起相同反应,在计算时均以氯化物计入结果。硫化物和大于 10 mg/L的亚硫酸盐、铬酸盐、高铁离子等能干扰测定。硫化物和亚硫酸盐的干扰可用过氧化氢氧化消除。

5.3.2 原理

氯化物与硝酸汞生成离解度极小的氯化汞,滴定到达终点时,过量的硝酸汞与二苯卡巴腙生成紫色络合物。

5.3.3 试剂

5.3.3.1 乙醇[$\varphi(C_2H_5OH)=95\%$]。

5.3.3.2 高锰酸钾。

5.3.3.3 过氧化氢[$w(H_2O_2)=30\%$]。

5.3.3.4 氢氧化钠溶液[$c(NaOH)=1.0$ mol/L]。

5.3.3.5 硝酸[$c(HNO_3)=1.0$ mol/L]。

5.3.3.6 硝酸[$c(HNO_3)=0.1$ mol/L]。

5.3.3.7 氢氧化铝悬浮液:见 5.1.3.6。

5.3.3.8 氯化钠标准溶液[$c(NaCl)=0.014\ 00$ mol/L 或 $\rho(Cl^-)=0.5$ mg/mL]:称取经 700 ℃烧灼 1 h 的氯化钠(NaCl)8.242 0 g,溶于纯水中并稀释至 1 000 mL,吸取 10.0 mL,用纯水稀释至 100.0 mL,或使用有证标准物质。

5.3.3.9 硝酸汞标准溶液{$c[1/2Hg(NO_3)_2]=0.014\ 00$ mol/L}:称取 2.5 g 一水合硝酸汞[$Hg(NO_3)_2 \cdot H_2O$],溶于含 0.25 mL 硝酸($\rho_{20}=1.42$ g/mL)的 100 mL 纯水中,用纯水稀释至 1 000 mL。按以下方法标定。

吸取 25.00 mL 氯化钠标准溶液,加纯水至 50 mL,以下按 5.3.5.2 和 5.3.5.3 步骤操作。计算硝酸汞标准溶液的浓度见式(7):

$$m=\frac{25\times 0.50}{V_1-V_0} \qquad \cdots\cdots(7)$$

式中:

m ——1.00 mL 硝酸汞标准溶液{$c[1/2Hg(NO_3)_2]=0.014\ 00$ mol/L}相当的氯化物(Cl^-)质量,单位为毫克(mg);

V_1 ——滴定氯化物标准溶液消耗的硝酸汞标准溶液体积,单位为毫升(mL);

V_0 ——滴定空白消耗的硝酸汞标准溶液体积,单位为毫升(mL)。

校正硝酸汞标准溶液浓度,使 1.00 mL 相当于氯化物(以 Cl^- 计)0.50 mg。

5.3.3.10 二苯卡巴腙-溴酚蓝混合指示剂:称取 0.5 g 二苯卡巴腙($C_{13}H_{12}N_4O$,又名二苯偶氮碳酰肼)和 0.05 g 溴酚蓝($C_{19}H_{10}Br_4O_5S$),溶于 100 mL 乙醇[$\varphi(C_2H_5OH)=95\%$]。保存于冷暗处。

5.3.4 仪器设备

5.3.4.1 锥形瓶:250 mL。

5.3.4.2 滴定管:25 mL。

5.3.4.3 无分度吸管:50 mL。

5.3.5 试验步骤

5.3.5.1 水样的预处理,见5.1.5.1。

5.3.5.2 取水样及纯水各50 mL,分别置于250 mL锥形烧瓶中,加0.2 mL二苯卡巴腙-溴酚蓝混合指示剂,用硝酸[$c(HNO_3)=1.0$ mol/L]调节水样pH。使溶液由蓝变成纯黄色{如水样为酸性,先用氢氧化钠溶液[$c(NaOH)=1.0$ mol/L]调节至呈蓝色},再加硝酸[$c(HNO_3)=0.1$ mol/L]0.6 mL,此时溶液pH值为3.0±0.2。

注:严格控制pH值,酸度过大,汞离子与指示剂结合的能力减弱,使结果偏高,反之,终点将提前使结果偏低。

5.3.5.3 用硝酸汞标准溶液{$c[1/2Hg(NO_3)_2]=0.014\ 00$ mol/L}滴定,当临近终点时,溶液呈现暗黄色。此时应缓慢滴定,并逐滴充分振摇,当溶液呈淡橙红色,泡沫呈紫色时即为终点。

注:如果水样消耗硝酸汞标准溶液大于10 mL,则取少量水样稀释后再测定。

5.3.6 试验数据处理

按式(8)计算水样中氯化物(以Cl^-计)的质量浓度:

$$\rho(Cl^-)=\frac{(V_1-V_0)\times 0.50}{V}\times 1\ 000 \qquad \cdots\cdots(8)$$

式中:

$\rho(Cl^-)$——水样中氯化物(以Cl^-计)的质量浓度,单位为毫克每升(mg/L);

V_1 ——水样消耗硝酸汞标准溶液体积,单位为毫升(mL);

V_0 ——空白消耗硝酸汞标准溶液体积,单位为毫升(mL);

0.50 ——与1.00 mL硝酸汞标准溶液{$c[1/2Hg(NO_3)_2]=0.014\ 00$ mol/L}相当的以毫克(mg)表示的氯化物质量(以Cl^-计),单位为毫克每毫升(mg/mL);

V ——水样体积,单位为毫升(mL)。

5.3.7 精密度和准确度

11个实验室测定含氯化物87.9 mg/L和18.4 mg/L的合成水样,含其他离子质量浓度:氟化物,1.30 mg/L和0.43 mg/L;硫酸盐,93.6 mg/L和7.2 mg/L;可溶性固体,338 mg/L和54 mg/L;总硬度,136 mg/L和20.7 mg/L。其相对标准偏差分别为2.3%和4.8%,相对误差分别为1.9%和3.3%。

6 氟化物

6.1 离子选择电极法

6.1.1 最低检测质量浓度

本方法最低检测质量为2 μg,若取10 mL水样测定,则最低检测质量浓度为0.2 mg/L。

色度、浑浊度较高及干扰物质较多的水样可用本方法直接测定。为消除OH^-对测定的干扰,将测定的水样pH值控制在5.5~6.5。

6.1.2 原理

氟化镧单晶对氟化物离子有选择性,在氟化镧电极膜两侧的不同浓度氟溶液之间存在电位差,这种电位差通常称为膜电位。膜电位的大小与氟化物溶液的离子活度有关。氟电极与饱和甘汞电极组成一对原电池。利用电动势与离子活度负对数值的线性关系直接求出水样中氟离子浓度。

6.1.3 试剂

6.1.3.1 冰乙酸(ρ_{20}=1.06 g/mL)。

6.1.3.2 氢氧化钠溶液(400 g/L):称取 40 g 氢氧化钠,溶于纯水中并稀释至 100 mL。

6.1.3.3 盐酸溶液(1+1):将盐酸(ρ_{20}=1.19 g/mL)与纯水等体积混合。

6.1.3.4 离子强度缓冲液Ⅰ:称取 348.2 g 五水合柠檬酸三钠($Na_3C_6H_5O_7 \cdot 5H_2O$),溶于纯水中。用盐酸溶液(1+1)调节 pH 为 6 后,用纯水稀释至 1 000 mL。

6.1.3.5 离子强度缓冲液Ⅱ:称取 59 g 氯化钠(NaCl)、3.48 g 五水合柠檬酸三钠($C_6H_5Na_3O_7 \cdot 5H_2O$)和57 mL冰乙酸($\rho_{20}$=1.06 g/mL),溶于纯水中,用氢氧化钠溶液(400 g/L)调节 pH 为 5.0~5.5 后,用纯水稀释至 1 000 mL。

6.1.3.6 氟化物标准储备溶液[$\rho(F^-)$=1 mg/mL]:称取经 105 ℃干燥 2 h 的氟化钠(NaF)0.221 0 g,溶解于纯水中,并稀释定容至 100 mL,储存于聚乙烯瓶中。或使用有证标准物质溶液。

6.1.3.7 氟化物标准使用溶液[$\rho(F^-)$=10 μg/mL]:吸取氟化物标准储备溶液 5.00 mL。于 500 mL 容量瓶中用纯水稀释到刻度。

6.1.4 仪器设备

6.1.4.1 氟离子选择电极和饱和甘汞电极。

6.1.4.2 离子活度计或精密酸度计。

6.1.4.3 电磁搅拌器。

6.1.5 试验步骤

6.1.5.1 标准曲线法

6.1.5.1.1 吸取 10 mL 水样于 50 mL 烧杯中。若水样总离子强度过高,应取适量水样稀释到 10 mL。

6.1.5.1.2 分别吸取氟化物标准使用溶液 0 mL、0.20 mL、0.40 mL、0.60 mL、1.00 mL、2.00 mL 和 3.00 mL于 50 mL 烧杯中,各加纯水至 10 mL。加入与水样相同的离子强度缓冲液Ⅰ或Ⅱ。此标准系列质量浓度分别为 0 mg/L、0.20 mg/L、0.40 mg/L、0.60 mg/L、1.00 mg/L、2.00 mg/L 和 3.00 mg/L(以 F^- 计)。

6.1.5.1.3 加 10 mL 离子强度缓冲液(水样中干扰物质较多时用离子强度缓冲液Ⅰ,较清洁水样用离子强度缓冲液Ⅱ)。放入搅拌子于电磁搅拌器上搅拌水样溶液,插入氟离子电极和甘汞电极,在搅拌下读取平衡电位值(指每分钟电位值改变小于 0.5 mV,当氟化物浓度甚低时,约需 5 min 以上)。

6.1.5.1.4 以电位值(mV)为纵坐标,氟化物活度[$\rho(F^-)=-\lg aF^-$]为横坐标,在半对数纸上绘制标准曲线。在标准曲线上查得水样中氟化物的质量浓度。

注:标准溶液系列与水样的测定温度一致。

6.1.5.2 标准加入法

6.1.5.2.1 吸取 50 mL 水样于 200 mL 烧杯中,加 50 mL 离子强度缓冲液(水样中干扰物质较多时用离子强度缓冲液Ⅰ,较清洁水样用离子强度缓冲液Ⅱ)。同步骤 6.1.5.1.3 操作,读取平衡电位值(E_1,mV)。

6.1.5.2.2 于水样中加入一小体积(小于 0.5 mL)的氟化物标准储备溶液,在搅拌下读取平衡电位值

(E_2,mV)。

注:E_1 与 E_2 相差 30 mV~40 mV,$\Delta E = E_2 - E_1$。

6.1.6 试验数据处理

6.1.6.1 标准曲线法

氟化物质量浓度(以 F^- 计,mg/L)可直接在标准曲线上查得。

6.1.6.2 标准加入法

按式(9)计算水样中氟化物(以 F^- 计)的质量浓度:

$$\rho(F^-) = \frac{\rho_1 \times V_1}{V_2}(10^{\Delta E/K} - 1)^{-1} \quad \cdots\cdots(9)$$

式中:

$\rho(F^-)$——水样中氟化物的质量浓度,单位为毫克每升(mg/L);

ρ_1 ——加入标准储备溶液的质量浓度,单位为毫克每升(mg/L);

V_1 ——加入标准储备溶液的体积,单位为毫升(mL);

V_2 ——水样体积,单位为毫升(mL);

K ——测定水样的温度 t(℃)时的斜率,其值为 0.198 5×(273+t)。

6.1.7 精密度和准确度

26 个实验室用本方法测定含氟化物 1.25 mg/L、硝酸盐 25 mg/L、硫酸盐 20 mg/L、氯化物 55 mg/L的合成水样,氟化物的相对标准偏差为 1.9%,相对误差为 0.8%。

6.2 离子色谱法

6.2.1 最低检测质量浓度

本方法最低检测质量浓度决定于不同进样量和检测器灵敏度,一般情况下,进样 50 μL,电导检测器量程为 10 μS 时,适宜的检测范围为:氟化物,0.1 mg/L~1.5 mg/L;氯化物和硝酸盐(以 N 计),0.15 mg/L~2.5 mg/L;硫酸盐,0.75 mg/L~12 mg/L。

水样中存在较高浓度的低分子量有机酸时,由于其保留时间与被测组分相似而干扰测定,加标后测量可以帮助鉴别此类干扰,水样中某一阴离子含量过高时,将影响其他被测离子的分析,将样品稀释可以改善此类干扰。

由于进样量很小,操作中应严格防止纯水、器皿以及水样预处理过程中的污染,以确保分析的准确性。

为了防止保护柱和分离柱系统堵塞,样品应经过 0.22 μm 滤膜过滤。为了防止高浓度钙、镁离子在碳酸盐淋洗液中沉淀,可将水样先经过强酸性阳离子交换树脂柱。

不同浓度离子同时分析时的相互干扰,或存在其他组分干扰时可采取水样预浓缩、梯度淋洗或将流出液分部收集后再进样的方法消除干扰,但应对所采取的方法的精密度及偏性进行确认。

6.2.2 原理

水样中待测阴离子随碳酸盐-重碳酸盐淋洗液进入离子交换柱系统(由保护柱和分离柱组成),根据分离柱对各阴离子的不同的亲和度进行分离,已分离的阴离子流经阳离子交换柱或抑制器系统转换成具高电导度的强酸,淋洗液则转变为弱电导度的碳酸。由电导检测器测量各阴离子组分的电导率,以相对保留时间和峰高或面积定性和定量。

6.2.3 试剂

6.2.3.1 纯水(去离子或蒸馏水):含各种待测阴离子应低于仪器的最低检测限,并经过 0.22 μm 滤膜过滤。

6.2.3.2 淋洗液,碳酸氢钠[$c(NaHCO_3)$=1.7 mmol/L]-碳酸钠[$c(Na_2CO_3)$=1.8 mmol/L]溶液:称取 0.571 2 g 碳酸氢钠($NaHCO_3$)和 0.763 2 g 碳酸钠(Na_2CO_3),溶于纯水中,并稀释到 4 000 mL。

6.2.3.3 再生液Ⅰ(适用于非连续式再生的抑制器):硫酸[$c(H_2SO_4)$=0.5 mol/L]。

6.2.3.4 再生液Ⅱ(适用于连续式再生的抑制器):硫酸[$c(H_2SO_4)$=25 mmol/L]。

6.2.3.5 氟化物标准储备溶液[$\rho(F^-)$=1 mg/mL]:见 6.1.3.6。

6.2.3.6 氯化物标准储备溶液[$\rho(Cl^-)$=1 mg/mL]:称取 1.648 5 g 经 105 ℃干燥至恒量的氯化钠(NaCl),溶解于纯水中并稀释至 1 000 mL,或使用有证标准物质溶液。

6.2.3.7 硝酸盐(以 N 计)标准储备溶液[$\rho(NO_3^-\text{-N})$=1 mg/mL]:称取 7.218 0 g 经 105 ℃干燥至恒量的硝酸钾(KNO_3),溶解于纯水中并稀释至 1 000 mL,或使用有证标准物质溶液。

6.2.3.8 硫酸盐标准储备溶液[$\rho(SO_4^{2-})$=1 mg/mL]:称取 1.814 1 g 经 105 ℃干燥至恒量的硫酸钾(K_2SO_4),溶解于纯水中并稀释至 1 000 mL,或使用有证标准物质溶液。

6.2.3.9 混合阴离子标准溶液,含 F^- 5 mg/L,Cl^- 8 mg/L,NO_3^--N 8 mg/L,SO_4^{2-} 40 mg/L:分别吸取上述氟化物标准储备溶液[$\rho(F^-)$=1 mg/mL]5.00 mL、氯化物标准储备溶液[$\rho(Cl^-)$=1 mg/mL]8.00 mL、硝酸盐(以 N 计)标准储备溶液[$\rho(NO_3^-\text{-N})$=1 mg/mL]8.00 mL 和硫酸盐标准储备溶液[$\rho(SO_4^{2-})$=1 mg/mL]40.0 mL 于 1 000 mL 容量瓶中,加纯水至刻度,混匀。此溶液适合进样50 μL,检测器为 30 μS 量程(见图 1)。

注 1:根据不同仪器的分离柱和检测器灵敏度,自行调整混合阴离子标准溶液的质量浓度。

注 2:测量范围受不同型号仪器的灵敏度及操作条件的影响,根据仪器的量程可配制不同质量浓度的混合标准溶液,或在临用时稀释成适合各种量程的标准溶液。

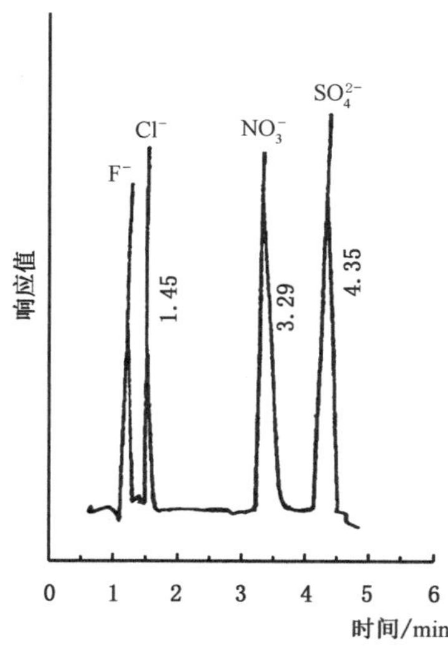

图 1 离子色谱图

6.2.4 仪器设备

6.2.4.1 离子色谱仪:包括进样系统、分离柱及保护柱、抑制器、检测器。

6.2.4.2 滤器及滤膜:滤膜孔径 0.22 μm。

6.2.4.3 阳离子交换柱(图 2):磺化聚苯乙烯强酸性阳离子交换树脂。

单位为毫米

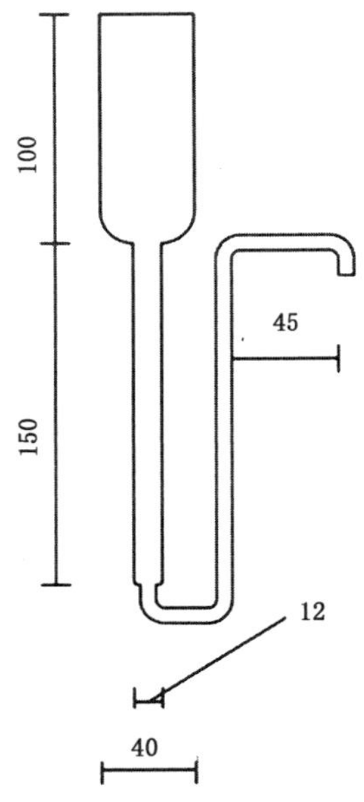

图 2 离子交换柱

6.2.5 试验步骤

6.2.5.1 开启离子色谱仪

参照仪器说明调节淋洗液及再生液流速,使仪器达到平衡,并指示稳定的基线。

6.2.5.2 校准

根据所用的量程,用混合阴离子标准溶液配制 5 种不同质量浓度标准溶液,依次注入进样系统。将峰值或者峰面积绘制工作曲线。

6.2.5.3 样品的分析

6.2.5.3.1 预处理:将水样经 0.22 μm 滤膜过滤除去浑浊物质。对硬度高的水样,必要时,可先经过阳离子交换树脂柱,然后再经 0.22 μm 滤膜过滤。对含有机物水样可先经过 C_{18}柱过滤除去。

6.2.5.3.2 将预处理后的水样注入色谱仪进样系统,记录峰高或峰面积。

6.2.6 试验数据处理

各种阴离子的质量浓度(mg/L),可以直接在标准曲线上查得。

6.3 氟试剂分光光度法

6.3.1 最低检测质量浓度

本方法最低检测质量为 2.5 μg,若取 25 mL 水样测定,则最低检测质量浓度为 0.1 mg/L。

水样中存在 Al^{3+}、Fe^{3+}、Pb^{2+}、Zn^{2+}、Ni^{2+} 和 Co^{2+} 等金属离子,均能干扰测定。Al^{3+} 能生成稳定的 AlF_6^{3-},微克水平的 Al^{3+} 含量即可干扰测定。草酸、酒石酸、柠檬酸盐也干扰测定。大量的氯化物、硫酸盐、过氯酸盐也能引起干扰,因此当水样含干扰物质多时应经蒸馏法预处理。

6.3.2 原理

氟化物与氟试剂和硝酸镧反应，生成蓝色络合物，颜色深度与氟离子浓度在一定范围内呈线性关系。当 pH 为 4.5 时，生成的颜色可稳定 24 h。

6.3.3 试剂

6.3.3.1 硫酸(ρ_{20}=1.84 g/mL)。

6.3.3.2 硫酸银(Ag_2SO_4)。

6.3.3.3 丙酮。

6.3.3.4 氢氧化钠溶液(40 g/L)。

6.3.3.5 盐酸溶液(1+11)。

6.3.3.6 缓冲溶液：称取 85 g 三水合乙酸钠($NaC_2H_3O_2 \cdot 3H_2O$)，溶于 800 mL 纯水中。加入 60 mL 冰乙酸(ρ_{20}=1.06 g/mL)，用纯水稀释至 1 000 mL。此溶液的 pH 值应为 4.5，否则用乙酸或乙酸钠调节 pH 至 4.5。

6.3.3.7 硝酸镧溶液：称取 0.433 g 六水合硝酸镧[$La(NO_3)_3 \cdot 6H_2O$]，滴加盐酸溶液(1+11)溶解。加纯水至 500 mL。

6.3.3.8 氟试剂溶液：称取 0.385 g 氟试剂($C_{19}H_{15}NO_8$，又名茜素络合酮或 1，2-羟基蒽醌-3-甲胺-*N*，*N*-二乙酸)，于少量纯水中，滴加氢氧化钠溶液(40 g/L)使之溶解。然后加入 0.125 g 三水合乙酸钠($NaC_2H_3O_2 \cdot 3H_2O$)，加纯水至 500 mL。储存于棕色瓶内，保存在冷暗处。

6.3.3.9 氟化物标准储备溶液[$\rho(F^-)$=1 mg/mL]：见 6.1.3.6。

6.3.3.10 氟化物标准使用溶液[$\rho(F^-)$=10 μg/mL]：见 6.1.3.7。

6.3.4 仪器设备

6.3.4.1 全玻璃蒸馏器：1 000 mL。

6.3.4.2 具塞比色管：50 mL。

6.3.4.3 分光光度计。

6.3.5 试验步骤

6.3.5.1 水样的预处理

水样中有干扰物质时，需将水样在全玻璃蒸馏器(图 3)中蒸馏。将 400 mL 纯水置于 1 000 mL 蒸馏瓶中，缓缓加入 200 mL 硫酸(ρ_{20}=1.84 g/mL)，混匀，放入 20 粒～30 粒玻璃珠，加热蒸馏至液体温度升高到 180 ℃时为止。弃去馏出液，待瓶内液体温度冷却至 120 ℃以下，加入 250 mL 水样。若水样中含有氯化物，蒸馏前可按每毫克氯离子加入 5 mg 硫酸银的比例，加入固体硫酸银。加热蒸馏至瓶内温度接近至 180 ℃时为止。收集馏液于 250 mL 容量瓶中，加纯水至刻度。

注 1：蒸馏水样时，避免温度超过 180 ℃，以防硫酸过多地蒸出。

注 2：连续蒸馏几个水样时，待瓶内硫酸溶液温度降低至 120 ℃以下，再加入另一个水样。蒸馏过一个含氟高的水样后，在蒸馏另一个水样前加入 250 mL 纯水。用同法蒸馏，以清除可能存留在蒸馏器中的氟化物。

注 3：蒸馏瓶中的硫酸可以多次使用，直至变黑为止。

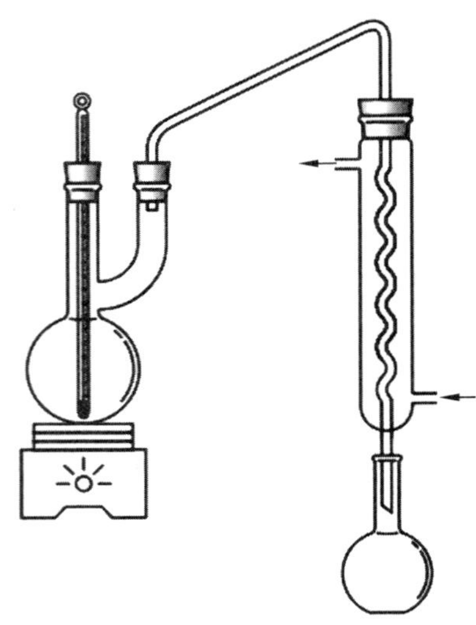

图 3 氟化物蒸馏装置

6.3.5.2 测定

6.3.5.2.1 吸取 25.0 mL 澄清水样或经蒸馏法预处理的试样液，置于 50 mL 比色管中。如氟化物大于 50 μg，可取适量水样，用纯水稀释至 25.0 mL。

6.3.5.2.2 吸取氟化物标准使用溶液 0 mL、0.25 mL、0.50 mL、1.00 mL、2.00 mL、3.00 mL、4.00 mL 和 5.00 mL，分别置于 50 mL 具塞比色管中，各加纯水至 25 mL。使氟化物质量浓度分别为 0 mg/L、0.1 mg/L、0.2 mg/L、0.4 mg/L、0.8 mg/L、1.2 mg/L、1.6 mg/L 和 2.0 mg/L(以 F^- 计)。

6.3.5.2.3 加入 5 mL 氟试剂溶液及 2 mL 缓冲溶液，混匀。

注：由于反应生成的蓝色三元络合物随 pH 增高而变深，为使标准与试样的 pH 一致，调节 pH 至 6～7 后，再依次加入氟试剂溶液及缓冲溶液，使各管的 pH 均在 4.1～4.6。

6.3.5.2.4 缓缓加入硝酸镧溶液 5 mL，摇匀。加入 10 mL 丙酮。加纯水至 50 mL 刻度，摇匀。在室温放置 60 min。于 620 nm 波长，1 cm 比色皿，以纯水为参比，测量吸光度。

6.3.5.2.5 绘制标准曲线，从曲线上查出氟化物质量。

6.3.6 试验数据处理

按式(10)计算水样中氟化物(以 F^- 计)的质量浓度：

$$\rho(F^-)=\frac{m}{V} \qquad \cdots\cdots(10)$$

式中：

$\rho(F^-)$——水样中氟化物的质量浓度，单位为毫克每升(mg/L)；

m ——在标准曲线上查得氟化物的质量，单位为微克(μg)；

V ——水样体积，单位为毫升(mL)。

6.3.7 精密度和准确度

13 个实验室用本方法测定含氟化物 1.25 mg/L 的合成水样，相对标准偏差为 3.2%，相对误差为 2.4%。合成水样其他组分含量为：硝酸盐 25 mg/L；氯化物 55 mg/L。

6.4 双波长系数倍率氟试剂分光光度法

6.4.1 最低检测质量浓度

本方法最低检测质量为 0.25 μg,若取 5 mL 水样测定,则最低检测质量浓度为 0.05 mg/L。

水样中存在 Al^{3+}、Fe^{3+}、Pb^{2+}、Zn^{2+}、Ni^{2+} 和 Co^{2+} 等金属离子均能干扰测定。Al^{3+} 能生成稳定的 AlF_6^{3-},微克水平的 Al^{3+} 含量即可干扰测定。草酸盐、酒石酸盐、柠檬酸盐也干扰测定。大量的氯化物、硫酸盐、过氯酸盐也能引起干扰,因此当水样含干扰物多时应经蒸馏法预处理。

6.4.2 原理

氟化物与氟试剂和硝酸镧反应,生成蓝色络合物,颜色深度与氟离子浓度在一定范围内呈线性关系。当 pH 为 4.5 时,生成的颜色可稳定 24 h。本方法采用双波长分光光度测定,可以消除试剂背景影响,提高灵敏度,节约 80%的化学试剂用量,减少对环境的污染。

6.4.3 试剂

6.4.3.1 硫酸(ρ_{20}=1.84 g)。

6.4.3.2 硫酸银(Ag_2SO_4)。

6.4.3.3 丙酮。

6.4.3.4 氢氧化钠溶液(40 g/L)。

6.4.3.5 盐酸溶液(1+11)。

6.4.3.6 缓冲溶液:见 6.3.3.6。

6.4.3.7 硝酸镧溶液:见 6.3.3.7。

6.4.3.8 氟试剂溶液:见 6.3.3.8。

6.4.3.9 氟化物标准储备溶液[$\rho(F^-)$=1 mg/mL]:见 6.1.3.6。

6.4.3.10 氟化物标准使用溶液[$\rho(F^-)$=1 μg/mL]:吸取 5.00 mL 氟化物(以 F^- 计)标准储备溶液,于 500 mL 容量瓶中用纯水稀释至刻度,摇匀。再吸取该溶液 10.00 mL 于 100 mL 容量瓶中,用纯水定容至刻度,摇匀。

6.4.4 仪器设备

6.4.4.1 全玻璃蒸馏器:1 000 mL。

6.4.4.2 具塞比色管:10 mL。

6.4.4.3 分光光度计。

6.4.5 试验步骤

6.4.5.1 水样的预处理

按 6.3.5.1 描述的方法进行。

6.4.5.2 测定

6.4.5.2.1 吸取 5.0 mL 澄清水样或经蒸馏法预处理的水样,置于 10 mL 比色管中。如水中氟化物大于 50 μg,可取适量,用纯水稀释至 5.0 mL。

6.4.5.2.2 吸取氟化物标准使用溶液 0 mL、0.25 mL、0.50 mL、1.00 mL、3.00 mL 和 5.00 mL,分别置于 10 mL 比色管中,各加纯水至 5.00 mL。使氟化物质量浓度分别为 0 mg/L、0.05 mg/L、0.10 mg/L、

0.20 mg/L、0.60 mg/L 和 1.00 mg/L(以 F^- 计)。

6.4.5.2.3　向样品管和标准系列管各加入 1 mL 氟试剂溶液及 1 mL 缓冲溶液,混匀。

注:由于反应生成的蓝色三元络合物随 pH 增高而变深,为使标准与试样的 pH 一致,调节 pH 至 6～7 后,再依次加入氟试剂溶液及缓冲溶液,使各管的 pH 均在 4.1～4.6。

6.4.5.2.4　缓缓加入硝酸镧溶液 1 mL,摇匀。加入 2 mL 丙酮。加纯水至 10 mL 刻度,摇匀。在室温放置 60 min。用 1 cm 比色皿,以空气为参比,分别在 450 nm 和 630 nm 处测定试剂空白管、标准管和样品管的吸光度。

6.4.5.2.5　K 值的确定:令 $\lambda_1=450$ nm 和 $\lambda_2=630$ nm,根据试剂空白在两波长下的吸光度(A),按式(11)求 K 值:

$$K=\frac{A_{\lambda_1}}{A_{\lambda_2}} \quad\cdots\cdots(11)$$

6.4.5.2.6　按式(12)求出 ΔA:

$$\Delta A=KA_{\lambda_2}-A_{\lambda_1}=KA_{630}-A_{450} \quad\cdots\cdots(12)$$

根据 F^- 含量和 ΔA 绘制标准曲线,从曲线上查出氟化物质量。

6.4.6　试验数据处理

按式(13)计算水样中氟化物(以 F^- 计)的质量浓度:

$$\rho(F^-)=\frac{m}{V} \quad\cdots\cdots(13)$$

式中:

$\rho(F^-)$——水样中氟化物的质量浓度,单位为毫克每升(mg/L);

m　——在标准曲线上查得氟化物的质量,单位为微克(μg);

V　——水样体积,单位为毫升(mL)。

6.4.7　精密度和准确度

3 个实验室分别对不同浓度的标准水样做了精密度试验,相对标准偏差在 2%～13%。3 个实验室用本方法分别测定了自来水、井水、矿泉水及地表水的加标回收试验,回收率为 92%～105%。

7　氰化物

7.1　异烟酸-吡唑啉酮分光光度法

7.1.1　最低检测质量浓度

本方法最低检测质量为 0.1 μg,若取 250 mL 水样蒸馏测定,则最低检测质量浓度为 0.002 mg/L。

氧化剂如余氯等可破坏氰化物,可在水样中加 0.1 g/L 亚砷酸钠或少于 0.1 g/L 的硫代硫酸钠除去干扰。

7.1.2　原理

在 pH=7.0 的溶液中,用氯胺 T 将氰化物转变为氯化氰,再与异烟酸-吡唑啉酮(1-苯基-3-甲基-5-吡唑啉酮)作用,生成蓝色染料,比色定量。

7.1.3　试剂

警示:氰化钾属剧毒化学品!

7.1.3.1　酒石酸($C_4H_6O_6$):分析纯。

7.1.3.2　乙酸锌溶液(100 g/L):称取 50 g 二水合乙酸锌[$Zn(CH_3COO)_2 \cdot 2H_2O$],溶于纯水中,并稀释至 500 mL。

7.1.3.3　氢氧化钠溶液(20 g/L):称取 2.0 g 氢氧化钠溶液($NaOH$),溶于纯水中,并稀释至 100 mL。

7.1.3.4　氢氧化钠溶液(1 g/L):将氢氧化钠溶液(20 g/L)用纯水稀释 20 倍。

7.1.3.5　磷酸盐缓冲溶液(pH=7.0):称取 34.0 g 磷酸二氢钾(KH_2PO_4)和 35.5 g 磷酸氢二钠(Na_2HPO_4)溶于纯水中,并稀释至 1 000 mL。

7.1.3.6　异烟酸-吡唑啉酮(1-苯基-3-甲基-5-吡唑啉酮)溶液:称取 1.5 g 异烟酸($C_6H_5O_2N$),溶于 24 mL氢氧化钠溶液(20 g/L)中,用纯水稀释至 100 mL;另取 0.25 g 吡唑啉酮(1-苯基-3-甲基-5-吡唑啉酮)($C_{10}H_{10}N_2O$),溶于 20 mL *N*-二甲基甲酰胺(C_3H_7NO)中。合并两种溶液,混匀。

7.1.3.7　氯胺 T 溶液(10 g/L):称取 1 g 三水合氯胺 T($C_7H_7ClNNaO_2S \cdot 3H_2O$),溶于纯水中,并稀释至100 mL,现用现配。

注:氯胺 T 的有效氯含量对本方法影响很大。氯胺 T 易分解失效,必要时用碘量法测定有效氯含量后再用。

7.1.3.8　硝酸银标准溶液[$c(AgNO_3)$=0.019 20 mol/L]:称取 3.261 7 g 硝酸银($AgNO_3$),溶于纯水,并定容在 1 000 mL 容量瓶中,按照氯化物测定方法 5.1.3.9 标定。此溶液 1.00 mL 相当于 1.00 mg 氰化物。

7.1.3.9　氰化钾标准溶液[$\rho(CN^-)$=100 μg/mL]:称取 0.25 g 氰化钾(KCN),溶于纯水中,并定容至 1 000 mL。此溶液 1 mL 约含 0.1 mg(CN^-)。其准确浓度可在使用前用硝酸银标准溶液[$c(AgNO_3)$=0.019 20 mol/L]标定,计算溶液中氰化物的含量,再用氢氧化钠溶液(1 g/L)稀释成 $\rho(CN^-)$=1.00 μg/mL 的标准使用溶液。或使用有证标准物质。

氰化钾标准溶液标定方法:吸取 10.00 mL 氰化钾溶液于 100 mL 锥形瓶中,加入 1 mL 氢氧化钠溶液(20 g/L),使 pH 在 11 以上,加入 0.1 mL 试银灵指示剂(0.2 g/L),用硝酸银标准溶液[$c(AgNO_3)$=0.019 2 mol/L]滴定至溶液由黄色变为橙色。消耗硝酸银溶液的毫升数即为该 10.00 mL 氰化钾标准溶液中氰化物(以 CN^- 计)的质量数(单位为 mg)。

7.1.3.10　试银灵指示剂(0.2 g/L):称取 0.02 g 试银灵(对二甲氨基亚苄罗丹宁,$C_{12}H_{12}N_2OS_2$)溶于 100 mL 丙酮中。

7.1.3.11　甲基橙指示剂(0.5 g/L):称取 50 mg 甲基橙,溶于纯水中,并稀释至 100 mL。

7.1.4　仪器设备

7.1.4.1　全玻璃蒸馏器:500 mL。

7.1.4.2　具塞比色管:25 mL 和 50 mL。

7.1.4.3　恒温水浴锅。

7.1.4.4　分光光度计。

7.1.5　试验步骤

7.1.5.1　量取 250 mL 水样(氰化物含量超过 20 μg 时,可取适量水样,加纯水稀释至 250 mL),置于 500 mL 全玻璃蒸馏器内,加入数滴甲基橙指示剂(0.5 g/L),再加 5 mL 乙酸锌溶液(100 g/L),加入 1 g~2 g 固体酒石酸。此时溶液颜色由橙黄变成橙红,迅速进行蒸馏。蒸馏速度控制在每分钟 2 mL~3 mL。收集馏出液于 50 mL 具塞比色管中[管内预先放置 5 mL 氢氧化钠溶液(20 g/L)为吸收液],冷凝管下端应插入吸收液中。收集馏出液至 50 mL,混合均匀。取 10.0 mL 馏出液,置 25 mL 具塞比色管中。

7.1.5.2 另取25 mL具塞比色管9支，分别加入氰化钾标准使用溶液[$\rho(CN^-)=1.00\ \mu g/mL$]0 mL、0.10 mL、0.20 mL、0.40 mL、0.60 mL、0.80 mL、1.00 mL、1.50 mL和2.00 mL，加氢氧化钠溶液(1 g/L)至10.0 mL。使氰化物质量分别为0 μg、0.1 μg、0.2 μg、0.4 μg、0.6 μg、0.8 μg、1.0 μg、1.5 μg和2.0 μg(以CN^-计算)。

7.1.5.3 向水样管和标准管中各加5.0 mL磷酸盐缓冲溶液(pH＝7.0)。置于37 ℃左右恒温水浴中，加入0.25 mL氯胺T溶液(10 g/L)，加塞混合，放置5 min，然后加入5.0 mL异烟酸-吡唑啉酮溶液，加纯水至25 mL，混匀。于25 ℃～40 ℃放置40 min。于638 nm波长，用3 cm比色皿，以纯水作参比，测量吸光度。

7.1.5.4 绘制标准曲线，从曲线上查出样品管中氰化物质量。

7.1.6 试验数据处理

按式(14)计算水样中氰化物(以CN^-计)的质量浓度：

$$\rho(CN^-)=\frac{m\times V_1}{V\times V_2} \qquad (14)$$

式中：

$\rho(CN^-)$——水样中氰化物(以CN^-计)的质量浓度，单位为毫克每升(mg/L)；

m ——从标准曲线上查得样品管中氰化物(以CN^-计)的质量，单位为微克(μg)；

V_1 ——馏出液总体积，单位为毫升(mL)；

V ——水样体积，单位为毫升(mL)；

V_2 ——比色所用馏出液体积，单位为毫升(mL)。

7.1.7 精密度和准确度

单个实验室测定6个不同地方的矿泉水，平均回收率为86%，回收率范围为80%～92%。

7.2 异烟酸-巴比妥酸分光光度法

7.2.1 最低检测质量浓度

本方法最低检测质量为0.1 μg，若取250 mL水样蒸馏测定，则最低检测质量浓度为0.002 mg/L。

7.2.2 原理

水样中的氰化物经蒸馏后被碱性溶液吸收，与氯胺T的活性氯作用生成氯化氰，再与异烟酸-巴比妥酸试剂反应生成紫蓝色化合物，于600 nm波长比色定量。

7.2.3 试剂

7.2.3.1 酒石酸($H_2C_4H_4O_6$)：分析纯。

7.2.3.2 乙酸锌溶液(100 g/L)：见7.1.3.2。

7.2.3.3 氢氧化钠溶液(20 g/L)：见7.1.3.3。

7.2.3.4 乙酸溶液(3＋97)。

7.2.3.5 磷酸二氢钾溶液(136 g/L)：称取13.6 g磷酸二氢钾(KH_2PO_4)，溶于纯水中，并稀释至100 mL。

7.2.3.6 氯胺T溶液(10 g/L)：见7.1.3.7。

7.2.3.7 氢氧化钠溶液(12 g/L)：称取1.2 g氢氧化钠(NaOH)，溶于纯水中，并稀释至100 mL。

7.2.3.8 异烟酸-巴比妥酸试剂：称取 2.0 g 异烟酸($C_6H_5O_2N$)和 1.0 g 巴比妥酸($C_4H_4N_2O_3$)，加到 100 mL 60 ℃～70 ℃的氢氧化钠溶液(12 g/L)中，搅拌至溶解，冷却后加纯水至 100 mL。此试剂 pH 约为 12，呈无色或极浅黄色，于冰箱中可保存 30 d。

7.2.3.9 甲基橙溶液(0.5 g/L)：见 7.1.3.11。

7.2.3.10 氰化钾标准使用溶液：见 7.1.3.9。

7.2.3.11 酚酞溶液(1 g/L)。

7.2.4 仪器设备

7.2.4.1 分光光度计。

7.2.4.2 全玻璃蒸馏器：500 mL。

7.2.4.3 具塞比色管：25 mL 和 50 mL。

7.2.5 试验步骤

7.2.5.1 水样的预处理

按照 7.1.5.1 描述的方法进行。

7.2.5.2 测定

7.2.5.2.1 吸取 10.0 mL 馏出吸收溶液，置于 25 mL 具塞比色管中。

7.2.5.2.2 另取 25 mL 具塞比色管 9 支，分别加入氰化钾标准使用溶液[$\rho(CN^-)$=1.00 μg/mL]0 mL、0.10 mL、0.20 mL、0.40 mL、0.60 mL、0.80 mL、1.00 mL、1.50 mL 和 2.00 mL，加氢氧化钠溶液(12 g/L)至 10.0 mL。使氰化物质量分别为 0 μg、0.1 μg、0.2 μg、0.4 μg、0.6 μg、0.8 μg、1.0 μg、1.5 μg 和 2.0 μg(以 CN^- 计)。

7.2.5.2.3 向水样及标准系列管各加 1 滴酚酞溶液(1 g/L)，用乙酸溶液(3+97)调至红色刚好消失。

注：试验表明，溶液 pH 值在 5～8 范围内，加入缓冲溶液后可使显色液 pH 值在 5.6～6.0。在此条件下吸光度最大且稳定。

7.2.5.2.4 向各管加入 3.0 mL 磷酸二氢钾溶液(136 g/L)和 0.25 mL 氯胺 T 溶液(10 g/L)，混匀。

7.2.5.2.5 放置 1 min～2 min 后，向各管加入 5.0 mL 异烟酸-巴比妥酸试剂，在 25 ℃下使溶液显色 15 min。

注：溶液在 25 ℃显色 15 min 可获最大吸光度并能稳定 30 min。

7.2.5.2.6 于 600 nm 波长，用 3 cm 比色皿，以纯水为参比，测量吸光度。

7.2.5.2.7 绘制标准曲线，在曲线上查出样品管中氰化物的质量。

7.2.6 试验数据处理

按式(15)计算水样中氰化物(以 CN^- 计)的质量浓度：

$$\rho(CN^-)=\frac{m\times V_1}{V\times V_2} \qquad (15)$$

式中：

$\rho(CN^-)$——水样中氰化物(以 CN^- 计)的质量浓度，单位为毫克每升(mg/L)；

m ——从标准曲线上查得样品管中氰化物(以 CN^- 计)的质量，单位为微克(μg)；

V_1 ——馏出液总体积，单位为毫升(mL)；

V ——水样体积，单位为毫升(mL)；

V_2 ——显色所用馏出液体积,单位为毫升(mL)。

7.2.7 精密度和准确度

单个实验室测定 7.96 μg/L 氰化物(以 CN^- 计)合成水样 15 次,相对标准偏差为 2.0%;向 250 mL 地面水、塘水等加入 0.5 μg～2.0 μg 氰化物(以 CN^- 计),测定 15 次,平均回收率为 99%～100%。

7.3 流动注射法

7.3.1 最低检测质量浓度

本方法最低检测质量浓度为 0.002 mg/L(以 CN^- 计)。

本方法仅用于生活饮用水中氰化物的测定。

对于低浓度样品,铁氰化物或亚铁氰化物会干扰样品测定,可通过加大乙酸锌的浓度去除;对于氧化物的干扰(如余氯),可用适量无水亚硫酸钠去除。

7.3.2 原理

在 pH 为 4 左右的弱酸条件下,水中氰化物经流动注射分析仪进行在线蒸馏,通过膜分离器分离,然后用连续流动的氢氧化钠溶液吸收;含有乙酸锌的酒石酸作为蒸馏试剂,使氰化铁沉淀,去除铁氰化物或亚铁氰化物的干扰,非化合态的氰在 pH<8 的条件下与氯胺 T 反应,转化成氯化氰(CNCl);氯化氰与异烟酸-巴比妥酸试剂反应,形成紫蓝色化合物,于波长 600 nm 处进行比色测定。

7.3.3 试剂

警示:氰化钾属剧毒化学品!

7.3.3.1 氢氧化钠溶液(1 g/L):称取 1.0 g 氢氧化钠(NaOH)溶于纯水,并稀释至 1 000 mL,密闭保存在塑料容器中。此溶液为标准稀释液,现用现配。

7.3.3.2 磷酸二氢钾溶液(97 g/L):称取 97 g 无水的磷酸二氢钾(KH_2PO_4),溶于纯水中并稀释至 1 000 mL。可保持 1 月内稳定。

7.3.3.3 氯胺 T 溶液(2 g/L):称取 1.0 g 三水合氯胺 T($C_7H_7ClNNaO_2S \cdot 3H_2O$)溶于 500 mL 纯水中,现用现配。

7.3.3.4 异烟酸-巴比妥酸试剂(13.6 g/L):称取 12.0 g 氢氧化钠(NaOH),溶于 800 mL 纯水,搅拌至溶解;然后加入 13.6 g 巴比妥酸($C_4H_4N_2O_3$)和 13.6 g 异烟酸($C_6H_5NO_2$),在 60 ℃～70 ℃条件下搅拌至巴比妥酸和异烟酸完全溶解;用纯水稀释至 1 000 mL。可保持 1 周内稳定。

7.3.3.5 乙酸锌溶液(3.3 g/L):称取 3.3 g 二水合乙酸锌[$Zn(CH_3COO)_2 \cdot 2H_2O$],溶于 800 mL 纯水,当乙酸锌完全溶解后,加入 13.21 g 酒石酸($H_2C_4H_4O_6$),搅拌至完全溶解,用纯水稀释至 1 000 mL,可保持 1 周内稳定。

7.3.3.6 氰化物(以 CN^- 计)标准使用溶液[$\rho(CN^-)=0.50$ μg/mL]:称取 0.25 g 氰化钾(KCN),溶于纯水中,并定容至 1 000 mL,此溶液每毫升约含 0.1 mg 氰化物,其准确浓度在使用前按照 7.1.3.9 进行标定,计算溶液中氰化物的含量,再用氢氧化钠溶液(1 g/L)稀释成 $\rho(CN^-)=0.50$ μg/mL 的标准使用溶液。或使用有证标准物质。

注:不同品牌或型号仪器的试剂配制有所不同,可根据实际情况进行调整,经方法验证后使用。

7.3.4 仪器设备

7.3.4.1 流动注射分析仪:氰化物反应单元及在线加热膜分离器、600 nm 比色检测器、自动进样器、多通道蠕动泵、数据处理系统。

7.3.4.2　容量瓶：100 mL。

7.3.5　试验步骤

7.3.5.1　标准系列的制备

取7个100 mL容量瓶，分别加入氰化物标准使用溶液0 mL、0.40 mL、1.00 mL、2.00 mL、4.00 mL、6.00 mL和10.00 mL，用氢氧化钠溶液(1 g/L)定容至刻度。标准系列中氰化物的质量浓度分别为0 mg/L、0.002 mg/L、0.005 mg/L、0.010 mg/L、0.020 mg/L、0.030 mg/L和0.050 mg/L(以CN^-计)。

7.3.5.2　仪器操作

参考仪器说明，开机、调整流路系统，输入系统参数，确定分析条件，并将工作条件调整至测氰化物的最佳测定状态。仪器参考条件见表1。

表1　流动注射分析仪的参考测试参数

自动进样器	蠕动泵	加热蒸馏装置	流路系统	数据处理系统
初始化正常	转速设为35 r/min，转动平稳	蒸馏部分：稳定于125 ℃±1 ℃ 显色部分：稳定于60 ℃±1 ℃	无泄漏，试剂流动平稳	基线平直

7.3.5.3　测定

流路系统稳定后，依次测定标准系列及样品。

注：所列测量范围受不同仪器的灵敏度及操作条件的影响而变化时，根据实际情况选取测量范围。

7.3.6　试验数据处理

以所测样品的吸光度，从校准曲线或回归方程中查得样品溶液中氰化物的质量浓度(mg/L，以CN^-计)。

7.3.7　精密度与准确度

4个实验室分别测定质量浓度为0.005 mg/L和0.030 mg/L的人工合成水样，其相对标准偏差为0.79%～3.8%，回收率为96.9%～101%。

7.4　连续流动法

7.4.1　最低检测质量浓度

在应用10 mm比色池时，本方法最低检测质量浓度为0.001 6 mg/L(以CN^-计)。

本方法仅用于生活饮用水中氰化物的测定。

该方法主要干扰来自余氯、氧化剂，采样时可加入少量硫代硫酸钠或抗坏血酸。

7.4.2　原理

连续流动分析仪是利用连续流，通过蠕动泵将样品和试剂泵入分析模块中混合、反应，并泵入气泡将流体分割成片段,使反应达到完全的稳态,然后进入流通检测池进行分析测定。

在酸性条件下,样品通过在线蒸馏,释放出的氰化氢被碱性缓冲液吸收变成氰离子,然后与氯胺-T 反应转化成氯化氰,再与异烟酸-吡唑啉酮反应生成蓝色络合物,最后进入比色池于 630 nm 波长下比色测定。

7.4.3 试剂

警示:氰化钾属剧毒化学品!

7.4.3.1 盐酸溶液[c(HCl)=1.0 mol/L]:取 83 mL 盐酸(ρ_{20}=1.19 g/mL)溶于纯水中并稀释到1 000 mL。

7.4.3.2 蒸馏试剂:分别称取 30 g 磷酸二氢钾(KH_2PO_4)、60 g 柠檬酸($C_6H_8O_7$)、10 g 氯化钾(KCl)溶于 500 mL 纯水中,加入 500 mL 甘油($C_3H_8O_3$),混匀。此溶液在 2 ℃~5 ℃条件下可稳定 3 个月。

7.4.3.3 储备缓冲液:分别称取 9 g 硼酸(H_3BO_3)、5 g 氢氧化钠(NaOH)、10 g 氯化钾(KCl)溶于纯水并稀释至 1 000 mL。

7.4.3.4 曲拉通 X-100 溶液(1+1):分别吸取 50 mL 曲拉通 X-100($C_{34}H_{62}O_{11}$)和 50 mL 无水乙醇,混匀备用。

7.4.3.5 吸收试剂:吸取 1 mL 曲拉通 X-100 溶液(1+1)到 100 mL 储备缓冲液中,混匀。

7.4.3.6 工作缓冲液:分别称取 3 g 磷酸二氢钾(KH_2PO_4)、15 g 磷酸氢二钠(Na_2HPO_4)、3 g 柠檬酸三钠 ($Na_3C_6H_5O_7$),溶于纯水并稀释至 1 000 mL。加入 2 mL 曲拉通 X-100 溶液(1+1),混匀。此溶液在 2 ℃~5 ℃条件下可稳定 1 个月。

7.4.3.7 氯胺 T 溶液(1g/L):称取 0.2 g 三水合氯胺 T($C_7H_7SO_2NClNa \cdot 3H_2O$)溶于 200 mL 纯水中,混匀。0 ℃~4 ℃冷藏避光保存,保存时间为 2 周。

7.4.3.8 显色剂:

溶液 A:称取 1.5 g 吡唑啉酮($C_{10}H_{10}N_2O$)溶于 20 mL *N*,*N*-二甲基甲酰胺[$HCON(CH_3)_2$]中。

溶液 B:称取 1.2 g 氢氧化钠(NaOH)溶于 50 mL 纯水中,加入 3.5 g 异烟酸($C_6H_5O_2N$),用纯水稀释至 100 mL。

将溶液 A 和溶液 B 混合,调节 pH=7.0(用 1.0 mol/L NaOH 或 1.0 mol/L HCl 溶液),然后用纯水稀释至 200 mL。0 ℃~4 ℃冷藏避光保存,保存时间为 2 周。

7.4.3.9 氢氧化钠溶液[c(NaOH)=0.01 mol/L]:称取 0.4 g 氢氧化钠(NaOH)于 800 mL 纯水中,冷却后稀释至 1 000 mL,保存于密封的容器中。

7.4.3.10 氰化物标准储备溶液[$\rho(CN^-)$=100 μg/mL]:称取 4 g 氢氧化钠(NaOH)溶于约 800 mL 纯水中,加入 0.25 g 氰化钾(KCN),混匀,纯水定容至 1 000 mL,混匀,或使用有证标准物质溶液。

7.4.3.11 氰化物标准中间储备溶液[$\rho(CN^-)$=1.0 μg/mL]:吸取 1.00 mL 氰化物标准储备溶液于 100 mL 容量瓶中,用氢氧化钠溶液[c(NaOH)=0.01 mol/L]定容至 100 mL。

7.4.3.12 氰化物标准使用溶液[$\rho(CN^-)$=0.2 μg/mL]:吸取 40.0 mL 氰化物标准中间储备溶液于 200 mL 容量瓶中,用氢氧化钠溶液[c(NaOH)=0.01 mol/L]定容至 200 mL。

注:不同品牌或型号仪器的试剂配制有所不同,可根据实际情况进行调整,经方法验证后使用。

7.4.4 仪器设备

7.4.4.1 连续流动分析仪:自动进样器、多通道蠕动泵、氰化物反应单元和蒸馏模块、比色检测器、数据处理系统。

7.4.4.2 天平:分辨力不低于 0.000 1 g。

7.4.4.3 容量瓶:100 mL、200 mL。

7.4.5 试验步骤

7.4.5.1 标准系列的制备

分别吸取氰化物标准使用溶液 0 mL、0.50 mL、1.00 mL、2.50 mL、5.00 mL、10.00 mL、25.00 mL、50.00 mL 和 75.00 mL 于 9 个 100 mL 容量瓶中,用氢氧化钠溶液[$c(NaOH)=0.01$ mol/L]定容至刻度。标准系列溶液中氰化物的质量浓度分别为:0 mg/L、0.001 mg/L、0.002 mg/L、0.005 mg/L、0.010 mg/L、0.020 mg/L、0.050 mg/L、0.100 mg/L 和 0.150 mg/L(以 CN^- 计)。

7.4.5.2 仪器操作

按照仪器说明流程图安装氰化物模块,依次将指定内径的管路放入对应的试剂瓶中,并按照最佳工作参数进行仪器调试,使仪器基线、峰高等各项指标达到测定要求,待基线平稳之后,自动进样。仪器参考条件见表 2。

表 2 仪器参考条件

进样速率	进样:清洗比	加热蒸馏装置	流路系统	数据处理系统
30 个样品/h	2:1	温度稳定于 125 ℃±2 ℃	无泄漏,气泡规则,试剂流动平稳	基线平直

7.4.5.3 测定

流路系统稳定大约 5 min 后,进行标准曲线系列的测定。建立校准曲线之后,进行样品及质控样品等的测定。

注:所列测量范围受不同仪器的灵敏度及操作条件的影响而变化时,根据实际情况选取测量范围。

7.4.6 试验数据处理

数据处理系统会将标准溶液的质量浓度与其仪器响应信号值逐一对照,自动绘制校准曲线,用线性回归方程来计算样品中氰化物的质量浓度(mg/L,以 CN^- 计)。

7.4.7 精密度和准确度

4 个实验室测定含氰化物(以 CN^- 计)0.010 mg/L~0.150 mg/L 的水样,重复测定 6 次,相对标准偏差为 0.4%~2.0%。测定含氰化物(以 CN^- 计)0.002 mg/L~0.014 mg/L 的水样,测得回收率为 92.3%~103%。

8 硝酸盐(以 N 计)

8.1 麝香草酚分光光度法

8.1.1 最低检测质量浓度

本方法最低检测质量为 0.5 μg 硝酸盐(以 N 计),若取 1.00 mL 水样测定,则最低检测质量浓度为 0.5 mg/L。

亚硝酸盐对本方法呈正干扰,可用氨基磺酸铵除去;氯化物对本方法呈负干扰,可用硫酸银消除。

8.1.2 原理

硝酸盐和麝香草酚(百里酚)在浓硫酸溶液中形成硝基酚化合物,在碱性溶液中发生分子重排,生成黄色化合物,比色测定。

8.1.3 试剂

8.1.3.1 氨水(ρ_{20}=0.88 g/mL)。

8.1.3.2 乙酸溶液(1+4)。

8.1.3.3 氨基磺酸铵溶液(20 g/L):称取 2.0 g 氨基磺酸铵($NH_4SO_3NH_2$),用乙酸溶液(1+4)溶解,并稀释至 100 mL。

8.1.3.4 麝香草酚乙醇溶液(5 g/L):称取 0.5 g 麝香草酚[$(CH_3)(C_3H_7)C_6H_3OH$,又名百里酚],溶于无水乙醇中,并稀释至 100 mL。

8.1.3.5 硫酸银硫酸溶液(10 g/L):称取 1.0 g 硫酸银(Ag_2SO_4),溶于 100 mL 硫酸(ρ_{20}=1.84 g/mL)中。

8.1.3.6 硝酸盐(以 N 计)标准储备溶液[$\rho(NO_3^- -N)$=1 mg/mL]:称取 7.218 0 g 经 105 ℃~110 ℃干燥 1 h 的硝酸钾(KNO_3),溶于纯水中,并定容至 1 000 mL,加 2 mL 氯仿为保存剂。或使用有证标准物质溶液。

8.1.3.7 硝酸盐(以 N 计)标准使用溶液[$\rho(NO_3^- -N)$=10 μg/mL]:吸取 5.00 mL 硝酸盐(以 N 计)标准储备溶液定容至 500 mL。

8.1.4 仪器设备

8.1.4.1 具塞比色管:50 mL。

8.1.4.2 分光光度计。

8.1.5 试验步骤

8.1.5.1 取 1.00 mL 水样于干燥的 50 mL 比色管中。

8.1.5.2 另取 50 mL 比色管 7 支,分别加入硝酸盐(以 N 计)标准使用溶液 0 mL、0.05 mL、0.10 mL、0.30 mL、0.50 mL、0.70 mL 和 1.00 mL,用纯水稀释至 1.00 mL。标准系列中硝酸盐(以 N 计)的质量分别为 0 μg、0.5 μg、1.0 μg、3.0 μg、5.0 μg、7.0 μg 和 10.0 μg。

8.1.5.3 向各管加入 0.1 mL 氨基磺酸铵溶液,摇匀后放置 5 min。

8.1.5.4 各加 0.2 mL 麝香草酚乙醇溶液(5 g/L)。

注:由比色管中央直接滴加到溶液中,避免沿管壁流下。

8.1.5.5 摇匀后加 2 mL 硫酸银硫酸溶液(10 g/L),混匀后放置 5 min。

8.1.5.6 加 8 mL 纯水,混匀后滴加氨水(ρ_{20}=0.88 g/mL)至溶液黄色到达最深,并使氯化银沉淀溶解为止(约加 9 mL)。加纯水至 25 mL 刻度,混匀。

注:滴加氨水时缓慢滴加,管口向外,防止过快喷射灼烧皮肤。

8.1.5.7 于 415 nm 波长,用 2 cm 比色皿,以纯水为参比,测量吸光度。

8.1.5.8 绘制标准曲线,从曲线上查出样品中硝酸盐(以 N 计)的质量。

8.1.6 试验数据处理

按式(16)计算水样中硝酸盐(以 N 计)的质量浓度:

$$\rho(NO_3^--N)=\frac{m}{V} \quad \cdots\cdots(16)$$

式中：

$\rho(NO_3^--N)$——水样中硝酸盐(以 N 计)的质量浓度，单位为毫克每升(mg/L)；

m ——从标准曲线查得硝酸盐(以 N 计)的质量，单位为微克(μg)；

V ——水样体积，单位为毫升(mL)。

8.1.7 精密度和准确度

4 个实验室用本方法测定含 5.6 mg/L 硝酸盐(以 N 计)的合成水样，相对标准偏差为 3.8%，相对误差为 1.4%。

8.2 紫外分光光度法

8.2.1 最低检测质量浓度

本方法最低检测质量为 10 μg 硝酸盐(以 N 计)，若取 50 mL 水样测定，则最低检测质量浓度为 0.2 mg/L。

本方法适用于测定硝酸盐(以 N 计)质量浓度低于 11 mg/L 的水样。

可溶性有机物、表面活性剂、亚硝酸盐和六价铬对本方法有干扰，次氯酸盐和氯酸盐也能干扰测定。低浓度的有机物可以测定不同波长的吸收值予以校正。浊度的干扰可以经 0.45 μm 膜过滤除去。氯化物不干扰测定，氢氧化物和碳酸盐(质量浓度可达 1 000 mg/L，以 $CaCO_3$ 计)的干扰，可用盐酸[$c(HCl)=1$ mol/L]酸化予以消除。

8.2.2 原理

利用硝酸盐在 220 nm 波长具有紫外吸收和在 275 nm 波长不具吸收的性质进行测定，于 275 nm 波长测出有机物的吸收值在测定结果中校正。

8.2.3 试剂

8.2.3.1 无硝酸盐纯水：采用重蒸馏或蒸馏-去离子法制备，用于配制试剂及稀释样品。

8.2.3.2 盐酸溶液(1+11)。

8.2.3.3 硝酸盐(以 N 计)标准储备溶液[$\rho(NO_3^--N)=100$ μg/mL]：称取经 105 ℃烤箱干燥 2 h 的硝酸钾(KNO_3)0.721 8 g，溶于纯水中并定容至 1 000 mL，每升中加入 2 mL 氯仿，至少可稳定 6 个月。或使用有证标准物质溶液。

8.2.3.4 硝酸盐(以 N 计)标准使用溶液[$\rho(NO_3^--N)=10$ μg/mL]。

8.2.4 仪器设备

8.2.4.1 紫外分光光度计及石英比色皿。

8.2.4.2 具塞比色管：50 mL。

8.2.5 试验步骤

8.2.5.1 水样的预处理：吸取 50 mL 水样于 50 mL 比色管中(必要时应用滤膜除去浑浊物质)加 1 mL 盐酸溶液(1+11)酸化。

8.2.5.2 标准系列制备：分别吸取硝酸盐(以 N 计)标准使用溶液 0 mL、1.00 mL、5.00 mL、10.0 mL、

20.0 mL、30.0 mL 和 35.0 mL 于 50 mL 比色管中，配成 0 mg/L～7 mg/L 硝酸盐（以 N 计）标准系列，用纯水稀释至 50 mL，各加 1 mL 盐酸溶液（1＋11）。

8.2.5.3 用纯水调节仪器吸光度为 0，分别在 220 nm 和 275 nm 波长测量吸光度。

8.2.6 试验数据处理

在标准及样品的 220 nm 波长吸光度中减去 2 倍于 275 nm 波长的吸光度，绘制标准曲线，在曲线上查出样品中的硝酸盐（以 N 计）的质量浓度（NO_3^--N，mg/L）。

注：若 275 nm 波长吸光度的 2 倍大于 220 nm 波长吸光度的 10％时，本方法将不能适用。

8.3 离子色谱法

按 6.2 描述的方法进行。

9 硫化物

9.1 *N*，*N*-二乙基对苯二胺分光光度法

9.1.1 最低检测质量浓度

本方法最低检测质量为 1.0 μg，若取 50 mL 水样测定，则最低检测质量浓度为 0.02 mg/L。

9.1.2 原理

硫化物与 *N*，*N*-二乙基对苯二胺及氯化铁作用，生成稳定的蓝色，于 665 nm 波长比色定量。

9.1.3 试剂

9.1.3.1 盐酸（ρ_{20}＝1.19 g/mL）。

9.1.3.2 盐酸溶液（1＋1）。

9.1.3.3 乙酸（ρ_{20}＝1.06 g/mL）。

9.1.3.4 乙酸锌溶液（220 g/L）：称取 22 g 二水合乙酸锌[$Zn(CH_3COO)_2 \cdot 2H_2O$]，溶于纯水并稀释至 100 mL。

9.1.3.5 乙酸镉溶液（200 g/L）：称取 20 g 二水合乙酸镉[$Cd(CH_3COO)_2 \cdot 2H_2O$]，溶于纯水并稀释至 100 mL。

9.1.3.6 氢氧化钠溶液（40 g/L）：称取 4 g 氢氧化钠，溶于纯水中，并稀释定容至 100 mL。

9.1.3.7 硫酸溶液（1＋1）。

9.1.3.8 *N*，*N*-二乙基对苯二胺溶液：称取 0.75 g *N*，*N*-二乙基对苯二胺硫酸盐[$(C_2H_5)_2NC_6H_4NH_2 \cdot H_2SO_4$，简称 DPD，也可用盐酸盐或草酸盐]，溶于 50 mL 纯水中，加硫酸溶液（1＋1）至 100 mL 混匀，保存于棕色瓶中。如发现颜色变红，应予重配。

9.1.3.9 氯化铁溶液（1 000 g/L）：称取 100 g 六水合氯化铁（$FeCl_3 \cdot 6H_2O$），溶于纯水，并稀释至 100 mL。

9.1.3.10 盐酸羟胺溶液（10 g/L）：称取 1 g 盐酸羟胺（$NH_2OH \cdot HCl$），溶于纯水，并稀释至 100 mL。

9.1.3.11 抗坏血酸（$C_6H_8O_6$）溶液（10 g/L）：现用现配。

9.1.3.12 Na_2EDTA 溶液：称取 3.7 g 二水合乙二胺四乙酸二钠（$C_{10}H_{14}N_2O_8Na_2 \cdot 2H_2O$）和 4.0 g 氢氧化钠，溶于纯水，并稀释至 1 000 mL。

9.1.3.13 碘标准溶液[$c(1/2I_2)$＝0.012 50 mol/L]：称取 40 g 碘化钾，置于玻璃研钵内，加少许纯水溶

解。加入 13 g 碘片，研磨使碘完全溶解，移入棕色瓶内，用纯水稀释至 1 000 mL，用硫代硫酸钠标准溶液[$c(Na_2S_2O_3)=0.1$ mol/L]标定后保存在暗处，临用时将此碘液稀释为 $c(1/2\ I_2)=0.012\ 50$ mol/L 碘标准溶液。

9.1.3.14 硫代硫酸钠标准溶液[$c(Na_2S_2O_3)=0.1$ mol/L]：称取 26 g 五水合硫代硫酸钠($Na_2S_2O_3 \cdot 5H_2O$)，溶于新煮沸放冷的纯水中，并稀释至 1 000 mL，加入 0.4 g 氢氧化钠或 0.2 g 无水碳酸钠(Na_2CO_3)，储于棕色瓶内，摇匀，放置 1 个月，过滤。按下述方法标定其准确浓度。

准确称取 3 份各 0.11 g～0.13 g 在 105 ℃干燥至恒量的碘酸钾，分别放入 250 mL 碘量瓶中，各加 100 mL 纯水，待碘酸钾溶解后，各加 3 g 碘化钾及 10 mL 乙酸($\rho_{20}=1.06$ g/mL)，在暗处静置 10 min，用待标定的硫代硫酸钠溶液滴定，至溶液呈淡黄色时，加入 1 mL 淀粉溶液(5 g/L)，继续滴定至蓝色褪去为止。记录硫代硫酸钠溶液的用量，同时做空白试验，并按式(17)计算硫代硫酸钠溶液的浓度：

$$c(Na_2S_2O_3)=\frac{m}{(V_1-V_0)\times 0.035\ 67} \qquad \cdots\cdots(17)$$

式中：

$c(Na_2S_2O_3)$——硫代硫酸钠溶液的浓度，单位为摩尔每升(mol/L)；

m ——碘酸钾的质量，单位为克(g)；

V_1 ——硫代硫酸钠溶液的体积，单位为毫升(mL)；

V_0 ——空白试验消耗硫代硫酸钠溶液的体积，单位为毫升(mL)；

0.035 67 ——与 1.00 mL 硫代硫酸钠标准溶液[$c(Na_2S_2O_3)=1.000$ mol/L]相当的以克(g)表示的碘酸钾质量，单位为克每毫摩尔(g/mmol)。

9.1.3.15 淀粉溶液(5 g/L)：称取 0.5 g 可溶性淀粉，用少量纯水调成糊状，用刚煮沸的纯水稀释至 100 mL，冷却后加 0.1 g 水杨酸或 0.4 g 氯化锌。

9.1.3.16 硫代硫酸钠标准溶液[$c(Na_2S_2O_3)=0.012\ 50$ mol/L]：准确吸取经过标定的硫代硫酸钠标准溶液[$c(Na_2S_2O_3)=0.1$ mol/L]，在容量瓶内，用新煮沸放冷的纯水稀释为 0.012 50 mol/L。

9.1.3.17 硫化物标准储备溶液：取九水合硫化钠晶体($Na_2S \cdot 9H_2O$)，用少量纯水清洗表面，并用滤纸吸干，称取 0.2 g～0.3 g，用煮沸放冷的纯水溶解并定容到 250 mL(临用前制备并标定)，此溶液 1 mL 约含 0.1 mg 硫化物(以 S^{2-} 计)，标定方法如下。或使用有证标准物质溶液。

取 5 mL 乙酸锌溶液(220 g/L)置于 250 mL 碘量瓶中，加入 10.00 mL 硫化物标准储备溶液及 25.00 mL 碘标准溶液，同时用纯水做空白试验。各加 5 mL 盐酸溶液(1+9)，摇匀，于暗处放置 15 min，加 50 mL 纯水，用硫代硫酸钠标准溶液[$c(Na_2S_2O_3)=0.012\ 50$ mol/L]滴定，至溶液呈淡黄色时，加 1 mL 淀粉溶液(5 g/L)，继续滴定至蓝色消失为止。按式(18)计算每升硫化物溶液含 S^{2-} 的毫克数：

$$\rho(S^{2-})=\frac{(V_0-V_1)\times c\times 16}{10}\times 1\ 000 \qquad \cdots\cdots(18)$$

式中：

$\rho(S^{2-})$——硫化物(以 S^{2-} 计)的质量浓度，单位为毫克每升(mg/L)；

V_0 ——空白所消耗的硫代硫酸钠标准溶液的体积，单位为毫升(mL)；

V_1 ——硫化钠溶液所消耗的硫代硫酸钠标准溶液的体积，单位为毫升(mL)；

c ——硫代硫酸钠标准溶液的浓度，单位为摩尔每升(mol/L)；

16 ——与 1.00 mL 硫代硫酸钠标准溶液[$c(Na_2S_2O_3)=1.000$ mol/L]相当的以毫克(mg)表示的硫化物质量，单位为克每摩尔(g/mol)。

9.1.3.18 硫化物标准使用溶液[$\rho(S^{2-})=10.0\ \mu$g/mL]：取一定体积新标定的硫化钠标准储备溶液，加入 1 mL 乙酸锌溶液，用新制备的超纯水（电阻率≥18.2 MΩ · cm）定容至 50 mL，配成 $\rho(S^{2-})$ = 10.00 μg/mL。也可使用有证硫化物标准物质溶液，无需加入乙酸锌，直接用新制备的超纯水进行标准使用溶液的配制。硫化物标准使用溶液宜现用现配。

9.1.4 仪器设备

9.1.4.1 碘量瓶：250 mL。

9.1.4.2 具塞比色管：50 mL。

9.1.4.3 磨口洗气瓶：125 mL。

9.1.4.4 高纯氮气钢瓶。

9.1.4.5 分光光度计。

9.1.5 样品

水样的采集和保存：由于硫化物（S^{2-}）在水中不稳定，易分解，采样时尽量避免曝气。在 500 mL 硬质玻璃瓶中，先加入 1 mL 乙酸锌溶液（220 g/L），再注入水样（近满，留少许空隙），盖好瓶塞，反复上下颠倒混匀，最后加入 1 mL 氢氧化钠溶液（40 g/L），再次反复混匀，密塞、避光，送回实验室测定。

9.1.6 试验步骤

9.1.6.1 直接比色法（适用于清洁水样）

9.1.6.1.1 取均匀水样 50 mL，含 S^{2-} < 10 μg，或取适量用纯水稀释至 50 mL。

9.1.6.1.2 取 50 mL 比色管 8 支，各加纯水约 40 mL，再加硫化物标准使用溶液 0 mL、0.10 mL、0.20 mL、0.30 mL、0.40 mL、0.60 mL、0.80 mL 及 1.00 mL，加纯水至刻度，混匀。

9.1.6.1.3 显色液：临用时取氯化铁溶液（1 000 g/L）和 *N*，*N*-二乙基对苯二胺溶液按 1+20 混匀，作显色液。

9.1.6.1.4 亚硫酸盐超过 40 mg/L，硫代硫酸盐超过 20 mg/L，对本方法有干扰；水样有颜色或者浑浊时亦有干扰，应分别采用沉淀分离或曝气分离法消除干扰。水中余氯（≥0.03 mg/L）会对硫化物检测产生负干扰，每 50 mL 水样加入 1.0 mL 的盐酸羟胺溶液（10 g/L），混匀后放置 2 min～5 min 可去除干扰。

9.1.6.1.5 向水样管和标准管各加 1.0 mL 显色液，立即摇匀，放置 20 min。

9.1.6.1.6 于 665 nm 波长，用 3 cm 比色皿，以纯水作参比，测量样品和标准系列溶液的吸光度。

9.1.6.1.7 绘制标准曲线，从曲线上查出样品中硫化物的质量。

9.1.6.1.8 按式（19）计算水样中硫化物（以 S^{2-} 计）的质量浓度：

$$\rho(S^{2-}) = \frac{m}{V} \qquad (19)$$

式中：

$\rho(S^{2-})$——水样中硫化物（以 S^{2-} 计）的质量浓度，单位为毫克每升（mg/L）；

m ——从标准曲线上查得样品中硫化物（以 S^{2-} 计）的质量，单位为微克（μg）；

V ——水样体积，单位为毫升（mL）。

9.1.6.2 沉淀分离法（适用于含 SO_3^{2-} 和 $S_2O_3^{2-}$ 或其他干扰物质的水样）

将采集的水样摇匀，吸取适量于 50 mL 比色管中，在不损失沉淀的情况下，缓缓吸出尽可能多的上层清液，加纯水至比色管刻度。按照 9.1.6.1 步骤进行测定。

9.1.6.3 曝气分离法(适用于浑浊、有色或有其他干扰物质的水样)

9.1.6.3.1 用硅橡胶管(或用内涂有一薄层磷酸的橡胶管,照图4将各瓶连接成一个分离系统。

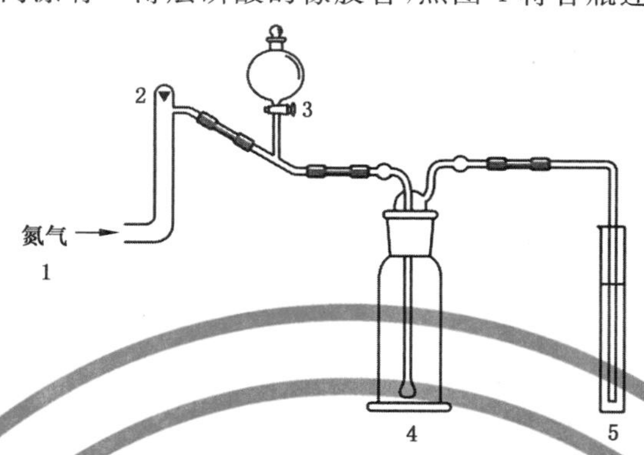

标引序号说明:

1——高纯氮气;

2——流量计;

3——分液漏斗;

4——125 mL 洗气瓶;

5——吸收管(50 mL 比色管)。

图4 硫化物分离装置

9.1.6.3.2 取50 mL均匀水样,移入洗气瓶中,加2 mL乙二胺四乙酸二钠(Na_2EDTA)溶液、2 mL抗坏血酸溶液。

9.1.6.3.3 经分液漏斗向样品中加5 mL盐酸溶液(1+1),以0.25 L/min～0.3 L/min的流速通氮气30 min,导管出口端带多孔玻砂滤板。吸收液为约40 mL煮沸放冷的纯水,内加1 mL乙二胺四乙酸二钠(Na_2EDTA)溶液。

9.1.6.3.4 取出并洗净导管,用纯水稀释至刻度,混匀。按照9.1.6.1测定。

9.1.7 精密度和准确度

3个实验室用直接比色法测定加标水样,平均相对标准偏差为5.6%,回收率为95.0%～103%。同一实验室测定水源水,硫化物含量为0.08 mg/L～0.20 mg/L,用沉淀分离法,相对标准偏差为6.2%,平均回收率为98.0%。5个实验室用曝气分离法,测定水源水中硫化物含量在0.08 mg/L～0.20 mg/L时,相对标准偏差为7.0%,回收率为86.0%～93.0%。

注:测定硫化物用硫代乙酰胺配制标准溶液。硫代乙酰胺于碱性溶液中,在乙酸镉存在下发生水解反应,75.13 μg硫代乙酰胺相当于32.06 μg硫化物(以S^{2-}计)。

试剂如下。

a) 硫代乙酰胺(C_2H_5NS)精制:在30 mL的90 ℃热水中溶解5 g～7 g硫代乙酰胺,趁热过滤于烧杯中,冰水冷却、结晶、过滤。晶体在60 ℃～80 ℃干燥2 h,保存在密封容器中。

b) 硫化物标准储备溶液[$\rho(S^{2-})$=100 μg/mL]:溶解0.234 4 g经精制的硫代乙酰胺于1 000 mL纯水中,此标准溶液在室温稳定7 d,冷藏不超过120 d。

c) 硫化物标准溶液[$\rho(S^{2-})$=2 μg/mL]:可稳定2 d。

d) 氢氧化钠溶液(200 g/L)。

e) 乙酸镉溶液(200 g/L)。

10 磷酸盐

10.1 磷钼蓝分光光度法

10.1.1 最低检测质量浓度

本方法最低检测质量为 5 μg，若取 50 mL 水样测定，则其最低检测质量浓度为 0.1 mg/L。本方法适用于测定磷酸盐(HPO_4^{2-})质量浓度低于 10 mg/L 的水样。

10.1.2 原理

在强酸性溶液中，磷酸盐与钼酸铵作用生成磷钼杂多酸，能被还原剂(氯化亚锡等)还原，生成蓝色的络合物，当磷酸盐含量较低时，其颜色强度与磷酸盐的含量成正比。

10.1.3 试剂

10.1.3.1 磷酸盐标准溶液[$\rho(HPO_4^{2-})=0.01$ mg/mL]：称取 0.716 5 g 在 105 ℃干燥的磷酸二氢钾(KH_2PO_4)，溶于纯水中，并定容至 1 000 mL，吸取 10.0 mL，用纯水准确定容至 500 mL，或使用有证标准物质。

10.1.3.2 钼酸铵-硫酸溶液：向约 70 mL 纯水中缓缓加入 28 mL 浓硫酸($\rho_{20}=1.84$ g/mL)，稍冷，加入 2.5 g 钼酸铵。待固体完全溶解后，用纯水稀释至 100 mL。

10.1.3.3 氯化亚锡溶液(50 g/mL)：加热溶解 5 g 二水合氯化亚锡($SnCl_2 \cdot 2H_2O$)于 5 mL 浓盐酸中，用纯水稀至 100 mL。此试剂不稳定，现用现配。

10.1.3.4 活性炭：不含磷酸盐。

10.1.4 试验步骤

10.1.4.1 取 50 mL 水样，置于 50 mL 比色管中，加入 4 mL 钼酸铵-硫酸溶液，摇匀。加入 1 滴氯化亚锡溶液(50 g/mL)，再摇匀，10 min 后比色或于 650 nm 波长处测其吸光度。

10.1.4.2 如果水样浑浊或带色时，可事先在 100 mL 水样中加入少量活性炭，充分振摇 1 min，用中等密度干滤纸过滤后，再行测定。

10.1.4.3 分别吸取磷酸盐标准溶液 0 mL、0.50 mL、1.00 mL、2.00 mL、4.00 mL、6.00 mL、8.00 mL、10.00 mL，置于 50 mL 比色管中，加纯水至 50 mL，然后按水样测定步骤进行，绘制标准曲线。

10.1.5 试验数据处理

按式(20)计算水样中磷酸盐的质量浓度：

$$\rho(HPO_4^{2-})=\frac{m}{V}\times 1\,000 \qquad \cdots\cdots(20)$$

式中：

$\rho(HPO_4^{2-})$——水样中磷酸盐的质量浓度，单位为毫克每升(mg/L)；

m ——从标准曲线上查得的样品中磷酸盐的含量，单位为毫克(mg)；

V ——水样体积，单位为毫升(mL)。

10.1.6 精密度和准确度

同一实验室对含 1.2 mg/L HPO_4^{2-} 的加标水样经 7 次测定，其相对标准偏差为 8.3%，相对误差为 6.6%。

11 氨(以N计)

11.1 纳氏试剂分光光度法

11.1.1 最低检测质量浓度

本方法最低检测质量为 1.0 μg 氨(以 N 计),若取 50 mL 水样测定,则最低检测质量浓度为 0.02 mg/L。

水中常见的钙、镁、铁等离子能在测定过程中生成沉淀,可加入酒石酸钾钠掩蔽。水样中余氯与氨结合成氯胺,可用硫代硫酸钠脱氯。水中悬浮物可用硫酸锌和氢氧化钠混凝沉淀除去。

硫化物、铜、醛等亦可引起溶液浑浊。脂肪胺、芳香胺、亚铁等可与碘化汞钾产生颜色。水中带有颜色的物质,亦能发生干扰。遇此情况,可用蒸馏法除去。

11.1.2 原理

水中氨与纳氏试剂(K_2HgI_4)在碱性条件下生成黄至棕色的化合物(NH_2Hg_2OI),其色度与氨含量成正比。

11.1.3 试剂

警示:碘化汞剧毒!

本方法所有试剂均需用不含氨的纯水配制。无氨水可用一般纯水通过强酸型阳离子交换树脂或者加硫酸和高锰酸钾后重蒸馏制得。

11.1.3.1 硫代硫酸钠溶液(3.5 g/L):称取 0.35 g 五水合硫代硫酸钠($Na_2S_2O_3 \cdot 5H_2O$)溶于纯水中,并稀释至 100 mL。此溶液 0.4 mL 能除去 200 mL 水样中含 1 mg/L 的余氯。使用时可按水样中余氯的质量浓度计算加入量。

11.1.3.2 四硼酸钠溶液(9.5 g/L):称取 9.5 g 十水合四硼酸钠($Na_2B_4O_7 \cdot 10H_2O$)用纯水溶解,并稀释为1 000 mL。

11.1.3.3 氢氧化钠溶液(4 g/L)。

11.1.3.4 硼酸盐缓冲溶液:量取 88 mL 氢氧化钠溶液(4 g/L),用四硼酸钠溶液(9.5 g/L)稀释为 1 000 mL。

11.1.3.5 硼酸溶液(20 g/L)。

11.1.3.6 硫酸锌溶液(100 g/L):称取 10 g 七水合硫酸锌($ZnSO_4 \cdot 7H_2O$),溶于少量纯水中,并稀释至 100 mL。

11.1.3.7 氢氧化钠溶液(240 g/L)。

11.1.3.8 酒石酸钾钠溶液(500 g/L):称取 50 g 四水合酒石酸钾钠($KNaC_4H_4O_6 \cdot 4H_2O$),溶于 100 mL 纯水中,加热煮沸至不含氨为止,冷却后再用纯水补充至 100 mL。

11.1.3.9 氢氧化钠溶液(320 g/L)。

11.1.3.10 纳氏试剂:称取 100 g 碘化汞(HgI_2)及 70 g 碘化钾(KI),溶于少量纯水中,将此溶液缓缓倾入已冷却的 500 mL 氢氧化钠溶液(320 g/L)中,并不停搅拌,然后再以纯水稀释至 1 000 mL。储于棕色瓶中,用橡胶塞塞紧,避光保存。

注:纳氏试剂同奈斯勒试剂。配制试剂时注意勿使碘化钾过剩。过量的碘离子将影响有色络合物的生成,使结果偏低。储存已久的纳氏试剂,使用前先用已知量的氨(以 N 计)标准溶液显色,并核对吸光度;加入试剂后 2 h 内不出现浑浊,否则重新配制。

11.1.3.11 氨(以N计)标准储备溶液[$\rho(NH_3\text{-}N)=1.00$ mg/mL]:将氯化铵(NH_4Cl)置于烘箱内,在105 ℃烘烤1 h,冷却后称取3.819 0 g,溶于纯水中于容量瓶内定容至1 000 mL,或使用有证标准物质溶液。

11.1.3.12 氨(以N计)标准使用溶液[$\rho(NH_3\text{-}N)=10.00$ μg/mL]:吸取10.00 mL氨(以N计)标准储备溶液,用纯水定容到1 000 mL,现用现配。

11.1.4 仪器设备

11.1.4.1 分光光度计。

11.1.4.2 全玻璃蒸馏器:500 mL。

11.1.4.3 具塞比色管:50 mL。

11.1.5 样品

11.1.5.1 水样的保存

水样中氨不稳定,采样时每升水样加0.8 mL硫酸($\rho_{20}=1.84$ mg/L),0 ℃~4 ℃冷藏保存,尽快分析。

11.1.5.2 水样的预处理

11.1.5.2.1 无色澄清的水样可直接测定。色度、浑浊度较高和干扰物质较多的水样,需经过蒸馏或混凝沉淀等预处理步骤。

11.1.5.2.2 蒸馏:取200 mL纯水于全玻璃蒸馏器中,加入5 mL硼酸盐缓冲溶液及数粒玻璃珠,加热蒸馏,直至馏出液用纳氏试剂检不出氨为止。稍冷后倾出并弃去蒸馏瓶中残液,量取200 mL水样(或取适量,加纯水稀释至200 mL)于蒸馏瓶中,根据水中余氯含量,计算并加入适量硫代硫酸钠溶液(3.5 g/L)脱氯。用氢氧化钠溶液(4 g/L)调节水样至呈中性。

加入5 mL硼酸盐缓冲溶液,加热蒸馏。用200 mL容量瓶为接收瓶,内装20 mL硼酸溶液(20 g/L)作为吸收液。蒸馏器的冷凝管末端要插入吸收液中。待蒸出150 mL左右,使冷凝管末端离开液面,继续蒸馏以清洗冷凝管。最后用纯水稀释至刻度,摇匀,供比色用。

11.1.5.2.3 混凝沉淀:取200 mL水样,加入2 mL硫酸锌溶液(100 g/L),混匀。加入0.8 mL~1 mL氢氧化钠溶液(240 g/L),使pH值为10.5,静置数分钟,倾出上清液供比色用。经硫酸锌和氢氧化钠沉淀的水样,静置后一般均能澄清,必要时可离心。如必需过滤时,应注意滤纸中的铵盐对水样的污染,预先将滤纸用无氨纯水反复淋洗,至用纳氏试剂检查不出氨后再使用。

11.1.6 试验步骤

11.1.6.1 取50.0 mL澄清水样或经预处理的水样[如氨(以N计)含量大于0.1 mg,则取适量水样加纯水至50 mL]于50 mL比色管中。

11.1.6.2 另取50 mL比色管8支,分别加入氨(以N计)标准使用溶液0 mL、0.10 mL、0.20 mL、0.30 mL、0.50 mL、0.70 mL、0.90 mL及1.20 mL,对高质量浓度氨(以N计)的标准系列,则分别加入氨(以N计)标准使用溶液0 mL、0.50 mL、1.00 mL、2.00 mL、4.00 mL、6.00 mL、8.00 mL及10.00 mL,用纯水稀释至50 mL。

11.1.6.3 向水样及标准溶液管内分别加入1 mL酒石酸钾钠溶液(240 g/L)(经蒸馏预处理过的水样,水样及标准管中均不加此试剂),混匀,加1.0 mL纳氏试剂混匀后放置10 min,于420 nm波长下，用 1 cm 比色皿，以纯水作参比，测定吸光度；如氨（以 N 计）含量低于 30 μg，改用 3 cm 比色皿，低于 10 μg 可用目视比色。

注：经蒸馏处理的水样，只向各标准管中各加 5 mL 硼酸溶液（20 g/L），然后向水样及标准管各加 2 mL 纳氏试剂。

11.1.6.4 绘制标准曲线，从曲线上查出样品管中氨（以 N 计）含量，或目视比色记录水样中相当于氨（以 N 计）标准的质量。

11.1.7 试验数据处理

按式（21）计算水样中氨（以 N 计）的质量浓度：

$$\rho(NH_3\text{-}N)=\frac{m}{V} \qquad \cdots\cdots(21)$$

式中：

$\rho(NH_3\text{-}N)$——水样中氨（以 N 计）的质量浓度，单位为毫克每升（mg/L）；

m ——从标准曲线上查得的样品管中氨（以 N 计）的质量，单位为微克（μg）；

V ——水样体积，单位为毫升（mL）。

11.1.8 精密度与准确度

在 65 个实验室用本方法测定含氨（以 N 计）1.3 mg/L 的合成水样，其他离子质量浓度分别为：硝酸盐（以 N 计）1.59 mg/L；正磷酸盐 0.154 mg/L，测定氨（以 N 计）的相对标准偏差为 6%，相对误差为 0%。

11.2 酚盐分光光度法

11.2.1 最低检测质量浓度

本方法最低检测质量为 0.25 μg 氨（以 N 计），若取 10 mL 水样测定，则最低检测质量浓度为0.025 mg/L。

单纯的悬浮物可通过 0.45 μm 滤膜过滤，干扰物较多的水样需经蒸馏后再进行测定。

11.2.2 原理

氨在碱性溶液中与次氯酸盐生成一氯胺，在亚硝基铁氰化钠催化下与酚生成吲哚酚蓝染料，比色定量。一氯胺和吲哚酚蓝的形成均与溶液 pH 值有关。次氯酸与氨在 pH 7.5 以上主要生成二氯胺，当 pH 降低到 5～7 和 4.5 以下，则分别生成二氯胺和三氯胺，在 pH 10.5～pH 11.5 之间，生成的一氯胺和吲哚酚蓝都较为稳定，且呈色最深。用直接法比色测定时，需加入柠檬酸防止水中钙、镁离子生成沉淀。

11.2.3 试剂

本方法所用试剂均需用不含氨的纯水配制。无氨水的制备方法见 11.1.3。

11.2.3.1 酚-乙醇溶液：称取 62.5 g 精制过的苯酚（无色），溶于 45 mL 乙醇[$\varphi(C_2H_5OH)=95\%$]中，保存于冰箱中，如发现空白值增高，应重配。

11.2.3.2 亚硝基铁氰化钠溶液（10 g/L）：称取 1 g 二水合亚硝基铁氰化钠[$Na_2Fe(CN)_5NO \cdot 2H_2O$，又名硝普钠]，溶于少量纯水中，稀释至 100 mL，储于冰箱中。如发现空白值增高，应重配。

11.2.3.3 氢氧化钠溶液（240 g/L）：称取 120 g 氢氧化钠，溶于 550 mL 纯水中，煮沸并蒸发至 450 mL，冷却后加纯水稀释到 500 mL。

11.2.3.4 柠檬酸钠溶液（400 g/L）：称取 200 g 二水合柠檬酸钠（$Na_3C_6H_5O_7 \cdot 2H_2O$）溶于 600 mL 纯

水中,煮沸蒸发至 450 mL,冷却后加纯水稀释至 500 mL。

11.2.3.5 酚盐-柠檬酸盐溶液:将 3.0 mL 亚硝基铁氰化钠溶液(10 g/L)、5.0 mL 酚-乙醇溶液、6.5 mL 氢氧化钠溶液(240 g/L)及 50 mL 柠檬酸钠溶液(400 g/L)混合均匀。在冰箱中保存,可使用 2 d～3 d。

11.2.3.6 含氯缓冲溶液:称取 12 g 无水碳酸钠(Na_2CO_3)及 0.8 g 碳酸氢钠($NaHCO_3$),溶于 100 mL 纯水中。加入 34 mL 次氯酸钠溶液(30 g/L)(又称为安替福明),并加纯水至 200 mL,放置 1 h 后即可使用。该试剂 1 mL 用纯水稀释到 50 mL,加入 1 g 碘化钾及 3 滴硫酸(ρ_{20}=1.84 g/mL),以淀粉溶液作指示剂,用硫代硫酸钠标准溶液[$c(Na_2S_2O_3)$=0.025 00 mol/L]滴定生成的碘,应消耗 5.6 mL 左右。如低于 4.5 mL 应补加次氯酸钠溶液。

11.2.3.5 和 11.2.3.6 两种试剂混合后 pH 值的校正:加 1.0 mL 酚盐-柠檬酸盐溶液和 0.4 mL 含氯缓冲溶液于 10 mL 纯水中,其 pH 应在 11.4～11.8,否则应在酚盐-柠檬酸盐溶液中再加入适量氢氧化钠溶液(240 g/L)。

11.2.3.7 氨(以 N 计)标准储备溶液:见 11.1.3.11。

11.2.3.8 氨(以 N 计)标准使用溶液[$\rho(NH_3\text{-}N)$=5 μg/mL]:吸取 5.00 mL 氨(以 N 计)标准储备溶液于 1 000 mL 容量瓶中,加纯水稀释至刻度。现用现配。

11.2.4 仪器设备

11.2.4.1 分光光度计。

11.2.4.2 具塞比色管:10 mL。

11.2.5 样品

水样的采集和保存:于每升水样中加入 0.8 mL 硫酸(ρ_{20}=1.84 g/mL),并于 0 ℃～4 ℃冷藏保存。如有可能,最好在采样时立即过滤,并加入试剂显色,使测定结果更为准确。

注:对于直接测定的水样,加硫酸固定时注意酸的用量。一般水样,每升加 0.8 mL 硫酸已足够,碱度大的水样可适当增加。注意勿使过量,以免使加显色剂后 pH 不能控制在 10.5～11.5。

11.2.6 试验步骤

11.2.6.1 试剂空白值:取 10 mL 纯水,置于 10 mL 具塞比色管中,加入 0.4 mL 含氯缓冲溶液,混匀,静置半小时,将存在于水中的微量氨氧化分解,然后加入 1.0 mL 酚盐-柠檬酸盐溶液,静置 90 min,测定吸光度,即为不包括稀释水在内的试剂空白值。

11.2.6.2 取 10.0 mL 澄清水样或水样蒸馏液,于 10 mL 具塞比色管中。

11.2.6.3 用蒸馏法预处理水样时可按 11.1.5.2.2 操作,改用 50 mL 硫酸[$c(H_2SO_4)$=0.02 mol/L]为吸收液。

11.2.6.4 标准系列的制备:分别吸取氨(以 N 计)标准使用溶液 0 mL、0.05 mL、0.10 mL、0.50 mL、1.00 mL、1.50 mL、2.00 mL 和 4.00 mL 于 8 支 10 mL 具塞比色管中,加纯水至 10 mL 刻度。

11.2.6.5 向水样及标准管中各加入 1.0 mL 酚盐-柠檬酸盐溶液,立即加入 0.4 mL 含氯缓冲溶液,充分混匀,静置 90 min 后,于 630 nm 波长下,用 1 cm 比色皿,以纯水作参比,测定吸光度。

11.2.6.6 绘制标准曲线,从标准曲线上查出样品管中氨(以 N 计)的质量。

11.2.7 试验数据处理

按式(22)计算水样中氨(以 N 计)的质量浓度:

$$\rho(NH_3\text{-}N)=\frac{m}{V} \qquad \cdots\cdots(22)$$

式中：

$\rho(NH_3\text{-}N)$——水样中氨(以N计)的质量浓度，单位为毫克每升(mg/L)；

m ——从标准曲线上查得的样品管中氨(以N计)的质量，单位为微克(μg)；

V ——水样体积，单位为毫升(mL)。

11.3 水杨酸盐分光光度法

11.3.1 最低检测质量浓度

本方法最低检测质量为0.25 μg氨(以N计)，若取10 mL水样测定，则最低检测质量浓度为0.025 mg/L。

11.3.2 原理

在亚硝基铁氰化钠存在下，氨在碱性溶液中与水杨酸盐-次氯酸盐生成蓝色化合物，其色度与氨含量成正比。

11.3.3 试剂

11.3.3.1 亚硝基铁氰化钠溶液(10 g/L)：见11.2.3.2。

11.3.3.2 氢氧化钠溶液(280 g/L)：称取140 g氢氧化钠溶于550 mL纯水中，煮沸并蒸发至约为450 mL，冷却后用纯水稀释至500 mL。

11.3.3.3 柠檬酸钠溶液：见11.2.3.4。

11.3.3.4 含氯缓冲溶液：见11.2.3.6。

11.3.3.5 水杨酸-柠檬酸盐溶液(显色剂)：称取3.5 g水杨酸($C_6H_4OHCOOH$)，加入5.0 mL氢氧化钠溶液(280 g/L)，水杨酸溶解后，加1.5 mL亚硝基铁氰化钠溶液(10 g/L)和25 mL柠檬酸钠溶液(400 g/L)，摇匀。现用现配。

11.3.3.6 氨(以N计)标准使用溶液：见11.2.3.8。

11.3.4 仪器设备

11.3.4.1 具塞比色管：10 mL。

11.3.4.2 分光光度计。

11.3.5 样品

如样品需经过蒸馏处理时，可按11.1.5.2.2操作，用50 mL硫酸[$c(H_2SO_4)=0.02$ mol/L]作为吸收液。

11.3.6 试验步骤

11.3.6.1 试剂空白的制备：吸取0.4 mL含氯缓冲溶液加到10 mL纯水中，混匀，静置0.5 h后加1.0 mL水杨酸-柠檬酸盐溶液。

11.3.6.2 吸取10.0 mL澄清水样或水样蒸馏液于10 mL具塞比色管中。

11.3.6.3 标准系列的制备：分别吸取氨(以N计)标准使用溶液0 mL、0.05 mL、0.10 mL、0.50 mL、1.00 mL、1.50 mL、2.00 mL和4.00 mL于8支10 mL具塞比色管中。加纯水至10 mL刻度。

11.3.6.4 向水样管及标准管中各加1.0 mL水杨酸-柠檬酸盐溶液，立即加入0.4 mL含氯缓冲溶液，充分混匀，静置90 min后测定，颜色可稳定24 h。

11.3.6.5　于 655 nm 波长下，用 1 cm 比色皿，以纯水为参比，测定吸光度。

11.3.6.6　绘制标准曲线，从曲线上查出水样中氨（以 N 计）质量。

11.3.7　试验数据处理

按式（23）计算水样中氨（以 N 计）的质量浓度：

$$\rho(NH_3\text{-}N)=\frac{m}{V} \qquad \cdots\cdots(23)$$

式中：

$\rho(NH_3\text{-}N)$——水中氨（以 N 计）质量浓度，单位为毫克每升（mg/L）；

m　——从标准曲线上查得样品管中氨（以 N 计）质量，单位为微克（μg）；

V　——水样体积，单位为毫升（mL）。

11.3.8　精密度和准确度

测定氨（以 N 计）为 0.025 mg/L～0.75 mg/L 水样时，相对标准偏差为 1.4%～0.6%；对不同类型水样，加入氨（以 N 计）2.5 μg/L～250 μg/L 时，回收率为 98.0%～100%。

11.4　流动注射法

11.4.1　最低检测质量浓度

本方法最低检测质量浓度为 0.02 mg/L 氨（以 N 计）。

11.4.2　原理

11.4.2.1　流动注射仪工作原理

在蠕动泵的推动下，样品和试剂在密封的管路中按特定的顺序和比例混合、反应，在非完全反应条件下，进入流动检测池进行检测。

11.4.2.2　化学反应原理

在碱性介质中，水样中的氨、铵离子与二氯异氰尿酸钠溶液释放出的次氯酸根反应，生成氯胺。在 50 ℃～60 ℃的条件下，以亚硝基铁氰化钠作为催化剂，氯胺与水杨酸钠反应形成蓝绿色络合物，在 660 nm波长下比色测定。

11.4.3　试剂

除非另有说明，本方法所用试剂均为分析纯，实验用水均为无氨纯水，现用现备，符合 GB/T 6682 一级水要求。除氨（以 N 计）标准溶液外，其他溶液临用前均用超声波清洗仪脱气 30 min。

11.4.3.1　盐酸（HCl，$\rho_{20}=1.19$ g/mL）：优级纯。

11.4.3.2　硫酸（H_2SO_4，$\rho_{20}=1.84$ g/mL）：优级纯。

11.4.3.3　氯化铵（NH_4Cl）：优级纯。

11.4.3.4　氢氧化钠（NaOH）：优级纯。

11.4.3.5　四水合酒石酸钾钠（$KNaC_4H_4O_6 \cdot 4H_2O$）。

11.4.3.6　二水合柠檬酸钠（$Na_3C_6H_5O_7 \cdot 2H_2O$）。

11.4.3.7　水杨酸钠（$NaC_7H_5O_3$）。

11.4.3.8　二水合亚硝基铁氰化钠[$Na_2Fe(CN)_5NO \cdot 2H_2O$]，又名硝普钠。

11.4.3.9 二水合二氯异氰尿酸钠($NaC_3Cl_2N_3O_3 \cdot 2H_2O$)。

11.4.3.10 硫代硫酸钠溶液(3.5 g/L):见 11.1.3.1。

11.4.3.11 缓冲溶液:分别称取 33 g 四水合酒石酸钾钠($KNaC_4H_4O_6 \cdot 4H_2O$)和 24 g 二水合柠檬酸钠($Na_3C_6H_5O_7 \cdot 2H_2O$)溶于 800 mL 水中,用纯水稀释至 1 000 mL,混匀。此溶液于棕色玻璃瓶中 0 ℃～4 ℃冷藏保存,可稳定 1 周(使用前,用 1 mol/L 盐酸调节溶液 pH 至 5.2±0.1)。

11.4.3.12 水杨酸钠溶液:称取 25 g 氢氧化钠(NaOH)溶于 800 mL 水中,加入 80 g 水杨酸钠($NaC_7H_5O_3$),用纯水稀释至 1 000 mL,混匀。此溶液于棕色玻璃瓶中 0 ℃～4 ℃冷藏保存,可稳定 1 周。

11.4.3.13 亚硝基铁氰化钠溶液:称取 5 g 二水合亚硝基铁氰化钠[$Na_2Fe(CN)_5NO \cdot 2H_2O$],溶于 800 mL 水中,用纯水稀释至 1 000 mL,混匀。此溶液于棕色玻璃瓶中 0 ℃～4 ℃冷藏保存,可稳定 1 周。

11.4.3.14 二氯异氰尿酸钠溶液:称取 4 g 二水合二氯异氰尿酸钠($NaC_3Cl_2N_3O_3 \cdot 2H_2O$)溶于 800 mL 水中,用纯水稀释至 1 000 mL,混匀。此溶液于棕色玻璃瓶中 0 ℃～4 ℃冷藏保存,可稳定 1 周。

11.4.3.15 载流:纯水,使用前超声波清洗仪脱气 30 min。

11.4.3.16 氨(以 N 计)标准储备溶液[$\rho(NH_3\text{-}N)=1.00$ mg/mL]:见 11.1.3.11。

11.4.3.17 氨(以 N 计)标准使用溶液[$\rho(NH_3\text{-}N)=10.00$ μg/mL]:见 11.1.3.12。

注:不同品牌或型号仪器的试剂配制有所不同,可根据实际情况进行调整,经方法验证后使用。

11.4.4 仪器设备

11.4.4.1 流动注射分析仪:氨反应单元和模块、660 nm 比色检测器、自动进样器、多通道蠕动泵、数据处理系统、在线蒸馏模块(选配)。

11.4.4.2 pH 计:精度≤0.1。

11.4.4.3 超声波清洗仪:频率 20 kHz～60 kHz。

11.4.5 样品

11.4.5.1 水样的保存

水样中氨不稳定,采样时每升水样加 0.8 mL 硫酸($\rho_{20}=1.84$ g/mL),0 ℃～4 ℃冷藏保存,尽快分析。

11.4.5.2 水样的预处理

无色澄清、无干扰影响的水样可直接测定。加酸保存的样品,测试前将水样调至中性;水样中如含有余氯会形成氯胺干扰测定,可加入适量的硫代硫酸钠溶液(3.5 g/L)去除;单纯的悬浮物可通过离心或采用 0.45 μm 水性滤膜过滤等方式进行处理;当水样浑浊、带有颜色或含有铁、锰金属离子干扰物质较多时,可通过预蒸馏或在线蒸馏等方式进行处理,预蒸馏操作可参见 11.1.5.2.2,采用 50 mL 硫酸[$c(H_2SO_4)=0.02$ mol/L]作为吸收液。

11.4.6 试验步骤

11.4.6.1 标准系列配制

取 9 个 100 mL 容量瓶,分别加入氨(以 N 计)标准使用溶液 0 mL、0.20 mL、0.50 mL、1.00 mL、3.00 mL、5.00 mL、10.0 mL、15.0 mL 和 20.0 mL,用纯水稀释至 100 mL。标准系列中氨(以 N 计)的质

量浓度分别为：0 mg/L、0.02 mg/L、0.05 mg/L、0.10 mg/L、0.30 mg/L、0.50 mg/L、1.00 mg/L、1.50 mg/L和 2.00 mg/L。

11.4.6.2 仪器操作

11.4.6.2.1 参考仪器说明，开机、输入系统参数，确定分析条件。

11.4.6.2.2 调整流路系统，载流、缓冲溶液、水杨酸钠溶液、亚硝基铁氰化钠溶液及二氯异氰尿酸钠溶液分别在蠕动泵的推动下进入仪器，流路系统中的试剂流动平稳，无泄漏现象。

11.4.6.2.3 仪器使用前后按照仪器说明对管路进行必要的清洗。

11.4.6.3 测定

11.4.6.3.1 待基线稳定后，将标准系列倒入样品杯，以氨(以 N 计)标准系列质量浓度为横坐标，响应信号值为纵坐标绘制标准曲线。

11.4.6.3.2 将待测水样倒入样品杯，依次进行测定，并适当设置曲线重校点和清洗点，一般每 10 个样品重校一次。

11.4.6.3.3 当水样中的氨(以 N 计)含量超出标准曲线检测范围，可取适量水样稀释后上机测定。

11.4.7 试验数据处理

按式(24)计算水中氨(以 N 计)的质量浓度：

$$\rho(NH_3\text{-}N)=\rho_1(NH_3\text{-}N)\times f \qquad \cdots\cdots(24)$$

式中：

$\rho(NH_3\text{-}N)$ ——水中氨(以 N 计)质量浓度，单位为毫克每升(mg/L)；

$\rho_1(NH_3\text{-}N)$ ——由标准曲线得到的氨(以 N 计)的质量浓度，单位为毫克每升(mg/L)；

f ——稀释倍数。

11.4.8 精密度与准确度

7 个实验室在 0.020 mg/L～2.00 mg/L 浓度范围分别选择低、中、高浓度对水源水和生活饮用水进行加标回收试验，每个浓度平行进行 6 次，水源水测定的相对标准偏差为 0.04%～2.2%，加标回收率分别为 86.0%～114%。生活饮用水测定的相对标准偏差为 0.07%～1.7%，加标回收率为 86.0%～108%。

11.5 连续流动法

11.5.1 最低检测质量浓度

本方法最低检测质量浓度为 0.02 mg/L 氨(以 N 计)。

11.5.2 原理

11.5.2.1 连续流动仪工作原理

在蠕动泵的推动下，样品和试剂按特定的顺序和比例进入化学反应模块，并被气泡按一定间隔规律地隔开，在密封的管路中连续流动、混合、反应，显色完全后进入流动检测池进行检测。

11.5.2.2 化学反应原理

在碱性介质中，水样中的氨、铵离子与二氯异氰尿酸钠溶液释放出的次氯酸根反应，生成氯胺。在

37 ℃～40 ℃的条件下，以亚硝基铁氰化钠作为催化剂，氯胺与水杨酸钠反应形成蓝绿色络合物，在660 nm波长下比色测定。

11.5.3 试剂

除非另有说明，本方法所使用试剂均为分析纯，实验用水均为无氨纯水，现用现备，符合GB/T 6682一级水要求。

11.5.3.1 盐酸（HCl，ρ_{20}＝1.19 g/mL）：优级纯。

11.5.3.2 硫酸（H_2SO_4，ρ_{20}＝1.84 g/mL）：优级纯。

11.5.3.3 氯化铵（NH_4Cl）：优级纯。

11.5.3.4 氢氧化钠（NaOH）：优级纯。

11.5.3.5 二水合柠檬酸钠（$Na_3C_6H_5O_7 \cdot 2H_2O$）。

11.5.3.6 水杨酸钠（$NaC_7H_5O_3$）。

11.5.3.7 二水合亚硝基铁氰化钠[$Na_2Fe(CN)_5NO \cdot 2H_2O$]。

11.5.3.8 二水合二氯异氰尿酸钠（$NaC_3Cl_2N_3O_3 \cdot 2H_2O$）。

11.5.3.9 聚氧乙烯月桂醚[Brij-35，$(C_2H_4O)nC_{12}H_{26}O$]溶液（w＝30%）：称取 30 g 聚氧乙烯月桂醚溶于 100 mL 纯水中。

11.5.3.10 硫代硫酸钠溶液（3.5 g/L）：见 11.1.3.1。

11.5.3.11 缓冲溶液：称取 40 g 二水合柠檬酸钠（$Na_3C_6H_5O_7 \cdot 2H_2O$）溶于 800 mL 水中，用纯水稀释至1 000 mL，加入 1 mL 聚氧乙烯月桂醚溶液（Brij-35，30%），混匀。此溶液于棕色玻璃瓶中 0 ℃～4 ℃冷藏保存，可稳定 1 周（使用前，用 1 mol/L 盐酸调节溶液 pH 至 5.2±0.1）。

11.5.3.12 水杨酸钠溶液：称取 20 g 氢氧化钠（NaOH）溶于 800 mL 水中，加入 40 g 水杨酸钠（$NaC_7H_5O_3$），用纯水稀释至 1 000 mL，混匀。此溶液于棕色玻璃瓶中 0 ℃～4 ℃冷藏保存，可稳定 1 周。

11.5.3.13 亚硝基铁氰化钠溶液：称取 1 g 二水合亚硝基铁氰化钠[$Na_2Fe(CN)_5NO \cdot 2H_2O$]，溶于800 mL 水中，用纯水稀释至 1 000 mL，混匀。此溶液于棕色玻璃瓶中 0 ℃～4 ℃冷藏保存，可稳定 1 周。

11.5.3.14 二氯异氰尿酸钠溶液：称取 3 g 二水合二氯异氰尿酸钠（$NaC_3Cl_2N_3O_3 \cdot 2H_2O$）溶于800 mL 水中，用纯水稀释至 1 000 mL，混匀。此溶液于棕色玻璃瓶中 0 ℃～4 ℃冷藏保存，可稳定 1 周。

11.5.3.15 氨（以 N 计）标准储备溶液[$\rho(NH_3\text{-}N)$＝1.00 mg/mL]：见 11.1.3.11。

11.5.3.16 氨（以 N 计）标准使用溶液[$\rho(NH_3\text{-}N)$＝10.00 μg/mL]：见 11.1.3.12。

注：不同品牌或型号仪器的试剂配制有所不同，可根据实际情况进行调整，经方法验证后使用。

11.5.4 仪器设备

11.5.4.1 连续流动分析仪：氨反应单元和模块、660 nm 比色检测器、自动进样器、多通道蠕动泵、数据处理系统、在线蒸馏模块（选配）。

11.5.4.2 pH 计：精度≤0.1。

11.5.5 样品

11.5.5.1 水样的保存

水样中氨不稳定，采样时每升水样加 0.8 mL 硫酸（ρ_{20}＝1.84 g/mL），0 ℃～4 ℃冷藏保存，尽快分析。

11.5.5.2 水样的预处理

无色澄清、无干扰影响的水样可直接测定。加酸保存的样品，测试前将水样调至中性；水样中如含有余氯会形成氯胺干扰测定，可加入适量的硫代硫酸钠溶液(3.5 g/L)去除；单纯的悬浮物可通过离心或采用 0.45 μm 水性滤膜过滤等方式进行处理；当水样浑浊、带有颜色或含有铁、锰金属离子干扰物质较多时，可通过预蒸馏或在线蒸馏等方式进行处理，预蒸馏操作可参见 11.1.5.2.2，采用 50 mL 硫酸[$c(H_2SO_4)=0.02$ mol/L]作为吸收液。

11.5.6 试验步骤

11.5.6.1 标准系列制备

取 9 个 100 mL 容量瓶，分别加入氨(以 N 计)标准使用溶液 0 mL、0.20 mL、0.50 mL、1.00 mL、3.00 mL、5.00 mL、10.0 mL、15.0 mL 和 20.0 mL，用纯水稀释至 100 mL。标准系列中氨(以 N 计)的质量浓度分别为：0 mg/L、0.02 mg/L、0.05 mg/L、0.10 mg/L、0.30 mg/L、0.50 mg/L、1.00 mg/L、1.50 mg/L和 2.00 mg/L。

11.5.6.2 仪器操作

11.5.6.2.1 参考仪器说明，开机、输入系统参数，确定分析条件。

11.5.6.2.2 调整流路系统，载流、缓冲溶液、水杨酸钠溶液、亚硝基铁氰化钠溶液及二氯异氰尿酸钠溶液分别在蠕动泵的推动下进入仪器，流路系统中的试剂流动平稳，无泄漏现象。

11.5.6.2.3 仪器使用前后按照仪器说明对管路进行必要的清洗。

11.5.6.3 测定

11.5.6.3.1 待基线稳定后，将标准系列倒入样品杯，以氨(以 N 计)标准系列质量浓度为横坐标，响应信号值为纵坐标绘制标准曲线。

11.5.6.3.2 将待测水样倒入样品杯，依次进行测定，并适当设置曲线重校点和清洗点，一般每 10 个样品重校一次。

11.5.6.3.3 当水样中的氨(以 N 计)含量超出标准曲线检测范围，可取适量水样稀释后上机测定。

11.5.7 试验数据处理

按式(25)计算水中氨(以 N 计)的质量浓度：

$$\rho(NH_3\text{-}N)=\rho_1(NH_3\text{-}N)\times f \qquad (25)$$

式中：

$\rho(NH_3\text{-}N)$ ——水中氨(以 N 计)质量浓度，单位为毫克每升(mg/L)；

$\rho_1(NH_3\text{-}N)$ ——由标准曲线得到的氨(以 N 计)的质量浓度，单位为毫克每升(mg/L)；

f ——稀释倍数。

11.5.8 精密度与准确度

7 个实验室在 0.020 mg/L～2.00 mg/L 浓度范围分别选择低、中、高浓度对水源水和生活饮用水进行加标回收试验，每个浓度平行进行 6 次，水源水测定的相对标准偏差为 0.12%～3.9%，加标回收率为 80.0%～111%。生活饮用水测定的相对标准偏差为 0.12%～3.6%，加标回收率为 84.0%～106%。

12 亚硝酸盐(以 N 计)

12.1 重氮偶合分光光度法

12.1.1 最低检测质量浓度

本方法最低检测质量为 0.05 μg 亚硝酸盐(以 N 计),若取 50 mL 水样测定,则最低检测质量浓度为 0.001 mg/L。

水中三氯胺产生红色干扰。铁、铅等离子可产生沉淀引起干扰。铜离子起催化作用,可分解重氮盐使结果偏低。有色离子有干扰。

12.1.2 原理

在 pH 1.7 以下,水中亚硝酸盐与对氨基苯磺酰胺重氮化,再与盐酸 *N*-(1-萘基)-乙二胺产生偶合反应,生成紫红色的偶氮染料,比色定量。

12.1.3 试剂

12.1.3.1 氢氧化铝悬浮液:见 5.1.3.6。

12.1.3.2 对氨基苯磺酰胺溶液(10 g/L):称取 5 g 对氨基苯磺酰胺($C_6H_8N_2O_2S$),溶于 350 mL 盐酸溶液(1+6)中。用纯水稀释至 500 mL。

12.1.3.3 盐酸 *N*-(1-萘基)-乙二胺溶液(1.0 g/L):称取 0.2 g 盐酸 *N*-(1-萘基)-乙二胺($C_{12}H_{16}N_2Cl_2$),溶于 200 mL 纯水中。储存于冰箱内。可稳定数周,如试剂颜色变深,弃去重配。

12.1.3.4 亚硝酸盐(以 N 计)标准储备溶液[$\rho(NO_2^- \text{-} N)=50\ \mu g/mL$]:称取 0.246 3 g 在玻璃干燥器内放置 24 h 的亚硝酸钠($NaNO_2$),溶于纯水中,并定容至 1 000 mL,每升中加 2 mL 氯仿保存。或使用有证标准物质。

12.1.3.5 亚硝酸盐(以 N 计)标准使用溶液[$\rho(NO_2^- \text{-} N)=0.10\ \mu g/mL$]:取 10.00 mL 亚硝酸盐(以 N 计)标准储备溶液于容量瓶中,用纯水定容至 500 mL,再从中吸取 10.00 mL,用纯水于容量瓶中定容至 100 mL。

12.1.4 仪器设备

12.1.4.1 分光光度计。

12.1.4.2 具塞比色管:50 mL。

12.1.5 试验步骤

12.1.5.1 若水样浑浊或色度较深,可先取 100 mL,加入 2 mL 氢氧化铝悬浮液,搅拌后静置数分钟,过滤。

12.1.5.2 先将水样或处理后的水样用酸或碱调近中性。取 50.0 mL 置于比色管中。

12.1.5.3 另取 50 mL 比色管 8 支,分别加入亚硝酸盐(以 N 计)标准溶液 0 mL、0.50 mL、1.00 mL、2.50 mL、5.00 mL、7.50 mL、10.00 mL 和 12.50 mL,用纯水稀释至 50 mL。

12.1.5.4 向水样及标准色列管中分别加入 1 mL 对氨基苯磺酰胺溶液(10 g/L),摇匀后放置 2 min~8 min。加入 1.0 mL 盐酸 *N*-(1-萘基)-乙二胺溶液(1.0 g/L),立即混匀。

12.1.5.5 于 540 nm 波长,用 1 cm 比色皿,以纯水作参比,在 10 min~2 h 内,测定吸光度。如亚硝酸盐(以 N 计)质量浓度低于 4 μg/L 时,改用 3 cm 比色皿。

12.1.5.6 绘制标准曲线,从曲线上查出水样中亚硝酸盐(以 N 计)的含量。

12.1.6 试验数据处理

按式(26)计算水样中亚硝酸盐(以 N 计)的质量浓度:

$$\rho(NO_2^- \text{-N}) = \frac{m}{V} \quad \cdots\cdots\cdots\cdots (26)$$

式中:

$\rho(NO_2^- \text{-N})$——水样中亚硝酸盐(以 N 计)的质量浓度,单位为毫克每升(mg/L);

m ——从标准曲线上查得样品管中亚硝酸盐(以 N 计)的质量,单位为微克(μg);

V ——水样体积,单位为毫升(mL)。

12.1.7 精密度和准确度

3 个实验室测定了含亚硝酸盐(以 N 计) 0.026 mg/L～0.082 mg/L 的加标水样,单个实验室的相对标准偏差小于 9.3%,回收率范围为 90.0%～114%。5 个实验室测定了含亚硝酸盐(以 N 计) 0.083 mg/L～0.18 mg/L 的加标水样,单个实验室的相对标准偏差小于 2.8%,回收率范围为 96.0%～102%。

13 碘化物

13.1 硫酸铈催化分光光度法

13.1.1 最低检测质量浓度

碘化物含量在 0 μg/L～20 μg/L 范围内,本方法最低检测质量为 2.4 ng(以 I^- 计),若取 2.0 mL 水样测定,最低检测质量浓度为 1.2 μg/L;0 μg/L～200 μg/L 范围检测方法最低检测质量为 1.6 ng(以 I^- 计),若取 0.3 mL 水样测定,最低检测质量浓度为 5.3 μg/L。

本方法适宜测定 0 μg/L～20 μg/L 低浓度范围和 0 μg/L～200 μg/L 高浓度范围的碘化物。

13.1.2 原理

加入二氯异氰尿酸钠去除水样中的还原性干扰物质,利用碘离子对砷铈氧化还原反应的催化作用间接测定碘含量。酸性条件下,亚砷酸与硫酸铈铵发生缓慢的氧化还原反应,黄色的 Ce^{4+} 被还原成无色的 Ce^{3+}。碘离子作为催化剂使反应加速,碘含量越高,反应速度越快,剩余的 Ce^{4+} 则越少。控制反应温度和时间,比色测定体系中剩余 Ce^{4+} 的吸光度值,利用碘化物的质量浓度与测定的吸光度值对数值的线性关系计算碘化物含量。

13.1.3 试剂

警示:三氧化二砷为剧毒化学品!

除非另有说明,本方法所用试剂均为分析纯,实验用水为 GB/T 6682 规定的二级水。

13.1.3.1 浓硫酸:$\rho(H_2SO_4)$=1.84 g/mL,优级纯。

13.1.3.2 二氯异氰尿酸钠($C_3Cl_2N_3NaO_3$)或二水合二氯异氰尿酸钠($C_3Cl_2N_3NaO_3 \cdot 2H_2O$)。

13.1.3.3 三氧化二砷(As_2O_3)。

13.1.3.4 氯化钠(NaCl):优级纯。

13.1.3.5 氢氧化钠(NaOH)。

13.1.3.6 二水合硫酸铈铵[$Ce(NH_4)_4(SO_4)_4 \cdot 2H_2O$]或四水合硫酸铈铵[$Ce(NH_4)_4(SO_4)_4 \cdot 4H_2O$]。

13.1.3.7 碘酸钾(KIO_3):基准试剂或标准物质,纯度≥99.96%。

13.1.3.8 硫酸溶液[$c(H_2SO_4)$=2.5 mol/L]:量取 140 mL 浓硫酸(H_2SO_4,优级纯,ρ_{20}=1.84 g/mL)缓慢加入到 700 mL 水中,边加边搅拌,冷却后用水稀释至 1 000 mL。

13.1.3.9 二氯异氰尿酸钠溶液[$\rho(C_3Cl_2N_3NaO_3)$=500 mg/L]:临用时称取 0.500 g 二氯异氰尿酸钠($C_3Cl_2N_3NaO_3$)或 0.582 g 二水合二氯异氰尿酸钠($C_3Cl_2N_3NaO_3 \cdot 2H_2O$),加水溶解并稀释至1 000 mL。

13.1.3.10 亚砷酸溶液[$c(H_3AsO_3)$=0.025 mol/L]:称取 2.5 g 三氧化二砷(As_2O_3)、40 g 氯化钠(NaCl,优级纯,)和 1.0 g 氢氧化钠(NaOH)置于 1 L 烧杯中,加水约 500 mL,加热至完全溶解,冷至室温。缓慢加入 200 mL 硫酸溶液,冷至室温,用水稀释至 1 000 mL,储存于棕色瓶,室温放置可保存 6 个月。

13.1.3.11 硫酸铈铵溶液[$c(Ce^{4+})$=0.025 mol/L]:称取 15.8 g 二水合硫酸铈铵[$Ce(NH_4)_4(SO_4)_4 \cdot 2H_2O$]或 16.7 g 四水合硫酸铈铵[$Ce(NH_4)_4(SO_4)_4 \cdot 4H_2O$],溶于 700 mL 硫酸溶液,用水稀释至1 000 mL,储存于棕色瓶,室温放置可保存 6 个月。

13.1.3.12 碘化物标准储备溶液[$\rho(I^-)$=100 μg/mL]:准确称取 0.168 6 g 经 105 ℃~110 ℃烘干至恒量的碘酸钾(KIO_3,基准试剂或标准物质),加水溶解置于 1 000 mL 容量瓶中,用水定容至刻度,或使用有证标准物质溶液。储存于具塞严密的棕色瓶中,0 ℃~4 ℃冷藏保存,保存时间为 6 个月。

13.1.3.13 碘化物标准中间溶液Ⅰ[$\rho(I^-)$=2 μg/mL]:吸取 10.00 mL 碘化物标准储备溶液置于 500 mL 容量瓶中,用水定容至刻度。储存于具塞严密的棕色瓶中,0 ℃~4 ℃冷藏保存,保存时间为 1 个月。

13.1.3.14 碘化物标准中间溶液Ⅱ[$\rho(I^-)$=200 μg/L]:临用时吸取 10.00 mL 碘化物标准中间溶液Ⅰ置于 100 mL 容量瓶中,用水定容至刻度。

13.1.3.15 碘化物标准使用系列溶液Ⅰ[$\rho(I^-)$=0 μg/L~200 μg/L]:临用时吸取碘化物标准中间溶液Ⅰ 0 mL、2.00 mL、4.00 mL、6.00 mL、8.00 mL、10.00 mL 分别置于 100 mL 容量瓶中,用水定容至刻度。此标准系列溶液的碘化物质量浓度分别为 0 μg/L、40 μg/L、80 μg/L、120 μg/L、160 μg/L、200 μg/L。

13.1.3.16 碘化物标准使用系列溶液Ⅱ[$\rho(I^-)$=0 μg/L~20 μg/L]:临用时吸取碘化物标准中间溶液Ⅱ 0 mL、2.00 mL、4.00 mL、6.00 mL、8.00 mL、10.00 mL 分别置于 100 mL 容量瓶中,用水定容至刻度。此标准系列溶液的碘化物质量浓度分别为 0 μg/L、4 μg/L、8 μg/L、12 μg/L、16 μg/L、20 μg/L。

13.1.4 仪器设备

13.1.4.1 恒温水浴箱:控温精度±0.2 ℃。

13.1.4.2 分光光度计,1 cm 比色皿。

13.1.4.3 玻璃试管:15 mm×120 mm 或 15 mm×150 mm。

13.1.4.4 秒表。

13.1.5 样品

13.1.5.1 水样的采集和保存

采用聚乙烯或玻璃采样容器采集水样,使水样在瓶中溢流不留气泡。采样体积不小于 50 mL,0 ℃~4 ℃冷藏避光保存,保存时间为 1 个月。

13.1.5.2 水样的处理

浑浊的水样，经滤纸过滤除去其中的悬浮物和沉淀等杂质后检测。

13.1.6 试验步骤

13.1.6.1 低浓度范围(0 μg/L～20 μg/L)的测定

13.1.6.1.1 分别取 2.0 mL 碘化物标准使用系列溶液Ⅱ及水样各置于玻璃试管中，将碘化物标准使用系列管按照碘化物质量浓度由高到低的顺序排列。各管加入 0.5 mL 二氯异氰尿酸钠溶液，混匀，放置 10 min。

13.1.6.1.2 各管加入 2.0 mL 亚砷酸溶液，充分混匀后置于 30 ℃±0.2 ℃恒温水浴中 15 min。

13.1.6.1.3 秒表计时，依顺序每管间隔相同时间(20 s 或 30 s)向各管准确加入 0.20 mL 硫酸铈铵溶液，混匀后立即放回水浴中。

13.1.6.1.4 待第一管(即碘化物标准使用系列溶液Ⅱ中 20 μg/L 管)加入硫酸铈铵溶液后 36 min 时，依顺序每管间隔相同时间(与 13.1.6.1.3 中间隔时间一致)于 380 nm 波长，用 1 cm 比色皿，以纯水为参比，测定各管的吸光度值。样品皿与参比皿盛纯水在测定波长下的吸光度值差不应超过 0.002。

13.1.6.2 高浓度范围(0 μg/L～200 μg/L)的测定

13.1.6.2.1 分别取 0.30 mL 碘化物标准使用系列溶液Ⅰ及水样各置于玻璃试管中，将碘化物标准使用系列管按照碘化物质量浓度由高到低的顺序排列。各管加入 0.2 mL 二氯异氰尿酸钠溶液，混匀，放置 10 min。

13.1.6.2.2 各管加入 3.0 mL 亚砷酸溶液，充分混匀后置于 30 ℃±0.2 ℃恒温水浴中 15 min。

13.1.6.2.3 秒表计时，依顺序每管间隔相同时间(20 s 或 30 s)向各管准确加入 0.40 mL 硫酸铈铵溶液，混匀后立即放回水浴中。

13.1.6.2.4 待第一管(即碘化物标准使用系列溶液Ⅰ中 200 μg/L 管)加入硫酸铈铵溶液 24 min 时，依顺序每管间隔相同时间(与 13.1.6.2.3 中间隔时间一致)于 400 nm 波长，用 1 cm 比色皿，以纯水为参比，测定各管的吸光度值。样品皿与参比皿盛纯水在测定波长下的吸光度值差不应超过 0.002。

13.1.7 试验数据处理

碘化物质量浓度 ρ(μg/L)与吸光度值 A 的对数呈线性关系，见式(27)和式(28)。求出标准曲线的回归方程，将样品管的吸光度值代入式(27)或式(28)，求出所测样品的碘化物(以 I^- 计)质量浓度。标准曲线的相关系数绝对值应≥0.999。

$$\rho = a + b \times \lg A \qquad (27)$$

$$\rho = a + b \times \ln A \qquad (28)$$

式中：

ρ ——碘化物标准使用系列溶液(或样品)的碘化物(以 I^- 计)质量浓度，单位为微克每升(μg/L)；

a ——标准曲线回归方程的截距；

b ——标准曲线回归方程的斜率；

A——碘化物标准使用系列溶液(或样品)的吸光度值。

13.1.8 精密度和准确度

6 个实验室用 0 μg/L～20 μg/L 范围方法测定碘化物质量浓度为 0.4 μg/L～19.6 μg/L 的水样，相对标准偏差为0.4%～9.7%；6个实验室用0 μg/L～20 μg/L范围方法对水源水和生活饮用水作加标回收试验，加标回收率范围为94.0%～102%。

6个实验室用0 μg/L～200 μg/L范围方法测定碘化物质量浓度为2.2 μg/L～185 μg/L的水样，相对标准偏差为0.5%～5.3%；6个实验室用0 μg/L～200 μg/L范围方法对水源水和生活饮用水做加标回收试验，加标回收率范围为93.9%～101%。

13.2 高浓度碘化物比色法

13.2.1 最低检测质量浓度

本方法最低检测质量0.5 μg(以I^-计)，若取10 mL水样测定，则最低检测质量浓度为0.05 mg/L。

大量的氯化物、氟化物、溴化物和硫酸盐不干扰测定。铁离子的干扰可加入磷酸予以消除。

13.2.2 原理

在酸化的水样中加入过量溴水，碘化物被氧化为碘酸盐。用甲酸钠除去过量的溴，剩余的甲酸钠在酸性溶液中加热成为甲酸挥发逸失，冷却后加入碘化钾析出碘。加入淀粉生成蓝紫色复合物，比色定量。

13.2.3 试剂

13.2.3.1 纯水(无碘化物)：将蒸馏水按每升加2 g氢氧化钠后重蒸馏。

13.2.3.2 磷酸(ρ_{20}=1.69 g/mL)。

13.2.3.3 饱和溴水：取约2 mL溴，加入纯水100 mL，摇匀，保存于冰箱中。

13.2.3.4 碘化钾溶液(10 g/L)：现用现配。

13.2.3.5 甲酸钠溶液(200 g/L)。

13.2.3.6 碘化物标准储备溶液[$\rho(I^-)$=100 μg/mL]：称取0.130 8 g经硅胶干燥器干燥24 h的碘化钾(KI)，溶于纯水并定容至1 000 mL，或使用有证标准物质。

13.2.3.7 碘化物标准使用溶液[$\rho(I^-)$=1 μg/mL]：临用时吸取碘化物标准储备溶液[$\rho(I^-)$=100 μg/mL] 5.00 mL，于500 mL容量瓶中用纯水稀释到刻度。

13.2.3.8 淀粉溶液(0.5 g/L)：称取可溶性淀粉0.05 g，加入少量纯水润湿。倒入煮沸的纯水中，并稀释至100 mL。冷却备用。现用现配。

13.2.4 仪器设备

13.2.4.1 分光光度计。

13.2.4.2 具塞比色管：25 mL。

13.2.5 试验步骤

13.2.5.1 吸取10.0 mL水样于25 mL具塞比色管中。

13.2.5.2 取25 mL具塞比色管8支，分别加入碘化物标准使用溶液0 mL、0.5 mL、1.0 mL、2.0 mL、4.0 mL、6.0 mL、8.0 mL和10.0 mL，并用纯水稀释至10 mL刻度。

13.2.5.3 于各管中分别加入磷酸(ρ_{20}=1.69 g/mL)3滴，再滴加饱和溴水至呈淡黄色稳定不变，置于沸水浴中加热2 min至不褪色为止。向各管滴加甲酸钠溶液2滴～3滴，放入原沸水浴中2 min，取出冷却。

13.2.5.4 向各管加碘化钾溶液(10 g/L)1.0 mL，混匀，于暗处放置15 min后，各加淀粉溶液(0.5 g/L)

10 mL。15 min 后加纯水至 25 mL 刻度,混匀,于 570 nm 波长,用 2 cm 比色皿,以纯水为参比,测量吸光度。

13.2.5.5　绘制标准曲线,从曲线上查出碘化物的质量。

13.2.6　试验数据处理

按式(29)计算水样中碘化物(以 I^- 计)的质量浓度:

$$\rho(I^-)=\frac{m}{V} \qquad \cdots\cdots(29)$$

式中:

$\rho(I^-)$——水样中碘化物(以 I^- 计)的质量浓度,单位为毫克每升(mg/L);

m　　——从标准曲线上查得样品中碘化物的质量,单位为微克(μg);

V　　——水样体积,单位为毫升(mL)。

13.2.7　精密度和准确度

7 个实验室以洁净天然水加标[碘化物(以 I^- 计)质量浓度 0.05 mg/L～1.00 mg/L]后测定,相对标准偏差为 0.4%～6.7%。7 个实验室用自来水、深井水、矿泉水、河水、油田地下水等做加标回收试验,50 多个水样的回收率范围在 95.0%～103%,2 个为 90.0%。2 个实验室用本方法与硫酸铈铵催化分光光度法比对,相对误差为 0.07%～4.2%。

13.3　高浓度碘化物容量法

13.3.1　最低检测质量浓度

本方法最低检测质量为 2.5 μg(以 I^- 计),若取 100 mL 水样测定,则最低检测质量浓度为0.025 mg/L。

水样中若存在 Cr^{6+},将干扰测定。

13.3.2　原理

在碱性条件下,高锰酸钾将碘化物氧化成碘酸盐,1 mol IO_3^- 在酸性条件下与加入的过量碘化钾作用,生成 3 molI_2。以 N-氯代十六烷基吡啶为指示剂,用硫代硫酸钠溶液滴定。并计算水中碘化物(以 I^- 计)的浓度。

13.3.3　试剂

13.3.3.1　磷酸(ρ_{20}=1.69 g/mL)。

13.3.3.2　氢氧化钠-溴化钾溶液:称取 1 g 氢氧化钠和 1.5 g 溴化钾,溶于纯水中并稀释至 100 mL。

13.3.3.3　高锰酸钾溶液(3 g/L)。

13.3.3.4　亚硝酸钠溶液(15 g/L)。

13.3.3.5　氨基磺酸铵($NH_4SO_3NH_2$)溶液(25 g/L)。

13.3.3.6　碘化钾-碳酸钠溶液:称取 15 g 碘化钾和 0.1 g 无水碳酸钠,溶于纯水中,并稀释至 100 mL。

13.3.3.7　硫酸亚铁铵溶液(35 g/L):称取 35 g 六水合硫酸亚铁铵[$(NH_4)_2Fe(SO_4)_2\cdot 6H_2O$]溶于硫酸溶液(1+32)中,并稀释至 1 000 mL。

13.3.3.8　氯化镁溶液(100 g/L)。

13.3.3.9　氢氧化钠溶液(200 g/L)。

13.3.3.10 碘化物标准储备溶液[$\rho(I^-)=100\ \mu g/mL$]:见 13.2.3.6。

13.3.3.11 碘化物标准使用溶液[$\rho(I^-)=20\ \mu g/mL$]:临用前将碘化物标准储备溶液稀释而成。

13.3.3.12 硫代硫酸钠标准储备溶液[$c(Na_2S_2O_3)=0.1$ mol/L]:称取 26 g 五水合硫代硫酸钠($Na_2S_2O_3 \cdot 5H_2O$),溶于 1 000 mL 纯水中。缓缓煮沸 10 min,冷却,放置 2 周后过滤备用。

13.3.3.13 硫代硫酸钠标准溶液[$c(Na_2S_2O_3)=0.001$ mol/L]:临用时将硫代硫酸钠标准储备溶液稀释配制,并用下述方法标定。

吸取 2.00 mL 碘化钾标准使用溶液于 250 mL 碘量瓶中,加纯水 100 mL,以下操步骤按 13.3.5 操作,计算 1.00 mL 硫代硫酸钠标准溶液相当于碘化物(I^-)的质量(以 μg 计)。

13.3.3.14 *N*-氯代十六烷基吡啶(CPC,$C_{21}H_{38}ClN \cdot H_2O$)溶液(3.6 g/L):称取 0.36 g CPC 溶于 100 mL 纯水中。

13.3.4 仪器设备

13.3.4.1 微量滴定管:5 mL。

13.3.4.2 锥形瓶:250 mL。

13.3.5 试验步骤

13.3.5.1 吸取 100 mL 水样置于 250 mL 锥形瓶中。加 5 mL 氢氧化钠溶液(200 g/L),2 mL 高锰酸钾溶液(3 g/L),放置 10 min 后加 2 mL 亚硝酸钠溶液(15 g/L)、3 mL 磷酸($\rho_{20}=1.69$ g/mL),摇匀,待红色消失后,再静置 3 min。

13.3.5.2 加入 5 mL 氨基磺酸铵溶液(25 g/L),充分摇匀,静置 5 min。将试样温度降至 17 ℃,加 2.0 mL 碘化钾-碳酸钠溶液,混匀,加 1 mL *N*-氯代十六烷基吡啶(CPC,$C_{21}H_{38}ClN \cdot H_2O$)溶液(3.6 g/L),用硫代硫酸钠标准溶液[$c(Na_2S_2O_3)=0.001$ mol/L]滴定至红色消失为止。根据所消耗硫代硫酸钠标准溶液用量,计算碘化物(I^-)的质量浓度。

注 1:溶液温度高于 20 ℃,CPC 与碘化物显色速度减慢,高于 24 ℃呈黄色。

注 2:滴定速度避免太快,临近终点时的滴定速度以半分钟滴一滴为宜。

注 3:样品中若存在 Cr^{6+} 时,量取水样 250 mL 加 1 mL 硫酸亚铁铵溶液(35 g/L),静置 5 min,加 1 mL 氯化镁溶液(100 g/L),边搅拌边滴加氢氧化钠溶液(200 g/L)1 mL,继续搅拌 1 min,待沉淀迅速下降,取上清液用滤纸过滤。取滤液 100 mL,加 2 mL 高锰酸钾溶液(3 g/L),按 13.3.5 步骤操作。

13.3.6 试验数据处理

按式(30)计算水样中碘化物(以 I^- 计)的质量浓度:

$$\rho(I^-)=\frac{V_1 \times 126.9}{V} \qquad \cdots\cdots(30)$$

式中:

$\rho(I^-)$——水样中碘化物(以 I^- 计)的质量浓度,单位为毫克每升(mg/L);

V_1 ——硫代硫酸钠标准溶液的体积,单位为毫升(mL);

126.9 ——与 1.00 mL 硫代硫酸钠标准溶液[$c(Na_2S_2O_3)=1.000$ mol/L]相当的以微克(μg)表示的碘化物的质量,单位为微克每毫升(μg/mL);

V ——水样体积,单位为毫升(mL)。

13.3.7 精密度和准确度

8 个实验室对碘化物(以 I^- 计)质量浓度为 2.5 μg/L~50 μg/L 的加标水样和水样测定,相对标准偏差为 0.6%～13%，平均为 3.7%；9 个实验室对自来水、泉水、河水、江水、海水和矿泉水做质量浓度为 2.5 μg/L～50 μg/L 碘化物（以 I^- 计）的加标回收试验，回收率为 86%～110%，平均 98.7%；与砷-铈接触法比较，相对误差为 1.5%～7.0%。

13.4 电感耦合等离子体质谱法

13.4.1 最低检测质量浓度

本方法最低检测质量浓度为 0.6 μg/L。

本方法采用优化仪器最佳条件、内标校正等方法校正可能存在的干扰。

13.4.2 原理

样品溶液经过雾化由载气（氩气）送入电感耦合等离子体（ICP）炬焰中，经过蒸发、解离、原子化、电离等过程，转化为带正电荷的正离子，经离子采集系统进入质谱仪，质谱仪根据其质荷比进行分离后由检测器进行检测，离子计数率与样品中碘化物含量（以 I^- 计）成正比，实现样品中碘化物浓度的定量分析。

13.4.3 试剂

除非另有说明，本方法所用试剂均为优级纯，实验用水为 GB/T 6682 规定的一级水。

13.4.3.1 四甲基氢氧化铵溶液{$w[(CH_3)_4NOH]=25\%$}。

13.4.3.2 四甲基氢氧化铵溶液{$w[(CH_3)_4NOH]=0.25\%$}：取 1 mL 四甲基氢氧化铵溶液{$w[(CH_3)_4NOH]=25\%$}，用纯水定容至 100 mL。

13.4.3.3 碘酸钾（KIO_3）：基准试剂或标准物质，纯度≥99.96%。

13.4.3.4 碘化物标准储备溶液[$\rho(I^-)=1\ 000$ mg/L]：将碘酸钾标准物质在 105 ℃下干燥 2 h，冷却后准确称取 0.168 6 g 于 100 mL 容量瓶中，用纯水溶解并定容至 100 mL，或使用有证标准物质溶液。

13.4.3.5 碘化物标准中间溶液[$\rho(I^-)=10.0$ mg/L]：准确移取 1.00 mL 碘化物标准储备溶液于 100 mL 容量瓶中，用四甲基氢氧化铵溶液{$w[(CH_3)_4NOH]=0.25\%$}定容至刻度。

13.4.3.6 碘化物标准使用溶液 A[$\rho(I^-)=1.0$ mg/L]：准确移取 10.0 mL 碘化物标准中间溶液于 100 mL 容量瓶中，用四甲基氢氧化铵溶液{$w[(CH_3)_4NOH]=0.25\%$}定容至刻度。

13.4.3.7 碘化物标准使用溶液 B[$\rho(I^-)=0.1$ mg/L]：准确移取 10.0 mL 碘化物标准使用溶液 A 于 100 mL 容量瓶中，用四甲基氢氧化铵溶液{$w[(CH_3)_4NOH]=0.25\%$}定容至刻度。

13.4.3.8 质谱调谐液：依据仪器操作说明要求，取适量仪器调谐液稀释为相应质量浓度。推荐使用质量浓度均为 1.0 μg/L 的混合调谐溶液锂（Li）、钇（Y）、铈（Ce）、铊（Tl）、钴（Co）。

13.4.3.9 内标溶液：宜使用铑、碲、铼等相关元素为内标。若采用碲元素为内标，使用前用四甲基氢氧化铵溶液{$w[(CH_3)_4NOH]=0.25\%$}稀释为 3.0 mg/L；若采用铑、铼元素为内标，使用前用纯水稀释为 1.0 mg/L。根据不同型号仪器设备，采用适宜的内标浓度。

13.4.4 仪器设备

13.4.4.1 电感耦合等离子体质谱仪。

13.4.4.2 天平：分辨力不低于 0.000 01 g。

13.4.4.3 超纯水制备仪。

13.4.5 试验步骤

13.4.5.1 水样取 10 mL 直接测定。

13.4.5.2 标准系列的配制:准确移取 0.00 mL、0.60 mL、1.00 mL、5.00 mL 和 10.0 mL 碘化物标准使用溶液 B[$\rho(I^-)$=0.1 mg/L]和 5.00 mL、10.0 mL、20.0 mL、30.0 mL 碘化物标准使用溶液 A[$\rho(I^-)$=1.0 mg/L]分别置于 9 个 100 mL 容量瓶中,用四甲基氢氧化铵溶液{$w[(CH_3)_4NOH]$=0.25%}定容至刻度,此标准系列溶液中碘化物的质量浓度为 0.0 μg/L、0.6 μg/L、1.0 μg/L、5.0 μg/L、10.0 μg/L、50.0 μg/L、100.0 μg/L、200.0 μg/L、300.0 μg/L。

13.4.5.3 仪器主要参考条件:射频(RF)功率 1 220 W～1 550 W,载气流速 1.10 L/min,采样深度 7 mm,雾化室温度 2 ℃,采样锥、截取锥类型为镍锥,雾化器为耐高盐或同心雾化器。碘为^{127}I,内标为碲(^{128}Te)、铼(^{185}Re)或铑(^{103}Rh)。

13.4.5.4 测定:开机,当仪器真空度达到要求时,用质谱调谐液调整仪器各项指标使仪器灵敏度、氧化物、双电荷、分辨率等各项指标达到测定要求后,编辑测定方法及选择测定元素,引入在线内标溶液,内标灵敏度等各项指标符合要求后,将试剂空白、标准系列、样品溶液分别引入仪器测定。

注:水样采集后需尽快测定。同时,碘化物标准溶液可采用纯水配制,并选择铑或铼元素为内标,但测定时需要依次采用四甲基氢氧化铵溶液{$w[(CH_3)_4NOH]$=1.5%}或氨水溶液[$\varphi(NH_3 \cdot H_2O)$=5%]及纯水清洗电感耦合等离子体质谱仪进样系统,以消除测定系统碘的记忆效应。

13.4.6 试验数据处理

根据测定结果,绘制标准曲线,计算回归方程 $Y=bX+a$。根据回归方程计算出样品中碘化物的质量浓度(μg/L)。

13.4.7 精密度和准确度

6 个实验室分别测定不同地区自来水、水源水中的碘化物含量,其相对标准偏差均小于 5.0%;不同地区自来水、水源水中不同浓度碘化物的加标回收率均在 85%～117%,测定国家碘缺乏病参照实验室研制的水中碘成分分析标准物质,测定值均在标准值范围之内。

14 高氯酸盐

14.1 离子色谱法—氢氧根系统淋洗液

14.1.1 最低检测质量浓度

本方法最低检测质量为 2.5 ng,进样量为 500 μL 时,最低检测质量浓度为 5 μg/L。

本方法仅用于生活饮用水中高氯酸盐的测定。

14.1.2 原理

水样中的 ClO_4^- 和其他阴离子随氢氧化钾(或氢氧化钠)淋洗液进入阴离子交换分离系统(由保护柱和分析柱组成),以分析柱对各离子的不同亲和力进行分离,已分离的阴离子经阴离子抑制系统转化成具有高电导率的强酸,而淋洗液则转化成低电导率的水,由电导检测器测量各种阴离子组分的电导率,以保留时间定性,峰面积或峰高定量。

14.1.3 试剂

除非另有说明,本方法所用试剂均为分析纯,实验用水为 GB/T 6682 规定的一级水。

14.1.3.1 一水合高氯酸钠($NaClO_4 \cdot H_2O$):纯度>98%;相对分子质量:140.46。

14.1.3.2 高氯酸盐标准储备溶液[$\rho(ClO_4^-)$=1.0 mg/mL]:称取 0.141 2 g 高氯酸钠水合物于 100 mL

容量瓶中，用纯水定容至刻度，摇匀，或使用有证标准物质溶液。

14.1.3.3 高氯酸盐标准使用溶液[$\rho(ClO_4^-)$=10.0 mg/L]：吸取高氯酸盐标准储备溶液 1.00 mL 于 100 mL 容量瓶中，用纯水定容至刻度，摇匀。0 ℃～4 ℃冷藏保存，可保存 30 d。

14.1.3.4 氢氧化钾淋洗液：由淋洗液自动电解发生器在线产生或手工配制氢氧化钾（或氢氧化钠）淋洗液。

14.1.4 仪器设备

14.1.4.1 离子色谱仪：配有电导检测器。

14.1.4.2 阴离子抑制器。

14.1.4.3 离子色谱工作站。

14.1.4.4 进样器：自动进样器，或使用注射器手动进样。

14.1.4.5 微孔过滤膜：水系 0.22 μm 聚醚砜或混合纤维素微孔滤膜过滤器。

14.1.4.6 天平：分辨力不低于 0.000 01 g。

14.1.4.7 超声波清洗仪。

14.1.4.8 移液器：量程为 20 μL～200 μL 和 100 μL～1 000 μL。

14.1.5 样品

14.1.5.1 水样的采集

采样容器可以是螺口高密度聚乙烯瓶或聚丙烯瓶。采样时，为减少储存过程中产生厌氧条件的可能性，不要满瓶采样，容器顶部至少留出三分之一空隙。

14.1.5.2 水样的保存

水样采集后 0 ℃～4 ℃冷藏密封保存，保存时间为 28 d。

14.1.5.3 水样的预处理

将水样经 0.22 μm 针式微孔滤膜过滤。

14.1.6 试验步骤

14.1.6.1 离子色谱仪参考条件

阴离子分析柱：具有烷醇季铵官能团的强亲水性分析柱或相当的分析柱（250 mm×4 mm），填充材料为大孔苯乙烯/二乙烯基苯高聚合物；阴离子保护柱：具有烷醇季铵官能团的强亲水性保护柱或相当的保护柱（50 mm×4 mm），填充材料为大孔苯乙烯/二乙烯基苯高聚合物；阴离子抑制器电流：112 mA；淋洗液：45 mmol/L KOH 溶液；柱温：30 ℃；池温：35 ℃；流速：1.0 mL/min；进样量：500 μL。

14.1.6.2 标准曲线的绘制

分别吸取 10.0 mg/L 高氯酸盐标准使用溶液，用纯水配制成 0.005 mg/L、0.010 mg/L、0.020 mg/L、0.030 mg/L、0.050 mg/L、0.070 mg/L、0.090 mg/L、0.110 mg/L、0.140 mg/L（以 ClO_4^- 计）的标准系列，质量浓度由低到高进样检测，以峰面积-浓度作图，得到标准曲线回归方程。

14.1.6.3 空白样品测定

以实验用水代替样品每批做平行双样测定，其他分析步骤与样品测定完全相同。

14.1.6.4 样品测定

将预处理后的水样直接进样，进样体积为 500 μL，分析时间一般为 20 min，若样品基质复杂，含有强保留物质，可适当延长分析时间。记录保留时间、峰高或峰面积。

14.1.6.5 离子色谱图

高氯酸盐离子色谱图如图 5 所示。

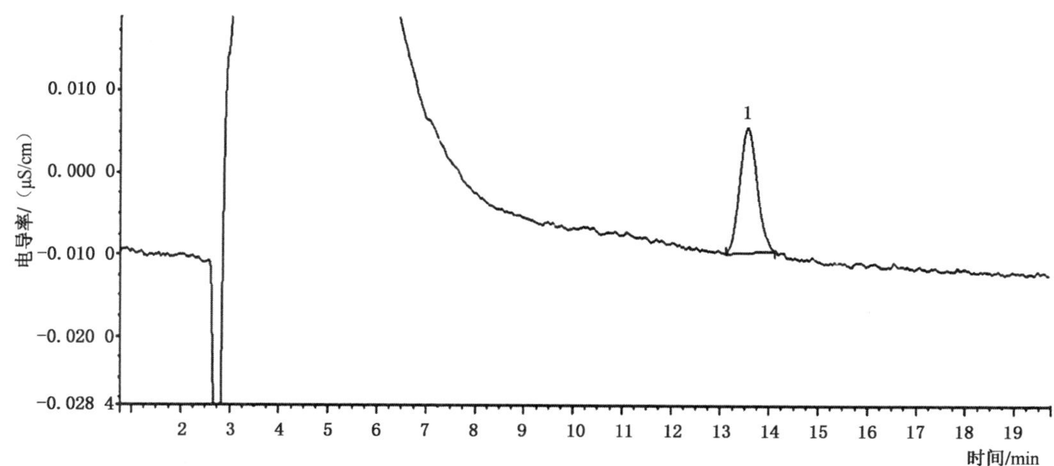

标引序号说明：

1——高氯酸盐，13.6 min。

图 5　高氯酸盐离子色谱图（质量浓度 0.005 mg/L）

14.1.7 试验数据处理

14.1.7.1 定性分析

以高氯酸盐的保留时间定性，且样品保留时间与标准溶液保留时间的偏差在±5%范围内。

14.1.7.2 定量分析

以高氯酸盐的峰高或峰面积定量。高氯酸盐的质量浓度（mg/L）可以直接在标准曲线上查得。若测得的高氯酸盐质量浓度大于方法线性范围上限（0.140 mg/L），需将水样中高氯酸盐质量浓度稀释至线性范围内，重新测定。结果保留三位有效数字。

14.1.8 精密度和准确度

6 个实验室在 0.005 mg/L～0.13 mg/L 浓度范围分别选择低、中、高浓度对生活饮用水进行加标回收试验，每个浓度平行进行 6 次，生活饮用水测定的相对标准偏差为 0.19%～9.3%，加标回收率为 84.0%～118%。

14.2 离子色谱法—碳酸盐系统淋洗液

14.2.1 最低检测质量浓度

本方法最低检测质量为 1.75 ng，若取 250 μL 水样测定，则最低检测质量浓度为 7 μg/L。

本方法仅用于生活饮用水中高氯酸盐的测定。

14.2.2 原理

水样中的高氯酸盐和其他阴离子随碳酸盐系统淋洗液进入阴离子交换分离系统(由保护柱和分析柱组成),根据分析柱对各离子的亲和力不同进行分离,已分离的阴离子流经阴离子抑制系统转化成具有高电导率的强酸,而淋洗液则转化成低电导率的弱酸或水,由电导检测器测量各种阴离子组分的电导率,以保留时间定性,峰面积或峰高定量。

14.2.3 试剂

除非另有说明,本方法所用试剂均为分析纯,实验用水为 GB/T 6682 规定的一级水。

14.2.3.1 无水碳酸钠(Na_2CO_3):优级纯。

14.2.3.2 碳酸氢钠($NaHCO_3$):优级纯。

14.2.3.3 一水合高氯酸钠($NaClO_4 \cdot H_2O$):见 14.1.3.1。

14.2.3.4 浓硫酸(ρ_{20}=1.84 g/mL)。

14.2.3.5 高氯酸盐标准储备溶液[$\rho(ClO_4^-)$=1.0 mg/mL]:见 14.1.3.2。

14.2.3.6 高氯酸盐标准使用溶液[$\rho(ClO_4^-)$=10.0 mg/L]:见 14.1.3.3。

14.2.3.7 淋洗液:碳酸钠[$c(Na_2CO_3)$=4.0 mmol/L]+碳酸氢钠[$c(NaHCO_3)$=1.7 mmol/L]:称取 0.424 0 g 碳酸钠和 0.142 8 g 碳酸氢钠,于同一容量瓶内,用纯水溶解,定容至 1 000 mL。

14.2.3.8 再生液[$c(H_2SO_4)$=100.0 mmol/L]:吸取 5.4 mL 浓硫酸,移入装有 800 mL 纯水的 1 000 mL容量瓶中,用纯水定容至刻度(适用于化学抑制器)。

14.2.4 仪器设备

14.2.4.1 离子色谱仪:配有电导检测器。

14.2.4.2 色谱工作站。

14.2.4.3 进样器:自动进样器,或使用注射器手动进样。

14.2.4.4 微孔滤膜:孔径 0.22 μm,聚醚砜或混合纤维素材质。

14.2.4.5 超声波清洗器。

14.2.4.6 天平:分辨力不低于 0.000 01 g。

14.2.4.7 容量瓶:50 mL、100 mL、1 000 mL。

14.2.4.8 一次性注射器:10 mL 或 20 mL。

14.2.4.9 样品预处理柱:IC-Ba 柱。

14.2.5 样品

14.2.5.1 水样的采集:见 14.1.5.1。

14.2.5.2 水样的保存:见 14.1.5.2。

14.2.5.3 水样的预处理:将水样经 0.22 μm 针式微孔滤膜过滤,若水样中硫酸盐的质量浓度大于 300 mg/L,可先经 IC-Ba 柱过滤,降低水样中硫酸盐的浓度,消除基质干扰后测定。

注:使用新一批次的 IC-Ba 柱前,需对其做溶出和吸附试验,以确保 IC-Ba 柱不会影响高氯酸盐的测定。

14.2.6 试验步骤

14.2.6.1 离子色谱仪参考条件

阴离子保护柱:具有季铵官能团的保护柱或相当的保护柱,填充材料为聚乙烯醇高聚合物;阴离子分析柱:具有季铵官能团的分析柱或相当的分析柱(250 mm×4 mm),填充材料为聚乙烯醇高聚合物;阴离子抑制器:双抑制系统或相当的抑制器;淋洗液:4.0 mmol/L Na_2CO_3 + 1.7 mmol/L $NaHCO_3$ 等度淋洗(淋洗液需用超声清洗器脱气后使用);淋洗液流速 1.0 mL/min;柱温:50 ℃;进样体积:250 μL。

14.2.6.2 标准曲线的绘制

分别吸取 10.0 mg/L 高氯酸盐标准使用溶液,用纯水配制成 0.007 mg/L、0.010 mg/L、0.020 mg/L、0.030 mg/L、0.050 mg/L、0.070 mg/L、0.090 mg/L、0.110 mg/L、0.140 mg/L(以 ClO_4^- 计)的标准系列,质量浓度由低到高进样检测,以峰面积-浓度作图,得到标准曲线回归方程。

14.2.6.3 空白样品测定

以实验用水代替样品每批做平行双样测定,其他分析步骤与样品测定完全相同。

14.2.6.4 样品测定

将预处理后的水样直接进样,进样体积为 250 μL,分析时间一般为 25 min,若样品基质复杂,含有强保留物质,可适当延长分析时间。记录保留时间、峰高或峰面积。

14.2.6.5 离子色谱图

高氯酸盐离子色谱图如图 6 所示。

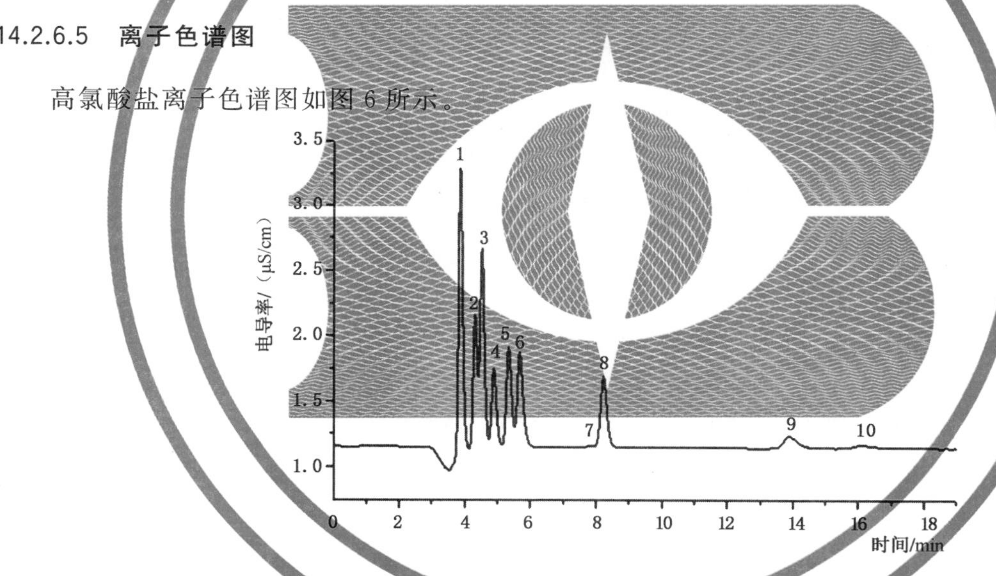

标引序号说明:

1 ——氟化物,3.87 min;

2 ——亚氯酸盐,4.32 min;

3 ——氯化物,4.53 min;

4 ——亚硝酸盐,4.89 min;

5 ——溴化物、氯酸盐,5.34 min;

6 ——硝酸盐,5.86 min;

7 ——磷酸盐,7.79 min;

8 ——硫酸盐,8.23 min;

9 ——高氯酸盐,13.89 min;

10——4-氯苯磺酸,16.12 min。

图 6 高氯酸盐离子色谱图

14.2.7 试验数据处理

按 14.1.7 描述的方法进行。

14.2.8 精密度和准确度

6 个实验室在 0.005 mg/L～0.13 mg/L 浓度范围，选择低、中、高浓度对生活饮用水进行加标回收试验，每个浓度平行进行 6 次，生活饮用水测定的相对标准偏差为 0%～12%，加标回收率为 84.6%～120%。

14.3 超高效液相色谱串联质谱法

14.3.1 最低检测质量浓度

本方法仅用于生活饮用水中高氯酸盐的测定，进样量为 10 μL 时，高氯酸盐（以 ClO_4^- 计）的最低检测质量浓度为 0.002 mg/L。

14.3.2 原理

水样经水相微孔滤膜过滤，直接进样，以超高效液相色谱串联质谱的多反应监测（MRM）模式检测，根据保留时间和特征离子峰定性，采用同位素内标法定量分析。

14.3.3 试剂或材料

除非另有说明，本方法所用试剂均为色谱纯，实验用水为 GB/T 6682 规定的一级水。

14.3.3.1 甲醇。

14.3.3.2 甲酸。

14.3.3.3 高氯酸钠（$NaClO_4$）：纯度＞98%。

14.3.3.4 高氯酸钠内标（$NaCl^{18}O_4$）：纯度＞98%。

14.3.3.5 高氯酸盐标准储备溶液（100 mg/L，以 ClO_4^- 计）：称取高氯酸钠 0.123 1 g（精确至 0.000 1 g）置于 1 000 mL 容量瓶中，用水溶解后定容至刻度，摇匀，0 ℃～4 ℃冷藏避光保存，保存时间为 6 个月。或使用有证标准物质溶液。

14.3.3.6 高氯酸盐（以 ClO_4^- 计）标准使用溶液Ⅰ（1.00 mg/L）：吸取高氯酸盐标准储备溶液 1.00 mL 于 100 mL 容量瓶中，用水稀释至刻度，摇匀，0 ℃～4 ℃冷藏避光保存，保存时间为 1 个月。

14.3.3.7 高氯酸盐（以 ClO_4^- 计）标准使用溶液Ⅱ（0.200 mg/L）：吸取高氯酸盐标准使用溶液Ⅰ 2.00 mL于 10 mL 容量瓶中，用水稀释至刻度，摇匀，现用现配。

14.3.3.8 高氯酸盐内标储备溶液（100 mg/L，以 $Cl^{18}O_4^-$ 计）：称取高氯酸钠内标 12.1 mg（精确至 0.1 mg）置于 100 mL 容量瓶中，用水溶解后定容至刻度，摇匀，0 ℃～4 ℃冷藏避光保存，保存时间为 6 个月。或使用有证标准物质溶液。

14.3.3.9 高氯酸盐内标使用溶液（10.0 mg/L）：吸取高氯酸盐内标储备溶液 1.00 mL，置于 10 mL 容量瓶中，用水稀释至刻度，摇匀，密封，0 ℃～4 ℃冷藏避光保存，保存时间为 1 个月。

14.3.3.10 0.1%甲酸水溶液：吸取 1.00 mL 甲酸于 1 000 mL 容量瓶中，用水定容至刻度，供超高效液相色谱串联质谱检测时使用，现用现配。

14.3.3.11 水相微孔滤膜：孔径 0.22 μm，直径 13 mm。

14.3.3.12 容量瓶：10 mL、100 mL。

14.3.4 仪器设备

14.3.4.1 天平:分辨力不低于 0.000 01 g。

14.3.4.2 超高效液相色谱串联质谱仪:配有电喷雾离子源(ESI)。

14.3.4.3 移液器:10 μL、200 μL、1 mL。

14.3.5 样品

14.3.5.1 水样的采集

按 14.1.5.1 描述的方法进行。

14.3.5.2 水样的保存

按 14.1.5.2 描述的方法进行。

14.3.5.3 水样的处理

水样经 0.22 μm 水相微孔滤膜过滤后,取 1.00 mL 滤液于进样瓶中,加入 5.0 μL 高氯酸盐内标使用溶液,混匀,供超高液相色谱串联质谱仪进样测定。

14.3.6 试验步骤

14.3.6.1 超高效液相色谱串联质谱仪参考条件

14.3.6.1.1 ESI 离子源模式:负离子模式。

14.3.6.1.2 毛细管电压:—4 500 V;脱溶剂温度:550 ℃;雾化气 1:0.345 MPa(50 psi);雾化气 2:0.345 MPa(50 psi);气帘气:0.138 MPa(20 psi)。

14.3.6.1.3 高氯酸盐质谱参考参数见表 3。

表 3 高氯酸盐质谱参考参数

组分	母离子(m/z)	子离子(m/z)	去簇电压/V	碰撞电压/eV
高氯酸盐(ClO_4^-)	98.9[a]	82.9[a]	—52	—31
	100.9	84.9	—48	—34
高氯酸盐内标($Cl^{18}O_4^-$)	106.8[a]	88.9[a]	—48	—34
	108.8	90.9	—45	—37
[a] 定量离子对。				

14.3.6.1.4 色谱柱:C_{12}色谱柱(100 mm×2.0 mm,2.5 μm),或相当性能等效柱。

14.3.6.1.5 流动相:甲醇+0.1%甲酸水溶液=5+95,等度洗脱。

14.3.6.1.6 流速:0.2 mL/min。

14.3.6.1.7 色谱柱温:40 ℃。

14.3.6.1.8 进样体积:10 μL。

14.3.6.1.9 样品室温度:15 ℃。

14.3.6.2 标准系列配制

分别吸取高氯酸盐标准使用溶液Ⅱ 0 mL、0.10 mL、0.25 mL、0.50 mL、1.00 mL,高氯酸盐标准使用溶液Ⅰ0.50 mL、1.00 mL、2.00 mL于10 mL容量瓶中,用水稀释并定容至刻度,配制成质量浓度为0 mg/L、0.002 mg/L、0.005 mg/L、0.010 mg/L、0.020 mg/L、0.050 mg/L、0.100 mg/L、0.200 mg/L的高氯酸盐(以 ClO_4^- 计)标准工作溶液。各取1.00 mL上述标准工作液于进样瓶中,分别加入5.0 μL高氯酸盐内标使用溶液待测。

14.3.6.3 测定

14.3.6.3.1 将标准工作溶液由低浓度至高浓度依次进样检测,高氯酸盐质量浓度(以 ClO_4^- 计,mg/L)为横坐标,以高氯酸盐峰面积与其内标峰面积比值为纵坐标绘制标准曲线,标准曲线回归方程线性相关系数不应小于0.99。

14.3.6.3.2 样品测定:将样品待测液依次进样检测,记录色谱图,根据标准曲线回归方程计算样品溶液中高氯酸盐(以 ClO_4^- 计)的质量浓度。若水样中高氯酸盐(以 ClO_4^- 计)质量浓度大于标准曲线线性范围上限(0.200 mg/L),取适量水样稀释后,按14.3.5.3进行处理,重新测定。

14.3.6.3.3 色谱图:高氯酸盐标准溶液及内标溶液色谱图如图7所示。

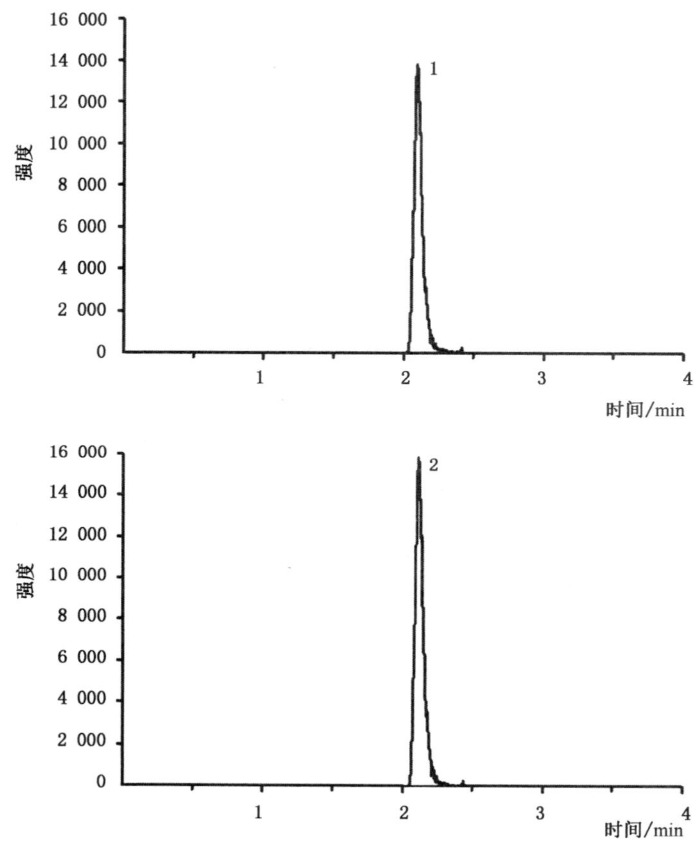

标引序号说明:

1——高氯酸盐(ClO_4^-),2.11 min;

2——高氯酸盐内标($Cl^{18}O_4^-$),2.11 min。

图7 高氯酸盐标准溶液及内标溶液色谱图

14.3.7 试验数据处理

14.3.7.1 定性分析

按本方法对样品进行分析，待测物的保留时间与标准溶液的保留时间在±5%范围内；待测物的定性离子丰度/定量离子丰度的比值与标准溶液中定性离子丰度/定量离子丰度的比值的相对偏差不大于25%。

14.3.7.2 定量分析

结果按式(31)计算：

$$\rho = c \times f \qquad (31)$$

式中：

ρ ——水中高氯酸盐(以 ClO_4^- 计)的质量浓度，单位为毫克每升(mg/L)；

c ——由标准曲线求得试样中高氯酸盐(以 ClO_4^- 计)的质量浓度，单位为毫克每升(mg/L)；

f ——稀释倍数。

计算结果以重复性条件下获得的两次独立测定结果的算术平均值表示，结果保留三位有效数字。

14.3.7.3 质量保证和控制

14.3.7.3.1 出厂水和末梢水中的余氯对待测物无干扰。

14.3.7.3.2 每个样品批次均需要分析方法空白，以确保样品处理过程中不受干扰。

14.3.8 精密度和准确度

5个实验室在0.002 mg/L～0.200 mg/L浓度范围内，选择低、中、高浓度对末梢水进行加标回收试验，每个浓度平行进行6次，相对标准偏差范围为0.98%～6.6%，加标回收率范围为88.0%～108%。

3个实验室在0.002 mg/L～0.200 mg/L浓度范围内，选择低、中、高浓度对纯水进行加标回收试验，每个浓度平行进行6次，相对标准偏差为1.2%～8.8%，加标回收率范围为74.0%～114%。

ICS 13.060
CCS C 51

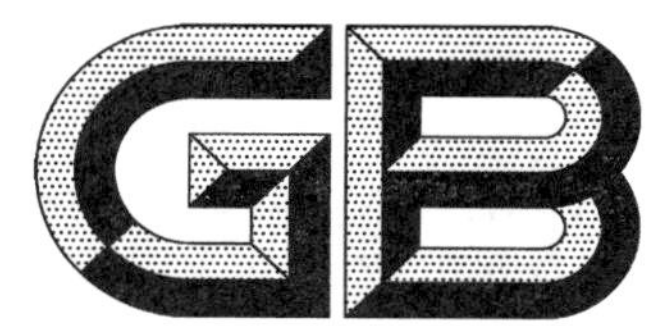

中华人民共和国国家标准

GB/T 5750.6—2023
代替 GB/T 5750.6—2006

生活饮用水标准检验方法 第6部分:金属和类金属指标

Standard examination methods for drinking water—
Part 6:Metal and metalloid indices

2023-03-17 发布　　2023-10-01 实施

国家市场监督管理总局
国家标准化管理委员会　发布

目　　次

前　　言

本文件按照 GB/T 1.1—2020《标准化工作导则　第 1 部分：标准化文件的结构和起草规则》的规定起草。

本文件是 GB/T 5750《生活饮用水标准检验方法》的第 6 部分。GB/T 5750 已经发布了以下部分：

——第 1 部分：总则；

——第 2 部分：水样的采集与保存；

——第 3 部分：水质分析质量控制；

——第 4 部分：感官性状和物理指标；

——第 5 部分：无机非金属指标；

——第 6 部分：金属和类金属指标；

——第 7 部分：有机物综合指标；

——第 8 部分：有机物指标；

——第 9 部分：农药指标；

——第 10 部分：消毒副产物指标；

——第 11 部分：消毒剂指标；

——第 12 部分：微生物指标；

——第 13 部分：放射性指标。

本文件代替 GB/T 5750.6—2006《生活饮用水标准检验方法　金属指标》，与 GB/T 5750.6—2006 相比，除结构调整和编辑性改动外，主要技术变化如下：

a）增加了"术语和定义"(见第 3 章)；

b）增加了 10 个检验方法(见 9.5、9.6、10.5、13.2、28.1、28.2、28.3、29.1、30.1、30.2)；

c）更改了 1 个检验方法(见 4.5，2006 年版的 1.5)；

d）删除了 13 个检验方法(见 2006 年版的 4.2.2、4.2.3、4.2.4、5.2、5.4、6.4、7.4、7.5、9.3、11.3、11.4、17.1、20.3)。

请注意本文件的某些内容可能涉及专利。本文件的发布机构不承担识别专利的责任。

本文件由中华人民共和国国家卫生健康委员会提出并归口。

本文件起草单位：中国疾病预防控制中心环境与健康相关产品安全所、北京市疾病预防控制中心、山东省城市供排水水质监测中心、成都市疾病预防控制中心、湖南省疾病预防控制中心、江苏省疾病预防控制中心、中国科学院生态环境研究中心、南京大学。

本文件主要起草人：施小明、姚孝元、张岚、韩嘉艺、钱乐、金宁、岳银玲、赵灿、刘丽萍、贾瑞宝、张钦龙、冯家力、刘德晔、李红岩、陈绍占、辛晓东、李常雄、陈东洋、李浩然、王联红、李洁、刘华良、史孝霞。

本文件及其所代替文件的历次版本发布情况为：

——1985 年首次发布为 GB/T 5750—1985，2006 年第一次修订为 GB/T 5750.6—2006；

——本次为第二次修订。

引　言

GB/T 5750《生活饮用水标准检验方法》作为生活饮用水检验技术的推荐性国家标准，与GB 5749《生活饮用水卫生标准》配套，是GB 5749的重要技术支撑，为贯彻实施GB 5749、开展生活饮用水卫生安全性评价提供检验方法。

GB/T 5750由13个部分构成。

——第1部分：总则。目的在于提供水质检验的基本原则和要求。

——第2部分：水样的采集与保存。目的在于提供水样采集、保存、管理、运输和采样质量控制的基本原则、措施和要求。

——第3部分：水质分析质量控制。目的在于提供水质检验检测实验室质量控制要求与方法。

——第4部分：感官性状和物理指标。目的在于提供感官性状和物理指标的相应检验方法。

——第5部分：无机非金属指标。目的在于提供无机非金属指标的相应检验方法。

——第6部分：金属和类金属指标。目的在于提供金属和类金属指标的相应检验方法。

——第7部分：有机物综合指标。目的在于提供有机物综合指标的相应检验方法。

——第8部分：有机物指标。目的在于提供有机物指标的相应检验方法。

——第9部分：农药指标。目的在于提供农药指标的相应检验方法。

——第10部分：消毒副产物指标。目的在于提供消毒副产物指标的相应检验方法。

——第11部分：消毒剂指标。目的在于提供消毒剂指标的相应检验方法。

——第12部分：微生物指标。目的在于提供微生物指标的相应检验方法。

——第13部分：放射性指标。目的在于提供放射性指标的相应检验方法。

生活饮用水标准检验方法 第6部分:金属和类金属指标

1 范围

本文件描述了生活饮用水中铝、铁、锰、铜、锌、砷、硒、汞、镉、铬(六价)、铅、银、钼、钴、镍、钡、钛、钒、锑、铍、铊、钠、锡、四乙基铅、氯化乙基汞、硼、石棉的测定方法及水源水中铝、铁、锰、铜、锌、砷、硒、汞、镉、铬(六价)、铅、银、钼、钴、镍、钡、钛、钒、锑、铍、铊、钠、锡、四乙基铅、氯化乙基汞(吹扫捕集气相色谱-原子荧光法)、硼、石棉的测定方法。

本文件适用于生活饮用水和水源水中金属和类金属指标的测定。

2 规范性引用文件

下列文件中的内容通过文中的规范性引用而构成本文件必不可少的条款。其中,注日期的引用文件,仅该日期对应的版本适用于本文件;不注日期的引用文件,其最新版本(包括所有的修改单)适用于本文件。

GB/T 5750.1 生活饮用水标准检验方法 第1部分:总则

GB/T 5750.3—2023 生活饮用水标准检验方法 第3部分:水质分析质量控制

GB/T 5750.5—2023 生活饮用水标准检验方法 第5部分:无机非金属指标

GB/T 6682 分析实验室用水规格和试验方法

3 术语和定义

GB/T 5750.1、GB/T 5750.3—2023 界定的术语和定义适用于本文件。

4 铝

4.1 铬天青S分光光度法

4.1.1 最低检测质量浓度

本方法的最低检测质量为0.20 μg,若取25 mL水样,则最低检测质量浓度为0.008 mg/L。

水中铜、锰及铁干扰测定。1 mL抗坏血酸(100 g/L)可消除25 μg铜、30 μg锰的干扰。2 mL巯基乙酸(10 g/L)可消除25 μg铁的干扰。

4.1.2 原理

在pH 6.7～pH 7.0范围内,铝在聚乙二醇辛基苯醚(OP)和溴代十六烷基吡啶(CPB)的存在下与铬天青S反应生成蓝绿色的四元胶束,使用比色法定量。

4.1.3 试剂

4.1.3.1 铬天青S溶液(1 g/L):称取0.1 g铬天青S($C_{23}H_{13}O_9SCl_2Na_3$)溶于100 mL乙醇溶液(1+1)

中,混匀。

4.1.3.2 乳化剂OP溶液(3+100):吸取3.0 mL乳化剂OP($C_{18}H_{30}O_3$)溶于100 mL纯水中。

4.1.3.3 溴代十六烷基吡啶(CPB)溶液(3 g/L):称取0.6 g CPB($C_{21}H_{36}BrN$)溶于30 mL乙醇[$\varphi(C_2H_5OH)=95\%$]中,加水稀释至200 mL。

4.1.3.4 乙二胺-盐酸缓冲溶液(pH 6.7～pH 7.0):取无水乙二胺($C_2H_8N_2$)100 mL,加纯水200 mL,冷却后缓缓加入190 mL盐酸($\rho_{20}=1.19$ g/mL),混匀,若pH大于7或小于6时可分别添加盐酸或乙二胺溶液(1+2),并使用酸度计指示进行调节。

4.1.3.5 氨水(1+6)。

4.1.3.6 硝酸溶液[$c(HNO_3)=0.5$ mol/L]。

4.1.3.7 铝标准储备溶液[$\rho(Al)=1$ mg/mL]:称取8.792 g十二水合硫酸铝钾[$KAl(SO_4)_2\cdot 12H_2O$]溶于纯水中,定容至500 mL;或称取0.500 g纯金属铝片,溶于10 mL盐酸($\rho_{20}=1.19$ g/mL)中,于500 mL容量瓶中加纯水定容。储存于聚四氟乙烯或聚乙烯瓶中。或使用有证标准物质。

4.1.3.8 铝标准使用溶液[$\rho(Al)=1$ μg/mL]:用铝标准储备溶液稀释而成,现用现配。

4.1.3.9 对硝基酚乙醇溶液(1.0 g/L):称取0.1 g对硝基酚,溶于100 mL乙醇[$\varphi(C_2H_5OH)=95\%$]中。

4.1.4 仪器设备

4.1.4.1 具塞比色管:50 mL,使用前需经硝酸(1+9)浸泡除铝。

4.1.4.2 酸度计。

4.1.4.3 分光光度计。

4.1.5 试验步骤

4.1.5.1 取水样25.0 mL于50 mL具塞比色管中。

4.1.5.2 另取50 mL比色管8支,分别加入铝标准使用溶液0 mL、0.20 mL、0.50 mL、1.00 mL、2.00 mL、3.00 mL、4.00 mL和5.00 mL,加纯水至25 mL。

4.1.5.3 向各管滴加1滴对硝基酚乙醇溶液,混匀,滴加氨水(1+6)至浅黄色,加硝酸溶液至黄色消失,再多加2滴。

4.1.5.4 向各管加3.0 mL铬天青S溶液,混匀后加1.0 mL乳化剂OP溶液、2.0 mL CPB溶液、3.0 mL乙二胺-盐酸缓冲溶液,加纯水稀释至50 mL,混匀,放置30 min。

4.1.5.5 于620 nm波长处,用2 cm比色皿以试剂空白为参比,测量吸光度。

4.1.5.6 绘制标准曲线,从曲线上查出水样管中铝的质量。

注:水中含有铜或锰时,加1 mL抗坏血酸溶液(100 g/L),可消除25 μg铜、30 μg锰的干扰。水中含铁时,加2 mL巯基乙酸溶液(10 g/L),可消除25 μg铁的干扰。

4.1.6 试验数据处理

按式(1)计算水样中铝的质量浓度:

$$\rho(Al)=\frac{m}{V} \qquad (1)$$

式中:

$\rho(Al)$——水样中铝的质量浓度,单位为毫克每升(mg/L);

m ——从标准曲线查得水样管中铝的质量,单位为微克(μg);

V ——水样体积,单位为毫升(mL)。

4.1.7 精密度和准确度

5 个实验室对质量浓度为 20 μg/L 和 160 μg/L 的水样进行测定，相对标准偏差均小于 5%，回收率为 94%～106%。

4.2 水杨基荧光酮-氯代十六烷基吡啶分光光度法

4.2.1 最低检测质量浓度

本方法最低检测质量为 0.2 μg，若取 10 mL 水样测定，则最低检测质量浓度为 0.02 mg/L。

生活饮用水中常见的离子在以下质量浓度不干扰测定：K^+，20 mg/L；Na^+，500 mg/L；Pb^{2+}，1 mg/L；Zn^{2+}，1 mg/L；Cd^{2+}，0.5 mg/L；Cu^{2+}，1 mg/L；Mn^{2+}，1 mg/L；Li^+，2 mg/L；Sr^{2+}，5 mg/L；Cr^{6+}，0.04 mg/L；SO_4^{2-}，250 mg/L；Cl^-，300 mg/L；NO_3^--N，50 mg/L；NO_2^--N，1 mg/L；在乙二醇双(氨乙基醚)四乙酸(EGTA)存在下 Ca^{2+}，200 mg/L；Mg^{2+}，100 mg/L 不干扰测定；在二氮杂菲存在下 Fe^{2+}，0.3 mg/L 不干扰测定；磷酸氢二钾可隐蔽 0.4 mg/L Ti^{4+} 的干扰；Mo^{6+}，0.1 mg/L 以上严重干扰。除余氯的 $Na_2S_2O_3$(7 mg/L～21 mg/L)，二氮杂菲(0.1 g/L～0.4 g/L)，EGTA(0.2 g/L)不干扰测定。

4.2.2 原理

水中铝离子与水杨基荧光酮及阳离子表面活性剂氯代十六烷基吡啶在 pH 5.2～pH 6.8 范围内形成玫瑰红色三元配合物，可比色定量。

4.2.3 试剂

4.2.3.1 水杨基荧光酮溶液(0.2 g/L)：称取水杨基荧光酮(2,3,7-三羟基-9-水杨基荧光酮-6，$C_{19}H_{12}O_6$) 0.020 g，加入 25 mL 乙醇[$\varphi(C_2H_5OH)=95\%$]及 1.6 mL 盐酸($\rho_{20}=1.19$ g/mL)，搅拌至溶解后加纯水至 100 mL。

4.2.3.2 氟化钠溶液(0.22 g/L)：称取 0.22 g 氟化钠(NaF)溶于 1 L 纯水中。此液 1.00 mL 含 0.10 mg F^-。

4.2.3.3 乙二醇双(氨乙基醚)四乙酸($C_{14}H_{24}N_2O_{10}$，EGTA)溶液(1 g/L)：称取 0.1 g EGTA，加纯水约 80 mL，加热并不断搅拌至溶解，冷却后加纯水至 100 mL。

4.2.3.4 二氮杂菲溶液(2.5 g/L)：称取 0.25 g 二氮杂菲($C_{12}H_8N_2$)加纯水 90 mL，加热并不断搅拌至溶解，冷却后加纯水至 100 mL。

4.2.3.5 除干扰混合液：临用前将 EGTA 溶液、二氮杂菲溶液及氟化钠溶液以 4+2+1 体积比配制。

4.2.3.6 缓冲溶液：称取六亚甲基四胺($C_6H_{12}N_4$)16.4 g，用纯水溶解后加入 20 mL 三乙醇胺[$N(CH_2CH_2OH)_3$]、80 mL 盐酸溶液(2 mol/L)，加纯水至 500 mL。此液用盐酸溶液(2 mol/L)及六亚甲基四胺调 pH 至 6.2～6.3。

4.2.3.7 氯代十六烷基吡啶(CPC)溶液(10 g/L)：称取 1.0 g 氯代十六烷基吡啶，加入少量纯水搅拌成糊状，加纯水至 100 mL，轻轻搅拌并放置至全部溶解。此液在室温低于 20 ℃时可析出固形物，浸于热水中即可溶解，仍可继续使用。

4.2.3.8 铝标准使用溶液[$\rho(Al)=1$ μg/mL]：见 4.1.3.8。

4.2.4 仪器设备

4.2.4.1 分光光度计。

4.2.4.2 具塞比色管:25 mL,使用前需经硝酸(1+9)浸泡除铝。

4.2.5 试验步骤

4.2.5.1 取 10.0 mL 水样于 25 mL 比色管中。

4.2.5.2 另取 0 mL、0.20 mL、0.50 mL、1.00 mL、2.00 mL 和 3.00 mL 铝标准使用溶液于 25 mL 比色管中并用纯水加至 10.0 mL。

4.2.5.3 于水样及标准系列中加入 3.5 mL 除干扰混合液,摇匀。加缓冲溶液 5.0 mL、CPC 溶液 1.0 mL,盖上比色管塞,上下轻轻颠倒数次(尽可能少产生泡沫,以免影响定容),再加水杨基荧光酮溶液 1.0 mL,加纯水至 25 mL,摇匀。

4.2.5.4 20 min 后,于 560 nm 处,用 1 cm 比色皿,以试剂空白为参比,测量吸光度。

4.2.5.5 绘制标准曲线并从曲线上查出水样中铝的质量。

4.2.6 试验数据处理

按式(2)计算水样中铝的质量浓度:

$$\rho(\mathrm{Al})=\frac{m}{V} \qquad \cdots\cdots(2)$$

式中:

$\rho(\mathrm{Al})$ ——水样中铝的质量浓度,单位为毫克每升(mg/L);

m ——从标准曲线查得水样管中铝的质量,单位为微克(μg);

V ——水样体积,单位为毫升(mL)。

4.2.7 精密度和准确度

5 个实验室分别测定 0.02 mg/L 及 0.30 mg/L 铝各 7 次,相对标准偏差分别为 3.4%~13% 及 1.5%~5.2%。采用地下水及地表水进行加标回收试验,铝质量浓度为 0.02 mg/L 时($n=37$),回收率范围为 88%~120%,平均回收率分别为 94%~102%;当铝质量浓度为 0.30 mg/L 时($n=37$),回收率范围为 87%~107%,平均回收率为 94%~101%。

4.3 无火焰原子吸收分光光度法

4.3.1 最低检测质量浓度

本方法最低检测质量为 0.2 ng,若取 20 μL 水样测定,则最低检测质量浓度为 10 μg/L。

水中共存离子一般不产生干扰。

4.3.2 原理

样品经适当处理后,注入石墨炉原子化器,铝离子在石墨管内高温原子化。铝的基态原子吸收来自铝空心阴极灯发射的共振线,其吸收强度在一定范围内与铝浓度成正比。

4.3.3 试剂

4.3.3.1 铝标准储备溶液[$\rho(\mathrm{Al})=1$ mg/mL]:见 4.1.3.7。

4.3.3.2 铝标准使用溶液[$\rho(\mathrm{Al})=1$ μg/mL]:见 4.1.3.8。

4.3.3.3 硝酸镁溶液(50 g/L):称取 5 g 硝酸镁[$Mg(NO_3)_2$](优级纯),加水溶解并定容至 100 mL。

4.3.3.4 过氧化氢溶液[$w(H_2O_2)=30\%$],优级纯。

4.3.3.5 氢氟酸($\rho_{20}=1.188$ g/mL)。

4.3.3.6 氢氟酸溶液(1+1)。

4.3.3.7 硝酸溶液(1+99)。

4.3.3.8 二水合草酸($H_2C_2O_4 \cdot 2H_2O$)。

4.3.3.9 钼溶液(60 g/L):称取 3 g 金属钼(99.99%),放入聚四氟乙烯塑料杯中,加入 10 mL 氢氟酸溶液、3 g 草酸和 0.75 mL 过氧化氢溶液,在沙浴上小心加热至金属溶解,若反应太慢,可适量加入过氧化氢溶液,待溶解后加入 4 g 草酸和约 30 mL 水,并稀释到 50 mL。保存于塑料瓶中。

4.3.4 仪器设备

4.3.4.1 石墨炉原子吸收分光光度计。

4.3.4.2 铝空心阴极灯。

4.3.4.3 氩气钢瓶。

4.3.4.4 微量加样器:20 μL。

4.3.4.5 聚乙烯瓶:100 mL。

4.3.4.6 涂钼石墨管的制备:将普通石墨管先用无水乙醇漂洗管的内、外面,取出在室温干燥后,将石墨管垂直浸入装有钼溶液的聚四氟乙烯杯中,然后将杯移入电热真空减压干燥箱中,50 ℃~60 ℃,减压 53 328.3 Pa~79 993.2 Pa 90 min,取出石墨管常温风干,放入 105 ℃烘箱中干燥 1 h。在通氩气 300 mL/min保护下按下述温度程序处理:干燥 80 ℃~100 ℃ 30 s,100 ℃~110 ℃ 30 s,灰化 900 ℃ 60 s,原子化 2 700 ℃ 10 s。重复上述温度程序两次,即可得涂钼石墨管,在干燥器内保存。

4.3.5 仪器参考条件

仪器参考条件见表 1。

表 1 测定铝的仪器参考条件

元素	波长/nm	干燥温度/℃	干燥时间/s	灰化温度/℃	灰化时间/s	原子化温度/℃	原子化时间/s
Al	309.3	120	30	1 400	30	2 400	5

4.3.6 试验步骤

4.3.6.1 吸取铝标准使用溶液 0 mL、1.00 mL、2.00 mL、3.00 mL、4.00 mL 和 5.00 mL 于 6 个100 mL 容量瓶内,分别加入硝酸镁溶液 1.0 mL,用硝酸溶液(1+99)定容至刻度,摇匀,分别配制成含铝 0 ng/mL、10 ng/mL、20 ng/mL、30 ng/mL、40 ng/mL 和 50 ng/mL 的标准系列。

4.3.6.2 吸取 10.0 mL 水样,加入硝酸镁溶液 0.1 mL,同时取 10 mL 硝酸溶液(1+99),加入硝酸镁溶液 0.1 mL,作为空白。

4.3.6.3 仪器参数设定后依次吸取 20 μL 试剂空白、标准系列和样品,注入石墨管,记录吸收峰值或峰面积,测定标准系列,绘制标准曲线,计算回归方程,根据方程计算含量。

4.3.7 试验数据处理

按式(3)计算水样中铝的质量浓度:

$$\rho(\mathrm{Al})=\frac{\rho_1 \times V_1}{V} \qquad \cdots\cdots(3)$$

式中:

$\rho(\mathrm{Al})$ ——水样中铝的质量浓度,单位为微克每升(μg/L);

ρ_1 ——从标准曲线上查得试样中铝的质量浓度,单位为微克每升(μg/L);

V_1 ——水样稀释后的体积,单位为毫升(mL);

V ——测定样品体积,单位为毫升(mL)。

4.4 电感耦合等离子体发射光谱法

4.4.1 最低检测质量浓度

本方法对生活饮用水及其水源水中的铝、锑、砷、钡、铍、硼、镉、钙、铬、钴、铜、铁、铅、锂、镁、锰、钼、镍、钾、硒、硅、银、钠、锶、铊、钒和锌的最低检测质量浓度、所用测量波长列于表2中。

表2 推荐的波长、最低检测质量浓度

元素	波长/nm	最低检测质量浓度/(μg/L)	元素	波长/nm	最低检测质量浓度/(μg/L)
铝	308.22	40	镁	279.08	13
锑	206.83	30	锰	257.61	0.5
砷	193.70	35	钼	202.03	8
钡	455.40	1	镍	231.60	6
铍	313.04	0.2	钾	766.49	20
硼	249.77	11	硒	196.03	50
镉	226.50	4	硅(SiO_2)	212.41	20
钙	317.93	11	银	328.07	13
铬	267.72	19	钠	589.00	5
钴	228.62	2.5	锶	407.77	0.5
铜	324.75	9	铊	190.86	40
铁	259.94	4.5	钒	292.40	5
铅	220.35	20	锌	213.86	1
锂	670.78	1			

4.4.2 原理

水样经过滤或消解后注入电感耦合等离子体发射光谱仪,目标元素在等离子体火炬中被气化、电离、激发并辐射出特征谱线。在一定浓度范围内,其特征谱线的强度与元素的浓度成正比。

4.4.3 试剂

4.4.3.1 纯水:均为去离子蒸馏水。

4.4.3.2 硝酸(ρ_{20}=1.42 g/mL)。

4.4.3.3 硝酸溶液(2+98)。

4.4.3.4 各种金属离子标准储备溶液:选用相应浓度的持证混合标准溶液、单标溶液,并稀释到所需浓度。

4.4.3.5 混合校准标准溶液:配制混合校准标准溶液,其质量浓度为10 mg/L。

4.4.3.6 氩气:高纯氩气。

4.4.4 仪器设备

4.4.4.1 电感耦合等离子体发射光谱仪。
4.4.4.2 超纯水制备仪。

4.4.5 试验步骤

4.4.5.1 仪器操作条件:根据所使用的仪器的制造厂家的说明,使仪器达到最佳工作状态。
4.4.5.2 标准系列的制备:吸取标准使用溶液,用硝酸溶液(2+98)配制铝、锑、砷、钡、铍、硼、镉、钙、铬、钴、铜、铁、铅、锂、镁、锰、钼、镍、钾、硒、硅、银、钠、锶、铊、钒和锌混合标准 0 mg/L、0.1 mg/L、0.5 mg/L、1.0 mg/L、1.5 mg/L、2.0 mg/L、5.0 mg/L。
4.4.5.3 标准系列的测定:仪器达到最佳状态后,编制测定方法,测定标准系列,绘制标准曲线,计算回归方程。
4.4.5.4 样品的测定:取适量样品用硝酸溶液(2+98)进行酸化,然后直接进样。

4.4.6 试验数据处理

根据样品信号计数,从标准曲线或回归方程中查得样品中各元素质量浓度(mg/L)。

4.4.7 干扰

4.4.7.1 光谱干扰

来自谱源的光发射产生的干扰要比关注的元素对净信号强度的贡献大。光谱干扰包括谱线直接重叠、强谱线的拓宽、复合原子-离子的连续发射、分子带发射、高浓度时元素发射产生的光散射。要避免谱线重叠可以选择适宜的分析波长。避免或减少其他光谱干扰,可用正确的背景校正。元素线区域波长扫描对于可能存在的光谱干扰和背景校正位置的选择都是有用的。要校正残存的光谱干扰可用经验决定校正系数和光谱制造厂家提供的计算机软件共同作用或用下面详述的方法。如果分析线不能准确分开,则经验校正方法不能用于扫描光谱仪系统。此外,如果使用复色器,因为检测器中没有通道设置,所以可以证明样品中某一元素光谱干扰的存在。要做到这一点,可分析质量浓度为 100 mg/L 的单一元素溶液,注意每个元素通道,干扰物质的质量浓度是否明显大于元素的仪器最低检测质量浓度。

4.4.7.2 非光谱干扰

4.4.7.2.1 物理干扰是指与样品雾化和迁移有关的影响。样品物理性质方面的变化,如黏度、表面张力,可引起较大的误差,这种情况一般发生在样品中酸含量为 10%(体积分数)或所用的标准校准溶液酸含量小于或等于 5%(体积分数),或溶解性固体大于 1 500 mg/L。无论何时遇到一个新的或不常见的样品基体,要用 4.4.5 步骤检测。物理干扰的存在一般通过稀释样品,使用基体匹配的标准校准溶液或标准加入法进行补偿。

溶解性固体含量高,则盐在雾化器气孔尖端上沉积,导致仪器基线漂移。可用潮湿的氩气使样品雾化,减少这一问题。使用质量流速控制器可以更好地控制氩气到雾化器的流速,提高仪器性能。
4.4.7.2.2 化学干扰是由分子化合物的形成,离子化效应和热化学效应引起的,它们与样品在等离子体中蒸发、原子化等有关。一般而言,这些影响是不显著的,可通过选择操作条件(入射功率、等离子体观察位置)来减小影响。化学干扰很大程度上依赖于样品基体和关注的元素,与物理干扰相似,可用基体匹配的标准或标准加入法予以补偿。

4.4.7.3 校正

4.4.7.3.1 空白校正:从每个样品值中减去与之有关部分的校准空白值,以校正基线漂移(所指的浓度值应包括正值和负值，以补偿正面和负面的基线漂移，确定用于空白校对的校正空白液未被记忆效应污染)。用方法空白分析的结果校正试剂污染，向适当的样品中分散方法空白，一次性减去试剂空白和基线漂移校正值。

4.4.7.3.2　稀释校正：如果样品在制备过程中被稀释或浓缩，按式(4)将结果乘以稀释系数(DF)：

$$DF=\frac{\text{最后的质量或体积}}{\text{开始的质量或体积}} \qquad \cdots\cdots(4)$$

4.4.7.3.3　光谱干扰校正：用厂家提供的计算机软件校正光谱干扰或者用一种基于校正干扰系数的方法来校正光谱干扰。在同样品相近的条件下对浓度适当的单一元素储备溶液进行分析来测定干扰校正系数。除非每天的分析条件都相同或长期一致。每次测定样品时，其结果产生影响的干扰校正系数也要进行测定。从高纯的储备溶液计算干扰校正系数(K_{ij})，见式(5)：

$$K_{ij}=\frac{\text{元素 } i \text{ 的表观浓度}}{\text{干扰元素 } j \text{ 的实际浓度}} \qquad \cdots\cdots(5)$$

元素 i 的浓度在储备溶液中和在空白中不同。对元素 i 和元素 j、k、l 的光谱干扰校正样品的浓度可用下式计算(已经对基线漂移进行校正)。

例如：元素 i 光谱干扰校正浓度＝i 浓度－(K_{ij})(干扰元素 j 浓度)－(K_{ij})(干扰元素 k 浓度)－(K_{ij})(干扰元素 l 浓度)。

如果背景校正用于元素 i 则干扰校正系数可能为负值。干扰线在波长背景中要比在波长峰顶上 K_{ij} 为负的概率大。在元素 j、k、l 的线性范围内测定其浓度值。对于计算相互干扰(i 干扰 j 和 j 干扰)需要迭代法或矩阵法。

4.4.7.3.4　非光谱干扰校正：如果非光谱干扰校正是必要的，可以采用标准加入法。元素在加入标准中和在样品中的物理和化学形式是一样的。或者电感耦合等离子体(ICP)将金属在样品和加标中的形式统一，干扰作用不受加标金属浓度的影响，加标浓度在样品中元素浓度的50%～100%之间，以便不会降低测量精度，多元素影响的干扰也不会带来错误的结果。仔细选择离线点后，用背景校正将该方法用于样品系列中所有的元素。如果加入元素不会引起干扰则可以考虑多元素标准加入法。

4.5　电感耦合等离子体质谱法

4.5.1　最低检测质量浓度

本方法各元素最低检测质量浓度分别为：银，0.09 μg/L；铝，1.2 μg/L；砷，0.09 μg/L；硼，1.0 μg/L；钡，0.3 μg/L；铍，0.03 μg/L；钙，20.0 μg/L；镉，0.06 μg/L；钴，0.03 μg/L；铬，0.1 μg/L；铜，0.09 μg/L；铁，0.9 μg/L；钾，3.0 μg/L；锂，0.6 μg/L；镁，0.9 μg/L；锰，0.06 μg/L；钼，0.06 μg/L；钠，20.0 μg/L；镍，0.1 μg/L；铅，0.07 μg/L；锑，0.07 μg/L；硒，0.1 μg/L；锶，0.09 μg/L；锡，0.09 μg/L；钍，0.06 μg/L；铊，0.01 μg/L；钛，0.4 μg/L；铀，0.04 μg/L；钒，0.07 μg/L；锌，0.9 μg/L；汞，0.07 μg/L。

4.5.2　原理

样品溶液经过雾化由载气送入ICP炬焰中，经过蒸发、解离、原子化、电离等过程，转化为带正电荷的离子，经过离子采集系统进入质谱仪，质谱仪根据质荷比进行分离。对于一定的质荷比，质谱的信号强度与进入质谱仪中的离子数成正比，即在一定的浓度范围内，样品中待测元素浓度与各元素产生的质谱信号强度成正比。通过测量质谱的信号强度来测定样品溶液中各元素的浓度。

4.5.3　试剂

除非另有说明，本方法所用试剂均为优级纯，实验用水为GB/T 6682规定的一级水。

4.5.3.1　硝酸(ρ_{20}＝1.42 g/mL)。

4.5.3.2　硝酸(1＋99)溶液：取1 mL硝酸(ρ_{20}＝1.42 g/mL)，用水稀释至100 mL。

4.5.3.3 各种元素标准储备溶液(1 000 mg/L 或 100 mg/L):钾、钠、钙、镁、锂、锶、银、铝、砷、硼、钡、铍、镉、钴、铬、铜、铁、锰、钼、镍、铅、锑、硒、锡、钍、铊、钛、铀、钒、锌,采用经国家认证并授予标准物质证书的单元素或多元素标准储备溶液。

4.5.3.4 汞标准储备溶液(0.10 mg/L):采用经国家认证并授予标准物质证书的单元素标准储备溶液。

4.5.3.5 混合标准使用溶液:取适量的混合标准储备溶液或各种元素标准储备溶液,用硝酸(1+99)溶液逐级稀释配制成下列质量浓度的混合标准使用溶液:钾、钠、钙、镁(ρ=100.0 mg/L);锂、锶(ρ=10.0 mg/L);银、铝、砷、硼、钡、铍、镉、钴、铬、铜、铁、锰、钼、镍、铅、锑、硒、锡、钍、铊、钛、铀、钒、锌(ρ=1.0 mg/L)。

4.5.3.6 质谱调谐液:宜选用锂(^{7}Li)、钇(Y)、铈(Ce)、铊(Tl)、钴(Co)为质谱调谐液,混合溶液^{7}Li、Y、Ce、Tl、Co 的质量浓度为 1 μg/L(或根据不同厂家的仪器采用适宜的调谐液及浓度)。

4.5.3.7 内标溶液:宜选用锂(^{6}Li)、钪(Sc)、锗(Ge)、钇(Y)、铟(In)、铋(Bi)为内标溶液,混合溶液^{6}Li、Sc、Ge、Y、In、Bi 的质量浓度为 10 mg/L,使用前用硝酸(1+99)溶液稀释至 1 mg/L。

注:根据不同厂家仪器的需要适当调整内标溶液浓度。

4.5.4 仪器设备

4.5.4.1 电感耦合等离子体质谱仪。

4.5.4.2 超纯水制备仪。

4.5.5 试验步骤

4.5.5.1 仪器参考条件:使用质谱调谐液调整仪器各项指标,使仪器灵敏度、氧化物、双电荷、分辨率等各项指标达到测定要求,仪器参考条件如下:射频功率为 1 200 W~1 550 W,载气流量为 1.10 L/min,采样深度为 7 mm,碰撞气(He)流量为 4.8 mL/min,采样锥和截取锥类型为镍锥。

4.5.5.2 标准系列的制备:吸取混合标准使用溶液,用硝酸(1+99)溶液配制成铝、锰、铜、锌、钡、硼、铁、钛质量浓度为 0 μg/L、5.0 μg/L、10.0 μg/L、50.0 μg/L、100.0 μg/L、500.0 μg/L;银、砷、铍、铬、镉、钼、镍、铅、硒、钴、锑、锡、铊、铀、钍、钒质量浓度为 0 μg/L、0.10 μg/L、0.50 μg/L、1.0 μg/L、10.0 μg/L、50.0 μg/L、100.0 μg/L;钾、钠、钙、镁质量浓度为 0 mg/L、0.50 mg/L、5.0 mg/L、10.0 mg/L、50.0 mg/L、100.0 mg/L;锂、锶质量浓度为 0 mg/L、0.05 mg/L、0.10 mg/L、0.50 mg/L、1.0 mg/L、5.0 mg/L 的标准系列溶液(根据不同地区的水质测量需要可适当调整校准曲线的浓度范围)。

4.5.5.3 汞标准系列的制备:吸取质量浓度为 0.10 mg/L 的汞标准储备溶液用硝酸(1+99)溶液配制成质量浓度为 0 μg/L、0.10 μg/L、0.50 μg/L、1.0 μg/L、1.5 μg/L、2.0 μg/L 的标准系列溶液,现用现配。

4.5.5.4 试样测定:仪器开机,当仪器真空度达到要求时,用质谱调谐液调整仪器各项指标,仪器灵敏度、氧化物、双电荷、分辨率等各项指标达到测定要求后,编辑测定方法,选择碰撞/反应池模式或仪器自带的干扰方程,选择各测定元素,引入在线内标溶液,观测内标灵敏度,符合要求后,将试剂空白、标准系列、样品溶液分别测定。选择各元素内标,选择各标准,输入各参数,绘制标准曲线,计算回归方程。

注:如果待测样品浓度范围很宽,做脉冲模式/模拟模式校正(P/A 校正)。

4.5.6 试验数据处理

按式(6)计算水样中待测元素的质量浓度:

$$\rho_x = \rho \times f \qquad \cdots\cdots(6)$$

式中:

ρ_x——水样中待测元素的质量浓度,单位为微克每升或毫克每升(μg/L 或 mg/L);

ρ——由标准曲线上查得待测元素的质量浓度,单位为微克每升或毫克每升(μg/L 或 mg/L);

f——水样稀释倍数。

4.5.7 精密度和准确度

6个实验室分别测定含31种元素的3个浓度水平的模拟水样6次,31种元素的相对标准偏差均小于5.0%。在生活饮用水和水源水中加入3个浓度的标准溶液,各元素加标回收率为80.0%~120%。测定含钾、钠、钙、镁水质基体混合标准物质(GSB 07-3185-2014 和 GSBZ 50020-90),含铁、锰水质基体混合标准物质(GSB 07-3183-2014);含铝水质基体标准物质(GSB 07-1375-2001),含铜、铅、锌、镉、镍、铬的水质基体标准物质(GSBZ 5009-88、GBW 08608、GBW 08607 和 GSB 07-3186-2014),含砷的水质基体标准物质(GSB 07-3171-2014),含铬水质基体标准物质(GSB 07-1187-2000),含汞水质基体标准物质(GSBZ 50016-90),含硒水质基体标准物质(GBW 07-3172-2014),含铊水质基体标准物质(GBW 07-1918-2004),测定值均在标准范围内。

4.5.8 干扰及消除

4.5.8.1 质谱干扰

4.5.8.1.1 同量异位素干扰:具有相同原子质量、不同原子序数的离子不能被单四极杆质量过滤器分辨和识别而引起的干扰,可选择对待测物没有干扰的同位素进行分析。

4.5.8.1.2 多原子离子干扰:由两个或三个原子组成的多原子离子,并且具有和某待测元素相同的质荷比所引起的干扰,见表3。可通过优化等离子体条件、使用碰撞/反应池技术和干扰方程降低或消除干扰。

表3 常见的多原子离子干扰

参数	多原子离子	质量数	受干扰元素
本底离子干扰	NH^+	15	—
	OH^+	17	—
	OH_2^+	18	—
	C_2^+	24	Mg
	CN^+	26	Mg
	CO^+	28	Si
	N_2^+	28	Si
	N_2H^+	29	Si
	NO^+	30	—
	NOH^+	31	P
	O_2^+	32	S
	O_2H^+	33	—
	$^{36}ArH^+$	37	Cl
	$^{38}ArH^+$	39	K
	$^{40}ArH^+$	41	—
	CO_2^+	44	Ca
	CO_2H^+	45	Sc

表 3 常见的多原子离子干扰(续)

参数		多原子离子	质量数	受干扰元素
本底离子干扰		ArC^+,ArO^+	52	Cr
		ArN^+	54	Cr
		$ArNH^+$	55	Mn
		ArO^+	56	Fe
		$ArOH^+$	57	Fe
		$^{40}Ar^{36}Ar^+$	76	Se
		$^{40}Ar^{38}Ar^+$	78	Se
		$^{40}Ar_2^+$	80	Se
基体多原子离子	溴化物	$^{81}BrH^+$	82	Se
		$^{79}BrO^+$	95	Mo
		$^{81}BrO^+$	97	Mo
		$^{81}BrOH^+$	98	Mo
		$^{40}Ar^{81}Br^+$	121	Sb
	氯化物	$^{35}ClO^+$	51	V
		$^{35}ClOH^+$	52	Cr
		$^{37}ClO^+$	53	Cr
		$^{37}ClOH^+$	54	Cr
		$Ar^{35}Cl^+$	75	As
		$Ar^{37}Cl^+$	77	Se
	硫酸盐	$^{32}SO^+$	48	Ti
		$^{32}SOH^+$	49	—
		$^{34}SO^+$	50	V,Cr
		$^{34}SOH^+$	51	V
		SO_2^+,S_2^+	64	Zn
		$Ar^{32}S^+$	72	Ge
		$Ar^{34}S^+$	74	Ge
	磷酸盐	PO^+	47	Ti
		POH^+	48	Ti
		PO_2^+	63	Cu
		ArP^+	71	Ga
	主族Ⅰ和Ⅱ金属	$ArNa^+$	63	Cu
		ArK^+	79	Br
		$ArCa^+$	80	Se

表 3 常见的多原子离子干扰(续)

参数		多原子离子	质量数	受干扰元素
基体多原子离子	基体氧化物	TiO^+	62～66	Ni,Cu,Zn
		ZrO^+	106～112	Ag,Cd
		MoO^+	108～116	Cd
		NbO^+	109	Ag

4.5.8.1.3 双电荷干扰:失去两个电子的原子形成的双电荷离子与待测物离子具有相同的质荷比造成的干扰,可通过调谐等离子体条件降低,也可以用干扰方程来校正。

4.5.8.2 非质谱干扰

4.5.8.2.1 物理干扰:包括检测样品与标准溶液的黏度、表面张力和总溶解固体量的差异所引起的干扰。

4.5.8.2.2 易电离干扰:高浓度的易电离元素在等离子体中优先电离,并释放出大量电子,抑制了不易电离元素的电离,使得不易电离元素的含量测定值偏低。

4.5.8.2.3 重质量元素干扰:由于空间电荷效应,样品中重质量元素浓度过高引起质量歧视现象,会影响轻质量元素的信号。

以上非质谱干扰可通过稀释样品(包括溶液稀释和气溶胶稀释)、选择合适的内标元素、使用标准加入法、分离基体(如色谱分离、电热蒸发、膜去溶等)等方法校正。

4.5.8.3 推荐的分析元素质量数及内标元素

标准模式或碰撞/反应模式下推荐的分析元素质量数及内标元素见表 4。

表 4 推荐的分析元素质量数及内标元素

元素	质量数	内标元素
银	107	^{115}In
铝	27	^{45}Sc
砷	75	^{72}Ge
硼	11	^{45}Sc
钡	137	^{115}In
铍	9	^{6}Li
钙	43[a]、44	^{45}Sc
镉	111	^{115}In
钴	59	^{45}Sc
铬	52、53[a]	^{45}Sc
铜	63	^{45}Sc
铁	56、57[a]	^{45}Sc
钾	39	^{45}Sc

表 4 推荐的分析元素质量数及内标元素（续）

元素	质量数	内标元素
锂	7	^{45}Sc
镁	24	^{45}Sc
锰	55	^{45}Sc
钼	95	^{115}In
钠	23	^{45}Sc
镍	60	^{45}Sc
铅	208	^{209}Bi
锑	121	^{115}In
硒	78、82[a]	^{72}Ge
锶	88	^{89}Y
锡	118	^{115}In
钍	232	^{209}Bi
铊	205	^{209}Bi
钛	48	^{45}Sc
铀	238	^{209}Bi
钒	51	^{45}Sc
锌	66	^{72}Ge
汞	202	^{209}Bi
[a] 标准模式下，钙选择 43，铬选择 53，铁选择 57，硒选择 82。		

5 铁

5.1 火焰原子吸收分光光度法

按 7.2 描述的方法测定。

5.2 二氮杂菲分光光度法

5.2.1 最低检测质量浓度

本方法最低检测质量为 2.5 μg(以 Fe 计)，若取 50 mL 水样，则最低检测质量浓度为 0.05 mg/L。

钴、铜超过 5 mg/L，镍超过 2 mg/L，锌超过铁的 10 倍时有干扰。铋、镉、汞、钼和银可与二氮杂菲试剂产生浑浊。

5.2.2 原理

在 pH 3～pH 9 条件下，低价铁离子与二氮杂菲生成稳定的橙色配合物，在波长 510 nm 处有最大吸收。二氮杂菲过量时，控制溶液 pH 为 2.9～3.5，可使显色加快。

水样先经加酸煮沸溶解难溶的铁化合物，同时消除氰化物、亚硝酸盐、多磷酸盐的干扰。加入盐酸羟胺将高价铁还原为低价铁,消除氧化剂的干扰。水样过滤后,不加盐酸煮沸,也不加盐酸羟胺,可测定溶解性低铁含量。水样过滤后,加盐酸溶液和盐酸羟胺,测定结果为溶解性总铁含量。水样先经加酸煮沸,使难溶性铁的化合物溶解,经盐酸羟胺处理后,测定结果为总铁含量。

5.2.3 试剂

5.2.3.1 盐酸溶液(1+1)。

5.2.3.2 乙酸铵缓冲溶液(pH 4.2):称取 250 g 乙酸铵($NH_4C_2H_3O_2$),溶于 150 mL 纯水中,再加入 700 mL 冰乙酸,混匀备用。

5.2.3.3 盐酸羟胺溶液(100 g/L):称取 10 g 盐酸羟胺($NH_2OH \cdot HCl$),溶于纯水中,并稀释至 100 mL。

5.2.3.4 二氮杂菲溶液(1.0 g/L):称取 0.1 g 二氮杂菲($C_{12}H_8N_2 \cdot H_2O$,又名 1,10-二氮杂菲,邻二氮菲或邻菲绕啉,有水合物及盐酸盐两种,均可用),溶解于加有 2 滴盐酸(ρ_{20}=1.19 g/mL)的纯水中,并稀释至 100 mL。此溶液 1 mL 可测定 100 μg 以下的低价铁。

5.2.3.5 铁标准储备溶液[ρ(Fe)=100 μg/mL]:称取 0.702 2 g 六水合硫酸亚铁铵[$(NH_4)_2Fe(SO_4)_2 \cdot 6H_2O$],溶于少量纯水,加 3 mL 盐酸($\rho_{20}$=1.19 g/mL),于容量瓶中,用纯水定容成 1 000 mL。或使用有证标准物质。

5.2.3.6 铁标准使用溶液[ρ(Fe)=10.0 μg/mL]:吸取 10.00 mL 铁标准储备溶液,移入容量瓶中,用纯水定容至 100 mL,现用现配。

5.2.4 仪器设备

5.2.4.1 锥形瓶:150 mL。

5.2.4.2 具塞比色管:50 mL。

5.2.4.3 分光光度计。

注:所有玻璃器皿每次使用前均需用稀硝酸浸泡除铁。

5.2.5 试验步骤

5.2.5.1 吸取 50.0 mL 混匀的水样(含铁量超过 50 μg 时,可取适量水样加纯水稀释至 50 mL)于 150 mL锥形瓶中。

注:总铁包括水体中悬浮性铁和微生物体中的铁,取样时剧烈振摇均匀,并立即吸取,以防止重复测定结果之间出现很大的差别。

5.2.5.2 另取 150 mL 锥形瓶 8 个,分别加入铁标准使用溶液 0 mL、0.25 mL、0.50 mL、1.00 mL、2.00 mL、3.00 mL、4.00 mL 和 5.00 mL,各加纯水至 50 mL。

5.2.5.3 向水样及标准系列锥形瓶中各加 4 mL 盐酸溶液(1+1)和 1 mL 盐酸羟胺溶液,小火煮沸浓缩至约 30 mL,冷却至室温后移入 50 mL 比色管中。

5.2.5.4 向水样及标准系列比色管中各加 2 mL 二氮杂菲溶液,混匀后再加 10.0 mL 乙酸铵缓冲溶液,各加纯水至 50 mL,混匀,放置 10 min~15 min。

注 1:乙酸铵试剂可能含有微量铁,故缓冲溶液的加入量要准确一致。

注 2:水样较清洁,含难溶亚铁盐少时,可将所加各种试剂量减半。标准系列与样品保持一致。

5.2.5.5 于 510 nm 波长,用 2 cm 比色皿,以纯水为参比,测量吸光度。

5.2.5.6 绘制标准曲线,从曲线上查出样品管中铁的质量。

5.2.6 试验数据处理

按式(7)计算水样中总铁的质量浓度:

$$\rho(\text{Fe}) = \frac{m}{V} \qquad \cdots\cdots (7)$$

式中：

ρ(Fe)——水样中总铁(Fe)的质量浓度，单位为毫克每升(mg/L)；

m ——从标准曲线上查得样品管中铁的质量，单位为微克(μg)；

V ——水样体积，单位为毫升(mL)。

5.2.7 精密度和准确度

有 39 个实验室用本方法测定含铁 150 μg/L 的合成水样，其他金属离子质量浓度为：汞，5.1 μg/L；锌，39 μg/L；镉，29 μg/L；锰，130 μg/L。相对标准偏差为 18%，相对误差为 13%。

5.3 电感耦合等离子体发射光谱法

按 4.4 描述的方法测定。

5.4 电感耦合等离子体质谱法

按 4.5 描述的方法测定。

6 锰

6.1 火焰原子吸收分光光度法

6.1.1 按 7.2 描述的方法测定。

6.1.2 精密度和准确度：有 22 个实验室测定含锰 130 μg/L 的合成水样，其他金属质量浓度为：汞，5.1 μg/L；锌，39 μg/L；铜，26.5 μg/L；镉，29 μg/L；铁，150 μg/L；铬，46 μg/L；铅，54 μg/L。相对标准偏差为 7.9%，相对误差为 7.7%。

6.2 过硫酸铵分光光度法

6.2.1 最低检测质量浓度

本方法最低检测质量为 2.5 μg 锰(以 Mn 计)，若取 50 mL 水样测定，则最低检测质量浓度为 0.05 mg/L。

小于 100 mg 的氯离子不干扰测定。

6.2.2 原理

在硝酸银存在下，锰被过硫酸铵氧化成紫红色的高锰酸盐，其颜色深度与锰含量成正比。如果溶液中有过量的过硫酸铵时，生成的紫红色至少能稳定 24 h。

氯离子因能沉淀银离子而抑制催化作用，可由试剂中所含的汞离子予以消除。加入磷酸可络合铁等干扰元素。如水样中有机物较多，可多加过硫酸铵，并延长加热时间。

6.2.3 试剂

配制试剂及稀释溶液所用的纯水不应含还原性物质，否则可加过硫酸铵处理。例如取 500 mL 去离子水，加 0.5 g 过硫酸铵煮沸 2 min 放冷后使用。

6.2.3.1 过硫酸铵[$(NH_4)_2S_2O_8$]：干燥固体。

注：过硫酸铵在干燥时较为稳定，水溶液或受潮的固体容易分解放出过氧化氢而失效。本方法常因此试剂分解而

失败。

6.2.3.2　硝酸银-硫酸汞溶液：称取 75 g 硫酸汞($HgSO_4$)溶于 600 mL 硝酸溶液(2+1)中，再加200 mL 磷酸(ρ_{20}=1.19 g/mL)及 35 mg 硝酸银，放冷后加纯水至 1 000 mL，储于棕色瓶中。

6.2.3.3　盐酸羟胺溶液(100 g/L)：称取 10 g 盐酸羟胺($NH_2OH \cdot HCl$)，溶于纯水并稀释至 100 mL。

6.2.3.4　锰标准储备溶液[ρ(Mn)=1 mg/mL]：称取 1.291 2 g 氧化锰(MnO，优级纯)或称取 1.000 g 金属锰[w(Mn)≥99.8%]，加硝酸溶液(1+1)溶解后，用纯水定容至 1 000 mL。或使用有证标准物质。

6.2.3.5　锰标准使用溶液[ρ(Mn)=10 μg/mL]：吸取 5.00 mL 锰标准储备溶液，用纯水定容至 500 mL。

6.2.4　仪器设备

6.2.4.1　锥形瓶：150 mL。

6.2.4.2　具塞比色管：50 mL。

6.2.4.3　分光光度计。

6.2.5　试验步骤

6.2.5.1　吸取 50.0 mL 水样于 150 mL 锥形瓶中。

6.2.5.2　另取 9 个 150 mL 锥形瓶，分别加入锰标准使用溶液 0 mL、0.25 mL、0.50 mL、1.00 mL、3.00 mL、5.00 mL、10.0 mL、15.0 mL 和 20.0 mL，加纯水至 50 mL。

6.2.5.3　向水样及标准系列瓶中各加 2.5 mL 硝酸银-硫酸汞溶液，煮沸至剩约 45 mL 时，取下稍冷。如有浑浊，可用滤纸过滤。

6.2.5.4　将 1 g 过硫酸铵分次加入锥形瓶中，缓缓加热至沸。若水中有机物较多，取下稍冷后再分次加入 1 g 过硫酸铵，再加热至沸，使显色后的溶液中保持有剩余的过硫酸铵。取下，放置 1 min 后，用水冷却。

6.2.5.5　将水样及标准系列瓶中的溶液分别移入 50 mL 比色管中，加纯水至刻度，混匀。

6.2.5.6　于 530 nm 波长，用 5 cm 比色皿，以纯水为参比，测量样品和标准系列的吸光度。

6.2.5.7　如原水样有颜色时，可向有色的样品溶液中滴加盐酸羟胺溶液，至生成的高锰酸盐完全褪色为止。再次测量此水样的吸光度。

6.2.5.8　绘制工作曲线，从曲线查出样品管中的锰质量。

6.2.5.9　有颜色的水样，应由 6.2.5.6 测得的样品溶液的吸光度减去 6.2.5.7 测得的样品空白吸光度，再从工作曲线查出锰的质量。

6.2.6　试验数据处理

按式(8)计算水样中锰(以 Mn 计)的质量浓度：

$$\rho(\mathrm{Mn})=\frac{m}{V} \qquad \cdots\cdots(8)$$

式中：

ρ(Mn) ——水样中锰(以 Mn 计)的质量浓度，单位为毫克每升(mg/L)；

m ——从工作曲线上查得样品管中锰的质量，单位为微克(μg)；

V ——水样体积，单位为毫升(mL)。

6.2.7　精密度和准确度

有 22 个实验室用本方法测定含锰 130 μg/L 的合成水样，其他金属浓度为：汞，5.1 μg/L；锌，39 μg/L；铜，26.5 μg/L；镉，29 μg/L；铁，150 μg/L；铬，46 μg/L；铅，54 μg/L。相对标准偏差为

7.9%,相对误差为7.7%。

6.3 甲醛肟分光光度法

6.3.1 最低检测质量浓度

本方法最低检测质量为1.0 μg,若取50 mL水样测定,最低检测质量浓度为0.02 mg/L。

钴大于1.5 mg/L时,出现正干扰。

6.3.2 原理

在碱性溶液中,甲醛肟与锰形成棕红色的化合物,在波长450 nm处测量吸光度。

6.3.3 试剂

6.3.3.1 硝酸(ρ_{20}=1.42 g/mL)。

6.3.3.2 过硫酸钾($K_2S_2O_8$)。

6.3.3.3 亚硫酸钠(Na_2SO_3)。

6.3.3.4 硫酸亚铁铵溶液:称取700 mg六水合硫酸亚铁铵[$(NH_4)_2Fe(SO_4)_2 \cdot 6H_2O$],加入硫酸溶液(1+9)10 mL,用纯水稀释至1 000 mL。

6.3.3.5 氢氧化钠溶液(160 g/L):称取160 g氢氧化钠,溶于纯水,并稀释至1 000 mL。

6.3.3.6 乙二胺四乙酸二钠溶液(372 g/L):称取37.2 g二水合乙二胺四乙酸二钠($C_{10}H_{14}N_2Na_2O_8 \cdot 2H_2O$),加入氢氧化钠溶液约50 mL,搅拌至完全溶解,用纯水稀释至100 mL。

6.3.3.7 甲醛肟溶液:称取10 g盐酸羟胺($NH_2OH \cdot HCl$)溶于约50 mL纯水中,加5 mL甲醛溶液(ρ_{20}=1.08 g/mL),用纯水稀释至100 mL。将试剂存放在阴凉处,至少可保存一个月。

6.3.3.8 氨水溶液:量取70 mL氨水(ρ_{20}=0.88 g/mL),用纯水稀释至200 mL。

6.3.3.9 盐酸羟胺溶液(417 g/L):称取41.7 g盐酸羟胺($NH_2OH \cdot HCl$),溶于纯水并稀释至100 mL。

6.3.3.10 氨性盐酸羟胺溶液:将氨水溶液和盐酸羟胺溶液等体积混合。

6.3.3.11 锰标准使用溶液[ρ(Mn)=10 μg/mL]:见6.2.3.5。

6.3.4 仪器设备

6.3.4.1 锥形瓶:100 mL。

6.3.4.2 具塞比色管:50 mL。

6.3.4.3 分光光度计。

6.3.5 试验步骤

6.3.5.1 水样的预处理:对含有悬浮锰及有机锰的水样,需进行预处理。处理步骤为:取一定量的水样于锥形瓶中,按每50 mL水样加硝酸0.5 mL、过硫酸钾0.25 g、放入数粒玻璃珠,在电炉上煮沸30 min,取下稍冷,用快速定性滤纸过滤,用稀硝酸溶液[$c(HNO_3)$=0.1 mol/L]洗涤滤纸数次。滤液中加入约0.5 g亚硫酸钠,用纯水定容至一定体积,作为测试溶液。

清洁水样,可直接测定。

6.3.5.2 取50 mL清洁水样或测试溶液于50 mL比色管中。

6.3.5.3 另取50 mL比色管8支,分别加入0 mL、0.10 mL、0.25 mL、0.50 mL、1.00 mL、2.00 mL、3.00 mL和4.00 mL锰标准使用溶液,加纯水至刻度。

6.3.5.4 向水样及标准系列管中各加1.0 mL硫酸亚铁铵溶液;0.5 mL乙二胺四乙酸二钠溶液混匀后,加入0.5 mL甲醛肟溶液,并立即加1.5 mL氢氧化钠溶液,混匀后打开管塞静置10 min。

6.3.5.5 加入 3 mL 氨性盐酸羟胺溶液,至少放置 1 h(室温低于 15 ℃时,放入温水浴中),在波长 450 nm处,用 5 cm 比色皿,以纯水为参比,测量吸光度。

6.3.5.6 绘制标准曲线,并查出水样管中锰的质量。

6.3.6 试验数据处理

按式(9)计算水样中锰(以 Mn 计)的质量浓度:

$$\rho(\mathrm{Mn}) = \frac{m}{V} \qquad \cdots\cdots(9)$$

式中:

$\rho(\mathrm{Mn})$ ——水样中锰(以 Mn 计)的质量浓度,单位为毫克每升(mg/L);

m ——从工作曲线上查得样品管中锰的质量,单位为微克(μg);

V ——水样体积,单位为毫升(mL)。

6.3.7 精密度和准确度

3 个实验室测定了锰质量浓度为 0.02 mg/L、0.10 mg/L 和 0.40 mg/L 的人工合成水样,相对标准偏差分别为 10%~17%,4.6%~5.0%和 1.4%~3.0%;单个实验室测定质量浓度为 0.8 mg/L 的人工合成水样,相对标准偏差为 1%。

7 个实验室采用自来水、井水、河水、矿泉水和人工合成水样做加标回收试验,回收率为 94%~109%。

6.4 高碘酸银(Ⅲ)钾分光光度法

6.4.1 最低检测质量浓度

本方法最低检测质量为 2.5 μg,若取 50 mL 水样测定,则最低检测质量浓度为 0.05 mg/L。

Cl^- 在不加热消解时对试验有干扰。本方法在酸性条件下加热煮沸消解,可消除 Cl^- 的干扰。水中金属离子及无机离子在较大范围内对本试验不产生干扰。

6.4.2 原理

在硫酸酸性条件下,高碘酸银(Ⅲ)钾氧化水中锰,生成紫红色 MnO_4^-,于 545 nm 比色定量。

6.4.3 试剂

6.4.3.1 硫酸(ρ_{20}=1.84 g/mL),优级纯。

6.4.3.2 高碘酸银(Ⅲ)钾溶液:取 350 mL 纯水,加入 20 g 氢氧化钾,溶解后加入 22 g 高碘酸钾(KIO_4),溶解后逐滴加入 50 mL 的硝酸银溶液(16 g/L),在电热板上加热至沸,在 2 h 内边搅拌边加完 6 g 过硫酸钾($K_2S_2O_8$)。在反应完全后加水至 500 mL。此溶液应为棕红色澄清液,0 ℃~4 ℃冷藏保存。

6.4.3.3 锰(Ⅱ)标准溶液:$\rho(\mathrm{Mn})$=5 mg/L。

6.4.4 仪器设备

6.4.4.1 分光光度计。

6.4.4.2 具塞刻度试管:25 mL。

6.4.4.3 电热板。

6.4.4.4 锥形瓶:100 mL。

6.4.5 试验步骤

6.4.5.1 水样的预处理:取 50 mL 水样于锥形瓶中,加 2 mL 硫酸,于电热板上加热至刚冒白烟,取下冷至室温,加纯水 10 mL,作为测试溶液。

6.4.5.2 另取 7 个锥形瓶,分别加入锰(Ⅱ)标准溶液 0 mL、0.50 mL、1.00 mL、2.00 mL、3.00 mL、4.00 mL和 5.00 mL,加纯水至 10 mL,加 2 mL 硫酸。于样品及标准系列中分别加入 3.0 mL 高碘酸银(Ⅲ)钾溶液,于电热板上加热煮沸 2 min,取下冷至室温,转移至 25 mL 刻度试管中,加水至刻度。

6.4.5.3 于 545 nm 波长,5 cm 比色皿,以试剂空白为参比,测定样品及标准系列的吸光度。

6.4.5.4 绘制标准曲线,并从曲线上查出样品中锰的质量。

6.4.6 试验数据处理

按式(10)计算水样中锰的质量浓度:

$$\rho(\mathrm{Mn})=\frac{m}{V} \qquad \cdots\cdots\cdots\cdots(10)$$

式中:

$\rho(\mathrm{Mn})$ ——水样中锰(以 Mn 计)的质量浓度,单位为毫克每升(mg/L);

m ——从工作曲线上查得样品管中锰的质量,单位为微克(μg);

V ——水样体积,单位为毫升(mL)。

6.4.7 精密度和准确度

单个实验室用自来水、深井水、井水、矿泉水分别配制成含锰为 0.08 mg/L、0.15 mg/L、0.30 mg/L、0.50 mg/L 水样,分别测定 8 次,平均相对标准偏差为 2.0%~4.6%,平均回收率为 100%~108%。

6.5 电感耦合等离子体发射光谱法

按 4.4 描述的方法测定。

6.6 电感耦合等离子体质谱法

按 4.5 描述的方法测定。

7 铜

7.1 无火焰原子吸收分光光度法

7.1.1 最低检测质量浓度

本方法最低检测质量为 0.1 ng,若取 20 μL 水样测定,则最低检测质量浓度为 5 μg/L。

7.1.2 原理

样品经适当处理后,注入石墨炉原子化器,所含的金属离子在石墨管内高温蒸发解离为原子蒸气。待测元素的基态原子吸收来自同种元素空心阴极灯发射的共振线,其吸收强度在一定范围内与金属原子浓度成正比。

7.1.3 试剂

7.1.3.1 铜标准储备溶液[ρ(Cu)=1 mg/mL]：称取 0.500 0 g 纯铜粉溶于 10 mL 硝酸溶液(1+1)中，并用纯水定容至 500 mL。或使用有证标准物质。

7.1.3.2 铜标准中间溶液[ρ(Cu)=50 μg/mL]：取铜标准储备溶液 5.00 mL 于 100 mL 容量瓶中，用硝酸溶液(1+99)定容至刻度，摇匀。

7.1.3.3 铜标准使用溶液[ρ(Cu)=1 μg/mL]：取铜标准中间溶液 2.00 mL 于 100 mL 容量瓶中，用硝酸溶液(1+99)定容至刻度，摇匀。

7.1.4 仪器设备

7.1.4.1 石墨炉原子吸收分光光度计。

7.1.4.2 铜空心阴极灯。

7.1.4.3 氩气钢瓶。

7.1.4.4 微量加液器：20 μL。

7.1.4.5 聚乙烯瓶：100 mL。

7.1.5 仪器参考条件

测定铜的仪器参考条件见表 5。

表 5 测定铜的仪器参考条件

元素	波长 /nm	干燥温度 /℃	干燥时间 /s	灰化温度 /℃	灰化时间 /s	原子化温度 /℃	原子化时间 /s
Cu	324.7	120	30	900	30	2 300	5

7.1.6 试验步骤

7.1.6.1 吸取铜标准使用溶液 0 mL、0.50 mL、1.00 mL、2.00 mL、3.00 mL 和 4.00 mL 于 6 个 100 mL 容量瓶内，用硝酸溶液(1+99)稀释至刻度，摇匀，配制成 0 ng/mL、5.0 ng/mL、10 ng/mL、20 ng/mL、30 ng/mL 和 40 ng/mL 的标准系列。

7.1.6.2 仪器参数设定后依次吸取 20 μL 试剂空白，标准系列和样品，注入石墨管，记录吸收峰高或峰面积。

7.1.7 试验数据处理

若样品经处理或稀释，从标准曲线查出铜浓度后，按式(11)计算：

$$\rho(\mathrm{Cu})=\frac{\rho_1\times V_1}{V} \qquad (11)$$

式中：

ρ(Cu) ——水样中铜的质量浓度，单位为微克每升(μg/L)；

ρ_1 ——从标准曲线上查得试样中铜的质量浓度，单位为微克每升(μg/L)；

V_1 ——水样稀释后的体积，单位为毫升(mL)；

V ——原水样体积，单位为毫升(mL)。

7.2 火焰原子吸收分光光度法

7.2.1 原理

水样中金属离子被原子化后，吸收来自同种金属元素空心阴极灯发出的共振线(铜，324.7 nm；铅，283.3 nm；铁，248.3 nm；锰，279.5 nm；锌，213.9 nm；镉，228.8 nm 等)，吸收共振线的量与样品中该元素的含量成正比。在其他条件不变的情况下，根据测量被吸收后的谱线强度，与标准系列比较定量。

本法适用于生活饮用水及水源水中较高浓度的铜、铁、锰、锌、镉和铅的测定。适宜的测定范围为铜 0.2 mg/L～5 mg/L，铁 0.3 mg/L～5 mg/L，锰 0.1 mg/L～3 mg/L，锌 0.05 mg/L～1 mg/L，镉 0.05 mg/L～2 mg/L，铅 1.0 mg/L～20 mg/L。

7.2.2 试剂

所用纯水均为去离子蒸馏水。

7.2.2.1 铁标准储备溶液[ρ(Fe)=1 mg/mL]：称取 1.000 g 纯铁粉[w(Fe)≥99.9%]或 1.430 0 g 氧化铁(Fe_2O_3，优级纯)，加入 10 mL 硝酸溶液(1+1)，慢慢加热并滴加盐酸(ρ_{20}=1.19 g/mL)助溶，至完全溶解后加纯水定容至 1 000 mL。或使用有证标准物质。

7.2.2.2 铜标准储备溶液[ρ(Cu)=1 mg/mL]：称取 1.000 g 纯铜粉[w(Cu)≥99.9%]，溶于 15 mL 硝酸溶液(1+1)中，用纯水定容至 1 000 mL。或使用有证标准物质。

7.2.2.3 锰标准储备溶液[ρ(Mn)=1 mg/mL]：称取 1.291 2 g 氧化锰(MnO，优级纯)或称取 1.000 g 金属锰[w(Mn)≥99.8%]，加硝酸溶液(1+1)溶解后，用纯水定容至 1 000 mL。或使用有证标准物质。

7.2.2.4 锌标准储备溶液[ρ(Zn)=1 mg/mL]：称取 1.000 g 纯锌[w(Zn)≥99.9%]，溶于 20 mL 硝酸溶液(1+1)中，并用纯水定容至 1 000 mL。或使用有证标准物质。

7.2.2.5 镉标准储备溶液[ρ(Cd)=1 mg/mL]：称取 1.000 g 纯镉粉，溶于 5 mL 硝酸溶液(1+1)中，并用纯水定容至 1 000 mL。或使用有证标准物质。

7.2.2.6 铅标准储备溶液[ρ(Pb)=1 mg/mL]：称取 1.598 5 g 经干燥的硝酸铅[$Pb(NO_3)_2$]，溶于约 200 mL 纯水中，加入 1.5 mL 硝酸(ρ_{20}=1.42 g/mL)，用纯水定容至 1 000 mL。或使用有证标准物质。

7.2.2.7 硝酸(ρ_{20}=1.42 g/mL)，优级纯。

7.2.2.8 盐酸(ρ_{20}=1.19 g/mL)，优级纯。

7.2.3 仪器设备

所有玻璃器皿，使用前均应先用硝酸溶液(1+9)浸泡，并用纯水清洗。特别是测定锌所用的器皿，更应严格防止与含锌的水(自来水)接触。

7.2.3.1 原子吸收分光光度计及铜、铁、锰、锌、镉、铅空心阴极灯。

7.2.3.2 电热板。

7.2.3.3 抽气瓶和玻璃砂芯滤器。

7.2.4 试验步骤

7.2.4.1 水样的预处理：澄清的水样可直接进行测定；悬浮物较多的水样，分析前需酸化并消化有机物。若需测定溶解的金属，则应在采样时将水样通过 0.45 μm 滤膜过滤，然后按每升水样加 1.5 mL 硝酸酸化使 pH 小于 2。

水样中的有机物一般不干扰测定，为使金属离子能全部进入水溶液和促使颗粒物质溶解以有利于萃取和原子化，可采用盐酸-硝酸消化法。于每升酸化水样中加入 5 mL 硝酸。混匀后取定量水样，按每 100 mL 水样加入 5 mL 盐酸的比例加入盐酸。在电热板上加热 15 min。冷至室温后，用玻璃砂芯漏斗过滤，最后用纯水稀释至一定体积。

7.2.4.2 水样测定按以下步骤进行。

a) 将各种金属标准储备溶液用每升含 1.5 mL 硝酸的纯水稀释，并配制成下列质量浓度的标准系列：铜，0.20 mg/L～5.0 mg/L；铁，0.30 mg/L～5.0 mg/L；锰，0.10 mg/L～3.0 mg/L；锌，0.050 mg/L～1.0 mg/L；镉，0.050 mg/L～2.0 mg/L；铅，1.0 mg/L～20 mg/L。

注：所列测量范围受不同型号仪器的灵敏度及操作条件的影响而变化时，可酌情改变上述测量范围。

b) 将标准溶液、空白溶液和样品溶液依次喷入火焰，测量吸光度。

c) 绘制标准曲线并查出各待测金属元素的质量浓度。

7.2.5 试验数据处理

可从标准曲线直接查出水样中待测金属的质量浓度(mg/L)。

7.3 二乙基二硫代氨基甲酸钠分光光度法

7.3.1 最低检测质量浓度

本方法最低检测质量为 2 μg，若取 100 mL 水样测定，则最低检测质量浓度为 0.02 mg/L。

铁与显色剂形成棕色化合物对本方法有干扰，可用柠檬酸掩蔽。镍、钴与试剂呈绿黄色以至暗绿色，可用 EDTA 掩蔽。铋与试剂呈黄色，但在 440 nm 波长吸收极小，存在量为铜的 2 倍时，其干扰可以忽略。锰呈微红色，但颜色很不稳定，微量时显色后放置一段时间，颜色即可褪去。锰含量高时，加入盐酸羟胺，即可消除干扰。

7.3.2 原理

在 pH 9～pH 11 的氨溶液中，铜离子与二乙基二硫代氨基甲酸钠反应，生成棕黄色配合物，用四氯化碳或三氯甲烷萃取后比色定量。

7.3.3 试剂

所有试剂均需用不含铜的纯水制备。

7.3.3.1 氨水(1+1)。

7.3.3.2 四氯化碳或三氯甲烷。

7.3.3.3 二乙基二硫代氨基甲酸钠溶液(1 g/L)：称取 0.1 g 二乙基二硫代氨基甲酸钠[$(C_2H_5)_2NCS_2Na$]，溶于纯水中并稀释至 100 mL。储存于棕色瓶内，0 ℃～4 ℃冷藏保存。

7.3.3.4 乙二胺四乙酸二钠-柠檬酸三铵溶液：称取 5 g 二水合乙二胺四乙酸二钠($C_{10}H_{14}N_2O_8Na_2 \cdot 2H_2O$)和 20 g 柠檬酸三铵[$(NH_4)_3C_6H_5O_7$]，溶于纯水中，并稀释成 100 mL。

7.3.3.5 铜标准储备溶液[ρ(Cu)=1 mg/mL]：见 7.2.2.2。

7.3.3.6 铜标准使用溶液[ρ(Cu)=10 μg/mL]：吸取铜标准储备溶液 10.00 mL，用纯水定容至1 000 mL。

7.3.3.7 甲酚红溶液(1.0 g/L)：称取 0.1 g 甲酚红($C_{21}H_{18}O_5S$)，溶于乙醇[$\varphi(C_2H_5OH)$=95%]并稀释至 100 mL。

7.3.4 仪器设备

7.3.4.1 分液漏斗：250 mL。

7.3.4.2 具塞比色管：10 mL。

7.3.4.3 分光光度计。

7.3.5 试验步骤

7.3.5.1 吸取 100 mL 水样于 250 mL 分液漏斗中(若水样色度过高时,可置于烧杯中,加入少量过硫酸铵,煮沸,浓缩至约 70 mL,冷却后加水稀释至 100 mL)。

7.3.5.2 另取 6 个 250 mL 分液漏斗,各加 100 mL 纯水,然后分别加入 0 mL、0.20 mL、0.40 mL、0.60 mL、0.80 mL 和 1.00 mL 铜标准使用溶液,混匀。

7.3.5.3 向样品及标准系列溶液中各加 5 mL 乙二胺四乙酸二钠-柠檬酸三铵溶液及 3 滴甲酚红溶液,滴加氨水(1+1)至溶液由黄色变为浅红色,再各加 5 mL 二乙基二硫代氨基甲酸钠溶液,混匀,放置 5 min。

7.3.5.4 各加 10.0 mL 四氯化碳或三氯甲烷,振摇 2 min,静置分层。

7.3.5.5 用脱脂棉擦去分液漏斗颈内水膜,将四氯化碳层放入干燥的 10 mL 具塞比色管中。

7.3.5.6 于 436 nm 波长,用 2 cm 比色皿,以四氯化碳为参比,测量样品及标准系列溶液的吸光度。

7.3.5.7 绘制标准曲线,并从曲线上查出样品管中铜的质量。

7.3.6 试验数据处理

按式(12)计算水样中铜的质量浓度:

$$\rho(\mathrm{Cu})=\frac{m}{V} \qquad (12)$$

式中:

$\rho(\mathrm{Cu})$——水样中铜的质量浓度,单位为毫克每升(mg/L);

m ——从标准曲线上查得样品管中铜的质量,单位为微克(μg);

V ——水样体积,单位为毫升(mL)。

7.3.7 精密度和准确度

20 个实验室测定含铜 26.5 μg/L 的合成水样,各金属质量浓度分别为:汞,5.1 μg/L;锌,39 μg/L;镉,29 μg/L;铁,150 μg/L;锰,130 μg/L。相对标准偏差 26%,相对误差 17%。

7.4 双乙醛草酰二腙分光光度法

7.4.1 最低检测质量浓度

本方法最低检测质量为 1.0 μg,若取 25 mL 水样测定,则最低检测质量浓度为 0.04 mg/L。

水中含 20 mg Na^{+},10 mg Ca^{2+},5 mg K^{+}、Mg^{2+}、SO_4^{2-}、NO_3^{-}、CO_3^{2-} 对测定无明显影响,50 mg Cd^{2+}、Al^{3+}、Zn^{2+}、Sn^{2+}、Pb^{2+},1 mg Fe^{2+},0.5 mg Mn^{2+},0.1 mg As^{3+},Cr^{6+} 共存时,误差不大于 10%。

7.4.2 原理

在 pH 9 的条件下,铜离子(Cu^{2+})与双环己酮草酰二腙及乙醛反应,生成双乙醛草酰二腙螯合物,比色定量。

7.4.3 试剂

7.4.3.1 氨水(1+1)。

7.4.3.2 乙醛[$w(CH_3CHO)=40\%$]。

注:乙醛易聚合为聚乙醛,如发现乙醛聚合分层,则取乙醛 100 mL,加硫酸($\rho_{20}=1.84$ g/mL)5 mL,加热蒸馏,用 40 mL纯水吸收,收集馏液 100 mL。

7.4.3.3 柠檬酸三铵溶液(400 g/L):称取 40 g 柠檬酸三铵[$(NH_4)_3C_6H_5O_7$],溶于纯水,稀释至

100 mL。

7.4.3.4 双环己酮草酰二腙(简称BCO)溶液(2 g/L):称取1.0 g双环己酮草酰二腙($C_{14}H_{22}N_4O_2$),置于烧杯中,加入500 mL乙醇溶液(1+1),加热至60 ℃~70 ℃,搅拌溶解。

7.4.3.5 氨水-氯化铵缓冲溶液(pH 9.0):称取27.0 g氯化铵(NH_4Cl),溶于500 mL纯水中,滴加氨水(ρ_{20}=0.88 g/mL)调节pH至9.0。

7.4.3.6 铜标准储备溶液[ρ(Cu)=1 mg/mL]:见7.2.2.2。

7.4.3.7 铜标准使用溶液[ρ(Cu)=10 μg/mL]:见7.3.3.6。

7.4.4 仪器设备

7.4.4.1 分光光度计。

7.4.4.2 比色管:50 mL。

7.4.4.3 电热恒温水浴。

7.4.5 试验步骤

7.4.5.1 吸取25.0 mL水样于50 mL比色管中。

7.4.5.2 另取50 mL比色管7支,分别加入铜标准使用溶液0 mL、0.10 mL、0.50 mL、1.00 mL、2.00 mL、4.00 mL和6.00 mL,用纯水稀释至25 mL。

7.4.5.3 向各比色管加2.0 mL柠檬酸三铵溶液,混合后用氨水(1+1)调pH至9.0左右。加5.0 mL氨水-氯化铵缓冲溶液,混匀,再加5.0 mL BCO溶液,1.0 mL乙醛,加纯水至刻度,摇匀。在50 ℃水浴中加热10 min,取出冷至室温。

7.4.5.4 于546 nm波长,用3 cm比色皿,以纯水为参比,测量样品及标准系列的吸光度。

7.4.5.5 绘制标准曲线,并从曲线上查出样品管中铜的质量。

7.4.6 试验数据处理

按式(13)计算水样中铜的质量浓度:

$$\rho(\mathrm{Cu}) = \frac{m}{V} \qquad \cdots\cdots(13)$$

式中:

ρ(Cu)——水样中铜的质量浓度,单位为毫克每升(mg/L);

m ——从标准曲线上查得样品管中铜的质量,单位为微克(μg);

V ——水样体积,单位为毫升(mL)。

7.4.7 精密度和准确度

单个实验室测定合成水样6次,其中各种金属质量浓度分别为:Cu,100 μg/L;Mn,120 μg/L;Zn,50 μg/L;Fe,200 μg/L。相对标准偏差为4.1%,相对误差为5.0%。

7.5 电感耦合等离子体发射光谱法

按4.4描述的方法测定。

7.6 电感耦合等离子体质谱法

按4.5描述的方法测定。

8 锌

8.1 火焰原子吸收分光光度法

8.1.1 按7.2描述的方法测定。

8.1.2 精密度和准确度：11个实验室测定含锌478 μg/L和26 μg/L的合成水样，其他成分的质量浓度为：铝，852 μg/L和435 μg/L；砷，182 μg/L和61 μg/L；铍，261 μg/L和183 μg/L；镉，59 μg/L和27 μg/L；钴，348 μg/L和96 μg/L；铬，304 μg/L和65 μg/L；铜，374 μg/L和37 μg/L；铁，796 μg/L和78 μg/L；汞，7.6 μg/L和4.4 μg/L；锰，478 μg/L和47 μg/L；镍，165 μg/L和96 μg/L；铅，383 μg/L和113 μg/L；硒，48 μg/L和16 μg/L；钒，848 μg/L和470 μg/L。相对标准偏差分别为9.2%和7.6%，相对误差分别为4.0%和0%。

8.2 双硫腙分光光度法

8.2.1 最低检测质量浓度

本方法最低检测质量为0.5 μg，若取10 mL水样测定，则最低检测质量浓度为0.05 mg/L。

在选定的pH条件下，用足量硫代硫酸钠可掩蔽水中少量铅、铜、汞、镉、钴、铋、镍、金、钯、银、亚锡等金属干扰离子。

本方法测锌要特别注意防止外界污染，同时还要避免在直射阳光下操作。

8.2.2 原理

在pH 4.0～pH 5.5的水溶液中，锌离子与双硫腙生成红色螯合物，用四氯化碳萃取后比色定量。

8.2.3 试剂

配制试剂和稀释用纯水均为去离子蒸馏水。

8.2.3.1 双硫腙四氯化碳储备溶液(1 g/L)：称取0.1 g双硫腙($C_{18}H_{12}N_4S$)，在干燥的烧杯中用四氯化碳溶解后稀释至100 mL，倒入棕色瓶中。此溶液置0 ℃～4 ℃冷藏保存可稳定数周。

如双硫腙不纯，可用下述方法纯化：称取0.20 g双硫腙，溶于100 mL三氯甲烷，经脱脂棉过滤于250 mL分液漏斗中，每次用20 mL氨水(3+97)连续反萃取数次，直至三氯甲烷相几乎无绿色为止。合并水相至另一分液漏斗，每次用10 mL四氯化碳振荡洗涤水相两次，弃去四氯化碳相。水相用硫酸溶液(1+9)酸化至有双硫腙析出，再每次用100 mL四氯化碳萃取两次，合并四氯化碳相，倒入棕色瓶中，置0 ℃～4 ℃冷藏保存。

8.2.3.2 双硫腙四氯化碳溶液：临用前，吸取适量双硫腙四氯化碳储备溶液，用四氯化碳稀释约30倍，至吸光度为0.4(波长535 nm，1 cm比色皿)。

8.2.3.3 乙酸-乙酸钠缓冲溶液(pH 4.7)：称取68 g三水合乙酸钠($NaC_2H_3O_2 \cdot 3H_2O$)，用纯水溶解后稀释至250 mL。另取冰乙酸31 mL，用纯水稀释至250 mL，将上述两种溶液等体积混合。

如试剂不纯，将上述混合液置于分液漏斗中，每次用10 mL双硫腙四氯化碳溶液萃取，直至四氯化碳相呈绿色为止。弃去四氯化碳相，向水相加入10 mL四氯化碳，振荡洗涤水相，弃去四氯化碳相，如此反复数次，直至四氯化碳相不显绿色为止。用滤纸过滤水相于试剂瓶中。

8.2.3.4 硫代硫酸钠溶液(250 g/L)：称取25 g硫代硫酸钠，溶于100 mL纯水中。如试剂不纯，按8.2.3.3纯化。

8.2.3.5 锌标准储备溶液[$\rho(Zn)$=1 mg/mL]：见7.2.2.4。

8.2.3.6 锌标准使用溶液[$\rho(Zn)$=1 μg/mL]：用锌标准储备溶液稀释。

8.2.4 仪器设备

所用玻璃仪器均应用硝酸溶液(1+1)浸泡,然后再用不含锌的纯水冲洗干净。

8.2.4.1 分液漏斗:60 mL。

8.2.4.2 比色管:10 mL。

8.2.4.3 分光光度计。

8.2.5 试验步骤

8.2.5.1 吸取水样 10.0 mL 于 60 mL 分液漏斗中,如水样锌含量超过 5 μg,可取适量水样,用纯水稀释至 10.0 mL。

8.2.5.2 另取分液漏斗 7 个,依次加入锌标准使用溶液 0 mL、0.50 mL、1.00 mL、2.00 mL、3.00 mL、4.00 mL 和 5.00 mL,各加纯水至 10 mL。

8.2.5.3 向各分液漏斗中各加 5.0 mL 缓冲溶液,混匀,再各加 1.0 mL 硫代硫酸钠溶液,混匀,再加入 10.0 mL 双硫腙四氯化碳溶液,强烈振荡 4 min,静置分层。

注 1:加入硫代硫酸钠除有掩蔽干扰金属离子的作用外,同时也兼有还原剂的作用,保护双硫腙不被氧化。由于硫代硫酸钠也能与锌离子络合,因此标准系列中硫代硫酸钠溶液的用量与水样管一致。

注 2:充分振荡,因硫代硫酸钠是较强的络合剂,只有使锌从配合物$[Zn(S_2O_3)_2]^{2-}$中释放出来,才能被双硫腙四氯化碳溶液萃取。锌的释放比较缓慢,故振荡时间要保证 4 min,否则萃取不完全。为了使样品和标准的萃取率一致,振荡强度和次数保持一致。

8.2.5.4 用脱脂棉或卷细的滤纸擦去分液漏斗颈内的水,弃去最初放出的 2 mL~3 mL 有机相,收集随后流出的有机相于干燥的 10 mL 比色管内。

8.2.5.5 于 535 nm 波长,用 1 cm 比色皿,以四氯化碳为参比,测量样品和标准系列萃取液的吸光度。

8.2.5.6 绘制工作曲线,并查出样品管中锌的质量。

8.2.6 试验数据处理

按式(14)计算水样中锌的质量浓度:

$$\rho(Zn)=\frac{m}{V} \qquad \cdots\cdots(14)$$

式中:

$\rho(Zn)$ ——水样中锌的质量浓度,单位为毫克每升(mg/L);

m ——从工作曲线查得的样品管中锌的质量,单位为微克(μg);

V ——水样体积,单位为毫升(mL)。

8.2.7 精密度和准确度

16 个实验室测定含锌 39 μg/L 的合成水样,其他各金属离子质量浓度为:汞,5.1 μg/L;铜,26.5 μg/L;铁,150 μg/L;锰,130 μg/L;铅,5.4 μg/L。相对标准偏差为 14%,相对误差为 26%。

8.3 电感耦合等离子体发射光谱法

按 4.4 描述的方法测定。

8.4 电感耦合等离子体质谱法

按 4.5 描述的方法测定。

9 砷

9.1 氢化物原子荧光法

9.1.1 最低检测质量浓度

本方法最低检测质量为 0.5 ng,若取 0.5 mL 水样测定,则最低检测质量浓度为 1.0 μg/L。

9.1.2 原理

在酸性条件下,三价砷与硼氢化钠反应生成砷化氢,由载气(氩气)带入石英原子化器,受热分解为原子态砷。在特制砷空心阴极灯的照射下,基态砷原子被激发至高能态,在去活化回到基态时,发射出特征波长的荧光,在一定的浓度范围内,其荧光强度与砷含量成正比,与标准系列比较定量。

9.1.3 试剂

警示:三氧化二砷为剧毒化学品。

9.1.3.1 氢氧化钠溶液(2 g/L):称取 1 g 氢氧化钠溶于纯水中,稀释至 500 mL。

9.1.3.2 硼氢化钠溶液(20 g/L):称取硼氢化钠($NaBH_4$)10.0 g 溶于 500 mL 氢氧化钠溶液中,混匀。

9.1.3.3 盐酸(ρ_{20}=1.19 g/mL),优级纯。

9.1.3.4 盐酸溶液(5+95)。

9.1.3.5 硫脲-抗坏血酸溶液:称取 10.0 g 硫脲加约 80 mL 纯水,加热溶解,冷却后加入 10.0 g 抗坏血酸,稀释至 100 mL。

9.1.3.6 砷标准储备溶液[ρ(As)=0.1 mg/mL]:称取 0.132 0 g 经 105 ℃干燥 2 h 的三氧化二砷(As_2O_3)置于 50 mL 烧杯中,加入 10 mL 氢氧化钠(40 g/L)使之溶解,加 5 mL 盐酸(ρ_{20}=1.19 g/mL),转入 1 000 mL 容量瓶中用纯水定容至刻度,混匀。或使用有证标准物质。

9.1.3.7 砷标准中间溶液[ρ(As)=1.0 μg/mL]:吸取 5.00 mL 砷标准储备溶液于 500 mL 容量瓶中,用纯水定容至刻度。

9.1.3.8 砷标准使用溶液[ρ(As)=0.10 μg/mL]:吸取 10.00 mL 砷标准中间溶液于 100 mL 容量瓶中,用纯水定容至刻度。

9.1.4 仪器设备

9.1.4.1 原子荧光光度计。

9.1.4.2 砷空心阴极灯。

9.1.5 试验步骤

9.1.5.1 取 10 mL 水样于比色管中。

9.1.5.2 标准系列的配制:分别吸取砷标准使用溶液[ρ(As)=0.10 μg/mL] 0 mL、0.10 mL、0.30 mL、0.50 mL、0.70 mL、1.00 mL、2.00 mL 于比色管中,用纯水定容至 10 mL,使砷的质量浓度分别为 0 μg/L、1.0 μg/L、3.0 μg/L、5.0 μg/L、7.0 μg/L、10.0 μg/L、20.0 μg/L。

9.1.5.3 分别向水样、空白及标准溶液管中加入 1 mL 盐酸(ρ_{20}=1.19 g/mL)、1.0 mL 硫脲-抗坏血酸溶液,混匀。

9.1.5.4 仪器条件(参考):砷灯电流:45 mA;负高压:305 V;原子化器高度:8.5 mm;载气流量:500 mL/min;屏蔽气流量:1 000 mL/min;进样体积:0.5 mL;载流:盐酸溶液(5+95)。

9.1.5.5 测定:开机,设定仪器最佳条件,点燃原子化器炉丝,稳定 30 min 后开始测定,绘制标准曲线、计算回归方程($Y=bX+a$)。

9.1.6 试验数据处理

以所测样品的荧光强度,从标准曲线或回归方程中查得样品溶液中砷质量浓度(μg/L)。

9.1.7 精密度和准确度

4个实验室测定含一定浓度砷的水样,测定8次,其相对标准偏差均小于4.9%,在水样中加入5.0 μg/L~70.0 μg/L的砷标准溶液,其回收率为85.7%~113%。

9.2 二乙氨基二硫代甲酸银分光光度法

9.2.1 最低检测质量浓度

本方法最低检测质量为0.5 μg。若取50 mL水样测定,则最低检测质量浓度为0.01 mg/L。

钴、镍、汞、银、铂、铬和钼可干扰砷化氢的发生,但生活饮用水中这些离子通常存在的量不产生干扰。

水中锑的含量超过0.1 mg/L时对测定有干扰。用本方法测定砷的水样不宜用硝酸保存。

9.2.2 原理

锌与酸作用产生新生态氢。在碘化钾和氯化亚锡存在下,使五价砷还原为三价砷。三价砷与新生态氢生成砷化氢气体。通过用乙酸铅棉花去除硫化氢的干扰,然后与溶于三乙醇胺-三氯甲烷中的二乙氨基二硫代甲酸银作用,生成棕红色的胶态银,比色定量。

9.2.3 仪器设备

9.2.3.1 砷化氢发生器,见图1。

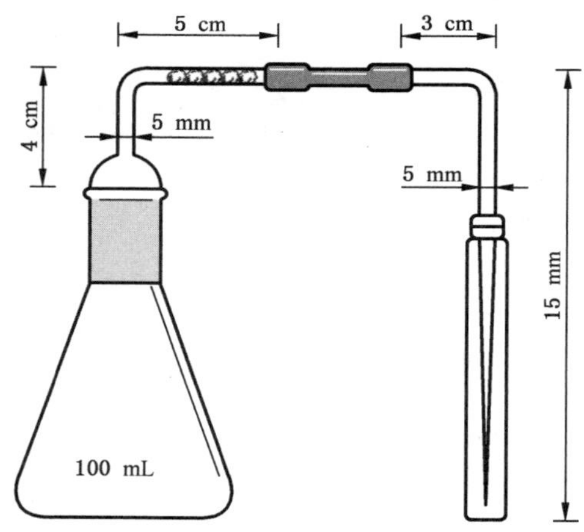

图1 砷化氢发生瓶及吸收管

9.2.3.2 分光光度计。

9.2.4 试剂

9.2.4.1 三氯甲烷。

9.2.4.2 无砷锌粒。

9.2.4.3 硫酸溶液(1+1)。

9.2.4.4 碘化钾溶液(150 g/L):称取 15 g 碘化钾(KI),溶于纯水中并稀释至 100 mL,储于棕色瓶内。

9.2.4.5 氯化亚锡溶液(400 g/L):称取 40 g 二水合氯化亚锡($SnCl_2 \cdot 2H_2O$),溶于 40 mL 盐酸(ρ_{20}=1.19 g/L)中,并加纯水稀释至 100 mL,投入数粒金属锡粒。

9.2.4.6 乙酸铅棉花:将脱脂棉浸入乙酸铅溶液(100 g/L)中,2 h 后取出,让其自然干燥。

9.2.4.7 吸收溶液:称取 0.25 g 二乙氨基二硫代甲酸银($C_5H_{10}NS_2 \cdot Ag$),研碎后用少量三氯甲烷溶解,加入 1.0 mL 三乙醇胺[$N(CH_2CH_2OH)_3$],再用三氯甲烷稀释到 100 mL。必要时,静置,过滤至棕色瓶内,储存于冰箱中。本试剂溶液中二乙氨基二硫代甲酸银浓度以 2.0 g/L~2.5 g/L 为宜,浓度过低将影响测定的灵敏度及重现性。溶解性不好的试剂应更换。实验室制备的试剂具有很好的溶解度。制备方法:分别溶解 1.7 g 硝酸银、2.3 g 二乙氨基二硫代甲酸钠于 100 mL 纯水中,冷却到 20 ℃以下,缓缓搅拌混合。过滤生成的柠檬黄色银盐沉淀,用冷的纯水洗涤沉淀数次,置于干燥器中,避光保存。

9.2.4.8 砷标准储备溶液[$\rho(As)$=1 mg/mL]:称取 0.660 0 g 经 105 ℃干燥 2 h 的三氧化二砷(As_2O_3),溶于 5 mL 氢氧化钠溶液(200 g/L)中。用酚酞作指示剂,以硫酸溶液(1+17)中和到中性后,再加入 15 mL 硫酸溶液(1+17),转入 500 mL 容量瓶,加纯水至刻度。

9.2.4.9 砷标准使用溶液[$\rho(As)$=1 μg/mL]:吸取砷标准储备溶液 10.00 mL,置于 100 mL 容量瓶中,加纯水至刻度,混匀。临用时,吸取此溶液 10.00 mL,置于 1 000 mL 容量瓶中,加纯水至刻度,混匀。

9.2.5 试验步骤

9.2.5.1 吸取 50.0 mL 水样,置于砷化氢发生瓶中。

9.2.5.2 另取砷化氢发生瓶 8 个,分别加入砷标准使用溶液[$\rho(As)$=1 μg/mL] 0 mL、0.50 mL、1.00 mL、2.00 mL、3.00 mL、5.00 mL、7.00 mL 和 10.00 mL,各加纯水至 50 mL。

9.2.5.3 向水样和标准系列中各加 4 mL 硫酸溶液(1+1)、2.5 mL 碘化钾溶液及 2 mL 氯化亚锡溶液,混匀,放置 15 min。

9.2.5.4 于各吸收管中分别加入 5.0 mL 吸收溶液,插入塞有乙酸铅棉花的导气管。迅速向各发生瓶中倾入预先称好的 5 g 无砷锌粒,立即塞紧瓶塞,勿使漏气。在室温(低于 15 ℃时可置于 25 ℃温水浴中)反应 1 h,最后用三氯甲烷将吸收液体积补足到 5.0 mL。在 1 h 内于 515 nm 波长,用 1 cm 比色皿,以三氯甲烷为参比,测定吸光度。

注:颗粒大小不同的锌粒在反应中所需酸量不同,一般为 4 mL~10 mL,需在使用前用标准溶液进行预试验,以选择适宜的酸量。

9.2.5.5 绘制工作曲线,从曲线上查出水样中砷的质量。

9.2.6 试验数据处理

按式(15)计算水样中砷(以 As 计)的质量浓度:

$$\rho(As)=\frac{m}{V} \qquad \cdots\cdots(15)$$

式中:

$\rho(As)$ ——水样中砷(以 As 计)的质量浓度,单位为毫克每升(mg/L);

m ——从工作曲线上查得的水样管中砷(以 As 计)的质量,单位为微克(μg);

V ——水样体积,单位为毫升(mL)。

9.2.7 精密度和准确度

有 54 个实验室用本方法测定含砷 61 μg/L 的合成水样。其他成分的质量浓度分别为:铝:435 μg/L;铍:183 μg/L;镉:27 μg/L;铬:65 μg/L;钴:96 μg/L;铜:37 μg/L;铁:78 μg/L;铅:113 μg/L;锰:47 μg/L;汞:414 μg/L;镍:96 μg/L;硒:16 μg/L;钒:470 μg/L;锌:26 μg/L。测定砷的

相对标准偏差为20%,相对误差为13%。

9.3 锌-硫酸系统新银盐分光光度法

9.3.1 最低检测质量浓度

本方法最低检测质量为0.2 μg砷,若取50 mL水样测定,则最低检测质量浓度为0.004 mg/L。

汞、银、铬、钴等离子可抑制砷化氢的生成,产生负干扰,锑含量高于0.1 mg/L可产生正干扰。但生活饮用水及其水源水中这些离子的含量极微或不存在,不会产生干扰。硫化物的干扰可用乙酸铅棉花除去。

9.3.2 原理

水中砷在碘化钾、氯化亚锡、硫酸和锌作用下还原为砷化氢气体,并与吸收液中银离子反应,在聚乙烯醇的保护下形成单质胶态银,呈黄色溶液,可比色定量。

9.3.3 仪器设备

9.3.3.1 砷化氢发生器,见图1。

9.3.3.2 分光光度计。

9.3.4 试剂

除下列试剂外,其他见9.2.4。

9.3.4.1 乙醇[$\varphi(C_2H_5OH)=95\%$]。

9.3.4.2 硝酸-硝酸银溶液:称取2.50 g硝酸银于250 mL棕色容量瓶中,用少量纯水溶解后,加5 mL硝酸($\rho_{20}=1.42$ g/mL),用纯水定容。现用现配。

9.3.4.3 聚乙烯醇溶液(4 g/L):称取0.80 g聚乙烯醇(聚合度为1 750±50)于烧杯中,加200 mL纯水加热并不断搅拌至完全溶解后,盖上表面皿,微热煮沸10 min,冷却后使用。当天配制。

9.3.4.4 砷化氢吸收液:将硝酸-硝酸银溶液、聚乙烯醇溶液及乙醇按1+1+2体积比混合,充分摇匀后使用,现用现配。

9.3.4.5 砷标准使用溶液[$\rho(As)=0.5$ μg/mL]:取砷标准储备溶液[$\rho(As)=1$ mg/mL],用纯水适当稀释为$\rho(As)=0.5$ μg/mL的标准使用溶液。

9.3.5 试验步骤

9.3.5.1 吸取50 mL水样于砷化氢发生瓶中。

9.3.5.2 另取8个砷化氢反应瓶,分别加入砷标准使用溶液0 mL、0.40 mL、1.00 mL、2.00 mL、3.00 mL、4.00 mL、5.00 mL和6.00 mL,并加纯水至50 mL。

9.3.5.3 向水样及标准系列各管中加4 mL~10 mL硫酸溶液(1+1)、2.5 mL碘化钾溶液(150 g/L)及2 mL氯化亚锡溶液(400 g/L),混匀,放置15 min。

注:硫酸用量因锌粒大小而异,可在使用前通过预试验确定。

9.3.5.4 于吸收管中分别加入4 mL砷化氢吸收液。连接好吸收装置后,迅速向各反应瓶投入预先称好的5 g锌粒立即塞紧瓶塞,在室温下反应1 h。

9.3.5.5 于400 nm波长,用1 cm比色皿,以吸收液为参比,测量吸光度。

9.3.5.6 绘制工作曲线,从曲线上查出水样管中砷的质量。

9.3.6 试验数据处理

按式(16)计算水样中砷(以As计)的质量浓度:

$$\rho(\mathrm{As})=\frac{m}{V} \qquad \cdots\cdots (16)$$

式中：

ρ(As) ——水样中砷(以 As 计)的质量浓度，单位为毫克每升(mg/L)；

m ——从工作曲线上查得的水样管中砷(以 As 计)的质量，单位为微克(μg)；

V ——水样体积，单位为毫升(mL)。

9.3.7 精密度和准确度

6 个实验室测定 0.5 μg 及 2.5 μg 砷，批内相对标准偏差分别为 3.2%～7.2% 及 2.7%～4.9%，批间相对标准偏差分别为 8.5%～14% 及 4.3%～8.1%。6 个实验室向 50 mL 水样中加入 1 μg 及 3 μg 的砷标准，平均回收率为 92%～100%。

9.4 电感耦合等离子体质谱法

按 4.5 描述的方法测定。

9.5 液相色谱-电感耦合等离子体质谱法

9.5.1 最低检测质量浓度

本方法中的三价砷[As(Ⅲ)]、五价砷[As(Ⅴ)]最低检测质量均为 50 pg，进样量 50 μL 时，本方法测定三价砷、五价砷的最低检测质量浓度分别为：1 μg/L、1 μg/L。

9.5.2 原理

利用高效液相色谱分离水中三价砷[As(Ⅲ)]、五价砷[As(Ⅴ)]。样品经反相色谱柱分离后，用电感耦合等离子体质谱仪测定，根据不同砷形态的质荷比和保留时间进行定性，外标法定量。

9.5.3 试剂或材料

除非另有说明，本方法所用试剂均为分析纯，实验用水为 GB/T 6682 规定的一级水。

9.5.3.1 甲醇：色谱纯。

9.5.3.2 磷酸二氢钾(KH_2PO_4)。

9.5.3.3 四丁基氢氧化铵($C_{16}H_{37}NO$)：质量浓度含量 10%。

9.5.3.4 硝酸(ρ_{20}=1.42 g/mL)，优级纯。

9.5.3.5 氨水(ρ_{20}=0.88 g/mL)。

9.5.3.6 质谱调谐液：选择与仪器匹配的调谐液，推荐选用锂(Li)、钇(Y)、铈(Ce)、铊(Tl)、钴(Co)为质谱调谐液，混合溶液浓度为 10 ng/mL。

9.5.3.7 As(Ⅴ)标准物质(ρ=100 mg/L)：砷酸根有证标准物质，以砷(As)计。

9.5.3.8 As(Ⅲ)标准物质(ρ=100 mg/L)：亚砷酸根有证标准物质，以砷(As)计。

9.5.3.9 高纯氩气。

9.5.3.10 0.45 μm 水相微孔滤膜。

9.5.3.11 As(Ⅴ)标准储备溶液：准确量取 1 000 μL As(Ⅴ)标准物质于 10 mL 容量瓶中，用水稀释并定容至 10 mL，配制 10.0 mg/L As(Ⅴ)标准储备溶液，于 0 ℃～4 ℃冷藏避光保存，有效期 1 个月。

9.5.3.12 As(Ⅲ)标准储备溶液：准确量取 1 000 μL As(Ⅲ)标准物质于 10 mL 容量瓶中，用水稀释并定容至 10 mL，配制 10.0 mg/L As(Ⅲ)标准储备溶液，于 0 ℃～4 ℃冷藏避光保存，有效期 1 个月。

9.5.3.13 As(Ⅲ)、As(Ⅴ)混合标准使用溶液：准确量取 1.00 mL As(Ⅴ)标准储备溶液(10.0 mg/L)、1.00 mL As(Ⅲ)标准储备溶液(10.0 mg/L)于 10 mL 容量瓶中，用水稀释并定容至 10 mL，配制

1.00 mg/L As(V)、1.00 mg/L As(Ⅲ)混合标准使用溶液。现用现配。

9.5.4 仪器设备

9.5.4.1 电感耦合等离子体质谱仪。

9.5.4.2 液相色谱分离系统,配柱温箱、自动进样器。

9.5.4.3 C_8 反相色谱柱(柱长 150 mm～250 mm,内径 4.6 mm,粒径 5 μm)或其他等效色谱柱。

9.5.4.4 容量瓶:10 mL 和 1 000 mL。

9.5.4.5 微量注射器:100 μL 和 1 000 μL。

9.5.5 样品

9.5.5.1 水样的采集和保存

用聚乙烯瓶采集样品,采样前应先用水样荡洗采样器、容器和塞子 2 次～3 次,采样量 0.5 L。样品采集后尽快测定,如无法立即测定,可 0 ℃～4 ℃冷藏保存 5 d。若采样时用浓硝酸调节 pH≤2,可 0 ℃～4 ℃冷藏保存 7 d。

注:在进样前需要将水样 pH 调至弱酸性或中性,以防 pH 值过低损坏色谱柱。

9.5.5.2 样品处理

取 100 mL 水样,经 0.45 μm 水相微孔滤膜过滤后置于进样瓶中。若样品浑浊度较高,可离心后取上清液进行过滤。

注:水样在保存过程中可能会发生 As(Ⅲ)和 As(Ⅴ)的相互转化,采集水样后尽快完成检测。在进样前,将水样 pH 调节在色谱柱 pH 耐受范围内。

9.5.6 试验步骤

9.5.6.1 仪器参考条件

9.5.6.1.1 液相色谱参考条件

流动相:含 1.5 mmol/L 磷酸二氢钾、质量浓度含量 0.01% 四丁基氢氧化铵、5%甲醇的水溶液,pH 5.5。配制方法为准确称量 0.205 g 磷酸二氢钾,溶解于纯水中,加入 1 000 μL 四丁基氢氧化铵、50 mL甲醇,用纯水定容至 1 000 mL,调节 pH 为 5.5。

流速:1.4 mL/min。

进样量:50 μL。

洗脱方式:等度洗脱。

柱温:30 ℃。

9.5.6.1.2 电感耦合等离子体质谱仪参考条件

射频功率:1 000 W～1 600 W,由于不同品牌规格的仪器存在差异性,射频功率设定值应根据仪器特性进行调节确定。

载气流量:1.14 L/min。

分析时间:6 min。

分析物质量数:75。

仪器调谐:使用质谱调谐液调整仪器各项指标,使仪器灵敏度、氧化物、双电荷、分辨率等指标达到测定要求。

注:质谱干扰可参考 4.5.8.1。

9.5.6.2 标准曲线的绘制

9.5.6.2.1 As(Ⅲ)、As(Ⅴ)混合标准系列：用微量注射器分别准确移取 0 μL、10 μL、50 μL、100 μL、200 μL、500 μL 和 1 000 μL 混合标准使用溶液至 10 mL 容量瓶中，以水定容至刻度，得到质量浓度分别为 0 μg/L、1 μg/L、5 μg/L、10 μg/L、20 μg/L、50 μg/L 和 100 μg/L 的混合标准系列溶液。现用现配。

9.5.6.2.2 标准系列进样量 50 μL，分别测得 As(Ⅲ)、As(Ⅴ)的峰面积。以峰面积为纵坐标，质量浓度(μg/L)为横坐标，分别绘制 As(Ⅲ)、As(Ⅴ)的标准曲线。标准曲线浓度范围应覆盖样品浓度范围的至少 6 个浓度点，曲线相关系数大于 0.999。

注：鉴于水源水及生活饮用水中砷含量相对较低，可适当缩小标准曲线范围。

9.5.6.3 样品测试

9.5.6.3.1 实际样品测定条件与标准曲线测定条件保持一致，直接进样上机测定。

9.5.6.3.2 As(Ⅲ)、As(Ⅴ)的色谱图见图 2。

注：不同品牌的仪器及色谱柱条件下，As(Ⅲ)、As(Ⅴ)保留时间具有差异性，检测人员采用单一标准物质进行检测确认保留时间；若仪器不具有柱温箱，尽量保持相对稳定的室内温度，保留时间偏移时，加标确认。

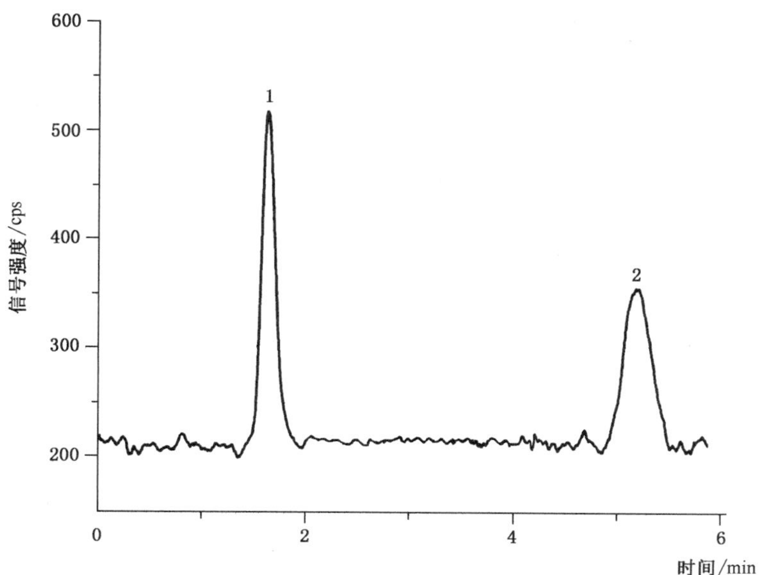

标引序号说明：

1——As(Ⅲ)；

2——As(Ⅴ)。

图 2 As(Ⅲ)、As(Ⅴ)色谱图(1 μg/L)

9.5.6.3.3 定性分析：根据 As(Ⅲ)、As(Ⅴ)的保留时间进行定性分析。

9.5.6.3.4 定量分析：外标法。测得样品目标物的峰面积，根据标准曲线计算样品中 As(Ⅲ)、As(Ⅴ)的质量浓度。

注：试验中产生的废液集中收集，并做好相应标识，委托有资质的单位进行处理。

9.5.6.3.5 每批样品(≤20 个/批)至少做一个空白试验，即实验室空白，如果有目标化合物检出，应查明原因；每批样品应进行不少于 10%的平行样品测定，其相对偏差允许值参考 GB/T 5750.3—2023中 7.2 的要求；每批样品应进行不少于 10%的基体加标测定，其加标回收率范围在80%～120%。

9.5.7 试验数据处理

以样品中各元素的信号强度(CPS),从标准曲线中查得样品中各元素的质量浓度(μg/L 或者 mg/L)。水样中目标化合物的质量浓度计算见式(17):

$$\rho=\frac{A-b}{k} \qquad \cdots\cdots(17)$$

式中:

ρ——水样中目标化合物的质量浓度(μg/L);

A——水样中目标化合物对应的峰面积;

b——标准曲线的截距;

k——标准曲线的斜率。

测定结果位数的保留与测定下限一致,最多保留三位有效数字。

9.5.8 精密度和准确度

4 个实验室对纯水进行低(1 μg/L～5 μg/L)、中(20 μg/L～30 μg/L)、高(50 μg/L～100 μg/L)浓度的加标回收试验,重复测定 6 次。As(Ⅲ)的加标回收率范围为 87.8%～99.7%,相对标准偏差为 0.5%～6.0%;As(Ⅴ)的回收率范围为 93.4%～99.7%,相对标准偏差为 0.5%～7.8%。

4 个实验室对生活饮用水进行低(1 μg/L～5 μg/L)、中(20 μg/L～30 μg/L)、高(50 μg/L～100 μg/L)浓度的加标回收试验,重复测定 6 次。As(Ⅲ)的加标回收率范围为 83.0%～104%,相对标准偏差为 0.7%～7.0%;As(Ⅴ)的回收率范围为 95.5%～105%,相对标准偏差为 0.6%～9.2%。

4 个实验室对水源水进行低(1 μg/L～5 μg/L)、中(20 μg/L～30 μg/L)、高(50 μg/L～100 μg/L)浓度的加标回收试验,重复测定 6 次。As(Ⅲ)的加标回收率范围为:83.8%～101%,相对标准偏差为 0.3%～6.7%;As(Ⅴ)的回收率范围为:84.5%～105%,相对标准偏差为 0.6%～6.2%。

9.6 液相色谱-原子荧光法

9.6.1 最低检测质量浓度

本方法的最低检测质量浓度(以 As 计)为:亚砷酸根 1 μg/L、砷酸根 2 μg/L、一甲基砷 2 μg/L、二甲基砷 2 μg/L。

9.6.2 原理

水源水经离心、过滤,生活饮用水直接过滤后进样,待测砷形态经液相色谱分离后在酸性介质下与还原剂硼氢化钠($NaBH_4$)或硼氢化钾(KBH_4)反应,生成气态砷化合物,以原子荧光光谱仪进行测定。以保留时间定性,外标法定量。

9.6.3 试剂或材料

警示:三氧化二砷为剧毒化学品。

除非另有说明,本方法所用试剂均为分析纯,实验用水为 GB/T 6682 规定的一级水。

9.6.3.1 盐酸(ρ_{20}=1.19 g/mL)。

9.6.3.2 硝酸(ρ_{20}=1.42 g/mL)。

9.6.3.3 氢氧化钠(NaOH)。

9.6.3.4 氢氧化钾(KOH)。

9.6.3.5 氢氧化钾溶液(100 g/L):称取 1.0 g 氢氧化钾,加水溶解,并稀释至 10 mL。

9.6.3.6 硼氢化钠($NaBH_4$)。

9.6.3.7 磷酸二氢铵($NH_4H_2PO_4$)。

9.6.3.8 氨水(ρ_{20}=0.91 g/mL)。

9.6.3.9 标准物质:三氧化二砷(As_2O_3)标准品,纯度≥99.5%;砷酸二氢钾(KH_2AsO_4),纯度≥99.5%;一甲基砷酸钠(CH_4AsNaO_3),纯度≥99.5%;二甲基砷酸($C_2H_7AsO_4$),纯度≥99.5%。

9.6.3.10 0.45 μm 水相微孔滤膜。

9.6.3.11 载流[盐酸溶液(12+88)]:量取 120 mL 盐酸,溶于水并稀释至 1 000 mL。

9.6.3.12 还原剂(20 g/L 硼氢化钠溶液和 3.0 g/L 氢氧化钠溶液):称取 3.0 g 氢氧化钠溶解于约 800 mL 水中混匀,加入 20 g 硼氢化钠,用水稀释至 1 000 mL,混匀。现用现配。

9.6.3.13 流动相(40 mmol/L 磷酸二氢铵溶液):称取 4.601 2 g 磷酸二氢铵溶解于 1 000 mL 水中,用氨水溶液(4+6)调节 pH 至 6.0,经 0.45 μm 水相微孔滤膜过滤后,超声脱气 15 min,备用。

9.6.3.14 亚砷酸根[As(Ⅲ)]标准储备溶液(100 mg/L,以 As 计):准确称取三氧化二砷 0.013 2 g,加 1 mL氢氧化钾溶液(100 g/L)和少量水溶解,转入 100 mL 容量瓶中,加入适量盐酸调整其酸度近中性,加水稀释至刻度。0 ℃~4 ℃冷藏保存,保存期一年。或使用有证标准物质。

9.6.3.15 砷酸根[As(Ⅴ)]标准储备溶液(100 mg/L,以 As 计):准确称取砷酸二氢钾 0.024 0 g,加水溶解,转入 100 mL 容量瓶中并用水稀释定容至刻度。0 ℃~4 ℃冷藏保存,保存期一年。或使用有证标准物质。

9.6.3.16 一甲基砷(MMA)标准储备溶液(100 mg/L,以 As 计):准确称取一甲基砷酸钠 0.021 6 g,加水溶解,转入 100 mL 容量瓶中并用水稀释定容至刻度。0 ℃~4 ℃冷藏保存,保存期一年。或使用有证标准物质。

9.6.3.17 二甲基砷(DMA)标准储备溶液(100 mg/L,以 As 计):准确称取二甲基砷酸 0.022 7 g,加水溶解,转入 100 mL 容量瓶中并用水稀释定容至刻度。0 ℃~4 ℃冷藏保存,保存期一年。或使用有证标准物质。

9.6.3.18 砷形态化合物单标标准中间储备溶液(1.00 mg/L,以 As 计):依次准确吸取 1.0 mL 亚砷酸根标准储备溶液(100 mg/L)、1.0 mL 砷酸根标准储备溶液(100 mg/L)、1.0 mL 一甲基砷标准储备溶液(100 mg/L)、1.0 mL 二甲基砷标准储备溶液(100 mg/L)于 4 个 100 mL 容量瓶中,加水稀释并定容至刻度,配制成质量浓度均为 1.00 mg/L 的砷形态单标标准中间储备溶液,可 0 ℃~4 ℃冷藏保存一个月。

9.6.3.19 四种砷形态混合标准溶液(100 μg/L,以 As 计):分别准确吸取 1.00 mL 亚砷酸根、砷酸根、一甲基砷、二甲基砷标准中间储备溶液(1.00 mg/L)于 10 mL 容量瓶中,加水稀释并定容至刻度,混匀。现用现配。

9.6.4 仪器设备

玻璃器皿均需以硝酸溶液(25+75)浸泡 24 h,用水反复冲洗,最后用水冲洗干净。

9.6.4.1 液相色谱-原子荧光联用仪。

9.6.4.2 pH 计(精度 0.01)。

9.6.4.3 天平:分辨力不低于 0.01 mg。

9.6.4.4 离心机:转速≥8 000 r/min。

9.6.4.5 纯水制备仪。

9.6.4.6 超声波清洗仪。

9.6.5 样品

9.6.5.1 水样的采集和保存

用聚乙烯瓶或硬质玻璃瓶采集样品,采样前应先用水样荡洗采样器、容器和塞子 2 次~3 次,采样量应大于0.1 L。样品采集后尽快测定,如无法立即测定,可0 ℃～4 ℃冷藏保存5 d。若采样时用硝酸调节pH≤2,可0 ℃～4 ℃冷藏保存7 d。

9.6.5.2 样品处理

水源水需经8 000 r/min离心10 min,取一定量的上清液用0.45 μm水相微孔滤膜过滤于进样瓶中;出厂水和末梢水直接用0.45 μm水相微孔滤膜过滤于进样瓶中。

9.6.6 试验步骤

9.6.6.1 仪器参考条件

9.6.6.1.1 液相色谱参考条件

色谱柱:阴离子交换色谱柱(250 mm×4.1 mm),或等效色谱柱。阴离子交换色谱保护柱(柱长10 mm,内径4.1 mm),或等效色谱柱。流动相:40 mmol/L磷酸二氢铵溶液。洗脱方式:等度洗脱,流速:1.0 mL/min。进样体积:100 μL。

9.6.6.1.2 原子荧光检测参考条件

光电倍增管负高压:320 V;砷空心阴极灯电流:100 mA;辅阴极灯电流:50 mA;原子化方式:火焰原子化;氩载气流量:300 mL/min;氩屏蔽气流量:900 mL/min;还原剂:20 g/L硼氢化钠溶液和3.0 g/L氢氧化钠溶液;载流:盐酸溶液(12+88)。

9.6.6.2 校准

9.6.6.2.1 标准溶液配制

砷形态混合标准使用系列溶液(0 μg/L～20.0 μg/L,以As计):分别准确吸取一定量的砷形态混合标准溶液(100 μg/L,以As计),用纯水分别稀释成0 μg/L、2.00 μg/L、4.00 μg/L、6.00 μg/L、8.00 μg/L、10.0 μg/L、15.0 μg/L、20.0 μg/L的砷形态混合标准系列使用溶液,现用现配。

注:可根据样品中各砷形态的实际浓度适当调整标准系列溶液中各砷形态的浓度。

9.6.6.2.2 色谱图

色谱图见图3。

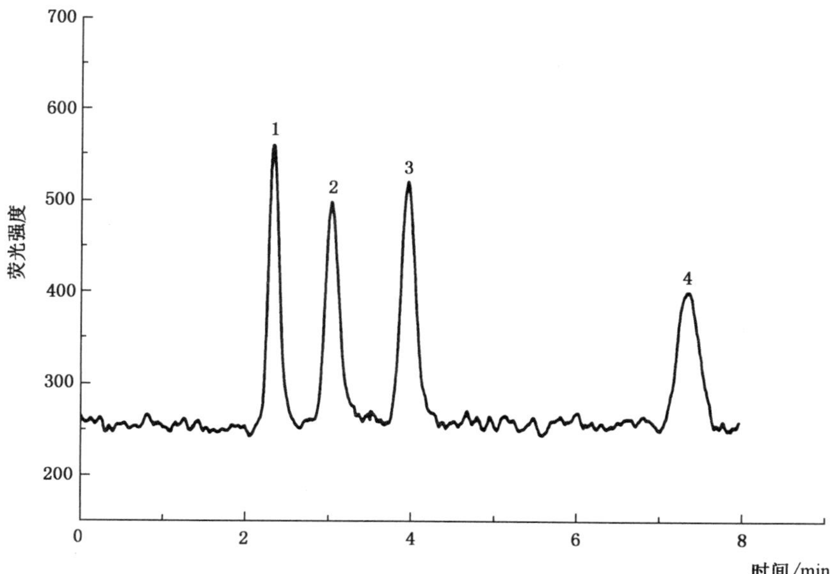

标引序号说明：

1——亚砷酸根；

2——二甲基砷；

3——一甲基砷；

4——砷酸根。

图 3 砷形态化合物标准溶液(质量浓度均为 10 μg/L)色谱图

9.6.7 试验数据处理

9.6.7.1 定性分析

根据标准色谱图组分的保留时间，确定被测组分。

9.6.7.2 定量分析

以样品峰面积或峰高从各自标准曲线上查出各砷形态的质量浓度，按式(18)计算水样中各砷形态化合物的质量浓度：

$$X_i = \frac{C_i - C_0}{1\ 000} \qquad \cdots\cdots(18)$$

式中：

X_i——试样中砷形态化合物的质量浓度(以 As 计)，单位为毫克每升(mg/L)；

C_i——由标准曲线查得的试样溶液中砷形态化合物的质量浓度(以 As 计)，单位为微克每升(μg/L)；

C_0——空白中砷形态化合物的质量浓度(以 As 计)，单位为微克每升(μg/L)。

无机砷含量等于亚砷酸根含量与砷酸根含量的加和(以 As 计)。

注：当样品中砷形态质量浓度小于 0.010 mg/L 时，结果保留两位有效数字，当大于或等于 0.010 mg/L 时，结果保留三位有效数字。

9.6.8 精密度和准确度

6 个实验室对生活饮用水进行浓度为 5 μg/L～20 μg/L 的低、中、高三个浓度水平的加标回收及精密度试验。亚砷酸根的加标回收率范围为:80.3%~111%,相对标准偏差范围为:0.76%~7.4%;砷酸根的加标回收率范围为:81.5%~113%,相对标准偏差范围为:1.2%~6.9%;一甲基砷的回收率范围为:81.8%~107%,相对标准偏差范围为:0.61%~8.9%;二甲基砷的加标回收率范围为:84.5%~107%,相对标准偏差范围为:0.36%~5.9%。

6个实验室对水源水进行浓度为5 μg/L~20 μg/L的低、中、高三个浓度水平的加标回收及精密度试验。亚砷酸根的加标回收率范围为:77.7%~114%,相对标准偏差范围为:0.84%~7.0%;砷酸根的加标回收率范围为:81.5%~109%,相对标准偏差范围为:0.58%~9.3%;一甲基砷的加标回收率范围为:78.5%~104%,相对标准偏差范围为:0.44%~9.5%;二甲基砷的加标回收率范围为:84.5%~109%,相对标准偏差范围为:0.35%~9.3%。

生活饮用水进行加标回收试验时,水样中的余氯可能造成亚砷酸根缓慢向砷酸根转化,加标样现配现测,或者以无机砷(亚砷酸根含量与砷酸根含量的加和)来计算亚砷酸根和砷酸根的加标回收率。

10 硒

10.1 氢化物原子荧光法

10.1.1 最低检测质量浓度

本方法最低检测质量为0.5 ng,若取0.5 mL水样测定,则最低检测质量浓度为0.4 μg/L。

10.1.2 原理

在盐酸介质中以硼氢化钠($NaBH_4$)或硼氢化钾(KBH_4)作还原剂,将硒还原成硒化氢(SeH_4),由载气(氩气)带入原子化器中进行原子化,在硒空心阴极灯照射下,基态硒原子被激发至高能态,在去活化回到基态时,发射出特征波长的荧光,在一定浓度范围内其荧光强度与硒含量成正比。与标准系列比较定量。

10.1.3 试剂

10.1.3.1 硝酸+高氯酸混合酸(1+1):将硝酸(ρ_{20}=1.42 g/mL,优级纯)与高氯酸(ρ_{20}=1.68 g/mL,优级纯)等体积混合。

10.1.3.2 盐酸(ρ_{20}=1.19 g/mL):优级纯。

10.1.3.3 盐酸溶液(5+95):取25 mL盐酸,用纯水稀释至500 mL。

10.1.3.4 盐酸溶液(1+1)。

10.1.3.5 氢氧化钠溶液(2 g/L):称取1 g氢氧化钠溶于纯水中,稀释至500 mL。

10.1.3.6 硼氢化钠溶液[$\rho(NaBH_4)$=20 g/L]:称取硼氢化钠10.0 g溶于氢氧化钠溶液500 mL,混匀。

10.1.3.7 铁氰化钾溶液(100 g/L):称取10.0 g铁氰化钾,溶于100 mL蒸馏水中,混匀。

10.1.3.8 硒标准储备溶液[ρ(Se)=100.0 μg/mL]:精确称取100.0 mg硒(光谱纯),溶于少量硝酸中,加2 mL高氯酸(ρ_{20}=1.68 g/mL,优级纯),置沸水浴中加热3 h~4 h冷却后再加8.4 mL盐酸,再置沸水浴中煮2 min,用纯水定容至1 000 mL。或使用有证标准物质。

10.1.3.9 硒标准中间溶液[ρ(Se)=1.0 μg/mL]:取5.0 mL硒标准储备溶液于500 mL容量瓶中,用纯水定容至刻度。

10.1.3.10 硒标准使用溶液[ρ(Se)=0.10 μg/mL]:取10.0 mL硒标准中间溶液于100 mL容量瓶中,用纯水定容至刻度。

10.1.4 仪器设备

10.1.4.1 原子荧光光度计。

10.1.4.2 硒空心阴极灯。

10.1.5 试验步骤

10.1.5.1 样品预处理

取 25 mL 水样加入 2.5 mL 硝酸-高氯酸混合酸，在电热板上加热消解。当溶液冒有白烟时，取下冷却，再加入 2.5 mL 盐酸溶液(1+1)，继续加热至溶液冒有白烟时完全将六价硒还原成四价硒。取下冷却，用纯水转移至比色管中，用纯水定容至 10 mL。同时做空白试验。

10.1.5.2 制备标准系列

分别吸取硒标准使用溶液 0 mL、0.10 mL、0.50 mL、1.00 mL、3.00 mL、5.00 mL 于比色管中，用纯水定容至 10 mL，使硒的质量浓度分别为 0.0 μg/L、1.0 μg/L、5.0 μg/L、10.0 μg/L、30.0 μg/L、50.0 μg/L。在标准曲线溶液和样品溶液中分别加入 1 mL 盐酸(ρ_{20}=1.19 g/mL)、1 mL 铁氰化钾溶液，混匀。

10.1.5.3 测定参考条件

负高压：340 V；灯电流：70 mA；炉高：8 mm；载气流量：500 mL/min；屏蔽气流量：1 000 mL/min；测量方式：标准曲线法；读数方式：峰面积；延迟时间：1 s；读数时间：12 s；进样体积：0.5 mL；载流：盐酸溶液(5+95)。

10.1.5.4 测定

开机，设定仪器最佳条件，点燃原子化器炉丝，稳定 30 min 后开始测定，绘制标准曲线、计算回归方程($Y=bX+a$)。

以所测样品的荧光强度，从标准曲线或回归方程中查得样品消化溶液中硒元素的质量浓度(μg/L)。

10.1.6 试验数据处理

按式(19)计算水样中硒的质量浓度：

$$\rho(\mathrm{Se})=\frac{\rho\times 10}{25\times 1\ 000} \qquad \cdots\cdots(19)$$

式中：

$\rho(\mathrm{Se})$——样品中硒的质量浓度，单位为毫克每升(mg/L)；

ρ ——样品消解液测定浓度，单位为微克每升(μg/L)。

10.1.7 精密度和准确度

3 个实验室测定含硒 5.0 μg/L～80.0 μg/L 的水样，测定 8 次，其相对标准偏差均小于 5.0%，在水样中加入 10.0 μg/L～80.0 μg/L 的硒标准溶液，回收率为 85.0%～116%。

10.2 二氨基萘荧光法

10.2.1 最低检测质量浓度

本方法最低检测质量为 0.005 μg，若取 20 mL 水样测定，则最低检测质量浓度为 0.25 μg/L。

20 mL 水样中分别存在下列含量的元素不干扰测定：砷，30 μg；铍，27 μg；镉，5 μg；钴，30 μg；铬，30 μg；铜，35 μg；汞，1.0 μg；铁，100 μg；铅，50 μg；锰，40 μg；镍，20 μg；钒，100 μg 和锌，50 μg。

10.2.2 原理

2,3-二氨基萘在 pH 1.5～pH 2.0 溶液中，选择性地与四价硒离子反应生成苯并[c]硒二唑化合物绿色荧光物质，由环己烷萃取，产生的荧光强度与四价硒含量成正比。水样需先经硝酸-高氯酸混合酸消化，将四价以下的无机和有机硒氧化为四价硒，再经盐酸消化，将六价硒还原为四价硒，然后测定总硒含量。

10.2.3 试剂

10.2.3.1 高氯酸(ρ_{20}=1.67 g/mL)。

10.2.3.2 盐酸(ρ_{20}=1.19 g/mL)。

10.2.3.3 盐酸溶液[c(HCl)=0.1 mol/L]：取 8.4 mL 盐酸，用纯水稀释为 1 000 mL。

10.2.3.4 硝酸(ρ_{20}=1.42 g/mL)，优级纯。

10.2.3.5 硝酸＋高氯酸(1＋1)。

10.2.3.6 盐酸溶液(1＋4)。

10.2.3.7 氨水(1＋1)。

10.2.3.8 乙二胺四乙酸二钠溶液(50 g/L)：称取 5 g 二水合乙二胺四乙酸二钠($C_{10}H_{14}N_2O_8Na_2 \cdot 2H_2O$)于少量纯水中，加热溶解，放冷后稀释至 100 mL。

10.2.3.9 盐酸羟胺溶液(100 g/L)。

10.2.3.10 精密 pH 试纸：pH 0.5～pH 5.0。

10.2.3.11 甲酚红溶液(0.2 g/L)：称取 20 mg 甲酚红($C_{21}H_{18}O_5S$)，溶于少量纯水中，加 1 滴氨水使完全溶解，加纯水稀释至 100 mL。

10.2.3.12 混合试剂：取 50 mL 乙二胺四乙酸二钠溶液，50 mL 盐酸羟胺溶液及 2.5 mL 甲酚红溶液，加纯水稀释至 500 mL，混匀，现用现配。

10.2.3.13 环己烷：不应含有荧光杂质，必要时需重蒸。用过的环己烷重蒸后可再用。

10.2.3.14 2,3-二氨基萘溶液(1 g/L，此溶液需在暗室中配制)：称取 100 mg 2,3-二氨基萘[$C_{10}H_6(NH_2)_2$，简称 DAN]于 250 mL 磨口锥形瓶中，加入 100 mL 盐酸溶液[c(HCl)=0.1 mol/L]，振摇至全部溶解(约 15 min)后，加入 20 mL 环己烷继续振摇 5 min，移入底部塞有玻璃棉(或脱脂棉)的分液漏斗中，静置分层后将水相放回原锥形瓶内，再用环己烷萃取多次(次数视 DAN 试剂中荧光杂质多少而定，一般需 5 次～6 次)，直到环己烷相荧光最低为止。将此纯化的水溶液储于棕色瓶中，加一层约 1 cm 厚的环己烷以隔绝空气，置冰箱内 0 ℃～4 ℃冷藏保存。用前再用环己烷萃取一次。经常使用以每月配制一次为宜，不经常使用可保存一年。

10.2.3.15 硒标准储备溶液[ρ(Se)=100 μg/mL]：见 10.1.3.8。

10.2.3.16 硒标准使用溶液[ρ(Se)=0.05 μg/mL]：将硒标准储备溶液用盐酸溶液[c(HCl)=0.1 mol/L]稀释，储于冰箱内备用。

10.2.4 仪器设备

本方法首次使用的玻璃器皿，均应以硝酸(1＋1)浸泡 4 h 以上，并用自来水，纯水淋洗洁净；本方法用过的玻璃器皿，以自来水淋洗后，于洗涤剂溶液(5 g/L)中浸泡 2 h 以上，并用自来水、纯水洗净。

10.2.4.1 磨口锥形瓶：100 mL。

10.2.4.2 分液漏斗(活塞勿涂油)：25 mL 及 250 mL。

10.2.4.3 具塞比色管：5 mL。

10.2.4.4 电热板。

10.2.4.5 水浴锅。

10.2.4.6 荧光分光光度计或荧光光度计。

10.2.5 试验步骤

10.2.5.1 消解:吸取 5.00 mL～20.00 mL 水样及硒标准使用溶液 0 mL、0.10 mL、0.30 mL、0.50 mL、0.70 mL、1.00 mL、1.50 mL 和 2.00 mL 分别于 100 mL 磨口锥形瓶中,各加纯水至与水样相同体积。沿瓶壁加入 2.5 mL 硝酸＋高氯酸,将瓶(勿盖塞)置于电热板上加热至瓶内产生浓白烟,溶液由无色变成浅黄色(瓶内溶液太少时,颜色变化不明显,以观察浓白烟为准)为止,立即取下。

注:由于消解不完全,具荧光杂质未被完全分解而产生干扰,使测定结果偏高。消解完全后还继续加热将会造成硒的损失。

10.2.5.2 稍冷后加入 2.5 mL 盐酸溶液(1＋4),继续加热至呈浅黄色,立即取下。

10.2.5.3 消解完毕的溶液放冷后,各瓶均加入 10 mL 混合试剂,摇匀,溶液应呈桃红色,用氨水调节至浅橙色,若氨水加过量,溶液呈黄色或桃红(微带蓝)色,需用盐酸溶液(1＋4)再调回至浅橙色,此时溶液 pH 值为 1.5～2.0。必要时需用 pH 0.5～pH 5.0 精密试纸检验,然后冷却。

注:四价硒与 2,3-二氨基萘应在酸性溶液中反应,pH 值以 1.5～2.0 为最佳,过低时溶液易乳化,太高时测定结果偏高。甲酚红指示剂有 pH 2～pH 3 及 pH 7.2～pH 8.8 两个变色范围,前者是由桃红色变为黄色,后者是由黄色变成桃红(微带蓝)色。本方法是采用前一个变色范围,将溶液调节至浅橙色 pH 为 1.5～2.0 最适宜。

10.2.5.4 本步骤需在暗室内黄色灯下操作。向上述各瓶内加入 2 mL 2,3-二氨基萘溶液,摇匀,置沸水浴中加热 5 min(自放入沸水浴中算起),取出,冷却。

10.2.5.5 向各瓶加入 4.0 mL 环己烷,加盖密塞,振摇 2 min。全部溶液移入分液漏斗(勿涂油)中,待分层后,弃去水相,将环己烷相由分液漏斗上口(先用滤纸擦干净)倾入具塞试管内,密塞待测。

10.2.5.6 荧光测定:可选用下列仪器之一测定荧光强度。

a) 荧光分光光度计:激发光波长 376 nm,发射光波长为 520 nm。
b) 荧光光度计:不同型号的仪器具备的滤光片不同,应选择适当滤光片。可用激发光滤片为 330 nm,荧光滤片为 510 nm(截止型)和 530 nm(带通型)组合滤片。

10.2.5.7 绘制工作曲线,从曲线上查出水样管中硒的质量。

10.2.6 试验数据处理

按式(20)计算水样中硒的质量浓度:

$$\rho(\mathrm{Se})=\frac{m}{V} \qquad (20)$$

式中:

$\rho(\mathrm{Se})$——水样中硒的质量浓度,单位为毫克每升(mg/L);
m ——从工作曲线上查得的水样管中硒质量,单位为微克(μg);
V ——水样体积,单位为毫升(mL)。

10.2.7 精密度和准确度

单个实验室测定含 0.25 μg/L～10.0 μg/L 硒标准溶液,重复 6 次以上,相对标准偏差为 2.1%～24%。测定 19 个不同硒浓度及类型的水样,每个样品重复 7 次以上,硒含量低于 0.3 μg/L 时,相对标准偏差大于 20%;硒含量大于 1 μg/L 时,相对标准偏差均小于 10%。测定 36 个不同类型的水样,硒浓度为小于 0.25 μg/L～42 μg/L,加入标准 0.25 μg/L～10.0 μg/L,硒的平均回收率为 91%～105%。

10.3 氢化物原子吸收分光光度法

10.3.1 最低检测质量浓度

本方法最低检测质量为 0.01 μg,若取 50 mL 水样处理后测定,则最低检测质量浓度为 0.2 μg/L。

水中常见金属及非金属离子均不干扰测定。

10.3.2 原理

水样中二价硒和六价硒分别氧化和还原成四价硒,经硼氢化钾硒化氢,用氢化原子吸收分光光度法测定。

如果只需测四价和六价硒,水样可不经消化处理;又如只需测四价硒,水样可不经过消化和还原步骤。只需将水样调节到测定范围内直接测定。

10.3.3 试剂

10.3.3.1 硝酸(ρ_{20}=1.42 g/mL)。

10.3.3.2 盐酸(ρ_{20}=1.19 g/mL)。

10.3.3.3 盐酸溶液(1+2)。

10.3.3.4 盐酸溶液(1+1)。

10.3.3.5 氢氧化钠溶液(10 g/L):称取 1 g 氢氧化钠,用纯水溶解,并稀释为 100 mL。

10.3.3.6 硼氢化钾溶液(10 g/L):称取 1 g 硼氢化钾(KBH_4)用氢氧化钠溶液溶解并稀释为 100 mL。如溶液不透明,需过滤。0 ℃~4 ℃冷藏保存,可稳定 1 周,否则应临用时配制。

10.3.3.7 铁氰化钾溶液(100 g/L):称取 10 g 铁氰化钾[$K_3Fe(CN)_6$],用纯水溶解,并稀释为 100 mL。

10.3.3.8 硝酸+高氯酸(1+1)。

10.3.3.9 硒标准储备溶液[ρ(Se)=100 μg/mL]:见 10.1.3.8。

10.3.3.10 硒标准中间溶液[ρ(Se)=10 μg/mL]:吸取 10.00 mL 硒标准储备溶液,在容量瓶内,用盐酸溶液(1+2)稀释为 100 mL。

10.3.3.11 硒标准使用溶液[ρ(Se)=0.1 μg/mL]:取适量硒标准中间溶液,用纯水稀释成 ρ(Se)=0.1 μg/mL。现用现配。

10.3.3.12 高纯氮。

10.3.4 仪器设备

10.3.4.1 原子吸收分光光度计。

10.3.4.2 硒空心阴极灯。

10.3.4.3 氢化物发生器和电热石英管或火焰石英管原子化器。

10.3.4.4 具塞比色管:10 mL。

10.3.5 试验步骤

10.3.5.1 样品预处理方法如下。

a) 吸取 50 mL 水样于 100 mL 锥形瓶中,加 2.0 mL 硝酸+高氯酸,在电热板上蒸发至冒高氯酸白烟,取下放冷。加 4.0 mL 盐酸溶液(1+1),在沸水浴中加热 10 min,取出放冷。转移至预先加有 1.0 mL 铁氰化钾溶液的 10 mL 具塞比色管中,加纯水至 10 mL,混匀后测总硒。

b) 吸取 50 mL 水样于 100 mL 锥形瓶中,加 2.0 mL 盐酸(ρ_{20}=1.19 g/mL),于电热板上蒸发至溶液体积小于 5 mL,取下放冷。转移至预先加有 1.0 mL 铁氰化钾溶液的 10 mL 具塞比色管中,加纯水至 10 mL,混匀后测四价和六价硒。

10.3.5.2 制备标准系列:分别将 0 mL、0.10 mL、0.20 mL、0.40 mL、0.80 mL、1.00 mL、1.20 mL 和 1.50 mL 硒标准使用溶液置于 10 mL 具塞比色管中,加 4.0 mL 盐酸溶液(1+1)及 1.0 mL 铁氰化钾溶液,加纯水至 10 mL。混匀后供测定。

10.3.5.3 测定:分别取 5.0 mL 标准系列和样品溶液于氢化物发生器中,加 3.0 mL 硼氢化钾溶液,测量吸光度。仪器参考条件见表 6。

表 6 测定硒的仪器参考条件

元素	波长 /nm	灯电流 /mA	氮气流量 /(L/min)	原子化温度 /℃
Se	196	8	1.2	800

10.3.5.4 绘制标准曲线,从曲线上查出样品管中硒的质量。

10.3.6 试验数据处理

按式(21)计算水样中硒的质量浓度:

$$\rho(\text{Se})=\frac{m}{V} \quad \cdots\cdots(21)$$

式中:

$\rho(\text{Se})$——水样中硒的质量浓度,单位为毫克每升(mg/L);

m ——从标准曲线上查得硒的质量,单位为微克(μg);

V ——水样体积,单位为毫升(mL)。

10.3.7 精密度和准确度

4 个实验室测定含硒 0.51 μg/L~6.15 μg/L 的水样,其相对标准偏差为 2.4%~4.7%;加标回收试验,在 2.0 μg/L~10.0 μg/L 范围,回收率大于 90.0%。

10.4 电感耦合等离子体质谱法

按 4.5 描述的方法测定。

10.5 液相色谱-电感耦合等离子体质谱法

10.5.1 最低检测质量浓度

本方法中亚硒酸根、硒酸根、硒代胱氨酸的最低检测质量浓度为 1.0 μg/L,甲基硒代半胱氨酸的最低检测质量浓度为 1.4 μg/L,硒代蛋氨酸的最低检测质量浓度为 2.0 μg/L。

10.5.2 原理

水样中的亚硒酸根、硒酸根、硒代胱氨酸、硒代蛋氨酸、甲基硒代半胱氨酸经阴离子交换色谱柱分离,分离后的目标化合物由载气送入 ICP 炬焰中,经过蒸发、解离、原子化、电离等过程,转化为带正电荷的离子,经离子采集系统进入质谱仪,以色谱保留时间与硒的质荷比定性,外标法定量。

10.5.3 试剂

除非另有说明,本方法所用试剂均为分析纯,实验用水为 GB/T 6682 规定的一级水。

10.5.3.1 磷酸氢二铵($H_9N_2O_4P$)。

10.5.3.2 甲酸(CH_2O_2):色谱纯。

10.5.3.3 亚硒酸钠(Na_2O_3Se):纯度≥99%。

10.5.3.4 硒酸钠(Na_2O_4Se):纯度≥99%。

10.5.3.5 硒代胱氨酸($C_6H_{12}N_2O_4Se_2$):纯度≥99%。

10.5.3.6 硒代蛋氨酸($C_5H_{11}NO_2Se$):纯度≥99%。

10.5.3.7 甲基硒代半胱氨酸盐酸盐($C_4H_9NO_2Se \cdot HCl$):纯度≥99%。

10.5.3.8 甲酸溶液(1+9):量取 10 mL 甲酸,加入 90 mL 水,混匀。

10.5.3.9 流动相(40 mmol/L 磷酸氢二铵,pH=6.0):称取 5.28 g 磷酸氢二铵,溶于 1 000 mL 水中,摇匀,用甲酸溶液(1+9)调节 pH 值至 6.0,混匀,备用。

10.5.3.10 亚硒酸根标准储备溶液(1.0 mg/mL,以 Se 计):准确称取 0.219 0 g 亚硒酸钠,加入少量水溶解,转入 100 mL 容量瓶中,用水稀释定容至刻度,混匀。于 0 ℃~4 ℃冷藏避光保存,可保存 6 个月。或使用有证标准物质。

10.5.3.11 硒酸根标准储备溶液(1.0 mg/mL,以 Se 计):准确称取 0.239 3 g 硒酸钠,加入少量水溶解,转入 100 mL 容量瓶中,用水稀释定容至刻度,混匀。于 0 ℃~4 ℃冷藏避光保存,可保存 6 个月。或使用有证标准物质。

10.5.3.12 硒代胱氨酸标准储备溶液(1.0 mg/mL,以 Se 计):准确称取 0.423 1 g 硒代胱氨酸,加入少量水溶解,转入 100 mL 容量瓶中,用水稀释定容至刻度,摇匀。于 0 ℃~4 ℃冷藏避光保存,可保存 6 个月。或使用有证标准物质。

10.5.3.13 硒代蛋氨酸标准储备溶液(1.0 mg/mL,以 Se 计):准确称取 0.248 4 g 硒代胱氨酸,加入少量水溶解,转入 100 mL 容量瓶中,用水稀释定容至刻度,摇匀。于 0 ℃~4 ℃冷藏避光保存,可保存 6 个月。或使用有证标准物质。

10.5.3.14 甲基硒代半胱氨酸标准储备溶液(1.0 mg/mL,以 Se 计):准确称取 0.276 8 g 甲基硒代半胱氨酸盐酸盐,加入少量水溶解,转入 100 mL 容量瓶中,用水稀释定容至刻度,混匀。于 0 ℃~4 ℃冷藏避光保存,可保存 6 个月。或使用有证标准物质。

10.5.3.15 硒形态单标准中间溶液(10.0 mg/L,以 Se 计):分别准确吸取 1.00 mL 的亚硒酸根标准储备溶液、硒酸根标准储备溶液、硒代胱氨酸标准储备溶液、硒代蛋氨酸标准储备溶液、甲基硒代半胱氨酸标准储备溶液于 100 mL 容量瓶中,用水稀释定容至刻度,配制成各硒形态单标准中间溶液,于 0 ℃~4 ℃冷藏避光保存,可保存 3 个月。

10.5.3.16 硒形态混合标准使用溶液(1.0 mg/L,以 Se 计):分别准确吸取 1.00 mL 质量浓度为 10.0 mg/L的五种硒形态单标准中间溶液于 10 mL 容量瓶中,用水稀释定容至刻度,现用现配。

10.5.3.17 硒形态混合标准系列溶液:用水将质量浓度为 1.0 mg/L 的硒形态混合标准使用溶液逐级稀释成质量浓度分别为 0.0 μg/L、2.0 μg/L、5.0 μg/L、10.0 μg/L、25.0 μg/L、50.0 μg/L、100.0 μg/L 的标准系列溶液。现用现配。

注:可根据样品中各硒形态的实际浓度适当调整标准系列溶液中各硒形态的质量浓度。

10.5.4 仪器设备

10.5.4.1 液相色谱-电感耦合等离子体质谱联用仪。

10.5.4.2 天平:分辨力不低于 0.1 mg;分辨力不低于 1 mg。

10.5.4.3 pH 计。

10.5.4.4 移液管:1 mL、5 mL、10 mL。

10.5.4.5 容量瓶:10 mL、50 mL、100 mL 和 1 000 mL。

10.5.5 样品

10.5.5.1 水样的采集与保存:用聚乙烯塑料瓶采集水样 500 mL,采样前用待测水样将样品瓶清洗 2 次~

3 次。将水样充满样品瓶并加盖密封,0 ℃～4 ℃冷藏避光条件下生活饮用水可保存 7 d,水源水可保存 2 d。

10.5.5.2 水样前处理:澄清水样直接进行测定,必要时水样经 0.45 μm 微孔滤膜过滤后测定。

10.5.6 试验步骤

10.5.6.1 仪器参考条件

10.5.6.1.1 液相色谱仪参考条件

阴离子交换保护柱(20 mm×2.1 mm,10 μm)或等效保护柱;阴离子交换分析柱(250 mm×4.1 mm,10 μm)或等效分析柱;流动相:40 mmol/L 磷酸氢二铵(pH=6.0);流速:1.2 mL/min;进样体积:100 μL。

10.5.6.1.2 电感耦合等离子体质谱仪参考条件

射频功率:1 200 W～1 550 W;采样深度:8 mm;雾化室温度:2 ℃;载气流量:0.65 L/min;补偿气流量:0.45 L/min;氦气碰撞气流量:4.8 mL/min;积分时间:0.5 s;检测质量数:78。

10.5.6.2 标准曲线绘制

设定仪器最佳条件,待基线稳定后,测定五种硒形态混合标准溶液(10 μg/L),确定各硒形态的分离度,待分离度达到要求后,将五种硒形态混合标准系列溶液按质量浓度由低到高分别注入液相色谱-电感耦合等离子体质谱联用仪中进行测定,以标准系列溶液中目标化合物的质量浓度为横坐标,以色谱峰面积为纵坐标,制作标准曲线。五种硒形态混合标准溶液的色谱图见图 4。

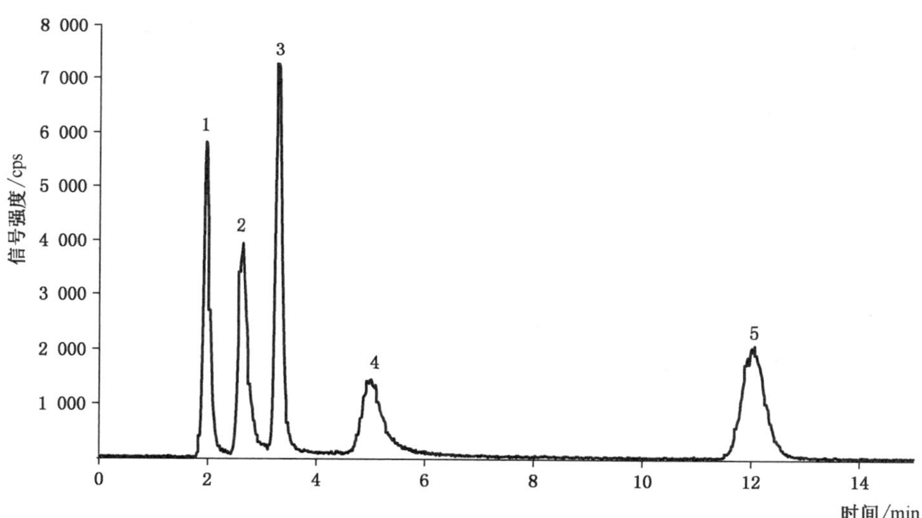

标引序号说明:

1——硒代胱氨酸;

2——甲基硒代半胱氨酸;

3——亚硒酸根;

4——硒代蛋氨酸;

5——硒酸根。

图 4 五种硒形态混合标准溶液色谱图(10 μg/L)

10.5.6.3 试样溶液的测定

吸取 100 μL 试样溶液注入液相色谱-电感耦合等离子体质谱联用仪中,得到色谱图,以色谱保留时间与硒元素的质荷比定性。根据标准曲线得到试样溶液中亚硒酸根、硒酸根、硒代胱氨酸、硒代蛋氨酸、甲基硒代半胱氨酸的浓度。

10.5.7 试验数据处理

按式(22)计算水样中各硒形态的质量浓度:

$$\rho_x = \rho \times f \tag{22}$$

式中:

ρ_x——水样中待测硒形态(以 Se 计)的质量浓度,单位为微克每升(μg/L);

ρ ——由标准曲线得到的待测硒形态的质量浓度(以 Se 计),单位为微克每升(μg/L);

f ——稀释因子。

注:当样品中亚硒酸根、硒酸根、硒代胱氨酸、硒代蛋氨酸、甲基硒代半胱氨酸含量(以 Se 计)小于 1 μg/L 时,结果保留到小数点后两位,当大于或等于 1 μg/L 时,结果保留三位有效数字。

10.5.8 精密度和准确度

6 个实验室对生活饮用水进行浓度为 1.0 μg/L~50.0 μg/L 的 低、中、高浓度的加标回收及精密度试验,亚硒酸根的加标回收率范围为:89.7%~114%,相对标准偏差小于 5%;硒酸根的回收率范围为:91.4%~118%,相对标准偏差小于 5%。

6 个实验室对水源水进行浓度为 2.0 μg/L~70.0 μg/L 的低、中、高浓度的加标回收及精密度试验,亚硒酸根的加标回收率范围为 89.9%~111%,相对标准偏差小于 5%;硒酸根的加标回收率范围为 82.9%~110%,相对标准偏差小于 5%;硒代胱氨酸的加标回收率范围为 80.1%~117%,相对标准偏差小于 5%;甲基硒代半胱氨酸的加标回收率范围为 82.1%~110%,相对标准偏差小于 5%;硒代蛋氨酸的加标回收率范围为 81.1%~112%,相对标准偏差小于 5%。

11 汞

11.1 原子荧光法

11.1.1 最低检测质量浓度

本方法最低检测质量为 0.05 ng,若取 0.50 mL 水样测定,则最低检测质量浓度为 0.1 μg/L。

11.1.2 原理

在一定酸度下,溴酸钾与溴化钾反应生成溴,可将试样消解使所含汞全部转化为二价无机汞,用盐酸羟胺还原过剩的氧化剂,用硼氢化钠将二价汞还原成原子态汞,由载气(氩气)将其带入原子化器,在特制汞空心阴极灯的照射下,基态汞原子被激发至高能态,在去活化回到基态时,发射出特征波长的荧光。在一定的浓度范围内,荧光强度与汞的含量成正比,与标准系列比较定量。

11.1.3 试剂

11.1.3.1 氢氧化钠溶液(2 g/L):称取 1 g 氢氧化钠溶于纯水中,稀释至 500 mL。

11.1.3.2 硼氢化钠溶液(20 g/L):称取 10.0 g 硼氢化钠($NaBH_4$)溶于 500 mL 氢氧化钠溶液(2 g/L)中,混匀。

11.1.3.3 盐酸(ρ_{20}=1.19 g/mL),优级纯。

11.1.3.4 盐酸溶液(5+95):取 25 mL 盐酸,用纯水稀释至 500 mL。

11.1.3.5 溴酸钾-溴化钾溶液：称取 2.784 g 无水溴酸钾($KBrO_3$)及 10 g 溴化钾(KBr)，用纯水溶解稀释至 1 000 mL。

11.1.3.6 盐酸羟胺溶液(100 g/L)：称取 10 g 盐酸羟胺，用纯水溶解并稀释至 100 mL。

11.1.3.7 硝酸溶液(1+19)：取 50 mL 硝酸(ρ_{20}=1.42 g/mL)，用纯水稀释至 1 000 mL，混匀。

11.1.3.8 重铬酸钾硝酸溶液(0.5 g/L)：称取 0.5 g 重铬酸钾($K_2Cr_2O_7$)，用硝酸溶液溶解，并稀释为 1 000 mL。

11.1.3.9 汞标准储备溶液[ρ(Hg)=100.0 μg/mL]：称取 0.135 4 g 经硅胶干燥器放置 24 h 的氯化汞($HgCl_2$)，溶于重铬酸钾硝酸溶液，并将此溶液定容至 1 000 mL。或使用有证标准物质。

11.1.3.10 汞标准中间溶液[ρ(Hg)=0.10 μg/mL]：吸取汞标准储备溶液 10.00 mL 于 1 000 mL 容量瓶中，用重铬酸钾硝酸溶液稀释定容至 1 000 mL。再吸取此溶液 10.00 mL 于 100 mL 容量瓶中，用重铬酸钾硝酸溶液定容至 100 mL。

11.1.3.11 汞标准使用溶液[ρ(Hg)=0.010 μg/mL]：临用前，吸取汞标准中间溶液 10.00 mL 于 100 mL容量瓶中，用重铬酸钾硝酸溶液定容至 100 mL。

11.1.4 仪器设备

11.1.4.1 原子荧光光度计。

11.1.4.2 汞空心阴极灯。

11.1.5 试验步骤

11.1.5.1 取 10 mL 水样于比色管中。

11.1.5.2 标准系列的配制：分别吸取汞标准使用溶液 0 mL、0.10 mL、0.20 mL、0.40 mL、0.60 mL、0.80 mL、1.00 mL 于比色管中，用纯水定容至 10 mL，使汞的质量浓度分别为 0 μg/L、0.10 μg/L、0.20 μg/L、0.40 μg/L、0.60 μg/L、0.80 μg/L、1.00 μg/L。

11.1.5.3 分别向水样、空白及标准溶液管中加入 1 mL 盐酸(ρ_{20}=1.19 g/mL)，加入 0.5 mL 溴酸钾-溴化钾溶液，摇匀，放置 20 min 后，加入 1 滴～2 滴盐酸羟胺溶液使黄色褪尽，混匀。

11.1.5.4 仪器参考条件：汞灯电流：30 mA；负高压：260 V；原子化器高度：8.5 mm；载气流量：500 mL/min；屏蔽气流量：1 000 mL/min；进样体积：0.5 mL；载流：盐酸溶液(5+95)。

11.1.5.5 测定：开机，设定仪器最佳条件，稳定 30 min 后开始测定，连续使用标准系列空白进样，待读数稳定后，转入标准系列测定，绘制标准曲线。随后依次测定未知样品溶液。绘制标准曲线、计算回归方程($Y=bX+a$)。

11.1.6 试验数据处理

以所测样品的荧光强度，从标准曲线或回归方程中查得样品溶液中汞质量浓度(μg/L)。

11.1.7 精密度和准确度

4 个实验室测定含一定浓度汞的水样，测定 8 次，其相对标准偏差均小于 6.8%，在水样中加入 0.1 μg/L～1.0 μg/L 的汞标准溶液，其回收率为 86.7%～120%之间。

11.2 冷原子吸收法

11.2.1 最低检测质量浓度

本方法最低检测质量为 0.01 μg，若取 50 mL 水样处理后测定，则最低检测质量浓度为 0.2 μg/L。

11.2.2 原理

汞蒸气对波长253.7 nm的紫外光具有最大吸收，在一定的汞浓度范围内，吸收值与汞蒸气的浓度成正比。水样经消解后加入氯化亚锡，将化合态的汞转为元素态汞，用载气带入原子吸收仪的光路中，测定吸光度。

11.2.3 试剂

所有试剂均要求无汞。配制试剂和稀释样品用的纯水为去离子蒸馏水。

11.2.3.1 硝酸溶液(1+19)：取50 mL硝酸(ρ_{20}=1.42 g/mL)，加至950 mL纯水中，混匀。

11.2.3.2 重铬酸钾硝酸溶液(0.5 g/L)：称取0.5 g重铬酸钾($K_2Cr_2O_7$)，用硝酸溶液溶解，并稀释为1 000 mL。

11.2.3.3 硫酸(ρ_{20}=1.84 g/mL)。

11.2.3.4 高锰酸钾溶液(50 g/L)：称取5 g高锰酸钾($KMnO_4$)，溶于纯水中，并稀释至100 mL。放置过夜，取上清液使用。

注：高锰酸钾中含有微量汞时很难除去，选用时要注意。

11.2.3.5 盐酸羟胺溶液(100 g/L)：称取10 g盐酸羟胺($NH_2OH \cdot HCl$)，溶于纯水中并稀释至100 mL。如果试剂空白高，以2.5 L/min的流量通入氮气或净化过的空气30 min。

11.2.3.6 氯化亚锡溶液(100 g/L)：称取10 g二水合氯化亚锡($SnCl_2 \cdot 2H_2O$)，先溶于10 mL盐酸(ρ_{20}=1.19 g/mL)中，必要时可稍加热，然后用纯水稀释至100 mL。如果试剂空白值高，以2.5 L/min的流量通入氮气或净化过的空气30 min。

11.2.3.7 溴酸钾-溴化钾溶液：称取2.784 g溴酸钾($KBrO_3$)和10 g溴化钾(KBr)，溶于纯水中并稀释至1 000 mL。

11.2.3.8 汞标准储备溶液[ρ(Hg)=100 μg/mL]：见11.1.3.9。

11.2.3.9 汞标准使用溶液[ρ(Hg)=0.05 μg/mL]：临用前吸取汞标准储备溶液10.00 mL于100 mL容量瓶中，用重铬酸钾硝酸溶液定容至100 mL。再吸取此溶液5.00 mL，用重铬酸钾硝酸溶液定容至1 000 mL。

11.2.4 仪器设备

本方法使用的玻璃仪器，包括试剂瓶和采水样瓶，均应用硝酸溶液(1+1)浸泡过夜，再依次用自来水、纯水冲洗洁净。

11.2.4.1 锥形瓶：100 mL。

11.2.4.2 容量瓶：50 mL。

11.2.4.3 汞蒸气发生管。

11.2.4.4 冷原子吸收测汞仪。

11.2.5 试验步骤

11.2.5.1 预处理

11.2.5.1.1 方法选择

受到污染的水样采用硫酸-高锰酸钾消化法，清洁水样可采用溴酸钾-溴化钾消化法。

11.2.5.1.2 硫酸-高锰酸钾消化法

11.2.5.1.2.1 于100 mL锥形瓶中，加入2 mL高锰酸钾溶液及50.0 mL水样。

11.2.5.1.2.2 另取 100 mL 锥形瓶 8 个，各加入 2 mL 高锰酸钾溶液，然后分别加入汞标准使用溶液 0 mL、0.20 mL、0.50 mL、1.00 mL、2.00 mL、3.00 mL、4.00 mL 和 5.00 mL，各加入纯水至约 50 mL。

11.2.5.1.2.3 向水样瓶及标准系列瓶中各滴加 2 mL 硫酸，混匀，置电炉上加热煮沸 5 min，取下放冷。

注：试验证明，水源水用硫酸和高锰酸钾作氧化剂，直接加热分解，有机汞(包括氯化甲基汞)和无机汞均有良好的回收。高锰酸钾用量根据水样中还原性物质的含量多少而增减。当水源水的耗氧量(酸性高锰酸钾法测定结果)在 20 mg/L 以下时，每 50 mL 水样中加入 2 mL 高锰酸钾溶液已足够。加热分解时加入数粒玻璃珠，并在近沸时不时摇动锥形瓶，以防止受热不均匀而引起暴沸。

11.2.5.1.2.4 逐滴加入盐酸羟胺溶液至高锰酸钾紫红色褪尽，放置 30 min。分别移入 100 mL 容量瓶中，加纯水至刻度。

注：盐酸羟胺还原高锰酸钾过程中产生氯气及氮氧化物，在振摇后静置 30 min，使它逸失，以防止干扰汞蒸气的测定。

11.2.5.1.3 溴酸钾-溴化钾消化法

11.2.5.1.3.1 吸取 50.0 mL 水样于 100 mL 容量瓶中。

11.2.5.1.3.2 另取 100 mL 容量瓶 8 个，分别加入汞标准使用溶液 0 mL、0.20 mL、0.50 mL、1.00 mL、2.00 mL、3.00 mL、4.00 mL 和 5.00 mL，各加纯水至约 50 mL。

11.2.5.1.3.3 向水样及标准系列溶液中各加 2 mL 硫酸，摇匀，加入 4 mL 溴酸钾-溴化钾溶液，摇匀后放置 10 min。

11.2.5.1.3.4 滴加几滴盐酸羟胺溶液，至黄色褪尽为止(中止溴化作用)，最后加纯水至 100 mL。

11.2.5.2 测定

按照仪器说明书调整好测汞仪。从样品及标准系列中逐个吸取 25.0 mL 溶液于汞蒸气发生管中，加入 2 mL 氯化亚锡溶液，迅速塞紧瓶塞，轻轻振摇数次，放置 30 s。用载气将汞蒸气导入吸收池，记录吸收值。

注：影响汞蒸气发生的因素较多，如载气流量、温度、酸度、反应容器、气液体积比等。因此每次同时测定标准系列。

11.2.5.3 绘制工作曲线

用峰高对质量浓度作图，绘制工作曲线，从曲线上查出所测水样中汞的质量。

11.2.6 试验数据处理

按式(23)计算水样中汞的质量浓度：

$$\rho(\mathrm{Hg})=\frac{m}{V} \qquad \cdots\cdots(23)$$

式中：

$\rho(\mathrm{Hg})$——水样中汞的质量浓度，单位为毫克每升(mg/L)；

m ——从工作曲线上查得的水样中汞的质量，单位为微克(μg)；

V ——水样体积，单位为毫升(mL)。

11.2.7 精密度和准确度

有 26 个实验室用本方法测定含汞 5.1 μg/L 的合成水样。其他各金属质量浓度分别为：铜，26.5 μg/L；镉，29 μg/L；铁，150 μg/L；锰，130 μg/L；锌，39 μg/L。测定汞的相对标准偏差为 5.8%，相对误差为 2.0%。

11.3 双硫腙分光光度法

11.3.1 最低检测质量浓度

本方法最低检测质量为 0.25 μg,若取 250 mL 水样测定,则最低检测质量浓度为 1 μg/L。

1 000 μg 铜、20 μg 银、10 μg 金、5 μg 铂对测定均无干扰。钯干扰测定,但它一般在水样中很少存在。

11.3.2 原理

汞离子与双硫腙在 0.5 mol/L 硫酸的酸性条件下能迅速定量螯合,生成能溶于三氯甲烷、四氯化碳等有机溶剂的橙色螯合物,于 485 nm 波长下比色定量。

于水样中加入高锰酸钾和硫酸并加热,可将水中有机汞和低价汞氧化成高价汞,且能消除有机物的干扰。

铜、银、金、铂、钯等金属离子在酸性溶液中同样可被双硫腙溶液萃取,但提高溶液酸度和碱性洗液浓度,并在碱性洗液中加入乙二胺四乙酸二钠,可消除一定量前四种金属离子的干扰,但不能消除钯的干扰。

11.3.3 试剂

本方法所用试剂均为无汞,配制试剂及稀释样品的纯水应用去离子蒸馏水或重蒸馏水。

11.3.3.1 硫酸(ρ_{20}=1.84 g/mL)。

11.3.3.2 双硫腙三氯甲烷储备溶液(1 g/L):称取 0.10 g 双硫腙($C_{13}H_{12}N_4S$,又名二苯基硫代卡巴腙),溶于三氯甲烷中,并稀释至 100 mL,储于棕色瓶中,置 0 ℃~4 ℃冷藏保存。

注:如双硫腙不纯按 8.2.3.3 方法纯化。

11.3.3.3 双硫腙三氯甲烷溶液:临用前将双硫腙三氯甲烷储备溶液用三氯甲烷稀释(约 50 倍)成吸光度为 0.40(波长 500 nm,1 cm 比色皿)。

11.3.3.4 盐酸羟胺溶液(100 g/L):同 11.2.3.5。

11.3.3.5 高锰酸钾溶液(50 g/L):同 11.2.3.4。

11.3.3.6 亚硫酸钠溶液(200 g/L):称取 20 g 七水合亚硫酸钠($Na_2SO_3 \cdot 7H_2O$),溶于纯水中,并稀释至 100 mL。

11.3.3.7 碱性洗液:取 10 g 氢氧化钠(NaOH),溶于 500 mL 纯水中,加入 10 g 二水合乙二胺四乙酸二钠($C_{10}H_{14}N_2Na_2O_8 \cdot 2H_2O$),再加氨水($\rho_{20}$=0.88 g/mL)至 1 000 mL。

11.3.3.8 硝酸溶液:见 11.2.3.1。

11.3.3.9 汞标准储备溶液[ρ(Hg)=100 μg/mL]:见 11.1.3.9。

11.3.3.10 汞标准使用溶液[ρ(Hg)=1 μg/mL]:将汞标准储备溶液加硝酸溶液稀释。

11.3.4 仪器

本方法所用玻璃仪器,包括试剂瓶和采样瓶,均应用硝酸溶液(1+1)浸泡过夜,再用纯水冲洗洁净。

11.3.4.1 具塞锥形瓶:500 mL。

11.3.4.2 分液漏斗:500 mL。

11.3.4.3 分液漏斗:125 mL。

11.3.4.4 分光光度计。

11.3.5 试验步骤

11.3.5.1 水样预处理

11.3.5.1.1 于 500 mL 具塞锥形瓶中放入 10 mL 高锰酸钾溶液，如水样中有机物过多，可增加5 mL～10 mL，然后再加入 250 mL 水样。

11.3.5.1.2 另取同样锥形瓶 8 个，先各加入 10 mL 高锰酸钾溶液，然后分别加入汞标准使用溶液 0 mL、0.25 mL、0.50 mL、1.00 mL、2.00 mL、4.00 mL、6.00 mL 和 8.00 mL，各加纯水至 250 mL。

11.3.5.1.3 向水样及标准瓶中各加 20 mL 硫酸，置电炉上加热煮沸 5 min。

11.3.5.1.4 将溶液冷却至室温，滴加盐酸羟胺溶液至高锰酸钾褪色，剧烈振荡，开塞放置 30 min。

注：盐酸羟胺还原高锰酸钾过程中产生大量氯气与氮氧化物，为防止萃取过程中氧化双硫腙，开塞静置 30 min，使其逸散。

11.3.5.2 测定

11.3.5.2.1 将溶液倾入 500 mL 分液漏斗中，各加 1 mL 亚硫酸钠溶液及 10.0 mL 双硫腙三氯甲烷溶液，剧烈振摇 1 min，静置分层。

11.3.5.2.2 将双硫腙三氯甲烷溶液放入另一套已盛有 20 mL 碱性洗液的 125 mL 分液漏斗中，剧烈振摇半分钟，静置分层。用少量脱脂棉塞入分液漏斗颈内，将三氯甲烷相放入干燥的 10 mL 比色管中。

11.3.5.2.3 于 485 nm 波长下，用 2 cm 比色皿，以三氯甲烷为参比，测量样品和标准系列溶液的吸光度。

11.3.5.2.4 绘制工作曲线，从曲线上查出样品管中汞的质量。

11.3.6 试验数据处理

按式(24)计算水样中汞的质量浓度：

$$\rho(\mathrm{Hg})=\frac{m}{V} \qquad (24)$$

式中：

$\rho(\mathrm{Hg})$——水样中汞的质量浓度，单位为毫克每升(mg/L)；

m ——从工作曲线上查得的水样中汞的质量，单位为微克(μg)；

V ——水样体积，单位为毫升(mL)。

11.3.7 精密度和准确度

有 12 个实验室用本方法测定含汞 5.1 μg/L 的合成水样，其他各金属浓度同 11.2.7。测定汞的相对标准偏差为 40%，相对误差为 14%。

11.4 电感耦合等离子体质谱法

按 4.5 描述的方法测定。

12 镉

12.1 无火焰原子吸收分光光度法

12.1.1 最低检测质量浓度

本方法最低检测质量为 0.01 ng，若取 20 μL 水样测定，则最低检测质量浓度为 0.5 μg/L。

水中共存离子一般不产生干扰。

12.1.2 原理

样品经适当处理后，注入石墨炉原子化器，所含的金属离子在石墨管内高温蒸发解离为原子蒸气，待测元素的基态原子吸收来自同种元素空心阴极灯发出的共振线，其吸收强度在一定范围内与金属浓度成正比。

12.1.3 试剂

12.1.3.1 镉标准储备溶液[ρ(Cd)=1 mg/mL]：称取 0.500 0 g 镉(99.9%以上)，溶于 5 mL 硝酸溶液(1+1)中，并用纯水定容至 500 mL。或使用有证标准物质。

12.1.3.2 镉标准中间溶液[ρ(Cd)=1 μg/mL]：取镉标准储备溶液 5.00 mL 于 100 mL 容量瓶中，用硝酸溶液(1+99)稀释至刻度，摇匀，此溶液 ρ(Cd)=50 μg/mL。再取此溶液 2.00 mL 于 100 mL 容量瓶中，用硝酸溶液(1+99)定容。

12.1.3.3 镉标准使用溶液[ρ(Cd)=100 ng/mL]：取镉标准中间溶液 10.00 mL 于 100 mL 容量瓶中，用硝酸溶液(1+99)稀释至刻度，摇匀。

12.1.3.4 磷酸二氢铵溶液(120 g/L)：称取 12 g 磷酸二氢铵($NH_4H_2PO_4$，优级纯)，加水溶解并定容至 100 mL。

12.1.3.5 硝酸镁溶液(50 g/L)：称取 5 g 硝酸镁[$Mg(NO_3)_2$，优级纯]，加水溶解并定容至 100 mL。

12.1.4 仪器设备

12.1.4.1 石墨炉原子吸收分光光度计。

12.1.4.2 镉空心阴极灯。

12.1.4.3 氩气钢瓶。

12.1.4.4 微量加样器：20 μL。

12.1.4.5 聚乙烯瓶：100 mL。

12.1.5 仪器参考条件

测定镉的仪器参考条件见表 7。

表 7 测定镉的仪器参考条件

元素	波长/nm	干燥温度/℃	干燥时间/s	灰化温度/℃	灰化时间/s	原子化温度/℃	原子化时间/s
Cd	228.8	120	30	900	30	1 800	5

12.1.6 试验步骤

12.1.6.1 吸取镉标准使用溶液 0 mL、0.50 mL、1.00 mL、3.00 mL、5.00 mL 和 7.00 mL 于 6 个100 mL 容量瓶内，分别加入 10 mL 磷酸二氢铵溶液，1 mL 硝酸镁溶液用硝酸溶液(1+99)定容至刻度，摇匀，分别配制成 0 ng/mL、0.5 ng/mL、1 ng/mL、3 ng/mL、5 ng/mL 和 7 ng/mL 的标准系列。

12.1.6.2 吸取 10 mL 水样，加入 1.0 mL 磷酸二氢铵溶液，0.1 mL 硝酸镁溶液，同时取 10 mL 硝酸溶液(1+99)，加入等体积磷酸二氢铵溶液和硝酸镁溶液作为空白。

12.1.6.3 仪器参数设定后依次吸取 20 μL 试剂空白，标准系列和样品，注入石墨管，启动石墨炉控制程序和记录仪，记录吸收峰高或峰面积。

12.1.7 试验数据处理

从标准曲线查出镉浓度后，按式(25)计算：

$$\rho(Cd)=\frac{\rho_1 \times V_1}{V} \qquad (25)$$

式中：

$\rho(Cd)$——水样中镉的质量浓度，单位为微克每升(μg/L)；

ρ_1 ——从标准曲线上查得水样中镉的质量浓度，单位为微克每升(μg/L)；

V_1 ——水样稀释后的体积，单位为毫升(mL)；

V ——原水样体积，单位为毫升(mL)。

12.2 原子荧光法

12.2.1 最低检测质量浓度

本方法最低检测质量为 0.25 ng。若取 0.5 mL 水样测定，则最低检测质量浓度为 0.5 μg/L。

12.2.2 原理

在酸性条件下，水样中的镉与硼氢化钾反应生成镉的挥发性物质，由载气带入石英原子化器，在特制镉空心阴极灯的激发下产生原子荧光，其荧光强度在一定范围内与被测定溶液中镉的浓度成正比，与标准系列比较定量。

12.2.3 试剂

12.2.3.1 硝酸(ρ_{20}=1.42 g/mL)，优级纯。

12.2.3.2 硝酸溶液(1+99)。

12.2.3.3 盐酸(ρ_{20}=1.19 g/mL)，优级纯。

12.2.3.4 硼氢化钾溶液(50 g/L)：称取 0.5 g 氢氧化钠溶于少量纯水中，加入硼氢化钾(KBH_4) 25.0 g，用纯水定容至 500 mL，混匀。

12.2.3.5 钴溶液(1.0 mg/mL)：称取 0.403 8 g 六水合氯化钴($CoCl_2 \cdot 6H_2O$，优级纯)，用纯水溶解定容至 100 mL。临用时稀释成 100 μg/mL。

12.2.3.6 硫脲(10 g/L)：称取 1.0 g 硫脲溶解于 100 mL 纯水中。

12.2.3.7 焦磷酸钠(20 g/L)：称取 2.0 g 焦磷酸钠溶解于 100 mL 纯水中。

12.2.3.8 镉标准储备溶液[$\rho(Cd)$=1.00 mg/mL]：称取 1.000 0 g 金属镉(光谱纯)，溶于 20 mL 硝酸中，用纯水定容至 1 000 mL，摇匀。或使用有证标准物质。

12.2.3.9 镉标准中间溶液[$\rho(Cd)$=1.0 μg/mL]：吸取 5.0 mL 镉标准储备溶液于 500 mL 容量瓶中，用硝酸溶液(1+99)稀释定容至刻度。再取此溶液 10.0 mL 于 100 mL 容量瓶中，用硝酸溶液(1+99)稀释定容至刻度。

12.2.3.10 镉标准使用溶液[$\rho(Cd)$=0.01 μg/mL]：吸取 5.0 mL 镉标准中间溶液于 500 mL 容量瓶中，用纯水定容至刻度。

12.2.4 仪器设备

12.2.4.1 原子荧光光度计。

12.2.4.2 镉空心阴极灯。

12.2.5 试验步骤

12.2.5.1 取10 mL水样于比色管中。

12.2.5.2 标准系列的配制:分别吸取镉标准使用溶液0 mL、0.50 mL、1.00 mL、3.00 mL、5.00 mL、7.00 mL、10.00 mL于比色管中,用纯水定容至10 mL,使镉的质量浓度分别为0 μg/L、0.5 μg/L、1.0 μg/L、3.0 μg/L、5.0 μg/L、7.0 μg/L、10.0 μg/L。

12.2.5.3 分别向水样、空白及标准溶液管中加入0.2 mL盐酸、0.2 mL钴溶液(100 μg/mL)、1.0 mL硫脲溶液、0.4 mL焦磷酸钠溶液,混匀。

12.2.5.4 荧光测定:按下列步骤测定荧光强度。

a) 仪器参考条件:灯电流——50 mA;负高压——260 V;原子化器高度——10 mm;载气流量——800 mL/min;屏蔽气流量——1 100 mL/min;进样体积——0.5 mL。
b) 载流:取10 mL盐酸加入少量纯水,加入10 mL的钴溶液(100 μg/mL),用纯水定容至500 mL,混匀。
c) 开机,设定仪器最佳条件,点燃原子化器炉丝,稳定30 min后开始测定,绘制标准曲线,计算回归方程。

12.2.6 试验数据处理

以所测样品的荧光强度,从标准曲线或回归方程中查得样品溶液中镉元素的质量浓度(μg/L)。

12.2.7 精密度和准确度

6个实验室测定含镉1.0 μg/L～10.0 μg/L的水样,测定8次,其相对标准偏差均小于5%,在水样中加入1.0 μg/L～10.0 μg/L的镉标准溶液,加标回收率为84.7%～117%。

12.3 电感耦合等离子体发射光谱法

按4.4描述的方法测定。

12.4 电感耦合等离子体质谱法

按4.5描述的方法测定。

13 铬(六价)

13.1 二苯碳酰二肼分光光度法

13.1.1 最低检测质量浓度

本方法最低检测质量为0.2 μg(以Cr^{6+}计)。若取50 mL水样测定,则最低检测质量浓度为0.004 mg/L。

铁的质量浓度约六价铬的50倍时产生黄色,会干扰测定;钒的质量浓度超过六价铬的10倍时可产生干扰,但显色10 min后钒与试剂所显色全部消失;200 mg/L以上的钼与汞有干扰。

13.1.2 原理

在酸性溶液中,六价铬可与二苯碳酰二肼作用,生成紫红色配合物,比色定量。

13.1.3 试剂

13.1.3.1 二苯碳酰二肼丙酮溶液(2.5 g/L):称取0.25 g二苯碳酰二肼[$OC(HNNHC_6H_5)_2$,又名二苯

氨基脲],溶于 100 mL 丙酮中。盛于棕色瓶中 0 ℃～4 ℃冷藏可保存半月,颜色变深时不能再用。

13.1.3.2 硫酸溶液(1+7):将 10 mL 硫酸(ρ_{20}=1.84 g/mL)缓慢加入 70 mL 纯水中。

13.1.3.3 六价铬标准溶液[ρ(Cr)=1 μg/mL]:称取 0.141 4 g 经 105 ℃～110 ℃烘至恒量的重铬酸钾($K_2Cr_2O_7$),溶于纯水中,并于容量瓶中用纯水定容至 500 mL,此浓溶液 1.00 mL 含 100 μg 六价铬。吸取此浓溶液 10.0 mL 于容量瓶中,用纯水定容至 1 000 mL。或使用有证标准物质。

13.1.4 仪器设备

所有玻璃仪器(包括采样瓶)要求内壁光滑,不能用铬酸洗涤液浸泡。可用合成洗涤剂洗涤后再用浓硝酸洗涤,然后用纯水淋洗干净。

13.1.4.1 具塞比色管:50 mL。

13.1.4.2 分光光度计。

13.1.5 试验步骤

13.1.5.1 吸取 50 mL 水样(含六价铬超过 10 μg 时,可吸取适量水样稀释至 50 mL),置于 50 mL 比色管中。

13.1.5.2 另取 50 mL 比色管 9 支,分别加入六价铬标准溶液 0 mL、0.20 mL、0.50 mL、1.00 mL、2.00 mL、4.00 mL、6.00 mL、8.00 mL 和 10.00 mL,加纯水至刻度。

13.1.5.3 向水样及标准管中各加 2.5 mL 硫酸溶液及 2.5 mL 二苯碳酰二肼溶液,立即混匀,放置 10 min。

注:铬与二苯碳酰二肼反应时,酸度对显色反应有影响,溶液的氢离子浓度控制在 0.05 mol/L～0.3 mol/L,且以 0.2 mol/L时显色最稳定。温度和放置时间对显色都有影响,15 ℃时颜色最稳定,显色后 2 min～3 min,颜色可达最深,且于 5 min～15 min 保持稳定。

13.1.5.4 于 540 nm 波长,用 3 cm 比色皿,以纯水为参比,测量吸光度。

13.1.5.5 如水样有颜色时,另取与 13.1.5.1 相同量的水样于 100 mL 烧杯中,加入 2.5 mL 硫酸溶液,于电炉上煮沸 2 min,使水样中的六价铬还原为三价。溶液冷却后转入 50 mL 比色管中,加纯水至刻度后再多加 2.5 mL,摇匀后加入 2.5 mL 二苯碳酰二肼溶液,摇匀,放置 10 min。按 13.1.5.4 步骤测量水样空白吸光度。

13.1.5.6 绘制标准曲线,在曲线上查出样品管中六价铬的质量。

13.1.5.7 有颜色的水样应在 13.1.5.4 测得样品溶液的吸光度中减去水样空白吸光度后,再在标准曲线上查出样品管中六价铬的质量。

13.1.6 试验数据处理

按式(26)计算水样中六价铬的质量浓度:

$$\rho(Cr^{6+})=\frac{m}{V} \qquad \cdots\cdots(26)$$

式中:

$\rho(Cr^{6+})$——水样中六价铬的质量浓度,单位为毫克每升(mg/L);

m ——从标准曲线上查得的样品管中六价铬的质量,单位为微克(μg);

V ——水样体积,单位为毫升(mL)。

13.1.7 精密度和准确度

有 70 个实验室测定含六价铬 304 μg/L 和 65 μg/L 的合成水样,相对标准偏差为 6.7%和 9.2%;相对误差为 5.3%和 3.1%。

13.2 液相色谱-电感耦合等离子体质谱法

13.2.1 最低检测质量浓度

取 25 mL 水样进行络合，定容体积为 50 mL 时，六价铬的最低检测质量浓度为 1.6 μg/L，三价铬的最低检测质量浓度为 0.7 μg/L。

13.2.2 原理

水样经乙二胺四乙酸二钠(Na_2EDTA)络合后，使用阴离子交换色谱柱进行分离，分离后的六价铬和三价铬经雾化由载气送入 ICP 炬焰中，经过蒸发、解离、原子化、电离等过程，转化为带正电荷的离子，经离子采集系统进入质谱仪，以色谱保留时间与铬的质荷比定性，外标法定量。

13.2.3 试剂或材料

除非另有说明，本方法所用试剂均为优级纯，实验用水为 GB/T 6682 规定的一级水。

13.2.3.1 二水合乙二胺四乙酸二钠($C_{10}H_{14}N_2Na_2O_8 \cdot 2H_2O$)。

13.2.3.2 硝酸铵(NH_4NO_3)。

13.2.3.3 氨水(NH_4OH)。

13.2.3.4 硝酸(HNO_3)。

13.2.3.5 重铬酸钾($Cr_2K_2O_7$)：纯度≥99%。

13.2.3.6 九水合硝酸铬[$Cr(NO_3)_3 \cdot 9H_2O$]：纯度≥99%。

13.2.3.7 乙二胺四乙酸二钠溶液[$\rho(Na_2EDTA)=40$ mmol/L]：称取 14.9 g 二水合乙二胺四乙酸二钠，用水溶解，稀释定容至 1 000 mL。

13.2.3.8 氨水溶液(2+98)：吸取 2 mL 氨水，缓慢加入 98 mL 水中，混匀。

13.2.3.9 硝酸溶液(2+98)：吸取 2 mL 硝酸，缓慢加入 98 mL 水中，混匀。

13.2.3.10 流动相(60 mmol/L 硝酸铵和 0.6 mmol/L 乙二胺四乙酸二钠，pH=7.0)：称取 4.8 g 硝酸铵，0.224 g 乙二胺四乙酸二钠二水合物，溶于 1 000 mL 水中，用氨水溶液(2+98)调节 pH 至 7.0，摇匀，超声脱气 10 min。

13.2.3.11 六价铬标准储备溶液{ρ[Cr(Ⅵ)]=1.0 mg/mL}：准确称取 0.565 8 g 重铬酸钾，加水溶解，并用水稀释定容至 100 mL。于 0 ℃～4 ℃冷藏避光保存，可保存一年。或使用有证标准物质。

13.2.3.12 三价铬标准储备溶液{ρ[Cr(Ⅲ)]=1.0 mg/mL}：准确称取 0.769 6 g 九水合硝酸铬，用硝酸溶液(2+98)溶解，并稀释定容至 100 mL。于 0 ℃～4 ℃冷藏避光保存，可保存一年。或使用有证标准物质。

13.2.3.13 六价铬标准中间溶液{ρ[Cr(Ⅵ)]=10.0 μg/mL}：准确吸取 1.00 mL 六价铬标准储备溶液，置于 100 mL 容量瓶中，用水稀释至刻度。于 0 ℃～4 ℃冷藏避光保存，可保存一个月。

13.2.3.14 三价铬标准中间溶液{ρ[Cr(Ⅲ)]=10.0 μg/mL}：准确吸取 1.00 mL 三价铬标准储备溶液，置于 100 mL 容量瓶中，用硝酸溶液(2+98)定容至刻度。于 0 ℃～4 ℃冷藏避光保存，可保存一个月。

13.2.3.15 六价铬和三价铬混合标准使用溶液(ρ=1.0 mg/L)：分别准确吸取 5.00 mL 质量浓度为 10.0 μg/mL 的六价铬和三价铬标准中间溶液于 50 mL 容量瓶中，加入 10 mL 40 mmol/L 乙二胺四乙酸二钠溶液，用氨水溶液(2+98)调 pH 值至 7.0 左右，用水稀释至刻度，摇匀，乙二胺四乙酸二钠溶液的最终浓度为 8 mmol/L。将混合标准使用溶液倒入具塞锥形瓶中，置于 50 ℃水浴加热 1 h，现用现配。

13.2.3.16 0.45 μm 水相微孔滤膜。

13.2.4 仪器设备

13.2.4.1 液相色谱-电感耦合等离子体质谱联用仪。

13.2.4.2 分析天平：分辨力不低于 0.01 mg。

13.2.4.3 pH 计。

13.2.4.4 移液管：1 mL、5 mL、10 mL 和 25 mL。

13.2.4.5 容量瓶：10 mL、50 mL、100 mL 和 500 mL。

13.2.4.6 具塞锥形瓶：100 mL。

13.2.4.7 水浴装置：可控温(±1 ℃)。

13.2.5 样品

13.2.5.1 水样的采集和保存

用聚乙烯塑料瓶采集水样，采样前用待测水样将样品瓶清洗 2 次～3 次。将水样充满样品瓶并加盖密封，冷藏避光条件下尽快测定。

13.2.5.2 样品前处理

吸取 25.0 mL 水样至 50 mL 容量瓶中，加入 10 mL 40 mmol/L 乙二胺四乙酸二钠溶液，用氨水溶液(2+98)调 pH 值至 7.0 左右，用水稀释至刻度，乙二胺四乙酸二钠溶液的最终浓度为 8 mmol/L，将样品溶液倒入具塞锥形瓶中，置于 50 ℃水浴中加热 1 h，冷却后经 0.45 μm 水相微孔滤膜过滤，待测。同时做空白试验。

13.2.6 试验步骤

13.2.6.1 仪器参考条件

13.2.6.1.1 液相色谱仪参考条件

阴离子交换分析柱(50 mm×4 mm，10 μm)或等效分析柱；流动相：60 mmol/L 硝酸铵和 0.6 mmol/L乙二胺四乙酸二钠(pH=7.0)；流速：1.0 mL/min；进样体积：50 μL。

13.2.6.1.2 电感耦合等离子体质谱仪参考条件

射频功率：1 200 W～1 550 W；采样深度：5 mm～8 mm；雾化室温度：2 ℃；载气流量：1.05 L/min；冷却气流量：14 L/min；氦气碰撞气流量：4.8 mL/min；积分时间：0.3 s～1 s；检测质量数：52。

13.2.6.2 标准溶液配制

用流动相将六价铬和三价铬混合标准使用溶液逐级稀释成质量浓度分别为 0.0 μg/L、2.0 μg/L、5.0 μg/L、10.0 μg/L、50.0 μg/L、100.0 μg/L、150.0 μg/L 的标准系列溶液。现用现配。

注：可根据样品中六价铬和三价铬的实际浓度适当调整标准系列溶液中六价铬和三价铬的质量浓度。

13.2.6.3 标准曲线绘制

设定仪器最佳条件，待基线稳定后，测定六价铬和三价铬混合标准溶液(10 μg/L)，确定六价铬和三价铬的分离度符合要求后($R \geqslant 1.5$)，将六价铬和三价铬标准系列溶液按质量浓度由低到高分别注入液相色谱-电感耦合等离子体质谱联用仪中进行测定。以标准系列溶液中目标化合物的质量浓度为横坐标，以色谱峰面积为纵坐标，制作标准曲线。六价铬和三价铬混合标准溶液的色谱图，见图 5。

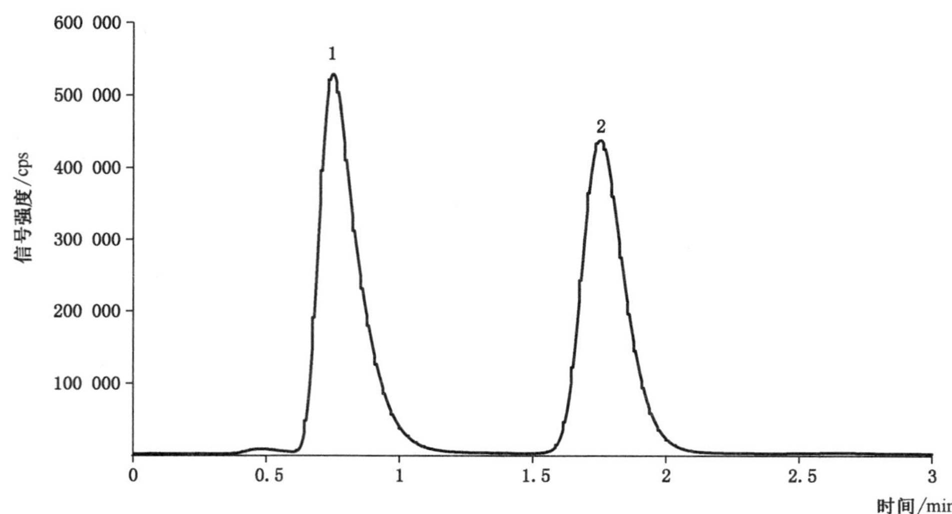

标引序号说明：

1——三价铬；

2——六价铬。

图5　六价铬和三价铬标准溶液色谱图(10 μg/L)

13.2.6.4　试样溶液的测定

将处理后经0.45 μm水相微孔滤膜过滤的水样依次注入液相色谱-电感耦合等离子体质谱联用仪中，得到色谱图，以色谱保留时间与铬的质荷比定性。根据标准曲线得到试样溶液中六价铬和三价铬的质量浓度(以Cr计，μg/L)。

13.2.7　试验数据处理

按式(27)计算水样中六价铬或三价铬的质量浓度：

$$\rho_x = (\rho - \rho_0) \times f \qquad \cdots\cdots (27)$$

式中：

ρ_x——水样中六价铬或三价铬(以Cr计)的质量浓度，单位为微克每升(μg/L)；

ρ——由标准曲线得到的六价铬或三价铬的质量浓度(以Cr计)，单位为微克每升(μg/L)；

ρ_0——由标准曲线得到的空白溶液中六价铬或三价铬的质量浓度(以Cr计)，单位为微克每升(μg/L)；

f——稀释因子为2。

注：当样品中六价铬和三价铬含量(以Cr计)小于1 μg/L时，结果保留到小数点后两位，当大于或等于1 μg/L时，结果保留三位有效数字。

13.2.8　精密度和准确度

6个实验室分别对纯水、生活饮用水、水源水进行浓度为2.0 μg/L～80.0 μg/L的低、中、高浓度的加标回收及精密度试验，三价铬的加标回收率范围为81.0%～112%，相对标准偏差小于5%；六价铬的回收率范围为80.2%～109%，相对标准偏差小于5%。

14 铅

14.1 无火焰原子吸收分光光度法

14.1.1 最低检测质量浓度

本方法最低检测质量为 0.05 ng 铅，若取 20 μL 水样测定，则最低检测质量浓度为 2.5 μg/L。

水中共存离子一般不产生干扰。

14.1.2 原理

样品经适当处理后，注入石墨炉原子化器，所含的金属离子在石墨管内经原子化高温蒸发解离为原子蒸气，待测元素的基态原子吸收来自同种元素空心阴极灯发出的共振线，其吸收强度在一定范围内与金属浓度成正比。

14.1.3 试剂

14.1.3.1 铅标准储备溶液[ρ(Pb)=1 mg/mL]：称取 0.799 0 g 硝酸铅[$Pb(NO_3)_2$]，溶于约 100 mL 纯水中，加入硝酸(ρ_{20}=1.42 g/mL)1 mL，并用纯水定容至 500 mL。或使用有证标准物质。

14.1.3.2 铅标准中间溶液[ρ(Pb)=50 μg/mL]：取铅标准储备溶液 5.00 mL 于 100 mL 容量瓶中，用硝酸溶液(1+99)稀释至刻度，摇匀。

14.1.3.3 铅标准使用溶液[ρ(Pb)=1 μg/mL]：取铅标准中间溶液 2.00 mL 于 100 mL 容量瓶中，用硝酸溶液(1+99)稀释至刻度，摇匀。

14.1.3.4 磷酸二氢铵溶液(120 g/L)：称取 12 g 磷酸二氢铵($NH_4H_2PO_4$，优级纯)，加水溶解并定容至 100 mL。

14.1.3.5 硝酸镁溶液(50 g/L)：称取 5 g 硝酸镁[$Mg(NO_3)_2$，优级纯]，加水溶解并定容至 100 mL。

14.1.4 仪器设备

14.1.4.1 石墨炉原子吸收分光光度计。

14.1.4.2 铅空心阴极灯。

14.1.4.3 氩气钢瓶。

14.1.4.4 微量加样器：20 μL。

14.1.4.5 聚乙烯瓶：100 mL。

14.1.5 仪器参考条件

测定铅的仪器参考条件见表 8。

表 8 测定铅的仪器参考条件

元素	波长/nm	干燥温度/℃	干燥时间/s	灰化温度/℃	灰化时间/s	原子化温度/℃	原子化时间/s
Pb	283.3	120	30	600	30	2 100	5

14.1.6 试验步骤

14.1.6.1 吸取铅标准使用溶液 0 mL、0.25 mL、0.50 mL、1.00 mL、2.00 mL、3.00 mL 和 4.00 mL 于

7 个 100 mL 容量瓶内，分别加入 10 mL 磷酸二氢铵溶液，1 mL 硝酸镁溶液，用硝酸溶液(1+99)稀释至刻度，摇匀，分别配制成 0 ng/mL、2.5 ng/mL、5.0 ng/mL、10 ng/mL、20 ng/mL、30 ng/mL 和 40 ng/mL的标准系列。

14.1.6.2 吸取 10 mL 水样，加入 1.0 mL 磷酸二氢铵溶液，0.1 mL 硝酸镁溶液，同时取 10 mL 硝酸溶液(1+99)，加入等量磷酸二氢铵溶液和硝酸镁溶液作为空白。

14.1.6.3 仪器参数设定后依次吸取 20 μL 试剂空白，标准系列和样品，注入石墨管，启动石墨炉控制程序和记录仪，记录吸收峰高或峰面积。

14.1.7 试验数据处理

从标准曲线查出铅浓度后，按式(28)计算：

$$\rho(Pb)=\frac{\rho_1\times V_1}{V} \qquad \cdots\cdots(28)$$

式中：

$\rho(Pb)$——水样中铅的质量浓度，单位为微克每升(μg/L)；

ρ_1 ——从标准曲线上查得试样中铅的质量浓度，单位为微克每升(μg/L)；

V_1 ——水样稀释后的体积，单位为毫升(mL)；

V ——原水样体积，单位为毫升(mL)。

14.2 氢化物原子荧光法

14.2.1 最低检测质量浓度

本方法最低检测质量为 0.5 ng。若取 0.5 mL 水样测定，则最低检测质量浓度为 1.0 μg/L。

14.2.2 原理

在酸性介质中，水样中的铅与以硼氢化钠或硼氢化钾反应生成铅的挥发性氢化物(PbH_4)，由载气带入石英原子化器，在特制铅空心阴极灯的激发下产生原子荧光，其荧光强度在一定范围内与被测定溶液中铅的浓度成正比，与标准系列比较定量。

14.2.3 试剂

14.2.3.1 硝酸(ρ_{20}=1.42 g/mL)，优级纯。

14.2.3.2 硝酸溶液(1+99)。

14.2.3.3 盐酸(ρ_{20}=1.19 g/mL)，优级纯。

14.2.3.4 盐酸溶液(2+98)。

14.2.3.5 铁氰化钾(200 g/L)：称取 20.0 g 铁氰化钾，溶于 100 mL 蒸馏水中，混匀。

14.2.3.6 硼氢化钠-铁氰化钾溶液：称取 0.5 g 氢氧化钠溶于少量纯水中，加入 10.0 g 硼氢化钠，混匀。加入 20 mL 铁氰化钾(200 g/L)，用纯水定容至 500 mL。此溶液现用现配。

14.2.3.7 草酸(20 g/L)：称取 2.0 g 草酸，溶于 100 mL 纯水中，混匀。

14.2.3.8 硫氰酸钠(20 g/L)：称取 2.0 g 硫氰酸钠，溶于 100 mL 纯水中，混匀。

14.2.3.9 铅标准储备溶液[$\rho(Pb)$=1.00 mg/mL]：称取 1.598 5 g 硝酸铅[$Pb(NO_3)_2$，优级纯]，溶于 100 mL 纯水中，加 1.0 mL 硝酸(ρ_{20}=1.42 g/mL)，用纯水定容至 1 000 mL。或使用有证标准物质。

14.2.3.10 铅标准中间溶液[$\rho(Pb)$=1.00 μg/mL]：取 5.00 mL 铅标准储备溶液于 500 mL 容量瓶中，用硝酸溶液(1+99)稀释定容至刻度。再取此溶液 10.0 mL 于 100 mL 容量瓶中，用硝酸溶液(1+99)稀释定容至刻度。

14.2.3.11 铅标准使用溶液[ρ(Pb)=0.10 μg/mL]:取 10.0 mL 铅标准中间溶液于 100 mL 容量瓶中,用纯水定容至刻度。

14.2.4 仪器设备

14.2.4.1 原子荧光光度计。

14.2.4.2 铅空心阴极灯。

14.2.5 试验步骤

14.2.5.1 取 10 mL 水样于比色管中。

14.2.5.2 标准曲线的配制:分别吸取铅标准使用溶液 0 mL、0.10 mL、0.30 mL、0.50 mL、1.00 mL、3.00 mL、5.00 mL 于比色管中,用纯水定容至 10 mL,使铅的质量浓度分别为 0 μg/L、1.0 μg/L、3.0 μg/L、5.0 μg/L、10.0 μg/L、30.0 μg/L、50.0 μg/L。

14.2.5.3 在样品溶液和标准曲线溶液中分别加入 0.2 mL 盐酸(ρ_{20}=1.19 g/mL)、0.2 mL 草酸、0.4 mL硫氰酸钠混匀,上机测定。

14.2.5.4 荧光测定:按下列步骤测定荧光强度。

a) 仪器参考条件:负高压——260 V;灯电流——60 mA;炉高——10 mm;载气流量——400 mL/min;屏蔽气流量——900 mL/min;测量方式——标准曲线法;读数方式——峰面积;延迟时间——1 s;读数时间——12 s;进样体积——0.5 mL。
b) 载流:盐酸溶液(2+98)。
c) 开机,设定仪器最佳条件,点燃原子化器炉丝,稳定 30 min 后开始测定,绘制标准曲线、计算回归方程。

14.2.6 试验数据处理

以所测样品的荧光强度,从标准曲线或回归方程中查得样品溶液中铅元素的质量浓度(μg/L)。

14.2.7 精密度和准确度

6 个实验室测定含铅 5.0 μg/L~50.0 μg/L 的水样,测定 8 次,其相对标准偏差 RSD 均小于 5%,在水样中加入 5.0 μg/L~50.0 μg/L 的铅标准溶液,回收率为 85.0%~117%。

14.3 电感耦合等离子体质谱法

按 4.5 描述的方法测定。

15 银

15.1 无火焰原子吸收分光光度法

15.1.1 最低检测质量浓度

本方法最低检测质量为 0.05 ng 银,若取 20 μL 水样测定,则最低检测质量浓度为 2.5 μg/L。

水中共存离子一般不产生干扰。

15.1.2 原理

样品经适当处理后,注入石墨炉原子化器,所含的金属离子在石墨管内经原子化高温蒸发解离为原子蒸气,待测元素的基态原子吸收来自同种元素空心阴极灯发射的共振线,其吸收强度在一定范围内与金属浓度成正比。

15.1.3 试剂

15.1.3.1 银标准储备溶液[ρ(Ag)=1 mg/mL]:称取 0.787 5 g 硝酸银($AgNO_3$),溶于硝酸(1+99)中,并用硝酸(1+99)稀释至 500 mL,储存于棕色玻璃瓶中。或使用有证标准物质。

15.1.3.2 银标准中间溶液[ρ(Ag)=50 μg/mL]:取银标准储备溶液 5.00 mL 于 100 mL 容量瓶中,用硝酸溶液(1+99)稀释至刻度。

15.1.3.3 银标准使用溶液[ρ(Ag)=1 μg/mL]:取银标准中间溶液 2.00 mL 于 100 mL 容量瓶中,用硝酸溶液(1+99)稀释至刻度。

15.1.3.4 磷酸二氢铵溶液(120 g/L):称取 12 g 磷酸二氢铵($NH_4H_2PO_4$,优级纯),加水溶解并定容至 100 mL。

15.1.4 仪器设备

15.1.4.1 石墨炉原子吸收分光光度计。

15.1.4.2 银空心阴极灯。

15.1.4.3 氩气钢瓶。

15.1.4.4 微量加样器:20 μL。

15.1.4.5 聚乙烯瓶:100 mL。

15.1.5 仪器参考条件

测定银的仪器参考条件见表 9。

表 9 测定银的仪器参考条件

元素	波长/nm	干燥温度/℃	干燥时间/s	灰化温度/℃	灰化时间/s	原子化温度/℃	原子化时间/s
Ag	328.1	120	30	600	30	1 700	5

15.1.6 试验步骤

15.1.6.1 吸取银标准使用溶液 0 mL、0.25 mL、0.50 mL、1.00 mL、2.00 mL 和 3.00 mL 于 5 个100 mL 容量瓶内,各加入磷酸二氢铵溶液 10 mL,用硝酸溶液(1+99)定容至刻度,摇匀,分别配成 0 ng/mL、2.5 ng/mL、5 ng/mL、10 ng/mL、20 ng/mL 和 30 ng/mL 的标准系列。

15.1.6.2 吸取 10 mL 水样,加入 1.0 mL 磷酸二氢铵溶液,同时取 10 mL 硝酸溶液(1+99),加入 1.0 mL 磷酸二氢铵溶液,作为空白。

15.1.6.3 仪器参数设定后依次吸取 20 μL 试剂空白、标准系列和样品,注入石墨管,启动石墨炉控制程序和记录仪,记录吸收峰高或峰面积。

15.1.7 试验数据处理

若样品经处理或稀释,从标准曲线查出银浓度后,按式(29)计算:

$$\rho(\mathrm{Ag})=\frac{\rho_1\times V_1}{V} \qquad \cdots\cdots(29)$$

式中：

$\rho(Ag)$——水样中银的质量浓度，单位为微克每升（μg/L）；

ρ_1 ——从标准曲线上查得试样中银的质量浓度，单位为微克每升（μg/L）；

V_1 ——水样稀释后的体积，单位为毫升（mL）；

V ——原水样体积，单位为毫升（mL）。

15.2 巯基棉富集-高碘酸钾分光光度法

15.2.1 最低检测质量浓度

本方法最低检测质量为 1 μg，若取 200 mL 水样测定，则最低检测质量浓度为 0.005 mg/L。

15.2.2 原理

水中痕量银经巯基棉富集分离后，在碱性介质中，有过硫酸钾助氧化剂存在下，高碘酸钾将氯化银（或氧化银）氧化成黄色银络盐，进行比色测定。

15.2.3 试剂

15.2.3.1 氢氧化钾溶液（140 g/L）。

15.2.3.2 高碘酸钾溶液（23 g/L）：称取 11.5 g 高碘酸钾（KIO_4）溶于 500 mL 氢氧化钾溶液中。

15.2.3.3 过硫酸钾（$K_2S_2O_8$）溶液（20 g/L）。

15.2.3.4 盐酸溶液（1+5）。

15.2.3.5 氢氧化钠溶液（200 g/L）。

15.2.3.6 除干扰溶液：将乙二胺四乙酸二钠溶液（50 g/L）、氟化铵溶液（30 g/L）、二水合柠檬酸钠（$Na_3C_6H_5O_7 \cdot 2H_2O$）溶液（50 g/L）等体积混合。

15.2.3.7 缓冲溶液：将乙酸溶液（1+49）和乙酸钠溶液（100 g/L）等体积混合。

15.2.3.8 硝酸溶液（1+9）。

15.2.3.9 巯基棉：取 100 mL 巯基乙酸、70 mL 乙酸酐、32 mL 乙酸[$\varphi(CH_3COOH)=36\%$]、0.3 mL 硫酸（$\rho_{20}=1.84$ g/mL）及 10 mL 去离子水，依次加到 250 mL 广口瓶中，充分摇匀，冷却至室温。另取 30 g 脱脂棉放入广口瓶中，让棉花完全浸湿，待反应热散去后（必要时可用冷水冷却），加盖，在 35 ℃烘箱中放置 2 d～4 d 后取出，经漏斗或滤器抽滤至干。用纯水充分洗去未反应的物质，再加入盐酸溶液（1 mol/L）淋洗，最后用纯水淋洗至中性。抽干后摊开，在 30 ℃烘箱中烘干，于棕色瓶中密闭 0 ℃～4 ℃冷藏避光保存，有效期至少可达一年。

15.2.3.10 银标准储备溶液：称取 2.4 g 硝酸银（$AgNO_3$）溶于纯水中并定容至 1 000 mL。用氯化钠标准溶液（按 GB/T 5750.5—2023 中 5.3.3.8）标定其准确浓度。或使用有证标准物质。

15.2.3.11 银标准使用溶液[$\rho(Ag)=5.00$ μg/mL]：使用时将标准储备溶液稀释而成。

15.2.4 仪器设备

15.2.4.1 比色管：25 mL。

15.2.4.2 分液漏斗：250 mL。

15.2.4.3 水浴锅。

15.2.4.4 分光光度计。

15.2.5 试验步骤

15.2.5.1 水样预处理

15.2.5.1.1 银的富集：取 200 mL 水样[每 100 mL 水样含 1 mL 硝酸（$\rho_{20}=1.42$ g/mL）]，加缓冲溶液

和除干扰溶液各 20 mL,混匀。移入颈部装有 0.1 g 巯基棉的分液漏斗中,控制流速约为 3 mL/min,待水样流完后用 5 mL 缓冲溶液淋洗漏斗,再用 10 mL 纯水淋洗二次。加 10 mL 硝酸溶液通过巯基棉,并用纯水冲洗至中性。

15.2.5.1.2 银的洗脱:向分液漏斗中加入 5 mL 盐酸溶液,浸泡 2 min 后,使其缓缓流过巯基棉,再用 10 mL 纯水淋洗,将盐酸和水溶液一并收集于 25 mL 比色管中,待测。

15.2.5.2 测定

15.2.5.2.1 取 25 mL 比色管 7 支,分别加入银标准使用溶液 0 mL、0.20 mL、0.40 mL、0.60 mL、0.80 mL、1.00 mL 和 2.00 mL。各加盐酸溶液 5 mL。

15.2.5.2.2 向样品及标准管中分别加入 2.5 mL 氢氧化钠溶液、1.0 mL 高碘酸钾溶液、0.5 mL 过硫酸钾溶液,用纯水稀释至 25 mL。摇匀,立即放入沸水浴中,加热 20 min,取出冷却至室温。

15.2.5.2.3 于 355 nm 波长,用 3 cm 比色皿,以纯水为参比测量吸光度。

15.2.5.2.4 绘制标准曲线,从曲线上查出样品管中银的质量。

15.2.6 试验数据处理

按式(30)计算水样中银的质量浓度:

$$\rho(\mathrm{Ag})=\frac{m}{V} \qquad (30)$$

式中:

$\rho(\mathrm{Ag})$——水样中银的质量浓度,单位为毫克每升(mg/L);

m ——从标准曲线查得水样中银的质量,单位为微克(μg);

V ——水样体积,单位为毫升(mL)。

15.2.7 精密度和准确度

向水源水中加入银标准溶液,平均回收率 94.0%,相对标准偏差 5%。

15.3 电感耦合等离子体发射光谱法

按 4.4 描述的方法测定。

15.4 电感耦合等离子体质谱法

按 4.5 描述的方法测定。

16 钼

16.1 无火焰原子吸收分光光度法

16.1.1 最低检测质量浓度

本方法最低检测质量为 0.1 ng,若取 20 μL 水样测定,则最低检测浓度为 5 μg/L。

水中共存离子一般不产生干扰。

16.1.2 原理

样品经适当处理后,注入石墨炉原子化器,所含的金属离子在石墨管内经原子化高温蒸发解离为原子蒸气,待测元素的基态原子吸收来自同种元素空心阴极灯发出的共振线,其吸收强度在一定范围内与金属浓度成正比。

16.1.3 试剂

16.1.3.1 钼标准储备溶液[ρ(Mo)=1.00 mg/mL]：称取 1.839 8 g 四水合钼酸铵{$(NH_4)_6[Mo_7O_{24}]\cdot 4H_2O$} 用氨水(1+99)溶解，并定容至 1 000 mL。或使用有证标准物质。

16.1.3.2 钼标准中间溶液[ρ(Mo)=50.00 μg/mL]：取钼标准储备溶液 5.00 mL 于 100 mL 容量瓶中，用硝酸溶液(1+99)稀释至刻度，摇匀。

16.1.3.3 钼标准使用溶液[ρ(Mo)=1.00 μg/mL]：取钼标准中间溶液 2.00 mL 于 100 mL 容量瓶中，用硝酸溶液(1+99)稀释至刻度，摇匀。

16.1.4 仪器设备

16.1.4.1 石墨炉原子吸收分光光度计。

16.1.4.2 钼空心阴极灯。

16.1.4.3 氩气钢瓶。

16.1.4.4 微量加样器：20 μL。

16.1.4.5 聚乙烯瓶：100 mL。

16.1.5 仪器参考条件

测定钼的仪器参考条件见表 10。

表 10 测定钼的仪器参考条件

元素	波长 /nm	干燥温度 /℃	干燥时间 /s	灰化温度 /℃	灰化时间 /s	原子化温度 /℃	原子化时间 /s
Mo	313.3	120	30	1 800	30	2 600	5

16.1.6 试验步骤

16.1.6.1 吸取钼标准使用溶液 0 mL、0.50 mL、1.00 mL、2.00 mL、3.00 mL 和 4.00 mL 于 6 个100 mL 容量瓶内，用硝酸溶液（1+99）稀释至刻度，摇匀，分别配制成 0 ng/mL、5 ng/mL、10 ng/mL、20 ng/mL、30 ng/mL 和 40 ng/mL 的钼标准系列。

16.1.6.2 仪器参数设定后依次吸取 20 μL 硝酸溶液(1+99)作为试剂空白。标准系列和样品，注入石墨管，启动石墨炉控制程序和记录仪，记录吸收峰值或峰面积，每测定 10 个样品之间，加测一个内控样品或相当于标准曲线中等浓度的标准溶液。

16.1.6.3 直接进样品水样，从标准曲线直接查得水样中待测金属的质量浓度(μg/L)。

16.1.7 试验数据处理

若样品经处理或稀释，从标准曲线查出钼的浓度后，按式(31)计算。

$$\rho(\mathrm{Mo})=\frac{\rho_1\times V_1}{V} \qquad \cdots\cdots(31)$$

式中：

ρ(Mo)——水样中钼的质量浓度，单位为微克每升(μg/L)；

ρ_1 ——从标准曲线上查得试样中钼的质量浓度，单位为微克每升(μg/L)；

V_1 ——水样稀释后的体积,单位为毫升(mL);

V ——原水样体积,单位为毫升(mL)。

16.2 电感耦合等离子体发射光谱法

按4.4描述的方法测定。

16.3 电感耦合等离子体质谱法

按4.5描述的方法测定。

17 钴

17.1 无火焰原子吸收分光光度法

17.1.1 最低检测质量浓度

本方法最低检测质量为0.1 ng,若取20 μL水样测定,则最低检测质量浓度为5 μg/L。

水中共存离子一般不产生干扰。

17.1.2 原理

样品经适当处理后,注入石墨炉原子化器,所含的金属离子在石墨管内经原子化高温蒸发解离为原子蒸气,待测元素的基态原子吸收来自同种元素空心阴极灯发出的共振线,其吸收强度在一定范围内与金属浓度成正比。

17.1.3 试剂

17.1.3.1 钴标准储备溶液[ρ(Co)=1.00 mg/mL]:称取1.000 0 g金属钴(高纯或光谱纯),溶于10 mL硝酸溶液(1+1)中,加热驱除氮氧化物,用水定容至1 000 mL。或使用有证标准物质。

17.1.3.2 钴标准中间溶液[ρ(Co)=50.00 μg/mL]:取钴标准储备溶液5.00 mL于100 mL容量瓶中,用硝酸溶液(1+99)稀释至刻度,摇匀。

17.1.3.3 钴标准使用溶液[ρ(Co)=1.00 μg/mL]:取钴标准中间溶液2.00 mL于100 mL容量瓶中,用硝酸溶液(1+99)稀释至刻度,摇匀。

17.1.3.4 硝酸镁(50 g/L):称取5 g硝酸镁[$Mg(NO_3)_2$,优级纯],加水溶解并定容至100 mL。

17.1.4 仪器设备

17.1.4.1 石墨炉原子吸收分光光度计。

17.1.4.2 钴空心阴极灯。

17.1.4.3 氩气钢瓶。

17.1.4.4 微量加样器:20 μL。

17.1.4.5 聚乙烯瓶:100 mL。

17.1.5 仪器参考条件

测定钴的仪器参考条件见表11。

表 11 测定钴的仪器参考条件

元素	波长 /nm	干燥温度 /℃	干燥时间 /s	灰化温度 /℃	灰化时间 /s	原子化温度 /℃	原子化时间 /s
Co	240.7	120	30	1 400	30	2 400	5

17.1.6 试验步骤

17.1.6.1 吸取钴标准使用溶液 0 mL、0.50 mL、1.00 mL、2.00 mL、3.00 mL 和 4.00 mL 于 6 个100 mL 容量瓶内，分别加入硝酸镁溶液 1.0 mL，用硝酸溶液(1+99)稀释至刻度，摇匀，分别配制成 0 ng/mL、5 ng/mL、10 ng/mL、20 ng/mL、30 ng/mL 和 40 ng/mL 的钴标准系列。

17.1.6.2 吸取 10 mL 水样，加入硝酸镁溶液 0.1 mL，同时取 10 mL 硝酸溶液(1+99)，加入硝酸镁溶液 0.1 mL，作为试剂空白。

17.1.6.3 仪器参数设定后依次吸取 20 μL 试剂空白，标准系列和样品，注入石墨管，启动石墨炉控制程序和记录仪，记录吸收峰值或峰面积。

17.1.7 试验数据处理

从标准曲线查出钴浓度后，按式(32)计算：

$$\rho(\mathrm{Co})=\frac{\rho_1 \times V_1}{V} \qquad (32)$$

式中：

$\rho(\mathrm{Co})$ ——水样中钴的质量浓度，单位为微克每升(μg/L)；

ρ_1 ——从标准曲线上查得试样中钴的质量浓度，单位为微克每升(μg/L)；

V_1 ——水样稀释后的体积，单位为毫升(mL)；

V ——原水样体积，单位为毫升(mL)。

17.2 电感耦合等离子体发射光谱法

按 4.4 描述的方法测定。

17.3 电感耦合等离子体质谱法

按 4.5 描述的方法测定。

18 镍

18.1 无火焰原子吸收分光光度法

18.1.1 最低检测质量浓度

本方法最低检测质量为 0.1 ng，若取 20 μL 水样测定，则最低检测质量浓度为 5 μg/L。

水中共存离子一般不产生干扰。

18.1.2 原理

样品经适当处理后，注入石墨炉原子化器，所含的金属离子在石墨管内经原子化高温蒸发解离为原子蒸气，待测元素的基态原子吸收来自同种元素空心阴极灯发出的共振线，其吸收强度在一定范围内与金属浓度成正比。

18.1.3 试剂

18.1.3.1 镍标准储备溶液[ρ(Ni)=1.00 mg/mL]:称取1.000 0 g金属镍(高纯或光谱纯),溶于10 mL硝酸溶液(1+1)中,加热驱除氮氧化物,用水定容至1 000 mL。或使用有证标准物质。

18.1.3.2 镍标准中间溶液[ρ(Ni)=50.00 μg/mL]:取镍标准储备溶液5.00 mL于100 mL容量瓶中,用硝酸溶液(1+99)稀释至刻度,摇匀。

18.1.3.3 镍标准使用溶液[ρ(Ni)=1.00 μg/mL]:取镍标准中间溶液2.00 mL于100 mL容量瓶中,用硝酸溶液(1+99)稀释至刻度,摇匀。

18.1.3.4 硝酸镁(50 g/L):称取5 g硝酸镁[$Mg(NO_3)_2$,优级纯],加水溶解并定容至100 mL。

18.1.4 仪器设备

18.1.4.1 石墨炉原子吸收分光光度计。

18.1.4.2 镍空心阴极灯。

18.1.4.3 氩气钢瓶。

18.1.4.4 微量加样器:20 μL。

18.1.4.5 聚乙烯瓶:100 mL。

18.1.5 仪器参考条件

测定镍的仪器参考条件见表12。

表12 测定镍的仪器参考条件

元素	波长/nm	干燥温度/℃	干燥时间/s	灰化温度/℃	灰化时间/s	原子化温度/℃	原子化时间/s
Ni	232.0	120	30	1 400	30	2 400	5

18.1.6 试验步骤

18.1.6.1 吸取镍标准使用溶液0 mL、0.50 mL、1.00 mL、2.00 mL和3.00 mL于5个100 mL容量瓶内,分别加入硝酸镁溶液1.0 mL,用硝酸溶液(1+99)稀释至刻度,摇匀,分别配制成0 ng/mL、5 ng/mL、10 ng/mL、20 ng/mL和30 ng/mL的镍标准系列。

18.1.6.2 吸取10 mL水样,加入硝酸镁溶液0.1 mL,同时取10 mL硝酸溶液(1+99),加入硝酸镁溶液0.1 mL,作为试剂空白。

18.1.6.3 仪器参数设定后依次吸取20 μL试剂空白,标准系列和样品,注入石墨管,启动石墨炉控制程序和记录仪,记录吸收峰值或峰面积。

18.1.7 试验数据处理

从标准曲线查出镍浓度后,按式(33)计算:

$$\rho(\mathrm{Ni})=\frac{\rho_1 \times V_1}{V} \qquad \cdots\cdots(33)$$

式中:

ρ(Ni)——水样中镍的质量浓度,单位为微克每升(μg/L);

ρ_1 ——从标准曲线上查得试样中镍的质量浓度，单位为微克每升(μg/L)；
V_1 ——水样稀释后的体积，单位为毫升(mL)；
V ——原水样体积，单位为毫升(mL)。

18.2 电感耦合等离子体发射光谱法

按4.4描述的方法测定。

18.3 电感耦合等离子体质谱法

按4.5描述的方法测定。

19 钡

19.1 无火焰原子吸收分光光度法

19.1.1 最低检测质量浓度

本方法最低检测质量为0.2 ng，若取20 μL水样测定，最低检测质量浓度为10 μg/L。
水中共存离子一般不产生干扰。

19.1.2 原理

样品经适当处理后，注入石墨炉原子化器，所含的金属离子在石墨管内经原子化高温蒸发解离为原子蒸气，待测元素的基态原子吸收来自同种元素空心阴极灯发出的共振线，其吸收强度在一定范围内与金属浓度成正比。

19.1.3 试剂

19.1.3.1 钡标准储备溶液[ρ(Ba)=1.00 mg/mL]：称取1.778 8 g二水合氯化钡($BaCl_2 \cdot 2H_2O$，含量99.99%)于250 mL烧杯中，加水溶解，加入10 mL硝酸(ρ_{20}=1.42 g/mL)，转移至1 000 mL容量瓶中，并加水定容。或使用有证标准物质。
19.1.3.2 钡标准中间溶液[ρ(Ba)=50.00 μg/mL]：取5.00 mL钡标准储备溶液于100 mL容量瓶中，用硝酸溶液(1+99)稀释至刻度，摇匀。
19.1.3.3 钡标准使用溶液[ρ(Ba)=1.00 μg/mL]：取2.00 mL钡标准中间溶液于100 mL容量瓶中，用硝酸溶液(1+99)稀释至刻度，摇匀。

19.1.4 仪器设备

19.1.4.1 石墨炉原子吸收分光光度计。
19.1.4.2 钡空心阴极灯。
19.1.4.3 氩气钢瓶。
19.1.4.4 微量加样器：20 μL。
19.1.4.5 聚乙烯瓶：100 mL。

19.1.5 仪器参考条件

测定钡的仪器参考条件见表13。

表 13 测定钡的仪器参考条件

元素	波长 /nm	干燥温度 /℃	干燥时间 /s	灰化温度 /℃	灰化时间 /s	原子化温度 /℃	原子化时间 /s
Ba	553.6	120	30	1 100	30	2 600	5

19.1.6 试验步骤

19.1.6.1 吸取钡标准使用溶液 0 mL、1.00 mL、2.00 mL、4.00 mL、6.00 mL 和 8.00 mL 于 6 个100 mL 容量瓶内，用硝酸溶液（1＋99）稀释至刻度，摇匀，分别配制成 0 ng/mL、10 ng/mL、20 ng/mL、40 ng/mL、60 ng/mL 和 80 ng/mL 的钡标准系列。

19.1.6.2 仪器参数设定后依次吸取 20 μL 试剂空白[用硝酸溶液(1＋99)作为试剂空白]。标准系列和样品，注入石墨管，启动石墨炉控制程序和记录仪，记录吸收峰值或峰面积。

19.1.6.3 直接进样品水样，从标准曲线直接查得水样中待测金属的质量浓度(μg/L)。

19.1.7 试验数据处理

若样品经处理或稀释，从标准曲线查出钡的浓度后，按式(34)计算：

$$\rho(\mathrm{Ba})=\frac{\rho_1 \times V_1}{V} \qquad \cdots\cdots (34)$$

式中：

$\rho(\mathrm{Ba})$——水样中钡的质量浓度，单位为微克每升(μg/L)；

ρ_1 ——从标准曲线上查得试样中钡的质量浓度，单位为微克每升(μg/L)；

V_1 ——水样稀释后的体积，单位为毫升(mL)；

V ——原水样体积，单位为毫升(mL)。

19.2 电感耦合等离子体发射光谱法

按 4.4 描述的方法测定。

19.3 电感耦合等离子体质谱法

按 4.5 描述的方法测定。

20 钛

20.1 水杨基荧光酮分光光度法

20.1.1 最低检测质量浓度

本方法最低检测质量为 0.2 μg(以 Ti 计)，若取 10 mL 水样测定，则最低检测质量浓度为 0.020 mg/L。

水中可能含的一些离子：钙、镁、铁、锰、铅、铜、铬、钠等在一般含量范围内对方法无干扰。

20.1.2 原理

钛离子在硫酸介质中，与水杨基荧光酮及溴代十六烷基三甲胺生成棕黄色三元配合物，在波长 540 nm处测定其吸光度。

20.1.3 试剂

20.1.3.1 抗坏血酸溶液(20 g/L):现用现配。

20.1.3.2 硫酸溶液(5+95)。

20.1.3.3 水杨基荧光酮溶液(0.001 mol/L):称取 0.033 6 g 水杨基荧光酮(SAF,$C_{19}H_{12}O_6$)于小烧杯中,加 5 mL 盐酸溶液(5+7)及 50 mL 乙醇[$\varphi(C_2H_5OH)=95\%$]溶解,并用乙醇稀释至 100 mL(避光保存)。

20.1.3.4 溴代十六烷基三甲胺溶液:称取 1.822 g 溴代十六烷基三甲胺(CTMAB,$C_{19}H_{42}NBr$)溶于纯水中并稀释至 500 mL(用时如出现晶粒,可用温水加温溶解)。

20.1.3.5 钛标准储备溶液[$\rho(Ti)=100\ \mu g/mL$]:称取 0.370 0 g 二水合草酸钛钾[$TiO(C_2O_4K_2)\cdot 2H_2O$],用硫酸溶液(5+95)溶解,并定容至 500 mL。或使用有证标准物质。

20.1.3.6 钛标准使用溶液[$\rho(Ti)=2.00\ \mu g/mL$]:吸取 2.00 mL 钛标准储备溶液于 100 mL 容量瓶中,用硫酸溶液(5+95)稀释至刻度。

20.1.4 仪器设备

20.1.4.1 容量瓶:25 mL。

20.1.4.2 分光光度计。

20.1.5 试验步骤

20.1.5.1 吸取水样 10.0 mL(含钛低于 4 μg)置于 25 mL 容量瓶中。

20.1.5.2 另取 9 个 25 mL 容量瓶加入钛标准使用溶液 0 mL、0.10 mL、0.20 mL、0.40 mL、0.60 mL、0.80 mL、1.00 mL、1.50 mL 和 2.00 mL,加水至 10 mL。

20.1.5.3 在水样及标准系列中各加入 4 mL 硫酸溶液及 1 mL 抗坏血酸溶液,混匀。加入 2 mL 水杨基荧光酮溶液及 4 mL 溴代十六烷基三甲胺溶液,用纯水稀释至刻度,摇匀,放置 5 min。

20.1.5.4 于波长 540 nm 处,用 1 cm 比色皿,以空白液为参比,测定吸光度。

20.1.5.5 绘制标准曲线,查出样品管中钛的质量。

20.1.6 试验数据处理

按式(35)计算水样中钛(Ti)的质量浓度:

$$\rho(Ti)=\frac{m}{V} \qquad \cdots\cdots(35)$$

式中:

$\rho(Ti)$——样品中钛(以 Ti 计)的质量浓度,单位为毫克每升(mg/L);

m ——从标准曲线查得水样中钛的质量,单位为微克(μg);

V ——水样体积,单位为毫升(mL)。

20.1.7 精密度和准确度

4 个实验室用本方法各做了 10 次不同加标量的试验,相对标准偏差为 1.2%~3.6%。4 个实验室分别用自来水、深井水、纯水、矿泉水、温泉水、江水、湖水等做了回收试验,加标量 0.2 μg~4.0 μg,回收率 106%~117%。

20.2 电感耦合等离子体质谱法

按 4.5 描述的方法测定。

21 钒

21.1 无火焰原子吸收分光光度法

21.1.1 最低检测质量浓度

本方法最低检测质量为 0.2 ng,若取 20 μL 水样测定,则最低检测质量浓度为 10 μg/L。

水中共存离子一般不产生干扰。

21.1.2 原理

样品经适当处理后,注入石墨炉原子化器,所含的金属离子在石墨管内经原子化高温蒸发解离为原子蒸气,待测元素的基态原子吸收来自同种元素空心阴极灯发出的共振线,其吸收强度在一定范围内与金属浓度成正比。

21.1.3 试剂

21.1.3.1 钒标准储备溶液[ρ(V)=1.00 mg/mL]:称取 2.296 6 g 优级纯偏钒酸铵(NH_4VO_3),溶解于水中,加入 20 mL 硝酸溶液(1+1),再用水定容至 1 000 mL。或使用有证标准物质。

21.1.3.2 钒标准中间溶液[ρ(V)=50.00 μg/mL]:吸取 5.00 mL 钒标准储备溶液于 100 mL 容量瓶中,用硝酸溶液(1+18)稀释至刻度,摇匀。

21.1.3.3 钒标准使用溶液[ρ(V)=1.00 μg/mL]:吸取 2.00 mL 钒标准中间溶液于 100 mL 容量瓶中,用硝酸溶液(1+18)稀释至刻度,摇匀。

21.1.4 仪器设备

21.1.4.1 石墨炉原子吸收分光光度计。

21.1.4.2 钒空心阴极灯。

21.1.4.3 氩气钢瓶。

21.1.4.4 微量加样器:20 μL。

21.1.4.5 聚乙烯瓶:100 mL。

21.1.5 仪器参考条件

测定钒的仪器参考条件见表 14。

表 14 测定钒的仪器参考条件

元素	波长 /nm	干燥温度 /℃	干燥时间 /s	灰化温度 /℃	灰化时间 /s	原子化温度 /℃	原子化时间 /s
V	318.3	120	30	1 000	30	2 600	5

21.1.6 试验步骤

21.1.6.1 吸取钒标准使用溶液 0 mL、1.00 mL、2.00 mL、3.00 mL 和 4.00 mL 于 5 个 100 mL 容量瓶内,用硝酸溶液(1+18)稀释至刻度,摇匀,分别配制成 0 ng/mL、10 ng/mL、20 ng/mL、30 ng/mL 和 40 ng/mL 的钒标准系列。

21.1.6.2 仪器参数设定后依次吸取 20 μL 试剂空白[硝酸溶液(1+18)作为试剂空白],标准系列和样品,注入石墨管,启动石墨炉控制程序和记录仪,记录吸收峰值或峰面积。

21.1.7 试验数据处理

从标准曲线查出钒浓度后,按式(36)计算:

$$\rho(V)=\frac{\rho_1 \times V_1}{V} \qquad (36)$$

式中:

$\rho(V)$——水样中钒的质量浓度,单位为微克每升(μg/L);

ρ_1 ——从标准曲线上查得试样中钒的质量浓度,单位为微克每升(μg/L);

V_1 ——水样稀释后的体积,单位为毫升(mL);

V ——原水样体积,单位为毫升(mL)。

21.2 电感耦合等离子体发射光谱法

按4.4描述的方法测定。

21.3 电感耦合等离子体质谱法

按4.5描述的方法测定。

22 锑

22.1 氢化物原子荧光法

22.1.1 最低检测质量浓度

本方法最低检测质量为0.005 μg,若取10 mL水样测定,最低检测质量浓度为0.5 μg/L。

22.1.2 原理

在酸性条件下,以硼氢化钠为还原剂使锑生成锑化氢,由载气带入原子化器原子化,受热分解为原子态锑,基态锑原子在特制锑空心阴极灯的激发下产生原子荧光,其荧光强度与锑含量成正比。

22.1.3 试剂

22.1.3.1 氢氧化钠溶液(2 g/L):称取1 g氢氧化钠(NaOH)溶于纯水中,稀释至500 mL。

22.1.3.2 硼氢化钠溶液(20 g/L):称取10.0 g硼氢化钠($NaBH_4$),溶于500 mL氢氧化钠溶液中,混匀。

22.1.3.3 盐酸(ρ_{20}=1.19 g/mL),优级纯。

22.1.3.4 盐酸溶液(5+95):取25 mL盐酸,用纯水稀释至500 mL。

22.1.3.5 硫脲-抗坏血酸溶液:称取10.0 g硫脲[$(NH_2)_2CS$],加约80 mL纯水,加热溶解,冷却后加入10.0 g抗坏血酸($C_6H_8O_6$),稀释至100 mL。

22.1.3.6 锑标准储备溶液[ρ(Sb)=1.00 mg/mL]:称取0.500 0 g锑(光谱纯)于100 mL烧杯中,加入10 mL盐酸(ρ_{20}=1.19 g/mL)和5 g酒石酸($C_4H_6O_6$),在水浴中温热使锑完全溶解,放冷后,转入500 mL容量瓶中,用纯水定容至刻度,摇匀。或使用有证标准物质。

22.1.3.7 锑标准中间溶液[ρ(Sb)=10.00 μg/mL]:吸取10.00 mL锑标准储备溶液于1 000 mL容量瓶中,加3 mL盐酸(ρ_{20}=1.19 g/mL),用纯水定容至刻度,摇匀。

22.1.3.8 锑标准使用溶液[ρ(Sb)=0.10 μg/mL]:吸取5.00 mL锑标准中间溶液于500 mL容量瓶

中,用纯水定容至刻度。

22.1.4 仪器设备

22.1.4.1 原子荧光光度计。

22.1.4.2 锑空心阴极灯。

22.1.5 试验步骤

22.1.5.1 仪器参考条件

灯电流:75 mA;负高压:310 V;原子化器高度:8.5 mm;载气流量:500 mL/min;屏蔽气流量:1 000 mL/min;进样体积:0.5 mL;载流:盐酸溶液(5+95)。

22.1.5.2 样品测定

22.1.5.2.1 取 10 mL 水样于比色管中。

22.1.5.2.2 标准系列的配制:分别吸取锑标准使用溶液 0 mL、0.05 mL、0.10 mL、0.30 mL、0.50 mL、0.70 mL、1.00 mL 于比色管中,用纯水定容至 10 mL,使锑的质量浓度分别为 0 ng/mL、0.50 ng/mL、1.00 ng/mL、3.00 ng/mL、5.00 ng/mL、7.00 ng/mL、10.00 ng/mL。

22.1.5.2.3 分别向水样和标准系列管中加入 1.0 mL 硫脲-抗坏血酸溶液,加入 1.0 mL 盐酸(ρ_{20}=1.19 g/mL),混匀,以硼氢化钠溶液为还原剂,上机测定,记录荧光强度值,绘制标准曲线。

22.1.6 试验数据处理

由样品的荧光强度可直接从标准曲线上查出锑的质量浓度,单位为微克每升(μg/L)。

22.1.7 精密度和准确度

4 个实验室测定含锑 0.97 μg/L~8.07 μg/L 的水样,测定 8 次,其相对标准偏差为 1.2%~6.5%,在 1 μg/L~8 μg/L 范围内,回收率为 85.7%~113%。

22.2 氢化物原子吸收分光光度法

22.2.1 最低检测质量浓度

本方法最低检测质量为 0.025 μg。若取 25.0 mL 水样测定,则最低检测质量浓度为 1.0 μg/L。

22.2.2 原理

硼氢化钠与酸反应生成新生态氢,在碘化钾和硫脲存在下,五价锑还原为三价锑,三价锑与新生态氢生成锑化氢气体,以氮气为载气,在石英炉中 930 ℃原子化,217.6 nm 波长测锑的吸光度。

22.2.3 试剂

22.2.3.1 还原溶液:称取 10 g 优级纯碘化钾(KI)和 2 g 硫脲(N_2H_4CS),溶于纯水中,并稀释至 100 mL,储于棕色瓶中。

22.2.3.2 盐酸(ρ_{20}=1.19 g/mL):优级纯。

22.2.3.3 硼氢化钠溶液(20 g/L):称取 2 g 硼氢化钠($NaBH_4$),加入 0.2 g 氢氧化钠(NaOH,优级纯),用纯水溶解后,稀释至 100 mL,必要时过滤,现用现配。

22.2.3.4 锑标准储备溶液[ρ(Sb)=1.00 mg/mL]:见 22.1.3.6。

22.2.3.5 锑标准使用溶液[ρ(Sb)=0.10 μg/mL]:吸取 5.00 mL 锑标准储备溶液于 500 mL 容量瓶

中，加纯水稀释至 500 mL。按上法将所配成的标准溶液再稀释 100 倍。

22.2.4 仪器设备

原子吸收分光光度计，附氢化物发生器。

22.2.5 试验步骤

22.2.5.1 仪器操作

鉴于各种不同型号的仪器操作方法不相同，可根据仪器说明书，将主机测定条件(灯电流、波长等)调至最佳状态，然后将氢化物发生器安装好，调节燃烧器至石英炉处于最佳位置固定，将原子化温度调至 930 ℃，氮气流量调至 1 000 mL/min，用纯水清洗反应瓶，关闭反应器上的活塞 1 和活塞 2(见图 6)即可进行样品测定。

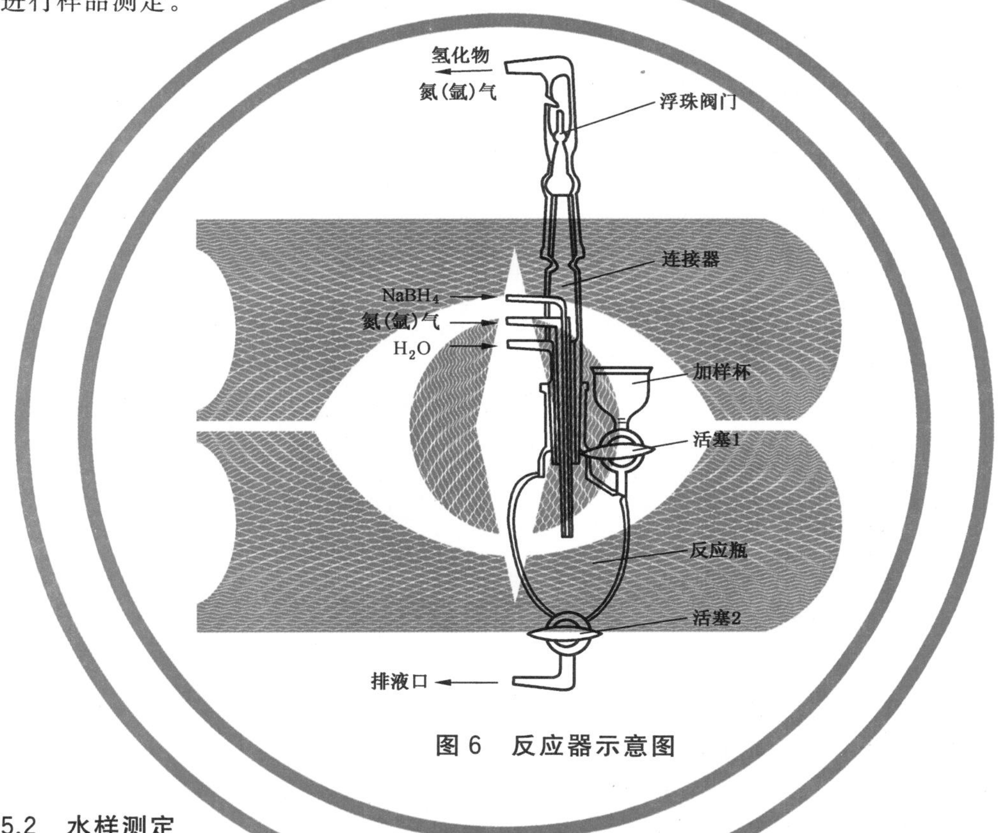

图 6 反应器示意图

22.2.5.2 水样测定

22.2.5.2.1 取 25.0 mL 水样[如水样含锑量低于 0.25 μg/L 时，可取适量水样加 1 mL 盐酸溶液(1+1)浓缩 2 倍～5 倍]，置于 25 mL 比色管中，加入 1.0 mL 还原溶液，0.5 mL 盐酸，摇匀，放置 30 min。

22.2.5.2.2 打开反应器活塞 1，将样品转移到反应瓶中，关闭活塞 1，用自动加液器加入 3 mL 硼氢化钠溶液。

22.2.5.2.3 以氮气流量 1 000 mL/min，原子化温度为 930 ℃，光谱通带为 0.4 nm，波长 217.6 nm，测定锑的吸光度或用记录仪记录峰值。

22.2.5.2.4 打开反应器上活塞 1 和活塞 2，把废液排除，用纯水清洗反应瓶，并关闭活塞 1 和活塞 2。

22.2.5.3 标准曲线的制备

取 6 个 25 mL 比色管，分别加入锑标准使用溶液 0 mL、0.25 mL、0.50 mL、1.00 mL、1.50 mL 和

2.50 mL,加入纯水至 25.0 mL,摇匀。按 22.2.5.2 测定锑的吸光度,绘制标准曲线,由标准曲线上查出水样中锑的含量。

22.2.6 试验数据处理

按式(37)计算水样锑中的质量浓度:

$$\rho(\mathrm{Sb})=\frac{m\times 1\ 000}{V} \qquad \cdots\cdots(37)$$

式中:

$\rho(\mathrm{Sb})$——水样中锑的质量浓度,单位为微克每升(μg/L);

m ——从标准曲线上查得样品中锑的质量,单位为微克(μg);

V ——水样体积,单位为毫升(mL)。

22.2.7 精密度和准确度

4 个实验室测定锑的含量范围为 0.21 μg/L~10.0 μg/L 的水样,相对标准偏差为 1.9%~12%,回收率为 91.0%~115%,平均回收率为 101%。两个实验室测定 1.5 μg/L~3.2 μg/L 的浓缩水样,其相对标准偏差为 2.9%~13%,回收率为 92.0%~116%。

22.3 电感耦合等离子体质谱法

按 4.5 描述的方法测定。

23 铍

23.1 桑色素荧光分光光度法

23.1.1 最低检测质量浓度

本方法最低检测质量为 0.1 μg,若取 20 mL 水样测定,则最低检测质量浓度为 5 μg/L;若取 500 mL水样富集后测定,最低检测质量浓度为 0.2 μg/L。

23.1.2 原理

铍在碱性溶液中与桑色素反应生成黄绿色荧光化合物,测定荧光强度定量。低含量的铍在 pH 5~pH 8 与乙酰丙酮形成的配合物可被四氯化碳萃取,予以富集。

23.1.3 试剂

23.1.3.1 无荧光纯水:去离子水或蒸馏法制得的纯水加硫酸酸化后,投入一粒高锰酸钾晶体,重蒸馏。使用前检查应无荧光。

23.1.3.2 四氯化碳(重蒸馏)。

23.1.3.3 乙酰丙酮-丙酮混合液(15+85)。

23.1.3.4 盐酸溶液(1+19)。

23.1.3.5 氢氧化钠溶液(40 g/L)。

23.1.3.6 桑色素溶液(0.5 g/L):称取 50 mg 桑色素[3,5,7,2′,4′-五羟基黄酮($C_{15}H_{10}O_7$)],于100 mL 无水乙醇或丙酮中,储存在棕色试剂瓶中,0 ℃~4 ℃冷藏保存。

23.1.3.7 盐酸溶液(1+11)。

23.1.3.8 盐酸溶液(1+1)。

23.1.3.9　乙二胺四乙酸二钠溶液(100 g/L)。

23.1.3.10　硼酸缓冲溶液:称取 8.0 g 氢氧化钠和 7.78 g 硼酸,加纯水溶解后,稀释至 200 mL。

23.1.3.11　铍标准储备溶液[$\rho(\mathrm{Be})=100\ \mu g/mL$]:称取 0.196 8 g 四水合硫酸铍($BeSO_4\cdot 4H_2O$)于 100 mL 容量瓶中,加 5 mL 盐酸溶液(1+19)溶解后,加纯水至刻度。储存于玻璃瓶中。0 ℃～4 ℃冷藏保存。或使用有证标准物质。

23.1.3.12　铍标准使用溶液[$\rho(\mathrm{Be})=1.00\ \mu g/mL$]:吸取 5.00 mL 铍标准储备溶液于 500 mL 容量瓶中,加水至刻度。现用现配。

23.1.3.13　刚果红试纸。

23.1.3.14　溴甲酚绿指示剂溶液(1 g/L):用乙醇[$\varphi(C_2H_5OH)=95\%$]配制。

23.1.4　仪器设备

23.1.4.1　荧光分光光度计。

23.1.4.2　分液漏斗:1 000 mL。

23.1.4.3　蒸发皿:50 mL。

23.1.4.4　具塞比色管:25 mL。

23.1.5　试验步骤

23.1.5.1　吸取 20 mL 水样于 25 mL 具塞比色管中。

23.1.5.2　于 6 支 25 mL 具塞比色管中分别加入铍标准使用溶液 0 mL、0.10 mL、0.30 mL、0.50 mL、0.70 mL 和 1.00 mL,各加纯水至 20 mL。

23.1.5.3　以刚果红试纸为指示,用盐酸溶液(1+19)和氢氧化钠溶液调节 pH 值至使刚果红试纸呈红紫色,加乙二胺四乙酸二钠溶液 1.0 mL,混匀,加硼酸缓冲溶液 2.5 mL,混匀,加入 0.12 mL 桑色素溶液,用纯水稀释至刻度,混匀,40 min 后在 430 nm 激发波长,狭缝 5 nm,发射波长 530 nm,狭缝 10 nm,测量荧光强度。

23.1.5.4　低含量铍的富集方法:取水样 500 mL 于 1 000 mL 分液漏斗中。另取 6 个 1 000 mL 分液漏斗,各加无荧光纯水 500 mL,分别加入 0 mL、0.10 mL、0.30 mL、0.50 mL、0.70 mL 和 1.0 mL 铍标准使用溶液,混匀,于水样及标准中各加乙二胺四乙酸二钠溶液 10 mL。5 滴溴甲酚绿指示剂溶液,用盐酸溶液(1+19)和氢氧化钠溶液调节 pH 值使溶液呈蓝色为止。加乙酰丙酮一丙酮混合液 10 mL,混匀,放置 5 min,加入 10 mL 四氯化碳,振摇萃取 2 min,静置分层,收集四氯化碳于蒸发皿中。再用 10 mL四氯化碳萃取一次,合并四氯化碳于蒸发皿中。加 2 mL 盐酸溶液(1+1),在水浴上蒸干。取下蒸发皿加盐酸溶液(1+11)2 mL,溶解残渣并用热纯水转移至25 mL 具塞比色管中,用热纯水洗蒸发皿数次,合并洗液于比色管中,加纯水至 20 mL,按 23.1.5.3 步骤操作。

23.1.5.5　绘制标准曲线,从曲线上查出水样管中铍的质量。

23.1.6　试验数据处理

按式(38)计算水样中铍的质量浓度:

$$\rho(\mathrm{Be})=\frac{m}{V} \qquad (38)$$

式中:

$\rho(\mathrm{Be})$——水样中铍的质量浓度,单位为毫克每升(mg/L);

m　——相当于铍标准的质量,单位为微克(μg);

V　——水样体积,单位为毫升(mL)。

23.2 无火焰原子吸收分光光度法

23.2.1 最低检测质量浓度

本方法最低检测质量为 0.004 ng 铍，若取 20 μL 水样测定，则最低检测质量浓度为 0.2 μg/L。

水中共存离子一般不干扰测定。

23.2.2 原理

样品经加入 $Mg(NO_3)_2$ 为基体改进剂，注入石墨炉原子化器，所含的金属离子在石墨管内经高温原子化，待测元素的基态原子吸收来自同种元素空心阴极灯发出的共振线，其吸收强度在一定范围内与金属浓度成正比。

23.2.3 试剂

警示：硝酸铍极毒，操作时应防止吸入和接触皮肤。储存于聚乙烯瓶中，0 ℃～4 ℃冷藏保存。

23.2.3.1 铍标准储备溶液[ρ(Be)＝100 μg/mL]：称取 2.076 g 三水合硝酸铍[$Be(NO_3)_2 \cdot 3H_2O$]溶解在约 200 mL 水中，加入 10 mL 硝酸(ρ_{20}＝1.42 g/mL)，并用纯水定容至 1 000 mL。或使用有证标准物质。

23.2.3.2 铍标准中间溶液[ρ(Be)＝1.00 μg/mL]：取铍标准储备溶液 10.0 mL 于 100 mL 容量瓶中，用硝酸溶液(1＋99)稀释至刻度，摇匀，此溶液 ρ(Be)＝10 μg/mL。再取 10.0 mL 于 100 mL 容量瓶中，用硝酸溶液(1＋99)稀释至刻度，摇匀。

23.2.3.3 铍标准使用溶液[ρ(Be)＝0.10 μg/mL]：取铍标准中间溶液 10.0 mL 于 100 mL 容量瓶中，用硝酸溶液(1＋99)稀释至刻度。

23.2.3.4 镁溶液(50 g/L)：称取 30.52 g 硝酸镁[$Mg(NO_3)_2$，优级纯]，加水溶解并定容至 100 mL。

23.2.3.5 硝酸，优级纯。

23.2.4 仪器设备

23.2.4.1 石墨炉原子吸收分光光度计。

23.2.4.2 铍空心阴极灯。

23.2.4.3 氩气钢瓶。

23.2.4.4 微量加样器：10 μL～20 μL，或自动微量加样器。

23.2.4.5 聚乙烯瓶：100 mL。

23.2.4.6 热解涂层石墨管。

23.2.5 仪器参考条件

测定铍的仪器参考条件见表 15。

表 15 测定铍的仪器参考条件

元素	波长 /nm	干燥温度 /℃	干燥时间 /s	灰化温度 /℃	灰化时间 /s	原子化温度 /℃	原子化时间 /s
Be	234.9	120	30	1 200～1 600	30	2 300～2 600	7

23.2.6 试验步骤

23.2.6.1 水样的采集和保存：用干净的聚乙烯塑料瓶采集水样，加入 1％的硝酸保存，备用。

23.2.6.2 吸取铍标准使用溶液 0 mL、0.10 mL、0.30 mL、0.50 mL、0.70 mL、1.0 mL，于 6 个 50 mL 具塞比色管中，用硝酸溶液（1＋99）稀释至刻度，摇匀，加入 1.0 mL 硝酸镁溶液，摇匀，分别配置成 $\rho(Be)=0$ μg/L、0.2 μg/L、0.6 μg/L、1.0 μg/L、1.4 μg/L、2.0 μg/L 的标准系列（1.0 mL 硝酸镁溶液不计算在内）。

23.2.6.3 吸取 50.0 mL（已加硝酸保存）水样，加入 1.0 mL 硝酸镁溶液，摇匀。

23.2.6.4 仪器参数设定后依次吸取 10 μL～20 μL 试剂空白，标准系列和样品，注入石墨管，启动石墨炉控制程序和记录仪，记录吸收峰值高或峰面积。

23.2.7 试验数据处理

若样品经处理或稀释，从标准曲线查出铍浓度后，按式（39）计算：

$$\rho(Be)=\frac{\rho_1\times V_1}{V} \qquad \cdots\cdots (39)$$

式中：

$\rho(Be)$——水样中铍的质量浓度，单位为微克每升（μg/L）；

ρ_1 ——从标准曲线上查得试样中铍的质量浓度，单位为微克每升（μg/L）；

V_1 ——水样稀释后的体积，单位为毫升（mL）；

V ——原水样体积，单位为毫升（mL）。

23.2.8 精密度和准确度

5 个实验室重复测定加标水样，其铍含量为 0.1 μg/L～2.0 μg/L。相对标准偏差为 2.6%～9.5%。5 个实验室测定加入铍为 0.1 μg/L～2.0 μg/L 的水样，回收率分别为 90.0%～107%。

23.3 电感耦合等离子体发射光谱法

按 4.4 描述的方法测定。

23.4 电感耦合等离子体质谱法

按 4.5 描述的方法测定。

24 铊

24.1 无火焰原子吸收分光光度法

24.1.1 最低检测质量浓度

本方法最低检测质量为 0.01 ng，若取 500 mL 水样富集 50 倍后，进样 20 μL，则最低检测质量浓度为 0.01 μg/L。

水样中含 2.0 mg/L Pb、Cd、Al；4.0 mg/L Cu、Zn；5.0mg/L PO_4^{3-}；8.0 mg/L SiO_3^{2-}；60 mg/L Mg；400 mg/L Ca；500 mg/L Cl^- 时，对测定无明显干扰。

24.1.2 原理

水中铊元素经预处理后原子吸收法测定，在石墨管内经原子化高温蒸发解离为原子蒸气，铊原子吸收来自铊元素空心阴极灯发出的共振线，其吸收强度在一定范围内与铊浓度成正比。

24.1.3 试剂

本方法配制试剂，稀释等用的纯水均为去离子水。

24.1.3.1 硝酸溶液(1+1)。

24.1.3.2 氨水(1+9)。

24.1.3.3 溴水。

24.1.3.4 铁溶液[ρ(Fe)=4 mg/mL]:称取 14.28 g 硫酸铁[$Fe_2(SO_4)_3$]用去离子水稀释至1 000 mL。

24.1.3.5 铊标准储备溶液[ρ(Tl)=500 μg/mL]:称取 0.027 9 g 三氧化二铊(Tl_2O_3)溶于 2 mL 硝酸(ρ_{20}=1.42 g/mL)中,用去离子水定容至 50 mL。或使用有证标准物质。

24.1.3.6 铊标准使用溶液[ρ(Tl)=1.00 μg/mL]:取铊标准储备溶液,用去离子水逐级稀释,配成标准使用溶液。

24.1.4 仪器设备

24.1.4.1 石墨炉原子吸收分光光度计。

24.1.4.2 空心阴极灯。

24.1.4.3 微量取样器:20 μL。

24.1.4.4 离心机。

24.1.4.5 磁力搅拌器。

24.1.5 试验步骤

24.1.5.1 水样预处理:澄清的水样可直接进行共沉淀,若水样中含有悬浮物,应以 0.45 μm 孔径的滤膜过滤,若不能立即分析时,应每升水样加 1.5 mL 硝酸(ρ_{20}=1.42 g/mL)酸化,使 pH 小于 2,以保存样品。

取 500 mL 水样于 1 000 mL 烧杯中,用硝酸溶液酸化使 pH=2,加溴水 0.5 mL~2 mL 使水样呈黄色 1 min 不褪色为准,加入 10 mL 铁溶液,在磁力搅拌下,滴加氨水使 pH 大于 7,产生沉淀后放置过夜。次日,倾去上清液,沉淀分数次移入 10 mL 离心管,离心 15 min,取出离心管,用吸管吸去上清液。用 1 mL 硝酸溶液溶解沉淀,并用去离子水洗涤烧杯,最后稀释至 10 mL,混匀。吸取 20 μL 进行原子吸收测定。

24.1.5.2 仪器操作:鉴于不同型号的仪器操作方法各不相同,详细的操作细节参阅各自的仪器说明书,简要的步骤如下。

a) 安装铊空心阴极灯,对准灯的位置,固定测定波长及狭缝。
b) 开启仪器电源及固定空心阴极灯电流,预热仪器,使光源稳定。
c) 调节石墨炉位置,使其处于光路中并获得最佳状态,安装好石墨管(带有平台)。
d) 开启冷却水和氩气气源阀,调节指定的流量。
e) 仪器参考条件见表 16,光谱通带为 0.7 nm,灯电流为 12 mA,氩气流量为 50 mL/min,进样量为20 μL。

表 16 测定铊的仪器参考条件

元素	波长 /nm	干燥温度 /℃	干燥时间 /s	灰化温度 /℃	灰化时间 /s	原子化温度 /℃	原子化时间 /s
Tl	276.7	110	20	500	30	2 300	3

24.1.5.3 标准系列配制:用硝酸溶液(1+99)将铊标准使用溶液稀释为 0 μg/L、0.5 μg/L、1.0 μg/L、2.0 μg/L、5.0 μg/L、10.0 μg/L、20.0 μg/L、40.0 μg/L 和 50.0 μg/L 的铊标准溶液。以下按 24.1.5.2 步骤直接进行原子吸收测定。

24.1.5.4 绘制标准曲线:从标准曲线上查得水样富集后铊的质量浓度。

24.1.6 试验数据处理

按式(40)计算水样中铊的质量浓度：

$$\rho(\mathrm{Tl})=\frac{\rho_1\times V_1}{V} \qquad \cdots\cdots(40)$$

式中：

$\rho(\mathrm{Tl})$——水样中铊的质量浓度，单位为微克每升(μg/L)；

ρ_1 ——标准曲线上查得铊的质量浓度，单位为微克每升(μg/L)；

V_1 ——水样富集后体积，单位为毫升(mL)；

V ——水样体积，单位为毫升(mL)。

24.1.7 精密度和准确度

3个实验室测定铊含量为0.8 μg/L合成水样，回收率为95.0%～104%；相对标准偏差为2.77%～4.6%。

24.2 电感耦合等离子体质谱法

按4.5描述的方法测定。

25 钠

25.1 火焰原子吸收分光光度法

25.1.1 最低检测质量浓度

本方法测钠和钾的最低检测质量浓度分别为0.01 mg/L和0.05 mg/L。

在大量钠存在时，钾的电离受到抑制，从而使钾的吸收强度增大。测定钾时可在标准溶液中添加相应的钠离子，予以校正。铁稍有干扰，磷酸盐产生较大的负干扰，添加一定量镧盐后可以消除。在测定钠时，盐酸和氯离子可使钠的吸收强度降低，可在标准溶液中添加相应量盐酸加以校正。

25.1.2 原理

利用钠、钾基态原子能吸收来自同种金属元素空心阴极灯发射的共振线，且其吸收强度与钠、钾原子的浓度成正比。

25.1.3 试剂

25.1.3.1 钠标准储备溶液[$\rho(\mathrm{Na})$=10.00 mg/mL]：称取在140 ℃烘至恒量的氯化钠(基准试剂)25.421 g，溶于少量纯水中，加入硝酸溶液10 mL，再用纯水稀释至1 000 mL。或使用有证标准物质。

25.1.3.2 钾标准储备溶液[$\rho(\mathrm{K})$=1.00 mg/mL]：称取在110 ℃烘至恒量的氯化钾(优级纯)1.906 7 g，溶于少量纯水中，加入硝酸溶液10 mL，再用纯水稀释至1 000 mL。或使用有证标准物质。

25.1.3.3 钠、钾混合标准溶液：取5.00 mL钠标准储备溶液和50.0 mL钾标准储备溶液置于1 000 mL容量瓶中，用纯水稀释至刻度。此溶液1.00 mL含0.050 mg钠和0.050 mg钾。

25.1.3.4 硝酸溶液(1+1)。

25.1.4 仪器设备

25.1.4.1 原子吸收分光光度计。

25.1.4.2 钠、钾空心阴极灯。

25.1.4.3 乙炔。

25.1.5 试验步骤

25.1.5.1 样品测定:简要步骤如下。

a) 按仪器说明书,将仪器调至钠、钾测试最佳状态。

b) 将水样直接喷入火焰,测定吸光度。

c) 样品中钠、钾含量稍高时,可转动燃烧器角度,或用次灵敏共振线测定吸光度。

25.1.5.2 校准曲线的绘制:准确吸取钠、钾混合标准溶液或标准储备溶液,用纯水配制标准系列,低浓度时用灵敏共振线,钠在 0.01 mg/L～0.5 mg/L 时用 589.0 nm 灵敏共振线测定其吸光度,钾在 0.05 mg/L～3 mg/L 时用 766.5 nm 灵敏共振线测定其吸光度;高浓度时用次灵敏共振线,钠在 0.1 mg/L～60 mg/L 时用 330.2 nm 次灵敏共振线测定其吸光度,钾在 1 mg/L～15 mg/L 时用 404.5 nm 次灵敏共振线测定吸光度。

25.1.6 试验数据处理

按式(41)计算水样中钠或钾的质量浓度:

$$\rho(\text{Na 或 K}) = \rho_1 \times D \qquad (41)$$

式中:

ρ(Na 或 K)——水样中钠或钾的质量浓度,单位为毫克每升(mg/L);

ρ_1 ——从标准曲线上查得的水样中钠或钾的质量浓度,单位为毫克每升(mg/L);

D ——水样稀释倍数。

25.1.7 精密度和准确度

同一实验室对含钠 30 mg/L、钾 3 mg/L,其中包含钙 60 mg/L、镁 18 mg/L 和氯化物 214 mg/L 的人工合成水样,24 次测定的相对标准偏差为 1.5%,相对误差分别为 0.6%和 0.3%。

25.2 离子色谱法

25.2.1 最低检测质量浓度

本方法用电导检测器在 3 μS～300 μS 测量量程,可达到线性范围分别为:Li^+ 0.02 mg/L～27 mg/L;Na^+ 0.06 mg/L～90 mg/L;K^+ 0.16 mg/L～225 mg/L。在 10 μS～300 μS 测量量程,可达到线性范围分别为:Mg^{2+} 1.2 mg/L～35mg/L;Ca^{2+} 1.7 mg/L～360 mg/L。

25.2.2 原理

水样中阳离子 Li^+、Na^+、$NH_4{}^+$、K^+、Mg^{2+} 和 Ca^{2+},随盐酸淋洗液进入阳离子分离柱,根据离子交换树脂对各阳离子的不同亲合程度进行分离。经分离后的各组分流经抑制系统,将强电解质的淋洗液转换为弱电解溶液,降低了背景电导。流经电导检测器系统,测量各离子组分的电导率。以保留时间和色谱峰(面积)定性和定量。

25.2.3 试剂

本方法需用电导小于 1 μS 的纯水配制标准溶液和淋洗液。

25.2.3.1 淋洗液,盐酸[c(HCl)=20 mmol/L]。

25.2.3.2 再生液,四甲基氢氧化铵{c[$(CH_3)_4NOH$]=100 mmol/L}:称取 36.5 g 四甲基氢氧化铵水

溶液{w[$(CH_3)_4NOH$]=25%},置于 100 mL 容量瓶中,加水至刻度。

25.2.3.3 钠(Na^+)标准储备溶液[$\rho(Na^+)$=1 mg/mL]:称取 0.508 4 g 经 500 ℃灼烧 1 h,并在干燥器中冷却 0.5 h 的氯化钠,置于 200 mL 容量瓶中,加入纯水溶解后稀释至刻度。或使用有证标准物质。

25.2.3.4 钾(K^+)标准储备溶液[$\rho(K^+)$=1 mg/mL]:称取 0.445 7 g 经 500 ℃灼烧 1 h,并在干燥器中冷却 0.5 h 的硫酸钾,置于 200 mL 容量瓶中,加入纯水溶解后稀释至刻度。或使用有证标准物质。

25.2.3.5 锂(Li^+)标准储备溶液[$\rho(Li^+)$=1 mg/mL]:称取 1.064 8 g 碳酸锂(Li_2CO_3),置于 200 mL 容量瓶中,加入少量纯水湿润,逐滴加入盐酸溶液(1+1),使碳酸锂完全溶解,再加入过量 2 滴。加入纯水至刻度,摇匀。或使用有证标准物质。

25.2.3.6 钙(Ca^{2+})标准储备溶液[$\rho(Ca^{2+})$=1 mg/mL]:称取 0.499 4 g 经 105 ℃干燥的碳酸钙,置于 200 mL 烧杯中,加入少量纯水,逐渐加入盐酸溶液(1+1),待完全溶解后,再加入过量 1 mL 盐酸溶液(1+1)。煮沸驱除二氧化碳,定量地转移至 200 mL 容量瓶中,加入纯水溶解后稀释至刻度。或使用有证标准物质。

25.2.3.7 镁(Mg^{2+})标准储备溶液[$\rho(Mg^{2+})$=1 mg/mL]:称取 0.783 6 g 氯化镁($MgCl_2$),置于 200 mL容量瓶中,加入纯水溶解后稀释至刻度。或使用有证标准物质。

25.2.3.8 阳离子混合标准溶液:根据选定的测量范围,分别吸取适量各组分的标准储备溶液,纯水定容至一定体积,以 mg/L 表示各组分质量浓度。

25.2.4 仪器设备

25.2.4.1 离子色谱仪(电导检测器)。

25.2.4.2 记录仪或工作站。

25.2.4.3 阳离子分离柱/保护柱(CS12、CS14 或其他等效柱)。

25.2.4.4 抑制器系统(抑制柱、膜抑制器或自动再生电解抑制器)。

25.2.4.5 水相滤膜(0.22 μm)和滤器。

25.2.5 试验步骤

25.2.5.1 按照仪器说明书,开启离子色谱仪,调节淋洗液和再生液流速,使仪器达到平衡,并指示稳定的基线。

25.2.5.2 标准:根据所选择的量程,将阳离子混合标准溶液和两次等比稀释的三种不同浓度的阳离子混合标准溶液依次进样。记录峰高或峰面积。绘制标准曲线。

25.2.5.3 样品分析:将水样经 0.22 μm 滤膜过滤注入进样系统,记录色谱峰高或峰面积。

25.2.6 试验数据处理

各种阳离子的质量浓度(mg/L)可在标准曲线上直接查得。

各种阳离子的测定范围(mg/L)见表 17,色谱图见图 7,保留时间供参考。

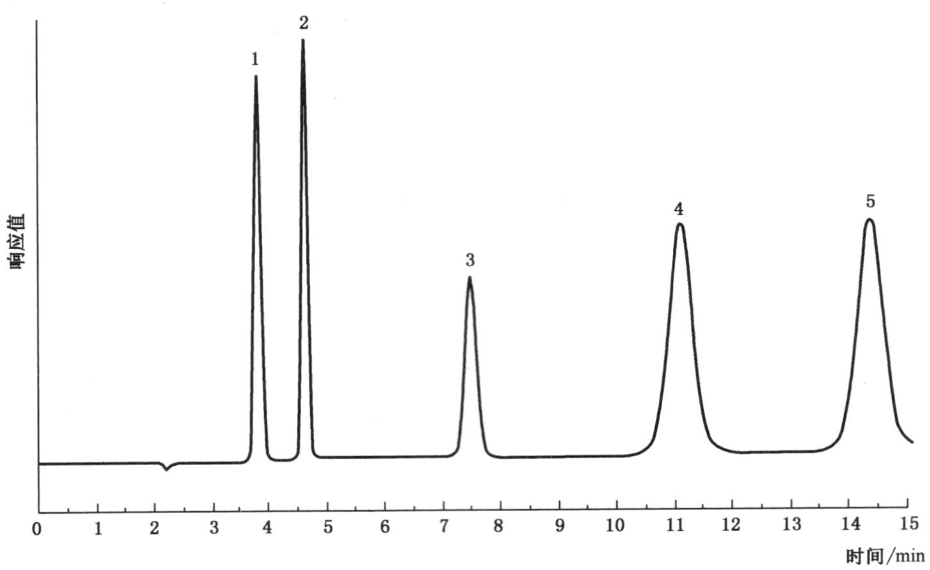

标引序号说明：

1——Li^{+}，3.72 min；

2——Na^{+}，4.60 min；

3——K^{+}，7.51 min；

4——Ca^{2+}，11.02 min；

5——Mg^{2+}，14.63 min。

图 7　5 种阳离子的色谱图

表 17　各种阳离子在不同量程的参考测定质量浓度(mg/L)

离子组分	量程/μS				
	300	100	30	10	3
Li^{+}	3.4～27	0.56～9.0	0.19～3.0	0.06～1.0	0.02～0.3
Na^{+}	11～90	1.9～3.0	0.62～10.0	0.4～3.3	0.06～1.0
K^{+}	28～225	4.7～75	1.6～12.5	1.0～8.3	0.16～2.5
Mg^{2+}	17～135	5.6～45	1.2～5.0	0.9～1.5	—
Ca^{2+}	4.5～360	7.5～120	2.5～40	1.7～13.3	—

25.3　电感耦合等离子体发射光谱法

按 4.4 描述的方法测定。

25.4　电感耦合等离子体质谱法

按 4.5 描述的方法测定。

26 锡

26.1 氢化物原子荧光法

26.1.1 最低检测质量浓度

本方法最低检测质量为 0.5 ng，若取 0.5 mL 水样测定，则最低检测质量浓度为 1.0 μg/L。

26.1.2 原理

在酸性条件下，以硼氢化钠为还原剂使锡生成锡化氢，由载气带入原子化器原子化，受热分解为原子态锡，基态锡原子在特制锡空心阴极灯的激发下产生原子荧光，其荧光强度与锡含量成正比，与标准系列比较定量。

26.1.3 试剂

26.1.3.1 硝酸（ρ_{20}＝1.42 g/mL），优级纯。
26.1.3.2 硝酸溶液（5＋95）：取 25 mL 硝酸，用纯水稀释至 500 mL。
26.1.3.3 硝酸溶液（1＋99）。
26.1.3.4 氢氧化钠溶液（2 g/L）：称取 1 g 氢氧化钠溶于纯水中，稀释至 500 mL。
26.1.3.5 硼氢化钠溶液［$\rho(NaBH_4)$＝20 g/L］：称取硼氢化钠 10.0 g 溶于氢氧化钠溶液 500 mL，混匀。
26.1.3.6 硫脲＋抗坏血酸溶液：称取 10.0 g 硫脲加约 80 mL 纯水，加热溶解，待冷却后加入 10.0 g 抗坏血酸，稀释至 100 mL。
26.1.3.7 锡标准储备溶液［ρ(Sn)＝1.00 mg/mL］：准确称取 0.100 0 g 锡粒（99.99％）于 100 mL 烧杯内，加入 10 mL 硫酸（ρ_{20}＝1.84 g/mL），盖上表面皿，加热至锡全部溶解，移去表面皿，继续加热至冒浓的白烟，冷却，慢慢加入 50 mL 纯水，移入 100 mL 容量瓶中，用硫酸溶液（1＋9）多次洗涤烧杯，洗液并入容量瓶中，并稀释定容至刻度。或使用有证标准物质。
26.1.3.8 锡标准中间溶液［ρ(Sn)＝1.00 μg/mL］：吸取 5.00 mL 锡标准储备溶液于 500 mL 容量瓶中，用硝酸（1＋99）稀释定容至刻度。再取此溶液 10.00 mL 于 100 mL 容量瓶中，用硝酸（1＋99）稀释定容至刻度。
26.1.3.9 锡标准使用溶液［ρ(Sn)＝ 0.10 μg/mL］：吸取 10.00 mL 锡标准中间溶液于 100 mL 容量瓶中，用纯水定容至刻度，现配现用。

26.1.4 仪器设备

26.1.4.1 原子荧光光度计。
26.1.4.2 锡空心阴极灯。

26.1.5 试验步骤

26.1.5.1 标准系列的配制：分别吸取锡标准使用溶液 0 mL、0.10 mL、0.30 mL、0.50 mL、0.70 mL、1.00 mL 于比色管中，用纯水定容至 10 mL，使锡的质量浓度分别为 0 μg/L、1.0 μg/L、3.0 μg/L、5.0 μg/L、7.0 μg/L、10.0 μg/L。
26.1.5.2 取水样 10 mL 于比色管中，分别向样品、空白及标准溶液管中加入 1.0 mL 硫脲＋抗坏血酸溶液，加入 0.5 mL 硝酸（ρ_{20}＝1.42 g/mL），混匀。
26.1.5.3 测定参考条件如下。

a) 灯电流：80 mA；负高压：350 V；原子化器高度：8.5 mm；载气流量：500 mL/min。

b) 屏蔽气流量:1 000 mL/min;进样体积:0.5 mL;测量方式:标准曲线法;读数方式:峰面积;载流:硝酸溶液(5+95)。

26.1.5.4 测定:开机,设定仪器最佳条件,点燃原子化器炉丝,稳定 30 min 后开始测定。绘制标准曲线、计算回归方程。

26.1.6 试验数据处理

以所测样品的荧光强度,从标准曲线或回归方程中查得样品溶液中锡元素的质量浓度(μg/L)。

26.1.7 精密度和准确度

3 个实验室测定含锡 1.5 μg/L～15.7 μg/L 的水样,测定 8 次,其相对标准偏差均小于 5.8%,在水样中加入 1.0 μg/L～15.0 μg/L 锡标准溶液,回收率为 89.0%～108%。

26.2 分光光度法

26.2.1 最低检测质量浓度

本方法最低检测质量为 0.5 μg,若取 50 mL 水样测定,最低检测质量浓度为 0.01 mg/L。

26.2.2 原理

在弱酸性溶液中,四价锡与苯芴酮形成微溶性橙红色配合物,在保护性胶体存在下比色。

26.2.3 试剂

26.2.3.1 氨水(1+1)。

26.2.3.2 硫酸溶液(1+9)。

26.2.3.3 明胶溶液(5 g/L)。

26.2.3.4 抗坏血酸溶液(10 g/L)。

26.2.3.5 酒石酸溶液(100 g/L)。

26.2.3.6 苯芴酮溶液(0.3 g/L):称取 0.030 g 苯芴酮(1,3,7-三羟基-9-苯基蒽醌)溶于 20 mL 乙醇[$\varphi(C_2H_5OH)=95\%$],加入 0.5 mL 硫酸溶液(1+2),再用乙醇稀释至 100 mL。

26.2.3.7 锡标准储备溶液[$\rho(Sn^{4+})=1$ mg/mL]:准确称取 0.100 0 g 锡粒(纯度大于 99.99%)于 100 mL 烧杯内,加入 10 mL 硫酸($\rho_{20}=1.84$ g/mL),盖上表面皿,加热至锡全部溶解,移去表面皿,继续加热至冒浓的白烟。冷却,慢慢加入 50 mL 纯水,移入 100 mL 容量瓶中,用硫酸溶液(1+9)多次洗涤烧杯,洗液并入容量瓶中,并稀释至刻度。或使用有证标准物质。

26.2.3.8 锡标准使用溶液[$\rho(Sn^{4+})=10$ μg/mL]:吸取 10.00 mL 锡标准储备溶液于 100 mL 容量瓶内,加硫酸溶液(1+9)定容,混匀。再吸取此溶液[$\rho(Sn^{4+})=100$ μg/mL]10.00 mL 于 100 mL 容量瓶内,用硫酸溶液(1+9)定容,配成[$\rho(Sn^{4+})=10$ μg/mL]的标准使用溶液。

26.2.3.9 酚酞指示剂溶液(1 g/L):称取 0.10 g 酚酞溶于少量乙醇溶液[$\varphi(C_2H_5OH)=50\%$],并用它稀释至 100 mL。

26.2.4 仪器设备

26.2.4.1 分光光度计。

26.2.4.2 具塞比色管:50 mL。

26.2.5 试验步骤

26.2.5.1 分别吸取 0 mL、0.05 mL、0.15 mL、0.30 mL、0.50 mL、0.70 mL、1.00 mL、1.50 mL 和

2.00 mL 锡标准使用溶液于 50 mL 比色管中。

26.2.5.2 吸取 50.0 mL 水样于 100 mL 高型烧杯中，加入 1 mL 硫酸(ρ_{20}=1.84 g/mL)，在电热板上蒸发、消化至冒白烟近于干涸为止。冷却后，用少量纯水洗入 50 mL 比色管中。

26.2.5.3 向水样及标准管中，各加入 0.5 mL 酒石酸溶液、3 滴酚酞溶液，用氨水调至淡品红色。加入 3.0 mL 硫酸溶液(1+9)、1.0 mL 明胶溶液和 2.5 mL 抗坏血酸溶液，加纯水至 50 mL，混匀。各加入 2.0 mL 苯芴酮溶液，混匀。

26.2.5.4 放置 30 min 后，于波长 510 nm 处，以 0 管调零，用 2 cm 比色皿测定吸光度。

26.2.6 试验数据处理

按式(42)计算水样中锡的质量浓度：

$$\rho(Sn^{4+})=\frac{m}{V} \qquad (42)$$

式中：

$\rho(Sn^{4+})$——水样中锡的质量浓度，单位为毫克每升(mg/L)；

m ——相当于标准的质量，单位为微克(μg)；

V ——水样体积，单位为毫升(mL)。

26.2.7 精密度和准确度

6 个实验室分别测定合成水样，锡含量在 0.04 mg/L～0.40 mg/L 时，相对标准偏差为 0.4%～7%；以井水、湖水、自来水、矿泉水和合成水样做加标回收试验，锡含量在 0.04 mg/L～0.40 mg/L 时回收率为 95%～108%。

26.3 微分电位溶出法

26.3.1 最低检测质量浓度

本方法最低检测质量为 0.05 μg，若取 25 mL 水样测定，则最低检测质量浓度为 0.002 mg/L。

如水样中存在 Cd^{2+}，可产生正干扰。

26.3.2 原理

在草酸介质中，以表面活性剂增敏，锡在汞膜电极上于 −0.6 V 左右呈现一灵敏的溶出峰，该峰高与锡含量成正比。在其他条件不变的情况下测量溶出峰，与标准系列比较，进行定量。

26.3.3 试剂

26.3.3.1 草酸溶液[$c(H_2C_2O_4)$=0.5 mol/L]：称取 12.6 g 二水合草酸($H_2C_2O_4 \cdot 2H_2O$)溶于纯水，并定容至 200 mL。

26.3.3.2 溴化十六烷基三甲铵(CTMAB)[$c(C_{19}H_{42}BrN)$=0.002 mol/L]：称取 0.073 0 g 溴化十六烷基三甲铵溶于 100 mL 纯水中，必要时加热。

26.3.3.3 电极镀汞溶液：称取 0.034 2 g 一水合硝酸汞[$Hg(NO_2)_2 \cdot H_2O$]和 12.5 g 硝酸钾溶于适量纯水，加 0.5 mL 硝酸(ρ_{20}=1.42 g/mL)，再加纯水定容至 1 000 mL。

26.3.3.4 锡标准储备溶液[$\rho(Sn^{4+})$=100 μg/mL]：准确称取 0.100 0 g 锡粒(纯度大于 99.99%)于 100 mL 烧杯中，加入 10 mL 硫酸(ρ_{20}=1.84 g/mL)。盖上表面皿，加热至锡全部溶解，除去表面皿，继续加热至冒浓白烟。冷却，慢慢加入 50 mL 纯水。移入 1 000 mL 容量瓶中，用硫酸(1+9)溶液洗涤烧杯，洗液并入容量瓶中，用纯水定容。或使用有证标准物质。

26.3.3.5 锡标准溶液[$\rho(Sn^{4+})=20\ \mu g/mL$]:吸取锡标准储备溶液[$\rho(Sn^{4+})=100\ \mu g/mL$)]20.00 mL于 100 mL 容量瓶内,加盐酸溶液(1+99)稀释至刻度。

26.3.4 仪器设备

所有的玻璃仪器应在使用前用盐酸溶液(1+10)浸泡,再用纯水淋洗干净。

26.3.4.1 烧杯:50 mL。

26.3.4.2 微量注射器:50 μL 和 100 μL。

26.3.4.3 溶出分析仪及其三电极系统。

26.3.5 试验步骤

26.3.5.1 工作电极预镀汞

把洁净的玻璃碳电极、参比电极和辅助电极放入电极镀汞溶液中,于−1.0 V 富集 60 s,记录溶出曲线,再重复富集和溶出步骤三次,用纯水把三电极淋洗干净。镀汞后的电极表面应均匀,无破损。

26.3.5.2 仪器参考条件

26.3.5.2.1 下限电压:−0.2 V。

26.3.5.2.2 上限电压:−1.1 V。

26.3.5.2.3 预电解电压:−1.2 V。

26.3.5.2.4 试验参数如下。

a) 低浓度范围:A(静态溶出)——0,B(洗电极时间)——20 s,C(富集时间)——60 s,D(灵敏度)——20,静止时间为 30 s。
b) 高浓度范围:A(静态溶出)——0,B(洗电极时间)——20 s,C(富集时间)——10 s,D(灵敏度)——150,静止时间为 30 s。

26.3.5.3 标准曲线法

26.3.5.3.1 低浓度范围:取烧杯 7 个,各加纯水 25 mL。用微量注射器分别加入 0 μL、2.00 μL、5.00 μL、25.0 μL、50.0 μL、75.0 μL 和 100.0 μL 锡标准溶液。

26.3.5.3.2 高浓度范围:取烧杯 7 个,分别各加 0 mL、0.10 mL、0.20 mL、0.40 mL、0.60 mL、0.80 mL和 1.00 mL 锡标准溶液,加纯水至 25 mL。

26.3.5.3.3 吸取 25.00 mL 水样于烧杯内,作为电解池。向水样及各个标准溶液的烧杯内,各加1.5 mL 草酸溶液、0.3 mL CTMAB 溶液。混匀后,于−1.2 V 富集,记录 E-dt/dE 溶出曲线。Sn^{4+} 的溶出峰电位在−0.6 V 左右。也可改用下述标准加入法定量。

26.3.5.4 标准加入法

在完成 26.3.5.3.3 步骤后,用微量注射器向水样烧杯(电解池)内,加入适量的已知浓度的锡标准溶液,再记录加标后的溶出曲线。

26.3.6 试验数据处理

26.3.6.1 标准曲线法

水样中锡的质量浓度计算见式(43):

$$\rho(Sn^{4+})=\frac{m}{V} \qquad \cdots\cdots(43)$$

式中：

$\rho(Sn^{4+})$——水样中锡的质量浓度，单位为毫克每升(mg/L)；

m ——相当于标准的质量，单位为微克(μg)；

V ——水样体积，单位为毫升(mL)。

26.3.6.2 标准加入法

水样中锡的质量浓度计算见式(44)、式(45)：

$$\rho(Sn^{4+}) = \frac{m_1}{V} \quad \cdots\cdots(44)$$

$$m_1 = \frac{h_1 \times m}{h_1 - h_2} \quad \cdots\cdots(45)$$

式中：

$\rho(Sn^{4+})$——水样中锡的质量浓度，单位为毫克每升(mg/L)；

m_1 ——标准加入后水样中锡的质量，单位为微克(μg)；

V ——水样的体积，单位为毫升(mL)；

h_1 ——水样的峰高，单位为毫米(mm)；

m ——加入标准中锡的质量，单位为微克(μg)；

h_2 ——标准加入后的峰高，单位为毫米(mm)。

26.3.7 精密度和准确度

5个实验室测定高、中、低三种浓度锡的相对标准偏差分别为5.0%～5.8%、0.87%～6.3%和2.0%～4.0%。5个实验室用自来水、蒸馏水、矿泉水、深井水的锡的加标回收率在90%～103%。

26.4 电感耦合等离子体质谱法

按4.5描述的方法测定。

27 四乙基铅

27.1 双硫腙比色法

27.1.1 最低检测质量浓度

本方法最低检测质量为0.08 μg四乙基铅，若取800 mL水样测定，则最低检测质量浓度为0.1 μg/L。

水样中含有无机铅、锌、镉50倍～100倍于四乙基铅时，对结果无影响。

27.1.2 原理

在氯化钠存在下，四乙基铅可由三氯甲烷萃取，再与溴反应，生成$PbBr_2$，加入硝酸，生成易溶于水的硝酸铅，铅离子与双硫腙螯合显色，比色定量铅，再换算成四乙基铅含量。

27.1.3 试剂

警示：氰化钾为剧毒化学品。

27.1.3.1 氯化钠。

27.1.3.2 过氧化氢溶液[$w(H_2O_2)=30\%$]。

27.1.3.3 硝酸溶液(5+95)。

27.1.3.4　氯化钠溶液(70 g/L)。

27.1.3.5　溴-硝酸溶液:将 3 mL 纯溴加到 100 mL 硝酸(ρ_{20}=1.42g/mL)中,摇匀,储存于冷暗处。

27.1.3.6　硝酸溶液(3+97)。

27.1.3.7　双硫腙三氯甲烷储备溶液:称取 50 mg 双硫腙,溶于 50 mL 三氯甲烷中,滤入分液漏斗内。每次用 20 mL 氨水溶液(1+100)萃取双硫腙数次,合并氨水相于另一个分液漏斗中。再每次用 10 mL 三氯甲烷洗涤氨水溶液二次。最后向氨水溶液中加入 100 mL 三氯甲烷,再用硫酸溶液(1+10)中和至酸性,振摇。此时双硫腙已转至三氯甲烷中,静置分层。将三氯甲烷相放入棕色试剂瓶中,0 ℃～4 ℃冷藏保存。

27.1.3.8　双硫腙三氯甲烷使用溶液:取上述双硫腙三氯甲烷储备溶液,用三氯甲烷稀释至透光率为 70%(500 nm 波长,1 cm 比色皿),其浓度约为 0.001%。

27.1.3.9　柠檬酸铵溶液(500 g/L):称取 50 g 柠檬酸三铵[$(NH_4)_3C_6H_5O_7$],置于烧杯中,加 100 mL 纯水使之溶解。加入 5 滴百里酚蓝指示剂,滴加氨水(ρ_{20}=0.88 g/mL)至蓝色。移入分液漏斗中,用 5 mL双硫腙三氯甲烷储备溶液萃取,如果三氯甲烷相呈红色,则需反复萃取,直至三氯甲烷相呈灰绿色为止。弃去三氯甲烷相,滴加盐酸溶液(1+1)至水溶液呈黄绿色(pH 6～pH 7),再加入 10 mL 三氯甲烷洗除残留的双硫腙,储存备用。

27.1.3.10　盐酸羟胺溶液(100 g/L):称取 10 g 盐酸羟胺,溶于纯水中,并稀释成 100 mL。如试剂不纯,需按 27.1.3.9 所述方法除铅。

27.1.3.11　氰化钾溶液(100 g/L):称取 10 g 氰化钾,溶于 20 mL 纯水中。移入 125 mL 分液漏斗中。每次用 2 mL～5 mL 双硫腙三氯甲烷使用溶液萃取,然后再以三氯甲烷洗除残留的双硫腙,最后加纯水稀释至 100 mL。

27.1.3.12　铅标准储备溶液[$\rho(Pb)$=1.00 mg/mL]:称取硝酸铅[$Pb(NO_3)_2$,优级纯]1.599 0 g 于 250 mL 烧杯中,加 50 mL 水、10 mL 硝酸(ρ_{20}=1.42 g/mL,优级纯),溶解后转移至 1 000 mL 容量瓶中,用纯水稀释至刻度。或使用有证标准物质。

27.1.3.13　铅标准使用溶液[$\rho(Pb)$=1.00 μg/mL]:取铅标准储备溶液 5.00 mL 于 100 mL 容量瓶中,加硝酸溶液至刻度,此溶液 $\rho(Pb)$=50 μg/mL。再取此溶液 2.00 mL 于 100 mL 容量瓶中,加硝酸溶液(5+95)至刻度,此溶液 $\rho(Pb)$=1.00 μg/mL。

27.1.3.14　百里酚蓝指示剂(1 g/L):称取 0.10 g 百里酚蓝,溶于 100 mL 乙醇[$\varphi(C_2H_5OH)$=95%]中。

27.1.4　试验步骤

27.1.4.1　量取 800 mL 水样(同时加高锰酸钾及硫酸后重蒸馏的蒸馏水做空白试验)置于 1 000 mL 分液漏斗中,加入 50 g 氯化钠,振摇使之溶解后,再用 30 mL、20 mL 和 20 mL 三氯甲烷连续萃取三次,每次强烈振摇 2 min。

27.1.4.2　合并三氯甲烷萃取液于 125 mL 分液漏斗中,加入 20 mL 氯化钠溶液,振摇 2 min,静置分层。

27.1.4.3　将三氯甲烷相放入 100 mL 烧杯中,加入 3 mL 溴-硝酸溶液,混匀。

27.1.4.4　置于电热板上蒸去三氯甲烷,并继续加热至近干时,滴加纯水数滴,再继续加热使纯水至近干,取下烧杯。

27.1.4.5　沿烧杯壁自上而下地加入 5 mL 硝酸溶液(3+97),加热溶解烧杯中残留物,移入 25 mL 具塞比色管中,再用总体积为 10 mL 的纯水,分三次洗涤烧杯,洗液合并于比色管中。

27.1.4.6　另取 25 mL 比色管 8 支,分别加入铅标准使用溶液 0 mL、0.05 mL、0.10 mL、0.20 mL、0.40 mL、0.60 mL、0.80 mL 及 1.00 mL,各加 5 mL 硝酸溶液(3+97),补加纯水到 15 mL。

27.1.4.7 向样品管及标准系列管中各加 0.5 mL 柠檬酸铵溶液、0.5 mL 盐酸羟胺溶液及二滴百里酚蓝指示剂，混匀。滴加氨水使溶液由绿变蓝，再各加 0.5 mL 氰化钾溶液及 2.0 mL 双硫腙三氯甲烷使用溶液。强烈振摇 30 s 静置分层，在白色背景下通过水平光线，目视比色定量。

27.1.4.8 从水样管减去试剂空白计算四乙基铅含量。

27.1.5 试验数据处理

按式(46)计算水样中四乙基铅的质量浓度：

$$\rho[Pb(C_2H_5)_4]=\frac{m\times 1.56}{V} \qquad \cdots\cdots(46)$$

式中：

$\rho[Pb(C_2H_5)_4]$——水样中四乙基铅的质量浓度，单位为毫克每升(mg/L)；

m ——相当于标准管中铅的质量，单位为微克(μg)；

1.56 ——1 mol 铅相当于 1 mol 四乙基铅的质量换算系数；

V ——水样体积，单位为毫升(mL)。

27.1.6 准确度

经实验室测定，四乙基铅在 0.1 μg～1.0 μg 之间的回收率为 90.0%～110%。

28 氯化乙基汞

28.1 液相色谱-原子荧光法

28.1.1 最低检测质量浓度

本方法仅用于生活饮用水中氯化甲基汞和氯化乙基汞的测定。取 200 mL 水样，浓缩至 4 mL 测定，甲基汞和乙基汞最低检测质量浓度均为 0.009 μg/L。当以氯化乙基汞计时，最低检测质量浓度为 0.010 μg/L。

28.1.2 原理

样品通过水相滤膜过滤后，经固相萃取富集、净化，液相色谱-原子荧光光谱联用法测定，保留时间定性，外标法定量。

28.1.3 试剂或材料

警示：甲基汞和乙基汞为剧毒化学品。

除非另有说明，本方法所用试剂均为分析纯，实验用水为 GB/T 6682 规定的一级水。

28.1.3.1 甲醇(CH_3OH)：色谱纯。

28.1.3.2 盐酸(ρ_{20}=1.19 g/mL)：优级纯。

28.1.3.3 氢氧化钾(KOH)。

28.1.3.4 硼氢化钾(KBH_4)：优级纯。

28.1.3.5 乙酸铵($C_2H_7NO_2$)。

28.1.3.6 *L*-半胱氨酸($C_3H_7NO_2S$)。

28.1.3.7 硫脲(CH_4N_2S)。

28.1.3.8 氯化甲基汞标准物质(CH_3ClHg)：纯度≥99%。

28.1.3.9 氯化乙基汞标准物质(C_2H_5ClHg):纯度≥99%。

28.1.3.10 0.4%盐酸溶液:量取 4.0 mL 盐酸,溶于水并稀释至 1 000 mL。

28.1.3.11 7%盐酸溶液:量取 70 mL 盐酸,溶于水并稀释至 1 000 mL。

28.1.3.12 盐酸溶液(4.0 mol/L):量取 33.3 mL 盐酸,溶于水并稀释至 100 mL。

28.1.3.13 还原剂(5 g/L 硼氢化钾溶液+5 g/L 氢氧化钾溶液):称取 5.0 g 氢氧化钾溶解于适量水中,再称取 5.0 g 硼氢化钾溶解于上述的氢氧化钾溶液中,用水定容至 1 000 mL,摇匀备用。

28.1.3.14 洗脱液(含 0.25%硫脲的 4.0 mol/L 盐酸溶液):称取 0.25 g 硫脲,用 4.0 mol/L 盐酸溶液溶解,并定容至 100 mL。

28.1.3.15 流动相(5%甲醇水溶液+60 mmol/L 乙酸铵+10 mmol/L *L*-半胱氨酸):称取 4.62 g 乙酸铵,1.21 g *L*-半胱氨酸,用适量水溶解,加入 50 mL 甲醇,移入 1 000 mL 容量瓶中,用水稀释至刻度。经 0.45 μm 有机相滤膜过滤后,超声水浴脱气 20 min。

28.1.3.16 甲基汞标准储备溶液(1.0 mg/mL,以 CH_3Hg 计):精密称取 0.011 65 g 氯化甲基汞标准物质(精确至 0.01 mg),用甲醇溶解,并稀释、定容至 10 mL。于 0 ℃~4 ℃冷藏避光保存,可保存 1 年。或使用有证标准物质。

28.1.3.17 乙基汞标准储备溶液(1.0 mg/mL,以 C_2H_5Hg 计):精密称取 0.011 55 g 氯化乙基汞标准物质(精确至 0.01 mg),用甲醇溶解,并稀释、定容至 10 mL。于 0 ℃~4 ℃冷藏避光保存,可保存 1 年。或使用有证标准物质。

28.1.3.18 甲基汞和乙基汞混合标准中间溶液(10 μg/mL):分别吸取甲基汞和乙基汞标准储备溶液 100 μL于 10 mL 容量瓶中,用甲醇定容。于 0 ℃~4 ℃冷藏避光保存,可保存 6 个月。

28.1.3.19 甲基汞和乙基汞混合标准使用溶液(100 μg/L):吸取甲基汞和乙基汞混合标准中间溶液 100 μL于 10 mL 容量瓶中,用 0.4%盐酸溶液定容。现用现配。

28.1.3.20 固相萃取小柱:巯基柱,填充量为 50 mg,容量为 3 mL,或性能相当者。

28.1.3.21 微孔滤膜:0.45 μm 水相滤膜和 0.45 μm 有机相滤膜。

28.1.4 仪器设备

28.1.4.1 液相色谱-原子荧光联用仪。

28.1.4.2 固相萃取装置。

28.1.4.3 天平:分辨力不低于 0.01 mg。

28.1.5 样品

28.1.5.1 水样的采集与保存

用聚乙烯塑料瓶采集水样,采样前用待测水样将样品瓶清洗 2 次~3 次。1 L 水样加入 4 mL 盐酸,将水样充满样品瓶并加盖密封,0 ℃~4 ℃冷藏避光条件下可保存 7 d。

28.1.5.2 样品预处理

将水样过 0.45 μm 水相滤膜。

28.1.5.3 样品处理

固相萃取柱预先用 3 mL 甲醇和 3 mL 纯水活化。取过滤后的水样 200 mL,以约 5 mL/min 速度通过固相萃取柱,抽干固相萃取柱,用 4.0 mL 洗脱液洗脱,收集洗脱液,用洗脱液定容至 4.0 mL。

28.1.6 试验步骤

28.1.6.1 仪器参考条件

28.1.6.1.1 液相色谱参考条件

色谱柱：C_{18}柱(4.6 mm×250 mm，5 μm)或等效色谱柱；流动相：5%甲醇水溶液含 60 mmol/L 乙酸铵和 10 mmol/L *L*-半胱氨酸；流量：1.0 mL/min；进样体积：100 μL；柱温：25 ℃。

28.1.6.1.2 原子荧光参考条件

泵速：65 r/min；紫外灯：开；负高压：295 V；汞灯电流：50 mA；载气流速：400 mL/min；屏蔽气流速：500 mL/min；载液：7%盐酸溶液；还原剂：5 g/L 硼氢化钾溶液+5 g/L 氢氧化钾溶液。

28.1.6.2 测定

28.1.6.2.1 标准系列配制

准确吸取甲基汞和乙基汞混合标准使用溶液 0 mL、0.05 mL、0.10 mL、0.20 mL、0.50 mL、1.0 mL，以 0.4%盐酸溶液定容至 10.0 mL，混合标准系列质量浓度为 0 μg/L、0.50 μg/L、1.0 μg/L、2.0 μg/L、5.0 μg/L、10.0 μg/L。

28.1.6.2.2 标准曲线绘制

准确吸取标准系列溶液注入液相色谱-原子荧光联用仪进行测定，记录色谱峰面积，以峰面积为纵坐标，甲基汞或乙基汞质量浓度为横坐标，绘制标准曲线。

28.1.6.2.3 色谱图

标准物质色谱图，见图 8。

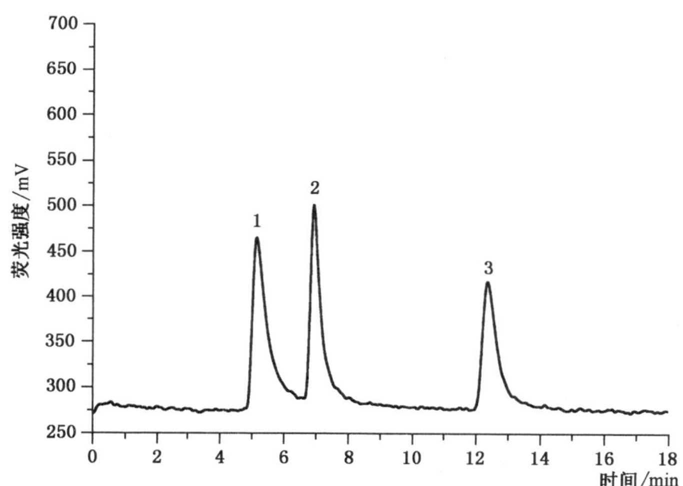

标引序号说明：

1——无机汞；

2——甲基汞；

3——乙基汞。

图 8 甲基汞和乙基汞标准物质色谱图(2.0 μg/L)

28.1.6.2.4 样品测定

准确吸取样品处理液注入液相色谱-原子荧光联用仪中，得到色谱图，以保留时间定性，外标法定量。

28.1.7 试验数据处理

按照式(47)计算水样中甲基汞或乙基汞的质量浓度：

$$\rho_i = \frac{\rho_1 \times V_1}{V_2} \times \frac{1}{1\ 000} \quad \cdots\cdots(47)$$

式中：

ρ_i ——水样中甲基汞或乙基汞的质量浓度，单位为毫克每升(mg/L)；

ρ_1 ——从标准曲线上得到的甲基汞或乙基汞质量浓度，单位为微克每升(μg/L)；

V_1 ——洗脱液定容体积，单位为毫升(mL)；

V_2 ——试样体积，单位为毫升(mL)；

1 000——换算系数。

按式(48)计算水样中氯化乙基汞的质量浓度：

$$\rho(C_2H_5ClHg) = \rho_i \times 1.154 \quad \cdots\cdots(48)$$

式中：

$\rho(C_2H_5ClHg)$——水样中氯化乙基汞的质量浓度，单位为毫克每升(mg/L)；

ρ_i ——水样中乙基汞的质量浓度，单位为毫克每升(mg/L)；

1.154 ——换算系数。

28.1.8 精密度和准确度

6个实验室测定添加甲基汞标准的水样(甲基汞质量浓度为0.020 μg/L～0.20 μg/L)，其相对标准偏差为0.41%～5.1%，回收率为85.2%～109%。测定添加乙基汞标准的水样(乙基汞质量浓度为0.020 μg/L～0.20 μg/L)，其相对标准偏差为0.96%～4.9%，回收率为81.7%～109%。

28.2 液相色谱-电感耦合等离子体质谱法

28.2.1 最低检测质量浓度

本方法仅用于生活饮用水中氯化甲基汞和氯化乙基汞的测定。取500 mL水样进行检测时，甲基汞和乙基汞的最低检测质量浓度为0.02 μg/L，当以氯化乙基汞计时，最低检测质量浓度为0.02 μg/L。

28.2.2 原理

水样中甲基汞和乙基汞经二氯甲烷萃取后使用半胱氨酸/乙酸铵溶液反萃取浓缩，再经C_{18}色谱柱分离，通过雾化由载气送入ICP炬焰中，经过蒸发、解离、原子化、电离等过程，转化为带正电荷的离子，经离子采集系统进入质谱仪，以色谱保留时间与汞的质荷比定性，外标法定量。

28.2.3 试剂

警示：氯化甲基汞和氯化乙基汞均为剧毒化学品。

除非另有说明，本方法所用试剂均为分析纯，实验用水为GB/T 6682规定的一级水。

28.2.3.1 氯化钠(NaCl)。

28.2.3.2 无水硫酸钠(Na_2SO_4)：于300 ℃烘烤4 h以去除结晶水。

28.2.3.3　二氯甲烷(CH_2Cl_2):色谱纯。

28.2.3.4　甲醇(CH_3OH):色谱纯。

28.2.3.5　*L*-半胱氨酸($C_3H_7NO_2S$)。

28.2.3.6　乙酸铵($C_2H_7NO_2$)。

28.2.3.7　氯化甲基汞(CH_3ClHg):纯度≥99%。

28.2.3.8　氯化乙基汞(C_2H_5ClHg):纯度≥99%。

28.2.3.9　流动相[甲醇溶液(3+97)+乙酸铵(60 mmol/L)+*L*-半胱氨酸溶液(1+999)]:称取 0.5 g *L*-半胱氨酸,2.31 g 乙酸铵,置于 500 mL 容量瓶中,用水溶解,再加入 15 mL 甲醇,用水定容至 500 mL。现用现配。

28.2.3.10　半胱氨酸/乙酸铵溶液[*L*-半胱氨酸(1+99)+乙酸铵(8+992)]:称取 1 g *L*-半胱氨酸,0.8 g 乙酸铵,用水溶解,转移至 100 mL 容量瓶中,用水稀释定容至刻度。

28.2.3.11　甲基汞标准储备溶液(1.0 mg/mL,以 CH_3Hg 计):准确称取 0.011 65 g 氯化甲基汞,加入少量甲醇溶解,用甲醇溶液(1+1)稀释定容至 10 mL。于 0 ℃～4 ℃冷藏避光保存,可保存一年。或使用有证标准物质。

28.2.3.12　乙基汞标准储备溶液(1.0 mg/mL,以 C_2H_5Hg 计):准确称取 0.011 55 g 氯化乙基汞,加入少量甲醇溶解,用甲醇溶液(1+1)稀释定容至 10 mL。于 0 ℃～4 ℃冷藏避光保存,可保存一年。或使用有证标准物质。

28.2.3.13　甲基汞和乙基汞混合标准中间溶液(10.0 mg/L):分别准确吸取 1.0 mL 的甲基汞标准储备溶液、乙基汞标准储备溶液于 100 mL 容量瓶中,以流动相稀释定容至刻度,摇匀。于 0 ℃～4 ℃冷藏避光保存,可保存 6 个月。

28.2.3.14　甲基汞和乙基汞混合标准使用溶液(1.0 mg/L):准确吸取 1.0 mL 甲基汞和乙基汞混合标准中间溶液(10.0 mg/L),置于 10 mL 容量瓶中,以流动相稀释定容至刻度,摇匀。现用现配。

28.2.3.15　甲基汞和乙基汞混合标准系列溶液:分别准确吸取甲基汞和乙基汞混合标准使用溶液 0.00 mL、0.01 mL、0.05 mL、0.10 mL、0.20 mL、0.50 mL 于 10 mL 容量瓶中,用流动相稀释定容至刻度。此混合标准系列溶液的质量浓度分别为 0.0 μg/L、1.0 μg/L、5.0 μg/L、10.0 μg/L、20.0 μg/L、50.0 μg/L。

注:可根据样品中甲基汞和乙基汞的浓度适当调整混合标准系列溶液中甲基汞和乙基汞的浓度。

28.2.4　仪器设备

28.2.4.1　液相色谱-电感耦合等离子体质谱联用仪。

28.2.4.2　分析天平:分辨力不低于 0.01 mg。

28.2.4.3　分液漏斗:1 000 mL 和 250 mL。

28.2.4.4　锥形瓶:250 mL。

28.2.4.5　容量瓶:10 mL、100 mL 和 500 mL。

28.2.5　样品

28.2.5.1　水样的采集与保存

用聚乙烯塑料瓶采集水样,采样前用待测水样将样品瓶清洗 2 次～3 次。1 L 水样加入 4 mL 盐酸,将水样充满样品瓶并加盖密封,0 ℃～4 ℃冷藏避光条件下可保存 7 d。

28.2.5.2　样品前处理

取均匀水样 500 mL,置于 1 L 分液漏斗中,加 5 g 氯化钠,分别依次使用 40 mL、30 mL、20 mL 二氯甲烷萃取，每次振荡 5 min，静置分层 10 min，收集下层萃取液至 250 mL 锥形瓶中，向萃取液中加入无水硫酸钠至溶液澄清透明，将萃取液直接转移至 250 mL 分液漏斗中，用二氯甲烷洗涤锥形瓶两次，将洗涤液转移至分液漏斗中，准确加入 4 mL 半胱氨酸/乙酸铵溶液反萃取，振荡 5 min，静置分层 10 min，取上层反萃取溶液，待测。

28.2.6 试验步骤

28.2.6.1 仪器参考条件

28.2.6.1.1 液相色谱仪参考条件

色谱柱：C_{18}柱(4.6 mm×150 mm，5 μm)或等效色谱柱，C_{18}预柱(4.6 mm×10 mm，5 μm)或等效色谱预柱；流动相：甲醇溶液(3＋97)＋乙酸铵(60 mmol/L)＋*L*-半胱氨酸溶液(1＋999)；流速：1.0 mL/min；进样体积：50 μL。

28.2.6.1.2 电感耦合等离子体质谱仪参考条件

射频功率：1 200 W～1 550 W；采样深度：8 mm；雾化室温度：2 ℃；载气流量：1.05 L/min；积分时间：0.3 s；检测质量数(m/z)：202。

28.2.6.2 标准曲线绘制

设定仪器最佳条件，待基线稳定后，测定甲基汞和乙基汞混合标准溶液(10 μg/L)，确定甲基汞和乙基汞的分离度，待分离度达到要求后($R \geqslant 1.5$)，将甲基汞和乙基汞混合标准系列溶液按质量浓度由低到高分别注入液相色谱-电感耦合等离子体质谱联用仪中进行测定，以待测化合物的质量浓度为横坐标，以色谱峰面积为纵坐标，制作标准曲线。甲基汞和乙基汞混合标准溶液的色谱图，见图 9。

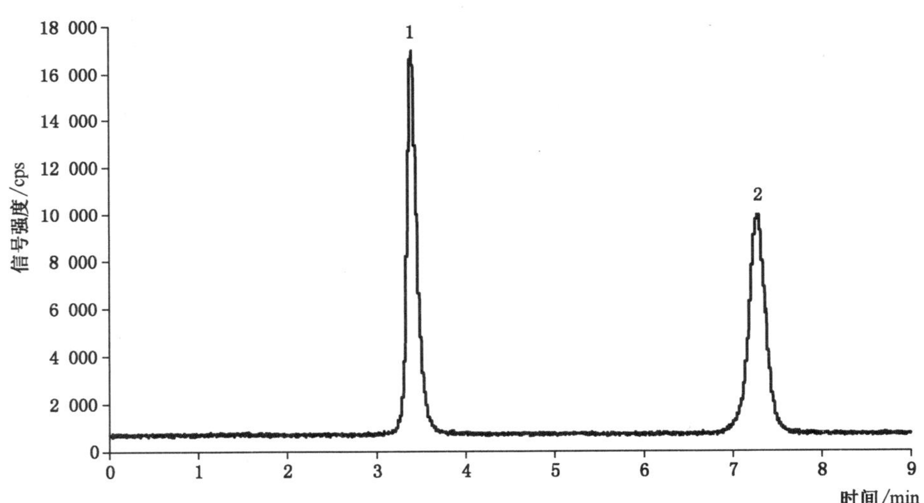

标引序号说明：

1——甲基汞；

2——乙基汞。

图 9 甲基汞和乙基汞标准溶液色谱图(10 μg/L)

28.2.6.3 试样溶液的测定

准确吸取 50 μL 反萃取溶液注入液相色谱-电感耦合等离子体质谱联用仪中，得到色谱图，以保留时间定性，峰面积定量。根据标准曲线计算得到待测溶液中甲基汞、乙基汞的质量浓度。

28.2.7 试验数据处理

按式(49)计算水样中甲基汞或乙基汞的质量浓度：

$$\rho_i = \frac{\rho_1 \times V_1}{V_2} \quad \cdots\cdots(49)$$

式中：

ρ_i——水样中甲基汞或乙基汞的质量浓度，单位为微克每升(μg/L)；

ρ_1——由标准曲线得到的甲基汞或乙基汞的质量浓度，单位为微克每升(μg/L)；

V_1——反萃取液的定容体积，单位为毫升(mL)；

V_2——水样体积，单位为毫升(mL)。

按式(50)计算水样中氯化乙基汞的质量浓度：

$$\rho(C_2H_5ClHg) = \rho_i \times 1.154 \quad \cdots\cdots(50)$$

式中：

$\rho(C_2H_5ClHg)$——水样中氯化乙基汞的质量浓度，单位为微克每升(μg/L)；

ρ_i——水样中乙基汞的质量浓度，单位为微克每升(μg/L)；

1.154——换算系数。

注：当样品中甲基汞或乙基汞质量浓度小于 1 μg/L 时，结果保留到小数点后两位，当大于或等于 1 μg/L 时，结果保留三位有效数字。

28.2.8 精密度和准确度

6 个实验室对生活饮用水在 0.05 μg/L～0.20 μg/L 质量浓度范围内进行低、中、高浓度加标回收及精密度试验，甲基汞的加标回收率范围为 80.0%～110%，相对标准偏差小于 5.0%；乙基汞的回收率范围为 80.4%～111%，相对标准偏差小于 6.0%。

28.3 吹扫捕集气相色谱-冷原子荧光法

28.3.1 最低检测质量浓度

本方法甲基汞和乙基汞的最低检测质量浓度为 0.1 ng/L；当以氯化乙基汞计时，最低检测质量浓度为 0.1 ng/L。

28.3.2 原理

样品中的甲基汞和乙基汞经四丙基硼化钠衍生，生成挥发性的甲基丙基汞和乙基丙基汞，经吹扫捕集、热脱附和气相色谱分离后，再高温裂解为汞蒸气，用冷原子荧光光谱法检测。以色谱保留时间定性，外标法定量。

28.3.3 试剂

警示：氯化甲基汞、氯化乙基汞和四丙基硼化钠均为剧毒化学品。

除非另有说明，本方法所用试剂均为分析纯，实验用水为 GB/T 6682 规定的一级水。

28.3.3.1 盐酸(ρ=1.19 g/mL)：优级纯。

28.3.3.2 硝酸(ρ=1.42 g/mL)：优级纯。

28.3.3.3 氢氧化钾(KOH)：优级纯。

28.3.3.4 乙酸(CH_3COOH)：优级纯。

28.3.3.5 无水乙酸钠($C_2H_3NaO_2$)。

28.3.3.6 四丙基硼化钠($C_{12}H_{28}BNa$):纯度≥98%,常温密闭避光保存。

28.3.3.7 氯化甲基汞(CH_3ClHg),纯度≥99%。

28.3.3.8 氯化乙基汞(C_2H_5ClHg),纯度≥99%。

28.3.3.9 甲醇(CH_3OH):色谱纯。

28.3.3.10 盐酸溶液(1+1)。

28.3.3.11 硝酸溶液(1+9)。

28.3.3.12 甲醇溶液(1+1)。

28.3.3.13 氢氧化钾溶液[ρ(KOH)=20 g/L]:称取 2.0 g 氢氧化钾,溶于 100 mL 水中,混匀,储存于具螺口的塑料试剂瓶中。

28.3.3.14 四丙基硼化钠溶液[$\rho(C_{12}H_{28}BNa)$=10 g/L]:称取 1.0 g 四丙基硼化钠,溶于 100 mL 预先冷却至 0 ℃~4 ℃的氢氧化钾溶液(20 g/L)中,摇匀,快速分装于多个 4 mL 带密封垫的螺口玻璃瓶中,于−18 ℃±2 ℃冷冻,可保存 6 个月。临用时,取一小瓶试剂,待瓶内冰块融化约一半时使用。

28.3.3.15 乙酸-乙酸钠缓冲溶液:称取 32.8 g 无水乙酸钠,溶于 80 mL 水中,加入 2 mL 乙酸,用水定容到 100 mL。存放于塑料试剂瓶中,现用现配。

28.3.3.16 甲基汞标准储备溶液(1.0 mg/mL,以 CH_3Hg^+ 计):准确称取 0.011 65 g 氯化甲基汞,加入少量甲醇溶解,用甲醇溶液(1+1)稀释定容至 10 mL。于 0 ℃~4 ℃冷藏避光保存,可保存一年。或使用有证标准物质。

28.3.3.17 乙基汞标准储备溶液(1.0 mg/mL,以 $C_2H_5Hg^+$ 计):准确称取 0.011 55 g 氯化乙基汞,加入少量甲醇溶解,用甲醇溶液(1+1)稀释定容至 10 mL。于 0 ℃~4 ℃冷藏避光保存,可保存一年。或使用有证标准物质。

28.3.3.18 甲基汞标准中间溶液[$\rho(CH_3Hg^+)$=10.0 mg/L]:准确吸取 1.0 mL 的甲基汞标准储备溶液(1.0 mg/mL)于 100 mL 容量瓶中,以水稀释定容至刻度,摇匀。

28.3.3.19 乙基汞标准中间溶液[$\rho(CH_3Hg^+)$=10.0 mg/L]:准确吸取 1.0 mL 的乙基汞标准储备溶液(1.0 mg/mL)于 100 mL 容量瓶中,以水稀释定容至刻度,摇匀。

28.3.3.20 甲基汞标准使用溶液[$\rho(CH_3Hg^+)$=1.0 mg/L]:准确吸取 5.0 mL 的甲基汞标准中间溶液(10.0 mg/L),加入 250 μL 乙酸和 100 μL 盐酸于 50 mL 容量瓶中,以水稀释定容至刻度。

28.3.3.21 乙基汞标准使用溶液[$\rho(C_2H_5Hg^+)$=1.0 mg/L]:准确吸取 5.0 mL 的乙基汞标准中间溶液(10.0 mg/L),加入 250 μL 乙酸和 100 μL 盐酸于 50 mL 容量瓶中,以水稀释定容至刻度。

28.3.3.22 甲基汞和乙基汞混合标准溶液(ρ=10.0 μg/L):分别准确吸取 0.5 mL 甲基汞标准使用溶液(1.0 mg/L)0.5 mL 和乙基汞标准使用溶液(1.0 mg/L)于 50 mL 容量瓶中,加入 250 μL 乙酸和 100 μL 盐酸,以水稀释定容至刻度。现用现配。

28.3.3.23 甲基汞和乙基汞混合标准使用溶液(ρ=1.0 μg/L):准确吸取 5 mL 甲基汞和乙基汞混合标准溶液(10.0 μg/L)于 50 mL 容量瓶中,加入 250 μL 乙酸和 100 μL 盐酸,以水稀释定容至刻度。现用现配。

28.3.4 仪器设备

28.3.4.1 吹扫捕集气相色谱-冷原子荧光光谱仪。吹扫捕集可以使用原位或者异位吹扫捕集装置。捕集管填装为聚 2,6-二苯基-对苯醚(Tenax)吸附剂或其他等效吸附剂,且具备流量控制器。附裂解装置。

28.3.4.2 天平:分辨力不低于 0.01 mg。

28.3.4.3 棕色玻璃样品瓶:40 mL,带内衬聚四氟乙烯垫螺旋盖。

28.3.4.4 玻璃容量瓶:10 mL、50 mL、100 mL。

28.3.4.5 移液器:100 μL、300 μL、500 μL。

28.3.4.6 单标线吸管:1 mL、5 mL。

28.3.5 样品

28.3.5.1 水样的采集与保存

用聚乙烯塑料瓶采集水样,采样前用待测水样将样品瓶清洗 2 次～3 次。1 L 水样加入 4 mL 盐酸,将水样充满样品瓶并加盖密封,0 ℃～4 ℃冷藏避光条件下可保存 7 d。

28.3.5.2 样品前处理

在棕色玻璃样品瓶中加入 25 mL 或者 40 mL(依据原位或异位进样方式而定)的水样,依次加入 500 μL 乙酸-乙酸钠缓冲溶液和 50 μL 四丙基硼化钠溶液(10 g/L),迅速盖紧盖子摇匀并静置 30 min。

28.3.6 试验步骤

28.3.6.1 仪器参考条件

28.3.6.1.1 吹扫捕集热脱附参考条件

吹扫捕集:氮气或氩气;吹扫捕集时间:10 min(流速为 150 mL/min);热脱附温度:130 ℃～200 ℃;热脱附时间:12 s(流速为 30 mL/min～340 mL/min);捕集管干燥时间:2 min～5 min(流速为 150 mL/min～270 mL/min)。

28.3.6.1.2 气相色谱参考条件

色谱柱为填充色谱柱,填料固定液为苯基(10%)甲基聚硅氧烷,柱长 340 mm,内径 1.59 mm,或其他等效色谱柱。气相色谱柱温度:40 ℃;载气:氩气,流速为 30 mL/min～40 mL/min;裂解温度:700 ℃～800 ℃。

28.3.6.1.3 原子荧光参考条件

光电倍增管(PMT)负高压:650 V,载气流速:30 mL/min～60 mL/min,按不同型号仪器设定最佳仪器条件。

28.3.6.2 标准曲线绘制

设定仪器最佳条件,取 25 mL(采用原位时)或者 40 mL(采用异位时)的纯水于棕色样品瓶中,分别准确吸取一定量的甲基汞和乙基汞混合标准溶液(10.0 μg/L),甲基汞和乙基汞混合标准使用溶液(1.0 μg/L)于样品瓶中,稀释成质量浓度为 0.0 ng/L、0.5 ng/L、1.0 ng/L、2.0 ng/L、5.0 ng/L、10.0 ng/L的甲基汞和乙基汞混合标准系列溶液,加 500 μL 乙酸-乙酸钠缓冲溶液,在通风橱中加50 μL 四丙基硼化钠溶液(10 g/L),拧盖摇匀并静置 30 min。由低含量到高含量依次对标准系列溶液进行测定。以标准系列溶液中目标化合物的质量浓度(ng/L)为横坐标,以其对应的峰面积为纵坐标,绘制甲基汞和乙基汞的校准曲线。甲基汞和乙基汞标准衍生物的色谱图见图 10。

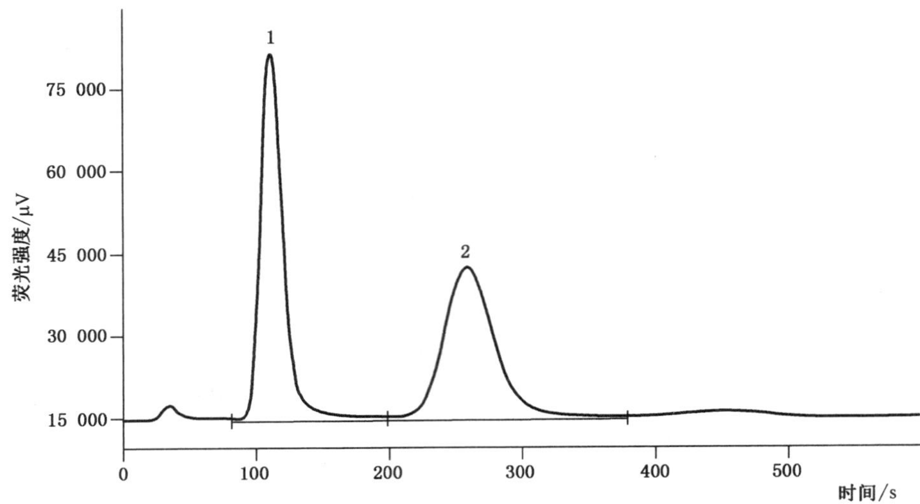

标引序号说明：

1——甲基汞衍生物；

2——乙基汞衍生物。

图 10 甲基汞和乙基汞衍生物的气相色谱图(5 ng/L)

28.3.6.3 试样溶液的测定

在与校准曲线相同的条件下，测定衍生处理好的试样和空白样品中甲基汞和乙基汞的含量，以保留时间定性，由甲基汞和乙基汞的标准曲线计算出甲基汞和乙基汞的质量浓度(ng/L)。

28.3.7 试验数据处理

水样中甲基汞或乙基汞的含量按式(51)计算：

$$\rho_i = f \times \rho_1 \qquad (51)$$

式中：

ρ_i——水样中甲基汞或乙基汞的质量浓度，单位为纳克每升(ng/L)；

f——稀释倍数；

ρ_1——由校准曲线得到的甲基汞或乙基汞的质量浓度，单位为纳克每升(ng/L)。

水样中氯化乙基汞的含量按式(52)计算：

$$\rho(C_2H_5ClHg) = 1.154 \times \rho_i \qquad (52)$$

式中：

$\rho(C_2H_5ClHg)$——水样中氯化乙基汞的质量浓度，单位为纳克每升(ng/L)；

ρ_i——水样中乙基汞的质量浓度，单位为纳克每升(ng/L)；

1.154——换算系数。

注：当样品中甲基汞或乙基汞质量浓度小于 1 μg/L 时，结果保留到小数点后两位，当大于或等于 1 μg/L 时，结果保留三位有效数字。

28.3.8 精密度和准确度

6 个实验室对纯水、生活饮用水和水源水在 0.5 ng/L～10.0 ng/L 质量浓度范围内进行低、中、高浓度加标回收及精密度试验，甲基汞的加标回收率范围为 75.0%～124.0%，相对标准偏差小于 6.0%；乙基汞的加标回收率范围为 70.5%～111.3%，相对标准偏差小于 6.0%。

29 硼

29.1 甲亚胺-*H* 分光光度法

29.1.1 最低检测质量浓度

本方法最低检测质量为 1.0 μg,若取 5.0 mL 水样测定,则最低检测质量浓度为 0.20 mg/L。

29.1.2 原理

硼与甲亚胺-*H* 形成黄色配合物,其颜色与硼的浓度在一定范围内呈线性关系。

29.1.3 试剂

29.1.3.1 甲亚胺-*H* 溶液(5 g/L):称取 0.5 g 甲亚胺-*H*($C_{17}H_{13}O_8S_2N$)、2.0 g 抗坏血酸($C_6H_8O_6$),加 100 mL 纯水,微热(<50 ℃)使完全溶解,此溶液现用现配。

注:甲亚胺-*H* 的合成。将 18 g *H* 酸[$NH_2C_{10}H_4(OH)(SO_3H)SO_3N \cdot 1.5H_2O$]溶于 1 L 水中,稍加热使之溶解完全。用氢氧化钾(100 g/L)中和至中性,缓缓加入盐酸(ρ_{20}=1.19 g/mL)20 mL,并不断搅拌,加入 20 mL 水杨醛。40 ℃加热 1 h,并不停搅拌。静置 16 h。于布氏漏斗上抽滤。用少量无水乙醇洗涤 4 次~5 次,抽干。于 40 ℃烤箱中干燥 2 h(或自然干燥),储存于干燥器中。

29.1.3.2 乙酸盐缓冲溶液(pH 5.6):称取 75 g 乙酸铵(CH_3COONH_4)和 5.0 g 二水合乙二胺四乙酸二钠($C_{10}H_{14}N_2O_8Na_2 \cdot 2H_2O$)溶于 110 mL 纯水中;加入 37.5 mL 冰乙酸(ρ_{20}=1.06 g/mL)。

29.1.3.3 硼标准储备溶液[ρ(B)=100 μg/mL]:称取 0.286 0 g 硼酸(H_3BO_3),加纯水溶解,并定容至 500 mL。储存于聚乙烯试剂瓶中。或使用有证标准物质。

29.1.3.4 硼标准使用溶液[ρ(B)=10.00 μg/mL]:吸取 10.00 mL 硼标准储备溶液于 100 mL 容量瓶中,加纯水稀释至刻度。储存于聚乙烯瓶中。

29.1.4 仪器设备

29.1.4.1 分光光度计。

29.1.4.2 具塞比色管(无硼):10 mL。

29.1.5 试验步骤

29.1.5.1 吸取水样 5.0 mL 于 10 mL 比色管中。

29.1.5.2 吸取 0 mL、0.10 mL、0.30 mL、0.50 mL、0.70 mL 和 1.00 mL 硼标准使用溶液,分别置于 6 支 10 mL 比色管中,用纯水稀释至 5.0 mL。

29.1.5.3 加入 2.0 mL 乙酸盐缓冲溶液,混匀。准确加入 2.0 mL 甲亚胺-*H* 溶液(5 g/L),混匀后静置 90 min。于 420 nm 波长,1 cm 比色皿,以试剂空白为参比,测量吸光度。

29.1.5.4 绘制标准曲线,从曲线上查出水样中硼的质量。

29.1.6 试验数据处理

按式(53)计算水样中硼的质量浓度:

$$\rho(B)=\frac{m}{V} \qquad \cdots\cdots (53)$$

式中:

ρ(B)——水样中硼的质量浓度,单位为毫克每升(mg/L);

m ——相当于硼标准的质量,单位为微克(μg);

V ——水样的体积，单位为毫升(mL)。

29.1.7 精密度和准确度

测定含硼 0.24 mg/L、0.46 mg/L、0.97 mg/L 的合成水样，相对标准偏差分别为 14%、3.9%和 5.5%；对不同类型水样，加入硼 0.20 mg/L～1.0 mg/L，回收率为 88.0%～115%。

29.2 电感耦合等离子体发射光谱法

按 4.4 描述的方法测定。

29.3 电感耦合等离子体质谱法

按 4.5 描述的方法测定。

30 石棉

30.1 扫描电镜-能谱法

30.1.1 最低检测计数浓度

本方法仅用于生活饮用水中石棉的测定。最低检测计数浓度与视场面积、视场数量、滤膜有效面积、水样过滤体积、稀释倍数相关。

30.1.2 原理

水样经滤膜过滤后，石棉纤维沉积于滤膜表面，将滤膜按区域剪裁、干燥，表面喷镀导电层后于扫描电镜下放大观察，对长度>10 μm 且长宽比≥3 的纤维状颗粒物使用能谱仪分析其元素组成，与石棉参考物质的形貌及能谱图对比判断是否为石棉，若是石棉则计数。

30.1.3 试剂或材料

警示：石棉为致癌物，使用中应佩戴具有防护效果的口罩、护目镜等个人防护装备！

30.1.3.1 纯水：符合 GB/T 6682 的二级或更优纯水。

30.1.3.2 过硫酸钾($K_2S_2O_8$)。

30.1.3.3 滤膜：混合纤维滤膜或核孔滤膜，孔径 0.1 μm，直径≥47 mm。

30.1.3.4 石棉标准品，包括：温石棉[$Mg_3Si_2O_5(OH)_4$]、青石棉[$Na_2(Mg,Fe,Al)_5Si_8O_{22}(OH)_2$]、铁石棉[$(Fe,Mg)_7Si_8O_{22}(OH)_2$]、直闪石石棉[$(Mg,Fe)_7Si_8O_{22}(OH)_2$]、透闪石石棉[$Ca_2Mg_5Si_8O_{22}(OH)_2$]、阳起石石棉[$Ca_2(Mg,Fe)_5Si_8O_{22}(OH)_2$]，共 6 种。

30.1.3.5 石棉悬浊储备溶液[ρ(石棉)= 10 mg/L]：分别称取 6 种石棉 10 mg 于 1 L 纯水中，剧烈振摇后超声波分散 15 min，分别得到 6 种石棉的悬浊储备溶液。储备溶液制备后立即使用。

30.1.3.6 石棉悬浊使用溶液[ρ(石棉)= 0.1 mg/L]：配制前将储备溶液剧烈振摇后超声波分散 15 min，再次剧烈振摇混匀，立即吸取 1 mL 用纯水定容至 100 mL，分别得到 6 种石棉的悬浊使用溶液。使用溶液制备后立即使用。

注：配制得到的储备溶液和使用溶液中石棉计数浓度不是定值。储备溶液和使用溶液中石棉作为参考物质可获得 6 种石棉的形貌和标准能谱图，用于与待测样品中纤维状颗粒物对比定性。

30.1.4 仪器设备

30.1.4.1 扫描电镜：配有能谱仪。

30.1.4.2 镀膜仪。

30.1.4.3 防水紫外灯:波长 253 nm,功率≥10 W。

30.1.4.4 循环水真空泵,或其他等效真空泵。

30.1.4.5 天平:分辨力不低于 0.1 mg。

30.1.4.6 超声波清洗器。

30.1.4.7 扫描电镜栅格标准样板。

30.1.4.8 带盖培养皿。

30.1.4.9 配备砂芯漏斗的溶剂过滤器:体积≥500 mL。

30.1.4.10 剪刀或手术刀片。

30.1.4.11 镊子。

30.1.4.12 导电双面胶带。

30.1.4.13 烧杯:容积≥800 mL。

30.1.4.14 量筒:容积≥50 mL。

30.1.4.15 干燥器。

30.1.4.16 刻度吸管:1.00 mL。

30.1.4.17 带盖玻璃瓶或聚乙烯采样瓶。

30.1.5 样品

30.1.5.1 水样的采集和保存

30.1.5.1.1 水样采集:使用玻璃或聚乙烯采样瓶采集水样,采样瓶预先超声清洗 15 min,用纯水洗涤两次,采样体积≥100 mL,平行采集两份水样。

30.1.5.1.2 水样保存:水样采集后应立即密封,0 ℃～4 ℃冷藏保存,不应冷冻,尽量在 48 h 内测定,若保存时间超过 48 h,应对样品进行预处理。

30.1.5.2 样品预处理

30.1.5.2.1 紫外-过硫酸钾消解

警示:紫外线对人有害,操作者应注意个人防护!

当水样保存时间超过 48 h 或者水样中有机颗粒物含量高,则分析前可进行紫外-过硫酸钾消解。处理方法为:采集的水样转移至烧杯中,加入过硫酸钾固体混匀,使水样中过硫酸钾质量浓度为 1 g/L,插入防水紫外灯,将紫外灯管置于溶液中,尽量插到容器底部,打开紫外灯消解 3 h,消解时每隔 0.5 h 充分搅拌水样一次。

30.1.5.2.2 水样稀释

若水样中无机颗粒物包埋滤膜上石棉,在保证检出限的情况下可稀释水样,纤维状颗粒物浓度过高的水样也应稀释,稀释应保证 1 mL 水样取样量。取样前将水样剧烈振摇后超声波分散 15 min,再次剧烈振摇混匀后,立即在采集容器液面与底部的中间位置吸取一定体积的水样,用纯水稀释,定容体积≥50 mL。

30.1.6 试验步骤

30.1.6.1 水样过滤

将滤膜贴合于溶剂过滤器的砂芯漏斗上,在循环水真空泵的负压下过滤≥50 mL 的待测水样或稀释后水样。样品中石棉被滤膜截留。

注：过滤前滤膜置于砂芯漏斗上，用纯水浸润，保证贴合处无气泡。

30.1.6.2 滤膜的剪裁

将截留石棉的滤膜用剪刀或手术刀片在中心和四个象限非边缘处剪裁出 5 片，每片面积≥25 mm^2 的小片滤膜，推荐的剪裁区域见图 11。剪裁过程中滤膜正面朝上。剪裁后滤膜应进行固定，保存在带盖培养皿中。

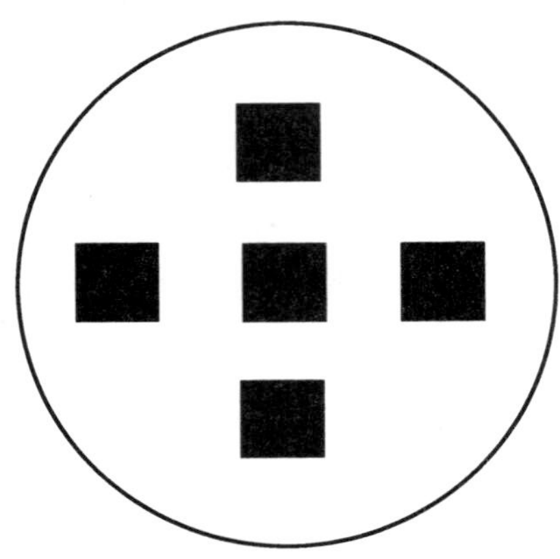

注：黑色为剪裁区域。

图 11 推荐的剪裁区域示意图

30.1.6.3 小片滤膜的干燥

剪裁得到的小片滤膜转移至含有变色硅胶的干燥器中干燥 24 h，转移过程中滤膜正面向上。

30.1.6.4 滤膜喷镀导电层

将干燥后的小片滤膜用导电双面胶带固定于载样台上，放入镀膜仪中喷镀导电层。

30.1.6.5 制备石棉定性参考滤膜

分别取 6 种石棉悬浊使用溶液各 50 mL，按照上述步骤制得滤膜并分别剪裁、喷镀导电层，制备成定性参考滤膜。

30.1.6.6 定性和定量分析

30.1.6.6.1 扫描电镜的校准和分析：样品分析前扫描电镜用栅格标准样板进行标尺校准。分析时电镜的加速电压≥2 kV。小片滤膜转移至扫描电镜中放大观察，推荐初始放大倍数为 2 000 倍。测量石棉宽度和能谱分析时，一般使用更高的放大倍数，宽度测量或能谱分析结束后恢复到初始放大倍数。样品中宽度<0.2 μm 的纤维占主导地位使用场发射扫描电镜或透射电镜分析。

30.1.6.6.2 能谱仪的调节：调节能谱仪参数，使其能够在 100 s 内从 0.2 μm 宽的温石棉中得到具有统计学意义的能谱图。其中，镁峰和硅峰特征峰满足 $P>3\sqrt{B}$ 且 $(P+B)/B>2$。宽度<0.2 μm 的温石棉能谱信号可能较低。

注：P 为特征峰峰高，B 为背景值。

30.1.6.7 观测视场的选择

每小片滤膜至少观测 10 个随机视场，所选视场不重叠，总观测视场数量不少于 50 个。

30.1.6.8　纤维状颗粒物的标记和测量规则

30.1.6.8.1　标记和测量

电镜观察时选择符合形貌特征的纤维状颗粒物进行标记和测量。纤维状颗粒物包括纤维、纤维束、带基体纤维、纤维簇。图 12 和图 13 为标记规则示意图。

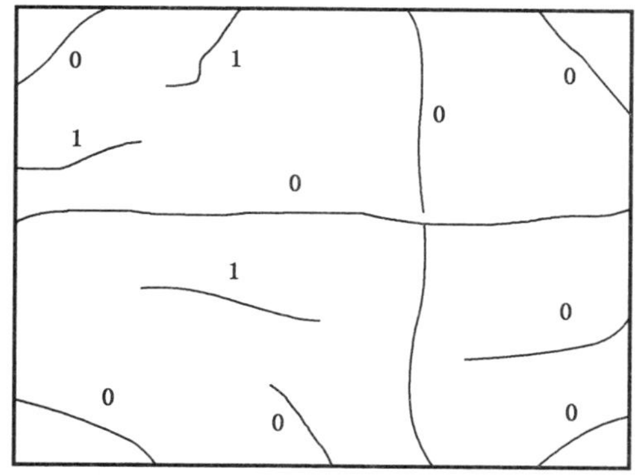

注：0 代表不标记，1 代表标记。

图 12　单个视场内纤维状颗粒物标记规则

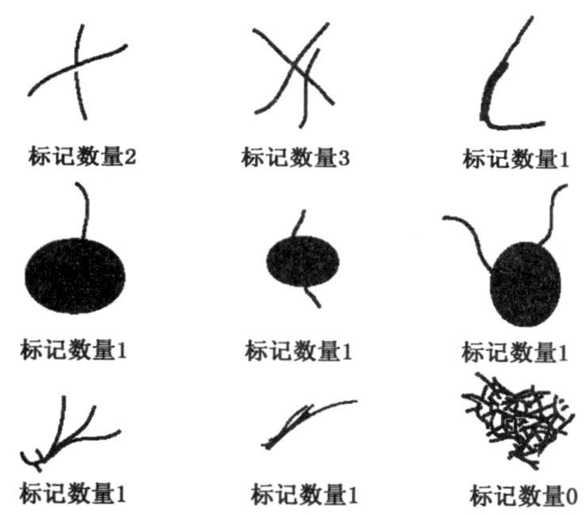

图 13　纤维、带基体纤维、纤维束、纤维簇的标记规则

30.1.6.8.2　分类

30.1.6.8.2.1　纤维：单纯的纤维状物质。如果纤维长度满足＞10 μm 且长宽比≥3，标记。

30.1.6.8.2.2　纤维束：近似平行且粘连的一股或多股纤维。沿着纤维方向，束中最长的一根纤维计为该纤维束的长，宽为纤维束本身的宽度，如果该纤维束在宽度方向呈现一定梯度或者不均匀，则估算出平均宽度。如果纤维束满足长度＞10 μm 且长宽比≥3，标记。

30.1.6.8.2.3　带基体纤维：纤维的尾部或中部被团块状基体包裹。如果纤维中部被团块状基体包裹，则长度计算方式为纤维两端包括中间基体部分的长度；如果纤维尾部被团块状基体包裹，且基体外的纤维长度小于纤维插入位置的基体本身的直径，则长度计算方式为基体外纤维的长度乘以 2；如果纤维尾部被团块状基体包裹，且基体外的纤维长度大于纤维插入位置的基体本身的直径，则长度计算方式为基体外纤维长度加上纤维插入位置的基体的直径。宽为纤维本身的宽度，与基体直径无关。按照以上计算方式，如果带基体纤维满足长度＞10 μm 且长宽比≥3，标记。

30.1.6.8.2.4　纤维簇：多股纤维不规则纠缠形成的纤维团，可有团块状基体包裹。如果纤维簇中可分离出单独可测量的纤维、纤维束、带基体纤维，满足长度＞10 μm 且长宽比≥3，标记。

30.1.6.8.2.5 跨视场纤维：纤维的一端或者两端不在视场内，但是纤维的另一端或者中间部分在视场内。测量位于视场上方和左侧的一端在视场内的跨视场纤维，长度计算方式为视场内纤维的长度部分乘以 2，宽为视场内纤维的宽度。若纤维长度满足＞10 μm 且长宽比≥3，标记。位于下方和右侧的跨视场纤维不测量、不标记。跨视场纤维的标记和测量规则同样适用于跨视场纤维束、带基体纤维、纤维簇。

注：在测量长度接近 10 μm 的纤维状颗粒物长度时，根据纤维状颗粒物长度的走向分段测量，最后加和得到长度。

30.1.6.9 纤维状颗粒物定性分析

对符合石棉形貌的纤维状颗粒物使用能谱仪检测其元素组成，与石棉定性参考滤膜上石棉的元素组成对比，判断是否为石棉并确定石棉的种类。获取能谱图时尽量选取周围无干扰物质的纤维状颗粒物获取能谱图。石棉定性参考物质形貌及能谱图示例见图 14～图 25。因样品来源、样品制备方法及所使用仪器条件的不同，石棉的形貌及能谱图可能存在差异。

石棉能谱图满足条件为：

——温石棉：硅峰、镁峰清晰，满足$(P+B)/B>2$。铁峰、锰峰、铝峰很小，$P/B<1$；

——青石棉：钠峰、硅峰、铁峰清晰，满足$(P+B)/B>2$。镁峰很小，$P/B<1$；

——铁石棉：硅峰、铁峰清晰，满足$(P+B)/B>2$。钠峰、镁峰、锰峰很小，$P/B<1$；

——直闪石石棉：镁峰、硅峰清晰，满足$(P+B)/B>2$。钙峰、铁峰很小，$P/B<1$；

——透闪石石棉：镁峰、硅峰、钙峰清晰，满足$(P+B)/B>2$；

——阳起石石棉：钙峰、硅峰、镁峰或铁峰清晰，满足$(P+B)/B>2$。

注：根据附着微粒或临近微粒，可能看见钙峰或氯峰；直闪石石棉或云母产生的镁、硅元素能谱图有可能与温石棉类似，但是温石棉的镁/硅原子数量比较高，为 1.3∶1～1.7∶1；判断疑似石棉的纤维状颗粒物根据样本来源分析，以降低结果的不确定性。

30.1.6.10 无效视场和无效滤膜

单个视场中石棉数量过高不利于观察，以不大于 10 个为佳，否则样品可能需稀释。单个视场中八分之一面积以上出现颗粒物聚集则该视场为无效视场，视场总数中 10%以上为无效视场，则该滤膜为无效滤膜，水样重新制备滤膜。

30.1.6.11 计数终止规则

在规定的视场数量内累计计数到 100 个符合条件的石棉时停止计数。石棉计数未达到 100 个，数满规定数量的视场。至少数满 4 个视场，即使在之前的视场中已经计数了 100 个符合条件的石棉，这 4 个视场的位置近似均匀分布在滤膜上。

30.1.6.12 空白试验

每批样品按照如上步骤用纯水测定一个试验空白。

30.1.7 试验数据处理

30.1.7.1 石棉计数浓度的计算

石棉计数浓度的计算见式(54)：

$$c=\frac{n\times\pi\times d^2\times k}{4\times V\times N\times A}\times 10^{-4} \qquad (54)$$

式中：

c ——石棉计数浓度，单位为万个每升(万个/L)；

n ——N 个有效视场石棉计数总数，单位为个；

d ——滤膜有效直径，单位为毫米(mm)；

k ——水样稀释倍数；
V ——过滤体积，单位为升(L)；
N ——有效视场数量；
A ——单个视场面积，单位为平方毫米(mm^2)。

30.1.7.2 95%置信区间的计算

应根据泊松分布给出95%置信区间，泊松分布公式见式(55)：

$$P(X=n)=\frac{\lambda^n \times e^{-\lambda}}{n!} \qquad (55)$$

式中：
P ——概率；
X ——随机变量；
n ——N 个有效视场石棉计数总数；
λ ——N 个有效视场所检测到的石棉个数 n 的期望值；
e ——自然对数函数的底数。

根据式(55)给出95%置信区间部分速算对照表，见表18。

表18 石棉计数泊松分布95%置信区间

石棉计数	置信区间	石棉计数	置信区间	石棉计数	置信区间
0	0～3.689(2.99)[a]	19	11.440～29.671	38	26.890～52.158
1	0.025～5.572	20	12.217～30.889	39	27.732～53.315
2	0.242～7.225	21	13.000～32.101	40	28.575～54.469
3	0.619～8.767	22	13.788～33.309	41	29.421～55.622
4	1.090～10.242	23	14.581～34.512	42	30.269～56.772
5	1.624～11.669	24	15.378～35.711	43	31.119～57.921
6	2.202～13.060	25	16.178～36.905	44	31.970～59.068
7	2.814～14.423	26	16.983～38.097	45	32.823～60.214
8	3.454～15.764	27	17.793～39.284	46	33.678～61.358
9	4.115～17.085	28	18.606～40.468	47	34.534～62.501
10	4.795～18.391	29	19.422～41.649	48	35.392～63.642
11	5.491～19.683	30	20.241～42.827	49	36.251～64.781
12	6.201～20.962	31	21.063～44.002	50	37.112～65.919
13	6.922～22.231	32	21.888～45.175	51	37.973～67.056
14	7.654～23.490	33	22.715～46.345	52	38.837～68.192
15	8.396～24.741	34	23.545～47.512	53	39.701～69.326
16	9.146～25.983	35	24.378～48.677	54	40.567～70.459
17	9.904～27.219	36	25.213～49.840	55	41.433～71.591
18	10.668～28.448	37	26.050～51.000	56	42.301～72.721

表 18 石棉计数泊松分布 95%置信区间(续)

石棉计数	置信区间	石棉计数	置信区间	石棉计数	置信区间
57	43.171~73.851	76	59.880~95.126	95	76.858~116.14
58	44.041~74.979	77	60.768~96.237	96	77.757~117.24
59	44.912~76.106	78	61.657~97.348	97	78.657~118.34
60	45.785~77.232	79	62.547~98.458	98	79.557~119.44
61	46.658~78.357	80	63.437~99.567	99	80.458~120.53
62	47.533~79.482	81	64.328~100.68	100	81.360~121.66
63	48.409~80.605	82	65.219~101.79	110	90.400~132.61
64	49.286~81.727	83	66.111~102.90	120	99.490~143.52
65	50.164~82.848	84	67.003~104.00	130	108.61~154.39
66	51.042~83.969	85	67.897~105.11	140	117.77~165.23
67	51.922~85.088	86	68.790~106.21	150	126.96~176.04
68	52.803~86.207	87	69.684~107.32	160	136.17~186.83
69	53.685~87.324	88	70.579~108.42	170	145.41~197.59
70	54.567~88.441	89	71.474~109.53	180	154.66~208.33
71	55.451~89.557	90	72.370~110.63	190	163.94~219.06
72	56.335~90.673	91	73.267~111.73	200	173.24~229.75
73	57.220~91.787	92	74.164~112.83		
74	58.106~92.901	93	75.061~113.94		
75	58.993~94.014	94	75.959~115.04		

[a] 95%置信度条件下,计数为 0 时,单边置信区间上限是 2.99。

30.1.7.3 最低检测计数浓度的计算

最低检测计数浓度的计算见式(56):

$$LOD = \frac{2.99 \times \pi \times d^2 \times k}{4 \times V \times N' \times A} \times 10^{-4} \qquad (56)$$

式中:

LOD ——最低检测计数浓度,单位为万个每升(万个/L);

2.99 ——泊松分布 95%置信度条件下,计数为 0 时,单边置信区间上限是 2.99;

d ——滤膜有效直径,单位为毫米(mm);

k ——水样稀释倍数;

V ——过滤体积,单位为升(L);

N' ——视场数量;

A ——单个视场面积,单位为平方毫米(mm^2)。

30.1.7.4 结果报告

结果报告中记录:计数的石棉形貌和能谱信息;石棉计数总数及对应的泊松分布 95%置信区间;石

棉计数浓度;最低检测计数浓度等。结果报告中可包括温石棉和角闪石石棉计数值及对应的泊松分布95%置信区间,角闪石石棉计数为铁石棉、青石棉、直闪石石棉、透闪石石棉、阳起石石棉计数之和。结果报告表可参考表19。

表19　扫描电镜-能谱法测石棉结果报告表

滤膜有效直径(mm):______　单视场面积(mm^2):______　水样体积(mL):______　稀释倍数:______ 总视场数:______　有效视场数:______　视场放大倍数:______						
计数编号	视场编号	长/μm	宽/μm	照片编号	能谱图编号	石棉种类
1						
2						
3						
4						
5						
…						
99						
100						
温石棉计数/个		95%置信区间/个				
角闪石石棉计数/个						
石棉计数总数/个						
石棉计数浓度/(万个/L)	平均值					
	95%置信区间					
最低检测计数浓度/(万个/L)						

30.1.8 精密度

6个实验室测定含有0.002 8 mg/L温石棉合成水样,计数浓度均值为11.02万个/L,实验室间相对标准偏差为39%;测定含有0.028 mg/L温石棉合成水样,计数浓度均值为111.03万个/L,实验室间相对标准偏差为19%;测定含有0.14 mg/L温石棉合成水样,计数浓度均值为611.54万个/L,实验室间相对标准偏差为10%。

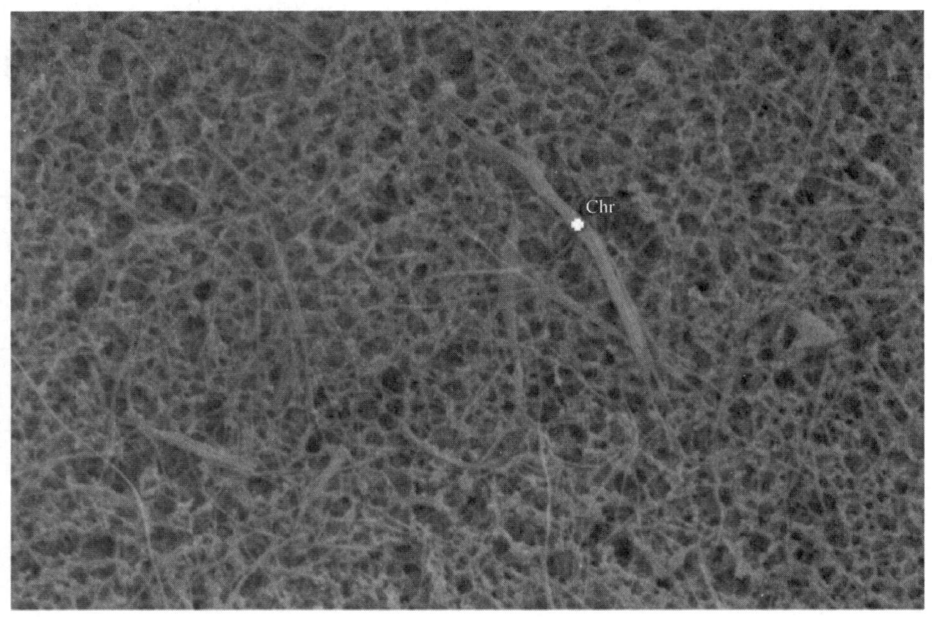

图 14　温石棉扫描电镜图

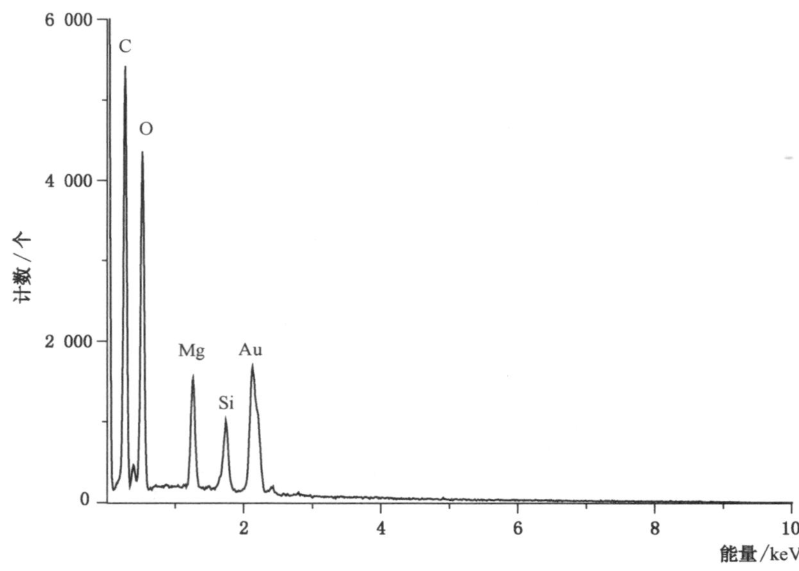

图 15　温石棉能谱图，镀膜的金属为金

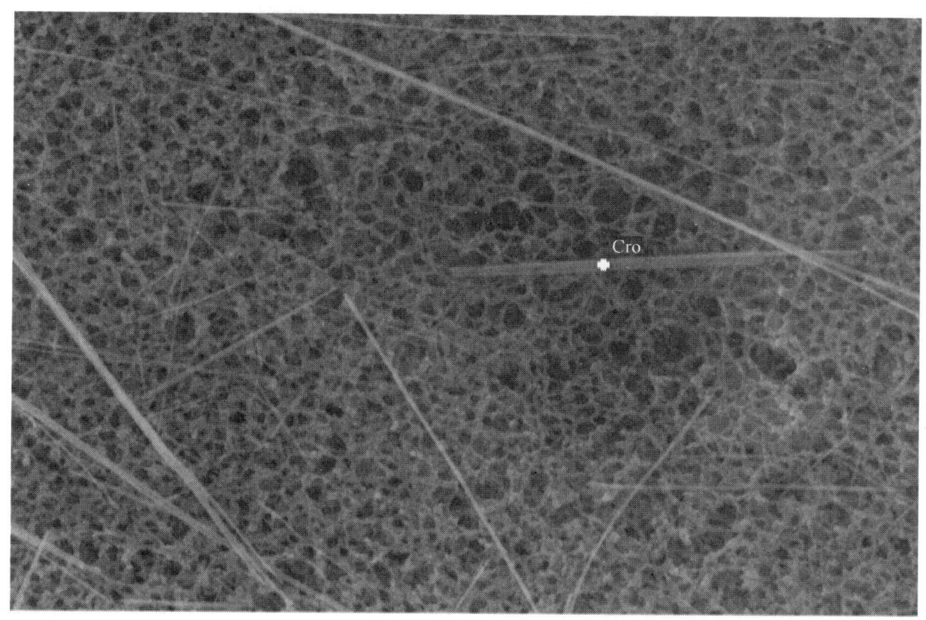

图 16　青石棉扫描电镜图

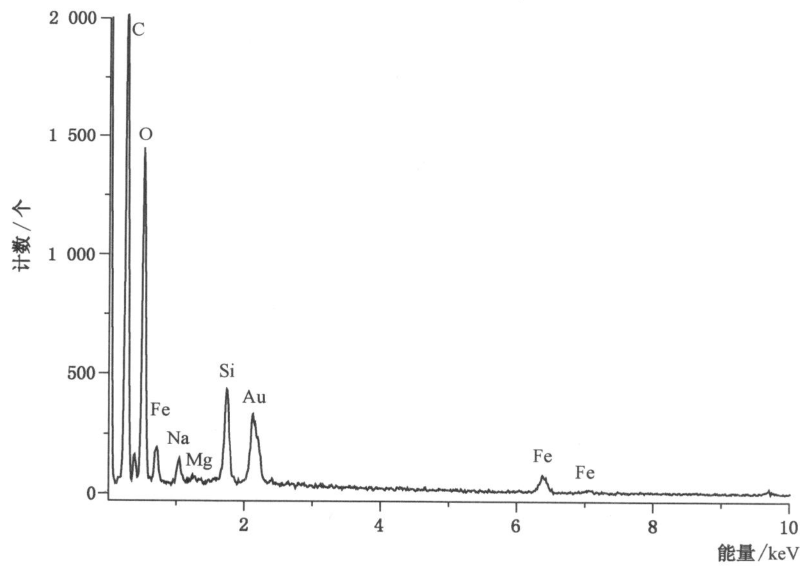

图 17　青石棉能谱图,镀膜的金属为金

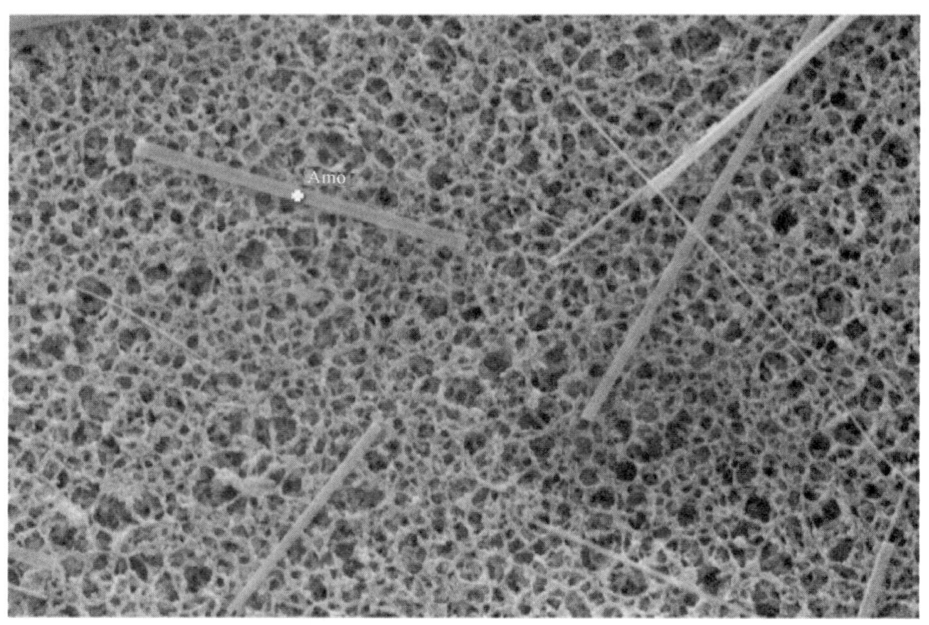

图 18 铁石棉扫描电镜图

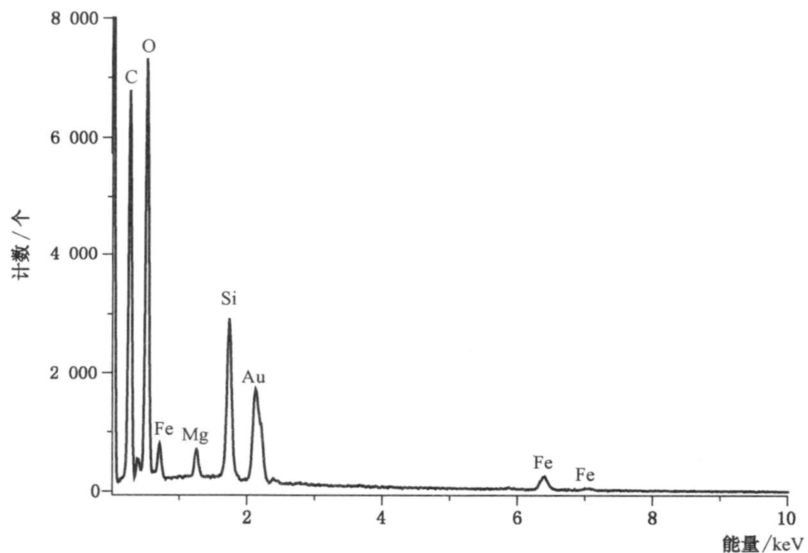

图 19 铁石棉能谱图,镀膜的金属为金

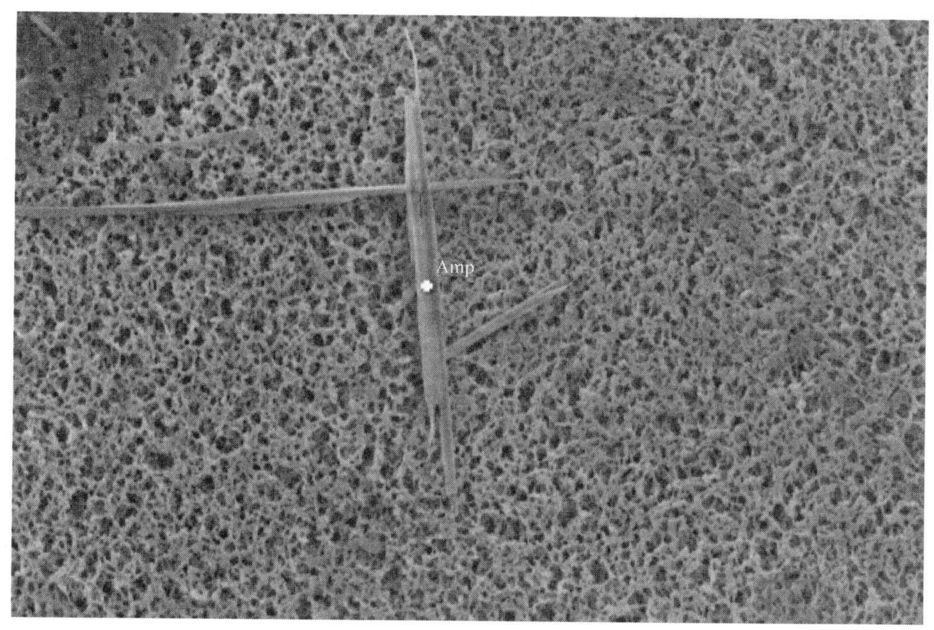

图 20 直闪石石棉扫描电镜图

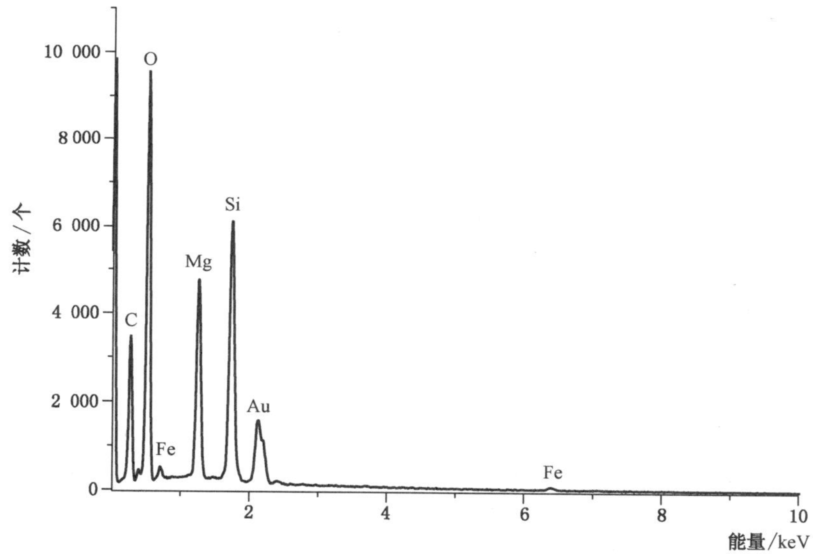

图 21 直闪石石棉能谱图,镀膜的金属为金

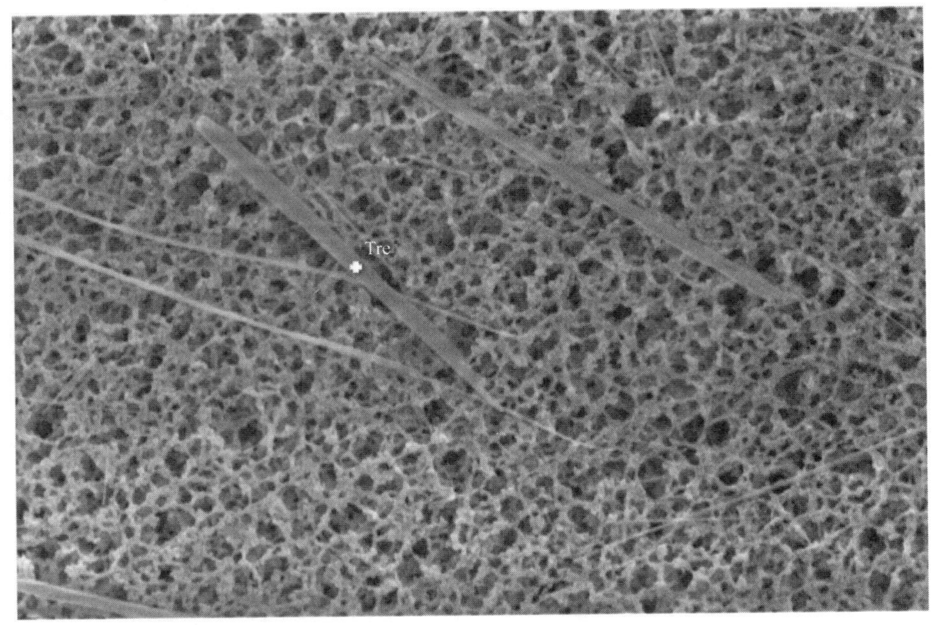

图 22　透闪石石棉能谱图,镀膜的金属为金

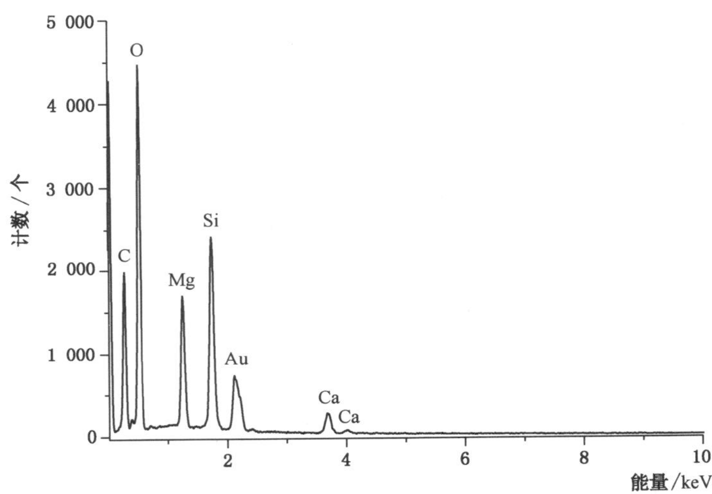

图 23　透闪石石棉能谱图,镀膜的金属为金

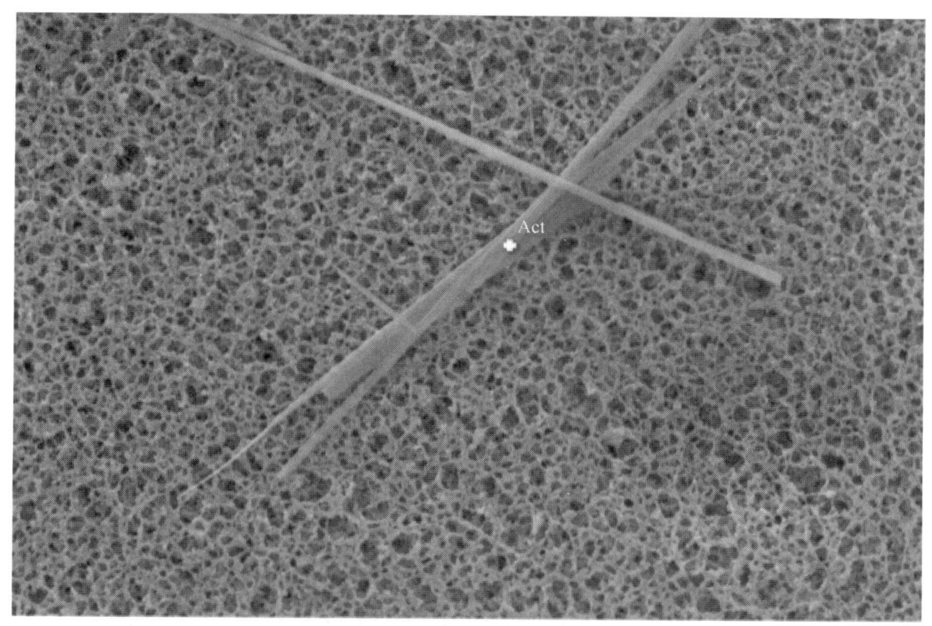

图 24 阳起石石棉扫描电镜图

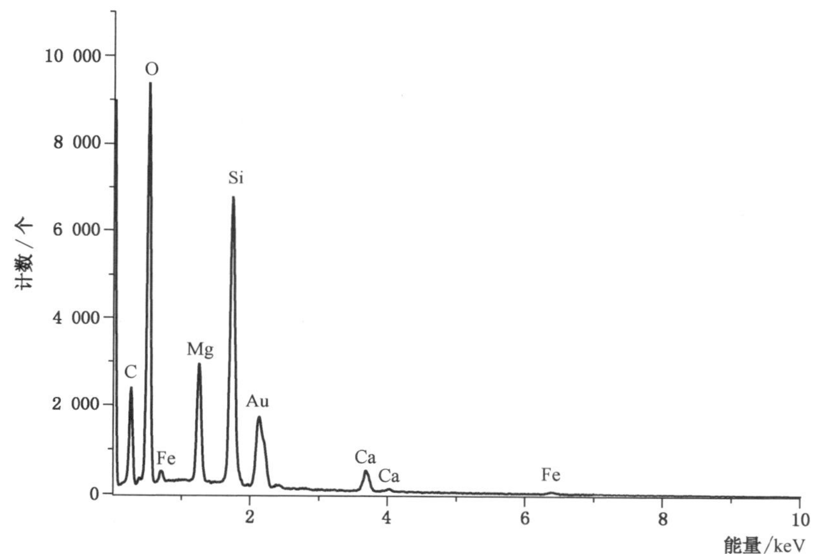

图 25 阳起石石棉能谱图,镀膜的金属为金

30.2 相差显微镜-红外光谱法

30.2.1 最低检测计数浓度

本方法仅用于生活饮用水中石棉的测定。

本方法可测定生活饮用水中石棉计数浓度,最低检测计数浓度与视场面积、视场数量、滤膜有效面积、水样过滤体积相关。例如,选取有效面积为 177 mm^2 的滤膜,过滤 50 mL 水样,至少观察 20 个视场,单个视场面积为 0.008 mm^2,采用泊松分布计算,该方法最低检测计数浓度为 6.62 万个/L。

注:采用泊松分布计算最低检测计数浓度的方法为,如果观察的所有视场中石棉的个数为 0,则此时所观察的所有视场 95%置信区间的上限为 2.99 个。

30.2.2 原理

将水样分别经纯银滤膜和混合纤维素酯滤膜过滤，目标物截留于滤膜表面，将滤膜干燥、裁剪后，使用显微红外光谱仪对纯银滤膜进行检测，当红外光照射到石棉上时，每种石棉会有其特征吸收光谱，将目标物的红外光谱与标准谱图对比定性判断水样中是否含有石棉；如含有石棉，则将过滤该水样的混合纤维素酯滤膜透明化处理并固定后，于相差显微镜下观察并计数长度>10 μm 且长宽比≥3 的石棉。

30.2.3 试剂或材料

警示：石棉为致癌物，使用中需要佩戴具有防护效果的口罩、护目镜等个人防护装备！

30.2.3.1 纯水：符合 GB/T 6682 的二级或更优纯水。

30.2.3.2 过硫酸钾($K_2S_2O_8$)。

30.2.3.3 丙酮[$(CH_3)_2CO$]。

30.2.3.4 三乙酸甘油酯[$C_3H_5(CH_3COO)_3$]。

30.2.3.5 无水乙醇(C_2H_5OH)。

30.2.3.6 甲酸(HCOOH)。

30.2.3.7 混合纤维素酯滤膜：直径 25 mm，孔径 0.8 μm；在每盒滤膜(50 张)中随机抽取 1 张按本方法进行计数测定，在 100 个视场中不超过 3 个纤维时，认为是清洁滤膜，则此盒滤膜可以使用。

30.2.3.8 纯银滤膜：直径 25 mm，孔径 0.8 μm。

30.2.3.9 石棉标准品，包括：温石棉[$Mg_3Si_2O_5(OH)_4$]、青石棉[$Na_2(Mg,Fe,Al)_5Si_8O_{22}(OH)_2$]、铁石棉[$(Fe,Mg)_7Si_8O_{22}(OH)_2$]、直闪石石棉[$(Mg,Fe)_7Si_8O_{22}(OH)_2$]、透闪石石棉[$Ca_2Mg_5Si_8O_{22}(OH)_2$]、阳起石石棉[$Ca_2(Mg,Fe)_5Si_8O_{22}(OH)_2$]，共 6 种。

30.2.3.10 标准储备溶液[ρ(石棉)=10 mg/L]：分别称取 6 种石棉标准品 10.0 mg，加入预先盛有 200 mL纯水的 250 mL 锥形烧杯中，加入 20%的甲酸 2 mL，用超声波清洗器分散 15 min，放入温度为 30 ℃±1 ℃的恒温槽内剧烈振摇，转移至 1 L 容量瓶中，纯水定容。储备溶液制备后立即使用。

30.2.3.11 标准使用溶液[ρ(石棉)=0.1 mg/L]：将标准储备溶液剧烈振摇后，用超声波清洗器分散 15 min，边搅拌边吸取 1 mL，加纯水定容至 100 mL，混匀。使用溶液制备后立即使用。

30.2.4 仪器设备

30.2.4.1 显微红外光谱仪，带衰减全反射(ATR)附件。

30.2.4.2 相差显微镜，带目镜测微尺，10 倍、40 倍相差物镜。

30.2.4.3 溶剂过滤器，具有 25 mm 玻璃支撑，带真空泵。

30.2.4.4 丙酮蒸汽发生装置，见图 26。

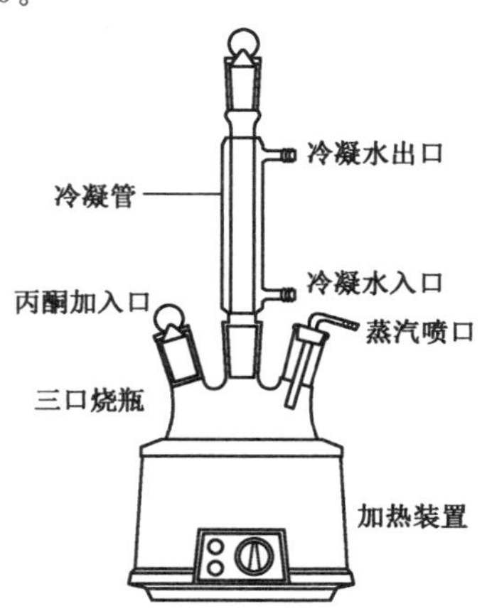

图 26 丙酮蒸汽发生装置

30.2.4.5 超声波清洗器。

30.2.4.6 恒温槽:精度±1 ℃。

30.2.4.7 天平:分辨力不低于 0.1 mg。

30.2.4.8 防水紫外灯:波长 253 nm,功率≥10 W。

30.2.4.9 干燥器。

30.2.4.10 采样瓶:250 mL 具盖玻璃瓶或聚乙烯瓶。

30.2.4.11 量筒:50 mL 或 100 mL。

30.2.4.12 锥形烧杯:250 mL。

30.2.4.13 容量瓶:1 L 和 100 mL。

30.2.4.14 带盖培养皿。

30.2.4.15 载玻片,盖玻片:使用前,放在无水乙醇中浸泡,蒸馏水冲洗后用洁净的擦镜纸擦拭干净。

30.2.4.16 镊子。

30.2.4.17 剪刀或手术刀片。

30.2.4.18 注射器:1 mL。

30.2.5 样品

30.2.5.1 水样的采集和保存

30.2.5.1.1 水样采集:采样瓶预先超声清洗 15 min,然后用纯水清洗干净。采样前润洗采样瓶,采样体积不小于 100 mL,每一采样点平行采集两份水样。

30.2.5.1.2 水样保存:水样采集后立即密封,0 ℃~4 ℃冷藏保存,不应冷冻,尽量在 48 h 内完成测定。若保存时间超过 48 h,应对样品进行预处理。

30.2.5.2 样品预处理

30.2.5.2.1 紫外-过硫酸钾消解:当水样保存时间超过 48 h,分析前可进行紫外-过硫酸钾消解,处理方法为:采集的水样转移至烧杯或量筒中,加入过硫酸钾固体混匀,使过硫酸钾质量浓度为 1 g/L,插入防水紫外灯置于溶液中间位置,尽量插到容器底部,打开紫外灯消解 3 h,消解时每隔 0.5 h 充分搅拌水样一次。

警示:紫外线对人有害,操作者应注意个人防护!

30.2.5.2.2 水样稀释:若原水样中无机颗粒物或纤维状颗粒物浓度过高,可进行稀释。原水样浑浊度大于 3 NTU 或总有机碳大于 10 mg/L,也可进行稀释。稀释时原水样取样量不少于 1 mL,定容体积不小于 50 mL。取样前充分摇晃样品瓶,在超声波清洗器中超声 15 min,摇匀后立即在采集容器液面与底部的中间位置吸取一定体积的原水样,用纯水稀释。

30.2.6 试验步骤

30.2.6.1 水样过滤

30.2.6.1.1 将过滤器支撑面完全润湿,上面放 0.8 μm 孔径的纯银滤膜,确保滤膜完全湿润、无气泡,固定密封过滤器。

30.2.6.1.2 充分摇晃样品瓶,在超声波清洗器中超声 15 min,摇匀。用量筒取 50 mL 待测水样或稀释后水样倒入过滤器漏斗进行过滤,再用纯水冲洗量筒和过滤器漏斗并过滤。

30.2.6.1.3 过滤完成后,用镊子小心取下滤膜,置于干净的培养皿中,轻盖培养皿盖,放入干燥器中干燥 24 h,整个过程始终保持截留面向上。

30.2.6.1.4 在过滤器支撑面上放 0.8 μm 孔径的混合纤维素酯滤膜,重复 30.2.6.1.2 和 30.2.6.1.3 步骤。

30.2.6.2 滤膜剪裁

用手术刀片或剪刀将干燥的滤膜沿两条垂直的直径四等分，剪下其中 1/4 小块，置于带盖培养皿中备用，裁剪过程中始终保持滤膜截留面向上，裁剪示意见图 27。

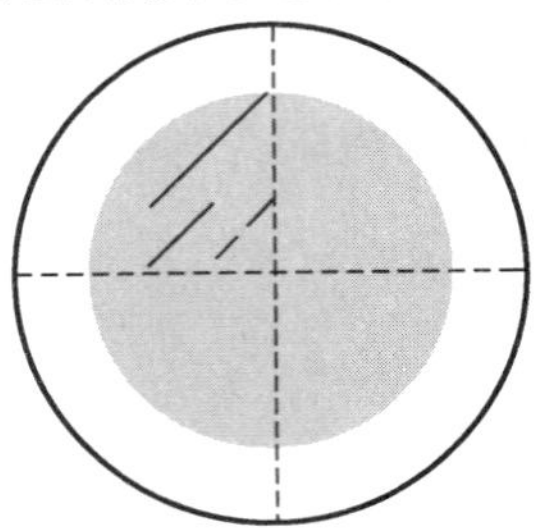

图 27 滤膜剪裁示意图

30.2.6.3 定性分析

30.2.6.3.1 显微红外光谱仪的调节：调节显微红外光谱仪，加入液氮使检测器冷却，稳定 15 min，将裁剪后的纯银滤膜固定在载物板上。采用 ATR 采集模式，碲镉汞(MCT/A)检测器，调节合适亮度，找到并聚焦样品至图像清晰，根据目标物大小调节光圈尺寸，将 ATR 物镜置于测试位，设置扫描次数 64、分辨率 8 cm^{-1}、调节压力适中，采集红外光谱，光圈尺寸、扫描次数、分辨率、压力等参数可根据实际样品和光谱信号情况调整。

30.2.6.3.2 观测视场选择：视场的选择遵循随机原则，移动视场按行列顺序，随机停留，视场不能重叠，以避免重复。随机选取 20 个视场，如检测到石棉时即可停止；如未检测到石棉，则检测到 100 个视场为止。

30.2.6.3.3 石棉定性参考谱图：分别取石棉标准使用溶液各 50 mL，按照水样过滤方法获得定性参考滤膜。将滤膜置于显微红外光谱仪检测，分别获得温石棉、青石棉、铁石棉、直闪石石棉、阳起石石棉、透闪石石棉的红外谱图及主要的特征吸收频率，各谱图均在 3 300 cm^{-1} ～2 700 cm^{-1} 无特征峰，在 3 600 cm^{-1}～3 500 cm^{-1}、1 100 cm^{-1}～900 cm^{-1} 出现特征峰。因样品来源、样品制备方法及所使用仪器条件的不同，红外光谱的峰形及出峰位置可能呈现微小的差异。6 种石棉的红外光谱图及主要的特征吸收频率参见图 28～图 33。

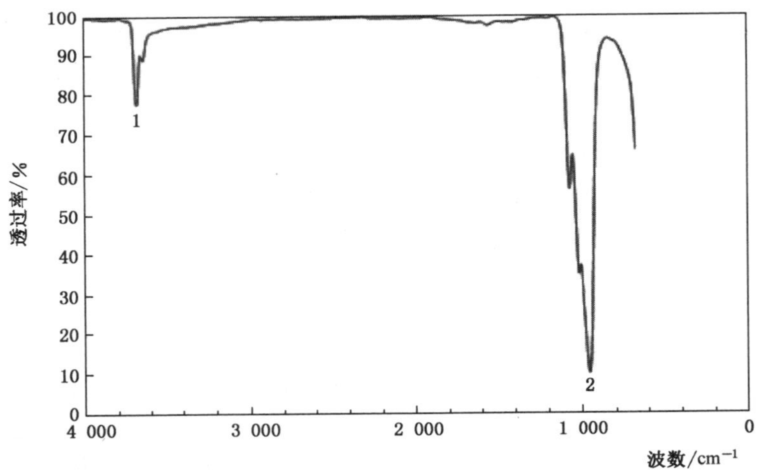

标引序号说明：

1——O-H 伸缩振动峰；

2——Si-O-Si 伸缩振动峰。

图 28 温石棉红外光谱图

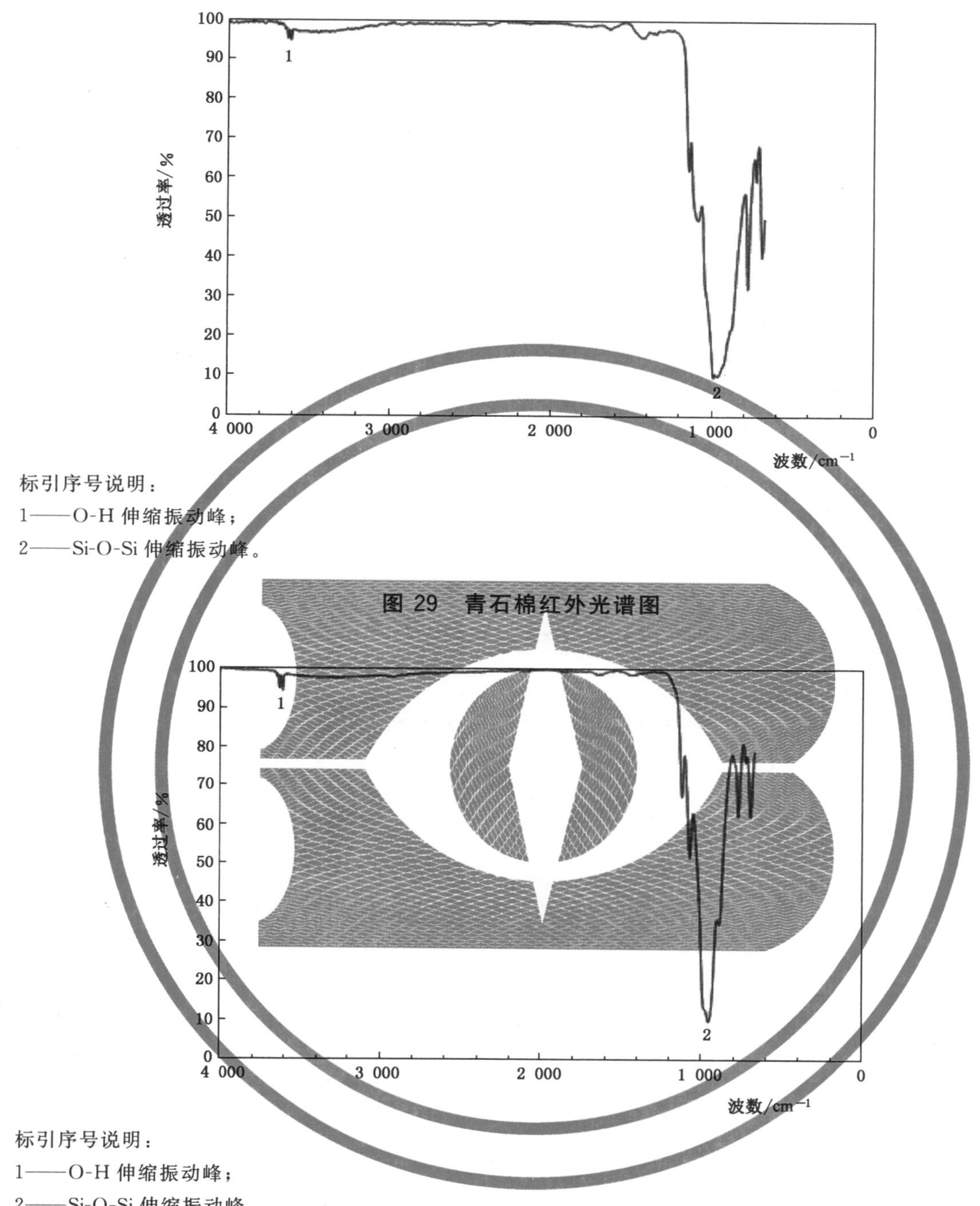

标引序号说明：

1——O-H 伸缩振动峰；

2——Si-O-Si 伸缩振动峰。

图 29　青石棉红外光谱图

标引序号说明：

1——O-H 伸缩振动峰；

2——Si-O-Si 伸缩振动峰。

图 30　铁石棉红外光谱图

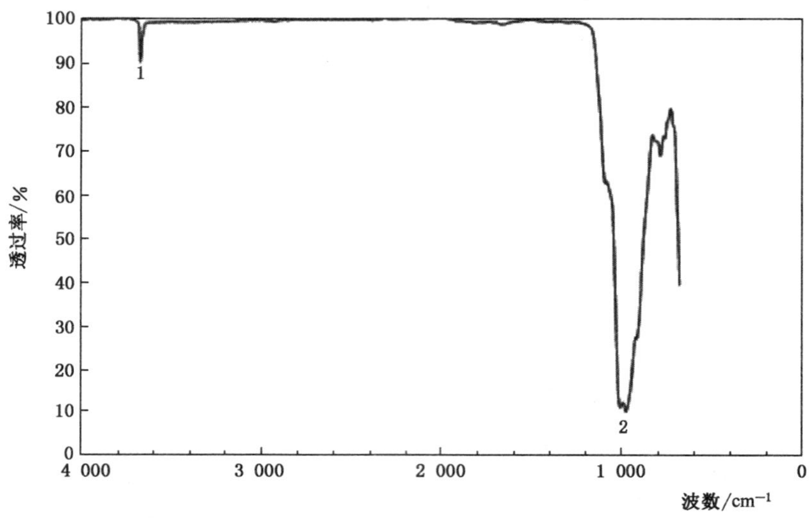

标引序号说明：

1——O-H 伸缩振动峰；

2——Si-O-Si 伸缩振动峰。

图 31　直闪石石棉红外光谱图

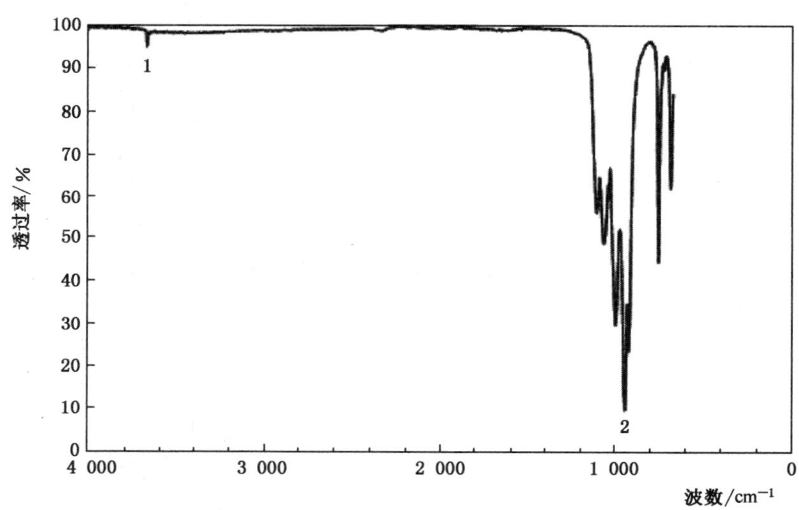

标引序号说明：

1——O-H 伸缩振动峰；

2——Si-O-Si 伸缩振动峰。

图 32　透闪石石棉红外光谱图

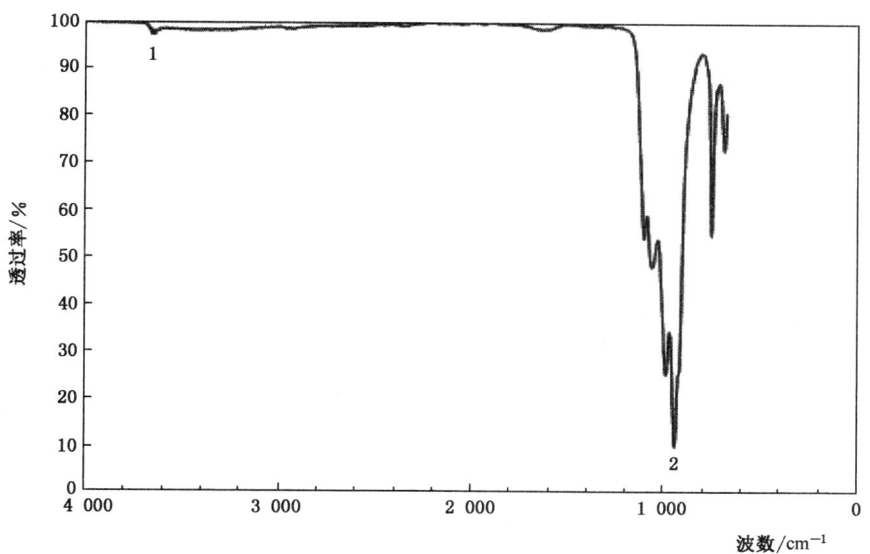

标引序号说明：

1——O-H 伸缩振动峰；

2——Si-O-Si 伸缩振动峰。

图 33　阳起石石棉红外光谱图

30.2.6.3.4　样品分析：将干净的纯银滤膜置于显微红外光谱仪采集滤膜背景。将干燥后的样品滤膜置于显微红外光谱仪，采集滤膜上目标物的红外谱图，将得到的红外谱图扣除滤膜背景，获得样品的红外谱图，与参考谱图比对，判断是否为石棉。

注：6 种石棉具有相似的红外特征光谱，分析时不鉴别石棉的种类。定性时尽量选取周围无干扰物质的纤维状颗粒物获取谱图，不限定纤维长度，如样品中有长度＜10 μm 的纤维判断为石棉，该样品也在显微镜下计数。判断疑似石棉的纤维状颗粒物可根据样本来源分析，以降低结果的不确定性。

30.2.6.4　定量分析

30.2.6.4.1　滤膜的处理：小心取出裁剪后的混合纤维素酯滤膜，截留面向上放在清洁的载玻片上。打开丙酮蒸汽发生装置的活塞，将载有滤膜的载玻片置于丙酮蒸汽之下，由远至近移动到丙酮蒸汽出口 15 mm～25 mm 处，熏制 3 s～5 s，慢慢移动载玻片，使滤膜全部透明为止。用注射器立即向透明后的滤膜滴 2 滴～3 滴三乙酸甘油酯，小心盖上盖玻片，避免产生气泡。如透明效果不理想，可将盖上盖玻片的滤膜放入 50 ℃左右的烘箱中加热 15 min，以加速滤膜的清洗过程。处理完毕后，先关闭丙酮蒸汽发生装置的电源，再关闭活塞，次序不可颠倒。

注：丙酮蒸汽过少无法使滤膜透明，过多可能破坏滤膜，注意不要将丙酮液滴到滤膜上，可不时地用吸水纸擦拭丙酮蒸汽出口加以防止。滤膜的处理在清洁的实验室中进行，在制备样品过程中避免纤维性粉尘的污染。

30.2.6.4.2　相差显微镜的调节：按照说明书将相差显微镜调节好，对目镜测微尺进行校准，算出计数视场的面积(mm^2)及各标志的实际尺寸(μm)。将样品固定在载物台上，先在低倍镜下，粗调焦找到滤膜边缘，对准焦点，然后切换高倍镜，细调焦直至物像清晰后观察形貌并计数，用目镜测微尺测量纤维长度。样品中宽度小于 0.2 μm 的石棉纤维占主导地位时使用电子显微镜分析。

30.2.6.4.3　计测视场的选择：视场的选择遵循随机原则，移动视场按行列顺序，随机停留，视场不能重叠，以避免重复计数测定。

30.2.6.4.4　无效视场和无效滤膜：单个视场中八分之一面积以上出现颗粒物聚集或气泡为无效视场；视场总数中 10％以上为无效视场则该滤膜为无效滤膜，可重新制备；滤膜上纤维分布数量以每个视场中不多于 10 个为合适，否则数量过高不利于观察，水样需进行稀释。

30.2.6.4.5 计数规则如下。

a) 随机选取 20 个视场，当计数纤维数已达到 100 个时，即可停止计数，如此时计数纤维数未达到 100 个时，则计数到 100 个纤维为止，并记录相应视场数。如在 100 个视场内计数纤维数不足 100 个，则计数测定到 100 个视场为止。

b) 一个纤维完全在计数视场内时计为 1 个；只有一端在计数视场内者计为 0.5 个；纤维在计数区内而两端均在计数区之外计为 0 个，但将计数视场数统计在内；弯曲纤维两端均在计数区而纤维中段在外者计为 1 个。交叉纤维或成组纤维，如能分辨出单个纤维者按单个计数原则计数；如不能分辨者则按一束计为 1 个。不同形状和类型纤维计数规则见图 34 及表 20。

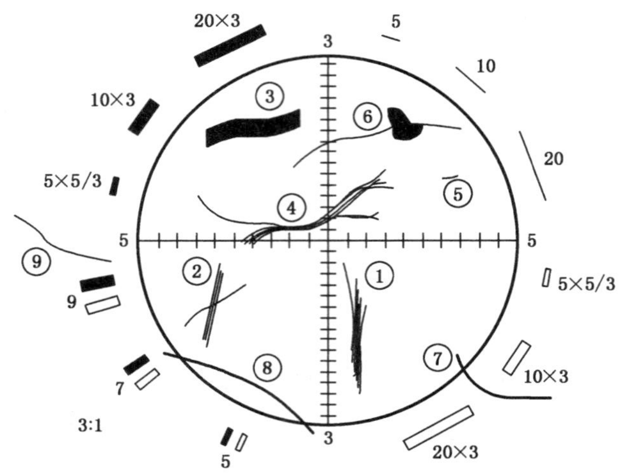

图 34 不同形状石棉计数规则

表 20 石棉计数规则的解释

编号	计数	描述
1	1	如果多个纤维属于同一束，则计为一个
2	2	如果纤维不属于同一束，则按纤维束分别计数
3	1	对纤维宽度没有上限要求(宽度按计数对象最宽的部分)
4	1	细长纤维伸出纤维束主体，但仍可认为是一束的，计为一个
5	0	纤维长度<10 μm，不计数
6	1	纤维被颗粒部分遮挡，计为一个；如果两段纤维看上去不属于同一个，则分别计数
7	0.5	纤维只有一端在计数视场内，计为 0.5 个
8	0	纤维两端超出视场边界，不计数
9	0	纤维在视场外，不计数

30.2.6.5 质量控制

30.2.6.5.1 每批样品测定一个实验室空白样品。

30.2.6.5.2 整个过程的质量控制每三个月做一次。其中显微镜计数阶段，要求对同一滤膜切片计数测定 10 次以上，计算各次计数的均值和标准偏差，计算相对标准偏差(RSD)。当石棉计数总数达 100 个时，RSD 在±20%之内，当石棉计数总数为 10 个时，RSD 在±40%之内。

30.2.7 试验数据处理

30.2.7.1 石棉计数浓度的计算

石棉计数浓度的计算参照式(54)。

30.2.7.2 95%置信区间的计算

式(54)中 n 需根据泊松分布给出 95%置信区间，泊松分布公式见式(55)。

根据式(55)给出 95%置信区间部分速算对照表，见表 18。

30.2.7.3 最低检测计数浓度的计算

石棉最低检测计数浓度的计算参照式(56)。

30.2.7.4 结果报告

结果报告中记录：计数的石棉尺寸信息；石棉计数总数及对应的泊松分布 95%置信区间；石棉计数浓度；最低检测计数浓度等。结果报告表可参考表 21。

表 21 相差显微镜-红外光谱法测石棉结果报告表

滤膜有效直径(mm)：______ 单个视场面积(mm²)：______	水样体积(L)：______ 视场总数：______		稀释倍数：______ 有效视场数：______	
计数编号	视场编号	长/μm	宽/μm	照片编号
1				
2				
3				
4				
5				
…				
99				
100				
石棉计数/个			95% 置信区间/个	
石棉计数浓度/(万个/L)	平均值			
	95% 置信区间			
最低检测计数浓度/(万个/L)				

30.2.8 精密度

6 个实验室分别用本方法测定含有 2 μg/L 石棉溶液的实际水样，计数结果平均值为11.8 万个/L～

25.0 万个/L，实验室内相对标准偏差为 22%～30%，实验室间相对标准偏差为 24%；测定含有 10 μg/L 石棉溶液的实际水样，计数结果平均值为 34.7 万个/L～54.8 万个/L，实验室内相对标准偏差为 9.0%～19%，实验室间相对标准偏差为 14%。6 个实验室分别用本方法测定含有 50 μg/L 石棉溶液的实际水样，计数结果平均值为 200.1 万个/L～294.8 万个/L，实验室内相对标准偏差为 8.0%～17%，实验室间相对标准偏差为 14%。如石棉计数浓度大于 400 万个/L(单个视场中纤维分布数量不少于 10 个)，水样需进行稀释后测定。

ICS 13.060
CCS C 51

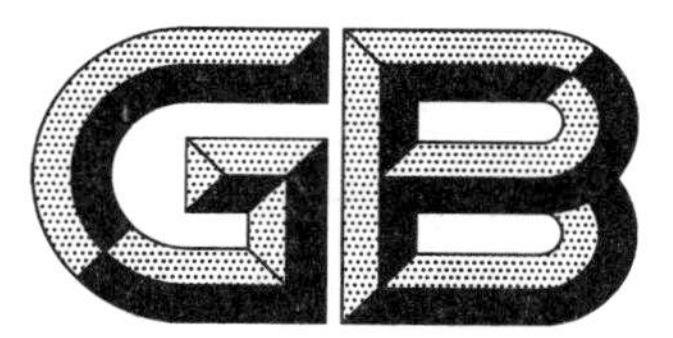

中华人民共和国国家标准

GB/T 5750.7—2023
代替 GB/T 5750.7—2006

生活饮用水标准检验方法 第7部分:有机物综合指标

Standard examination methods for drinking water—Part 7: Aggregate organic indices

2023-03-17 发布 2023-10-01 实施

国家市场监督管理总局
国家标准化管理委员会 发布

目　次

前　言

本文件按照 GB/T 1.1—2020《标准化工作导则　第1部分：标准化文件的结构和起草规则》的规定起草。

本文件是 GB/T 5750《生活饮用水标准检验方法》的第7部分。GB/T 5750 已经发布了以下部分：

——第1部分：总则；

——第2部分：水样的采集与保存；

——第3部分：水质分析质量控制；

——第4部分：感官性状和物理指标；

——第5部分：无机非金属指标；

——第6部分：金属和类金属指标；

——第7部分：有机物综合指标；

——第8部分：有机物指标；

——第9部分：农药指标；

——第10部分：消毒副产物指标；

——第11部分：消毒剂指标；

——第12部分：微生物指标；

——第13部分：放射性指标。

本文件代替 GB/T 5750.7—2006《生活饮用水标准检验方法　有机物综合指标》，与 GB/T 5750.7—2006 相比，除结构调整和编辑性改动外，主要技术变化如下：

a)　增加了"术语和定义"(见第3章)；

b)　增加了3个检验方法(见4.3、4.4、7.2)；

c)　将指标"耗氧量"更改为"高锰酸盐指数(以 O_2 计)"(见第4章，2006年版的第1章)。

请注意本文件的某些内容可能涉及专利。本文件的发布机构不承担识别专利的责任。

本文件由中华人民共和国国家卫生健康委员会提出并归口。

本文件起草单位：中国疾病预防控制中心环境与健康相关产品安全所、湖北省疾病预防控制中心、无锡市疾病预防控制中心。

本文件主要起草人：施小明、姚孝元、张岚、赵灿、韩嘉艺、岳银玲、唐琳、朱英、刘文卫、孔芳、罗嵩、周小新。

本文件及其所代替文件的历次版本发布情况为：

——1985年首次发布为 GB/T 5750—1985，2006年第一次修订为 GB/T 5750.7—2006；

——本次为第二次修订。

引　言

GB/T 5750《生活饮用水标准检验方法》作为生活饮用水检验技术的推荐性国家标准，与GB 5749《生活饮用水卫生标准》配套，是GB 5749的重要技术支撑，为贯彻实施GB 5749、开展生活饮用水卫生安全性评价提供检验方法。

GB/T 5750由13个部分构成。

——第1部分：总则。目的在于提供水质检验的基本原则和要求。

——第2部分：水样的采集与保存。目的在于提供水样采集、保存、管理、运输和采样质量控制的基本原则、措施和要求。

——第3部分：水质分析质量控制。目的在于提供水质检验检测实验室质量控制要求与方法。

——第4部分：感官性状和物理指标。目的在于提供感官性状和物理指标的相应检验方法。

——第5部分：无机非金属指标。目的在于提供无机非金属指标的相应检验方法。

——第6部分：金属和类金属指标。目的在于提供金属和类金属指标的相应检验方法。

——第7部分：有机物综合指标。目的在于提供有机物综合指标的相应检验方法。

——第8部分：有机物指标。目的在于提供有机物指标的相应检验方法。

——第9部分：农药指标。目的在于提供农药指标的相应检验方法。

——第10部分：消毒副产物指标。目的在于提供消毒副产物指标的相应检验方法。

——第11部分：消毒剂指标。目的在于提供消毒剂指标的相应检验方法。

——第12部分：微生物指标。目的在于提供微生物指标的相应检验方法。

——第13部分：放射性指标。目的在于提供放射性指标的相应检验方法。

生活饮用水标准检验方法
第7部分:有机物综合指标

1 范围

本文件描述了生活饮用水中高锰酸盐指数(以 O_2 计)、石油、总有机碳的测定方法和水源水中高锰酸盐指数(以 O_2 计)、生化需氧量(BOD_5)、石油、总有机碳的测定方法。

本文件适用于生活饮用水和(或)水源水中有机物综合指标的测定。

2 规范性引用文件

下列文件中的内容通过文中的规范性引用而构成本文件必不可少的条款。其中,注日期的引用文件,仅该日期对应的版本适用于本文件;不注日期的引用文件,其最新版本(包括所有的修改单)适用于本文件。

GB/T 5750.1 生活饮用水标准检验方法 第1部分:总则

GB/T 5750.3 生活饮用水标准检验方法 第3部分:水质分析质量控制

GB/T 5750.4—2023 生活饮用水标准检验方法 第4部分:感官性状和物理指标

GB/T 6682 分析实验室用水规格和试验方法

3 术语和定义

GB/T 5750.1、GB/T 5750.3 界定的术语和定义适用于本文件。

4 高锰酸盐指数(以 O_2 计)

4.1 酸性高锰酸钾滴定法

4.1.1 最低检测质量浓度

本方法适用于氯化物质量浓度低于 300 mg/L(以 Cl^- 计)的生活饮用水及其水源水中高锰酸盐指数(以 O_2 计)的测定。本方法最低检测质量浓度(取 100 mL 水样时)为 0.05 mg/L(以 O_2 计),最高可测定高锰酸盐指数(以 O_2 计)质量浓度为 5.0 mg/L。

4.1.2 原理

高锰酸钾在酸性溶液中将还原性物质氧化,过量的高锰酸钾用草酸还原。根据高锰酸钾消耗量表示高锰酸盐指数(以 O_2 计)。

4.1.3 试剂

4.1.3.1 硫酸溶液(1+3):将1体积硫酸(ρ_{20}=1.84 g/mL)在水浴冷却下缓缓加到3体积纯水中,煮沸,滴加高锰酸钾溶液至溶液保持微红色。

4.1.3.2 草酸钠标准储备溶液$\left[c\left(\frac{1}{2}Na_2C_2O_4\right)=0.100\ 0\ mol/L\right]$:称取 6.701 g 草酸钠,溶于少量纯水中,并于 1 000 mL 容量瓶中用纯水定容,置暗处保存。或使用有证标准物质。

4.1.3.3 高锰酸钾标准储备溶液$\left[c\left(\frac{1}{5}KMnO_4\right)=0.100\ 0\ mol/L\right]$:称取 3.3 g 高锰酸钾,溶于少量纯水中,并稀释至 1 000 mL。煮沸 15 min,静置 2 周。然后用玻璃砂芯漏斗过滤至棕色瓶中,置暗处保存并按下述方法标定浓度。

a) 吸取 25.00 mL 草酸钠标准储备溶液于 250 mL 锥形瓶中,加入 75 mL 新煮沸放冷的纯水及 2.5 mL 硫酸($\rho_{20}=1.84$ g/mL)。

b) 迅速自滴定管中加入约 24 mL 高锰酸钾标准储备溶液,待褪色后加热至 65 ℃,再继续滴定呈微红色并保持 30 s 不褪。当滴定终了时,溶液温度不低于 55 ℃。记录高锰酸钾标准储备溶液用量。

高锰酸钾标准储备溶液的浓度计算见式(1):

$$c\left(\frac{1}{5}KMnO_4\right)=\frac{0.100\ 0\times 25.00}{V} \quad \cdots\cdots(1)$$

式中:

$c\left(\frac{1}{5}KMnO_4\right)$——高锰酸钾标准储备溶液的浓度,单位为摩尔每升(mol/L);

V ——高锰酸钾标准储备溶液的用量,单位为毫升(mL)。

c) 校正高锰酸钾标准储备溶液的浓度$\left[c\left(\frac{1}{5}KMnO_4\right)\right]$为 0.100 0 mol/L。

4.1.3.4 高锰酸钾标准使用溶液$\left[c\left(\frac{1}{5}KMnO_4\right)=0.010\ 00\ mol/L\right]$:将高锰酸钾标准储备溶液准确稀释 10 倍。

4.1.3.5 草酸钠标准使用溶液$\left[c\left(\frac{1}{2}Na_2C_2O_4\right)=0.010\ 00\ mol/L\right]$:将草酸钠标准储备溶液准确稀释 10 倍。

4.1.4 仪器设备

4.1.4.1 电热恒温水浴锅:可调至 100 ℃。

4.1.4.2 锥形瓶:250 mL。

4.1.4.3 滴定管。

4.1.5 试验步骤

4.1.5.1 锥形瓶的预处理:向 250 mL 锥形瓶内加入 1 mL 硫酸溶液(1+3)及少量高锰酸钾标准使用溶液。煮沸数分钟,取下锥形瓶用草酸钠标准使用溶液滴定至微红色,将溶液弃去。

4.1.5.2 吸取 100 mL 充分混匀的水样(若水样中有机物含量较高,可取适量水样以纯水稀释至 100 mL),置于上述处理过的锥形瓶中。加入 5 mL 硫酸溶液(1+3)。用滴定管加入 10.00 mL 高锰酸钾标准使用溶液。

4.1.5.3 将锥形瓶放入沸腾的水浴中,放置 30 min。如加热过程中红色明显减退,将水样稀释重做。

4.1.5.4 取下锥形瓶,趁热加入 10.00 mL 草酸钠标准使用溶液,充分振摇,使红色褪尽。

4.1.5.5 于白色背景上,自滴定管滴入高锰酸钾标准使用溶液,至溶液呈微红色即为终点。记录用量 V_1(mL)。

注：测定时如水样消耗的高锰酸钾标准使用溶液超过了加入量的一半，由于高锰酸钾标准使用溶液的浓度过低，影响了氧化能力，使测定结果偏低。遇此情况，取少量样品稀释后重做。

4.1.5.6 向滴定至终点的水样中，趁热(70 ℃～80 ℃)加入 10.00 mL 草酸钠标准使用溶液。立即用高锰酸钾标准使用溶液滴定至微红色，记录用量 V_2(mL)。如高锰酸钾标准使用溶液浓度为准确的 0.010 00 mol/L，滴定时用量应为 10.00 mL，否则可求一校正系数(K)，计算见式(2)：

$$K=\frac{10}{V_2} \qquad \cdots\cdots(2)$$

4.1.5.7 如水样用纯水稀释，则另取 100 mL 纯水，同上述步骤滴定，记录高锰酸钾标准使用溶液消耗量 V_0(mL)。

4.1.6 试验数据处理

高锰酸盐指数(以 O_2 计)质量浓度的计算见式(3)：

$$\rho=\frac{[(10+V_1)\times K-10]\times c\times 8\times 1\,000}{100}=[(10+V_1)\times K-10]\times 0.8 \qquad \cdots\cdots(3)$$

如水样用纯水稀释，则采用式(4)计算水样的高锰酸盐指数(以 O_2 计)：

$$\rho=\frac{\{[(10+V_1)\times K-10]-[(10+V_0)\times K-10]\times R\}\times c\times 8\times 1\,000}{V_3} \qquad \cdots\cdots(4)$$

式中：

ρ ——高锰酸盐指数(以 O_2 计)的质量浓度，单位为毫克每升(mg/L)；

R ——稀释水样时，纯水在 100 mL 体积内所占的比例值(例如：25 mL 水样用纯水稀释至 100 mL，则 $R=\frac{100-25}{100}=0.75$)；

c ——草酸钠标准使用溶液的浓度$\left[c\left(\frac{1}{2}Na_2C_2O_4\right)=0.010\,00\ mol/L\right]$；

8 ——与 1.00 mL 高锰酸钾标准使用溶液$\left[c\left(\frac{1}{5}KMnO_4\right)=1.000\ mol/L\right]$相当的以毫克(mg)表示氧的质量；

V_3——水样体积，单位为毫升(mL)；

V_1，K，V_0 分别按步骤 4.1.5.5、4.1.5.6 和 4.1.5.7 的要求。

4.2 碱性高锰酸钾滴定法

4.2.1 最低检测质量浓度

本方法适用于氯化物质量浓度高于 300 mg/L(以 Cl^- 计)的生活饮用水及其水源水中高锰酸盐指数(以 O_2 计)的测定。本方法的最低检测质量浓度(取 100 mL 水样时)为 0.05 mg/L(以 O_2 计)，最高可测定高锰酸盐指数(以 O_2 计)质量浓度为 5.0 mg/L。

4.2.2 原理

高锰酸钾在碱性溶液中将还原性物质氧化、酸化后，过量高锰酸钾用草酸钠溶液滴定。

4.2.3 试剂

4.2.3.1 氢氧化钠溶液(500 g/L)：称取 50 g 氢氧化钠(NaOH)，溶于纯水中，稀释至 100 mL。

4.2.3.2 其他试剂按 4.1.3.1、4.1.3.4 和 4.1.3.5 的要求。

4.2.4 仪器设备

按 4.1.4 的要求。

4.2.5 试验步骤

4.2.5.1 吸取 100 mL 水样于 250 mL 处理过的锥形瓶内(处理方法按 4.1.5.1 的要求),加入 0.5 mL 氢氧化钠溶液(500 g/L)及 10.00 mL 高锰酸钾标准使用溶液。

4.2.5.2 于沸水浴中准确加热 30 min。

4.2.5.3 取下锥形瓶,趁热加入 5 mL 硫酸溶液(1+3)及 10.00 mL 草酸钠标准使用溶液,振摇均匀至红色褪尽。

4.2.5.4 自滴定管滴加高锰酸钾标准使用溶液。至淡红色,即为终点。记录用量 V_1(mL)。

4.2.5.5 按 4.1.5.6 计算高锰酸钾标准使用溶液的校正系数。

4.2.5.6 如水样需纯水稀释后测定,按 4.1.5.7 计算 100 mL 纯水的高锰酸盐指数(以 O_2 计),记录高锰酸钾标准使用溶液消耗量 V_0(mL)。

4.2.6 试验数据处理

按 4.1.6 处理。

4.3 分光光度法

4.3.1 最低检测质量浓度

本方法最低检测质量浓度为 0.50 mg/L(以 O_2 计),最高可测定高锰酸盐指数(以 O_2 计)质量浓度为 5.0 mg/L。

水样中余氯达到 3.5 mg/L 时,本方法不适用。

4.3.2 原理

高锰酸钾在酸性环境中将水样中的还原性物质氧化,剩余的高锰酸钾则被硫酸亚铁铵还原,而过量的硫酸亚铁铵与指示剂邻菲罗啉生成稳定的橙色络合物,颜色的深浅程度与硫酸亚铁铵的剩余量成正比关系,测试波长为 510 nm,高锰酸盐指数(以 O_2 计)的质量浓度与吸光度成正比。

4.3.3 试剂

除非另有说明,本方法所用试剂均为分析纯,实验用水为 GB/T 6682 规定的一级水。

4.3.3.1 高锰酸钾标准溶液 $\left[c\left(\frac{1}{5}KMnO_4\right)=0.010\ 00\ mol/L\right]$:配制、标定、稀释方法按酸性高锰酸钾滴定法的要求。或使用有证标准物质。

4.3.3.2 硫酸亚铁铵标准溶液$\{c[(NH_4)_2Fe(SO_4)_2]=0.010\ 00\ mol/L\}$:在 900 mL 纯水中,缓慢加入 5.6 mL 硫酸($\rho_{20}=1.84$ g/mL),搅拌均匀,冷却至室温。称取 3.921 g 硫酸亚铁铵六水合物,倒入冷却的硫酸溶液中,充分摇匀并使之溶解,转移至 1 000 mL 容量瓶中用纯水定容。用重铬酸钾标准溶液按下述方法标定浓度,此溶液可使用 1 个月。或使用有证标准物质。

吸取 100 mL 硫酸亚铁铵标准溶液,加入 10 mL 硫酸溶液(1+5)、5 mL 磷酸($\rho_{20}=1.69$ g/mL)和 2 mL 二苯胺磺酸钡溶液(1 g/L),用重铬酸钾标准溶液 $\left[c\left(\frac{1}{6}K_2Cr_2O_7\right)=0.100\ 0\ mol/L\right]$滴定至紫色持续 30 s 不褪。硫酸亚铁铵标准溶液的浓度计算见式(5):

$$c[(NH_4)_2Fe(SO_4)_2]=\frac{c_1 \times V_1}{V_2} \quad \cdots\cdots(5)$$

式中：

$c[(NH_4)_2Fe(SO_4)_2]$——硫酸亚铁铵标准溶液的浓度，单位为摩尔每升(mol/L)；

c_1——重铬酸钾标准溶液的浓度，单位为摩尔每升(mol/L)；

V_1——滴定硫酸亚铁铵标准溶液消耗的重铬酸钾标准溶液的体积，单位为毫升(mL)；

V_2——硫酸亚铁铵标准溶液的体积，单位为毫升(mL)。

4.3.3.3 邻菲罗啉溶液(1.374 g/L)：称取1.374 g一水合邻菲罗啉，加入5 mL 95%乙醇，搅拌使之溶解，转移至1 000 mL容量瓶中用纯水定容。或购买商品化预制试剂。

4.3.3.4 硫酸溶液(1+3)：配制方法按4.1.3.1的要求。

4.3.3.5 高锰酸盐指数标准储备溶液：使用有证标准溶液，$\rho(COD_{Mn})=1\ 000$ mg/L。

4.3.3.6 高锰酸盐指数标准使用溶液：按说明稀释到$\rho(COD_{Mn})=100$ mg/L。

4.3.4 仪器设备

4.3.4.1 高锰酸盐指数测定仪：

a) 恒温消解器：具备自动恒温加热、可设置消解温度和消解时间的功能；

b) 消解管：耐酸玻璃制成，耐高压(在165 ℃下能承受600 kPa的压力)；

c) 分光光度计。

4.3.4.2 容量瓶：100 mL、1 000 mL。

4.3.5 试验步骤

4.3.5.1 水样的采集与保存

水样用洁净的玻璃瓶采集，尽快检测水样。若不能及时检测，可在每升水样中加0.8 mL硫酸($\rho_{20}=1.84$ g/mL)，0 ℃～4 ℃冷藏避光保存，24 h内测定。

4.3.5.2 分析步骤

4.3.5.2.1 分别准确移取0.5 mL、1.0 mL、2.0 mL、3.0 mL、4.0 mL和5.0 mL高锰酸盐指数标准使用溶液($\rho=100$ mg/L)，加入到相应的100 mL容量瓶中，用纯水定容至刻度线，混匀。配制成0.5 mg/L、1.0 mg/L、2.0 mg/L、3.0 mg/L、4.0 mg/L、5.0 mg/L的标准系列使用溶液。

4.3.5.2.2 取2 mL水样于消解管中，加入0.1 mL硫酸溶液(1+3)。

4.3.5.2.3 另取7支消解管，分别加入0.1 mL硫酸溶液(1+3)，再分别加入2 mL纯水和2 mL高锰酸盐指数标准系列使用溶液。

4.3.5.2.4 向水样消解管和另外7支消解管中分别加入0.2 mL高锰酸钾标准溶液，混合均匀。

4.3.5.2.5 将以上消解管置于已预热至100 ℃的恒温消解器内开始自动加热，100 ℃加热消解30 min。加热结束后，立即取出消解管，上下颠倒几次，放置在试管架上并迅速用流动的自来水降至室温，向以上消解管中加入0.2 mL硫酸亚铁铵标准溶液，混匀，再加入5.0 mL邻菲罗啉溶液，再混匀，等待反应3 min。

4.3.5.2.6 在分光光度计中选择测量程序，设定波长为510 nm，以纯水的消解管为参比，测量标准系列使用溶液消解管的吸光度值。

4.3.5.2.7 如水样用纯水稀释，以纯水的消解管为参比，读取吸光度值；若水样未经过稀释，直接用纯水作为参比，读取吸光度值。

4.3.5.2.8 以吸光度为纵坐标，高锰酸盐指数(以 O_2 计)质量浓度为横坐标，绘制标准曲线，从曲线上查出样品中高锰酸盐指数(以 O_2 计)的质量浓度。

4.3.5.2.9 样品质量浓度大于 5.0 mg/L 时需用纯水稀释，如水样用纯水稀释，则另取 2.0 mL 纯水作为空白样，同上述样品的消解、测定步骤一致。

4.3.6 试验数据处理

稀释水样的结果按式(6)计算：

$$\rho=\rho_1\times f \qquad \cdots\cdots(6)$$

式中：

ρ ——水中高锰酸盐指数(以 O_2 计)的质量浓度，单位为毫克每升(mg/L)；

ρ_1——由标准曲线得到的高锰酸盐指数(以 O_2 计)的质量浓度，单位为毫克每升(mg/L)；

f ——稀释倍数。

4.3.7 精密度和准确度

6 家实验室分别对水源水和生活饮用水进行低、中、高三个浓度的 6 次加标回收试验，计算不同浓度水样中高锰酸盐指数(以 O_2 计)的相对标准偏差和加标回收率。其中，水源水相对标准偏差为 0.17%～2.9%，加标回收率为 90.5%～110%；生活饮用水相对标准偏差为 0.42%～2.7%，加标回收率为 92.0%～110%。对水质高锰酸盐指数标准物质(标准值分别为 2.13 mg/L、2.79 mg/L 和 2.98 mg/L)进行测定，6 家实验室测定值均在标称值范围内，与标准值的相对误差均小于 5%。

4.4 电位滴定法

4.4.1 最低检测质量浓度

本方法适用于氯化物质量浓度低于 300 mg/L(以 Cl^- 计)的生活饮用水及其水源水中高锰酸盐指数(以 O_2 计)的测定。本方法的最低检测质量浓度(取 100 mL 水样时)为 0.09 mg/L(以 O_2 计)，最高可测定高锰酸盐指数(以 O_2 计)质量浓度为 5.0 mg/L。

4.4.2 原理

高锰酸钾在酸性溶液中将还原性物质氧化，过量的高锰酸钾用草酸钠还原。根据高锰酸钾消耗量表示高锰酸盐指数(以 O_2 计)，通过滴定过程中电位滴定仪自动记录高锰酸钾体积变化曲线和一阶微分曲线，测量氧化还原反应所引起的电位突变确定滴定终点。

4.4.3 试剂

4.4.3.1 实验用水，符合 GB/T 6682 规定的一级水的要求。

4.4.3.2 硫酸(H_2SO_4，ρ_{20}=1.84 g/mL)。

4.4.3.3 草酸钠($Na_2C_2O_4$)：基准试剂。

4.4.3.4 高锰酸钾($KMnO_4$)：优级纯。

4.4.3.5 硫酸溶液(1+3)：将 1 体积硫酸在冰水浴冷却下缓缓加到 3 体积纯水中，轻轻搅拌后煮沸，滴加高锰酸钾溶液至溶液保持微红色。

4.4.3.6 草酸钠标准储备溶液$\left[c\left(\frac{1}{2}Na_2C_2O_4\right)=0.100\,0\ mol/L\right]$：称取 6.7 g(精确至 0.001 g)草酸钠，溶于少量纯水中，并于 1 000 mL 容量瓶中用纯水定容，置暗处保存。如称取 6.701 g 草酸钠，定容至 1 000 mL 容量瓶中，此时草酸钠标准储备溶液为 0.100 0 mol/L。或使用有证标准物质。

4.4.3.7 高锰酸钾标准储备溶液$\left[c\left(\frac{1}{5}KMnO_4\right)=0.100\ 0\ mol/L\right]$：称取 3.3 g 高锰酸钾，溶于少量纯水中，并用纯水稀释至 1 000 mL。煮沸 15 min，静置 2 周。然后用玻璃砂芯漏斗过滤至棕色瓶中，置暗处保存并按下述方法标定浓度。或使用有证标准物质。

吸取 25.00 mL 草酸钠标准储备溶液于 250 mL 锥形瓶中，加入 75 mL 新煮沸放冷的纯水及 2.5 mL硫酸($\rho_{20}=1.84$ g/mL)。迅速自滴定管中加入约 24 mL 高锰酸钾标准储备溶液，待褪色后加热至 65 ℃，再继续滴定呈微红色并保持 30 s 不褪。当滴定结束时，溶液温度不低于 55 ℃。记录高锰酸钾标准储备溶液用量。高锰酸钾标准储备溶液的浓度计算见式(7)：

$$c\left(\frac{1}{5}KMnO_4\right)=\frac{c'\times 25}{V'} \qquad \cdots\cdots(7)$$

式中：

$c\left(\frac{1}{5}KMnO_4\right)$——高锰酸钾标准储备溶液的浓度，单位为摩尔每升(mol/L)；

c' ——草酸钠标准储备溶液的浓度，单位为摩尔每升(mol/L)；

V' ——高锰酸钾标准储备溶液的用量，单位为毫升(mL)。

4.4.3.8 高锰酸钾标准使用溶液$\left[c\left(\frac{1}{5}KMnO_4\right)=0.010\ 0\ mol/L\right]$：准确吸取 10.00 mL 高锰酸钾标准储备溶液，用纯水定容至 100 mL 容量瓶。

4.4.3.9 草酸钠标准使用溶液$\left[c\left(\frac{1}{2}Na_2C_2O_4\right)=0.010\ 0\ mol/L\right]$：准确吸取 10.00 mL 草酸钠标准储备溶液，用纯水定容至 100 mL 容量瓶。

4.4.4 仪器设备

4.4.4.1 电热恒温水浴锅：可调至 100 ℃。

4.4.4.2 自动电位滴定仪：配氧化还原电极。

4.4.4.3 天平：分辨力不低于 0.000 1 g。

4.4.4.4 滴定杯：250 mL。

4.4.5 试验步骤

4.4.5.1 滴定杯的预处理

向 250 mL 滴定杯内加入 1 mL 硫酸溶液及少量高锰酸钾标准使用溶液。煮沸数分钟，取下滴定杯，用草酸钠标准使用溶液滴定至微红色，将溶液弃去。

4.4.5.2 样品分析

4.4.5.2.1 用单标移液管准确吸取 100.0 mL 样品(若水样中有机物含量较高，可取适量水样以纯水稀释至 100 mL)，置于处理过的滴定杯中，加入 5 mL 硫酸溶液，准确加入 10.00 mL 高锰酸钾标准使用溶液，置于沸水浴中 30 min，取下滴定杯，放于进样器上，迅速加入 10.00 mL 草酸钠标准使用溶液，充分搅拌，用高锰酸钾标准使用溶液滴定至终点(电位突变)，记录体积 V_1(mL)。如水样用纯水稀释，则另用单标移液管吸取 100.0 mL 纯水，同上述步骤滴定，记录高锰酸钾标准使用溶液消耗量 V_0(mL)。

4.4.5.2.2 样品测定前，需先对高锰酸钾标准使用溶液进行校正，计算校正系数 K 值。向滴定至终点的水样中，迅速加入 10.00 mL 草酸钠标准使用溶液。立即用高锰酸钾标准使用溶液滴定至微红色，记录用量 V_2(mL)。当高锰酸钾标准使用溶液浓度为准确的 0.010 0 mol/L 时，滴定时用量应为 10.00 mL，否则可求校正系数(K)。

4.4.6 试验数据处理

高锰酸盐指数(以 O_2 计)的质量浓度计算见式(8):

$$\rho=\frac{[(10+V_1)\times K-10]\times c\times 8\times 1\ 000}{V} \quad\cdots\cdots(8)$$

式(8)中 K 值的计算可用式(9):

$$K=\frac{10}{V_2} \quad\cdots\cdots(9)$$

如水样用纯水稀释,则采用式(10)计算水样中高锰酸盐指数(以 O_2 计)的质量浓度:

$$\rho=\frac{\{[(10+V_1)\times K-10]-[(10+V_0)\times K-10]\times R\}\times c\times 8\times 1\ 000}{V} \quad\cdots\cdots(10)$$

式中:

ρ ——高锰酸盐指数(以 O_2 计)的质量浓度,单位为毫克每升(mg/L);

V_1 ——滴定样品消耗的高锰酸钾标准使用溶液的体积,单位为毫升(mL);

K ——高锰酸钾标准使用溶液的校正系数;

c ——草酸钠标准使用溶液的浓度$\left[c\left(\frac{1}{2}Na_2C_2O_4\right)\right]$,单位为摩尔每升(mol/L);

V ——水样体积,单位为毫升(mL);

V_2 ——校正系数为 K 时,所消耗的高锰酸钾标准使用溶液的体积,单位为毫升(mL);

V_0 ——空白试验消耗的高锰酸钾标准使用溶液的体积,单位为毫升(mL);

R ——稀释水样时,纯水在 100 mL 体积内所占的比例值(例如:25 mL 水样用纯水稀释至 100 mL,则:$R=\frac{100-25}{100}=0.75$);

8 ——与 1.00 mL 高锰酸钾标准使用溶液$\left[c\left(\frac{1}{5}KMnO_4\right)=1.000\ mol/L\right]$相当的以毫克(mg)表示氧的质量;

1 000——氧分子摩尔质量克(g)转换为毫克(mg)的变换系数。

如因使用全自动滴定仪,自动取样量最大为 50 mL 时,所需标准与试剂(硫酸、高锰酸钾、草酸钠)也应作减半处理,则采用式(11)计算水样中高锰酸盐指数(以 O_2 计)的质量浓度:

$$\rho=\frac{[(5+V_1)\times K-5]\times c\times 8\times 1\ 000}{V} \quad\cdots\cdots(11)$$

式中:

ρ ——高锰酸盐指数(以 O_2 计)的质量浓度,单位为毫克每升(mg/L);

V_1 ——滴定样品消耗的高锰酸钾标准使用溶液的体积,单位为毫升(mL);

K ——高锰酸钾标准使用溶液的校正系数;

c ——草酸钠标准使用溶液的浓度$\left[c\left(\frac{1}{2}Na_2C_2O_4\right)\right]$,单位为摩尔每升(mol/L);

V ——水样体积,单位为毫升(mL);

8 ——与 1.00 mL 高锰酸钾标准使用溶液$\left[c\left(\frac{1}{5}KMnO_4\right)=1.000\ mol/L\right]$相当的以毫克(mg)表示氧的质量;

1 000——氧分子摩尔质量克(g)转换为毫克(mg)的变换系数。

4.4.7 精密度和准确度

6 家实验室分别对水源水和生活饮用水进行低、中、高三个浓度的 6 次加标回收试验,计算不同浓度水样中高锰酸盐指数(以 O_2 计)的相对标准偏差和加标回收率。水源水相对标准偏差为 0.37%～3.6%,加标回收率为 90.2%～117%;生活饮用水相对标准偏差为 0.27%～4.8%,加标回收率为 89.9%～113%。

5 生化需氧量(BOD_5)

5.1 容量法

5.1.1 原理

生化需氧量是指在有氧条件下,微生物分解水中有机物的生物化学过程所需溶解氧的量。

取原水或经过稀释的水样,使其中含足够的溶解氧,将该样品同时分为两份,一份测定当日溶解氧的质量浓度,另一份放入 20 ℃培养箱内培养 5 d 后再测其溶解氧的质量浓度,两者之差即为五日生化需氧量(BOD_5)。

5.1.2 试剂

5.1.2.1 氯化钙溶液(27.5 g/L):称取 27.5 g 无水氯化钙($CaCl_2$)溶于纯水中,稀释至 1 000 mL。

5.1.2.2 氯化铁溶液(0.25 g/L):称取 0.25 g 六水合氯化铁($FeCl_3 \cdot 6H_2O$)溶于纯水中,稀释至 1 000 mL。

5.1.2.3 硫酸镁溶液(22.5 g/L):称取 22.5 g 七水合硫酸镁($MgSO_4 \cdot 7H_2O$)溶于纯水中,稀释至 1 000 mL。

5.1.2.4 磷酸盐缓冲溶液(pH 7.2):称取 8.5 g 磷酸二氢钾(KH_2PO_4)、21.75 g 磷酸氢二钾(K_2HPO_4)、33.4 g 磷酸氢二钠(Na_2HPO_4)和 1.7 g 氯化铵(NH_4Cl)溶于纯水中,稀释至 1 000 mL。

5.1.2.5 稀释水:在 20 L 玻璃瓶内装入一定量的蒸馏水(含铜量小于 0.01 mg/L)在 20 ℃条件下用水泵或无油空气压缩机连续通入经活性炭过滤的空气 8 h,予以曝气,静置 5 d～7 d,使溶解氧稳定,其溶解氧质量浓度应为 8 mg/L～9 mg/L。临用时,每升水中加入无机盐溶液(氯化钙溶液、氯化铁溶液、硫酸镁溶液和磷酸盐缓冲溶液)各 1.0 mL,混匀。稀释水的 20 ℃五日生化需氧量应在 0.2 mg/L 以下。

5.1.2.6 接种液:将生活污水在 20 ℃条件下放置 24 h～36 h 取上清液,备用。

5.1.2.7 接种稀释水:于每升稀释水中加入接种液 10 mL～100 mL。

5.1.2.8 葡萄糖-谷氨酸溶液:称取于 103 ℃烘烤 1 h 的葡萄糖和谷氨酸各 150 mg 于纯水中,稀释至 1 000 mL,现用现配。

5.1.2.9 硫酸溶液[$c(H_2SO_4)=0.5$ mol/L]。

5.1.2.10 氢氧化钠溶液[$c(NaOH)=1$ mol/L]。

5.1.2.11 氟化钾溶液(40 g/L)。

5.1.2.12 叠氮化钠溶液(2 g/L)。

5.1.2.13 硫酸($\rho_{20}=1.84$ g/mL)。

5.1.2.14 硫酸锰溶液(480 g/L):称取 480 g 四水合硫酸锰($MnSO_4 \cdot 4H_2O$)或 400 g 二水合硫酸锰($MnSO_4 \cdot 2H_2O$)或 380 g 二水合氯化锰($MnCl_2 \cdot 2H_2O$)溶于纯水中,过滤后,稀释至 1 000 mL。

5.1.2.15 碱性碘化钾溶液:称取 500 g 氢氧化钠,溶于 300 mL～400 mL 纯水中,称取 150 g 碘化钾(或碘化钠)溶于 250 mL 纯水中。将两液合并,加纯水至 1 000 mL,静置 24 h 使碳酸钠沉出,倾出上清液备用。

5.1.2.16 硫代硫酸钠标准溶液[$c(Na_2S_2O_3)=0.025\ 00$ mol/L]:吸取 0.050 00 mol/L 硫代硫酸钠标准溶液(按 GB/T 5750.4—2023 中 12.1.3.12)标定其准确浓度,用新煮沸放冷的纯水准确稀释为 0.025 00 mol/L。

5.1.2.17 淀粉溶液(5 g/L)。

5.1.3 仪器设备

5.1.3.1 恒温培养箱:20 ℃±1 ℃。

5.1.3.2 细口玻璃瓶:2 000 mL。

5.1.3.3 量筒:1 000 mL。

5.1.3.4 玻璃搅拌棒:玻璃棒底端套上一块直径比量筒口径约小 1 mm 的硬橡胶圆块,棒的长度以可伸至量筒底部为宜。

5.1.3.5 溶解氧专用培养瓶:250 mL。

5.1.4 试验步骤

5.1.4.1 水样的采集与保存

水样采集后应尽快分析,采样后 2 h 内开始分析则不需冷藏,如不能及时分析,采样后即 0 ℃～4 ℃冷藏保存,且在采样后 6 h 内进行分析。

5.1.4.2 样品预处理

5.1.4.2.1 水样 pH 应为 6.5～7.5,水样呈酸性或含苛性碱,余氯、亚硝酸盐、亚铁盐、硫化物及某些有毒物质对测定有干扰,应分别处理后测定。饮用水源水受到废水污染时,可用硫酸溶液或氢氧化钠溶液予以调整。

5.1.4.2.2 含有少量余氯水样,放置 1 h～2 h 后余氯即可消失。余氯大于 0.1 mg/L,可加入硫代硫酸钠除去,其加入量可用碘量法测定。

5.1.4.2.3 受工业废水污染的水样,由于其中可能含有其他有害物质,如金属离子等,应根据具体情况予以处理。

5.1.4.2.4 当水样中含有 0.1 mg/L 以上的亚硝酸盐时,可于每升稀释水中加入 2 mg 亚甲蓝或 3 mL 叠氮化钠溶液处理。

5.1.4.2.5 当水样中含 1 mg/L 以下的亚铁盐时,可于每升水中加入 2 mL 氟化钾溶液。

5.1.4.3 直接培养法

适用于较清洁的水样。用虹吸法吸出两份水样于溶解氧瓶中,一瓶立即测定溶解氧,另一瓶立即放入 20 ℃±1 ℃的恒温培养箱中,培养 5 d 后取出,再测定溶解氧。两者之差即为水样的生化需氧量。

溶解氧的测定按 5.1.4.4 的要求。

5.1.4.4 溶解氧测定方法

5.1.4.4.1 溶解氧固定

立即将分度吸管插入溶解氧瓶液面以下,加 1 mL 硫酸锰溶液(480 g/L),再按同方法加入 1 mL 碱性碘化钾溶液。盖紧瓶塞(瓶内勿留气泡),将水样颠倒混匀一次,静置数分钟,使沉淀重新下降至瓶中部。

5.1.4.4.2 释出碘

用分度吸管沿瓶口加入 1 mL 硫酸(ρ_{20}=1.84 g/mL)盖紧瓶塞,颠倒混匀,静置 5 min。

5.1.4.4.3 滴定

将上述溶液倒入 250 mL 碘量瓶中,用纯水洗涤溶解氧瓶 2 次～3 次,并将洗液全部倾入碘量瓶中，用硫代硫酸钠标准溶液滴定至溶液呈淡黄色，加入 1 mL 淀粉溶液，继续至蓝色刚好褪去为止。记录用量(V_1)。

5.1.4.4.4 计算

水中溶解氧的质量浓度(以 O_2 计)计算见式(12)：

$$\rho(O_2)=\frac{V_1\times c\times 8\times 1\,000}{V-3} \quad \cdots\cdots(12)$$

式中：

$\rho(O_2)$——水中溶解氧的质量浓度(以 O_2 计)，单位为毫克每升(mg/L)；

V_1 ——硫代硫酸钠标准溶液用量，单位为毫升(mL)；

c ——硫代硫酸钠标准溶液的浓度，单位为摩尔每升(mol/L)；

8 ——与 1.00 mL 硫代硫酸钠标准溶液[$c(Na_2S_2O_3)$=1.000 mol/L]相当以毫克(mg)表示的溶解氧的质量；

V ——水样体积，单位为毫升(mL)。

5.1.4.5 稀释培养法

5.1.4.5.1 确定水样稀释倍数：根据酸性高锰酸钾法测得高锰酸盐指数(以 O_2 计)(mg/L)，以 1～3 除之，商即为水样的需稀释的倍数。

5.1.4.5.2 稀释方法如下。

a) 连续稀释法，先从稀释倍数小的配起，继用第一个稀释倍数的剩余水，再注入适量稀释用水配成第二个稀释倍数，以此类推。

b) 稀释操作方法如下。

1) 将水样小心混匀(注意勿产生气泡)，根据 5.1.4.5.1 确定的稀释比例，取出所需体积的水样，沿筒壁移入 1 000 mL 量筒中，然后用虹吸管将配好的稀释水或接种稀释水加至刻度，用玻璃搅拌棒在水面以下缓缓上下搅动 4 次～5 次，立即将筒中稀释水样用虹吸法注入两个预先编号的培养瓶，注入时使水沿瓶口缓缓流下，以防产生气泡。水样满后，塞紧瓶塞，并于瓶口凹处注满稀释水，此为第一稀释度。

2) 在 5.1.4.5.2a)分析步骤中，量筒内尚剩有水样，根据第二个稀释度需要再用虹吸法向筒中注入稀释水或接种稀释水。以下分析步骤重复 5.1.4.5.2a)操作，即为第二稀释度，按同法可做第三个稀释度。

3) 另取两个编号的溶解氧瓶，用虹吸法注入稀释水或接种稀释水，塞紧后用稀释水封口作为空白。

4) 检查各瓶编号，从空白及每一个稀释度水样瓶中各取 1 瓶放入 20 ℃±1 ℃的培养箱中培养 5 d，剩余各一瓶测定培养前溶解氧。溶解氧的测定按 5.1.4.4 的要求。

5) 每天检查瓶口是否保持水封，经常添加封口水及控制培养箱温度。

6) 培养 5 d 后取出培养瓶，倒尽封口水，立即测定培养后的溶解氧。溶解氧的测定按 5.1.4.4 的要求。

5.1.4.6 标准溶液校核

将葡萄糖-谷氨酸溶液，以 2% 稀释比测其五日生化需氧量(BOD_5)，其结果应为 200 mg/L±37 mg/L。如不在此范围内，说明试验有误，应找其原因。

5.1.5 试验数据处理

5.1.5.1 直接培养法

五日生化需氧量(BOD_5)的质量浓度计算见式(13)：

$$\rho(BOD_5)=\rho_1-\rho_2 \qquad (13)$$

5.1.5.2 稀释培养法

五日生化需氧量(BOD_5)的质量浓度计算见式(14):

$$\rho(BOD_5)=\frac{(\rho_1-\rho_2)-(\rho_3-\rho_4)\times f_1}{f_2} \qquad (14)$$

式中:

$\rho(BOD_5)$——水样的五日生化需氧量(BOD_5)的质量浓度(以 O_2 计),单位为毫克每升(mg/L);

ρ_1 ——水样培养液在培养前的溶解氧的质量浓度,单位为毫克每升(mg/L);

ρ_2 ——水样培养在培养五日后的溶液氧的质量浓度,单位为毫克每升(mg/L);

ρ_3 ——稀释水(或接种稀释水)在培养前的溶解氧的质量浓度,单位为毫克每升(mg/L);

ρ_4 ——稀释水(或接种稀释水)在培养五日后溶解氧的质量浓度,单位为毫克每升(mg/L);

f_1 ——稀释水(或接种水)在培养液中所占比例;

f_2 ——水样在稀释培养液中所占的比例。

f_1、f_2 的计算见式(15)和式(16):

$$f_1=\frac{稀释水(mL)}{水样(mL)+稀释水(mL)} \qquad (15)$$

$$f_2=\frac{水样(mL)}{水样(mL)+稀释水(mL)} \qquad (16)$$

5.1.5.3 结果确定

测定 2 个或 2 个以上稀释度的溶解氧降低量应为 40%～70%,即可取平均值计算。

水样稀释后溶液氧降低率计算见式(17):

$$\rho_5=\frac{(\rho_1-\rho_2)\times 100}{\rho_2} \qquad (17)$$

式中:

ρ_5 ——水样稀释后溶液氧降低率,%;

ρ_1,ρ_2——同 5.1.5.2。

5.1.6 精密度

在一项系列实验室的考察中,每系列包括 86 个～106 个实验室(接种同样多的河水和废水),对 300 mg/L 的混合原始标准,五日生化需氧量(BOD_5)平均值为 199.4 mg/L,标准偏差为 37.0 mg/L。

6 石油

6.1 称量法

6.1.1 原理

水样经石油醚萃取后,蒸发去除石油醚,称量,计算水中石油的含量。用本方法测定的结果是水中可被石油醚萃取物质的总量。

6.1.2 试剂

6.1.2.1 硫酸(ρ_{20}=1.84 g/mL)。

6.1.2.2 石油醚(沸程 30 ℃～60 ℃):经 70 ℃水浴重蒸馏。

6.1.2.3 无水硫酸钠：于 250 ℃干燥 1 h～2 h。

6.1.2.4 氯化钠饱和溶液。

6.1.3 仪器设备

6.1.3.1 分液漏斗：1 000 mL。

6.1.3.2 恒温箱。

6.1.3.3 水浴锅。

6.1.4 试验步骤

6.1.4.1 水中含有环烷酸及磺化环烷酸盐类将干扰测定，可用硫酸酸化水样消除干扰。

6.1.4.2 将样品瓶中的水样全部倾入 1 000 mL 分液漏斗中，记录瓶上标示的水样体积。加入 5 mL 硫酸，摇匀，放置 15 min。如采样瓶壁上有沾着的石油，应先用石油醚洗涤水样瓶，将石油醚并入分液漏斗中。

6.1.4.3 每次用 20 mL 石油醚，充分振摇萃取 5 min，连续萃取 2 次～3 次，弃去水样，合并石油醚萃取液于原分液漏斗中。每次用 20 mL 氯化钠饱和溶液洗涤石油醚萃取液 2 次～3 次。

6.1.4.4 将石油醚萃取液移入 150 mL 锥形瓶中，加入 5 g～10 g 无水硫酸钠脱水，放置过夜。用预先经石油醚洗涤的滤纸过滤，收集滤液于经 70 ℃干燥至恒量的烧杯中，用少量石油醚依次洗涤锥形瓶、无水硫酸钠和滤纸，合并洗液于滤液中。

6.1.4.5 将烧杯于 70 ℃水浴上蒸去石油醚。于 70 ℃恒温箱中干燥 1 h，取出烧杯于干燥器内，冷却 30 min 后称量。

注：只需一次称量，不必称至恒量。

6.1.5 试验数据处理

水样中石油的质量浓度计算见式(18)：

$$\rho = \frac{(m_1 - m_0) \times 1\ 000}{V} \times 1\ 000 \qquad \cdots\cdots (18)$$

式中：

ρ ——水中石油的质量浓度，单位为毫克每升(mg/L)；

m_1——烧杯和萃取物质量，单位为克(g)；

m_0——烧杯质量，单位为克(g)；

V ——水样体积，单位为毫升(mL)。

6.2 紫外分光光度法

6.2.1 最低检测质量浓度

本方法最低检测质量为 5 μg，若取 1 000 mL 水样测定，则最低检测质量浓度为 0.005 mg/L。

6.2.2 原理

石油组成中所含的具有共轭体系的物质在紫外区有特征吸收。具苯环的芳烃化合物主要吸收波长位于 250 nm～260 nm；具共轭双键的化合物主要吸收波长位于 215 nm～230 nm；一般原油的两个吸收峰位于 225 nm 和 256 nm；其他油品如燃料油、润滑油的吸收峰与原油相近，部分油品仅一个吸收峰。经精炼的一些油品如汽油则无吸收。因此在测量中应注意选择合适的标准，原油和重质油可选 256 nm；轻质油可选 225 nm，有条件时可从污染的水体中萃取或从污染源中取得测定的标准物。

6.2.3 试剂

6.2.3.1 无水硫酸钠：经 400 ℃干燥 1 h，冷却后储存于密塞的试剂瓶中。

6.2.3.2 石油醚(沸程 60 ℃～90 ℃或 30 ℃～60 ℃)：石油醚应不含芳烃类杂质。以纯水为参比在 256 nm 的透光率应大于 85%，否则应纯化。

石油醚脱芳烃方法：将 60 目～100 目的粗孔微球硅胶和 70 目～120 目中性层析用氧化铝于 150 ℃～160 ℃加热活化 4 h，趁热装入直径 2.5 cm、长 75 cm 的玻璃柱中，硅胶层高 60 cm，覆盖 5 cm 氧化铝层。将石油醚通过该柱，收集流出液于洁净的试剂瓶中。

6.2.3.3 氯化钠。

6.2.3.4 硫酸溶液(1+1)。

6.2.3.5 石油标准储备溶液[ρ(石油)=1.00 mg/mL]：称取石油标准 0.100 0 g，置于 100 mL 容量瓶中，加石油醚溶解，并稀释至刻度。或使用有证标准物质。

6.2.3.6 石油标准使用溶液[ρ(石油)=10.00 μg/mL]：将石油标准储备溶液用石油醚稀释而成。

6.2.4 仪器设备

6.2.4.1 紫外分光光度计：1 cm 石英比色皿。

6.2.4.2 分液漏斗：1 000 mL。

6.2.4.3 具塞比色管：10 mL。

6.2.5 试验步骤

6.2.5.1 将水样(500 mL～1 000 mL)全部倾入 1 000 mL 分液漏斗中，于每升水样加入 5 mL 硫酸溶液(1+1)，20 g 氯化钠，摇匀使溶解。用 15 mL 石油醚洗涤采样瓶，将洗涤液倒入分液漏斗中，充分振摇 3 min(注意放气)，静置分层，将水样放入原采样瓶中，收集石油醚萃取液于 25 mL 容量瓶中。另取 10 mL 石油醚按上述步骤再萃取一次，合并萃取液于 25 mL 容量瓶中，加石油醚至刻度，摇匀。用无水硫酸钠脱水。

6.2.5.2 于 8 支 10 mL 具塞比色管中，分别加入石油标准使用溶液 0.20 mL、0.50 mL、1.00 mL、2.00 mL、3.00 mL、5.00 mL、7.00 mL、10.0 mL，用石油醚稀释至刻度，配成含石油为 0.20 mg/L、0.50 mg/L、1.00 mg/L、2.00 mg/L、3.00 mg/L、5.00 mg/L、7.00 mg/L、10.0 mg/L 的标准系列。于 256 nm 波长，1 cm 石英比色皿，以石油醚为参比，测量样品管和标准系列的吸光度。

注：每次测量，包括标准溶液配制、萃取样品和参比溶剂均使用同批石油醚。

6.2.5.3 绘制标准曲线，从曲线上查出水样的石油质量浓度。

6.2.6 试验数据处理

水样中石油的质量浓度计算见式(19)：

$$\rho=\frac{\rho_1\times V_1}{V} \qquad \cdots\cdots(19)$$

式中：

ρ ——水中石油的质量浓度，单位为毫克每升(mg/L)；

ρ_1 ——从标准曲线上查得的石油的质量浓度，单位为毫克每升(mg/L)；

V_1 ——萃取液定容体积，单位为毫升(mL)；

V ——水样体积，单位为毫升(mL)。

6.2.7 精密度和准确度

3 个实验室对 10.0 mg/L 标准样分析，实验室内相对标准偏差为 1.7%，实验室间相对标准偏差为 3.0%，相对误差为 0.6%。

6.3 荧光光度法

6.3.1 最低检测质量浓度

本方法最低检测质量为 5 μg,若取 200 mL 水样测定,则最低检测质量浓度为 0.025 mg/L。

6.3.2 原理

水中微量石油经二氯甲烷萃取后,在紫外线激发下可产生荧光。荧光强度与石油含量呈线性关系,可用荧光光度计或在紫外线灯下目视比较定量。萃取物组成中所含具有共轭体系的物质在紫外区有特征吸收。

6.3.3 试剂

6.3.3.1 二氯甲烷:如含荧光物质,应于每 500 mL 溶液中加入数克活性炭,混匀,在水浴上重蒸馏精制,收集 39 ℃～41 ℃沸程的馏出液。

6.3.3.2 磷酸盐缓冲溶液(pH 7.4):称取 7.15 g 无水磷酸二氢钾(KH_2PO_4)及 45.08 g 三水合磷酸氢二钾($K_2HPO_4 \cdot 3H_2O$)溶于纯水中并稀释至 500 mL。

6.3.3.3 硫酸溶液[$c(H_2SO_4)=0.5$ mol/L]。

6.3.3.4 硫酸奎宁标准储备溶液(100 mg/L):称取 50.0 mg 二水合硫酸奎宁[$(C_{20}H_{24}N_2O_2)_2 \cdot H_2SO_4 \cdot 2H_2O$]溶于硫酸溶液中,并稀释至 500 mL。或使用有证标准物质。

6.3.3.5 硫酸奎宁标准使用溶液(0.40 mg/L):取 0.20 mL 硫酸奎宁标准储备溶液于 50 mL 容量瓶内,加硫酸溶液至刻度。

6.3.3.6 石油标准溶液[ρ(石油)=10.00 μg/mL]:称取石油标准 0.010 0 g,置于 100 mL 容量瓶中用二氯甲烷溶解,并稀释到刻度。吸取 10.0 mL 于另一个 100 mL 容量瓶中,加二氯甲烷稀释至刻度。或使用有证标准物质。

注:由于不同石油品的荧光强度不一,本方法所用石油标准取污染水体的石油品种为标准,或者取污染源水 2 000 mL调节 pH 为 6～7 后,用二氯甲烷萃取,萃取液于 50 ℃水浴上蒸去溶剂,称取萃取物配制。

6.3.4 仪器设备

6.3.4.1 荧光光度计:365 nm 滤色片及绿色滤色片。

6.3.4.2 石英比色管:10 mL。

6.3.4.3 分液漏斗:250 mL。

6.3.4.4 具塞比色管:25 mL。

6.3.5 试验步骤

6.3.5.1 取 200 mL 水样(若石油含量大于 0.1 mg 时,可取适量水样,加纯水稀释至 200 mL)置于 250 mL 分液漏斗中。对非中性水样可用稀磷酸或氢氧化钠调节水样 pH 为中性。加 4 mL 磷酸盐缓冲溶液,15 mL 二氯甲烷,猛烈振摇 2 min,静置分层,用脱脂棉拭去漏斗颈内积水,收集二氯甲烷萃取液于石英比色管中。

6.3.5.2 取石油标准溶液 0 mL、0.50 mL、1.00 mL、2.00 mL、4.00 mL、8.00 mL 及 10.0 mL 于 25 mL 比色管中,加二氯甲烷至 15.0 mL。

6.3.5.3 荧光光度计的校正:取硫酸奎宁标准使用溶液调节仪器荧光强度为 95%。

注:若不具荧光光度计,也可在紫外线灯下目视比较荧光强度。

6.3.5.4 将样品及标准系列于荧光光度计 365 nm 波长测量荧光强度。

6.3.5.5 绘制标准曲线,从曲线上查出石油的质量。

注：计算结果减去二氯甲烷空白的荧光强度值。

6.3.6 试验数据处理

水样中石油的质量浓度计算见式(20)：

$$\rho=\frac{m}{V} \qquad \cdots\cdots(20)$$

式中：

ρ ——水样中石油的质量浓度，单位为毫克每升(mg/L)；

m ——从标准曲线查得石油的质量，单位为微克(μg)；

V ——水样体积，单位为毫升(mL)。

6.4 荧光分光光度法

6.4.1 最低检测质量浓度

本方法最低检测质量为0.002 5 mg。若取250 mL水样测定，则最低检测质量浓度为0.01 mg/L。

6.4.2 原理

水样中石油经石油醚或环己烷萃取，于选定的激发光照射下，测定发射荧光的强度定量。

6.4.3 试剂

6.4.3.1 石油醚(沸程30 ℃～60 ℃)：经1 m长的中性氧化铝柱(层析用氧化铝于400 ℃干燥2 h)脱荧光物质，溶剂荧光强度应低于5%。

6.4.3.2 氯化钠。

6.4.3.3 硫酸溶液(1+3)。

6.4.3.4 石油标准溶液(10 mg/L)：称取标准石油10.0 mg置于100 mL容量瓶中，用石油醚溶解，并稀释至刻度，吸取此溶液10.0 mL于另一个100 mL容量瓶中，加石油醚至刻度。或使用有证标准物质。

注：由于不同石油的激发波长以及荧光强度均有差异，因此配制石油标准溶液与水样中含的石油一致，可从污染源中萃取蒸干后，称量配制。

6.4.4 仪器设备

6.4.4.1 荧光分光光度计。

6.4.4.2 分液漏斗：1 000 mL。

6.4.4.3 具塞比色管：10 mL。

6.4.5 试验步骤

6.4.5.1 选择激发波长和发射波长：按照所用仪器说明书以每100 mL含石油0.01 mg～0.05 mg的石油标准溶液，于300 nm～400 nm分别扫描，选择最大峰值的激发和发射波长进行测定。

6.4.5.2 于三支10 mL具塞比色管中分别加入石油标准溶液1.00 mL、5.00 mL和10.00 mL，并用石油醚稀释至10.00 mL，配成含石油为1 mg/L、5 mg/L、10 mg/L的标准系列。

6.4.5.3 在选定的激发和发射波长，将标准系列最高浓度管的荧光强度调节为95%左右，依次测量各标准管和样品管的荧光强度。

6.4.5.4 将水样(500 mL～1 000 mL)全部倾入1 000 mL分液漏斗中，加入硫酸溶液(1+3)酸化水样，加入5 g氯化钠，以每次5 mL石油醚萃取3次，每次振摇2 min，合并萃取液于100 mL具塞比色管中，用石油醚稀释至刻度。

6.4.5.5 绘制标准曲线,从曲线上查出石油的质量。

6.4.6 试验数据处理

水样中石油的质量浓度计算见式(21):

$$\rho=\frac{m}{V} \qquad \cdots\cdots(21)$$

式中:

ρ ——水样中石油的质量浓度,单位为毫克每升(mg/L);

m ——从标准曲线查得石油的质量,单位为微克(μg);

V ——水样体积,单位为毫升(mL)。

6.5 非分散红外光度法

6.5.1 最低检测质量浓度

本方法最低检测质量为 0.05 mg,若取 1 000 mL 水样测定,则最低检测质量浓度为 0.05 mg/L。

6.5.2 原理

水样中石油经四氯化碳萃取后,在 3 500 nm 波长下测量吸收值定量。

6.5.3 试剂

6.5.3.1 四氯化碳,于红外测油仪上测定,在 3 500 nm 处不应有吸收,否则应重蒸馏精制。

6.5.3.2 盐酸溶液(1+3)。

6.5.3.3 氯化钠。

6.5.3.4 无水硫酸钠。

6.5.3.5 石油标准储备溶液[ρ(石油)=1.00 mg/mL]:称取 0.100 g 机油(50 号)置于 100 mL 容量瓶中,用四氯化碳溶解,并加四氯化碳至刻度。或使用有证标准物质。

6.5.3.6 石油标准使用溶液[ρ(石油)=100 μg/mL]:吸取 10.0 mL 石油标准储备溶液于 100 mL 容量瓶中,加四氯化碳至刻度。

6.5.4 仪器设备

6.5.4.1 非分散红外测油仪。

6.5.4.2 分液漏斗:500 mL、1 000 mL。

6.5.4.3 具塞比色管:25 mL。

6.5.5 试验步骤

6.5.5.1 将水样瓶(500 mL~1 000 mL)中水样全部倒入 1 000 mL 分液漏斗中,加入盐酸溶液(1+3)酸化,加 10 g 氯化钠,摇匀使溶解。用 25 mL 四氯化碳分次洗涤采样瓶后倒入分液漏斗中,振摇 5 min,静置分层。收集萃取液于 25 mL 具塞比色管中,用四氯化碳稀释至刻度。用无水硫酸钠脱水后,注入测油仪测量吸收值。

6.5.5.2 取一组 25 mL 具塞比色管,分别加入 0 mL、0.5 mL、1.0 mL、1.5 mL、2.0 mL 和 2.5 mL 石油标准使用溶液加四氯化碳到刻度,使每 25 mL 中含石油 0 μg、50 μg、100 μg、150 μg、200 μg 和 250 μg。注入测油仪测量吸收值。

6.5.5.3 绘制标准曲线,从曲线上查出水样中石油的质量。

6.5.6 试验数据处理

水样中石油的质量浓度计算见式(22)：

$$\rho=\frac{m}{V} \quad \cdots\cdots(22)$$

式中：

ρ ——水样中石油的质量浓度，单位为毫克每升(mg/L)；

m ——从标准曲线查得石油的质量，单位为微克(μg)；

V ——水样体积，单位为毫升(mL)。

7 总有机碳

7.1 直接测定法

7.1.1 最低检测质量浓度

本方法最低检测质量浓度为0.5 mg/L。

7.1.2 原理

向水样中加入适当的氧化剂，或紫外催化(TiO_2)等方法，使水中有机碳转为二氧化碳(CO_2)。无机碳经酸化和吹脱被除去，或单独测定。生成的CO_2可直接测定，或还原为CH_4后再测定。CO_2的测定方法包括：非色散红外光谱法、滴定法(最好在非水溶液中)、热导池检测器(TCD)、电导滴定法、电量滴定法、CO_2敏感电极法和把CO_2还原为CH_4后氢火焰离子化检测器(FID)。

7.1.3 试剂或材料

7.1.3.1 载气：氮气或氧气($\varphi \geqslant 99.99\%$)。

7.1.3.2 邻苯二甲酸氢钾标准储备溶液[ρ(有机碳,C)=1 000 mg/L]：称取在不超过120 ℃干燥2 h的邻苯二甲酸氢钾2.125 4 g溶于适量纯水，移入1 000 mL容量瓶，稀释至刻度，摇匀。此溶液在冰箱内存放可稳定2个月。或使用有证标准物质。

7.1.3.3 邻苯二甲酸氢钾标准使用溶液[ρ(有机碳,C)=100 mg/L]：吸取100 mL邻苯二甲酸氢钾标准储备溶液[ρ(有机碳,C)=1 000 mg/L]于1 000 mL容量瓶内，加纯水至刻度，摇匀，此溶液在冰箱内存放，可稳定约1周。

7.1.3.4 碳酸钠、碳酸氢钠标准溶液[ρ(无机碳,C)=1 000 mg/L]：称取285 ℃干燥1 h的碳酸钠4.412 2 g溶于少量纯水，倒入1 000 mL容量瓶中，加纯水至500 mL左右，加入经硅胶干燥的碳酸氢钠3.497 0 g，振荡溶解后，加纯水至刻度，摇匀。此溶液在室温下稳定。

7.1.3.5 磷酸[$c(H_3PO_4)=0.5$ mol/L]。

7.1.3.6 纯水：实验用水的要求应符合表1。

表1 总有机碳测定稀释水的要求

测定样的总有机碳含量/(mg/L)	稀释水中总有机碳最高容许含量/(mg/L)	稀释水的处理方法
<10	0.1	紫外催化、蒸汽法冷凝
10～100	0.5	加高锰酸钾、重铬酸钾重蒸
>100	1	蒸馏水

7.1.4 仪器设备

有机碳测定仪。

7.1.5 样品

7.1.5.1 样品的处理：水样经振荡均匀后再进行测定，如水样振荡后仍不能得到均匀的样品，应使之均化。如测定 DOC，可用热的纯水淋洗 0.45 μm 尼龙滤膜至不再出现有机物，再通过滤膜。

7.1.5.2 样品的测定：根据仪器制造厂家的说明书，把测定样的总有机碳含量调节到仪器的工作范围内，进行样品测定。分析前应去除水样中存在的 CO_2，水样中易挥发性有机物的逸失应降至最低程度，应经常控制系统的泄漏。

7.1.6 试验步骤

7.1.6.1 仪器的调整：按照说明书将仪器调试至工作状态。

7.1.6.2 标准曲线绘制：吸取 1.00 mL、2.00 mL、5.00 mL、10.00 mL 和 25.00 mL 邻苯二甲酸氢钾标准储备溶液[ρ(有机碳，C)=1 000 mg/L]分别移入 100 mL 容量瓶内，加纯水至刻度，摇匀。按仪器制造厂家说明书测定各标准溶液和空白样。以总有机碳的质量浓度(mg/L)对仪器的响应值绘制校准曲线。得到的斜率为校准系数 f(mg/L)。

7.1.6.3 对照试验：用标准溶液对照测定样进行检验，提供校正值。容许与真值的偏差为：1 mg/L～10 mg/L 有机碳，±10%；>100 mg/L 有机碳，±5%。

如果出现更大的偏差，应检查其来源：

a) 仪器装置中的故障(例如氧化系统或检测系统发生故障、泄漏差)；

b) 试剂浓度改变；

c) 系统被污染、温度和气体调节方面的错误。

为了证实测定系统的氧化效率，宜采用氧化性能与测定样类似能代替邻苯二甲酸氢钾的试剂。整个测量系统应每周校核一次。

7.1.7 试验数据处理

水样中总有机碳的质量浓度计算见式(23)：

$$\rho(\mathrm{TOC})=\frac{I\times f\times V}{V_0} \qquad (23)$$

式中：

$\rho(\mathrm{TOC})$——水样总有机碳的质量浓度，单位为毫克每升(mg/L)；

I——仪器的响应值；

f——校准系数，单位为毫克每升(mg/L)；

V——测定样(稀释后)的体积，单位为毫升(mL)；

V_0——原水样(稀释前)的体积，单位为毫升(mL)。

7.1.8 精密度和准确度

5 个实验室重复测定低浓度 TOC(0.5 mg/L～2.0 mg/L)，相对标准偏差为 0.80%～5.5%，重复测定中浓度 TOC(5 mg/L～10 mg/L)，相对标准偏差为 0.60%～1.9%，重复测定高浓度 TOC(20 mg/L)，相对标准偏差为 0.80%～5.5%。用自来水做加标回收试验，浓度为0.5 mg/L～10.0 mg/L 时，回收率为 92.0%～108%。

7.2 膜电导率测定法

7.2.1 最低检测质量浓度

本方法最低检测质量浓度为 0.20 mg/L。

7.2.2 原理

向水样中加入适当的氧化剂，或使用紫外催化等方法，使水中有机碳转化为 CO_2。无机碳经酸化和脱气被除去，或单独测定。生成的 CO_2 使用选择性薄膜电导检测技术进行测定。

7.2.3 试剂

7.2.3.1 邻苯二甲酸氢钾（$KHC_8H_4O_4$，纯度≥99.5%）。

7.2.3.2 邻苯二甲酸氢钾标准储备溶液[ρ(有机碳，C)=1 000 mg/L]：称取在 105 ℃～110 ℃干燥 2 h 的邻苯二甲酸氢钾 2.125 4 g 溶于适量纯水中，移入 1 000 mL 容量瓶，稀释至刻度，摇匀。此溶液在 0 ℃～4 ℃冰箱存放可稳定 2 个月。或使用有证标准物质。

7.2.3.3 邻苯二甲酸氢钾标准使用溶液[ρ(有机碳，C)=100 mg/L]：吸取 100 mL 邻苯二甲酸氢钾标准储备溶液于 1 000 mL 容量瓶内，加纯水至刻度，混匀，此溶液在 0 ℃～4 ℃冰箱存放，可稳定约 1 周。

7.2.3.4 碳酸钠（Na_2CO_3，纯度≥99.5%）。

7.2.3.5 碳酸氢钠（$NaHCO_3$，纯度≥99.5%）。

7.2.3.6 碳酸钠、碳酸氢钠标准溶液[ρ(无机碳，C)=1 000 mg/L]：称取 285 ℃干燥 1 h 的碳酸钠 4.412 2 g 溶于少量纯水中，移入 1 000 mL 容量瓶中，加纯水至 500 mL 左右，加入经硅胶干燥的碳酸氢钠 3.497 0 g，振荡溶解后，加纯水至刻度，摇匀，此溶液在室温下稳定。或使用有证标准物质。

7.2.3.7 硫酸（ρ_{20}=1.84 g/mL）。

7.2.3.8 磷酸[$c(H_3PO_4)$=6 mol/L]。

7.2.3.9 15%过硫酸铵溶液：称取 15 g 过硫酸铵，溶于纯水中，并用纯水稀释至 100 mL。

7.2.3.10 纯水：实验用水的要求应符合表 1。

7.2.4 仪器

有机碳测定仪(具备膜电导测定模块)。

7.2.5 样品

7.2.5.1 水样的采集与保存：用具塞硬质玻璃瓶采集水样，取水至满瓶，密封。水样采集后应尽快分析，如不能及时分析，加硫酸（ρ_{20}=1.84 g/mL），调节至样品 pH≤2，可保存 7 d。

7.2.5.2 样品的处理：水样经振荡均匀后再进行测定，如水样振荡后仍不能得到均匀的样品，应使之超声均化。如测定 DOC，可用热的纯水淋洗 0.45 μm 滤膜至不再出现有机物，水样再通过滤膜。

7.2.6 试验步骤

7.2.6.1 仪器的调整：按照说明书将仪器调试至工作状态。

7.2.6.2 标准曲线的配制：吸取 0 mL、0.20 mL、0.50 mL、1.00 mL、3.00 mL、5.00 mL、7.00 mL、10.00 mL邻苯二甲酸氢钾标准使用溶液分别移入 100 mL 容量瓶内，加纯水至刻度，混匀，分别配制成 0 mg/L、0.20 mg/L、0.50 mg/L、1.00 mg/L、3.00 mg/L、5.00 mg/L、7.00 mg/L、10.00 mg/L 的标准系列。

7.2.6.3 测定：分别取 30 mL 标准系列溶液及水样至样品管中，加 6 mol/L 磷酸调节 pH 至 2.0 以下，加入 1.00 mL15％过硫酸铵溶液，混匀后直接上机测定。以总有机碳的质量浓度 ρ(mg/L)对仪器的响应值 I 绘制标准曲线，得到的斜率为校准系数 f(mg/L)。以所测样品的响应值，从标准曲线中查得样品溶液中总有机碳的质量浓度。

7.2.7 试验数据处理

水样中总有机碳的质量浓度计算见式(24)：

$$\rho(\mathrm{TOC})=\frac{I\times f\times V}{V_0} \qquad\qquad (24)$$

式中：

$\rho(\mathrm{TOC})$——水样总有机碳的质量浓度，单位为毫克每升(mg/L)；

I ——仪器的响应值；

f ——校准系数，单位为毫克每升(mg/L)；

V ——测定样(稀释后)的体积，单位为毫升(mL)；

V_0 ——原水样(稀释前)的体积，单位为毫升(mL)。

7.2.8 精密度和准确度

8 个实验室重复测定低浓度 TOC(0.1 mg/L～0.5 mg/L)，相对标准偏差为 0.80％～5.8％，重复测定中浓度 TOC(2.0 mg/L～5.0 mg/L)，相对标准偏差为 0.10％～2.7％，重复测定高浓度 TOC(7.0 mg/L～12 mg/L)，相对标准偏差为 0％～1.6％。用纯水做加标回收试验，加标浓度为 0.10 mg/L～0.35 mg/L 时，回收率为 90.0％～122％，用生活饮用水做加标回收试验，加标浓度为 1.0 mg/L～5.0 mg/L 时，回收率为 92.2％～110％，用水源水做加标回收试验，加标浓度为 2.5 mg/L～7.5 mg/L 时，回收率为 91.2％～107％。

ICS 13.060
CCS C 51

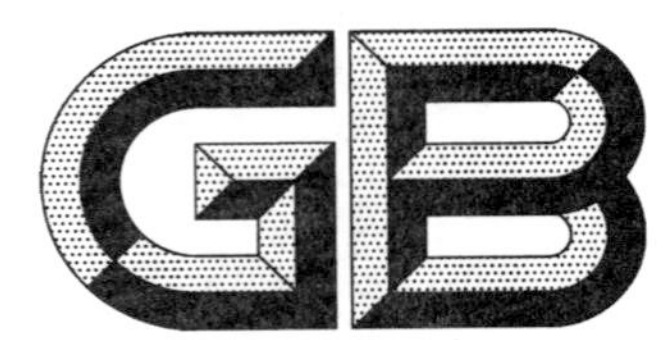

中华人民共和国国家标准

GB/T 5750.8—2023

代替 GB/T 5750.8—2006,GB/T 32470—2016

生活饮用水标准检验方法 第8部分:有机物指标

Standard examination methods for drinking water—Part 8:Organic indices

2023-03-17 发布　　　　2023-10-01 实施

国家市场监督管理总局
国家标准化管理委员会　发布

目　次

前　言

本文件按照 GB/T 1.1—2020《标准化工作导则　第 1 部分：标准化文件的结构和起草规则》的规定起草。

本文件是 GB/T 5750《生活饮用水标准检验方法》的第 8 部分。GB/T 5750 已经发布了以下部分：

——第 1 部分：总则；

——第 2 部分：水样的采集与保存；

——第 3 部分：水质分析质量控制；

——第 4 部分：感官性状和物理指标；

——第 5 部分：无机非金属指标；

——第 6 部分：金属和类金属指标；

——第 7 部分：有机物综合指标；

——第 8 部分：有机物指标；

——第 9 部分：农药指标；

——第 10 部分：消毒副产物指标；

——第 11 部分：消毒剂指标；

——第 12 部分：微生物指标；

——第 13 部分：放射性指标。

本文件代替 GB/T 5750.8—2006《生活饮用水标准检验方法　有机物指标》和 GB/T 32470—2016《生活饮用水臭味物质　土臭素和 2-甲基异莰醇检验方法》。其中，将 GB/T 32470—2016 全部内容纳入本文件 76.1 中，与 GB/T 5750.8—2006 相比，除结构调整和编辑性改动外，主要技术变化如下：

a）增加了“术语和定义”（见第 3 章）；

b）增加了 24 个检验方法（见 4.2、4.3、13.1、15.1、16.2、20.1、48.1、61.1、75.1、75.2、76.1、78.1、78.2、79.1、79.2、80.1、81.1、82.1、83.1、84.1、86.1、88.1、89.1、90.1）；

c）更改了 1 个检验方法（见 21.2，2006 年版的 18.4）；

d）删除了 12 个检验方法（见 2006 年版 1.1、3.1、4.1、9.2、12.1、17.1、18.1、18.3、23.1、24.1、37.1、44.1）。

请注意本文件的某些内容可能涉及专利。本文件的发布机构不承担识别专利的责任。

本文件由中华人民共和国国家卫生健康委员会提出并归口。

本文件起草单位：中国疾病预防控制中心环境与健康相关产品安全所、江苏省疾病预防控制中心、唐山市疾病预防控制中心、湖南省疾病预防控制中心、广东省疾病预防控制中心、深圳市疾病预防控制中心、黑龙江省疾病预防控制中心、广州市疾病预防控制中心、上海市徐汇区疾病预防控制中心、安徽省疾病预防控制中心、中国城市规划设计研究院、重庆市疾病预防控制中心、浙江省疾病预防控制中心、秦皇岛市疾病预防控制中心、南京大学、国家城市供水水质监测网无锡监测站。

本文件主要起草人：施小明、姚孝元、张岚、岳银玲、张晓、陈永艳、吕佳、温馨、韩嘉艺、朱铭洪、孙仕萍、冯家力、朱炳辉、刘红河、高建、罗晓燕、张燕、单晓梅、刘华良、张振伟、刘兰侠、霍宗利、桂萍、周倩如、韩见龙、杨艳伟、吉文亮、段江平、曾栋、许瑛华、刘桂华、张剑峰、周学猛、陈坤才、赵慧琴、王冰霜、王联红、钱杰峰、倪蓉、韦娟、朱良琪、乔茜、邬晶晶、岳小春、张念华、陆一夫、陈东洋、刘柏林、李可伦、李帮锐、陆晓华、王一红、张昊、刘先军。

本文件及其所代替文件的历次版本发布情况为：

——1985年首次发布为GB/T 5750—1985，2006年第一次修订为GB/T 5750.8—2006；

——本次为第二次修订，纳入GB/T 32470—2016的内容。

引　言

GB/T 5750《生活饮用水标准检验方法》作为生活饮用水检验技术的推荐性国家标准，与GB 5749《生活饮用水卫生标准》配套，是GB 5749的重要技术支撑，为贯彻实施GB 5749、开展生活饮用水卫生安全性评价提供检验方法。本文件提供了挥发性有机物和半挥发性有机物多组分同时测定的2个检验方法，见附录A和附录B。

GB/T 5750由13个部分构成。

——第1部分：总则。目的在于提供水质检验的基本原则和要求。

——第2部分：水样的采集与保存。目的在于提供水样采集、保存、管理、运输和采样质量控制的基本原则、措施和要求。

——第3部分：水质分析质量控制。目的在于提供水质检验检测实验室质量控制要求与方法。

——第4部分：感官性状和物理指标。目的在于提供感官性状和物理指标的相应检验方法。

——第5部分：无机非金属指标。目的在于提供无机非金属指标的相应检验方法。

——第6部分：金属和类金属指标。目的在于提供金属和类金属指标的相应检验方法。

——第7部分：有机物综合指标。目的在于提供有机物综合指标的相应检验方法。

——第8部分：有机物指标。目的在于提供有机物指标的相应检验方法。

——第9部分：农药指标。目的在于提供农药指标的相应检验方法。

——第10部分：消毒副产物指标。目的在于提供消毒副产物指标的相应检验方法。

——第11部分：消毒剂指标。目的在于提供消毒剂指标的相应检验方法。

——第12部分：微生物指标。目的在于提供微生物指标的相应检验方法。

——第13部分：放射性指标。目的在于提供放射性指标的相应检验方法。

生活饮用水标准检验方法
第8部分:有机物指标

1 范围

本文件描述了生活饮用水中四氯化碳、1,2-二氯乙烷、1,1,1-三氯乙烷、氯乙烯、1,1-二氯乙烯、1,2-二氯乙烯、三氯乙烯、四氯乙烯、苯并[a]芘、丙烯酰胺、己内酰胺、邻苯二甲酸二(2-乙基己基)酯、微囊藻毒素、乙腈、丙烯腈、丙烯醛、环氧氯丙烷、苯、甲苯、二甲苯、乙苯、异丙苯、氯苯、1,2-二氯苯、1,3-二氯苯、1,4-二氯苯、三氯苯、四氯苯、硝基苯、三硝基甲苯、二硝基苯、硝基氯苯、二硝基氯苯、氯丁二烯、苯乙烯、三乙胺、苯胺、二硫化碳、水合肼、松节油、吡啶、苦味酸、丁基黄原酸、六氯丁二烯、二苯胺、二氯甲烷、1,1-二氯乙烷、1,2-二氯丙烷、1,3-二氯丙烷、2,2-二氯丙烷、1,1,2-三氯乙烷、1,2,3-三氯丙烷、1,1,1,2-四氯乙烷、1,1,2,2-四氯乙烷、1,2-二溴-3-氯丙烷、1,1-二氯丙烯、1,3-二氯丙烯、1,2-二溴乙烯、1,2-二溴乙烷、1,2,4-三甲苯、1,3,5-三甲苯、丙苯、4-甲基异丙苯、丁苯、仲丁基苯、叔丁基苯、五氯苯、2-氯甲苯、4-氯甲苯、溴苯、萘、双酚A、土臭素、2-甲基异莰醇、五氯丙烷、丙烯酸、戊二醛、环烷酸、苯甲醚、萘酚、全氟辛酸、全氟辛烷磺酸、二甲基二硫醚、二甲基三硫醚、多环芳烃、多氯联苯、药品及个人护理品的测定方法和水源水中四氯化碳(毛细管柱气相色谱法)、氯乙烯(毛细管柱气相色谱法)、1,1-二氯乙烯(吹扫捕集气相色谱法)、1,2-二氯乙烯(吹扫捕集气相色谱法)、苯并[a]芘、丙烯酰胺(气相色谱法)、己内酰胺、微囊藻毒素(高效液相色谱法)、乙腈、丙烯腈、丙烯醛、苯(液液萃取毛细管柱气相色谱法)、甲苯(液液萃取毛细管柱气相色谱法)、二甲苯(液液萃取毛细管柱气相色谱法)、乙苯(液液萃取毛细管柱气相色谱法)、硝基苯、三硝基甲苯、二硝基苯、硝基氯苯、二硝基氯苯、氯丁二烯、苯乙烯(液液萃取毛细管柱气相色谱法)、三乙胺、苯胺、二硫化碳、水合肼、松节油、吡啶、苦味酸、丁基黄原酸、土臭素、2-甲基异莰醇、五氯丙烷、丙烯酸(离子色谱法)、戊二醛、环烷酸、二甲基二硫醚、二甲基三硫醚、多环芳烃、多氯联苯的测定方法。

本文件适用于生活饮用水中和(或)水源水中有机物指标的测定。

2 规范性引用文件

下列文件中的内容通过文中的规范性引用而构成本文件必不可少的条款。其中,注日期的引用文件,仅该日期对应的版本适用于本文件;不注日期的引用文件,其最新版本(包括所有的修改单)适用于本文件。

GB/T 5750.1 生活饮用水标准检验方法 第1部分:总则

GB/T 5750.3 生活饮用水标准检验方法 第3部分:水质分析质量控制

GB/T 5750.10—2023 生活饮用水标准检验方法 第10部分:消毒副产物指标

GB/T 6682 分析实验室用水规格和试验方法

3 术语和定义

GB/T 5750.1、GB/T 5750.3 界定的术语和定义适用于本文件。

4 四氯化碳

4.1 毛细管柱气相色谱法

4.1.1 最低检测质量浓度

本方法的最低检测质量浓度分别为：三氯甲烷 0.2 μg/L；四氯化碳 0.1 μg/L。

4.1.2 原理

水样置于密封的顶空瓶中，在一定温度下经一定时间的平衡，水中三氯甲烷、四氯化碳逸至上部空间，并在气液两相中达到动态平衡，此时，三氯甲烷、四氯化碳在气相中的浓度与其在液相中的浓度成正比。通过对气相中三氯甲烷、四氯化碳浓度的测定，可计算出水样中三氯甲烷、四氯化碳的浓度。

4.1.3 试剂或材料

4.1.3.1 载气：高纯氮[$\varphi(N_2)$≥99.999%]。

4.1.3.2 纯水：色谱检验无待测组分。

4.1.3.3 抗坏血酸($C_6H_8O_6$)。

4.1.3.4 甲醇(CH_3OH)：优级纯，色谱检验无待测组分。

4.1.3.5 三氯甲烷($CHCl_3$)和四氯化碳(CCl_4)标准物质：纯度均≥99.9%，也可为色谱纯，或使用有证标准物质。

4.1.3.6 三氯甲烷标准储备溶液：准确称取 0.800 8 g 三氯甲烷，放入装有少许甲醇的 100 mL 容量瓶中，以甲醇定容至刻度，此溶液为 $\rho(CHCl_3)$=8.00 mg/mL。

4.1.3.7 四氯化碳标准储备溶液：准确称取 0.400 4 g 四氯化碳，放入装有少许甲醇的 100 mL 容量瓶中，以甲醇定容至刻度，此溶液为 $\rho(CCl_4)$=4.00 mg/mL。

4.1.3.8 混合标准溶液：于 200 mL 容量瓶中加入约 100 mL 甲醇，再分别加入 1.00 mL 的三氯甲烷、四氯化碳的各单标准溶液，然后加入甲醇定容。混合标准溶液中各组分质量浓度分别为 $\rho(CHCl_3)$=40.0 μg/mL，$\rho(CCl_4)$=20.0 μg/mL。

4.1.3.9 标准使用溶液：取 1.00 mL 混合液标准溶液于 100 mL 容量瓶中，纯水定容。标准使用溶液中各组分的质量浓度分别为 $\rho(CHCl_3)$=0.40 μg/mL，$\rho(CCl_4)$=0.20 μg/mL。现用现配。

4.1.4 仪器设备

4.1.4.1 气相色谱仪：配有电子捕获检测器。

4.1.4.2 色谱柱：HP-5(30 m×0.32 mm，0.25 μm)高弹石英毛细管色谱柱，或其他等效色谱柱。

4.1.4.3 恒温水浴箱：控温精度±2 ℃。

4.1.4.4 顶空瓶：容积 150 mL，带有 100 mL 刻度线(配有聚四氟乙烯硅橡胶垫和塑料螺旋帽密封)，使用前在 120 ℃烘烤 2 h。

4.1.4.5 微量注射器：50 μL。

4.1.5 样品

4.1.5.1 样品的稳定性：样品待测组分易挥发，需 0 ℃～4 ℃冷藏保存，尽快测定。

4.1.5.2 样品的采集：采样时先加 0.3 g～0.5 g 抗坏血酸于顶空瓶内，取水至满瓶，密封、0 ℃～4 ℃冷藏保存，保存时间为 24 h。

4.1.5.3 样品的处理：在空气中不含有三氯甲烷、四氯化碳气体的实验室，将水样倒出至 100 mL 刻度后加盖密封顶空瓶,放在 40 ℃恒温水浴中平衡 1 h。

4.1.5.4 样品的测定:抽取顶空瓶内液上空间气体,可平行测定 3 次。

4.1.6 试验步骤

4.1.6.1 仪器参考条件

4.1.6.1.1 汽化室温度:200 ℃。

4.1.6.1.2 柱温:60 ℃。

4.1.6.1.3 检测器温度:200 ℃。

4.1.6.1.4 载气流量:2 mL/min。

4.1.6.1.5 分流比:10∶1。

4.1.6.1.6 尾吹气流量:60 mL/min。

4.1.6.2 校准

4.1.6.2.1 定量分析中的校准方法:外标法。

4.1.6.2.2 标准样品使用次数和使用条件如下:

a) 使用次数:每次分析样品时,用标准使用溶液绘制工作曲线;

b) 气相色谱法中使用标准样品的条件:

   1) 标准样品进样体积与试样进样体积相同,标准样品的响应值应接近试样的响应值;

   2) 在工作范围内相对标准偏差小于 10%,即可认为仪器处于稳定状态;

   3) 每批样品应同时制备工作曲线。

4.1.6.2.3 工作曲线的制作:取 6 个 200 mL 容量瓶,依次加入标准使用溶液 0 mL、0.10 mL、0.50 mL、1.00 mL、2.00 mL 和 5.00 mL 并用纯水稀释至刻度,混匀。配制后三氯甲烷的质量浓度为0 μg/L、0.20 μg/L、1.0 μg/L、2.0 μg/L、4.0 μg/L、10 μg/L;四氯化碳的质量浓度为 0 μg/L、0.10 μg/L、0.50 μg/L、1.0 μg/L、2.0 μg/L、5.0 μg/L。再倒入 6 个顶空瓶至 100 mL 刻度处。加盖密封,于 40 ℃恒温水浴中平衡 1 h,各取顶部空间气体 30 μL 注入色谱仪。以峰高或峰面积为纵坐标,质量浓度为横坐标绘制工作曲线。

4.1.6.3 试验

4.1.6.3.1 进样:进样方式为直接进样;进样量为 30 μL;用干净的微量注射器抽取顶空瓶内液上空间气体,反复几次得到均匀气样,将 30 μL 气样快速注入色谱仪中。

4.1.6.3.2 记录:以标样核对,记录色谱峰的保留时间及对应的化合物。

4.1.6.3.3 色谱图的考察:标准色谱图,见图 1。

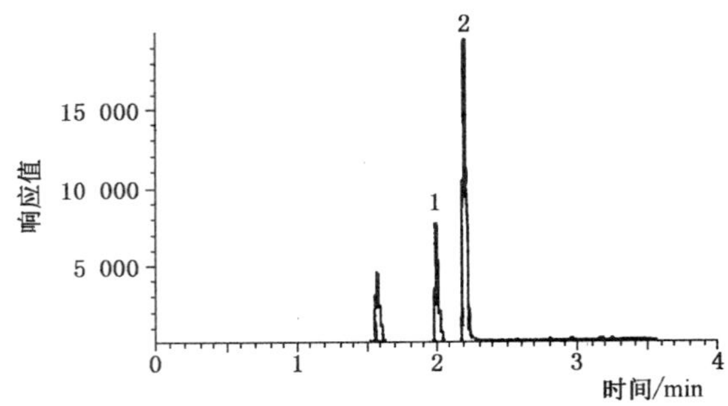

标引序号说明：

1——三氯甲烷；

2——四氯化碳。

图 1　三氯甲烷、四氯化碳标准色谱图

4.1.7　试验数据处理

4.1.7.1　定性分析

4.1.7.1.1　各组分出峰顺序：三氯甲烷，四氯化碳。

4.1.7.1.2　各组分保留时间：三氯甲烷，1.993 min；四氯化碳，2.198 min。

4.1.7.2　定量分析

根据色谱图的峰高或峰面积在工作曲线上查出相应的质量浓度。

4.1.7.3　结果的表示

4.1.7.3.1　定性结果：根据标准色谱图中各组分的保留时间确定待测样品中组分的数目和名称。

4.1.7.3.2　定量结果：直接从工作曲线上查出水样中三氯甲烷、四氯化碳的质量浓度，以微克每升（μg/L）表示。

4.1.8　精密度和准确度

5 个实验室测定四氯化碳加标水样（四氯化碳质量浓度为 0.1 μg/L～5 μg/L 时），其相对标准偏差为 1.7%～7.7%，其平均回收率为 90.7%～98.7%。测定三氯甲烷加标水样（三氯甲烷质量浓度为 0.2 μg/L～10 μg/L 时），其相对标准偏差为 2.2%～8.1%，其平均回收率为 90.4%～98.8%。

4.2　吹扫捕集气相色谱质谱法

4.2.1　最低检测质量浓度

水样为 25 mL 时，本方法的最低检测质量浓度分别为：氯乙烯，0.237 μg/L；1,1-二氯乙烯，0.241 μg/L；二氯甲烷，0.173 μg/L；1,2-二氯乙烯（顺或反），0.275 μg/L；1,1-二氯乙烷，0.156 μg/L；三氯甲烷，0.120 μg/L；2,2-二氯丙烷，0.100 μg/L；1,1,1-三氯乙烷，0.115 μg/L；氯溴甲烷，0.267 μg/L；1,1-二氯丙烯，0.215 μg/L；四氯化碳，0.130 μg/L；1,2-二氯乙烷，0.127 μg/L；苯，0.078 μg/L；三氯乙烯，0.220 μg/L；1,2-二氯丙烷，0.299 μg/L；二溴甲烷，0.290 μg/L；二氯一溴甲烷，0.290 μg/L；顺-1,3-二氯丙烯，0.330 μg/L；甲苯，0.230 μg/L；反-1,3-二氯丙烯，0.233 μg/L；1,1,2-三氯乙烷，0.365 μg/L；四氯乙烯，0.190 μg/L；1,3-二氯丙烷，0.258 μg/L；一氯二溴甲烷，0.251 μg/L；1,2-二溴乙烷，0.340 μg/L；氯苯，

0.125 μg/L；1，1，1，2-四氯乙烷，0.230 μg/L；乙苯，0.120 μg/L；间、对-二甲苯，0.100 μg/L；苯乙烯，0.125 μg/L；邻-二甲苯，0.066 μg/L；异丙苯，0.055 μg/L；三溴甲烷，0.251 μg/L；1，1，2，2-四氯乙烷，0.230 μg/L；1，2，3-三氯丙烷，0.121 μg/L；溴苯，0.234 μg/L；丙苯，0.125 μg/L；2-氯甲苯，0.065 μg/L；4-氯甲苯，0.065 μg/L；1，2，4-三甲苯，0.067 μg/L；叔丁基苯，0.077 μg/L；1，3，5-三甲苯 0.083 μg/L；仲丁基苯，0.080 μg/L；4-甲基异丙苯，0.089 μg/L；1，3-二氯苯，0.056 μg/L；1，4-二氯苯，0.058 μg/L；1，2-二氯苯，0.076 μg/L；丁苯，0.076 μg/L；1，2-二溴-3-氯丙烷，0.260 μg/L；1，2，4-三氯苯，0.070 μg/L；六氯丁二烯，0.121 μg/L；萘，0.099 μg/L；1，2，3-三氯苯，0.075 μg/L。

本方法仅用于生活饮用水的测定。

4.2.2 原理

水样在吹扫捕集装置的吹脱管中通以氦气，吹脱出的水样中挥发性有机物被装有适当吸附剂的捕集管捕获，捕集管被瞬间加热并用氦气反吹，将所吸附的组分解吸入毛细管气相色谱质谱联用仪分离测定。根据待测物的保留时间和标准质谱图定性，通过待测物的定量离子与内标定量离子的相对强度和工作曲线定量。每个水样中含有已知浓度的内标化合物，通过内标校正程序测定。

4.2.3 试剂或材料

4.2.3.1 高纯氦气：$\varphi(He) \geqslant 99.999\%$。

4.2.3.2 超纯水：水中干扰物的浓度应低于方法中待测物的检出限。可用二次蒸馏水（或购买市售纯净水）煮沸 15 min，然后用氮气吹脱 15 min，现用现制或储存在干净的有聚四氟乙烯内衬垫螺旋盖的细口玻璃瓶中。

4.2.3.3 甲醇（CH_3OH）：优级纯。

4.2.3.4 盐酸溶液（1+1）：盐酸为优级纯。将一定体积的盐酸（$\rho_{20}=1.19$ g/mL）加入等体积纯水中。

4.2.3.5 抗坏血酸（$C_6H_8O_6$）。

4.2.3.6 4-溴氟苯（C_6H_4BrF，简称 BFB）：色谱纯或使用有证标准物质。

4.2.3.7 氟苯（C_6H_5F）：色谱纯或使用有证标准物质。

4.2.3.8 1，2-二氯苯-D_4（$C_6Cl_2D_4$）：色谱纯或使用有证标准物质。

4.2.3.9 55 种挥发性有机物、内标物及回收率指标物：常用质量浓度为 2 000 mg/L，均为色谱纯，或使用有证标准物质。

4.2.3.10 55 种挥发性有机物单标储备溶液：将 10 mL 容量瓶放在天平上，归零，加入大约 9.8 mL 甲醇，精确恒量至 0.1 mg。使用 100 μL 的注射器，迅速加入两滴或两滴以上的标准品于容量瓶中，再称量。加入的标准品液体要直接落入甲醇液体中，不应与容量瓶的瓶颈部分接触；对于沸点在 30 ℃以下的气体标准品，将 5 mL 气密针内充满标准品至刻度，将针头伸入容量瓶甲醇液面下 5 mm 处，缓缓将标准品释出。再称量，用甲醇稀释至刻度，盖上瓶盖，混匀。以标准品的净量，计算其于溶液中的质量浓度，单位为毫克每升（mg/L）。将配制好的 55 种挥发性有机物的标准储备溶液储存于有聚四氟乙烯内衬垫螺旋盖的棕色玻璃瓶或密闭安瓿瓶中，且上部不留空隙，−10 ℃～−20 ℃条件下避光保存。气体标准储备溶液需每周重新配制，其他标准储备溶液则需每月重新配制。

4.2.3.11 内标物储备溶液：本方法用氟苯及 4-溴氟苯作为内标物，质量浓度为 1 000 mg/L，配制过程可参考 4.2.3.10。在满足方法要求并不干扰待测组分测定的前提下，也可用其他化合物作为内标。

4.2.3.12 回收率指示物储备溶液：本方法用 1，2-二氯苯-D_4 作为回收率指示物，质量浓度为 1 000 mg/L，配制过程可参考 4.2.3.10。在满足方法要求且不干扰待测组分测定的前提下，也可用其他化合物作为回收率指示物。

4.2.3.13 55 种挥发性有机物混合标准使用溶液：取适量 55 种挥发性有机物的标准储备溶液于同一个容量瓶中，用甲醇定容至刻度。此混合标准使用溶液中 55 种挥发性有机物的质量浓度均为200 μg/L。

将此混合标准使用溶液置于聚四氟乙烯封口的螺口瓶中，或密闭安瓿瓶中，尽量减少瓶内的液上顶空，避光于 0 ℃～4 ℃冷藏条件下保存 5 d。

4.2.3.14 内标物及回收率指示物混合标准使用溶液：取 0.5 mL 内标物储备溶液和 0.5 mL 回收率指示物储备溶液于同一个 100 mL 容量瓶中，用甲醇定容至刻度。此混合标准使用溶液中内标、回收率指示物的质量浓度均为 5 mg/L。

4.2.4 仪器设备

4.2.4.1 气相色谱质谱联用仪：气相色谱仪为可以分流或不分流进样，具程序升温功能；色谱柱为 HP-VOC(60 m×0.20 mm，1.12 μm)弹性石英毛细管柱，或其他等效色谱柱；质谱仪为使用电子电离源(EI)方式离子化，标准电子能量为 70 eV。能在 1 s 或更短的扫描周期内，从 35 u 扫描至 300 u；化学工作站和数据处理系统带质谱图库。

4.2.4.2 吹扫捕集装置：配有自动进样器。

4.2.4.3 标准储备瓶：2 mL 带聚四氟乙烯内衬螺旋盖的棕色玻璃瓶，用于盛装标准溶液。

4.2.4.4 样品瓶：40 mL 棕色玻璃瓶，带聚四氟乙烯内衬螺旋盖。

4.2.4.5 微量注射器：1 μL、5 μL、10 μL、50 μL 和 100 μL。

4.2.4.6 气密针：5 mL 或 25 mL。

4.2.5 样品的采集与保存

4.2.5.1 水样的采集

用水样将样品瓶与瓶盖润洗至少 3 次后方可采集样品。采样时，使水样在瓶中溢流出一部分且不留气泡。所有样品均采集平行样。若从水龙头采样，应先打开龙头至水温稳定，从流水中采集平行样；若从开放的水体中采样，先用 1 L 的广口瓶或烧杯从有代表性的区域中采样，再把水样从广口瓶或烧杯中倒入样品瓶中。每批样品要进行空白样品的采集(空白样品包括现场空白、运输空白、全程序空白和实验室空白。

4.2.5.2 水样的保存

4.2.5.2.1 对于不含余氯的样品及对应的全程序空白，每 40 mL 水样中加 4 滴 4 mol/L 的盐酸溶液作固定剂，以防水样中发生生物降解。要确保盐酸中不含痕量有机杂质。对于含余氯的样品及对应的全程序空白，在样品瓶中先加入抗坏血酸(每 40 mL 水样加 25 mg)，待样品瓶中充满水样并溢流后，每 40 mL样品中加入 1 滴 4 mol/L 盐酸溶液，调节样品 pH＜2，再密封样品瓶。注意垫片的聚四氟乙烯(PTFE)面朝下。

4.2.5.2.2 采样后需将样品于 0 ℃～4 ℃冷藏保存，样品存放区域不应存在有机物干扰，保存时间为 12 h。

4.2.6 试验步骤

4.2.6.1 仪器参考条件

4.2.6.1.1 吹扫捕集参考条件

4.2.6.1.1.1 吹脱气体：高纯氦气[φ(He)≥99.999%]。

4.2.6.1.1.2 吹脱温度：室温。

4.2.6.1.1.3 吹脱气体的流速：40 mL/min。

4.2.6.1.1.4 吹脱时间：10 min。

4.2.6.1.1.5 吹脱体积:5 mL 或 25 mL。

4.2.6.1.1.6 解吸温度:225 ℃。

4.2.6.1.1.7 解吸反吹气体流速:15 mL/min。

4.2.6.1.1.8 解吸时间:4 min。

4.2.6.1.1.9 烘烤温度:250 ℃。

4.2.6.1.1.10 烘烤时间:5 min。

4.2.6.1.2 色谱参考条件

4.2.6.1.2.1 进样口温度:180 ℃。

4.2.6.1.2.2 柱温:初始温度 35 ℃,保持 5 min,再以 6 ℃/min 速率升温至 150 ℃,保持 4 min,再以 20 ℃/min 速率升温至 235 ℃,保持 2 min。

4.2.6.1.2.3 载气:高纯氦气[φ(He)≥99.999%]。

4.2.6.1.2.4 柱流量:1.0 mL/min,分流比 20:1。

4.2.6.1.3 质谱参考条件

4.2.6.1.3.1 质谱扫描范围:35 u~300 u。

4.2.6.1.3.2 离子源温度:230 ℃。

4.2.6.1.3.3 界面传输温度:280 ℃。

4.2.6.1.3.4 电离电压:70 eV。

4.2.6.1.3.5 扫描时间:≤0.45 s,全扫描模式(Scan 模式)。

4.2.6.1.3.6 定量离子:参考表 1。

表 1 55 种挥发性有机物、内标物及回收率指示物的分子量和定量离子

序号	组分	分子式	分子量[a]	定量离子(m/z)	特征离子(m/z)
1	氯乙烯	C_2H_3Cl	62	62	64
2	苯	C_6H_6	78	78	77
3	溴苯	C_6H_5Br	156	156	77,158
4	一氯二溴甲烷	$CHBr_2Cl$	206	129	48
5	二氯一溴甲烷	$CHBrCl_2$	162	83	85,127
6	三溴甲烷	$CHBr_3$	250	173	175,252
7	丁苯	$C_{10}H_{14}$	134	91	134
8	仲丁基苯	$C_{10}H_{14}$	134	105	134
9	叔丁基苯	$C_{10}H_{14}$	134	119	91
10	四氯化碳	CCl_4	152	117	119
11	氯苯	C_6H_5Cl	112	112	77,114
12	三氯甲烷	$CHCl_3$	118	83	85
13	氯溴甲烷	CH_2BrCl	128	128	49,130
14	2-氯甲苯	C_7H_7Cl	126	91	126
15	4-氯甲苯	C_7H_7Cl	126	91	126
16	1,4-二氯苯	$C_6H_4Cl_2$	146	146	111,148

表 1　55 种挥发性有机物、内标物及回收率指示物的分子量和定量离子（续）

序号	组分	分子式	分子量[a]	定量离子(m/z)	特征离子(m/z)
17	1,2-二溴-3-氯丙烷	$C_3H_5Br_2Cl$	234	75	155,157
18	1,2-二溴乙烷	$C_2H_4Br_2$	186	107	109,188
19	二溴甲烷	CH_2Br_2	172	93	95,174
20	1,2-二氯苯	$C_6H_4Cl_2$	146	146	111,148
21	1,3-二氯苯	$C_6H_4Cl_2$	146	146	111,148
22	1,1-二氯乙烷	$C_2H_4Cl_2$	98	63	65,83
23	1,2-二氯乙烷	$C_2H_4Cl_2$	98	62	98
24	1,1-二氯乙烯	$C_2H_2Cl_2$	96	96	61,63
25	顺-1,2-二氯乙烯	$C_2H_2Cl_2$	96	96	61,98
26	反-1,2-二氯乙烯	$C_2H_2Cl_2$	96	96	61,98
27	1,2-二氯丙烷	$C_3H_6Cl_2$	112	63	112
28	1,3-二氯丙烷	$C_3H_6Cl_2$	112	76	78
29	2,2-二氯丙烷	$C_3H_6Cl_2$	112	77	97
30	1,1-二氯丙烯	$C_3H_4Cl_2$	110	75	110,77
31	顺-1,3-二氯丙烯	$C_3H_4Cl_2$	110	75	110
32	反-1,3-二氯丙烯	$C_3H_4Cl_2$	110	75	110
33	乙苯	C_8H_{10}	106	91	106
34	六氯丁二烯	C_4Cl_6	258	225	260
35	异丙苯	C_9H_{12}	120	105	120
36	4-甲基异丙苯	$C_{10}H_{14}$	134	119	134,91
37	二氯甲烷	CH_2Cl_2	84	84	86,49
38	萘	$C_{10}H_8$	128	128	—
39	丙苯	C_9H_{12}	120	91	120
40	苯乙烯	C_8H_8	104	104	78
41	1,1,1,2-四氯乙烷	$C_2H_2Cl_4$	166	131	133,119
42	1,1,2,2-四氯乙烷	$C_2H_2Cl_4$	166	83	131,85
43	四氯乙烯	C_2Cl_4	164	166	168,129
44	甲苯	C_7H_8	92	92	91
45	1,2,3-三氯苯	$C_6H_3Cl_3$	180	180	182
46	1,2,4-三氯苯	$C_6H_3Cl_3$	180	180	182
47	1,1,1-三氯乙烷	$C_2H_3Cl_3$	132	97	99,61
48	1,1,2-三氯乙烷	$C_2H_3Cl_3$	132	83	97,85
49	三氯乙烯	C_2HCl_3	130	95	130,132
50	1,2,3-三氯丙烷	$C_3H_5Cl_3$	146	75	77

表 1　55 种挥发性有机物、内标物及回收率指示物的分子量和定量离子（续）

序号	组分	分子式	分子量[a]	定量离子(m/z)	特征离子(m/z)
51	1,2,4-三甲苯	C_9H_{12}	120	105	120
52	1,3,5-三甲苯	C_9H_{12}	120	105	120
53	邻-二甲苯	C_8H_{10}	106	106	91
54	间-二甲苯	C_8H_{10}	106	106	91
55	对-二甲苯	C_8H_{10}	106	106	91
56	氟苯(内标物)	C_6H_5F	96	96	77
57	4-溴氟苯(内标物)	C_6H_4BrF	174	95	174,176
58	1,2-二氯苯-D_4(回收率指示物)	$C_6Cl_2D_4$	150	152	115,150

[a] 根据具有最小质量的同位素的原子质量计算的单同位素分子量。

4.2.6.2　校准

4.2.6.2.1　GC-MS 性能试验：直接导入 5 mg/L 的 4-溴氟苯(BFB)5 μL 于 GC 中进行分析。GC-MS 系统得到的 BFB 关键离子丰度应满足表 2 的要求，否则要重新调节质谱仪直至符合要求。

表 2　4-溴氟苯(BFB)的离子丰度指标要求

质荷比	相对丰度指标
50	质量数为 95 的离子丰度的 15%～40%
75	质量数为 95 的离子丰度的 30%～80%
95	基峰，相对丰度为 100%
96	质量数为 95 的离子丰度的 5%～9%
173	小于质量数为 174 的离子丰度的 2%
174	大于质量数为 95 的离子丰度的 50%
175	质量数为 174 的离子丰度的 5%～9%
176	质量数为 174 的离子丰度的 95%～101%
177	质量数为 176 的离子丰度的 5%～9%

4.2.6.2.2　工作曲线的校准方法、要求和绘制如下。

a)　定量分析中的校准方法：内标法。

b)　工作曲线的要求：工作曲线至少有 5 个浓度，根据样品浓度适当调整。在工作曲线中，每个点含有相同的内标浓度和回收率指示物浓度，建议内标和回收率指示物的质量浓度为 5 μg/L。

c)　工作曲线的绘制：

1)　分别取 0.10 mL、0.50 mL、1.25 mL、2.50 mL、5.00 mL 和 10.0 mL 的 55 种挥发性有机物混合标准使用溶液于 6 个 50 mL 容量瓶中，再在每个容量瓶中加入 50 μL 的内标及回收率指示物混合标准使用溶液，用超纯水逐级稀释成 55 种挥发性有机物的标准系列溶液。此标准系列溶液中 55 种挥发性有机物的质量浓度分别为 0.40 μg/L、2.0 μg/L、5.0 μg/L、10 μg/L、20 μg/L 和 40 μg/L，内标的质量浓度为 5 μg/L，回收率指示物的质量浓度为 5 μg/L；

2） 标准系列溶液放在容量瓶中不稳定，应储存于标准储备瓶中，且上部不留空隙，0 ℃～4 ℃避光保存，可保存 12 h；

3） 将标准系列溶液依次倒入 40 mL 样品瓶中至满瓶，可溢流出一部分而且不留气泡。置于吹扫捕集自动进样装置，在室温下进行吹脱、捕集、脱附、自动导入气相色谱质谱仪测定。用全扫描模式获取不同浓度标准溶液的总离子流图。以测得的峰面积比值对相应的浓度绘制工作曲线。

4.2.6.2.3 工作曲线的初始校准如下。

a） 响应因子和平均响应因子：内标计算每个标准系列溶液中待测物（包括各组分和回收率指示物）的响应因子（RF）和平均响应因子（$\overline{RF}$）。标准系列溶液第 i 点中待测物的响应因子（RF_i）按照公式（1）计算。待测物在标准系列溶液各点中得到的响应因子的平均值即为待测物的平均响应因子。

$$RF_i = \frac{A_{xi} \times \rho_{\mathrm{IS}i}}{A_{\mathrm{IS}i} \times \rho_{xi}} \qquad \cdots\cdots(1)$$

式中：

RF_i ——标准系列溶液中第 i 点待测物的响应因子；

A_{xi} ——标准系列溶液中第 i 点待测物的定量离子的响应值（峰面积或高度）；

$\rho_{\mathrm{IS}i}$ ——标准系列溶液中内标的质量浓度，单位为微克每升（μg/L）；

$A_{\mathrm{IS}i}$ ——标准系列溶液中第 i 点与待测物相对应的内标定量离子的峰面积或高度；

ρ_{xi} ——标准系列溶液中第 i 点待测物的质量浓度，单位为微克每升（μg/L）。

b） 初始校准需同时满足以下 3 个条件，否则需要重新绘制工作曲线。

1） 色谱图：每一个标准系列溶液测定得到的色谱图，如果各组分的色谱峰窄而对称，且多数色谱峰没有拖尾，则认为柱分离效果很好。如果多数峰型宽或峰与峰之间分离不好，可能是色谱柱选择性不好，需要对色谱柱进行处理并重新绘制工作曲线。

2） 质谱灵敏度：色质联机的色谱峰辨认软件可通过全扫描总离子流图识别标准溶液中的每个化合物，而且多数化合物的匹配度不能低于 90%，否则，需要重新绘制工作曲线。

3） 待测物（各组分）、回收率指示物响应因子的相对标准偏差（RSD）不应超过 20%，否则需要重新进行仪器的校准和重新绘制工作曲线。

4.2.6.2.4 工作曲线的连续校准如下。

a） 每 12 h 需进行一次连续校准。取中间浓度标准系列溶液（推荐质量浓度为10 μg/L），在初始校准相同条件下进行测定，得到待测物（包括各组分和回收率指示物）定量离子的峰面积、响应因子。根据公式（2）计算待测物（包括各组分和回收率指示物）连续校准响应因子与初始校准平均响应因子之间的偏差，即 RF 偏差。

$$\mathrm{RFD} = \frac{RF_{\mathrm{C}} - \overline{RF}}{\overline{RF}} \times 100 \qquad \cdots\cdots(2)$$

式中：

RFD ——待测物连续校准响应因子与初始校准平均响应因子之间的偏差，%；

RF_{C} ——待测物连续校准的响应因子；

$\overline{RF}$ ——待测物最近一次初始校准的平均响应因子。

b） 每一种待测物连续校准响应因子与最近一次初始校准平均响应因子之间的 RF 偏差均不应超过 30%。每一种待测物连续校准响应因子与第一次初始校准平均响应因子之间的 RF 偏差不应超过 50%。否则，需要重新进行连续校准。多次连续校准都不能达到上述条件，则需要重新绘制工作曲线。

4.2.6.3 样品测定

测定前，将水样恢复至室温，倒入 40 mL 样品瓶中至满瓶，可溢流出一部分而且不留气泡。加入内标物及回收率指示物混合标准使用溶液，混匀，使得内标物及回收率指示物在水样中的质量浓度为 5 μg/L。置于吹扫捕集装置中，在室温下进行吹脱、捕集、解吸、自动导入气相色谱质谱仪中，进行定性及定量分析。

4.2.6.4 空白测定

4.2.6.4.1 现场空白：将现场采集的超纯水空白按与样品相同的分析步骤进行处理和测定，用于检查样品现场采样到分析的过程是否受到污染。空白结果要低于待测物的最低检测质量浓度。

4.2.6.4.2 实验室加标空白：在一份超纯水中加入已知量的待测组分，使用与样品相同的分析步骤进行处理和测定。测定实验室加标空白的目的是检查该实验室是否有能力在所要求的最低检测质量浓度内进行准确而精密的测量。

4.2.6.4.3 实验室空白：实验室空白是在测试的前一天，取实验室的超纯水于 100 mL 的烧杯中，敞口放置过夜。测试当天按与样品相同的分析步骤进行处理和测定。空白结果要低于待测物的最低检测质量浓度。

4.2.6.4.4 运输空白：将现场采集的运输空白按与样品相同的分析步骤进行处理和测定，用于检查运输全过程中是否受到污染。空白结果要低于待测物的最低检测质量浓度。

4.2.6.4.5 全程序空白：将现场采集的全程序空白按与样品相同的分析步骤进行处理和测定，用于检查样品采集到分析的全过程是否受到污染。空白结果要低于待测物的最低检测质量浓度。

4.2.6.4.6 实验室试剂空白：实验室试剂空白是指向超纯水中加入试剂、内标物和回收率指示物，按与样品相同的分析步骤进行处理和测定。空白结果要低于待测物的最低检测质量浓度。

4.2.6.5 色谱图的考察

挥发性有机物的总离子流图，见图 2。

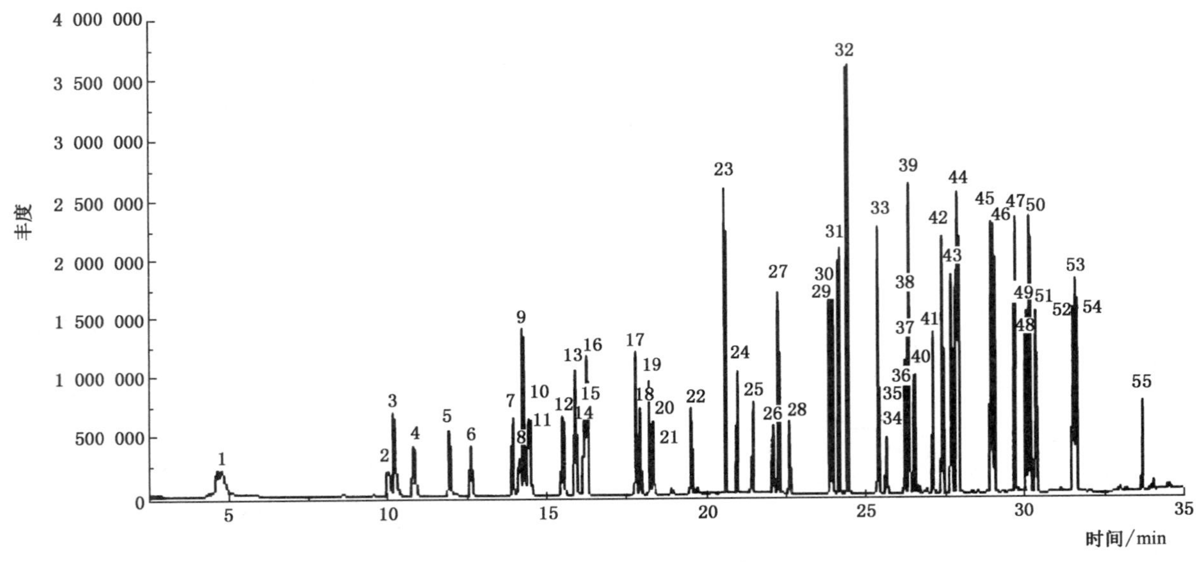

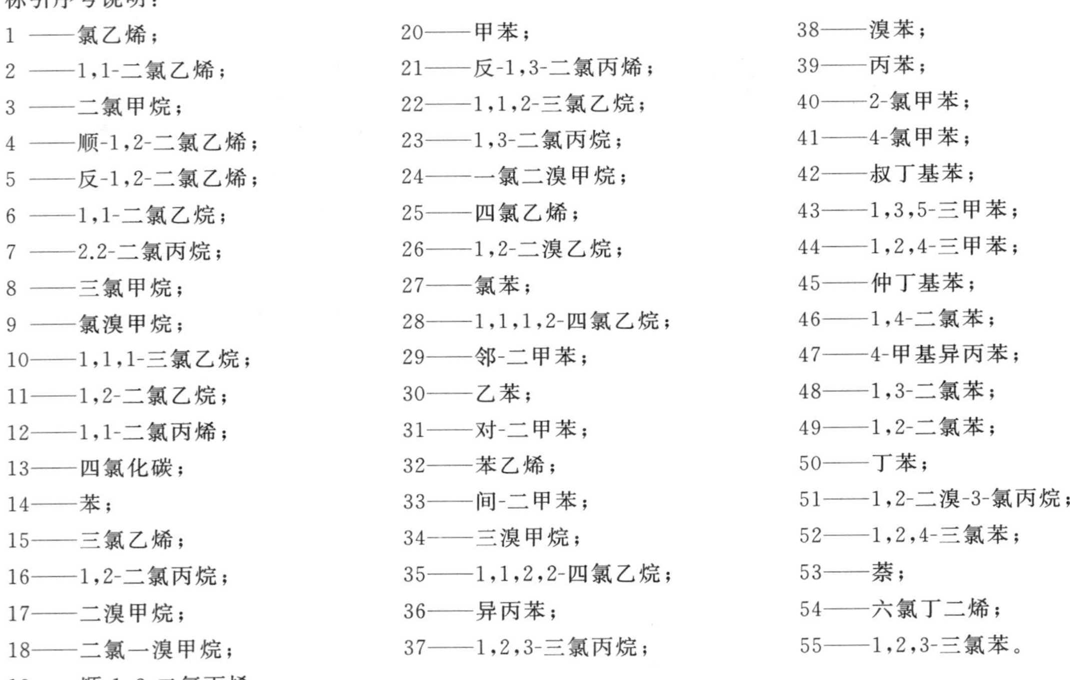

标引序号说明：

1 ——氯乙烯；
2 ——1,1-二氯乙烯；
3 ——二氯甲烷；
4 ——顺-1,2-二氯乙烯；
5 ——反-1,2-二氯乙烯；
6 ——1,1-二氯乙烷；
7 ——2.2-二氯丙烷；
8 ——三氯甲烷；
9 ——氯溴甲烷；
10——1,1,1-三氯乙烷；
11——1,2-二氯乙烷；
12——1,1-二氯丙烯；
13——四氯化碳；
14——苯；
15——三氯乙烯；
16——1,2-二氯丙烷；
17——二溴甲烷；
18——二氯一溴甲烷；
19——顺-1,3-二氯丙烯；
20——甲苯；
21——反-1,3-二氯丙烯；
22——1,1,2-三氯乙烷；
23——1,3-二氯丙烷；
24——一氯二溴甲烷；
25——四氯乙烯；
26——1,2-二溴乙烷；
27——氯苯；
28——1,1,1,2-四氯乙烷；
29——邻-二甲苯；
30——乙苯；
31——对-二甲苯；
32——苯乙烯；
33——间-二甲苯；
34——三溴甲烷；
35——1,1,2,2-四氯乙烷；
36——异丙苯；
37——1,2,3-三氯丙烷；
38——溴苯；
39——丙苯；
40——2-氯甲苯；
41——4-氯甲苯；
42——叔丁基苯；
43——1,3,5-三甲苯；
44——1,2,4-三甲苯；
45——仲丁基苯；
46——1,4-二氯苯；
47——4-甲基异丙苯；
48——1,3-二氯苯；
49——1,2-二氯苯；
50——丁苯；
51——1,2-二溴-3-氯丙烷；
52——1,2,4-三氯苯；
53——萘；
54——六氯丁二烯；
55——1,2,3-三氯苯。

图 2 挥发性有机物的总离子流图(Scan 模式,质量浓度均为 0.4 μg/L)

4.2.7 试验数据处理

4.2.7.1 定性分析

4.2.7.1.1 各组分的出峰顺序和时间分别为：氯乙烯，4.872 min；1,1-二氯乙烯，9.993 min；二氯甲烷，10.085 min；顺-1,2-二氯乙烯，10.835 min；反-1,2-二氯乙烯，11.927 min；1,1-二氯乙烷，12.587 min；2,2-二氯丙烷，13.800 min；三氯甲烷，13.921 min；氯溴甲烷，14.105 min；1,1,1-三氯乙烷，14.410 min；1,2-二氯乙烷，14.511 min；1,1-二氯丙烯，15.632 min；四氯化碳，15.967 min；苯，16.203 min；三氯乙

烯,16.239 min;1,2-二氯丙烷,16.671 min;二溴甲烷,17.592 min;二氯一溴甲烷,17.613 min;顺-1,3-二氯丙烯,18.699 min;甲苯,18.707 min;反-1,3-二氯丙烯,18.716 min;1,1,2-三氯乙烷,19.87 min;1,3-二氯丙烷,20.993 min;一氯二溴甲烷,21.200 min;四氯乙烯,21.299 min;1,2-二溴乙烷,21.872 min;氯苯,22.118 min;1,1,1,2-四氯乙烷,22.586 min;邻-二甲苯,23.791 min;乙苯,23.802 min;对-二甲苯,23.911 min;苯乙烯,24.017 min;间-二甲苯,25.512 min;三溴甲烷,25.938 min;1,1,2,2-四氯乙烷,26.201 min;异丙苯,26.244 min;1,2,3-三氯丙烷,26.300 min;溴苯,26.321 min;丙苯,26.422 min;2-氯甲苯,26.842 min;4-氯甲苯,26.988 min;叔丁基苯,27.307 min;1,3,5-三甲苯,27.589 min;1,2,4-三甲苯,27.611 min;仲丁基苯,28.821 min;1,4-二氯苯,28.891 min;4-甲基异丙苯,29.180 min;1,3-二氯苯,30.027 min;1,2-二氯苯,30.082 min;丁苯,30.835 min;1,2-二溴-3-氯丙烷,31.102 min;1,2,4-三氯苯,31.520 min;萘,31.547 min;六氯丁二烯,31.991 min;1,2,3-三氯苯,33.755 min。

4.2.7.1.2 用全扫描模式获得的总离子流图对样品组分进行定性分析,将水样组分的保留时间与标准样品组分的保留时间进行比较,同时将样品组分的质谱与数据库内标准质谱进行比较,要符合下列条件:

a) 计算工作曲线中各组分保留时间的标准偏差,样品组分的保留时间漂移应在该组分标准偏差的3倍范围以内;
b) 样品溶液里组分的特征离子的相对强度与相应浓度标准溶液里的组分特征离子强度的相对误差在20%以内;
c) 产生类似质谱图的同分异构体,若两个异构体重叠处低谷的高度低于两个尖峰高度和的25%,则认为两个峰分开了,可以分别定量。否则,应判定其为所有同分异构体的总量。

4.2.7.2 定量分析

4.2.7.2.1 用选择离子图对组分进行定量分析,本方法用内标定量法。

4.2.7.2.2 待测组分的质量浓度按公式(3)进行计算:

$$\rho_x = \frac{A_x \times \rho_{IS}}{A_{IS} \times \overline{RF}} \qquad \cdots\cdots(3)$$

式中:

ρ_x ——水样中待测组分的质量浓度,单位为微克每升(μg/L);
A_x ——待测组分定量离子的峰面积或峰高;
ρ_{IS} ——内标物的质量浓度,单位为微克每升(μg/L);
A_{IS} ——内标定量离子的峰面积或峰高;
$\overline{RF}$ ——待测组分的平均响应因子。

4.2.8 精密度和准确度

4家实验室在实际水样中进行加标回收试验,55种挥发性有机物的加标质量浓度为0.4 μg/L～40.0 μg/L,得到的相对标准偏差和回收率结果详见表3。

表3 吹扫捕集气相色谱质谱法的相对标准偏差和回收率结果

序号	组分	加标浓度/(μg/L)	RSD/%	回收率/%
1	氯乙烯	0.4～40.0	3.5～3.6	92.0～98.8
2	1,1-二氯乙烯	0.4～40.0	4.4～4.6	91.3～99.3

表 3 吹扫捕集气相色谱质谱法的相对标准偏差和回收率结果（续）

序号	组分	加标浓度/(μg/L)	RSD/%	回收率/%
3	二氯甲烷	0.4～40.0	4.1～4.8	92.3～105
4	反-1,2-二氯乙烯	0.4～40.0	6.2～7.1	100～108
5	顺-1,2-二氯乙烯	0.4～40.0	3.6～4.6	92.0～106
6	1,1-二氯乙烷	0.4～40.0	3.9～4.0	93.7～107
7	三氯甲烷	0.4～40.0	4.3～4.9	91.4～109
8	2,2-二氯丙烷	0.4～40.0	2.8～3.9	93.3～109
9	1,1,1-三氯乙烷	0.4～40.0	3.6～3.7	95.0～107
10	氯溴甲烷	0.4～40.0	5.1～5.9	91.0～107
11	1,1-二氯丙烯	0.4～40.0	4.4～5.0	96.0～104
12	四氯化碳	0.4～40.0	3.6～4.0	90.5～104
13	1,2-二氯乙烷	0.4～40.0	1.9～3.2	88.0～99.1
14	苯	0.4～40.0	2.9～4.5	88.2～106
15	三氯乙烯	0.4～40.0	2.9～3.7	85.1～103
16	1,2-二氯丙烷	0.4～40.0	3.9～5.0	90.4～111
17	二溴甲烷	0.4～40.0	2.2～3.5	88.0～102
18	二氯一溴甲烷	0.4～40.0	3.0～3.5	88.5～99.3
19	顺-1,3-二氯丙烯	0.4～40.0	2.7～4.5	85.2～104
20	甲苯	0.4～40.0	3.9～5.6	92.1～102
21	反-1,3-二氯丙烯	0.4～40.0	3.6～5.8	93.1～105
22	1,1,2-三氯乙烷	0.4～40.0	2.7～3.5	96.0～104
23	四氯乙烯	0.4～40.0	2.8～3.8	94.6～106
24	1,3-二氯丙烷	0.4～40.0	4.7～5.0	88.0～104
25	一氯二溴甲烷	0.4～40.0	3.3～4.5	86.4～102
26	1,2-二溴乙烷	0.4～40.0	3.1～3.3	85.1～104
27	氯苯	0.4～40.0	1.3～2.4	94.7～104
28	1,1,1,2-四氯乙烷	0.4～40.0	1.8～4.3	95.1～106
29	乙苯	0.4～40.0	3.0～3.3	90.1～102
30	间-二甲苯	0.4～40.0	4.5～5.4	95.1～116
31	对-二甲苯	0.4～40.0	3.0～4.2	94.0～115
32	苯乙烯	0.4～40.0	2.7～3.0	88.4～115
33	邻-二甲苯	0.4～40.0	3.6～4.8	94.0～117
34	异丙苯	0.4～40.0	3.3～4.7	88.0～105
35	三溴甲烷	0.4～40.0	3.0～3.8	90.0～110
36	1,1,2,2-四氯乙烷	0.4～40.0	1.7～2.3	89.7～105

表 3 吹扫捕集气相色谱质谱法的相对标准偏差和回收率结果(续)

序号	组分	加标浓度/(μg/L)	RSD/%	回收率/%
37	1,2,3-三氯丙烷	0.4～40.0	3.9～4.5	90.0～119
38	溴苯	0.4～40.0	2.2～2.4	89.2～110
39	丙苯	0.4～40.0	3.6～4.8	88.3～107
40	2-氯甲苯	0.4～40.0	2.4～3.4	89.9～115
41	4-氯甲苯	0.4～40.0	2.0～2.9	87.5～104
42	1,2,4-三甲苯	0.4～40.0	2.7～3.0	93.0～118
43	叔丁基苯	0.4～40.0	4.3～4.5	88.7～106
44	1,3,5-三甲苯	0.4～40.0	2.9～5.6	86.0～104
45	仲丁基苯	0.4～40.0	3.4～4.6	87.0～104
46	4-甲基异丙苯	0.4～40.0	2.9～4.8	90.0～102
47	1,3-二氯苯	0.4～40.0	2.0～3.3	90.0～118
48	1,4-二氯苯	0.4～40.0	3.1～4.2	87.0～99.8
49	1,2-二氯苯	0.4～40.0	3.8～4.7	93.0～110
50	丁苯	0.4～40.0	3.7～4.8	86.7～99.8
51	1,2-二溴-3-氯丙烷	0.4～40.0	3.9～4.7	91.0～112
52	1,2,4-三氯苯	0.4～40.0	4.0～5.1	88.1～107
53	六氯丁二烯	0.4～40.0	3.8～4.5	89.0～111
54	萘	0.4～40.0	4.5～4.8	88.0～106
55	1,2,3-三氯苯	0.4～40.0	3.1～3.5	95.0～102

4.2.9 质量控制

4.2.9.1 试验环境的质量控制:样品存放区和仪器分析室不能有溶剂污染,如实验室常用的二氯甲烷、四氯化碳和三氯甲烷等。特别是二氯甲烷会穿透聚四氟乙烯管或铜管进入样品,造成污染。

4.2.9.2 吹扫捕集系统的吹脱管、捕集阱等可能带来本底污染。第一次使用吹扫捕集装置时,要用20 mL/min惰性气体在180 ℃下反吹捕集管12 h,以后在每天使用后老化10 min。在分析样品之前或每次使用新的捕集阱时,都要用超纯水进行仪器系统空白分析,检测结果低于检出限,确保系统没有污染。

4.2.9.3 吹脱气体中的杂质、捕集管中残留的有机物及实验室中的溶剂蒸汽都会造成干扰,避免使用非聚四氟乙烯材料管路或含橡胶的流速控制器,同时用超纯水进行空白分析。

4.2.9.4 溶剂、试剂可能带来本底污染。每一种溶剂或试剂更换后,都要进行空白分析。如果溶剂或试剂的空白在待测物的保留时间附近出现峰值,影响了待测物的分析,在分析之前,要找出污染原因,进行消除。即使在高纯度的甲醇中,都有可能含有微量酮、二氯甲烷以及其他溶剂,因此在用甲醇配制标准溶液时,需要评估甲醇可能造成的污染。检验方法是取20 mL甲醇加入超纯水中,进行吹脱分析观察甲醇纯度是否满足要求。各溶剂和试剂的空白结果均应低于待测物的最低检测质量浓度。

4.2.9.5 在试验过程中要避免使用塑料制品。玻璃器皿也可能带来本底污染。所有玻璃器皿先用重铬酸钾洗液清洗,不含有机物的超纯水依次冲洗干净后,置180 ℃烘4 h,冷却后用纯化过的乙烷、石油醚清洗数次，用铝箔封口，放在干净地方，避免污染。定量用的玻璃器皿清洗干净后，倒置，放在干净地方，自然风干。

4.2.9.6 实验室在开展本方法前应先进行实验室加标空白的测定。加标回收率应在70%～130%，否则说明实验室不具备本方法的检测能力。

4.2.9.7 每次测定前均应先进行实验室空白的测定。空白结果要低于待测物的最低检测质量浓度，否则说明实验室环境达不到方法的要求。

4.2.9.8 每批样品测定前应先进行运输空白的测定和全程序空白的测定。空白结果要低于待测物的最低检测质量浓度，否则需要重新采样。

4.2.9.9 每一次的初始校准或连续校准合格后，需进行一次实验室试剂空白的测定。空白结果要低于待测物的最低检测质量浓度方可进行样品分析，否则需要重新校准。

4.2.9.10 每批样品分析时，应至少对10%的样品进行加标回收试验。同时，每批样品分析的中间要做全程序空白的加标回收试验，若全程序空白的样品量不足，可用实验室加标空白替代。加标回收率应在80%～120%，否则需要重新分析该批次样品。

4.2.9.11 高浓度、低浓度水样穿插分析时可能造成污染。因此，每一次分析后应以超纯水清洗吹脱器皿和进样器两次，在分析完高浓度样品后需进行一次实验室试剂空白的测定，检查系统是否受到污染。若吹脱管受到污染，应将吹脱管拆下清洗。先用洗液清洗，再用超纯水淋洗干净后，在105 ℃下烘干。吹脱系统的捕集管和其他部位也易被污染，要经常烘烤、吹脱整个系统。

4.2.9.12 工作曲线需定期校核。在仪器维修、换柱或连续校准不合格时都需要重新绘制工作曲线，并进行初始校准。

4.2.9.13 每个样品中的内标物和回收率指示物的定量离子峰面积在一段时间内应相对稳定，其漂移不能大于50%。

4.3 顶空毛细管柱气相色谱法

4.3.1 最低检测质量浓度

本方法的最低检测质量浓度分别为：1,1-二氯乙烯，0.20 μg/L；二氯甲烷，1.99 μg/L；反-1,2-二氯乙烯，2.36 μg/L；顺-1,2-二氯乙烯，3.63 μg/L；三氯甲烷，0.032 μg/L；1,1,1-三氯乙烷，0.018 μg/L；四氯化碳，0.005 6 μg/L；1,2-二氯乙烷，2.87 μg/L；三氯乙烯，0.031 μg/L；二氯一溴甲烷，0.015 μg/L；反-1,2-二溴乙烯，0.044 μg/L；顺-1,2-二溴乙烯，0.055 μg/L；四氯乙烯，0.007 9 μg/L；1,1,2-三氯乙烷，0.39 μg/L；一氯二溴甲烷，0.016 μg/L；三溴甲烷，0.041 μg/L；1,3-二氯苯，0.12 μg/L；1,4-二氯苯，0.29 μg/L；1,2-二氯苯，0.15 μg/L；1,3,5-三氯苯，0.014 μg/L；1,2,4-三氯苯，0.020 μg/L；六氯丁二烯，0.003 9 μg/L；1,2,3-三氯苯，0.011 μg/L；1,2,4,5-四氯苯，0.017 μg/L；1,2,3,4-四氯苯，0.010 μg/L；五氯苯，0.009 6 μg/L；六氯苯，0.021 μg/L。

水中苯、甲苯、乙苯、对二甲苯、间二甲苯、异丙苯、邻二甲苯、氯苯、苯乙烯等组分一般不产生干扰。

本方法仅用于生活饮用水的测定。

4.3.2 原理

待测水样置于密封的顶空瓶中，在一定温度下，水中的1,1-二氯乙烯、二氯甲烷、反-1,2-二氯乙烯、顺-1,2-二氯乙烯、三氯甲烷、1,1,1-三氯乙烷、四氯化碳、1,2-二氯乙烷、三氯乙烯、二氯一溴甲烷、反-1,2-二溴乙烯、顺-1,2-二溴乙烯、四氯乙烯、1,1,2-三氯乙烷、一氯二溴甲烷、三溴甲烷、1,3-二氯苯、1,4-二氯苯、1,2-二氯苯、1,3,5-三氯苯、1,2,4-三氯苯、六氯丁二烯、1,2,3-三氯苯、1,2,4,5-四氯苯、1,2,3,4-四氯苯、五氯苯和六氯苯在气液两相中达到动态平衡。此时，卤代烃在气相中的浓度与它在液相中的浓度成正比。取液上气体样品用带有电子捕获检测器的气相色谱仪进行分析，以保留时间定性，外标法定量。通过测定气相中卤代烃的浓度,计算水样中卤代烃的浓度。

4.3.3 试剂或材料

除非另有说明,本方法所用试剂均为分析纯,实验用水为GB/T 6682规定的一级水。

4.3.3.1 氮气:$\varphi(N_2) \geqslant 99.999\%$。

4.3.3.2 氯化钠(NaCl):优级纯,550 ℃烘烤2 h。

4.3.3.3 甲醇(CH_3OH):色谱纯。

4.3.3.4 抗坏血酸($C_6H_8O_6$)。

4.3.3.5 27种卤代烃标准物质:均为色谱纯,或使用有证标准物质。

4.3.3.6 27种卤代烃的单标储备溶液:分别称取卤代烃标准物质10 mg~500 mg(精确至0.1 mg)于27个加有约1 mL甲醇的10 mL容量瓶中,用甲醇定容至刻度。

4.3.3.7 27种卤代烃的混合标准使用溶液:根据每种化合物在仪器上的灵敏度,确定其在混合标准溶液中的浓度。分别移取适量27种卤代烃的单标储备溶液于同一个装有5.0 mL甲醇的100 mL容量瓶中,用甲醇定容至刻度,现用现配。27种卤代烃的质量浓度可参考表4。

4.3.4 仪器设备

4.3.4.1 气相色谱仪:配有电子捕获检测器(ECD)。

4.3.4.2 顶空进样系统:可以用自动顶空进样器(定量环模式),也可采用手动顶空进样。

4.3.4.3 色谱柱:中等极性毛细管色谱柱(14%氰丙基苯基-86%二甲基聚硅氧烷石英毛细管柱:Rtx-1701,30 m×0.25 mm,0.25 μm),或其他等效色谱柱。

4.3.4.4 顶空瓶:20 mL。

4.3.4.5 棕色磨口玻璃瓶:100 mL。

4.3.4.6 天平:分辨力不低于0.01 mg。

4.3.4.7 容量瓶:10 mL、100 mL。

4.3.4.8 恒温水浴箱(手动进样时需要):控温精度为±2 ℃。

4.3.4.9 微量注射器(手动进样时需要):1 000 μL,气密性注射器。

4.3.5 样品

4.3.5.1 水样的稳定性:样品待测组分易挥发,需0 ℃~4 ℃冷藏保存,尽快测定。

4.3.5.2 水样的采集:采样时先加0.3 g~0.5 g抗坏血酸于棕色磨口玻璃瓶内,将水样沿瓶壁缓慢加入瓶中,瓶中不留顶上空间和气泡,加盖密封。

4.3.5.3 水样的处理:顶空瓶中加入3.7 g氯化钠,准确移入10 mL水样,立即密封顶空瓶,轻轻摇匀。手动进样时,密封的顶空瓶放入水浴温度为70 ℃水浴箱中平衡15 min。若为自动顶空进样时,密封的顶空瓶直接放入自动顶空进样系统中,在70 ℃高速振荡的条件下平衡15 min。

4.3.5.4 水样的测定:抽取顶空瓶内液上空间气体,用气相色谱仪进行测定。

4.3.6 试验步骤

4.3.6.1 仪器参考条件

4.3.6.1.1 气相色谱仪参考条件如下:

a) 进样口温度:250 ℃;

b) 检测器温度:300 ℃;

c) 气体流量:采用恒流进样模式,载气0.8 mL/min,分流比1∶1;

d） 柱箱升温程序：初始温度为 40 ℃，保持 5.5 min，以 10 ℃/min 升温至 100 ℃，再以 25 ℃/min 升温至 200 ℃，保持 6.0 min，程序运行完成后 230 ℃保持 5 min。总运行时间为 21.5 min。

4.3.6.1.2 顶空进样系统参考条件如下(自动顶空进样时)：

a） 温度：炉温为 70 ℃，定量管温度为 80 ℃，传输线温度为 90 ℃；

b） 压力：传输线压力为 73 kPa，顶空瓶压力为 74 kPa；

c） 时间：样品平衡时间为 15 min，充压时间为 0.1 min，充入定量管时间为 0.15 min，定量管平衡时间为 0.10 min，进样时间为 1.0 min；

d） 顶空进样系统采用高速振荡模式。

4.3.6.2 校准

4.3.6.2.1 定量分析中的校准方法：外标法。

4.3.6.2.2 标准样品使用次数、使用条件和制作过程如下：

a） 标准溶液使用次数：每次分析样品时，用标准使用溶液绘制工作曲线；

b） 气相色谱法中使用标准品的条件：

1） 在工作范围内相对标准偏差小于 10%即可认为处于稳定状态；

2） 每批样品应同时制备工作曲线。

c） 工作曲线的制作：准确移取一定体积的 27 种卤代烃混合标准使用溶液，用水逐级稀释成27 种卤代烃的混合标准系列溶液。混合标准系列溶液中 27 种卤代烃的质量浓度可参考表 4。再取 6 个顶空瓶，分别称取 3.7 g 氯化钠于 6 个顶空瓶中，加入 27 种卤代烃的混合标准系列溶液各 10 mL，立即密封顶空瓶，轻轻摇匀。手动进样时，密封的顶空瓶放入水浴温度为 70 ℃的水浴箱中平衡 15 min，抽取顶空瓶内液上空间气体 1 000 μL 注入色谱仪。若为自动顶空进样时，密封的顶空瓶直接放入自动顶空进样系统。以测得的峰面积或峰高为纵坐标，各组分的质量浓度为横坐标，分别绘制工作曲线。

表 4 27 种卤代烃的混合标准使用溶液质量浓度和混合标准系列溶液质量浓度

序号	组分	分子式	混合标准使用溶液质量浓度/(mg/L)	混合标准系列溶液质量浓度/(μg/L)					
				1	2	3	4	5	6
1	1,1-二氯乙烯	$C_2H_2Cl_2$	60.5	2.52	5.04	10.1	20.2	40.3	60.5
2	二氯甲烷	CH_2Cl_2	444	18.5	36.9	73.9	148	296	444
3	反-1,2-二氯乙烯	$C_2H_2Cl_2$	612	25.6	51.2	102	205	408	612
4	顺-1,2-二氯乙烯	$C_2H_2Cl_2$	890	37.1	74.2	148	297	594	890
5	三氯甲烷	$CHCl_3$	11.3	0.472	0.945	1.89	3.78	7.56	11.3
6	1,1,1-三氯乙烷	$C_2H_3Cl_3$	5.20	0.216	0.433	0.865	1.73	3.46	5.20
7	四氯化碳	CCl_4	1.59	0.066	0.132	0.264	0.530	1.06	1.59
8	1,2-二氯乙烷	$C_2H_4Cl_2$	672	28.0	56.0	112	224	448	672
9	三氯乙烯	C_2HCl_3	12.6	0.527	1.05	2.11	4.21	8.42	12.6
10	二氯一溴甲烷	$CHBrCl_2$	15.1	0.630	1.26	2.51	5.02	10.0	15.1
11	反-1,2-二溴乙烯	$C_2H_2Br_2$	22.7	0.944	1.89	3.78	7.55	15.1	22.7
12	顺-1,2-二溴乙烯	$C_2H_2Br_2$	22.7	0.944	1.89	3.78	7.55	15.1	22.7

表 4　27 种卤代烃的混合标准使用溶液质量浓度和混合标准系列溶液质量浓度（续）

序号	组分	分子式	混合标准使用溶液质量浓度/(mg/L)	混合标准系列溶液质量浓度/(μg/L)					
				1	2	3	4	5	6
13	四氯乙烯	C_2Cl_4	3.45	0.144	0.287	0.574	1.15	2.30	3.45
14	1,1,2-三氯乙烷	$C_2H_3Cl_3$	176	7.33	14.6	29.3	58.6	117	176
15	一氯二溴甲烷	$CHBr_2Cl$	28.2	1.20	2.40	4.80	9.60	19.2	28.2
16	三溴甲烷	$CHBr_3$	56.4	2.35	4.70	9.39	18.8	37.6	56.4
17	1,3-二氯苯	$C_6H_4Cl_2$	152	6.33	12.7	25.3	50.7	101	152
18	1,4-二氯苯	$C_6H_4Cl_2$	321	13.3	26.7	53.3	107	214	321
19	1,2-二氯苯	$C_6H_4Cl_2$	187	7.79	15.6	31.1	62.3	125	187
20	1,3,5-三氯苯	$C_6H_3Cl_3$	19.8	0.824	1.65	3.29	6.59	13.2	19.8
21	1,2,4-三氯苯	$C_6H_3Cl_3$	29.5	1.22	2.44	4.91	9.82	19.6	29.5
22	六氯丁二烯	C_4Cl_6	2.68	0.112	0.224	0.448	0.895	1.84	2.68
23	1,2,3-三氯苯	$C_6H_3Cl_3$	17.3	0.721	1.44	2.88	5.77	11.5	17.3
24	1,2,4,5-四氯苯	$C_6H_2Cl_4$	11.2	0.466	0.932	1.86	3.73	7.46	11.2
25	1,2,3,4-四氯苯	$C_6H_2Cl_4$	10.3	0.428	0.856	1.71	3.42	6.84	10.3
26	五氯苯	C_6HCl_5	4.89	0.204	0.408	0.816	1.63	3.26	4.89
27	六氯苯	C_6Cl_6	7.41	0.309	0.618	1.24	2.47	4.94	7.41

4.3.6.3　试验

4.3.6.3.1　进样：进样方式为直接进样；进样量为 1 000 μL。

4.3.6.3.2　手动或自动进样时的具体操作如下：

a)　手动进样时，放待测样品于水浴温度为 70 ℃的水浴箱中平衡 15 min，用洁净的微量注射器于待测样品中抽吸几次，排除气泡，取 1 000 μL 液上气体样品迅速注入带有电子捕获检测器的气相色谱仪中进行测定；

b)　自动顶空进样时，放待测样品于自动顶空进样器中，按 4.3.6.1.2 条件将 1 000 μL 液上气体样品注入带有电子捕获检测器的气相色谱仪中进行测定。

4.3.6.3.3　记录：以标样核对，记录色谱峰的保留时间及对应的化合物。

4.3.6.3.4　色谱图的考察：标准色谱图，见图 3。

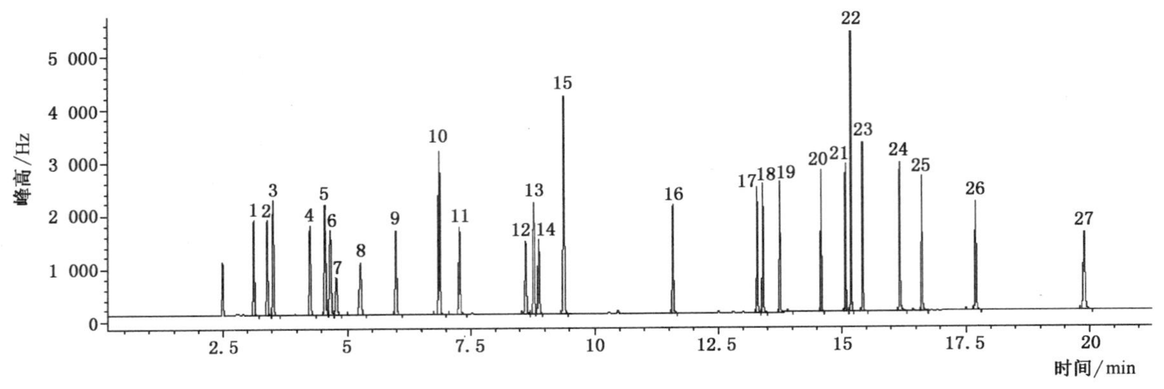

标引序号说明：

1——1,1-二氯乙烯；
2——二氯甲烷；
3——反-1,2-二氯乙烯；
4——顺-1,2-二氯乙烯；
5——三氯甲烷；
6——1,1,1-三氯乙烷；
7——四氯化碳；
8——1,2-二氯乙烷；
9——三氯乙烯；
10——二氯一溴甲烷；
11——反-1,2-二溴乙烯；
12——顺-1,2-二溴乙烯；
13——四氯乙烯；
14——1,1,2-三氯乙烷；
15——一氯二溴甲烷；
16——三溴甲烷；
17——1,3-二氯苯；
18——1,4-二氯苯；
19——1,2-二氯苯；
20——1,3,5-三氯苯；
21——1,2,4-三氯苯；
22——六氯丁二烯；
23——1,2,3-三氯苯；
24——1,2,4,5-四氯苯；
25——1,2,3,4-四氯苯；
26——五氯苯；
27——六氯苯。

图 3　27 种卤代烃标准色谱图

4.3.7　试验数据处理

4.3.7.1　定性分析

各组分的出峰顺序和时间分别为：1,1-二氯乙烯，3.099 min；二氯甲烷，3.365 min；反-1,2-二氯乙烯，3.482 min；顺-1,2-二氯乙烯，4.217 min；三氯甲烷，4.516 min；1,1,1-三氯乙烷，4.617 min；四氯化碳，4.734 min；1,2-二氯乙烷，5.183 min；三氯乙烯，5.938 min；二氯一溴甲烷，6.817 min；反-1,2-二溴乙烯，7.223 min；顺-1,2-二溴乙烯，8.572 min；四氯乙烯，8.717 min；1,1,2-三氯乙烷，8.818 min；一氯二溴甲烷，9.325 min；三溴甲烷，11.536 min；1,3-二氯苯，13.248 min；1,4-二氯苯，13.363 min；1,2-二氯苯，13.706 min；1,3,5-三氯苯，14.549 min；1,2,4-三氯苯，15.044 min；六氯丁二烯，15.158 min；1,2,3-三氯苯，15.388 min；1,2,4,5-四氯苯，16.137 min；1,2,3,4-四氯苯，16.585 min；五氯苯，17.675 min；六氯苯，19.865 min。

4.3.7.2　定量分析

根据各组分色谱图的峰高或峰面积在工作曲线上查出各组分相应的质量浓度。

4.3.7.3　结果的表示

4.3.7.3.1　定性结果：利用保留时间定性法，即根据标准色谱图各组分的保留时间，确定样品中组分的数目和名称。

4.3.7.3.2　定量结果：含量的表示方法为以微克每升(μg/L)表示。

4.3.8 精密度和准确度

4个实验室测定低、中、高浓度的人工合成水样，其相对标准偏差和回收率数据见表5。

表5 27种卤代烃低、中、高浓度的相对标准偏差和回收率测定结果

序号	组分	低浓度		中浓度		高浓度	
		回收率/%	相对标准偏差/%	回收率/%	相对标准偏差/%	回收率/%	相对标准偏差/%
1	1,1-二氯乙烯	82.5～105	3.0～4.2	93.9～112	4.1～7.4	72.1～107	4.0～7.3
2	二氯甲烷	83.0～91.9	1.7～3.9	94.2～105	1.6～6.3	84.9～98.3	2.3～5.9
3	反-1,2-二氯乙烯	85.8～104	2.6～4.0	87.3～96.7	3.8～6.5	74.0～95.8	2.3～7.3
4	顺-1,2-二氯乙烯	77.7～115	3.4～5.6	102～115	2.8～6.9	84.4～113	1.6～6.3
5	三氯甲烷	92.6～106	3.3～4.8	91.7～115	4.3～7.1	77.3～104	1.8～6.4
6	1,1,1-三氯乙烷	88.6～95.4	3.0～4.2	97.8～105	5.0～7.2	78.6～105	4.4～6.7
7	四氯化碳	81.6～95.5	2.7～7.3	93.8～104	3.5～7.7	73.9～93.1	3.1～7.1
8	1,2-二氯乙烷	77.4～103	2.1～5.5	103～109	3.5～5.3	89.6～103	2.2～7.0
9	三氯乙烯	84.9～90.8	2.6～4.4	100～112	3.9～6.8	83.5～102	3.1～5.5
10	二氯一溴甲烷	85.7～99.4	2.7～5.9	83.7～104	4.3～6.5	83.6～101	3.1～5.9
11	反-1,2-二溴乙烯	82.9～108	2.5～4.7	87.8～101	3.0～5.8	80.5～92.7	3.8～5.8
12	顺-1,2-二溴乙烯	83.0～90.0	4.2～5.4	91.5～104	3.7～6.0	86.6～99.3	4.4～7.0
13	四氯乙烯	77.5～106	2.6～5.6	93.4～106	2.5～7.0	78.9～89.6	3.6～5.5
14	1,1,2-三氯乙烷	98.6～104	2.6～4.7	105～108	3.6～4.8	90.5～103	2.1～4.1
15	一氯二溴甲烷	81.2～85.8	2.8～6.0	88.5～101	3.3～5.8	86.3～104	2.7～4.8
16	三溴甲烷	85.1～101	2.8～3.7	93.4～94.4	2.3～4.0	78.4～94.3	2.4～4.3
17	1,3-二氯苯	84.1～86.2	3.7～5.7	86.2～101	3.6～5.7	80.5～92.2	2.8～5.3
18	1,4-二氯苯	83.5～101	3.1～5.1	96.8～108	3.3～5.6	84.6～93.5	3.5～5.2
19	1,2-二氯苯	78.2～94.6	2.5～5.8	97.4～108	3.4～5.5	84.6～102	2.7～4.7
20	1,3,5-三氯苯	73.7～89.0	5.2～6.4	82.9～93.0	2.9～6.0	71.6～97.0	2.4～5.9
21	1,2,4-三氯苯	76.8～94.3	3.9～6.5	89.6～102	2.8～5.9	82.1～95.9	3.4～5.2
22	六氯丁二烯	78.4～104	4.8～6.8	85.0～99.6	2.4～6.5	77.0～97.8	5.4～7.2
23	1,2,3-三氯苯	76.6～93.8	2.6～7.1	91.4～102	2.6～5.3	82.5～89.7	3.0～4.8
24	1,2,4,5-四氯苯	88.5～97.4	2.2～7.6	90.8～102	3.4～5.7	78.1～94.0	2.7～5.4
25	1,2,3,4-四氯苯	83.9～99.8	3.1～6.6	87.8～103	2.8～6.9	83.0～95.6	2.5～5.4
26	五氯苯	88.8～111	2.9～7.1	89.3～98.5	3.1～4.8	79.7～113	5.3～6.0
27	六氯苯	81.0～103	3.3～7.0	82.5～96.0	4.4～7.0	78.7～96.2	4.5～6.6

5 1,2-二氯乙烷

5.1 吹扫捕集气相色谱质谱法

按4.2描述的方法测定。

5.2 顶空毛细管柱气相色谱法(氢火焰检测器)

按21.2描述的方法测定。

5.3 顶空毛细管柱气相色谱法(电子捕获检测器)

按4.3描述的方法测定。

6 1,1,1-三氯乙烷

6.1 吹扫捕集气相色谱质谱法

按4.2描述的方法测定。

6.2 顶空毛细管柱气相色谱法

按4.3描述的方法测定。

7 氯乙烯

7.1 毛细管柱气相色谱法

7.1.1 最低检测质量浓度

若取水样100 mL,取1 mL液上气体进行色谱测定,最低检测质量浓度为1 μg/L。

7.1.2 原理

在封闭的顶空瓶内,易挥发的氯乙烯从液相逸入气相中。在一定温度下,氯乙烯分子扩散,在气液两相间达到动态平衡,此时氯乙烯在气相中的浓度和在液相中的浓度成正比。取液上气体经色谱柱分离,用氢火焰离子化检测器测定。

7.1.3 试剂或材料

7.1.3.1 载气:高纯氮[$\varphi(N_2)\geqslant 99.999\%$]。

7.1.3.2 辅助气体:氢气、空气。

7.1.3.3 *N*,*N*-二甲基乙酰胺(DMA,C_4H_9NO):在相同色谱条件下,不应检出与氯乙烯相同保留时间的任何杂峰,否则通氮气曝气30 min。

7.1.3.4 氯乙烯[$w(C_2H_3Cl)$纯度$\geqslant 99.5\%$],或使用有证标准物质。

7.1.3.5 氯乙烯标准储备溶液:于25 mL±0.5 mL配气瓶中,预先加入20 mL DMA,盖紧密封,精确称量W_1,用注射器从氯乙烯容器中取4 mL氯乙烯(取气时先用氯乙烯气体洗注射器两次),注入配气瓶,精确称量W_2,计算每毫升DMA中氯乙烯含量。

7.1.3.6 氯乙烯标准使用溶液:吸取一定量的氯乙烯标准储备溶液,在配气瓶中用DMA稀释为ρ(氯乙烯)=50 μg/mL。现用现配。

7.1.4 仪器设备

7.1.4.1 气相色谱仪:配有氢火焰离子化检测器。

7.1.4.2 色谱柱:AC-5 或 HP-5 大口径石英毛细管柱(30 m×0.53 mm,1.0 μm),相当 SE-54 或其他等效色谱柱。

7.1.4.3 顶空瓶:20 mL,使用前 100 ℃烘烤 2 h。

7.1.4.4 水浴箱:控温精度±2 ℃,或自动顶空进样器。

7.1.4.5 微量注射器:10 μL、100 μL。

7.1.5 样品

7.1.5.1 水样的采集与保存:取处理过的样品瓶,现场采集满瓶后立即按 1%的比例加入 DMA,盖紧密封,如不能立即测定,于 0 ℃~4 ℃冷藏保存。

注:实际样品基质与标准溶液基质保持一致,若选择甲醇基质的氯乙烯标准溶液,则采样时不用加入 DMA。

7.1.5.2 水样的预处理:测定前在无氯乙烯等有机物的清洁环境中迅速取 10 mL 水样置于 20 mL 顶空样品瓶中,立即密封放入水浴箱或自动顶空进样器内,50 ℃平衡 40 min,待测。

7.1.6 试验步骤

7.1.6.1 仪器参考条件

7.1.6.1.1 气化室温度:120 ℃。

7.1.6.1.2 柱温:45 ℃。

7.1.6.1.3 检测器温度:150 ℃。

7.1.6.1.4 气体流量:氮气,5 mL/min;尾吹气,25 mL/min;氢气和空气根据所用仪器选择最佳流量。

7.1.6.2 校准

7.1.6.2.1 定量分析中的校准方法:外标法。

7.1.6.2.2 标准样品使用次数和使用条件如下:

a) 使用次数:每次分析样品时,用标准使用溶液绘制工作曲线;

b) 气相色谱法中使用标准样品的条件:

   1) 标准样品进样体积与试样的进样体积相同;

   2) 在工作范围内相对标准偏差小于 10%,即可认为仪器处于稳定状态;

   3) 标准样品与试样尽可能同时分析。

7.1.6.2.3 工作曲线的绘制:临用时在 20 mL 顶空瓶中加入纯水 10 mL,盖紧密封后,分别注入氯乙烯标准使用溶液 0 μL、2 μL、4 μL、6 μL、8 μL、10 μL,此标准溶液质量浓度分别为 0 μg/L、10 μg/L、20 μg/L、30 μg/L、40 μg/L、50 μg/L,放入水浴箱或自动顶空进样器,50 ℃平衡 40 min,取 1.0 mL(手动进样取 100 μL)液上气体注入气相色谱仪,测得各浓度的峰面积(每个浓度重复测定两次),以峰面积的平均值为纵坐标,质量浓度为横坐标,绘制工作曲线。

7.1.6.3 试验

7.1.6.3.1 进样:手动进样的进样量为 100 μL,不分流;自动进样的进样量为 1.0 mL,分流比 5∶1。

7.1.6.3.2 记录:以标样核对,记录色谱峰的保留时间及对应的化合物。

7.1.6.3.3 色谱图考察:标准色谱图,见图 4。

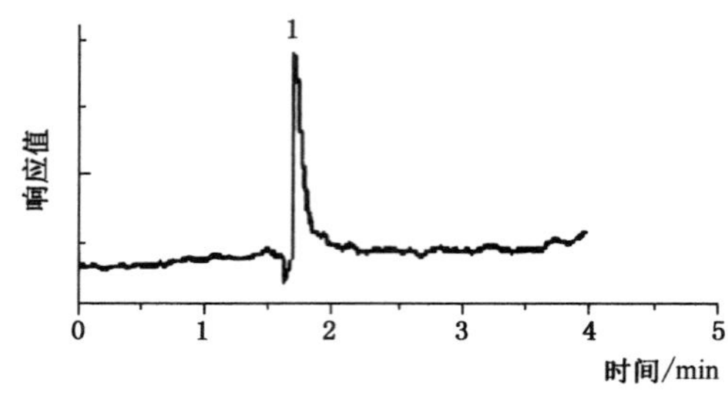

标引序号说明：
1——氯乙烯。

图 4 氯乙烯标准色谱图

7.1.7 试验数据处理

7.1.7.1 定性分析：用标准色谱图中氯乙烯的保留时间（1.7 min）确定水样中氯乙烯的存在。

7.1.7.2 定量分析：直接从工作曲线上查出水样中氯乙烯的质量浓度，以微克每升（μg/L）表示。

7.1.8 精密度和准确度

测定加标水样（质量浓度为 5.0 μg/L～50.0 μg/L 时），其相对标准偏差为 3.2%～8.8%，回收率范围为 90.0%～110%。

7.2 吹扫捕集气相色谱质谱法

按 4.2 描述的方法测定。

8 1,1-二氯乙烯

8.1 吹扫捕集气相色谱法

8.1.1 最低检测质量浓度

本方法的最低检测质量浓度分别为：1,1-二氯乙烯，0.02 μg/L；反-1,2-二氯乙烯，0.02 μg/L；顺-1,2-二氯乙烯，0.02 μg/L。

吹脱气中的杂质，捕集器和管路中释放的有机物是污染的主要原因。因此，避免在吹扫-捕集系统使用非聚四氟乙烯管路、密封材料，或带橡胶组件的流量控制器。在采样、处理和运输过程中，需用纯水配制的试剂空白进行校正，经常烘烤和吹脱整个系统。

8.1.2 原理

在室温下，惰性气体将在特制吹扫瓶中水样的 1,1-二氯乙烯等挥发性有机物吹出，待测物被捕集器吸附。然后，经热解吸待测物由惰性气体带入气相色谱仪，进行分离和测定。

8.1.3 试剂或材料

8.1.3.1 高纯氮[$\varphi(N_2)$≥99.999%]。

8.1.3.2 纯水：色谱检验无干扰组分。

8.1.3.3 抗坏血酸（$C_6H_8O_6$）。

8.1.3.4 甲醇(CH_3OH):气相色谱法检验无干扰组分。

8.1.3.5 盐酸溶液(1+1)。

8.1.3.6 2,6-二苯并呋喃聚合物:色谱纯,60 目～80 目。

8.1.3.7 聚甲基硅氧烷填料:OV-1(3%)。

8.1.3.8 硅胶:35 目～60 目。

8.1.3.9 活性炭。

8.1.3.10 色谱标准物:1,1-二氯乙烯、(顺、反)1,2-二氯乙烯[$w(C_2H_2Cl_2)\geqslant 99.9\%$],或使用有证标准物质。

8.1.3.11 1,1-二氯乙烯标准储备溶液:取 9.8 mL 甲醇于 10 mL 容量瓶中,敞口放置 10 min。准确称量至 0.000 1 g。用 100 μL 注射器加入一定量 1,1-二氯乙烯于甲醇中,重新称量。二次称量之差为 1,1-二氯乙烯的量。用甲醇稀释至刻度。盖上瓶盖,摇匀,计算溶液的质量浓度(以 μg/μL 表示)。把标准储备溶液转移到具聚四氟乙烯密封带螺旋盖的小瓶中,于－10 ℃～－20 ℃避光保存。

8.1.3.12 反-1,2-二氯乙烯标准储备溶液:配制过程参考 8.1.3.11。

8.1.3.13 顺-1,2-二氯乙烯标准储备溶液:配制过程参考 8.1.3.11。

8.1.3.14 1,1-二氯乙烯标准中间溶液:用甲醇将 1,1-二氯乙烯标准储备溶液稀释成中间溶液。中间溶液的浓度需满足制备标准系列所需的范围。把中间溶液置于冰箱保存,每月配制一次。

8.1.3.15 反-1,2-二氯乙烯标准中间溶液:配制过程参考 8.1.3.14。

8.1.3.16 顺-1,2-二氯乙烯标准中间溶液:配制过程参考 8.1.3.14。

8.1.3.17 标准混合使用溶液的配制:把适量的 1,1-二氯乙烯、反-1,2-二氯乙烯和顺-1,2-二氯乙烯的中间溶液加到纯水中。每个组分制备 5 个浓度点,第一个浓度点在最低检测质量浓度附近,其他 4 个浓度点在相应于标准系列使用溶液预计样品质量浓度的范围内。现用现配。

8.1.4 仪器设备

8.1.4.1 气相色谱仪:具程序升温和柱头进样系统;配有电解电导检测器。

8.1.4.2 色谱柱:VOCOL 毛细管色谱柱(60 m×0.75 mm,1.5 μm),或其他等效色谱柱。

8.1.4.3 吹扫-捕集系统要求如下:

a) 吹扫装置:可容纳 25 mL 样品,并使水柱至 5 cm 高(如果方法的最低检测质量浓度和试验允许,也可采用 5 mL 吹扫装置),具体见图 5;

b) 捕集器:长 25 cm,内径 3 mm。内填充以下吸附剂:1.0 cm 用甲基硅油涂敷的填料,7.7 cm 二苯并呋喃聚合物,7.7 cm 硅胶和 7.7 cm 活性炭(椰壳炭)。具体见图 5。

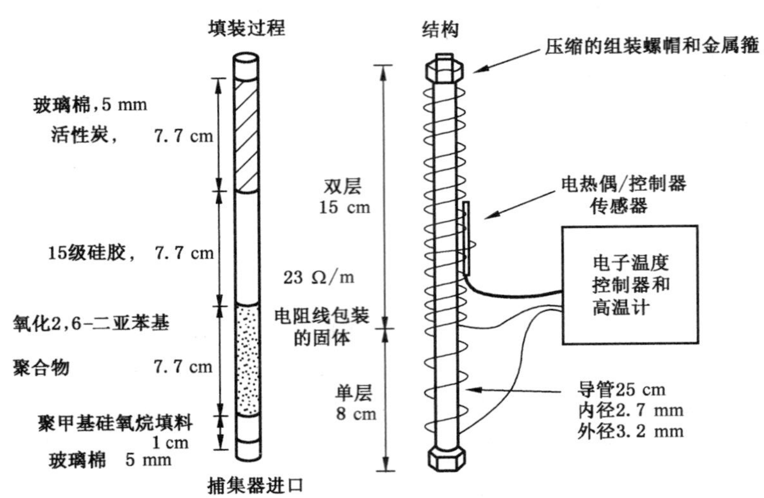

图 5 适合于热解吸的捕集器填料结构

8.1.4.4 玻璃注射器:25 mL。

8.1.4.5 微量注射器:10 μL、25 μL 和 100 μL。

8.1.4.6 样品瓶:40 mL 玻璃瓶,具有用聚四氟乙烯薄膜包硅橡胶垫的螺旋盖,使用前于 105 ℃烘烧 1 h。

8.1.5 样品

8.1.5.1 水样的稳定性:样品的待测组分易挥发。

8.1.5.2 水样的采集与保存:采样时,先加 40 mg 抗坏血酸[如水样中不含余氯可加 4 滴盐酸溶液(1+1)]于采样容器中。水样至满瓶,密封,0 ℃～4 ℃冷藏保存。

8.1.5.3 水样的处理:取出水样瓶放置到室温。移开注射器的注射杆,关闭连接阀,小心地将水样倒入注射器正好溢流。装好注射杆,打开阀,将样品调至 25.0 mL。连接吹扫装置,将样品注射到吹扫瓶中,关闭阀。在室温下,以 40 mL/min 流量的氮气吹脱 11.0 min。于 180 ℃解吸柱头捕集器所吸附的待测物。与色谱柱相同流量的氮气反冲捕集器 4 min 后,开始气相色谱分析。

8.1.6 试验步骤

8.1.6.1 仪器参考条件

柱温:程序升温 0 ℃保持 8 min,以 4 ℃/min 速率升至 185 ℃保持 1.5 min。

8.1.6.2 校准

8.1.6.2.1 定量分析中的校准方法:外标法。

8.1.6.2.2 标准样品使用次数和使用条件如下:

a) 使用次数:每次分析样品时,用标准使用溶液绘制新的工作曲线;

b) 气相色谱使用标准样品的条件:

  1) 每批样品必需制备工作曲线;

  2) 在工作范围内,相对标准偏差小于 10%即可认为仪器处于稳定状态。

8.1.6.2.3 工作曲线的绘制:取 25 mL 标准混合系列按水样的处理步骤进行处理和色谱分析。以峰高或峰面积为纵坐标,质量浓度为横坐标,绘制工作曲线。

8.1.6.3 **试验**

8.1.6.3.1 进样方式:直接进样。

8.1.6.3.2 记录:以标样核对,记录色谱峰的保留时间及对应的化合物。

8.1.6.3.3 色谱图的考察,标准物质色谱图,见图6。

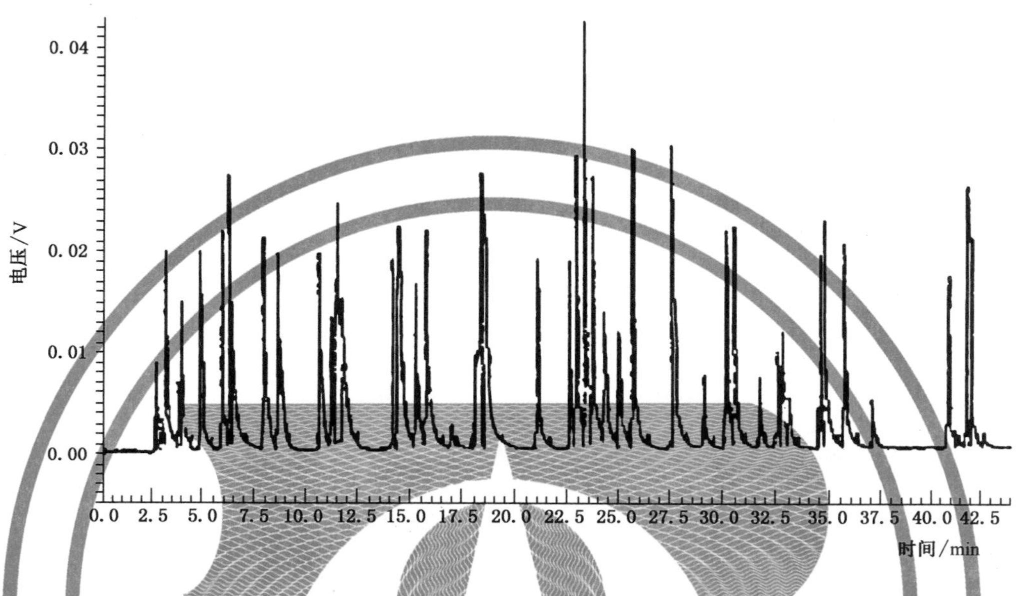

图6 电解电导检测器(ELCD)色谱图

8.1.7 **试验数据处理**

8.1.7.1 **定性分析**

8.1.7.1.1 各组分出峰顺序:1,1-二氯乙烯;反-1,2-二氯乙烯;顺-1,2-二氯乙烯。

8.1.7.1.2 保留时间:1,1-二氯乙烯,13.59 min;反-1,2-二氯乙烯,16.78 min;顺-1,2-二氯乙烯,20.54 min。

8.1.7.2 **定量分析**

根据样品的峰高或峰面积从工作曲线上查出样品中待测物的质量浓度。

8.1.7.3 **结果表示**

8.1.7.3.1 定性结果:根据标准色谱图各组分的保留时间,确定待测组分数目及名称。

8.1.7.3.2 定量结果:直接从工作曲线上查出各组分的含量,以微克每升(μg/L)表示。

8.1.8 **精密度和准确度**

单个实验室进行回收率和相对标准偏差的试验结果,见表6。

表 6　二氯乙烯回收率和精密度

组分	回收率/%	相对标准偏差/%
1,1-二氯乙烯	81	1
反-1,2-二氯乙烯	76	1
顺-1,2-二氯乙烯	77	1

8.2　吹扫捕集气相色谱质谱法

按 4.2 描述的方法测定。

8.3　顶空毛细管柱气相色谱法

按 4.3 描述的方法测定。

9　1,2-二氯乙烯

9.1　吹扫捕集气相色谱法

按 8.1 描述的方法测定。

9.2　吹扫捕集气相色谱质谱法

按 4.2 描述的方法测定。

9.3　顶空毛细管柱气相色谱法

按 4.3 描述的方法测定。

10　三氯乙烯

10.1　吹扫捕集气相色谱质谱法

按 4.2 描述的方法测定。

10.2　顶空毛细管柱气相色谱法

按 4.3 描述的方法测定。

11　四氯乙烯

11.1　吹扫捕集气相色谱质谱法

按 4.2 描述的方法测定。

11.2　顶空毛细管柱气相色谱法

按 4.3 描述的方法测定。

12 苯并[a]芘

12.1 高效液相色谱法(Ⅰ)

12.1.1 最低检测质量浓度

本方法最低检测质量为 0.07 ng,若取 500 mL 水样测定,本方法最低检测质量浓度为 1.4 ng/L。

12.1.2 原理

水中苯并[a]芘及其他芳烃能被环己烷萃取,萃取液经活性氧化铝吸附净化,以苯洗脱、浓缩后,可用液相色谱-荧光检测器定量。

12.1.3 试剂或材料

所用试剂和材料应进行空白试验,即通过全部操作过程,证明无干扰物质存在。所有试剂使用前均应采用 0.45 μm 滤膜过滤。

12.1.3.1 超纯水:电阻率大于 18.0 MΩ·cm。

12.1.3.2 活性氧化铝:取 250 g 100 目~200 目层析用中性氧化铝(Al_2O_3)于 140 ℃活化 4 h,冷却后装瓶,储于干燥器内,备用。

12.1.3.3 盐酸溶液(1+19):取 5 mL 盐酸(ρ_{20}=1.19 g/mL),加至 95 mL 纯水中,混匀。

12.1.3.4 玻璃棉:用盐酸溶液(1+19)浸泡过夜,然后用纯水洗至中性。用氢氧化钠溶液浸泡过夜,纯水洗至中性,于 105 ℃烘干备用。

12.1.3.5 甲醇(CH_3OH):色谱纯。

12.1.3.6 活性炭:取 50 g 20 目~40 目活性炭用盐酸溶液(1+19)浸泡过夜,用纯水洗至中性,于 105 ℃烘干。再用环己烷浸泡过夜,滤干后在氮气流下于 400 ℃活化 4 h,冷后储于磨口瓶中备用。

12.1.3.7 环己烷:通过活性炭层析柱后重蒸馏,取此环己烷 70 mL 浓缩至 1.0 mL,浓缩液应测不出苯并[a]芘的存在,方可使用。

12.1.3.8 无水硫酸钠:400 ℃烘烤 4 h,冷却后储于磨口瓶中备用。

12.1.3.9 氢氧化钠溶液:称取 5 g 氢氧化钠(NaOH),用纯水溶解,并稀释至 100 mL。

12.1.3.10 苯:重蒸馏。

12.1.3.11 苯并[a]芘[简称 B[a]P,$C_{20}H_{12}$]标准储备溶液{ρ[B[a]P]=100 μg/mL}的制备:称取 5.00 mg苯并[a]芘,用少量苯溶解后,加环己烷定容至 50.0 mL。装入棕色瓶,储于冰箱内,可保存 6 个月,或使用有证标准物质。

12.1.3.12 苯并[a]芘标准中间溶液{ρ[B[a]P]=1.00 μg/mL}的制备:吸取 1.00 mL 苯并[a]芘标准储备溶液于 100 mL 棕色容量瓶内,用环己烷稀释。储于冰箱内,可保存 1 个月。

12.1.3.13 苯并[a]芘标准使用溶液:取 5 个 10 mL 容量瓶,加入 0 mL、0.07 mL、0.15 mL、0.25 mL、0.50 mL苯并[a]芘标准中间溶液,用环己烷稀释至刻度,苯并[a]芘质量浓度分别为 0 ng/mL、7 ng/mL、15 ng/mL、25 ng/mL 和 50 ng/mL。

12.1.4 仪器设备

12.1.4.1 高效液相色谱仪:具有荧光检测器。

12.1.4.2 色谱柱:色谱柱类型为不锈钢柱,长 150 mm,内径 3.9 mm;填充物为 Spherisorb C_{18}(5 μm);或其他等效色谱柱。

12.1.4.3 微量注射器:25 μL,针头锥度为 90 度。

12.1.4.4 分液漏斗:1 000 mL。
12.1.4.5 KD浓缩器。
12.1.4.6 层析柱:玻璃柱,内径5 mm,长10 cm。

12.1.5 样品

12.1.5.1 水样的稳定性

苯并[*a*]芘在水中不稳定,易分解。

12.1.5.2 水样的采集与保存

在采样点采取水样时,水样应完全注满,不留空气。采集水源水水样时,应将水样瓶(棕色瓶)浸入水面下再进行采样,以防表层水的污染。采集自来水水样时,应在水龙头消毒之前采集,并在每升水样中加入0.5 mL硫代硫酸钠溶液(100 g/L)并混匀,以除去余氯。试样应放置暗处并尽快在采样后24 h内进行萃取。萃取液在冰箱内可保存1周。

12.1.5.3 水样的预处理(需在暗室内,有微弱黄光下操作)

12.1.5.3.1 水样的萃取:取500 mL均匀水样置于1 000 mL分液漏斗中,用70 mL环己烷分三次萃取(30 mL、20 mL和20 mL),每次振摇5 min,注意放气。放置15 min,分出环己烷萃取液,合并三次萃取液于250 mL具塞锥形瓶中,加入5 g～10 g无水硫酸钠脱水。

12.1.5.3.2 萃取液的净化操作如下:

a) 装活性氧化铝柱:将活性氧化铝在不断振动下装入层析柱内,柱底部装有少许处理过的玻璃棉,活性氧化铝的高度为5 cm～7 cm,上面再装1 cm～2 cm高的无水硫酸钠,用少量环己烷润湿,不应有气泡;
b) 柱层析:将12.1.5.3.1中的环己烷萃取液注入活性氧化铝柱上,锥形瓶中残存的无水硫酸钠用20 mL环己烷分次洗涤,洗涤液过柱。用10 mL苯洗脱,收集苯洗脱液。

12.1.5.3.3 水样浓缩:将苯洗脱液置KD浓缩器内,于60 ℃～70 ℃水浴中减压浓缩至0.1 mL。

12.1.6 试验步骤

12.1.6.1 仪器参考条件

12.1.6.1.1 柱温:30 ℃。
12.1.6.1.2 流动相:甲醇＋纯水(9＋1)。
12.1.6.1.3 流量:2 mL/min。
12.1.6.1.4 荧光检测器:Ex＝303 nm,Em＝425 nm。

12.1.6.2 校准

12.1.6.2.1 定量分析中的校准方法:外标法。
12.1.6.2.2 标准数据的表示:用标准曲线计算测定结果。
12.1.6.2.3 标准曲线的绘制:各取10 μL苯并[*a*]芘标准使用溶液注入色谱仪,记录色谱峰高。以峰高为纵坐标,质量浓度为横坐标,绘制标准曲线。

12.1.6.3 定量分析

取10 μL水样浓缩液注入色谱仪,测量峰高。从标准曲线上查出水样苯并[*a*]芘的含量。

12.1.7 试验数据处理

按公式(4)计算水样中苯并[*a*]芘的质量浓度：

$$\rho(\mathrm{B}[a]\mathrm{P})=\frac{\rho_1\times V_1}{V}\times 1\ 000 \quad \cdots\cdots(4)$$

式中：

$\rho(\mathrm{B}[a]\mathrm{P})$——水样中苯并[*a*]芘($C_{20}H_{12}$)的质量浓度，单位为纳克每升(ng/L)；

ρ_1——相当于标准曲线标准的苯并[*a*]芘质量浓度，单位为纳克每毫升(ng/mL)；

V_1——萃取液浓缩后的体积，单位为毫升(mL)；

V——水样体积，单位为毫升(mL)。

12.1.8 精密度和准确度

4个实验室重复测定加标水样，低浓度平均回收率为89.2%，相对标准偏差为4.1%；高浓度平均回收率为92.3%，相对标准偏差为4.5%。

12.2 高效液相色谱法(Ⅱ)

按88.1描述的方法测定。

13 丙烯酰胺

13.1 高效液相色谱串联质谱法

13.1.1 最低检测质量浓度

取100 mL水样经提取后定容至1.0 mL测定，最低检测质量浓度为0.020 μg/L。

本方法仅用于生活饮用水的测定。

13.1.2 原理

水样通过活性炭固相萃取柱净化和富集，洗脱液经浓缩、定容和过滤后，采用液相色谱分离，串联质谱检测，同位素内标法定量。

13.1.3 试剂

除非另有说明，本方法所用试剂均为分析纯，实验用水为GB/T 6682规定的一级水。

13.1.3.1 甲醇(CH_3OH)：色谱纯。

13.1.3.2 甲酸(HCOOH)：色谱纯。

13.1.3.3 标准物质：丙烯酰胺[$w(C_3H_5NO)\geqslant 99\%$]，或使用有证标准物质。

13.1.3.4 内标物质：$^{13}C_3$-丙烯酰胺内标溶液[$\rho(^{13}C_3H_5NO)=1.0$ mg/mL]，或使用有证标准溶液。

13.1.3.5 丙烯酰胺标准储备溶液：准确称取10.0 mg丙烯酰胺于10 mL容量瓶中，用甲醇溶解、定容至刻度，该溶液质量浓度为1.0 mg/mL。于冰箱0 ℃～4 ℃冷藏、避光保存，可保存6个月。

13.1.3.6 丙烯酰胺标准中间溶液：吸取丙烯酰胺标准储备溶液1.0 mL于100 mL容量瓶中，用甲醇定容至刻度，该溶液质量浓度为10 μg/mL。于冰箱0 ℃～4 ℃冷藏、避光保存，可保存6个月。

13.1.3.7 丙烯酰胺标准使用溶液：吸取丙烯酰胺标准中间溶液1.0 mL于100 mL容量瓶中，用纯水定容至刻度，该溶液质量浓度为100 μg/L，现用现配。

13.1.3.8 $^{13}C_3$-丙烯酰胺内标中间溶液：吸取$^{13}C_3$-丙烯酰胺内标溶液100 μL于10 mL容量瓶中，用甲醇定容至刻度，该溶液质量浓度为 10 μg/mL。于冰箱 0 ℃～4 ℃冷藏、避光保存，可保存 6 个月。

13.1.3.9 $^{13}C_3$-丙烯酰胺内标使用溶液：吸取$^{13}C_3$-丙烯酰胺内标中间溶液 100 μL 于 10 mL 容量瓶中，用纯水定容至刻度，该溶液质量浓度为 100 μg/L，现用现配。

13.1.4 仪器设备

13.1.4.1 高效液相色谱串联质谱仪：配有电喷雾电离源。

13.1.4.2 氮吹仪。

13.1.4.3 固相萃取装置。

13.1.4.4 天平：分辨力不低于 0.01 mg。

13.1.4.5 活性炭固相萃取柱：称取 500 mg 活性炭(74 μm)于装有筛板的 10 mL 空柱管中，填料上端再以筛板固定，轻轻压实。也可使用其他等效活性炭固相萃取柱(500 mg，6 mL)。以含丙烯酰胺5 μg/L 的水样 100 mL 过活化好的固相萃取柱，回收率≥90%方可使用。

13.1.4.6 微孔滤膜：0.45 μm 和 0.22 μm 水系滤膜。

13.1.5 样品

13.1.5.1 水样的采集与保存

用棕色磨口玻璃瓶采集样品，水样充满样品瓶并加盖密封，0 ℃～4 ℃冷藏、避光保存，保存时间为 48 h。

13.1.5.2 水样的预处理

将样品过 0.45 μm 水系滤膜。

13.1.5.3 固相萃取

13.1.5.3.1 活化：活性炭固相萃取柱用前依次用 5 mL 甲醇、5 mL 水活化，活化时，不要让甲醇和水流干(液面不低于吸附剂顶部)。

13.1.5.3.2 富集：取预过滤后的 100 mL 水样，加入 50 μL 质量浓度为 100 μg/L $^{13}C_3$-丙烯酰胺内标使用溶液，混匀，内标物在水中的质量浓度为 0.050 μg/L，水样以约 5 mL/min 速度通过固相萃取柱。

13.1.5.3.3 干燥：用氮气吹 2 min，使固相萃取柱干燥。

13.1.5.3.4 洗脱：用 10 mL 甲醇洗脱。

13.1.5.3.5 洗脱液浓缩：洗脱液在 40 ℃左右用氮气吹至近干，再用 1.0 mL 水重新溶解，过 0.22 μm 水系滤膜。

13.1.6 试验步骤

13.1.6.1 仪器参考条件

13.1.6.1.1 液相色谱参考条件

13.1.6.1.1.1 色谱柱：极性改性 C_{18}色谱柱(150 mm×2.1 mm，3.5 μm)，或其他等效色谱柱。

13.1.6.1.1.2 流动相：甲醇＋水(0.1%甲酸)＝10＋90。

13.1.6.1.1.3 流速：0.2 mL/min。

13.1.6.1.1.4 进样量：10 μL。

13.1.6.1.1.5 柱温：25 ℃。

13.1.6.1.2 质谱参考条件

13.1.6.1.2.1 离子源：电喷雾电离源正离子模式(ESI+)。

13.1.6.1.2.2 检测方式：多反应监测(MRM)。

13.1.6.1.2.3 气体：脱溶剂气、锥孔气、碰撞气均为高纯氮气，使用前应调节各气体流量以使质谱灵敏度达到检测要求。

13.1.6.1.2.4 电压：毛细管电压、锥孔电压等电压值应优化至最佳灵敏度。

13.1.6.1.2.5 其他：保留时间、母离子、特征子离子及碰撞能量见表7。

表7 丙烯酰胺及其内标物的母离子、特征子离子及保留时间、碰撞能量参考值

组分	保留时间/min	母离子(*m*/*z*)	子离子(*m*/*z*)	碰撞能量/eV
丙烯酰胺	2.2	72	55* /44	10
$^{13}C_3$-丙烯酰胺	2.2	75	58* /45	10
* 表示定量离子。				

13.1.6.2 测定

13.1.6.2.1 标准曲线绘制

准确吸取丙烯酰胺标准使用溶液0 mL、0.20 mL、0.50 mL、1.00 mL、2.00 mL、5.00 mL分别置于10.0 mL容量瓶中并加入$^{13}C_3$-丙烯酰胺内标使用溶液0.50 mL，以纯水定容至刻度，标准系列溶液质量浓度为0 μg/L、2.0 μg/L、5.0 μg/L、10.0 μg/L、20.0 μg/L、50.0 μg/L，$^{13}C_3$-丙烯酰胺质量浓度固定为5.0 μg/L。

以丙烯酰胺峰面积与内标峰面积的比值为纵坐标，以丙烯酰胺的质量浓度为横坐标，绘制标准曲线。

13.1.6.2.2 色谱图考察

标准色谱图，见图7。

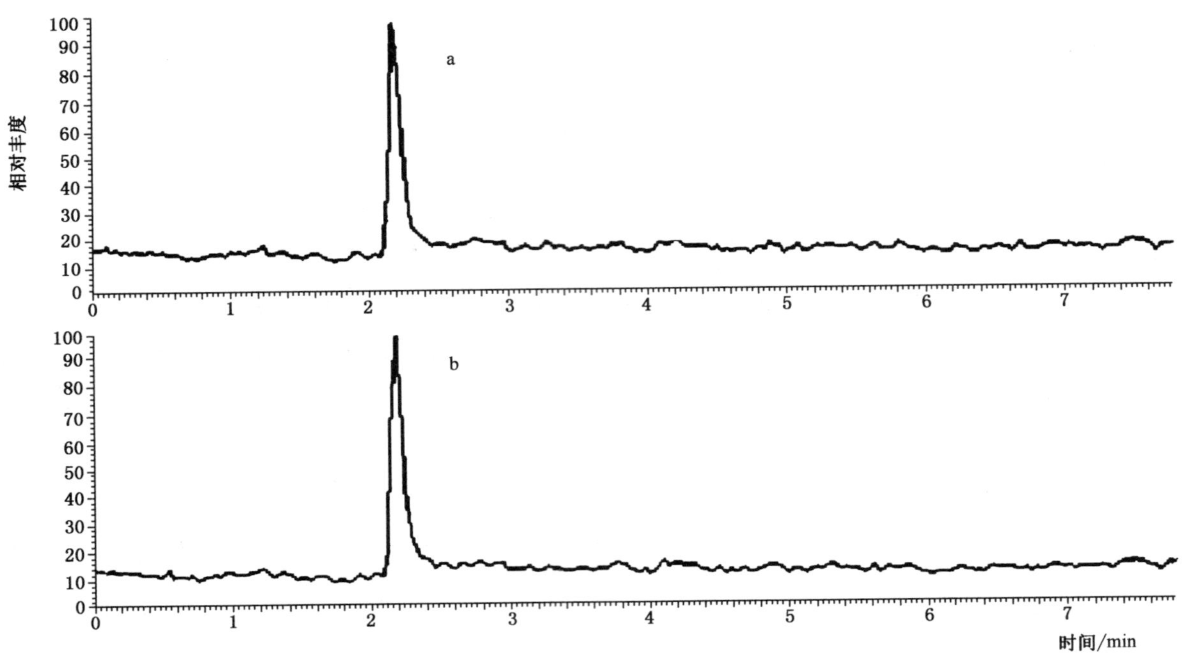

标引序号说明：

a——丙烯酰胺；

b——$^{13}C_3$-丙烯酰胺。

图 7　2.0 μg/L 丙烯酰胺和$^{13}C_3$-丙烯酰胺标准色谱图

13.1.7　试验数据处理

13.1.7.1　定性分析

在上述仪器条件下测定样品溶液，待测物以保留时间和特征离子的丰度比进行定性。要求待测试样中待测物的保留时间与标准溶液中待测物保留时间的相对偏差小于 20%；样品特征离子的相对丰度与浓度相当标准溶液的相对丰度一致，相对丰度偏差不超过表 8 的规定，则可判断样品中存在相应的待测物。

表 8　定性测定时相对离子丰度的最大允许相对偏差

相对离子丰度	最大允许相对偏差
＞50%	±20%
＞20%～50%	±25%
＞10%～20%	±30%
≤10%	±50%

13.1.7.2　定量分析

取 10.0 μL 提取液在与标准测定相同的条件下进行分析，计算丙烯酰胺与内标物峰面积的比值，从标准曲线查得待测液中丙烯酰胺的质量浓度，按公式(5)计算水样中丙烯酰胺的质量浓度：

$$\rho(C_3H_5NO)=\frac{\rho_1 \times V_1}{V_2 \times 1\,000} \quad \cdots\cdots\cdots\cdots\cdots\cdots\cdots\cdots\cdots\cdots(5)$$

式中：

$\rho(C_3H_5NO)$——水样中丙烯酰胺的质量浓度，单位为毫克每升(mg/L)；

ρ_1——由标准曲线查得的丙烯酰胺的质量浓度，单位为微克每升(μg/L)；

V_1——提取后定容体积(1 mL)，单位为毫升(mL)；

V_2——水样体积(100 mL)，单位为毫升(mL)。

13.1.8 精密度和准确度

样本加标平行测定6次，加标质量浓度为0.02 μg/L～0.50 μg/L时，相对标准偏差小于5%，回收率为96.1%～102%。

13.2 气相色谱法

13.2.1 最低检测质量浓度

本方法最低检测质量为0.025 ng丙烯酰胺，若取100 mL水样测定，则最低检测质量浓度为0.05 μg/L。

水样中余氯大于1.0 mg/L时有负干扰。

13.2.2 原理

在pH为1～2条件下，丙烯酰胺与新生溴加成反应，生成2,3-二溴丙酰胺(又名α,β-二溴丙酰胺)，用乙酸乙酯萃取，以气相色谱法测定。

13.2.3 试剂或材料

13.2.3.1 载气：氮气[$\varphi(N_2)\geqslant 99.999\%$]。

13.2.3.2 色谱柱和填充物见13.2.4.2有关内容。

13.2.3.3 制备色谱柱涂渍固定液所用的溶剂：丙酮、三氯甲烷。

13.2.3.4 硫酸溶液(1+9)。

13.2.3.5 溴化钾(KBr)。

13.2.3.6 溴酸钾溶液[$c(1/6KBrO_3)=0.1$ mol/L]。称取1.67 g溴酸钾($KBrO_3$)，用纯水溶解并稀释至100 mL。

13.2.3.7 硫代硫酸钠溶液[$c(Na_2S_2O_3)=1$ mol/L]：称取24.8 g五水合硫代硫酸钠($Na_2S_2O_3 \cdot 5H_2O$)，用纯水溶解并稀释至100 mL。

13.2.3.8 乙酸乙酯($C_4H_8O_2$)：重蒸馏。

13.2.3.9 无水硫酸钠(Na_2SO_4)：400 ℃灼烧2 h。

13.2.3.10 硫酸溶液[$c(H_2SO_4)=3$ mol/L]：取166.7 mL硫酸($\rho_{20}=1.84$ g/mL)慢慢加入纯水中，稀释至1 000 mL。

13.2.3.11 溴酸钾溶液(120 g/L)：称取12 g溴酸钾溶于少量纯水中，然后加水至100 mL。

13.2.3.12 亚硫酸钠(Na_2SO_3)溶液(100 g/L)：称取10 g亚硫酸钠溶于少量纯水中，然后加水至100 mL。

13.2.3.13 丙烯酰胺($CH_2CHCONH_2$)：纯度≥99%。

13.2.3.14 色谱标准物质[2,3-二溴丙酰胺(2,3-DBPA)，$CH_2BrCHBrCONH_2$]的制备方法：称取3.5 g丙烯酰胺，置于250 mL抽滤瓶中(瓶塞应为事先打孔的胶塞并用透明纸包裹)，用25 mL纯水溶解，加入 15.0 g 溴化钾及 10 mL 硫酸溶液[$c(H_2SO_4)$＝3 mol/L]混匀，置于暗处，插入装有溴酸钾溶液(120 g/L)溶液的滴定管。抽滤瓶连接水泵抽气，逐滴加入 25 mL 溴酸钾溶液[$c(1/6KBrO_3)$＝0.1 mol/L]并振摇。此时，逐渐产生白色针状晶体，放置 1 h 后，加入亚硫酸钠溶液(100 g/L)除去剩余溴，用布氏漏斗抽滤(事先铺一层定量滤纸)，用少量纯水淋洗晶体，置于暗处晾干。经苯重结晶，其熔点应为 132 ℃。

13.2.3.15 标准储备溶液的制备：称取 0.010 0 g 2,3-二溴丙酰胺(2,3-DBPA)置于 100 mL 容量瓶中，用乙酸乙酯溶解并稀释至刻度，此溶液 ρ(2,3-DBPA)＝100 μg/mL。或使用有证标准物质。

13.2.3.16 2,3-二溴丙酰胺使用溶液：吸取 1.00 mL 标准储备溶液于 100 mL 容量瓶中，用乙酸乙酯稀释至刻度；然后将此溶液再稀释为 ρ(2,3-DBPA)＝0.1 μg/mL，现用现配。

13.2.4 仪器设备

13.2.4.1 气相色谱仪：配有电子捕获检测器。

13.2.4.2 色谱柱的制备要求如下。

a) 色谱柱类型：硬质玻璃填充柱，长 2 m，内径 3 mm。

b) 填充物的要求：

  1) 载体：Chromosorb W DMCS，80 目～100 目；

  2) 固定液及含量：10％丁二酸二乙二醇酯＋2％溴化钾。

c) 涂渍固定液：称取 0.2 g 溴化钾于一洁净的小烧杯中，用少量纯水溶解后，加入相当于载体体积的丙酮，混匀，加入 10 g 载体，烘干水分备用。称取 1 g 丁二酸二乙二醇酯溶于三氯甲烷，在水浴上稍加热充分溶解，冷却后，倒入上述烘干的载体，轻轻摇匀，自然挥干后，用普通方法装柱。

d) 色谱柱的老化：将色谱柱与检测器断开，然后将填充好的色谱柱装机通氮气，于柱温 190 ℃老化 24 h。

13.2.4.3 微量注射器：10 μL。

13.2.4.4 碘量瓶：250 mL。

13.2.4.5 分液漏斗：250 mL。

13.2.4.6 KD 浓缩器。

13.2.5 样品

13.2.5.1 水样的采集

用磨口玻璃瓶采集样品，采集后进行溴化、萃取，萃取液放冰箱内可保存 7 d。

13.2.5.2 水样的预处理

13.2.5.2.1 溴化和萃取操作如下：

a) 吸取 100 mL 水样置于 250 mL 碘量瓶中，加入 6.0 mL 硫酸溶液(1＋9)混匀，置于 0 ℃～4 ℃冰箱中 30 min；

b) 从冰箱中取出上述碘量瓶，然后加入 15 g 溴化钾，溶解后加入 10 mL 溴酸钾溶液[$c(1/6KBrO_3)$＝0.1 mol/L]，混匀，于冰箱中静置 30 min；

c) 从冰箱中取出试样，加入 1.0 mL 硫代硫酸钠溶液，移入 250 mL 分液漏斗中，分别用 25 mL 乙酸乙酯萃取两次，每次振摇 2 min，合并萃取液于 100 mL 锥形瓶中，加入 15 g 无水硫酸钠脱水 2 h。

13.2.5.2.2 浓缩：将萃取液置于 KD 浓缩器中，用少量乙酸乙酯洗涤硫酸钠 2 次，洗液并入浓缩器中，将萃取液浓缩至 1.0 mL。

13.2.5.2.3 同时用纯水按水样的预处理步骤操作，作空白。

13.2.6 试验步骤

13.2.6.1 仪器参考条件

13.2.6.1.1 气化室温度：225 ℃。
13.2.6.1.2 柱温：170 ℃。
13.2.6.1.3 检测器温度：210 ℃。
13.2.6.1.4 载气流量：100 mL/min。

13.2.6.2 校准

13.2.6.2.1 定量分析中校准方法：外标法。
13.2.6.2.2 标准样品使用次数和使用条件如下：

a） 使用次数：每次分析样品时用标准使用溶液绘制标准曲线；
b） 气相色谱中的使用标准样品的条件：
   1） 标准进样体积与试样进样体积相同；
   2） 标准样品与试样尽可能同时进样分析。

13.2.6.2.3 标准曲线的绘制：分别吸取 2,3-二溴丙酰胺 0 mL、0.50 mL、1.00 mL、3.00 mL、5.00 mL、7.00 mL和 10.00 mL 于 10 mL 比色管中，用乙酸乙酯稀释至刻度，混匀。各取 5 μL 注入色谱仪，以色谱峰高或峰面积为纵坐标，以质量浓度为横坐标，绘制标准曲线。

13.2.6.3 试验

13.2.6.3.1 进样：进样方式为直接进样；进样量为 5 μL；用洁净微量注射器于待测样品中抽吸几次后，取 5 μL 注入色谱仪中分析。
13.2.6.3.2 记录：以标样核对，记录色谱峰的保留时间及对应的化合物。
13.2.6.3.3 色谱图的考察：标准色谱图，见图 8。

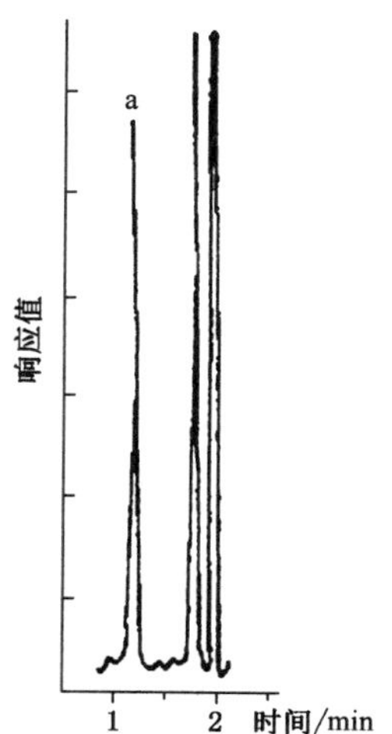

标引序号说明：

a——2,3-二溴丙酰胺。

图 8 丙烯酰胺标准色谱

13.2.7 试验数据处理

13.2.7.1 定性分析

13.2.7.1.1 组分的出峰顺序：2，3-二溴丙酰胺，溶剂。

13.2.7.1.2 保留时间：2，3-二溴丙酰胺，1.2 min。

13.2.7.2 定量分析

根据样品的峰高或峰面积从标准曲线上查出 2，3-二溴丙酰胺（2，3-DBPA）的质量浓度，按公式（6）进行计算：

$$\rho(CH_2CHCONH_2) = \frac{\rho_1 \times V_1 \times 0.308}{V} \qquad \cdots\cdots(6)$$

式中：

$\rho(CH_2CHCONH_2)$——水样中丙烯酰胺的质量浓度，单位为毫克每升（mg/L）；

ρ_1——从标准曲线上查出 2，3-DBPA 的质量浓度，单位为微克每毫升（μg/mL）；

V_1——浓缩后萃取液的体积，单位为毫升（mL）；

0.308——1 mol 丙烯酰胺与 1 mol 2，3-DBPA 的质量比值；

V——水样体积，单位为毫升（mL）。

13.2.7.3 结果的表示

13.2.7.3.1 定性结果：根据标准色谱图组分的保留时间确定组分名称。

13.2.7.3.2 定量结果：按公式（6）计算出水样中待测组分质量浓度，含量以毫克每升（mg/L）表示。

13.2.8 精密度和准确度

2 个实验室测定含丙烯酰胺 10 μg/L～100 μg/L 水样，相对标准偏差为 3.3%～12%，相对误差为 6.9%～10.6%。

14 己内酰胺

14.1 气相色谱法

14.1.1 最低检测质量浓度

本方法最低检测质量为 10 ng，若取 25 mL 水样测定，则最低检测质量浓度为 0.2 mg/L。

在本方法的分析条件下，环己烷、环己醇和环己酮不干扰测定。

14.1.2 原理

水中己内酰胺经浓缩和二硫化碳溶解后，可用带氢火焰离子化检测器的气相色谱仪进行定量测定。

14.1.3 试剂或材料

14.1.3.1 载气：氮气［$\varphi(N_2)\geqslant 99.999\%$］。

14.1.3.2 辅助气体：氢气、空气。

14.1.3.3 色谱柱和填充物见 14.1.4.2 有关内容。

14.1.3.4 制备色谱柱涂渍固定液所用的溶剂：丙酮。

14.1.3.5 二硫化碳（CS_2）。

14.1.3.6 丙酮[$(CH_3)_2CO$]。

14.1.3.7 氨水(ρ_{20}=0.88 g/mL)。

14.1.3.8 氯化钠溶液(150 g/L):称取 15 g 氯化钠,用纯水溶解并稀释为 100 mL。

14.1.3.9 己内酰胺标准储备溶液[$\rho(C_6H_{11}NO)$=10 mg/mL]:称取 1.000 g 在硅胶干燥器内干燥24 h 的己内酰胺($C_6H_{11}NO$),用纯水溶解,定量转移至 100 mL 容量瓶中,用纯水定容至刻度,摇匀,此储备溶液在冰箱内可保存 1 个月。或使用有证标准物质。

14.1.3.10 己内酰胺标准使用溶液:临用时取己内酰胺标准储备溶液在容量瓶内用纯水稀释为 $\rho(C_6H_{11}NO)$=10 μg/mL 和 $\rho(C_6H_{11}NO)$=1 μg/mL,现用现配。

14.1.4 仪器设备

14.1.4.1 气相色谱仪:配有氢火焰离子化检测器。

14.1.4.2 色谱柱的制备要求如下。

a) 色谱柱类型:不锈钢柱,长 2 m,内径 3 mm。

b) 填充物的要求如下:

1) 载体:硅烷化 101 白色担体,80 目～100 目;

2) 固定液及含量:5%聚乙二醇-20 M(Carbowax-20 M)。

c) 涂渍固定液:称取 0.5 g 固定液,用 1.5 mL 纯水溶解后,与适量的丙酮混合,加 5 mL 氨水搅匀,加入 10 g 载体,摇匀,在 60 ℃水浴上挥干液体,再于 100 ℃烘箱中烘干。采用普通装柱法装柱。

d) 色谱柱的老化:将色谱柱与检测器断开,然后将填充好的色谱柱装机,通氮气,于 200 ℃老化 24 h。

14.1.4.3 恒温水浴锅。

14.1.4.4 KD 浓缩器。

14.1.4.5 瓷坩埚:30 mL。

14.1.4.6 微量注射器:10 μL、50 μL 和 100 μL。

14.1.5 样品

14.1.5.1 水样的稳定性:己内酰胺在水中不稳定,易分解。

14.1.5.2 水样的采集与保存:用磨口玻璃瓶采样,0 ℃～4 ℃冷藏保存,保存时间为 24 h。

14.1.5.3 水样的预处理:取 25.0 mL 水样置于 30 mL 瓷坩埚中,加 1.0 mL 氯化钠溶液,在 65 ℃水浴上蒸干。取下,冷却后,用 3 mL 二硫化碳分数次在玻璃棒搅拌下洗脱样品中的己内酰胺,将洗液转入 KD 浓缩器中浓缩,并用二硫化碳定容为 1.0 mL。挥干水样时瓷坩埚接触水面 2/3 深度为佳。

14.1.6 试验步骤

14.1.6.1 仪器参考条件

14.1.6.1.1 气化室温度:190 ℃。

14.1.6.1.2 柱温:185 ℃。

14.1.6.1.3 检测器温度:210 ℃。

14.1.6.1.4 载气流量:氮气,45 mL/min;空气,170 mL/min;氢气,30 mL/min。

14.1.6.2 校准

14.1.6.2.1 定量分析中的校准方法:外标法。

14.1.6.2.2 标准样品使用次数和使用条件如下。

a) 使用次数：每次分析样品时，用标准使用溶液绘制新的工作曲线。若某一样品的响应值与预期值间的偏差大于10%时重新用标准样品校准。

b) 气相色谱法中使用标准样品的条件：

1) 标准样品进样体积与试样进样体积相同，标准样品的响应值应接近试样的响应值；

2) 在工作范围内相对标准偏差小于10%，即可认为仪器处于稳定状态；

3) 标准样品与试样尽可能同时进样分析。

14.1.6.2.3 工作曲线的绘制：用6个瓷坩埚，依次加入0 μg、5.0 μg、15.0 μg、30.0 μg、50.0 μg及100.0 μg己内酰胺标准使用溶液，加纯水至25.0 mL，加1.0 mL氯化钠溶液，在65 ℃水浴与样品同时进行蒸干（蒸干时坩埚接触水面深度为2/3），用二硫化碳洗脱，并定容至1.0 mL。各取2 μL注入色谱仪，以峰高为纵坐标，己内酰胺的质量为横坐标，绘制工作曲线。

14.1.6.3 试验

14.1.6.3.1 进样：进样方式为直接进样；进样量为1.0 μL～10.0 μL；用洁净微量注射器于待测样品中抽吸几次后，排出气泡，取所需体积迅速注射至色谱仪中。

14.1.6.3.2 记录：以标样核对，记录色谱峰的保留时间。

14.1.6.3.3 色谱图的考察：标准色谱图，见图9。

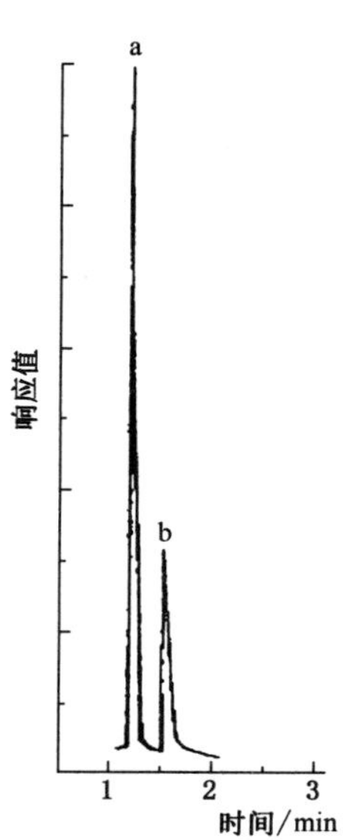

标引序号说明：

a——二硫化碳（溶剂）；

b——己内酰胺。

图9 己内酰胺标准色谱图

14.1.7 试验数据处理

14.1.7.1 定性分析

14.1.7.1.1 组分出峰顺序：二硫化碳（溶剂），己内酰胺。

14.1.7.1.2 保留时间：己内酰胺，1.667 min。

14.1.7.2 定量分析

根据样品的峰高，从工作曲线上查出已内酰胺的质量，按公式(7)计算：

$$\rho(C_6H_{11}NO)=\frac{m}{V} \quad \cdots\cdots(7)$$

式中：

$\rho(C_6H_{11}NO)$——水样中己内酰胺的质量浓度，单位为毫克每升(mg/L)；

m ——从工作曲线上查得的水样中己内酰胺的质量，单位为微克(μg)；

V ——水样体积，单位为毫升(mL)。

14.1.7.3 结果的表示

14.1.7.3.1 定性结果：根据标准色谱图的保留时间确定待测试样中的己内酰胺。

14.1.7.3.2 定量结果：含量以毫克每升(mg/L)表示。

14.1.8 精密度和准确度

2个实验室用本方法测定加标天然水样，第一个实验室在加标质量浓度为0.17 mg/L与3.3 mg/L时，进行7次测定，相对标准偏差为5.3%～8.2%，回收率为91.1%～114%。第二个实验室在加标浓度为0.8 mg/L与3.2 mg/L时，进行6次测定，相对标准偏差为7.8%～16%，回收率为83.3%～99.8%。

15 邻苯二甲酸二(2-乙基己基)酯

15.1 固相萃取气相色谱质谱法

15.1.1 最低检测质量浓度

若取水样1 L测定，本方法的最低检测质量浓度分别为：敌敌畏，0.42 μg/L；2,4,6-三氯酚，0.40 μg/L；六氯苯，0.25 μg/L；乐果，0.72 μg/L；五氯酚，0.99 μg/L；林丹，0.27 μg/L；百菌清，0.42 μg/L；甲基对硫磷，0.30 μg/L；七氯，0.34 μg/L；马拉硫磷，0.40 μg/L；毒死蜱，0.25 μg/L；对硫磷，0.30 μg/L；滴滴涕，0.35 μg/L；邻苯二甲酸二(2-乙基己基)酯，0.41 μg/L；溴氰菊酯，1.01 μg/L。

本方法仅用于生活饮用水的测定。

15.1.2 原理

水样中有机物通过以聚甲基丙烯酸酯-苯乙烯为吸附剂的大体积固相萃取柱吸附，用少量甲醇、乙酸乙酯和二氯甲烷洗脱，洗脱液经脱水、净化提纯、浓缩定容后，用气相色谱质谱联用仪分离测定。根据待测物的保留时间和质谱图定性，再通过待测物的定量离子与内标定量离子的相对强度和标准曲线定量。每个水样中含有已知浓度的内标化合物，通过内标校正程序测定。

15.1.3 试剂

15.1.3.1 溶剂：二氯甲烷(CH_2Cl_2)、乙酸乙酯($CH_3COOC_2H_5$)、丙酮[$(CH_3)_2CO$]、甲醇(CH_3OH)均为色谱纯。

15.1.3.2 高纯水：水中干扰物的浓度低于方法中待测物的检出限。

15.1.3.3 盐酸溶液[$c(HCl)=6$ mol/L]：量取盐酸($\rho_{20}=1.19$ g/mL)50 mL，加纯水至100 mL。

15.1.3.4 无水硫酸钠：在马弗炉中400 ℃加热2 h。

15.1.3.5 抗坏血酸($C_6H_8O_6$)：优级纯。

15.1.3.6 标准储备溶液:可用纯标准物质制备(称量法),以预先确认过成分纯度的15种半挥发性有机物的液体或固体,用甲醇、乙酸乙酯或丙酮为溶剂配制标准储备溶液,质量浓度为1 mg/mL～10 mg/mL。准确称取适量标准样品于5 mL容量瓶中,加入约4.5 mL甲醇、乙酸乙酯或丙酮溶解,定容至刻度,把标准储备溶液转移到安瓿瓶中0 ℃～4 ℃冷藏、密封、避光保存,可保存半年。或使用有证标准物质。

15.1.3.7 标准中间溶液的配制:将标准储备溶液用丙酮(或乙酸乙酯)稀释成所需的单一或混合化合物的标准中间溶液(建议浓度为10 μg/mL～20 μg/mL)。将标准中间溶液转移到安瓿瓶中,0 ℃～4 ℃冷藏、密封、避光保存,可保存1周。不能将所有的组分溶在同一中间溶液中保存(建议根据待测组分的溶解性来选择合适的溶剂,如丙酮或乙酸乙酯,分类配制)。

15.1.3.8 内标物及回收率指示物溶液:用丙酮分别配制质量浓度为500 μg/mL的内标混合液(苊-D_{10}、菲-D_{10}、䓛-D_{12})和回收率指示物(芘-D_{10})溶液,再将500 μg/mL的回收率指示物溶液用丙酮稀释成100 μg/mL。内标混合液(苊-D_{10}、菲-D_{10}、䓛-D_{12})和回收率指示物溶液于安瓿瓶中0 ℃～4 ℃冷藏、密封、避光保存。或使用有证标准物质。

15.1.3.9 气相色谱质谱联用仪性能校准溶液:用二氯甲烷配制质量浓度为5 μg/mL的十氟三苯基磷(DFTPP)性能校准溶液,于安瓿瓶中,0 ℃～4 ℃冷藏、密封、避光保存。

15.1.4 仪器设备

15.1.4.1 气相色谱质谱联用仪:气相色谱仪,具程序升温功能;色谱柱为DB-5MS(30 m×0.25 mm,0.25 μm)弹性石英毛细管柱,或其他等效色谱柱;质谱仪使用电子电离源(EI)方式离子化,标准电子能量为70 eV;配有工作站和数据处理系统。

15.1.4.2 固相萃取装置:能同时萃取多个样品的手动或自动固相萃取装置。

15.1.4.3 固相萃取柱:萃取相为高交联的聚甲基丙烯酸酯-苯乙烯,或相当性能的固相萃取柱(填充量为200 mg,容量为6 mL)。

15.1.4.4 干燥柱:装有5 g～7 g无水硫酸钠的小柱,不能释放干扰物和吸附待测物。

15.1.4.5 旋转蒸发仪。

15.1.4.6 氮吹仪。

15.1.4.7 马弗炉。

15.1.4.8 小样品瓶:2 mL带聚四氟乙烯内衬螺旋盖棕色样品瓶,用于盛装标准溶液和萃取液。

15.1.4.9 样品瓶:2.5 L棕色样品瓶,带聚四氟乙烯内衬螺旋盖,用于盛装水样。

15.1.4.10 微量注射器:5 μL、10 μL、50 μL、100 μL和500 μL。

15.1.5 样品

15.1.5.1 水样的采集与保存

15.1.5.1.1 采集2.5 L水样于棕色样品瓶,每升水样中加入约100 mg抗坏血酸,混合摇匀,以去除余氯。封好样品瓶,0 ℃～4 ℃冷藏保存,保存时间为24 h。

15.1.5.1.2 每批水样要带一个现场空白。

15.1.5.2 水样的预处理

15.1.5.2.1 样品的制备:如水样较为浑浊,由于水样中的颗粒物质会堵塞萃取柱,降低萃取速率,可使用0.45 μm的玻璃纤维滤膜预先过滤水样,以缩短萃取时间。

15.1.5.2.2 水样送到实验室后,用盐酸溶液[c(HCl)=6 mol/L]将水样的pH调至小于2,过柱富集,萃取液装于密闭玻璃瓶中,0 ℃～4 ℃冷藏、密封、避光保存,2 d内完成分析。吸附水样后的固相萃取柱,若不能及时洗脱,可在室温下短期保存,一般不超过10 d,最好在0 ℃以下低温保存,以减少因吸附滞留而造成的有机物损失。

15.1.5.2.3 固相萃取柱的活化与除杂质:固相萃取柱依次用 5 mL 二氯甲烷、5 mL 乙酸乙酯以大约 3 mL/min的流速缓慢过柱,加压或抽真空尽量让溶剂流干(约 30 s);再依次用 10 mL 甲醇、10 mL 纯水过柱活化,此过程不能让吸附剂暴露在空气中。

15.1.5.2.4 上样吸附:量取 1 L 水样,加入 4.0 μL 质量浓度为 500 μg/mL 的内标和回收率指示物,立刻混匀,使其在水样中的质量浓度均为 2.0 μg/L,然后水样以约 15 mL/min 的流速过固相萃取柱。

15.1.5.2.5 脱水干燥:用氮吹或真空抽吸固相萃取柱至干,以去除水分。

15.1.5.2.6 洗脱:依次用 3 mL 乙酸乙酯、3 mL 二氯甲烷、1.5 mL 甲醇通过固相萃取柱洗脱,每种溶剂洗脱时浸泡吸附剂 10 min~15 min,所有洗脱液收集在同一收集瓶中。若洗脱液有水分需过无水硫酸钠干燥柱除水。

15.1.5.2.7 洗脱液浓缩与定容:在室温下用氮气将洗脱液吹至近干,再用乙酸乙酯定容至 1 mL,待测。

15.1.6 试验步骤

15.1.6.1 仪器参考条件

15.1.6.1.1 色谱参考条件如下:

a) 气化室温度:250 ℃;
b) 柱温:初始温度 50 ℃保持 4 min,以每分钟 10 ℃升温至 280 ℃,保持 8 min;
c) 载气:高纯氦气[$\varphi(He) \geq 99.999\%$];
d) 柱流量:1.0 mL/min,不分流进样。

15.1.6.1.2 质谱参考条件如下:

a) 质谱扫描范围:45 u~450 u;
b) 离子源温度:230 ℃;
c) 界面传输温度:280 ℃;
d) 扫描时间:≤1 s(Scan 模式);
e) 定量特征离子参考见表 9。

表 9 15 种半挥发性有机物、内标物及回收率指示物定量特征离子信息表

序号	组分	分子式	定量离子	特征离子
1	敌敌畏	$C_4H_7Cl_2O_4P$	109	185,79,220
2	2,4,6-三氯酚	$C_6H_3Cl_3O$	196	198,97,132
3	苊-D_{10}(内标物)	$C_{12}D_{10}$	164	162,160,80
4	六氯苯	C_6Cl_6	284	286,142
5	乐果	$C_5H_{12}NO_3PS_2$	87	93,125
6	五氯酚	C_6HCl_5O	266	264,268,167
7	林丹(γ-六六六)	$C_6H_6Cl_6$	181	219,109,111
8	菲-D_{10}(内标物)	$C_{14}D_{10}$	188	187,94,184
9	百菌清	$C_8Cl_4N_2$	266	264,268
10	甲基对硫磷	$C_8H_{10}NO_5PS$	109	125,263

表 9　15 种半挥发性有机物、内标物及回收率指示物定量特征离子信息表（续）

序号	组分	分子式	定量离子	特征离子
11	七氯	$C_{10}H_5Cl_7$	100	272,274,237
12	马拉硫磷	$C_{10}H_{19}O_6PS_2$	127	173,99,125
13	毒死蜱	$C_9H_{11}Cl_3NO_3PS$	197	97,199,125
14	对硫磷	$C_{10}H_{14}NO_5PS$	291	97,109,137
15	芘-D_{10}（回收率指示物）	$C_{16}D_{10}$	212	106,211,213
16	滴滴涕	$C_{14}H_9Cl_5$	235	237,165,282
17	邻苯二甲酸二(2-乙基己基)酯	$C_{24}H_{38}O_4$	149	167,150
18	䓛-D_{12}（内标物）	$C_{18}D_{12}$	240	236,239,241,120
19	溴氰菊酯	$C_{22}H_{19}Br_2NO_3$	181	253,77,93

15.1.6.2　**校准**

15.1.6.2.1　仪器校准：每次分析运行开始时，应对系统进行性能测试。向气相色谱质谱仪中注入1 μL十氟三苯基磷溶液（5 μg/mL），用与分析样品相同的气相色谱及质谱条件获取背景校正质谱图，其关键质量数应达到表 10 的要求。若不能满足，应重新调节质谱仪，使其符合要求。

表 10　十氟三苯基磷（DFTPP）关键离子和离子丰度指标

质量数	离子丰度指标	检验的目的
51	是基峰质量数的 10%～80%	低质量数的灵敏度
68	小于 69 质量数的 2%	低质量数的分辨率
70	小于 69 质量数的 2%	低质量数的分辨率
127	是基峰质量数的 10%～80%	低至中等质量数的灵敏度
197	小于 198 质量数的 2%	中等质量数的分辨率
198	基峰或大于 442 质量数的 50%	中等质量数的灵敏度和分辨率
199	是 198 质量数的 5%～9%	中等质量数的分辨率和同位素比
275	是基峰质量数的 10%～60%	中等至高质量数的灵敏度
365	大于基峰质量数的 1%	基线的阈值
441	出现，但小于 443 质量数的丰度	高质量数的分辨率
442	基峰或大于 198 质量数的 50%	高质量数的分辨率和灵敏度
443	是 442 质量数的 15%～24%	高质量数的分辨率和同位素比

15.1.6.2.2　定量分析中的校准方法：内标法。

15.1.6.2.3　标准曲线的绘制：分别取标准中间溶液 0 mL、0.4 mL、0.8 mL、1.0 mL、2.0 mL 和4.0 mL于6 个 10 mL 容量瓶中，用乙酸乙酯定容至刻度，配制成 0 μg/mL、0.4 μg/mL、0.8 μg/mL、1.0 μg/mL、2.0 μg/mL和 4.0μg/mL 6 个质量浓度的标准使用溶液（乐果、五氯酚和溴氰菊酯三种物质则配制成 0 μg/mL、1.0 μg/mL、2.0 μg/mL、4.0 μg/mL、5.0 μg/mL、10.0 μg/mL 6 个质量浓度），加入的回收率指示物质量浓度应与加入待测物中的质量浓度一致，每个标准使用溶液中内标质量浓度均为2 μg/mL。将标准使用溶液转移至 2 mL 棕色样品瓶中，密封，0 ℃～4 ℃冷藏保存，用于色谱分析。各取 1 μL 注入色谱仪，以峰面积比值为纵坐标，各组分质量浓度为横坐标，绘制标准曲线。

15.1.6.2.4　响应因子和平均响应因子：用数据软件调出所有标准系列溶液的色谱图，用内标计算每个标准系列溶液中待测物（包括各组分和回收率指示物）的响应因子（RF）和平均响应因子（$\overline{RF}$）。标准系列溶液第 i 点中待测物的响应因子（RF_i）按照公式（8）计算。待测物在标准系列溶液各点中得到的响应因子的平均值即为待测物的平均响应因子。

$$RF_i = \frac{A_{Xi} \times \rho_{ISi}}{A_{ISi} \times \rho_{Xi}} \quad \cdots\cdots(8)$$

式中：

RF_i——标准系列溶液中第 i 点待测物的响应因子；

A_{Xi}——标准系列溶液中第 i 点待测物的定量离子的响应值（峰面积或高度）；

ρ_{ISi}——标准系列溶液中内标的质量浓度，单位为微克每升（μg/L）；

A_{ISi}——标准系列溶液中第 i 点与待测物相对应的内标定量离子的峰面积或高度；

ρ_{Xi}——标准系列溶液中第 i 点待测物的质量浓度，单位为微克每升（μg/L）。

15.1.6.3　试验

15.1.6.3.1　进样：进样方式为直接进样；进样量为 1 μL；用洁净微量注射器于待测样品中抽吸几次，排出气泡，取所需体积迅速注入色谱仪中，并立即拔出注射器。

15.1.6.3.2　记录：以标样核对，记录色谱峰的保留时间及对应的化合物。

15.1.6.3.3　色谱图的考察：见图 10。

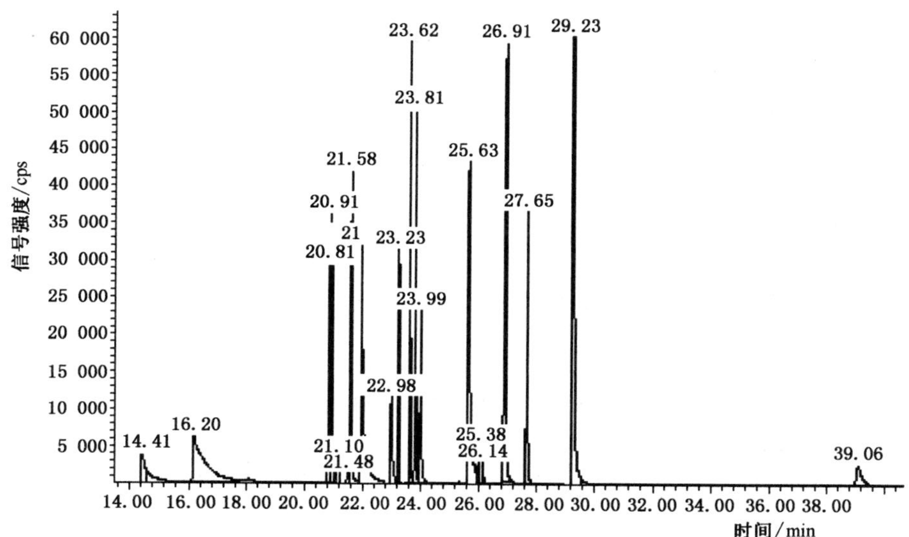

标引序号说明：

14.41 min——敌敌畏；
16.20 min——2,4,6-三氯酚；
20.91 min——六氯苯；
21.10 min——乐果；
21.48 min——五氯酚；
21.58 min——林丹；
21.95 min——百菌清；
22.98 min——甲基对硫磷；
23.23 min——七氯；
23.62 min——马拉硫磷；
23.81 min——毒死蜱；
23.99 min——对硫磷；
26.91 min——4,4′-滴滴涕；
27.65 min——2,4-滴滴涕；
29.23 min——邻苯二甲酸二(2-乙基己基)酯；
39.06 min——溴氰菊酯。

图 10　半挥发性有机物的总离子流图

15.1.7 试验数据处理

15.1.7.1 定性分析

用全扫描方式获得的总离子流图对样品组分进行定性分析，在总离子流图中，将相对强度最大的3个离子称为特征离子，定性分析的方法是将水样组分的保留时间与标准样品组分的保留时间进行比较，同时将样品组分的质谱与数据库内标准质谱进行比较，要符合下列条件：

a) 计算各组分保留时间的标准偏差，样品组分的保留时间漂移应在该组分标准偏差的3倍范围以内；

b) 样品组分特征离子的相对强度与浓度相当的标准组分特征离子强度的相对误差在30%以内。

15.1.7.2 定量分析

用选择离子流图对组分进行定量分析，本方法用内标定量。敌敌畏、2,4,6-三氯酚以苊-D_{10}为内标，六氯苯、乐果、五氯酚和林丹以菲-D_{10}为内标，百菌清、甲基对硫磷、七氯、马拉硫磷、毒死蜱、对硫磷、滴滴涕、邻苯二甲酸二(2-乙基己基)酯和溴氰菊酯以䓛-D_{12}为内标。

待测物的质量浓度按公式(9)计算：

$$\rho_x = \frac{A_x \times \rho_{IS}}{A_{IS} \times \overline{RF}} \qquad (9)$$

式中：

ρ_x ——待测物在水样中的质量浓度，单位为微克每升(μg/L)；

A_x ——待测物定量离子的峰面积或峰高；

ρ_{IS} ——加入仪器中的内标质量浓度，单位为微克每升(μg/L)；

A_{IS} ——内标定量离子的峰面积或峰高；

$\overline{RF}$ ——待测物的平均响应因子。

15.1.8 精密度和准确度

4个实验室对15种半挥发性有机物加标水样进行重复测定，加标回收率和精密度结果见表11(加标浓度为加入水中的浓度)。

表11 15种半挥发性有机物的加标回收率和精密度

组分	线性范围/(μg/L)	加标浓度/(μg/L)	加标回收率/%	相对标准偏差/%
敌敌畏	0.40～4.00	0.4	111	7.0
		2.0	119	2.1
2,4,6-三氯酚	0.40～4.00	0.4	73.6	7.1
		2.0	78.8	2.6
六氯苯	0.40～4.00	0.4	73.6	5.4
		2.0	72.8	2.4
乐果	1.00～10.0	1.0	102	2.8
		5.0	118	2.4

表 11 15 种半挥发性有机物的加标回收率和精密度(续)

组分	线性范围/(μg/L)	加标浓度/(μg/L)	加标回收率/%	相对标准偏差/%
五氯酚	1.00～10.0	1.0	119	2.3
		5.0	113	1.7
林丹	0.40～4.00	0.4	88.8	5.7
		2.0	98.5	1.7
百菌清	0.40～4.00	0.4	115	3.4
		2.0	114	3.3
甲基对硫磷	0.40～4.00	0.4	118	4.7
		2.0	109	3.0
七氯	0.40～4.00	0.4	74.9	9.1
		2.0	72.4	3.0
马拉硫磷	0.40～4.00	0.4	117	5.6
		2.0	117	2.4
毒死蜱	0.40～4.00	0.4	75.8	8.2
		2.0	76.2	3.1
对硫磷	0.40～4.00	0.4	102	4.1
		2.0	116	2.8
滴滴涕	0.40～4.00	0.4	113	5.1
		2.0	76.0	2.5
邻苯二甲酸二(2-乙基己基)酯	0.40～4.00	0.4	119	5.0
		2.0	113	3.2
溴氰菊酯	1.00～10.0	1.0	91.8	2.2
		5.0	92.8	1.0

15.1.9 质量控制

15.1.9.1 通过定期分析实验室试剂空白、实验室加标空白,检验其是否存在待测物质的污染源。

15.1.9.2 本底污染可能来自固相萃取柱,因为固相萃取柱可能释放酞酸酯等化合物至乙酸乙酯和二氯甲烷中。在分析样品之前或每次使用新的萃取柱时,都要进行空白分析,确保没有污染源。本底污染也可能来自溶剂、试剂和玻璃器皿。更换溶剂后,应进行试剂空白分析。如果试剂空白在待测物的停留时间附近出现峰值,影响待测物的分析,在分析前,找出污染原因,进行消除。

15.1.9.3 至少对 10% 的样品进行回收率数据检验,以便对测定数据进行评估,回收率应在 70%～130%。

15.1.9.4 每个样品中的内标和回收率指示物的定量离子峰面积在一段时间内应相对稳定,其漂移不能大于 50%。

15.1.9.5 每天分析样品前,进行实验室试剂空白分析以检测背景污染,并进行标准曲线校核,确认标准曲线的适用性。

15.1.9.6 每批样品分析中,做加标空白试验,确保分析的准确性。

15.1.10 干扰及消除

15.1.10.1 所有玻璃器皿先用硫酸重铬酸钾洗液清洗，然后用自来水、不含有机物的超纯水依次冲洗，晾干，最后用有机溶剂清洗，用铝箔封口，放置在干净地方，避免污染。非定量玻璃器皿可在马弗炉中400 ℃加热2 h，自然降至室温后再取出备用，但定量用的玻璃器皿不能在超过60 ℃条件下加热。

15.1.10.2 溶剂、试剂(包括超纯水)、玻璃容器及处理样品所用的其他器皿均可能含杂质而产生干扰，应采用现场空白来验证试验中所用的材料是否存在干扰。若存在，找出干扰源，消除干扰。

15.1.10.3 在样品萃取的过程中，某些干扰物质也会被萃取，最终产生干扰。干扰强度与水样的来源关系很大，总有机碳含量高的水样，其基线和干扰峰可能更高一些。

15.1.10.4 分析过程中的最大干扰来自试剂和固相萃取装置，因此需要做现场空白和实验室试剂空白以确定是否存在干扰，也需要对不同公司品牌的萃取柱进行试验，确保污染物不会干扰待测物的定性和定量分析。

15.1.10.5 当分析完高浓度样品紧接着分析低浓度样品时，会发生上次高浓度样品的残留物转入本次样品的污染现象，因此需要仔细清洗或更换注射器和不分流进样口，而且要分析溶剂空白以确保下一个样品的准确性。

15.1.10.6 水样中的颗粒物会堵塞萃取柱，降低萃取速率，使用适当的滤膜预先过滤水样可缩短萃取时间。

15.1.10.7 在试验过程中要使用玻璃器皿，避免使用塑料制品，因为塑料中普遍含有酞酸酯类污染物，对测定结果产生干扰。

16 微囊藻毒素

16.1 高效液相色谱法

16.1.1 最低检测质量浓度

本方法最低检测质量分别为：微囊藻毒素-RR，6 ng；微囊藻毒素-LR，6 ng。若取5 L水样测定，则最低检测质量浓度分别为：微囊藻毒素-RR，0.06 μg/L；微囊藻毒素-LR，0.06 μg/L。

16.1.2 原理

水样过滤后，滤液(水样)经反相硅胶柱富集萃取浓缩，藻细胞(膜样)经冻融萃取，反相硅胶柱富集萃取浓缩后，分别用高效液相色谱分析。

16.1.3 试剂

16.1.3.1 高纯氮[$\varphi(N_2)\geqslant 99.999\%$]。

16.1.3.2 乙腈(C_2H_3N)。

16.1.3.3 甲醇(CH_3OH)。

16.1.3.4 三氟乙酸($C_2HF_3O_2$)。

16.1.3.5 微囊藻毒素-RR($C_{49}H_{75}N_{13}O_{12}$，20%甲醇溶液)标准品：10 μg/mL。

16.1.3.6 微囊藻毒素-LR($C_{49}H_{74}N_{10}O_{12}$，20%甲醇溶液)标准品：10 μg/mL。

16.1.4 仪器设备

16.1.4.1 高效液相色谱仪：配有二极管阵列检测器和3D色谱工作站。

16.1.4.2 固相萃取柱：ODS硅胶柱(C_{18}固相萃取柱)；或其他等效固相萃取柱。

16.1.4.3 色谱柱：ODS(5C_{18}-MSⅡ 4.6 mm×250 mm)，或其他等效色谱柱。

16.1.4.4 微量注射器：25 μL。

16.1.5 样品

16.1.5.1 每个样品取水样 5 L，玻璃纤维滤膜(GF/C)过滤，滤液(水样)和藻细胞(膜样)分别进行不同的处理：

a) 水样处理：滤液→过 5 g ODS 柱→依次用 50 mL 去离子水、50 mL 20%甲醇淋洗杂质→50 mL 80%甲醇洗脱→洗脱液在水浴中用氮气流挥发至干燥，残渣溶于 10 mL 20%甲醇→过 C_{18}柱→10 mL 100%甲醇洗脱→洗脱液在水浴中用氮气流挥发至干燥，残渣溶于 1 mL 色谱纯甲醇→－20 ℃保存，待测；

b) 膜样处理：藻细胞→冻融 3 次→100 mL 5%乙酸萃取 30 min→以 4 000 r/min 离心 10 min，重复 3 次，合并上清液→上清液过 500 mg ODS 柱→用 15 mL 100%甲醇洗脱→洗脱液在水浴中用氮气流挥发至干燥，残渣溶于 10 mL 20%甲醇→过 C_{18}柱→10 mL 100%甲醇洗脱→洗脱液在水浴中用氮气流挥发至干燥，残渣溶于 1 mL 色谱纯甲醇→－20 ℃保存，待测。

16.1.5.2 上述 5 g ODS 柱用 50 mL 100%甲醇与 50 mL 去离子水预活化；C_{18}柱用 20 mL 100%甲醇与 20 mL 20%甲醇预活化；500 mg ODS 柱用 6 mL 100%甲醇与 6 mL 去离子水预活化。

16.1.6 试验步骤

16.1.6.1 仪器参考条件

16.1.6.1.1 色谱柱：ODS C_{18} 250 mm×4.6 mm。

16.1.6.1.2 流动相：乙腈＋纯水＋三氟乙酸＝38＋62＋0.04。

16.1.6.1.3 流动相流量：0.70 mL/min。

16.1.6.1.4 检测波长：238 nm。

16.1.6.1.5 柱温：35 ℃。

16.1.6.2 校准

16.1.6.2.1 定量分析中的校准方法：外标法。

16.1.6.2.2 标准样品使用次数和使用条件如下：

a) 使用次数：每次分析样品时，用标准溶液绘制新的标准曲线；

b) 液相色谱法中使用标准样品的条件：

  1) 标准样品进样体积与试样的进样体积相同；

  2) 标准样品与试样尽可能同时分析。

16.1.6.2.3 标准曲线的绘制：配制成 0.30 μg/mL、0.50 μg/mL、1.00 μg/mL、2.00 μg/mL、5.00 μg/mL 的 MC-RR 和 MC-LR 标准使用溶液。分别取 20 μL 注入高效液相色谱仪，测得各浓度峰面积，以峰面积为纵坐标，质量浓度为横坐标，绘制标准曲线。

16.1.6.3 试验

16.1.6.3.1 进样：进样方式为直接进样；进样量为 20 μL。

16.1.6.3.2 记录：以标样核对，记录色谱峰的保留时间及对应的化合物。

16.1.6.3.3 色谱峰的考察：标准色谱图，见图 11。

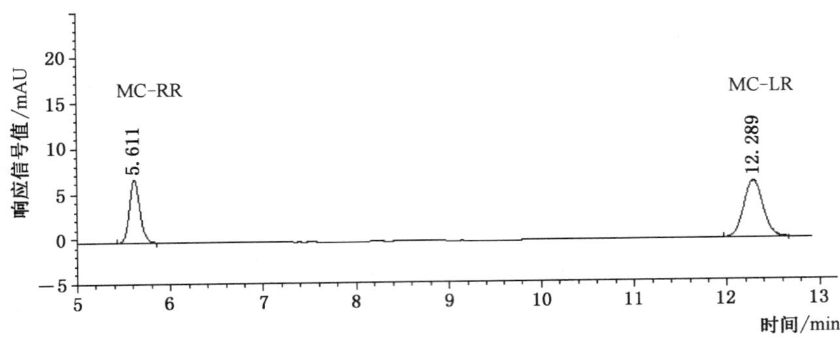

标引序号说明：

MC-RR——微囊藻毒素-RR；

MC-LR——微囊藻毒素-LR。

图 11　微囊藻毒素标准色谱图

16.1.7　试验数据处理

16.1.7.1　定性分析

16.1.7.1.1　组分出峰顺序：MC-RR，MC-LR。

16.1.7.1.2　保留时间：MC-RR，5.611 min；MC-LR，12.289 min。

16.1.7.2　定量分析

通过色谱峰面积或峰高，在标准曲线上查出萃取液中目标物质量浓度，按公式(10)计算水样中微囊藻毒素的质量浓度：

$$\rho(MC_S)=\frac{\rho_1 \times V_1}{0.6 \times V} \qquad \cdots\cdots (10)$$

式中：

$\rho(MC_S)$——微囊藻毒素的质量浓度，单位为微克每升(μg/L，包括滤液和藻细胞总含量)；

ρ_1——滤液及藻细胞萃取液中微囊藻毒素的质量浓度和，单位为微克每毫升(μg/mL)；

V_1——萃取液体积，单位为毫升(mL)；

0.6——回收率；

V——水样体积，单位为升(L)。

注：若结果为阳性，需用液相色谱串联质谱法进行确证。

16.1.7.3　结果的表示

16.1.7.3.1　定性结果：根据标准色谱组分的保留时间确定待测水样中组分的名称。

16.1.7.3.2　定量结果：滤液及藻细胞中测定结果之和为微囊藻毒素总含量，以微克每升(μg/L)表示。

16.1.8　精密度和准确度

2 个实验室测定相对标准偏差：微囊藻毒素-RR 为 4.2%($n=6$)，微囊藻毒素-LR 为 3.3%($n=6$)。加标回收率试验结果：微囊藻毒素-LR 为 60%($n=4$)。

16.2 液相色谱串联质谱法

16.2.1 最低检测质量浓度

5种微囊藻毒素的最低检测质量浓度分别为:MC-LR,0.26 μg/L;MC-RR,0.20 μg/L;MC-YR,0.23 μg/L;MC-LW,0.26 μg/L;MC-LF,0.25 μg/L。

本方法仅用于生活饮用水的测定。水中常见共存离子及化合物均不干扰测定。

16.2.2 原理

水样经0.22 μm微孔滤膜过滤,用液相色谱串联质谱仪进行检测,外标法定量。

16.2.3 试剂

除非另有说明,本方法所用试剂均为分析纯,实验用水为GB/T 6682规定的一级水。

16.2.3.1 甲酸(HCOOH,ρ_{20}=1.22 g/mL):色谱纯。

16.2.3.2 甲酸溶液[φ(HCOOH)=0.1%]:取1 mL甲酸(HCOOH,ρ_{20}=1.22 g/mL)于1 L容量瓶中,纯水定容至刻度。

16.2.3.3 甲醇(CH_3OH):色谱纯。

16.2.3.4 乙腈(CH_3CN):色谱纯。

16.2.3.5 5种微囊藻毒素标准品(w>99%):MC-LR,$C_{49}H_{74}N_{10}O_{12}$;MC-RR,$C_{49}H_{75}N_{13}O_{12}$;MC-YR,$C_{52}H_{72}N_{10}O_{13}$;MC-LW,$C_{54}H_{72}N_8O_{12}$;MC-LF,$C_{52}H_{71}N_7O_{12}$。或使用有证标准物质。

16.2.3.6 5种微囊藻毒素标准储备溶液(MC-LR、MC-RR、MC-YR、MC-LW和MC-LF的质量浓度均为1 000 mg/L):称取5种微囊藻毒素(MC-LR、MC-RR、MC-YR、MC-LW和MC-LF)标准品各0.01 g,精确至0.000 1 g,分别用甲醇溶解后,再定容至10 mL容量瓶中。置于−20 ℃冰箱中,可保存1年。

16.2.3.7 5种微囊藻毒素混合标准中间溶液(MC-LR、MC-RR、MC-YR、MC-LW和MC-LF的质量浓度分别为100 mg/L):分别移取5种微囊藻毒素单标储备溶液1.0 mL于同一个10 mL容量瓶中,用甲醇定容至刻度。置于−20 ℃冰箱中,可保存1年。

16.2.3.8 5种微囊藻毒素混合标准使用溶液(MC-LR、MC-RR、MC-YR、MC-LW和MC-LF的质量浓度分别为1.0 mg/L):移取5种微囊藻毒素混合中间溶液0.1 mL于10 mL容量瓶中,用甲酸溶液[φ(HCOOH)=0.1%]定容至刻度。此溶液需现用现配。

16.2.4 仪器设备

16.2.4.1 液相色谱串联质谱仪(LC-MS/MS)。

16.2.4.2 色谱柱:C_{18}柱(2.1 mm×150 mm,5 μm),或其他等效色谱柱。

16.2.4.3 超纯水装置。

16.2.4.4 天平:分辨力不低于0.01 mg。

16.2.4.5 离心机:转速≤10 000 r/min。

16.2.4.6 0.22 μm针筒式微孔滤膜过滤器(水系)。

16.2.5 样品

16.2.5.1 水样的采集与保存:用磨口玻璃瓶采集样品,避光存放于0 ℃~4 ℃冷藏条件下,可保存7 d。

16.2.5.2 水样的预处理:洁净的水样过0.22 μm水系针筒式微孔滤膜过滤器后测定,浑浊的水样经定性滤纸过滤后,再经0.22 μm水系针筒式微孔滤膜过滤器后测定;如怀疑水中含较多藻细胞,可取适量混匀水样,反复冻融3次,混匀后经0.22 μm水系针筒式微孔滤膜过滤器后测定。

16.2.6 试验步骤

16.2.6.1 仪器参考条件

16.2.6.1.1 色谱参考条件

16.2.6.1.1.1 流动相:甲醇(CH_3OH)+甲酸溶液[φ(HCOOH)=0.1%]=10+90。

16.2.6.1.1.2 流速:0.2 mL/min。

16.2.6.1.1.3 进样体积:20 μL。

16.2.6.1.1.4 柱温:26 ℃。

16.2.6.1.2 质谱参考条件

16.2.6.1.2.1 三重四极杆质谱仪(MS-MS)。

16.2.6.1.2.2 检测方式:多反应监测(MRM)。

16.2.6.1.2.3 电离方式:正离子电喷雾电离源(ESI+)。

16.2.6.1.2.4 喷雾电压:5 500 V。

16.2.6.1.2.5 离子源温度:600 ℃。

16.2.6.1.2.6 气帘气压力:137.9 kPa(20 psi)。

16.2.6.1.2.7 碰撞气流速:中等。

16.2.6.1.2.8 源内气:50 L/min。

16.2.6.1.2.9 辅助气:60 L/min。

16.2.6.1.2.10 入口电压:10 V。

16.2.6.1.2.11 驻留时间:100 ms。

16.2.6.1.2.12 母离子、子离子、去簇电压、碰撞能量和碰撞池电压见表 12。

表 12 微囊藻毒素母离子、子离子、去簇电压、碰撞能量和碰撞池电压

组分	母离子(m/z)	子离子(m/z)	去簇电压/V	碰撞能量/eV	碰撞池电压/V
MC-LR	995.6	213.0[a]	60	75	16
		375.1	60	123	16
MC-RR	519.9	135.0[a]	110	36	12
		127.1	110	47	10
MC-YR	1 045.6	213.0[a]	60	125	18
		375.1	60	76	17
MC-LW	1 025.4	135.0[a]	60	100	13
		375.1	60	55	19
MC-LF	986.6	135.0[a]	60	90	13
		375.1	60	50	18

[a] 定量离子,其余为定性离子。

16.2.6.2 校准

16.2.6.2.1 定量分析中的校准方法:外标法。

16.2.6.2.2 标准样品使用次数：每次分析样品时，用标准使用溶液绘制标准曲线。

16.2.6.2.3 标准曲线的绘制：分别移取5种微囊藻毒素(MC-LR、MC-RR、MC-YR、MC-LW 和MC-LF)混合使用溶液5.0 μL、20.0 μL、50.0 μL、100 μL、200 μL和500 μL于6个10 mL容量瓶，用甲酸溶液稀释至刻度。标准系列溶液中5种微囊藻毒素的质量浓度分别为0.50 μg/L、2.0 μg/L、5.0 μg/L、10.0 μg/L、20.0 μg/L和50.0 μg/L。标准系列溶液需现用现配。各取20 μL分别注入液相色谱串联质谱仪，测定相应的5种微囊藻毒素的峰面积，以5种微囊藻毒素的质量浓度(μg/L)为横坐标，定量离子的峰面积为纵坐标，绘制标准曲线。

16.2.6.3 试验

16.2.6.3.1 进样：进样方式为直接进样；进样量为20 μL。

16.2.6.3.2 记录：以标样核对，记录各质谱离子峰的保留时间及对应的化合物。

16.2.6.3.3 质谱图的考察：多反应监测(MRM)质谱图和各物质的碎片离子图，见图12和图13。

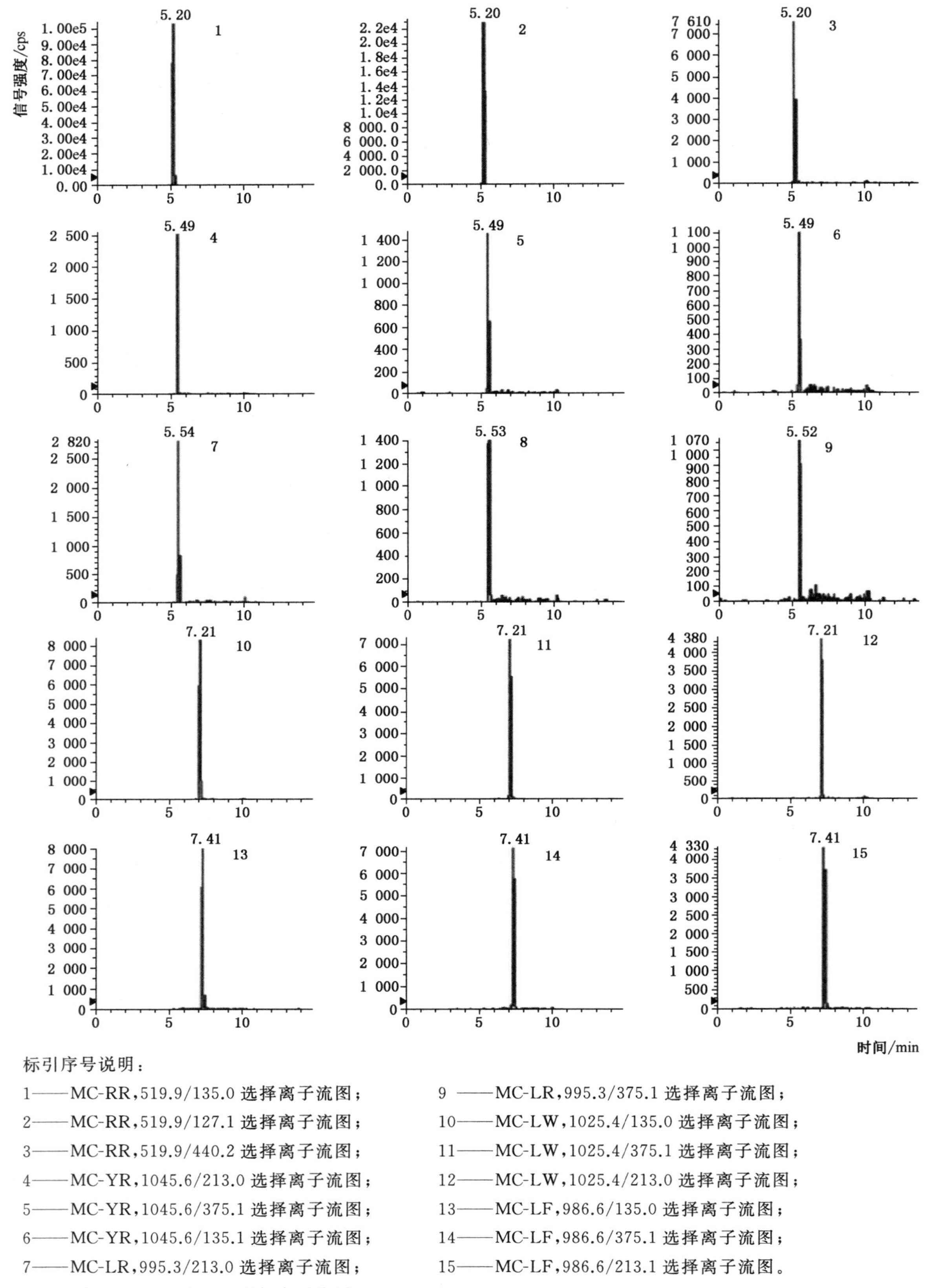

图 12　5 种微囊藻毒素(MC-RR、MC-YR、MC-LR、MC-LW 和 MC-LF)的 MRM 质谱图(质量浓度均为 2.0 μg/L)

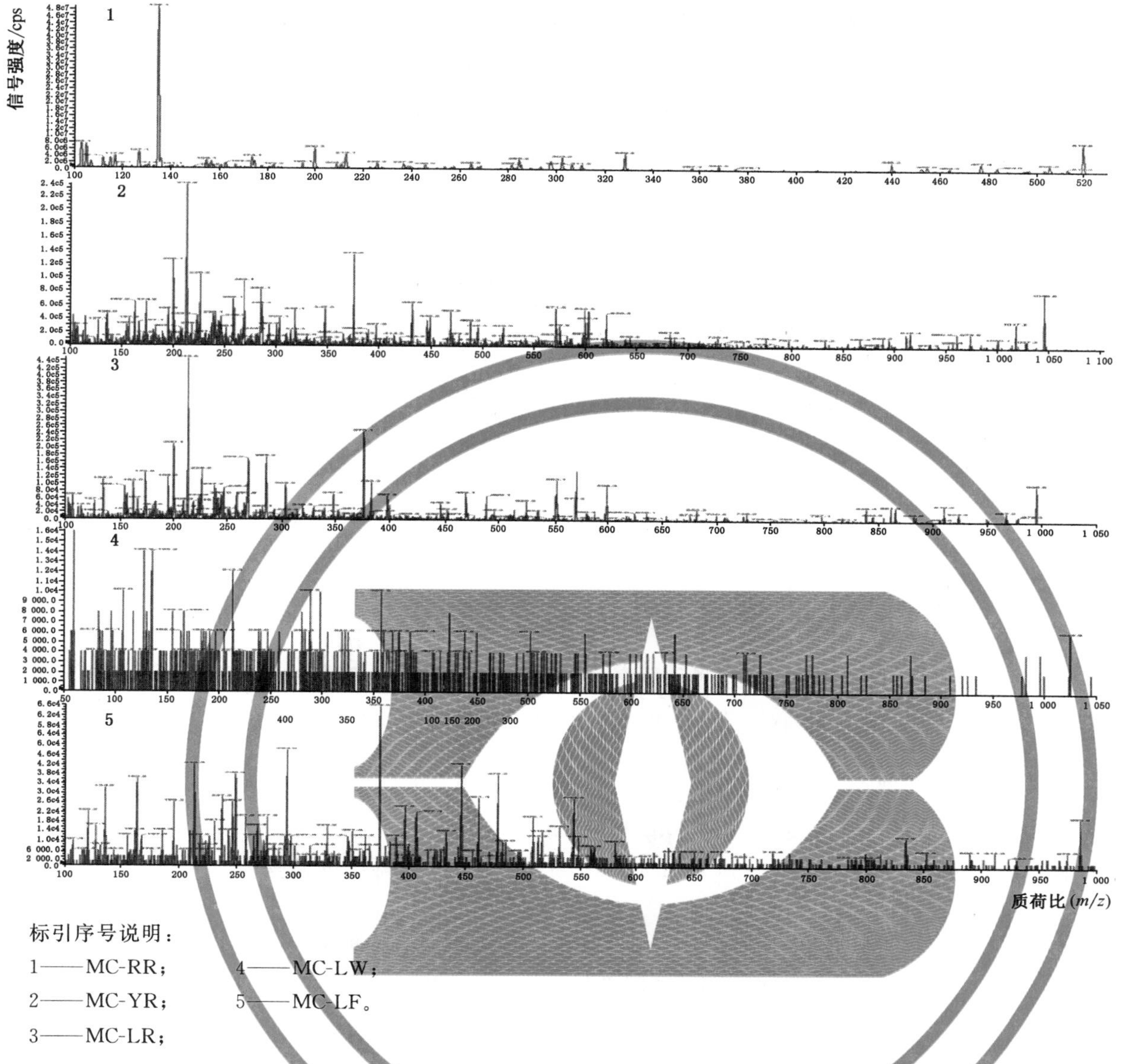

标引序号说明：

1——MC-RR；
2——MC-YR；
3——MC-LR；
4——MC-LW；
5——MC-LF。

图 13　5 种微囊藻毒素(MC-LR,MC-RR,MC-YR,MC-LW 和 MC-LF)的碎片离子质谱图

16.2.7　试验数据处理

16.2.7.1　定性分析

16.2.7.1.1　定性要求：根据 5 种微囊藻毒素(MC-RR、MC-YR、MC-LR、MC-LW 和 MC-LF)，各个碎片离子的丰度比及保留时间定性，要求所检测的 5 种微囊藻毒素色谱峰信噪比(S/N)大于 3，待测试样中待测物的保留时间与标准溶液中待测物的保留时间一致，同时待测试样中待测物的相应监测离子丰度比与同浓度标准溶液中待测物的色谱峰丰度比一致，允许的相对偏差见表 13。

表 13　定性测定时相对离子丰度的最大允许相对偏差

相对离子丰度/%	相对偏差/%
>50	±20
>20～50	±25
>10～20	±30
≤10	±50

16.2.7.1.2　出峰顺序:MC-RR,MC-YR,MC-LR,MC-LW,MC-LF。

16.2.7.1.3　保留时间:MC-RR,5.20 min;MC-YR,5.49 min;MC-LR,5.54 min;MC-LW,7.21 min;MC-LF,7.41 min。

16.2.7.2　定量分析

以5种微囊藻毒素(MC-LR、MC-RR、MC-YR、MC-LW和MC-LF)定量离子峰面积对应标准曲线中的含量作为定量结果。

16.2.7.3　结果的表示

16.2.7.3.1　定性结果:根据多反应监测(MRM)质谱图各组分的碎片离子对和保留时间确定组分名称。

16.2.7.3.2　定量结果:含量以微克每升(μg/L)表示。

16.2.8　精密度和准确度

4个实验室测定精密度,低浓度(1.0 μg/L)、中浓度(5.0 μg/L)及高浓度(20.0 μg/L)MC-LR相对标准偏差为3.0%～4.2%,2.2%～3.6%,1.4%～2.9%;MC-RR相对标准偏差为3.8%～4.2%,2.4%～3.4%,1.2%～3.2%;MC-YR相对标准偏差为3.4%～4.0%,2.2%～3.7%,1.6%～2.3%;MC-LW相对标准偏差为3.4%～4.3%,2.2%～3.6%,2.0%～2.3%;MC-LF相对标准偏差为3.8%～4.6%,2.4%～4.1%,2.1%～2.8%。测定加标回收率,低浓度(1.0 μg/L)、中浓度(5.0 μg/L)及高浓度(20.0 μg/L)MC-LR分别为98.2%～103%,99.1%～99.9%,94.0%～99.5%;MC-RR为96.6%～104%,99.3%～101%,95.0%～101%;MC-YR为96.8%～102%,98.4%～99.4%,96.5%～102%;MC-LW为92.8%～98.3%,96.6%～98.4%,94.5%～96.0%;MC-LF为95.5%～98.2%,98.8%～99.5%,94.5%～97.5%。

17　乙腈

17.1　气相色谱法

17.1.1　最低检测质量浓度

本方法最低检测质量为:乙腈,0.05 ng;丙烯腈,0.05 ng。若进样2 μL,则最低检测质量浓度:乙腈,0.025 mg/L;丙烯腈,0.025 mg/L。

在选定的色谱条件下,其他有机物不干扰。

17.1.2　原理

水中乙腈和丙烯腈可以直接用装有聚乙二醇-20M和双甘油的色谱柱分离,用带有氢火焰离子化检测器的气相色谱仪测定,出峰顺序为丙烯腈,乙腈。

17.1.3 试剂或材料

警示——乙腈和丙烯腈为有毒化学品,使用时应采取呼吸道和皮肤的防护措施,用后洗手。

17.1.3.1 载气:高纯氮[$\varphi(N_2)\geqslant 99.999\%$]。

17.1.3.2 燃气:纯氢[$\varphi(H_2)\geqslant 99.6\%$]。

17.1.3.3 助燃气:无油压缩空气,经装有 0.5 nm 分子筛的净化管净化。

17.1.3.4 色谱柱和填充物见 17.1.4.2 有关内容。

17.1.3.5 制备色谱柱涂渍固定液所用的溶剂:三氯甲烷。

17.1.3.6 去离子水。

17.1.3.7 乙腈(CH_3CN)。

17.1.3.8 丙烯腈($CH_2=CHCN$)。

17.1.3.9 乙腈标准储备溶液的制备:取 25 mL 容量瓶一个,加蒸馏水数毫升,准确称量,滴加 2 滴~3 滴乙腈,再称量。增加的质量即为乙腈的质量,加蒸馏水至刻度,计算每毫升溶液中乙腈的含量。丙烯腈标准储备溶液的制备法同乙腈,或使用有证标准物质。

17.1.3.10 混合标准使用溶液的制备:分别取乙腈、丙烯腈标准储备溶液,用纯水稀释成为 ρ(乙腈)=100 μg/mL 和 ρ(丙烯腈)=100 μg/mL。现用现配。

17.1.4 仪器设备

17.1.4.1 气相色谱仪:配有氢火焰离子化检测器。

17.1.4.2 色谱柱的制备要求如下:

a) 色谱柱类型:不锈钢填充柱,柱长 2 m,内径 3 mm;
b) 填充物:载体为上试 102 白色硅藻土(60 目~80 目),经筛分干燥后备用;固定液及含量为 10%聚乙二醇-20 M 和 3%双甘油;
c) 涂渍固定液:称取 1.0 g 聚乙二醇-20 M 和 0.3 g 3%双甘油($C_6H_{14}O_5$)溶于三氯甲烷溶剂中,待完全溶解后加入 10 g 载体,摇匀,置于通风橱内,于室温下自然挥发;用普通装柱法装柱;
d) 色谱柱的老化:将填充好的色谱柱装机,将色谱柱另一端与检测器断开,通氮气(流量 5 mL/min~10 mL/min),于柱温 140 ℃老化 10 h 后,将色谱柱与检测器相连,继续老化直到在工作范围内基线相对偏差小于 10%为止。

17.1.4.3 微量注射器:10 μL。

17.1.5 样品

17.1.5.1 水样的采集与保存:水样采集在磨口塞玻璃瓶中。尽快分析,如不能立刻测定需置于 0 ℃~4 ℃冷藏保存。

17.1.5.2 水样的预处理:洁净的水样直接进行色谱测定,浑浊的水样需过滤后测定。

17.1.6 试验步骤

17.1.6.1 仪器参考条件

17.1.6.1.1 气化室温度:180 ℃。

17.1.6.1.2 柱温:100 ℃。

17.1.6.1.3 检测器温度:180 ℃。

17.1.6.1.4 气体流量:氮气,32 mL/min;氢气,45 mL/min;空气,450 mL/min。

17.1.6.2 校准

17.1.6.2.1 定量分析中的校准方法:外标法。

17.1.6.2.2 标准样品使用次数和使用条件如下:

a) 使用次数:每次分析样品时,用标准使用溶液绘制标准曲线;

b) 气相色谱法中使用标准品的条件:

1) 标准样品进样体积与试样进样体积相同,标准样品的响应值应接近试样的响应值;

2) 在工作范围内相对标准差小于 10% 即可认为仪器处于稳定状态;

3) 标准样品与试样尽可能同时进样分析。

17.1.6.2.3 标准曲线的绘制:取 6 个 10 mL 容量瓶,将乙腈和丙烯腈的标准溶液稀释,配制成乙腈、丙烯腈的质量浓度为:0 mg/L、0.025 mg/L、0.10 mg/L、0.20 mg/L、0.40 mg/L 和 0.60 mg/L。各取 2 μL 注入色谱仪,以峰高为纵坐标,质量浓度为横坐标,绘制标准曲线。

17.1.6.3 试验

17.1.6.3.1 进样:进样方式为直接进样;进样量为 2 μL;用洁净微量注射器于待测样品中抽吸几次,排出气泡,取所需体积迅速注射至色谱仪中,并立即拔出注射器。

17.1.6.3.2 记录:以标样核对,记录色谱峰的保留时间及对应的化合物。

17.1.6.3.3 色谱图的考察:标准色谱图,见图 14。

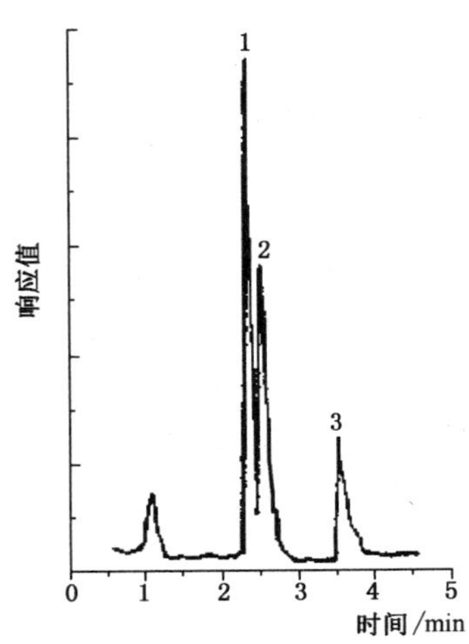

标引序号说明:

1——丙烯腈;

2——乙腈;

3——水。

图 14 丙烯腈、乙腈的标准色谱图

17.1.7 试验数据处理

17.1.7.1 定性分析

17.1.7.1.1 各组分出峰顺序:丙烯腈,乙腈,水。

17.1.7.1.2 各组分保留时间:丙烯腈,2.367 min;乙腈,2.633 min;水,3.533 min。

17.1.7.2 定量分析

通过色谱峰高,直接在标准曲线上查出乙腈、丙烯腈的质量浓度即为水样中乙腈、丙烯腈的质量浓度。

17.1.7.3 结果的表示

17.1.7.3.1 定性结果:根据标准色谱图组分的保留时间确定待测水样中组分的数目和名称。

17.1.7.3.2 定量结果:在标准曲线上查出水样中乙腈、丙烯腈的含量,以毫克每升(mg/L)表示。

17.1.8 精密度和准确度

5 个实验室对乙腈质量浓度为 4.7 mg/L～80.0 mg/L 的人工合成水样进行测定,相对标准偏差为 0.8%～8.6%,5 个实验室做回收试验,质量浓度为 4.7 mg/L～180.0 mg/L,回收率为89.0%～119%。

5 个实验室对质量浓度为 6.5 mg/L～60.0 mg/L 丙烯腈进行重复测定,相对标准偏差为 0.7%～5.6%,5 个实验室做回收试验,质量浓度为 4.9 mg/L～40 mg/L,回收率为 89.0%～104%。

18 丙烯腈

气相色谱法:按 17.1 描述的方法测定。

19 丙烯醛

气相色谱法:按 GB/T 5750.10—2023 中 12.1 描述的方法测定。

20 环氧氯丙烷

20.1 气相色谱质谱法

20.1.1 最低检测质量浓度

本方法环氧氯丙烷最低检测质量为 0.06 ng,若取 1 L 水样富集萃取,萃取液旋转蒸发浓缩至 1.0 mL,则最低检测质量浓度为 0.06 μg/L。

本方法仅用于生活饮用水的测定。

20.1.2 原理

水样中环氧氯丙烷经过 C_{18} 固相萃取柱富集吸附,用二氯甲烷洗脱,洗脱液旋转蒸发浓缩后,以气相色谱质谱联用法测定。

20.1.3 试剂或材料

除非另有说明,本方法所用试剂均为分析纯,实验用水为 GB/T 6682 规定的一级水。

20.1.3.1 载气:氦气[φ(He)≥99.999%]。

20.1.3.2 甲基橙指示剂(0.5 g/L):称取 0.05 g 甲基橙溶于 100 mL 纯水中。

20.1.3.3 盐酸溶液(1+9):量取 10 mL 盐酸(ρ_{20}=1.19 g/mL)溶解于 90 mL 纯水中。

20.1.3.4 氢氧化钠溶液(50 g/L):称取 5 g 氢氧化钠,溶于纯水中,并稀释至 100 mL。

20.1.3.5 甲醇(CH_3OH):色谱纯。

20.1.3.6 二氯甲烷(CH_2Cl_2):色谱纯。

20.1.3.7 环氧氯丙烷(C_3H_5ClO):色谱纯,或使用有证标准物质。

20.1.3.8 环氧氯丙烷(C_3H_5ClO)标准储备溶液:在 10 mL 容量瓶中加入 3 mL 二氯甲烷,盖塞称量(精确至 0.000 1 g),加入 4 滴环氧氯丙烷(约 0.1 g),盖塞再次称量,加二氯甲烷至刻度。两次质量之差即为环氧氯丙烷质量,并计算 1 mL 溶液中所含环氧氯丙烷的毫克数。现用现配。

20.1.3.9 环氧氯丙烷标准中间使用溶液[$\rho(C_3H_5ClO)=100$ mg/L]:取适量环氧氯丙烷标准储备溶液于 100 mL 容量瓶中,用二氯甲烷定容至刻度,使溶液中环氧氯丙烷的质量浓度为 $\rho(C_3H_5ClO)=$ 100 mg/L。现用现配。

20.1.3.10 环氧氯丙烷标准使用溶液[$\rho(C_3H_5ClO)=1$ mg/L]:取 1.00 mL 环氧氯丙烷标准中间使用溶液于 100 mL 容量瓶中,用二氯甲烷定容至刻度。现用现配。

20.1.4 仪器设备

20.1.4.1 气相色谱质谱联用仪(配 EI 源)。

20.1.4.2 色谱柱:HP-INNOWAX 高弹石英毛细管柱(30 m×0.250 mm,0.25 μm)或其他等效色谱柱。

20.1.4.3 工作站和数据处理系统。

20.1.4.4 微量注射器:5 μL。

20.1.4.5 旋转蒸发器:可以设置水浴温度 40 ℃。

20.1.4.6 天平:分辨力不低于 0.01 mg。

20.1.4.7 固相萃取仪。

20.1.4.8 固相萃取柱:C_{18}固相萃取柱(500 mg,6 mL),或其他等效固相萃取柱。

20.1.4.9 棕色磨口塞玻璃瓶:1 L。

20.1.5 样品

20.1.5.1 水样的采集:水样采集在 1 L 棕色磨口塞玻璃瓶中,加 3 滴甲基橙指示剂(0.5 g/L),用氢氧化钠溶液(50 g/L)或盐酸溶液(1+9)调至中性。水样采集后应该尽快进行萃取处理,当天不能处理时,要置于 0 ℃~4 ℃冷藏保存。

20.1.5.2 水样的预处理如下:

a) 依次用 6 mL 甲醇和 6 mL 纯水对 C_{18}固相萃取柱进行活化,共活化三次;再取水样 1 L,以 20 mL/min 的流速进行水样富集,再用高纯氮气对 C_{18}固相萃取柱进行干燥,时间为 6 min,最后用 6 mL 二氯甲烷进行洗脱两次,合并洗脱液(当水样混浊时,可以先用定性滤纸对水样进行过滤,然后再按照上述方法操作);

b) 浓缩:将洗脱液置于旋转蒸发器中,用少量二氯甲烷洗涤用于接收的 10 mL 具塞刻度离心管 2 次,洗液合并倒入浓缩器中,将洗脱液于 40 ℃水浴浓缩至 1.0 mL;

c) 同时测定空白。

20.1.6 试验步骤

20.1.6.1 仪器参考条件

20.1.6.1.1 气化室温度:200 ℃。

20.1.6.1.2 离子源温度:230 ℃。

20.1.6.1.3 MS 四极杆温度:150 ℃。

20.1.6.1.4 程序升温:初始温度 50 ℃,保持 1 min,以 10 ℃/min 的速率,升温至 130 ℃,保持 1 min。

20.1.6.1.5 载气压力:52.76 kPa(7.652 2 psi)。

20.1.6.1.6 进样方式:分流进样或者无分流进样。

20.1.6.1.7　分流比：3∶1（可以根据仪器响应信号适当调整分流比）。

20.1.6.1.8　扫描模式：选择离子扫描（SIM）。

20.1.6.1.9　定性离子 m/z：57，49，62；定量离子 m/z：57。

20.1.6.1.10　溶剂延迟：4 min。

20.1.6.2　校准

20.1.6.2.1　定量分析中的校准方法：外标法。

20.1.6.2.2　标准样品使用次数和使用条件如下：

a）使用次数：每次分析样品时，用标准使用溶液绘制标准曲线；

b）气相色谱质谱中使用标准样品的条件：

　1）标准进样体积与试样进样体积相同；

　2）标准样品与试样尽可能同时进样分析。

20.1.6.2.3　标准曲线的绘制：分别吸取 0 mL、0.50 mL、1.00 mL、2.00 mL、4.00 mL 和 8.00 mL 环氧氯丙烷标准使用溶液于 6 个 10 mL 容量瓶中，用二氯甲烷稀释至刻度，混匀。标准系列溶液中环氧氯丙烷的质量浓度分别为：0 mg/L、0.05 mg/L、0.10 mg/L、0.20 mg/L、0.40 mg/L 和 0.80 mg/L。各取标准系列溶液 1 μL 注入气相色谱质谱联用仪，测定峰面积（或峰高），以峰面积（或峰高）为纵坐标，以标准系列溶液中环氧氯丙烷的质量浓度为横坐标，绘制标准曲线。

20.1.6.3　试验

20.1.6.3.1　进样：进样方式为直接进样；进样量为 1 μL；自动进样或手动进样。取洁净微量注射器进样针，于待测样品抽吸几次后，取 1 μL 注入色谱质谱仪中分析。

20.1.6.3.2　记录：以标样核对，记录色谱峰的保留时间及对应的化合物的峰面积响应值。

20.1.6.3.3　质谱图的考察：环氧氯丙烷（C_3H_5ClO）选择离子（m/z ，57）质谱图，见图 15。

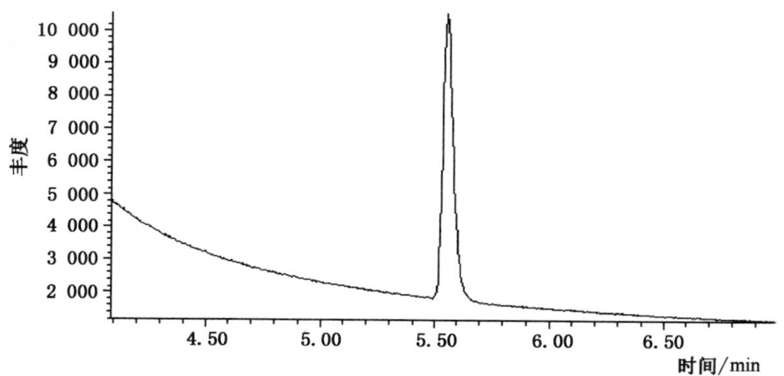

图 15　环氧氯丙烷选择离子（m/z）质谱图（环氧氯丙烷 5.548 min，质量浓度为 0.80 mg/L）

20.1.7 试验数据处理

20.1.7.1 定性分析

20.1.7.1.1 保留时间：待测试样中待测物的保留时间与标准溶液中待测物的保留时间一致，同时试样中待测物的相应选择离子丰度比与标准溶液中待测物的离子丰度比符合要求。

20.1.7.1.2 定性离子 m/z：57、49、62。

20.1.7.2 定量分析

20.1.7.2.1 定量离子 m/z：57。

20.1.7.2.2 根据样品的峰面积（或峰高）响应值，通过标准曲线查得样品中环氧氯丙烷的质量浓度，按公式(11)进行计算：

$$\rho(C_3H_5ClO)=\frac{\rho_1\times V_1}{V} \qquad \cdots\cdots(11)$$

式中：

$\rho(C_3H_5ClO)$——水样中环氧氯丙烷的质量浓度，单位为毫克每升（mg/L）；

ρ_1 ——从标准曲线上查出环氧氯丙烷的质量浓度，单位为毫克每升（mg/L）；

V_1 ——浓缩后萃取液的体积，单位为毫升（mL）；

V ——水样体积，单位为毫升（mL）。

20.1.7.3 结果表示

20.1.7.3.1 定性结果：根据标准选择离子色谱图组分的保留时间和选择离子确定组分名称。

20.1.7.3.2 定量结果：含量以毫克每升（mg/L）表示。

20.1.8 精密度和准确度

5 个实验室测定含环氧氯丙烷 0.10 μg/L～1.0 μg/L 的生活饮用水，相对标准偏差为 1.9%～5.6%，回收率为 90.5%～103%，并计算批内相对标准偏差低于 5%。

21 苯

21.1 液液萃取毛细管柱气相色谱法

21.1.1 最低检测质量浓度

本方法最低检测质量分别为：苯，0.20 ng；甲苯，0.24 ng；乙苯，0.25 ng；对二甲苯，0.24 ng；间二甲苯，0.25 ng；邻二甲苯，0.25 ng；苯乙烯，0.25 ng。若取 200 mL 水样处理后测定，则最低检测质量浓度分别为：苯，0.005 mg/L；甲苯，0.006 mg/L；乙苯，0.006 mg/L；对二甲苯，0.006 mg/L；间二甲苯，0.006 mg/L；邻二甲苯，0.006 mg/L；苯乙烯，0.006 mg/L。

21.1.2 原理

水中苯系物经二硫化碳萃取后，硫酸-磷酸混合酸除去醇、酯、醚等干扰物质，用气相色谱氢火焰离子化检测器测定，以相对保留时间定性，外标法定量。

21.1.3 试剂或材料

21.1.3.1 载气：高纯氮[$\varphi(N_2)\geqslant$99.999%]。

21.1.3.2 燃气：纯氢[$\varphi(H_2)\geqslant 99.6\%$]。

21.1.3.3 助燃气：压缩空气，经净化管净化。

21.1.3.4 氯化钠。

21.1.3.5 甲醇(CH_3OH，优级纯)。

21.1.3.6 混合酸：硫酸+磷酸=2+1。

21.1.3.7 无水硫酸钠(Na_2SO_4)：经 300 ℃烘烤 2 h 后置于干燥器中备用。

21.1.3.8 二硫化碳：色谱测定应无干扰峰。如有干扰，使用前用以下方法纯化：将硫酸(ρ_{20}=1.84 g/mL)+二硫化碳+硝酸(ρ_{20}=1.42 g/mL)=25+100+25 的混合溶液，置梨形分液漏斗中摇动，不时放气，静置分层，弃去酸层，用 10%碱液中和残留在有机相中的酸，水洗至中性，弃水相，有机相用全玻璃蒸馏器重蒸馏，收集 46 ℃～47 ℃的馏分，在气相色谱上检测，直至不出现干扰峰。

21.1.3.9 标准品：苯(C_6H_6)、甲苯(C_7H_8)、乙苯(C_8H_{10})、邻二甲苯(C_8H_{10})、间二甲苯(C_8H_{10})、对二甲苯(C_8H_{10})和苯乙烯(C_8H_8)，均为色谱纯，或使用有证标准物质。

21.1.3.10 苯系物标准储备溶液[ρ(苯系物)=2.0 mg/mL]：先向 10 mL 容量瓶中加少量甲醇，称量。分别准确加入苯、甲苯、乙苯、邻二甲苯、间二甲苯、对二甲苯和苯乙烯各 20 mg，用甲醇稀释至刻度。

21.1.3.11 苯系物混合标准使用溶液[ρ(苯系物)=20 μg/mL]：准确吸取苯系物标准储备溶液 1.0 mL 于 100 mL 容量瓶中，用纯水稀释至刻度。现用现配。

21.1.4 仪器设备

21.1.4.1 气相色谱仪：配有氢火焰离子化检测器。

21.1.4.2 色谱柱：弹性石英毛细管柱，30 m×0.25 mm，0.25 μm；填充物为 FFAP；或其他等效色谱柱。

21.1.4.3 微量注射器：100 μL、25 μL、1 μL。

21.1.4.4 分液漏斗：250 mL。

21.1.4.5 具塞试管：5 mL。

21.1.4.6 振荡器。

21.1.5 样品

21.1.5.1 水样的稳定性：易挥发，需低温保存，尽快分析。

21.1.5.2 水样的采集与保存：用磨口玻璃瓶采集水样，盖紧瓶塞，低温保存，尽快分析。

21.1.5.3 水样的预处理如下。

a) 清洁的水样：取 200 mL 水样于 250 mL 分液漏斗中，加盐酸调 pH 成酸性，加入 3 g～4 g 氯化钠，溶解后加 5.0 mL 二硫化碳，立即盖上盖，振荡 3 min，中间不时放气，静止分层，弃去水相。萃取液经无水硫酸钠脱水后，转入 5 mL 具塞试管中，定容至 5 mL，供色谱分析。

b) 污染较重的水样：浑浊水样可离心后取上清液，按 21.1.5.3 a)萃取后，弃去水相，于萃取液中加入 0.5 mL～0.6 mL 混合酸，开始缓缓振摇，然后激烈振摇 1 min(注意放气)，静置分层，弃去酸层，反复萃取至酸层无色，用硫酸钠(200 g/L)和纯水洗萃取液至中性。萃取液经无水硫酸钠脱水后，转入 5 mL 具塞试管中，定容至 5 mL，供色谱分析。

21.1.6 试验步骤

21.1.6.1 仪器参考条件

21.1.6.1.1 进样口温度：210 ℃。

21.1.6.1.2 柱温：起始温度 50 ℃，保持 10 min，以 10 ℃/min 的速率升至 80 ℃，保持 3 min。

21.1.6.1.3 检测器温度：220 ℃。

21.1.6.1.4　气体流量：载气（N_2）流量 2.0 mL/min（或根据分离情况调节载气流量），氢气流量 35 mL/min和空气流量 350 mL/min，尾吹气流量 30 mL/min。

21.1.6.1.5　进样方式：直接进样，分流比 2∶1。

21.1.6.2　**校准**

21.1.6.2.1　定量分析中的校准方法：外标法。

21.1.6.2.2　标准样品使用次数和使用条件如下：

a）使用次数：每次分析样品时，用标准使用溶液绘制工作曲线；

b）气相色谱中使用标准品的条件：

1）标准样品进样体积与试样体积相同，标准样品的响应值应接近试样的响应值；

2）在工作曲线范围内相对标准偏差小于 10%即可认为仪器处于稳定状态；

3）标准样品与试样尽可能同时分析。

21.1.6.2.3　工作曲线的绘制：分别取苯系物混合标准使用溶液（20 μg/mL）0 mL、0.10 mL、0.50 mL、1.0 mL、5.0 mL 及 10 mL，用纯水稀释至 200 mL，配制质量浓度分别为 0 mg/L、0.01 mg/L、0.05 mg/L、0.1 mg/L、0.5 mg/L、1 mg/L 的标准系列溶液。以下操作同样品的预处理，以测得的峰面积或峰高为纵坐标，各组分的质量浓度为横坐标，分别绘制工作曲线。

21.1.6.3　**试验**

21.1.6.3.1　进样：进样方式为直接进样；进样量为 1 μL；用洁净的微量注射器于待测样品中抽吸几次，排出气泡，取所需体积迅速注入色谱柱中，并立即拔出注射器。

21.1.6.3.2　记录：以标样核对，记录色谱峰的保留时间及对应化合物的峰面积或峰高。

21.1.6.3.3　色谱图的考察：标准色谱图，见图 16。

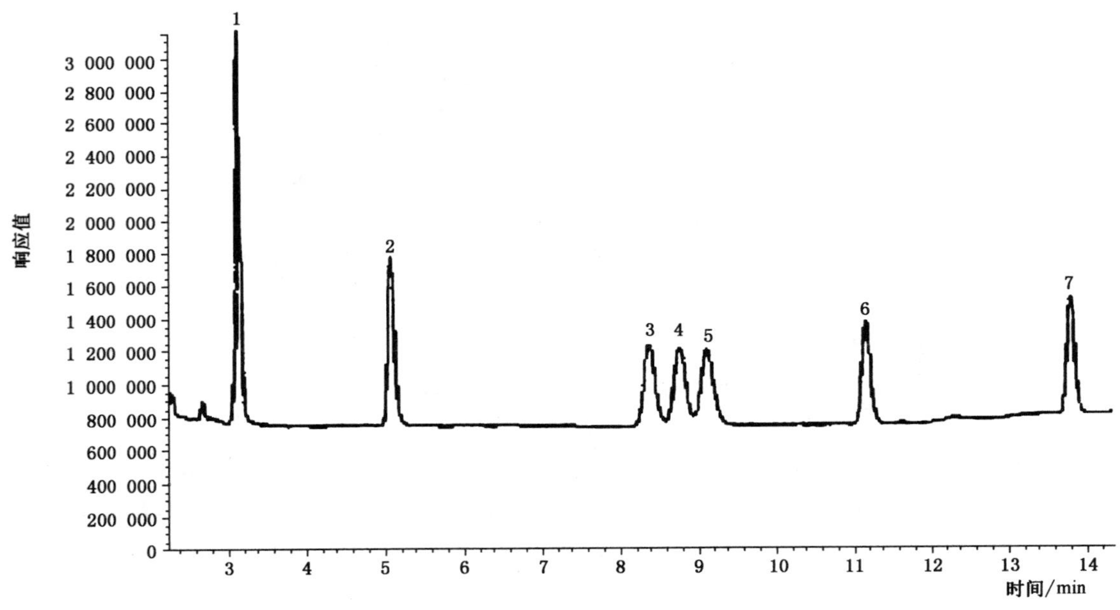

标引序号说明：

1——苯；
2——甲苯；
3——乙苯；
4——对二甲苯；
5——间二甲苯；
6——邻二甲苯；
7——苯乙烯。

图 16　苯系物标准色谱图

21.1.7 试验数据处理

21.1.7.1 定性分析

21.1.7.1.1 各组分出峰顺序:苯,甲苯,乙苯,对二甲苯,间二甲苯,邻二甲苯,苯乙烯。

21.1.7.1.2 各组分保留时间:苯,3.1 min;甲苯,5.1 min;乙苯,8.4 min;对二甲苯,8.8 min;间二甲苯,9.1 min;邻二甲苯,11.2 min;苯乙烯,13.8 min。

21.1.7.2 定量分析

根据样品的色谱峰面积在工作曲线上查出各组分的质量浓度。

21.1.7.3 结果的表示

21.1.7.3.1 定性结果:根据标准色谱图各组分保留时间,确定待测水样中组分的数目和名称。

21.1.7.3.2 定量结果:直接从工作曲线得出水样中各组分的质量浓度,以毫克每升(mg/L)表示。

21.1.8 精密度和准确度

2 个实验室对苯、甲苯、乙苯、对二甲苯、间二甲苯、邻二甲苯、苯乙烯质量浓度范围为 0.02 mg/L～0.8 mg/L 的水样重复测定,其相对标准偏差为 4.3%～9.4%、3.9%～8.7%、3.6%～8.2%、3.4%～12%、5.2%～9.6%、2.9%～8.7%、2.8%～11%。

2 个实验室对水样质量浓度为 0.05 mg/L～0.5 mg/L 的苯、甲苯、乙苯、对二甲苯、间二甲苯、邻二甲苯、苯乙烯各测 3 次,其回收率为 79.0%～107%、82.0%～109%、82.0%～109%、80.0%～113%、80.0%～107%、80.0%～109%、81.0%～115%。

21.2 顶空毛细管柱气相色谱法

21.2.1 最低检测质量浓度

本方法的最低检测质量浓度分别为:二氯甲烷,14.2 μg/L;苯,4.69 μg/L;甲苯,3.13 μg/L;1,2-二氯乙烷,17.5 μg/L;乙苯,3.80 μg/L;对二甲苯,4.59 μg/L;间二甲苯,4.62 μg/L;异丙苯,4.72 μg/L;邻二甲苯,4.92 μg/L;氯苯,4.92 μg/L;苯乙烯,4.95 μg/L。

本方法仅用于生活饮用水的测定。

水中 1,1-二氯乙烯、反-1,2-二氯乙烯、顺-1,2-二氯乙烯、三氯甲烷、1,1,1-三氯乙烷、四氯化碳、三氯乙烯、二氯一溴甲烷、四氯乙烯、1,1,2-三氯乙烷、一氯二溴甲烷、三溴甲烷等组分一般不产生干扰。

21.2.2 原理

待测水样置于密封的顶空瓶中,在一定温度下,水中的二氯甲烷、苯、甲苯、1,2-二氯乙烷、乙苯、对二甲苯、间二甲苯、异丙苯、邻二甲苯、氯苯和苯乙烯在气液两相中达到动态平衡,此时,二氯甲烷等在气相中的浓度与在液相中的浓度成正比。取液上气体样品用带有氢火焰离子检测器的气相色谱仪进行分析,以保留时间定性,外标法定量。通过测定气相中有机物的浓度,可计算出水样中有机物的浓度。

21.2.3 试剂或材料

除非另有说明,本方法所用试剂均为分析纯,实验用水为 GB/T 6682 规定的一级水。

21.2.3.1 氮气:$\varphi(N_2)\geqslant 99.999\%$。

21.2.3.2 氢气:$\varphi(H_2)\geqslant 99.6\%$。

21.2.3.3 助燃气:空气。

21.2.3.4 氯化钠(NaCl):优级纯,于 550 ℃烘烤 2 h 以去除吸附的有机物。

21.2.3.5 甲醇(CH_3OH):色谱纯。

21.2.3.6 标准物质:二氯甲烷(CH_2Cl_2,w=99.8%)、苯(C_6H_6,w=99.5%)、甲苯(C_7H_8,w=99.5%)、1,2-二氯乙烷($C_2H_4Cl_2$,w=99.5%)、乙苯(C_8H_{10},w=99.5%)、间二甲苯(C_8H_{10},w=99.5%)、异丙苯(C_9H_{12},w=99.5%)、邻二甲苯(C_8H_{10},w=99.0%)、氯苯(C_6H_5Cl,w=99.0%)、对二甲苯(C_8H_{10},w=99.0%)、苯乙烯(C_8H_8,w=99.5%),均为色谱纯,或使用有证标准物质。

21.2.3.7 11 种有机物的单标储备溶液:分别称取二氯甲烷、苯、甲苯、1,2-二氯乙烷、乙苯、对二甲苯、间二甲苯、异丙苯、邻二甲苯、氯苯和苯乙烯 10 mg~500 mg(精确至 0.1 mg)于 11 个加有 1.0 mL 甲醇的 10 mL 容量瓶中,用甲醇定容至刻度。此为 11 种有机物的单标储备溶液。

21.2.3.8 11 种有机物的混合标准使用溶液:分别移取适量 11 种有机物的单标储备溶液于同一个加有 5.0 mL 甲醇的 100 mL 容量瓶中,用甲醇定容至刻度,此为 11 种有机物的混合标准使用溶液。现用现配。11 种有机物的质量浓度可参考表 14(混合标准使用溶液质量浓度)。

表 14 11 种有机物的混合标准使用溶液和混合标准系列溶液质量浓度

序号	组分	混合标准使用溶液质量浓度/(mg/L)	混合标准系列溶液质量浓度/(μg/L)					
			1	2	3	4	5	6
1	二氯甲烷	400	20.0	40.0	80.0	160	240	320
2	苯	100	5.00	10.0	20.0	40.0	60.0	80.0
3	甲苯	100	5.00	10.0	20.0	40.0	60.0	80.0
4	1,2-二氯乙烷	400	20.0	40.0	80.0	160	240	320
5	乙苯	100	5.00	10.0	20.0	40.0	60.0	80.0
6	对二甲苯	100	5.00	10.0	20.0	40.0	60.0	80.0
7	间二甲苯	100	5.00	10.0	20.0	40.0	60.0	80.0
8	异丙苯	100	5.00	10.0	20.0	40.0	60.0	80.0
9	邻二甲苯	100	5.00	10.0	20.0	40.0	60.0	80.0
10	氯苯	100	5.00	10.0	20.0	40.0	60.0	80.0
11	苯乙烯	100	5.00	10.0	20.0	40.0	60.0	80.0

21.2.4 仪器设备

21.2.4.1 气相色谱仪:配有氢火焰离子检测器(FID)。

21.2.4.2 顶空进样系统:可以用自动顶空进样器(定量环进样模式),也可用手动顶空进样。

21.2.4.3 色谱柱:强极性毛细管色谱柱[聚乙二醇(PEG)毛细管色谱柱:DB-WAX,30 m×0.32 mm,0.25 μm],或其他等效色谱柱。

21.2.4.4 顶空瓶:20 mL。

21.2.4.5 棕色磨口玻璃瓶:100 mL。

21.2.4.6 天平:分辨力不低于 0.01 mg。

21.2.4.7 容量瓶:10 mL、100 mL。

21.2.4.8 恒温水浴箱(手动进样时需要):控温精度为±2 ℃。

21.2.4.9 微量注射器(手动进样时需要):1 000 μL,气密性注射器。

21.2.5 样品

21.2.5.1 水样的稳定性:样品待测组分易挥发,需低温保存,尽快测定。

21.2.5.2 水样的采集:用棕色磨口玻璃瓶采集水样,取自来水时先放水 1 min,将水样沿瓶壁缓慢加入瓶中,瓶中不留顶上空间和气泡,加盖密封。

21.2.5.3 水样的预处理:在顶空瓶中加入 3.7 g 氯化钠,准确吸取移入 10 mL 水样,立即密封顶空瓶,轻轻摇匀。手动进样时,密封的顶空瓶放入水浴温度为 60 ℃水浴箱中平衡 15 min。若为自动顶空进样时,密封的顶空瓶直接放入自动顶空进样系统中,在 60 ℃高速振荡的条件下平衡 15 min。

21.2.5.4 水样的测定:抽取顶空瓶内液上空间气体,用气相色谱仪进行测定。

21.2.6 试验步骤

21.2.6.1 仪器参考条件

21.2.6.1.1 气相色谱仪参考条件如下:

a) 进样口温度:220 ℃;
b) 检测器温度:250 ℃;
c) 气体流量:采用恒流进样模式,载气 2.0 mL/min,分流比 1∶1;氢气 40 mL/min,空气450 mL/min;
d) 柱箱升温程序:初始温度为 40 ℃,以 5 ℃/min 的速率升温至 45 ℃,保持 2.5 min,再以 15 ℃/min的速率升温至 90 ℃,保持 2.0 min,程序运行完成后 150 ℃保持 5 min。总运行时间为 13.5 min。

21.2.6.1.2 顶空进样系统条件如下(自动顶空进样时):

a) 温度:炉温为 60 ℃,定量管温度为 70 ℃,传输线温度为 80 ℃;
b) 压力:传输线压力为 63 kPa,顶空瓶压力为 72 kPa;
c) 时间:样品平衡时间为 15 min,充压时间为 0.15 min,充入定量管时间为 0.15 min,定量管平衡时间为 0.10 min,进样时间为 1.0 min;
d) 顶空进样系统采用高速振荡模式。

21.2.6.2 校准

21.2.6.2.1 定量分析中的校准方法:外标法。

21.2.6.2.2 标准样品使用次数和使用条件如下:

a) 使用次数:每次分析样品时,用标准使用溶液绘制工作曲线;
b) 气相色谱法中使用标准品的条件:
   1) 在工作范围内相对标准偏差小于 10%即可认为处于稳定状态;
   2) 每批样品应同时制备工作曲线。

21.2.6.2.3 工作曲线的制作:准确移取适量 11 种有机物混合标准使用溶液,用纯水逐级稀释成 11 种有机物的混合标准系列溶液。混合标准系列溶液中 11 种有机物的质量浓度可参见表 14(混合标准系列溶液质量浓度)。再取 6 个顶空瓶,分别称取 3.7 g 氯化钠于 6 个顶空瓶中,加入 11 种有机物的混合标准系列溶液各 10 mL,立即密封顶空瓶,轻轻摇匀,手动进样时,密封的顶空瓶放入水浴温度为 60 ℃的水浴箱中平衡 15 min,抽取顶空瓶内液上空间气体 1 000 μL 注入色谱仪。若为自动顶空进样时,密封的顶空瓶直接放入自动顶空进样器。以测得的峰面积或峰高为纵坐标,各组分的质量浓度为横坐标,分别绘制工作曲线。

21.2.6.3 试验

21.2.6.3.1 进样:进样方式为直接进样;进样量为 1 000 μL。

21.2.6.3.2 手动或自动进样时的具体操作如下:

a) 手动进样时,放待测样品于 60 ℃恒温水浴箱中,平衡 15 min 后用洁净的微量注射器于待测样品中抽吸几次,排除气泡,取 1 000 μL 液上气体样品迅速注入带有氢火焰离子检测器的气相色谱仪中进行测定,并立即拔出注射器;

b) 自动顶空进样时,放待测样品于自动顶空进样器中,60 ℃高速振荡平衡 15 min 后,按21.2.6.1.2条件将1 000 μL液上气体样品注入带有氢火焰离子检测器的气相色谱仪中进行测定。

21.2.6.3.3 记录:以标样核对,记录色谱峰的保留时间及对应的化合物。

21.2.6.3.4 色谱图的考察:标准色谱图,见图 17。

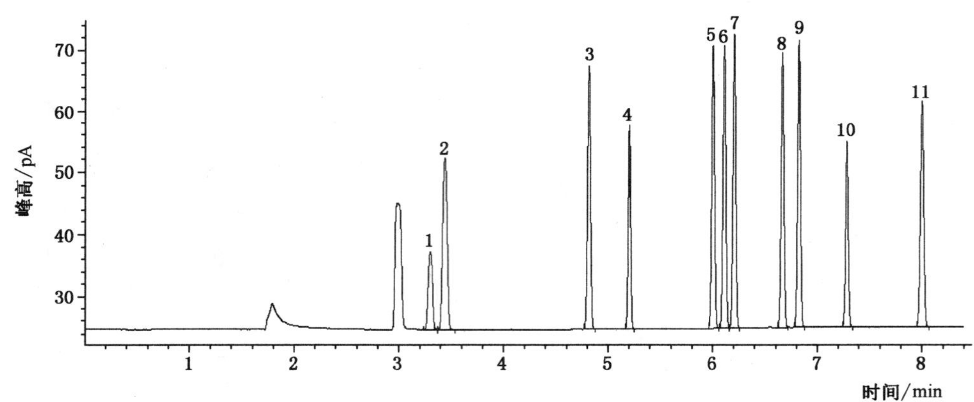

标引序号说明:

1——二氯甲烷,3.304 min;
2——苯,3.446 min;
3——甲苯,4.815 min;
4——1,2-二氯乙烷,5.199 min;
5——乙苯,6.000 min;
6——对二甲苯,6.108 min;
7——间二甲苯,6.203 min;
8——异丙苯,6.662 min;
9 ——邻二甲苯,6.819 min;
10——氯苯,7.278 min;
11——苯乙烯,7.995 min。

图 17 11 种有机物标准色谱图

21.2.7 试验数据处理

21.2.7.1 定性分析

各组分的出峰顺序为:二氯甲烷,苯,甲苯,1,2-二氯乙烷,乙苯,对二甲苯,间二甲苯,异丙苯,邻二甲苯,氯苯,苯乙烯。

21.2.7.2 定量分析

根据色谱图的峰高或峰面积在工作曲线上查出相应的质量浓度。

21.2.7.3 结果的表示

21.2.7.3.1 定性结果:利用保留时间定性法,即根据标准色谱图各组分的保留时间,确定样品中组分的数目和名称。

21.2.7.3.2 定量结果:含量以微克每升(μg/L)表示。

21.2.8 精密度和准确度

5 个实验室测定含 11 种有机物低、中、高浓度的人工合成水样，其相对标准偏差(RSD)和回收率数据见表 15。

表 15 11 种有机物低、中、高浓度水样测定结果

序号	组分	低浓度		中浓度		高浓度	
		回收率/%	相对标准偏差/%	回收率/%	相对标准偏差/%	回收率/%	相对标准偏差/%
1	二氯甲烷	90.5～106	3.0～4.4	90.8～104	1.8～2.9	90.0～101	1.8～4.5
2	苯	91.2～102	1.3～3.8	91.5～104	2.3～4.3	92.5～98.4	2.2～3.1
3	甲苯	89.6～99.6	1.5～4.9	91.0～100	2.1～5.7	92.7～98.0	1.6～3.9
4	1,2-二氯乙烷	88.0～109	2.3～6.5	94.5～106	1.7～3.4	87.9～102	1.2～3.2
5	乙苯	91.4～102	1.0～3.4	91.5～98.0	1.9～4.2	90.8～97.3	1.4～3.3
6	对二甲苯	89.6～97.4	2.4～4.2	87.0～96.6	2.0～4.7	90.0～96.5	1.5～3.2
7	间二甲苯	94.0～106	2.0～5.8	82.0～96.9	1.7～3.6	90.8～99.7	1.4～3.2
8	异丙苯	87.8～97.4	2.2～3.8	89.0～99.5	1.7～5.1	86.7～97.3	1.7～3.0
9	邻二甲苯	92.8～98.1	1.4～4.3	91.0～98.0	2.1～3.5	86.7～98.2	1.6～3.2
10	氯苯	93.4～100	1.8～5.8	86.5～98.5	1.9～3.3	92.5～97.5	1.6～2.6
11	苯乙烯	93.4～99.0	1.6～3.8	91.0～97.8	1.3～4.5	91.3～97.4	1.4～1.9

21.3 吹扫捕集气相色谱质谱法

按 4.2 描述的方法测定。

22 甲苯

22.1 吹扫捕集气相色谱质谱法

按 4.2 描述的方法测定。

22.2 液液萃取毛细管柱气相色谱法

按 21.1 描述的方法测定。

22.3 顶空毛细管柱气相色谱法

按 21.2 描述的方法测定。

23 二甲苯

23.1 吹扫捕集气相色谱质谱法

按 4.2 描述的方法测定。

23.2 液液萃取毛细管柱气相色谱法

按 21.1 描述的方法测定。

23.3 顶空毛细管柱气相色谱法

按 21.2 描述的方法测定。

24 乙苯

24.1 吹扫捕集气相色谱质谱法

按 4.2 描述的方法测定。

24.2 液液萃取毛细管柱气相色谱法

按 21.1 描述的方法测定。

24.3 顶空毛细管柱气相色谱法

按 21.2 描述的方法测定。

25 异丙苯

25.1 吹扫捕集气相色谱质谱法

按 4.2 描述的方法测定。

25.2 顶空毛细管柱气相色谱法

按 21.2 描述的方法测定。

26 氯苯

26.1 吹扫捕集气相色谱质谱法

按 4.2 描述的方法测定。

26.2 顶空毛细管柱气相色谱法

按 21.2 描述的方法测定。

27 1,2-二氯苯

27.1 吹扫捕集气相色谱质谱法

按 4.2 描述的方法测定。

27.2 顶空毛细管柱气相色谱法

按 4.3 描述的方法测定。

28 1,3-二氯苯

28.1 吹扫捕集气相色谱质谱法

按 4.2 描述的方法测定。

28.2 顶空毛细管柱气相色谱法

按 4.3 描述的方法测定。

29 1,4-二氯苯

29.1 吹扫捕集气相色谱质谱法

按 4.2 描述的方法测定。

29.2 顶空毛细管柱气相色谱法

按 4.3 描述的方法测定。

30 三氯苯

30.1 吹扫捕集气相色谱质谱法

按 4.2 描述的方法测定 1,2,3-三氯苯和 1,2,4-三氯苯。

30.2 顶空毛细管柱气相色谱法

按 4.3 描述的方法测定 1,2,3-三氯苯、1,2,4-三氯苯和 1,3,5-三氯苯。

31 四氯苯

顶空毛细管柱气相色谱法:按 4.3 描述的方法测定。

32 硝基苯

32.1 气相色谱法

32.1.1 最低检测质量浓度

本方法的最低检测质量为 0.01 ng,若取 500 mL 水样测定,则最低检测质量浓度为 0.5 μg/L。

32.1.2 原理

本方法是将水样用 H_2SO_4 酸化(或酸化、蒸馏)、苯萃取后用带电子捕获检测器的气相色谱仪测定。

32.1.3 试剂或材料

32.1.3.1 载气:高纯氮[$\varphi(N_2)\geqslant 99.999\%$]。

32.1.3.2 纯水:色谱检验无待测组分。

32.1.3.3 无水硫酸钠(Na_2SO_4):在 300 ℃烘箱中烘烤 4 h,置于干燥器中冷却至室温。

32.1.3.4 苯(C_6H_6):优级纯,色谱检验无待测组分。

32.1.3.5 正己烷(C_6H_{14}):优级纯,色谱检验无待测组分。

32.1.3.6 色谱标准物:硝基苯($C_6H_5NO_2$,纯度>99%),或使用有证标准物质。

32.1.3.7 标准储备溶液的制备:称取硝基苯标准物 0.1 g(精确至 0.000 1 g),置于容量瓶中,用苯溶解,定容至 100 mL,在 0 ℃~4 ℃冷藏、避光保存,可保存半年。

32.1.3.8 标准使用溶液的制备:吸取 1 mL 硝基苯标准储备溶液,用苯定容至 10 mL 的容量瓶中,此溶液中硝基苯质量浓度为 100 mg/L,再取 1 mL 此标液,用苯定容至 10 mL 的容量瓶中,此溶液中硝基苯质量浓度为 10 mg/L,如此逐级稀释至 $\rho=1\ \mu g/mL$。现用现配。

32.1.4 仪器设备

32.1.4.1 气相色谱仪:配有电子捕获检测器。

32.1.4.2 色谱柱:FFAP(25 m×0.32 mm)毛细管色谱柱,或其他等效色谱柱。

32.1.4.3 样品瓶:1 000 mL 具塞磨口玻璃瓶。

32.1.4.4 分液漏斗:1 000 mL。

32.1.4.5 微量进样器:10 μL。

32.1.4.6 比色管:25 mL。

32.1.5 样品

32.1.5.1 水样的稳定性:样品待测组分易挥发,需避光 0 ℃~4 ℃冷藏保存,尽快测定。

32.1.5.2 水样的采集:采集后 7 d 内完成萃取,萃取前样品在 0 ℃~4 ℃冷藏保存,萃取后 40 d 内完成分析。

32.1.5.3 水样的处理:摇匀水样,准确量取 500 mL 置入 1 000 mL 分液漏斗中,加入 25 mL 苯,摇动,放出气体。再振荡萃取 3 min~5 min,静置 10 min,两相分层,弃去水相,置入事先盛有少许无水硫酸钠的具塞离心管中,备色谱分析用。

32.1.6 试验步骤

32.1.6.1 仪器参考条件

32.1.6.1.1 气化室温度:310 ℃。

32.1.6.1.2 柱温:160 ℃。

32.1.6.1.3 检测器温度:315 ℃。

32.1.6.1.4 载气流量:2.0 mL/min。

32.1.6.1.5 分流比:11∶1。

32.1.6.1.6 尾吹气流量:50 mL/min。

32.1.6.2 校准

32.1.6.2.1 定量分析中的校准方法:外标法。

32.1.6.2.2 标准样品使用次数和使用条件如下:

- a) 使用次数:每次分析样品时,用标准使用溶液绘制标准曲线;
- b) 气相色谱中使用标准样品的条件:
    - 1) 标准样品进样体积与试样进样体积相同,标准样品的响应值应接近试样的响应值;
    - 2) 在工作范围内相对标准偏差小于 10%即可认为仪器处于稳定状态;

3） 每批样品应同时制备标准曲线。

32.1.6.2.3 标准曲线的制作：分别取硝基苯标准使用溶液 0.10 mL、0.20 mL、0.50 mL、0.80 mL、1.00 mL用正己烷定容至 10 mL，此即为标准系列溶液 0.01 μg/mL、0.02 μg/mL、0.05 μg/mL、0.08 μg/mL、0.10 μg/mL。进样 1 μL 注入色谱仪。以峰高或峰面积为纵坐标，质量浓度为横坐标绘制标准曲线。

32.1.6.3 试验

32.1.6.3.1 进样：进样方式为直接进样；进样量为 1 μL。

32.1.6.3.2 记录：以标样核对，记录色谱峰的保留时间及对应的化合物。

32.1.6.3.3 色谱图的考察：标准色谱图，见图 18。

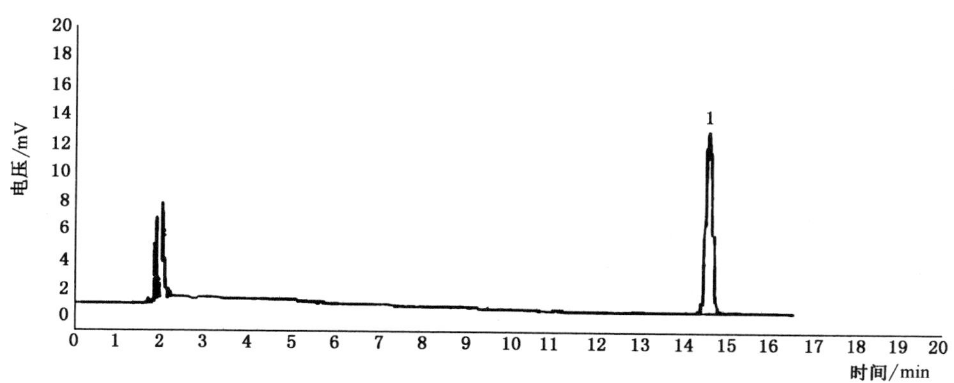

标引序号说明：

1——硝基苯。

图 18 硝基苯标准色谱图

32.1.7 试验数据处理

32.1.7.1 定性分析

硝基苯（$C_6H_5NO_2$）保留时间 14.557 min。

32.1.7.2 定量分析

根据色谱图的峰高或峰面积在标准曲线上查出相应的质量浓度。

32.1.7.3 结果的表示

32.1.7.3.1 定性结果：根据标准色谱图各组分的保留时间确定待测样品中组分的数目和名称。

32.1.7.3.2 定量结果：直接从标准曲线上查出水样中硝基苯的质量浓度，以微克每升（μg/L）表示。

32.1.8 精密度和准确度

1 个实验室测定加硝基苯标准的水样，其相对标准偏差为 1.0%～6.4%，回收率为90.7%～97.9%。

33 三硝基甲苯

33.1 气相色谱法

33.1.1 最低检测质量浓度

本方法最低检测质量为 0.20 μg，若取 100 mL 水样测定，则最低检测质量浓度为 0.4 mg/L。

水中硝基苯类、硝基氯苯类均不干扰测定。

33.1.2 原理

水中微量三硝基甲苯在酸性介质中经二氯甲烷萃取浓缩后，可用带氢火焰离子化检测器的气相色谱仪测定其含量。

33.1.3 试剂或材料

33.1.3.1 载气：高纯氮[$\varphi(N_2)\geqslant 99.999\%$]。

33.1.3.2 氢气[$\varphi(H_2)\geqslant 99.6\%$]。

33.1.3.3 压缩空气：经硅胶、活性炭或 0.5 nm 分子筛净化处理。

33.1.3.4 色谱柱和填充物见 33.1.4.2 有关内容。

33.1.3.5 制备色谱柱涂渍固定液所用的溶剂：三氯甲烷。

33.1.3.6 盐酸($\rho_{20}=1.19$ g/mL)。

33.1.3.7 无水硫酸钠：经 400 ℃灼烧 2 h，密封储存。

33.1.3.8 硝基甲烷(CH_3NO_2)：化学纯。

33.1.3.9 二氯甲烷(CH_2Cl_2)：经色谱检查应无干扰峰，必要时用全玻璃蒸馏器蒸馏。

33.1.3.10 2,4,6-三硝基甲苯[$CH_3C_6H_2(NO_2)_3$]。

33.1.3.11 标准溶液：称取 0.1 g(精确至 0.000 1 g)2,4,6-三硝基甲苯(TNT)，置于 100 mL 容量瓶中，用硝基甲烷溶解，并定容至刻度，此溶液质量浓度 ρ(2,4,6-三硝基甲苯)＝1 mg/mL。密封、避光于 0 ℃～4 ℃冷藏保存。或使用有证标准物质。

33.1.4 仪器设备

33.1.4.1 气相色谱仪：具程序升温控制器；配有氢火焰离子化检测器。

33.1.4.2 色谱柱的制备要求如下：

a) 色谱柱类型：硬质玻璃填充柱长 2 m，内径 2 mm；
b) 填充物的要求：
   1) 载体：Chromosorb HP，60 目～80 目；
   2) 固定液及含量：5%二甲基硅酮(SE-30)。
c) 涂渍固定液方法：称取 0.5 g SE-30 溶于三氯甲烷中，然后加入 10 g 载体摇匀，置于室温下自然挥干，装柱；
d) 色谱柱老化：将色谱柱进口端接到色谱系统，出口端与检测器断开，通氮气于 220 ℃老化24 h。

33.1.4.3 微量注射器：10 μL。

33.1.4.4 电动振荡器。

33.1.4.5 分液漏斗：125 mL～250 mL。

33.1.4.6 电恒温水浴。

33.1.4.7 KD浓缩器。

33.1.5 样品

33.1.5.1 水样的稳定性：三硝基甲苯在光照条件不稳定。

33.1.5.2 水样的采集与保存：用玻璃瓶采集水样，避光保存，保存时间为2 d。

33.1.5.3 水样的预处理如下：

a) 水样的萃取：取100 mL水样于125 mL～250 mL分液漏斗中，加5 mL盐酸(ρ_{20}=1.19 g/mL)，混匀，放置3 min后，依次用15 mL、10 mL和5 mL二氯甲烷振荡萃取3 min，静置分层，二氯甲烷相通过预先装有无水硫酸钠的筒形漏斗，收集于KD浓缩器；

b) 水样浓缩：于KD浓缩器中加入1 mL硝基甲烷，混匀，于40 ℃水浴中浓缩至1.0 mL，供测定用。

33.1.6 试验步骤

33.1.6.1 仪器参考条件

33.1.6.1.1 气化室温度：210 ℃。

33.1.6.1.2 柱温：起始温度100 ℃，保持3 min，升温速率20 ℃/min，终止温度210 ℃，保持1 min。

33.1.6.1.3 检测器温度：210 ℃。

33.1.6.1.4 气体流量：载气50 mL/min；氢气35 mL/min；空气350 mL/min。

33.1.6.2 校准

33.1.6.2.1 定量分析中的校准方法：外标法。

33.1.6.2.2 标准曲线的绘制：取8个10 mL容量瓶，分别加入样品标准溶液0 mL、0.1 mL、0.2 mL、0.3 mL、0.4 mL、0.6 mL、0.8 mL和1.0 mL，用硝基甲烷稀释至刻度，使其质量浓度为0 μg/mL、10 μg/mL、20 μg/mL、30 μg/mL、40 μg/mL、60 μg/mL、80 μg/mL和100 μg/mL的标准系列溶液，分别取5 μL注入色谱仪，测得峰高，以峰高对质量浓度绘制标准曲线。

33.1.6.3 试验

33.1.6.3.1 进样：进样方式为直接进样；进样量为5 μL；用洁净的微量注射器于待测的样品中抽取几次，排出气泡，取所需体积，迅速注入色谱仪中，并立即拔出注射器。

33.1.6.3.2 色谱图的考察：标准色谱图，见图19。

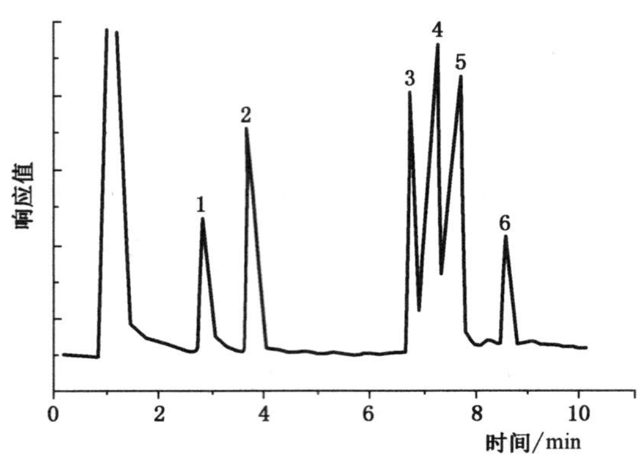

标引序号说明：

1——邻-硝基甲苯；
2——间-硝基甲苯；
3——2,5-二硝基甲苯；
4——2,4-二硝基甲苯；
5——3,4-二硝基甲苯；
6——2,4,6-三硝基甲苯。

图 19　三硝基甲苯标准色谱图

33.1.7　试验数据处理

33.1.7.1　定性分析

33.1.7.1.1　组分出峰顺序：邻-硝基甲苯；间-硝基甲苯；2,5-二硝基甲苯；2,4-二硝基甲苯；3,4-二硝基甲苯；2,4,6-三硝基甲苯。

33.1.7.1.2　保留时间：邻-硝基甲苯，2.85 min；间-硝基甲苯，3.77 min；2,5-二硝基甲苯，6.85 min；2,4-二硝基甲苯，7.26 min；3,4-二硝基甲苯，7.44 min；2,4,6-三硝基甲苯，8.42 min。

33.1.7.2　定量分析

根据样品峰高从标准曲线上查得相应的三硝基甲苯的质量浓度，计算见公式(12)：

$$\rho=\frac{\rho_1\times V_1}{V} \qquad (12)$$

式中：

ρ ——水样中三硝基甲苯的质量浓度，单位为毫克每升(mg/L)；

ρ_1 ——相当于标准曲线上三硝基甲苯的质量浓度，单位为微克每毫升(μg/mL)；

V_1 ——萃取液体积，单位为毫升(mL)；

V ——水样的体积，单位为毫升(mL)。

33.1.7.3　结果的表示

33.1.7.3.1　定性结果：根据标准色谱图各组分的保留时间确定待测组分数目及组分名称。

33.1.7.3.2　定量结果：按公式(12)计算水样中组分的含量，以毫克每升(mg/L)表示。

33.1.7.4　精密度和准确度

6 个实验室对三硝基甲苯质量浓度为 2 mg/L～10 mg/L 的水样进行测定，回收率为 95.0%～105%，相对标准偏差均小于 5.0%；质量浓度在 0.5 mg/L～2 mg/L 时，回收率为 84.0%～96.0%，相对标准偏差为 8.0%。

34 二硝基苯

34.1 气相色谱法

34.1.1 最低检测质量浓度

本方法最低检测质量分别为：对-硝基氯苯、间-硝基氯苯、邻-硝基氯苯，0.020 μg；对-二硝基苯，0.040 μg；间-二硝基苯，0.20 μg；邻-二硝基苯，0.10 μg；2，4-二硝基氯苯，0.10 μg。若取 250 mL 水样经处理后测定，则最低检测质量浓度分别为：对-硝基氯苯、间-硝基氯苯、邻-硝基氯苯，0.04 mg/L；对-二硝基苯，0.08 mg/L；间-二硝基苯，0.4 mg/L；邻-二硝基苯，0.2 mg/L；2，4-二硝基氯苯，0.2 mg/L。若取 500 mL 水样经处理后测定，则最低检测质量浓度分别为：间-硝基氯苯、对-硝基氯苯、邻-硝基氯苯，0.02 mg/L；对-二硝基苯，0.04 mg/L；间-二硝基苯，0.2 mg/L；邻-二硝基苯，0.1 mg/L；2，4-二硝基氯苯，0.1 mg/L。

在本方法操作条件下，低于 0.2 mg/L 的硝基苯和邻-硝基甲苯、2 mg/L 的三氯苯和六氯苯、3 mg/L 的滴滴涕、0.2 mg/L 的六六六均不干扰测定。

34.1.2 原理

水中二硝基苯类、硝基氯苯类化合物经溶剂萃取（用苯与乙酸乙酯混合溶剂）或用 GDX-502 聚二乙烯基苯多孔小球吸附，浓缩，用气相色谱-电子捕获检测器测定。其出峰顺序为：间-硝基氯苯，对-硝基氯苯，邻-硝基氯苯，对-二硝基苯，间-二硝基苯，邻-二硝基苯，2，4-二硝基氯苯。测定结果用各异构体质量浓度之和表示。

34.1.3 试剂或材料

34.1.3.1 高纯氮气[$\varphi(N_2)\geq 99.999\%$]。

34.1.3.2 色谱柱和填充物见 34.1.4.2 有关内容。

34.1.3.3 制备色谱柱涂渍固定液所用的溶剂：丙酮。

34.1.3.4 苯（重蒸馏）。

34.1.3.5 乙酸乙酯（$C_4H_8O_2$）。

34.1.3.6 无水硫酸钠（Na_2SO_4）：经 350 ℃灼烧 4 h，储存于密闭的容器中。

34.1.3.7 GDX-502 聚乙二烯苯多孔小球（80 目～100 目）。

34.1.3.8 色谱标准物：对-硝基氯苯（$C_6H_4ClNO_2$）、间-硝基氯苯（$C_6H_4ClNO_2$）、邻-硝基氯苯（$C_6H_4ClNO_2$）、对-二硝基苯（$C_6H_4N_2O_4$）、间-二硝基苯（$C_6H_4N_2O_4$）、邻-二硝基苯（$C_6H_4N_2O_4$）和 2，4-二硝基氯苯（$C_6H_3ClN_2O_4$），均为色谱纯，或使用有证标准物质。

34.1.3.9 标准储备溶液：准确称取间-硝基氯苯、对-硝基氯苯、邻-硝基氯苯、对-二硝基苯、间-二硝基苯、邻-二硝基苯和 2，4-二硝基氯苯各 0.500 g 分别于 50 mL 容量瓶中用苯溶解，并稀释至刻度。此溶液 ρ(硝基氯苯类)＝10 mg/mL，ρ(二硝基苯类，2，4-二硝基氯苯)＝10 mg/mL。

34.1.3.10 标准中间溶液：分别取标准储备溶液硝基氯苯类、对二硝基苯 10 mL，间-二硝基苯、邻-二硝基苯和 2，4-二硝基氯苯 20 mL 于 100 mL 容量瓶中，用苯稀释至刻度，此溶液为 ρ(硝基氯苯类，对-二硝基苯)＝1 mg/mL；ρ(间-二硝基苯，邻-二硝基苯和 2，4-二硝基氯苯)＝2 mg/mL。

34.1.4 仪器设备

34.1.4.1 气相色谱仪：配有电子捕获检测器。

34.1.4.2 色谱柱的制备要求如下：

a) 色谱柱类型:硬质玻璃填充柱,长 2 m,内径 3 mm。

b) 填充物的要求:载体为 Chromasorb W,60 目～80 目;固定液及含量为 5%丁二酸二乙二醇聚酯(DEGS)。

c) 涂渍固定液:将载体用溴化钾溶液(50 g/L)浸泡 2 h 后,过滤烘干。称取 0.5 g DEGS 于蒸发皿中,用丙酮溶解,然后加入 10.0 g 上述载体,轻轻摇动,使载体与固定液混匀,于红外灯下挥干溶剂。

d) 色谱柱的老化:采用普通装柱法装柱,将色谱柱与检测器断开,将填充好的色谱柱装机通氮气,流量 5 mL/min～10 mL/min,于柱温 200 ℃,老化 24 h。

34.1.4.3 微量注射器:10 μL。

34.1.4.4 分液漏斗:500 mL。

34.1.4.5 KD 浓缩器。

34.1.4.6 玻璃吸附管:按图 20 自制。

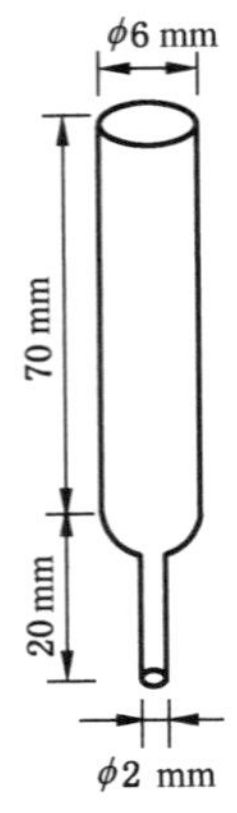

图 20 玻璃吸附管

34.1.4.7 玻璃棉。

34.1.4.8 磨口玻璃瓶。

34.1.5 样品

34.1.5.1 水样的采集与保存:用玻璃瓶采集水样,盖紧瓶塞。如不能立即测定,需置 0 ℃～4 ℃冷藏保存。

34.1.5.2 水样的预处理如下。

a) 水样的萃取:取 250 mL 水样置于 500 mL 分液漏斗中,加入 50 mL 乙酸乙酯振摇 5 min,静置分层。分出乙酸乙酯层后,水样中再加入 20 mL 苯(重蒸馏),振摇 5 min,静置分层分出苯层,与乙酸乙酯合并。加入 1 g 无水硫酸钠脱水,在 70 ℃水浴上浓缩至 1.0 mL 供分析用。

b) 水样的吸附:取 250 mL 水样置于 500 mL 分液漏斗中,连接好吸附装置,以 3 mL/min 的流量进行抽滤,抽滤结束后取下吸附柱,用吸球吹去柱内残留水。加 10 mL 苯洗脱,收集洗液于 KD 浓缩器中,浓缩定容至 1.0 mL 供分析用。

34.1.6 试验步骤

34.1.6.1 仪器参考条件

34.1.6.1.1 气化室温度:200 ℃。

34.1.6.1.2 柱温:160 ℃。

34.1.6.1.3 检测器温度:200 ℃。

34.1.6.1.4 载气流量:20 mL/min。

34.1.6.2 校准

34.1.6.2.1 定量分析中的校准方法:外标法。

34.1.6.2.2 标准样品使用次数和使用条件如下:

a) 使用次数:每次分析样品时,用标准使用溶液绘制新的标准曲线;

b) 气相色谱法中使用标准品的条件:

 1) 标准样品进样体积与试样进样体积相同,标准样品的响应值应接近试样的响应值;

 2) 在工作范围内相对标准差小于10%即可认为仪器处于稳定状态;

 3) 标准样品与试样尽可能同时进样分析。

34.1.6.2.3 标准曲线的绘制如下:

a) 将硝基氯苯类和二硝基苯类标准溶液分别稀释成下列质量浓度,作为标准使用溶液,现用现配:

 1) 对-硝基氯苯:0 μg/mL、0.040 μg/mL、0.050 μg/mL、0.075 μg/mL 和 0.10 μg/mL;

 2) 间-硝基氯苯:0 μg/mL、0.040 μg/mL、0.050 μg/mL、0.075 μg/mL 和 0.10 μg/mL;

 3) 邻-硝基氯苯:0 μg/mL、0.040 μg/mL、0.050 μg/mL、0.075 μg/mL 和 0.10 μg/mL;

 4) 对-二硝基苯:0 μg/mL、0.080 μg/mL、0.10 μg/mL、0.15 μg/mL 和 0.20 μg/mL;

 5) 间-二硝基苯:0 μg/mL、0.50 μg/mL、1.0 μg/mL、1.5 μg/mL 和 2.0 μg/mL;

 6) 邻-二硝基苯:0 μg/mL、0.25 μg/mL、0.50 μg/mL、0.75 μg/mL 和 1.0 μg/mL;

 7) 2,4-二硝基氯苯:0 μg/mL、0.25 μg/mL、0.50 μg/mL、0.75 μg/mL 和 1.0 μg/mL。

b) 按硝基氯苯类和二硝基苯类的各组分线性范围,配成不同质量浓度的混合标准溶液;

c) 取混合标准溶液注入气相色谱仪,按 34.1.6.1 的条件测定,以峰高为纵坐标,质量浓度为横坐标,绘制标准曲线。

34.1.6.3 试验

34.1.6.3.1 进样:进样方式为直接进样;进样量一般为 2 μL;用洁净微量注射器于待测样品中抽吸几次,排出气泡,取所需体积,迅速注入色谱仪中,并立即拔出注射器。

34.1.6.3.2 记录:以标样核对,记录色谱峰的保留时间及对应的化合物。

34.1.6.3.3 色谱图的考察:标准色谱图,见图 21。

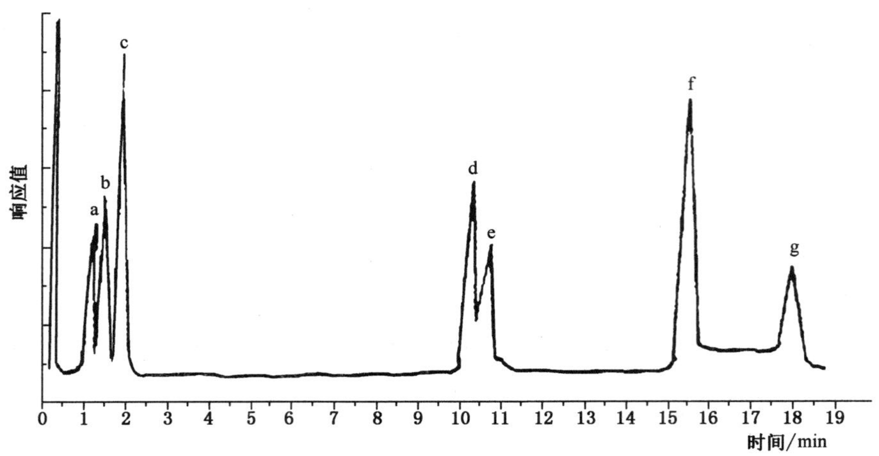

标引序号说明：

a——间-硝基氯苯；
b——对-硝基氯苯；
c——邻-硝基氯苯；
d——对-二硝基苯；
e——间-二硝基苯；
f——邻-二硝基苯；
g——2,4-二硝基氯苯。

图 21 二硝基苯类和硝基氯苯类化合物标准色谱图

34.1.7 试验数据处理

34.1.7.1 定性分析

34.1.7.1.1 各组分出峰顺序：间-硝基氯苯，对-硝基氯苯，邻-硝基氯苯，对-二硝基苯，间-二硝基苯，邻-二硝基苯，2,4-二硝基氯苯。

34.1.7.1.2 各组分保留时间：间-硝基氯苯，1.5 min；对-硝基氯苯，1.683 min；邻-硝基氯苯，2 min；对-二硝基苯，10.417 min；间-二硝基苯，10.933 min；邻-二硝基苯，15.783 min；2,4-二硝基氯苯，17.917 min。

34.1.7.2 定量分析

通过色谱峰高，在标准曲线上查出各化合物的质量浓度，按公式(13)进行计算：

$$\rho=\frac{\rho_1 \times V_1}{V} \qquad (13)$$

式中：

ρ ——水样中各种硝基化合物的质量浓度，单位为毫克每升(mg/L)；

ρ_1 ——测得的某化合物的质量浓度，单位为微克每毫升(μg/mL)；

V_1 ——萃取浓缩液体积，单位为毫升(mL)；

V ——水样体积，单位为毫升(mL)。

34.1.7.3 结果的表示

34.1.7.3.1 定性结果：根据标准色谱图组分的保留时间确定待测水样中组分的数目和名称。

34.1.7.3.2 定量结果：按公式(13)计算水样各组分含量，以毫克每升(mg/L)表示。

34.1.8 精密度和准确度

同一实验室对不同浓度的加标水样测定结果，二硝基苯质量浓度在 0.068 mg/L～3.4 mg/L 时，相对标准偏差为3.4%～8.2%；二硝基苯质量浓度在0.16 mg/L～4.0 mg/L时，平均回收率为87.0%。

对不同质量浓度的加标水样测定结果，硝基氯苯质量浓度在0.070 mg/L～0.095 mg/L时，相对标准偏差为6.7%～7.4%；质量浓度在0.16 mg/L～4.0 mg/L时，平均回收率为92.0%。

对不同质量浓度的加标水样测定结果，2,4-二硝基氯苯质量浓度在0.70 mg/L～3.76 mg/L时，相对标准偏差为3.4%～4.8%；质量浓度在0.16 mg/L～4.0 mg/L时，平均回收率为88.0%。

35 硝基氯苯

气相色谱法：按34.1描述的方法测定。

36 二硝基氯苯

气相色谱法：按34.1描述的方法测定。

37 氯丁二烯

37.1 顶空气相色谱法

37.1.1 最低检测质量浓度

本方法最低检测质量浓度为0.002 mg/L。

在选定的条件下，乙烯基乙炔、乙醛和二氯丁烯不干扰测定。但不洁净的样品瓶将影响测定，应采取相应的净化措施。

37.1.2 原理

将待测水样置于密闭的顶空瓶中，通过加热升温使氯丁二烯从液相逸出至液面上部空间，在一定的温度下，氯丁二烯分子在气液两相之间的分布达到动态平衡，此时氯丁二烯在气相中的浓度和它在液相中的浓度成正比，直接抽取顶部气体进行气相色谱分析，从而测定水样中氯丁二烯的含量。

37.1.3 试剂或材料

37.1.3.1 载气：高纯氮[$\varphi(N_2)\geqslant 99.999\%$]。

37.1.3.2 燃气：纯氢[$\varphi(H_2)\geqslant 99.6\%$]。

37.1.3.3 助燃气：无油压缩空气，经装有0.5 nm分子筛的净化管净化。

37.1.3.4 色谱柱和填充物，见37.1.4.2有关内容。

37.1.3.5 制备色谱柱涂渍固定液所用的溶剂：二氯甲烷。

37.1.3.6 纯水：蒸馏水经纯氮吹气1 h。

37.1.3.7 无水硫酸钠(Na_2SO_4)。

37.1.3.8 氯丁二烯(C_4H_5Cl)：含量大于99.5%。

37.1.3.9 标准储备溶液：在10 mL的容量瓶中注入纯水至刻度，称量后再用微量注射器在水面以下加入10 μL新蒸馏的氯丁二烯，密封摇匀，称量，计算储备溶液的质量浓度。或使用有证标准物质。

37.1.3.10 标准使用溶液：于500 mL容量瓶中加入400 mL纯水，加入适量氯丁二烯标准储备溶液，再加入纯水稀释到刻度，混匀，使此溶液质量浓度ρ(氯丁二烯)=1.00 μg/mL。现用现配。

37.1.4 仪器设备

37.1.4.1 气相色谱仪：配有氢火焰离子化检测器。

37.1.4.2 色谱柱的制备要求如下：

a) 色谱柱类型：不锈钢填充柱，柱长 2 m，内径 4 mm；

b) 填充物的要求：

1) 载体：红色 6201 担体，60 目～80 目经筛分干燥后备用；

2) 固定液及含量：10%聚乙二醇己二酸酯，10%阿皮松 L。

c) 涂渍固定液：将 10%聚乙二醇己二酸酯和 10%阿皮松 L 分别涂在 60 目～80 目的红色 6201 担体上，以 5∶1 比例混合；

d) 色谱柱的老化：采用普通装柱法装柱，将填充好的色谱柱装机通氮气，流量 5 mL/min～10 mL/min，于柱温 120 ℃，老化 10 h。

37.1.4.3 注射器：1.0 mL。

37.1.4.4 顶空瓶：100 mL 细口瓶，使用前烘烤 2 h。

37.1.4.5 恒温水浴(±0.1 ℃)。

37.1.4.6 翻口胶塞。

37.1.4.7 铝箔或聚四氟乙烯膜。

37.1.5 样品

37.1.5.1 水样的稳定性：易挥发，低温保存，尽快分析。

37.1.5.2 水样的采集与保存：在 100 mL 的顶空瓶中加入 15 g 无水硫酸钠，立即用包有聚四氟乙烯薄膜的翻口胶塞盖好，然后用 100 mL 注射器抽取瓶内空气两次，每次抽到 100 mL 刻度，此时瓶内余压约 40 kPa。再用注射器注入水样 40 mL，摇匀。送往实验室尽快分析。

37.1.5.3 样品的预处理：将采集样品的顶空瓶放入 60 ℃±0.1 ℃的恒温水浴锅内恒温 20 min，备用。

37.1.6 试验步骤

37.1.6.1 仪器参考条件

37.1.6.1.1 气化室温度：120 ℃。

37.1.6.1.2 柱温：90 ℃。

37.1.6.1.3 检测器温度：140 ℃。

37.1.6.1.4 气体流量：载气 30 mL/min；氢气 50 mL/min；空气 200 mL/min。

37.1.6.2 校准

37.1.6.2.1 定量分析中的校准方法：外标法。

37.1.6.2.2 标准样品使用次数和使用条件如下：

a) 使用次数：每次分析样品时，用标准使用溶液绘制工作曲线；

b) 气相色谱法中使用标准样品的条件：

1) 标准样品进样体积与试样进样体积相同，标准样品的响应值接近试样的响应值；

2) 工作范围内相对标准差小于 10%即可认为仪器处于稳定状态；

3) 标准样品与试样尽可能同时进样分析。

37.1.6.2.3 工作曲线的绘制：取 7 个 100 mL 容量瓶，分别加入 0 mL、0.20 mL、1.00 mL、4.00 mL、10.0 mL、40.0 mL 和 100.0 mL 氯丁二烯标准使用溶液，加纯水至刻度，混匀，配成 0 mg/L、0.002 mg/L、0.01 mg/L、0.04 mg/L、0.10 mg/L、0.40 mg/L 和 1.00 mg/L 的标准系列溶液。将标准系列溶液按 37.1.5.2 处理后将顶空瓶置于恒温水浴中，在 60 ℃±0.1 ℃温度下平衡 20 min，用预热过的注射器插入瓶内空间，抽取 1.00 mL 顶空气体注入气相色谱仪，按 37.1.6.1 的条件测定，以峰高为纵坐标,质量浓度为横坐标,绘制工作曲线。

37.1.6.3 试验

37.1.6.3.1 进样:进样方式为直接进样;进样量为 1.00 mL;用清洁微量注射器于待测样品中吸取所需体积顶空气体注入色谱仪测定。

37.1.6.3.2 记录:以标样核对,记录色谱峰的保留时间及对应的化合物。

37.1.6.3.3 色谱图的考察:标准色谱图,见图 22。

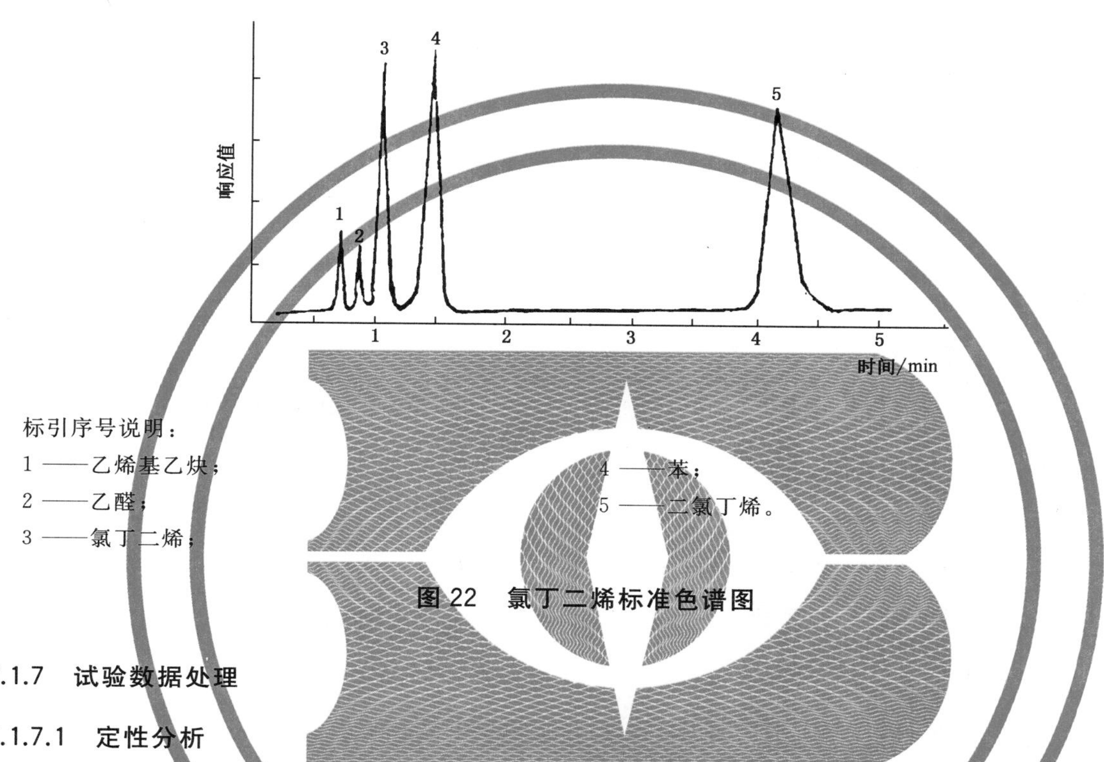

标引序号说明:
1 ——乙烯基乙炔;
2 ——乙醛;
3 ——氯丁二烯;
4 ——苯;
5 ——二氯丁烯。

图 22 氯丁二烯标准色谱图

37.1.7 试验数据处理

37.1.7.1 定性分析

37.1.7.1.1 各组分出峰顺序:乙烯基乙炔,乙醛,氯丁二烯,苯,二氯丁烯。

37.1.7.1.2 保留时间:乙烯基乙炔,36 s;乙醛,45 s;氯丁二烯,61 s;苯,1.6 min;二氯丁烯,4.267 min。

37.1.7.2 定量分析

根据样品的峰高直接从工作曲线上查出水样中氯丁二烯的质量浓度。

37.1.7.3 结果的表示

37.1.7.3.1 定性结果:根据标准色谱图组分的保留时间,确定待测水样中组分的数目和名称。

37.1.7.3.2 定量结果:直接从工作曲线上查出水样中氯丁二烯的质量浓度,以毫克每升(mg/L)表示。

37.1.8 精密度和准确度

3 个实验室对氯丁二烯质量浓度为 9.6 μg/L～96 μg/L 水样进行重复测定,相对标准偏差为 3.1%～7.1%;氯丁二烯质量浓度为 10 μg/L～100 μg/L 时,水样回收率范围为 88.1%～101%。

38 苯乙烯

38.1 液液萃取毛细管柱气相色谱法

按 21.1 描述的方法测定。

38.2 顶空毛细管柱气相色谱法

按 21.2 描述的方法测定。

38.3 吹扫捕集气相色谱质谱法

按 4.2 描述的方法测定。

39 三乙胺

39.1 气相色谱法

39.1.1 最低检测质量浓度

本方法三乙胺和二丙胺的最低检测质量均为 1.0 ng。若取 200 mL 水样经处理后测定，则最低检测质量浓度均为 0.05 mg/L。

39.1.2 原理

在水样中加入盐酸，使其中的胺类化合物生成盐酸盐，加热浓缩后，在浓缩液中加碱，使之生成胺，取中和后的样品注入色谱仪，测其胺的含量。

39.1.3 试剂或材料

39.1.3.1 载气：高纯氮[$\varphi(N_2)\geqslant 99.999\%$]。

39.1.3.2 氢气[$\varphi(H_2)\geqslant 99.6\%$]。

39.1.3.3 压缩空气：经硅胶、活性炭或 0.5 nm 分子筛净化处理。

39.1.3.4 色谱柱和填充物，见 39.1.4.2 有关内容。

39.1.3.5 制备色谱柱涂渍固定液所用的溶剂：丙酮、乙醇。

39.1.3.6 本方法配制溶液及稀释用水均为无胺类物质的蒸馏水。

39.1.3.7 盐酸溶液[$c(HCl)=1$ mol/L]：取 18.3 mL 盐酸($\rho_{20}=1.19$ g/mL)，溶于蒸馏水中，并稀释至 100 mL。

39.1.3.8 氢氧化钠溶液[$c(NaOH)=1$ mol/L]：称取 4 g 氢氧化钠(NaOH)溶于蒸馏水中，并稀释至 100 mL。

39.1.3.9 标准物：三乙胺[$(C_2H_5)_3N$]和二丙胺[$(C_3H_7)_2NH$]。

39.1.3.10 标准储备溶液：准确称取三乙胺 100 mg(或取 $\rho=0.727\ 5$ g/mL 的三乙胺标准品137.5 μL)、二丙胺 100 mg(或取 $\rho=0.75$ g/mL 的二丙胺标准品 133.3 μL)于 1 000 mL 容量瓶中，用蒸馏水稀释至刻度，此溶液中 ρ(三乙胺)=100 μg/mL，ρ(二丙胺)=100 μg/mL。或使用有证标准物质。

39.1.3.11 标准使用溶液：将标准储备溶液稀释 10 倍，此溶液为 ρ(三乙胺)=10 μg/mL，ρ(二丙胺)=10 μg/mL。现用现配。

39.1.4 仪器设备

39.1.4.1 气相色谱仪:配有氢火焰检测器。

39.1.4.2 色谱柱的制备要求如下。

a) 色谱柱类型:U 型或螺旋形硬质玻璃柱,长 2 m,内径 3 mm。
b) 填充物的要求:
   1) 载体:Chromosorb 103(80 目～100 目);
   2) 固定液及含量:5%角鲨烷;2%氢氧化钾。
c) 涂渍固定液的方法:称取 0.5 g 角鲨烷,用丙酮溶解后,加入 10 g 载体,摇匀,于室温下自然挥干。再称取 0.2 g 氢氧化钾,用乙醇溶解后,以同样方法再涂一次,待溶剂完全挥干后再装柱。
d) 填充方法:采用抽吸振动法,即色谱柱一端塞上少许玻璃棉,接上真空泵,另一端接上小漏斗,倒入固定相,启动真空泵(没有真空泵可用 100 mL 注射器人工抽气),轻轻振动色谱柱,使固定相填充均匀紧密。
e) 色谱柱老化:将填充好的柱子装在色谱仪上。出口不接检测器,通氮气,于 140 ℃老化48 h 以上。

39.1.4.3 可调温电炉。

39.1.4.4 微量注射器:10 μL。

39.1.4.5 容量瓶:10 mL。

39.1.5 样品

39.1.5.1 水样的采集与保存:用 500 mL 玻璃瓶采集水样,如不能立即测定,可于每升水样中加2.5 mL 盐酸溶液[c(HCl)=1 mol/L]保存。用此法保存水样,测定时可直接取水样浓缩,而不必再加盐酸。

39.1.5.2 水样的预处理:取 200 mL 水样置于 250 mL 烧杯中,加入 0.5 mL 盐酸溶液[c(HCl)=1 mol/L]混匀,在电炉上加热浓缩至 3 mL 左右,取下,冷却至室温,转移至 10 mL 具塞比色管中,用蒸馏水充分洗涤烧杯,将洗涤液倒入具塞比色管中,加入 0.5 mL 氢氧化钠溶液[c(NaOH)=1 mol/L],混匀,用蒸馏水定容至 10 mL,供色谱分析用。

39.1.6 试验步骤

39.1.6.1 仪器参考条件

39.1.6.1.1 气化室温度:200 ℃。

39.1.6.1.2 柱温:135 ℃。

39.1.6.1.3 检测器温度:200 ℃。

39.1.6.1.4 气体流量:载气 50 mL/min,氢气 50 mL/min,空气 600 mL/min。

39.1.6.2 校准

39.1.6.2.1 定量分析中的校准方法:外标法。

39.1.6.2.2 标准样品使用次数和使用条件如下:

a) 使用次数:每次分析样品时,使用标准使用溶液绘制标准曲线;
b) 气相色谱使用标准品的条件:
   1) 标准品应测平行样,每个样各做 3 次,相对标准偏差小于 10%即可认为仪器处于稳定状态;
   2) 标准品进样体积与试样进样相同,标准品的响应值应接近试样的响应值。

39.1.6.2.3 标准曲线的绘制：于 10 mL 容量瓶中分别加入 0.5 mL 盐酸溶液[c(HCl)=1 mol/L]，以及标准使用溶液 0 mL、0.25 mL、0.50 mL、1.00 mL、2.00 mL、2.50 mL，然后依次加入 0.5 mL 氢氧化钠溶液[c(NaOH)=1 mol/L]，用蒸馏水稀释至刻度，摇匀。其质量浓度分别为 0 mg/L、0.25 mg/L、0.50 mg/L、1.00 mg/L、2.00 mg/L、2.50 mg/L。取 1 μL 溶液注入色谱仪，以质量浓度为横坐标，峰高为纵坐标，绘制标准曲线。

39.1.6.3 **试验**

39.1.6.3.1 进样：进样方式为直接进样；进样量为 1 μL；用洁净微量注射器于待测样品中抽吸几次后排出气泡，取所需的体积迅速进样，每个水样重复测定 3 次，测量峰高，计算平均值。

39.1.6.3.2 记录：用标样核对，记录色谱峰的保留时间及对应的化合物。

39.1.6.3.3 色谱图考察：标准色谱图，见图 23。

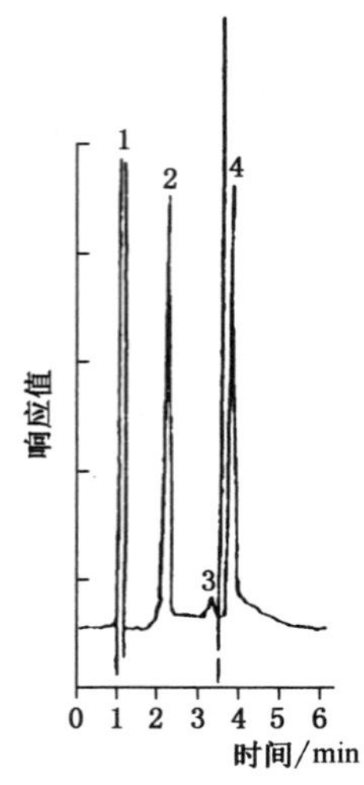

标引序号说明：

1 ——水蒸气；

2 ——三乙胺[$(C_2H_5)_3N$]；

3 ——未知峰；

4 ——二丙胺[$(C_3H_7)_2NH$]。

图 23 三乙胺标准色谱图

39.1.7 **试验数据处理**

39.1.7.1 **定性分析**

39.1.7.1.1 组分出峰顺序：水蒸气，三乙胺，未知峰，二丙胺。

39.1.7.1.2 保留时间：水蒸气，1.067 min；三乙胺，2.433 min；未知峰，3.417 min；二丙胺，4.033 min。

39.1.7.2 **定量分析**

根据样品峰高从标准曲线上查得相应的三乙胺和二丙胺的含量，按公式(14)进行计算：

$$\rho = \frac{\rho_1 \times V_1}{V} \qquad (14)$$

式中：

ρ ——样品中三乙胺或二丙胺的质量浓度，单位为毫克每升(mg/L)；

ρ_1 ——测得三乙胺或二丙胺的质量浓度，单位为毫克每升(mg/L)；

V_1 ——样品浓缩后定容的体积，单位为毫升(mL)；

V ——水样体积，单位为毫升(mL)。

39.1.7.3 结果的表示

39.1.7.3.1 定性结果：利用保留时间定性法，根据标准色谱图各组分的保留时间确定待测样品组分的数目及组分的名称。

39.1.7.3.2 定量结果：根据公式(14)计算出水中三乙胺的质量浓度，以毫克每升(mg/L)计。

39.1.8 精密度和准确度

4 个实验室用本方法重复测定三乙胺质量浓度分别为 0.25 mg/L、1.50 mg/L 和 2.50 mg/L 的人工合成水样，平均回收率为 96.0%、99.0%和 99.0%，相对标准偏差为 3.2%、1.8%和 1.7%。测定二丙胺质量浓度分别为 0.25 mg/L、1.5 mg/L 和 2.5 mg/L 的人工合成水样，平均回收率为 94.0%、98.0%和 98.0%，相对标准偏差为 3.7%、3.0%和 3.1%。

40 苯胺

40.1 重氮偶合分光光度法

40.1.1 最低检测质量浓度

本方法最低检测质量为 2 μg。若取 25 mL 蒸馏液(相当于原水样 25 mL)测定，则最低检测质量浓度为 0.08 mg/L。

本方法不是特异反应，所测定的苯胺质量浓度是经蒸馏后可参与反应的芳香族伯胺类化合物的总量，以苯胺表示。

40.1.2 原理

苯胺在酸性条件下，经亚硝酸重氮化，再与盐酸 N-(1-萘)-乙二胺偶合，生成紫红色染料，比色定量。

40.1.3 试剂

40.1.3.1 氢氧化钠溶液(40 g/L)：称取 4 g 氢氧化钠溶于纯水，稀释至 100 mL。

40.1.3.2 盐酸溶液[c(HCl)=0.1 mol/L]。

40.1.3.3 亚硝酸钠($NaNO_2$)溶液(10 g/L)。

40.1.3.4 氨基磺酸铵($H_6N_2O_3S$)溶液(25 g/L)。

40.1.3.5 盐酸 N-(1-萘)-乙二胺($C_{12}H_{14}N_2 \cdot 2HCl$)溶液(5 g/L)：称取 0.5 g 盐酸 N-(1-萘)-乙二胺溶于纯水，稀释至 100 mL，盛放于棕色瓶内。当溶液出现浑浊时，应重配。

40.1.3.6 苯胺标准储备溶液：于 25 mL 容量瓶内，加入约 10 mL 纯水，准确称量。加入 2 滴～3 滴新蒸馏的苯胺，再称量，算出苯胺质量。加纯水稀释至刻度，计算 1.00 mL 溶液含苯胺的质量(mg)。或使用有证标准物质。

40.1.3.7 苯胺标准使用溶液：将苯胺标准储备溶液用纯水稀释成 $\rho(C_6H_5NH_2)$=10 μg/mL。

40.1.4 仪器设备

40.1.4.1 全玻璃蒸馏器：250 mL。

40.1.4.2 具塞比色管：50 mL。

40.1.4.3 分光光度计。

40.1.5 试验步骤

40.1.5.1 取100 mL水样于250 mL全玻璃蒸馏器中,用氢氧化钠溶液(40 g/L)调至碱性后再多加1 mL。加入数粒玻璃珠,加热蒸馏。取一个100 mL容量瓶,加10 mL盐酸溶液[c(HCl)=0.1 mol/L]作吸收液,蒸馏液的接收管应插入吸收液内,收集馏出液约50 mL,停止蒸馏,冷却后,加纯水至刻度。

40.1.5.2 取25.0 mL蒸馏液于50 mL比色管中。另取7支50 mL比色管,分别加入0 mL、0.20 mL、0.50 mL、1.00 mL、2.00 mL、4.00 mL和5.00 mL苯胺标准使用溶液,各加2.5 mL盐酸溶液[c(HCl)=0.1 mol/L],加纯水至25 mL。

40.1.5.3 向水样和标准管中各加0.5 mL亚硝酸钠溶液(10 g/L),摇匀,放置40 min。各加1 mL氨基磺酸铵溶液(25 g/L),充分摇匀。完全去除气泡后,加入2.0 mL盐酸 *N*-(1-萘)-乙二胺溶液,摇匀,静置60 min。

40.1.5.4 于560 nm波长,用2 cm比色皿,以纯水为参比,测量吸光度。

40.1.5.5 以吸光度为纵坐标,标准系列溶液苯胺的质量为横坐标,绘制标准曲线,查出水样中苯胺的质量。

40.1.6 试验数据处理

水样中苯胺的质量浓度计算见公式(15):

$$\rho(C_6H_5NH_2)=\frac{m}{V} \qquad \cdots\cdots(15)$$

式中:

$\rho(C_6H_5NH_2)$——水样中苯胺的质量浓度,单位为毫克每升(mg/L);

m——相当于标准的苯胺质量,单位为微克(μg);

V——水样体积,单位为毫升(mL)。

40.1.7 精密度和准确度

单个实验室对未检出苯胺的天然水100 mL,加入4.0 μg苯胺,测定6份蒸馏液,平均回收率为90.5%。

41 二硫化碳

41.1 气相色谱法

41.1.1 最低检测质量浓度

本方法最低检测质量为1 ng。若取20 mL水样测定,则最低检测质量浓度为0.05 mg/L。

41.1.2 原理

水中二硫化碳经萃取后注入气相色谱仪中,在色谱柱内被分离后进入火焰光度检测器。在火焰光度检测器内产生受激发的碎片S_2,发生394 nm的特征光,经光电倍增管转变放大成电信号,在一定范围内,产生信号的大小与二硫化碳含量之间的对数成直线关系,用保留时间定性,外标法定量。

41.1.3 试剂或材料

41.1.3.1 载气:氮气[$\varphi(N_2)\geqslant 99.999\%$]。

41.1.3.2 辅助气体:氢气、空气。

41.1.3.3 色谱柱和填充物:见41.1.4.2有关内容。

41.1.3.4 制备色谱柱涂渍固定液所用的溶剂:二氯甲烷、三氯甲烷。

41.1.3.5 苯(C_6H_6):分析纯(重蒸)。

41.1.3.6 二硫化碳(CS_2):分析纯(重蒸),或使用有证标准物质。

41.1.3.7 二硫化碳标准储备溶液:于50 mL容量瓶中加入10 mL苯,在天平上准确称量,加入1滴~2滴二硫化碳,再准确称量,两次质量之差为二硫化碳质量,再用苯稀释至刻度,于冰箱内保存。

41.1.3.8 二硫化碳标准使用溶液[$\rho(CS_2)=10.0\ \mu g/mL$]:临用前将二硫化碳标准储备溶液用苯稀释成10.0 μg/mL二硫化碳标准使用溶液。现用现配。

41.1.4 仪器设备

41.1.4.1 气相色谱仪:配有火焰光度检测器。

41.1.4.2 色谱柱的制备要求如下。

a) 色谱柱类型:硬质玻璃填充柱,长1.5 m,内径4 mm。
b) 填充物的要求:载体为Chromosorb GHP(80目~100目);固定液及含量为0.3%OV-17+3%QF-1。
c) 涂渍固定液及老化的方法:根据载体的质量称取一定量的固定液,将OV-17溶于二氯甲烷,QF-1溶于三氯甲烷之中,待完全溶解后,将两种溶液混匀,然后加入载体,摇匀,置于通风柜内,于室温下自然挥干,采用普通装柱法装柱。将色谱柱与检测器断开,然后将填充好的色谱柱装机,通氮气,在210 ℃老化24 h。

41.1.4.3 微量注射器:10 μL。

41.1.4.4 容量瓶:50 mL。

41.1.4.5 分液漏斗:25 mL。

41.1.5 样品

41.1.5.1 水样的采集与保存:用磨口玻璃瓶采集样品,采集后的样品于0 ℃~4 ℃冷藏保存,保存时间为24 h。

41.1.5.2 水样的预处理:吸取20 mL水样于25 mL分液漏斗中,加苯1.0 mL,振摇1 min。静置分层后,上层苯液依照41.1.6步骤测定。

41.1.6 试验步骤

41.1.6.1 仪器参考条件

41.1.6.1.1 气化室温度:150 ℃。

41.1.6.1.2 柱温:50 ℃。

41.1.6.1.3 检测器温度:150 ℃。

41.1.6.1.4 气体流速:氮气为60 mL/min;氢气为100 mL/min;空气为60 mL/min。

41.1.6.2 校准

41.1.6.2.1 定量分析中的校准方法:外标法。

41.1.6.2.2 标准样品使用次数和使用条件如下:

a) 使用次数:每次分析样品时,用标准使用溶液绘制标准曲线;
b) 气相色谱中使用标准样品的条件:

1) 标准样品进样体积与试样进样体积相同；

2) 标准样品与试样尽可能同时进样分析。

41.1.6.2.3 标准曲线的绘制：取 5 个 10 mL 容量瓶，分别加入 0 mL、1.00 mL、2.00 mL、4.00 mL、6.00 mL二硫化碳标准使用溶液[$\rho(CS_2)$ = 10.0 μg/mL]，用苯稀释定容至 10.0 mL，配成 0 μg/mL、1.00 μg/mL、2.00 μg/mL、4.00 μg/mL、6.00 μg/mL 标准系列溶液，将气相色谱仪调至成最佳状态，进样1 μL，重复测定 3 次，取平均值，以峰高或峰面积定量。

41.1.6.3 试验

41.1.6.3.1 进样：进样方式为直接进样；进样量为 1 μL；用洁净微量注射器于待测样品中抽吸几次后，排出气泡，取所需体积迅速注入色谱仪中。

41.1.6.3.2 记录：以标样核对，记录色谱峰的保留时间及对应的化合物。

41.1.6.3.3 色谱图考察：标准色谱图，见图 24。

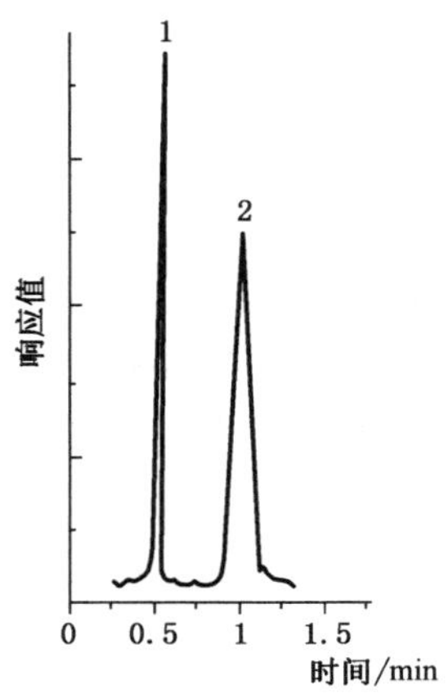

标引序号说明：

1——二硫化碳；

2——苯。

图 24 二硫化碳标准色谱图

41.1.7 试验数据处理

41.1.7.1 定性分析

41.1.7.1.1 组分出峰顺序：二硫化碳，苯。

41.1.7.1.2 保留时间：二硫化碳，31 s；苯，1.167 min。

41.1.7.2 定量分析

根据样品的峰高从标准曲线上查出二硫化碳浓度对数，查反对数得到质量浓度后，按公式(16)计算：

$$\rho(CS_2)=\frac{\rho_1 \times V_1}{V} \qquad (16)$$

式中：

$\rho(CS_2)$——水样中二硫化碳的质量浓度，单位为毫克每升(mg/L)；

ρ_1——从标准曲线上查出二硫化碳浓度对数，查反对数得到质量浓度，单位为微克每毫升(μg/mL)；

V_1——萃取液体积，单位为毫升(mL)；

V——水样体积，单位为毫升(mL)。

41.1.7.3 结果的表示

41.1.7.3.1 定性结果:根据标准色谱图各组分的保留时间确定待测试样中的组分及组分名称。

41.1.7.3.2 定量结果:按公式(16)计算出水样中组分含量,以毫克每升(mg/L)表示。

41.1.8 精密度和准确度

4个实验室测定质量浓度为0.5 μg/mL~4.3 μg/mL的二硫化碳水样,相对标准偏差为1.0%~4.1%;测定二硫化碳质量浓度为1.0 μg/mL、4.4 μg/mL的水样,其回收率范围为93%~107%。

42 水合肼

42.1 对二甲氨基苯甲醛分光光度法

42.1.1 最低检测质量浓度

本方法最低检测质量为0.05 μg(以肼计),若取水样10 mL测定,则最低检测质量浓度为0.005 mg/L(以肼计)。

铵及硝酸盐对本方法无干扰;尿素质量浓度高于5 mg/L时引起正干扰;亚硝酸盐质量浓度高于0.5 mg/L时产生负干扰,可用氨基磺酸消除。

42.1.2 原理

在酸性条件下,水样中的肼与对二甲氨基苯甲醛作用,生成黄色醌式结构的对二甲氨基苄连氮,比色定量。

42.1.3 试剂

42.1.3.1 盐酸溶液(1+11):取盐酸(ρ_{20}=1.19 g/mL)83 mL,加纯水至1 000 mL。

42.1.3.2 对二甲氨基苯甲醛溶液:称取4.0 g对二甲氨基苯甲醛($C_9H_{11}NO$)溶于200 mL乙醇溶液(1+9)中,加盐酸(ρ_{20}=1.19 g/mL)20 mL,储于棕色瓶中,常温可保存1个月。

42.1.3.3 肼标准溶液[$\rho(N_2H_4)$=100 μg/mL]:准确称取0.328 0 g盐酸肼(又名盐酸联胺,$N_2H_4 \cdot 2HCl$),用少量纯水溶解后,加83 mL盐酸(ρ_{20}=1.19 g/mL),转入1 000 mL容量瓶中用纯水定容。临用前,用盐酸溶液(1+11)稀释为$\rho(N_2H_4)$=1.00 μg/mL。或使用有证标准物质。

42.1.4 仪器设备

42.1.4.1 分光光度计。

42.1.4.2 具塞比色管:25 mL。

42.1.5 样品的保存

在1 L水样中加入91 mL盐酸(ρ_{20}=1.19 g/mL),使酸度为1 mol/L,于冰箱中可保存10 d。

42.1.6 试验步骤

42.1.6.1 吸取酸化水样10.0 mL于25 mL具塞比色管中。

42.1.6.2 另取8支比色管,分别加入肼标准使用溶液0 mL、0.05 mL、0.10 mL、0.25 mL、0.50 mL、1.00 mL、2.00 mL和4.00 mL,用盐酸溶液(1+11)稀释至10.0 mL。

42.1.6.3 向水样及标准管内加入5.0 mL对二甲氨基苯甲醛溶液,混匀。20 min后于460 nm波长,用

3 cm 比色皿，以试剂空白为参比，测定吸光度。

42.1.6.4 以吸光度为纵坐标，标准系列溶液水合肼的质量为横坐标，绘制标准曲线，从曲线上查得水样中肼的质量。

42.1.7 试验数据处理

按公式(17)计算水样中水合肼的质量浓度：

$$\rho(N_2H_4 \cdot H_2O) = \frac{m \times 1.56}{V} \qquad \cdots\cdots(17)$$

式中：

$\rho(N_2H_4 \cdot H_2O)$——水样中水合肼(以 $N_2H_4 \cdot H_2O$ 计)的质量浓度，单位为毫克每升(mg/L)；

m ——从标准曲线上查得水样中肼(以 N_2H_4计)的质量，单位为微克(μg)；

1.56 ——1mol 肼(N_2H_4)相当于 1 mol 水合肼($N_2H_4 \cdot H_2O$)的质量换算系数；

V ——水样体积，单位为毫升(mL)。

43 松节油

43.1 气相色谱法

43.1.1 最低检测质量浓度

本方法最低检测质量为 2 ng，若取 250 mL 水样测定，则最低检测质量浓度为 0.02 mg/L。

43.1.2 原理

水中松节油经二硫化碳萃取后，用气相色谱氢火焰离子化检测器进行色谱分析，以保留时间定性，以峰高或峰面积外标法定量。

43.1.3 试剂或材料

43.1.3.1 载气：高纯氮[$\varphi(N_2) \geqslant 99.999\%$]。

43.1.3.2 辅助气体：氢气、空气。

43.1.3.3 色谱柱和填充物见 43.1.4.2 有关内容。

43.1.3.4 制备色谱柱涂渍固定液所用的溶剂：二氯甲烷。

43.1.3.5 二硫化碳(CS_2)：重蒸。

43.1.3.6 氯化钠。

43.1.3.7 无水硫酸钠(Na_2SO_4)。

43.1.3.8 松节油($C_{12}H_{20}O_7$)。

43.1.3.9 松节油标准储备溶液：在 10 mL 容量瓶中加入 5.0 mL 二硫化碳，准确称量，然后加入2 滴～3 滴松节油，再称量，两次质量之差即为松节油质量，用二硫化碳稀释至刻度，计算出每毫升含松节油的毫克数，储存于冰箱。或使用有证标准物质。

43.1.3.10 松节油标准使用溶液：临用时移取松节油标准储备溶液用二硫化碳稀释成 ρ(松节油)=100 μg/mL的标准使用溶液。现用现配。

43.1.4 仪器设备

43.1.4.1 气相色谱仪：配有氢火焰离子化检测器。

43.1.4.2 色谱柱的制备要求如下。

a) 色谱柱类型:螺旋形不锈钢填充柱,长 2 m,内径 3 mm。

b) 填充物的要求:载体为 101 白色担体(80 目～100 目);固定液及含量为 3%有机皂土－34＋3%邻苯二甲酸二壬酯。

c) 涂渍固定液及老化的方法:称取 0.3 g 有机皂土-34 和邻苯二甲酸二壬酯,分别放入两个烧杯中,用二氯甲烷溶解,待充分溶解后,将两种固定液合并,充分混匀,加入 10 g 载体,摇匀,置于通风柜内于室温下自然挥干。采用普通装柱法装柱。将色谱柱与检测器断开,然后将填充好的色谱柱装机通氮气。于柱温 120 ℃,老化 24 h。

43.1.4.3 微量注射器:10 μL。

43.1.4.4 分液漏斗:500 mL。

43.1.4.5 比色管:10 mL。

43.1.5 样品

43.1.5.1 水样的采集与保存:用磨口玻璃瓶采集样品,采集后的样品于 0 ℃～4 ℃冷藏保存,保存时间为 24 h。

43.1.5.2 水样的预处理:取 250 mL 水样于 500 mL 分液漏斗中(分析时根据水中松节油的含量酌情取样)。加入 2.5 g 氯化钠混匀,用 5.00 mL 二硫化碳萃取,充分振摇 1 min,静置分层,收集有机相。按此法再用 5.00 mL 二硫化碳萃取一次,合并两次萃取液,经无水硫酸钠脱水后。收集于 10 mL 比色管中定容至 10 mL,供分析用。

43.1.6 试验步骤

43.1.6.1 仪器参考条件

43.1.6.1.1 气化室温度:180 ℃。

43.1.6.1.2 柱温:110 ℃。

43.1.6.1.3 检测器温度:180 ℃。

43.1.6.1.4 气体流量:氮气 25 mL/min,氢气和空气根据所用色谱仪选择最佳流量,比例约为1∶10。

43.1.6.2 校准

43.1.6.2.1 定量分析中的校准方法:外标法。

43.1.6.2.2 标准样品使用次数和使用条件如下:

a) 使用次数:每次分析样品时,用标准使用溶液绘制工作曲线;

b) 气相色谱中使用的标准样品的条件:

  1) 标准样品进样体积与试样进样体积相同;

  2) 标准样品与试样尽可能同时进行分析。

43.1.6.2.3 工作曲线的绘制:取 8 个 500 mL 分液漏斗分别加入松节油标准使用溶液 0 mL、0.05 mL、0.10 mL、0.20 mL、0.50 mL、0.70 mL、1.00 mL 和 2.00 mL,用蒸馏水稀释至 250 mL。配制成质量浓度为 0 mg/L、0.020 mg/L、0.040 mg/L、0.080 mg/L、0.20 mg/L、0.28 mg/L、0.40 mg/L、0.80 mg/L 的工作曲线系列。按 43.1.5.2 水样预处理步骤进行分析。用 10 μL 注射器吸取二硫化碳萃取液 4 μL,注入色谱仪,以峰高或峰面积之和为纵坐标,以质量浓度为横坐标,绘制工作曲线。

43.1.6.3 试验

43.1.6.3.1 进样:进样方式为直接进样;进样量为 4 μL;用洁净微量注射器于待测样品中抽吸几次后,排出气泡,取 4 μL 样品迅速注射至色谱仪中,进行测定。

43.1.6.3.2　记录:以标样核对,记录色谱峰的保留时间及对应的化合物。

43.1.6.3.3　色谱图的考察:标准色谱图,见图 25。

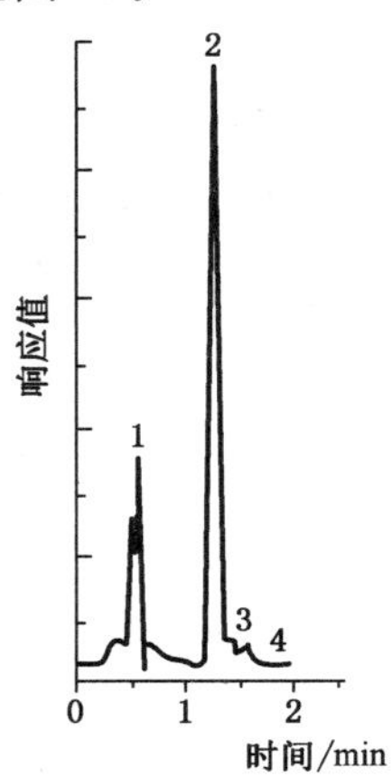

标引序号说明:

1　——二硫化碳;

2,3,4——松节油。

图 25　松节油标准色谱图

43.1.7　试验数据处理

43.1.7.1　定性分析

43.1.7.1.1　组分出峰顺序:溶剂(CS_2)、松节油。

43.1.7.1.2　保留时间:松节油,1.267 min。

43.1.7.2　定量分析

根据样品的峰高或峰面积之和从工作曲线上查出松节油的质量浓度。

43.1.7.3　结果的表示

43.1.7.3.1　定性结果:根据标准色谱图中组分的保留时间确定待测试样中组分名称。

43.1.7.3.2　定量结果:含量以毫克每升(mg/L)表示。

43.1.8　精密度和准确度

4 个实验室分别测定松节油质量浓度为 0.40 mg/L、2.0 mg/L 和 4.0 mg/L 的合成水样,相对标准偏差为 2.5%、2.0%及 1.6%。用各种水样做加标回收试验,松节油质量浓度为 0.40 mg/L、2.0 mg/L、4.0 mg/L和 6.0 mg/L 时,平均回收率分别为 101%、100%、100%及 101%。

44　吡啶

44.1　巴比妥酸分光光度法

44.1.1　最低检测质量浓度

本方法最低检测质量为 0.5 μg。若取 10 mL 水样测定,则最低检测质量浓度为 0.05 mg/L。

浑浊水样和色度的干扰,可将样品蒸馏后再测定。

44.1.2 原理

水样中吡啶与氯化氰、巴比妥酸反应生成二巴比妥酸戊烯二醛红紫色化合物，用分光光度法定量。

44.1.3 试剂

警示——氰化钾为剧毒化学品。

44.1.3.1 盐酸溶液[c(HCl)＝0.1 mol/L]。

44.1.3.2 盐酸溶液[c(HCl)＝0.01 mol/L]。

44.1.3.3 氰化钾溶液(20 g/L)。

44.1.3.4 氯胺 T 溶液(10 g/L)；现用现配。

44.1.3.5 氢氧化钠溶液(100 g/L)。

44.1.3.6 巴比妥酸溶液(12.5 g/L)：称取 1.25 g 巴比妥酸($C_4H_4N_2O_3$，又名丙二酰脲)溶于 100 mL 丙酮水溶液(1＋1)中。

44.1.3.7 吡啶(C_5H_5N)标准储备溶液：于 25 mL 容量瓶中加入 10 mL 盐酸溶液[c(HCl)＝0.01 mol/L]，称量，滴入 2 滴～3 滴新蒸馏的吡啶，紧塞后再称量。用盐酸溶液[c(HCl)＝0.01 mol/L]稀释至刻度，计算吡啶的质量浓度(mg/mL)。或使用有证标准物质。

44.1.3.8 吡啶标准使用溶液[$\rho(C_5H_5N)=1\ \mu g/mL$]：吸取适量吡啶标准储备溶液用盐酸溶液[$c$(HCl)＝0.01 mol/L]稀释成 $\rho(C_5H_5N)=1\ \mu g/mL$。

44.1.4 仪器设备

44.1.4.1 分光光度计：580 nm，2 cm 比色皿。

44.1.4.2 具塞比色管：25 mL。

44.1.4.3 全玻璃蒸馏器：500 mL。

44.1.5 试验步骤

44.1.5.1 洁净水样可直接测定。吡啶含量低的水样，水样浑浊或有色度时可按下述步骤蒸馏：取 200 mL 水样，置于全玻璃蒸馏器中(吡啶含量大于 0.2 mg，可取适量水样用纯水稀释至 200 mL)，用氢氧化钠溶液(100 g/L)调节 pH 为中性后，再加过量 5 mL。加热蒸馏，收集馏液于 100 mL 容量瓶中直至刻度为止。取水样或经蒸馏后的水样 10 mL，置于 25 mL 具塞比色管中。

44.1.5.2 于 7 支 25 mL 具塞比色管中，分别加入 0 mL、0.5 mL、1.0 mL、2.0 mL、4.0 mL、6.0 和 8.0 mL 吡啶标准使用溶液[$\rho(C_5H_5N)=1\ \mu g/mL$]，加纯水稀释至 10 mL。

44.1.5.3 向样品和标准管中依次加入 2 mL 盐酸溶液[c(HCl)＝0.1 mol/L]，1 mL 氰化钾溶液(20 g/L)，5 mL 氯胺 T 溶液(10 g/L)，2 mL 巴比妥酸溶液(12.5 g/L)，加纯水至刻度。

注：每加一种试剂，均需混匀。

44.1.5.4 将样品与标准管于 40 ℃恒温水浴中加热 45 min 后，取出冷却至室温，于 580 nm 波长，2 cm 比色皿，以纯水为参比，测量吸光度。

44.1.5.5 以吸光度为纵坐标，标准系列溶液吡啶的质量为横坐标，绘制标准曲线，从曲线上查出吡啶的质量。

44.1.6 试验数据处理

按公式(18)计算水样中吡啶的质量浓度：

$$\rho(N_5H_5N)=\frac{m}{V} \qquad (18)$$

式中：

$\rho(N_5H_5N)$——水样中吡啶的质量浓度，单位为毫克每升(mg/L)；

m——从标准曲线上查得的吡啶的质量，单位为微克(μg)；

V ——水样体积，单位为毫升(mL)。

注：蒸馏法处理水样除了消除干扰外，对含量低的水样具有富集的作用，计算时注意取样量及收集馏液量并校正水样体积。

44.1.7 精密度和准确度

测定吡啶含量为0.05 mg/L和0.8 mg/L的水样，相对标准偏差为5.5%和5.8%；用质量浓度为0.2 mg/L的吡啶做加标回收试验，平均回收率为102%。

45 苦味酸

45.1 气相色谱法

45.1.1 最低检测质量浓度

本方法最低检测质量为0.02 ng，若取10 mL水样，则最低检测质量浓度为1 μg/L。

水样中常见物质不干扰。

45.1.2 原理

水中苦味酸与次氯酸钠在室温下反应30 min，生成氯化苦(CCl_3NO_2)，以苯萃取，用带有电子捕获检测器的气相色谱仪分离和测定。

45.1.3 试剂或材料

45.1.3.1 载气：高纯氮[$\varphi(N_2)\geqslant 99.999\%$]。

45.1.3.2 辅助气体：氢气、空气。

45.1.3.3 色谱柱和填充物，见45.1.4.2有关内容。

45.1.3.4 制备色谱柱涂渍固定液所用的溶剂：三氯甲烷。

45.1.3.5 乙醇。

45.1.3.6 苯：用全玻璃蒸馏器重蒸馏，直至测定时不出现干扰峰。

45.1.3.7 次氯酸钠(NaClO)溶液。

45.1.3.8 色谱标准物：苦味酸[$C_6H_2OH(NO_2)_3$]经乙醇[$\varphi(C_2H_5OH)=95\%$]重结晶二次。或使用有证标准物质。

45.1.3.9 苦味酸标准储备溶液{$\rho[C_6H_2OH(NO_2)_3]=100\ \mu g/mL$}：称取0.1 g(精确至0.000 1 g)苦味酸用重蒸馏水溶解后，定容于1 000 mL棕色容量瓶中，混匀。

45.1.3.10 苦味酸标准使用溶液：临用时将苦味酸标准储备溶液稀释成$\rho[C_6H_2OH(NO_2)_3]=0.10\ \mu g/mL$。现用现配。

45.1.4 仪器设备

45.1.4.1 气相色谱仪：配有电子捕获检测器。

45.1.4.2 色谱柱的制备要求如下。

a) 色谱柱的类型：硬质玻璃填充柱，长2 m，内径4 mm。
b) 填充物的要求：载体为Chromosorb W，60目～80目经筛分干燥后备用；固定液及含量为10% SE-52。
c) 涂渍固定液及老化方法：根据载体的质量称取一定量的固定液，溶于三氯甲烷溶剂中，待完全溶解后加入载体，摇匀，置于通风柜内，于室温下自然挥干。采用普通装柱法装柱。将色谱柱与检测器断开，然后将填充好的色谱柱装机通氮气，于280 ℃老化48 h～72 h。

45.1.4.3 微量注射器:10 μL。

45.1.4.4 分液漏斗:50 mL。

45.1.5 样品

45.1.5.1 水样的稳定性:苦味酸在水中不稳定,易氧化。

45.1.5.2 水样的采集与保存:用洁净玻璃(塑料)瓶采集样品,最好当天测定,如当天不能测定,放于0 ℃～4 ℃保存。

45.1.5.3 水样的预处理:吸取10.0 mL水样放于50 mL分液漏斗中,加入次氯酸钠溶液2 mL,振荡均匀,在室温下反应30 min,加1 mL苯,萃取3 min,静置分层,取苯层待测。

45.1.6 试验步骤

45.1.6.1 仪器参考条件

45.1.6.1.1 气化室温度:270 ℃。

45.1.6.1.2 柱温:90 ℃。

45.1.6.1.3 检测器温度:270 ℃。

45.1.6.1.4 载气流量:80 mL/min。

45.1.6.2 校准

45.1.6.2.1 定量分析中的校准方法:外标法。

45.1.6.2.2 标准样品使用次数和使用条件如下:

a) 使用次数:每次分析样品时,用标准使用溶液绘制工作曲线;

b) 气相色谱法中使用标准样品的条件:

   1) 标准样品体积与试样进样体积相同,标准样品应接近试样值;

   2) 标准样品与试样尽可能同时进样分析。

45.1.6.2.3 工作曲线的绘制:于7个10 mL容量瓶中分别取苦味酸标准使用溶液0 mL、0.10 mL、0.20 mL、0.40 mL、1.0 mL、1.5 mL、2.0 mL,用蒸馏水稀释至刻度,使其质量浓度分别为0 μg/L、1.0 μg/L、2.0 μg/L、4.0 μg/L、10 μg/L、15 μg/L、20 μg/L。按45.1.6.3方法操作,取2 μL注入色谱仪进行测定。以峰高为纵坐标,质量浓度为横坐标,绘制工作曲线。

45.1.6.3 试验

45.1.6.3.1 进样:进样方式为直接进样;进样量为2 μL;用洁净微量注射器于待测样品中抽吸几次后,排出气泡,取2 μL迅速注射至色谱仪中,并立即拔出注射器。

45.1.6.3.2 记录:以标样核对,记录色谱峰的保留时间及对应的化合物。

45.1.6.3.3 色谱图考察:标准色谱图,见图26。

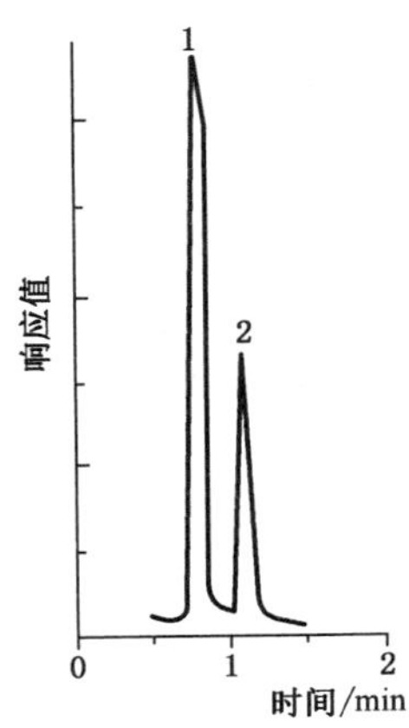

标引序号说明：

1 ——苯；

2 ——苦味酸。

图 26　苦味酸标准色谱图

45.1.7　试验数据处理

45.1.7.1　定性分析

45.1.7.1.1　出峰的顺序：溶剂(苯)，苦味酸。

45.1.7.1.2　保留时间：苦味酸 1.1 min。

45.1.7.2　定量分析

直接从工作曲线上查出水样中苦味酸的质量浓度(μg/L)。

45.1.7.3　结果的表示

45.1.7.3.1　定性结果：根据标准色谱图苦味酸的保留时间进行定性。

45.1.7.3.2　定量结果：含量以毫克每升(mg/L)表示。

45.1.8　精密度和准确度

4 个实验室测定加标质量浓度范围为 0.05 μg/mL～0.15 μg/mL 的水样时，水样中苦味酸的回收率为 92.9%～105%，相对标准偏差均小于 5%。

46　丁基黄原酸

46.1　铜试剂亚铜分光光度法

46.1.1　最低检测质量浓度

本方法最低检测质量为 1 μg。若取 500 mL 水样测定，则最低检测质量浓度为 2 μg/L。

硫(S^{2-})的质量浓度低于 0.1 μg/L 时不产生干扰，但大于或等于 0.1 μg/L 时产生负干扰，需加游离氯除去。

46.1.2　原理

在 pH 5.2 的盐酸羟胺还原体系中，将铜离子还原成亚铜离子。水样中的丁基黄原酸与亚铜离子生成黄原酸亚铜后，被环己烷萃取。黄原酸亚铜再与铜试剂作用，生成橙黄色的铜试剂亚铜，比色定量。

46.1.3 试剂

46.1.3.1 环己烷。

46.1.3.2 铜试剂：二乙基二硫代氨基甲酸钠[$(C_2H_5)_2NCS_2Na$]，简称 DDTC。

46.1.3.3 盐酸羟胺($NH_2OH \cdot HCl$)。

46.1.3.4 乙酸-乙酸钠缓冲溶液(pH 5.2)：称取 12.0 g 冰乙酸和 77.6 g 三水合乙酸钠($CH_3COONa \cdot 3H_2O$)，用纯水溶解，并定容至 1 000 mL。

46.1.3.5 硫酸铜溶液：称取 0.349 7 g 五水合硫酸铜($CuSO_4 \cdot 5H_2O$)，用纯水溶解，并定容至 1 000 mL。

46.1.3.6 氢氧化钠溶液(400 g/L)：称取 40 g 氢氧化钠，用纯水溶解，并稀释为 100 mL。

46.1.3.7 氢氧化钠溶液(4 g/L)：取氢氧化钠溶液(400 g/L)用纯水稀释 100 倍。

46.1.3.8 盐酸溶液：取 0.8 mL 盐酸(ρ_{20}=1.19 g/mL)，用纯水稀释为 100 mL。

46.1.3.9 丁基黄原酸标准储备溶液[$\rho(C_4H_9OCSSH)$=100 μg/mL]：称取 0.027 8 g 丁基黄原酸钾(C_4H_9OCSSK，含量为 90%)，置于 250 mL 容量瓶内，加 3 滴氢氧化钠溶液(400 g/L)，用纯水溶解后定容至刻度，在 0 ℃～4 ℃冷藏条件下可保存 1 周。或使用有证标准物质。

46.1.3.10 丁基黄原酸标准使用溶液[$\rho(C_4H_9OCSSH)$=10.00 μg/mL]：吸取 10.00 mL 丁基黄原酸标准储备溶液[$\rho(C_4H_9OCSSH)$=100 μg/mL]置于 100 mL 容量瓶内，用纯水定容。现用现配。

46.1.4 仪器设备

46.1.4.1 分液漏斗：1 000 mL。

46.1.4.2 具塞比色管：10 mL。

46.1.4.3 分光光度计。

46.1.5 试验步骤

46.1.5.1 水样的预处理：采样后用氢氧化钠溶液(4 g/L)或盐酸溶液调 pH 至 5～6。若水样 S^{2-} 质量浓度<0.1 μg/L，可直接取水样测定。若 S^{2-} 质量浓度≥0.1 μg/L，则需进行氯化处理，使游离氯为 0.5 mg/L，即可消除 S^{2-} 的干扰。经氯化处理的样品，应同时做试剂空白。

46.1.5.2 水样的测定步骤如下：

a) 量取 500 mL 水样于预先盛有 1.25 g 盐酸羟胺的 1 000 mL 分液漏斗中，另取 8 个 1 000 mL 分液漏斗，分别加入 1.25 g 盐酸羟胺及 300 mL 纯水，再加入丁基黄原酸标准使用溶液 0 mL、0.10 mL、0.25 mL、0.50 mL、1.00 mL、2.00 mL、3.00 mL 和 4.00 mL，再加纯水至 500 mL。振荡使盐酸羟胺溶解，放置 30 min；

b) 向分液漏斗中加 5.0 mL 缓冲溶液，混匀，加 5.0 mL 硫酸铜溶液及 10 mL 环己烷，立即振摇 4 min，放置使分层；

c) 分去水层，加 10 mL pH 5.2 的纯水洗涤分液漏斗，振摇 30 s，静置分层。弃去水层，再同样操作两次；

d) 在分液漏斗颈内塞入少量脱脂棉，将环己烷放入 10 mL 具塞比色管中，管内预先加入少量铜试剂(DDTC)和 1 滴纯水，充分振荡比色管(此时应剩余少量 DDTC 未溶解)；

e) 于 436 nm 波长，用 3 cm 比色皿，以环己烷为参比，测定水样和标准管的吸光度；

f) 以吸光度为纵坐标，标准系列溶液丁基黄原酸的质量为横坐标，绘制工作曲线，从曲线上查出样品管中丁基黄原酸的质量。

46.1.6 试验数据处理

水样中丁基黄原酸的质量浓度按公式(19)计算：

$$\rho(C_4H_9OCSSH)=\frac{m}{V} \quad \cdots\cdots(19)$$

式中：

$\rho(C_4H_9OCSSH)$——水中丁基黄原酸的质量浓度，单位为毫克每升（mg/L）；

m ——从工作曲线上查得样品管中丁基黄原酸的质量，单位为微克（μg）；

V ——水样体积，单位为毫升（mL）。

46.1.7 精密度和准确度

6 个实验室用本方法测定含丁基黄原酸 3 μg/L、20 μg/L、30 μg/L 的合成水样，相对标准偏差分别为 1.5%～5.2%、1.2%～4.8%、0.4%～4.6%。

向天然水样中加入丁基黄原酸标准溶液 3.0 μg/L、10.0 μg/L、20.0 μg/L、60.0 μg/L 和 80.0 μg/L，平均回收率为 96%～104%。

47 六氯丁二烯

47.1 吹扫捕集气相色谱质谱法

按 4.2 描述的方法测定。

47.2 顶空毛细管柱气相色谱法

按 4.3 描述的方法测定。

48 二苯胺

48.1 高效液相色谱法

48.1.1 最低检测质量浓度

本方法的最低检测质量为 0.3 ng。若进样 100 μL，则最低检测质量浓度为 3.0 μg/L。

本方法仅用于生活饮用水的测定。

48.1.2 原理

水样中二苯胺通过 C_{18} 固相萃取柱吸附提取，用甲醇水洗脱，洗脱液用高效液相色谱仪分离测定。根据二苯胺的保留时间定性（当二苯胺色谱峰强度合适时，可用其对应的紫外光谱图进一步确证），外标法定量。

48.1.3 试剂

本方法所用试剂应进行空白试验，即通过本方法的全部操作过程，证明无干扰物质存在。

48.1.3.1 超纯水：电阻率≥18.2 MΩ·cm。

48.1.3.2 甲醇（CH_3OH）：色谱纯。

48.1.3.3 甲醇溶液[$\varphi(CH_3OH)=20\%$]：取 200 mL 甲醇，用超纯水定容至 1 L。

48.1.3.4 甲醇溶液[$\varphi(CH_3OH)=75\%$]：取 750 mL 甲醇，用超纯水定容至 1 L。

48.1.3.5 乙酸铵溶液[$c(CH_3COONH_4)=0.02$ mol/L]：取 1.54 g 乙酸铵，用少量超纯水溶解后，定容至 1 L。

48.1.3.6 流动相：乙酸铵溶液[$c(CH_3COONH_4)=0.02$ mol/L]+甲醇（CH_3OH）=30+70。高效液相

色谱分析前,经 0.45 μm 滤膜过滤及脱气处理。

48.1.3.7 二苯胺[$(C_6H_5)_2NH$]:纯度≥99.5%,或使用有证标准物质。

48.1.3.8 二苯胺标准储备溶液{ρ[$(C_6H_5)_2NH$]=1 000 mg/L}:称取 0.05 g 二苯胺{w[$(C_6H_5)_2NH$]=99.5%}(精确至 0.000 1 g),于 50 mL 容量瓶中,用甲醇(CH_3OH)溶解并定容至刻度,摇匀,配成质量浓度为 1 000 mg/L 的标准溶液。于 0 ℃～4 ℃冷藏保存,可保存 3 个月。

48.1.3.9 二苯胺标准中间溶液{ρ[$(C_6H_5)_2NH$]=50.0 mg/L}:吸取 2.5 mL 二苯胺标准储备溶液于 50 mL 容量瓶中,用流动相定容。于 0 ℃～4 ℃冷藏保存,可保存 7 d。

48.1.3.10 二苯胺标准使用溶液:准确移取 25 μL、50 μL、250 μL、1.0 mL、2.5 mL 和 5.0 mL 的二苯胺标准中间溶液于 25 mL 容量瓶中,用流动相定容,配成二苯胺质量浓度分别为 0.05 mg/L、0.10 mg/L、0.50 mg/L、2.0 mg/L、5.0 mg/L 和 10.0 mg/L 的标准系列溶液。现用现配。

48.1.4 仪器设备

48.1.4.1 高效液相色谱仪:配有二极管阵列检测器,色谱工作站。

48.1.4.2 手动进样器或自动进样装置。

48.1.4.3 固相萃取装置。

48.1.4.4 固相萃取柱:C_{18}柱(200 mg)或其他等效固相萃取柱。

48.1.4.5 天平:分辨力不低于 0.01 mg。

48.1.4.6 脱气装置。

48.1.4.7 水系滤膜:0.45 μm。

48.1.5 样品

48.1.5.1 水样的采集与保存:水样采集在磨口塞玻璃瓶中。尽快分析,如不能立刻测定需置于 0 ℃～4 ℃冷藏保存。

48.1.5.2 水样的预处理如下:

a) 活化:固相萃取柱依次用 10 mL 甲醇、10 mL 超纯水过柱活化;
b) 上样吸附:准确量取 100 mL 水样,以约 10 mL/min 的流速过固相萃取柱;
c) 洗涤:用甲醇溶液[$\varphi(CH_3OH)$=20%]10 mL 洗涤小柱;
d) 脱水干燥:用真空泵抽吸固相萃取柱至干;
e) 洗脱:用 4 mL 甲醇溶液[$\varphi(CH_3OH)$=75%]通过固相萃取柱洗脱,洗脱液用流动相定容至 5.0 mL,用于高效液相色谱测定。甲醇溶液洗脱时浸泡吸附剂 10 min 左右。

48.1.6 试验步骤

48.1.6.1 仪器参考条件

48.1.6.1.1 色谱柱:C_{18}(250 mm×4.6 mm,5 μm),或其他等效色谱柱。

48.1.6.1.2 检测波长:280 nm。

48.1.6.1.3 流量:0.8 mL/min。

48.1.6.1.4 进样量:100 μL。

48.1.6.2 校准

48.1.6.2.1 定量分析中的校准方法:外标法。

48.1.6.2.2 标准曲线的绘制:分别取以上配制的 6 种不同质量浓度的二苯胺标准使用溶液 100 μL,上机测定,以测得的峰面积对相应的质量浓度绘制标准曲线。

48.1.6.3 试验

48.1.6.3.1 样品测定:吸取洗脱液 100 μL 进样,进行高效液相色谱分析,记录二苯胺的峰面积。根据二苯胺的保留时间定性,以紫外吸收光谱图进行确认,峰面积定量。

48.1.6.3.2 空白试验:除不加试样外,采用完全相同的测定步骤进行平行测定操作。

48.1.6.3.3 色谱图的考察:标准色谱图,见图 27。

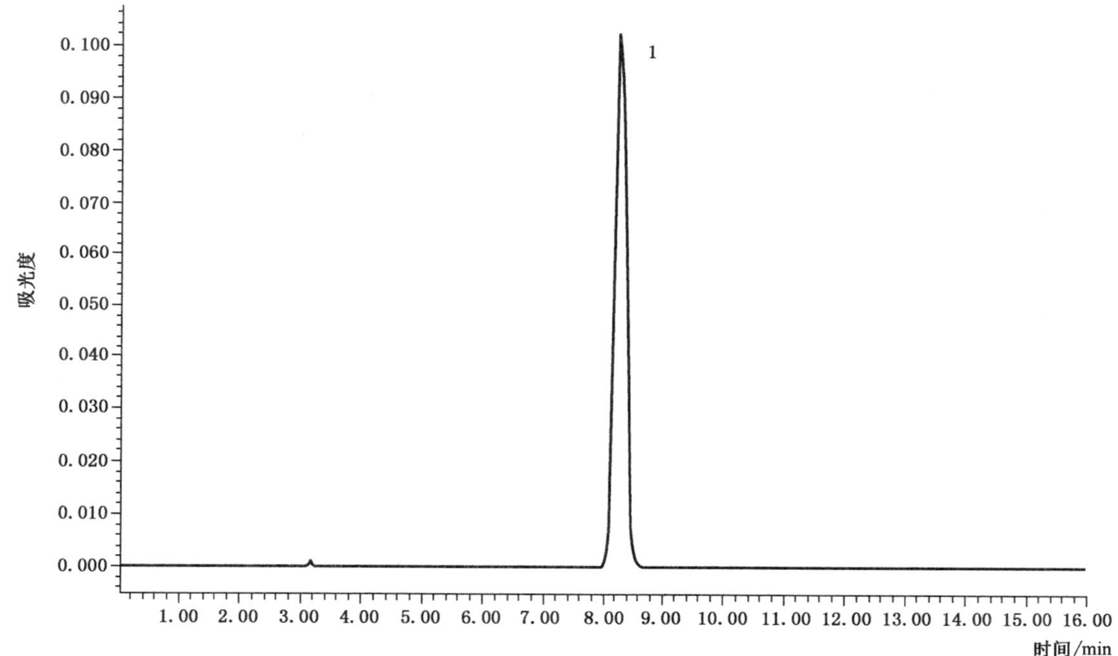

标引序号说明:

1——二苯胺。

图 27 二苯胺标准液相色谱图(质量浓度为 0.50 mg/L)

48.1.7 试验数据处理

48.1.7.1 定性分析

48.1.7.1.1 二苯胺的保留时间:8.238 min。

48.1.7.1.2 当二苯胺色谱峰强度合适时,可用其对应的紫外光谱图进一步确证,见图 28。

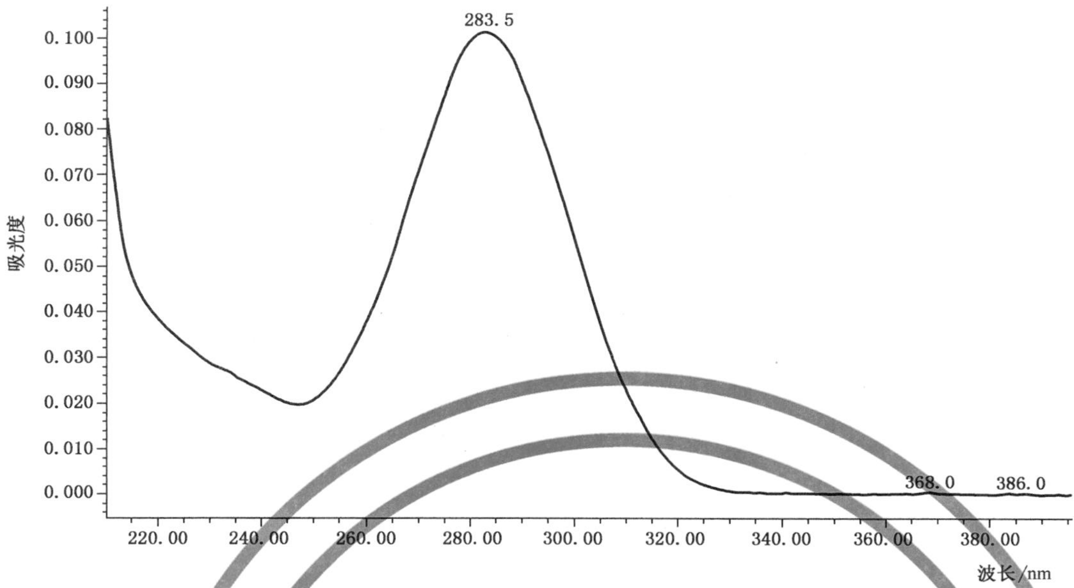

图 28　二苯胺标准紫外光谱图

48.1.7.2　定量分析

通过色谱峰面积，在标准曲线上查出洗脱液中二苯胺的质量浓度，按公式(20)计算水样中二苯胺的质量浓度：

$$\rho[(C_6H_5)_2NH]=\frac{\rho_x \times V_2}{V_1}\times 1\ 000 \qquad \cdots\cdots (20)$$

式中：

$\rho[(C_6H_5)_2NH]$——水样中二苯胺的质量浓度，单位为微克每升(μg/L)；

ρ_x——洗脱液中二苯胺的质量浓度，单位为毫克每升(mg/L)；

V_2——洗脱体积，单位为毫升(mL)；

V_1——水样体积，单位为毫升(mL)。

48.1.8　精密度和准确度

4 个实验室对二苯胺质量浓度为 0.002 mg/L 和 10 mg/L 的人工合成水样进行测定，相对标准偏差为 0.3%～6.2%；4 个实验室对二苯胺的加标质量浓度为 0.002 mg/L 和 10 mg/L 的人工合成水样做回收试验，回收率范围为 85.0%～105%。

49　二氯甲烷

49.1　吹扫捕集气相色谱质谱法

按 4.2 描述的方法测定。

49.2　顶空毛细管柱气相色谱法(氢火焰检测器)

按 21.2 描述的方法测定。

49.3 顶空毛细管柱气相色谱法(电子捕获检测器)

按4.3描述的方法测定。

50 1,1-二氯乙烷

吹扫捕集气相色谱质谱法:按4.2描述的方法测定。

51 1,2-二氯丙烷

吹扫捕集气相色谱质谱法:按4.2描述的方法测定。

52 1,3-二氯丙烷

吹扫捕集气相色谱质谱法:按4.2描述的方法测定。

53 2,2-二氯丙烷

吹扫捕集气相色谱质谱法:按4.2描述的方法测定。

54 1,1,2-三氯乙烷

54.1 吹扫捕集气相色谱质谱法

按4.2描述的方法测定。

54.2 顶空毛细管柱气相色谱法

按4.3描述的方法测定。

55 1,2,3-三氯丙烷

吹扫捕集气相色谱质谱法:按4.2描述的方法测定。

56 1,1,1,2-四氯乙烷

吹扫捕集气相色谱质谱法:按4.2描述的方法测定。

57 1,1,2,2-四氯乙烷

吹扫捕集气相色谱质谱法:按4.2描述的方法测定。

58 1,2-二溴-3-氯丙烷

吹扫捕集气相色谱质谱法:按4.2描述的方法测定。

59 1,1-二氯丙烯

吹扫捕集气相色谱质谱法：按4.2描述的方法测定。

60 1,3-二氯丙烯

吹扫捕集气相色谱质谱法：按4.2描述的方法测定。

61 1,2-二溴乙烯

61.1 吹扫捕集气相色谱质谱法

61.1.1 最低检测质量浓度

吹扫捕集25 mL水样时，1,2-二溴乙烯、1,1-二溴乙烷、1,2-二溴乙烷的最低检测质量浓度均为0.020 μg/L。

本方法仅用于生活饮用水的测定。

61.1.2 原理

水样中的低水溶性挥发性有机化合物1,2-二溴乙烯、1,1-二溴乙烷、1,2-二溴乙烷及内标物氟苯经吹扫捕集装置吹脱、捕集、加热解吸脱附后，导入气相色谱质谱联用仪中分离、测定。根据特征离子和保留时间定性，内标法定量。

61.1.3 试剂或材料

61.1.3.1 实验用水：无干扰杂质及待测物低于检出限，现用现制。

61.1.3.2 氦气：$\varphi(He)\geqslant 99.999\%$。

61.1.3.3 氮气：$\varphi(N_2)\geqslant 99.999\%$。

61.1.3.4 甲醇（CH_3OH）：色谱纯。

61.1.3.5 标准物质：1,2-二溴乙烯（顺、反混合标准物质，$C_2H_2Br_2$）、1,1-二溴乙烷（$C_2H_4Br_2$）、1,2-二溴乙烷（$C_2H_4Br_2$）。均为色谱纯，纯度≥98%，或使用有证标准物质。

61.1.3.6 标准储备溶液：分别称取1,2-二溴乙烯、1,1-二溴乙烷、1,2-二溴乙烷各0.2 g（精确至0.000 1 g）于3个装有少量甲醇的50 mL容量瓶中，用甲醇定容至刻度，此溶液质量浓度为ρ（1,2-二溴乙烯、1,1-二溴乙烷、1,2-二溴乙烷）=4.0 mg/mL，现用现配。

61.1.3.7 混合标准使用溶液[ρ（1,2-二溴乙烯、1,1-二溴乙烷、1,2-二溴乙烷）=10.0 μg/L]：临用前吸取一定量的标准储备溶液[ρ（1,1-二溴乙烷、1,2-二溴乙烷、1,2-二溴乙烯）=4.0 mg/mL]，用甲醇逐级稀释定容至质量浓度均为10.0 μg/L的混合标准使用溶液，现用现配。

61.1.3.8 氟苯（C_6H_5F）：纯度≥99%，或使用有证标准物质。

61.1.3.9 内标物氟苯储备溶液：称取0.1 g（精确至0.000 1 g）氟苯于装有少量甲醇的100 mL容量瓶中，用甲醇定容至刻度，此时氟苯储备溶液的质量浓度为1.0 mg/mL，现用现配。

61.1.3.10 内标物氟苯使用溶液：准确吸取50 μL [$\rho(C_6H_5F)$=1.0 mg/mL]的氟苯溶液于装有少量甲醇的10 mL容量瓶中，用甲醇定容至刻度，氟苯使用溶液的质量浓度为5.0 μg/mL，现用现配。

61.1.4 仪器设备

61.1.4.1 气相色谱质谱联用仪：配有电子电离源（EI）。

61.1.4.2 吹扫捕集仪:配吹扫样品管;捕集阱填料为1/3 2,6-二苯基呋喃多孔聚合物树脂(Tenax)、1/3硅胶、1/3活性炭混合吸附剂,或其他等效吸附剂。

61.1.4.3 色谱柱:石英毛细管柱(30 m×0.25 mm,1.4 μm),固定相为6%氰丙基苯基-甲基聚硅氧烷,或其他等效色谱柱。

61.1.4.4 天平:分辨力不低于0.01 mg。

61.1.4.5 微量注射器:10 μL、50 μL、100 μL。

61.1.4.6 棕色玻璃进样瓶:40 mL具塞螺旋盖和聚四氟乙烯垫片。

61.1.4.7 采样瓶:100 mL棕色玻璃瓶。

61.1.5 样品

61.1.5.1 水样的采集:水样采集于100 mL棕色玻璃瓶中,瓶中不留顶上空间和气泡,加盖密封,尽快运回实验室分析。

61.1.5.2 水样的保存:若不能及时分析,样品0 ℃~4 ℃冷藏保存,保存时间为24 h。

61.1.6 试验步骤

61.1.6.1 仪器参考条件

61.1.6.1.1 吹扫捕集条件:吹扫流速40 mL/min,吹扫时间11 min;解吸温度250 ℃,解吸时间2 min;烘烤温度275 ℃,烘烤时间2 min;进样体积25 mL,内标体积2 μL。

61.1.6.1.2 色谱条件:进样口温度200 ℃,不分流;柱流量1.0 mL/min,恒流模式;柱箱起始温度50 ℃,保持1 min,以5 ℃/min的速率升至80 ℃,再以10 ℃/min的速率升至180 ℃,保持0 min。

61.1.6.1.3 质谱条件:电子电离源(EI),温度230 ℃;离子化能量70 eV;全扫描模式,扫描范围60 u~200 u;传输线温度200 ℃。

61.1.6.2 校准

内标法:以6个浓度的标准溶液(其中内标的浓度恒定)绘制工作曲线。组分定量离子峰面积与内标氟苯的定量离子峰面积之比为纵坐标,标准溶液质量浓度为横坐标,实际样品在测定前加入等量的内标物,根据样品的定量离子峰面积与内标氟苯的定量离子峰面积之比,通过工作曲线直接测得样品中待测组分的浓度。

61.1.6.3 试验

61.1.6.3.1 分析前将样品和标准溶液放至室温。

61.1.6.3.2 标准系列溶液制备:取不同体积的混合标准使用溶液[ρ(1,1-二溴乙烷、1,2-二溴乙烷、1,2-二溴乙烯)=10.0 μg/L],用纯水稀释,定容至质量浓度分别为0.02 μg/L、0.05 μg/L、0.10 μg/L、0.20 μg/L、0.40 μg/L、0.60 μg/L的混合标准系列溶液。

61.1.6.3.3 将待测水样和标准系列溶液加满进样瓶,不留顶上空间和气泡,加盖密封,放入自动进样器中自动进水样25.0 mL和5.0 μg/mL内标物氟苯2 μL于吹扫捕集装置中,吹脱、捕集、加热解吸脱附后,自动导入气相色谱质谱仪中,进行定性和定量分析,同时做空白试验和标准系列试验。

61.1.6.3.4 以标样核对特征离子色谱峰的保留时间及对应的化合物。

61.1.6.3.5 色谱图的考察:标准物质总离子流图,见图29。

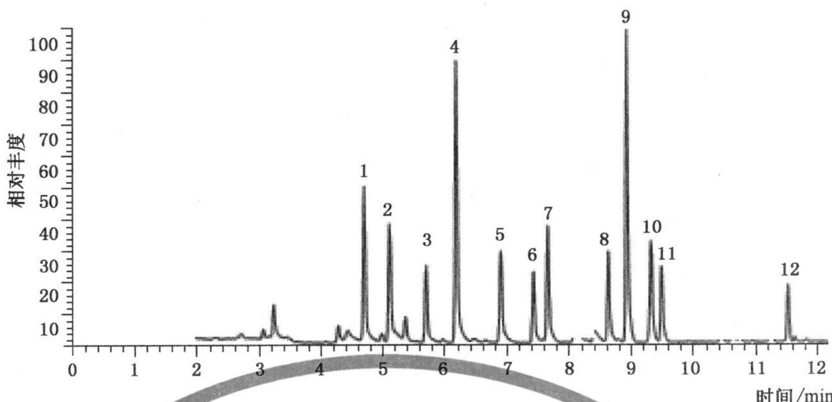

标引序号说明：

1——三氯甲烷，4.72 min；
2——四氯化碳，5.13 min；
3——氟苯，5.71 min；
4——三氯乙烯，6.2 min；
5——一溴二氯甲烷，6.91 min；
6——反-1,2-二溴乙烯，7.37 min；
7——1,1-二溴乙烷，7.67 min；
8——顺-1,2-二溴乙烯，8.58 min；
9——四氯乙烯，8.95 min；
10——二溴一氯甲烷，9.34 min；
11——1,2-二溴乙烷，9.51 min；
12——三溴甲烷，11.54 min。

图 29 标准物质总离子流图

61.1.6.4 注意事项

61.1.6.4.1 避免残留干扰，采样瓶、进样瓶和吹扫样品管重复使用前在 120 ℃下烘烤 2 h。

61.1.6.4.2 高低浓度的样品交替分析时会产生残留性污染，在分析特别高浓度的样品后要分析一个纯水空白。

61.1.7 试验数据处理

61.1.7.1 定性分析：根据特征离子和保留时间定性。定性定量离子见表 16。

表 16 方法待测组分的相对分子质量和定性、定量离子表

组分	相对分子质量	定量离子(m/z)	定性离子(m/z)
反-1,2-二溴乙烯	184	186	105,107
1,1-二溴乙烷	186	107	109,188
顺-1,2-二溴乙烯	184	186	105,107
1,2-二溴乙烷	186	107	109,188
氟苯	96	96	77

61.1.7.2 定量结果：从工作曲线直接测得水样中待测组分的质量浓度，以微克每升(μg/L)表示，见公式(21)：

$$\rho = \rho_1 \qquad \cdots\cdots (21)$$

式中：

ρ ——水样中待测组分的质量浓度，单位为微克每升(μg/L)；

ρ_1 ——工作曲线查得的待测组分质量浓度，单位为微克每升(μg/L)。

61.1.8 精密度和准确度

5个实验室分别对质量浓度为0.02 μg/L、0.10 μg/L、0.40 μg/L的人工合成水样重复测定6次，1,2-二溴乙烯的相对标准偏差范围为2.2%～8.3%，回收率范围为80.0%～106%；1,1-二溴乙烷的相对标准偏差范围为1.4%～9.0%，回收率范围为80.0%～107%；1,2-二溴乙烷的相对标准偏差范围为1.2%～9.0%，回收率范围为82.0%～105%。

61.2 顶空毛细管柱气相色谱法

按4.3描述的方法测定。

62 1,2-二溴乙烷

吹扫捕集气相色谱质谱法：按61.1描述的方法测定。

63 1,2,4-三甲苯

吹扫捕集气相色谱质谱法：按4.2描述的方法测定。

64 1,3,5-三甲苯

吹扫捕集气相色谱质谱法：按4.2描述的方法测定。

65 丙苯

吹扫捕集气相色谱质谱法：按4.2描述的方法测定。

66 4-甲基异丙苯

吹扫捕集气相色谱质谱法：按4.2描述的方法测定。

67 丁苯

吹扫捕集气相色谱质谱法：按4.2描述的方法测定。

68 仲丁基苯

吹扫捕集气相色谱质谱法：按4.2描述的方法测定。

69 叔丁基苯

吹扫捕集气相色谱质谱法：按4.2描述的方法测定。

70 五氯苯

顶空毛细管柱气相色谱法:按 4.3 描述的方法测定。

71 2-氯甲苯

吹扫捕集气相色谱质谱法:按 4.2 描述的方法测定。

72 4-氯甲苯

吹扫捕集气相色谱质谱法:按 4.2 描述的方法测定。

73 溴苯

吹扫捕集气相色谱质谱法:按 4.2 描述的方法测定。

74 萘

吹扫捕集气相色谱质谱法:按 4.2 描述的方法测定。

75 双酚 A

75.1 超高效液相色谱串联质谱法

75.1.1 最低检测质量浓度

若取 100 mL 水样富集净化,浓缩到 1 mL 测定,本方法的最低检测质量浓度分别为:双酚 A,0.005 μg/L;双酚 B,0.001 μg/L;双酚 F,0.005 μg/L;4-辛基酚,0.001 μg/L;4-壬基酚,0.005 μg/L。

本方法仅用于生活饮用水的测定。

75.1.2 原理

水样经固相萃取柱富集净化,液相色谱串联质谱仪检测,利用多反应监测模式,同位素内标法定量。

75.1.3 试剂

除非另有说明,本方法所用试剂均为分析纯,实验用水为 GB/T 6682 规定的一级水。

75.1.3.1 甲醇(CH_3OH):色谱纯。

75.1.3.2 氨水($NH_3 \cdot H_2O$,$\rho_{20}=0.91$ g/mL):色谱纯。

75.1.3.3 甲醇溶液(50%):甲醇+水(1+1)。

75.1.3.4 氨水(0.01%):将 100 μL 氨水加入纯水中,定容至 1 L。

75.1.3.5 标准物质:双酚 A($C_{15}H_{16}O_2$,简称 BPA)、4-辛基酚($C_{14}H_{22}O$,简称 4-OP)、双酚 B($C_{16}H_{18}O_2$,简称 BPB)、双酚 F($C_{13}H_{12}O_2$,简称 BPF)、4-壬基酚($C_{15}H_{24}O$,简称 4-NP)、双酚 A-D_{16}($C_{15}D_{16}O_2$,简称 BPA-D_{16})和 4-壬基酚-D_8($C_{15}H_{16}D_8O$,简称 4-NP-D_8),纯度要求≥99.0%,或使用有证标准物质。

75.1.3.6 标准储备溶液:准确称取目标物 BPA、BPB、BPF、4-OP、4-NP 及内标物 BPA-D_{16}、4-NP-D_8 各

10.0 mg于7个10 mL容量瓶中，用甲醇溶解并定容至刻度，摇匀。配制成目标物及内标物均为1 mg/mL的储备溶液，于−20 ℃、避光和密封，可保存6个月。

75.1.3.7 目标物中间溶液：分别取各目标物储备溶液100 μL于5个10 mL容量瓶中，用甲醇定容至刻度，摇匀。配制成各目标物中间溶液均为10 mg/L，于0 ℃～4 ℃冷藏、避光和密封，可保存1个月。

75.1.3.8 目标物使用溶液：分别取各目标物中间溶液1 mL于5个10 mL容量瓶中，用甲醇(50%)定容至刻度，摇匀，配制成目标物使用溶液质量浓度均为1 mg/L。现用现配。

75.1.3.9 内标物混合中间溶液：分别取BPA-D_{16}、4-NP-D_8内标储备溶液各100 μL于2个10 mL容量瓶中，用甲醇定容至刻度，配制成10 mg/L BPA-D_{16}和10 mg/L 4-NP-D_8内标溶液。再分别各取1 mL 10 mg/L的BPA-D_{16}和4-NP-D_8于10 mL容量瓶中，甲醇定容至刻度，配制成内标物混合中间溶液质量浓度为1 mg/L。于0 ℃～4 ℃冷藏、避光和密封，可保存1个月。

75.1.3.10 内标物混合使用溶液：取1 mL内标物混合中间溶液于10 mL容量瓶中，用甲醇(50%)定容至刻度，摇匀，配制成内标物混合使用溶液为100 μg/L。现用现配。

75.1.4 仪器设备

75.1.4.1 超高效液相色谱串联质谱联用仪：配有电喷雾电离源。

75.1.4.2 水浴氮吹仪。

75.1.4.3 天平：分辨力不低于0.01 mg。

75.1.4.4 固相萃取装置。

75.1.4.5 固相萃取柱：*N*-乙烯吡啶咯烷酮-二乙烯基苯共聚物基质(200 mg，6 mL)或其他等效萃取柱。

75.1.4.6 离心机：转速不低于10 000 r/min。

75.1.4.7 离心管：15 mL，材质为聚丙烯。

75.1.4.8 移液器吸头：材质为聚丙烯。

75.1.5 样品

75.1.5.1 水样的采集与保存：用棕色玻璃瓶采集样品，采样时用待测水样清洗采样瓶2次～3次，采集后水样于0 ℃～4 ℃冷藏保存，保存时间为7 d。

75.1.5.2 水样的预处理如下。

a) 取固相萃取柱，依次以5 mL甲醇、5 mL纯水活化。取100 mL水样加入50 μL 100 μg/L内标混合使用溶液，混匀后上样，水样以3 mL/min～5 mL/min流速通过固相萃取柱。上样完毕后，抽干柱中残留水分。用10 mL甲醇分2次洗脱，洗脱液下降滴速控制在1滴/3 s左右，用玻璃试管收集洗脱液，于50 ℃水浴，用氮气吹至近干，用50%甲醇溶液定容至1.0 mL，涡旋混匀后待测。

b) 若水样浑浊时先离心，取上清液再按上述方法处理。

c) 当水样中双酚A浓度高时，可采用直接进样分析。取5 mL水样加入50 μL 1 mg/L内标混合中间溶液于15 mL的离心管中，10 000 r/min高速离心10 min。取一定量上清液转入色谱进样小瓶，同时加入等体积甲醇(甲醇+上清液=50+50)，0 ℃～4 ℃冷藏、避光保存，待测。

75.1.6 试验步骤

75.1.6.1 仪器参考条件

75.1.6.1.1 色谱参考条件

色谱柱：C_{18}色谱柱(100 mm×2.1 mm，1.8 μm)或其他等效色谱柱；流动相及梯度洗脱条件见表17；柱温：40 ℃；进样量：10 μL。

表 17　流动相及梯度洗脱条件

时间/min	流速/(mL/min)	甲醇/%	氨水(0.01%)/%
0.0	0.3	60	40
3.0	0.3	95	5
5.0	0.3	95	5
5.1	0.3	60	40
6.0	0.3	60	40

75.1.6.1.2　质谱仪参考条件

电离方式:电喷雾离子源,负离子模式;毛细管电压:2.4 kV;离子源温度:150 ℃;脱溶剂气温度:500 ℃;脱溶剂气流量:800 L/h;锥孔反吹气流量:50 L/h;质谱采集参数:多反应离子监测模式。各目标物的定性定量离子对及锥孔电压、碰撞能量参见表 18。

表 18　质谱采集参数

组分	相对分子量	母离子(*m*/*z*)	子离子(*m*/*z*)	锥孔电压/V	碰撞能量/eV
BPA	228	227	212*	46	18
			133	46	26
BPB	242	241	212*	44	18
BPF	200	199	93*	46	22
			105	46	22
BPA-D_{16}(内标)	244	241	223*	48	20
			142	48	26
4-OP	206	205	106*	50	20
4-NP	220	219	106*	50	20
4-NP-D_8(内标)	228	227	112*	48	22
* 表示定量子离子。对于不同质谱仪器,仪器参数可能存在差异,测定前应将质谱参数优化到最佳。BPA-D_{16}为 BPA、BPB、BPF 的内标。4-NP-D_8为 4-OP、4-NP 的内标。					

75.1.6.2　试验

75.1.6.2.1　标准曲线的绘制:分别取适量的 BPA、BPB、BPF、4-OP 和 4-NP 标准使用溶液,用 50%甲醇溶液稀释,配制成 BPA、BPF 和 4-NP 质量浓度为 0.5 μg/L、1.0 μg/L、5.0 μg/L、10.0 μg/L、50.0 μg/L 及 BPB 和 4-OP 质量浓度为 0.1 μg/L、1.0 μg/L、5.0 μg/L、10.0 μg/L、50.0 μg/L 的标准混合溶液系列。其中内标 BPA-D_{16}、4-NP-D_8 添加质量浓度为 5 μg/L。分别取 10 μL 各浓度标准溶液注入超高效液相色谱串联质谱系统,测定记录各目标物和内标物的定量离子峰面积,以各目标物的质量浓度为横坐标,各目标待测物与相应内标物的峰面积比值为纵坐标,绘制标准曲线。

75.1.6.2.2　空白测定:用纯水做空白样品测试。试剂空白除不加试样外,采用完全相同的测定步骤进行操作。

75.1.6.2.3　样品测定:取处理后的样品待测液,与测定标准系列溶液相同的仪器条件进样分析。

75.1.6.3 质量控制

75.1.6.3.1 双酚类化合物为合成碳酸酯塑料的原材料,试验过程中避免使用可能引入干扰物的器具。所用采样瓶等玻璃器皿经重铬酸钾洗液浸泡至少 12 h,纯水反复洗涤后,经甲醇超声洗涤,置于 105 ℃烘箱烘干备用。配制流动相的水和甲醇经测定无目标物。每批样品分析过程包括试剂空白、样品空白的控制。

75.1.6.3.2 当固相萃取空白值高时,要分析原因,可以考虑改用玻璃 HLB 柱,或在活化 HLB 柱时加大甲醇体积,降低本底后再测定。

75.1.6.3.3 当直接进样时,建议利用高速离心预处理水样。当采用砂芯漏斗或溶剂过滤器处理水样时应经试验选择过滤膜。实验室常用的混合纤维素滤膜、亲水聚四氟乙烯(PTFE)滤膜、尼龙、水系再生纤维素 RC 滤膜等均对目标物有吸附截留。

75.1.7 试验数据处理

75.1.7.1 定性分析:根据标准多反应监测质谱图各组分的离子对和保留时间确定组分名称。在相同试验条件下进行样品测定,如果检出的色谱峰保留时间与标准一致(变化范围在±2.5%之内),并且在扣除背景后的样品质谱图中,所选择的离子均出现,而且所选择的离子丰度比与标准样品的丰度比相一致(相对丰度>50%,允许的相对偏差为±20%;相对丰度>20%~50%,允许的相对偏差为±25%;相对丰度>10%~20%,允许的相对偏差±30%;相对丰度≤10%,允许的相对偏差为±50%),则可判断样品中存在这种化合物。

75.1.7.2 色谱图的考察,见图 30。

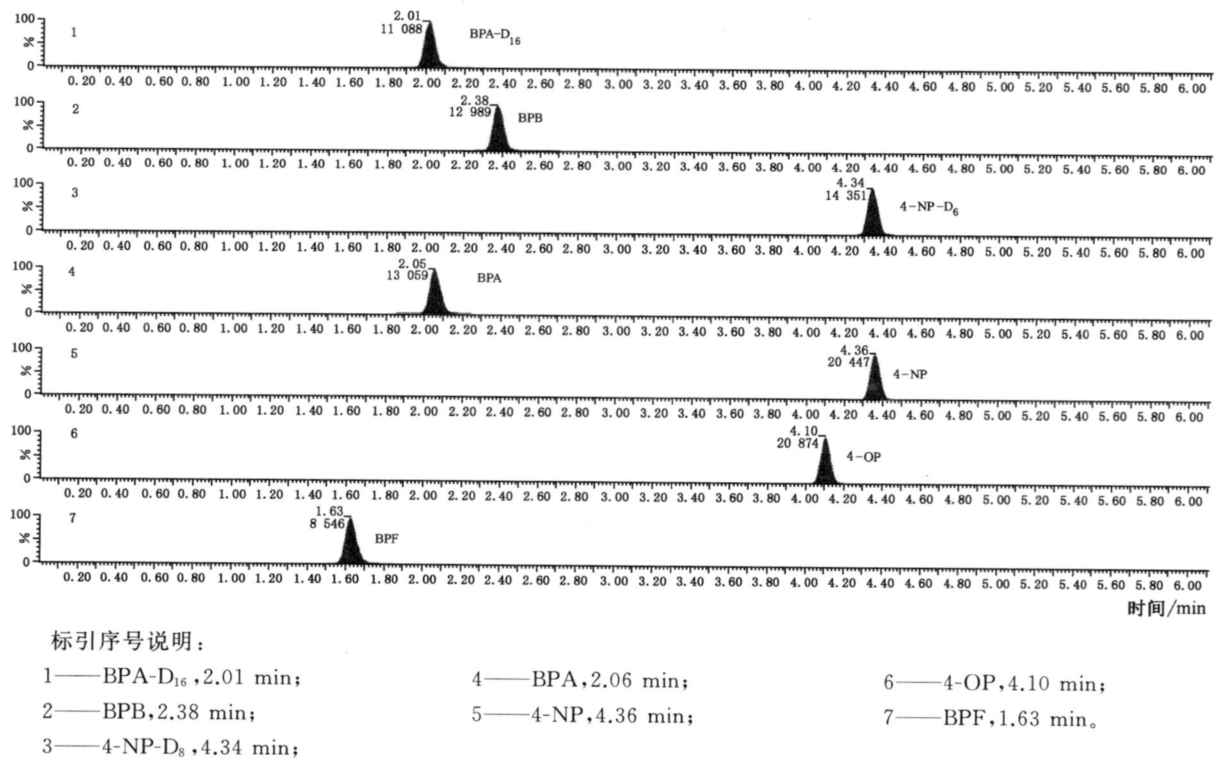

标引序号说明:

1——BPA-D_{16},2.01 min;
2——BPB,2.38 min;
3——4-NP-D_8,4.34 min;
4——BPA,2.06 min;
5——4-NP,4.36 min;
6——4-OP,4.10 min;
7——BPF,1.63 min。

图 30 BPA、BPB、BPF、4-OP、4-NP 及 BPA-D_{16}、4-NP-D_8 标准色谱图(质量浓度均为 5 μg/L)

75.1.7.3 定量分析:记录各目标物(BPA、BPB、BPF 和 4-OP、4-NP)定量离子峰面积和其对应内标物(BPA-D_{16}和 4-NP-D_8)定量离子的峰面积,计算其比值。采用内标法定量,按照公式(22)计算每种目标物的含量:

$$\rho=\frac{\rho_A\times V_1}{V} \qquad \cdots\cdots(22)$$

式中：

ρ ——水样中目标物的含量，单位为微克每升(μg/L)；

ρ_A ——水样中目标物色谱峰与内标物色谱峰的定量离子峰面积比值对应标准曲线中的质量浓度，单位为微克每升(μg/L)；

V_1 ——样品溶液上机前定容体积，单位为毫升(mL)；

V ——样品溶液所代表试样的体积，单位为毫升(mL)。

75.1.8 精密度和准确度

测定纯水加标低、中、高(0.5 μg/L～50 μg/L)3 个质量浓度，每个质量浓度分析 6 个平行样。4 个实验室测定结果为：BPA 的相对标准偏差范围为 1.1%～9.7%，BPB 的相对标准偏差范围为 2.2%～9.7%，BPF 的相对标准偏差范围为 1.2%～9.2%，4-OP 的相对标准偏差范围为 1.3%～9.5%，4-NP 的相对标准偏差范围为 1.8%～8.7%。

测定末梢水加标低、中、高(0.5 μg/L～50 μg/L)3 个质量浓度，每个质量浓度分析 6 个平行样。4 个实验室对 3 个质量浓度加标回收试验，测定结果为：BPA 加标回收率范围为 70.0%～119%，BPB 加标回收率范围为 80.6%～119%，BPF 加标回收率范围为 72.2%～109%，4-OP 加标回收率范围为 77.2%～118%，4-NP 加标回收率范围为 71.4%～102%。

直接进样时不同目标物的相对标准偏差范围为 1.2%～3.5%，回收率范围为 93.0%～104%。

75.2 液相色谱法

75.2.1 最低检测质量浓度

本方法最低检测质量浓度为 0.002 mg/L。

本方法仅用于生活饮用水的测定。

75.2.2 原理

水样经过滤或高速离心后，用反相高效液相色谱分离，荧光检测器检测，根据色谱峰保留时间定性，外标法定量。

75.2.3 试剂

除非另有说明，本方法所用试剂均为分析纯，实验用水为 GB/T 6682 规定的一级水。

75.2.3.1 甲醇(CH_3OH)：色谱纯。

75.2.3.2 双酚 A 标准物质($C_{15}H_{16}O_2$)：纯度大于 98.0%，或使用有证标准物质。

75.2.3.3 双酚 A 标准储备溶液[$\rho(C_{15}H_{16}O_2)$=1.00 mg/mL]：准确称取双酚 A 10.0 mg，用少量甲醇溶解，转移到 10 mL 容量瓶中，用甲醇定容，混匀，密封，0 ℃～4 ℃冷藏、避光保存，至少可存放 1 年。

75.2.3.4 双酚 A 标准中间溶液[$\rho(C_{15}H_{16}O_2)$=10.00 μg/mL]：移取双酚 A 储备溶液 0.1 mL 于 10 mL 容量瓶中，用 50%甲醇定容，0 ℃～4 ℃冷藏、避光保存，至少可存放 1 个月。

75.2.4 仪器设备

75.2.4.1 液相色谱仪：配有荧光检测器。

75.2.4.2 天平：分辨力不低于 0.01 mg。

75.2.4.3 离心机：转速不低于 10 000 r/min。

75.2.4.4 针头式过滤器:外径 13 mm,滤膜孔径 0.22 μm,滤膜材质为玻璃纤维。

75.2.4.5 塑料离心管:1.5 mL,材质为聚丙烯。

75.2.4.6 移液器吸头:材质为聚丙烯。

75.2.5 样品

75.2.5.1 水样的采集:样品采集用玻璃瓶或聚丙烯塑料瓶作容器。对于不含余氯的样品,无需额外添加保存剂。对于含余氯的样品,每升样品在瓶中先加 0.1 g 抗坏血酸。

75.2.5.2 水样的保存:水样应避光、冷藏保存,保存时间为 7 d。

75.2.5.3 水样的预处理:取 2 mL 水样经玻璃纤维针头式过滤器过滤,取续滤液 1 mL 到色谱进样小瓶,或取 2 mL 水样于一次性离心管中,10 000 r/min 高速离心 15 min,取 1 mL 上清样品转入色谱进样小瓶,避光、0 ℃～4 ℃冷藏保存,待测定。同时用实验纯水代替水样,相同步骤制备实验室内空白试液,空白试液平行制备两份。

注:除了玻璃纤维滤膜几乎不会吸附双酚 A 外,混合纤维、尼龙、聚醚砜等其他实验室常用水系滤膜均会对双酚 A 造成明显的吸附截留。

75.2.6 试验步骤

75.2.6.1 仪器参考条件

75.2.6.1.1 色谱柱:C_{18}柱(4.6 mm×250 mm,5 μm)或其他等效色谱柱。

75.2.6.1.2 流动相:甲醇＋纯水＝70＋30。

75.2.6.1.3 流量:1.0 mL/min。

75.2.6.1.4 荧光检测器:激发波长 228 nm,发射波长 312 nm。

75.2.6.1.5 进样体积:100 μL。

75.2.6.1.6 柱温:室温。

75.2.6.2 校准

75.2.6.2.1 定量分析中的校准方法:外标法。

75.2.6.2.2 标准曲线绘制:移取标准中间溶液 0.1 mL 于 10 mL 容量瓶中,用纯水定容得到 100 μg/L 标准使用溶液(现用现配),再移取不同体积标准使用溶液于 10 mL 容量瓶中,用纯水稀释至刻度,得到 2 μg/L、4 μg/L、10 μg/L、20 μg/L、40 μg/L 标准系列溶液。

75.2.6.2.3 色谱图的考察,见图 31。

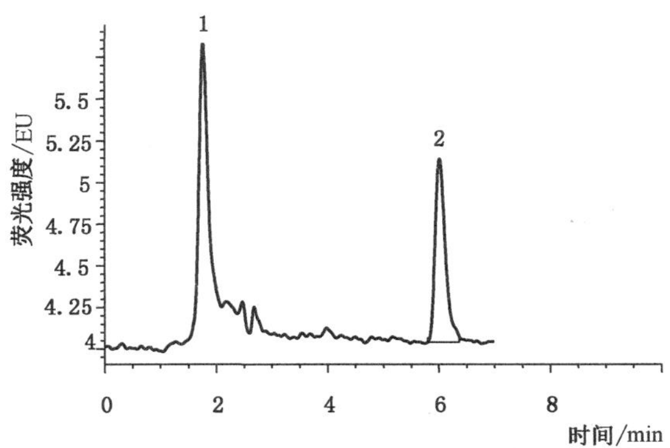

标引序号说明：

1——死体积峰，1.973 min；

2——双酚 A，6.017 min。

图 31 双酚 A 加标的生活饮用水色谱图(质量浓度为 0.01 mg/L)

75.2.7 试验数据处理

75.2.7.1 定性分析

根据标准色谱图中双酚 A 的保留时间定性。

75.2.7.2 定量分析

将标准曲线溶液、实验室内空白试液、样品试液依次上机测定，以双酚 A 色谱峰高或峰面积和标准曲线方程计算上机溶液中双酚 A 的质量浓度，按公式(23)计算样品的质量浓度：

$$\rho(C_{15}H_{16}O_2)=\frac{\rho_1}{1\ 000} \quad \cdots\cdots(23)$$

式中：

$\rho(C_{15}H_{16}O_2)$——水样中双酚 A 质量浓度，单位为毫克每升(mg/L)；

ρ_1——从标准曲线上得到的双酚 A 质量浓度，单位为微克每升(μg/L)；

1 000——毫克每升与微克每升的换算系数。

计算结果应扣除空白值。

75.2.8 精密度和准确度

5 家实验室进行验证试验，加标质量浓度为 5 μg/L、10 μg/L、20 μg/L 时，相对标准偏差分别小于 3.5%、2.9%、1.8%，回收率范围分别为 93.7%～107%、94.2%～103%、95.8%～107%。

76 土臭素

76.1 顶空固相微萃取气相色谱质谱法

76.1.1 最低检测质量浓度

本方法的最低检测质量浓度：土臭素，3.8 ng/L；2-甲基异莰醇，2.2 ng/L。

76.1.2 原理

利用固相微萃取纤维吸附样品中的土臭素和 2-甲基异莰醇，顶空富集后用气相色谱质谱联用仪分离测定，内标法定量。

76.1.3 试剂或材料

76.1.3.1 高纯氦[φ(He)≥99.999%]。

76.1.3.2 纯水：色谱检验无干扰成分。

76.1.3.3 甲醇(CH_3OH)：优级纯。

76.1.3.4 氯化钠(NaCl)：优级纯，经 450 ℃烘烤 2 h 后置干燥器内备用。

76.1.3.5 标准物质：土臭素($C_{12}H_{22}O$)、2-甲基异莰醇($C_{11}H_{20}O$)，纯度≥95%，或使用有证标准物质。

76.1.3.6 标准储备溶液：称取土臭素、2-甲基异莰醇标准物质各 10.0 mg，分别置于 100 mL 容量瓶中，用甲醇溶解并稀释至刻度，质量浓度均为 100 mg/L。将标准储备溶液置于聚四氟乙烯封口的螺口瓶中或密闭安瓿瓶中，尽量减少瓶内的液上顶空，避光于 0 ℃～4 ℃冷藏保存。

76.1.3.7 标准中间溶液：分别用甲醇将土臭素、2-甲基异莰醇标准储备溶液稀释成质量浓度为 10.0 mg/L的标准中间溶液。将标准中间溶液置于聚四氟乙烯封口的螺口瓶中或密闭安瓶中，尽量减少瓶内的液上顶空，避光于 0 ℃～4 ℃冷藏保存，使用前要检查溶液是否挥发。

76.1.3.8 标准混合使用溶液：将标准中间溶液放至室温，用甲醇或纯水将 10.0 mg/L 的土臭素、2-甲基异莰醇标准中间溶液逐级稀释成 40.0 μg/L 的标准混合使用溶液。现用现配。

76.1.3.9 内标物：2-异丁基-3-甲氧基吡嗪($C_9H_{14}N_2O$)，纯度≥95%，或使用有证标准物质。

76.1.3.10 内标储备溶液：称取 2-异丁基-3-甲氧基吡嗪标准物质 10.0 mg，置于 100 mL 容量瓶中，用甲醇溶解并稀释至刻度，质量浓度为 100 mg/L。将内标储备溶液置于聚四氟乙烯封口的螺口瓶中或密闭安瓶中，尽量减少瓶内的液上顶空，避光于 0 ℃～4 ℃冷藏保存。

76.1.3.11 内标中间溶液：用甲醇将 2-异丁基-3-甲氧基吡嗪储备溶液逐级稀释成质量浓度为 10.0 mg/L 的内标中间溶液。将内标中间溶液置于聚四氟乙烯封口的螺口瓶中或密闭安瓿瓶中，尽量减少瓶内的液上顶空，避光于 0 ℃～4 ℃冷藏保存，使用前要检查溶液是否挥发。

76.1.3.12 内标使用溶液的配制：将内标中间溶液放至室温，用甲醇或纯水将 10.0 mg/L 的 2-异丁基-3-甲氧基吡嗪中间溶液逐级稀释成质量浓度为 40.0 μg/L 的内标使用溶液。现用现配。

76.1.4 仪器设备

76.1.4.1 气相色谱质谱联用仪：气相色谱仪(配有记录仪或工作站)；色谱柱为 HP-5(30 m×0.25 mm，0.25 μm)弹性石英毛细管柱；DB-5(60 m×0.25 mm，1 μm)弹性石英毛细管柱；或其他等效色谱柱；固相微萃取专用衬管(78.5 mm×6.3 mm，0.75 mm)。质谱仪使用电子电离源(EI)方式离子化，标准电子能量为 70 eV。

76.1.4.2 固相微萃取装置：包括固相微萃取采样台；固相微萃取手柄；进样导管；固相微萃取纤维(采用 DVB/CAR/PDMS 纤维或为同级品。第一次使用萃取纤维前，应先将其置进样口老化。老化温度为 230 ℃～270 ℃，老化时间为 1 h，或者参考厂商建议的温度与时间)。

76.1.4.3 微量注射器：10 μL、50 μL 和 100 μL。

76.1.4.4 采样瓶：60 mL 棕色玻璃瓶，具有用聚四氟乙烯薄膜包硅橡胶垫的螺旋盖，使用前经 120 ℃烘烧 1 h。

76.1.4.5 磁力搅拌子：搅拌子长 15 mm，内径 1.5 mm。

76.1.5 样品

76.1.5.1 水样的稳定性：样品中的待测组分易挥发。

76.1.5.2 水样的采集与保存：样品采集使用具有聚四氟乙烯瓶垫的棕色玻璃瓶。采样时，取水至满瓶，瓶中不可有气泡。采集后冷藏、密封保存，保存时间为 24 h。

76.1.5.3 水样的前处理如下：

a) 取出水样瓶放置至室温，测定水源水的土臭素和2-甲基异莰醇时，需经0.45 μm滤膜过滤；

b) 在60 mL采样瓶中置入磁力搅拌子(如图32)，加氯化钠(NaCl)10 g；

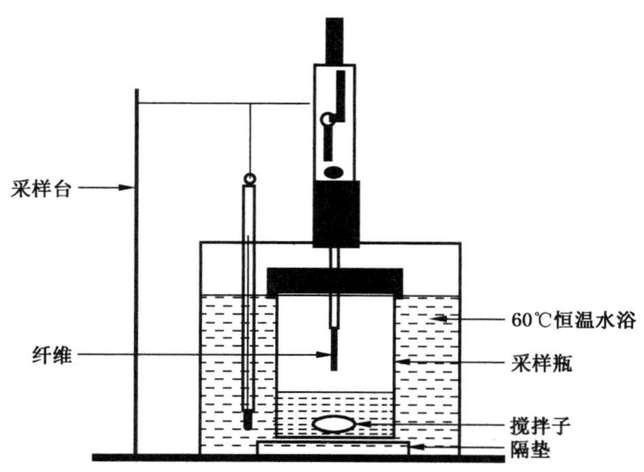

图32 固相微萃取装置图

c) 加入水样40 mL后再加入10 μL内标使用溶液(质量浓度40 μg/L)，旋紧瓶盖；

d) 将采样瓶置于采样台，60 ℃水浴加热；

e) 经15 s加热搅拌均匀后，压下萃取纤维至顶部空间进行吸附萃取；

f) 萃取40 min后，取出萃取纤维，擦干吸附针头水分后，将萃取纤维插入气相色谱进样口，在250 ℃下解吸5 min。

注：可根据仪器配置选择适当的前处理方式。

76.1.6 试验步骤

76.1.6.1 仪器参考条件

76.1.6.1.1 气相色谱仪器条件如下。

a) 采用色谱柱HP-5(30 m×0.25 mm，0.25 μm)时：

1) 载气：高纯氦气[φ(He)≥99.999%]；

2) 进样口压力：56.5 kPa；

3) 进样口温度：250 ℃；

4) 进样模式：不分流进样；

5) 程序升温：起始温度60 ℃，保持2.5 min，以8 ℃/min速率升至250 ℃，保持5 min。

b) 采用色谱柱DB-5(60 m×0.25 mm，1 μm)时：

1) 载气：高纯氦气[φ(He)≥99.999%]；

2) 进样口压力：144.8 kPa；

3) 进样口温度：250 ℃；

4) 进样模式：不分流进样；

5) 程序升温：起始温度40 ℃，保持2 min，以30 ℃/min速率升至180 ℃，然后以10 ℃/min速率升至270 ℃，保持3 min。

76.1.6.1.2 质谱仪操作条件：

a) 离子源：电子电离源(EI)；

b) 离子源温度：230 ℃；

c）接口温度：280 ℃；

d）离子化能量：70 eV；

e）扫描模式：选择离子检测（SIM），参数见表19、表20。

表19 选择离子检测参数（HP-5）

组分	保留时间/min	定性离子（m/z）	定量离子（m/z）
土臭素	14.50	112，125	112
2-甲基异莰醇	10.65	95，107，135	95
2-异丁基-3-甲氧基吡嗪	10.48	94，124，151	124

表20 选择离子检测参数（DB-5）

组分	保留时间/min	定性离子（m/z）	定量离子（m/z）
土臭素	17.26	112，125	112
2-甲基异莰醇	14.18	95，107，135	95
2-异丁基-3-甲氧基吡嗪	13.45	94，124，151	124

76.1.6.2 校准

76.1.6.2.1 定量分析中的校准方法：内标法。

76.1.6.2.2 气相色谱使用标准样品的条件：

a）每批样品要制备工作曲线；

b）在工作范围内相对标准偏差小于10%即可认为仪器处于稳定状态；

c）内标物的响应值在每次测定之间的偏离不应大于30%，否则应说明原因。

76.1.6.2.3 工作曲线的绘制：配制6种不同浓度的标准混合溶液，最低一点浓度在最低检出质量浓度附近，配制质量浓度为0 ng/L、5.0 ng/L、10.0 ng/L、20.0 ng/L、50.0 ng/L、100.0 ng/L。分别取40 mL标准混合溶液，加入10 μL内标（2-异丁基-3-甲氧基吡嗪）添加液，按照76.1.5.3前处理后，经气相色谱质谱联用仪分析。以峰面积为纵坐标，质量浓度为横坐标，绘制工作曲线。

76.1.6.2.4 进样方式：直接进样。

76.1.6.2.5 记录：以标样核对，记录色谱峰的保留时间及对应的化合物。

76.1.6.2.6 色谱图的考察：标准色谱图，见图33。

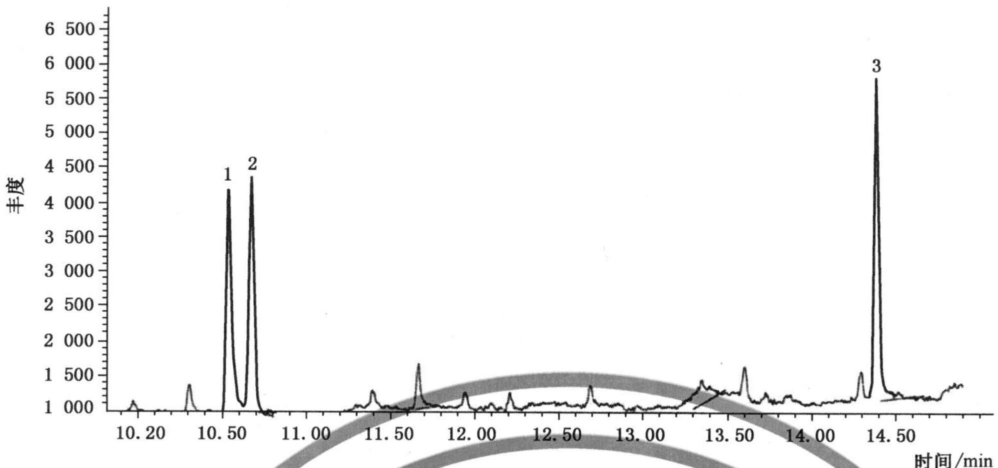

标引序号说明：

1——2-异丁基-3-甲氧基吡嗪；

2——2-甲基异莰醇；

3——土臭素。

图 33 土臭素、2-甲基异莰醇和 2-异丁基-3-甲氧基吡嗪的色谱图

76.1.7 试验数据处理

76.1.7.1 定性分析

76.1.7.1.1 各组分出峰顺序：2-异丁基-3-甲氧基吡嗪，2-甲基异莰醇，土臭素。

76.1.7.1.2 保留时间如下：

a) 采用色谱柱 HP-5(30 m×0.25 mm,0.25 μm)时：2-异丁基-3-甲氧基吡嗪，10.48 min；2-甲基异莰醇，10.65 min；土臭素，14.50 min；

b) 采用色谱柱 DB-5(60 m×0.25 mm,1 μm)时：2-异丁基-3-甲氧基吡嗪，13.45 min；2-甲基异莰醇，14.18 min；土臭素，17.26 min。

76.1.7.2 定量分析

根据样品中各组分的峰面积在工作曲线上查出样品的质量浓度，按公式(24)进行计算：

$$\rho_i = (A_i / A_{is} - a_i) \times \rho_{is} / b_i \qquad (24)$$

式中：

ρ_i ——样品中土臭素、2-甲基异莰醇的质量浓度，单位为纳克每升(ng/L)；

A_i ——样品中土臭素、2-甲基异莰醇定量离子峰面积；

A_{is} ——样品中 2-异丁基-3-甲氧基吡嗪定量离子峰面积；

a_i ——工作曲线截距；

ρ_{is} ——样品中 2-异丁基-3-甲氧基吡嗪的质量浓度，单位为纳克每升(ng/L)；

b_i ——标准曲线斜率。

76.1.7.3 结果的表示

76.1.7.3.1 定性结果：样品中所选择的定性离子和定量离子的丰度比应与标准品的比值基本一致；根据标准色谱图各组分的保留时间确定待测水样中组分的数目和名称。

76.1.7.3.2 定量结果：按公式(24)计算土臭素、2-甲基异莰醇的质量浓度，以纳克每升(ng/L)表示。

76.1.8 精密度和准确度

4 个实验室用本方法测定质量浓度分别为 20 ng/L、100 ng/L 的纯水、生活饮用水和水源水的加标水样，重复测定 6 次，其相对标准偏差(RSD)及回收率分别见表 21、表 22、表 23。

表 21 测定结果相对标准偏差及回收率(纯水)

组分	加标浓度/(ng/L)	回收率/%	RSD/%
土臭素	20	97.7～106	3.3～8.9
	100	97.0～100	2.5～6.0
2-甲基异莰醇	20	101～108	2.1～9.2
	100	97.6～101	4.9～12

表 22 测定结果相对标准偏差及回收率(生活饮用水)

组分	加标浓度/(ng/L)	回收率/%	RSD/%
土臭素	20	93.8～102	5.3～7.6
	100	99.9～104	4.0～7.7
2-甲基异莰醇	20	94.0～104	2.9～7.9
	100	96.1～99.9	2.4～6.6

表 23 测定结果相对标准偏差及回收率(水源水)

组分	加标浓度/(ng/L)	回收率/%	RSD/%
土臭素	20	94.1～106	4.3～7.5
	100	92.9～104	2.4～13
2-甲基异莰醇	20	85.1～101	3.7～8.2
	100	97.5～102	1.5～7.9

77 2-甲基异莰醇

顶空固相微萃取气相色谱质谱法：按 76.1 描述的方法测定。

78 五氯丙烷

78.1 顶空气相色谱法

78.1.1 最低检测质量浓度

本方法进样 1.0 mL 时的最低检测质量浓度分别为：1,1,1,3,3-五氯丙烷，0.03 μg/L；1,1,1,2,3-五氯丙烷，0.05 μg/L；1,1,2,3,3-五氯丙烷，0.20 μg/L。

78.1.2 原理

待测水样于密封顶空瓶中，在一定温度下经一定时间的平衡后，水中的五氯丙烷逸至上部空间，在气液两相中达到动态平衡，此时，五氯丙烷在气相中的浓度与它在液相中的浓度成正比。经气相色谱分离，电子捕获检测器检测，以保留时间定性，外标法定量。

78.1.3 试剂或材料

除非另有说明，本方法所用试剂均为分析纯，实验用水为GB/T 6682规定的一级水(经色谱法检验无待测组分)。

78.1.3.1 氮气：$\varphi(N_2)\geqslant 99.999\%$。

78.1.3.2 甲醇(CH_3OH)：色谱纯。

78.1.3.3 抗坏血酸($C_6H_8O_6$)：优级纯。

78.1.3.4 盐酸($HCl,\rho_{20}=1.19$ g/mL)：优级纯。

78.1.3.5 盐酸(1+1)：将一定体积的盐酸[$\rho_{20}(HCl)=1.19$ g/mL]加入等体积纯水中。

78.1.3.6 3种五氯丙烷标准物质：1,1,1,3,3-五氯丙烷[$w(C_3H_3Cl_5)=98\%$]、1,1,1,2,3-五氯丙烷[$w(C_3H_3Cl_5)=97\%$]、1,1,2,3,3-五氯丙烷[$w(C_3H_3Cl_5)=99\%$]均为色谱纯，或使用有证标准物质。

78.1.3.7 1,1,1,3,3-五氯丙烷标准储备溶液[ρ(1,1,1,3,3-五氯丙烷)=1.0 g/L]：准确称取10.20 mg 1,1,1,3,3-五氯丙烷(98%)至装有5 mL甲醇的10 mL容量瓶中，用甲醇定容至刻度，此溶液质量浓度为1.0 g/L。将此标准储备溶液转移至具聚四氟乙烯密封垫螺旋盖的小瓶中，于−10℃～−20 ℃下可保存6个月。

78.1.3.8 1,1,1,2,3-五氯丙烷标准储备溶液[ρ(1,1,1,2,3-五氯丙烷)=1.0 g/L]：准确称取10.31 mg 1,1,1,2,3-五氯丙烷(97%)至装有5 mL甲醇的10 mL容量瓶中，用甲醇定容至刻度，此溶液质量浓度为1.0 g/L。将此标准储备溶液转移至具聚四氟乙烯密封垫螺旋盖的小瓶中，于−10℃～−20 ℃下可保存6个月。

78.1.3.9 1,1,2,3,3-五氯丙烷标准储备溶液[ρ(1,1,2,3,3-五氯丙烷)=2.0 g/L]：准确称取20.20 mg 1,1,2,3,3-五氯丙烷(99%)至装有5 mL甲醇的10 mL容量瓶中，用甲醇定容至刻度，溶液质量浓度为2.0 g/L。将此标准储备溶液转移至具聚四氟乙烯密封垫螺旋盖的小瓶中，于−10 ℃～−20 ℃下可保存6个月。

78.1.3.10 3种五氯丙烷混合标准使用溶液：于10 mL容量瓶中加入约5 mL甲醇，再分别加入20 μL 1,1,1,3,3-五氯丙烷(1.0 g/L)、1,1,1,2,3-五氯丙烷(1.0 g/L)以及50 μL1,1,2,3,3-五氯丙烷(2.0 g/L)的各单标准储备溶液，用甲醇定容。混合标准使用溶液各组分质量浓度分别为ρ(1,1,1,3,3-五氯丙烷)= 2.0 μg/mL、ρ(1,1,1,2,3-五氯丙烷)=2.0 μg/mL、ρ(1,1,2,3,3-五氯丙烷)=10 μg/mL。现用现配。

78.1.4 仪器设备

78.1.4.1 气相色谱仪：配有电子捕获检测器。

78.1.4.2 顶空进样系统。

78.1.4.3 微量注射器：10 μL、100 μL、500 μL。

78.1.4.4 采样瓶：100 mL棕色螺纹口瓶。

78.1.4.5 顶空瓶：20 mL玻璃顶空瓶，具密封垫(聚四氟乙烯-硅橡胶或聚四氟乙烯-丁基橡胶垫)和一次性密封金属盖，使用前120 ℃烘烤2 h。

78.1.4.6 天平：分辨力不低于0.01 mg。

78.1.4.7 pH计：精度≥0.1。

78.1.5 样品

78.1.5.1 水样的采集:若水样中含有余氯,采样前应向 100 mL 采样瓶中加入 100 mg 抗坏血酸。若无余氯,直接加入适量盐酸溶液(1+1),使样品 pH≤4。

78.1.5.2 水样的保存:样品采集后,加盖密封,0 ℃～4 ℃冷藏保存,保存时间为 48 h,样品存放区应无有机物干扰。

78.1.5.3 水样的预处理:取 10.0 mL 水样于 20 mL 顶空瓶中,立即密封,摇匀,放入自动顶空进样器内,待测。

78.1.6 试验步骤

78.1.6.1 仪器参考条件

78.1.6.1.1 顶空进样器条件:顶空样品瓶加热温度 70 ℃;进样针温度 90 ℃;传输线温度 100 ℃;样品瓶加热平衡时间为 15 min;进样时间为 1 min;进样量为 1.0 mL。

78.1.6.1.2 色谱柱:毛细管柱(30 m × 0.25 mm,0.25 μm),固定相为 5%苯基-甲基聚硅氧烷;或其他等效色谱柱。

78.1.6.1.3 色谱条件:气化室温度 250 ℃,分流比 10∶1;程序升温 60 ℃(保持 1 min),以 15 ℃/min 升至 180 ℃(保持 1 min);载气(氮气)流量 2 mL/min;检测器温度 300 ℃;尾吹气流量 60 mL/min。

78.1.6.2 校准

78.1.6.2.1 定量分析中的校准方法:外标法。

78.1.6.2.2 每批样品要制备工作曲线。

78.1.6.2.3 工作曲线的绘制:取 8 个 100 mL 容量瓶,先加入适量纯水,用微量注射器分别取混合标准使用溶液:0 μL、5 μL、10 μL、25 μL、50 μL、100 μL、200 μL、300 μL,用纯水定容至刻度。配制后的 1,1,1,3,3-五氯丙烷和 1,1,1,2,3-五氯丙烷的质量浓度分别为 0 μg/L、0.10 μg/L、0.20 μg/L、0.50 μg/L、1.0 μg/L、2.0 μg/L、4.0 μg/L、6.0 μg/L;1,1,2,3,3-五氯丙烷的质量浓度分别为 0 μg/L、0.50 μg/L、1.0 μg/L、2.5 μg/L、5.0 μg/L、10 μg/L、20 μg/L、30 μg/L(均为参考浓度系列);取10.0 mL 该系列标准溶液于 20 mL 顶空瓶中,密封,放入自动顶空进样器。按照仪器条件,从低浓度到高浓度依次取 1.0 mL 液上气体注入气相色谱仪,以峰面积为纵坐标,质量浓度为横坐标,绘制工作曲线。

78.1.6.3 试验

78.1.6.3.1 进样方式:直接进样。

78.1.6.3.2 进样量:1.0 mL。

78.1.6.3.3 操作:10.0 mL 水样于 20 mL 顶空瓶,密封;气液平衡后,顶空进样器自动将气相部分导入气相色谱仪中,进行定性和定量分析。

78.1.6.3.4 记录:以标样核对,记录色谱峰的保留时间及对应的化合物。

78.1.6.3.5 标准色谱图:1,1,1,3,3-五氯丙烷(4.0 μg/L)、1,1,1,2,3-五氯丙烷(4.0 μg/L)和 1,1,2,3,3-五氯丙烷(20 μg/L)的标准色谱图,见图 34。

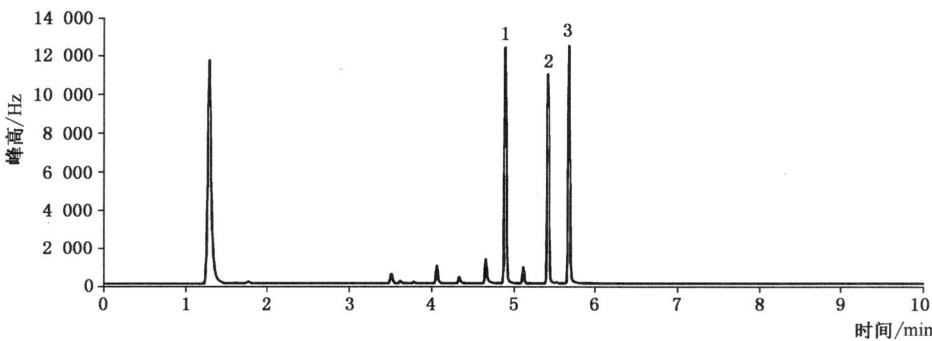

标引序号说明：

1——1,1,1,3,3-五氯丙烷,4.903 min；

2——1,1,1,2,3-五氯丙烷,5.426 min；

3——1,1,2,3,3-五氯丙烷,5.687 min。

图 34　五氯丙烷标准色谱图

78.1.6.4　注意事项

78.1.6.4.1　高浓度和低浓度的样品交替分析时会产生残留性污染,在分析特别高浓度的样品后要分析一个纯水空白。

78.1.6.4.2　分析实验室试剂空白:为检查本方法中的待测物或其他干扰物质是否在实验室环境中、试剂中、器皿中存在,要求方法的组分的本底值低于方法检出限。

78.1.6.4.3　由于所测项目和试剂均易挥发,整个前处理试验过程结束后,要尽快检测,以避免数据失真。

78.1.6.4.4　待测物以及试剂均为有毒有害物质,在操作过程中分析人员要佩戴口罩和手套,并在通风柜中进行作业。

78.1.7　试验数据处理

78.1.7.1　定性结果

根据标准色谱图组分的保留时间确定待测水样中组分的数目和名称。

78.1.7.2　定量结果

直接从工作曲线上查出水样中五氯丙烷的质量浓度,以微克每升(μg/L)表示。

78.1.7.3　精密度和准确度

6 家实验室在 0.10 μg/L～30 μg/L 质量浓度范围内,选择低、中、高不同浓度对生活饮用水进行加标回收试验,每个样品重复测定 6 次,质量浓度为 0.10 μg/L、1.0 μg/L 和 4.0 μg/L 时,1,1,1,3,3-五氯丙烷的加标回收率为 85.0%～110%,相对标准偏差为 0.57%～9.0%;1,1,1,2,3-五氯丙烷的加标回收率为 88.0%～120%,相对标准偏差为 0.35%～9.5%。质量浓度为 0.50 μg/L、5.0 μg/L 和20 μg/L时,1,1,2,3,3-五氯丙烷的加标回收率为 98.0%～115%,相对标准偏差为 1.5%～8.5%。

5 家实验室在 0.10 μg/L～30 μg/L 质量浓度范围内,选择低、中、高不同浓度对水源水进行加标回收试验,每个样品重复测定 6 次,质量浓度为 0.10 μg/L、1.0 μg/L 和 4.0 μg/L 时,1,1,1,3,3-五氯丙烷的加标回收率为 92.0%～115%,相对标准偏差为 1.4%～9.7%;1,1,1,2,3-五氯丙烷的加标回收率为

94.0%～120%，相对标准偏差为 1.5%～9.6%。质量浓度为 0.50 μg/L、5.0 μg/L 和 20 μg/L 时，1,1,2,3,3-五氯丙烷的加标回收率为 96.0%～118%，相对标准偏差为 1.0%～7.6%。

78.2 吹扫捕集气相色谱质谱法

78.2.1 最低检测质量浓度

本方法进样 5.0 mL 时，1,1,1,3,3-五氯丙烷、1,1,1,2,3-五氯丙烷、1,1,2,3,3-五氯丙烷的最低检测质量浓度均为 0.30 μg/L。

78.2.2 原理

仪器自动将待测水样用注射器注入吹扫捕集装置的吹扫管中，于室温下通以惰性气体(氦气或氮气)，把水样中的挥发性有机化合物以及加入的内标和标记化合物吹脱出来，捕集在装有适当吸附剂的捕集管内。吹脱程序完成后捕集管被加热并以氦气(或氮气)反吹，将所吸附的组分解吸入毛细管气相色谱仪(GC)中，组分经程序升温色谱分离后，用质谱仪(MS)检测。通过与标准物质保留时间和色谱图相比较进行定性，内标法定量。

78.2.3 试剂或材料

除非另有说明，本方法所用试剂均为分析纯，实验用水为 GB/T 6682 规定的一级水(若水中有干扰物，则于 90 ℃水浴中用氮气吹脱 15 min，现用现制)。

78.2.3.1 氦气：$\varphi(He) \geqslant 99.999\%$。

78.2.3.2 氮气：$\varphi(N_2) \geqslant 99.999\%$。

78.2.3.3 甲醇(CH_3OH)：色谱纯。

78.2.3.4 抗坏血酸($C_6H_8O_6$)：优级纯。

78.2.3.5 盐酸($HCl, \rho_{20}=1.19$ g/mL)：优级纯。

78.2.3.6 盐酸(1+1)：将一定体积的盐酸[$\rho_{20}(HCl)=1.19$ g/mL]加入等体积纯水中。

78.2.3.7 氟苯[$w(C_6H_5F)=99\%$，C_6H_5F]：为色谱纯，或使用有证标准物质。

78.2.3.8 3 种五氯丙烷标准物质：1,1,1,3,3-五氯丙烷[$w(C_3H_3Cl_5)=98\%$]、1,1,1,2,3-五氯丙烷[$w(C_3H_3Cl_5)=97\%$]、1,1,2,3,3-五氯丙烷[$w(C_3H_3Cl_5)=99\%$]均为色谱纯，或使用有证标准物质。

78.2.3.9 1,1,1,3,3-五氯丙烷标准储备溶液[ρ(1,1,1,3,3-五氯丙烷)=1.0 g/L]：准确称取10.20 mg 1,1,1,3,3-五氯丙烷(98%)于装有 5 mL 甲醇的 10 mL 容量瓶中，用甲醇定容至刻度，溶液质量浓度为 1.0 g/L。将此标准储备溶液转移至具聚四氟乙烯密封垫螺旋盖的小瓶中，于－10℃～－20 ℃下可保存 6 个月。

78.2.3.10 1,1,1,2,3-五氯丙烷标准储备溶液[ρ(1,1,1,2,3-五氯丙烷)=1.0 g/L]：准确称取10.31 mg 1,1,1,2,3-五氯丙烷(97%)于装有 5 mL 甲醇的 10 mL 容量瓶中，用甲醇定容至刻度，溶液质量浓度为 1.0 g/L。将此标准储备溶液转移至具聚四氟乙烯密封垫螺旋盖的小瓶中，于－10℃～－20 ℃下可保存 6 个月。

78.2.3.11 1,1,2,3,3-五氯丙烷标准储备溶液[ρ(1,1,2,3,3-五氯丙烷)=2.0 g/L]：准确称取20.20 mg 1,1,2,3,3-五氯丙烷(99%)于装有 5 mL 甲醇的 10 mL 容量瓶中，用甲醇定容至刻度，溶液质量浓度为 2.0 g/L。将此标准储备溶液转移至具聚四氟乙烯密封垫螺旋盖的小瓶中，于－10 ℃～－20 ℃下可保存 6 个月。

78.2.3.12 三种五氯丙烷混合标准使用溶液：于 10 mL 容量瓶中加入约 5 mL 甲醇，再分别加入 50 μL 1,1,1,3,3-五氯丙烷(1.0 g/L)、50 μL 1,1,1,2,3-五氯丙烷(1.0 g/L)和 25 μL 1,1,2,3,3-五氯丙烷(2.0 g/L)的各标准储备溶液，用甲醇定容至刻度。混合标准使用溶液各组分质量浓度分别为 ρ(1,1,

1,3,3-五氯丙烷)=5.0 μg/mL、ρ(1,1,1,2,3-五氯丙烷)= 5.0 μg/mL、ρ(1,1,2,3,3-五氯丙烷)=5.0 μg/mL,现用现配。

78.2.3.13 内标物氟苯溶液:准确称取 50.50 mg 氟苯于 10 mL 容量瓶中,用甲醇定容至刻度,此溶液质量浓度为 5.0 mg/mL,将此溶液置于 −10℃ ~ −20 ℃ 下可保存 6 个月;临用前用甲醇稀释为 5.0 μg/mL,现用现配。

78.2.4 仪器设备

78.2.4.1 气相色谱质谱联用仪:配有电子电离源(EI)。

78.2.4.2 吹扫捕集系统:捕集阱填料为 1/3 2,6-二苯基呋喃多孔聚合物树脂(Tenax)、1/3 硅胶、1/3 活性炭混合吸附剂,或其他等效吸附剂。

78.2.4.3 采样瓶:100 mL 棕色螺纹口瓶。

78.2.4.4 棕色玻璃进样瓶:40 mL 具塞螺旋盖和聚四氟乙烯垫片。

78.2.4.5 微量注射器:10 μL、50 μL、100 μL。

78.2.4.6 天平:分辨力不低于 0.01 mg。

78.2.4.7 pH 计:精度≥0.1。

78.2.5 样品

78.2.5.1 水样的采集:若水样中含有余氯,采样前应向 100 mL 采样瓶中加入 100 mg 抗坏血酸。若无余氯直接加入适量盐酸溶液(1+1),使样品 pH≤4。

78.2.5.2 水样的保存:样品采集后,加盖密封,0 ℃~4 ℃冷藏保存,保存时间为 48 h,样品存放区应无有机物干扰。

78.2.5.3 水样的预处理:水样测定前,在无待测物污染的环境下迅速倒出水样,置于进样瓶中,瓶中不留顶上空间和气泡,同时加入内标氟苯溶液,使其质量浓度为 5.0 μg/L,旋紧瓶盖放在吹扫捕集进样器上,待测。

78.2.6 试验步骤

78.2.6.1 仪器参考条件

78.2.6.1.1 色谱柱:毛细管柱(30 m × 0.25 mm,1.4 μm),固定相为 6% 氰丙基苯基-甲基聚硅氧烷;或其他等效色谱柱。

78.2.6.1.2 吹扫捕集条件:吹扫温度为室温;吹扫流速 50 mL/min;吹扫时间 11 min;解吸温度180 ℃;解吸时间 3 min;烘烤温度 280 ℃;烘烤时间 2 min。

78.2.6.1.3 色谱条件:进样口温度 250 ℃,分流比 30∶1;载气(氦气)柱流量 1.0 mL/min,恒流模式;柱箱起始温度 50 ℃,保持 1 min,以 10 ℃/min 的升温速率升至 180 ℃,保持 1 min。

78.2.6.1.4 质谱条件:电子电离源(EI),温度 230 ℃;离子化能量 70 eV;扫描方式为全扫描;扫描范围 35 u~200 u;传输线温度 200 ℃。

78.2.6.2 校准

78.2.6.2.1 定量分析中的校准方法:内标法,选择全扫描模式进行测定。

78.2.6.2.2 工作曲线的绘制:取 7 个 100 mL 容量瓶,先加入适量纯水,用微量注射器分别取混合标准溶液:0 μL、10 μL、20 μL、50 μL、100 μL、150 μL、200 μL,同时加入 100 μL 内标氟苯溶液,使其质量浓度为 5.0 μg/L,用纯水定容至刻度。配制后的 1,1,1,3,3-五氯丙烷、1,1,1,2,3-五氯丙烷和 1,1,2,3,3-五氯丙烷的质量浓度分别为 0 μg/L、0.50 μg/L、1.0 μg/L、2.5 μg/L、5.0 μg/L、7.5 μg/L、10 μg/L(均为

参考浓度系列);取 40 mL 该系列标准溶液于 40 mL 进样瓶中,旋紧瓶盖,放入吹扫捕集仪上。标准系列溶液和内标溶液均由全自动吹扫仪自动按吹扫序列设定值自动加入并运行,以待测组分的峰面积与内标的峰面积比值为纵坐标,以待测组分的质量浓度为横坐标,绘制工作曲线。

78.2.6.3 试验

78.2.6.3.1 操作:水样加满样品瓶,旋紧瓶盖放在吹扫捕集进样器上;吹扫捕集进样器自动进 5.0 mL 含有内标物的标样和含有内标物的待测水样于吹扫捕集装置中,室温下进行吹脱捕集,在一定温度下解析脱附,自动导入气相色谱质谱仪中,进行定性和定量分析,同时做空白试验并绘制工作曲线。

78.2.6.3.2 定性分析:以标样核对特征离子色谱峰的保留时间及对应的化合物。

78.2.6.3.3 标准色谱图:1,1,1,3,3-五氯丙烷、1,1,1,2,3-五氯丙烷和 1,1,2,3,3-五氯丙烷的标准色谱图,见图 35。

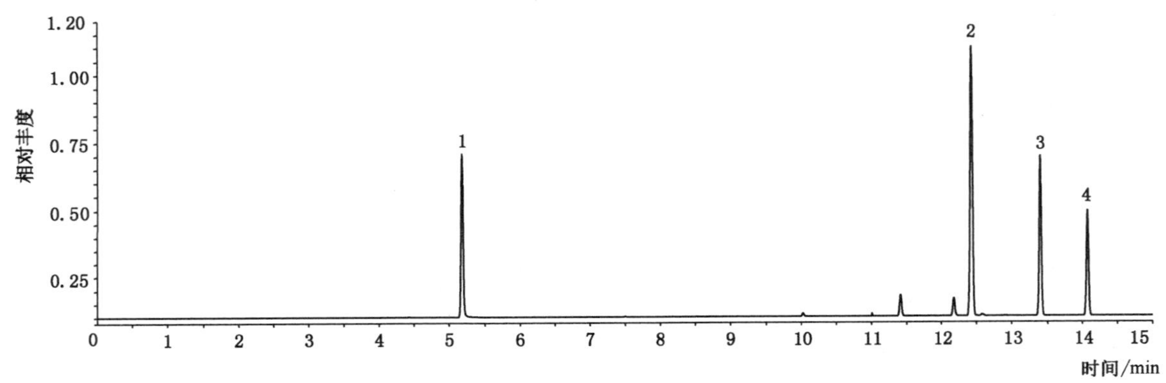

标引序号说明:

1——氟苯,5.185 min;

2——1,1,1,3,3-五氯丙烷,12.421 min;

3——1,1,1,2,3-五氯丙烷,13.396 min;

4——1,1,2,3,3-五氯丙烷,14.073 min。

图 35 五氯丙烷标准色谱图(质量浓度均为 5 μg/L)

78.2.6.4 注意事项

78.2.6.4.1 高浓度和低浓度的样品交替分析时会产生残留性污染,在分析特别高浓度的样品后要分析一个纯水空白。

78.2.6.4.2 分析实验室试剂空白:为检查本方法中的待测物或其他干扰物质是否在实验室环境中、试剂中、器皿中存在,用甲醇溶液制备 5.0 μg/mL 的氟苯(内标),将 5 μL 内标溶液加入到 5 mL 纯水中,得到的质量浓度为 5.0 μg/L,将此水溶液移到吹扫装置中进行 GC-MS 分析,要求测定组分的本底值低于方法检出限。

78.2.6.4.3 由于所测项目和试剂均易挥发,整个前处理试验过程结束后,要尽快检测,以避免数据失真。

78.2.6.4.4 所测项目以及试剂都是有毒有害物质,会对检测人员的健康带来危害,在操作过程中分析人员要佩戴口罩和手套,并在通风柜中进行作业。

78.2.7 试验数据处理

78.2.7.1 定性结果:根据标准色谱图组分的保留时间,确定被测组分的名称,样品中待测物的保留时间与相应标准物质的保留时间相比较,变化范围应在±2.5%之内;同时将待测物的质谱图与标准物质的质谱图作对照。

78.2.7.2 定量结果:直接从工作曲线上查出水样中待测组分的质量浓度,以微克每升(μg/L)表示。

78.2.7.3 方法待测组分的相对分子质量和定量离子见表 24。

表 24 方法待测组分的相对分子质量和定量离子(m/z)

序号	组分	相对分子质量	定量离子	定性离子
1	1,1,1,3,3-五氯丙烷	216	181	83,179
2	1,1,1,2,3-五氯丙烷	216	117	119,83
3	1,1,2,3,3-五氯丙烷	216	143	145,96
4	氟苯	96	96	77

78.2.8 精密度和准确度

6 家实验室在 0.50 μg/L~10 μg/L 质量浓度范围内,选择低、中、高不同浓度对生活饮用水进行加标回收试验,每个样品重复测定 6 次,质量浓度为 1.0 μg/L、5.0 μg/L 和 8.0 μg/L 时,1,1,1,3,3-五氯丙烷的回收率为 84.0%~110%,相对标准偏差为 0.46%~5.9%;1,1,1,2,3-五氯丙烷的回收率为 88.0%~120%,相对标准偏差为 0.63%~6.6%;1,1,2,3,3-五氯丙烷的回收率为 88.0%~118%,相对标准偏差为 0.84%~8.8%。

5 家实验室在 0.50 μg/L~10 μg/L 质量浓度范围内,选择低、中、高不同浓度对水源水进行加标回收试验,每个样品重复测定 6 次,质量浓度为 1.0 μg/L、5.0 μg/L 和 8.0 μg/L 时,1,1,1,3,3-五氯丙烷的加标回收率为 82.0%~110%,相对标准偏差为 0.87%~11%;1,1,1,2,3-五氯丙烷的加标回收率为 90.0%~120%,相对标准偏差为 1.2%~11%;1,1,2,3,3-五氯丙烷的加标回收率为 88.0%~120%,相对标准偏差为 0.83%~15%。

79 丙烯酸

79.1 高效液相色谱法

79.1.1 最低检测质量浓度

本方法丙烯酸的最低检测质量浓度为 50 μg/L。

本方法仅用于生活饮用水的测定。

79.1.2 原理

生活饮用水中丙烯酸经十八烷基硅烷键合硅胶色谱柱分离,紫外检测器检测,保留时间定性,外标法定量。

79.1.3 试剂

除非另有说明,本方法所用试剂均为分析纯,实验用水为 GB/T 6682 规定的一级水。

79.1.3.1 乙腈(C_2H_3N):色谱纯。

79.1.3.2 磷酸(H_3PO_4,ρ_{20}=1.69 g/mL)。

79.1.3.3 磷酸溶液(0.2%):准确移取磷酸 2.0 mL,至 1 000 mL 容量瓶中,纯水定容至刻度。

79.1.3.4 丙烯酸标准品(C_2H_3COOH):纯度≥98%,或使用有证标准物质。

79.1.3.5 丙烯酸标准储备溶液[$\rho(C_2H_3COOH)$=1 000 mg/L]:准确称取 10.0 mg 丙烯酸标准品置于

有少量纯水的 10 mL 容量瓶中，并用纯水定容至刻度，于 0 ℃～4 ℃冷藏、避光和密封保存，可保存 1 个月。

79.1.3.6 丙烯酸标准使用溶液[$\rho(C_2H_3COOH)$=10 mg/L]：移取 0.5 mL 丙烯酸标准储备溶液置于有少量纯水的 50 mL 容量瓶中，并用纯水定容至刻度，于 0 ℃～4 ℃冷藏、避光和密封保存，可保存 1 个月。

79.1.4 仪器设备

79.1.4.1 高效液相色谱仪：配有紫外检测器。

79.1.4.2 超声波清洗仪。

79.1.4.3 色谱柱：十八烷基硅烷键合硅胶色谱柱(4.6 mm×250 mm，5 μm)，或其他等效色谱柱。

79.1.4.4 具塞磨口玻璃瓶：50 mL，洗涤干净，并用纯水冲洗，晾干备用。

79.1.4.5 混合纤维素酯滤膜：0.22 μm。

79.1.5 样品

79.1.5.1 水样的采集与保存：用具塞磨口玻璃瓶采集水样，置于 0 ℃～4 ℃冷藏保存，可保存 48 h。

79.1.5.2 水样的预处理：水样经 0.22 μm 滤膜过滤后直接进行测定。

79.1.6 试验步骤

79.1.6.1 仪器参考条件

79.1.6.1.1 检测波长：205 nm。

79.1.6.1.2 柱温：30 ℃。

79.1.6.1.3 进样体积：100 μL。

79.1.6.1.4 流动相：A 相为 0.2%磷酸溶液，B 相为乙腈，使用梯度洗脱程序，具体程序见表 25。

79.1.6.1.5 流速：1.0 mL/min。

表 25 梯度洗脱程序

时间/min	流速/(mL/min)	A/%	B/%
0.0	1.0	90	10
10.0	1.0	90	10
10.1	1.0	40	60
17.0	1.0	40	60
17.1	1.0	90	10
22.0	1.0	90	10

79.1.6.2 标准曲线绘制

移取丙烯酸标准使用溶液[$\rho(C_2H_3COOH)$=10 mg/L]0 mL、0.25 mL、0.50 mL、1.00 mL、2.00 mL、3.00 mL、4.00 mL 置于有少量纯水的 50 mL 容量瓶中，并用纯水定容至刻度，得到 0 μg/L、50 μg/L、100 μg/L、200 μg/L、400 μg/L、600 μg/L、800 μg/L 的标准溶液系列。以丙烯酸的峰面积为纵坐标，质量浓度为横坐标，绘制标准曲线。

79.1.6.3 标准色谱图的考察

标准色谱图,见图36。

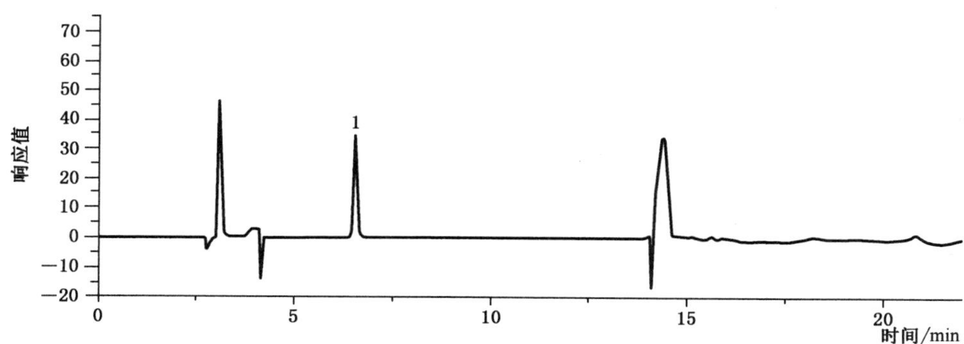

标引序号说明:

1——丙烯酸,6.50 min。

图36 丙烯酸标准色谱图(质量浓度为200 μg/L)

79.1.6.4 干扰和消除

同一批样品至少测定一个空白样品,当高、低浓度的样品交替分析时,为避免污染,在测定高浓度样品时,应紧随着分析空白样品,以保证样品没有交叉污染。同一批样品至少测定一个加标样品,样品量大时,适当增加加标样品的数量。

79.1.7 试验数据处理

79.1.7.1 定性分析:根据标准色谱图组分的保留时间,确定被测组分的名称。样品中待测物色谱峰的保留时间与相应标准色谱峰的保留时间比较,变化范围应在±2.5%之内。

79.1.7.2 定量分析:直接从标准曲线上查出水样中丙烯酸的质量浓度,以微克每升(μg/L)表示。

79.1.8 精密度和准确度

6个实验室对丙烯酸质量浓度为50 μg/L、200 μg/L和600 μg/L水样进行测定,6次测量结果的相对标准偏差分别为0.2%~3.3%、0.3%~1.5%和0.3%~2.6%,回收率分别为93.5%~108%、98.6%~105%和98.2%~105%。

79.2 离子色谱法

79.2.1 最低检测质量浓度

本方法丙烯酸的最低检测质量浓度为4.68 μg/L。

丙烯酸与水样中常见阴离子氟化物、甲酸、亚氯酸盐、氯化物、氯酸盐、硫酸盐、硝酸盐分离度高,所得峰形对称,响应值高,对检测结果无干扰。

79.2.2 原理

水样中的丙烯酸阴离子随氢氧化钾(或氢氧化钠)淋洗液进入阴离子交换分离系统(由保护柱和分离柱组成),根据分离柱对各离子亲和度的差异被分离,经阴离子抑制后用电导检测器测量,通过丙烯酸的相对保留时间进行定性分析,以色谱峰面积或峰高进行定量测定。

79.2.3 试剂或材料

除非另有说明，本方法所用试剂均为分析纯，实验用水为 GB/T 6682 规定的一级水。

79.2.3.1 辅助气体：高纯氮[$\varphi(N_2)\geqslant 99.999\%$]。

79.2.3.2 淋洗液：氢氧化钾淋洗液，可采用氢氧化钾淋洗液发生器或性能等效的淋洗液发生装置生成，也可手工配制氢氧化钾(或氢氧化钠)淋洗液。

79.2.3.3 丙烯酸(C_2H_3COOH，纯度≥99%)：含稳定剂对羟基苯甲醚(质量浓度为 200 mg/L)，或使用有证标准物质溶液。

79.2.3.4 丙烯酸标准储备溶液[$\rho(C_2H_3COOH)=1\ 000$ mg/L]：取丙烯酸标准品 1.010 1 g，用纯水稀释后转移至棕色容量瓶中，定容至 1 000 mL，得到丙烯酸标准储备溶液[$\rho(C_2H_3COOH)=1\ 000$ mg/L]，0 ℃～4 ℃冷藏、避光可保存 30 d。

79.2.3.5 丙烯酸标准使用溶液[$\rho(C_2H_3COOH)=2.00$ mg/L]：取丙烯酸标准储备溶液，用纯水逐级稀释并定容至棕色容量瓶中，得到丙烯酸标准使用溶液[$\rho(C_2H_3COOH)=2.00$ mg/L]，现用现配。

79.2.4 仪器设备

79.2.4.1 离子色谱仪：配有电导检测器。

79.2.4.2 阴离子色谱柱：填料为聚苯乙烯-二乙烯基苯共聚物，具有羧酸功能基的分离柱(4 mm×250 mm，5.5 μm)或其他等效色谱柱。

79.2.4.3 阴离子保护柱：有机酸阴离子保护柱(4 mm×50 mm)，或其他等效保护柱。

79.2.4.4 抑制器：阴离子抑制器或其他性能等效的抑制器。

79.2.4.5 聚偏氟乙烯材质滤膜：0.22 μm。

79.2.4.6 采样瓶：250 mL 棕色玻璃瓶，洗涤干净，并用纯水冲洗，晾干备用。

79.2.5 样品

79.2.5.1 水样的采集：使用清洁干燥的 250 mL 棕色玻璃瓶进行采样。

79.2.5.2 水样的保存：水样于 0 ℃～4 ℃条件下，冷藏、避光运输或保存，可以保存 14 d。

79.2.5.3 水样的预处理：水样经 0.22 μm 滤膜过滤后直接进样测定。

79.2.6 试验步骤

79.2.6.1 仪器参考条件

79.2.6.1.1 进样量：100 μL；柱箱温度：35 ℃；抑制器电流：124 mA。

79.2.6.1.2 淋洗液流速：1.0 mL/min，淋洗液浓度梯度见表 26。

表 26 淋洗液浓度梯度表

时间/min	氢氧化钾浓度/(mmol/L)
0.00	3
12.00	3
12.10	50
20.00	50
20.10	3
25.00	3

79.2.6.1.3 色谱柱：阴离子色谱柱或其他等效色谱柱。

79.2.6.2 **校准**

79.2.6.2.1 定量分析中的校准方法：外标法。

79.2.6.2.2 标准曲线绘制：取 9 个 50 mL 棕色容量瓶，依次准确移取 0 mL、0.125 mL、0.250 mL、0.500 mL、1.00 mL、2.00 mL、3.00 mL、4.00 mL、5.00 mL 丙烯酸标准使用溶液，用纯水定容，配制丙烯酸质量浓度分别为 0 mg/L、0.005 mg/L、0.010 mg/L、0.020 mg/L、0.040 mg/L、0.080 mg/L、0.120 mg/L、0.160 mg/L、0.200 mg/L 的标准系列溶液。按照浓度由小到大的顺序，依次上机测定。以丙烯酸的峰面积（或峰高）为纵坐标，以丙烯酸的质量浓度为横坐标，绘制标准曲线。为确保标准曲线的有效性，标准样品进样完成后，进行一次单点校正。

79.2.6.2.3 色谱图的考察：丙烯酸标准色谱图、丙烯酸管网水加标色谱图分别见图 37 和图 38。

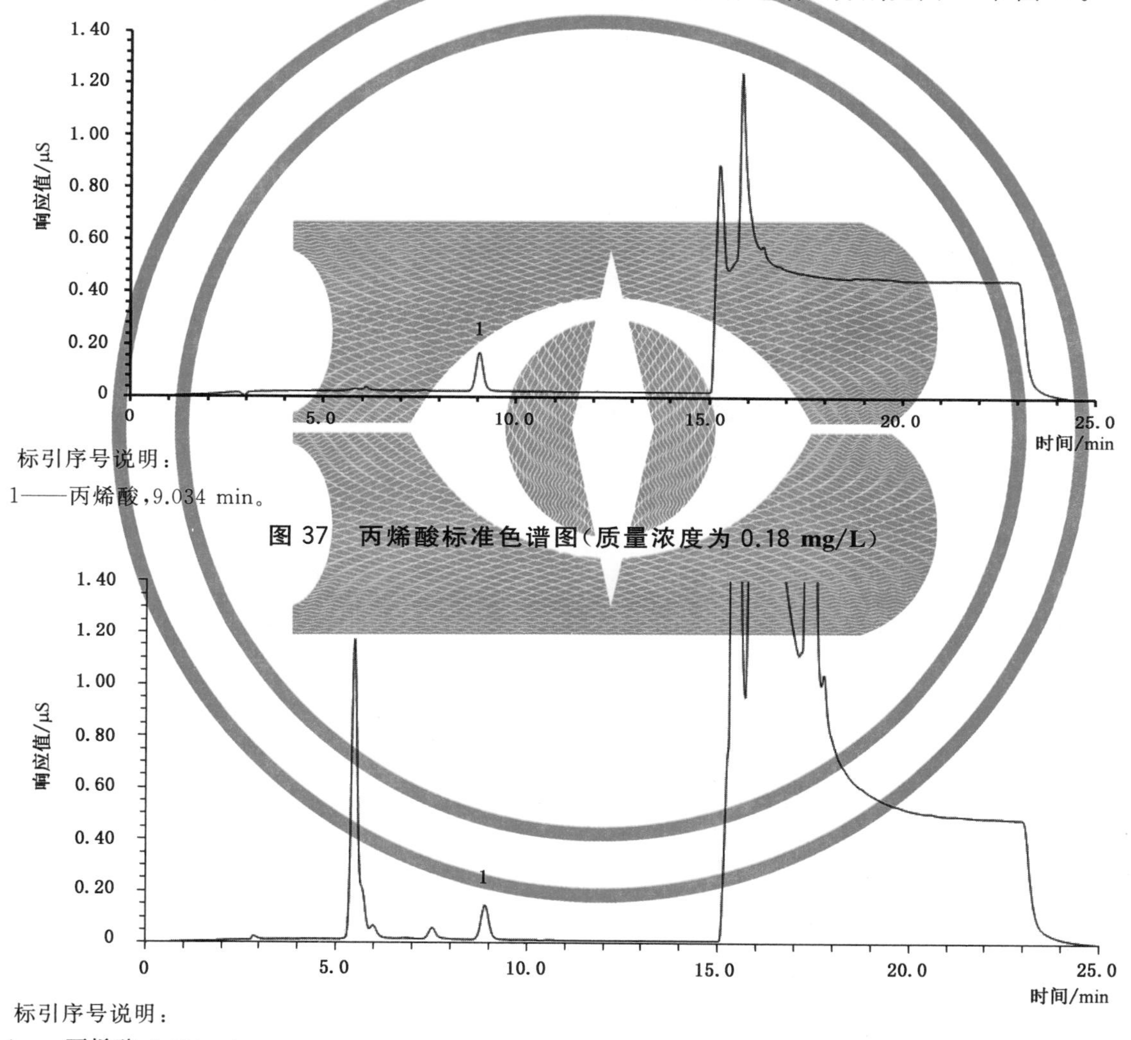

标引序号说明：

1——丙烯酸，9.034 min。

图 37 丙烯酸标准色谱图（质量浓度为 0.18 mg/L）

标引序号说明：

1——丙烯酸，9.034 min。

图 38 丙烯酸管网水加标色谱图（质量浓度为 0.16 mg/L）

79.2.7 **试验数据处理**

79.2.7.1 定性分析：根据丙烯酸标准色谱图（图 37）中丙烯酸的保留时间进行定性分析。

79.2.7.2 定量分析：根据丙烯酸电导响应的峰面积或峰高从标准曲线上查出丙烯酸的质量浓度。

79.2.8 精密度和准确度

6个实验室对质量浓度为10.0 μg/L～180 μg/L的丙烯酸进行精密度和准确度测试，低(20.0 μg/L)、中(100 μg/L)、高(180 μg/L)3个质量浓度的水源水相对标准偏差(RSD)范围分别为0.26%～6.0%、0.56%～5.0%、0.85%～3.2%，回收率分别为79.0%～112%、97.8%～101%、94.1%～100%；低(20.0 μg/L)、中(100 μg/L)、高(180 μg/L)3个质量浓度的生活饮用水相对标准偏差(RSD)范围分别为0.16%～3.8%、0.14%～4.2%、0.17%～4.6%，回收率分别为74.3%～110%、91.4%～105%、96.3%～117%。

79.2.9 质量保证和控制

79.2.9.1 精密度和回收率试验中，为避免不同浓度加标样品之间，特别是高浓度切换到低浓度时的交叉污染或残留干扰，不同浓度加标样品之间应进行空白样测试。

79.2.9.2 为确保标准曲线的有效性，每20个样品应进行一次单点校正。

79.2.9.3 丙烯酸样品常温下不稳定，样品上机后需尽快完成分析。

80 戊二醛

80.1 液相色谱串联质谱法

80.1.1 最低检测质量浓度

进样量为10 μL时，戊二醛的最低检测质量浓度为1.00 μg/L，当样品中戊二醛质量浓度超过100 μg/L时，应稀释后再进行测定。

80.1.2 原理

水中戊二醛与2,4-二硝基苯肼(DNPH)反应生成戊二醛-2,4-二硝基苯腙(戊二醛-DNPH的反应示意图，见图39)，滤膜过滤后进样。经液相色谱仪分离后进入串联质谱仪，采用多反应监测(MRM)模式，选取高响应异构体为定性定量离子，根据保留时间和特征离子定性，外标法定量。

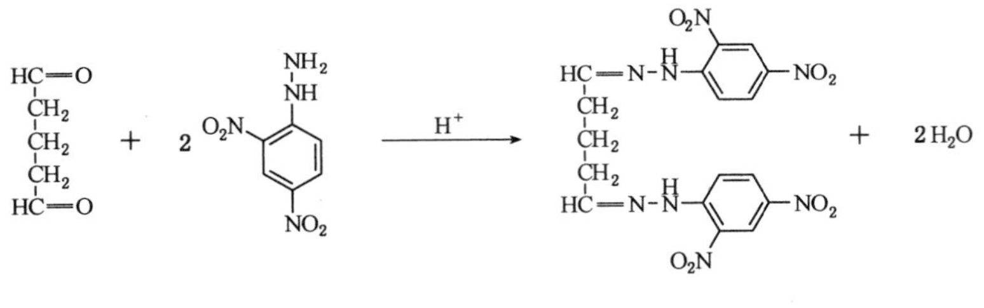

图39 戊二醛与DNPH的反应示意图

80.1.3 试剂或材料

除非另有说明，本方法所用试剂均为分析纯，实验用水为GB/T 6682规定的一级水。

80.1.3.1 脱溶剂气：高纯氮[$\varphi(N_2)\geqslant 99.999\%$]。

80.1.3.2 碰撞气：高纯氮[$\varphi(N_2)\geqslant 99.999\%$]或高纯氩[$\varphi(Ar)\geqslant 99.999\%$]。

80.1.3.3 乙腈(C_2H_3N)：色谱纯。

80.1.3.4 乙酸铵(CH_3COONH_4)：色谱纯。

80.1.3.5　2,4-二硝基苯肼($C_6H_6N_4O_4$)。

80.1.3.6　抗坏血酸($C_6H_8O_6$)。

80.1.3.7　高氯酸($HClO_4$,ρ_{20}=1.67 g/mL):优级纯。

80.1.3.8　无水乙醇(C_2H_5OH)。

80.1.3.9　硫酸(H_2SO_4,ρ_{20}=1.84 g/mL)。

80.1.3.10　盐酸(HCl,ρ_{20}=1.19 g/mL)。

80.1.3.11　三乙醇胺[$N(CH_2CH_2OH)_3$]。

80.1.3.12　高氯酸溶液(1+4):取 50 mL 高氯酸($HClO_4$,ρ_{20}=1.67 g/mL)用纯水稀释至 250 mL。

80.1.3.13　抗坏血酸溶液(20 g/L):称取 2.0 g 抗坏血酸,用纯水溶解,定容至 100 mL。于 0 ℃～4 ℃冷藏保存,若发现颜色变黄需重新配制。

80.1.3.14　2,4-二硝基苯肼溶液[$c(C_6H_6N_4O_4)$=0.12 mmol/L]:准确称取 0.237 8 g 2,4-二硝基苯肼,用高氯酸溶液(1+4)溶解,并定容至 100 mL,此溶液浓度为 12 mmol/L。吸取 1 000 μL 12 mmol/L 的 2,4-二硝基苯肼溶液于 100 mL 容量瓶中,用高氯酸溶液(1+4)定容至刻度,此溶液浓度为0.12 mmol/L。

80.1.3.15　三乙醇胺溶液(6.5%):取 6.5 mL 三乙醇胺,用纯水稀释至 100 mL。

80.1.3.16　盐酸溶液(1%):取 1 mL 盐酸(ρ_{20}=1.19 g/mL),用纯水稀释至 100 mL。

80.1.3.17　氢氧化钠溶液(10 g/L):称取 1 g 氢氧化钠溶于纯水中,稀释至 100 mL。

80.1.3.18　溴酚蓝乙醇溶液(0.4 g/L):称取 0.04 g 溴酚蓝,溶于无水乙醇中,并稀释至 100 mL。

80.1.3.19　盐酸羟胺中性溶液:称取 17.5 g 盐酸羟胺加纯水 75 mL 溶解,并加入异丙醇稀释至500 mL,摇匀。加 0.4 g/L 溴酚蓝乙醇溶液 15 mL,用 6.5%三乙醇胺溶液滴定至溶液显蓝绿色。

80.1.3.20　甲基红乙醇溶液(1 g/L):称取 0.1 g 甲基红,溶于无水乙醇中,并稀释至 100 mL。

80.1.3.21　溴甲酚绿乙醇溶液(2 g/L):称取 0.2 g 溴甲酚绿,溶于无水乙醇中,并稀释至 100 mL。

80.1.3.22　甲基红-溴甲酚绿混合指示液:将 20 mL 甲基红乙醇溶液(1 g/L)加入 30 mL 溴甲酚绿乙醇溶液(2 g/L),混匀。

80.1.3.23　戊二醛标准物质($C_5H_8O_2$):戊二醛标准溶液[$w(C_5H_8O_2)$=50%,水中],用前需进行标定,也可使用经过标定的戊二醛有证标准物质(甲醇中)。

80.1.3.24　戊二醛标准储备溶液[$\rho(C_5H_8O_2)$=10 g/L]:移取戊二醛标准溶液[$w(C_5H_8O_2)$=50%,水中]1 000 μL 于 50 mL 容量瓶中,用纯水稀释至刻度,得到质量浓度约为 10 g/L 的戊二醛标准储备溶液,储存于试剂瓶中。使用前按 80.1.6.3 标定其准确浓度。

80.1.4　仪器设备

80.1.4.1　液相色谱串联质谱仪:配有电喷雾电离源。

80.1.4.2　色谱柱:C_{18}色谱柱(2.1 mm×100 mm,1.8 μm),或其他等效色谱柱。

80.1.4.3　天平:分辨力不低于 0.01 mg。

80.1.4.4　滤膜:聚四氟乙烯材质,孔径为 0.22 mm。

80.1.5　样品

80.1.5.1　水样的采集:使用棕色玻璃瓶采集样品。对于含余氯的样品,可采用抗坏血酸溶液去除余氯干扰,按样品体积与抗坏血酸溶液体积为 1 000∶1 的比例加入。

80.1.5.2　水样的保存:0 ℃～4 ℃冷藏、避光保存,保存时间为 24 h。

80.1.5.3　水样的预处理:吸取 1.00 mL 样品于玻璃瓶中,加入 3.50 mL 乙腈和 0.50 mL 2,4-二硝基苯肼[$c(C_6H_6N_4O_4)$=0.12 mmol/L)],立即混匀,室温(10 ℃～30 ℃)下反应 30 min,经 0.22 μm 滤膜过

滤后进行测定。

80.1.6 试验步骤

80.1.6.1 仪器参考条件

80.1.6.1.1 液相色谱参考条件

流动相:流动相 A 为 2.5 mmol/L 的乙酸铵水溶液,流动相 B 为乙腈;流速:0.40 mL/min;进样量:10 μL;梯度洗脱程序,见表 27。

表 27 流动相参考梯度洗脱程序

时间/min	流动相 A/%	流动相 B/%
0	80	20
1.00	40	60
3.50	10	90
4.50	10	90
4.70	80	20
6.50	80	20

80.1.6.1.2 质谱参考条件

电离方式:电喷雾负离子模式;离子喷雾电压:4 500 V;离子源温度:500 ℃;气帘气:137.9 kPa;碰撞气:41.4 kPa;雾化气:344.8 kPa;辅助气:344.8 kPa;检测方式:多反应监测(MRM)。戊二醛-DNPH 的质谱参考条件见表 28。

表 28 戊二醛-DNPH 的质谱参考条件

母离子(m/z)	定量子离子(m/z)	定性子离子(m/z)	锥孔电压/V	定量子离子碰撞能/eV	定性子离子碰撞能/eV
459.0	182.1	163.0	90	23.8	25.2

80.1.6.2 校准

定量分析中的校准方法:外标法。

80.1.6.3 戊二醛标准储备溶液的标定

80.1.6.3.1 硫酸滴定液[$c(H_2SO_4)\approx 0.25$ mol/L]:取硫酸 15 mL,沿盛有纯水的烧杯壁缓缓注入水中。待溶液温度降至室温,再加纯水稀释至 1 000 mL,摇匀,按照以下方法进行标定。

80.1.6.3.2 称取经 270 ℃～300 ℃烘干至恒量的基准无水碳酸钠 0.8 g(精确至 0.000 1 g),置于 250 mL碘量瓶中,加纯水 50 mL 使其溶解。加甲基红-溴甲酚绿混合指示液 10 滴,用配制的硫酸滴定液进行滴定。待溶液由绿色转变为紫红色时,煮沸 2 min。冷却至室温后,继续滴定至溶液由绿色变为暗紫色,记录用去的硫酸滴定液体积。按公式(25)计算硫酸滴定液浓度:

$$c=\frac{m}{0.106\ 0\times V} \quad\cdots\cdots(25)$$

式中：

c ——硫酸滴定液浓度，单位为摩尔每升(mol/L)；

m ——无水碳酸钠质量，单位为克(g)；

V ——硫酸滴定液体积，单位为毫升(mL)；

0.106 0 ——与 1.00 mL 硫酸滴定液[$c(H_2SO_4)=1.000$ mol/L]相当的以克表示的无水碳酸钠的质量，单位为克每毫摩尔(g/mmol)。

80.1.6.3.3 吸取适量标准储备溶液，使其相当于戊二醛约 0.2 g，置于 250 mL 碘量瓶中，准确加入 6.5%三乙醇胺溶液 20.0 mL 与盐酸羟胺中性溶液 25.0 mL，摇匀。静置反应 1 h 后，用 0.25 mol/L 硫酸滴定液进行滴定。待溶液显蓝绿色，记录硫酸滴定液用量。同时，以不含戊二醛的三乙醇胺、盐酸羟胺中性溶液重复上述操作作为空白对照。重复测定 2 次，取平均值，按公式(26)计算戊二醛含量：

$$\rho(C_5H_8O_2)=\frac{c\times(V_2-V_1)\times 0.100\ 1}{V}\times 1\ 000 \quad\cdots\cdots(26)$$

式中：

$\rho(C_5H_8O_2)$——标准储备溶液中戊二醛含量，单位为克每升(g/L)；

c ——硫酸滴定液浓度，单位为摩尔每升(mol/L)；

V_2 ——标准储备溶液滴定中用去的硫酸滴定液体积，单位为毫升(mL)；

V_1 ——空白对照滴定中用去的硫酸滴定液体积，单位为毫升(mL)；

V ——戊二醛标准溶液体积，单位为毫升(mL)；

0.100 1 ——与 1.00 mL 硫酸滴定液[$c(H_2SO_4)=1.000$ mol/L]相当的以克表示的戊二醛的质量，单位为毫克每摩尔(mg/mol)。

注：先用盐酸(1%)或 10 g/L 氢氧化钠溶液将戊二醛标准储备溶液调节 pH 至 7.0，再用上法进行含量测定。

80.1.6.3.4 戊二醛标准中间溶液[$\rho(C_5H_8O_2)=1\ 000$ mg/L]：直接使用有证标准物质(甲醇中)或者准确移取 1 000 μL 经过标定的戊二醛标准储备溶液 [$\rho(C_5H_8O_2)=10$ g/L]于 10 mL 容量瓶中，用纯水定容至刻度。

80.1.6.3.5 戊二醛标准使用溶液Ⅰ[$\rho(C_5H_8O_2)=5.00$ mg/L]：准确移取 50.0 μL 戊二醛标准中间溶液于 10 mL 容量瓶中，用纯水定容至刻度，得到质量浓度为 5.00 mg/L 的戊二醛标准使用溶液Ⅰ。于 0 ℃～4 ℃冷藏、密封保存，保存期为 7 d。

80.1.6.3.6 戊二醛标准使用溶液Ⅱ[$\rho(C_5H_8O_2)=500$ μg/L]：准确移取 1 000 μL 戊二醛标准使用溶液Ⅰ于 10 mL 容量瓶中，用纯水定容至刻度，得到质量浓度为 500 μg/L 的戊二醛标准使用溶液Ⅱ，现用现配。

80.1.6.4 工作曲线绘制

分别准确移取 20 μL、40 μL、100 μL、200 μL 的标准使用溶液Ⅱ($\rho=500$ μg/L)及 50 μL、100 μL、150 μL、200 μL 的标准使用溶液Ⅰ($\rho=5.00$ mg/L)置于 8 个 10 mL 容量瓶中，用纯水定容至刻度，得到质量浓度为 1.00 μg/L、2.00 μg/L、5.00 μg/L、10.0 μg/L、25.0 μg/L、50.0 μg/L、75.0 μg/L、100 μg/L 的戊二醛标准系列溶液。按照 80.1.5.3 的步骤进行衍生化后，将标准系列溶液按浓度从低到高的顺序依次上机测定。以质量浓度为横坐标，选取高响应衍生组分 2 的色谱峰面积为纵坐标，绘制工作曲线。

80.1.6.5 色谱图的考察

戊二醛-2,4-二硝基苯肼(DNPH)的衍生组分色谱图，见图 40。

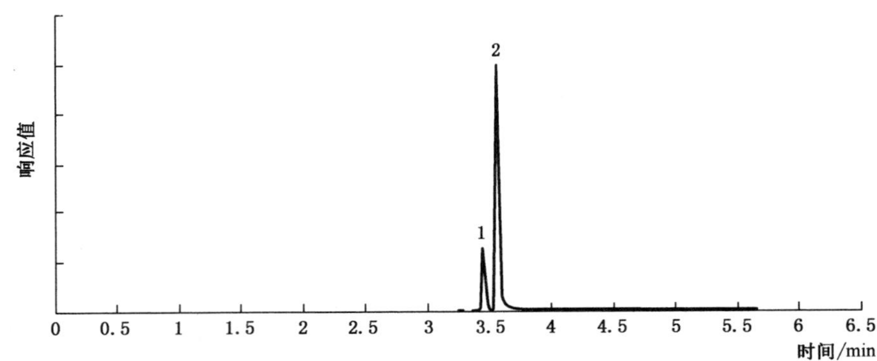

标引序号说明：

1——衍生组分1，3.46 min；

2——衍生组分2，3.57 min。

注：衍生组分1(保留时间3.46 min)和衍生组分2(保留时间3.57 min)为戊二醛-DNPH的同分异构体，采用衍生组分2进行定量。

图40　戊二醛-2,4-二硝基苯肼(DNPH)衍生组分色谱图

80.1.7　试验数据处理

80.1.7.1　定性分析：根据戊二醛-DNPH衍生组分色谱图中的保留时间和特征离子对进行定性分析。

80.1.7.2　定量分析：根据水样衍生化生成的组分2的峰高或峰面积，从工作曲线上查出戊二醛的质量浓度。

80.1.8　精密度和准确度

在生活饮用水中加入1.00 μg/L、10.0 μg/L、50.0 μg/L 3个质量浓度加标水平的戊二醛时，经6个实验室测定，平均精密度(RSD)和回收率的范围分别为1.2%～22%和80.7%～120%，1.4%～19%和78.0%～127%，1.3%～18%和75.7%～120%。水源水中加入1.00 μg/L、10.0 μg/L、50.0 μg/L戊二醛时，经6个实验室测定，平均精密度(RSD)和回收率的范围分别为4.3%～17%和76.8%～125%，2.6%～11%和89.4%～127%，2.2%～11%和74.1%～120%。

81　环烷酸

81.1　超高效液相色谱质谱法

81.1.1　最低检测质量浓度

当进样量为10 μL时，本方法的最低检测质量浓度分别为：环戊基甲酸，8.19 μg/L；环戊基丙酸，1.82 μg/L；环己基乙酸，5.13 μg/L；环己基丙酸，1.68 μg/L；环己基丁酸，1.89 μg/L；环己基戊酸，1.81 μg/L；环戊基乙酸＋环己基甲酸(以环戊基乙酸计)，3.85 μg/L。

81.1.2　原理

水样经过滤后直接进样，然后经超高效液相色谱仪分离后进入质谱，采用单离子检测扫描(SIM)模式，根据保留时间和特征离子定性，外标法定量。

环烷酸总质量浓度以8种一元环烷酸的总质量浓度计，其中环戊基乙酸＋环己基甲酸的总质量浓度以环戊基乙酸计。

81.1.3 试剂

除非另有说明,本方法所用试剂均为分析纯,实验用水为 GB/T 6682 规定的一级水。

81.1.3.1 乙腈(C_2H_3N):色谱纯。

81.1.3.2 甲酸(HCOOH):色谱纯。

81.1.3.3 氨水($NH_3 \cdot H_2O$,ρ_{20}=0.91 g/mL):色谱纯。

81.1.3.4 氨水(1+99):准确移取 1 mL 氨水于 100 mL 容量瓶中,用纯水稀释至刻度,倒入试剂瓶中备用。

81.1.3.5 环烷酸标准品:环戊基甲酸、环戊基乙酸、环戊基丙酸、环己基乙酸、环己基丙酸、环己基丁酸和环己基戊酸,各组分纯度≥97%,或使用有证标准物质。

81.1.3.6 环烷酸标准储备溶液(ρ=1 000 mg/L):分别准确称取 10.0 mg 不同组分的环烷酸标准品,用氨水(1+99)溶解并定容至 10 mL,得到环烷酸标准储备溶液,在棕色试剂瓶中于 0 ℃~4 ℃冷藏保存,可保存 3 个月。

81.1.3.7 环烷酸标准使用溶液:分别准确移取 500 μL 质量浓度为 1 000 mg/L 的环戊基甲酸标准储备溶液、200.0 μL 质量浓度为 1 000 mg/L 的环戊基乙酸标准储备溶液、100.0 μL 浓度为 1 000 mg/L 的其他 5 种环烷酸标准储备溶液置于同一 50 mL 容量瓶中,用纯水定容至刻度,得到质量浓度为 10.0 mg/L的环戊基甲酸、质量浓度为 4.00 mg/L 的环戊基乙酸和质量浓度为 2.00 mg/L 的其他 5 种环烷酸的标准使用溶液,现用现配。

81.1.4 仪器设备

81.1.4.1 超高效液相色谱质谱仪:配有电喷雾电离源。

81.1.4.2 色谱柱:C_{18}反相柱(2.1 mm×100 mm,1.7 μm)或其他等效色谱柱。

81.1.4.3 天平:分辨力不低于 0.01 mg。

81.1.4.4 棕色容量瓶:10 mL,50 mL。

81.1.4.5 聚偏氟乙烯(PVDF)滤膜:0.22 μm。

81.1.4.6 样品瓶:2 mL。

81.1.5 样品

81.1.5.1 水样的采集:使用干净干燥的 100 mL 棕色玻璃瓶采集水样。

81.1.5.2 水样的保存:水样在常温下可保存 3 d,0 ℃~4 ℃冷藏条件下可保存 7 d。

81.1.5.3 水样的预处理:水样经 0.22 μm 滤膜过滤,按水样体积比 1∶1 000 加入甲酸后直接测定。

81.1.6 试验步骤

81.1.6.1 仪器参考条件

81.1.6.1.1 液相色谱参考条件:流动相 A 为纯水;流动相 B 为乙腈/异丙醇(90∶10,体积比)溶液;流动相参考梯度洗脱程序见表 29;流速 0.3 mL/min;柱温 30 ℃;进样量 10 μL。

表 29 流动相参考梯度洗脱程序

时间/ min	流动相 A /%	流动相 B/%
0	75	25
3.00	40	60

表 29 流动相参考梯度洗脱程序(续)

时间/min	流动相 A/%	流动相 B/%
4.00	5	95
5.00	5	95
5.01	75	25
6.00	75	25
注:此条件为超高效液相色谱仪的参考条件,高效液相色谱的参考条件可根据实际情况进行调整。		

81.1.6.1.2 质谱参考条件:质谱采用电喷雾源 ESI,负离子模式,单离子检测扫描(SIM);毛细管电压 2.5 kV;离子源温度 120 ℃;脱溶剂气温度 400 ℃;脱溶剂气流速 800 L/h;锥孔气流速 50 L/h。8 种环烷酸的质谱参数见表 30。

表 30 8 种环烷酸的质谱参数表

序号	环烷酸名称	分子式	相对分子质量	分子离子	锥孔电压/V
1	环戊基甲酸	$C_6H_{10}O_2$	114.14	112.97	34.0
2	环戊基乙酸	$C_7H_{12}O_2$	128.17	126.97	30.0
3	环己基甲酸				
4	环戊基丙酸	$C_8H_{14}O_2$	142.20	141.09	30.0
5	环己基乙酸	$C_8H_{14}O_2$	142.20	140.97	34.0
6	环己基丙酸	$C_9H_{16}O_2$	156.22	155.03	38.0
7	环己基丁酸	$C_{10}H_{18}O_2$	170.25	169.10	38.0
8	环己基戊酸	$C_{11}H_{20}O_2$	184.28	183.10	38.0

81.1.6.2 校准

81.1.6.2.1 定量分析的校准方法:外标法。

81.1.6.2.2 标准曲线绘制:准确移取 10.0 μL、25.0 μL、50.0 μL、100 μL、250 μL、500 μL、1 000 μL 的环烷酸标准使用溶液置于 7 个 10 mL 容量瓶中,用 0.1%甲酸水溶液稀释至刻度,配制成质量浓度分别为 10.0 μg/L、25.0 μg/L、50.0 μg/L、100 μg/L、250 μg/L、500 μg/L、1 000 μg/L 的环戊基甲酸;质量浓度分别为 4.00 μg/L、10.0 μg/L、20.0 μg/L、40.0 μg/L、100 μg/L、200 μg/L、400 μg/L 的环戊基乙酸和质量浓度分别为 2.00 μg/L、5.00 μg/L、10.0 μg/L、20.0 μg/L、50.0 μg/L、100 μg/L、200 μg/L 的其他 5 种环烷酸的标准系列溶液。按浓度从低到高的顺序,依次上机测定,以待测物的峰面积为纵坐标,其对应的质量浓度为横坐标,绘制标准曲线。

81.1.6.3 色谱图的考察

8 种环烷酸的标准色谱图,见图 41。

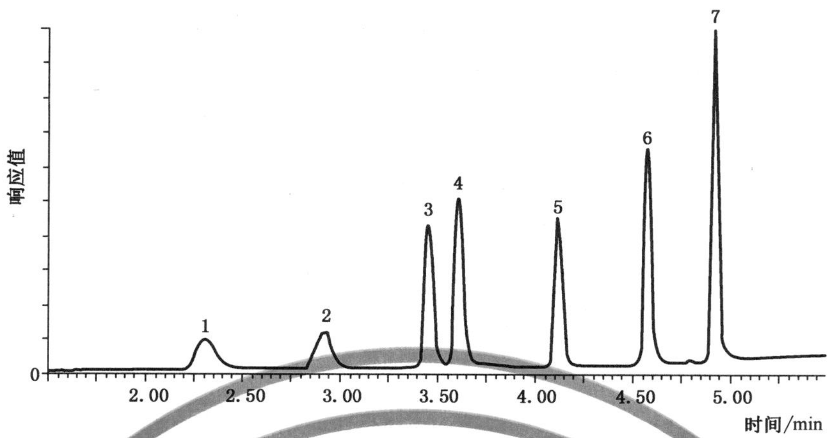

标引序号说明：

1——环戊基甲酸，2.28 min；
2——环戊基乙酸＋环己基甲酸，2.89 min；
3——环己基乙酸，3.42 min；
4——环戊基丙酸，3.58 min；
5——环己基丙酸，4.10 min；
6——环己基丁酸，4.56 min；
7——环己基戊酸，4.91 min。

图 41　8 种环烷酸的标准色谱图

81.1.7　试验数据处理

81.1.7.1　定性分析：本方法同时检测 8 种环烷酸，环戊基丙酸和环己基乙酸通过分子离子峰和保留时间综合定性，其他 5 种环烷酸通过分子离子峰进行定性。

81.1.7.2　定量分析：工作站自动测量并记录峰面积，根据峰面积在标准曲线上查出相应的质量浓度，其中，环戊基乙酸＋环己基甲酸的质量浓度根据环戊基乙酸和环己基甲酸的总峰面积在环戊基乙酸的标准曲线上查出，环烷酸的总质量浓度按公式(27)计算：

$$\rho = \sum_{i=1}^{6} (\rho_i) + \rho_j \qquad \cdots\cdots (27)$$

式中：

ρ ——水样中环烷酸总质量浓度，单位为微克每升(μg/L)；

ρ_i ——水样中环戊基甲酸、环戊基丙酸、环己基乙酸、环己基丙酸、环己基丁酸和环己基戊酸等 6 种单体的质量浓度，单位为微克每升(μg/L)；

ρ_j ——水样中环戊基乙酸＋环己基甲酸的总质量浓度，以环戊基乙酸计，单位为微克每升(μg/L)。

81.1.8　精密度和准确度

经 5 个实验室测定，不同类型水样中加标不同浓度环烷酸的精密度(RSD)和回收率的范围见表 31。

表 31　不同类型水样中加标不同浓度环烷酸的精密度和回收率范围

水样类型	加标浓度/(μg/L)		环烷酸名称	精密度/%	回收率/%
生活饮用水	低浓度	25.0	环戊基甲酸	0.71～5.0	77.7～109
		10.0	环戊基乙酸＋环己基甲酸[a]	1.1～7.5	81.8～109
		5.00	环戊基丙酸	1.0～6.5	79.7～104
		5.00	环己基乙酸	1.0～6.9	80.0～108

表 31　不同类型水样中加标不同浓度环烷酸的精密度和回收率范围（续）

水样类型	加标浓度/(μg/L)		环烷酸名称	精密度/%	回收率/%
生活饮用水	低浓度	5.00	环己基丙酸	0.92～4.7	83.2～108
		5.00	环己基丁酸	0.94～8.8	81.7～108
		5.00	环己基戊酸	1.2～13	75.9～105
	中浓度	100	环戊基甲酸	0.36～3.8	91.9～117
		40.0	环戊基乙酸＋环己基甲酸[a]	1.3～4.9	84.5～108
		20.0	环戊基丙酸	0.61～5.3	85.3～115
		20.0	环己基乙酸	0.43～5.3	89.0～113
		20.0	环己基丙酸	0.67～3.2	90.4～116
		20.0	环己基丁酸	0.56～4.4	88.4～118
		20.0	环己基戊酸	0.72～6.1	76.8～111
	高浓度	500	环戊基甲酸	0.41～3.1	81.0～105
		200	环戊基乙酸＋环己基甲酸[a]	0.41～2.8	85.0～106
		100	环戊基丙酸	0.45～2.9	85.3～110
		100	环己基乙酸	0.47～3.6	90.8～109
		100	环己基丙酸	0.33～4.1	84.4～113
		100	环己基丁酸	0.95～4.1	78.0～114
		100	环己基戊酸	0.80～6.4	74.6～107
水源水	低浓度	25.0	环戊基甲酸	0.94～4.3	90.4～100
		10.0	环戊基乙酸＋环己基甲酸[a]	1.9～9.1	85.0～98.1
		5.00	环戊基丙酸	0.82～3.1	88.8～97.3
		5.00	环己基乙酸	0.94～7.5	82.6～99.3
		5.00	环己基丙酸	1.6～3.7	88.9～98.1
		5.00	环己基丁酸	1.6～4.9	86.5～99.1
		5.00	环己基戊酸	1.4～5.0	82.7～94.6
	中浓度	100	环戊基甲酸	0.39～3.6	91.6～96.0
		40.0	环戊基乙酸＋环己基甲酸[a]	1.5～5.8	87.5～97.4
		20.0	环戊基丙酸	0.77～3.5	92.4～97.4
		20.0	环己基乙酸	0.52～5.3	91.0～97.1
		20.0	环己基丙酸	0.71～2.9	89.5～96.9
		20.0	环己基丁酸	0.95～4.3	87.8～96.6
		20.0	环己基戊酸	1.2～2.9	78.2～80.2
	高浓度	500	环戊基甲酸	0.48～4.9	84.3～91.3
		200	环戊基乙酸＋环己基甲酸[a]	1.2～4.1	87.8～95.3
		100	环戊基丙酸	0.76～2.4	86.7～91.4

表 31 不同类型水样中加标不同浓度环烷酸的精密度和回收率范围（续）

水样类型	加标浓度/(μg/L)		环烷酸名称	精密度/%	回收率/%
水源水	高浓度	100	环己基乙酸	0.83～4.0	89.0～92.8
		100	环己基丙酸	0.22～2.8	86.9～93.1
		100	环己基丁酸	0.91～3.6	86.3～94.9
		100	环己基戊酸	1.5～4.4	85.6～93.8
[a] 环戊基乙酸＋环己基甲酸以环戊基乙酸计。					

81.1.9 质量保证和控制

81.1.9.1 精密度和回收率试验中，为避免不同浓度加标样品之间，特别是高浓度切换到低浓度时的交叉污染或残留干扰，不同浓度加标样品之间应进行空白样测试。

81.1.9.2 为确保标准曲线的有效性，每进样 20 个样品后，应进行一次单点校正。

82 苯甲醚

82.1 吹扫捕集气相色谱质谱法

82.1.1 最低检测质量浓度

吹扫捕集 5.0 mL 水样时，苯甲醚的最低检测质量浓度为 1.0 μg/L。

本方法仅用于生活饮用水的测定。

82.1.2 原理

水样中的低水溶性挥发性有机化合物苯甲醚及内标物氟苯经吹扫捕集装置吹脱、捕集、加热解吸脱附后，导入气相色谱质谱联用仪中分离、测定。根据特征离子和保留时间定性，内标法定量。

82.1.3 试剂或材料

82.1.3.1 实验用水：无干扰测定杂质且苯甲醚低于检出限，现用现制。

82.1.3.2 氦气：$\varphi(He) \geqslant 99.999\%$。

82.1.3.3 氮气：$\varphi(N_2) \geqslant 99.999\%$。

82.1.3.4 氟苯（C_6H_5F）：纯度≥99%或色谱纯，或使用有证标准物质。

82.1.3.5 甲醇（CH_3OH）：色谱纯。

82.1.3.6 标准物质：苯甲醚（$C_6H_5OCH_3$），纯度≥99.5%或色谱纯，或使用有证标准物质。

82.1.3.7 标准储备溶液[$\rho(C_6H_5OCH_3)=2.00$ mg/mL]：称取苯甲醚标准物质 0.1 g（精确至 0.000 1 g），用甲醇定容至 500 mL，现用现配。

82.1.3.8 标准使用溶液[$\rho(C_6H_5OCH_3)=0.50$ mg/L]：吸取一定量的苯甲醚标准储备溶液，用甲醇逐级稀释定容至质量浓度为 0.50 mg/L 的标准使用溶液，现用现配。

82.1.3.9 内标物氟苯溶液：称取 0.1 g（精确至 0.000 1 g）氟苯于装有少量甲醇的 100 mL 容量瓶中，用甲醇定容至刻度。氟苯储备溶液的质量浓度为 1.00 mg/mL。准确吸取 50 μL[$\rho(C_6H_5F)=1.00$ mg/mL]的氟苯溶液于装有少量甲醇的 10 mL 容量瓶中，用甲醇定容至刻度，氟苯使用溶液的质量浓度为 5.00 μg/mL，现用现配。

82.1.4 仪器设备

82.1.4.1 气相色谱质谱联用仪:配有电子电离源(EI)。

82.1.4.2 吹扫捕集仪:配 5 mL 吹扫样品管,捕集阱填料为 1/3 Tenax(2,6-二苯基呋喃多孔聚合物树脂)和 1/3 硅胶以及 1/3 活性炭混合吸附剂,或其他等效吸附剂。

82.1.4.3 色谱柱:石英毛细管柱(30 m×0.25 mm,0.25 μm),固定相为聚乙二醇(PEG-20 M),或其他等效色谱柱。

82.1.4.4 微量注射器:10 μL、50 μL、100 μL。

82.1.4.5 棕色玻璃进样瓶:40 mL 具塞螺旋盖和聚四氟乙烯垫片。

82.1.4.6 采样瓶:100 mL 棕色玻璃瓶。

82.1.4.7 天平:分辨力不低于 0.01 mg。

82.1.5 样品

82.1.5.1 水样的采集:水样采集于 100 mL 棕色玻璃瓶中,瓶中不留顶上空间和气泡,加盖密封,尽快运回实验室分析。

82.1.5.2 水样的保存:若不能及时分析,水样 0 ℃～4 ℃冷藏保存,保存时间为 24 h。

82.1.6 试验步骤

82.1.6.1 仪器参考条件

82.1.6.1.1 吹扫捕集条件:吹扫流速 40 mL/min,吹扫时间 11 min;解吸温度 250 ℃,解吸时间2 min;烘烤温度 275 ℃,烘烤时间 2 min;进样体积 5 mL,内标体积 2 μL。

82.1.6.1.2 色谱条件:进样口温度 200 ℃,分流比 50∶1;柱流量 1.0 mL/min,恒流模式;柱箱起始温度 50 ℃,保持 1 min,以 5 ℃/min 的速率升温至 75 ℃,再以 10 ℃/min 的速率升温至 120 ℃,保持 1 min。

82.1.6.1.3 质谱条件:电子电离源(EI),温度 230 ℃;离子化能量 70 eV;全扫描模式,扫描范围 60 u～140 u;传输线温度 150 ℃。

82.1.6.2 校准

采用内标法。以 6 个浓度的苯甲醚标准溶液(其中内标的浓度恒定)绘制工作曲线。苯甲醚定量离子峰面积与内标氟苯的定量离子峰面积之比为纵坐标,苯甲醚标准溶液质量浓度为横坐标,实际样品在测定前加入等量的内标物,根据样品的苯甲醚定量离子峰面积与内标氟苯的定量离子峰面积之比,通过工作曲线测得样品中苯甲醚质量浓度。

82.1.6.3 试验

82.1.6.3.1 分析前将样品和标准溶液放至室温。

82.1.6.3.2 标准系列溶液制备:取不同体积标准使用溶液[$\rho(C_6H_5OCH_3)=0.5$ mg/L],用纯水稀释至质量浓度分别为 1.0 μg/L、2.0 μg/L、5.0 μg/L、10.0 μg/L、20.0 μg/L、40.0 μg/L 的标准系列溶液。

82.1.6.3.3 将待测水样和标准系列溶液加满进样瓶,不留顶上空间和气泡,加盖密封,放入自动进样器中,自动进水样 5.0 mL 和质量浓度为 5.0 μg/mL 的内标物氟苯 2 μL 于吹扫捕集装置中,吹脱、捕集、加热脱附后,自动导入气相色谱质谱仪中,进行定性和定量分析,同时做空白试验和标准系列溶液试验。

82.1.6.3.4 以标样核对特征离子色谱峰的保留时间及对应的化合物。

82.1.6.3.5 标准物质总离子流图,见图 42。

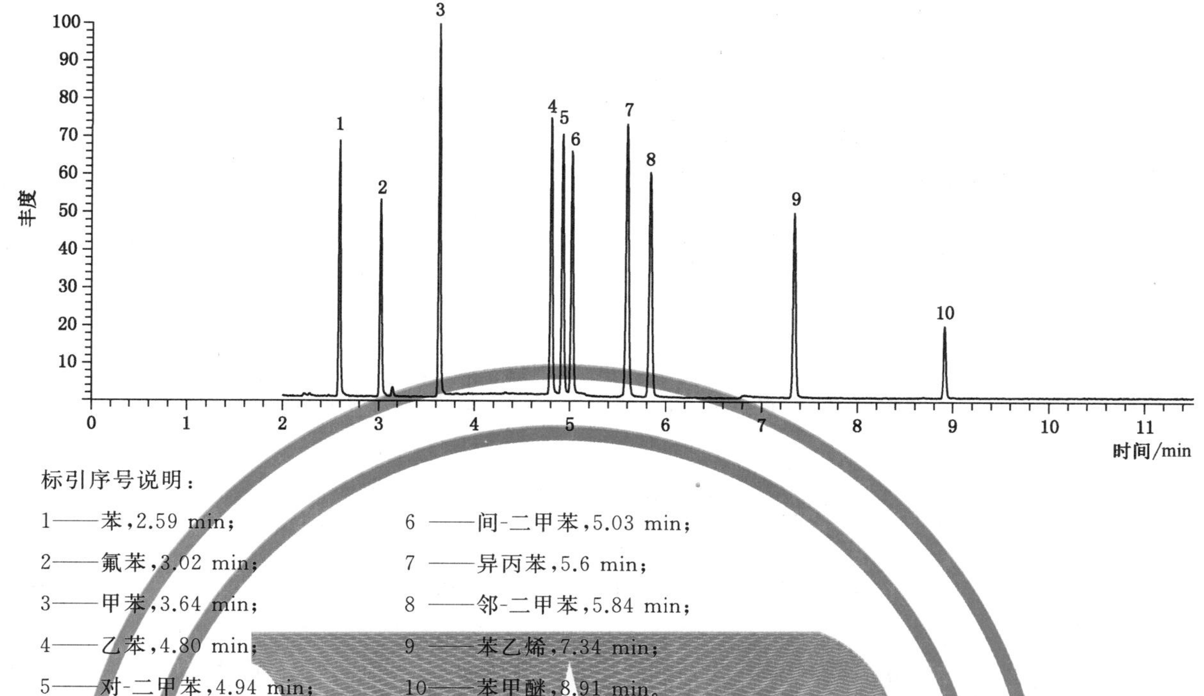

标引序号说明：

1——苯，2.59 min；

2——氟苯，3.02 min；

3——甲苯，3.64 min；

4——乙苯，4.80 min；

5——对-二甲苯，4.94 min；

6——间-二甲苯，5.03 min；

7——异丙苯，5.6 min；

8——邻-二甲苯，5.84 min；

9——苯乙烯，7.34 min；

10——苯甲醚，8.91 min。

图 42　苯甲醚、苯及 8 种苯系物标准物质总离子流图

82.1.6.4　注意事项

高低浓度样品交替分析时会产生残留性污染，分析高浓度样品后要分析一个纯水空白；为避免残留污染，每批样品测定前，采样瓶、进样瓶和吹扫样品管均在 120 ℃下烘烤 2 h。

82.1.7　试验数据处理

82.1.7.1　定性分析：根据待测组分的特征离子和保留时间定性。定性、定量离子见表 32。

表 32　方法待测组分的分子量和定性、定量离子

组分	相对分子质量	定量离子(m/z)	定性离子(m/z)
苯甲醚	108	108	78,65
氟苯	96	96	77

82.1.7.2　定量结果：从工作曲线直接测得水样中苯甲醚的质量浓度 $\rho(C_6H_5OCH_3)$，见公式(28)：

$$\rho(C_6H_5OCH_3)=\rho_1 \qquad\cdots\cdots(28)$$

式中：

$\rho(C_6H_5OCH_3)$——水样中苯甲醚的质量浓度，单位为微克每升(μg/L)；

ρ_1——工作曲线查得的苯甲醚质量浓度，单位为微克每升(μg/L)。

82.1.8　精密度和准确度

5 个实验室分别对质量浓度为 1.0 μg/L、10.0 μg/L、40.0 μg/L 的人工合成水样重复测定 6 次，相对标准偏差为 2.2%～3.2%，回收率为 82.0%～101%。

83 萘酚

83.1 高效液相色谱法

83.1.1 最低检测质量浓度

α-萘酚和β-萘酚最低检测质量浓度分别为1.0 μg/L和0.10 μg/L。
本方法仅用于生活饮用水的测定。

83.1.2 原理

水样经滤膜过滤后，直接进样，经高效液相色谱柱分离，荧光检测器测定。

83.1.3 试剂

除非另有说明，本方法所用试剂均为分析纯，实验用水为GB/T 6682规定的一级水。

83.1.3.1 甲醇(CH_3OH)：色谱纯，使用前经过滤脱气处理。

83.1.3.2 标准物质：α-萘酚(α-$C_{10}H_7OH$，纯度≥99%)、β-萘酚(β-$C_{10}H_7OH$，纯度≥99%)，或使用有证标准物质。

83.1.3.3 α-萘酚标准储备溶液[ρ(α-$C_{10}H_7OH$)=1 000 mg/L]：称取0.05 g(精确至0.000 1 g)α-萘酚于50 mL容量瓶，用甲醇溶解定容至刻度。−10 ℃冰箱中避光保存，可保存6个月。

83.1.3.4 β-萘酚标准储备溶液[ρ(β-$C_{10}H_7OH$)=1 000 mg/L]：称取0.05 g(精确至0.000 1 g)β-萘酚于50 mL容量瓶，用甲醇溶解定容至刻度。−10 ℃冰箱中避光保存，可保存6个月。

83.1.3.5 混合标准中间溶液Ⅰ[ρ(α-$C_{10}H_7OH$)=50.0 mg/L、ρ(β-$C_{10}H_7OH$)=5.00 mg/L]：准确吸取α-萘酚标准储备溶液5.00 mL、β-萘酚标准储备溶液0.50 mL于100 mL容量瓶，用甲醇定容至刻度。−10 ℃冰箱中避光保存，可保存6个月。

83.1.3.6 混合标准中间溶液Ⅱ[ρ(α-$C_{10}H_7OH$)=0.50 mg/L，ρ(β-$C_{10}H_7OH$)=0.050 mg/L]：吸取混合标准使用溶液Ⅰ[ρ(α-$C_{10}H_7OH$)=50.0 mg/L，ρ(β-$C_{10}H_7OH$)=5.0 mg/L]1.00 mL于100 mL容量瓶，用甲醇定容至刻度。−10 ℃冰箱中避光保存，可保存6个月。

83.1.4 仪器设备

83.1.4.1 高效液相色谱仪：配有荧光检测器。

83.1.4.2 天平：分辨力不低于0.01 mg。

83.1.4.3 聚偏氟乙烯材质滤膜：0.22 μm。

83.1.5 样品

83.1.5.1 水样的采集：采样时，使水样在瓶中溢流出而不留气泡。对于不含余氯的水样，在100 mL硬质玻璃瓶加入柠檬酸二氢钾(每100 mL水样加0.92 g～0.95 g)，用精密pH试纸调节水样pH至3.8左右，以防水样中可能存在的甲萘威水解干扰α-萘酚测定。对于含余氯的水样，在瓶中先加入硫代硫酸钠(每100 mL水样加8 mg～32 mg)，再加入柠檬酸二氢钾(每100 mL水样加0.92 g～0.95 g)。

83.1.5.2 水样的保存：样品0 ℃～4 ℃冷藏、避光保存，可保存28 d。

83.1.5.3 水样的预处理：水样经0.22 μm滤膜过滤后直接进行测定。

83.1.6 试验步骤

83.1.6.1 仪器参考条件

83.1.6.1.1 检测波长：α-萘酚：激发波长Ex=230 nm，发射波长Em=460 nm；β-萘酚：Ex=230 nm，

Em＝360 nm。

83.1.6.1.2　色谱柱：C_{18}色谱柱（150 mm×2.1 mm，3.5 μm）或其他等效色谱柱。

83.1.6.1.3　流动相：甲醇＋纯水＝60＋40。

83.1.6.1.4　流速：0.2 mL/min。

83.1.6.1.5　柱温：25 ℃。

83.1.6.1.6　进样量：10 μL。

83.1.6.2　测定

83.1.6.2.1　标准系列溶液配制时，高浓度和低浓度标准使用溶液配制分别如下：

a）高浓度标准使用溶液配制：用 6 个 10 mL 容量瓶，依次准确加入 0.02 mL、0.04 mL、0.10 mL，0.20 mL、0.40 mL、1.00 mL 混合标准中间溶液Ⅰ[ρ（α-$C_{10}H_7OH$）＝50.0 mg/L，ρ（β-$C_{10}H_7OH$）＝5.00 mg/L]，用纯水定容至刻度，摇匀，配制成 α-萘酚质量浓度为 0.1 mg/L、0.2 mg/L、0.5 mg/L、1.0 mg/L、2.0 mg/L、5.0 mg/L，β-萘酚质量浓度为 0.01 mg/L、0.02 mg/L、0.05 mg/L、0.10 mg/L、0.20 mg/L、0.50 mg/L 的标准系列使用溶液，现用现配；

b）低浓度标准使用溶液配制：用 6 个 10 mL 容量瓶，依次准确加入 0.02 mL、0.04 mL、0.10 mL、0.20 mL、0.40 mL、2.00 mL 混合标准中间溶液Ⅱ[ρ（α-$C_{10}H_7OH$）＝0.50 mg/L，ρ（β-$C_{10}H_7OH$）＝0.050 mg/L]，用纯水定容至刻度，摇匀。配制成 α-萘酚质量浓度为 0.001 mg/L、0.002 mg/L、0.005 mg/L、0.01 mg/L、0.02 mg/L、0.10 mg/L；β-萘酚质量浓度为 0.000 1 mg/L、0.000 2 mg/L、0.000 5 mg/L、0.001 mg/L、0.002 mg/L、0.010 mg/L 的标准系列使用溶液，现用现配。根据样品中萘酚的含量水平选择不同浓度的标准曲线。

83.1.6.2.2　标准曲线绘制：取标准使用溶液注入高效液相色谱仪分析，以峰高或峰面积为纵坐标，质量浓度为横坐标，绘制标准曲线。

83.1.6.2.3　色谱图的考察：标准色谱图，见图 43 和图 44。

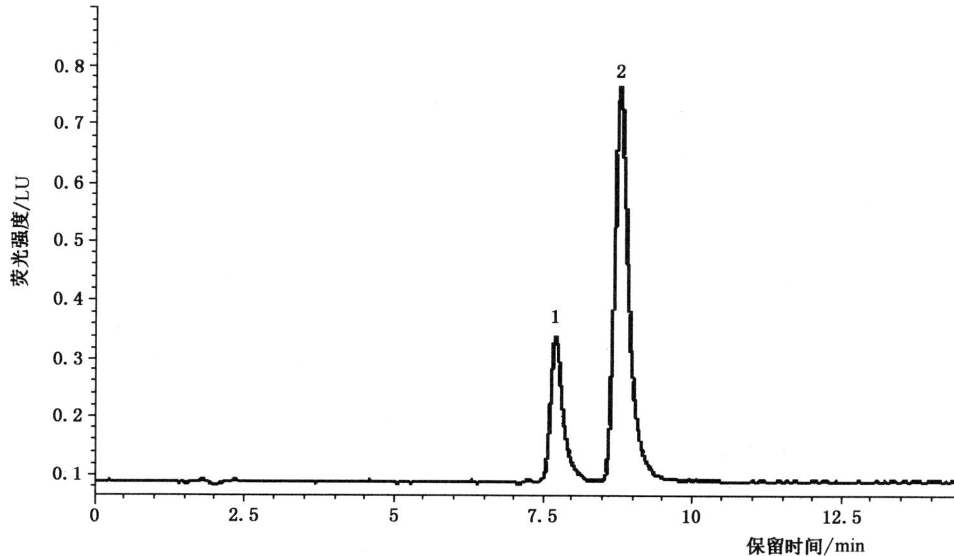

标引序号说明：

1——β-萘酚；

2——α-萘酚。

图 43　α-萘酚标准荧光色谱图（质量浓度均为 0.5 mg/L）

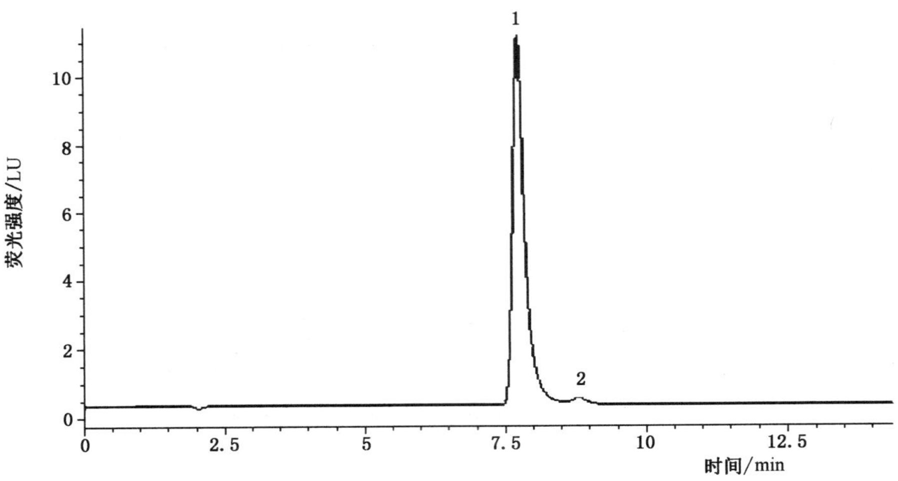

标引序号说明：
1——β-萘酚；
2——α-萘酚。

图 44 β-萘酚标准荧光色谱图(质量浓度均为 0.5 mg/L)

83.1.7 试验数据处理

83.1.7.1 定性分析：

a) 各组分出峰顺序：β-萘酚，α-萘酚；

b) 各组分保留时间：β-萘酚，7.70 min；α-萘酚，9.00 min。

83.1.7.2 定量分析：根据样品的含量，选取高浓度系列或低浓度系列的标准曲线，以样品峰高或峰面积从各自标准曲线上查出 α-萘酚和 β-萘酚的质量浓度，按公式(29)计算样品的质量浓度：

$$\rho(C_{10}H_7OH)=\rho_1 \quad \cdots\cdots(29)$$

式中：

$\rho(C_{10}H_7OH)$——水中 α-萘酚或 β-萘酚的质量浓度，单位为毫克每升(mg/L)；

ρ_1——由曲线查得的溶液中 α-萘酚或 β-萘酚的质量浓度，单位为毫克每升(mg/L)。

83.1.8 精密度和准确度

α-萘酚加标质量浓度为 0.005 mg/L 时，重复 6 次试验，相对标准偏差为 2.1%～4.7%，回收率为 80.0%～98.8%；加标质量浓度为 0.050 mg/L 时，相对标准偏差为 0.6%～2.9%，回收率为 94.7%～101%；加标质量浓度为 0.500 mg/L 时，相对标准偏差为 0.2%～2.8%，回收率为 93.0%～100%。

β-萘酚加标质量浓度为 0.005 mg/L 时，重复 6 次试验，相对标准偏差 2.3%～6.6%，回收率为 93.3%～104%；加标质量浓度为 0.050 mg/L 时，相对标准偏差为 0.8%～7.9%，回收率为 84.0%～96.9%；加标质量浓度为 0.500 mg/L 时，相对标准偏差为 0.2%～1.7%，回收率为 96.3%～99.3%。

84 全氟辛酸

84.1 超高效液相色谱串联质谱法

84.1.1 最低检测质量浓度

全氟丁酸、全氟戊酸、全氟己酸、全氟庚酸、全氟辛酸和全氟癸酸最低检测质量浓度为 5.0 ng/L，全氟壬酸、全氟丁烷磺酸、全氟己烷磺酸、全氟庚烷磺酸和全氟辛烷磺酸最低检测质量浓度为 3.0 ng/L。

本方法仅用于生活饮用水的测定。

84.1.2 原理

水样经固相萃取柱富集浓缩后氮吹至近干，复溶后上机测定；以超高效液相色谱串联质谱的多反应监测(MRM)模式检测，根据保留时间以及特征离子定性，采用同位素内标法定量分析。

84.1.3 试剂或材料

除非另有说明，本方法所用试剂均为分析纯，实验用水为 GB/T 6682 规定的一级水。

84.1.3.1 高纯氮气：$\varphi(N_2)\geqslant 99.999\%$。

84.1.3.2 高纯氩气：$\varphi(Ar)\geqslant 99.999\%$，质谱碰撞气。

84.1.3.3 甲醇(CH_3OH)：色谱纯。

84.1.3.4 氨水($NH_3 \cdot H_2O$，$\rho_{20}=0.92$ g/mL)：色谱纯。

84.1.3.5 乙酸铵(CH_3COONH_4)：色谱纯。

84.1.3.6 乙酸铵(CH_3COONH_4)。

84.1.3.7 冰醋酸(CH_3COOH)。

84.1.3.8 氨水-甲醇溶液[$\varphi(NH_3 \cdot H_2O)=0.1\%$]：取 500 μL 氨水于甲醇中，定容至 500 mL，混匀，现用现配。

84.1.3.9 乙酸铵水溶液[$c(CH_3COONH_4)=0.025$ mol/L]：称取 0.963 5 g 乙酸铵溶于 500 mL 纯水中，混匀，用冰醋酸调节 pH=4。

84.1.3.10 乙酸铵水溶液[$c(CH_3COONH_4)=0.005$ mol/L]：称取 0.385 4 g 乙酸铵(色谱纯)溶于1 L 纯水中，混匀，供电喷雾离子源负离子模式时使用，现用现配。

84.1.3.11 甲醇水溶液(3+7)。

84.1.3.12 标准物质：全氟丁酸(PFBA，$C_4HF_7O_2$)纯度≥98%、全氟戊酸(PFPA，$C_5HF_9O_2$)纯度≥97%、全氟己酸(PFHxA，$C_6HF_{11}O_2$)纯度≥99.2%、全氟庚酸(PFHpA，$C_7HF_{13}O_2$)纯度≥99%、全氟辛酸(PFOA，$C_8HF_{15}O_2$)纯度≥95.5%、全氟壬酸(PFNA，$C_9HF_{17}O_2$)纯度≥97%、全氟癸酸(PFDA，$C_{10}HF_{19}O_2$)纯度≥98%、全氟丁烷磺酸(PFBS，$C_4HF_9O_3S$)纯度≥97%、全氟己烷磺酸(PFHxS，$C_6HF_{13}O_3S$)纯度≥98%、全氟庚烷磺酸(PFHpS，$C_7HF_{15}O_3S$)纯度≥99%、全氟辛烷磺酸(PFOS，$C_8HF_{17}O_3S$)纯度≥98%。或使用有证标准物质。

84.1.3.13 同位素内标物质：全氟己酸同位素内标$^{13}C_2$(MPFHxA)质量浓度为 50 μg/mL，全氟辛酸同位素内标$^{13}C_4$(MPFOA)质量浓度为 50 μg/mL，全氟辛烷磺酸同位素内标$^{13}C_4$(MPFOS)质量浓度为 50 μg/mL，纯度均≥98%。或使用有证标准物质。

84.1.3.14 标准储备溶液：分别准确称取 10.0 mg 全氟化合物标准物质，溶于甲醇并定容至 10 mL 容量瓶中，配制成质量浓度为 1 000 mg/L 的标准储备溶液，置于 0 ℃～4 ℃冷藏、密封，可保存 1 个月。亦可使用其他有证标准溶液作适当稀释，溶剂为甲醇。将 3 种同位素内标标准物质分别准确吸取 1.00 mL至 10 mL 容量瓶中，用甲醇定容，即为 5 mg/L 的同位素内标储备溶液，置于 0 ℃～4 ℃冷藏、密封，可保存 1 周。

84.1.3.15 混合标准溶液配制：分别准确吸取全氟化合物标准储备溶液 1.00 mL 至 10 mL 容量瓶中，用甲醇定容至刻度，配制为 100 mg/L 的混合标准溶液，准确吸取 100 mg/L 的全氟化合物混合标准溶液 500 μL 至 10 mL 容量瓶中，用甲醇定容至刻度，配制为 5 mg/L 全氟化合物混合标准溶液，置于 0 ℃～4 ℃冷藏、密封，可保存 1 周。将 3 种同位素内标储备溶液分别吸取 1.00 mL 至 50 mL 容量瓶中，用甲醇定容，即为 100 μg/L 同位素内标混合标准溶液。

84.1.4 仪器设备

84.1.4.1 超高效液相色谱串联质谱联用仪（UPLC-MS/MS）：配电喷雾离子源（ESI）。

84.1.4.2 固相萃取装置。

84.1.4.3 混合型弱阴离子交换反相吸附剂（WAX）固相萃取柱：填充量为 150 mg，容量为 6 mL，或其他等效固相萃取柱。

84.1.4.4 氮吹仪。

84.1.4.5 天平：分辨力不低于 0.01 mg。

84.1.4.6 pH 计。

84.1.4.7 超声波清洗仪。

84.1.4.8 涡旋振荡器。

84.1.4.9 离心管：15 mL，聚丙烯材质。

84.1.4.10 容量瓶：10 mL、25 mL、50 mL，聚丙烯材质。

84.1.4.11 进样瓶：1 mL，聚丙烯材质。

84.1.4.12 醋酸纤维微孔滤膜：孔径 0.22 μm。

84.1.5 样品

84.1.5.1 水样的采集：用 1 L 棕色螺口聚丙烯采样瓶采集样品，采样前应用自来水反复冲洗，再用纯水冲洗 3 遍，最后用甲醇冲洗 2 遍，晾干备用。采样人员需佩戴手套，从龙头处取水时先放水 3 min～5 min，确保将管道中残留水样放空。采样时，使水样在瓶中溢流出而不留气泡，加盖密封。

84.1.5.2 水样的保存：样品在 0 ℃～4 ℃冷藏、避光保存和运输。实验室接收样品后一周内完成预处理，萃取液装于密闭聚丙烯离心管中 0 ℃～4 ℃冷藏保存。

84.1.5.3 水样的预处理如下：

a) 预处理：量取 1 L 待测水样，加入 4.625 g 乙酸铵后 pH 调节至 6.8～7.0，每升水样中加入同位素内标混合标准溶液（100 μg/L）100 μL，混匀，若水样浑浊需经醋酸纤维滤膜抽滤后再进行处理；
b) 活化：将混合型弱阴离子交换反相吸附剂（WAX）固相萃取柱连接到固相萃取装置上，依次用 5 mL 氨水-甲醇溶液[$\varphi(NH_3 \cdot H_2O)=0.1\%$]、7 mL 甲醇和 10 mL 纯水活化；
c) 上样：将经过预处理样品全部上柱，流速控制在 8 mL/min；
d) 淋洗：上样结束后用 5 mL 乙酸铵水溶液[$c(CH_3COONH_4)=0.025$ mol/L]（pH=4）和12 mL 纯水淋洗；
e) 吹干：负压抽取 15 min 吹干固相萃取柱；
f) 洗脱：依次用 5 mL 甲醇和 7 mL 氨水-甲醇溶液[$\varphi(NH_3 \cdot H_2O)=0.1\%$]进行洗脱，收集全部洗脱液于 15 mL 聚丙烯离心管中；
g) 氮吹：将收集的样品在≤40 ℃水浴温度下氮吹至近干，用甲醇水溶液（3+7）定容至 1 mL，涡旋混匀后待测定。

注：样品处理过程避免使用特氟龙材料。若复溶后的样品出现混浊现象，必要时进行超高速离心处理。

84.1.6 试验步骤

84.1.6.1 仪器参考条件

84.1.6.1.1 液相色谱柱：BEH C_{18} 色谱柱（2.1 mm × 50 mm，1.7 μm），或其他等效色谱柱。

84.1.6.1.2 流动相：A 相为甲醇；B 相为 0.005 mol/L 乙酸铵水溶液。

84.1.6.1.3 流速：0.3 mL/min。

84.1.6.1.4 柱温:40 ℃。

84.1.6.1.5 进样量:10 μL。

84.1.6.1.6 离子源模式:ESI负离子模式;温度:150 ℃;脱溶剂温度:500 ℃,气流量:1 000 L/h。

84.1.6.1.7 梯度洗脱程序:见表33。

表33 流动相梯度洗脱程序

时间/min	甲醇/%	0.005 mol/L 乙酸铵水溶液/%
0	25	75
0.5	25	75
10.0	85	15
10.5	95	5
14.0	95	5
14.1	25	75
16.0	25	75

84.1.6.1.8 11种全氟化合物及其同位素内标质谱参考条件见表34。

表34 11种全氟化合物及其同位素内标质谱参考条件

序号	组分	母离子(m/z)	锥孔电压/V	子离子(m/z)	碰撞能量/eV
1	全氟丁酸(PFBA)	212.88	20	169.00[a]	8
				96.76	14
2	全氟戊酸(PFPA)	262.88	15	219.00[a]	6
				68.79	46
3	全氟己酸(PFHxA)	312.97	12	268.92[a]	10
				118.87	18
4	全氟庚酸(PFHpA)	362.94	15	168.88[a]	14
				118.87	22
5	全氟辛酸(PFOA)	412.94	20	168.87[a]	18
				218.86	12
6	全氟壬酸(PFNA)	462.87	15	218.87[a]	14
				168.87	16
7	全氟癸酸(PFDA)	512.86	10	218.87[a]	15
				268.87	15
8	全氟丁烷磺酸(PFBS)	298.92	40	79.78[a]	30
				98.77	26
9	全氟己烷磺酸(PFHxS)	398.84	20	79.78[a]	38
				98.70	34
10	全氟庚烷磺酸(PFHpS)	448.84	15	79.78[a]	38
				98.77	34

表 34　全氟化合物及其同位素内标质谱参考条件（续）

序号	组分	母离子(m/z)	锥孔电压/V	子离子(m/z)	碰撞能量/eV
11	全氟辛烷磺酸(PFOS)	498.78	18	79.78[a]	52
				98.77	36
12	全氟己酸内标(PFHxA$^{13}C_2$)	314.75	15	269.90[a]	10
				119.31	20
13	全氟辛酸内标(PFOA$^{13}C_4$)	416.75	15	168.88[a]	16
				221.86	12
14	全氟辛烷磺酸内标(PFOS$^{13}C_4$)	502.96	18	79.84[a]	52
				98.83	36
注：在特征性子离子的选取上可根据各实验室检测设备的具体情况来确定。					
[a] 标注的为各物质的定量离子。					

84.1.6.2　测定

84.1.6.2.1　标准系列溶液配制：用甲醇将质量浓度为 5 mg/L 的混合标准溶液逐级稀释配制成 1 000 μg/L、100 μg/L 和 10 μg/L 的中间混合标准溶液。取以上中间混合标准溶液，用甲醇水溶液(3+7)逐级稀释配制成标准系列溶液，其中含内标 10 μg/L，具体配制方法见表 35。

表 35　标准系列溶液配制

标准点	S1	S2	S3	S4	S5	S6
质量浓度系列/(μg/L)	5.00	10.00	20.00	50.00	100.00	200.00
中间标准混合溶液质量浓度/(μg/L)	10	100			1 000	
中间标准混合溶液添加体积/mL	5	1	2	5	1	2
内标物质混合溶液添加体积	100 μg/L 同位素内标混合标准溶液，添加 1 mL					
定容体积/mL	10					

84.1.6.2.2　标准曲线绘制：将标准系列溶液由低浓度至高浓度依次进样检测，以目标待测物浓度(μg/L)为横坐标，外标峰面积与其对应的内标峰面积比值为纵坐标进行线性回归，绘制标准曲线。11 种目标待测物线性范围及对应内标物质详见表 36。

表 36　11 种目标待测物线性范围及对应的内标物质

序号	目标待测物	线性范围/(μg/L)	内标物质[a]
1	全氟丁酸(PFBA)	5.0～200	全氟己酸$^{13}C_2$
2	全氟戊酸(PFPA)	5.0～200	全氟己酸$^{13}C_2$
3	全氟己酸(PFHxA)	5.0～100	全氟己酸$^{13}C_2$
4	全氟庚酸(PFHpA)	5.0～100	全氟己酸$^{13}C_2$
5	全氟辛酸(PFOA)	5.0～200	全氟辛酸$^{13}C_4$

表 36 11 种目标待测物线性范围及对应的内标物质（续）

序号	目标待测物	线性范围/(μg/L)	内标物质[a]
6	全氟壬酸(PFNA)	5.0～100	全氟辛酸$^{13}C_4$
7	全氟癸酸(PFDA)	5.0～100	全氟辛酸$^{13}C_4$
8	全氟丁烷磺酸(PFBS)	5.0～100	全氟辛烷磺酸$^{13}C_4$
9	全氟己烷磺酸(PFHxS)	5.0～100	全氟辛烷磺酸$^{13}C_4$
10	全氟庚烷磺酸(PFHpS)	5.0～100	全氟辛烷磺酸$^{13}C_4$
11	全氟辛烷磺酸(PFOS)	5.0～100	全氟辛烷磺酸$^{13}C_4$

[a] 首选目标待测物本身的同位素内标进行定量，若无目标待测物同位素内标可选择结构相似、性质相近的同类物质作为对应同位素内标。

84.1.6.2.3 色谱图的考察：标准色谱图，见图 45。

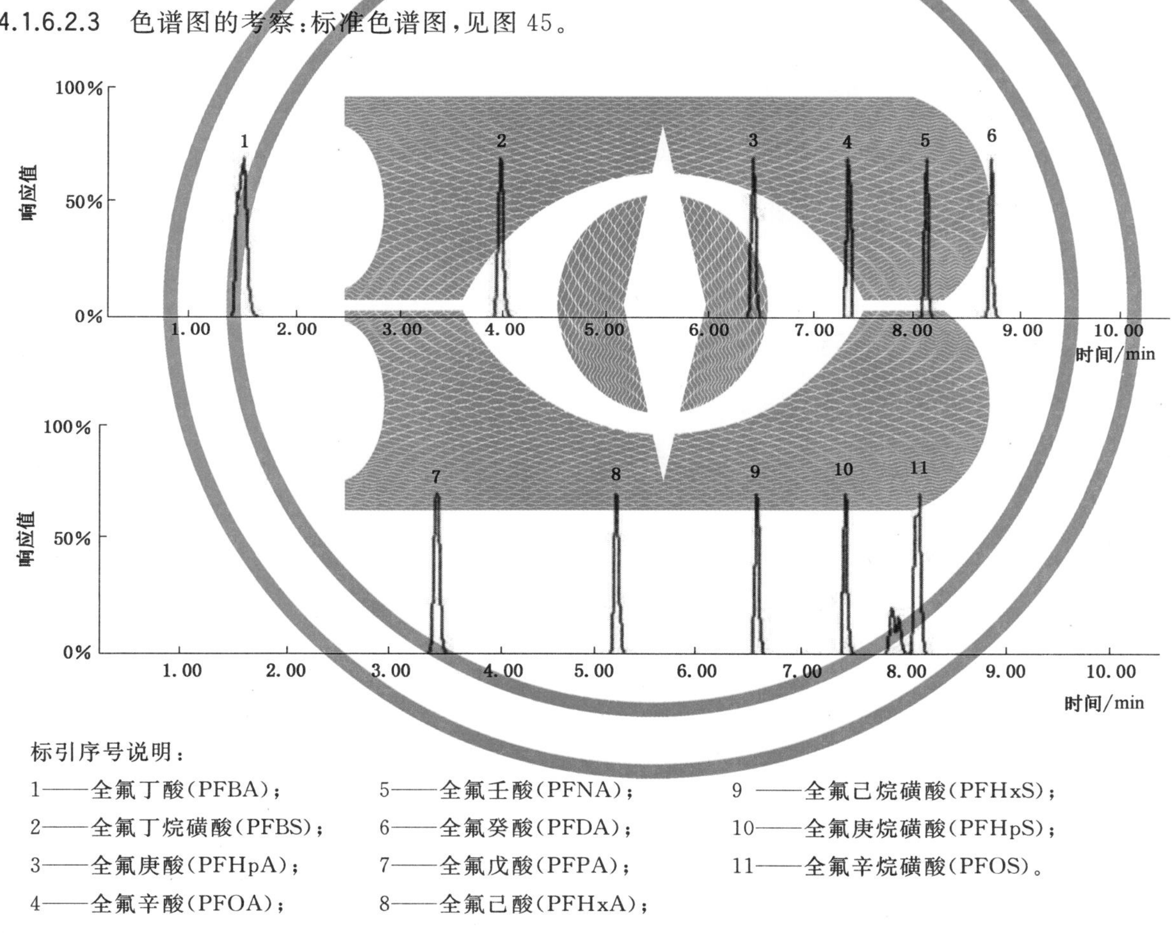

标引序号说明：

1——全氟丁酸(PFBA)；
2——全氟丁烷磺酸(PFBS)；
3——全氟庚酸(PFHpA)；
4——全氟辛酸(PFOA)；
5——全氟壬酸(PFNA)；
6——全氟癸酸(PFDA)；
7——全氟戊酸(PFPA)；
8——全氟己酸(PFHxA)；
9——全氟己烷磺酸(PFHxS)；
10——全氟庚烷磺酸(PFHpS)；
11——全氟辛烷磺酸(PFOS)。

图 45 11 种全氟化合物标准色谱图(质量浓度均为 10 μg/L)

84.1.7 试验数据处理

84.1.7.1 定性分析：按本方法色谱条件对样品分析后，分析物的相对保留时间与校准溶液的保留时间在±5%范围内，分析物参考离子丰度/定量离子丰度的比值与对应标准物质中定性离子丰度/定量离子丰度的比值的偏差不大于 20%，前后运行过程中各色谱峰的峰面积的差异小于 15%。各目标待测物保留时间：PFBA，1.51 min；PFPA， 3.51 min；PFBS，4.03 min；PFHxA，5.26 min；PFHpA，6.48 min；PFHxS，6.60 min；PFOA，7.40 min；PFHpS，7.47 min；PFNA，8.15 min；PFOS，8.20 min；PFDA，8.79 min。

84.1.7.2 定量分析：将待测样品中各目标待测物峰面积与其对应的内标峰面积比值代入标准曲线获得各目标待测物的进样浓度，再根据公式(30)计算水样中的目标待测物质量浓度。计算结果需扣除空白值，测定结果用平行测定的算术平均值表示。

$$\rho = \frac{\rho_1 \times V_1}{V} \qquad \cdots\cdots\cdots\cdots(30)$$

式中：

ρ ——样品中各目标待测物质量浓度，单位为纳克每升(ng/L)；

ρ_1 ——进样质量浓度，单位为微克每升(μg/L)；

V_1——样品的定容体积，单位为毫升(mL)；

V ——取样体积，单位为升(L)。

84.1.8 精密度和准确度

选取生活饮用水进行加标回收率测定，在低(5 ng/L)、中(10 ng/L)、高(50 ng/L)3 个质量浓度加标水平，按照所建立的方法进行样品处理及测定，每个质量浓度重复 6 份平行样品，计算平均加标回收率和精密度。5 家实验室平均加标回收率和精密度测定结果见表 37。

表 37 方法回收率和精密度(n=6)

序号	组分	低浓度		中浓度		高浓度	
		回收率/%	RSD/%	回收率/%	RSD/%	回收率/%	RSD/%
1	PFBA	80.9～95.9	1.8～5.1	60.7～95.9	1.3～12	80.0～102	0.96～5.2
2	PFPA	88.8～107	2.4～9.2	83.3～95.4	2.2～7.2	84.0～105	2.1～6.9
3	PFHxA	84.1～116	1.2～9.1	91.2～103	2.4～4.9	91.8～101	1.6～6.4
4	PFHpA	66.7～102	1.2～11	92.6～105	2.1～8.9	94.3～114	2.2～13
5	PFOA	85.4～123	2.3～13	88.9～98.8	2.5～11	96.9～107	2.4～11
6	PFNA	95.9～111	1.0～9.2	52.4～98.8	2.1～10	84.7～101	3.2～9.8
7	PFDA	68.8～110	2.6～12	82.2～121	2.8～14	81.5～103	2.3～7.1
8	PFBS	97.1～122	1.6～6.2	96.0～121	1.7～5.6	97.3～115	2.4～9.2
9	PFHxS	81.1～121	2.5～7.3	89.5～109	1.4～4.8	95.6～108	2.1～7.6
10	PFHpS	56.1～121	1.7～7.4	90.4～130	0.74～9.1	90.8～116	2.0～11
11	PFOS	64.1～113	2.8～6.5	75.4～113	2.4～7.9	86.6～110	2.4～7.0

85 全氟辛烷磺酸

超高效液相色谱串联质谱法：按 84.1 描述的方法测定。

86 二甲基二硫醚

86.1 吹扫捕集气相色谱质谱法

86.1.1 最低检测质量浓度

本方法二甲基二硫醚、二甲基三硫醚的最低检测质量浓度均为 10 ng/L。

86.1.2 原理

使用吹扫捕集装置，在设定的温度下，惰性气体将在特制吹扫瓶内水样中的二甲基二硫醚和二甲基三硫醚吹出，被捕集阱吸附，经热脱附，待测物由惰性气体带入气相色谱质谱仪进行分离和测定。

86.1.3 试剂或材料

86.1.3.1 氦气：$\varphi(He)\geqslant 99.999\%$。

86.1.3.2 氮气：$\varphi(N_2)\geqslant 99.999\%$。

86.1.3.3 实验用水：GB/T 6682 中规定的一级水，吹扫捕集法检验无干扰组分。

86.1.3.4 甲醇(CH_3OH)：色谱纯，吹扫捕集法检验无干扰组分。

86.1.3.5 抗坏血酸溶液[$\rho(C_6H_8O_6)=100.0$ mg/mL]：称取 1.0 g 抗坏血酸溶于纯水中，并定容至 10 mL，现用现配。

86.1.3.6 盐酸羟胺溶液[$\rho(NH_2OH \cdot HCl)=200.0$ mg/mL]：称取 2.0 g 盐酸羟胺溶于纯水中，并定容至 10 mL，现用现配。

86.1.3.7 二甲基二硫醚标准品($C_2H_6S_2$)：纯度≥99.0%，或使用有证标准物质。

86.1.3.8 二甲基三硫醚标准品($C_2H_6S_3$)：纯度≥99.3%，或使用有证标准物质。

86.1.3.9 二甲基二硫醚标准储备溶液：称取 0.01 g(精确至 0.000 1 g)二甲基二硫醚于装有少量甲醇的 100 mL 容量瓶中，用甲醇稀释至刻度。盖上瓶盖，摇匀，此标准储备溶液的质量浓度为 0.10 mg/mL，于 0 ℃～4 ℃冷藏条件下可以保存 6 个月。

86.1.3.10 二甲基三硫醚标准储备溶液：称取 0.01 g(精确至 0.000 1 g)二甲基三硫醚，配制步骤与保存条件同二甲基二硫醚标准储备溶液一致。

86.1.3.11 二甲基二硫醚标准中间溶液：准确吸取二甲基二硫醚标准储备溶液 0.50 mL 于装有少量甲醇的 50 mL 容量瓶中，用甲醇稀释至刻度。盖上瓶盖，摇匀，此标准中间溶液的质量浓度为 1.0 mg/L，于 0 ℃～4 ℃冷藏条件保存，可保存 1 个月。

86.1.3.12 二甲基三硫醚标准中间溶液：准确吸取二甲基三硫醚标准储备溶液，配制步骤与保存条件同二甲基二硫醚标准中间溶液一致。

86.1.3.13 混合标准使用溶液：准确吸取二甲基二硫醚标准中间溶液 0.50 mL 和二甲基三硫醚标准中间溶液 0.50 mL 于装有少量甲醇的 50 mL 容量瓶中，用甲醇稀释至刻度，此时标准混合使用溶液的浓度为 10 μg/L。混合标准使用溶液需现用现配。

86.1.4 仪器设备

86.1.4.1 气相色谱质谱仪：配有吹扫捕集系统、四级杆检测器和电子电离源(EI)。

86.1.4.2 天平：分辨力不低于 0.01 mg。

86.1.4.3 采样瓶：500 mL 棕色玻璃瓶，具有聚四氟乙烯硅橡胶垫片的螺旋盖，正常清洗后，采样瓶在使用前于 105 ℃烘烤 1 h。

86.1.4.4 吹扫瓶：40 mL 玻璃瓶，具有聚四氟乙烯硅橡胶垫片的螺旋盖，正常清洗后，吹扫瓶在使用前于 105 ℃烘烤 1 h。

86.1.5 样品

86.1.5.1 水样的采集与保存方法如下：

a) 现场测定水样中消毒剂(余氯、二氧化氯)浓度，水源水除外；
b) 采集水样于 500 mL 棕色样品瓶中至满瓶；
c) 根据水样消毒剂浓度，定量添加能够刚好完全消除消毒剂的抗坏血酸和盐酸羟胺：液氯消毒的末梢水，每消除 1 mg 余氯需要分别加入 20 μL 抗坏血酸溶液和 90 μL 盐酸羟胺溶液；二氧化氯消毒的末梢水，每消除 1 mg 二氧化氯需要分别加入 40 μL 抗坏血酸溶液和 1.55 mL 盐酸羟胺溶液；水源水中无需添加保存剂。密封样品瓶，冷藏保存，保存时间为 8 h。

86.1.5.2 水样的预处理：取出水样放置到室温，小心地将水样倒入 40 mL 吹扫瓶中至正好溢流并盖上瓶盖；同时取实验室用水倒入 40 mL 吹扫瓶中至正好溢流并盖上瓶盖，此为样品空白。

86.1.6 试验步骤

86.1.6.1 仪器参考条件

86.1.6.1.1 吹扫捕集参考条件如下：

a) 吹扫管和定量环：25 mL；
b) 捕集阱：填料为 2,6-二苯基呋喃多孔聚合物树脂(Tenax)/硅胶(Silica gel)/活性炭混合吸附剂(Carbon Molecular Sieve)，或其他等效捕集阱；
c) 吹扫温度：60 ℃；
d) 吹扫时间：11 min；
e) 热脱附温度：200 ℃；
f) 热脱附时间：1 min；
g) 烘焙温度：210 ℃；
h) 烘焙时间：10 min。

86.1.6.1.2 气相色谱参考条件如下：

a) 毛细管色谱柱：中等极性毛细管色谱柱 Elite-624，固定液为 6%氰丙基苯和 94%二甲基硅氧烷(60 m×0.25 mm，1.8 μm)，或其他等效色谱柱；
b) 柱温箱升温程序：初始温度 70 ℃，以 30 ℃/min 速率升至 220 ℃，保持 5 min；
c) 载气：氦气，流速 2 mL/min；
d) 进样口温度：280 ℃；
e) 进样模式：分流模式，分流比为 10：1。

86.1.6.1.3 质谱参考条件如下：

a) 电子电离源：70 eV；
b) 溶剂延迟：4 min；
c) 离子源温度：230 ℃；
d) 四级杆温度：150 ℃；
e) 质谱检测模式：选择离子检测(SIM)。每种组分的保留时间、定量离子、定性离子以及各定性离子的相对丰度见表 38。

表 38 二甲基二硫醚和二甲基三硫醚保留时间、定量离子、定性离子以及各定性离子的相对丰度

组分	保留时间/min	定量离子(m/z)	定性离子 1(m/z)	定性离子 2(m/z)
二甲基二硫醚	5.495	94(100)	79(57)	46(25)
二甲基三硫醚	7.288	126(100)	79(51)	47(36)

86.1.6.2 **校准**

86.1.6.2.1 定量分析中的校准方法:外标法。

86.1.6.2.2 工作曲线绘制:在每批样品分析前制备工作曲线。准确吸取混合标准使用溶液 0.10 mL、0.30 mL、0.50 mL、0.70 mL、0.90 mL 以及 1.00 mL 于 100 mL 容量瓶中,用纯水稀释定容至刻度。标准系列溶液质量浓度分别为 10 ng/L、30 ng/L、50 ng/L、70 ng/L、90 ng/L 以及 100 ng/L。将工作曲线溶液按水样的预处理步骤进行吹扫捕集和色谱质谱分析。以定量离子的峰面积为纵坐标,质量浓度为横坐标,绘制工作曲线。

86.1.6.3 **试验**

86.1.6.3.1 进样方式:吹扫后直接进样测定。

86.1.6.3.2 记录:以标样核对,记录色谱峰的保留时间以及对应的化合物。

86.1.6.3.3 标准样品选择离子流图,见图 46。

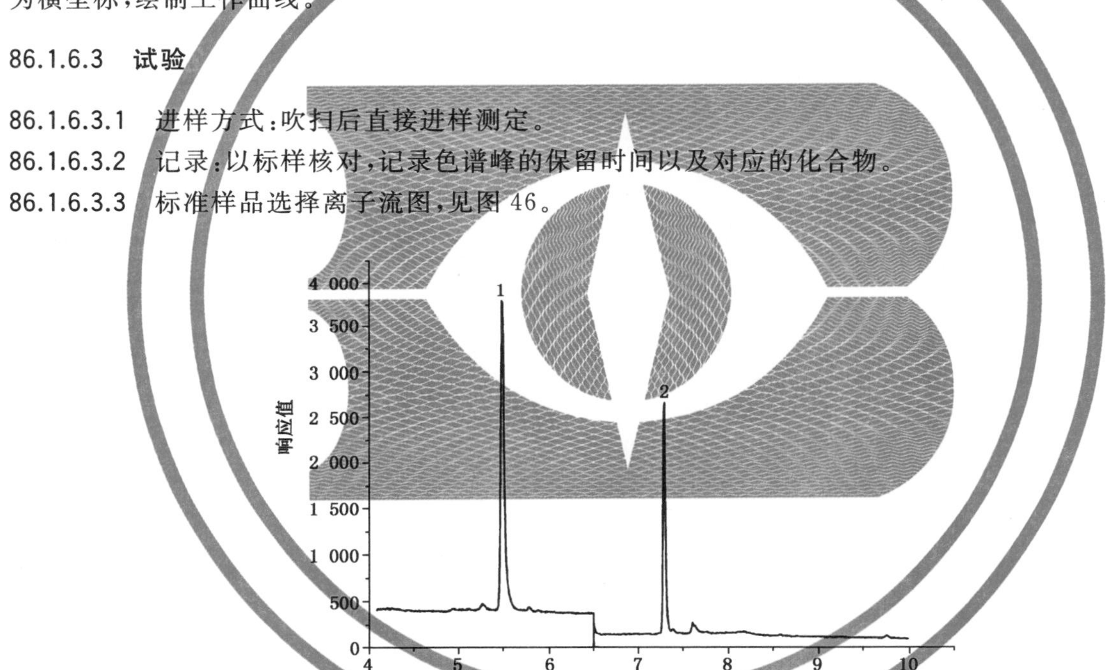

标引序号说明:

1——二甲基二硫醚,5.49 min;

2——二甲基三硫醚,7.29 min。

图 46 二甲基二硫醚和二甲基三硫醚标准溶液选择离子流图(质量浓度均为 30 ng/L)

86.1.6.3.4 定性分析:进行样品测定时,如果检出的色谱峰的保留时间和标准样品一致,并且在扣除背景后的样品质谱图中,所选择的离子均出现,而且所选择的离子的相对丰度与标准物质的离子相对丰度相一致(相对丰度>50%,允许±30%偏差;相对丰度在 20%~50%之间,允许±50%偏差),则可确定水样中存在待测物。

86.1.6.3.5 定量测定:本方法采用外标法单离子定量测定,直接从工作曲线上查出水样中待测物的质量浓度。

86.1.7 试验数据处理

86.1.7.1 定性结果:根据标准样品选择离子流图中各组分的保留时间、监测离子以及各监测离子之间的丰度比,确定待测组分的数目以及各组分的名称。

86.1.7.2 定量结果:水样中待测物的质量浓度以毫克每升(mg/L)表示。

86.1.8 精密度和准确度

5 个实验室对低(10 ng/L)、中(40 ng/L)、高(80 ng/L)3 个质量浓度加标水平的末梢水(出厂水)及水源水中的二甲基二硫醚和二甲基三硫醚,进行回收率和相对标准偏差试验,分别重复测定 6 次,结果见表 39。

表 39 二甲基二硫醚和二甲基三硫醚的回收率和相对标准偏差

组分	回收率/%	相对标准偏差/%
二甲基二硫醚	81.3～120	0.90～7.9
二甲基三硫醚	73.6～118	1.1～7.6

87 二甲基三硫醚

吹扫捕集气相色谱质谱法:按 86.1 描述的方法测定。

88 多环芳烃

88.1 高效液相色谱法

88.1.1 最低检测质量浓度

在取样量为 500 mL 时,本方法最低检出质量浓度为:萘,20.0 ng/L;苊烯,8.0 ng/L;苊,8.0 ng/L;芴,16.0 ng/L;菲,20.0 ng/L;蒽,12.0 ng/L;荧蒽,16.0 ng/L;芘,12.0 ng/L;苯并[*a*]蒽,5.0 ng/L;䓛,8.0 ng/L;苯并[*b*]荧蒽,5.0 ng/L;苯并[*k*]荧蒽,4.0 ng/L;苯并[*a*]芘,2.0 ng/L;二苯并[*a*,*h*]蒽,8.0 ng/L;苯并[*ghi*]苝,8.0 ng/L;茚并[1,2,3-*cd*]芘,6.0 ng/L。

88.1.2 原理

水中多环芳烃经苯乙烯二苯乙烯聚合物柱富集后,甲醇水溶液淋洗杂质,二氯甲烷洗脱,浓缩后用乙腈水溶液复溶,经高效液相色谱分离,紫外串联荧光检测器检测,保留时间定性,峰面积外标法定量。

88.1.3 试剂或材料

除非另有说明,本方法所用试剂均为分析纯,实验用水为 GB/T 6682 规定的一级水。

88.1.3.1 氮气:$\varphi(N_2) \geqslant 99.999\%$。

88.1.3.2 二氯甲烷(CH_2Cl_2):色谱纯。

88.1.3.3 甲醇(CH_3OH):色谱纯。

88.1.3.4 乙腈(CH_3CN):色谱纯。

88.1.3.5 抗坏血酸($C_6H_8O_6$)。

88.1.3.6 磷酸(H_3PO_4,$\rho_{20}=1.69$ g/mL)。

88.1.3.7 吐温-20。

88.1.3.8 甲醇水溶液(50%):准确量取 500 mL 的超纯水,加入 500 mL 甲醇,混匀,加磷酸调节 pH<2。

88.1.3.9 甲醇水溶液(80%):准确量取 200 mL 的超纯水,加入 800 mL 甲醇,混匀。

88.1.3.10 乙腈水溶液(50%):准确量取 500 mL 的超纯水,加入 500 mL 乙腈,混匀。

88.1.3.11 吐温-20 甲醇溶液(0.1 g/mL):准确称量 1 g 吐温-20,加入 10 mL 甲醇,振荡混匀。

88.1.3.12 16 种多环芳烃混合标准[ρ(PAHs)=200 mg/L]:包括萘、苊烯、苊、芴、菲、蒽、荧蒽、芘、苯并[*a*]蒽、䓛、苯并[*b*]荧蒽、苯并[*k*]荧蒽、苯并[*a*]芘、二苯并[*a*,*h*]蒽、苯并[*ghi*]苝、茚并[1,2,3-*cd*]芘,溶于乙腈,纯度>99.9%,或使用有证标准物质。16 种多环芳烃基本信息见表 40。

88.1.3.13 混合标准储备溶液[ρ(PAHs)=20 mg/L]:准确吸取 1.00 mL 多环芳烃混合标准溶液,置于 10 mL 棕色容量瓶中,用乙腈定容至 10 mL,此溶液质量浓度为 20 mg/L。于−20 ℃下避光保存,可保存 6 个月。

88.1.3.14 混合标准中间溶液[ρ(PAHs)=1.0 mg/L]:准确吸取 0.50 mL 混合标准储备溶液,置于 10 mL棕色容量瓶中,用乙腈定容至 10 mL,此溶液质量浓度为 1.0 mg/L,于 0 ℃~4 ℃冷藏、避光和密封,可保存 2 个月。

88.1.3.15 混合标准使用溶液[ρ(PAHs)=0.10 mg/L]:准确吸取 1.00 mL 混合标准中间溶液,置于 10 mL棕色容量瓶中,用乙腈定容至 10 mL,此溶液质量浓度为 0.10 mg/L,于 0 ℃~4 ℃冷藏、避光和密封,可保存 2 个月。

表 40 16 种多环芳烃化合物的基本信息

序号	组分	英文名称	英文简称	分子式	相对分子质量
1	萘	Naphthalene	NAP	$C_{10}H_8$	128.18
2	苊烯	Acenaphthylene	ACY	$C_{12}H_8$	152.20
3	苊	Acenaphthene	ACP	$C_{12}H_{10}$	154.21
4	芴	Fluorene	FLR	$C_{13}H_{10}$	166.22
5	菲	Phenanthrene	PHE	$C_{14}H_{10}$	178.23
6	蒽	Anthracene	ANT	$C_{14}H_{10}$	178.22
7	荧蒽	Fluoranthene	FLT	$C_{16}H_{10}$	202.25
8	芘	Pyrene	PYR	$C_{16}H_{10}$	202.26
9	苯并[*a*]蒽	Benz[*a*]anthracene	BaA	$C_{18}H_{12}$	228.29
10	䓛	Chrysene	CHR	$C_{18}H_{12}$	228.29
11	苯并[*b*]荧蒽	Benzo[*b*]fluorathene	BbFA	$C_{20}H_{12}$	252.30
12	苯并[*k*]荧蒽	Benzo[*k*]fluoranthene	BkFA	$C_{20}H_{12}$	252.30
13	苯并[*a*]芘	Benzo[*a*]pyrene	BaP	$C_{20}H_{12}$	252.32
14	二苯并[*a*,*h*]蒽	Dibenz[*a*,*h*]anthracene	DBahA	$C_{22}H_{14}$	278.35
15	苯并[*ghi*]苝	Benzo[*ghi*]perylene	BghiP	$C_{22}H_{12}$	276.33
16	茚并[1,2,3-*cd*]芘	Indeno[1,2,3-*cd*]pyrene	Ind-1,2,3-cdP	$C_{22}H_{12}$	276.33

88.1.4 仪器设备

88.1.4.1 固相萃取仪。

88.1.4.2 高效液相色谱仪:配有荧光检测器和紫外检测器或二极管阵列检测器。

88.1.4.3 氮吹浓缩仪。

88.1.4.4 色谱柱:PAH C_{18}色谱柱(250 mm×4.6 mm,5 μm)或其他等效色谱柱。

88.1.4.5 苯乙烯二苯乙烯聚合物柱(填料 250 mg,容量 6 mL)或其他等效固相萃取柱。

88.1.4.6 漩涡振荡仪。

88.1.4.7 天平:分辨力不低于 0.1 mg。

88.1.4.8 广口玻璃瓶:500 mL。

88.1.4.9 容量瓶:10 mL。

88.1.4.10 固相萃取仪接收管。

88.1.4.11 移液管:1 mL、5 mL、10 mL。

88.1.4.12 进样瓶:2 mL。

88.1.4.13 量筒:500 mL。

88.1.4.14 移液器:1 mL、100 μL、200 μL。

88.1.4.15 尼龙滤膜:13 mm、0.22 μm。

88.1.4.16 亲水性滤膜:13 mm、0.22 μm。

88.1.5 样品

88.1.5.1 水样的采集与保存:采集水样时,若含有余氯,先加抗坏血酸于采样瓶中(每升水样加 0.1 g 抗坏血酸;余氯含量高时可增加用量)。采 2 L～4 L 水样,加磷酸调节 pH<2,密封;水样于 0 ℃～4 ℃避光保存,保存时间为 7 d。

注:为降低本底值,试验用玻璃器皿要在马弗炉中 300 ℃ 烧至少 2 h,或玻璃瓶在盛水样前,用 5 mL～10 mL 的甲醇润洗瓶壁两遍,去除瓶中的多环芳烃本底。本底值可能来自溶剂、试剂和玻璃器皿,如使用塑料材料,可选择聚四氟乙烯材质。氮吹时,连接管路采用可拆卸、易清洗的不锈钢材质(尽量避免使用塑料材质的物品)。

88.1.5.2 样品的预处理如下:

a) 取样:取 500 mL 水样于广口玻璃瓶或聚四氟乙烯的瓶中,加入 10 mL 甲醇,摇匀;

b) 固相萃取柱活化:依次加入 10 mL 二氯甲烷、6 mL 甲醇、6 mL 水活化;

c) 上样:3 mL/min～6 mL/min 速度上样;为降低瓶壁对目标物吸附,上样结束后用 10 mL 50% 甲醇水溶液(pH<2)润洗样品瓶,继续上样;

d) 淋洗:用 6 mL 80%甲醇水淋洗(流速≤3 mL/min);淋洗结束后用洗耳球按压挤干固相萃取柱上液体(不宜负压抽干,否则会造成萘等部分目标物回收率偏低);

e) 洗脱:用 10 mL 二氯甲烷洗脱(流速≤1 mL/min)或分次浸泡洗脱(5 次×2 mL,浸泡 2 min),洗脱液用 10 mL 玻璃试管收集;

f) 浓缩:向洗脱液表面滴加 100 μL 吐温-20 的甲醇溶液后氮吹,小流量氮吹至近干。用 50%乙腈水溶液 1.0 mL 复溶,在漩涡振荡仪震荡混匀,将浓缩的洗脱液通过滤膜(尼龙滤膜或亲水性滤膜)过滤后转移至进样瓶中,进样分析。

注 1:氮吹时需控制水浴温度在 40 ℃以下,用微弱气流氮吹,不要吹干,吹干会导致损失增加。

注 2:空白试验:用纯水代替样品,其他步骤同样品处理。

88.1.6 试验步骤

88.1.6.1 仪器参考条件如下:

a) PAH C_{18}色谱柱(250 mm×4.6 mm,5 μm),或其他等效色谱柱;

b) 柱温:30 ℃;

c) 流速:1.0 mL/min;

d) 进样量:20 μL;

e) 流动相为乙腈(B)和纯水(A),洗脱程序见表 41;

表 41 HPLC 梯度洗脱程序

时间/min	B/%	A/%
0	50	50
5	50	50
20	100	0
28	100	0
32	50	50
36	50	50

f) 检测波长:16 种多环芳烃用紫外与荧光检测器串联检测,对应的检测波长见表 42。因 16 种多环芳烃中苊烯无荧光响应,采用紫外检测器或二极管阵列检测器(波长 228 nm)测定,其他 15 种化合物用荧光检测器检测,方法通过保留时间定性,峰面积定量。

表 42 16 种多环芳烃参考保留时间和对应检测波长

组分	保留时间/min	荧光激发波长/nm	荧光发射波长/nm	紫外检测波长/nm
萘	10.494	280	340	—
苊烯	11.734	—	—	228
苊	13.480	280	340	—
芴	13.957	280	340	—
菲	15.028	300	400	—
蒽	16.174	300	400	—
荧蒽	17.189	300	500	—
芘	18.008	300	400	—
苯并[*a*]蒽	20.576	300	400	—
䓛	21.299	300	400	—
苯并[*b*]荧蒽	23.017	300	430	—
苯并[*k*]荧蒽	24.015	300	430	—
苯并[*a*]芘	24.946	300	430	—
二苯并[*a*,*h*]蒽	26.517	300	400	—
苯并[*ghi*]苝	27.499	300	430	—
茚并[1,2,3-*cd*]芘	28.604	300	500	—

88.1.6.2 标准系列溶液的制备:准确移取 0 μL、20 μL、50 μL、100 μL、150 μL、200 μL 混合标准中间溶液分别于 6 个 2.0 mL 进样瓶中,加乙腈至 1.0 mL,摇匀。标准系列溶液的质量浓度分别为 0 ng/mL、20.0 ng/mL、50.0 ng/mL、100.0 ng/mL、150.0 ng/mL、200.0 ng/mL;同时移取 20 μL、50 μL、100 μL 混合标准使用溶液分别于 3 个 2.0 mL 进样瓶中,加乙腈至 1.0 mL,得到苯并[*a*]芘标准系列溶液的质

量浓度分别为 0 ng/mL、2.0 ng/mL、5.0 ng/mL、10.0 ng/mL、20.0 ng/mL、50.0 ng/mL、100.0 ng/mL，其余 15 种多环芳烃标准系列溶液的质量浓度分别为 0 ng/mL、20.0 ng/mL、50.0 ng/mL、100.0 ng/mL、150.0 ng/mL、200.0 ng/mL。在仪器参数条件下测定，以标准物质的质量浓度为横坐标，对应峰面积为纵坐标，绘制标准曲线。

88.1.6.3　样品测定：将待测液进样分析。

88.1.6.4　色谱图的考察：在参考的色谱条件下，多环芳烃色谱图，见图 47、图 48。

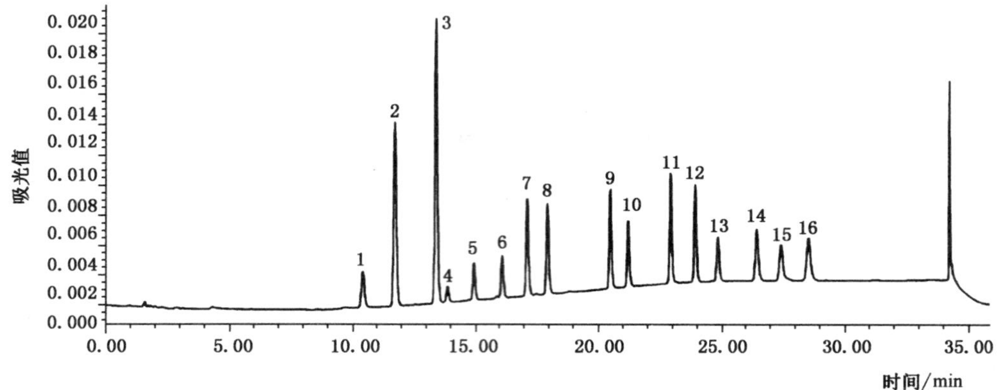

标引序号说明：

1——萘，10.400 min；
2——苊烯，11.636 min；
3——苊，13.380 min；
4——芴，13.854 min；
5——菲，14.939 min；
6——蒽，16.076 min；
7——荧蒽，17.090 min；
8——芘，17.909 min；
9——苯并[*a*]蒽，20.477 min；
10——䓛，21.198 min；
11——苯并[*b*]荧蒽，22.919 min；
12——苯并[*k*]荧蒽，23.917 min；
13——苯并[*a*]芘，24.844 min；
14——二苯并[*a*，*h*]蒽，26.419 min；
15——苯并[*ghi*]苝，27.412 min；
16——茚并[1，2，3-*cd*]芘，28.504 min。

图 47　紫外检测器 228 nm 下 16 种多环芳烃色谱图(质量浓度均为 100 ng/mL)

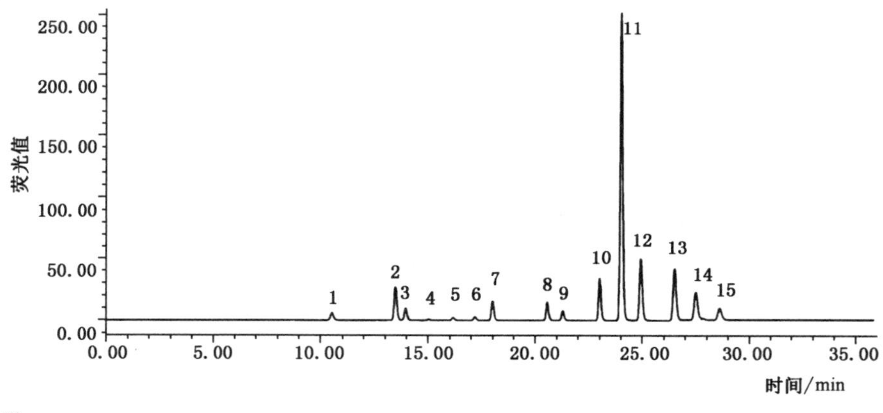

标引序号说明：

1——萘，10.494 min；
2——苊，13.480 min；
3——芴，13.957 min；
4——菲，15.028 min；
5——蒽，16.174 min；
6——荧蒽，17.189 min；
7——芘，18.008 min；
8——苯并[*a*]蒽，20.576；
9——䓛，21.299 min；
10——苯并[*b*]荧蒽，23.017 min；
11——苯并[*k*]荧蒽，24.015 min；
12——苯并[*a*]芘，24.946 min；
13——二苯并[*a*，*h*]蒽，26.517 min；
14——苯并[*ghi*]苝，27.499 min；
15——茚并[1，2，3-*cd*]芘，28.604 min。

图 48　荧光检测器下 15 种多环芳烃色谱图(质量浓度均为 100 ng/mL)

88.1.7 试验数据处理

88.1.7.1 定性分析：以保留时间定性。

88.1.7.2 定量分析：在标准曲线上查出样品中待测物的质量浓度，再根据公式(31)计算水样中待测物质量浓度：

$$\rho=\frac{\rho_1 \times V_1}{V}\times 1\ 000 \qquad \cdots\cdots(31)$$

式中：

ρ ——样品中各目标待测物质量浓度，单位为纳克每升(ng/L)；

ρ_1——曲线上查得的待测物质量浓度，单位为纳克每毫升(ng/mL)；

V_1——样品的定容体积，单位为毫升(mL)；

V ——取样体积，单位为毫升(mL)。

88.1.8 精密度和准确度

经5个实验室测定，精密度和准确度(n=6)见表43。

表43 水样加标的精密度和准确度

组分	加标浓度/(ng/L)	末梢水加标回收率/%	水源水加标回收率/%	RSD/%
萘	20	60.5～91.0	71.8～83.8	2.6～9.3
	100	62.0～75.2	64.0～86.8	0.95～14
	200	60.0～89.0	61.7～83.9	0.85～14
苊烯	20	76.9～119	90.1～119	1.3～5.6
	100	81.8～95.7	90.0～106	1.1～5.6
	200	83.9～96.0	84.7～99.5	0.73～4.4
苊	20	65.6～93.3	68.0～95.1	1.7～7.5
	100	77.4～92.9	79.9～99.7	0.49～6.1
	200	74.3～95.6	74.9～90.5	0.43～3.9
芴	20	81.1～99.0	83.6～99.5	1.2～7.8
	100	80.1～97.6	89.6～107	1.3～5.7
	200	85.7～95.4	86.1～97.3	1.1～4.8
菲	20	77.8～112	88.4～106	3.4～7.0
	100	88.1～115	91.4～111	0.34～5.7
	200	94.1～102	96.3～103	1.5～5.5
蒽	20	87.0～113	87.4～115	3.2～6.7
	100	83.1～98.1	84.9～110	0.44～5.7
	200	76.5～95.2	77.7～103	0.28～5.6

表 43 水样加标的精密度和准确度（续）

组分	加标浓度/(ng/L)	末梢水加标回收率/%	水源水加标回收率/%	RSD/%
荧蒽	20	80.5～101	86.6～97.7	1.6～6.9
	100	94.9～101	90.0～107	0.32～4.9
	200	94.1～97.6	95.0～97.8	0.39～4.3
芘	20	92.3～102	92.0～110	0.75～7.3
	100	85.6～101	87.5～106	0.16～6.0
	200	90.2～99.8	81.3～99.0	0.12～6.5
苯并[*a*]蒽	20	79.0～101	85.7～103	1.4～8.6
	100	85.9～95.2	85.9～103	0.53～5.6
	200	91.3～93.9	89.3～96.6	0.71～6.6
䓛	20	95.2～107	92.3～110	1.2～6.1
	100	92.4～98	93.0～105	0.44～6.4
	200	88.3～95.3	89.8～96.0	0.77～5.1
苯并[*b*]荧蒽	20	86.0～96.7	80.2～92.2	2.6～7.5
	100	88.5～92.9	87.9～101	0.51～5.6
	200	89.3～93.3	83.0～95.4	1.2～6.2
苯并[*k*]荧蒽	20	83.5～92.6	78.1～88.6	1.3～8.7
	100	86.3～90.5	84.2～102	0.13～6.8
	200	82.4～92.7	80.3～97.0	0.45～5.7
苯并[*a*]芘	10	76.1～85.0	78.8～102	1.1～3.8
	20	79.2～87.5	72.9～91.4	1.7～8.8
	100	76.1～84.6	82.2～93.1	0.48～7.1
	200	74.8～89.3	77.5～88.4	0.94～6.2
二苯并[*a*,*h*]蒽	20	75.6～87.4	70.5～87.3	1.3～6.8
	100	81.4～90.0	81.4～96.0	0.16～7.7
	200	77.0～89.9	80.1～90.6	1.1～5.4
苯并[*ghi*]苝	20	76.8～86.8	70.9～93.5	2.0～6.7
	100	77.8～87.7	77.8～93.3	0.26～6.1
	200	80.5～93.8	77.4～93.3	0.39～5.3
茚并[1,2,3-*cd*]芘	20	74.2～92.9	72.3～95.0	1.8～7.3
	100	78.1～88.9	80.9～94.6	0.30～6.5
	200	79.4～91.5	81.1～94.6	0.48～5.2

89 多氯联苯

89.1 气相色谱质谱法

89.1.1 最低检测质量浓度

本方法的最低检测质量浓度分别为:2,4,4′-三氯联苯(PCB28),0.005 μg/L;2,2′,5,5′-四氯联苯(PCB52),0.005 μg/L;2,2′,4,5,5′-五氯联苯(PCB101),0.008 μg/L;3,4,4′,5-四氯联苯(PCB81),0.007 μg/L;3,3′,4,4′-四氯联苯(PCB77),0.006 μg/L;2′,3,4,4′,5-五氯联苯(PCB123),0.010 μg/L;2,3′,4,4′,5-五氯联苯(PCB118),0.010 μg/L;2,3,4,4′,5-五氯联苯(PCB114),0.012 μg/L;2,2′,4,4′,5,5′-六氯联苯(PCB153),0.010 μg/L;2,3,3′,4,4′-五氯联苯(PCB105),0.011 μg/L;2,2′,3,4,4′,5′-六氯联苯(PCB138),0.019 μg/L;3,3′,4,4′,5-五氯联苯(PCB126),0.014 μg/L;2,3′,4,4′,5,5′-六氯联苯(PCB167),0.012 μg/L;2,3,3′,4,4′,5-六氯联苯(PCB156),0.009 μg/L;2,3,3′,4,4′,5′-六氯联苯(PCB157),0.012 μg/L;2,2′,3,4,4′,5,5′-七氯联苯(PCB180),0.010 μg/L;3,3′,4,4′,5,5′-六氯联苯(PCB169),0.008 μg/L;2,3,3′,4,4′,5,5′-七氯联苯(PCB189),0.017 μg/L。

89.1.2 原理

水样中多氯联苯被 C_{18} 固相萃取柱吸附,用二氯甲烷和乙酸乙酯洗脱,洗脱液经浓缩,用气相色谱毛细管柱分离各组分后,以质谱作为检测器,进行测定。根据保留时间和碎片离子质荷比定性,内标法定量。

89.1.3 试剂或材料

除非另有说明,本方法实验用水为 GB/T 6682 规定的一级水。

89.1.3.1 氦气:$\varphi(He)\geqslant 99.999\%$。

89.1.3.2 氮气:$\varphi(N_2)\geqslant 99.999\%$。

89.1.3.3 甲醇(CH_3OH):色谱纯。

89.1.3.4 正己烷(C_6H_{14}):色谱纯。

89.1.3.5 二氯甲烷(CH_2Cl_2):色谱纯。

89.1.3.6 乙酸乙酯($C_4H_8O_2$):色谱纯。

89.1.3.7 标准储备溶液(ρ=10 mg/L):可直接购买有证标准溶液,也可用标准物质制备,用正己烷稀释。包括 PCB28、PCB52、PCB77、PCB81、PCB101、PCB105、PCB114、PCB118、PCB123、PCB126、PCB138、PCB153、PCB156、PCB157、PCB167、PCB169、PCB180 和 PCB189,纯度均≥98%。0 ℃～4 ℃冷藏、密封、避光保存,可保存至少 1 年。

89.1.3.8 标准使用溶液(ρ=1.0 mg/L):用正己烷稀释标准储备溶液。0 ℃～4 ℃冷藏、密封、避光保存,可保存至少 1 年。

89.1.3.9 定量内标储备溶液(ρ=10 mg/L):可直接购买有证标准溶液,也可用标准物质制备,用正己烷稀释。包括 $^{13}C_{12}$-PCB28、$^{13}C_{12}$-PCB52、$^{13}C_{12}$-PCB101、$^{13}C_{12}$-PCB138、$^{13}C_{12}$-PCB153 和 $^{13}C_{12}$-PCB180。0 ℃～4 ℃冷藏、密封、避光保存,可保存至少 1 年。

89.1.3.10 定量内标使用溶液(ρ=0.1 mg/L):用正己烷稀释定量内标储备溶液。0 ℃～4 ℃冷藏、密封、避光保存,可保存至少 1 年。

89.1.3.11 回收内标储备溶液:[ρ($^{13}C_{12}$-PCB194)]=10 mg/L,可直接购买有证标准溶液,也可用标准物质制备,用正己烷稀释。0 ℃～4 ℃冷藏、密封、避光保存,可保存至少 1 年。

89.1.3.12 回收内标使用溶液:[ρ($^{13}C_{12}$-PCB194)]=0.1 mg/L,用正己烷稀释回收内标储备溶液。

0 ℃～4 ℃冷藏、密封、避光保存，可保存至少 1 年。

89.1.4 仪器设备

89.1.4.1 气相色谱质谱联用仪：配有电子电离源(EI)。

89.1.4.2 色谱柱：石英毛细管柱(30 m×0.25 mm,0.25 μm)，固定相为 5%二苯基-95%二甲基聚硅氧烷；或其他等效色谱柱。

89.1.4.3 固相萃取装置：包括真空泵和支架。

89.1.4.4 氮吹浓缩仪。

89.1.4.5 醋酸纤维素滤膜：0.45 μm。

89.1.4.6 棕色玻璃瓶：1 L 或 2 L。

89.1.4.7 容量瓶：10 mL 或 25 mL。

89.1.4.8 量筒：1 L 或 2 L。

89.1.4.9 C_{18}固相萃取柱：填料 500 mg，容积 6 mL。

89.1.5 样品

89.1.5.1 水样的采集：水样采集在棕色玻璃瓶中，采样体积应为 1 L～2 L。

89.1.5.2 水样的保存：样品 0 ℃～4 ℃冷藏、避光保存，保存时间为 14 d。

89.1.5.3 水样的预处理：取 1 L 水样(若水样有浑浊杂质，需经 0.45 μm 滤膜过滤)加入 5 mL 甲醇和 0.15 mL定量内标使用溶液，混匀待用。

89.1.5.4 水样的预处理如下：

a) 活化：依次用 5 mL 二氯甲烷、5 mL 乙酸乙酯、5 mL 甲醇和 5 mL 纯水活化 C_{18}固相萃取柱，活化时，使液面始终高于吸附剂顶部；

b) 吸附：水样以约 10 mL/min 的流速通过活化的 C_{18}固相萃取柱，水样近干时瓶中加 5 mL 甲醇和 10 mL 纯水清洗后继续上样；

c) 干燥：吸附完毕后，保持真空泵继续工作，使 C_{18}固相萃取柱干燥(约 30 min)；

d) 洗脱：依次用 5 mL 二氯甲烷和 5 mL 乙酸乙酯洗脱 C_{18}固相萃取柱，洗脱速度约为 1 mL/min，收集复合洗脱液；

e) 浓缩：洗脱液在 40 ℃下，用氮气吹干(约 1.5 h)；

f) 复溶：加正己烷至 0.35 mL，加入回收内标使用溶液 0.15 mL，混匀后待测。

89.1.6 试验步骤

89.1.6.1 仪器参考条件

89.1.6.1.1 气相色谱参考条件

色谱柱进样口温度：270 ℃；进样方式：不分流进样；载气(氦气)流量：恒流模式，1.0 mL/min；进样量：1 μL；升温程序：起始温度 100 ℃，保持 2 min，以 15 ℃/min 升温至 180 ℃，再以 3 ℃/min 升温至 240 ℃，再以 10 ℃/min 升温至 285 ℃，保持 4 min。

89.1.6.1.2 质谱参考条件

接口温度：270 ℃；离子源温度：230 ℃；电离模式：电子电离源(EI)；电子能量：70 eV；扫描方式：选择离子模式(SIM)，分为三段，第一段(8 min～20.5 min)，第二段(20.5 min～25.5 min)，第三段(25.5 min～35.8 min)，相关参数见表 44。

表 44　多氯联苯测定相关参数

组分	类别	定量内标	保留时间/min	定性离子(m/z)	定量离子(m/z)
$^{13}C_{12}$-PCB28	定量内标 1	—	13.072	268	270
PCB28	目标物	定量内标 1	13.072	256	258
$^{13}C_{12}$-PCB52	定量内标 2	—	14.297	302	304
PCB52	目标物	定量内标 2	14.297	290	292
$^{13}C_{12}$-PCB101	定量内标 3	—	17.906	336	338
PCB101	目标物	定量内标 3	17.906	324	326
PCB81	目标物	定量内标 3	19.141	290	292
PCB77	目标物	定量内标 3	19.607	290	292
PCB123	目标物	定量内标 3	20.720	324	326
PCB118	目标物	定量内标 3	20.834	324	326
PCB114	目标物	定量内标 3	21.373	324	326
$^{13}C_{12}$-PCB153	定量内标 4	—	21.946	372	374
PCB153	目标物	定量内标 4	21.946	360	362
PCB105	目标物	定量内标 5	22.134	324	326
$^{13}C_{12}$-PCB138	定量内标 5	—	23.330	372	374
PCB138	目标物	定量内标 5	23.330	360	362
PCB126	目标物	定量内标 5	23.789	324	326
PCB167	目标物	定量内标 5	24.784	360	362
PCB156	目标物	定量内标 5	25.950	360	362
PCB157	目标物	定量内标 6	26.248	360	362
$^{13}C_{12}$-PCB180	定量内标 6	—	26.836	406	408
PCB180	目标物	定量内标 6	26.836	394	396
PCB169	目标物	定量内标 6	27.907	360	362
PCB189	目标物	定量内标 6	29.452	394	396
$^{13}C_{12}$-PCB194	回收内标	定量内标 6	30.628	440	442

89.1.6.2　测定

89.1.6.2.1　标准系列溶液制备：分别吸取不同体积的标准使用溶液、定量内标使用溶液和回收内标使用溶液，用正己烷配制成质量浓度为 5 μg/L、10 μg/L、25 μg/L、50 μg/L、100 μg/L、200 μg/L，定量内标和回收内标质量浓度均为 30 μg/L 的标准系列溶液。

89.1.6.2.2　标准曲线的绘制：按照仪器参考条件对标准系列溶液进行分析，以待测物与对应定量内标物浓度的比值为横坐标，待测物与对应定量内标物峰面积的比值为纵坐标，绘制标准曲线。

89.1.6.2.3　样品测定：取待测样品，按照与绘制标准曲线相同的仪器参考条件进行测定。每批次分析样品中，回收内标响应值的相对标准偏差应小于 20%。

89.1.6.2.4　总离子流图的考察：标准系列溶液的总离子流图，见图 49。

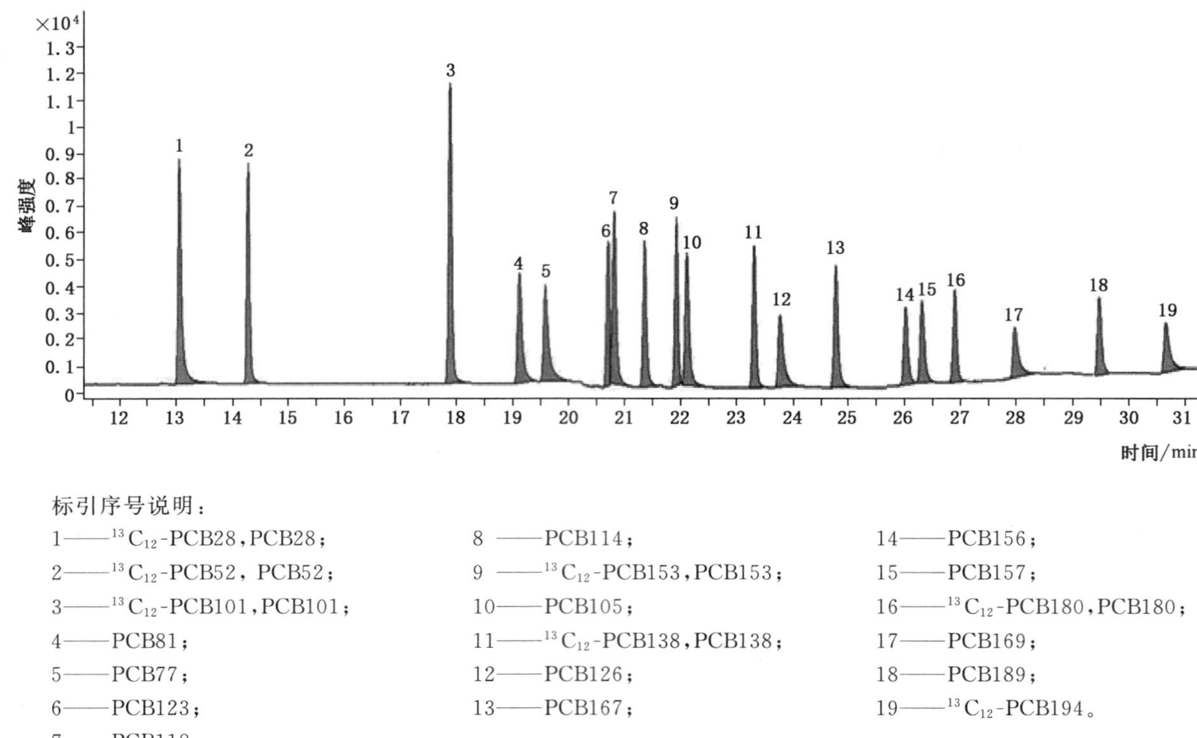

标引序号说明：

1——$^{13}C_{12}$-PCB28，PCB28；
2——$^{13}C_{12}$-PCB52，PCB52；
3——$^{13}C_{12}$-PCB101，PCB101；
4——PCB81；
5——PCB77；
6——PCB123；
7——PCB118；
8——PCB114；
9——$^{13}C_{12}$-PCB153，PCB153；
10——PCB105；
11——$^{13}C_{12}$-PCB138，PCB138；
12——PCB126；
13——PCB167；
14——PCB156；
15——PCB157；
16——$^{13}C_{12}$-PCB180，PCB180；
17——PCB169；
18——PCB189；
19——$^{13}C_{12}$-PCB194。

图 49　多氯联苯标准系列溶液总离子流图(质量浓度均为 100 μg/L)

89.1.7　试验数据处理

89.1.7.1　定性分析：根据标准系列溶液总离子流图组分的保留时间和碎片离子质荷比定性，确定待测组分。各组分的出峰顺序和时间分别为：$^{13}C_{12}$-PCB28，13.072 min；PCB28，13.072 min；$^{13}C_{12}$-PCB52，14.297 min；PCB52，14.297 min；$^{13}C_{12}$-PCB101，17.906 min；PCB101，17.906 min；PCB81，19.141 min；PCB77，19.607 min；PCB123，20.720 min；PCB118，20.834 min；PCB114，21.373 min；$^{13}C_{12}$-PCB153，21.946 min；PCB153，21.946 min；PCB105，22.134 min；$^{13}C_{12}$-PCB138，23.330 min；PCB138，23.330 min；PCB126，23.789 min；PCB167，24.784 min；PCB156，25.950 min；PCB157，26.248 min；$^{13}C_{12}$-PCB180，26.836 min；PCB180，26.836 min；PCB169，27.907 min；PCB189，29.452 min；$^{13}C_{12}$-PCB194，30.628 min。

89.1.7.2　定量分析：内标法定量，样品中各组分的质量浓度按公式(32)计算：

$$\rho=\frac{(A_x/A_{is})-b}{a}\times\frac{C_{is}}{V} \qquad (32)$$

式中：

ρ ——样品中目标物的质量浓度，单位为微克每升(μg/L)；
A_x ——目标物的峰面积；
A_{is} ——定量内标组分的峰面积；
C_{is} ——样品中加入的定量内标含量，单位为微克(μg)；
a ——标准曲线斜率；
b ——标准曲线截距；
V ——水样体积，单位为升(L)。

89.1.8 精密度和准确度

6 个实验室对各组分加标质量浓度在 0.01 μg/L～0.40 μg/L 之间的样品重复测定 6 次，加标回收率和精密度范围见表 45。

表 45 多氯联苯加标回收率和精密度参数

序号	组分	加标回收率/%	精密度/%
1	PCB28	78.7～110	0.36～7.8
2	PCB52	65.7～109	0.31～9.2
3	PCB101	70.2～108	0.45～7.9
4	PCB81	75.8～120	0.59～15
5	PCB77	70.4～120	0.82～15
6	PCB123	72.2～115	0.18～13
7	PCB118	77.8～116	0.13～9.4
8	PCB114	80.8～114	0.22～8.9
9	PCB153	67.0～133	0.18～13
10	PCB105	77.9～118	0.20～11
11	PCB138	75.7～124	0.35～14
12	PCB126	71.4～115	0.61～13
13	PCB167	70.4～125	0.22～13
14	PCB156	61.2～128	0.17～18
15	PCB157	71.8～113	0.22～11
16	PCB180	76.8～113	1.2～9.3
17	PCB169	74.2～120	0.94～12
18	PCB189	73.7～118	0.85～9.2

6 个实验室重复测定 6 次，回收内标 $^{13}C_{12}$-PCB194 精密度范围为 2.2%～4.6%。

90 药品及个人护理品

90.1 超高效液相色谱串联质谱法

90.1.1 最低检测质量浓度

若取水样 1 L 浓缩至 1 mL，10 μL 进样测定，本方法各药品及个人护理品最低检测质量浓度分别为：青霉素 G，0.6 ng/L；氨苄西林，5 ng/L；苯唑西林，5 ng/L；氯唑西林，2 ng/L；头孢拉定，1 ng/L；头孢氨苄，0.5 ng/L；头孢噻呋，1 ng/L；红霉素，2 ng/L；克拉红霉素，0.4 ng/L；泰乐菌素，0.3 ng/L；磺胺醋酰，1 ng/L；磺胺吡啶，0.2 ng/L；磺胺嘧啶，0.5 ng/L；磺胺甲噁唑，0.1 ng/L；磺胺甲基嘧啶，0.2 ng/L；磺胺甲二唑，0.05 ng/L；磺胺二甲嘧啶，0.2 ng/L；磺胺对甲氧嘧啶，0.2 ng/L；磺胺氯哒嗪，0.1 ng/L；磺胺喹噁啉，0.2 ng/L；磺胺间二甲氧嘧啶，0.1 ng/L；磺胺邻二甲氧嘧啶，0.2 ng/L；磺胺苯吡唑，0.2 ng/L；氟甲喹，0.1 ng/L；噁喹酸，0.3 ng/L；西诺沙星，0.7 ng/L；环丙沙星，0.9 ng/L；恩氟沙星，0.5 ng/L；沙拉沙星，0.3 ng/L；

噻菌灵,0.3 ng/L;对乙酰氨基酚,0.5 ng/L;卡马西平,0.3 ng/L;氟西汀,0.8 ng/L;地尔硫卓,0.06 ng/L;脱氢硝苯地平,0.1 ng/L;苯海拉明,0.3 ng/L;奥美普林,0.3 ng/L;甲氧苄啶,0.3 ng/L;1,7-二甲基黄嘌呤,0.5 ng/L。

本方法仅用于生活饮用水的测定。

90.1.2 原理

水样经固相萃取柱吸附浓缩,用甲醇溶液洗脱后,氮气吹至近干,用初始流动相定容,以超高效液相色谱串联质谱的多反应监测(MRM)模式检测生活饮用水中39种药品及个人护理品(PPCPs),根据保留时间和特征离子定性,内标法定量。

90.1.3 试剂或材料

除非另有说明,本方法中所用试剂均为分析纯,实验用水为GB/T 6682规定的一级水。

90.1.3.1 高纯氮气:$\varphi(N_2) \geqslant 99.999\%$。

90.1.3.2 高纯氩气:$\varphi(Ar) \geqslant 99.999\%$,质谱碰撞气。

90.1.3.3 甲醇(CH_3OH):色谱纯。

90.1.3.4 乙腈(CH_3CN):色谱纯。

90.1.3.5 甲酸(HCOOH):质谱纯(HPLC-MS级)。

90.1.3.6 二水合乙二胺四乙酸二钠($C_{10}H_{14}N_2Na_2O_6 \cdot 2H_2O$)。

90.1.3.7 磷酸(H_3PO_4,$\rho_{20}=1.69$ g/mL)。

90.1.3.8 磷酸二氢钾(KH_2PO_4)。

90.1.3.9 甲醇溶液[$\varphi(CH_3OH)=5\%$]:取10.0 mL甲醇于纯水中,定容至200 mL。

90.1.3.10 甲酸水溶液[$\varphi(HCOOH)=0.1\%$]:取1.0 mL甲酸于1 000 mL容量瓶中,用纯水定容。现用现配。

90.1.3.11 PPCPs标准品:包括青霉素G、氨苄西林、苯唑西林、氯唑西林、头孢拉定、头孢氨苄、头孢噻呋、红霉素、克拉红霉素、泰乐菌素、磺胺醋酰、磺胺吡啶、磺胺嘧啶、磺胺甲噁唑、磺胺甲基嘧啶、磺胺甲二唑、磺胺二甲嘧啶、磺胺对甲氧嘧啶、磺胺氯哒嗪、磺胺喹噁啉、磺胺间二甲氧嘧啶、磺胺邻二甲氧嘧啶、磺胺苯吡唑、氟甲喹、噁喹酸、西诺沙星、环丙沙星、恩氟沙星、沙拉沙星、噻菌灵、对乙酰氨基酚、卡马西平、氟西汀、地尔硫卓、脱氢硝苯地平、苯海拉明、奥美普林、甲氧苄啶、1,7-二甲基黄嘌呤39种PPCPs,各组分纯度≥97%。也可使用具有标准物质证书的混合标准溶液或单组分标准溶液,溶剂为甲醇或乙腈。标准品物质信息见表46。

90.1.3.12 内标物质标准品:沙拉沙星D_8、红霉素^{13}C-D_3、甲氧苄啶$^{13}C_3$、磺胺甲噁唑$^{13}C_6$、氟西汀D_5、磺胺二甲嘧啶$^{13}C_6$、环丙沙星$^{13}C_3$-^{15}N、对乙酰氨基酚D_3、噻菌灵D_4、头孢氨苄D_5。内标物质信息见表46。

表46 39种PPCPs及内标物质信息表

序号	组分	英文名称	分子式
1	青霉素G	Penicillin G	$C_{16}H_{18}N_2O_4S$
2	氨苄西林	Ampicillin	$C_{16}H_{19}N_3O_4S$
3	苯唑西林	Oxacillin	$C_{19}H_{19}N_3O_5S$
4	氯唑西林	Cloxacillin	$C_{19}H_{18}ClN_3O_5S$
5	头孢拉定	Cefradine	$C_{16}H_{19}N_3O_4S$
6	头孢氨苄	Cephalecxin	$C_{16}H_{17}N_3O_4S$
7	头孢噻呋	Ceftiofur	$C_{19}H_{17}N_5O_7S_3$
8	红霉素	Erythromycin	$C_{37}H_{67}NO_{13}$

表 46　39 种 PPCPs 及内标物质信息表（续）

序号	组分	英文名称	分子式
9	克拉红霉素	Clarithromycin	$C_{38}H_{69}NO_{13}$
10	泰乐菌素	Tylosin	$C_{46}H_{77}NO_{17}$
11	磺胺醋酰	Sulfacetamide	$C_8H_{10}N_2O_3S$
12	磺胺吡啶	Sulfapyridine	$C_{11}H_{11}N_3O_2S$
13	磺胺嘧啶	Sulfadiazine	$C_{10}H_{10}N_4O_2S$
14	磺胺甲噁唑	Sulfamethoxazole	$C_{10}H_{11}N_3O_3S$
15	磺胺甲基嘧啶	Sulfamerazine	$C_{11}H_{12}N_4O_2S$
16	磺胺甲二唑	Sulfamethizole	$C_9H_{10}N_4O_2S_2$
17	磺胺二甲嘧啶	Sulfamethazine	$C_{12}H_{14}N_4O_2S$
18	磺胺对甲氧嘧啶	Sulfameter	$C_{11}H_{12}N_4O_3S$
19	磺胺氯哒嗪	Sulfachloropyridazine	$C_{10}H_9ClN_4O_2S$
20	磺胺喹噁啉	Sulfaquinoxaline	$C_{14}H_{12}N_4O_2S$
21	磺胺间二甲氧嘧啶	Sulfadimethoxine	$C_{12}H_{14}N_4O_4S$
22	磺胺邻二甲氧嘧啶	Sulfadoxin	$C_{12}H_{14}N_4O_4S$
23	磺胺苯吡唑	Sulfaphenazole	$C_{15}H_{14}N_4O_2S$
24	氟甲喹	Flumequine	$C_{14}H_{12}FNO_3$
25	噁喹酸	Oxolinic acid	$C_{13}H_{11}NO_5$
26	西诺沙星	Cinoxacin	$C_{12}H_{10}N_2O_5$
27	环丙沙星	Ciprofloxacin	$C_{17}H_{18}FN_3O_3$
28	恩氟沙星	Enrofloxacin	$C_{19}H_{22}FN_3O_3$
29	沙拉沙星	Sarafloxacin	$C_{20}H_{17}F_2N_3O_3$
30	噻菌灵	Thiabendazole	$C_{10}H_7N_3S$
31	对乙酰氨基酚	Acetaminophen	$C_8H_9NO_2$
32	卡马西平	Carbamazepine	$C_{15}H_{12}N_2O$
33	氟西汀	Fluoxetine	$C_{17}H_{18}F_3NO$
34	地尔硫卓	Diltiazem	$C_{22}H_{26}N_2O_4S$
35	脱氢硝苯地平	Dehydronifedipine	$C_{17}H_{16}N_2O_6$
36	苯海拉明	Diphenhydramine	$C_{17}H_{21}NO$
37	奥美普林	Ormetoprim	$C_{14}H_{18}N_4O_2$
38	甲氧苄啶	Trimethoprim	$C_{14}H_{18}N_4O_3$
39	1,7-二甲基黄嘌呤	Dimethylxanthine	$C_7H_8N_4O_2$
40	磺胺二甲嘧啶$^{13}C_6$	Sulfamethazine $^{13}C_6$	$C_6{}^{13}C_6H_{14}N_4O_2S$
41	磺胺甲噁唑$^{13}C_6$	Sulfamethoxazole $^{13}C_6$	$C_4{}^{13}C_6H_{11}N_3O_3S$
42	甲氧苄啶$^{13}C_3$	Trimethoprim $^{13}C_3$	$C_{11}{}^{13}C_3H_{18}N_4O_3$

表 46　39 种 PPCPs 及内标物质信息表（续）

序号	组分	英文名称	分子式
43	头孢氨苄 D_5	Cephalecxin D_5	$C_{16}H_{12}D_5N_3O_4S$
44	环丙沙星 $^{13}C_3$-^{15}N	Ciprofloxacin $^{13}C_3$-^{15}N	$C_{14}{}^{13}C_3H_{18}FN_2{}^{15}NO_3$
45	对乙酰氨基酚 D_3	Acetaminophen D_3	$C_8H_6D_3NO_2$
46	氟西汀 D_5	Fluoxetine D_5	$C_{17}H_{13}D_5F_3NO$
47	红霉素 ^{13}C-D_3	Erythromycin ^{13}C-D_3	$C_{36}{}^{13}CH_{64}D_3NO_{13}$
48	噻菌灵 D_4	Thiabendazole D_4	$C_{10}H_3D_4N_3S$
49	沙拉沙星 D_8	Sarafloxacin D_8	$C_{20}D_8H_9F_2N_3O_3$

90.1.3.13　标准储备溶液制备如下：

a）准确称取 39 种 PPCPs 标准品各 10 mg 于 10 mL 容量瓶，分别用甲醇或乙腈溶解并定容至 10 mL，配制完成 39 种 PPCPs 单标储备溶液，质量浓度均为 1 000 mg/L，－18 ℃避光保存，可保存 1 个月。也可使用有证标准溶液，溶剂为甲醇或乙腈；

b）准确称取 10 种 PPCPs 内标标准品各 10 mg 于 10 mL 容量瓶，分别用甲醇或乙腈溶解并定容至 10 mL，配制完成 10 种 PPCPs 内标物质单标储备溶液，质量浓度均为 1 000 mg/L，－18 ℃避光保存，可保存 1 个月。也可使用有证标准溶液，溶剂为甲醇或乙腈。

90.1.3.14　混合标准溶液制备如下：

a）39 种 PPCPs 混合标准储备溶液（10 mg/L）：分别移取 100 μL 质量浓度为 1 000 mg/L 的 39 种PPCPs 的单标准储备溶液至 10 mL 容量瓶中，用甲醇定容后混匀，－18 ℃避光保存，可保存 1 周；

b）10 种 PPCPs 混合内标物质储备溶液（10 mg/L）：分别移取 100 μL 浓度为 1 000 mg/L 的 10 种内标物质单标准储备溶液至 10 mL 容量瓶中，用甲醇定容后混匀，－18 ℃避光保存，可保存 1 周。

90.1.4　仪器设备

90.1.4.1　超高效液相色谱串联质谱仪（UPLC-MS/MS）。

90.1.4.2　固相萃取装置。

90.1.4.3　HLB 固相萃取柱：填料 200 mg，容量 6 mL。或其他等效固相萃取柱。

90.1.4.4　氮吹仪。

90.1.4.5　涡流振荡器。

90.1.4.6　天平：分辨力不低于 0.1 mg。

90.1.4.7　超声波清洗仪。

90.1.4.8　样品瓶：2 mL，螺口棕色玻璃材质，带聚四氟乙烯内衬螺旋盖。

90.1.4.9　采样瓶：1 L，螺口棕色玻璃材质，带聚四氟乙烯内衬螺旋盖。

90.1.4.10　聚醚砜滤膜：孔径 0.45 μm。

90.1.5　样品

90.1.5.1　水样的采集与保存

90.1.5.1.1　用 1 L 棕色螺口玻璃瓶采集水样，满瓶采样，密封保存，避免水样在运输过程中受到污染。

90.1.5.1.2　采样前采样瓶需用自来水反复冲洗，用甲醇冲洗 2 遍，再用纯水冲洗 3 遍，晾干备用（不使用洗涤剂进行清洗，不加热和刷洗）。

90.1.5.1.3　采样时，采样人员佩戴一次性手套，避免涂抹皮肤用药。水样如从龙头处取样，应打开龙头放水数分钟再采集水样。

90.1.5.1.4　采样现场在水样中添加抗坏血酸（每升水样中添加 30 mg），适当振荡至抗坏血酸溶解，抗坏血酸需要避光保存。

90.1.5.1.5　采集的水样低温(0 ℃～4 ℃)避光保存。水样运输过程中加冰排冷藏,冰排体积不少于水样体积的1/2。采样前冰排在－18 ℃以下的冰箱或冰柜中冷冻24 h以上,冰排内的蓄冷剂应全部冷冻结冰、凝固透彻后方可使用。

90.1.5.2　水样的预处理

90.1.5.2.1　水样如有悬浮物需经0.45 μm滤膜过滤。

90.1.5.2.2　量取1 L水样,加入质量浓度为1 000 μg/L的内标混合溶液20 μL,充分混匀后加入5.848 g磷酸二氢钾、3.8 mL磷酸调节pH约为2,再加入0.5 g金属螯合剂乙二胺四乙酸二钠充分混匀。

90.1.5.2.3　用HLB固相萃取柱进行富集净化。上样前分别用10 mL甲醇和10 mL纯水活化平衡固相萃取柱,以6 mL/min的流速上样后,用10 mL纯水淋洗,在负压下固相萃取柱干燥10 min后,用10 mL甲醇进行洗脱。洗脱液收集在15 mL离心管中,氮气吹至近干。用1 mL初始流动相(5%甲醇溶液)复溶,充分混匀后超声30 s,转移至进样瓶后上机测定。

90.1.6　试验步骤

90.1.6.1　仪器参考条件

90.1.6.1.1　色谱参考条件

色谱柱:HSS T_3柱(2.1 mm × 100 mm,1.8 μm),或其他等效柱。柱温:40 ℃。进样量:10 μL。流动相A:0.1%甲酸水溶液,流动相B:甲醇,流速:0.35 mL/min。梯度洗脱,洗脱程序见表47。

表47　梯度洗脱程序

时间/min	流动相A/%	流动相B/%
0	95	5
3.00	80	20
6.00	70	30
10.00	60	40
12.00	30	70
15.00	5	95
15.50	95	5
18.00	95	5

90.1.6.1.2　质谱参考条件

离子源为电喷雾离子源(ESI),正离子扫描,多反应监测(MRM)模式分析,源温度120 ℃,脱溶剂温度350 ℃,脱溶剂气流量650 L/h,锥孔气流量50 L/h,毛细管电压2.0 kV。多反应监测(MRM)条件见表48。

表48　39种PPCPs和10种内标物质的多反应监测(MRM)条件

序号	组分	特征离子(m/z)	锥孔电压/V	碰撞能量/eV
1	对乙酰氨基酚	151.84>64.90[a]	38	28
		151.84>92.67	38	22
2	1,7-二甲基黄嘌呤	180.97>123.89[a]	14	18
		180.97>68.92	14	30

表 48　39 种 PPCPs 和 10 种内标物质的多反应监测(MRM)条件（续）

序号	组分	特征离子(m/z)	锥孔电压/V	碰撞能量/eV
3	噻菌灵	202.00>174.90[a]	24	24
		202.00>130.90	24	32
4	磺胺醋酰	214.95>155.87[a]	25	10
		214.95>91.81	25	20
5	卡马西平	237.07>178.90[a]	48	36
		237.06>164.99	48	40
6	磺胺吡啶	249.96>91.89[a]	38	28
		249.96>155.89	38	16
7	磺胺嘧啶	250.96>91.88[a]	30	26
		250.96>155.93	30	14
8	磺胺甲噁唑	253.96>91.94[a]	36	26
		253.96>155.87	36	14
9	苯海拉明	256.07>151.92[a]	20	36
		256.07>167.01	20	10
10	氟甲喹	262.05>244.00[a]	28	16
		262.05>201.93	30	32
11	噁喹酸	262.20>244.20[a]	28	16
		262.20>160.20	28	36
12	西诺沙星	263.00> 245.20[a]	27	15
		263.00>189.00	45	28
13	磺胺甲基嘧啶	264.97>91.88[a]	36	28
		264.97>107.88	36	26
14	磺胺甲二唑	270.93>155.94[a]	34	14
		270.93>91.88	34	26
15	奥美普林	275.11>122.91[a]	26	24
		275.11>80.89	26	44
16	磺胺二甲嘧啶	278.99>185.92[a]	44	16
		278.99>91.88	44	32
17	磺胺对甲氧嘧啶	280.97>91.88[a]	44	28
		280.97>107.82	44	26
18	磺胺氯哒嗪	284.92>155.88[a]	40	14
		284.92>91.88	40	28
19	甲氧苄啶	291.11> 230.02[a]	30	22
		291.11>122.91	30	24

表 48　39 种 PPCPs 和 10 种内标物质的多反应监测(MRM)条件(续)

序号	组分	特征离子(m/z)	锥孔电压/V	碰撞能量/eV
20	磺胺喹噁啉	300.97>91.88[a]	18	30
		300.97>155.88	18	16
21	氟西汀	310.10>147.99[a]	20	8
		310.10>90.96	20	80
22	磺胺间二甲氧嘧啶	310.98>155.94[a]	40	20
		310.98>91.88	40	32
23	磺胺邻二甲氧嘧啶	311.04>155.94[a]	30	18
		311.04>91.88	30	28
24	磺胺苯吡唑	315.05>158.07[a]	40	28
		315.05>91.87	40	36
25	环丙沙星	332.10>230.98[a]	22	34
		332.10>245.02	22	22
26	青霉素 G	334.97>159.90[a]	20	10
		334.97>175.97	20	10
27	脱氢硝苯地平	345.07>284.07[a]	40	26
		345.07>267.95	40	26
28	头孢氨苄	348.13>157.94[a]	28	6
		348.13>105.85	28	26
29	头孢拉定	350.10>157.94[a]	30	6
		350.10>105.85	30	26
30	氨苄西林	350.14>105.92[a]	22	18
		350.14>113.85	22	32
31	恩氟沙星	360.20>316.10[a]	32	22
		360.20>342.20	32	20
32	沙拉沙星	386.20>342.10[a]	37	18
		386.20>299.10	37	27
33	苯唑西林	402.04> 159.96[a]	32	12
		402.04>242.99	32	12
34	地尔硫卓	415.19>177.92[a]	30	26
		415.19>108.85	30	66
35	氯唑西林	436.07>159.97[a]	40	12
		436.07>276.96	40	12
36	头孢噻呋	524.06>240.98[a]	28	16
		524.06>125.10	28	56

表 48　39 种 PPCPs 和 10 种内标物质的多反应监测(MRM)条件（续）

序号	组分	特征离子(m/z)	锥孔电压/V	碰撞能量/eV
37	红霉素	734.56>158.06[a]	28	32
		734.56>82.90	28	52
38	克拉红霉素	748.57>158.00[a]	20	30
		748.57>82.96	20	48
39	泰乐菌素	916.49>174.05[a]	35	40
		916.49>100.85	35	50
40	红霉素^{13}C-D_3	738.34>162.03[a]	28	32
		738.34>82.96	28	50
41	沙拉沙星 D_8	394.18>303.08[a]	37	26
		394.18>274.02	37	40
42	氟西汀 D_5	315.13>153.02[a]	20	8
		315.13>94.94	20	80
43	甲氧苄啶$^{13}C_3$	294.00>122.96[a]	30	24
		294.00>230.98	30	22
44	磺胺二甲嘧啶$^{13}C_6$	284.94>185.94[a]	44	16
		284.94>97.93	44	32
45	磺胺甲噁唑$^{13}C_6$	259.95>98.05[a]	36	26
		259.95>161.93	36	14
46	头孢氨苄 D_5	353.13>110.85[a]	28	26
		353.13>179.10	28	20
47	噻菌灵 D_4	206.00>178.92[a]	24	24
		206.00>134.90	24	32
48	环丙沙星$^{13}C_3$-^{15}N	336.10>234.98[a]	22	34
		336.10>245.02	22	22
49	对乙酰氨基酚 D_3	155.09>64.95[a]	38	28
		155.09>92.92	38	22

[a] 定量离子对，可根据各实验室检测的具体情况来确定。

90.1.6.2　校准

90.1.6.2.1　标准系列溶液配制如下：

a)　39 种 PPCPs 混合标准中间溶液(1 000 μg/L)：准确移取 1.00 mL 质量浓度为 10 mg/L 的外标混合溶液至 10 mL 容量瓶中，5%甲醇水溶液定容后混匀，现用现配；

b)　39 种 PPCPs 混合标准中间溶液(100 μg/L)：取 1.00 mL 质量浓度为 1 000 μg/L 的外标混合溶液至 10 mL 容量瓶中，5%甲醇水溶液定容后混匀，现用现配；

c)　39 种 PPCPs 混合标准中间溶液(10 μg/L)：取 1.00 mL 质量浓度 100 μg/L 的混合标准中间溶液至 10 mL 容量瓶中，5%甲醇水溶液定容后混匀，现用现配；

d)　10 种 PPCPs 混合内标物质中间溶液(1 000 μg/L)：取 1.00 mL 质量浓度 10 mg/L 的内标混合标准溶液至 10 mL 容量瓶中，甲醇定容后混匀，−18 ℃避光保存；

e)　标准系列溶液配制：取一定体积的混合标准中间溶液和 200 μL 质量浓度为 1 000 μg/L 的内标混合溶液至 10 mL 容量瓶中，5%甲醇溶液定容后混匀，配制方法见表 49。

表 49 标准系列溶液配制

标准系列溶液质量浓度/(μg/L)	39 种 PPCPs 混合标准中间溶液		10 种 PPCPs 混合内标标准中间溶液		定容体积/mL
	添加质量浓度/(μg/L)	添加体积/μL	添加质量浓度/(μg/L)	添加体积/μL	
0.050	10	50	1 000	200	10
0.100	10	100	1 000	200	10
0.200	10	200	1 000	200	10
0.500	10	500	1 000	200	10
1.00	100	100	1 000	200	10
2.00	100	200	1 000	200	10
5.00	100	500	1 000	200	10
10.0	100	1 000	1 000	200	10
12.5	1 000	125	1 000	200	10
20.0	1 000	200	1 000	200	10
25.0	1 000	250	1 000	200	10
40.0	1 000	400	1 000	200	10
50.0	1 000	500	1 000	200	10
100	1 000	1 000	1 000	200	10

90.1.6.2.2 标准曲线绘制

标准系列溶液按照浓度从低到高的顺序依次上机测定，以待测物峰面积与相应内标物质(见表 50)峰面积的比值为纵坐标，其对应的质量浓度为横坐标，绘制标准曲线。将表 49 各混合标准溶液进样分析，根据表 51 中所规定的各目标待测物的测定曲线浓度范围，汇总内标法线性回归曲线。

表 50 39 种 PPCPs 对应的内标物质

序号	内标物质[a]	目标待测物
1	磺胺二甲嘧啶 $^{13}C_6$	磺胺吡啶、磺胺醋酰、磺胺对甲氧嘧啶、磺胺二甲嘧啶、磺胺甲基嘧啶、磺胺间二甲氧嘧啶、磺胺邻二甲氧嘧啶、磺胺氯哒嗪、磺胺嘧啶
2	磺胺甲噁唑 $^{13}C_6$	磺胺苯吡唑、磺胺甲噁唑、磺胺甲二唑、磺胺喹噁啉
3	甲氧苄啶 $^{13}C_3$	噁喹酸、氟甲喹、西诺沙星、克拉红霉素、地尔硫卓、苯海拉明、奥美普林、甲氧苄啶、1,7-二甲基黄嘌呤、卡马西平、脱氢硝苯地平
4	头孢氨苄 D_5	氨苄西林、苯唑西林、氯唑西林、青霉素 G、头孢氨苄、头孢拉定、头孢噻呋
5	环丙沙星 $^{13}C_3$-^{15}N	恩氟沙星、环丙沙星
6	对乙酰氨基酚 D_3	对乙酰氨基酚
7	氟西汀 D_5	氟西汀
8	红霉素 ^{13}C-D_3	红霉素
9	噻菌灵 D_4	泰乐菌素、噻菌灵
10	沙拉沙星 D_8	沙拉沙星
[a] 也可使用目标待测物本身的同位素内标进行定量。		

表 51　39 种 PPCPs 标准曲线绘制时推荐的质量浓度点

单位为微克每升

组分	CS1	CS2	CS3	CS4	CS5	CS6	CS7
青霉素 G	1	2	5	10	12.5	20	50
氨苄西林	5	10	12.5	20	25	40	50
苯唑西林	5	10	12.5	20	25	40	50
氯唑西林	2	5	10	20	25	50	100
头孢拉定	1	5	10	12.5	20	25	50
头孢氨苄	0.5	1	2	5	10	20	50
头孢噻呋	1	5	10	12.5	20	25	50
红霉素	2	5	10	12.5	20	25	50
克拉红霉素	0.5	1	5	10	20	50	100
泰乐菌素	0.5	1	2	5	10	20	50
磺胺醋酰	1	2	5	10	20	50	100
磺胺吡啶	0.2	0.5	1	2	5	10	20
磺胺嘧啶	0.5	1	2	5	10	12.5	20
磺胺甲噁唑	0.1	0.5	1	2	5	10	20
磺胺甲基嘧啶	0.2	0.5	1	2	5	10	20
磺胺甲二唑	0.05	0.1	0.5	1	5	10	20
磺胺二甲嘧啶	0.2	0.5	1	2	5	10	20
磺胺对甲氧嘧啶	0.2	0.5	1	2	5	10	20
磺胺氯哒嗪	0.1	0.5	1	2	5	10	20
磺胺喹噁啉	0.2	0.5	1	2	5	10	20
磺胺间二甲氧嘧啶	0.1	0.5	1	5	10	20	50
磺胺邻二甲氧嘧啶	0.2	0.5	1	5	10	20	50
磺胺苯吡唑	0.2	0.5	1	5	10	20	50
氟甲喹	0.1	0.5	1	2	5	10	20
噁喹酸	0.5	0.5	1	2	5	10	20
西诺沙星	1	2	5	10	12.5	20	40
环丙沙星	1	2	5	10	20	50	100
恩氟沙星	0.5	1	5	10	20	50	100
沙拉沙星	0.5	1	5	10	20	50	100
噻菌灵	0.5	1	2	5	10	12.5	20
对乙酰氨基酚	0.5	1	2	5	10	12.5	20
卡马西平	0.5	1	2	5	10	12.5	20
氟西汀	1	2	5	10	12.5	20	50
地尔硫卓	0.1	0.5	1	5	10	50	100
脱氢硝苯地平	0.1	0.5	1	5	10	20	50
苯海拉明	0.5	1	5	10	20	50	100
奥美普林	0.5	1	2	5	10	12.5	20
甲氧苄啶	0.5	1	2	5	10	12.5	20
1,7-二甲基黄嘌呤	0.5	1	2	5	10	20	50

90.1.6.3　样品测定

样品经固相萃取处理后，与标准系列溶液相同条件下进行分析测定，记录总离子流图，按公式(33)计算测定组分的质量浓度。

90.1.6.4　色谱图的考察

39 种 PPCPs 的标准色谱图，见图 50。

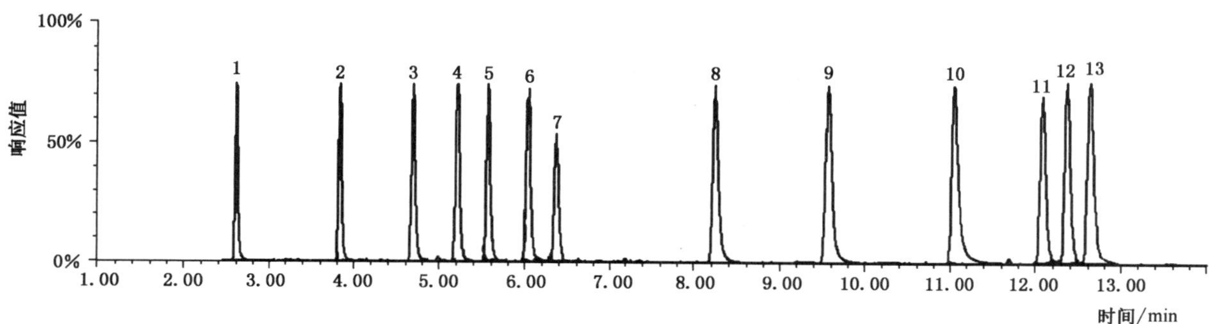

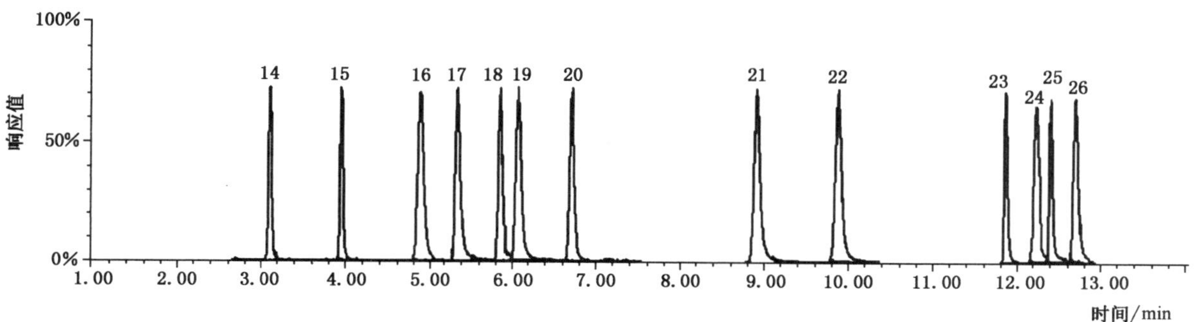

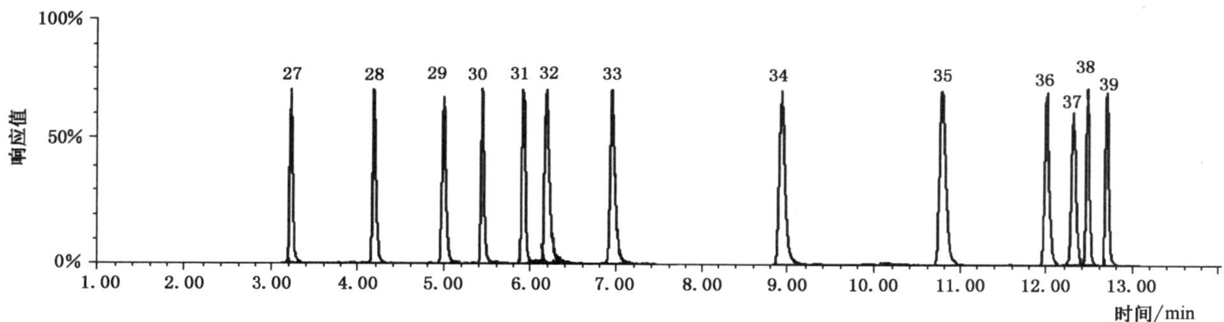

标引序号说明：

1 ——磺胺醋酰，2.61 min；
2 ——磺胺吡啶，3.82 min；
3 ——甲氧苄啶，4.69 min；
4 ——磺胺二甲嘧啶，5.20 min；
5 ——头孢氨苄，5.59 min；
6 ——磺胺甲噁唑，6.03 min；
7 ——头孢拉定，6.39 min；
8 ——磺胺苯吡唑，8.23 min；
9 ——磺胺喹噁啉，9.56 min；
10——苯海拉明，11.05 min；
11——青霉素 G，12.09 min；
12——泰乐菌素，12.37 min；
13——苯唑西林，12.64 min；
14——对乙酰氨基酚，3.11 min；
15——1，7-二甲基黄嘌呤，3.96 min；
16——磺胺对甲氧嘧啶，4.91 min；
17——噻菌灵，5.31 min；
18——磺胺氯哒嗪，5.85 min；
19——氨苄西林，6.11 min；
20——磺胺邻二甲氧嘧啶，6.69 min；
21——西诺沙星，8.88 min；
22——噁喹酸，9.87 min；
23——地尔硫卓，11.87 min；
24——卡马西平，12.30 min；
25——氟西汀，12.39 min；
26——氯唑西林，12.69 min；
27——磺胺嘧啶，3.22 min；
28——磺胺甲基嘧啶，4.18 min；
29——磺胺甲二唑，5.01 min；
30——奥美普林，5.44 min；
31——环丙沙星，5.95 min；
32——恩氟沙星，6.20 min；
33——沙拉沙星，6.96 min；
34——磺胺间二甲氧嘧啶，8.96 min；
35——头孢噻呋，10.80 min；
36——氟甲喹，12.05 min；
37——红霉素，12.37 min；
38——脱氢硝苯地平，12.48 min；
39——克拉红霉素，12.78 min。

图 50　39 种 PPCPs 标准溶液色谱图

90.1.7 试验数据处理

90.1.7.1 定性分析：通过与标准物质比对，根据 PPCPs 的保留时间和特征离子确定待测组分。

90.1.7.2 定量分析：分别将测定的 39 种 PPCPs 峰面积与对应的内标物质峰面积比值代入标准曲线，得到进样质量浓度 ρ_1，按公式(33)计算样品的质量浓度：

$$\rho = \frac{\rho_1 \times V_1}{V} \quad \cdots\cdots(33)$$

式中：

ρ ——样品中 PPCPs 的质量浓度，单位为纳克每升(ng/L)；

ρ_1 ——进样质量浓度，单位为微克每升(μg/L)；

V_1 ——样品的定容体积，单位为毫升(mL)；

V ——取样体积，单位为升(L)。

90.1.8 精密度和准确度

对生活饮用水水样进行 PPCPs 加标回收测定，在低(1 ng/L～5 ng/L)、中(4 ng/L～20 ng/L)、高(20 ng/L～100 ng/L)3 个加标质量浓度水平，按照上述方法进行样品处理及测定。每个质量浓度水平重复测定 6 份平行样品，计算加标回收率和相对标准偏差(RSD)。5 个实验室加标回收率和精密度结果见表 52。

表 52 方法回收率和精密度(*n*＝6)

序号	组分	低浓度		中浓度		高浓度	
		回收率/%	RSD/%	回收率/%	RSD/%	回收率/%	RSD/%
1	青霉素 G	71.6～101	5.8～15	68.0～79.0	4.8～17	66.7～80.8	4.4～16
2	氨苄西林	78.3～118	5.0～16	67.6～114	4.1～17	80.8～109	0.40～14
3	苯唑西林	83.5～117	4.0～17	76.1～113	3.1～15	81.4～110	1.4～16
4	氯唑西林	69.7～120	0.60～26	80.9～116	4.5～14	65.3～109	3.9～18
5	头孢拉定	63.2～114	5.2～27	87.8～120	3.0～15	86.4～120	2.6～11
6	头孢氨苄	78.4～120	1.1～14	83.8～120	3.4～11	81.2～112	4.9～17
7	头孢噻呋	68.1～115	5.4～15	78.3～117	4.0～16	75.9～114	3.1～7.9
8	红霉素	103～120	1.2～6.9	89.7～120	3.5～12	98.7～120	2.5～16
9	克拉红霉素	81.6～113	2.8～7.7	67.4～118	1.8～17	69.9～98.4	5.6～8.3
10	泰乐菌素	76.1～112	4.0～10	62.5～123	4.7～27	80.2～124	3.9～14
11	磺胺醋酰	91.9～107	2.2～11	92.7～116	3.5～17	89.3～120	3.0～13
12	磺胺吡啶	101～109	2.6～8.7	87.2～115	2.2～17	93.2～111	2.9～20
13	磺胺嘧啶	74.8～115	2.0～11	76.9～103	3.5～17	87.8～109	3.7～12
14	磺胺甲噁唑	73.0～112	1.6～6.9	86.2～111	3.3～12	85.9～114	1.2～5.6
15	磺胺甲基嘧啶	72.0～114	3.1～9.2	65.9～114	2.2～8.0	64.2～119	2.6～16
16	磺胺甲二唑	75.0～117	5.3～9.8	82.2～104	3.5～18	86.9～112	1.9～14
17	磺胺二甲嘧啶	94.7～110	1.9～9.3	82.8～113	1.7～16	94.9～112	1.0～13

表 52　方法回收率和精密度(n=6)(续)

序号	组分	低浓度		中浓度		高浓度	
		回收率/%	RSD/%	回收率/%	RSD/%	回收率/%	RSD/%
18	磺胺对甲氧嘧啶	90.7～117	2.7～12	84.7～116	3.9～16	90.8～109	2.1～12
19	磺胺氯哒嗪	62.3～116	3.8～11	60.0～103	2.6～18	63.2～111	1.0～11
20	磺胺喹噁啉	80.9～114	3.5～11	82.0～111	1.7～16	86.8～119	3.5～12
21	磺胺间二甲氧嘧啶	94.3～115	2.8～8.1	87.9～118	1.4～18	101～120	3.5～12
22	磺胺邻二甲氧嘧啶	97.1～120	2.5～10	88.3～120	1.8～17	96.3～120	1.7～13
23	磺胺苯吡唑	77.6～111	3.4～9.2	82.5～116	1.7～16	76.1～119	2.7～8.8
24	氟甲喹	85.7～115	1.1～10	71.5～105	3.5～16	81.2～114	2.1～13
25	噁喹酸	76.3～124	1.4～9.5	66.3～104	4.1～14	73.1～106	1.9～14
26	西诺沙星	109～120	1.8～9.8	64.7～114	3.7～25	86.4～110	0.7～18
27	环丙沙星	97.3～117	6.0～8.2	83.7～118	6.8～15	73.9～113	2.7～14
28	恩氟沙星	81.2～108	1.9～20	69.3～103	4.1～16	83.0～120	1.6～12
29	沙拉沙星	90.0～115	1.7～13	75.9～98.9	4.4～16	67.7～119	1.7～7.8
30	噻菌灵	61.0～110	3.6～9.1	77.5～110	2.4～14	72.8～109	1.0～6.2
31	对乙酰氨基酚	96.7～116	2.1～14	87.6～116	7.7～14	87.1～111	2.7～12
32	卡马西平	91.0～102	2.0～7.3	82.8～109	2.8～17	81.1～103	3.5～6
33	氟西汀	84.7～122	2.7～11	81.9～108	1.7～13	87.0～113	4.6～11
34	地尔硫卓	91.0～117	2.2～11	95.1～108	1.7～16	87.1～103	3.4～12
35	脱氢硝苯地平	92.3～119	1.8～8.1	93.8～104	1.4～12	93.4～105	1.2～6.5
36	苯海拉明	79.7～104	2.2～20	77.9～103	2.8～19	76.1～113	2.9～17
37	奥美普林	80.3～103	2.4～8.0	67.9～107	3.5～15	72.0～105	2.1～8.3
38	甲氧苄啶	75.0～112	1.9～8.5	80.0～110	2.0～12	95.7～116	1.7～6.8
39	1,7-二甲基黄嘌呤	91.4～114	1.4～11	73.4～118	3.1～16	77.5～100	1.1～14

附　录　A
（资料性）
吹扫捕集气相色谱质谱法测定挥发性有机物

A.1　最低检测质量浓度

本方法适用于测定生活饮用水、水源地表水和地下水中的可吹脱有机化合物，本方法测定挥发性有机化合物的种类（见表 A.1）和检出限随仪器和操作条件而变，水样为 25 mL 时的方法检出限见表 A.2。

表 A.1　吹扫捕集气相色谱质谱法测定的挥发性有机化合物

序号	组分	序号	组分	序号	组分
1	丙酮	29	1,3-二氯苯	57	甲基丙烯酸甲酯
2	丙烯腈	30	1,4-二氯苯	58	4-甲基-2-戊酮
3	3-氯-1-丙烯	31	反-1,4-二氯-2-丁烯	59	甲基叔丁基醚
4	苯	32	二氟二氯甲烷	60	萘
5	溴苯	33	1,1-二氯乙烷	61	硝基苯
6	一氯一溴甲烷	34	1,2-二氯乙烷	62	2-硝基丙烷
7	二氯一溴甲烷	35	1,1-二氯乙烯	63	五氯乙烷
8	三溴甲烷	36	顺-1,2-二氯乙烯	64	丙腈
9	一溴甲烷	37	反-1,2-二氯乙烯	65	正丙基苯
10	丁酮	38	1,2-二氯丙烷	66	苯乙烯
11	丁苯	39	1,3-二氯丙烷	67	1,1,1,2-四氯乙烷
12	仲丁基苯	40	2,2-二氯丙烷	68	1,1,2,2-四氯乙烷
13	叔丁基苯	41	1,1-二氯丙烯	69	四氯乙烯
14	二硫化碳	42	1,1-二氯丙酮	70	四氢呋喃
15	四氯化碳	43	顺-1,3-二氯丙烯	71	甲苯
16	氯乙腈	44	反-1,3-二氯丙烯	72	1,2,3-三氯苯
17	氯苯	45	乙醚	73	1,2,4-三氯苯
18	氯丁烷	46	乙苯	74	1,1,1-三氯乙烷
19	氯乙烷	47	甲基丙烯酸乙酯	75	1,1,2-三氯乙烷
20	三氯甲烷	48	六氯丁二烯	76	三氯乙烯
21	氯甲烷	49	六氯乙烷	77	三氯氟甲烷
22	2-氯甲苯	50	2-己酮	78	1,2,3-三氯丙烷
23	4-氯甲苯	51	异丙基苯	79	1,2,4-三甲苯
24	一氯二溴甲烷	52	4-异丙基甲苯	80	1,3,5-三甲苯
25	1,2-二溴-3-氯丙烷	53	甲基丙烯腈	81	氯乙烯
26	1,2-二溴乙烷	54	丙烯酸甲酯	82	邻-二甲苯
27	二溴甲烷	55	二氯甲烷	83	间-二甲苯
28	1,2-二氯苯	56	碘甲烷	84	对-二甲苯

表 A.2 挥发性有机化合物方法的回收率、精密度和方法检出限(MDL)

组分	组分浓度/(μg/L)	回收率/%	RSD/%	MDL/(μg/L)
苯	0.1~10	97	5.7	0.04
溴苯	0.1~10	100	5.5	0.03
一氯一溴甲烷	0.5~10	90	6.4	0.04
二氯一溴甲烷	0.1~10	95	6.1	0.08
三溴甲烷	0.5~10	101	6.3	0.12
一溴甲烷	0.5~10	95	8.2	0.11
丁苯	0.5~10	100	7.6	0.11
仲丁基苯	0.5~10	100	7.6	0.13
叔丁基苯	0.5~10	102	7.3	0.14
四氯化碳	0.5~10	84	8.8	0.21
氯苯	0.1~10	98	5.9	0.04
一氯乙烷	0.5~10	89	9.0	0.10
三氯甲烷	0.5~10	90	6.1	0.03
一氯甲烷	0.5~10	93	8.9	0.13
2-氯甲苯	0.1~10	90	6.2	0.04
4-氯甲苯	0.1~10	99	8.3	0.06
一氯二溴甲烷	0.1~10	92	7.0	0.05
1,2-二溴-3-氯丙烷	0.5~10	83	20	0.26
1,2-二溴乙烷	0.5~10	102	3.9	0.06
二溴甲烷	0.5~10	100	5.6	0.24
1,2-二氯苯	0.1~10	93	6.2	0.03
1,3-二氯苯	0.5~10	99	6.9	0.12
1,4-二氯苯	0.2~20	103	6.4	0.03
二氟二氯甲烷	0.5~10	90	7.7	0.10
1,1-二氯乙烷	0.5~10	96	5.3	0.04
1,2-二氯乙烷	0.1~10	95	5.4	0.06
1,1-二氯乙烯	0.1~10	94	6.7	0.12
顺-1,2-二氯乙烯	0.5~10	101	6.7	0.12
反-1,2-二氯乙烯	0.1~10	93	5.6	0.06
1,2-二氯丙烷	0.1~10	97	6.1	0.04
1,3-二氯丙烷	0.1~10	96	6.0	0.04
2,2-二氯丙烷	0.5~10	86	17	0.35
1,1-二氯丙烯	0.5~10	98	8.9	0.10
顺-1,3-二氯丙烯	0.1~10	97	3.1	0.02

表 A.2 挥发性有机化合物方法的回收率、精密度和方法检出限(MDL)(续)

组分	组分浓度/(μg/L)	回收率/%	RSD/%	MDL/(μg/L)
反-1,3-二氯丙烯	0.1～10	96	14	0.048
乙苯	0.1～10	99	8.6	0.06
六氯丁二烯	0.5～10	100	6.8	0.11
异丙苯	0.5～10	101	7.6	0.15
4-异丙基甲苯	0.1～10	99	6.7	0.12
二氯甲烷	0.1～10	95	5.3	0.03
萘	0.1～100	104	8.2	0.04
丙苯	0.1～10	100	5.8	0.04
苯乙烯	0.1～100	102	7.2	0.04
1,1,1,2-四氯乙烷	0.5～10	90	6.8	0.05
1,1,2,2-四氯乙烷	0.1～10	91	6.3	0.04
四氯乙烯	0.5～10	89	6.8	0.14
甲苯	0.5～10	102	8.0	0.11
1,2,3-三氯苯	0.5～10	109	8.6	0.03
1,2,4-三氯苯	0.5～10	108	8.3	0.04
1,1,1-三氯乙烷	0.5～10	98	8.1	0.08
1,1,2-三氯乙烷	0.5～10	104	7.3	0.10
三氯乙烯	0.5～10	90	7.3	0.19
三氯氟甲烷	0.5～10	89	8.1	0.08
1,2,3-三氯丙烷	0.5～10	108	15	0.32
1,2,4-三甲苯	0.5～10	99	8.1	0.13
1,3,5-三甲苯	0.5～10	92	7.4	0.05
氯乙烯	0.5～10	98	6.7	0.17
邻-二甲苯	0.1～31	103	7.2	0.11
间-二甲苯	0.1～10	97	6.5	0.05
对-二甲苯	0.5～10	104	7.7	0.13

A.2 原理

将待测水样用注射器注入吹扫捕集装置的吹脱管中，于室温下通以惰性气体(氦气)，把水样中低水溶性的挥发性有机化合物及加入的内标和标记化合物吹脱出来，捕集在装有适当吸附剂的捕集管内。吹脱程序完成后，捕集管被瞬间加热并以氦气反吹，将所吸附的组分解吸入毛细管气相色谱仪(GC)中，组分经程序升温色谱分离后，用质谱仪(MS)检测。

通过目标组分的质谱图和保留时间与计算机谱库中的质谱图和保留时间作对照进行定性；每个定性出来的组分的浓度取决于其定量离子与内标物定量离子的质谱响应之比。每个样品中含已知浓度的内标化合物，用内标校正程序测定。

A.3 干扰及消除

主要的污染源是吹脱气体及捕集管路中的挥发性有机化合物，使用聚四氟乙烯材质的管路和密封圈，吹扫装置中的流量计不应含橡胶元件；每天在操作条件下分析纯水空白，检查系统中是否有污染(不准从样品检测结果中扣除空白值)；仪器实验室不应有溶剂污染，特别是二氯甲烷和甲基叔丁基醚(MtBE)。

高、低浓度的样品交替分析时会产生残留性污染。为避免此类污染，在测定样品之间要用纯水将吹脱管和进样器冲洗两次。在分析特别高浓度的样品后要分析一个实验室纯水空白。若样品中含有大量水溶性物质、悬浮固体、高沸点物质或高浓度的有机物，会污染吹脱管，此时要用洗涤液清洗吹脱管，再用二次水淋洗干净后于 105 ℃烘箱中烘干后使用。吹扫系统的捕集管和其他部位也易被污染，要经常烘烤、吹脱整个系统。

样品在运输和储藏过程中可能会因挥发性有机化合物(尤其是氟代烃和二氯甲烷)渗透过密封垫而受到污染。在采样、加固定剂和运输的全过程中携带纯水作为现场试剂空白来检查此类污染。

高纯甲醇中可能含有石油、二氯甲烷和其他有机污染物，在配制标准之前应检测是否含有此类污染物。

A.4 样品采集与保存

A.4.1 样品采集

所有样品均采集平行样，每批样品要带一个现场空白，即在实验室中用纯水充满样品瓶，封好后与空的样品瓶一同运至采样点。

采样时，使水样在瓶中溢流出而不留气泡。若从水龙头采样，应先打开龙头放水至水温稳定(一般需 10 min)。调节水流速度约为 500 mL/min，从流水中采集平行样；若从开放的水体中采样，先用 1 L 的广口瓶或烧杯从有代表性的区域中采样，再小心把水样从广口瓶或烧杯中倒入样品瓶中。

对于不含余氯的样品和现场空白，每 40 mL 水样中加 4 滴 4 mol/L 的盐酸作固定剂，以防水样中发生生物降解，要确保盐酸中不含痕量有机杂质。

对于含余氯的样品和现场空白，在样品瓶中先加入抗坏血酸(每 40 mL 水样加 25 mg)，待样品瓶中充满水样并溢流后，每 20 mL 样品中加入 1 滴 4 mol/L 盐酸，调节样品 pH<2，再密封样品瓶。注意垫片的聚四氟乙烯(PTFE)面朝下。

A.4.2 样品保存

样品保存取决于待测目标组分和样品基体，采样后应将样品冷却至 4 ℃，并维持此温度直到分析。现场水样在到达实验室前应用冰块降温以保持在 4 ℃。样品存放区域应无有机物污染。

A.5 试剂或材料

A.5.1 甲醇：优级纯。

A.5.2 纯水：普通纯水于 90 ℃水浴中用氮气吹脱 15 min，现用现制。所得纯水中应无干扰测定的杂质，或水中杂质含量小于方法中目标组分的检出限。

A.5.3 盐酸(1+1)：将一定体积的盐酸[ρ(HCl)=1.19 g/mL]加入等体积纯水中。

A.5.4 氯乙烯：标准气。

A.5.5 抗坏血酸。

A.5.6 硫代硫酸钠。

A.5.7 标准储备溶液：可直接购买具有标准物质证书的标准溶液，标准溶液应包括所有相关的待测组分，也可用纯标准物质制备(称量法)，常用质量浓度为 1 mg/mL～5 mg/mL。将其置于 PTFE 封口的螺旋口瓶中或密闭安瓿瓶中，尽量减少瓶内的液上顶空，避光于冰箱保存：

a) 将 10 mL 容量瓶放在天平上归零，加入大约 9.8 mL 甲醇，使其静置约 10 min，不要加盖，直至沾有甲醇液体的容器表面干燥为止，精确称量至 0.1 mg。

b) 依下述步骤，加入已预先确认过纯度的标准参考品。

   1) 液体：使用 100 μL 的注射针，立即加入两滴或两滴以上已预先分析过的标准参考品于容量瓶中，再称量。加入的标准品液体应直接落入甲醇液体中，不应与容量瓶的瓶颈部分接触。

   2) 气体：制备沸点在 30 ℃ 以下的标准品(如溴甲烷、氯乙烷、氯甲烷、二氟二氯甲烷、一氟三氯甲烷、氯乙烯等)，将 5 mL 气密式注射针阀内充满标准参考品至刻度，将针头伸入容量瓶内甲醇液体表面上 5 mm 处，在液面上缓缓将标准参考品释出，密度较重的气体很快的溶入甲醇液体中。

c) 再称量，稀释至刻度，盖上瓶盖，倒置容量瓶数次，使充分混合。以标准参考品的净重，计算其于溶液中的质量浓度(mg/L)。若该化合物的纯度为 96% 或更高时，则所称的质量，可直接计算储备标准溶液的质量浓度，而不需考虑因标准品纯度不足 100% 所造成之误差。任何浓度之市售标准品，经制造商或一独立机构确认过，皆可使用；

d) 将标准储备溶液倒入有 PTFE 内衬附螺旋盖的玻璃瓶。瓶内的液面上顶空愈少愈好，储存于 −10 ℃～−20 ℃低温，避光；

e) 气体标准储备溶液，需每周重新配制。其他的标准储备溶液需每月重新配制或与校准标准品比对发现有问题时需重新配制。

A.5.8 标准中间溶液：用甲醇稀释标准储备溶液，其浓度要便于配制校准溶液，并能包括校准曲线的浓度范围。将其置于 PTFE 封口的螺旋口瓶中或密闭安瓿瓶中，尽量减少瓶内的液上顶空，避光于冰箱保存。经常检查溶液是否变质或挥发，在用它配制使用溶液时要将其放至室温。

A.5.9 内标及标记物添加液：用甲醇配制内标(氟苯)、标记物(1,2-二氯苯-D_4 及 4-溴氟苯)，使其质量浓度为 5 μg/mL。该混合液要加到样品、标样和空白中，例如，将 5 μL 内标及标记物的甲醇溶液加入 5 mL(或 25 mL)水样中，使内标及标记物在水样中的质量浓度为 5 μg/L(或 1 μg/L)。在满足方法要求并不干扰目标组分测定的前提下，也可用其他的内标和标记物。

A.5.10 校准使用溶液：将一定量的标准中间溶液加入到纯水中，倒转摇动 2 次，配制至少 5 个标准曲线点，其中一个接近但高于方法的最低检出限(MDL)，或在实际工作范围的最低限处。其余标准曲线点要对应样品的浓度范围。在无液面上顶空时将此校准标准置于螺口瓶中，可保存 24 h。也可在 5 mL(或 25 mL)注射器中直接注入一定量的标准使用溶液和内标及标记物添加液，然后立刻将此校准液注入吹扫捕集装置中。

A.6 仪器设备

A.6.1 微量注射器：10 μL。

A.6.2 气密性注射器：5 mL 或 25 mL。

A.6.3 样品瓶：40 mL，棕色玻璃瓶附螺旋盖及聚四氟乙烯垫片。

A.6.4 吹扫捕集系统：此系统包括吹扫装置、捕集管及脱附装置。能容纳 25 mL 水样，且水样深度不低于 5 cm 。若 GC-MS 系统的灵敏度足以达到方法的检出限，可使用 5 mL 的吹脱管。样品上方气体空间应小于 15 mL，吹脱气的初始气泡直径应小于 3 mm，吹脱气从距水样底部不大于 5 mm 处引入。

A.6.5 捕集管：25 cm×3 mm(内径)，内填有 1/3 聚 2,6-苯基对苯醚(Tenax)、1/3 硅胶、1/3 椰壳炭。若能满足质控要求，也可使用其他的填充物。

A.6.6 气相色谱仪：可程序升温，所有的玻璃元件(如进样口插件)均是用硅烷化试剂处理脱活。

A.6.7　气相色谱柱:要保证脱附气流与柱型匹配,可用以下色谱柱:

柱1:60 m×0.75 mm(内径),1.5 μm,VOCOL宽口径毛细柱。

柱2:30 m×0.53 mm(内径),3 μm,DB-624大口径毛细柱。

柱3:30 m× 0.32 mm(内径),1 μm,DB-5毛细柱。

柱4:30 m×0.25 mm(内径),1.4 μm,DB-624毛细柱。

也可使用其他等效色谱柱。

A.6.8　质谱仪:0.7 s内可由35 u扫描至265 u,使用EI方式离子化,标准电子能量为70 eV。

A.6.9　毛细界面管柱:连接脱附装置与气相色谱仪分离管柱间之界面管柱,此界面管柱具有将吹扫捕集装置中高温脱附后之各成分,以液氮低温(−150 ℃)收集于一个未涂布固定相的空毛细界面管柱前端,再将此毛细界面管柱以15 s或更短时间内加热到250 ℃的方式,瞬间将各成分传输到气相色谱仪之分离管柱中。此毛细界面管柱前端与后端所连接的吸附管及分离管柱内径不同,应利用不锈钢螺旋帽转接,以不漏气为连接原则。

A.7　试验步骤

A.7.1　仪器参考条件

A.7.1.1　吹扫捕集装置条件:吹脱温度:室温;吹脱时间:11 min;解吸温度180 ℃;解吸时间:4 min;烘烤温度:230 ℃;烘烤时间:10 min;毛细管界面冷却温度:−150 ℃;气体流速:高纯度氮气或氦气(99.95%以上),流量为40 mL/min±5 mL/min。

A.7.1.2　气相色谱仪条件:DB-624柱:35 ℃(5 min)→(6 ℃/min)→ 160 ℃(6 min)→(20 ℃/ min)→210 ℃(2 min);载气:氦气[φ(He)≥99.999%],流量1.0 mL/min。

A.7.1.3　质谱仪操作条件:离子源:EI;离子源温度:200 ℃;接口温度:220 ℃;离子化能量:70 eV;扫描范围:35 u～300 u;扫描时间:0.45 s;回扫时间:0.05 s。

A.7.2　仪器校准

A.7.2.1　GC-MS性能试验:直接导入25 ng的4-溴氟苯(BFB)于GC中,或将1 μL 25 μg/mL的BFB加入到5 mL(或25 mL)纯水中进行吹扫捕集,得到的BFB质谱在扣除背景后,其质荷比(m/z)应满足表A.3的要求,否则要重新调谐质谱仪直至符合要求。

表A.3　4-溴氟苯(BFB)离子丰度指标

质荷比(m/z)	相对丰度指标
50	质量为95的离子丰度的15%～40%
75	质量为95的离子丰度的30%～80%
95	基峰,相对丰度为100%
96	质量为95的离子丰度的5%～9%
173	小于质量为174的离子丰度的2%
174	大于质量为95的离子丰度的50%
175	质量为174离子丰度的5%～9%
176	在质量为174离子丰度的95%～101%
177	质量为176离子丰度的5%～9%

A.7.2.2　内标法初始校准:使用氟苯(或用标记物1,2-二氯苯-D_4)作为内标。将内标物直接加入到注射器中,配制至少5个点的校准标准,按样品分析法分析每个校准标准,检查各组分的色谱图和质谱灵敏度,要求色谱峰窄而对称,多数无拖尾,灵敏度高;质谱识别校准溶液中每个化合物在适当保留时间窗

口的色谱峰能初步确认,可辨认的化合物不少于 99%。按公式(A.1)计算响应因子(RF):

$$RF = \frac{A_x \times c_{is}}{A_{is} \times c_x} \qquad \cdots\cdots\cdots\cdots (A.1)$$

式中:

RF ——响应因子;

A_x ——各组分定量离子峰面积;

c_{is} ——内标物质量浓度,单位为微克每升(μg/L);

A_{is} ——内标物定量离子峰面积;

c_x ——各组分质量浓度,单位为微克每升(μg/L)。

每种组分、标记化合物的平均 RF 的相对标准偏差应小于 20%。

A.7.2.3 再校正:使用与初始校正相同条件吹脱,并分析中间浓度校正溶液,确定内标物和标记物定量离子的峰面积不应比前一次连续校正低 30%以上,或比初始校正时少 50%以上,已再校正测得的数据计算每个组分和标记物的 RF 值,该 RF 值在初始校正时应在测出 RF 平均值的 30%以内。

A.7.3 测定

A.7.3.1 分析前将样品和标准品恢复至室温。

A.7.3.2 校正气相色谱质谱仪条件使符合分析条件。

A.7.3.3 开启样品瓶,用 5 mL(或 25 mL)注射器抽出略多的水样,倒转注射器,排除空气使水样体积为 5.0 mL(或 25.0 mL),通过注射器的顶端加入一定量(5 μL)的内标物和标记物,立刻注入吹扫捕集装置中,在室温下进行吹脱、捕集、脱附、自动导入气相色谱质谱仪中,进行定性及定量之分析。

A.7.4 色谱图的考察

挥发性有机化合物的标准色谱图,见图 A.1。

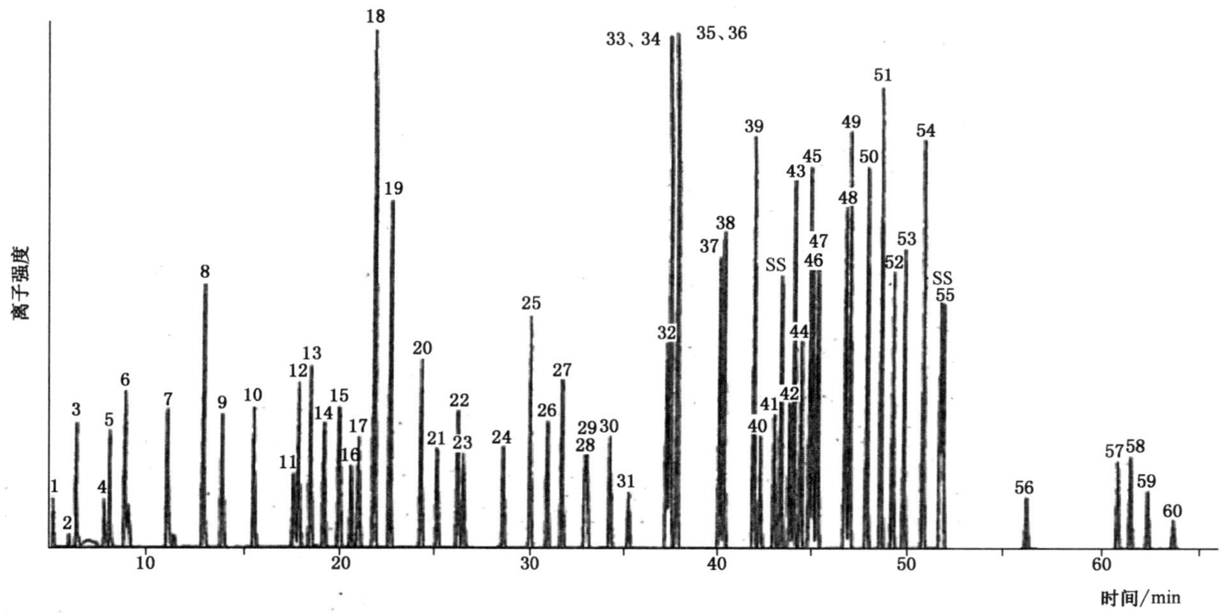

图 A.1 挥发性有机化合物的标准色谱图

A.8 试验数据处理

A.8.1 定性分析

定性分析的原则是以样品与标准品之特征离子图谱比较，且应符合下列条件：

a) 若气相色谱质谱仪对 BFB 的校正测定结果符合每日校正要求，则可进行样品与标准品之特征离子做比较；

b) 样品与标准品比较其相对保留时间差，最多不应超过其保留时间的 3 倍相对偏差范围；

c) 比较特征离子时应符合下列要求：

1) 标准质谱中相对强度大于 10%的特征离子(见表 A.4)均应出现在样品中；

2) 样品中符合上项要求特征离子的大小应在标准品相对离子强度的±20%间；

3) 对于有些重要的离子(如分子离子)，虽然其相对强度小于 10%，亦应列入评估中。

A.8.2 定量分析

A.8.2.1 用 5 种不同浓度的标准品(其中内标的浓度恒定)绘制标准曲线，该曲线的纵坐标为组分定量离子峰面积 A_x 与其浓度 c_x 之比，横坐标为内标氟苯的定量离子峰面积 A_{is} 与其浓度 c_{is} 之比。由此求得响应因子 RF。

A.8.2.2 实际样品在测定前加入同样浓度的内标，测得未知物的定量离子峰面积 A_x 后，通过校准曲线并根据公式(A.2)计算实际样品待测组分质量浓度 c_x：

$$c_x = \frac{A_x \times c_{is}}{A_{is} \times RF} \qquad \text{(A.2)}$$

式中：

c_x ——实际样品待测组分质量浓度，单位为微克每升(μg/L)；

A_x ——各组分定量离子峰面积；

c_{is} ——内标物质量浓度，单位为微克每升(μg/L)；

A_{is} ——内标物定量离子峰面积；

RF ——响应因子。

A.9 精密度和准确度

方法的精密度和准确度见表 A.2。

A.10 注意事项

A.10.1 吹扫捕集装置：第一次使用时要用 20 mL/min 惰性气体在 180 ℃下反吹捕集管 12 h，以后在每天使用后老化 10 min。

A.10.2 分析实验室试剂空白：为检查本方法中的待测物或其他干扰物质是否在实验室环境中、试剂中、器皿中存在，用甲醇溶液制备质量浓度为 5 μg/mL 的氟苯(内标)及 4-溴氟苯(标记物)，将 5 μL 上述甲醇溶液加入到 25 mL 纯水中，得到的质量浓度为 1 μg/L，将此水溶液移到吹扫装置中进行 GC-MS 分析。要求方法组分的本底值低于方法检出限。

A.10.3 实验室加标空白：为控制该实验室是否有能力在所要求的方法检出限内进行准确而精密的测量，要求各组分及标记化合物的平均回收率应在 80%～120%，相对标准偏差应小于 20%，出峰较早的组分和最后出峰的高沸点组分的准确度和精密度会低于其他组分；方法检出限应满足各组分所要求的浓度水平。

A.10.4 内标及标记物的定量离子的峰面积在一段时间内保持相对稳定，内标的漂移不应大于 50%，实验室加标样的峰面积也应相对稳定。

表 A.4 方法待测组分的分子量、定量离子和特征离子

序号	组分	相对分子质量[a]	定量离子(m/z)	特征离子(m/z)
1	丙酮	58	43	58
2	丙烯腈	53	52	53
3	3-氯-1-丙烯	76	76	49
4	苯	78	78	77
5	溴苯	156	156	77,158
6	一氯一溴甲烷	128	128	49,130
7	二氯一溴甲烷	162	83	85,127
8	三溴甲烷	250	173	175,252
9	一溴甲烷	94	94	96
10	2-丁酮	72	43	57,72
11	丁苯	134	91	134
12	仲丁基苯	134	105	134
13	叔丁基苯	134	119	91
14	二硫化碳	76	76	—
15	四氯化碳	152	117	119
16	一氯乙腈	75	48	75
17	氯苯	112	112	77,114
18	一氯丁烷	92	56	49
19	一氯乙烷	64	64	66
20	三氯甲烷	118	83	85
21	一氯甲烷	50	50	52
22	2-氯甲苯	126	91	126
23	4-氯甲苯	126	91	126
24	一氯二溴甲烷	206	129	127
25	1,2-二溴-3-氯丙烷	234	75	155,157
26	1,2-二溴乙烷	186	107	109,188
27	二溴甲烷	172	93	95,174
28	1,2-二氯苯	146	146	111,148
29	1,3-二氯苯	146	146	111,148
30	1,4-二氯苯	146	146	111,148
31	反-1,4-二氯-2-丁烯	124	53	88,75
32	二氟二氯甲烷	120	85	87
33	1,1-二氯乙烷	98	63	65,83

表 A.4 方法待测组分的分子量、定量离子和特征离子（续）

序号	组分	相对分子质量[a]	定量离子(m/z)	特征离子(m/z)
34	1,2-二氯乙烷	98	62	98
35	1,1-二氯乙烯	96	96	61,63
36	顺-1,2-二氯乙烯	96	96	61,98
37	反-1,2-二氯乙烯	96	96	61,98
38	1,2-二氯丙烷	112	63	112
39	1,3-二氯丙烷	112	76	78
40	2,2-二氯丙烷	112	77	97
41	1,1-二氯丙烯	110	75	110,77
42	1,1-二氯丙酮	126	43	83
43	顺-1,3-二氯丙烯	110	75	110
44	反-1,3-二氯丙烯	110	75	110
45	乙醚	74	59	45,73
46	乙苯	106	91	106
47	甲基丙烯酸乙酯	114	69	99
48	六氯丁二烯	258	225	260
49	六氯乙烷	234	117	119,201
50	2-己酮	100	43	58
51	异丙苯	120	105	120
52	4-异丙基甲苯	134	119	134,91
53	甲基丙烯腈	67	67	52
54	丙烯酸甲酯	86	55	85
55	二氯甲烷	84	84	86,49
56	碘甲烷	142	142	127
57	甲基丙烯酸甲酯	100	69	99
58	4-甲基-2-戊酮	100	43	58,85
59	甲基叔丁基醚	88	73	57
60	萘	128	128	—
61	硝基苯	123	51	77
62	2-硝基丙烷	89	46	—
63	五氯乙烷	200	117	119,167
64	丙腈	55	54	—
65	丙苯	120	91	120
66	苯乙烯	104	104	78
67	1,1,1,2-四氯乙烷	166	131	133,119

表 A.4　方法待测组分的分子量、定量离子和特征离子（续）

序号	组分	相对分子质量[a]	定量离子(m/z)	特征离子(m/z)
68	1,1,2,2-四氯乙烷	166	83	131,85
69	四氯乙烯	164	166	168,129
70	四氢呋喃	72	71	72,42
71	甲苯	92	92	91
72	1,2,3-三氯苯	180	180	182
73	1,2,4-三氯苯	180	180	182
74	1,1,1-三氯乙烷	132	97	99,61
75	1,1,2-三氯乙烷	132	83	97,85
76	三氯乙烯	130	95	130,132
77	三氯氟甲烷	136	101	103
78	1,2,3-三氯丙烷	146	75	77
79	1,2,4-三甲苯	120	105	120
80	1,3,5-三甲苯	120	105	120
81	氯乙烯	62	62	64
82	邻-二甲苯	106	106	91
83	间-二甲苯	106	106	91
84	对-二甲苯	106	106	91
85	氟苯(内标)	96	96	77
86	4-溴氟苯(标记物)	174	95	174,176
87	1,2-二氯苯-D_4	150	152	115,150
[a] 根据具有最小质量的同位素的原子质量计算的单同位素分子量。				

附 录 B
（资料性）
固相萃取气相色谱质谱法测定半挥发性有机物

B.1 最低检测质量浓度

本方法适用于测定生活饮用水、水源地表水和地下水中可被 C_{18} 固相萃取柱吸附并具有热稳定性的有机化合物，本方法测定有机化合物的种类，见表 B.1，水样为 1 L 时的方法检出限见表 B.2。

表 B.1 固相萃取气相色谱质谱法测定的半挥发性有机化合物

序号	组分英文名称	组分中文名称	相对分子质量[a]
1	Acenaphthylene	苊烯	152
2	Alachlor	甲草胺；草不绿	269
3	Aldrin	艾氏剂	362
4	Ametryn	莠灭净	227
5	Anthracene	蒽	178
6	Atraton	莠去通	211
7	Atrazine	莠去津；阿特拉津	215
8	Benz[*a*]anthracene	苯并[*a*]蒽；苯并蒽	228
9	Benzo[*b*]fluoranthene	苯并[*b*]荧蒽	252
10	Benzo[*k*]fluoranthene	苯并[*k*]荧蒽	252
11	Benzo[*a*]pyrene	苯并[*a*]芘	252
12	Benzo[*ghi*]perylene	苯并[*ghi*]苝	276
13	Bromacil	除草定	260
14	Butachlor	丁草胺	311
15	Butylate	丁草敌	217
16	Butylbenzyl phthalate	邻苯二甲酸丁基苄基酯	312
17	Carboxin[b]	萎锈灵	235
18	α-Chlordane	α-氯丹	406
19	γ-Chlordane	γ-氯丹	406
20	*trans*-Nonachlor	反-九氯	440
21	Chloroneb	氯苯甲醚；地茂散	206
22	Chlorobenzilate	乙酯杀螨醇	324
23	Chlorpropham	氯苯胺灵	213
24	Chlorothalonil	百菌清	264
25	Chlorpyrifos	毒死蜱	349

表 B.1 固相萃取气相色谱质谱法测定的半挥发性有机化合物（续）

序号	组分英文名称	组分中文名称	相对分子质量[a]
26	2-Chlorobiphenyl	2-氯联苯	188
27	Chrysene	䓛	228
28	Cyanazine	氰草津	240
29	Cycloate	环草敌	215
30	Dacthal(DCPA)	氯酞酸甲酯	330
31	4,4′-DDD	4,4′-滴滴滴	318
32	4,4′-DDE	4,4′-滴滴伊	316
33	4,4′-DDT	4,4′-滴滴涕	352
34	Diazinon[b]	二嗪磷	304
35	Dibenz[*a*,*h*]anthracene	二苯并[*a*,*h*]蒽	278
36	Di-*n*-Butyl phthalate	邻苯二甲酸二正丁酯	278
37	2,3-Dichlorobiphenyl	2,3-二氯联苯	222
38	Dichlorvos	敌敌畏	220
39	Dieldrin	狄氏剂	378
40	Diethyl phthalate	邻苯二甲酸二乙酯	222
41	Di(2-ethylhexyl)adipate	己二酸二(2-乙基己基)酯	370
42	Di(2-ethylhexyl)phthalate	邻苯二甲酸(2-乙基己基)酯	390
43	Dimethy lphthalate	邻苯二甲酸二甲酯	194
44	2,4-Dinitrotoluene	2,4-二硝基甲苯	182
45	2,6-Dinitrotoluene	2,6-二硝基甲苯	182
46	Diphenamid	双苯酰草胺	239
47	Disulfoton[b]	乙拌磷	274
48	Disulfoton sulfoxide[b]	乙拌磷亚砜	290
49	Disulfoton sulfone	乙拌磷砜	306
50	Endosulfan Ⅰ	硫丹Ⅰ	404
51	Endosulfan Ⅱ	硫丹Ⅱ	404
52	Endosulfan sulfate	硫丹硫酸酯	420
53	Endrin	异狄氏剂	378
54	Endrin aldehyde	异狄氏剂醛	378
55	EPTC	茵草敌	189
56	Ethoprop	灭线磷	242
57	Etridiazole	土菌灵	246
58	Fenamiphos[b]	苯线磷;克线磷	303
59	Fenarimol	氯苯嘧啶醇	330

表 B.1 固相萃取气相色谱质谱法测定的半挥发性有机化合物(续)

序号	组分英文名称	组分中文名称	相对分子质量[a]
60	Fluorene	芴	166
61	Fluridone	氟苯酮;氟啶草酮	328
62	Heptachlor	七氯	370
63	Heptachlor epoxide	环氧七氯	386
64	2,2′,3,3′,4,4′,6-Heptachlorobiphenyl	2,2′,3,3′,4,4′,6-七氯联苯	392
65	Hexachlorobenzene	六氯苯	282
66	2,2′,4,4′,5,6′-Hexachlorobiphenyl	2,2′,4,4′,5,6′-六氯联苯	358
67	Hexachlorocyclohexane, alpha	α-六六六	288
68	Hexachlorocyclohexane, beta	β-六六六	288
69	Hexachlorocyclohexane, delta	δ-六六六	288
70	Hexachlorocyclopentadiene	六氯代环戊二烯	270
71	Hexazinone	环嗪酮;六嗪酮	252
72	Indeno[1,2,3-*cd*]pyrene	茚并[1,2,3-*cd*]芘	276
73	Isophorone	异佛尔酮	138
74	Lindane	γ-六六六	288
75	Merphos[b]	三硫代磷酸三丁酯	298
76	Methoxychlor	甲氧滴滴涕	344
77	Methyl paraoxon	甲基对氧磷	247
78	Metolachlor	异丙甲草胺	283
79	Metribuzin	嗪草酮	214
80	Mevinphos	速灭磷	224
81	MGK-264	增效胺	275
82	Molinate	禾草敌	187
83	Napropamide	敌草胺	271
84	Norflurazon	氟草敏	303
85	2,2′,3,3′,4,5′,6,6′-Octachlorobiphenyl	2,2′,3,3′,4,5′,6,6′-八氯联苯	426
86	Pebulate	克草敌;克草猛	203
87	2,2′,3′,4,6′-pentachlorobiphenyl	2,2′,3′,4,6′-五氯联苯	324
88	Pentachlorophenol	五氯酚	264
89	Phenanthrene	菲	178
90	*cis*-Permethrin	顺-氯菊酯	390
91	*trans*-Permethrin	反-氯菊酯	390
92	Prometon	扑灭通	225
93	Prometryn	扑草净	241

表 B.1 固相萃取气相色谱质谱法测定的半挥发性有机化合物(续)

序号	组分英文名称	组分中文名称	相对分子质量[a]
94	Propyzamide	拿草特	255
95	Propachlor	毒草胺	211
96	Propazine	扑灭津	229
97	Pyrene	芘	202
98	Simazine	西玛津	201
99	Simetryn	西草净	213
100	Stirofos	杀虫威	364
101	Tebuthiuron	丁噻隆	228
102	Terbacil	特草定	216
103	Terbufos[b]	特丁硫磷	288
104	Terbutryn	特丁净	241
105	2,2′,4,4′-Tetrachlorobiphenyl	2,2′,4,4′-四氯联苯	290
106	Toxaphene	毒杀芬	
107	Triademefon	三唑酮	293
108	2,4,5-Trichlorobiphenyl	2,4,5-三氯联苯	256
109	Tricyclazole	三环唑	189
110	Trifluralin	氟乐灵	335
111	Vernolate	灭草敌	203
112	Aroclor 1016	多氯联苯-1016	222
113	Aroclor 1221	多氯联苯-1221	190
114	Aroclor 1232	多氯联苯-1232	190
115	Aroclor 1242	多氯联苯-1242	222
116	Aroclor 1248	多氯联苯-1248	292
117	Aroclor 1254	多氯联苯-1254	292
118	Aroclor 1260	多氯联苯-1260	360

[a] 根据具有最小质量的同位素的原子质量计算的单同位素分子量。

[b] 由于化合物在水中不稳定,只可用于定性分析。三磷代磷酸三丁酯、萎锈灵、乙拌磷和乙拌磷亚砜在 1 h 后开始不稳定。7 d 内,在本方法所定义的样品保存条件下,二嗪磷、苯线磷和特丁硫磷有明显的损失。

表 B.2 方法的相对标准偏差、回收率和方法检出限(MDL)

组分	加标量 /(μg/L)	平均测定值 /(μg/L)	相对标准偏差 /%	回收率 /%	MDL /(μg/L)
1,3-二甲基-2-硝基苯	5.0	4.7	3.9	94	—
苝-D_{12}	5.0	4.9	4.8	98	—

表 B.2 方法的相对标准偏差、回收率和方法检出限(MDL)(续)

组分	加标量 /(μg/L)	平均测定值 /(μg/L)	相对标准偏差 /%	回收率 /%	MDL /(μg/L)
磷酸三苯酯	5.0	5.5	6.3	110	—
苊烯	0.50	0.45	8.2	91	0.11
甲草胺	0.50	0.47	12	93	0.16
艾氏剂	0.50	0.40	9.3	80	0.11
莠灭净	0.50	0.44	6.9	88	0.092
蒽	0.50	0.53	4.3	106	0.068
莠去通[a]	0.50	0.35	15	70	0.16
阿特拉津	0.50	0.54	4.8	109	0.078
苯并[*a*]蒽	0.50	0.41	16	82	0.20
苯并[*b*]荧蒽	0.50	0.49	20	98	0.30
苯并[*k*]荧蒽	0.50	0.51	35	102	0.54
苯并[*ghi*]苝	0.50	0.72	2.2	144	0.047
苯并[*a*]芘	0.50	0.58	1.9	116	0.032
除草定	0.50	0.54	6.4	108	0.10
丁草胺	0.50	0.62	4.1	124	0.076
丁草敌	0.50	0.52	4.1	105	0.064
邻苯二甲酸丁基苄基酯	0.50	0.77	11	154	0.25
萎锈灵	5.0	3.8	12	76	1.4
α-氯丹	0.50	0.36	11	72	0.12
γ-氯丹	0.50	0.40	8.8	80	0.11
反-九氯	0.50	0.43	17	87	0.22
二氯甲氧苯	0.5	0.51	5.7	102	0.088
乙酯杀螨醇	5	6.5	6.9	130	1.3
2-氯联苯	0.5	0.4	7.2	80	0.086
氯苯胺灵	0.5	0.61	6.2	121	0.11
毒死蜱	0.5	0.55	2.7	110	0.044
百菌清	0.5	0.57	6.9	113	0.12
䓛	0.5	0.39	7	78	0.082
氰草津	0.5	0.71	8	141	0.17
环草敌	0.5	0.52	6.1	104	0.095
氯酞酸甲酯	0.5	0.55	5.8	109	0.094
4,4′-滴滴滴	0.5	0.54	4.4	107	0.071
4,4′-滴滴伊	0.5	0.40	6.3	80	0.075

表 B.2 方法的相对标准偏差、回收率和方法检出限(MDL)(续)

组分	加标量 /(μg/L)	平均测定值 /(μg/L)	相对标准偏差 /%	回收率 /%	MDL /(μg/L)
4,4′-滴滴涕	0.5	0.79	3.5	159	0.083
二嗪磷	0.5	0.41	8.8	83	0.11
二苯并[*a*,*h*]蒽	0.5	0.53	0.5	106	0.01
2,3-二氯联苯	0.5	0.4	11	80	0.14
敌敌畏	0.5	0.55	9.1	110	0.15
狄氏剂	0.5	0.48	3.7	96	0.053
己二酸(2-乙基己基)酯	0.5	0.42	7.1	84	0.09
邻苯二甲酸二乙酯	0.5	0.59	9.6	118	0.17
邻苯二甲酸二甲酯	0.5	0.6	3.2	120	0.058
2,4-二硝基甲苯	0.5	0.6	5.6	119	0.099
2,6-二硝基甲苯	0.5	0.6	8.8	121	0.16
双苯酰草胺	0.5	0.54	2.5	107	0.041
乙拌磷	5.0	3.99	5.1	80	0.62
乙拌磷砜	0.5	0.74	3.2	148	0.07
乙拌磷亚砜	0.5	0.58	12	116	0.2
硫丹Ⅰ	0.5	0.55	18	110	0.3
硫丹Ⅱ	0.5	0.50	29	99	0.44
硫丹硫酸酯	0.5	0.62	7.2	124	0.13
异狄氏剂	0.5	0.54	18	108	0.29
异狄氏剂醛	0.5	0.43	15	87	0.19
菌草敌	0.5	0.5	7.2	100	0.11
灭线磷	0.5	0.62	6.1	123	0.11
土菌灵	0.5	0.69	7.6	139	0.16
苯线磷	5.0	5.2	6.1	103	0.95
氯苯嘧啶醇	5.0	6.3	6.5	126	1.2
芴	0.5	0.46	4.2	93	0.059
氟草酮	5	5.1	3.6	102	0.55
α-六六六	0.5	0.51	13	102	0.2
β-六六六	0.5	0.51	20	102	0.31
δ-六六六	0.5	0.56	13	112	0.21
γ-六六六(林丹)	0.5	0.63	8	126	0.15
七氯	0.5	0.41	12	83	0.15
环氧七氯	0.5	0.35	5.5	70	0.058

表 B.2　方法的相对标准偏差、回收率和方法检出限(MDL)(续)

组分	加标量/(μg/L)	平均测定值/(μg/L)	相对标准偏差/%	回收率/%	MDL/(μg/L)
2,2′,3,3′,4,4′,6-七氯联苯	0.5	0.35	10	71	0.11
六氯苯	0.5	0.39	11	78	0.13
2,2′,4,4′,5,6′-六氯联苯	0.5	0.37	9.6	73	0.11
六氯环戊二烯	0.5	0.43	5.6	86	0.072
环嗪酮	0.5	0.7	5	140	0.11
茚并[1,2,3-*cd*]芘	0.5	0.69	2.7	139	0.057
异佛尔酮	0.5	0.44	3.2	88	0.042
甲氧滴滴涕	0.5	0.62	4.2	123	0.077
甲基对硫磷	0.5	0.57	10	115	0.17
异丙甲草胺	0.5	0.37	8	75	0.09
嗪草酮	0.5	0.49	11	97	0.16
速灭磷	0.5	0.57	12	114	0.2
增效胺－同分异构体 a	0.33	0.39	3.4	116	0.04
增效胺－同分异构体 b	0.17	0.16	6.4	96	0.03
禾草敌	0.5	0.53	5.5	105	0.087
敌草胺	0.5	0.58	3.5	116	0.06
氟草敏	0.5	0.63	7.1	126	0.13
2,2′,3,3′,4,5′,6,6′-八氯联苯	0.5	0.5	8.7	101	0.13
克草敌	0.5	0.49	5.4	98	0.08
2,2′,3′,4,6-五氯联苯	0.5	0.3	16	61	0.15
顺-氯菊酯	0.25	0.3	3.7	121	0.034
反-氯菊酯	0.75	0.82	2.7	109	0.067
菲	0.5	0.46	4.3	92	0.059
扑灭通[a]	0.5	0.3	42	60	0.38
扑草净	0.5	0.46	5.6	92	0.078
拿草特	0.5	0.54	5.9	108	0.095
毒草胺	0.5	0.49	7.5	98	0.11
扑灭津	0.5	0.54	7.1	108	0.12
芘	0.5	0.38	5.7	77	0.066
西玛津	0.5	0.55	9.1	109	0.15
西草净	0.5	0.52	8.2	105	0.13
杀虫危	0.5	0.75	5.8	149	0.13
丁噻隆	5	6.8	14	136	2.8

表 B.2 方法的相对标准偏差、回收率和方法检出限(MDL)(续)

组分	加标量 /(μg/L)	平均测定值 /(μg/L)	相对标准偏差 /%	回收率 /%	MDL /(μg/L)
特草定	5	4.9	14	97	2.1
特丁硫磷	0.5	0.53	6.1	106	0.096
特丁净	0.5	0.47	7.6	95	0.11
2,2′,4,4′-四氯联苯	0.5	0.36	4.1	71	0.044
三唑酮	0.5	0.57	20	113	0.33
2,4,5-三氯联苯	0.5	0.38	6.7	75	0.075
三环唑	5	4.6	19	92	2.6
氟乐灵	0.5	0.63	5.1	127	0.096
灭草敌	0.5	0.51	5.5	102	0.084
[a] 回收率数据是在 pH=2 条件下萃取得到的,为了更准确地测定,需在盐水的 pH 值条件下萃取。					

B.2 原理

水样中有机化合物被 C_{18} 固相萃取柱吸附、用二氯甲烷和乙酸乙酯洗脱,洗脱液经浓缩;用气相色谱毛细柱分离各个组分后,再以质谱作为检测器,进行水中有机化合物的测定。

通过目标组分的质谱图和保留时间与计算机谱库中的质谱图和保留时间作对照进行定性;每个定性出来的组分的浓度取决于其定量离子与内标物定量离子的质谱响应峰高或峰面积之比。每个样品中含已知浓度的内标化合物,用内标校正程序测定。

B.3 干扰及消除

B.3.1 分析过程中污染的主要来源是试剂和固相萃取装置。现场空白和实验室试剂空白可提示是否存在污染物。

B.3.2 污染也可能发生在分析高浓度样品后立即分析低浓度样品,注射器和无分流进样口应彻底清洗或更换,以去除此类污染。分析过程如遇到高浓度样品时,应紧随着分析溶剂空白,以保证样品没有交叉污染。

B.4 试剂或材料

B.4.1 溶剂:二氯甲烷、乙酸乙酯、丙酮、甲苯、甲醇为农残级。

B.4.2 纯水:本方法需使用不含有机物的纯水,纯水中干扰物的浓度需低于方法中待测物的检出限。

B.4.3 盐酸:$c(HCl)=6$ mol/L。

B.4.4 无水硫酸钠:于马弗炉中 400 ℃加热 2 h。

B.4.4.1 标准储备溶液制备如下。

a) 可直接购买具有标准物质证书的标准溶液,标准溶液应包括所有相关的分析组分、内标及标记物。也可用纯标准物质制备(称量法)。使用预先确认过成分纯度的液体或固体来制备以甲醇、乙酸乙酯或丙酮为溶剂的标准储备溶液,常用质量浓度为 1 mg/mL~5 mg/mL。

b) 准确称取 10.0 mg 标准样品放于 2 mL 容量瓶中,加入约 1.8 mL 甲醇、乙酸乙酯或丙酮溶解,定容至刻度。把标准溶液转移到安瓿瓶中于 0 ℃~4 ℃冷藏保存。多环芳烃的标样用甲苯作为溶剂。

B.4.5 标准中间溶液：将标准储备溶液用丙酮或乙酸乙酯稀释配制成所需的单一或混合化合物的标准中间溶液。将标准中间溶液转移到安瓿瓶中于 0 ℃～4 ℃冷藏保存。

B.4.6 内标及标记物添加液：用甲醇、乙酸乙酯或丙酮配制质量浓度为 500 μg/mL 的苊-D_{10}、菲-D_{10}和䓛-D_{12}内标溶液，作为制备校准曲线用；将内标液稀释 10 倍后，使其质量浓度为 50.0 μg/mL，该混合液要加到样品和空白中。用甲醇、乙酸乙酯或丙酮配制质量浓度为 500 μg/mL 和 50.0 μg/mL 的 1,3-二甲基-2-硝基苯、苝-D_{10}和磷酸三苯酯的标记溶液，分别作为标准和添加用。内标及标记物添加液放于安瓿瓶中于 0 ℃～4 ℃冷藏保存。

B.4.7 GC-MS 性能校准溶液：用二氯甲烷配制质量浓度为 5.0 μg/mL 的十氟三苯基磷（DFTPP）、艾氏剂、4,4′-滴滴涕校准溶液，放于安瓿瓶中于 0 ℃～4 ℃冷藏保存。

B.4.8 标准使用溶液制备如下。

a) 用乙酸乙酯将一定量的标准中间溶液（五氯酚、毒杀芬和多氯联苯除外）配制成质量浓度为 0.1 μg/mL、0.5 μg/mL、1 μg/mL、2 μg/mL、5 μg/mL、10 μg/mL，内标和标记物质量浓度均为 5 μg/mL 的标准使用溶液。所有的校准溶液需含有 80%以上的乙酸乙酯。如果要分析方法中的所有化合物，需配制 2 套～3 套标准使用溶液。

b) 在标准使用溶液中，五氯酚质量浓度为其他组分质量浓度的 4 倍；单独配制毒杀芬质量浓度为 10 μg/mL、25 μg/mL、50 μg/mL、100 μg/mL、200 μg/mL、250 μg/mL，多氯联苯质量浓度为 0.2 μg/mL、0.5 μg/mL、1 μg/mL、2.5 μg/mL、5 μg/mL、10 μg/mL、25 μg/mL。

c) 标准使用溶液放于安瓿瓶中避光于 0 ℃～4 ℃冷藏保存，经常检查是否发生降解，如检出蒽醌表明蒽被氧化。

B.5 仪器设备

B.5.1 固相萃取装置：包括真空泵、支架和 C_{18} 固相萃取柱。

B.5.2 洗脱装置。

B.5.3 干燥柱：装有 5 g～7 g 无水硫酸钠的玻璃柱。

B.5.4 微量注射器：10 μL。

B.5.5 天平：可准确称量至 0.1 mg。

B.5.6 小样品瓶：2 mL，供配制标准品用。

B.5.7 样品瓶：1 000 mL，带螺旋盖及聚四氟乙烯垫片的棕色玻璃瓶。

B.5.8 马弗炉。

B.5.9 气相色谱仪：可程序升温，所有的玻璃元件（如进样口插件）均用硅烷化试剂处理脱活。

B.5.10 气相色谱柱：DB-5 MS 柱或等效石英毛细色谱柱，30 m×0.25 mm（内径），液膜厚度 0.25 μm。

B.5.11 质谱仪：当进样量约 5 ng DFTPP 时，GC-MS 系统所得到的关键离子丰度应符合表 B.4 的要求。仪器性能测试参数要求：电子能量为 70 eV，在每次不超过 1 s 的扫描周期内，从 35 u 扫描至300 u，每个峰至少扫描 5 次。

B.6 仪器操作条件

B.6.1 色谱参考条件：

a) 气化室温度：300 ℃；

b) 柱温：起始温度 45 ℃保持 1 min，以 40 ℃/min 升温至 130 ℃，再以 12 ℃/min 升到 180 ℃；再以 7 ℃/min 升到 240 ℃；再以 12 ℃/min 升到 320 ℃；

c) 检测器温度：300 ℃；

d) 载气（氦气）线速度：33 cm/s，不分流方式进样。

B.6.2 质谱参考条件：

a) 离子源：EI，70 eV；

b) 质谱扫描范围：45 u～450 u，4 min 时开始采集数据；

c) 离子源温度：280 ℃；

d) 扫描时间：每一尖峰至少应扫描 5 次，且每次扫描时间不应超过 0.7 s；

e) 定量离子：见表 B.3。

表 B.3 半挥发性有机化合物的定量离子

序号	组分英文名称	组分中文名称	定量离子(m/z)
1	Acenaphthene-D_{10}	苊-D_{10}	164
2	Chrysene-D_{12}	䓛-D_{12}	240
3	Phenanthrene-D_{10}	菲-D_{10}	188
4	1,3-Dimethyl-2-Nitrobenzene	1,3-二甲基-2-硝基苯	134
5	Perylene-D_{12}	苝-D_{12}	264
6	Triphenylphosphate	磷酸三苯酯	326,325
7	Acenaphthylene	苊烯	152
8	Alachlor	甲草胺	160
9	Aldrin	艾氏剂	66
10	Ametryn	莠灭净	227,170
11	Anthracene	蒽	178
12	Atraton	莠去通	196,169
13	Atrazine	莠去津	200,215
14	Benz[*a*]anthracene	苯并[*a*]蒽	228
15	Benzo[*b*]fluoranthene	苯并[*b*]荧蒽	252
16	Benzo[*k*]fluoranthene	苯并[*k*]荧蒽	252
17	Benzo[*a*]pyrene	苯并[*a*]芘	252
18	Benzo[*ghi*]perylene	苯并[*ghi*]苝	276
19	Bromacil	除草定	205
20	Butachlor	丁草胺	176,160
21	Butylate	丁草敌	57,146
22	Butylbenzyl phthalate	邻苯二甲酸丁基苄基酯	149
23	Carboxin	萎锈灵	143
24	alpha-Chlordane	α-氯丹	375,373
25	gamma-Chlordane	γ-氯丹	373
26	trans-Nonachlor	反-九氯	409
27	Chloroneb	氯苯甲醚	191
28	Chlorobenzilate	乙酯杀螨醇	139
29	Chlorpropham	氯苯胺灵	127
30	Chlorothalonil	百菌清	266

表 B.3 半挥发性有机化合物的定量离子（续）

序号	组分英文名称	组分中文名称	定量离子(*m*/*z*)
31	Chlorpyrifos	毒死蜱	197,97
32	2-Chlorobiphenyl	2-氯联苯	188
33	Chrysene	䓛	228
34	Cyanazine	氰草津	225,68
35	Cycloate	环草敌	83,154
36	Dacthal(DCPA)	氯酞酸甲酯	301
37	4,4′-DDD	4,4′-滴滴滴	235,165
38	4,4′-DDE	4,4′-滴滴伊	246
39	4,4′-DDT	4,4′-滴滴涕	235,165
40	Diazinon	二嗪磷	137,179
41	Dibenz[*a*,*h*]anthracene	二苯并[*a*,*h*]蒽	278
42	Di-n-butyl phthalate	邻苯二甲酸二丁酯	149
43	2,3-Dichlorobiphenyl	2,3-二氯联苯	222,152
44	Dichlorvos	敌敌畏	109
45	Dieldrin	狄氏剂	79
46	Diethyl phthalate	邻苯二甲酸二乙酯	149
47	Di(2-ethylhexyl)adipate	己二酸二(2-乙基己基)酯	129
48	Di(2-ethylhexyl)phthalate	邻苯二甲酸二(2-乙基己基)酯	149
49	Dimethyl phthalate	邻苯二甲酸二甲酯	163
50	2,4-Dinitrotoluene	2,4-二硝基甲苯	165
51	2,6-Dinitrotoluene	2,6-二硝基甲苯	165
52	Diphenamid	双苯酰草胺	72,167
53	Disulfoton	乙拌磷	88
54	Disulfoton sulfoxide	乙拌磷亚砜	213,153
55	Disulfoton sulfone	乙拌磷砜	97
56	Endosulfan Ⅰ	硫丹Ⅰ	195
57	Endosulfan Ⅱ	硫丹Ⅱ	195
58	Endosulfan sulfate	硫丹硫酯	272
59	Endrin	异狄氏剂	67,81
60	Endrin aldehyde	异狄氏剂醛	67
61	EPTC	菌草敌	128
62	Ethoprop	灭线磷	158
63	Etridiazole	土菌灵	211,183
64	Fenamiphos	苯线磷	303,154

表 B.3 半挥发性有机化合物的定量离子（续）

序号	组分英文名称	组分中文名称	定量离子(*m*/*z*)
65	Fenarimol	氯苯嘧啶醇	139
66	Fluorene	芴	166
67	Fluridone	氟苯酮	328
68	Heptachlor	七氯	100
69	Heptachlor epoxide	环氧七氯	81
70	2,2′,3,3′,4,4′-Hexachloro-biphenyl	2,2′,3,3′,4,4′,6-七氯联苯	394,396
71	Hexachlorobenzene	六氯苯	284
72	2,2′,4,4′,5,6′-Hexachloro-biphenyl	2,2′,4,4′,5,6′-六氯联苯	360
73	Hexachlorocyclohexane，alpha	α-六六六	181
74	Hexachlorocyclohexane，beta	β-六六六	181
75	Hexachlorocyclohexane，delta	δ-六六六	181
76	Hexachlorocyclopentadiene	六氯代环戊二烯	237
77	Hexazinone	环嗪酮	171
78	Indeno[1,2,3-*cd*]pyrene	茚并[1,2,3-*cd*]芘	276
79	Isophorone	异佛尔酮	82
80	Lindane	γ-六六六	181
81	Merphos	三硫代亚磷酸三丁酯	209,153
82	Methoxychlor	甲氧滴滴涕	227
83	Methyl paraoxon	甲基对氧磷	109
84	Metolachlor	异丙甲草胺	162
85	Metribuzin	嗪草酮	198
86	Mevinphos	速灭磷	127
87	MGK-264	增效胺	164,66
88	Molinate	禾草敌	126
89	Napropamide	敌草胺	72
90	Norflurazon	氟草敏	145
91	2,2′,3,3′, 4,5′,6,6′-Octachloro-biphenyl	2,2′,3,3′,4,5′,6,6′-八氯联苯	430,428
92	Pebulate	克草敌	128
93	2,2′,3′,4,6′-Pentachlorobiphenyl	2,2′,3′,4,6′-五氯联苯	326
94	Pentachlorophenol	五氯酚	266
95	Phenanthrene	菲	178
96	*cis*-Permethrin	顺-氯菊酯	183
97	*trans*-Permethrin	反-氯菊酯	183
98	Prometon	扑灭通	225,168

表 B.3 半挥发性有机化合物的定量离子(续)

序号	组分英文名称	组分中文名称	定量离子(*m/z*)
99	Prometryn	扑草净	241,184
100	Pronamide	拿草特	173
101	Propachlor	毒草胺	120
102	Propazine	扑灭津	214,172
103	Pyrene	芘	202
104	Simazine	西玛津	201,186
105	Simetryn	西草净	213
106	Stirofos	杀敌威	109
107	Tebuthiuron	丁噻隆	156
108	Terbacil	特草定	161
109	Terbufos	特丁硫磷	57
110	Terbutryn	特丁净	226,185
111	2,2′,4,4′-Tetrachloro biphenyl	2,2′,4,4′-四氯联苯	292
112	Toxaphene	毒杀芬	159
113	Triademefon	三唑酮	57
114	2,4,5-Trichlorobiphenyl	2,4,5-三氯联苯	256
115	Tricyclazole	三环唑	189
116	Trifluralin	氟乐灵	306
117	Vernolate	灭草敌	128
118	Aroclor 1016	多氯联苯-1016	152,256,292
119	Aroclor 1221	多氯联苯-1221	152,222,256
120	Aroclor 1232	多氯联苯-1232	152,256,292
121	Aroclor 1242	多氯联苯-1242	152,256,292
122	Aroclor 1248	多氯联苯-1248	152,256,292
123	Aroclor 1254	多氯联苯-1254	220,326,360
124	Aroclor 1260	多氯联苯-1260	326,369,394

B.7 GC-MS 系统性能测试

每天分析运行开始时,都应以 DFTPP 检查 GC-MS 系统是否达到性能指标要求。性能测试要求仪器参数为:电子能量 70 eV,质量范围 35 u～500 u,扫描时间为每个峰至少应有 5 次扫描,但每次扫描不超过 1 s。得到背景校正的 DFTPP 质谱后,确认所有关键质量数是否都达到表 B.4 的要求。

表 B.4　DFTPP 特征离子和离子丰度指标

质量数	离子丰度指标	质量数	离子丰度指标
51	是基峰质量数的 10%～80%	199	198 质量数的 5%～9%
68	小于 69 质量数的 2%	275	是基峰质量数的 10%～60%
70	小于 69 质量数的 2%	365	大于基峰质量数的 1%
127	是基峰质量数的 10%～80%	441	出现，但小于 443 质量数的丰度
197	小于 198 质量数的 2%	442	基峰或大于 198 质量数的 50%
198	基峰或大于 442 质量数的 50%	443	是 442 质量数的 15%～24%

B.8　试验步骤

B.8.1　样品采集与保存如下：

a)　采集自来水水样时，先打开自来水放水约 2 min 后，调节水流量至 500 mL/mim，用采样瓶采集水样，封好采样瓶；

b)　水样脱氯和保护：样品送到实验室后，加入 40 mg～50 mg 亚硫酸钠去除余氯(在加酸调节 pH 前应去除余氯)，0 ℃～4 ℃冷藏保存；

c)　所有样品应在采集后 24 h 之内进行固相萃取，萃取液装于密闭玻璃瓶，要避光并储存于 4 ℃以下，2 d 内完成分析；吸附水样后的小柱若不能及时洗脱，可在室温下短期保存，一般不超过 10 d，最好在 0 ℃以下低温保存，以减少因吸附滞留而造成的有机物损失；

d)　每批样品要带一个现场空白。

B.8.2　样品预处理步骤如下：

a)　按下列步骤进行固相萃取：

1)　活化：每一个固相萃取柱分别依次用 5 mL 二氯甲烷、5 mL 乙酸乙酯、10 mL 甲醇和 10 mL水活化，活化时，不要让甲醇和水流干(液面不低于吸附剂顶部)；

2)　吸附：把 1 L 水样倒进固相萃取装置的分液漏斗中，用 6 mol/L 的盐酸调节 pH<2，加入 5 mL 甲醇，混匀，加入 100 μL 质量浓度为 50 μg/mL 的内标及标记物添加液，立刻混匀，加标物在水中的质量浓度为 5.0 μg/L，水样以约 15 mL/min 的流量通过固相萃取柱；

3)　干燥：用氮气干燥固相萃取柱(吹约 10 min)。

b)　按下列步骤进行洗脱：

1)　把 125 mL 的分液漏斗和固相萃取柱转移到洗脱装置中，用 5 mL 乙酸乙酯洗 2 L 的分液漏斗和样品瓶，通过固相萃取柱进入收集瓶，再用 5 mL 二氯甲烷洗分液漏斗和样品瓶，通过固相萃取柱进入同一收集瓶；

2)　使洗脱液通过干燥柱中并用 10 mL 收集管收集，用 2 mL 二氯甲烷洗干燥柱，液体收集于同一管中；

3)　洗脱液在 45 ℃下，用氮气吹至约 0.5 mL，用乙酸乙酯定容至 0.5 mL。

B.8.3　标准曲线的绘制：分别取 5 种不同浓度的标准使用溶液，按仪器操作条件，将气相色谱质谱仪调到最佳状态，1.0 μL 进样测定，以测得的峰面积分别对相应的标准物浓度绘制标准曲线。

B.8.4　样品测定：取 1.0 μL 样品洗脱液在与标准曲线相同的条件下进样分析。

B.9　质量控制

B.9.1　质量控制要求

通过试剂空白、标准样品和加标样品的分析证明实验室具有相应的分析能力。应确定每个待测物的方法检出限(MDL),实验室要有记录数据质量的文件,建议有质量管理规范。

B.9.2 固相萃取系统的空白试验

B.9.2.1 在检测样品之前,或新购固相萃取管后,应做空白试验,以保证待分析的化合物不会受到污染。

B.9.2.2 影响检测的潜在污染源是萃取管中有邻苯二甲酸酯、硅酮或其他污染物。尽管固相萃取管是用惰性材料做成的,但他们仍有邻苯二甲酸酯类化合物。邻苯二甲酸酯类化合物能溶于二氯甲烷和乙酸乙酯中,会使水样本底变化,如果污染物导致本底值影响测定的准确度和精密度,那么试验前就应进行处理。

B.9.2.3 本底污染的其他来源有所采用的溶剂、试剂和玻璃容器。本底污染应控制在可接受的范围内,通常应低于方法检出限。

B.9.2.4 萃取时间不宜变化太大。

B.9.3 试验的准确度和精密度

B.9.3.1 分析 4 个～7 个质量浓度为 2 μg/L～5 μg/L 的标准样品,根据仪器的灵敏度,选择的质量浓度应在校正曲线的中间范围。

B.9.3.2 根据样品组分添加亚硫酸钠或盐酸,把标准原液或质控标样加到实验用水中,配制标准样品。

B.9.3.3 测出标准样品中每个组分的浓度、平均浓度、平均准确度(与真值的百分比)、精密度(相对标准偏差,RSD)。

B.9.3.4 每个待测化合物和内标化合物的准确度应在 70%～130%之间,RSD＜30%,如果不符合这个标准,应查找问题的来源,配制新的标准样品,重新测定。

B.9.3.5 配制 7 个包含所有待测组分的标准样品,每个组分的质量浓度为 0.5 μg/L 左右,计算出每个组分的方法检出限。建议分析过程间隔 3 d～4 d,这样更符合实际的方法检出限。

B.9.3.6 绘制待测化合物和内标化合物检测准确度和精密度对时间的质量控制图。内标化合物回收率的质量控制图很有用,因为内标化合物加在所有的样品中,它们的分析结果对分析质量有显著的影响。

B.9.4 连续监测内标化合物定量离子的峰面积。在标准样品或加标样品分析中,虽然内标化合物定量离子的峰面积不恒定,但它们与标准样品峰面积的比率应合理稳定。建议加 10 μL 质量浓度为 500 μg/mL的三联苯-D_{14}做回收率标准测定标准,内标回收率应大于 70%。

B.9.5 同一批次的样品在 12 h 内应做一次空白试验,以确定系统的背景污染状况。当更换新的固相萃取管或试剂时,也要进行本底空白试验。

B.9.6 同一批次的样品可以进行一个标准样品分析。如果样品量超过 20 个,应每 20 个样品增加一个标准样品分析。如果准确度达不到要求,应查找原因并解决,将结果记录下来,加到质量控制图中。

B.9.7 检测样品基体是否含有影响测定结果的物质。可以通过基体加标样品的测定来完成,确定基体加标样品的准确度、精密度及检出限是否与无基体干扰时一致。

B.9.8 同一批次的样品应做一个现场试剂空白分析,以确定污染是由采样现场产生的,还是由样品转运过程中产生的。

B.9.9 定期分析一次外面来源的质控样品。如果结果不在允许范围内,检查整个分析过程,找出问题的原因并纠正。

B.9.10 还有大量其他的质量控制措施可结合在检测过程的其他方面应用,提醒分析人员一些潜在的问题。

B.10 试验数据处理

B.10.1 定性分析

本方法中测定的各化合物的定性鉴定是根据保留时间和扣除背景后的样品质谱图与参考质谱图中

的特征离子比较完成的。参考质谱图中的特征离子被定义为最大相对强度的三个离子，或者任何相对强度超过30%的离子。

B.10.2 定量分析

用5种不同浓度的标准品（其中内标的浓度恒定）绘制标准曲线，该曲线的纵坐标为组分定量离子峰面积 A_x 与其浓度 c_x 之比，横坐标为内标的定量离子峰面积 A_{is} 与其质量浓度 c_{is} 之比。由此求得响应因子 RF。

实际样品在测定前加入同样浓度的内标，测得未知物的定量离子峰面积 A_x 后，通过校准曲线并根据公式（B.1）计算实际样品待测组分质量浓度：

$$c_x = \frac{A_x \times Q_{is}}{A_{is} \times RF \times V} \qquad \cdots\cdots\cdots\cdots (B.1)$$

式中：

c_x ——实际样品待测组分质量浓度，单位为微克每升（μg/L）；

A_x ——各组分定量离子峰面积；

Q_{is} ——加入水样中内标物量，单位为微克（μg）。

A_{is} ——内标物定量离子峰面积；

RF ——响应因子；

V ——水样体积，单位为升（L）。

参 考 文 献

[1] USEPA Method 524.2 Measurement of Purgeable Organic Compounds in Water by Capillary Column Gas Chromatography/Mass Spectrometry

[2] USEPA Method 525.2 Determination of Organic Compounds in Drinking Water by Liquid-Solid Extraction and Capillary Column Gas Chromatography/Mass Spectrometry

ICS 13.060
CCS C 51

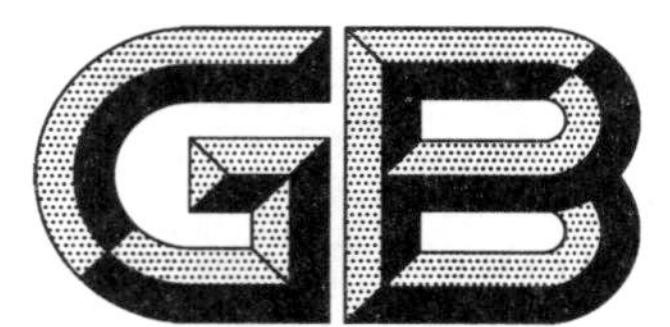

中华人民共和国国家标准

GB/T 5750.9—2023
代替 GB/T 5750.9—2006

生活饮用水标准检验方法 第9部分:农药指标

Standard examination methods for drinking water—
Part 9:Pesticides indices

2023-03-17 发布 2023-10-01 实施

国家市场监督管理总局
国家标准化管理委员会 发布

目　次

前　言

本文件按照 GB/T 1.1—2020《标准化工作导则　第1部分：标准化文件的结构和起草规则》的规定起草。

本文件是 GB/T 5750《生活饮用水标准检验方法》的第9部分。GB/T 5750 已经发布了以下部分：

——第1部分：总则；

——第2部分：水样的采集与保存；

——第3部分：水质分析质量控制；

——第4部分：感官性状和物理指标；

——第5部分：无机非金属指标；

——第6部分：金属和类金属指标；

——第7部分：有机物综合指标；

——第8部分：有机物指标；

——第9部分：农药指标；

——第10部分：消毒副产物指标；

——第11部分：消毒剂指标；

——第12部分：微生物指标；

——第13部分：放射性指标。

本文件代替 GB/T 5750.9—2006《生活饮用水标准检验方法　农药指标》，与 GB/T 5750.9—2006 相比，除结构调整和编辑性改动外，主要技术变化如下：

a) 增加了"术语和定义"(见第3章)；

b) 增加了9个检验方法(见 8.3、12.2、13.4、14.2、21.2、25.1、36.1、36.2、41.1)；

c) 删除了5个检验方法(见2006年版的 1.1、4.1、9.1、11.1、11.2)。

请注意本文件的某些内容可能涉及专利。本文件的发布机构不承担识别专利的责任。

本文件由中华人民共和国国家卫生健康委员会提出并归口。

本文件起草单位：中国疾病预防控制中心环境与健康相关产品安全所、深圳市疾病预防控制中心、黑龙江省疾病预防控制中心、广州市疾病预防控制中心、河北省疾病预防控制中心、广东省疾病预防控制中心、扬州市疾病预防控制中心、江苏省疾病预防控制中心、吉林省疾病预防控制中心、南京大学。

本文件主要起草人：施小明、姚孝元、张岚、邢方潇、岳银玲、张晓、朱舟、张剑峰、罗晓燕、刘玉欣、吴西梅、邵爱梅、吴飞、刘华良、刘思洁、刘桂华、高建、陈坤才、李锦、朱炳辉、姜友富、王联红、马杰、郑和辉、张昊、朱峰、阮丽萍、白梅。

本文件及其所代替文件的历次版本发布情况为：

——1985年首次发布为 GB/T 5750—1985，2006年第一次修订为 GB/T 5750.9—2006；

——本次为第二次修订。

引　言

GB/T 5750《生活饮用水标准检验方法》作为生活饮用水检验技术的推荐性国家标准，与 GB 5749《生活饮用水卫生标准》配套，是 GB 5749 的重要技术支撑，为贯彻实施 GB 5749、开展生活饮用水卫生安全性评价提供检验方法。

GB/T 5750 由 13 个部分构成。

——第 1 部分：总则。目的在于提供水质检验的基本原则和要求。

——第 2 部分：水样的采集与保存。目的在于提供水样采集、保存、管理、运输和采样质量控制的基本原则、措施和要求。

——第 3 部分：水质分析质量控制。目的在于提供水质检验检测实验室质量控制要求与方法。

——第 4 部分：感官性状和物理指标。目的在于提供感官性状和物理指标的相应检验方法。

——第 5 部分：无机非金属指标。目的在于提供无机非金属指标的相应检验方法。

——第 6 部分：金属和类金属指标。目的在于提供金属和类金属指标的相应检验方法。

——第 7 部分：有机物综合指标。目的在于提供有机物综合指标的相应检验方法。

——第 8 部分：有机物指标。目的在于提供有机物指标的相应检验方法。

——第 9 部分：农药指标。目的在于提供农药指标的相应检验方法。

——第 10 部分：消毒副产物指标。目的在于提供消毒副产物指标的相应检验方法。

——第 11 部分：消毒剂指标。目的在于提供消毒剂指标的相应检验方法。

——第 12 部分：微生物指标。目的在于提供微生物指标的相应检验方法。

——第 13 部分：放射性指标。目的在于提供放射性指标的相应检验方法。

生活饮用水标准检验方法
第9部分:农药指标

1 范围

本文件描述了生活饮用水中滴滴涕、六六六、林丹、对硫磷、甲基对硫磷、内吸磷、马拉硫磷、乐果、百菌清、甲萘威、溴氰菊酯、灭草松、2,4-滴、敌敌畏、呋喃丹、毒死蜱、莠去津、草甘膦、七氯、六氯苯、五氯酚、氟苯脲、氟虫脲、除虫脲、氟啶脲、氟铃脲、杀铃脲、氟丙氧脲、敌草隆、氯虫苯甲酰胺、利谷隆、甲氧隆、氯硝柳胺、甲氰菊酯、氯氟氰菊酯、氰戊菊酯、氯菊酯、乙草胺的测定方法和水源水中滴滴涕(毛细管柱气相色谱法)、六六六、林丹(毛细管柱气相色谱法)、对硫磷(毛细管柱气相色谱法)、甲基对硫磷(毛细管柱气相色谱法)、内吸磷、马拉硫磷(毛细管柱气相色谱法)、乐果(毛细管柱气相色谱法)、甲萘威(高压液相色谱法—紫外检测器、分光光度法、高压液相色谱法—荧光检测器)、灭草松(液液萃取气相色谱法)、2,4-滴 (液液萃取气相色谱法)、敌敌畏(毛细管柱气相色谱法)、呋喃丹(高效液相色谱法)、毒死蜱(液液萃取气相色谱法)、莠去津(高效液相色谱法)、草甘膦(高效液相色谱法)、七氯(液液萃取气相色谱法)、五氯酚(衍生化气相色谱法、顶空固相微萃取气相色谱法)的测定方法。

本文件适用于生活饮用水和(或)水源水中农药指标的测定。

2 规范性引用文件

下列文件中的内容通过文中的规范性引用而构成本文件必不可少的条款。其中,注日期的引用文件,仅该日期对应的版本适用于本文件;不注日期的引用文件,其最新版本(包括所有的修改单)适用于本文件。

GB/T 5750.1 生活饮用水标准检验方法 第1部分:总则

GB/T 5750.3 生活饮用水标准检验方法 第3部分:水质分析质量控制

GB/T 5750.8—2023 生活饮用水标准检验方法 第8部分:有机物指标

GB/T 5750.10—2023 生活饮用水标准检验方法 第10部分:消毒副产物指标

GB/T 6682 分析实验室用水规格和试验方法

3 术语和定义

GB/T 5750.1、GB/T 5750.3 界定的术语和定义适用于本文件。

4 滴滴涕

4.1 毛细管柱气相色谱法

4.1.1 最低检测质量浓度

本方法最低检测质量分别为:滴滴涕,1.0 pg;六六六,0.50 pg。若取500 mL水样测定,则最低检测质量浓度分别为:滴滴涕,0.02 μg/L;六六六,0.01 μg/L。

4.1.2 原理

水样中的滴滴涕和六六六经环己烷萃取、浓缩后,用带有电子捕获检测器的气相色谱仪分离和测定。

4.1.3 试剂或材料

4.1.3.1 载气:高纯氮气[$\varphi(N_2)\geqslant 99.999\%$]。

4.1.3.2 环己烷(C_6H_{12}):用全玻璃蒸馏器重蒸馏,直至测定时不出现干扰峰。

4.1.3.3 苯(C_6H_6):色谱纯。

4.1.3.4 无水硫酸钠:600 ℃烘烤 4 h,冷却后密封保存。

4.1.3.5 硫酸:优级纯(ρ_{20}=1.84 g/mL)。

4.1.3.6 硫酸钠溶液(40 g/L):称取 4 g 无水硫酸钠,溶于纯水中,稀释至 100 mL。

4.1.3.7 标准物质:α-666($C_6H_6Cl_6$)、β-666($C_6H_6Cl_6$)、γ-666($C_6H_6Cl_6$)、δ-666($C_6H_6Cl_6$)和 p,p'-DDE($C_{14}H_8Cl_4$)、o,p'-DDT($C_{14}H_9Cl_5$)、p,p'-DDD($C_{14}H_{10}Cl_4$)、p,p'-DDT($C_{14}H_9Cl_5$)的纯度均为色谱纯。或使用有证标准物质。

4.1.3.8 标准储备溶液:称取色谱纯 α-666($C_6H_6Cl_6$)、β-666($C_6H_6Cl_6$)、γ-666($C_6H_6Cl_6$)、δ-666($C_6H_6Cl_6$)和 p,p'-DDE($C_{14}H_8Cl_4$)、o,p'-DDT($C_{14}H_9Cl_5$)、p,p'-DDD($C_{14}H_{10}Cl_4$)、p,p'-DDT($C_{14}H_9Cl_5$)各 10.00 mg,分别置于 10 mL 容量瓶中,用苯溶解并稀释至刻度。此溶液 ρ(α-666,β-666,γ-666,δ-666 和 p,p'-DDE,o,p'-DDT,p,p'-DDD,p,p'-DDT)=1 000 μg/mL。

4.1.3.9 标准中间溶液:分别取各物质的标准储备溶液 1.0 mL,置于 8 个 100 mL 容量瓶中,用环己烷稀释至刻度,8 种标准中间溶液的质量浓度为 ρ(α-666,β-666,γ-666,δ-666 和 p,p'-DDE,o,p'-DDT,p,p'-DDD,p,p'-DDT)=10 μg/mL。

4.1.3.10 混合标准使用溶液:分别取各物质的标准中间溶液 10.0 mL,置于 1 个 100 mL 容量瓶中,用环己烷稀释至刻度,8 种标准使用溶液的质量浓度为 ρ(α-666,β-666,γ-666,δ-666 和 p,p'-DDE,o,p'-DDT,p,p'-DDD,p,p'-DDT)=1.0 μg/mL。根据仪器的灵敏度,用环己烷将此混合标准使用溶液再稀释成标准系列。现用现配。

4.1.4 仪器设备

4.1.4.1 气相色谱仪:电子捕获检测器,记录仪或工作站。

4.1.4.2 色谱柱:DM-1701(30 m×0.32 mm,0.25 μm)高弹石英毛细管色谱柱,或者同等极性的毛细管色谱柱。

4.1.4.3 微量注射器:1 μL。

4.1.4.4 分液漏斗:1 000 mL。

4.1.4.5 具塞比色管:10 mL。

4.1.4.6 容量瓶:10 mL。

4.1.5 样品

4.1.5.1 水样的采集和保存

用磨口玻璃瓶采集水样,采集后的水样于 0 ℃~4 ℃冷藏保存。

4.1.5.2 水样的预处理

4.1.5.2.1 洁净的水样：取水样 500 mL 置于 1 000 mL 分液漏斗中，用 70 mL 环己烷分三次萃取(30 mL、20 mL、20 mL)，每次充分振荡 3 min，静置分层，合并环己烷萃取液经无水硫酸钠脱水后，浓缩至 10 mL，供测定用。

4.1.5.2.2 污染较重的水样：取水样 500 mL 置于 1 000 mL 分液漏斗中，用 70 mL 环己烷分三次萃取(30 mL、20 mL、20 mL)，每次充分振荡 5 min，静置分层，合并环己烷萃取液经无水硫酸钠脱水后，浓缩至 10 mL，加入 2 mL 硫酸，轻轻振荡数次，静置分层，弃去硫酸相。加入 10 mL 硫酸钠溶液，振荡，静置分层后，弃去水相，环己烷萃取液经无水硫酸钠脱水后，供测定用。

4.1.6 试验步骤

4.1.6.1 仪器参考条件

4.1.6.1.1 汽化室温度：260 ℃。

4.1.6.1.2 柱温：210 ℃。

4.1.6.1.3 检测器温度：260 ℃(Ni-63 检测器)。

4.1.6.1.4 载气流量：1 mL/min。

4.1.6.1.5 分流比：10 ∶ 1。

4.1.6.1.6 尾吹气流量：40 mL/min。

4.1.6.2 校准

4.1.6.2.1 定量分析中的校准方法：外标法。

4.1.6.2.2 标准样品使用次数：每次分析样品时，用标准使用溶液绘制标准曲线。

4.1.6.2.3 气相色谱法中使用标准样品的条件：

a) 标准样品进样体积与试样体积相同，标准样品的响应值应接近试样的响应值；

b) 在工作范围内，相对标准偏差小于 10%，即可认为仪器处于稳定状态；

c) 标准样品与试样尽可能同时进行分析。

4.1.6.2.4 标准曲线的绘制：取 6 个 10 mL 容量瓶，分别加入混合标准使用溶液，配制成质量浓度为 0 μg/mL、0.05 μg/mL、0.10 μg/mL、0.20 μg/mL、0.40 μg/mL、0.50 μg/mL 六六六和滴滴涕标准系列。分别吸取混合标准系列溶液 1 μL 注入气相色谱仪，以测得的峰高或峰面积为纵坐标，各单体滴滴涕或六六六的质量浓度为横坐标，分别绘制标准曲线。

4.1.6.3 进样

4.1.6.3.1 进样方式：直接进样。

4.1.6.3.2 进样量：1 μL。

4.1.6.3.3 操作：用洁净微量注射器于待测样品中抽吸几次后，排出气泡，取所需体积迅速注射至色谱仪中。

4.1.6.4 色谱图考察

标准物质色谱图，见图 1。

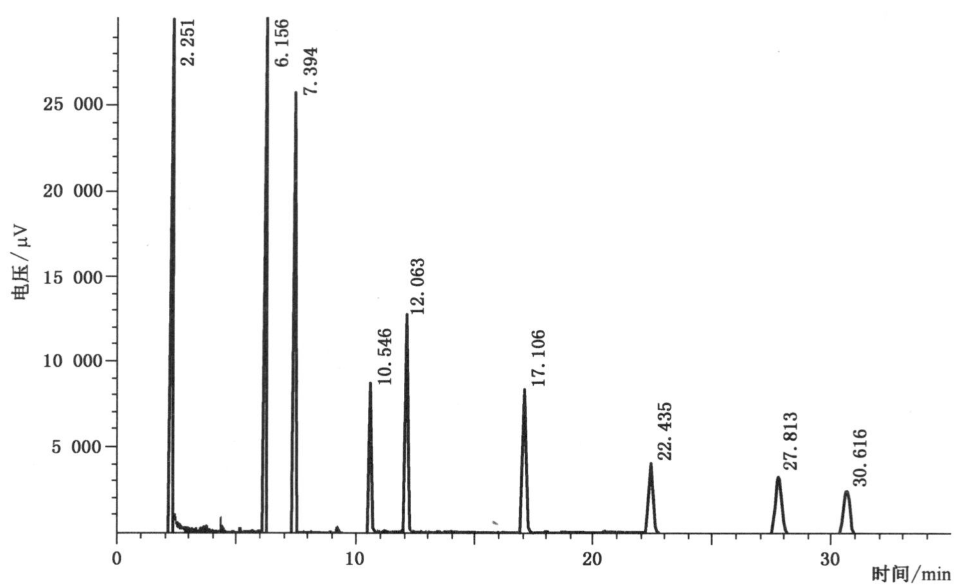

图 1　滴滴涕、六六六标准物质色谱图

4.1.7　试验数据处理

4.1.7.1　定性分析

4.1.7.1.1　出峰顺序：α-666，γ-666，β-666，δ-666，p，p'-DDE，o，p'-DDT，p，p'-DDD，p，p'-DDT。

4.1.7.1.2　保留时间：α-666，6.156 min；γ-666，7.394 min；β-666，10.546 min；δ-666，12.063 min；p，p'-DDE，17.106 min；o，p'-DDT，22.435 min；p，p'-DDD，27.813 min；p，p'-DDT，30.616 min。

4.1.7.2　定量分析

根据色谱峰的峰高或峰面积，在标准曲线上查出萃取液中被测组分的质量浓度，按式(1)计算水样中被测组分的质量浓度：

$$\rho=\frac{\rho_1 \times V_1}{V} \times 1\ 000 \qquad \cdots\cdots(1)$$

式中：

ρ ——水样中各待测组分的质量浓度，单位为微克每升(μg/L)；

ρ_1 ——相当于标准曲线的质量浓度，单位为微克每毫升(μg/mL)；

V_1 ——萃取液总体积，单位为毫升(mL)；

V ——水样的体积，单位为毫升(mL)；

1 000——毫克每升与微克每升的换算系数。

滴滴涕和六六六总量分别为各单体量之和。

4.1.7.3　结果的表示

4.1.7.3.1　定性结果：根据标准色谱图中各组分的保留时间确定被测试样中的组分数目及组分名称。

4.1.7.3.2　定量结果：含量以微克每升(μg/L)表示。

4.1.8　精密度和准确度

4 个实验室测定添加六六六标准的水样(六六六的质量浓度为 0.01 μg/L～10 μg/L 时)，其相对标准偏差为 2.5%～7.9%，其平均回收率为 85.8%～108%。测定添加滴滴涕标准的水样(滴滴涕的质量浓度为 0.02 μg/L～10 μg/L 时)，其相对标准偏差为 3.2%～10%，其平均回收率为 91.3%～102%。

4.2 固相萃取气相色谱质谱法

按 GB/T 5750.8—2023 中 15.1 描述的方法测定。

5 六六六

毛细管柱气相色谱法：按 4.1 描述的方法测定。

6 林丹

6.1 毛细管柱气相色谱法

按 4.1 描述的方法测定。

6.2 固相萃取气相色谱质谱法

按 GB/T 5750.8—2023 中 15.1 描述的方法测定。

7 对硫磷

7.1 毛细管柱气相色谱法

7.1.1 最低检测质量浓度

本方法最低检测质量分别为：敌敌畏，0.012 ng；甲拌磷，0.025 ng；内吸磷，0.025 ng；乐果，0.025 ng；甲基对硫磷，0.025 ng；马拉硫磷，0.025 ng；对硫磷，0.025 ng。若取 250 mL 水样萃取后测定，则最低检测质量浓度分别为：敌敌畏，0.05 μg/L；甲拌磷，0.1 μg/L；内吸磷，0.1 μg/L；乐果，0.1 μg/L；甲基对硫磷，0.1 μg/L；马拉硫磷，0.1 μg/L；对硫磷，0.1 μg/L。

7.1.2 原理

水中微量有机磷经二氯甲烷萃取、浓缩，定量注入色谱仪，各有机磷在色谱柱上逐一分离，依次在火焰光度检测器富氢火焰中燃烧，发射出 526 nm 波长的特征光。光强度与含磷量成正比，此特征光通过滤光片，由光电倍增管检测进行定量分析。

7.1.3 试剂或材料

7.1.3.1 载气：氮气[$\varphi(N_2)\geqslant 99.999\%$]。

7.1.3.2 辅助气体：氢气、空气。

7.1.3.3 二氯甲烷(重蒸)。

7.1.3.4 丙酮。

7.1.3.5 无水硫酸钠。

7.1.3.6 标准储备溶液：将敌敌畏($C_4H_7Cl_2O_4P$)、甲拌磷($C_7H_{17}O_2PS_3$)、内吸磷($C_8H_{19}O_3PS_2$)(E-059)、乐果($C_5H_{12}NO_3PS_2$)、甲基对硫磷($C_8H_{10}NO_5PS$)(甲基 E-605)、马拉硫磷($C_{10}H_{19}O_6PS_2$)(4049)和对硫磷($C_{10}H_{14}NO_5PS$)(E-605)标准溶液用丙酮配制，其质量浓度：敌敌畏、甲拌磷、内吸磷(内吸磷-*S* 和内吸磷-*O* 之和)、乐果、甲基对硫磷、马拉硫磷、对硫磷均为 100 μg/mL，0 ℃～4 ℃冷藏保

存。或使用有证标准物质。

7.1.3.7 标准使用溶液:临用前吸取一定量的标准储备溶液用二氯甲烷稀释至质量浓度均为10 μg/mL的标准使用溶液。

7.1.4 仪器设备

7.1.4.1 气相色谱仪:火焰光度检测器,记录仪或工作站。

7.1.4.2 色谱柱:石英玻璃毛细管柱DB-1701(30 m×0.32 mm,0.25 μm),或同等极性色谱柱。

7.1.4.3 微量注射器:10 μL。

7.1.4.4 旋转蒸发器。

7.1.4.5 分液漏斗:500 mL。

7.1.5 样品

7.1.5.1 水样的采集和保存

水样采集于硬质磨口玻璃瓶中,0 ℃~4 ℃冷藏保存,保存时间为24 h。

7.1.5.2 水样的预处理

7.1.5.2.1 萃取:取250 mL水样置于500 mL分液漏斗中,用50 mL二氯甲烷(重蒸)分两次萃取,合并萃取液,用无水硫酸钠脱水。

7.1.5.2.2 浓缩:将7.1.5.2.1的样品萃取液于40 ℃~60 ℃水浴中减压浓缩至1.0 mL,供分析用。

7.1.6 试验步骤

7.1.6.1 仪器参考条件

7.1.6.1.1 气化室温度:270 ℃。

7.1.6.1.2 柱温:程序升温,初温120 ℃,保持1 min,以20 ℃/min升至190 ℃,保持5 min。

7.1.6.1.3 检测器温度:270 ℃。

7.1.6.1.4 载气流量:氮气(30 mL/min);尾吹气流量(15 mL/min);氢气和空气根据所用仪器选择最佳流量。

7.1.6.2 校准

7.1.6.2.1 定量分析中的校准方法:外标法。

7.1.6.2.2 标准样品使用次数:每次分析样品时,用标准使用溶液绘制标准曲线。

7.1.6.2.3 气相色谱法中使用标准样品的条件如下:

a) 标准样品进样体积与试样的进样体积相同;

b) 标准样品与试样尽可能同时分析。

7.1.6.2.4 标准曲线的绘制:取不同体积标准使用溶液,用二氯甲烷稀释成有机磷混合标准系列,各取1 μL注入气相色谱仪。以测得的峰高为纵坐标,质量浓度为横坐标,绘制标准曲线。

7.1.6.3 进样

7.1.6.3.1 进样方式:直接进样。

7.1.6.3.2 进样量:1 μL。

7.1.6.3.3 操作:用洁净微量注射器于待测样品中抽吸几次后,排出气泡,取所需体积迅速注射至色谱仪中。

7.1.6.4 记录

以标准样品核对，记录色谱峰高的保留时间及对应的化合物。

7.1.6.5 色谱图考察

标准物质色谱图，见图 2。

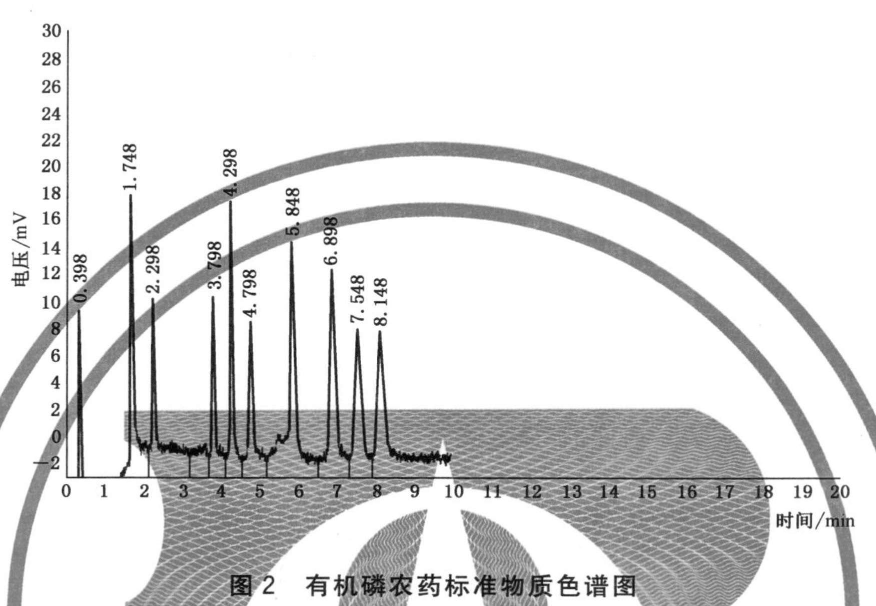

图 2 有机磷农药标准物质色谱图

7.1.7 试验数据处理

7.1.7.1 定性分析

7.1.7.1.1 出峰顺序：敌敌畏，甲胺磷，乙酰甲胺磷，甲拌磷，乐果，内吸磷，甲基对硫磷，马拉硫磷和对硫磷。

7.1.7.1.2 保留时间：敌敌畏，1.748 min；甲胺磷 2.298 min；乙酰甲胺磷，3.798 min；甲拌磷，4.298 min；内吸磷，4.798 min；乐果，5.848 min；甲基对硫磷，6.898 min；马拉硫磷，7.548 min；对硫磷，8.148 min。

7.1.7.2 定量分析

根据样品的峰高或峰面积从标准曲线上查出萃取液中有机磷的质量浓度。按式(2)计算水样中有机磷的质量浓度：

$$\rho=\frac{\rho_1 \times V_1}{V} \qquad \cdots\cdots(2)$$

式中：

ρ ——水样中有机磷的质量浓度，单位为毫克每升(mg/L)；

ρ_1 ——从标准曲线上查出有机磷的质量浓度，单位为微克每毫升(μg/mL)；

V_1 ——浓缩后的体积，单位为毫升(mL)；

V ——水样体积，单位为毫升(mL)。

7.1.7.3 结果表示

7.1.7.3.1 定性结果：根据标准色谱图中各组分保留时间确定被测水样中有机磷农药的种类。

7.1.7.3.2 定量结果:按式(2)计算出水样中各组分的质量浓度,含量以毫克每升(mg/L)表示。

7.1.8 精密度和准确度

4个实验室测定加标水样,有机磷各组分的加标回收的测定,分别加 0.050 mg/L、0.25 mg/L、0.45 mg/L 3 个质量浓度做加标回收试验,测定7次,测定结果为7次的平均值,结果见表1。

表1 加标回收试验结果

组分	测定值/(mg/L)		
	加标量 0.050 mg/L	加标量 0.25 mg/L	加标量 0.45 mg/L
敌敌畏	0.050	0.24	0.44
甲拌磷	0.041	0.20	0.40
内吸磷	0.042	0.20	0.38
乐果	0.045	0.21	0.41
甲基对硫磷	0.039	0.20	0.37
马拉硫磷	0.045	0.22	0.39
对硫磷	0.042	0.22	0.37

有机磷各组分的精密度及准确度,相对标准偏差分别为:敌敌畏:5.0%~6.1%;甲拌磷:5.8%~6.7%;内吸磷:5.9%~6.9%;乐果:5.4%~6.2%;甲基对硫磷:6.0%~6.4%;马拉硫磷:5.6%~6.3%;对硫磷:5.5%~6.4%。平均回收率分别为:敌敌畏:98.3%;甲拌磷:83.5%;内吸磷:83.0%;乐果:89.1%;甲基对硫磷:80.7%;马拉硫磷:88.5%;对硫磷:84.8%。结果见表2。

表2 有机磷各组分的准确度及精密度测定结果

组分	加标量 0.050 mg/L		加标量 0.25 mg/L		加标量 0.45 mg/L	
	回收率/%	相对标准偏差/%	回收率/%	相对标准偏差/%	回收率/%	相对标准偏差/%
敌敌畏	99.2	5.8	97.2	5.0	98.4	6.1
甲拌磷	82.8	6.3	79.2	5.8	88.4	6.7
内吸磷	83.6	6.9	80.8	6.1	84.7	5.9
乐果	90.1	6.2	85.2	5.4	92.0	6.0
甲基对硫磷	78.4	6.4	81.6	6.0	82.0	6.3
马拉硫磷	90.0	5.6	88.4	6.3	87.1	6.1
对硫磷	84.4	6.1	88.0	5.5	82.0	6.4

7.1.9 干扰试验

试验结果表明，在上述试验条件下，氧化乐果对内吸磷的测定有干扰，久效磷、甲基毒死蜱对乐果的测定有干扰，毒死蜱对甲基对硫磷的测定有干扰。如果上述几种干扰存在时，可以用 HP-1(30 m×0.53 mm，2.65 μm)色谱柱进行确证(仪器条件：气化室温度 270 ℃；柱温：程序升温，初温 140 ℃，保持 1 min，以 10 ℃/min 升至 190 ℃，保持 4 min，以 5 ℃/min 升至 220 ℃，保持 1 min；检测器温度：270 ℃；载气流量：氮气 30 mL/min；尾吹气流量 15 mL/min)。

由于甲胺磷和乙酰甲胺磷在水中的溶解度大，直接用二氯甲烷提取时其回收率很低，故此方法不适合于甲胺磷及乙酰甲胺磷的测定。

7.2 固相萃取气相色谱质谱法

按 GB/T 5750.8—2023 中 15.1 描述的方法测定。

8 甲基对硫磷

8.1 毛细管柱气相色谱法

按 7.1 描述的方法测定。

8.2 固相萃取气相色谱质谱法

按 GB/T 5750.8—2023 中 15.1 描述的方法测定。

8.3 液相色谱串联质谱法

8.3.1 最低检测质量浓度

本方法最低检测质量分别为：莠去津，0.002 ng；呋喃丹，0.003 ng；甲基对硫磷，0.004 ng。取 20 μL 水样直接进样测定时，最低检测质量浓度分别为：莠去津，0.10 μg/L；呋喃丹，0.15 μg/L；甲基对硫磷 0.20 μg/L。

水中常见共存离子及化合物均不干扰该 3 种化合物的测定。

本方法仅用于生活饮用水的测定。

8.3.2 原理

水样经针式微孔滤膜过滤后直接进样，以液相色谱串联质谱的多反应监测(MRM)方式检测生活饮用水中呋喃丹、莠去津和甲基对硫磷 3 种农药，外标法定量。

8.3.3 试剂

除非另有说明，本方法所用试剂均为分析纯，实验用水为 GB/T 6682 规定的一级水。

8.3.3.1 甲酸溶液[φ(HCOOH)=0.1%]：取 1 mL 甲酸(ρ_{20}= 1.22 g/mL，色谱纯)，纯水稀释至 1 000 mL。

8.3.3.2 甲醇(CH_3OH)：色谱纯。

8.3.3.3 乙腈(CH_3CN)：色谱纯。

8.3.3.4 硫代硫酸钠。

8.3.3.5 标准物质：呋喃丹($C_{12}H_{15}NO_3$)、莠去津($C_8H_{14}ClN_5$)和甲基对硫磷($C_8H_{10}NO_5PS$)，w≥99%。或使用有证标准物质。

8.3.3.6 呋喃丹、莠去津和甲基对硫磷 3 种农药标准储备溶液(ρ=1 000 mg/L):准确称取呋喃丹、莠去津和甲基对硫磷 3 种农药标准物质 0.010 0 g,分别用甲醇溶解并定容至 10 mL,置−20 ℃冰箱中,可保存 1 年。

8.3.3.7 呋喃丹、莠去津和甲基对硫磷 3 种农药中间溶液(ρ=100 mg/L):移取呋喃丹、莠去津和甲基对硫磷 3 种农药标准储备溶液 1.00 mL,分别加甲醇稀释至 10 mL,置−20 ℃冰箱中,可保存 1 年。

8.3.3.8 呋喃丹、莠去津和甲基对硫磷 3 种农药混合使用溶液(ρ=1.0 mg/L):移取呋喃丹、莠去津和甲基对硫磷 3 种农药中间溶液各 0.10 mL,用甲酸溶液[φ(HCOOH)=0.1%]稀释至 10 mL。现用现配。

8.3.4 仪器设备

8.3.4.1 液相色谱串联质谱仪:带电喷雾离子源。

8.3.4.2 色谱柱:C_{18}柱(2.1 mm×150 mm,5 μm)或等效色谱柱。

8.3.4.3 天平:分辨力不低于 0.01 mg。

8.3.4.4 微孔滤膜:0.22 μm,水系。

8.3.5 样品

8.3.5.1 水样的采集和保存

用硬质磨口玻璃瓶采集水样,当有余氯存在时,加入硫代硫酸钠,使硫代硫酸钠在水样中质量浓度为 100 mg/L,混匀以消除余氯影响,0 ℃~4 ℃冷藏避光保存,保存时间为 24 h。

8.3.5.2 水样的预处理

洁净的水样过 0.22 μm 水系微孔滤膜后测定,浑浊的水样经定性滤纸过滤后再经 0.22 μm 水系微孔滤膜过滤后测定。

8.3.6 试验步骤

8.3.6.1 色谱参考条件

8.3.6.1.1 流动相:乙腈+甲酸溶液[φ(HCOOH)=0.1%]=60+40,等度洗脱。

8.3.6.1.2 流速:0.3 mL/min。

8.3.6.1.3 进样体积:20 μL。

8.3.6.1.4 柱温:30 ℃。

8.3.6.2 质谱参考条件

8.3.6.2.1 三重四极杆串联质谱仪检测方式:多反应监测(MRM)。

8.3.6.2.2 电离方式:正离子电喷雾电离源(ESI+)。

8.3.6.2.3 喷雾电压:5 500 V。

8.3.6.2.4 离子源温度:600 ℃。

8.3.6.2.5 气帘气压力:206.8 kPa(30 psi)。

8.3.6.2.6 碰撞气流速:中等。

8.3.6.2.7 喷雾气压力:334.8 kPa(50 psi)。

8.3.6.2.8 辅助加热气压力:413.7 kPa(60 psi)。

8.3.6.2.9 入口电压:10 V。

8.3.6.2.10 驻留时间:100 ms。

8.3.6.2.11 母离子、子离子、去簇电压、碰撞能量和碰撞池电压见表 3。

表 3　3 种农药的母离子、子离子、去簇电压、碰撞能量和碰撞池电压

化合物	母离子(m/z)	子离子(m/z)	去簇电压/V	碰撞能量/eV	碰撞池电压/V
莠去津	216.1	174.0[a]	100	25	11
		104.0	100	39	11
呋喃丹	222.1	123.0[a]	90	29	10
		165.1	90	17	10
甲基对硫磷	264.0	232.0[a]	80	22	15
		125.0	80	23	15
[a] 定量离子。					

8.3.6.3　**校准**

8.3.6.3.1　定量分析中的校准方法：外标法。

8.3.6.3.2　标准溶液使用次数：每次分析样品时，用标准使用溶液绘制标准曲线。

8.3.6.3.3　标准曲线的绘制：分别移取 5.00 μL、20.0 μL、50.0 μL、100.0 μL、200.0 μL 和 500.0 μL 呋喃丹、莠去津和甲基对硫磷 3 种农药混合使用溶液于 6 个 10 mL 容量瓶中，纯水稀释至刻度。标准系列溶液中呋喃丹、莠去津和甲基对硫磷 3 种农药的质量浓度分别为 0.50 μg/L、2.0 μg/L、5.0 μg/L、10.0 μg/L、20.0 μg/L 和 50.0 μg/L。各取 20 μL 分别注入液相色谱串联质谱系统，测定相应的呋喃丹、莠去津和甲基对硫磷 3 种农药的峰面积，以标准系列中呋喃丹、莠去津和甲基对硫磷 3 种农药的质量浓度为横坐标，以对应 3 种农药定量离子的峰面积为纵坐标，绘制标准曲线。

8.3.6.4　**进样**

8.3.6.4.1　方式：直接进样。

8.3.6.4.2　进样量：20 μL。

8.3.6.5　**记录**

以标准样品核对，记录各质谱离子峰的保留时间及对应的化合物。

8.3.6.6　**色谱和质谱图考察**

各标准物质的选择离子流图和碎片离子质谱图，见图 3 和图 4。

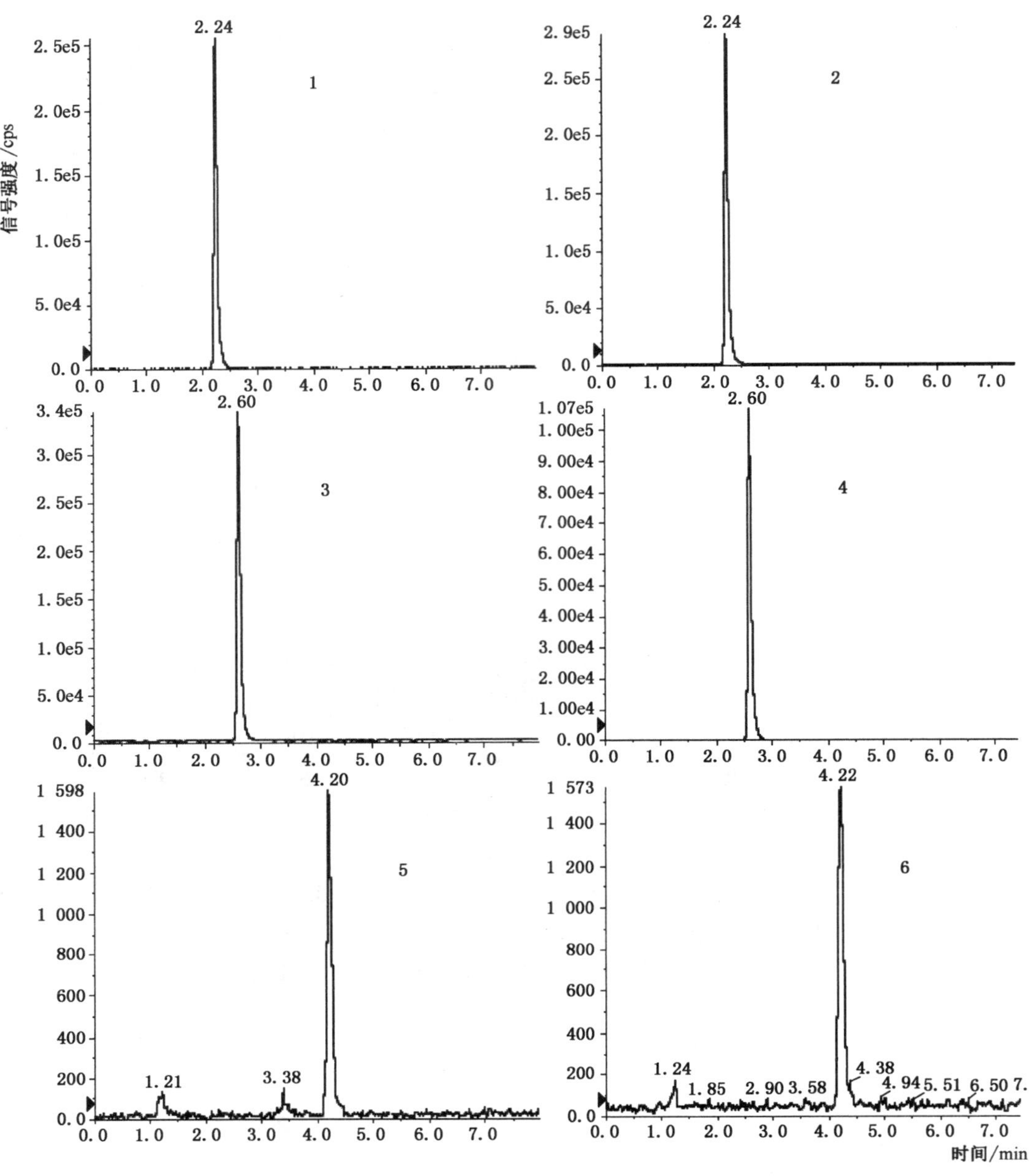

标引序号说明：

1——呋喃丹 m/z 222.1/123.0 选择离子流图；

2——呋喃丹 m/z 222.1/165.1 选择离子流图；

3——莠去津 m/z 216.1/174.0 选择离子流图；

4——莠去津 m/z 216.1/104.0 选择离子流图；

5——甲基对硫磷 m/z 264.0/232.0 选择离子流图；

6——甲基对硫磷 m/z 264.0/125.0 选择离子流图。

图3　呋喃丹、莠去津和甲基对硫磷的选择离子流图

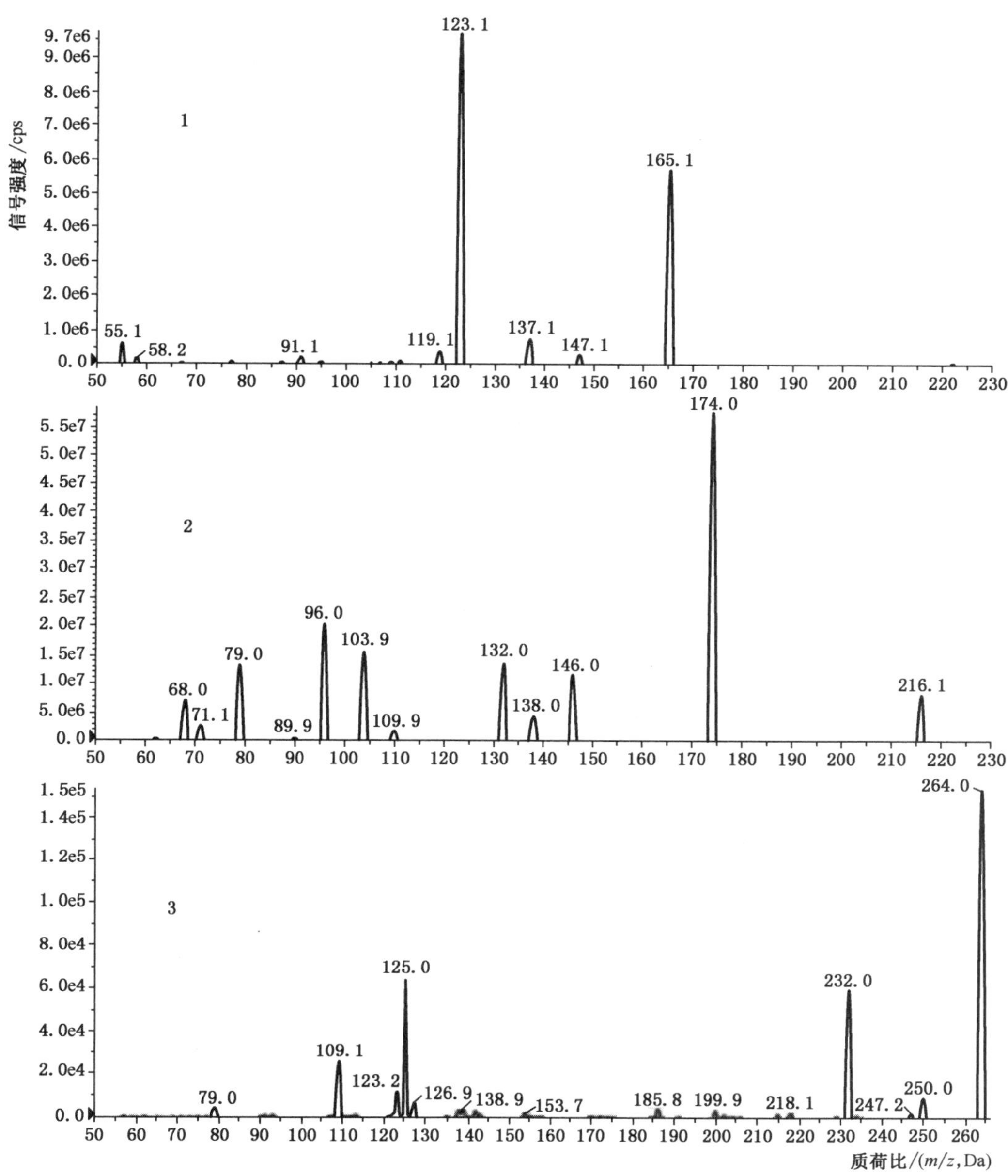

标引序号说明：

1——呋喃丹；

2——莠去津；

3——甲基对硫磷。

图 4 呋喃丹、莠去津和甲基对硫磷的碎片离子质谱图

8.3.7 试验数据处理

8.3.7.1 定性分析

8.3.7.1.1 定性要求：根据 3 种农药(莠去津、呋喃丹和甲基对硫磷)各个碎片离子的丰度比及保留时间定性，要求所检测的 3 种农药色谱峰信噪比(S/N)大于 3，被测试样中目标化合物的保留时间与标准溶液中目标化合物的保留时间一致，同时被测试样中目标化合物的相应监测离子丰度比与标准溶液中目标化合物的色谱峰丰度比一致，允许的相对偏差见表 4。

表 4　定性测定时相对离子丰度的最大允许相对偏差

相对离子丰度/%	相对偏差/%
>50	±20
>20～50	±25
>10～20	±30
≤10	±50

8.3.7.1.2　保留时间：呋喃丹，2.24 min；莠去津，2.60 min；甲基对硫磷，4.21 min。

8.3.7.2　定量分析

以 3 种农药（莠去津、呋喃丹和甲基对硫磷）定量离子峰面积对应标准曲线中查得的含量作为定量结果。

8.3.7.3　结果的表示

8.3.7.3.1　定性结果：根据标准多反应监测质谱图各组分的碎片离子对和保留时间确定组分名称。

8.3.7.3.2　定量结果：含量以微克每升（μg/L）表示。

8.3.8　精密度和准确度

4 个实验室向自来水中加入 3 种农药的质量浓度均为 0.50 μg/L，10.0 μg/L 和 50.0 μg/L 时，日内重复测定的相对标准偏差莠去津为 3.3%～4.9%，2.1%～4.4%，1.2%～2.4%；呋喃丹为 3.0%～4.8%，2.3%～2.9%，1.2%～2.3%；甲基对硫磷为 4.3%～4.5%，3.1%～4.0%，2.2%～2.8%。10 d 内日间重复测定的相对标准偏差莠去津为 3.8%～4.8%，3.7%～4.6%，2.9%～4.1%；呋喃丹为 3.6%～4.7%，3.1%～3.9%，2.7%～3.9%；甲基对硫磷为 3.7%～4.7%，2.4%～3.8%，2.1%～3.5%。

4 个实验室向自来水中加入 0.50 μg/L、10.0 μg/L 和 50.0 μg/L 的 3 种农药标准，平均回收率莠去津为 92.2%～96.8%，96.1%～102%，95.4%～98.2%；呋喃丹为 91.0%～97.8%，95.3%～102%，93.2%～99.6%；甲基对硫磷为 96.2%～99.8%，94.0%～98.0%，97.8%～103%。

9　内吸磷

毛细管柱气相色谱法：按 7.1 描述的方法测定。

10　马拉硫磷

10.1　毛细管柱气相色谱法

按 7.1 描述的方法测定。

10.2　固相萃取气相色谱质谱法

按 GB/T 5750.8—2023 中 15.1 描述的方法测定。

11 乐果

11.1 毛细管柱气相色谱法

按 7.1 描述的方法测定。

11.2 固相萃取气相色谱质谱法

按 GB/T 5750.8—2023 中 15.1 描述的方法测定。

12 百菌清

12.1 固相萃取气相色谱质谱法

按 GB/T 5750.8—2023 中 15.1 描述的方法测定。

12.2 毛细管柱气相色谱法

12.2.1 最低检测质量浓度

本方法最低检测质量为 0.006 ng，若取 500 mL 水样经过处理后测定，则最低检测质量浓度为0.12 μg/L。

本方法仅用于生活饮用水的测定。

12.2.2 原理

生活饮用水中的百菌清经过有机溶剂萃取后，进入色谱柱进行分离，用具有电子捕获检测器的气相色谱仪测定，以保留时间定性，外标法定量。

12.2.3 试剂或材料

12.2.3.1 载气：高纯氮气[$\varphi \geqslant 99.999\%$]。

12.2.3.2 石油醚：沸程 60 ℃～90 ℃，用全玻璃蒸馏器重蒸馏，直至色谱图上不出现干扰峰。

12.2.3.3 苯：色谱纯，用全玻璃蒸馏器重蒸馏，直至色谱图上不出现干扰峰。

12.2.3.4 无水硫酸钠：经过 350 ℃烘烤 4 h，储存于密闭容器中。

12.2.3.5 标准物质：百菌清，$w[C_6(CN)_2Cl_4] \geqslant 98\%$。或使用有证标准物质。

12.2.3.6 百菌清标准储备溶液{$\rho[C_6(CN)_2Cl_4]=1.00$ mg/mL}：称取 0.050 0 g 百菌清标准物质，以少量苯溶解后，于 50 mL 容量瓶中，用石油醚定容，此溶液 $\rho[C_6(CN)_2Cl_4]=1.00$ mg/mL。

12.2.3.7 百菌清标准使用溶液{$\rho[C_6(CN)_2Cl_4]=10.00$ μg/mL}：将百菌清标准储备溶液用石油醚稀释 100 倍，加以配制。现用现配。

12.2.4 仪器设备

12.2.4.1 气相色谱仪：配有电子捕获检测器。

12.2.4.2 色谱柱：DB-1701 石英毛细管柱(30 m×0.32 mm，0.250 μm)或等效色谱柱。

12.2.4.3 微量注射器：5 μL。

12.2.4.4 旋转蒸发器。

12.2.4.5 天平：分辨力不低于 0.1 mg。

12.2.4.6 分液漏斗：1 000 mL。

12.2.4.7 容量瓶:50 mL。

12.2.5 样品

12.2.5.1 水样的采集和保存

用磨口玻璃瓶采集水样。水样采集后应该尽快进行萃取处理,当天不能处理时,要置于 0 ℃~4 ℃冷藏保存,尽快分析。

12.2.5.2 水样的预处理

取 500 mL 水样于分液漏斗中,用 20.0 mL 石油醚,分两次萃取,每次充分振摇 3 min,静置分层去水相后,合并石油醚萃取液经无水硫酸钠脱水,浓缩至 10.0 mL 供测定用。同时用纯水按水样方法操作,做空白试验,空白色谱图不应检出干扰峰。

12.2.6 试验步骤

12.2.6.1 仪器参考条件

12.2.6.1.1 气化室进样口温度:300 ℃。
12.2.6.1.2 检测器温度:300 ℃。
12.2.6.1.3 柱温:210 ℃。
12.2.6.1.4 载气压力:68.95 kPa(10 psi)。
12.2.6.1.5 进样方式:分流进样或者无分流进样。
12.2.6.1.6 分流比:10 : 1(可以根据仪器响应信号适当调整分流比)。

12.2.6.2 校准

12.2.6.2.1 定量分析中的校准方法:外标法。
12.2.6.2.2 标准溶液使用次数:每次分析样品时,用标准使用溶液绘制标准曲线。
12.2.6.2.3 标准曲线的绘制:临用时用石油醚稀释百菌清标准使用溶液配制成 0 μg/mL、0.05 μg/mL、0.10 μg/mL、0.50 μg/mL、1.00 μg/mL 和 2.00 μg/mL 的百菌清标准系列。准确吸取 1 μL 注入色谱仪,按 12.2.6.1 的条件测定,以百菌清质量浓度为横坐标,相应的峰高或峰面积为纵坐标,绘制标准曲线。

12.2.6.3 进样

12.2.6.3.1 进样方式:直接进样。
12.2.6.3.2 进样量:1 μL。
12.2.6.3.3 操作:用洁净微量注射器取待测样品 1 μL 迅速注入色谱仪中进行分析。

12.2.6.4 记录

以标准样品核对,记录色谱峰的保留时间及对应的化合物。

12.2.6.5 色谱图考察

标准物质色谱图,见图 5。

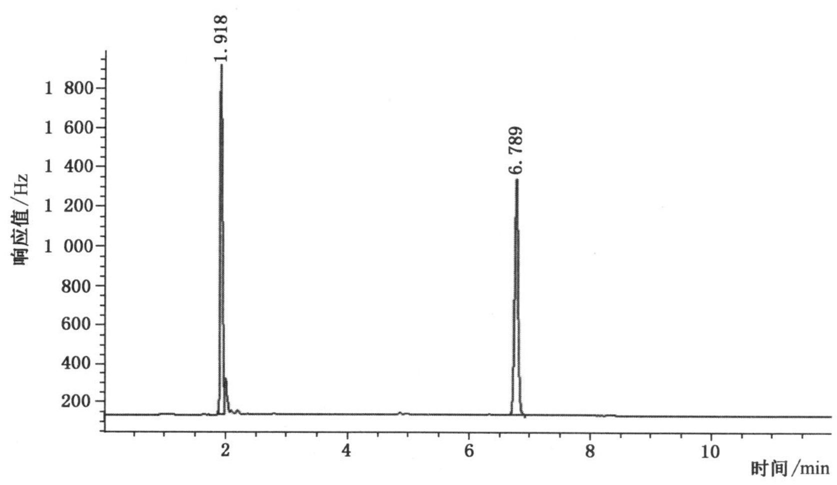

图 5　百菌清标准物质色谱图

12.2.7　试验数据处理

12.2.7.1　定性分析

百菌清保留时间为 6.789 min。

12.2.7.2　定量分析

根据样品的峰高(或峰面积),通过校准曲线查出样品中百菌清的质量浓度,按式(3)进行计算:

$$\rho=\frac{\rho_1\times V_1}{V} \qquad \cdots\cdots(3)$$

式中:

ρ ——水样中百菌清的质量浓度,单位为毫克每升(mg/L);

ρ_1 ——从标准曲线上查出百菌清的质量浓度,单位为微克每毫升(μg/mL);

V_1 ——浓缩后萃取液的体积,单位为毫升(mL);

V ——水样体积,单位为毫升(mL)。

12.2.7.3　结果的表示

12.2.7.3.1　定性结果:根据标准色谱图中组分的保留时间确定组分名称。

12.2.7.3.2　定量结果:含量以毫克每升(mg/L)表示。

12.2.8　精密度和准确度

3 个实验室测定加标百菌清质量浓度为 5 μg/L、15 μg/L 和 30 μg/L 的生活饮用水,相对标准偏差为 1.4%～5.0%,回收率为 90.0%～104%,批内相对标准偏差低于 5%。

13　甲萘威

13.1　高效液相色谱法—紫外检测器

13.1.1　最低检测质量浓度

本方法最低检测质量为 2 ng,若取 100 mL 水样测定,则最低检测质量浓度为 0.01 mg/L。

13.1.2 原理

水中甲萘威经有机溶剂萃取浓缩后,用高效液相色谱柱分离,根据保留时间定性,外标法定量。

13.1.3 试剂

13.1.3.1 甲醇:色谱纯,使用前经过滤脱气处理。
13.1.3.2 无水乙醇:使用前用 0.45 μm 滤膜过滤。
13.1.3.3 二氯甲烷:使用前用 0.45 μm 滤膜过滤。
13.1.3.4 去离子纯水。
13.1.3.5 磷酸(ρ_{20}=1.69 g/mL)。
13.1.3.6 标准物质:甲萘威($C_{12}H_{11}NO_2$),纯品。或使用有证标准物质。
13.1.3.7 甲萘威标准储备溶液[$\rho(C_{12}H_{11}NO_2)$=1 mg/mL]:称取 0.050 0 g 甲萘威用无水乙醇溶解,于 50 mL 容量瓶稀释至刻度。0 ℃～4 ℃冷藏保存。
13.1.3.8 甲萘威标准使用溶液:吸取 2.50 mL 甲萘威标准储备溶液,用无水乙醇定容至 50 mL,此溶液 $\rho(C_{12}H_{11}NO_2)$=50 μg/mL。现用现配。

13.1.4 仪器设备

13.1.4.1 高效液相色谱仪:配有紫外检测器,记录仪或工作站。
13.1.4.2 色谱柱:C_{18}柱,长 250 mm,内径 3.9 mm,或等效色谱柱。
13.1.4.3 微量注射器:10 μL。
13.1.4.4 分液漏斗:250 mL。
13.1.4.5 浓缩瓶。
13.1.4.6 过滤脱气装置。

13.1.5 样品

13.1.5.1 水样的稳定性

水样自然放置时甲萘威易分解。

13.1.5.2 水样的采集和保存

用玻璃磨口瓶采集水样,于样品中滴加磷酸调节 pH 为 3,尽快分析。

13.1.5.3 水样的预处理

13.1.5.3.1 萃取:将水样经 0.45 μm 滤膜过滤后,取 100 mL 于分液漏斗中,用 15 mL 二氯甲烷分两次萃取,第一次 10 mL,第二次 5 mL,每次振摇约 5 min,静置分层将萃取液移至浓缩瓶中。
13.1.5.3.2 浓缩:合并两次萃取液于 45 ℃～50 ℃的水浴上挥干溶剂。加入 5.0 mL 无水乙醇摇匀待测。
13.1.5.3.3 如水样中甲萘威质量浓度大于 0.75 mg/L 时,可将水样过滤后直接进行测定。

13.1.6 试验步骤

13.1.6.1 仪器参考条件

13.1.6.1.1 检测波长:280 nm。
13.1.6.1.2 流动相:甲醇+纯水=3+2。

13.1.6.1.3　流速：1.0 mL/min。

13.1.6.1.4　温度：室温。

13.1.6.2　校准

13.1.6.2.1　定量分析中的校准方法：外标法。

13.1.6.2.2　标准样品使用次数：每次分析样品时，用标准使用溶液绘制标准曲线。

13.1.6.2.3　液相色谱法中使用标准样品的条件如下：

a)　标准样品进样体积与试样进样体积相同；

b)　标准样品与试样尽可能同时进样分析。

13.1.6.2.4　标准曲线绘制：吸取甲萘威标准使用溶液以无水乙醇稀释，配成质量浓度为 0 μg/mL、0.20 μg/mL、0.50 μg/mL、1.0 μg/mL、2.0 μg/mL、5.0 μg/mL、10 μg/mL、15 μg/mL 的甲萘威标准系列，各取 10 μL 注入高效液相色谱仪分析。以峰高或峰面积为纵坐标，质量浓度为横坐标，绘制标准曲线。

13.1.6.3　进样

13.1.6.3.1　进样方式：直接进样。

13.1.6.3.2　进样量：10 μL。

13.1.6.3.3　操作：用洁净微量注射器于待测样品中抽吸几次后，排出气泡，取 10 μL 注入高效液相色谱仪中。

13.1.6.4　记录

以标样核对，记录色谱峰的保留时间及对应的化合物。

13.1.6.5　色谱图考察

标准物质色谱图，见图 6。

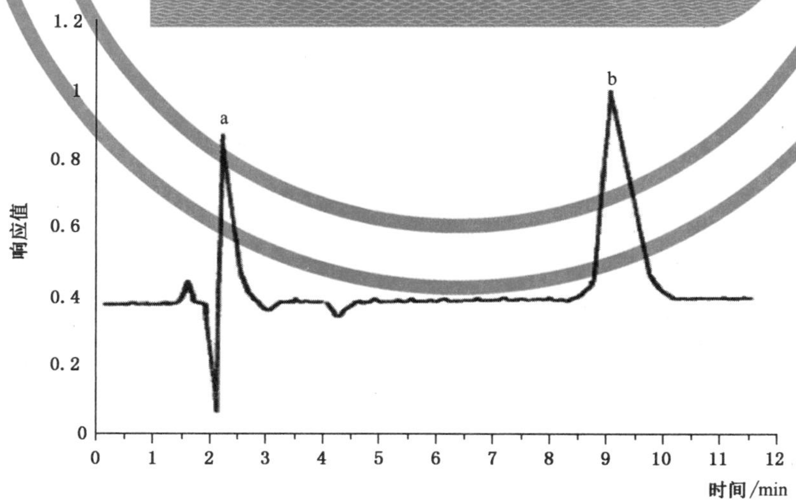

标引序号说明：

a——溶剂；

b——甲萘威。

图 6　甲萘威标准物质色谱图

13.1.7 试验数据处理

13.1.7.1 定性分析

13.1.7.1.1 出峰顺序:溶剂,甲萘威。

13.1.7.1.2 保留时间:甲萘威,9.067 min。

13.1.7.2 定量分析

根据样品的峰高或峰面积从标准曲线上查出甲萘威的质量浓度,按式(4)进行计算:

$$\rho=\frac{\rho_1 \times V_1}{V} \qquad \cdots\cdots(4)$$

式中:

ρ ——水样中甲萘威的质量浓度,单位为毫克每升(mg/L);

ρ_1 ——从标准曲线上查出甲萘威的质量浓度,单位为微克每毫升(μg/mL);

V_1 ——萃取液浓缩后体积,单位为毫升(mL);

V ——水样体积,单位为毫升(mL)。

13.1.7.3 结果的表示

13.1.7.3.1 定性结果:根据标准色谱图中组分的保留时间,确定被测组分的名称。

13.1.7.3.2 定量结果:含量以毫克每升(mg/L)表示。

13.1.8 精密度和准确度

5 个实验室进行加标测定,加标量为 5.0 μg～10.0 μg 时,相对标准偏差范围为 2.0%～5.9%,平均回收率范围为 93.0%～98.0%;加标量为 20 μg～50 μg 时,相对标准偏差范围为 2.3%～5.2%,平均回收率范围为 95.0%～98.0%。

13.2 分光光度法

13.2.1 最低检测质量浓度

本方法最低检测质量为 2.0 μg,若取 100 mL 水样,则最低检测质量浓度为 0.02 mg/L。

水中存在 1-萘酚及着色成分时对测定有干扰,可通过碱性水解的测定值减去弱酸稀释的测定值加以扣除。余氯对测定有明显干扰可加入抗坏血酸消除,乐果、马拉硫磷等对测定有一定的负干扰。

13.2.2 原理

水样中甲萘威在碱性条件下分解为 1-萘酚,调节溶液 pH 至酸性的条件,1-萘酚与对硝基氟硼化重氮盐进行偶合反应,生成橙色化合物,用分光光度仪于 475 nm 测定。

13.2.3 试剂

13.2.3.1 乙酸钠。

13.2.3.2 二氯甲烷。

13.2.3.3 丙酮。

13.2.3.4 氢氧化钠溶液(80 g/L):称取 8 g 氢氧化钠溶液溶于 100 mL 纯水中。

13.2.3.5 乙酸钠-乙酸缓冲溶液:取 5.0 mL 乙酸钠溶液[$c(CH_3COONa)=2$ mol/L]与 50 mL 的乙酸溶液[$c(CH_3COOH)=2$ mol/L],混匀。

13.2.3.6 甲萘威标准储备溶液[$\rho(C_{12}H_{11}NO_2)$=100 μg/mL]:称取 0.025 0 g 甲萘威纯品,用丙酮溶解并定容至 250 mL,密封于 0 ℃~4 ℃冷藏保存。或使用有证标准物质。

13.2.3.7 甲萘威标准使用溶液:临用时取 1.00 mL 标准储备溶液,用纯水定容至 100 mL,此溶液 $\rho(C_{12}H_{11}NO_2)$=1 μg/mL。室温下可使用一天。

13.2.3.8 冰乙酸(ρ_{20}=1.06 g/mL)+乙醇[$\varphi(C_2H_5OH)$=95%]溶液(1+4)。

13.2.3.9 对硝基氟硼化重氮盐($C_6H_4BF_4N_3O_2$)显色溶液:称取 0.025 g 对硝基氟硼化重氮盐,溶于 25 mL 冰乙酸-乙醇溶液中,静置片刻,取上清溶液使用(因重氮盐易分解,需现用现配)。

13.2.3.10 磷酸-冰乙酸溶液(0.2%):吸取 1 mL 磷酸(ρ_{20}=1.69 g/mL),用冰乙酸(ρ_{20}=1.06 g/mL)稀释至 500 mL。

13.2.4 仪器设备

13.2.4.1 比色管:25 mL。

13.2.4.2 分液漏斗:250 mL。

13.2.4.3 水浴锅。

13.2.4.4 分光光度计。

13.2.4.5 秒表。

13.2.5 试验步骤

13.2.5.1 水样的预处理

13.2.5.1.1 若水样中甲萘威含量低于 0.1 mg/L,需先行萃取浓缩。

13.2.5.1.2 萃取:取 100 mL 水样置于 250 mL 分液漏斗中,加入 5 g 乙酸钠,振摇溶解,加入 5.00 mL 二氯甲烷振摇 30 s,静置分层后,将二氯甲烷放入 25 mL 比色管中,然后用 5.00 mL 二氯甲烷再萃取一次,合并两次萃取液。

13.2.5.1.3 浓缩:将萃取液置于 50 ℃~60 ℃水浴中,将二氯甲烷蒸干,取出烧杯,放冷,沿四壁加入 1 mL丙酮,再用少量水洗涤烧杯,洗涤剂合并于 25 mL 比色管中,用纯水稀释至 10 mL,备用。

13.2.5.2 碱性水解

吸取 10.0 mL 水样于 25 mL 比色管中,然后加入 1.0 mL 氢氧化钠溶液(80 g/L),放置 2 min 后加入 2.0 mL 磷酸-冰乙酸溶液(0.2%)混匀。

13.2.5.3 弱酸性稀释

另取 10.0 mL 水样于 25 mL 比色管中,加入 3.0 mL 乙酸钠-乙酸缓冲溶液,混匀。

13.2.5.4 标准曲线的制备

吸取 0 mL、2.0 mL、4.0 mL、6.0 mL、8.0 mL 和 10.0 mL 甲萘威标准使用溶液于 25 mL 比色管中,加入纯水至 10 mL,然后加入 1.0 mL 氢氧化钠溶液(80 g/L)混匀。

13.2.5.5 标准曲线的绘制

分别向上述 13.2.5.2、13.2.5.3 和 13.2.5.4 比色管中加入 10 mL 对硝基氟硼化重氮盐显色溶液,混匀,于 10 min 内在 475 nm 处比色测定,以吸光度为纵坐标,质量浓度为横坐标,绘制标准曲线,从标准曲线上查出样品中甲萘威的含量。

13.2.6 试验数据处理

水样中甲萘威的质量浓度按式(5)计算:

$$\rho=\frac{m_1-m_2}{V} \qquad \cdots\cdots(5)$$

式中:

ρ ——水样中甲萘威的质量浓度,单位为毫克每升(mg/L);

m_1——通过碱性水解测出的甲萘威的质量,单位为微克(μg);

m_2——通过弱酸性稀释测出的甲萘威的质量,单位为微克(μg);

V ——水样体积,单位为毫升(mL)。

13.2.7 精密度和准确度

6个实验室测定0.10 mg/L、0.50 mg/L、1.0 mg/L甲萘威,相对标准偏差范围分别为0.40%~4.2%,1.1%~3.2%及6.5%~9.2%。6个实验室加标质量浓度0.10 mg/L时,平均回收率为94.0%~98.6%;加标质量浓度0.40 mg/L~1.0 mg/L时,平均回收率为95.1%~102%;加标质量浓度4.0 mg/L~8.0 mg/L时,平均回收率为98.0%。

13.3 高效液相色谱法—荧光检测器

按18.1描述的方法测定。

13.4 液相色谱串联质谱法

13.4.1 最低检测质量浓度

本方法对灭草松、2,4-滴、呋喃丹、甲萘威、莠去津和五氯酚的最低检测质量浓度均为0.000 5 mg/L。

本方法仅用于生活饮用水的测定。

13.4.2 原理

调节水样至pH≤2,用反相固相萃取柱富集,丙酮洗脱目标物,浓缩定容后经液相色谱串联质谱法测定,基质匹配外标法定量。检测仪器灵敏度满足最低检测质量浓度0.000 5 mg/L时,水样经微孔滤膜过滤后直接上机测定,外标法定量。

13.4.3 试剂或材料

除非另有说明,本方法所用试剂均为分析纯,实验用水为GB/T 6682规定的一级水。

13.4.3.1 甲醇:色谱纯。

13.4.3.2 丙酮:色谱纯。

13.4.3.3 盐酸:质量分数36.8%~38%。

13.4.3.4 抗坏血酸:优级纯。

13.4.3.5 乙酸铵(CH_3COONH_4):色谱纯。

13.4.3.6 乙酸铵溶液(5 mmol/L):称取0.385 g乙酸铵加纯水溶解并稀释至1 000 mL,得5 mmol/L乙酸铵溶液。

13.4.3.7 标准物质:灭草松($C_{10}H_{12}N_2O_3S$)、2,4-滴($C_8H_6Cl_2O_3$)、呋喃丹($C_{12}H_{15}NO_3$)、甲萘威($C_{12}H_{11}NO_2$)、莠去津($C_8H_{14}ClN_5$)和五氯酚(C_6HCl_5O),纯度大于98.0%。或使用有证标准物质。

13.4.3.8 标准储备溶液[ρ=1.00 mg/mL]:准确称取灭草松、2,4-滴、呋喃丹、甲萘威、莠去津、五氯酚标准物质各 10.0 mg,分别溶于丙酮并定容到 10 mL。该溶液分别为 6 种农药的 1 000 μg/mL 储备溶液,避光于 0 ℃～4 ℃冷藏保存,有效期至少为 6 个月。

13.4.3.9 混合标准使用溶液[ρ=10.00 μg/mL]:准确吸取 6 种农药的标准储备溶液各 0.1 mL 到 1 个 10 mL 容量瓶中,用甲醇定容,该 6 种农药混合标准使用溶液质量浓度为 10 μg/mL。

13.4.3.10 固相萃取柱:反相 C_{18} 固相萃取柱,或相当性能的固相萃取柱(填充量为 60 mg,容量为 3 mL),或与固相萃取装置配套的反相 C_{18} 膜。

13.4.3.11 尼龙微孔滤膜:0.22 μm。

13.4.4 仪器设备

13.4.4.1 液相色谱串联质谱仪:配有电喷雾离子源。

13.4.4.2 天平:分辨力不低于 0.01 mg。

13.4.4.3 溶剂过滤器(配有玻璃纤维滤膜)。

13.4.4.4 固相萃取装置。

13.4.4.5 氮气吹干仪。

13.4.4.6 涡旋混合器。

13.4.5 样品

13.4.5.1 水样的采集

水样采集用玻璃瓶作容器。对于不含余氯的样品,无需额外添加保存剂。对于含余氯的样品,在瓶中每升水样添加 0.1 g 抗坏血酸。

13.4.5.2 水样的保存

用砂芯漏斗或溶剂过滤器(配有玻璃纤维滤膜)过滤样品,以除去悬浮物、沉淀、藻类及其他微生物。向过滤后水样中加入 0.2%(体积比)的盐酸酸化,使 pH≤2,作为试样,做好标记,密封避光 0 ℃～4 ℃冷藏保存,保存时间为 7 d。

13.4.5.3 水样的预处理

用 3 mL 甲醇及 3 mL 水活化固相萃取柱。根据测定仪器的灵敏度量取 10.0 mL～200 mL 酸化试样至固相萃取柱中,以 1 mL/min 过柱富集,用 3 mL 水淋洗,抽干,用 6 mL 丙酮洗脱到试管中。洗脱液于 35 ℃下用氮气吹干,向试管中加入 1.0 mL 水,漩涡溶解 1 min,尼龙微孔滤膜过滤,供仪器测定。

仪器灵敏度满足最低定量浓度 0.000 5 mg/L 时,试样不需要富集,直接上机测定。

13.4.6 试验步骤

13.4.6.1 液相色谱参考条件

13.4.6.1.1 色谱柱:C_{18} 柱(2.1 mm× 50 mm,1.7 μm)或等效色谱柱。

13.4.6.1.2 流动相及梯度洗脱条件见表 5。

13.4.6.1.3 柱温:35 ℃。

13.4.6.1.4 进样量:5 μL。

表 5　流动相及梯度洗脱条件

时间/min	流量/(mL/min)	甲醇/%	5 mmol/L 乙酸铵溶液/%
0.0	0.25	10	90
0.5	0.25	10	90
4.5	0.25	75	25
4.6	0.25	95	5
5.5	0.25	95	5
5.6	0.25	10	90
8.0	0.25	10	90

13.4.6.2　质谱参考条件

13.4.6.2.1　电离方式：电喷雾离子源，正离子和负离子模式。

13.4.6.2.2　毛细管电压：3.0 kV。

13.4.6.2.3　源温度：105 ℃。

13.4.6.2.4　脱溶剂气温度：350 ℃。

13.4.6.2.5　脱溶剂气流量：500 L/h。

13.4.6.2.6　质谱采集参数：多反应离子监测模式，离子及其对应的锥孔电压、碰撞能量及采集时间段见表 6。

表 6　质谱采集参数

<table>
<tr><th>化合物</th><th>电离方式</th><th>母离子(m/z)</th><th>锥孔电压/V</th><th>子离子(m/z)</th><th>碰撞能量/eV</th><th>采集时间段/min</th></tr>
<tr><td>灭草松</td><td rowspan="2">ESI−</td><td>239.2</td><td>30</td><td>197.2
132.1[a]</td><td>20</td><td rowspan="2">2.0～4.2</td></tr>
<tr><td>2,4-滴</td><td>219.1</td><td>15</td><td>161.0[a]
125.0</td><td>10
25</td></tr>
<tr><td>呋喃丹</td><td rowspan="3">ESI+</td><td>222.1</td><td>20</td><td>165.1[a]
123.0</td><td>12</td><td rowspan="3">4.2～5.0</td></tr>
<tr><td>甲萘威</td><td>202.1</td><td>15</td><td>145.1[a]
127.1</td><td>6
25</td></tr>
<tr><td>莠去津</td><td>216.1</td><td>30</td><td>174.0[a]
132.0</td><td>18
25</td></tr>
<tr><td>五氯酚</td><td>ESI−</td><td>263.0
265.0
267.0
269.0</td><td>30</td><td>263.0
265.0[a]
267.0
269.0</td><td>1</td><td>5.0～5.5</td></tr>
<tr><td colspan="7">[a] 定量子离子。</td></tr>
</table>

13.4.6.3 校准

13.4.6.3.1 定量分析中的校准方法：前处理用反相固相萃取柱富集时，采用基质匹配外标法定量。水样经微孔滤膜过滤后直接测定时，采用外标法定量。

13.4.6.3.2 标准曲线绘制：取实验纯水进行样品处理。以固相萃取柱富集10倍后进样为例，用所得的样品溶液将混合标准使用溶液逐级稀释得到5 μg/L、20 μg/L、50 μg/L、200 μg/L、500 μg/L的标准工作液系列。如直接进样，用实验纯水逐级稀释配制得到0.5 μg/L、2 μg/L、5 μg/L、20 μg/L、50 μg/L的标准工作液系列。以峰面积为纵坐标，质量浓度为横坐标，绘制标准曲线。

13.4.6.4 色谱图

各待测物的多反应监测质量色谱图，见图7。

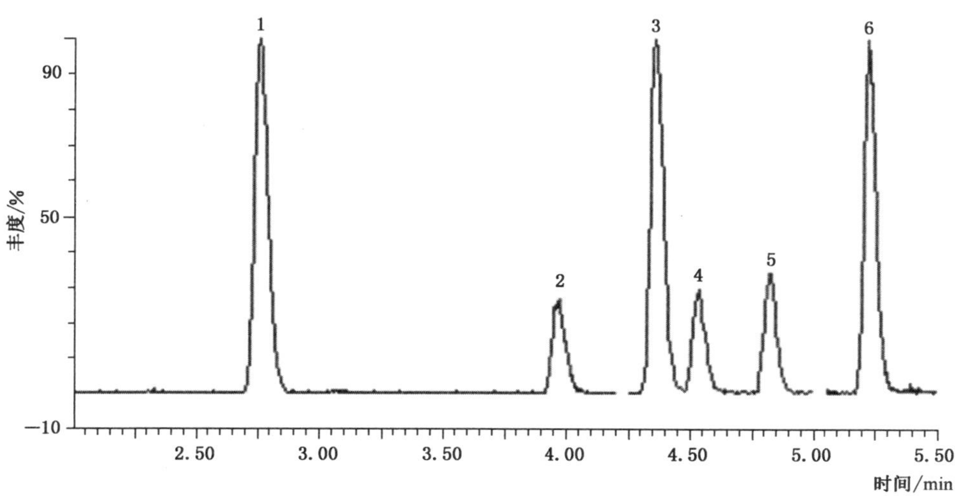

标引序号说明：

1——灭草松，2.75 min；

2——2,4-滴，3.96 min；

3——呋喃丹，4.36 min；

4——甲萘威，4.54 min；

5——莠去津，4.82 min；

6——五氯酚，5.22 min。

图7 各待测物多反应监测质量色谱图

13.4.7 试验数据处理

13.4.7.1 定性分析

如果试样溶液的质量色谱峰保留时间与标准溶液一致（变化范围在±2.5%之内），试样中五氯酚的4个母离子和其他5种农药的2个子离子相对丰度与浓度相当的标准溶液相对丰度一致，相对丰度偏差不超过表7的规定，则可判断样品中存在目标物质。

表7　定性离子相对丰度的最大允许相对偏差

相对离子丰度/%	相对偏差/%
>50	±20
>20~50	±25
>10~20	±30
≤10	±50

13.4.7.2　定量分析

水样中待测物的含量以质量浓度单位 ρ 表示，单位为毫克每升(mg/L)，按式(6)计算样品的质量浓度：

$$\rho = \rho_1 \times \frac{V_1}{V_2 \times 1\ 000} \qquad \cdots\cdots(6)$$

式中：

ρ ——水样中待测物的质量浓度，单位为毫克每升(mg/L)；

ρ_1 ——从标准曲线上得到的待测物质量浓度，单位为微克每升(μg/L)；

V_1 ——样品溶液上机前定容体积，单位为毫升(mL)；

V_2 ——样品溶液所代表试样的体积，数值在 1~200，单位为毫升(mL)；

1 000——毫克每升与微克每升的换算系数。

13.4.8　精密度和准确度

4 个实验室进行加标测定，在质量浓度为 0.000 5 mg/L、0.005 mg/L 和 0.05 mg/L 时，固相萃取法相对标准偏差范围为 1.5%~9.6%，平均回收率范围为 75%~114%；直接进样法相对标准偏差范围为 1.6%~4.8%，平均回收率范围为 94%~104%。

14　溴氰菊酯

14.1　固相萃取气相色谱质谱法

按 GB/T 5750.8—2023 中 15.1 描述的方法测定。

14.2　高效液相色谱法

14.2.1　最低检测质量浓度

本方法最低检测质量分别为：甲氰菊酯，0.9 ng；氯氟氰菊酯，1.2 ng；溴氰菊酯，1.8 ng；氰戊菊酯，1.5 ng；氯菊酯，1.2 ng。若进样 100 μL，则最低检测质量浓度分别为：甲氰菊酯，9.0 μg/L；氯氟氰菊酯，12.0 μg/L；溴氰菊酯，18.0 μg/L；氰戊菊酯，15.0 μg/L；氯菊酯，12.0 μg/L。

本方法仅用于生活饮用水的测定。

14.2.2　原理

水样经 0.45 μm 滤膜过滤，滤液用高效液相色谱仪分离测定。根据拟除虫菊酯(甲氰菊酯、氯氟氰菊酯、溴氰菊酯、氰戊菊酯和氯菊酯)的保留时间定性(当拟除虫菊酯色谱峰强度合适时，可用其对应的紫外光谱图进一步确证),外标法定量。

14.2.3 试剂

14.2.3.1 所用试剂应进行空白试验,即通过本方法的全部操作过程,证明无干扰物质存在。

14.2.3.2 超纯水:电阻率≥18.2 MΩ·cm。

14.2.3.3 乙腈(CH_3CN):色谱纯。

14.2.3.4 标准物质:氰戊菊酯($C_{25}H_{22}ClNO_3$)、甲氰菊酯($C_{22}H_{23}NO_3$)、氯氟氰菊酯($C_{23}H_{19}ClF_3NO_3$)、溴氰菊酯($C_{22}H_{19}Br_2NO_3$)和氯菊酯($C_{21}H_{20}Cl_2O_3$);w≥98%,上述物质均以异构体之和计。或使用有证标准物质。

14.2.3.5 标准储备溶液(0.10 g/L):分别准确称取 5.0 mg 甲氰菊酯、氯氟氰菊酯、溴氰菊酯、氰戊菊酯和氯菊酯固体标准物质,置于 50 mL 容量瓶中,用乙腈溶解并定容。0 ℃~4 ℃冷藏保存备用,可保存 3 个月。

14.2.3.6 标准使用溶液(5.0 mg/L):吸取 5.00 mL 甲氰菊酯、氯氟氰菊酯、溴氰菊酯、氰戊菊酯和氯菊酯标准储备溶液于 100 mL 容量瓶中,用超纯水定容。0 ℃~4 ℃冷藏保存备用,可保存 7 d。

14.2.4 仪器设备

14.2.4.1 高效液相色谱仪,配有二极管阵列检测器,色谱处理机或色谱工作站。

14.2.4.2 色谱柱:C_{18} 柱(250 mm×4.6 mm,5 μm)或等效色谱柱。

14.2.4.3 手动进样器或自动进样装置。

14.2.4.4 天平:分辨力不低于 0.01 mg。

14.2.4.5 滤膜:水系,0.45 μm。

14.2.5 样品

14.2.5.1 水样的采集和保存

水样采集在磨口塞玻璃瓶中。样品应尽快分析,如不能立刻测定需置于 0 ℃~4 ℃冷藏保存。

14.2.5.2 水样的预处理

取水样 10 mL 用 0.45 μm 水系滤膜过滤,滤液用于高效液相色谱测定。

14.2.6 试验步骤

14.2.6.1 仪器参考条件

14.2.6.1.1 检测波长:205 nm。

14.2.6.1.2 流动相:乙腈+超纯水=78+22,高效液相色谱分析前,经 0.45 μm 滤膜过滤及脱气处理。

14.2.6.1.3 流量:1.0 mL/min。

14.2.6.1.4 进样量:100 μL。

14.2.6.2 校准

14.2.6.2.1 定量分析中的校准方法:外标法。

14.2.6.2.2 标准曲线的绘制:分别取甲氰菊酯、氯氟氰菊酯、溴氰菊酯、氰戊菊酯和氯菊酯标准使用溶液 0.10 mL、0.25 mL、0.50 mL、2.50 mL、5.00 mL、7.50 mL 和 25 mL 于 25 mL 容量瓶中,用超纯水稀释配成质量浓度分别为 0.02 mg/L、0.05 mg/L、0.10 mg/L、0.50 mg/L、1.00 mg/L、2.50 mg/L 和 5.00 mg/L 的标准系列。以峰面积为纵坐标,对相应的质量浓度为横坐标绘制标准曲线。

14.2.6.3 **样品测定**

吸取滤液 100 μL 进样，进行高效液相色谱分析，记录拟除虫菊酯的峰面积。根据拟除虫菊酯的保留时间定性，以紫外吸收光谱图进行确证，峰面积定量。

14.2.6.4 **空白试验**

除不加试样外，采用完全相同的测定步骤进行平行测定操作。

14.2.6.5 **色谱图考察**

标准物质色谱图，见图 8。

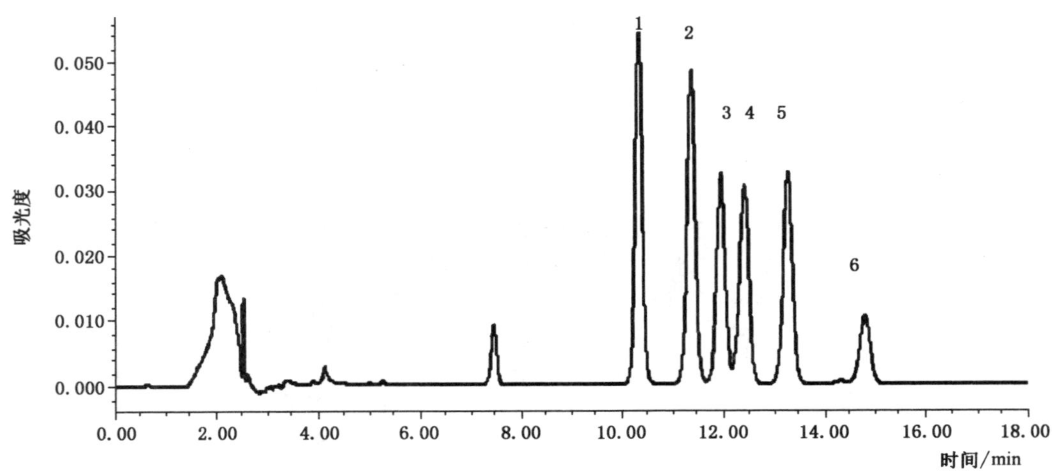

标引序号说明：
1——甲氰菊酯；
2——氯氟氰菊酯；
3——溴氰菊酯；
4——氰戊菊酯；
5——氯菊酯(顺式)；
6——氯菊酯(反式)。

图 8 拟除虫菊酯类农药的标准物质色谱图

14.2.7 **试验数据处理**

14.2.7.1 **定性分析**

14.2.7.1.1 各组分出峰顺序及保留时间：甲氰菊酯，10.357 min；氯氟氰菊酯，11.385 min；溴氰菊酯，11.970 min；氰戊菊酯，12.432 min；氯菊酯(顺式)，13.291 min；氯菊酯(反式)，14.804 min。

14.2.7.1.2 当拟除虫菊酯色谱峰强度合适时，可用其对应的紫外光谱图进一步确证。紫外光谱图见图 9。

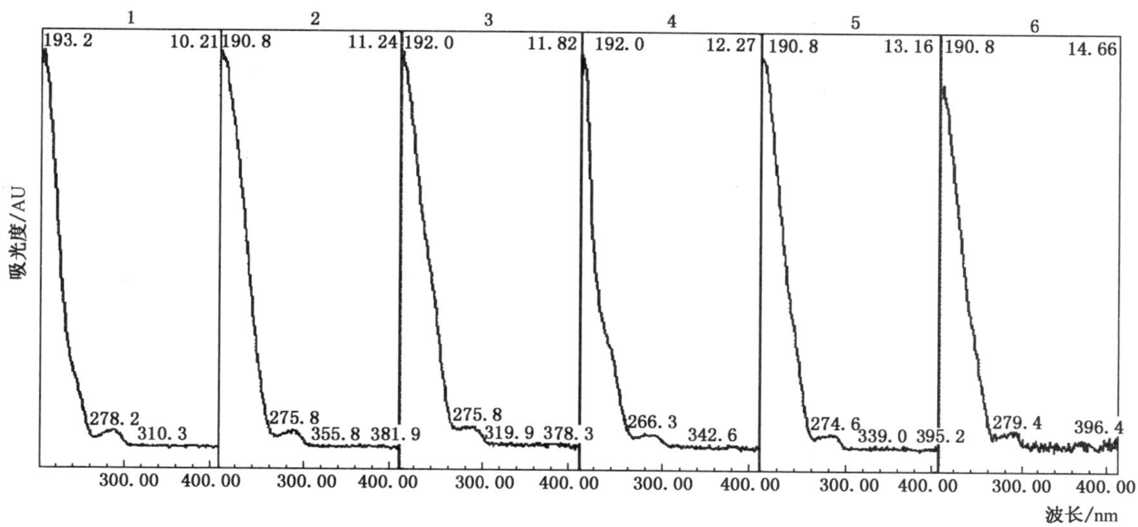

标引序号说明：

1——甲氰菊酯；

2——氯氟氰菊酯；

3——溴氰菊酯；

4——氰戊菊酯；

5——氯菊酯(顺式)；

6——氯菊酯(反式)。

图9　拟除虫菊酯类农药的标准紫外光谱图

14.2.7.2　定量分析

用样品的峰高(或峰面积)，通过校准曲线查得样品中各被测组分的质量浓度。计算结果保留3位有效数字。

14.2.7.3　结果的表示

14.2.7.3.1　定性结果：根据标准色谱图中各组分的保留时间确定被测样品中组分的数目和名称。

14.2.7.3.2　定量结果：含量以毫克每升(mg/L)表示。

14.2.8　精密度和准确度

4个实验室对5种拟除虫菊酯质量浓度为0.05 mg/L～5 mg/L的加标水样进行测定和加标回收试验，相对标准偏差为0.2%～0.6%，回收率为95.0%～105%。

15　灭草松

15.1　液液萃取气相色谱法

15.1.1　最低检测质量浓度

本方法最低检测质量分别为：灭草松，0.1 ng；2,4-滴，0.03 ng。若取水样200 mL经处理后测定，则最低检测质量浓度分别为：灭草松，0.5 μg/L；2,4-滴，0.15 μg/L。

15.1.2 原理

水样中的待测物在酸性条件下经乙酸乙酯萃取后，在碱性条件下用碘甲烷溶液酯化，生成较易挥发的甲基化衍生物，用毛细管柱气相色谱-电子捕获检测器分离测定。

15.1.3 试剂或材料

15.1.3.1 载气：高纯氮气[$\varphi(N_2)\geqslant 99.999\%$]。

15.1.3.2 丙酮。

15.1.3.3 乙酸乙酯。

15.1.3.4 二氯甲烷。

15.1.3.5 正己烷。

15.1.3.6 碘甲烷(CH_3I)+二氯甲烷(CH_2Cl_2)(1+9)：量取 20 mL 碘甲烷，溶于 180 mL 二氯甲烷溶剂中，混匀，此溶液现用现配。

15.1.3.7 四丁基硫酸氢铵-氢氧化钠溶液：分别称取 6.8 g 四丁基硫酸氢铵($C_{16}H_{37}NO_4S$)和 4.0 g 氢氧化钠，溶于 200 mL 纯水，混合均匀。

15.1.3.8 硝酸($\rho_{20}=1.42$ g/mL)：优级纯。

15.1.3.9 磷酸[$c(H_3PO_4)=0.5$ mol/L]：吸取 2.9 mL 磷酸($\rho_{20}=1.69$ g/mL)溶于 100 mL 纯水。

15.1.3.10 无水硫酸钠：于 600 ℃马福炉中烘烤 4 h 后置于干燥器中备用。

15.1.3.11 氢氧化钠。

15.1.3.12 标准物质：灭草松[$w(C_{10}H_{12}N_2O_3S)\geqslant 99\%$]，2，4-滴[$w(C_8H_6Cl_2O_3)\geqslant 99\%$]。或使用有证标准物质。

15.1.3.13 灭草松标准储备溶液：准确称取 0.100 0 g 灭草松标准物质，用丙酮溶解，定容于 100 mL 容量瓶中，此溶液质量浓度为 $\rho(C_{10}H_{12}N_2O_3S)=1.000$ mg/mL。

15.1.3.14 2，4-滴标准储备溶液：准确称取 0.100 0 g 2，4-滴标准物质，用丙酮溶解，定容于 100 mL 容量瓶中，此溶液质量浓度为 $\rho(C_8H_6Cl_2O_3)=1.000$ mg/mL。

15.1.3.15 标准中间溶液：分别移取灭草松标准储备溶液及 2，4-滴标准储备溶液各 10.0 mL 至100 mL 容量瓶中，用丙酮稀释至刻度，混匀，获得混合标准中间溶液，置于 0 ℃～4 ℃冷藏保存，此溶液质量浓度 ρ(灭草松，2，4-滴)=100.0 μg/mL。

15.1.3.16 标准使用溶液：移取 10.0 mL 标准中间溶液至 100 mL 容量瓶中，用丙酮稀释至刻度，混匀，获得混合标准使用溶液，此溶液质量浓度 ρ(灭草松，2，4-滴)=10.0 μg/mL。现用现配。

15.1.4 仪器设备

15.1.4.1 气相色谱仪：配有电子捕获检测器(ECD)。

15.1.4.2 色谱柱：HP-1701(30 m×0.25 mm，0.25μm)或同等极性石英毛细管柱。

15.1.4.3 微量注射器：5 μL。

15.1.4.4 样品容器：全玻璃采样瓶，容积 200 mL～250 mL，使用前用稀硝酸(1+9)浸泡处理，纯水冲净，并于 180 ℃烘箱烘烤 1 h～2 h 备用。

15.1.4.5 容量瓶：10 mL，100 mL。

15.1.4.6 试剂瓶：无色及棕色。

15.1.4.7 比色管：50 mL，100 mL。

15.1.4.8 分液漏斗：50 mL，500 mL。

15.1.4.9 超声波清洗器。

15.1.5 样品

15.1.5.1 水样的采集和保存

于 250 mL 采样瓶中加入约 1.1 mL 的硝酸(ρ_{20}=1.42 g/mL),使采样后溶液的 pH<1,样品充满采样瓶,置于 0 ℃～4 ℃冷藏保存,尽快测定。

15.1.5.2 水样的预处理

准确量取水样(pH<1)200 mL 于 500 mL 分液漏斗中,分别用 50 mL 乙酸乙酯萃取三次,使乙酸乙酯和水溶液充分混合振摇,静置分层,合并有机相,氮吹浓缩近干。

15.1.5.3 衍生

将 15.1.5.2 的残留物用少量二氯甲烷溶解并转入 50 mL 或 100 mL 比色管,加入 10 mL 碘甲烷+二氯甲烷(1+9)和 10 mL 四丁基硫酸氢铵-氢氧化钠溶液,超声反应 50 min。加冰水控制反应温度在10 ℃～20 ℃。反应完成后,转移反应液至 50 mL 分液漏斗,静置分层,收集有机相。水相再用 10 mL 二氯甲烷萃取,合并有机相,用适量的 0.5 mol/L 磷酸洗涤,然后有机相用无水硫酸钠干燥,氮吹浓缩至干,正己烷定容至 1 mL。

15.1.6 试验步骤

15.1.6.1 仪器参考条件

15.1.6.1.1 气化室温度:250 ℃。

15.1.6.1.2 色谱柱:起始温度 150 ℃,保持 2 min,升温速率 10 ℃/min,最终温度 250 ℃,保持 1 min。

15.1.6.1.3 检测器:ECD 检测器,温度 260 ℃。

15.1.6.1.4 载气:氮气,流量 1.5 mL/min,线速 40 cm/s;分流比:10 : 1;尾吹气流量:45 mL/min。

15.1.6.2 校准

15.1.6.2.1 定量分析中的校准方法:外标法。

15.1.6.2.2 标准样品使用次数:每次分析样品时,用标准使用溶液绘制标准曲线。

15.1.6.2.3 气相色谱法中使用标准样品的条件如下:

a) 标准样品进样体积与试样进样体积相同;

b) 标准样品与试样尽可能同时分析。

15.1.6.2.4 工作曲线制备:分别吸取标准使用溶液 0 mL、0.050 mL、0.10 mL、0.20 mL、0.30 mL、0.40 mL、0.50 mL,制成标准系列。将溶剂挥干,再按 15.1.5.3 步骤进行衍生,最终定容体积1.00 mL,进样 1 μL,注入色谱仪。以峰面积为纵坐标,质量浓度为横坐标,绘制工作曲线。工作曲线质量浓度相当于水中质量浓度为 0 μg/L、2.5 μg/L、5.0 μg/L、10.0 μg/L、15.0 μg/L、20.0 μg/L、25.0 μg/L。

15.1.6.3 进样

15.1.6.3.1 进样方式:直接进样。

15.1.6.3.2 进样量:1 μL。

15.1.6.4 记录

用标样核对,记录色谱峰的保留时间及对应的化合物。

15.1.6.5 色谱图考察

标准物质色谱图,见图 10。

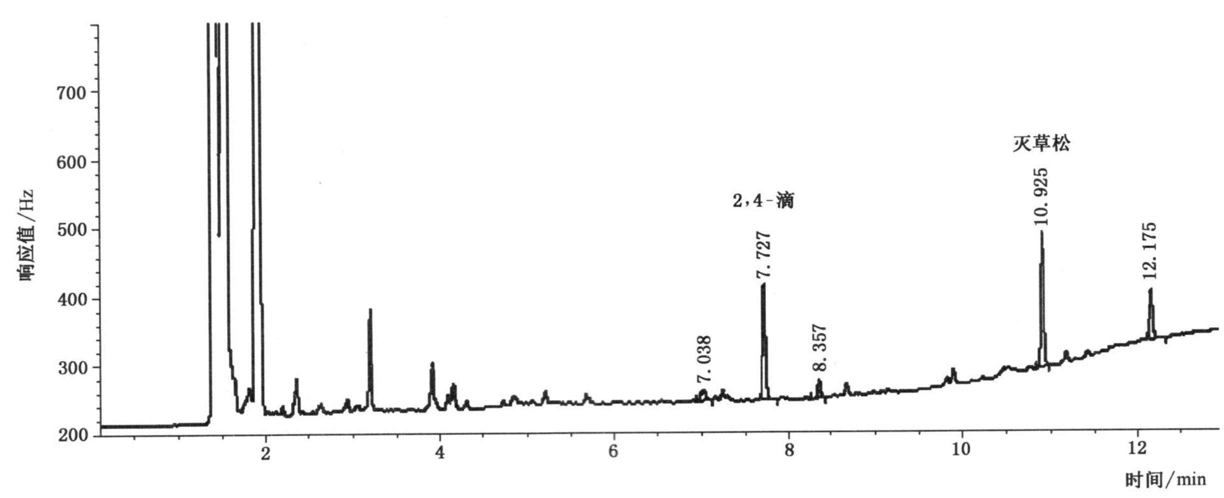

图 10　灭草松标准物质色谱图

15.1.7 试验数据处理

15.1.7.1 定性分析

15.1.7.1.1　出峰顺序:2,4-滴,灭草松。

15.1.7.1.2　保留时间:2,4-滴,7.73 min;灭草松,10.93 min。

15.1.7.2 定量分析

根据样品的峰高或峰面积从工作曲线上查出水样中的被测组分的质量浓度(μg/L)。

15.1.7.3 结果的表示

15.1.7.3.1　定性结果:根据标准色谱图中各组分的保留时间确定被测水样中组分的名称。

15.1.7.3.2　定量结果:含量以微克每升(μg/L)表示。

15.1.8 精密度和准确度

精密度和准确度见表 8。

表 8　精密度和准确度

化合物	加标量/(μg/L)	平均测定值/(μg/L)	平均回收率/%	RSD(n=7)/%
灭草松	2.5	2.04～2.33	81.6～93.2	5.3
	5.0	4.18～4.93	83.6～98.6	6.4
2,4-滴	2.5	2.04～2.44	81.6～97.6	7.2
	5.0	4.27～4.96	85.4～99.2	5.1

经3个实验室验证表明，测定水样质量浓度为2.5 μg/L～25 μg/L时，分析6次的相对标准偏差为3.8%～12%；在水样中加入灭草松和2,4-滴标准溶液，加标质量浓度为2.5 μg/L～25 μg/L时，回收率为81.6%～120%。

15.2 液相色谱串联质谱法

按13.4描述的方法测定。

16 2,4-滴

16.1 液液萃取气相色谱法

按15.1描述的方法测定。

16.2 液相色谱串联质谱法

按13.4描述的方法测定。

17 敌敌畏

17.1 毛细管柱气相色谱法

按7.1描述的方法测定。

17.2 固相萃取气相色谱质谱法

按GB/T 5750.8—2023中15.1描述的方法测定。

18 呋喃丹

18.1 高效液相色谱法

18.1.1 最低检测质量浓度

本方法对呋喃丹和甲萘威的最低检测质量为0.25 ng，若取200 mL水样经处理后测定，则最低检测质量浓度为0.125 μg/L。

18.1.2 原理

样品经过滤后注入反相高效液相色谱柱中，其各种组分经梯度洗脱色谱方式分离。经过柱分离后，氨基甲酸酯类化合物与氢氧化钠发生水解反应，生成的甲胺与邻苯二醛(OPA)和2-巯基乙醇(MERC)反应生成一种强荧光的异吲哚产物，可用荧光检测器定量。柱后反应，一般对伯胺类比较敏感，因为它们能生成测定的荧光加合物。干扰的大小取决于它们的洗脱时间或荧光强度。干扰还可能来源于污染。因此，要求使用高纯度试剂和溶剂。

18.1.3 试剂

18.1.3.1 甲醇：色谱纯。

18.1.3.2 纯水：电阻率≥18.2 MΩ·cm。

18.1.3.3 氢氧化钠溶液[c(NaOH)=0.05 mol/L]：称取2.0 g氢氧化钠，溶于1 000 mL水中。使用前

需过滤，并用氦气脱除气体或在线脱气。

18.1.3.4　2-巯基乙醇($HSCH_2CH_2OH$)＋乙腈(CH_3CN)溶液(1＋1)：将 10 mL 2-巯基乙醇和 10 mL 乙腈混合，加盖密封于 0 ℃～4 ℃冷藏保存(**注意**：恶臭)。

18.1.3.5　四硼酸钠溶液[$c(Na_2B_4O_7)$＝0.05 mol/L]：称取 19.1 g 十水四硼酸钠($Na_2B_4O_7 \cdot 10H_2O$)溶于 1 000 mL 水中。使用前一天制备，以保证完全溶解。

18.1.3.6　邻苯二醛溶液($C_8H_6O_2$，*o*-phthaldehyde，OPA)：称取 0.100 g 邻苯二醛，溶于 10 mL 甲醇中，再加入 1 000 mL 四硼酸钠溶液，混合，过滤，用氦气脱除气体或在线脱气，然后加入 100 μL 2-巯基乙醇＋乙腈溶液(1＋1)，混合。如果隔绝氧气保存，此溶液可稳定存放至少 3 d。否则，需当天配制。

18.1.3.7　硫代硫酸钠。

18.1.3.8　二氯甲烷。

18.1.3.9　甲萘威标准物质($C_{12}H_{11}NO_2$)。

18.1.3.10　呋喃丹标准物质($C_{12}H_{15}NO_3$)。

18.1.3.11　无水硫酸钠。

18.1.3.12　混合标准储备溶液(1.00 mg/L)：准确称取甲萘威和呋喃丹各 0.010 0 mg，用 5 mL 甲醇溶解后，移至 10 mL 容量瓶中，用甲醇稀释至刻度。若储存于－10 ℃冰箱中，可保存数月。或使用有证标准物质。

注：柱后反应产生干扰较大，干扰还可能来源于污染，因此，使用高纯度的试剂和色谱纯的或相当的溶剂(高效液相色谱检验无杂峰出现)以避免干扰。衍生剂、流动相、上机样品采用 0.45 μm 滤膜过滤。

18.1.4　仪器设备

18.1.4.1　高效液相色谱仪：配有荧光检测器。

18.1.4.2　色谱柱：C_{18}柱(150 mm×4.6 mm，5 μm)，或等效色谱柱。

18.1.4.3　柱后反应器：应装配能将各种试剂以 0.1 mL/min～1.0 mL/min 流量送入流动相并充分混合的泵。反应圈和柱后管线使用聚四氟乙烯。

18.1.4.4　微量注射器：10 μL。

18.1.4.5　采样瓶：500 mL 具螺旋盖聚丙烯瓶，也可采用聚乙烯瓶或玻璃容量器。

18.1.5　样品

18.1.5.1　水样的采集和保存

在氯浓度较高的情况下，可能造成干扰或损失，应在加氯之前，或离加氯点尽可能远的地方取样。当有余氯存在时，加入硫代硫酸钠，使硫代硫酸钠在水样中质量浓度到 80 mg/L，并混匀。

18.1.5.2　水样的预处理

取水样 200 mL 于 250 mL 分液漏斗中，加入 30 mL 二氯甲烷，振摇萃取 3 min。静置分层后，放出二氯甲烷流经装有无水硫酸钠的玻璃漏斗，至收集器中。再加入 20 mL 二氯甲烷萃取 3 min，二氯甲烷萃取液与第一次萃取液合并。把二氯甲烷抽提液在旋转蒸发器或 KD 浓缩器中蒸发至近干，用二氯甲烷定容至 1.0 mL，上机测定。

18.1.6　试验步骤

18.1.6.1　仪器参考条件

18.1.6.1.1　流动相及梯度洗脱条件见表 9。

表 9 流动相及梯度洗脱条件

时间/min	甲醇/%	水/%
0	42	58
5	55	45
12	60	40
15	42	58

18.1.6.1.2 流量：1.0 mL/min。

18.1.6.1.3 荧光检测器：Ex=339 nm，Em=445 nm。

18.1.6.1.4 柱后反应条件：

a) 水解：氢氧化钠[c(NaOH)=0.05 mol/L]：流量 0.5 mL/min，9 cm 反应线圈，95 ℃；

b) 衍生：OPA 溶液：流量 0.5 mL/min，室温。

18.1.6.2 校准

18.1.6.2.1 定量分析中的校准方法：外标法。

18.1.6.2.2 标准样品使用次数：每次分析样品时，用标准溶液绘制标准曲线。

18.1.6.2.3 液相色谱法中使用标准样品的条件如下：

a) 标准样品进样体积与试样的进样体积相同；

b) 标准样品与试样尽可能同时分析。

18.1.6.2.4 标准曲线的绘制：取 5 个 10 mL 容量瓶，加入 0 mL、0.02 mL、0.10 mL、0.40 mL 和1.00 mL 混合标准储备溶液，用甲醇稀释至刻度。分别为 1.00 mL 含有 0.0 ng、2.0 ng、10.0 ng、40.0 ng、100 ng 甲萘威和呋喃丹。各取 10 μL 混合标准系列溶液注入色谱仪，记录色谱峰高或峰面积。以峰高或峰面积为纵坐标，质量浓度为横坐标，绘制标准曲线。

18.1.6.3 进样

18.1.6.3.1 进样方式：直接进样。

18.1.6.3.2 进样量：10 μL。

18.1.6.3.3 操作：用洁净微量注射器于待测样品中抽吸几次后，排出气泡，取所需体积迅速注射至色谱仪中。

18.1.6.4 记录

以标样核对，记录色谱峰的保留时间及对应的化合物。

18.1.6.5 色谱图考察

标准物质色谱图，见图 11。

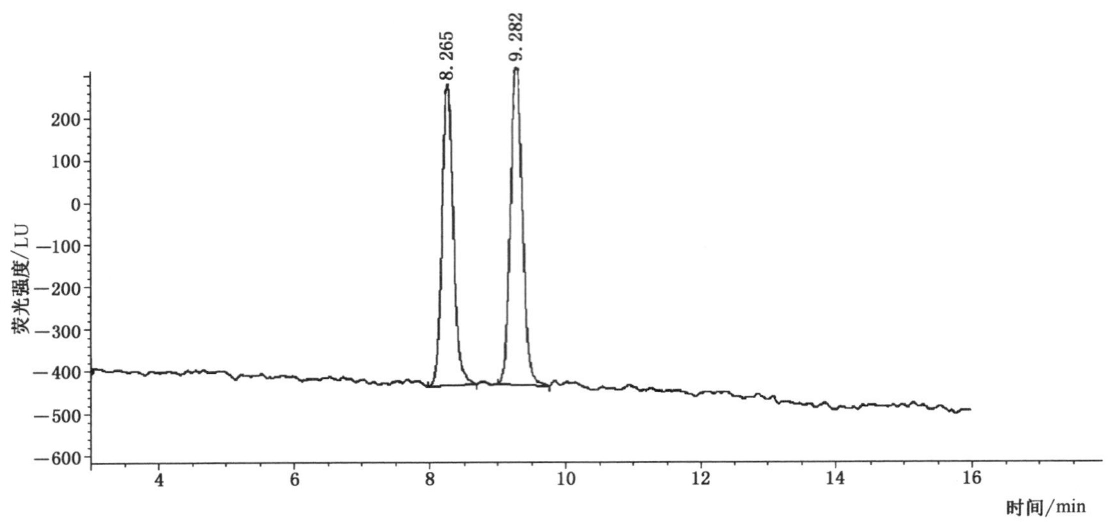

图 11　呋喃丹和甲萘威的标准物质色谱图

18.1.7　试验数据处理

18.1.7.1　定性分析

18.1.7.1.1　出峰顺序：呋喃丹，甲萘威。

18.1.7.1.2　保留时间：呋喃丹，8.265 min；甲萘威，9.282 min。

18.1.7.2　定量分析

通过色谱峰面积或峰高，在标准曲线上查出萃取液中呋喃丹或甲萘威的质量浓度。按式(7)计算水样中呋喃丹和甲萘威的质量浓度：

$$\rho = \frac{\rho_1 \times V_1}{V} \qquad \cdots\cdots(7)$$

式中：

ρ ——水样中呋喃丹或甲萘威质量浓度，单位为微克每升(μg/L)；

ρ_1 ——标准曲线中查得萃取液中呋喃丹或甲萘威的质量浓度，单位为微克每升(μg/L)；

V_1 ——萃取液的体积，单位为毫升(mL)；

V ——水样体积，单位为毫升(mL)。

18.1.7.3　结果的表示

18.1.7.3.1　定性结果：根据标准色谱图中各组分的保留时间确定被测水样中组分的名称。

18.1.7.3.2　定量结果：含量的表示方法以微克每升(μg/L)表示。

18.1.8　精密度和准确度

2 个实验室对质量浓度范围为 0.050 mg/L～0.90 mg/L 的自来水和水源水测定，其相对标准偏差甲萘威为 3.9%～7.7%，呋喃丹为 4.6%～8.9%；加标回收率甲萘威为 85.0%～120%；呋喃丹为 81.0%～120%。

18.2 液相色谱串联质谱法

按 13.4 描述的方法测定。

19 毒死蜱

19.1 液液萃取气相色谱法

19.1.1 最低检测质量浓度

本方法最低检测质量为 0.2 ng,若取 200 mL 水样,则最低检测质量浓度为 2 μg/L。

在本方法操作条件下,其他有机磷农药不造成干扰。

19.1.2 原理

水中的毒死蜱经二氯甲烷萃取后,用气相色谱火焰光度检测器测定,以保留时间定性,以峰高或峰面积外标法定量。

19.1.3 试剂或材料

19.1.3.1 载气:高纯氮气[$\varphi(N_2)\geqslant 99.999\%$]。

19.1.3.2 燃气:氢气[$\varphi(H_2)\geqslant 99.6\%$]。

19.1.3.3 助燃气:压缩空气,经净化管净化。

19.1.3.4 二氯甲烷。

19.1.3.5 无水硫酸钠。

19.1.3.6 丙酮。

19.1.3.7 毒死蜱标准物质($C_9H_{11}Cl_3NO_3PS$)。

19.1.3.8 标准储备溶液:准确称取 10.0 mg 毒死蜱标准物质用丙酮溶解后,用丙酮稀释定容至 100 mL。此溶液质量浓度为 ρ=100 mg/L。或使用有证标准物质。

19.1.3.9 标准使用溶液:准确吸取 1.00 mL 毒死蜱标准储备溶液于 5.0 mL 容量瓶中,用丙酮定容至刻度。此溶液质量浓度为 ρ=20 mg/L。现用现配。

19.1.4 仪器设备

19.1.4.1 气相色谱仪:配有火焰光度检测器(FPD)。

19.1.4.2 色谱柱:弹性石英毛细管柱 DB-1701(30 m×0.32 mm,0.25 μm),或等效的中极性柱。

19.1.4.3 进样器:微量注射器,10 μL。

19.1.4.4 分液漏斗:500 mL。

19.1.4.5 旋转蒸发器(配真空泵)或 KD 浓缩器。

19.1.4.6 玻璃漏斗。

19.1.5 样品

19.1.5.1 水样的采集和保存

水样采集于硬质磨口玻璃瓶中,0 ℃~4 ℃冷藏保存,尽快测定。

19.1.5.2 水样的预处理

取水样 200 mL 于 500 mL 分液漏斗中，加入 30 mL 二氯甲烷，振摇提取 3 min。静置分层后，将下层二氯甲烷萃取液流经装有无水硫酸钠玻璃漏斗，至收集器中。再加入 20 mL 二氯甲烷提取 3 min，二氯甲烷萃取液与第一次萃取液合并。把二氯甲烷萃取液在旋转蒸发器或 KD 浓缩器中，40 ℃水浴中蒸发至近干，用二氯甲烷定容至 2.0 mL，待测。

19.1.6 试验步骤

19.1.6.1 仪器参考条件

19.1.6.1.1 气化室温度：250 ℃。

19.1.6.1.2 柱温：100 ℃保持 2 min，以 15 ℃/min 升至 230 ℃，保留 10 min。

19.1.6.1.3 检测器温度：250 ℃。

19.1.6.1.4 气体流量：氮气(载气)：60 mL/min，氢气：80 mL/min，空气：90 mL/min。

19.1.6.2 校准

19.1.6.2.1 定量分析中的校准方法：外标法。

19.1.6.2.2 标准样品使用次数：每次分析样品时，用标准使用溶液绘制标准曲线。

19.1.6.2.3 气相色谱法中使用标准样品的条件如下：

a) 标准样品进样体积与试样进样体积相同，标准样品的响应值应接近试样的响应值；
b) 在工作范围内，相对标准差小于 10%，即可认为仪器处于稳定状态；
c) 标准样品与试样尽可能同时进样分析。

19.1.6.2.4 标准曲线的绘制：准确吸取标准使用溶液，用二氯甲烷配制成质量浓度分别为 0 mg/L、0.20 mg/L、0.50 mg/L、0.80 mg/L、1.0 mg/L、5.0 mg/L、10 mg/L、15 mg/L 的标准系列。各取 1 μL 注入色谱仪，按 19.1.6.1 的条件测定，记录色谱峰面积或峰高。以峰面积或峰高为纵坐标，质量浓度为横坐标，绘制标准曲线。

19.1.6.3 进样

19.1.6.3.1 进样方式：直接进样。

19.1.6.3.2 进样量：1 μL。

19.1.6.3.3 操作：用洁净的微量注射器于待测样品中抽吸几次，排出气泡，取所需体积迅速注入色谱柱中，并立即拔出注射器。

19.1.6.4 记录

以标样核对，记录色谱峰的保留时间及对应的化合物。

19.1.6.5 色谱图考察

标准物质色谱图，见图 12。

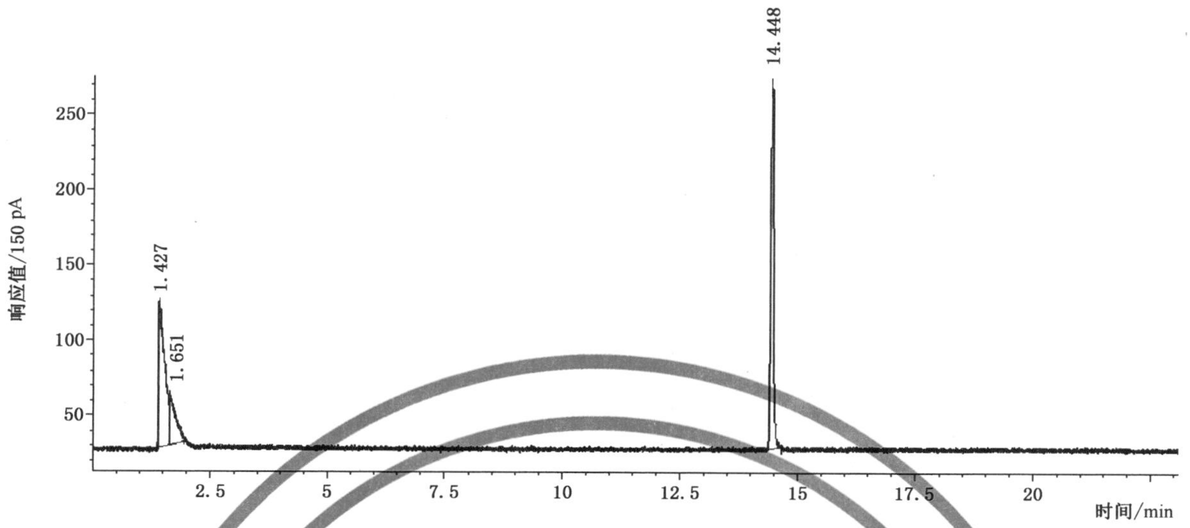

图 12 毒死蜱标准物质色谱图

19.1.7 试验数据处理

19.1.7.1 定性分析

毒死蜱保留时间为 14.448 min。

19.1.7.2 定量分析

通过色谱峰面积或峰高，在标准曲线上查出萃取液中毒死蜱的质量浓度，按式(8)计算水样中毒死蜱的质量浓度：

$$\rho=\frac{\rho_1\times V_1}{V} \quad \cdots\cdots(8)$$

式中：

ρ ——水样中毒死蜱质量浓度，单位为毫克每升(mg/L)；

ρ_1 ——标准曲线中查得萃取液中毒死蜱的质量浓度，单位为毫克每升(mg/L)；

V_1 ——浓缩后的体积，单位为毫升(mL)；

V ——水样体积，单位为毫升(mL)。

19.1.7.3 结果的表示

19.1.7.3.1 定性结果：根据标准色谱图中组分的保留时间确定被测水样中组分的名称。

19.1.7.3.2 定量结果：含量以毫克每升(mg/L)表示。

19.1.8 精密度和准确度

7 个实验室对质量浓度范围为 0.970 μg/L～268 μg/L 的加标水样重复 6 次测定，其相对标准偏差均小于 10%，加标回收率为 77.8%～114%。

19.2 固相萃取气相色谱质谱法

按 GB/T 5750.8—2023 中 15.1 描述的方法测定。

20 莠去津

20.1 高效液相色谱法

20.1.1 最低检测质量浓度

本方法最低检测质量为0.5 ng,若取100 mL水样测定,则最低检测质量浓度为0.000 5 mg/L。

有干扰物质存在时可用硅酸镁吸附柱进行净化。

20.1.2 原理

用二氯甲烷萃取水中的莠去津,浓缩,挥干,用甲醇定容后用液相色谱仪分离,紫外检测器测定,保留时间定性,外标法定量。

20.1.3 试剂或材料

20.1.3.1 标准物质:莠去津($C_8H_{14}ClN_5$),纯度≥96%。或使用有证标准物质。

20.1.3.2 石油醚。

20.1.3.3 乙醚。

20.1.3.4 甲醇,优级纯。

20.1.3.5 二氯甲烷,有干扰时应进行蒸馏。

20.1.3.6 无水硫酸钠,在300 ℃温度下烘4 h,冷却后装入磨口玻璃瓶中,在干燥器内保存。

20.1.3.7 氯化钠。

20.1.3.8 高纯氮气[$\varphi(N_2)$≥99.999%]。

20.1.3.9 正己烷(C_6H_{12})。

20.1.3.10 莠去津标准储备溶液:称取0.010 0 g莠去津标准物质,用少量二氯甲烷溶解后,再用甲醇准确定容至100 mL,该溶液为100 μg/mL储备溶液。0 ℃～4 ℃冷藏保存。

20.1.4 仪器设备

20.1.4.1 液相色谱仪:配有紫外检测器。

20.1.4.2 色谱柱:C_{18}柱(250 mm×4.6 mm,5 μm)或等效色谱柱。

20.1.4.3 KD浓缩器。

20.1.4.4 分液漏斗:250 mL。

20.1.4.5 硅酸镁净化柱:200 mm ×10 mm,具旋塞。

20.1.4.6 微量注射器:10 μL。

20.1.5 样品

20.1.5.1 水样的采集和保存

水样采集后应尽快分析,否则应在0 ℃～4 ℃冷藏保存,保存时间为7 d。

20.1.5.2 水样的预处理

取100 mL水样于250 mL分液漏斗中,加入5 g氯化钠,溶解后加入10 mL二氯甲烷,萃取1 min,注意及时放气,静置分层后,转移出有机相,再加入10 mL二氯甲烷萃取,分层,合并有机相,有机相经过无水硫酸钠脱水后转入浓缩瓶中。用KD浓缩器将萃取液浓缩至近干,取下浓缩瓶,用高纯氮气将其刚好吹干,用甲醇定容至 1 mL,过 0.45 μm 滤膜,供色谱分析用。测定有干扰时,采用硅酸镁柱净化。

20.1.5.3 净化

20.1.5.3.1 净化柱的制备:取活化过的硅酸镁吸附剂填入净化柱,轻轻敲打,使硅酸镁填实,最后填入一层大约 1 cm 厚的无水硫酸钠。

20.1.5.3.2 将浓缩至干的样品用 10 mL 正己烷溶解。

20.1.5.3.3 用适量石油醚预淋洗净化柱,弃去淋洗液,当硫酸钠刚要露出,将样品萃取液定量加入柱中,随即用 20 mL 石油醚冲洗。将洗脱流量调至 5 mL/min,用 20 mL 的乙醚+石油醚(1+1)洗脱液洗脱。

20.1.5.3.4 将洗脱液用 KD 浓缩器浓缩至近干后,用氮气刚好吹干,最后用甲醇定容至 1 mL,过 0.45 μm 滤膜,供测定用。

20.1.6 试验步骤

20.1.6.1 仪器参考条件

20.1.6.1.1 色谱柱:C_{18}柱(250 mm×4.6 mm,5 μm)或等效色谱柱;柱温:40 ℃。

20.1.6.1.2 流动相:甲醇+纯水=5+1。

20.1.6.1.3 流动相流量:0.9 mL/min。

20.1.6.1.4 检测波长:254 nm。

20.1.6.2 校准

20.1.6.2.1 定量分析中的校准方法:外标法。

20.1.6.2.2 标准样品使用次数:每次分析样品时,用标准溶液绘制标准曲线。

20.1.6.2.3 液相色谱法中使用标准样品的条件如下:

a) 标准样品进样体积与试样的进样体积相同;

b) 标准样品与试样尽可能同时分析。

20.1.6.2.4 标准曲线的绘制:分别移取 100 μg/mL 的莠去津标准储备溶液 0 mL、0.05 mL、0.1 mL、0.5 mL、1.0 mL、5.0 mL 于 100 mL 容量瓶中,用甲醇定容至刻度,配成质量浓度分别为 0 μg/mL、0.05 μg/mL、0.1 μg/mL、0.5 μg/mL、1.0 μg/mL、5.0 μg/mL 的标准系列,过 0.45 μm 滤膜后,各取 10 μL 标准系列注入色谱仪,记录色谱峰高或峰面积。以峰高或峰面积为纵坐标,质量浓度为横坐标,绘制标准曲线。

20.1.6.3 进样

20.1.6.3.1 进样方式:直接进样。

20.1.6.3.2 进样量:10 μL。

20.1.6.3.3 操作:用洁净微量注射器于待测样品中抽吸几次后,排出气泡,取所需体积迅速注射至色谱仪中。

20.1.6.4 记录

以标样核对,记录色谱峰的保留时间及对应的化合物。

20.1.6.5 色谱图考察

标准物质色谱图,见图 13。

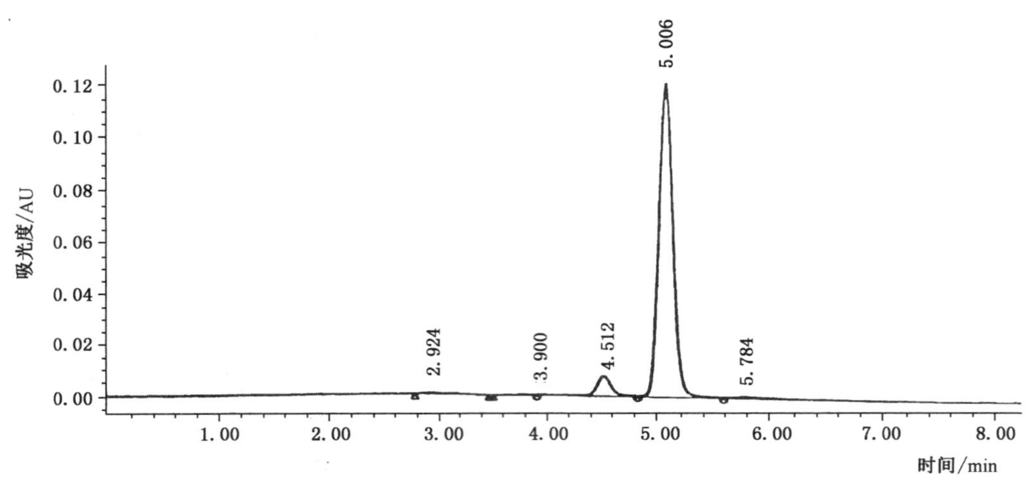

图 13　莠去津的标准物质色谱图

20.1.7　试验数据处理

20.1.7.1　定性分析

20.1.7.1.1　出峰顺序:试剂,莠去津。

20.1.7.1.2　保留时间:莠去津,5.006 min。

20.1.7.2　定量分析

通过色谱峰面积或峰高,在标准曲线上查出萃取液中莠去津的质量浓度。按式(9)计算水中莠去津的质量浓度:

$$\rho = \frac{\rho_1 \times V_1}{V} \qquad (9)$$

式中:

ρ ——水样中莠去津的质量浓度,单位为毫克每升(mg/L);

ρ_1 ——水样萃取液中莠去津的质量浓度,单位为毫克每升(mg/L);

V_1 ——水样浓缩后体积,单位为毫升(mL);

V ——水样体积,单位为毫升(mL)。

20.1.7.3　结果的表示

20.1.7.3.1　定性结果:根据标准色谱图中组分的保留时间确定被测水样中组分的名称。

20.1.7.3.2　定量结果:含量以毫克每升(mg/L)表示。

20.1.8　精密度和准确度

单个实验室对含 1.95 μg/L、32.5 μg/L、72.8 μg/L 莠去津水质样品进行测定,其相对标准偏差为 1.6%～6.9%。加标回收率为 84.6%～96.9%。采用净化方法时的加标回收率为 74.9%～92.9%。

20.2　液相色谱串联质谱法

按 13.4 描述的方法测定。

21 草甘膦

21.1 高效液相色谱法

21.1.1 最低检测质量浓度

本方法对草甘膦和氨甲基膦酸的最低检测质量均为 5.0 ng,若取 200 μL 直接进样,则最低检测质量浓度均为 25 μg/L。

草甘膦可在含氯消毒剂消毒过的水中降解。草甘膦在矿物和玻璃表面有强吸附作用。

21.1.2 原理

采用阴离子或阳离子交换色谱法分离草甘膦和氨甲基膦酸,经柱后衍生,用荧光检测器检测。柱后衍生反应为先用次氯酸盐溶液将草甘膦氧化成氨基乙酸;然后氨基乙酸与邻苯二醛(OPA)和 2-巯基乙醇(MERC)的混合液反应,形成一种强光的异吲哚产物。氨甲基膦酸可直接与 OPA/MERC 混合液反应,在次氯酸盐存在下,检测灵敏度会下降。

21.1.3 试剂

除非另有说明,本方法所用试剂均为分析纯,实验用水为 GB/T 6682 规定的一级水。

21.1.3.1 磷酸(ρ_{20}=1.69 g/mL)。

21.1.3.2 硫酸(ρ_{20}=1.84 g/mL)。

21.1.3.3 盐酸(ρ_{20}=1.19 g/mL)。

21.1.3.4 甲醇,色谱纯。

21.1.3.5 磷酸二氢钾。

21.1.3.6 乙二胺四乙酸二钠溶液:将 0.37 g 的二水合乙二胺四乙酸二钠($Na_2EDTA \cdot 2H_2O$)加入 1 L 纯水中,配制浓度为 0.001 mol/L 的溶液,并经 0.22 μm 或 0.45 μm 的滤膜过滤。将 11.2 g 二水合乙二胺四乙酸二钠($Na_2EDTA \cdot 2H_2O$)加入 1 L 纯水中,配制浓度为 0.03 mol/L 的溶液,并经 0.22 μm 或0.45 μm 的滤膜过滤。

21.1.3.7 氯化钠。

21.1.3.8 氢氧化钠。

21.1.3.9 次氯酸钙:有效氯 70.9%。

21.1.3.10 氧化剂:0.5 g 次氯酸钙溶解于 500 mL 纯水中,用磁力器快速搅拌 45 min。取 10 mL 次氯酸钙储备溶液于 1 L 的容量瓶中,加入 1.74 g 磷酸二氢钾、11.6 g 氯化钠、0.4 g 氢氧化钠,加水稀释,定容,混匀。经 0.22 μm 或 0.45 μm 的滤膜过滤。

21.1.3.11 邻苯二醛($C_8H_6O_2$,OPA)。

21.1.3.12 2-巯基乙醇(C_2H_6OS,MERC)。

21.1.3.13 硼酸。

21.1.3.14 氢氧化钾。

21.1.3.15 OPA-MERC 溶液:将 100 g 硼酸和 72 g 氢氧化钾溶于 700 mL 纯水中并转移至 1 L 的容量瓶中,需 1 h~2 h;加入含 0.8 g OPA 的 5 mL 甲醇溶液,2.0 mL MERC,混匀。

21.1.3.16 标准物质:草甘膦($C_3H_8NO_5P$),纯度≥99%;氨甲基膦酸(CH_6NO_3P),纯度≥99%。或使用有证标准物质。

21.1.3.17 草甘膦和氨甲基膦酸标准储备溶液:用纯水配制草甘膦和氨甲基膦酸质量浓度均为 100 μg/mL的标准储备溶液。储存于聚丙烯瓶中,0 ℃~4 ℃冷藏保存。每月重新配制。

21.1.3.18　草甘膦和氨甲基膦酸混合标准使用溶液：用 0.001 mol/L 乙二胺四乙酸二钠溶液对 100 μg/mL的草甘膦和氨甲基膦酸标准储备溶液进行稀释，配制质量浓度分别为 10 μg/mL 和 1.0 μg/mL 的混合标准使用溶液。储存于聚丙烯瓶中，0 ℃～4 ℃冷藏保存。现用现配。

21.1.4　仪器设备

21.1.4.1　高效液相色谱仪：配有荧光检测器。

21.1.4.2　色谱柱：使用阳离子交换树脂或阴离子交换树脂柱，4.6 mm×(25～30) cm，或等效色谱柱，加热至 50 ℃～60 ℃效率最大。

21.1.4.3　柱后反应器：应装配能将试剂以 0.1 mL/min～0.5 mL/min 速度送入流动相并充分混合，可承受 2 000 kPa 压力的 2 个分离泵，反应圈和柱后管线使用聚四氟乙烯。

21.1.5　样品

21.1.5.1　水样的采集和保存

21.1.5.1.1　样品采集后应用聚丙烯容器储存，加入 100 mg/L 的硫代硫酸钠可消除氯带来的影响。

21.1.5.1.2　样品应储存在避光的环境中，0 ℃～4 ℃冷藏保存，保存时间为 7 d。

21.1.5.2　水样的预处理

21.1.5.2.1　样品质量浓度≥25 μg/L 时，不需浓缩，取 9.9 mL 的样品和 0.1 mL 0.1 mol/L 的乙二胺四乙酸二钠溶液，经 0.22 μm 或 0.45 μm 的滤膜过滤，进样 200 μL。

21.1.5.2.2　样品质量浓度低于检出限时需要对样品进行浓缩，取 500 mL 水样，若为悬浮液，将样品通过粗滤膜过滤，先取 250 mL 移至 500 mL 圆底瓶中，加 5 mL 盐酸于烧瓶中，5 mL 盐酸于剩余样品中。在旋转蒸发器中浓缩，从 20 ℃缓慢升温到 60 ℃。在第一部分完全蒸发前，加入剩余样品和 2 次5 mL 清洗液，蒸干，若必要，用干氮去除最后的痕量水。取 2.9 mL 流动相(若必要调节 pH＝2)和 0.1 mL 0.03 mol/L 的乙二胺四乙酸二钠溶液溶解残留。过 0.45 μm 滤膜，进样。

21.1.6　试验步骤

21.1.6.1　仪器参考条件

21.1.6.1.1　流动相如下：

a)　阴离子交换流动相：5 L 纯水中加入 26 mL 磷酸、2.7 mL 硫酸；

b)　阳离子交换流动相：取 0.68 g 磷酸二氢钾溶于 1 L 的甲醇水溶液(4＋96)中，用磷酸调节至 pH 为 2.1。

21.1.6.1.2　柱温：50 ℃。

21.1.6.1.3　流速：0.5 mL/min。

21.1.6.1.4　荧光检测器：激发波长 Ex＝230 nm(氘)、340 nm(石英卤素或氙)，发射波长 Em＝420 nm～455 nm。

21.1.6.1.5　柱后反应条件如下：

a)　氧化剂流速：0.5 mL/min；

b)　OPA-MERC 溶液流速：0.3 mL/min。

21.1.6.2　校准

21.1.6.2.1　定量分析中的标准方法：外标法。

21.1.6.2.2　标准系列溶液的配制：用 0.001 mol/L 乙二胺四乙酸二钠溶液对草甘膦和氨甲基膦酸混合

标准使用溶液进行稀释，配制质量浓度为 0 μg/mL、0.025 μg/mL、0.05 μg/mL、0.10 μg/mL、0.50 μg/mL、1.00 μg/mL 标准系列溶液，储存于聚丙烯瓶中。

21.1.7 试验数据处理

21.1.7.1 取 200 μL 水样注入色谱仪，测量峰高或峰面积。通过标准曲线的回归分析计算草甘膦和氨甲基膦酸的质量浓度。

21.1.7.2 浓缩样品可通过浓缩因子(500 mL 原始样品/3 mL)，确定原始水样质量浓度。

21.1.8 精密度和准确度

对样品(加标质量浓度 0.5 μg/L～5 000 μg/L)重复测定 6 次，草甘膦的相对标准偏差为 12%～20%，平均标准偏差 15%。氨甲基膦酸的相对标准偏差为 6.6%～29%，平均标准偏差 15%。草甘膦的加标回收率为 94.6%～120%，平均回收率 104%。氨甲基膦酸的回收率为 86.0%～100%，平均回收率 93.1%。

21.2 离子色谱法

21.2.1 最低检测质量浓度

本方法最低检测质量分别为：草甘膦，15 ng；氨甲基膦酸，18 ng。若取样 100 μL 直接进样，则最低检测质量浓度分别为：草甘膦，0.15 mg/L；氨甲基膦酸，0.18 mg/L。

草甘膦可在含氯消毒剂消毒过程中降解。草甘膦在矿物和玻璃表面有强吸附作用。

本方法仅用于生活饮用水的测定。

21.2.2 原理

水样中草甘膦和氨甲基膦酸以及其他阴离子随氢氧根体系(氢氧化钾或氢氧化钠)淋洗液进入离子交换柱系统(由保护柱和分离柱组成)，根据分析柱对各离子的亲和力不同进行分离，已分离的草甘膦和氨甲基膦酸经抑制器系统转换成高电导率的离子型化合物，而淋洗液则转化成低电导率的水，由电导检测器测量各种组分的电导率，以保留时间定性，以峰面积或峰高定量。

21.2.3 试剂或材料

除非另有说明，本方法所用试剂均为分析纯，实验用水为 GB/T 6682 规定的一级水。

21.2.3.1 标准物质：草甘膦[$w(C_3H_8NO_5P)\geqslant 99\%$]，氨甲基膦酸[$w(CH_6NO_3P)\geqslant 99\%$]。或使用有证标准物质。

21.2.3.2 草甘膦标准储备溶液[$\rho(C_3H_8NO_5P)=1\ 000$ mg/L]：准确称取草甘膦 0.1 g(精确到 0.000 1 g)于 100 mL 容量瓶中，用一级水定容至刻度，用聚丙烯容器避光于 0 ℃～4 ℃冷藏保存。

21.2.3.3 氨甲基膦酸标准储备溶液[$\rho(CH_6NO_3P)=1\ 000$ mg/L]：准确称取氨甲基膦酸 0.1 g(精确到 0.000 1 g)于 100 mL 容量瓶中，用一级水定容至刻度，用聚丙烯容器避光于 0 ℃～4 ℃冷藏保存。

21.2.3.4 草甘膦和氨甲基膦酸混合标准使用溶液[$\rho(C_3H_8NO_5P)=100$ mg/L，$\rho(CH_6NO_3P)=100$ mg/L]：取 10.00 mL 草甘膦标准储备溶液和 10.00 mL 氨甲基膦酸标准储备溶液于同一个100 mL 容量瓶中，用一级水定容至刻度，摇匀。现用现配。

21.2.3.5 抗坏血酸($C_6H_8O_6$)。

21.2.3.6 辅助气体：高纯氮气[$\varphi(N_2)\geqslant 99.999\%$]。

21.2.3.7 氢氧化钾淋洗液[$c(KOH)=4$ mol/L]：手工配制氢氧化钾(氢氧化钠)淋洗液，或由 KOH 在线淋洗液发生器(也可以是其他能自动产生淋洗液的设备)在线产生。

21.2.4 仪器设备

21.2.4.1 离子色谱仪：配有进样系统、阴离子抑制器、电导检测器及色谱工作站。
21.2.4.2 分析柱：具有烷醇季铵官能团的分析柱，填充材料为大孔苯乙烯/二乙烯基苯高聚合物(250 mm×4 mm)或其他等效分析柱。
21.2.4.3 保护柱：具有烷醇季铵官能团的保护柱，填充材料为大孔苯乙烯/二乙烯基苯高聚合物(50 mm×4 mm)或其他等效保护柱。
21.2.4.4 孔径 0.22 μm 一次性水系针头滤器。

21.2.5 样品

21.2.5.1 水样的采集和保存

水样采集使用聚丙烯容器，采样时向每升含氯水样中加入 0.02 g 抗坏血酸以去除余氯，水样在 0 ℃～4 ℃冷藏避光保存。

21.2.5.2 水样的预处理

为了防止分析柱和保护柱以及管路堵塞，将样品经 0.22 μm 滤膜过滤。

21.2.6 试验步骤

21.2.6.1 仪器参考条件

21.2.6.1.1 柱温：25 ℃。
21.2.6.1.2 抑制电流：75 mA。
21.2.6.1.3 流速：1.00 mL/min。
21.2.6.1.4 淋洗液梯度淋洗参考程序见表 10。

表 10 淋洗液梯度淋洗参考程序

时间/min	氢氧化钾溶液物质的量浓度/(mmol/L)
0～25	12
>25～40	30
>40	12

21.2.6.2 校准

21.2.6.2.1 定量分析中的校准方法：外标法。
21.2.6.2.2 标准曲线的绘制：取 6 个 100 mL 容量瓶，依次加入草甘膦和氨甲基膦酸混合标准使用溶液 0.30 mL、0.60 mL、0.90 mL、1.20 mL、1.50 mL 和 2.00 mL，用一级水稀释至刻度。此标准系列溶液中草甘膦和氨甲基膦酸的质量浓度分别为 0.30 mg/L、0.60 mg/L、0.90 mg/L、1.20 mg/L、1.50 mg/L和 2.00 mg/L，标准系列溶液需现用现配。分别吸取标准系列溶液 100 μL 进样，注入离子色谱仪进样测定，以峰高或峰面积对草甘膦和氨甲基膦酸的质量浓度绘制标准曲线。

21.2.6.3 样品测定

将水样经 0.22 μm 一次性水系针头滤器过滤除去浑浊物质后，取 100 μL 注入离子色谱仪测定，以保留时间定性,以峰面积或峰高定量。由于电导检测器本身固有的性质,在测定大批样品时,每10个样品需测定1个标准样品,以消除检测器的误差。

21.2.6.4 色谱图考察

标准物质色谱图,见图14。

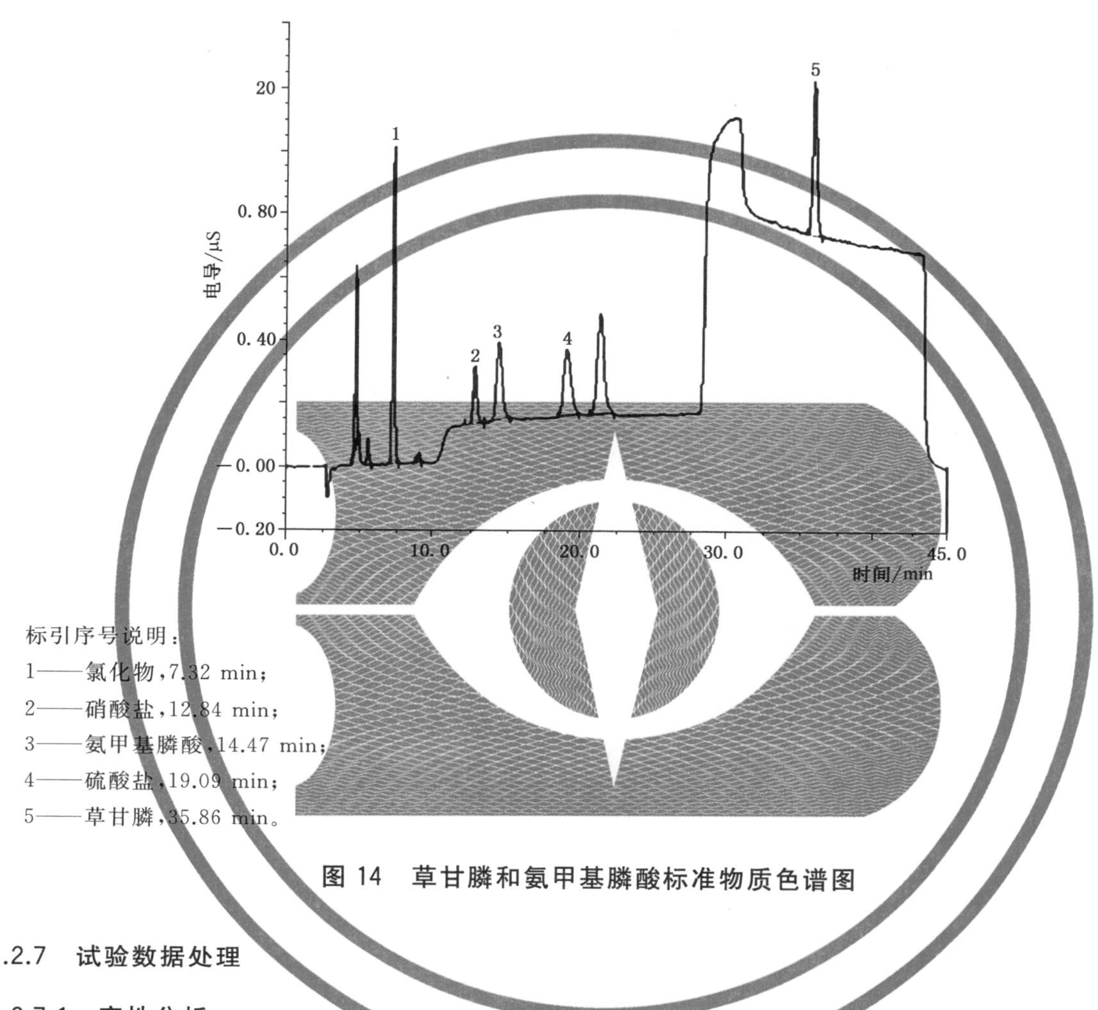

标引序号说明:

1——氯化物,7.32 min;

2——硝酸盐,12.84 min;

3——氨甲基膦酸,14.47 min;

4——硫酸盐,19.09 min;

5——草甘膦,35.86 min。

图14 草甘膦和氨甲基膦酸标准物质色谱图

21.2.7 试验数据处理

21.2.7.1 定性分析

各组分出峰顺序及保留时间:氯化物,7.32 min;硝酸盐,12.84 min;氨甲基膦酸,14.47 min;硫酸盐,19.09 min;草甘膦,35.86 min。

21.2.7.2 定量分析

根据色谱峰的峰高或峰面积,在标准曲线上查出草甘膦和氨甲基膦酸的质量浓度,按式(10)计算水样中草甘膦或氨甲基膦酸的质量浓度:

$$\rho = \rho_1 \times F \qquad (10)$$

式中:

ρ ——水样中草甘膦或氨甲基膦酸的质量浓度,单位为毫克每升(mg/L);

ρ_1——从标准曲线上查得试样中草甘膦或氨甲基膦酸的质量浓度,单位为毫克每升(mg/L);

F——水样稀释倍数。

以重复性条件下获得的两次独立测定结果的算术平均值表示。

若结果为阳性,需用高效液相色谱法进行确证。

21.2.8 精密度和准确度

5 个实验室对低、中、高浓度草甘膦标准溶液(质量浓度范围 0.15 mg/L～1.50 mg/L)进行重复测定,相对标准偏差分别为 0.87%～3.4%,0.14%～1.7%,0.51%～1.6%;对低、中、高浓度氨甲基膦酸标准溶液(质量浓度范围 0.18 mg/L～1.20 mg/L)进行重复测定,相对标准偏差分别为 0.74%～7.9%,0.35%～5.4%,0.18%～5.7%。

5 个实验室对实际样品进行低、中、高浓度加标重复测定,草甘膦的加标质量浓度为 0.20 mg/L～1.0 mg/L,相对标准偏差分别为 0.54%～6.2%,0.47%～5.7%,0.63%～5.0%;氨甲基膦酸的加标质量浓度为 0.20 mg/L～1.0 mg/L,相对标准偏差分别为 0.53%～12%,0.14%～2.7%,1.62%～2.9%。

5 个实验室对实际样品进行低、中、高浓度的加标回收试验,草甘膦和氨甲基膦酸的加标质量浓度为 0.20 mg/L～1.0 mg/L,测得草甘膦低、中、高浓度的回收率分别为 92.5%～101%,86.3%～100%,96.3%～102%,氨甲基膦酸低、中、高浓度的回收率分别为 81.3%～98.9%,96.5%～103%,97.9%～109%。

22 七氯

22.1 液液萃取气相色谱法

22.1.1 最低检测质量浓度

本方法最低检测质量为 0.02 ng,若取 100 mL 水样测定,则最低检测质量浓度为 0.000 2 mg/L。

22.1.2 原理

水样经二氯甲烷萃取后,用 KD 浓缩器浓缩。浓缩后的萃取液经气相色谱柱分离,用电子捕获检测器测定。

22.1.3 试剂或材料

22.1.3.1 高纯氮气[$\varphi(N_2)$≥99.999%]。

22.1.3.2 二氯甲烷。

22.1.3.3 正己烷。

22.1.3.4 氯化钠。

22.1.3.5 七氯标准物质($C_{10}H_5Cl_7$)。

22.1.3.6 标准储备溶液:准确称取 0.010 0 g 七氯标准物质,溶于装有少量正己烷的 100 mL 容量瓶中,定容至刻度,此溶液 ρ=100 μg/mL,避光于 0 ℃～4 ℃冷藏保存。或使用有证标准物质。

22.1.3.7 七氯标准使用溶液:吸取 1.00 mL 七氯标准储备溶液于 100 mL 容量瓶中,加正己烷定容至刻度,此溶液 ρ=1.00 μg/mL。现用现配。

22.1.4 仪器设备

22.1.4.1 气相色谱仪:配有电子捕获检测器。

22.1.4.2 色谱柱:毛细管柱 OV-1701(30 m×0.53 mm,1 μm)或相同极性的毛细管柱。

22.1.4.3 微量注射器:10 μL。

22.1.4.4 分液漏斗:250 mL。

22.1.4.5 KD浓缩器。

22.1.5 样品

22.1.5.1 萃取:取100 mL水样于250 mL分液漏斗中,加入5 g氯化钠,溶解后加入10 mL二氯甲烷。振摇萃取2 min。静置分层(10 min以上),将有机相移入KD浓缩器中,重复萃取三次,将萃取液收集于KD浓缩器中。

22.1.5.2 浓缩:将KD浓缩器中水样萃取液在60 ℃~65 ℃水浴中浓缩近干后,用氮气刚好吹干。用正己烷定容至1 mL,供气相色谱分析。

22.1.6 试验步骤

22.1.6.1 仪器参考条件

22.1.6.1.1 柱温:180 ℃。

22.1.6.1.2 检测器温度:230 ℃。

22.1.6.1.3 进样口温度:230 ℃。

22.1.6.2 校准

22.1.6.2.1 定量分析中的校准方法:外标法。

22.1.6.2.2 标准样品使用次数:每次分析样品时,用标准使用溶液绘制标准曲线。

22.1.6.2.3 气相色谱中使用标准样品的条件如下:

a) 标准进样体积与试样进样体积相同;

b) 标准样品与试样尽可能同时分析。

22.1.6.2.4 标准曲线的绘制:分别吸取七氯标准使用溶液0.00 mL、0.20 mL、0.40 mL、0.80 mL、1.00 mL、2.00 mL、5.00 mL、10.00 mL于10 mL容量瓶中,用正己烷定容至刻度,配成质量浓度分别为0 mg/L、0.020 mg/L、0.040 mg/L、0.080 mg/L、0.10 mg/L、0.20 mg/L、0.50 mg/L、1.00 mg/L标准系列,混匀,供气相色谱分析。

22.1.6.3 进样

22.1.6.3.1 进样方法:直接进样。

22.1.6.3.2 进样量:1 μL。

22.1.6.4 记录

以标样核对,记录色谱峰的保留时间及对应的化合物。

22.1.6.5 色谱图考察

标准物质色谱图,见图15。

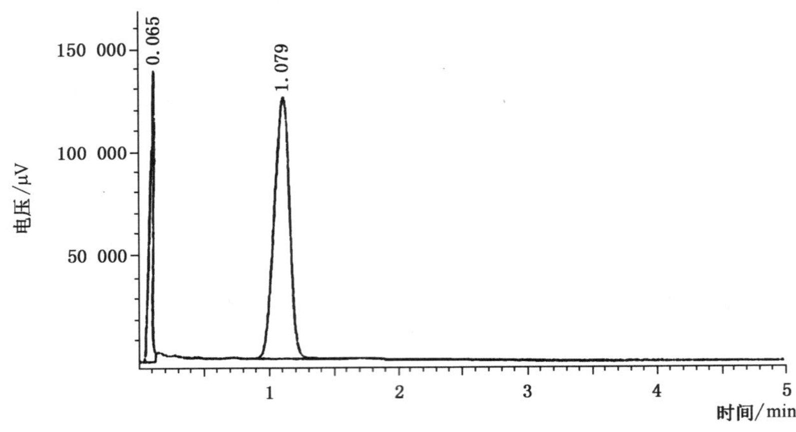

图 15　七氯标准物质色谱图

22.1.7　试验数据处理

22.1.7.1　定性分析

七氯保留时间为 1.079 min。

22.1.7.2　定量分析

根据色谱峰的峰高或峰面积，在标准曲线上查出萃取液中七氯的质量浓度，按式(11)计算水样中七氯的质量浓度：

$$\rho=\frac{\rho_1 \times V_1}{V} \qquad \cdots\cdots(11)$$

式中：

ρ ——水样中七氯质量浓度，单位为毫克每升(mg/L)；

ρ_1 ——水样萃取液中七氯质量浓度，单位为毫克每升(mg/L)；

V_1 ——萃取液定容体积，单位为毫升(mL)；

V ——水样体积，单位为毫升(mL)。

22.1.8　精密度和准确度

单个实验室对低、中、高不同质量浓度的七氯水质样品进行测定，其相对标准偏差为 2.1%～5.8%，加标回收率为 83.0%～97.0%。

22.2　固相萃取气相色谱质谱法

按 GB/T 5750.8—2023 中 15.1 描述的方法测定。

23　六氯苯

23.1　顶空毛细管柱气相色谱法

按 GB/T 5750.8—2023 中 4.3 描述的方法测定。

23.2 固相萃取气相色谱质谱法

按 GB/T 5750.8—2023 中 15.1 描述的方法测定。

24 五氯酚

24.1 衍生化气相色谱法

按 GB/T 5750.10—2023 中 19.1 描述的方法测定。

24.2 顶空固相微萃取气相色谱法

按 GB/T 5750.10—2023 中 19.2 描述的方法测定。

24.3 固相萃取气相色谱质谱法

按 GB/T 5750.8—2023 中 15.1 描述的方法测定。

24.4 液相色谱串联质谱法

按 13.4 描述的方法测定。

25 氟苯脲

25.1 液相色谱串联质谱法

25.1.1 最低检测质量浓度

本方法最低检测质量分别为：甲氧隆，1.5 pg；敌草隆，1.0 pg；氯虫苯甲酰胺，1.5 pg；利谷隆，1.0 pg；除虫脲，1.0 pg；杀铃脲，1.0 pg；氟铃脲，1.0 pg；氟丙氧脲，1.0 pg；氟苯脲，1.5 pg；氟虫脲，2.0 pg；氟啶脲，1.5 pg。取 10 μL 水样直接进样，最低检测质量浓度分别为：甲氧隆，0.15 μg/L；敌草隆，0.1 μg/L；氯虫苯甲酰胺，0.15 μg/L；利谷隆，0.1 μg/L；除虫脲，0.1 μg/L；杀铃脲，0.1 μg/L；氟铃脲，0.1 μg/L；氟丙氧脲，0.1 μg/L；氟苯脲，0.15 μg/L；氟虫脲，0.2 μg/L；氟啶脲，0.15 μg/L。

本方法仅用于生活饮用水的测定。

25.1.2 原理

分析水样经微孔滤膜过滤后，采用液相色谱分离，根据苯基脲素类农药中含有氟、氯等强电负性基团，选择串联质谱的电喷雾负模式，在强电场下产生带电液滴，通过离子蒸发使待测组分离子化，按二级碎片离子的质荷比分离，在质谱检测器中测量各组分谱峰的强度，外标法定量。

25.1.3 试剂

除另有规定外，所有试剂均为分析纯。

25.1.3.1 超纯水：电阻率≥18.2 MΩ·cm。

25.1.3.2 甲醇(CH_3OH)：色谱纯。

25.1.3.3 乙酸铵溶液[$c(CH_3COONH_4)=5$ mmol/L]：准确称取乙酸铵（优级纯）0.385 g，800 mL 超纯水溶解，并稀释至 1 000 mL，用 0.22 μm 孔径水系微孔滤膜抽滤后使用。

25.1.3.4 11 种苯基尿素类农药标准物质：氟苯脲($C_{14}H_6Cl_2F_4N_2O_2$)、氟虫脲($C_{21}H_{11}ClF_6N_2O_3$)、除虫脲($C_{14}H_9ClF_2N_2O_2$)、氟铃脲($C_{16}H_8Cl_2F_6N_2O_3$)、杀铃脲($C_{15}H_{10}ClF_3N_2O_3$)、氟丙氧脲($C_{17}H_8Cl_2F_8N_2O_3$)、

敌草隆($C_9H_{10}Cl_2N_2O$)、利谷隆($C_9H_{10}Cl_2N_2O_2$)和甲氧隆($C_{10}H_{13}ClN_2O_2$),固体,$w \geq 99.0\%$;氟啶脲($C_{20}H_9Cl_3F_5N_3O_3$)和氯虫苯甲酰胺($C_{18}H_{14}BrCl_2N_5O_2$),液体,ρ=1 000 mg/L,甲醇溶液,置于−18 ℃冰箱保存。或使用有证标准物质。

25.1.3.5 11种苯基脲素类农药标准储备溶液(ρ=1 000 mg/L):准确称取氟苯脲、氟虫脲、除虫脲、氟铃脲、杀铃脲、氟丙氧脲、敌草隆、利谷隆和甲氧隆标准物质10 mg,分别置于10 mL容量瓶中,用甲醇定容至刻度,置于−18 ℃冰箱保存。

25.1.3.6 11种苯基脲素类农药混合标准使用溶液(ρ=5.00 mg/L):分别取11种苯基脲素类农药标准储备溶液各1.00 mL,于同一个200 mL容量瓶中,用甲醇稀释至刻度。置于0 ℃~4 ℃冷藏保存。

25.1.4 仪器设备

25.1.4.1 超高效液相色谱:配置三重四极杆串联质谱。

25.1.4.2 色谱柱:C_{18}柱(2.1 mm×100 mm,1.7 μm)或等效色谱柱。

25.1.4.3 高速离心机。

25.1.4.4 塑料离心管:15 mL。

25.1.4.5 棕色磨口玻璃采样瓶:1 L。

25.1.4.6 微孔滤膜:0.22 μm,水系。

25.1.5 样品

25.1.5.1 水样的采集和保存:用棕色磨口玻璃采样瓶采集水样,自来水先打开水龙头放水1 min,将水样沿瓶壁缓慢导入瓶中,瓶中不留顶上空间和气泡,加盖密封。采集水样在0 ℃~4 ℃冷藏避光保存,48 h内测定。

25.1.5.2 空白样品:采用与水样采集相同的容器,用纯水充满,其他同水样的采集和保存。

25.1.5.3 水样的预处理:准确量取10 mL水样于离心管中,5 000 r/min离心,取上清液作为待测液,过0.22 μm微孔滤膜,上机测定。

25.1.6 试验步骤

25.1.6.1 液相色谱参考条件

25.1.6.1.1 流动相:A为甲醇,B为乙酸铵溶液,梯度洗脱条件见表11。

表11 梯度洗脱条件

时间/min	A/%	B/%
0	40	60
5	90	10
8	90	10
12	40	60

25.1.6.1.2 流速:250 μL/min。

25.1.6.1.3 进样量:10 μL。

25.1.6.1.4 柱温:40 ℃。

25.1.6.1.5 运行时间:12 min。

25.1.6.2 质谱参考条件

25.1.6.2.1 离子化方式:电喷雾电离负离子模式(ESI−)。

25.1.6.2.2 检测方式:多反应监测(MRM)。

25.1.6.2.3 碰撞气(CAD):55.16 kPa(8 psi)。

25.1.6.2.4 气帘气(CUR):172.38 kPa(25 psi)。

25.1.6.2.5 雾化气(GS1): 344.75 kPa(50 psi)。

25.1.6.2.6 加热气(GS2):344.75 kPa(50 psi)。

25.1.6.2.7 喷雾电压(IS):—4 500 V。

25.1.6.2.8 去溶剂温度(TEM):600 ℃。

25.1.6.2.9 扫描时间:50 ms。

25.1.6.2.10 待测物的保留时间(t)、离子对(m/z)、去簇电压(DP)和碰撞能量(CE)见表 12。

表 12 11 种苯基脲素类农药的保留时间、离子对、去簇电压和碰撞能量

化合物	保留时间/min	离子对	去簇电压/V	碰撞能量/eV
甲氧隆	3.01	227/212.0[a]/168	57	17/25
敌草隆	4.82	230.9/186[a]/150.0	45	24/32
氯虫苯甲酰胺	5.02	482.0/204[a]/202.0	36	20/27
利谷隆	5.32	246.8/159.8[a]/231.9	35	16/18
除虫脲	6.16	308.9/288.9[a]/156.0	45	9/13
杀铃脲	6.55	356.8/154.3[a]/84.0	60	18/55
氟铃脲	6.82	459.1/439.0[a]/403.1	40	20/20
氟丙氧脲	7.21	509.1/325.9[a]/175.0	45	27/50
氟苯脲	7.30	379.1/195.9[a]/358.8	35	29/9
氟虫脲	7.61	487.0/156.3[a]/467.0	45	21/9
氟啶脲	7.87	539.9/520.1[a]/356.6	60	17/30
[a] 定量离子,其余为定性离子。				

25.1.6.3 校准

25.1.6.3.1 定量分析中的校准方法:外标法。

25.1.6.3.2 标准曲线的绘制:分别取 0 mL、0.05 mL、0.10 mL、0.50 mL、1.00 mL、5.00 mL 和20.0 mL的 11 种苯基脲素类农药混合标准使用溶液于 7 个 500 mL 容量瓶中,用超纯水定容至刻度。标准系列溶液中 11 种苯基脲素类农药的质量浓度分别为 0.0 μg/L、0.50 μg/L、1.00 μg/L、5.00 μg/L、10.0 μg/L、50.0 μg/L 和 200 μg/L。分别取标准系列溶液 10 μL 进样测定,以峰高或峰面积为纵坐标,质量浓度为横坐标,绘制标准曲线。

25.1.6.4 样品测定

取 10 μL 样品溶液进样测定,记录峰高或峰面积。

25.1.6.5 色谱图考察

各待测物的总离子流图,见图 16。

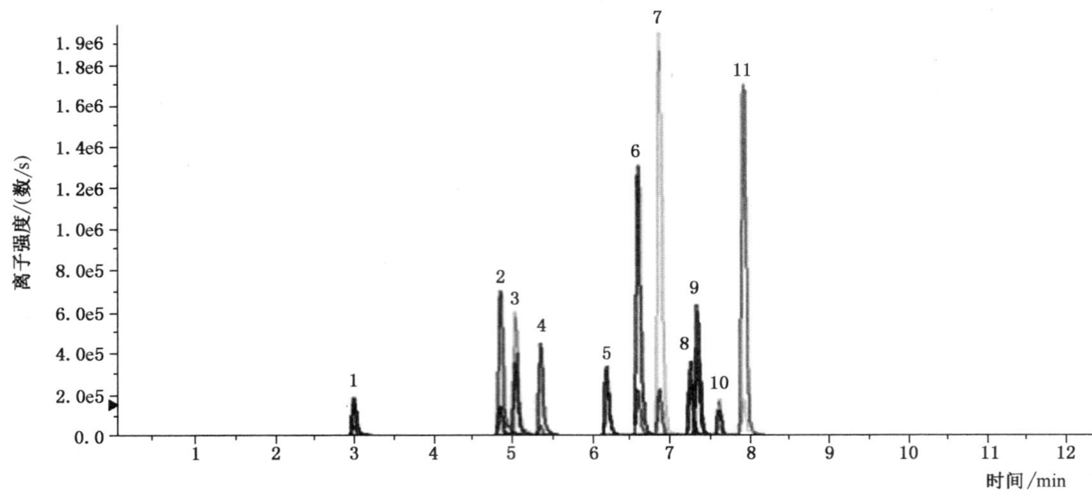

标引序号说明：

1 ——甲氧隆，3.01 min；

2 ——敌草隆，4.82 min；

3 ——氯虫苯甲酰胺，5.02 min；

4 ——利谷隆，5.32 min；

5 ——除虫脲，6.16 min；

6 ——杀铃脲，6.55 min；

7 ——氟铃脲，6.85 min；

8 ——氟丙氧脲，7.25 min；

9 ——氟苯脲，7.33 min；

10——氟虫脲，7.61 min；

11——氟啶脲，7.92 min。

图 16 11 种苯基脲素类农药的总离子流图

25.1.7 试验数据处理

25.1.7.1 定性分析

25.1.7.1.1 各组分出峰顺序和保留时间：甲氧隆，3.01 min；敌草隆，4.82 min；氯虫苯甲酰胺，5.02 min；利谷隆，5.32 min；除虫脲，6.16 min；杀铃脲，6.55 min；氟铃脲，6.85 min；氟丙氧脲，7.25 min；氟苯脲，7.33 min；氟虫脲，7.61 min；氟啶脲，7.92 min。

25.1.7.1.2 根据标准色谱图各组分的保留时间和离子丰度比，确定被测组分的数目和名称，要求被测试样中目标化合物的保留时间与标准溶液中目标化合物的保留时间一致，同时被测试样中目标化合物的相应监测离子丰度比与标准溶液中目标化合物的离子丰度比一致，允许的相对偏差见表 13。

表 13 定性测定时相对离子丰度的最大允许相对偏差

相对离子丰度/%	相对偏差/%
＞50	±20
＞20～50	±25
＞10～20	±30
≤10	±50

25.1.7.2 定量分析

根据记录的峰高或峰面积，在标准曲线上查出待测组分的质量浓度，按式(12)计算水样中的待测组分质量浓度：

$$\rho=\rho_1\times f \qquad (12)$$

式中：

ρ ——样品中被测组分质量浓度，单位为微克每升(μg/L)；

ρ_1 ——从标准曲线上查出测试溶液中被测组分的质量浓度，单位为微克每升(μg/L)；

f ——样品稀释倍数。

若测定液经过稀释，则在计算时加入稀释倍数。

以重复性条件下获得的两次独立测定结果的算术平均值表示，结果保留三位有效数字。

25.1.8 精密度和准确度

4个实验室对水样进行11种苯基脲素类农药加标回收测定(加标质量浓度为1.00 μg/L～100 μg/L)，重复测定6次，相对标准偏差小于6.5%，回收率为93.2%～109%。

26 氟虫脲

液相色谱串联质谱法：按25.1描述的方法测定。

27 除虫脲

液相色谱串联质谱法：按25.1描述的方法测定。

28 氟啶脲

液相色谱串联质谱法：按25.1描述的方法测定。

29 氟铃脲

液相色谱串联质谱法：按25.1描述的方法测定。

30 杀铃脲

液相色谱串联质谱法：按25.1描述的方法测定。

31 氟丙氧脲

液相色谱串联质谱法：按25.1描述的方法测定。

32 敌草隆

液相色谱串联质谱法：按25.1描述的方法测定。

33 氯虫苯甲酰胺

液相色谱串联质谱法:按 25.1 描述的方法测定。

34 利谷隆

液相色谱串联质谱法:按 25.1 描述的方法测定。

35 甲氧隆

液相色谱串联质谱法:按 25.1 描述的方法测定。

36 氯硝柳胺

36.1 萃取-反萃取分光光度法

36.1.1 最低检测质量浓度

若取 250 mL 水样测定,则本方法的最低检测质量浓度为 0.040 mg/L。

本方法仅用于生活饮用水的测定。

36.1.2 原理

氯硝柳胺在酸性条件下溶于乙酸丁酯+石油醚(1+9)混合萃取溶剂,再在碱性条件下,反萃取有机相中的氯硝柳胺,用分光光度法测定。

36.1.3 试剂

除非另有说明,本方法所用试剂均为分析纯,实验用水为 GB/T 6682 规定的一级水。

36.1.3.1 盐酸溶液[$c(HCl)=1$ mol/L]:取盐酸($\rho_{20}=1.19$ g/mL)90 mL,加纯水稀释至 1 000 mL。

36.1.3.2 氢氧化钠溶液[$c(NaOH)=1$ mol/L]:称取 40.0 g 氢氧化钠,溶于纯水中,并稀释至1 000 mL。

36.1.3.3 混合萃取液[乙酸丁酯+石油醚(沸点 60 ℃~90 ℃,$\rho=0.68$ g/mL)=1+9]:取 1 体积乙酸丁酯($CH_3COOC_4H_9$)与 9 体积石油醚相混。

36.1.3.4 抗坏血酸($C_6H_8O_6$)。

36.1.3.5 五水合硫代硫酸钠($Na_2S_2O_3 \cdot 5H_2O$)。

36.1.3.6 标准物质:氯硝柳胺[$w(C_{13}H_8Cl_2N_2O_4)\geqslant 98.0\%$]。或使用有证标准物质。

36.1.3.7 氯硝柳胺标准溶液[$\rho(C_{13}H_8Cl_2N_2O_4)=20$ mg/L]:称取氯硝柳胺 0.020 0 g,加入 10.0 mL 氢氧化钠溶液[$c(NaOH)=1$ mol/L]溶解,加纯水定容至 1 000 mL,避光保存。

36.1.4 仪器设备

36.1.4.1 分光光度计。

36.1.4.2 分液漏斗:500 mL。

36.1.4.3 具塞比色管:25 mL。

36.1.4.4 碘量瓶:500 mL。

36.1.4.5 棕色磨口玻璃瓶:1 000 mL。

36.1.5 样品

36.1.5.1 水样的稳定性

氯硝柳胺可在含氯消毒剂消毒过的水中降解。

36.1.5.2 水样的采集和保存

采样时先加 0.01 g～0.02 g 抗坏血酸或 0.05 g～0.10 g 硫代硫酸钠于棕色玻璃磨口瓶中,取水至满瓶,密封。保存时间为 24 h。

36.1.6 试验步骤

36.1.6.1 样品处理:量取 250 mL 水样,置于 500 mL 分液漏斗中。

36.1.6.2 标准系列配制:取 500 mL 分液漏斗 6 个,各加入 100 mL 纯水,再分别加入氯硝柳胺标准溶液 0 mL、0.50 mL、0.75 mL、1.00mL、1.25 mL 和 2.50 mL,最后补加纯水至 250 mL,使氯硝柳胺质量浓度为 0 mg/L、0.04 mg/L、0.06 mg/L、0.08 mg/L、0.10 mg/L 和 0.20 mg/L。

36.1.6.3 向水样和标准系列中各加入 5 mL 盐酸溶液,混匀。再各加 10 mL 混合萃取液,振摇2 min,静置分层。

36.1.6.4 将水相转移至第二套分液漏斗中。

36.1.6.5 在第二套分液漏斗中加 10 mL 混合萃取液,振摇 2 min,静置分层,弃去水相,合并有机相。

36.1.6.6 在有机相中加入 10 mL 氢氧化钠溶液,振摇 2 min,静置分层。将反萃取水相缓缓放入 25 mL比色管中。

36.1.6.7 重复 36.1.6.6 合并反萃取水相于 25 mL 比色管中,最后用纯水定容至刻度。

36.1.6.8 于 380 nm 波长,用 1 cm 比色皿,以纯水为参比,测量吸光度。

36.1.6.9 绘制工作曲线,从曲线上查出样品管中氯硝柳胺的含量。

36.1.7 试验数据处理

按式(13)计算水样中氯硝柳胺的质量浓度:

$$\rho=\frac{m}{V} \qquad (13)$$

式中:

ρ ——水样中氯硝柳胺的质量浓度,单位为毫克每升(mg/L);

m——从工作曲线上查得氯硝柳胺的质量,单位为微克(μg);

V——水样体积,单位为毫升(mL)。

36.1.8 精密度和准确度

4 个实验室测定含氯硝柳胺质量浓度为 0.02 mg/L、0.10 mg/L、0.20 mg/L 的水样,重复测定 6 次,相对标准偏差小于 7.1%,回收率为 98.8%～103%。

36.2 高效液相色谱法

36.2.1 最低检测质量浓度

本方法最低检测质量 2 ng,若取 200 mL 水样测定,则最低检测质量浓度为 0.001 mg/L。

本方法仅用于生活饮用水的测定。

36.2.2 原理

水中的氯硝柳胺在酸性条件下，经有机溶剂萃取浓缩后，用高效液相色谱柱分离，根据保留时间定性，外标法定量。

36.2.3 试剂

除非另有说明，本方法所用试剂均为分析纯，实验用水为 GB/T 6682 规定的一级水。

36.2.3.1 甲醇(CH_3OH)：色谱纯。

36.2.3.2 标准物质：氯硝柳胺[$w(C_{13}H_8Cl_2N_2O_4) \geqslant 98.0\%$]。或使用有证标准物质。

36.2.3.3 二氯甲烷(CH_2Cl_2)，色谱纯。

36.2.3.4 盐酸(HCl，$\rho_{20}=1.18$ g/mL)。

36.2.3.5 氯化钠($NaCl$)。

36.2.3.6 抗坏血酸($C_6H_8O_6$)。

36.2.3.7 五水合硫代硫酸钠($Na_2S_2O_3 \cdot 5H_2O$)。

36.2.3.8 氯硝柳胺标准储备溶液[$\rho(C_{13}H_8Cl_2N_2O_4)=1.0$ mg/mL]：准确称取硝柳胺 25.00 mg，以甲醇溶解，于 25 mL 容量瓶稀释至刻度，0 ℃～4 ℃冷藏保存，临用前用甲醇稀释。

36.2.4 仪器设备

36.2.4.1 高效液相色谱仪：配有二极管阵列检测器。

36.2.4.2 色谱柱：C_{18}柱(4.6 mm×250 mm，5 μm)或等效色谱柱。

36.2.4.3 天平：分辨力不低于 0.001 mg。

36.2.4.4 氮吹仪。

36.2.4.5 分液漏斗：500 mL。

36.2.4.6 过滤脱气装置。

36.2.4.7 滤膜：0.45 μm。

36.2.4.8 微量注射器：10 μL。

36.2.5 样品

36.2.5.1 水样的稳定性

氯硝柳胺可在含氯消毒剂消毒过的水中降解，样品应尽快用溶剂萃取测定。

36.2.5.2 水样的采集和保存

用棕色磨口玻璃瓶采集水样，每升含氯水样中加入 0.01 g～0.02 g 抗坏血酸或 0.05 g～0.10 g 硫代硫酸钠以消除余氯干扰，样品保存时间为 24 h。萃取液于 0 ℃～4 ℃冷藏保存，尽快分析。

36.2.5.3 水样的预处理

36.2.5.3.1 萃取：取 200 mL 水样于 500 mL 分液漏斗中，加入 5.0 g 氯化钠，振摇溶解，再加入盐酸 2 mL，摇匀，用 20 mL 二氯甲烷分两次萃取，每次振摇约 2 min，静置分层后弃去水层，合并萃取液。

36.2.5.3.2 浓缩：合并两次萃取液，于 45 ℃～50 ℃水浴，氮吹浓缩至干，用甲醇定容至 1 mL，经 0.45 μm滤膜过滤，供高效液相色谱分离测定用。

36.2.6 试验步骤

36.2.6.1 仪器参考条件

36.2.6.1.1 检测波长:330 nm。

36.2.6.1.2 流动相:甲醇+纯水=85+15。

36.2.6.1.3 流速:1.0 mL/min。

36.2.6.1.4 柱温:30 ℃。

36.2.6.2 校准

36.2.6.2.1 定量分析中的校准方法:外标法。

36.2.6.2.2 标准样品使用次数:每次分析样品时,用标准溶液绘制标准曲线。

36.2.6.2.3 液相色谱法中使用标准样品的条件如下:

a) 标准样品进样体积与试样进样体积相同;

b) 标准样品与试样尽可能同时进行分析。

36.2.6.2.4 标准曲线的绘制:用甲醇稀释氯硝柳胺标准储备溶液,配制成 0.20 μg/mL、1.00 μg/mL、5.00 μg/mL 和 25.0 μg/mL 标准系列,参照上述色谱条件,将色谱仪调至最佳状态,进样 10 μL,以峰高或峰面积为纵坐标,质量浓度为横坐标,绘制标准曲线。

36.2.6.3 进样

36.2.6.3.1 进样方式:直接进样。

36.2.6.3.2 进样量:10 μL。

36.2.6.3.3 操作:用洁净微量注射器于待测样品中抽吸几次后,排出气泡,取 10 μL 注入高效液相色谱仪。

36.2.6.4 记录

以标准样品核对,记录色谱峰的保留时间及对应的化合物。

36.2.6.5 色谱图考察

标准物质色谱图,见图 17。

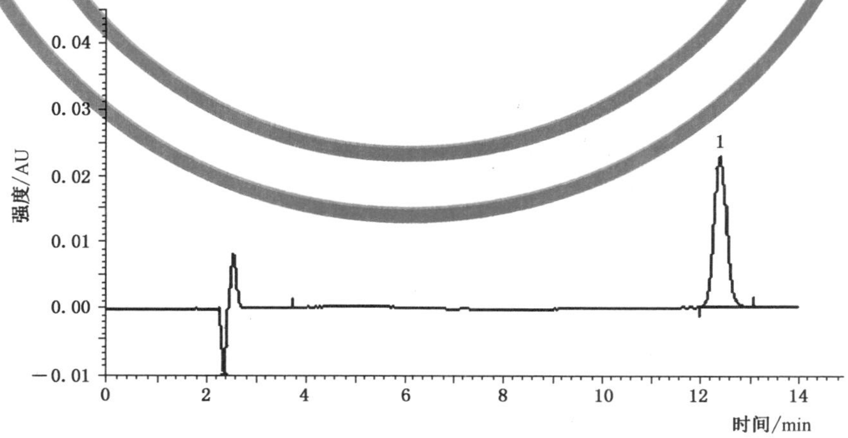

标引序号说明:

1——氯硝柳胺。

图 17 氯硝柳胺标准物质色谱图

36.2.7 试验数据处理

36.2.7.1 定性分析

36.2.7.1.1 出峰顺序：溶剂，氯硝柳胺。

36.2.7.1.2 保留时间：氯硝柳胺，12.40 min。

36.2.7.2 定量分析

根据样品的峰高或峰面积从标准曲线上查出氯硝柳胺的质量浓度，按式(14)进行计算：

$$\rho=\frac{\rho_1\times V_1}{V} \qquad \cdots\cdots(14)$$

式中：

ρ ——水样中氯硝柳胺的质量浓度，单位为毫克每升(mg/L)；

ρ_1 ——从标准曲线上查出氯硝柳胺的质量浓度，单位为微克每毫升(μg/mL)；

V_1 ——萃取液浓缩后体积，单位为毫升(mL)；

V ——水样体积，单位为毫升(mL)。

36.2.7.3 结果的表示

36.2.7.3.1 定性结果：根据标准色谱图中组分的保留时间，确定被测组分的名称。

36.2.7.3.2 定量结果：含量以毫克每升(mg/L)表示。

36.2.8 精密度和准确度

4个实验室对质量浓度范围为0.01 mg/L～1.25 mg/L的加标水样重复6次测定，其相对标准偏差均小于5%，加标回收率为95.0%～104%。

37 甲氰菊酯

高效液相色谱法：按14.2描述的方法测定。

38 氯氟氰菊酯

高效液相色谱法：按14.2描述的方法测定。

39 氰戊菊酯

高效液相色谱法：按14.2描述的方法测定。

40 氯菊酯

高效液相色谱法：按14.2描述的方法测定。

41 乙草胺

41.1 气相色谱质谱法

41.1.1 最低检测质量浓度

本方法测定质量范围为 0.01 ng～0.25 ng，若取水样 500 mL 浓缩至 1.0 mL 测定，则最低检测质量浓度为 0.02 μg/L。

本方法仅用于生活饮用水的测定。

41.1.2 原理

水样中乙草胺通过以聚合物为吸附剂的大体积固相萃取柱吸附萃取，用乙酸乙酯洗脱，洗脱液经浓缩定容后，用气相色谱-质谱联用仪分离测定。根据待测物的保留时间和特征离子定性，外标法定量。

41.1.3 试剂或材料

除非另有说明，本方法所用试剂均为分析纯，实验用水为 GB/T 6682 规定的一级水。

41.1.3.1 二氯甲烷（CH_2Cl_2）：色谱纯。

41.1.3.2 乙酸乙酯（$C_4H_8O_2$）：色谱纯。

41.1.3.3 甲醇（CH_3OH）：色谱纯。

41.1.3.4 无水硫酸钠（Na_2SO_4）：经 450 ℃烘烤 2 h 后置干燥器内备用。

41.1.3.5 抗坏血酸（$C_6H_8O_6$）。

41.1.3.6 氦气：[$\varphi(He) \geqslant 99.999\%$]。

41.1.3.7 标准物质：乙草胺（$C_{14}H_{20}ClNO_2$），纯度≥97%。或使用有证标准物质。

41.1.3.8 乙草胺标准储备溶液：准确称取 10.0 mg 乙草胺标准物质于 10 mL 容量瓶中，加入甲醇溶解，并定容到刻度，此标准溶液质量浓度为 1.0 mg/mL。将其置于聚四氟乙烯封口的螺口瓶中或密闭瓶中，尽量减少瓶内的液上顶空，避光于 0 ℃～4 ℃冷藏保存，有效期 6 个月。

41.1.3.9 乙草胺标准使用溶液：用甲醇将乙草胺标准储备溶液稀释成质量浓度为 1.0 mg/L 的乙草胺标准使用溶液。将其置于聚四氟乙烯封口的螺口瓶中或密闭瓶中，避光于 0 ℃～4 ℃冷藏保存，有效期 1 个月。

41.1.3.10 水系滤膜：0.45 μm。

41.1.3.11 有机系滤膜：0.45 μm。

41.1.3.12 固相萃取柱：反相 C_{18} 固相萃取柱，或相当性能的固相萃取柱（填充量为 500 mg，容量为 6 mL），或与固相萃取装置配套的反相 C_{18} 膜。

41.1.3.13 进样瓶：1.5 mL 带聚四氟乙烯内衬螺旋盖棕色样品瓶，用于盛装待上机测试样品。

41.1.3.14 样品瓶：1.0 L 或其他规格棕色瓶，带聚四氟乙烯内衬螺旋盖，用于盛装水样。

41.1.4 仪器设备

41.1.4.1 气相色谱-质谱联用仪：气相色谱仪可以分流或不分流进样，具程序升温功能；质谱仪使用电子轰击电离源（简称 EI）方式离子化，标准电子能量为 70 eV；带质谱图库的化学工作站和数据处理系统。

41.1.4.2 色谱柱：5%苯基-甲基聚硅氧烷石英毛细管柱（30 m×0.25 mm，0.25 μm）或等效色谱柱。

41.1.4.3 固相萃取装置：能处理大体积样品的手动或自动固相萃取装置。

41.1.4.4 氮吹仪：可控温。

41.1.4.5 天平:分辨力不低于 0.01 mg。

41.1.5 样品

41.1.5.1 水样的采集和保存

水样采集使用具有聚四氟乙烯瓶垫的棕色玻璃瓶。采样时,每升水样中加入约 100 mg 抗坏血酸,以去除余氯,取水至满瓶,采集后密封,0 ℃～4 ℃冷藏保存,保存时间为 24 h。

41.1.5.2 水样的预处理

41.1.5.2.1 样品制备:取出水样放置室温,如水样较为浑浊,则水样中的颗粒物质会堵塞固相萃取柱,降低萃取速率,可使用 0.45 μm 水系滤膜过滤水样。

41.1.5.2.2 固相萃取柱的活化与除杂:固相萃取柱依次用 5 mL 二氯甲烷、5 mL 乙酸乙酯以大约 3 mL/min的流速缓慢过柱,加压或抽真空尽量让溶剂流干(约半分钟);再依次用 10 mL 甲醇、10 mL 纯水过柱活化,此过程不能让吸附剂暴露在空气中。

41.1.5.2.3 上样吸附:准确量取 500 mL 水样,以约 15 mL/min 的流速过固相萃取柱。

41.1.5.2.4 脱水干燥:用氮吹或真空抽吸固相萃取柱至干,以去除水分。

41.1.5.2.5 洗脱:将 3 mL 乙酸乙酯加入固相萃取柱,稍作静置,以大约 3 mL/min 的流速缓慢收集洗脱液。

41.1.5.2.6 洗脱液浓缩与测定:在室温下用氮气将洗脱液浓缩并定容至 1.0 mL,待测。如样品浑浊则使用0.45 μm 有机系滤膜过滤。

41.1.6 试验步骤

41.1.6.1 色谱参考条件

41.1.6.1.1 进样口温度:280 ℃。

41.1.6.1.2 柱温:初始温度 85 ℃,以 20 ℃/min 升温至 165 ℃,保持 2 min,以 5 ℃/min 升温至 220 ℃,再以 50 ℃/min 升温至 280 ℃。

41.1.6.1.3 柱流量:1.0 mL/min,不分流。

41.1.6.1.4 进样量:1 μL。

41.1.6.2 质谱参考条件

41.1.6.2.1 质谱扫描范围:45 u～350 u。

41.1.6.2.2 离子源温度:230 ℃。

41.1.6.2.3 传输线温度:280 ℃。

41.1.6.2.4 扫描时间:0.45 s 或更少,每个峰有 8 次扫描。

41.1.6.2.5 扫描模式:选择离子检测(SIM),定量离子(m/z)为 146,定性离子(m/z)为 162、174。

41.1.6.3 标准曲线的绘制

分别吸取 10 μL、25 μL、50 μL、100 μL、150 μL、200 μL、250 μL 的乙草胺标准使用溶液,用乙酸乙酯定容至 1.0 mL,配制出乙草胺质量浓度分别为 10 μg/L、25 μg/L、50 μg/L、100 μg/L、150 μg/L、200 μg/L、250 μg/L 的标准溶液曲线系列,各取 1 μL 溶液经气相色谱-质谱联用仪分析。以峰面积为纵坐标,质量浓度为横坐标,绘制标准曲线。乙草胺的定量离子色谱图见图 18。

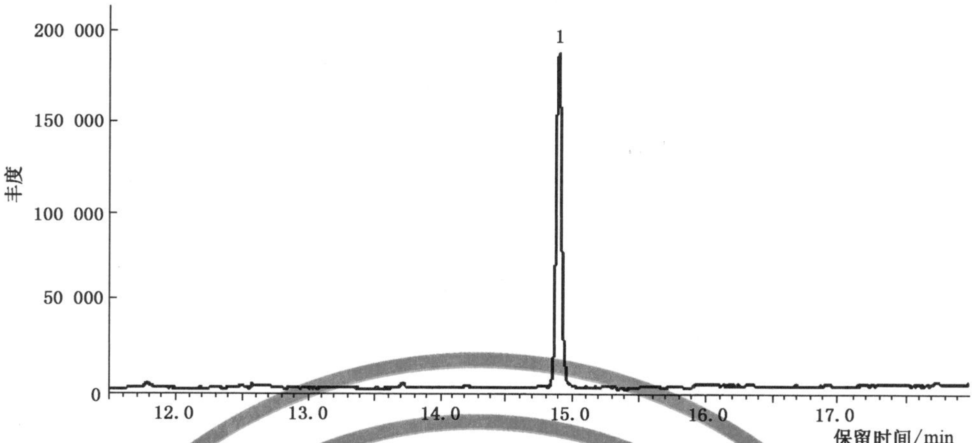

标引序号说明：
1——乙草胺。

图 18 乙草胺的定量离子色谱图(200 μg/L)

41.1.6.4 样品测定

取 1 μL 样品溶液经气相色谱-质谱联用仪分析，得到相应的峰面积，根据标准曲线得到待测样中乙草胺质量浓度，计算水样中乙草胺质量浓度。同时做空白试验。

41.1.7 试验数据处理

41.1.7.1 定性分析

样品中的待测物色谱峰保留时间与相应标准色谱峰的保留时间一致，变化范围应在±2.5%之内，样品中待测物的 2 个定性离子的相对丰度与浓度相当的标准溶液相比，其允许的相对偏差不超过表 14 规定的范围。

表 14 定性判定相对离子丰度的最大允许相对偏差

相对离子丰度/%	相对偏差/%
＞50	±20
＞20～50	±25
＞10～20	±30
≤10	±50

41.1.7.2 定量分析

水样中乙草胺的含量以质量浓度单位 ρ 表示，单位为微克每升(μg/L)，按照式(15)计算：

$$\rho=\frac{\rho_1\times V_1}{V_2} \qquad \cdots\cdots (15)$$

式中：

ρ ——水样中乙草胺的质量浓度，单位为微克每升(μg/L)；

ρ_1——从标准曲线上查出乙草胺的质量浓度，单位为微克每升(μg/L)；

V_1——样品定容体积，单位为毫升(mL)；

V_2——被富集的水样体积，单位为毫升(mL)。

报告结果按照数值修约规则确定有效数字。

41.1.8 精密度和准确度

6个实验室测定添加乙草胺标准的水样(乙草胺质量浓度为0.02 μg/L～0.5 μg/L)，其相对标准偏差为3.6%～4.4%，回收率为79%～94%。在重复性条件下获得的两次独立测定结果的绝对差值不超过算术平均值的20%。

ICS 13.060
CCS C 51

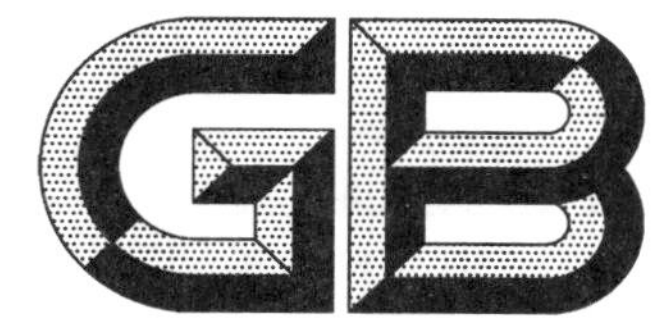

中华人民共和国国家标准

GB/T 5750.10—2023
代替 GB/T 5750.10—2006

生活饮用水标准检验方法 第10部分:消毒副产物指标

Standard examination methods for drinking water—Part 10: Disinfection by-products indices

2023-03-17 发布　　2023-10-01 实施

国家市场监督管理总局
国家标准化管理委员会　发布

目　　次

前　言

本文件按照GB/T 1.1—2020《标准化工作导则　第1部分：标准化文件的结构和起草规则》的规定起草。

本文件是GB/T 5750《生活饮用水标准检验方法》的第10部分。GB/T 5750已经发布了以下部分：

——第1部分：总则；
——第2部分：水样的采集与保存；
——第3部分：水质分析质量控制；
——第4部分：感官性状和物理指标；
——第5部分：无机非金属指标；
——第6部分：金属和类金属指标；
——第7部分：有机物综合指标；
——第8部分：有机物指标；
——第9部分：农药指标；
——第10部分：消毒副产物指标；
——第11部分：消毒剂指标；
——第12部分：微生物指标；
——第13部分：放射性指标。

本文件代替GB/T 5750.10—2006《生活饮用水标准检验方法　消毒副产物指标》，与GB/T 5750.10—2006相比，除结构调整和编辑性改动外，主要技术变化如下：

a)　增加了"术语和定义"(见第3章)；
b)　增加了6个检验方法(见13.2、14.2、15.3、23.1、23.2、23.3)；
c)　删除了二氯甲烷及检验方法(见2006年版的5.1)。

请注意本文件的某些内容可能涉及专利。本文件的发布机构不承担识别专利的责任。

本文件由中华人民共和国国家卫生健康委员会提出并归口。

本文件起草单位：中国疾病预防控制中心环境与健康相关产品安全所、安徽省疾病预防控制中心、北京市疾病预防控制中心、江苏省疾病预防控制中心、南京大学、上海市疾病预防控制中心、南京市疾病预防控制中心。

本文件主要起草人：施小明、姚孝元、张岚、陈永艳、吕佳、岳银玲、单晓梅、王心宇、霍宗利、沈朝烨、朱铭洪、刘祥萍、胡越、陈斌生、李文涛、张昀、顾显显、李登昆。

本文件及其所代替文件的历次版本发布情况为：

——1985年首次发布为GB/T 5750—1985，2006年第一次修订为GB/T 5750.10—2006；
——本次为第二次修订。

引　言

GB/T 5750《生活饮用水标准检验方法》作为生活饮用水检验技术的推荐性国家标准，与 GB 5749《生活饮用水卫生标准》配套，是 GB 5749 的重要技术支撑，为贯彻实施 GB 5749、开展生活饮用水卫生安全性评价提供检验方法。

GB/T 5750 由 13 个部分构成。

——第 1 部分：总则。目的在于提供水质检验的基本原则和要求。

——第 2 部分：水样的采集与保存。目的在于提供水样采集、保存、管理、运输和采样质量控制的基本原则、措施和要求。

——第 3 部分：水质分析质量控制。目的在于提供水质检验检测实验室质量控制要求与方法。

——第 4 部分：感官性状和物理指标。目的在于提供感官性状和物理指标的相应检验方法。

——第 5 部分：无机非金属指标。目的在于提供无机非金属指标的相应检验方法。

——第 6 部分：金属和类金属指标。目的在于提供金属和类金属指标的相应检验方法。

——第 7 部分：有机物综合指标。目的在于提供有机物综合指标的相应检验方法。

——第 8 部分：有机物指标。目的在于提供有机物指标的相应检验方法。

——第 9 部分：农药指标。目的在于提供农药指标的相应检验方法。

——第 10 部分：消毒副产物指标。目的在于提供消毒副产物指标的相应检验方法。

——第 11 部分：消毒剂指标。目的在于提供消毒剂指标的相应检验方法。

——第 12 部分：微生物指标。目的在于提供微生物指标的相应检验方法。

——第 13 部分：放射性指标。目的在于提供放射性指标的相应检验方法。

生活饮用水标准检验方法
第10部分:消毒副产物指标

1 范围

本文件描述了生活饮用水中三氯甲烷、三溴甲烷、二氯一溴甲烷、一氯二溴甲烷、二溴甲烷、氯溴甲烷、氯化氰、甲醛、乙醛、三氯乙醛、一氯乙酸、二氯乙酸、三氯乙酸、一溴乙酸、二溴乙酸、2,4,6-三氯酚、亚氯酸盐、氯酸盐、溴酸盐、亚硝基二甲胺和水源水中三氯甲烷(毛细管柱气相色谱法)、甲醛、乙醛、三氯乙醛(顶空气相色谱法)、一氯乙酸(液液萃取衍生气相色谱法)、二氯乙酸(液液萃取衍生气相色谱法)、三氯乙酸(液液萃取衍生气相色谱法)、2,4,6-三氯酚(衍生化气相色谱法)、亚氯酸盐(离子色谱法)、氯酸盐(离子色谱法)、溴酸盐(离子色谱法—氢氧根系统淋洗液、离子色谱法—碳酸盐系统淋洗液)、亚硝基二甲胺(固相萃取气相色谱质谱法)的测定方法。

本文件适用于生活饮用水和(或)水源水中消毒副产物指标的测定。

2 规范性引用文件

下列文件中的内容通过文中的规范性引用而构成本文件必不可少的条款。其中,注日期的引用文件,仅该日期对应的版本适用于本文件;不注日期的引用文件,其最新版本(包括所有的修改单)适用于本文件。

GB/T 5750.1 生活饮用水标准检验方法 第1部分:总则

GB/T 5750.3 生活饮用水标准检验方法 第3部分:水质分析质量控制

GB/T 5750.4—2023 生活饮用水标准检验方法 第4部分:感官性状和物理指标

GB/T 5750.5—2023 生活饮用水标准检验方法 第5部分:无机非金属指标

GB/T 5750.8—2023 生活饮用水标准检验方法 第8部分:有机物指标

GB/T 6682 分析实验室用水规格和试验方法

3 术语和定义

GB/T 5750.1 和 GB/T 5750.3 界定的术语和定义适用于本文件。

4 三氯甲烷

4.1 毛细管柱气相色谱法

按 GB/T 5750.8—2023 中 4.1 描述的方法测定。

4.2 吹扫捕集气相色谱质谱法

按 GB/T 5750.8—2023 中 4.2 描述的方法测定。

4.3 顶空毛细管柱气相色谱法

按 GB/T 5750.8—2023 中 4.3 描述的方法测定。

5 三溴甲烷

5.1 吹扫捕集气相色谱质谱法

按 GB/T 5750.8—2023 中 4.2 描述的方法测定。

5.2 顶空毛细管柱气相色谱法

按 GB/T 5750.8—2023 中 4.3 描述的方法测定。

6 二氯一溴甲烷

6.1 吹扫捕集气相色谱质谱法

按 GB/T 5750.8—2023 中 4.2 描述的方法测定。

6.2 顶空毛细管柱气相色谱法

按 GB/T 5750.8—2023 中 4.3 描述的方法测定。

7 一氯二溴甲烷

7.1 吹扫捕集气相色谱质谱法

按 GB/T 5750.8—2023 中 4.2 描述的方法测定。

7.2 顶空毛细管柱气相色谱法

按 GB/T 5750.8—2023 中 4.3 描述的方法测定。

8 二溴甲烷

吹扫捕集气相色谱质谱法:按 GB/T 5750.8—2023 中 4.2 描述的方法测定。

9 氯溴甲烷

吹扫捕集气相色谱质谱法:按 GB/T 5750.8—2023 中 4.2 描述的方法测定。

10 氯化氰

10.1 异烟酸-巴比妥酸分光光度法

10.1.1 最低检测质量浓度

本方法最低检测质量为 0.10 μg。若取 10.0 mL 水样测定,则最低检测质量浓度为 0.01 mg/L。本方法仅用于生活饮用水(经含氯消毒剂消毒处理)中氯化氰的测定。

10.1.2 原理

水中氯化氰与异烟酸-巴比妥酸试剂反应生成蓝紫色的化合物,于 600 nm 波长处比色定量。

10.1.3 试剂

警示：氯化氰（CNCl）是氰化物氯化过程中的初级产物，是一种微溶于水的挥发性气体，即使在低浓度下，仍具有较高的毒性。

10.1.3.1 氰化物标准储备溶液[$\rho(CN^-)=100\ \mu g/mL$]：符合 GB/T 5750.5—2023 中 7.1.3.9。

10.1.3.2 氰化物标准使用溶液[$\rho(CN^-)=1.00\ \mu g/mL$]：符合 GB/T 5750.5—2023 中 7.1.3.9。

10.1.3.3 异烟酸-巴比妥酸：称取 1.0 g 异烟酸（$C_6H_5NO_2$）和 1.0 g 巴比妥酸（又名丙二酰脲，$C_4H_4N_2O_3$）溶于 100 mL（40 ℃～50 ℃）12 g/L NaOH 溶液中，搅拌至溶解，必要时过滤。此溶液应为无色或淡黄色。

10.1.3.4 磷酸盐缓冲溶液（pH 5.8）：称取 68 g 无水磷酸二氢钾（KH_2PO_4）和 7.6 g 十二水合磷酸氢二钠（$Na_2HPO_4 \cdot 12H_2O$）置于 1 000 mL 容量瓶中，用纯水稀释至刻度。

10.1.3.5 氯胺 T（$C_7H_7ClNNaO_2S \cdot 3H_2O$）溶液（10 g/L）：现用现配。

10.1.3.6 氢氧化钠溶液[$c(NaOH)=0.025\ mol/L$]。

10.1.3.7 实验中所用的水均为纯水。

10.1.4 仪器设备

10.1.4.1 分光光度计。

10.1.4.2 比色皿：1 cm。

10.1.4.3 具塞比色管：25 mL。

10.1.5 试验步骤

10.1.5.1 工作曲线的绘制：取 8 支 25 mL 具塞比色管，分别加入氰化物标准使用溶液 0 mL、0.10 mL、0.50 mL、1.0 mL、1.5 mL、2.0 mL、4.0 mL、8.0 mL，加纯水至 10.0 mL，各管质量浓度为 0.00 mg/L、0.01 mg/L、0.05 mg/L、0.10 mg/L、0.15 mg/L、0.20 mg/L、0.40 mg/L、0.80 mg/L。向各管加入 2.0 mL磷酸盐缓冲溶液和 0.25 mL 氯胺 T 溶液，充分混匀，放置 2 min～5 min 后加入 4.0 mL 异烟酸-巴比妥酸溶液，加纯水至 25 mL 混匀，室温下放置 30 min。于 600 nm 波长，1 cm 比色皿，以纯水为参比，测定吸光度。绘制标准曲线。

10.1.5.2 取 10.0 mL 水样，置于 25 mL 具塞比色管中，除不加氯胺 T，其余操作步骤同工作曲线，按标准曲线的操作步骤，测定样品的吸光度，从标准曲线上查出样品中氯化氰的质量。

10.1.6 试验数据处理

水中氯化氰的质量浓度按式(1)计算：

$$\rho(CNCl\text{-}CN^-)=\frac{m}{V} \qquad \cdots\cdots(1)$$

式中：

$\rho(CNCl\text{-}CN^-)$——水样中氯化氰（以 CN^- 计）的质量浓度，单位为毫克每升（mg/L）；

m——从标准曲线上查得的样品中氰化物（以 CN^- 计）的质量，单位为毫克（mg）；

V——水样体积，单位为升（L）。

10.1.7 精密度和准确度

2 个实验室重复测定氯化氰质量浓度为 0.01 mg/L、0.2 mg/L、0.8 mg/L 人工合成水样，平均回收率分别为 80.0%～90.0%、83.0%～92.0%、94.0%～100%，相对标准差为 5.2%、3.1%、2.8%。

11 甲醛

11.1 4-氨基-3-联氨-5-巯基-1,2,4-三氮杂茂(AHMT)分光光度法

11.1.1 最低检测质量浓度

本方法最低检测质量为 0.25 μg,若取 5.0 mL 水样测定,则最低检测质量浓度为 0.05 mg/L。

AHMT 分光光度法选择性高,其他醛类,如乙醛、丙醛、正丁醛、丙烯醛及苯甲醛等对本方法无干扰。

11.1.2 原理

水中甲醛与 AHMT($C_2H_6N_6S$)在碱性条件下缩合后,经高碘酸钾氧化成 6-巯基-S-三氮杂茂[4,3-b]-S-四氮杂苯紫红色化合物,其颜色深浅与甲醛含量成正比。

11.1.3 试剂

11.1.3.1 硫酸(ρ_{20}=1.84 g/mL)。

11.1.3.2 碘片。

11.1.3.3 碘化钾。

11.1.3.4 乙二胺四乙酸二钠-氢氧化钾溶液(100 g/L):称取 10.0 g 乙二胺四乙酸二钠(Na_2EDTA)溶于氢氧化钾溶液[c(KOH)=5 mol/L]中,并稀释至 100 mL。

11.1.3.5 高碘酸钾(KIO_4)溶液(15 g/L):称取 1.5 g 高碘酸钾溶于氢氧化钾溶液[c(KOH)=0.2 mol/L]中,于水浴上加热溶解,并稀释至 100 mL。

11.1.3.6 氢氧化钠溶液(300 g/L):称取 30.0 g 氢氧化钠,溶于纯水中,并稀释至 100 mL。

11.1.3.7 硫酸溶液[$c(1/2H_2SO_4)$=1 mol/L]:量取 56 mL 硫酸(ρ_{20}=1.84 g/mL),缓缓加入 900 mL 纯水中,最后加纯水至 1 000 mL。

11.1.3.8 AHMT 溶液(5 g/L):称取 0.25 g AHMT,溶于盐酸溶液[c(HCl)=0.5 mol/L]中,并稀释至 50 mL。此溶液置于棕色瓶中,可存放半年。

11.1.3.9 硫代硫酸钠标准溶液[$c(Na_2S_2O_3)$=0.100 0 mol/L]:其配制及标定按 GB/T 5750.4—2023 中 12.1.3.12 描述的方法进行。

11.1.3.10 碘标准溶液[$c(1/2I_2)$=0.050 00 mol/L]:称取 6.5 g 碘片及 20 g 碘化钾于烧杯中,加入少量纯水,不断搅拌至溶解,再加纯水至 1 000 mL。用玻璃砂芯漏斗过滤,储于棕色瓶中。用下述方法进行标定:准确吸取 25.00 mL 待标定碘标准溶液于碘量瓶中,加 150 mL 纯水,用硫代硫酸钠标准溶液[$c(Na_2S_2O_3)$=0.100 0 mol/L]滴定,近终点时加入 3 mL 淀粉指示剂(5 g/L),继续滴定至溶液蓝色消失,同时用 150 mL 纯水做空白试验。按式(2)计算碘标准溶液的浓度:

$$c(1/2I_2)=\frac{(V_1-V_0)\times c_1}{25.00} \qquad \cdots\cdots(2)$$

式中:

$c(1/2I_2)$——碘标准溶液的浓度,单位为摩尔每升(mol/L);

V_1 ——滴定碘标准溶液硫代硫酸钠标准溶液的用量,单位为毫升(mL);

V_0 ——空白滴定硫代硫酸钠标准溶液的用量,单位为毫升(mL);

c_1 ——硫代硫酸钠标准溶液的浓度,单位为摩尔每升(mol/L)。

11.1.3.11 甲醛标准储备溶液:取 7 mL 甲醛溶液(质量分数为 36%~38%)于 250 mL 容量瓶中,加 0.5 mL 硫酸(ρ_{20}=1.84 g/mL)并用纯水定容至刻度,摇匀。用下述方法标定其浓度,或使用有证标准

物质溶液。

取甲醛储备溶液 10.00 mL 于 100 mL 容量瓶中,用纯水定容至刻度,混匀。取此稀释的溶液 10.00 mL于 250 mL 碘量瓶中,加入 90 mL 纯水,25.00 mL 碘标准溶液[$c(1/2I_2)=0.050\ 00$ mol/L],立即逐滴加入氢氧化钠溶液(300 g/L)至颜色褪成淡黄色,放置 15 min 后,加 10 mL 硫酸溶液[$c(1/2H_2SO_4)=1$ mol/L]于暗处放置 10 min,用硫代硫酸钠标准溶液[$c(Na_2S_2O_3)=0.100\ 0$ mol/L]滴定至淡黄色,加入淀粉指示剂溶液(5 g/L)1 mL 继续滴定至蓝色消失为终点,同时用 100 mL 纯水做空白试验。用式(3)计算甲醛标准储备溶液的质量浓度:

$$\rho(HCHO)=\frac{(V_0-V_1)\times c\times 15}{10.00} \qquad (3)$$

式中:

$\rho(HCHO)$——甲醛标准储备溶液的质量浓度,单位为毫克每毫升(mg/mL);

V_0 ——滴定空白所用硫代硫酸钠标准溶液体积,单位为毫升(mL);

V_1 ——滴定甲醛溶液所用硫代硫酸钠标准溶液体积,单位为毫升(mL);

c ——硫代硫酸钠标准溶液的浓度,单位为摩尔每升(mol/L);

15 ——与 1.00 mL 硫代硫酸钠标准溶液[$c(Na_2S_2O_3)=1.000$ mol/L]相当的以毫克(mg)表示甲醛的质量,单位为克每摩尔(g/mol)。

11.1.3.12 甲醛标准使用溶液[$\rho(HCHO)=1\ \mu g/mL$]:取甲醛标准储备溶液稀释成每 1 mL 含有 1 μg 甲醛的标准溶液。

11.1.3.13 淀粉指示剂溶液(5 g/L)。

11.1.4 仪器设备

11.1.4.1 分光光度计。

11.1.4.2 具塞比色管:10 mL。

11.1.5 试验步骤

11.1.5.1 吸取 5.00 mL 水样于 10 mL 比色管中。

11.1.5.2 另取 0 mL、0.25 mL、0.50 mL、1.00 mL、2.00 mL、3.00 mL、4.00 mL 及 5.00 mL 甲醛标准使用溶液[$\rho(HCHO)=1\ \mu g/mL$]于 10 mL 比色管并加纯水至 5.0 mL,质量浓度分别为:0 mg/L、0.05 mg/L、0.10 mg/L、0.20 mg/L、0.40 mg/L、0.60 mg/L、0.80 mg/L、1.00 mg/L。

11.1.5.3 在水样及标准系列中加入 2.0 mL 乙二胺四乙酸二钠-氢氧化钾溶液(100 g/L)及 2.0 mL AHMT 溶液(5 g/L),混匀,于室温下放置 20 min。加入 0.5 mL 高碘酸钾溶液(15 g/L)振摇 30 s,放置 5 min。于 550 nm 波长,用 1 cm 比色皿,以纯水为参比,测量吸光度。

11.1.5.4 绘制标准曲线并查出甲醛的质量。

11.1.6 试验数据处理

水样中甲醛的质量浓度按式(4)计算:

$$\rho(HCHO)=\frac{m}{V} \qquad (4)$$

式中:

$\rho(HCHO)$——水样中甲醛的质量浓度,单位为毫克每升(mg/L);

m ——由标准曲线查得甲醛的质量,单位为毫克(mg);

V ——水样体积,单位为升(L)。

11.1.7 精密度和准确度

7 个实验室分别测定人工合成水样，甲醛质量浓度在 0.10 mg/L～0.60 mg/L 时，相对标准偏差为 0.9%～10%。采用地下水、地面水及人工合成水样做加标回收试验，甲醛质量浓度在 0.10 mg/L 时，回收率范围为 90.0%～117%，平均回收率为 101%；甲醛质量浓度在 0.20 mg/L 时，回收率范围为 93.1%～109.5%，平均回收率为 100%；甲醛质量浓度在 0.40 mg/L 时，回收率范围为 89.0%～108%，平均回收率为 98.5%。

12 乙醛

12.1 气相色谱法

12.1.1 最低检测质量浓度

本方法最低检测质量为乙醛 12 ng 和丙烯醛 0.95 ng。若取 50 μL 水样直接进样，则最低检测质量浓度为：乙醛 0.3 mg/L 和丙烯醛 0.02 mg/L。

在选定的色谱条件下，甲醛、丙醛、丙酮和丁醛等均不干扰测定。

12.1.2 原理

水中乙醛、丙烯醛可以直接用带有氢火焰离子化检测器的气相色谱仪分离测定，出峰顺序为丙烯醛和乙醛。

12.1.3 试剂或材料

12.1.3.1 载气和辅助气体

12.1.3.1.1 载气：高纯氮气[$\varphi(N_2)\geqslant 99.999\%$]。

12.1.3.1.2 燃气：氢气[$\varphi(H_2)>99.6\%$]。

12.1.3.1.3 助燃气：无油压缩空气，经装有 0.5 nm 分子筛的净化管净化。

12.1.3.2 配制标准样品和试样预处理时使用的试剂

12.1.3.2.1 亚硫酸氢钠溶液[$c(NaHSO_3)=0.05$ mol/L]。

12.1.3.2.2 碘标准溶液[$c(1/2I_2)=0.10$ mol/L]，待标定。

12.1.3.2.3 硫代硫酸钠标准溶液[$c(Na_2S_2O_3)=0.10$ mol/L]，待标定。

12.1.3.2.4 淀粉指示剂溶液(5 g/L)。

12.1.3.2.5 硫酸溶液(1+1)。

12.1.3.2.6 标准物质：丙烯醛(C_2H_3CHO)和乙醛溶液[$w(CH_3CHO)=40\%$]，或使用有证标准物质溶液。

12.1.3.3 制备色谱柱使用的试剂和材料

12.1.3.3.1 色谱柱和填充物见 12.1.4.2 有关内容。

12.1.3.3.2 涂渍固定液所用的溶剂：二氯甲烷。

12.1.4 仪器设备

12.1.4.1 气相色谱仪：配有氢火焰离子化检测器。

12.1.4.2 色谱柱:不锈钢填充柱,柱长 2 m,内径 4 mm。载体为 6201 釉化担体 60 目～80 目,经筛分干燥后备用;固定液为 20%聚乙二醇-20M。

涂渍固定液及老化的方法如下。

a) 称取 2 g 20%聚乙二醇-20M 溶于二氯甲烷溶剂中,待完全溶解后加入 10 g 载体,摇匀,置于通风橱内于室温下自然挥发,用普通装柱法装柱。

b) 将填充好的色谱柱装机。将色谱柱与检测器断开,通氮气,流速 5 mL/min～10 mL/min,柱温 150 ℃老化 8 h 后色谱柱与检测器相连,继续老化至工作范围内基线相对偏差小于 10%为止。

12.1.4.3 进样器:微量注射器,50 μL。

12.1.4.4 全玻璃蒸馏器。

12.1.5 样品

水样的采集和保存:水样采集在磨口塞玻璃瓶中,尽快分析。

12.1.6 试验步骤

12.1.6.1 仪器参考条件

12.1.6.1.1 气化室温度:130 ℃。

12.1.6.1.2 柱箱温度:76 ℃。

12.1.6.1.3 检测器温度:150 ℃。

12.1.6.1.4 气体流量:氮气 40 mL/min;氢气 52 mL/min;空气 700 mL/min。

12.1.6.1.5 衰减:根据样品中被测组分含量调节记录器衰减。

12.1.6.2 校准

12.1.6.2.1 定量分析中的校准方法:外标法。

12.1.6.2.2 标准样品使用次数:每次分析样品时用新标准使用溶液绘制标准曲线。

12.1.6.2.3 标准样品的制备如下。

a) 乙醛标准溶液的制备:取 2 mL 乙醛溶液[$w(CH_3CHO)=40\%$]置于 250 mL 全玻璃蒸馏器中,加蒸馏水至 100 mL,加硫酸溶液(1+1)酸化,投入数粒玻璃珠,加热蒸馏。收集馏出液于盛有少量蒸馏水的 250 mL 容量瓶中,尾接管要插入容量瓶内水面下,容量瓶放在冰水浴中,收集馏出液约 50 mL,加蒸馏水至刻度。取 10.00 mL 上述蒸馏溶液,置于 250 mL 碘量瓶中,加 25.0 mL 亚硫酸氢钠溶液[$c(NaHSO_3)=0.05$ mol/L],混匀,在暗处放置 30 min,加入 50 mL 碘标准溶液[$c(1/2I_2)=0.10$ mol/L],再在暗处放置 5 min,然后用硫代硫酸钠标准溶液[$c(Na_2S_2O_3)=0.10$ mol/L]滴定,当滴定至浅黄色刚褪时,加 1 mL 淀粉指示剂溶液(5 g/L)继续滴定至蓝色刚褪去为止。按同样的条件滴定空白,根据硫代硫酸钠溶液的用量按式(5)计算乙醛的质量浓度:

$$\rho(CH_3CHO)=\frac{(V_1-V_0)\times c\times 22}{10} \qquad (5)$$

式中:

$\rho(CH_3CHO)$——乙醛的质量浓度,单位为毫克每毫升(mg/mL);

V_1——滴定乙醛所用硫代硫酸钠标准溶液的体积,单位为毫升(mL);

V_0——滴定空白所用硫代硫酸钠标准溶液的体积,单位为毫升(mL);

c——硫代硫酸钠标准溶液的浓度,单位为摩尔每升(mol/L);

22——与 1.00 mL 硫代硫酸钠标准溶液[$c(Na_2S_2O_3)=1.000$ mol/L]相当的以毫克(mg)表示乙醛的质量,单位为克每摩尔(g/mol)。

根据标定的乙醛溶液的质量浓度,进行稀释,配制 $\rho(CH_3CHO)=1$ mg/mL 的乙醛标准溶液。

b) 丙烯醛标准溶液的制备:取 10 mL 容量瓶,加蒸馏水数毫升,准确称量,滴加 2 滴~3 滴新蒸馏的丙烯醛,再称量。增加的质量即为丙烯醛质量,加蒸馏水至刻度,混匀。计算含量后,取适量此液,用蒸馏水稀释为 $\rho(C_2H_3CHO)=10\ \mu g/mL$。

12.1.6.2.4 气相色谱法中使用标准品的条件如下。

a) 标准样品进样体积与试样进样体积相同,标准样品的响应值应接近试样的响应值。

b) 在工作范围内相对标准差小于 10%即可认为仪器处于稳定状态。

c) 标准样品与试样尽可能同时进样分析。

12.1.6.2.5 标准曲线的绘制:取 6 个 10 mL 容量瓶,将乙醛和丙烯醛的标准溶液稀释配制成乙醛质量浓度为 0 mg/L、0.5 mg/L、1.0 mg/L、3.0 mg/L、5.0 mg/L 和 10.0 mg/L;丙烯醛质量浓度为 0 mg/L、0.1 mg/L、0.3 mg/L、0.5 mg/L、0.7 mg/L 和 1.0 mg/L 的标准系列。各取 50 μL 注入色谱仪,以峰高为纵坐标,质量浓度为横坐标,绘制标准曲线。

12.1.6.3 样品测定

12.1.6.3.1 进样:直接进样,进样量为 50 μL。用洁净的 50 μL 微量注射器于待测样品中抽吸几次,排出气泡,取所需体积迅速注射至色谱仪中,并立即拔出注射器。

12.1.6.3.2 记录:以标样核对,记录色谱峰的保留时间及对应的化合物。

12.1.6.3.3 色谱图的考察:标准色谱图见图 1。

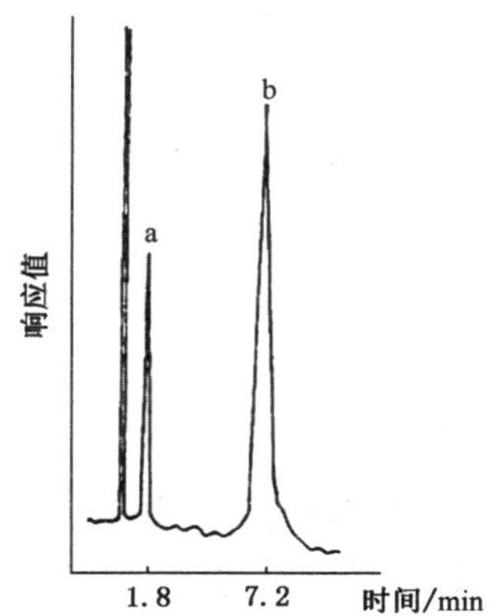

标引序号说明:
a——丙烯醛;
b——乙醛。

图 1 丙烯醛、乙醛标准色谱图

12.1.6.3.4 定性分析:各组分出峰顺序及保留时间为丙烯醛 1 min 48 s,乙醛 7 min 12 s。

12.1.6.3.5 定量分析:测量色谱峰,连接峰的起点和终点作为峰底,从峰高的最大值对基线做垂线,此线与峰底相交,其交点与峰顶点的距离即为峰高。通过色谱峰高,直接在标准曲线上查出乙醛、丙烯醛的质量浓度即为水样中乙醛、丙烯醛的质量浓度。

12.1.7 试验数据处理

12.1.7.1 定性结果

根据标准色谱图组分的保留时间确定被测水样中组分的数目和名称。

12.1.7.2 定量结果

在标准曲线上查出水样中乙醛、丙烯醛的质量浓度,以毫克每升(mg/L)表示。

12.1.8 精密度和准确度

分别取质量浓度为 1 mg/L 和 9 mg/L 的乙醛溶液各测定 6 次，其相对标准偏差分别为 8.1％和 1.7％。用水样做加标回收试验，回收率为 87.4％～101％。

2 个实验室对质量浓度为 0.1 mg/L～1.0 mg/L 丙烯醛进行重复测定，相对标准偏差为 5.3％～9.1％，用水样做加标回收试验，回收率为 82.0％～110％。

13 三氯乙醛

13.1 顶空气相色谱法

13.1.1 最低检测质量浓度

本方法最低检测质量浓度为 1 μg/L。

13.1.2 原理

三氯乙醛溶于水，以水合三氯乙醛形式存在，水合三氯乙醛与碱作用生成三氯甲烷。

$$Cl_3CCH(OH)_2 + NaOH = CHCl_3 + HCOONa + H_2O$$

此反应容易进行，因此用顶空分析法测定加碱后生成的三氯甲烷以及不加碱反应的水中原有的三氯甲烷，两者之差便可间接计算出三氯乙醛的含量。

13.1.3 试剂或材料

13.1.3.1 载气：高纯氮气[$\varphi(N_2) \geqslant 99.999\%$]。

13.1.3.2 配制溶液及稀释用水均为无卤代烷烃的蒸馏水，可将蒸馏水通过 120 ℃烘烤过的活性炭柱。

13.1.3.3 氢氧化钠溶液(100 g/L)。

13.1.3.4 标准物质：三氯乙醛或水合三氯乙醛(纯度＞99.0 ％)，或使用有证标准物质溶液。

13.1.3.5 制备色谱柱使用的试剂和材料：见 13.1.4.2。

13.1.4 仪器设备

13.1.4.1 气相色谱仪：电子捕获检测器。

13.1.4.2 色谱柱：U 型玻璃填充柱，长 2 m，内径 3 mm。填充物为高分子多孔小球，60 目～80 目 GDX-102。填充方法为采取抽吸振动法，色谱柱一端塞入少许玻璃棉并连接上真空泵，另一端连接小漏斗，倒入固定相，启动真空泵(没有真空泵可用 100 mL 注射器人工抽气)轻轻振动色谱柱，使固定相均匀紧密填充。将填充好的柱子装在色谱仪上(不接检测器)通氮气于 200 ℃老化 48 h 以上。

13.1.4.3 微量注射器：50 μL。

13.1.4.4 带有 50 mL 刻度的顶空瓶：使用前在 120 ℃烘烤 2 h。

13.1.4.5 医用翻口胶塞：用前洗净，用水煮沸 20 min 晾干，备用。

13.1.4.6 聚四氟乙烯膜或铝箔。

13.1.4.7 恒温水浴：控制温度±1 ℃。

13.1.5 样品

13.1.5.1 水样的采集和保存：取两个装有 0.1 g 硫代硫酸钠的顶空瓶带到现场，充满水样并立即用包有铝箔(或聚四氟乙烯膜)的翻口胶塞封好带回实验室，如不能立即测定，需冷藏保存。

13.1.5.2 水样的预处理：水样送到实验室后，在无三氯甲烷的环境中倒出部分水样，使瓶中水样至50 mL刻度，立即盖好瓶塞。其中一瓶直接放入40 ℃恒温水浴中为瓶Ⅰ，另一瓶通过注射针头注入0.2 mL氢氧化钠溶液(100 g/L)，振荡混匀，放入40 ℃恒温水浴中为瓶Ⅱ，均于40 ℃水浴中平衡2.5 h。

13.1.6 试验步骤

13.1.6.1 仪器参考条件

13.1.6.1.1 气化室温度：200 ℃。

13.1.6.1.2 柱箱温度：150 ℃。

13.1.6.1.3 检测器温度：250 ℃。

13.1.6.1.4 载气流量：80 mL/min。

13.1.6.2 校准

13.1.6.2.1 定量分析中的校准方法：外标法。

13.1.6.2.2 标准储备溶液配制：称取0.100 0 g三氯乙醛(或水合三氯乙醛0.112 0 g)于100 mL容量瓶中，用蒸馏水定容，此溶液ρ(三氯乙醛)=1 mg/mL(冰箱内可保存3周)。

13.1.6.2.3 标准使用溶液配制：所用蒸馏水均为无卤代烷烃的蒸馏水(蒸馏水通过120 ℃烘烤过的活性炭柱)，稀释标准储备溶液配制成0 μg/L、10 μg/L、20 μg/L、30 μg/L、40 μg/L和50 μg/L的三氯乙醛标准系列，现用现配。

13.1.6.2.4 工作曲线的绘制：取标准系列溶液50 mL于6个装有0.1 g硫代硫酸钠的顶空瓶中，分别加入0.2 mL氢氧化钠溶液(100 g/L)，用铝箔包好的翻口胶塞封好。振荡混匀，放入40 ℃水浴中平衡2.5 h后，取50 μL顶空气体注入气相色谱仪。测定所生成三氯甲烷的峰高，每个质量浓度重复测3次，取平均值减去空白峰高的平均值为纵坐标，以质量浓度(μg/L)为横坐标绘制工作曲线。

13.1.6.3 样品测定

13.1.6.3.1 进样：直接进样，进样量为50 μL。用洁净的50 μL微量注射器抽取瓶Ⅰ及瓶Ⅱ的上部气体50 μL，注入气相色谱仪，每个水样重复测三次，量取峰高，计算瓶Ⅰ及瓶Ⅱ峰高的平均值H_1、H_2。

13.1.6.3.2 记录：以标样核对，记录色谱峰保留时间及对应的化合物。

13.1.6.3.3 色谱图考察：标准色谱图见图2。

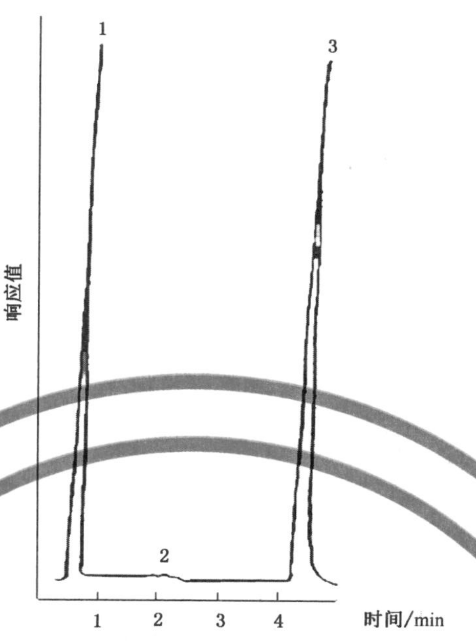

标引序号说明：
1——空气；
2——未知物；
3——三氯甲烷(由三氯乙醛生成)。

图 2 三氯乙醛标准色谱图

13.1.6.3.4 定性分析：出峰顺序及保留时间分别为：空气峰，47 s；未知峰，2 min 12 s；三氯甲烷(包括由三氯乙醛生成)，4 min 52 s。

13.1.6.3.5 定量分析：测量峰高(mm)，根据 H_2 与 H_1 峰高的差值从工作曲线上查出三氯乙醛的质量浓度。若水样经稀释后测定，应乘以稀释倍数。

13.1.7 试验数据处理

13.1.7.1 定性结果：根据标准色谱图组分的保留时间，确定被测水样中组分，根据加碱前后三氯甲烷值增高与否来确定是否含有三氯乙醛。

13.1.7.2 定量结果：在工作曲线上查出三氯乙醛的质量浓度，以微克每升(μg/L)表示。

13.1.8 精密度和准确度

6 个实验室重复测定，三氯乙醛的质量浓度范围为 10 μg/L～90 μg/L，平均回收率为 97.8%～101%。相对标准偏差为 1.0%～3.2%。

13.2 液液萃取气相色谱法

13.2.1 最低检测质量浓度

取水样 10 mL，使用 5 mL 甲基叔丁基醚萃取，本方法最低检测质量浓度为 0.2 μg/L。

本方法仅用于生活饮用水中三氯乙醛含量的测定。

13.2.2 原理

使用甲基叔丁基醚[$CH_3OC(CH_3)_3$]作为萃取溶剂，氯化钠(NaCl)为盐析剂萃取水中的三氯乙醛

(C_2HCl_3O)，利用气相色谱电子捕获检测器测定，保留时间定性，外标法定量。

13.2.3 试剂或材料

除非另有说明，本方法所用试剂均为分析纯，实验用水为 GB/T 6682 规定的一级水。

13.2.3.1 甲醇(CH_3OH)：色谱纯。

13.2.3.2 甲基叔丁基醚[MTBE，$CH_3OC(CH_3)_3$]：色谱纯。

13.2.3.3 氯化钠(NaCl)：使用前，在马弗炉中于 400 ℃灼烧 2 h，冷却后装入磨口玻璃瓶中密封，置于干燥器中保存。

13.2.3.4 无水硫酸钠(Na_2SO_4)：使用前，在马弗炉中于 400 ℃灼烧 2 h，冷却后装入磨口玻璃瓶中密封，置于干燥器中保存。

13.2.3.5 硫酸(H_2SO_4，$\rho_{20}=1.84$ g/mL)：优级纯。

13.2.3.6 硫酸(2 mol/L)：量取 20 mL 硫酸，缓缓加入 160 mL 水中，不断搅拌。

13.2.3.7 三氯乙醛(C_2HCl_3O)标准物质：水合三氯乙醛[$CCl_3CH(OH)_2$](纯度>99.0 %)，或使用有证标准物质溶液。

13.2.3.8 三氯乙醛标准储备溶液(ρ=1 000 μg/mL)：准确称取 0.011 2 g(精确至 0.000 1 g)水合三氯乙醛，溶于适量的甲醇，全量转入 10 mL 容量瓶中，用甲醇定容至刻度，混匀，密封和避光冷冻，可保存 6 个月。

13.2.3.9 三氯乙醛标准中间溶液(ρ=10 μg/mL)：准确吸取三氯乙醛标准储备溶液(ρ=1 000 μg/mL) 0.1 mL 于 10 mL 容量瓶中，用 MTBE 稀释至刻度，混匀，密封、避光于 4 ℃以下冷藏或冷冻可保存 1 个月。

13.2.3.10 三氯乙醛标准使用溶液(ρ=1 μg/mL)：准确移取 1.0 mL 三氯乙醛标准中间溶液(10.0 μg/mL)，用 MTBE 定容至 10.0 mL，得到质量浓度为 1.0 μg/mL 的三氯乙醛标准使用溶液。现用现配。

13.2.3.11 载气：高纯氮气[$\varphi(N_2)\geqslant 99.999\%$]。

13.2.4 仪器设备

13.2.4.1 气相色谱仪：配有电子捕获检测器。

13.2.4.2 色谱柱：100%聚二甲基硅氧烷非极性弹性石英毛细管色谱柱(30 m×0.25 mm，1.0 μm)，或其他等效色谱柱。

13.2.4.3 天平：分辨力不低于 0.000 01 g。

13.2.4.4 分液漏斗或螺纹离心管：50 mL。

13.2.4.5 具塞磨口棕色玻璃瓶：500 mL。

13.2.5 样品

警示——MTBE 对眼睛、黏膜、上呼吸道和皮肤有刺激作用。要在通风橱内进行萃取操作，并穿戴个人防护装备。MTBE 易燃，要远离火源！

13.2.5.1 水样的采集和保存：用硬质磨口棕色玻璃瓶采集样品，样品收集后按照 200 mL 水样加入抗坏血酸(0.025 g～0.1 g)除余氯，然后用 2 mol/L 的硫酸调节使水样在 pH 范围 4.0～6.5。如不含余氯，可直接调 pH。样品应充满样品瓶并加盖密封，采样后样品需 0 ℃～4 ℃冷藏避光运输和保存。应在 7 d 内对样品进行萃取，分析测定。

13.2.5.2 水样的前处理：准确取 10 mL 样品于 50 mL 分液漏斗或 50 mL 离心管中，加入 5.0 g 氯化钠，溶液过饱和后，准确加入 5.0 mL MTBE 提取，振荡萃取 4 min(或涡旋振荡 1 min)，静置 3 min，水和 MTBE 层分层后，萃取液 MTBE 经无水硫酸钠脱水后，转移至进样小瓶待色谱分析。

13.2.6 试验步骤

13.2.6.1 参考色谱条件

13.2.6.1.1 进样口温度:200 ℃。

13.2.6.1.2 柱温:程序升温:初始 40 ℃,保持 5 min,以 10 ℃/min 升至 180 ℃。

13.2.6.1.3 检测器温度:300 ℃。

13.2.6.1.4 载气流速:氮气流速 1.0 mL/min,尾吹流量 60 mL/min。

13.2.6.1.5 进样方式:不分流进样,进样量 1 μL。

13.2.6.2 标准曲线的绘制

吸取标准使用溶液(1 μg/mL),以 MTBE 稀释,配制成质量浓度为 1 μg/L、5 μg/L、10 μg/L、20 μg/L、50 μg/L 的标准系列溶液。取各标准系列 1 μL 进样,测得三氯乙醛的峰面积,以峰面积为纵坐标,质量浓度(μg/L)为横坐标,绘制标准曲线。标准曲线的系列浓度点也可根据实际样品中三氯乙醛的质量浓度来调整。

13.2.6.3 空白测定

本底污染可能来自溶剂、试剂和器皿等,应进行全程试验空白控制。空白试验除不加水样外,采用完全相同的操作步骤进行测定。控制空白响应小于仪器最低检出限的 1/2。

13.2.6.4 样品测试

样品萃取液测定条件同标准曲线,测得目标物峰面积,根据标准曲线查得萃取液中三氯乙醛含量。

13.2.7 试验数据处理

13.2.7.1 定性

根据保留时间定性,标准色谱图见图 3。

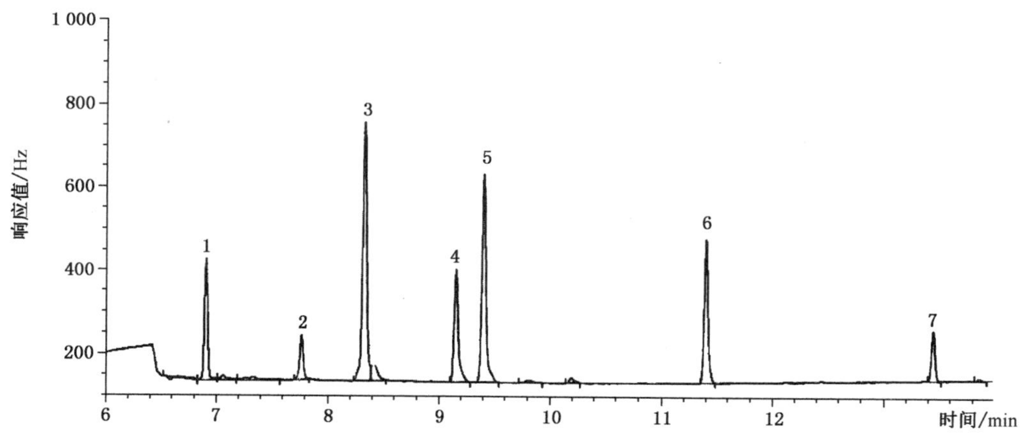

标引序号说明:

1——三氯甲烷;

2——1,1,1-三氯乙烷;

3——四氯化碳;

4——二氯一溴甲烷;

5——三氯乙醛;

6——一氯二溴甲烷;

7——三溴甲烷。

图 3 三氯乙醛及 6 种消毒副产物色谱图(质量浓度 10 μg/L)

13.2.7.2 定量

记录目标物峰面积，标准曲线外标法定量，按式(6)计算样品中三氯乙醛的质量浓度：

$$\rho(C_2HCl_3O)=\frac{\rho_1\times V_1}{V\times 1\ 000} \qquad \cdots\cdots(6)$$

式中：

$\rho(C_2HCl_3O)$——水样中三氯乙醛的质量浓度，单位为毫克每升(mg/L)；

ρ_1——从标准曲线上查得的萃取液中三氯乙醛的质量浓度，单位为微克每升(μg/L)；

V_1——萃取液体积，单位为毫升(mL)；

V——水样体积，单位为毫升(mL)。

13.2.8 精密度和准确度

5 个实验室在 1.0 μg/L～20 μg/L 质量浓度范围，选择低、中、高浓度分别对生活饮用水进行 6 次加标回收试验，测定的相对标准偏差为 0.6%～7.4%，加标回收率为 84.0%～105%。

14 一氯乙酸

14.1 液液萃取衍生气相色谱法

14.1.1 最低检测质量浓度

本方法最低检测质量：一氯乙酸(MCAA)、二氯乙酸(DCAA)、三氯乙酸(TCAA)分别为 0.062 ng、0.025 ng、0.012 ng。若取水样 25 mL 水样测定，则最低检测质量浓度分别为：5.0 μg/L、2.0 μg/L、1.0 μg/L。

14.1.2 原理

在酸性条件下(pH<0.5)，以含 1,2-二溴丙烷(1,2-DBP)内标的甲基叔丁基醚萃取水样，萃取液用硫酸酸化的甲醇溶液衍生，使水中卤乙酸形成卤代乙酸甲酯，用毛细管柱分离，电子捕获检测器(ECD)测定。以相对保留时间定性，内标法定量。

14.1.3 试剂或材料

14.1.3.1 载气：高纯氮气[$\varphi(N_2)\geqslant 99.999\%$]。

14.1.3.2 氯化铵晶体。

14.1.3.3 无水硫酸铜。

14.1.3.4 硫酸钠晶体。

14.1.3.5 饱和碳酸氢钠溶液：取足量的碳酸氢钠用试剂级纯水溶解在 50 mL 试剂瓶中，保持在瓶底有碳酸氢钠粉末。

14.1.3.6 1,2-二溴丙烷($C_3H_6Br_2$)。

14.1.3.7 硫酸($\rho_{20}=1.84$ g/mL)。

14.1.3.8 硫酸-甲醇溶液(5+45)：移取 5 mL 硫酸($\rho_{20}=1.84$ g/mL)缓慢地滴入预先装有 45 mL 甲醇放在冰水浴中的 100 mL 容器中，待温度冷却至室温后使用，现用现配。

14.1.3.9 无水硫酸钠。

14.1.3.10 甲基叔丁基醚(MTBE，$C_5H_{12}O$)，纯度>99%。

14.1.3.11 一氯乙酸、二氯乙酸、三氯乙酸标准品，纯度>99%，或使用有证标准物质溶液。

14.1.4 仪器设备

14.1.4.1 气相色谱仪:电子捕获检测器,色谱柱为 HP-5 毛细管柱(30 m×0.25 mm,0.25 μm),或者相同极性的其他毛细管柱。

14.1.4.2 具塞采样瓶:50 mL。

14.1.4.3 具塞萃取瓶:50 mL。

14.1.4.4 具塞衍生瓶:16 mL。

14.1.4.5 加热块:孔径适合的衍生瓶。

14.1.4.6 微量注射器:5 μL、10 μL、25 μL、100 μL、250 μL 和 1 000 μL。

14.1.4.7 漩涡振荡器。

14.1.5 样品

14.1.5.1 水样的稳定性

二氯乙酸在水中不稳定。

14.1.5.2 水样的采集和保存

先将 5 mg 氯化铵晶体放于 50 mL 具塞采样瓶中(含量约为 100 mg/L,对于高氯化的水应增加氯化氨的量),取满水样。自来水采集时,先打开水龙头,使水流中不含气泡,采集时注意不要让水溢出,盖好塞子,上下翻转振摇使晶体溶解。于 24 h 内分析,0 ℃~4 ℃冷藏保存,保存时间为 7 d;样品衍生液在−20 ℃冰箱保存不超过 7 d。

14.1.5.3 水样的预处理

取 25 mL 水样,倒入 50 mL 具塞萃取瓶中。萃取衍生:向水样中加入 2 mL 浓硫酸,摇匀;迅速加入约 3 g 无水硫酸铜,摇匀;再加入约 10 g 无水硫酸钠,摇匀;然后加入 4.0 mL 含内标 1,2-二溴丙烷 300 μg/L 的甲基叔丁醚,振荡,静止 5 min。取上层清液 3.0 mL 至另一 16 mL 具塞衍生瓶中,加入现配制的硫酸甲醇溶液(5+45)1.0 mL,在 50 ℃ 加热块上衍生 120 min ±10 min。取出衍生瓶,冷却至室温后逐滴加入 4 mL 饱和碳酸氢钠溶液,盖上塞子,振荡并注意不断放气;最后,取上清液 1 mL~1.5 mL于萃取瓶中,加入少量无水硫酸钠,取 2 μL 上清液进气相色谱分析。

14.1.6 试验步骤

14.1.6.1 仪器参考条件

14.1.6.1.1 进样口温度:200 ℃。

14.1.6.1.2 柱温:程序升温 35 ℃保持 7 min,5 ℃/min 至 70 ℃,30 ℃/min 至 250 ℃,保持 5 min。

14.1.6.1.3 检测器温度:250 ℃。

14.1.6.1.4 载气(N_2)流量:1 mL/min。

14.1.6.2 校准

14.1.6.2.1 定量分析中校准方法采用内标法。

14.1.6.2.2 标准样品:每次分析样品时,标准使用溶液需现用现配。标准样品和试样尽可能同时分析。

14.1.6.2.3 标准样品的制备如下。

a) 标准储备溶液:单一标准储备溶液,取纯度≥99%的单一标准物质一氯乙酸、二氯乙酸和三氯乙酸 6.4 μL、6.4 μL 和 6.2 μL 分别滴入预先盛有 5 mL 左右甲基叔丁基醚(MTBE,纯度>99%)的

10 mL 容量瓶中，振摇，定容，各溶液质量浓度均为 1 mg/mL。

b) 标准使用溶液：分别取一氯乙酸、二氯乙酸和三氯乙酸标准储备溶液，1 000 μL、500 μL、250 μL滴入预先盛有 5 mL 左右甲基叔丁基醚的 10 mL 容量瓶中，振摇，定容；混合后一氯乙酸、二氯乙酸和三氯乙酸的混合标准使用溶液质量浓度依次为 100 mg/L、50 mg/L、25 mg/L。

c) 内标萃取液：取内标物质 1,2-二溴丙烷(1,2-DBP)7.8 μL 滴入预先盛有约 20 mL 甲基叔丁基醚的 50 mL 容量瓶中，振摇，定容，内标储备溶液质量浓度为 300 mg/L；再取 50 μL 此储备溶液，滴入预先盛有约 20 mL 甲基叔丁基醚的 50 mL 容量瓶中，振摇，定容，内标萃取液质量浓度为 300 μg/L。

14.1.6.2.4 工作曲线的制备：分别取标准使用溶液 0 μL、5 μL、10 μL、20 μL、40 μL 至装有 25 mL 纯水的萃取瓶中，配制后工作曲线的质量浓度：MCAA 为 0 μg/L、20 μg/L、40 μg/L、80 μg/L、160 μg/L，DCAA 为 0 μg/L、10 μg/L、20 μg/L、40 μg/L、80 μg/L，TCAA 为 0 μg/L、5 μg/L、10 μg/L、20 μg/L、40 μg/L。按 14.1.5.3 萃取衍生的方法进行萃取、衍生、分析。以标准物质峰面积与内标物质峰面积比值为纵坐标，质量浓度为横坐标，绘制工作曲线。

14.1.6.3 试验

14.1.6.3.1 进样方式及进样量：直接进样，2 μL。

14.1.6.3.2 记录：用标样核对，记录色谱峰的保留时间及对应的化合物。

14.1.6.3.3 色谱图考察：标准色谱图见图 4。

14.1.6.3.4 定性分析：各组分出峰顺序及保留时间：MCAA，6.2 min；DCAA，10.4 min；1,2-DBP，11.0 min；TCAA，15.2 min。

14.1.6.3.5 定量分析：按式(7)计算水样中被分析物的质量浓度。

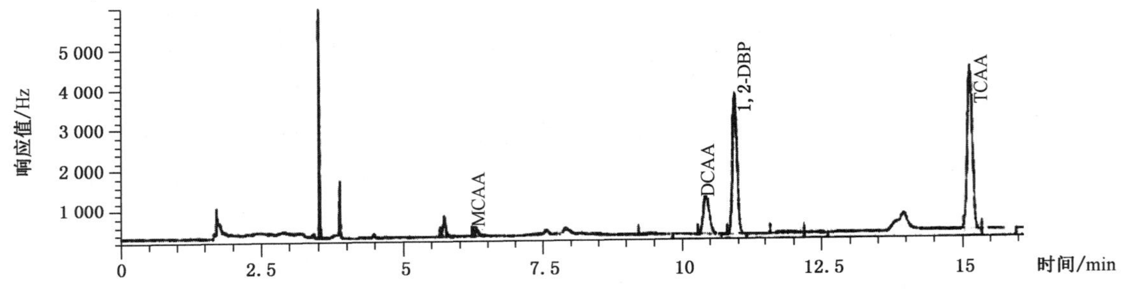

图 4 氯乙酸标准色谱图

$$\rho = \frac{R - R_0}{K} \quad \cdots\cdots (7)$$

式中：

ρ ——被分析物的质量浓度，单位为微克每升(μg/L)；

R ——被分析物峰面积与内标峰面积比值；

R_0——工作曲线的截距；

K ——工作曲线的斜率。

14.1.7 试验数据处理

14.1.7.1 定性结果

根据标准色谱图各组分的保留时间，确定水样中组分的名称和组分的数目。

14.1.7.2 定量结果

含量的表示：根据式(7)计算各组分的质量浓度，以微克每升(μg/L)计。

14.1.8 精密度和准确度

5个实验室测定相对标准偏差MCAA、DCAA、TCAA分别为4.6%、5.4%、3.8%。5个实验室在对高、中、低3个浓度的加标回收率试验结果，二氯乙酸低浓度(4.0 μg/L～20 μg/L)时，平均回收率为93.0%。中浓度(40 μg/L～90 μg/L)时，平均回收率为96.0%。高浓度(100 μg/L～200 μg/L)时，平均回收率为92.0%。三氯乙酸低浓度(2.0 μg/L～10 μg/L)时，平均回收率为98.0%。中浓度(10 μg/L～40 μg/L)时，平均回收率为91.0%。高浓度(40 μg/L～100 μg/L)时，平均回收率为98.0%。

14.2 离子色谱-电导检测法

14.2.1 最低检测质量浓度

本方法的最低检测质量：一氯乙酸(MCAA)0.95 ng、二氯乙酸(DCAA)1.85 ng、三氯乙酸(TCAA)2.2 ng、一溴乙酸(MBAA)1.5 ng、二溴乙酸(DBAA)4.15 ng，进样体积500 μL；最低检测质量浓度分别为：一氯乙酸(MCAA)1.9 μg/L、二氯乙酸(DCAA)3.7 μg/L、三氯乙酸(TCAA)4.4 μg/L、一溴乙酸(MBAA)3.0 μg/L、二溴乙酸(DBAA)8.3 μg/L。

本方法仅用于生活饮用水中一氯乙酸、二氯乙酸、三氯乙酸、一溴乙酸、二溴乙酸的测定。

14.2.2 原理

水中卤乙酸以及其他阴离子随氢氧化物体系(氢氧化钾或氢氧化钠)淋洗液进入阴离子交换分离系统(包括保护柱和分析柱)，根据离子交换分离机理，利用各离子在分析柱上的亲和力不同进行分离。再经过抑制器对本底的抑制作用，提高被测物质的检测灵敏度。由电导检测器测量各种阴离子组分的电导值，经色谱工作站进行数据采集和处理，以保留时间定性，以峰高或峰面积定量。

14.2.3 试剂或材料

14.2.3.1 卤乙酸标准品：一氯乙酸、二氯乙酸和三氯乙酸，纯度>99%；一溴乙酸和二溴乙酸，纯度>98%，或使用有证标准物质溶液。

14.2.3.2 5种卤乙酸单标储备溶液(ρ=1.0 mg/mL)：分别称取适量的5种卤乙酸标准品，用超纯水分别定容至100 mL，用封口胶带密封好，0 ℃～4 ℃冷藏保存，保存时间为1年。

14.2.3.3 5种卤乙酸混合标准中间溶液(ρ=10.0 mg/L)：分别吸取1.0 mL的5种卤乙酸单标储备溶液(ρ=1.0 mg/mL)，用超纯水定容至100 mL。此混合标准溶液中5种卤乙酸的质量浓度均为10.0 mg/L。用封口胶带密封好，0 ℃～4 ℃冷藏保存，保存时间为2个月。

14.2.3.4 5种卤乙酸混合标准使用溶液(ρ=1.0 mg/L)：吸取10.0 mL 5种卤乙酸标准混合中间溶液(ρ=10.0 mg/L)，用超纯水定容至100 mL。此混合标准溶液中5种卤乙酸的质量浓度均为1.0 mg/L。此溶液需当天配制。

14.2.3.5 辅助气体：高纯氮气[$\varphi(N_2)$≥99.999%]。

14.2.3.6 氢氧根淋洗液：手工配制氢氧化钠淋洗液，或由KOH在线淋洗液发生器(也可以是其他能自动产生淋洗液的设备)在线产生。

14.2.3.7 超纯水：电阻率≥18.2 MΩ·cm。

14.2.3.8 0.2 μm微孔滤膜过滤器。

14.2.3.9 Ba/Ag/H预处理柱：OnGuard Ⅱ Ba/Ag/H(容量2.5 mL)或者相当的预处理柱。

14.2.4 仪器设备

14.2.4.1 离子色谱仪:配有高压泵、自动进样器、电导检测器、色谱工作站。

14.2.4.2 阴离子保护柱:具有烷醇季铵官能团的保护柱,填充材料为大孔苯乙烯/二乙烯基苯高聚合物(50 mm×4 mm),或相当的保护柱。

14.2.4.3 阴离子分析柱:具有烷醇季铵官能团的分析柱,填充材料为大孔苯乙烯/二乙烯基苯高聚合物(250 mm×4 mm),或相当的分析柱。

14.2.4.4 阴离子抑制器。

14.2.4.5 二氧化碳去除装置:可去除样品中的二氧化碳对三氯乙酸的干扰。

14.2.5 样品

14.2.5.1 水样的采集和保存

采样容器为棕色螺口玻璃瓶,超纯水冲洗后晾干备用。水样采集后 0 ℃~4 ℃冷藏保存,保存时间为 7 d。

14.2.5.2 水样的预处理

为去除水中 Cl^- 和 SO_4^{2-} 对 DCAA 等离子的干扰,可将水样依次通过 Ba/Ag/H 柱和 0.2 μm 微孔滤膜进行过滤。具体步骤为:先注入 15 mL 纯水活化 Ba/Ag/H 柱,放置 0.5 h 后使用。将水样以 2 mL/min 的速度依次通过 Ba/Ag/H 柱和 0.2 μm 微孔滤膜过滤器,前 6 mL 滤液弃掉后,取 2 mL~5 mL 的滤液进行色谱分析。此法可去除水中 90%以上的 Cl^- 和 80%以上的 SO_4^{2-}。

14.2.6 试验步骤

14.2.6.1 仪器参考条件

14.2.6.1.1 流速:1.0 mL/min。

14.2.6.1.2 进样量:500 μL。

14.2.6.1.3 柱温:25 ℃。

14.2.6.1.4 检测器温度:30 ℃。

14.2.6.1.5 抑制器电流:90 mA。

14.2.6.1.6 在线阴离子捕获器:可改善梯度淋洗基线的稳定性。

14.2.6.1.7 淋洗液梯度淋洗参考程序:见表 1。

表 1 淋洗液梯度淋洗参考程序

时间/min	氢氧化钾淋洗液浓度/(mmol/L)
0.0	8
15.0	8
30.0	40
30.1	8
35.0	8

14.2.6.2 校准

14.2.6.2.1 定量分析中的校准方法:外标法。

14.2.6.2.2 标准曲线的绘制:分别准确移取五种卤乙酸混合标准使用溶液[ρ=1.0 mg/L]0 mL、0.10 mL、0.20 mL、0.50 mL、1.00 mL 和 2.00 mL 于 6 个 10.0 mL 容量瓶中,超纯水定容至刻度。此标准系列溶液中 5 种卤乙酸的质量浓度分别为 0 μg/L、10.0 μg/L、20.0 μg/L、50.0 μg/L、100.0 μg/L 和 200.0 μg/L。标准系列溶液要求现用现配。分别吸取相应体积的标准系列溶液注入离子色谱仪测定,记录 5 种卤乙酸的峰面积或峰高。以卤乙酸的峰面积或峰高对卤乙酸的质量浓度绘制标准曲线,并计算回归方程。

14.2.6.3 样品分析

待仪器基线平稳后,取相应体积的处理后样品滤液进行色谱分析,记录 5 种卤乙酸的峰高或峰面积。

14.2.7 试验数据处理

14.2.7.1 标准色谱图,见图 5。

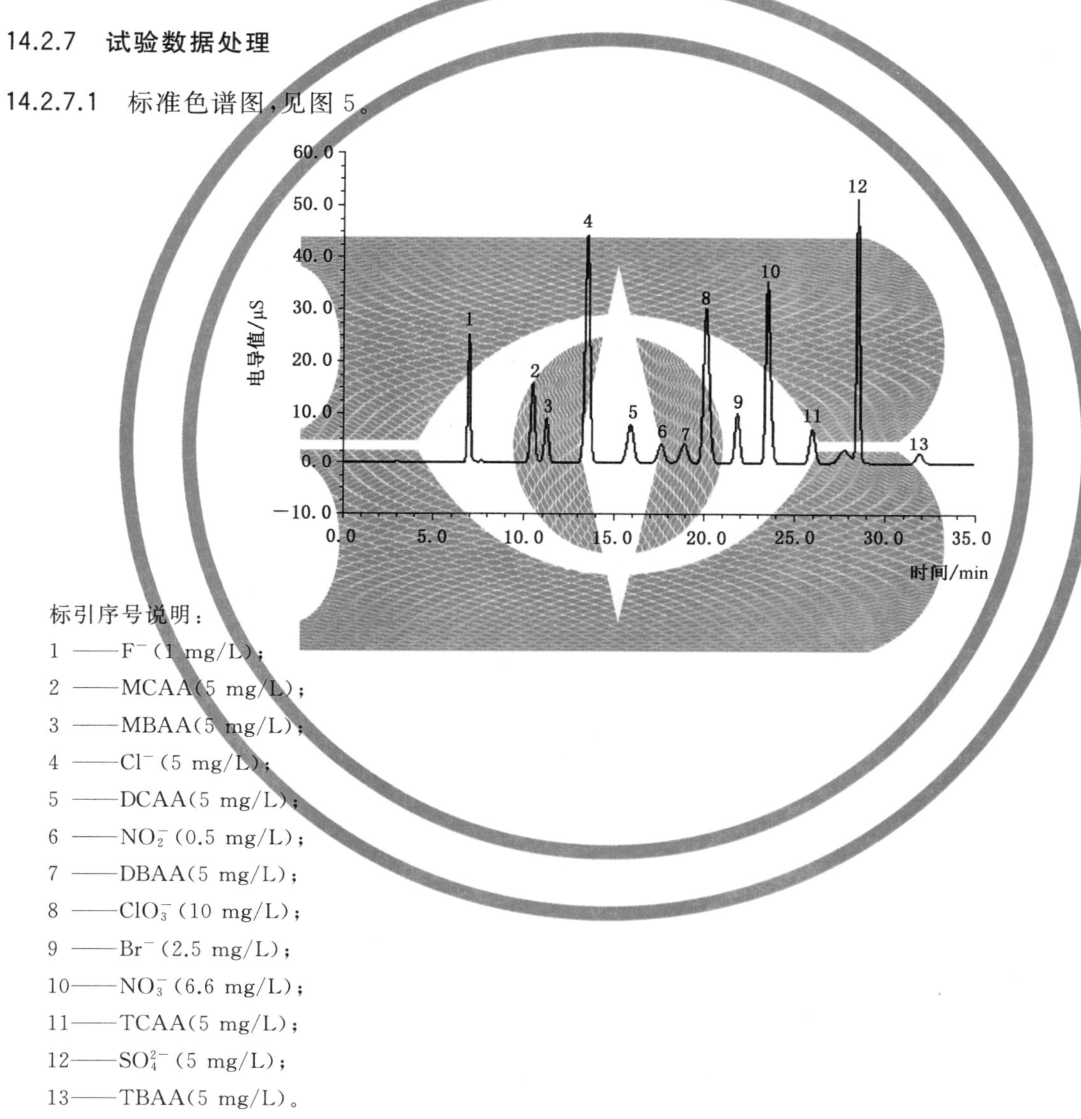

标引序号说明:

1 ——F^-(1 mg/L);

2 ——MCAA(5 mg/L);

3 ——MBAA(5 mg/L);

4 ——Cl^-(5 mg/L);

5 ——DCAA(5 mg/L);

6 ——NO_2^-(0.5 mg/L);

7 ——DBAA(5 mg/L);

8 ——ClO_3^-(10 mg/L);

9 ——Br^-(2.5 mg/L);

10——NO_3^-(6.6 mg/L);

11——TCAA(5 mg/L);

12——SO_4^{2-}(5 mg/L);

13——TBAA(5 mg/L)。

图 5 标准物质色谱图

14.2.7.2 定性分析

各组分的出峰顺序及保留时间为:F^-,6.98 min;MCAA,10.50 min;MBAA,11.26 min;Cl^-,13.53 min;DCAA,15.90 min;NO_2^-,17.59 min;DBAA,18.87 min;ClO_3^-,20.01 min;Br^-,21.81 min;

NO_3^-,23.46 min;TCAA,25.94 min;SO_4^{2-},28.46min;TBAA,31.86 min。

14.2.7.3 定量分析

用标准曲线回归方程进行定量计算。由色谱工作站计算出标准曲线回归方程。以标准系列质量浓度(μg/L)为横坐标(X),被测物质峰面积值(μS×min)或者峰高值(μS)为纵坐标(Y),绘制 5 种卤乙酸的标准曲线,并计算回归方程。

14.2.8 精密度和准确度

4 个实验室配制 5 种卤乙酸混合标准溶液,一氯乙酸、一溴乙酸、二氯乙酸、二溴乙酸和三氯乙酸的质量浓度分别为 0.02 mg/L、0.02 mg/L、0.04 mg/L、0.04 mg/L 和 0.05 mg/L,重复 6 次分析,得到 5 种卤乙酸的相对标准偏差在 1.1%～6.9%。

4 个实验室选择自来水样和纯净水,进行低、中、高浓度的加标回收试验,5 种卤乙酸的加标质量浓度分别为 0.01 mg/L、0.1 mg/L、0.5 mg/L,得到 5 种卤乙酸的回收率为 77.0%～105%,其中二氯乙酸和三氯乙酸的回收率为 80.0%～102%。

15 二氯乙酸

15.1 液液萃取衍生气相色谱法

按 14.1 描述的方法测定。

15.2 离子色谱-电导检测法

按 14.2 描述的方法测定。

15.3 高效液相色谱串联质谱法

15.3.1 最低检测质量浓度

进样量为 25 μL 时,二氯乙酸、三氯乙酸、溴酸盐、氯酸盐和亚氯酸盐的最低检测质量浓度为 8.1 μg/L、10.0 μg/L、2.5 μg/L、20.0 μg/L 和 19.0 μg/L。

本方法仅用于生活饮用水中二氯乙酸、三氯乙酸、溴酸盐、氯酸盐和亚氯酸盐的测定。

15.3.2 原理

水中二氯乙酸、三氯乙酸、溴酸盐、氯酸盐和亚氯酸盐经季胺型离子交换柱分离,质谱检测器检测,同位素内标法定量。

15.3.3 试剂或材料

除非另有说明,本方法所用试剂均为分析纯,实验用水为 GB/T 6682 规定的一级水。

15.3.3.1 甲胺(CH_3NH_2)。

15.3.3.2 乙腈(CH_3CN):色谱纯。

15.3.3.3 氯化铵(NH_4Cl)。

15.3.3.4 乙二胺($C_2H_8N_2$)。

15.3.3.5 乙二胺溶液(ρ=100 mg/mL):取 2.8 mL 乙二胺,用水稀释至 25 mL,0 ℃～4 ℃冷藏保存,保存时间为 1 个月。

15.3.3.6 同位素内标:二氯乙酸-^{13}C($^{13}CCH_2Cl_2O_2$)、氯酸盐-$^{18}O_3$($Cl^{18}O_3^-$)

15.3.3.7 高纯氮气[$\varphi(N_2)\geqslant 99.999\%$]。

15.3.3.8 氮气[$\varphi(N_2)\geqslant 99.99\%$]。

15.3.3.9 标准物质:二氯乙酸($C_2H_2Cl_2O_2$,纯度>99%)、三氯乙酸($C_2HCl_3O_2$,纯度>99%)、溴酸钠($NaBrO_3$,纯度>99%)、氯酸钠($NaClO_3$,纯度>99%)、亚氯酸钠($NaClO_2$,纯度 80%左右),或使用有证标准物质溶液。

15.3.3.10 二氯乙酸、三氯乙酸、溴酸盐、氯酸盐和亚氯酸盐标准储备溶液(ρ=1 000 mg/L):本方法中使用工业品试剂亚氯酸钠作为标准品,因亚氯酸钠不稳定,使用前,要准确测定亚氯酸钠含量和亚氯酸钠中杂质氯酸钠的含量,测定方法见 20.2.9,其中含有的氯酸盐要计入溴酸盐、氯酸盐和亚氯酸盐标准使用溶液[$\rho(ClO_3^-)$=20 mg/L、$\rho(ClO_2^-)$=20 mg/L、$\rho(BrO_3^-)$=2.5 mg/L]中。经计算,分别准确称取二氯乙酸、三氯乙酸、溴酸钠、氯酸钠和亚氯酸钠 0.100 0 g、0.100 0 g、0.118 0 g、0.127 5 g、0.134 1 g,溶于适量水,转入 100 mL 容量瓶中,用水定容,各溶液的质量浓度均为 1 000 mg/L。0 ℃~4 ℃冷藏保存备用,溴酸盐标准溶液可以保存 6 个月,二氯乙酸、三氯乙酸、氯酸盐和亚氯酸盐标准溶液可以保存 1 个月。以上标准储备溶液亦可使用有证标准物质溶液。

15.3.3.11 二氯乙酸-^{13}C 和氯酸盐-$^{18}O_3$ 标准储备溶液(ρ=100 mg/L):分别准确称取 0.010 0 g 二氯乙酸-^{13}C 和氯酸盐-$^{18}O_3$,溶于适量水,转入 100 mL 容量瓶中,并用水定容至刻度,各溶液的质量浓度为 100 mg/L。或使用有证标准物质溶液。

15.3.3.12 二氯乙酸和三氯乙酸标准使用溶液(ρ=10 mg/L):分别准确移取二氯乙酸和三氯乙酸标准储备溶液(ρ=1 000 mg/L)0.10 mL 于 10 mL 容量瓶中,并用水定容至刻度,现用现配。

15.3.3.13 溴酸盐、氯酸盐和亚氯酸盐标准使用溶液[$\rho(ClO_3^-)$=20 mg/L、$\rho(ClO_2^-)$=20 mg/L、$\rho(BrO_3^-)$=2.5 mg/L]:分别准确吸取氯酸盐、亚氯酸盐标准储备溶液(ρ=1 000 mg/L)0.20 mL 和溴酸盐标准储备溶液(ρ=1 000 mg/L)0.025 mL 于 10 mL 容量瓶中,并用水定容至刻度,现用现配。

15.3.3.14 二氯乙酸和氯酸盐同位素标准使用溶液(ρ=5 mg/L)的制备:分别移取二氯乙酸-^{13}C 和氯酸盐-$^{18}O_3$ 标准储备溶液(ρ=100 mg/L)0.5 mL 于 10 mL 容量瓶中用水定容,现用现配。

15.3.4 仪器设备

15.3.4.1 高效液相色谱-三重四级杆质谱联用仪。

15.3.4.2 色谱柱:季胺型离子色谱柱(2 mm×250 mm,9 μm),或其他等效色谱柱。

15.3.4.3 天平:分辨力不低于 0.000 01 g。

15.3.4.4 棕色玻璃瓶:500 mL,洗涤干净,并用纯水冲洗,晾干备用。

15.3.4.5 具塞玻璃瓶:50 mL。

15.3.4.6 混合纤维素滤膜:0.22 μm。

15.3.5 样品

15.3.5.1 水样的采集和保存

15.3.5.1.1 氯酸盐、亚氯酸盐和溴酸盐样品采集:用 500 mL 棕色玻璃瓶采集水样,水中通入氮气 10 min,流量为 1.0 L/min(对于用二氧化氯和臭氧消毒的水样需要通氮气,对于加氯消毒的水样可省略此步骤),然后向水样中加入乙二胺溶液至其质量浓度为 50 mg/L,密封,摇匀,0 ℃~4 ℃冷藏保存。氯酸盐和亚氯酸盐采集后当天测定,溴酸盐可保存 28 d。

15.3.5.1.2 二氯乙酸和三氯乙酸样品采集:先将 5 mg 氯化铵置于 50 mL 具塞玻璃瓶中(含量约为 100 mg/L,对于高氯化的水需要增加氯化铵的量),取满水样。自来水采集时,先打开水龙头,使水流中不含气泡,3 min~5 min 后开始采集(注意不要让水溢出),盖好塞子,上下翻转振摇使氯化铵溶解。0 ℃~4 ℃冷藏保存,保存时间为 7 d。

15.3.6 水样的处理

取 10 mL 水样，加入二氯乙酸和氯酸盐同位素标准使用溶液（ρ=5 mg/L）40 μL，混匀，经 0.22 μm 膜过滤后进行测定。

15.3.7 试验步骤

15.3.7.1 试验参考条件

流速：0.3 mL/min；进样量：25 μL；柱温：室温；流动相：乙腈：0.7 mol/L 甲胺溶液＝70：30；离子源：电喷雾离子源（ESI）；监测模式：多反应监测模式（MRM）；扫描模式：负离子模式；喷雾电压（IS）：−4 500 V；离子源温度（TEM）：450 ℃；气帘气（CUR）：0.207 MPa（30 psi）；雾化气（GS1）：0.276 MPa（40 psi）；辅助气（GS2）：0.276 MPa（40 psi），待测物和同位素内标质谱参数见表 2 和表 3。

注：甲胺溶液的 pH 值为 12.0±0.2，使用前确认所用仪器设备可以耐受此 pH 值，试验结束后及时用纯水冲洗管路。

表 2 目标化合物的质谱参数

组分	一级质谱		二级质谱		碰撞能量/eV	去簇电压/V
	m/z	母离子	m/z	子离子		
二氯乙酸	126.8	[M-H]⁻	82.9[a]	[M-COOH]⁻	−13	−20
			34.8	[^{35}Cl]⁻	−22	−20
三氯乙酸	117.0	[M-COOH]⁻	34.8[a]	[^{35}Cl]⁻	−19	−20
	161.0	[M-H]⁻	117.0	[M-COOH]⁻	−11	−20
溴酸盐	128.7	[M-H]⁻	112.8[a]	[M-^{16}O]⁻	−29	−60
	126.8	[M-H]⁻	110.8	[M-^{16}O]⁻	−29	−60
氯酸盐	82.6	[M-H]⁻	66.7[a]	[M-^{16}O]⁻	−31	−60
	84.6	[M-H]⁻	68.7	[M-^{16}O]⁻	−31	−60
亚氯酸盐	66.8	[M-H]⁻	50.8[a]	[M-^{16}O]⁻	−18	−83
			35.1	[^{35}Cl]⁻	−25	−83
二氯乙酸-^{13}C	129.9	[M-H]⁻	85.0	[M-COOH]⁻	−13.9	−40
氯酸盐-$^{18}O_3$	88.9	[M-H]⁻	70.9	[M-^{18}O]⁻	−28.8	−93
[a] 定量离子。						

表 3 目标化合物的同位素内标

化合物中文名称	同位素内标
二氯乙酸	二氯乙酸-^{13}C
三氯乙酸	二氯乙酸-^{13}C
溴酸盐	氯酸盐-$^{18}O_3$
氯酸盐	氯酸盐-$^{18}O_3$
亚氯酸盐	氯酸盐-$^{18}O_3$

15.3.7.2　标准曲线绘制

分别准确移取二氯乙酸和三氯乙酸标准使用溶液(ρ=10 mg/L)、溴酸盐、氯酸盐和亚氯酸盐标准使用溶液[$\rho(ClO_3^-)$=20 mg/L、$\rho(ClO_2^-)$=20 mg/L、$\rho(BrO_3^-)$=2.5 mg/L]0 μL、10 μL、20 μL、40 μL、80 μL、120 μL 于 10 mL 容量瓶中,同时准确移取二氯乙酸和氯酸盐同位素标准使用溶液(ρ=5 mg/L)40 μL,加入水定容至刻度,得到标准系列溶液,其中二氯乙酸和三氯乙酸的质量浓度为 0 μg/L、10 μg/L、20μg/L、40 μg/L、80 μg/L、120 μg/L,氯酸盐(以 ClO_3^- 计)和亚氯酸盐(以 ClO_2^- 计)的质量浓度为 0 μg/L、20 μg/L、40 μg/L、80 μg/L、160 μg/L、240 μg/L,溴酸盐(以 BrO_3^- 计)的质量浓度为 0 μg/L、2.5 μg/L、5 μg/L、10 μg/L、20 μg/L、30 μg/L,各标准点内标的质量浓度均为 20 μg/L。以标准与内标的质谱定量离子峰面积的比值为纵坐标,对应标准的质量浓度(μg/L)为横坐标,绘制标准曲线。

15.3.7.3　色谱图

标准色谱图,见图 6。

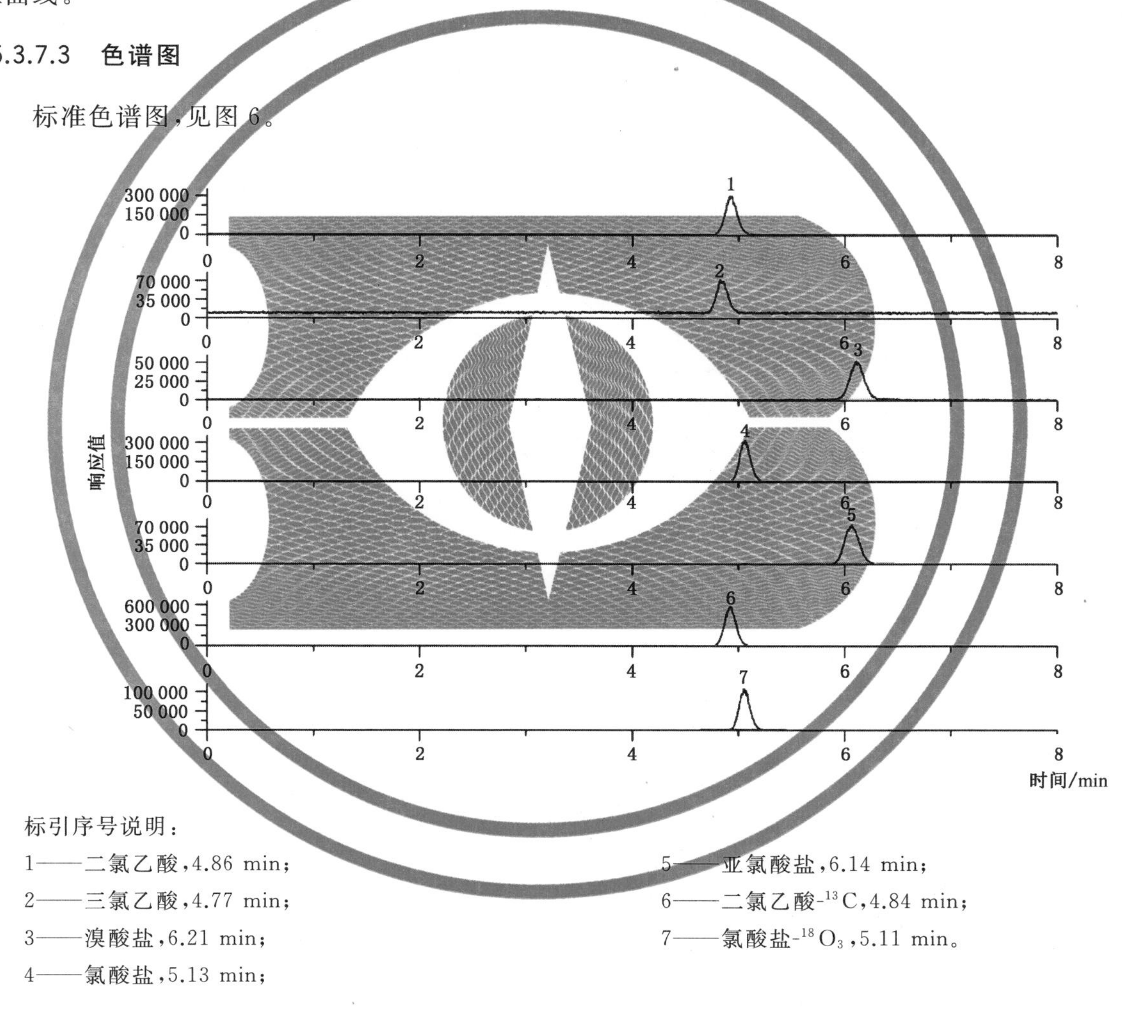

标引序号说明:

1——二氯乙酸,4.86 min;

2——三氯乙酸,4.77 min;

3——溴酸盐,6.21 min;

4——氯酸盐,5.13 min;

5——亚氯酸盐,6.14 min;

6——二氯乙酸-^{13}C,4.84 min;

7——氯酸盐-$^{18}O_3$,5.11 min。

图 6　标准物质色谱图

15.3.7.4　干扰和消除

同一批样品至少测定一个空白样品,当高、低浓度的样品交替分析时,为避免污染,在测定高浓度样品时,应紧随着分析空白样品,以保证样品没有交叉污染。同一批样品至少测定一个质控样品,样品量大时,适当增加质控样品数量。

15.3.8 试验数据处理

15.3.8.1 定性分析

根据色谱图组分的保留时间和特征离子对的丰度比，确定被测组分的名称。

15.3.8.2 定量分析

直接从标准曲线上查出水样中二氯乙酸、三氯乙酸、溴酸盐、氯酸盐和亚氯酸盐的质量浓度，以微克每升(μg/L)表示。

15.3.9 精密度和准确度

根据全国6个实验室对本方法的验证结果，二氯乙酸在生活饮用水中低、中、高浓度(20 μg/L、40 μg/L和80 μg/L)条件下，回收率范围为95.8%～115%、88.4%～116%和84.9%～102%，相对标准偏差为1.1%～5.4%、0.4%～4.2 %和0.6%～2.8%；三氯乙酸在生活饮用水中低、中、高浓度(20 μg/L、40 μg/L 和 80 μg/L)条件下，回收率范围为87.6%～113%、89.3%～118%和89.7%～113%，相对标准偏差为1.6%～9.3%、0.7%～3.7%和0.9%～3.9%；溴酸盐(以 BrO_3^- 计)在生活饮用水中低、中、高浓度(5 μg/L、10 μg/L和20 μg/L)条件下，回收率范围为84.7%～109%、83.5%～119%和84.4%～113%，相对标准偏差为0.9%～3.5%、0.8%～4.1%和1.0%～3.3%；氯酸盐(以 ClO_3^- 计)在生活饮用水中低、中、高浓度(40 μg/L、80 μg/L 和 160 μg/L)条件下，回收率范围为91.4%～111%、86.5%～102%和84.7%～109%，相对标准偏差为1.0%～4.0%、0.5%～7.2%和0.4%～7.8%；亚氯酸盐(以 ClO_2^- 计)在生活饮用水中低、中、高浓度(40 μg/L、80 μg/L 和 160 μg/L)条件下，回收率范围为82.4%～108 %、80.6%～110%和84.0%～109%，相对标准偏差为1.4%～4.1%、0.4%～5.7%和0.6%～5.1%。

16 三氯乙酸

16.1 液液萃取衍生气相色谱法

按14.1描述的方法测定。

16.2 离子色谱-电导检测法

按14.2描述的方法测定。

16.3 高效液相色谱串联质谱法

按15.3描述的方法测定。

17 一溴乙酸

离子色谱-电导检测法：按14.2描述的方法测定。

18 二溴乙酸

离子色谱-电导检测法：按14.2描述的方法测定。

19 2,4,6-三氯酚

19.1 衍生化气相色谱法

19.1.1 最低检测质量浓度

本方法对2,4,6-三氯酚、2-氯酚、2,4-二氯酚和五氯酚的最低检测质量分别为0.000 5 ng、0.04 ng、0.005 ng和0.000 3 ng。若取50 mL水样,则最低检测质量浓度分别为0.04 μg/L、3.2 μg/L、0.4 μg/L和0.024 μg/L。

19.1.2 原理

水样中氯酚类化合物用环己烷和乙酸乙酯混合溶剂萃取,用乙酸酐在碱性溶液中衍生化反应,然后用毛细管色谱柱分离,电子捕获检测器测定。

19.1.3 试剂或材料

19.1.3.1 载气:高纯氮气[$\varphi(N_2)\geqslant 99.999\%$]。
19.1.3.2 辅助气体:氢气、空气。
19.1.3.3 环己烷(C_6H_{12}):重蒸馏。
19.1.3.4 乙酸乙酯($C_4H_8O_2$):重蒸馏。
19.1.3.5 丙酮[$(CH_3)_2CO$]:重蒸馏。
19.1.3.6 乙酸酐($C_4H_6O_3$)。
19.1.3.7 吡啶(C_5H_5N)。
19.1.3.8 重蒸水:取蒸馏水,用NaOH溶液调节pH>12后重蒸馏。
19.1.3.9 盐酸溶液[$c(HCl)=2.4$ mol/L]:取20 mL盐酸($\rho_{20}=1.19$ g/mL)用重蒸馏水稀释至100 mL。
19.1.3.10 萃取剂:环己烷和乙酸乙酯(4+1)。
19.1.3.11 衍生化试剂:乙酸酐和吡啶(1+1)。
19.1.3.12 碳酸钾溶液[$c(K_2CO_3)=0.2$ mol/L]:称取27.6 g碳酸钾溶于重蒸水,并稀释至1 000 mL。
19.1.3.13 2,4-二溴酚(DBP)内标液:准确称取0.100 0 g DBP,用丙酮溶解,并定容至100 mL,此溶液的质量浓度为1 000 μg/mL。经逐级稀释至质量浓度为1 μg/mL。
19.1.3.14 色谱标准物:氯酚类化合物的纯度均为色谱纯,或使用有证标准物质溶液。

19.1.4 仪器设备

19.1.4.1 气相色谱仪:配有电子捕获检测器。
19.1.4.2 色谱柱:石英毛细色谱柱,长30 m,内径0.25 μm。填充物为SE-30。
19.1.4.3 微量注射器:1 μL。
19.1.4.4 比色管:10 mL和50 mL。
19.1.4.5 容量瓶:100 mL。

19.1.5 样品

19.1.5.1 水样的采集和保存:水样采集后应尽快分析,如不能立即分析,应于每升水样中加入1 mL硫酸($\rho_{20}=1.84$ g/mL),5 g硫酸铜,置于冰箱中保存。
19.1.5.2 水样的预处理:取50 mL水样置于50 mL比色管中,加入500 μL 2,4-二溴酚(DBP)内标液，用盐酸溶液调 pH<2，加入 4 mL 萃取剂。萃取 1 min，静置分层后，取出 2.0 mL 有机相于 10 mL 比色管中，加入 10 μL 衍生化试剂，于 60 ℃水浴中放置 20 min，冷却后，加入 2 mL 碳酸钾溶液充分混匀后，静置 10 min，弃去水相，再加碳酸钾溶液重复 1 次。取出有机相待测。

19.1.6 试验步骤

19.1.6.1 仪器参考条件

19.1.6.1.1 气化室温度：180 ℃。

19.1.6.1.2 柱温：起始温度 80 ℃，以 10 ℃/min 的速度升温至 260 ℃，保持 1 min。

19.1.6.1.3 检测器温度：280 ℃。

19.1.6.1.4 载气流量：30 mL/min。

19.1.6.1.5 衰减：根据样品中被测组分含量调节记录器衰减。

19.1.6.2 校准

19.1.6.2.1 定量分析中的校准方法：内标法。

19.1.6.2.2 标准样品使用次数：每次分析样品时，混合标准使用溶液需临时配制。

19.1.6.2.3 标准样品的配制如下。

a) 标准储备溶液：分别准确称取 2-氯酚（MCP）、2，4-二氯酚（DCP）、2，4，6-三氯酚（TCP）和五氯酚（PCP）各 0.100 0 g，用丙酮溶解，定容至 100 mL，此溶液的质量浓度 ρ（氯酚类化合物）＝1.0 mg/mL。每月配制 1 次。

b) 标准中间溶液：分别吸取标准储备溶液 1.00 mL 于 4 个 100 mL 容量瓶中，用重蒸水稀释至刻度。此溶液的质量浓度 ρ（氯酚类化合物）＝10 μg/mL。

c) 混合标准使用溶液：取 25.00 mL MCP、5.00 mL DCP、2.00 mL TCP 和 1.00 mL PCP 标准中间溶液于 100 mL 容量瓶中，加重蒸水至刻度，摇匀。混合标准溶液 1.00 mL 含有 2.5 μg MCP、0.5 μg DCP、0.2 μg TCP、0.1 μg PCP。

19.1.6.2.4 根据仪器的灵敏度用重蒸水将上述混合标准使用溶液再稀释成标准系列按 19.1.5.2 进行预处理。取 1 μL 注入色谱，以所测得氯酚类（CPs）的峰面积与 DBP 峰面积比为纵坐标，每一种氯酚类（CPs）的质量浓度为横坐标，分别绘制工作曲线。

19.1.6.3 试验

19.1.6.3.1 进样

19.1.6.3.1.1 进样量：1 μL。

19.1.6.3.1.2 操作：用洁净微量注射器取待测 1 μL 样品迅速注入色谱仪。

19.1.6.3.2 记录

以标样核对记录色谱峰的保留时间及对应的化合物。

19.1.6.3.3 色谱图的考察

19.1.6.3.3.1 标准色谱图，见图 7。

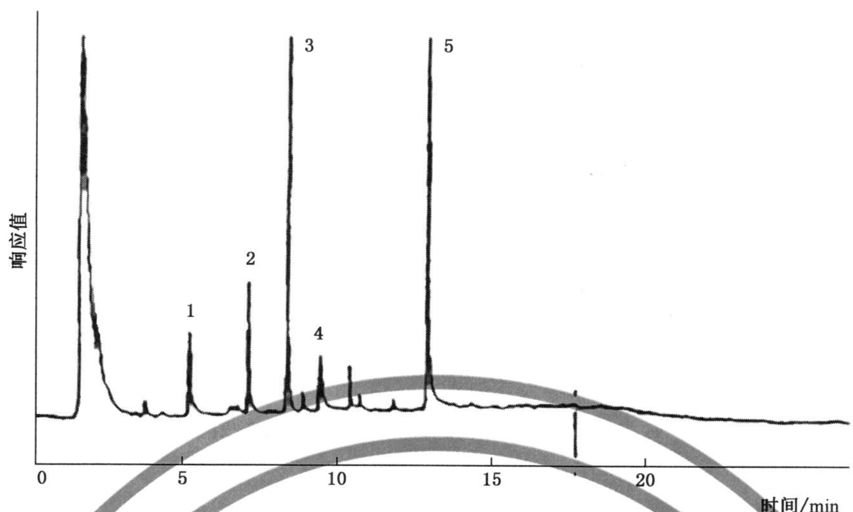

标引序号说明：

1——MCP；

2——DCP；

3——TCP；

4——DBP；

5——PCP。

图7 标准色谱图

19.1.6.3.3.2 定性分析：各组分出峰次序为 MCP，5.18 min；DCP，7.09 min；TCP，8.36 min；DBP，9.41 min；PCP，12.89 min。

19.1.6.3.3.3 定量分析：水样中氯酚类化合物的质量浓度按式(8)计算：

$$\rho=\frac{\rho_1 \times V_1}{V}\times 1\ 000 \qquad (8)$$

式中：

ρ ——水样中氯酚类的质量浓度，单位为微克每升(μg/L)；

ρ_1 ——相当于标准曲线标准的质量浓度，单位为微克每毫升(μg/mL)；

V_1——萃取液的总体积，单位为毫升(mL)；

V ——水样体积，单位为毫升(mL)。

19.1.7 试验数据处理

19.1.7.1 定性结果

根据标准色谱图各组分的保留时间确定被测试样的组分数目及组分的名称。

19.1.7.2 定量结果

含量的表示方法：按式(8)计算水样中各组分的含量，以微克每升(μg/L)表示。

19.1.8 精密度和准确度

单个实验室进行回收率和相对标准偏差(RSD)测定结果见表4。

表 4　氯酚类回收率和精密度

组分	质量浓度/(μg/L)	回收率/%	RSD/%	质量浓度/(μg/L)	回收率/%	RSD/%
MCP	74.0	105	3.1	740	102	1.9
DCP	2.03	105	5.0	20.3	102	4.2
TCP	0.402	82.6	6.1	4.02	99.4	3.2
PCP	0.20	98.3	14.1	2.0	99.1	7.4

19.2　顶空固相微萃取气相色谱法

19.2.1　最低检测质量浓度

本方法最低检测质量浓度2,4,6-三氯酚为0.05 μg/L;五氯酚为0.2 μg/L。

本方法仅用于生活饮用水中2,4,6-三氯酚、五氯酚的测定。

19.2.2　原理

被测水样置于密封的顶空瓶中,在60 ℃和pH=2条件下,经一定时间平衡,水中2,4,6-三氯酚和五氯酚逸至上部空间,并在气液两相中达到动态的平衡,此时,2,4,6-三氯酚和五氯酚在气相中的浓度与它在液相中的浓度成正比。气相中2,4,6-三氯酚和五氯酚用固相聚丙烯酸酯微萃取头萃取一定时间,在气相色谱进样器中解吸进样,以电子捕获检测器测定。根据气相中2,4,6-三氯酚和五氯酚浓度可计算出水样中2,4,6-三氯酚和五氯酚的浓度。

19.2.3　试剂或材料

19.2.3.1　载气:高纯氮气[$\varphi(N_2)\geqslant 99.999\%$]。

19.2.3.2　纯水:无2,4,6-三氯酚和五氯酚的纯水,将蒸馏水煮沸15 min～30 min或通高纯氮气20 min～25 min。应用前检查无色谱干扰峰。

19.2.3.3　盐酸溶液[$c(HCl)=1$ mol/L]:取83 mL盐酸($\rho_{20}=1.19$ g/mL)加纯水稀释至1 L。

19.2.3.4　氢氧化钠溶液[$c(NaOH)=1$ mmol/L]:称取0.04 g氢氧化钠溶解于1 L纯水中。

19.2.3.5　氢氧化钠溶液[$c(NaOH)=0.1$ mol/L]:称取4 g氢氧化钠溶解于1 L纯水中。

19.2.3.6　2,4,6-三氯酚和五氯酚标准物质:色谱纯,或使用有证标准物质。

19.2.3.7　氯化钠。

19.2.4　仪器设备

19.2.4.1　气相色谱仪:配有电子捕获检测器(镍-63)。

19.2.4.2　色谱柱:HP-5毛细管柱(30 m×0.32 mm,0.25 μm),SE-30或同等极性色谱柱。

19.2.4.3　固相微萃取装置:包括取样台(搅拌恒温加热,控制温度60 ℃±1 ℃)、萃取柄、聚丙烯酸酯萃取头(薄膜厚85 μm)。

19.2.4.4　顶空瓶:15 mL,带硅橡胶密封盖。初次使用时,用盐酸溶液煮沸20 min,纯水煮沸20 min,最后120 ℃烤箱烘烤30 min。以后使用时,洗净后120 ℃烘烤30 min即可。

19.2.4.5　具塞试管(或比色管):100 mL。

19.2.5 样品

19.2.5.1 水样的稳定性:样品中被测组分不稳定,应尽快测定。

19.2.5.2 样品的采集和保存:在 100 mL 具塞试管中加入 1 mL 氢氧化钠溶液[c(NaOH)=0.1 mol/L],带至现场装 100 mL 水样,密封。采集后 24 h 内完成测定。

19.2.6 试验步骤

19.2.6.1 仪器参考条件

19.2.6.1.1 汽化室温度:280 ℃

19.2.6.1.2 柱温(程序升温):40 ℃(保持 3 min),以 10 ℃/min 至 120 ℃,以 15 ℃/min 至 240 ℃(保持 2 min)。

19.2.6.1.3 检测器温度:300 ℃。

19.2.6.1.4 载气流速:2.0 mL/min。

19.2.6.2 校准

19.2.6.2.1 定量分析中的校准方法:外标法。

19.2.6.2.2 每次分析样品时用新配制的标准溶液绘制工作曲线。标准样品的制备如下。

a) 标准储备溶液:准确称取色谱纯 0.100 0 g 2,4,6-三氯酚和 0.100 0 g 五氯酚标准物质,分别用 0.1 mol/L 氢氧化钠溶液溶解并定容至 100 mL。此溶液的质量浓度 ρ(氯酚类化合物)=1.0 mg/mL。0 ℃~4 ℃冷藏保存,保存时间为 1 个月。

b) 混合标准使用溶液:分别取 2,4,6-三氯酚和五氯酚标准储备溶液 5.00 mL,1.00 mL 加入 100 mL 容量瓶中,用 1 mmol/L 氢氧化钠溶液定容。再取此溶液 1.00 mL 用 1 mmol/L 氢氧化钠溶液定容至 100 mL。此混合标准溶液中 2,4,6-三氯酚和五氯酚的含量分别为 0.5 μg/mL和 0.1 μg/mL。现用现配。

19.2.6.2.3 标准系列的配制:在空气中不含有 2,4,6-三氯酚和五氯酚或干扰物质的实验室,取 6 个 100 mL 容量瓶,分别加入混合标准使用溶液 0 mL、2.00 mL、4.00 mL、6.00 mL、8.00 mL、10.00 mL,用 1 mmol/L 氢氧化钠溶液定容,配制成标准系列溶液。其中 2,4,6-三氯酚的质量浓度为 0.0 μg/L、10.0 μg/L、20.0 μg/L、30.0 μg/L、40.0 μg/L、50.0 μg/L,五氯酚的质量浓度为 0.0 μg/L、2.0 μg/L、4.0 μg/L、6.0 μg/L、8.0 μg/L、10.0 μg/L。

19.2.6.2.4 标准曲线绘制:吸取 10.00 mL 配制好的标准系列溶液至预先加入 0.5 mL 盐酸溶液和3.6 g NaCl 的顶空瓶中,立即封盖,置于固相微萃取取样台上,于 60 ℃±1 ℃平衡 40 min。将聚丙烯酸酯萃取头插入顶空瓶内液上空间吸附 12 min,取出萃取头插入气相色谱仪进样器 280 ℃解吸2.5 min,不分流进样测定。以标准系列溶液的质量浓度对峰高值绘制标准曲线或计算回归方程($y=a+bx$)。

19.2.6.3 试验

19.2.6.3.1 样品处理和进样操作:取 10.00 mL 水样至预先加入 0.5 mL 盐酸溶液和 3.6 g 氯化钠的顶空瓶中,立即封盖。同时做平行样。以下操作同 19.2.6.2.4。

19.2.6.3.2 记录:以标样核对,用积分仪或工作站或记录仪记录色谱图及色谱峰的信息。

19.2.6.3.3 色谱图的考察:标准色谱图,见图 8。

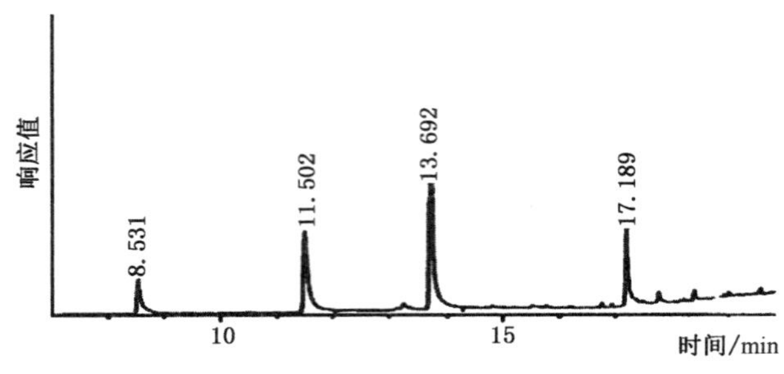

图8 标准色谱图

19.2.6.3.4 定性分析：各组分出峰顺序为2-氯酚，8.531 min；2,4-二氯酚，11.502 min；2,4,6-三氯酚，13.692 min；五氯酚，17.189 min。

19.2.6.3.5 定量分析如下。

a) 色谱峰的测量：测量峰高，可用积分仪或工作站自动测量。用记录仪时需手工积分，方法为连接峰的起点和终点作为峰底，从峰高的最大值对基线做垂线与峰底相交，其交点与峰顶点的距离为峰高。

b) 计算：以峰高直接在标准曲线上查出2,4,6-三氯酚和五氯酚的质量浓度即为水中2,4,6-三氯酚和五氯酚的质量浓度（μg/L）。或将峰高值代入回归方程中的 Y 值，计算出的 X 值即为水中2,4,6-三氯酚和五氯酚的质量浓度（μg/L）。

19.2.7 试验数据处理

19.2.7.1 定性结果

根据标准色谱图中组分的峰保留时间确定被测试样中组分性质。

19.2.7.2 定量结果

含量的表示方法：在标准曲线上查出2,4,6-三氯酚和五氯酚的质量浓度或从回归方程计算出2,4,6-三氯酚和五氯酚的质量浓度，以微克每升（μg/L）表示。

19.2.8 精密度和准确度

3个实验室进行加标测定，2,4,6-三氯酚加标量为10 μg/L～50 μg/L时，相对标准偏差范围为2.10%～8.90%，平均回收率范围为90.3%～111%；五氯酚加标量为2 μg/L～10 μg/L时，相对标准偏差范围为2.05%～8.50%，平均回收率范围为87.7%～111%。

19.3 固相萃取气相色谱质谱法

按GB/T 5750.8—2023中15.1描述的方法测定。

20 亚氯酸盐

20.1 碘量法

20.1.1 最低检测质量浓度

本方法最低检测质量：亚氯酸盐，0.004 mg；氯酸盐，0.004 mg。若取100 mL水样测定，则亚氯酸盐最低检测质量浓度为0.04 mg/L；若取15 mL水样测定，则氯酸盐最低检测质量浓度为0.23 mg/L。

本方法仅用于生活饮用水中亚氯酸盐、氯酸盐的测定。

20.1.2 原理

经二氧化氯消毒后的水样，用纯氮吹去二氧化氯、氯气后，先在 pH 7 与碘化物反应测定不挥发余氯。再在 pH 2 测定亚氯酸盐。经氮气吹后的水样，加 KBr 处理，避免溶解氧氧化碘化钾的干扰，处理后测定氯酸盐。

20.1.3 试剂或材料

本方法配制试剂、稀释标准溶液及洗涤玻璃仪器所用纯水均为无需氯水。无需氯水制备方法：每升纯水加入 5 mg 游离氯，避光放置两天，游离余氯至少需＞2 mg/L。将加氯放置后的纯水煮沸后在日光或紫外灯下照射，以分解余氯，检查无余氯后使用。

20.1.3.1 磷酸盐缓冲溶液（pH 7）：溶解 25.4 g 无水磷酸二氢钾和 33.1 g 无水磷酸氢二钠于 1 000 mL 的无需氯的纯水中，如有沉淀，应过滤后使用。

20.1.3.2 盐酸（ρ_{20}＝1.19 g/mL）。

20.1.3.3 盐酸溶液[c(HCl)＝2.5 mol/L]：小心将 200 mL 盐酸（ρ_{20}＝1.19 g/mL）用纯水稀释至 1 000 mL。

20.1.3.4 饱和磷酸氢二钠溶液：将十二水磷酸氢二钠用纯水配制成饱和溶液。

20.1.3.5 溴化钾溶液（50 g/L）：称取 5 g 溴化钾，用纯水溶解，并稀释至 100 mL。储于棕色玻璃瓶中，每周新配。

20.1.3.6 碘化钾：小颗粒晶体。

20.1.3.7 硫代硫酸钠标准储备溶液[$c(Na_2S_2O_3)$＝0.100 0 mol/L]。

20.1.3.8 硫代硫酸钠标准使用溶液[$c(Na_2S_2O_3)$＝0.005 000 mol/L]：取硫代硫酸钠标准储备溶液用新煮沸放冷的纯水稀释配制。当 ClO_2^- 含量高时，配制成 $c(Na_2S_2O_3)$＝0.010 00 mol/L。

20.1.3.9 淀粉指示剂溶液（5 g/L）。

20.1.3.10 超纯氮：需通过碘化钾溶液（50 g/L）洗涤，当碘化钾溶液变色时应更换。

20.1.4 仪器设备

20.1.4.1 所有的玻璃仪器应专用。直接接触样品的玻璃器皿，在第一次使用前应在二氧化氯浓溶液（200 mg/L～500 mg/L）中浸泡 24 h，使二氧化氯与玻璃表面形成疏水层，洗净后备用。

20.1.4.2 碘量瓶：250 mL、500 mL。

20.1.4.3 洗气瓶：500 mL。

20.1.4.4 微量滴定管：5 mL。

20.1.4.5 比色管：25 mL。

20.1.5 试验步骤

20.1.5.1 采样：ClO_2 易从溶液中挥发，采集水样时应避免样品与空气接触，装满水样瓶，勿留空间，避光。取样时，吸管插入样品瓶底部，弃去最初吸出的数次溶液；放出样品时应将吸管尖放置试剂或稀释水的液面以下。

20.1.5.2 量取 200 mL 水样（如需要时可吸取适量水样用纯水稀释）于 500 mL 洗气瓶中，加 2 mL pH 7磷酸盐缓冲溶液，用 1.5 L/min 流量的超纯氮吹气 10 min 以除去水样中全部的 ClO_2 和 Cl_2。

20.1.5.3 吸取 100 mL 吹气后的水样于 250 mL 碘量瓶中，加入 1 g 碘化钾，加入 1 mL 淀粉指示剂溶液（5 g/L），用硫代硫酸钠标准使用溶液[$c(Na_2S_2O_3)$＝0.005 000 mol/L]滴定至终点，记录用量，A 为不挥发性余氯的平均消耗量。A＝硫代硫酸钠标准使用溶液用量（mL）/水样体积（mL）。

20.1.5.4 在上述水样中加入 2.5 mol/L 盐酸溶液[$c(HCl)$=2.5 mol/L]2 mL,在暗处放置 5 min,继续用硫代硫酸钠标准使用溶液[$c(Na_2S_2O_3)$=0.005 000 mol/L]滴定至终点,记录用量,B 为亚氯酸盐(ClO_2^-)平均消耗量。B=硫代硫酸钠标准使用溶液用量(mL)/水样体积(mL)。

20.1.5.5 不挥发性余氯、亚氯酸盐及氯酸盐:加 1 mL 溴化钾溶液(50 g/L)及 10 mL 盐酸(ρ_{20}=1.19 g/mL)于 25 mL 比色管中,小心加入 15 mL 吹气后的水样,尽量不接触空气,立即盖紧、混合,于暗处放置 20 min。加入 1 g 碘化钾轻微摇动使碘化钾溶解,迅速倾入已加有 25 mL 饱和磷酸氢二钠溶液的 500 mL 碘量瓶中,以 25 mL 纯水洗涤比色管,洗涤液合并于碘量瓶中,再加 200 mL 纯水稀释,摇匀。以淀粉为指示剂,用硫代硫酸钠标准使用溶液[$c(Na_2S_2O_3)$=0.005 000 mol/L]滴定至终点,记录用量(mL)。同时用纯水代替水样,测定试剂空白,记录用量(mL)。计算不挥发性余氯、亚氯酸盐及氯酸盐的平均消耗量 C。C=(水样中硫代硫酸钠标准使用溶液用量－空白中硫代硫酸钠标准使用溶液用量)mL/15 mL。

20.1.6 试验数据处理

亚氯酸盐(以 ClO_2^- 计)的质量浓度按式(9)计算:

$$\rho(ClO_2^-) = B \times c \times 16.863 \times 1\,000 \qquad (9)$$

氯酸盐(以 ClO_3^- 计)的质量浓度按式(10)计算:

$$\rho(ClO_3^-) = [C-(A+B)] \times c \times 13.908 \times 1\,000 \qquad (10)$$

式中:

ρ ——亚氯酸盐和氯酸盐的质量浓度,单位为毫克每升(mg/L);

A ——滴定不挥发性余氯时,硫代硫酸钠标准使用溶液平均消耗量;

B ——滴定亚氯酸盐时,硫代硫酸钠标准使用溶液平均消耗量;

C ——滴定不挥发性余氯、亚氯酸盐及氯酸盐时,硫代硫酸钠标准使用溶液平均消耗量;

c ——硫代硫酸钠标准使用溶液浓度,单位为摩尔每升(mol/L);

16.863 ——在 pH=2 时,与 1.00 mL 硫代硫酸钠标准使用溶液[$c(Na_2S_2O_3)$=1.000 mol/L]相当的以毫克表示的 ClO_2^- 的质量,单位为克每摩尔(g/mol);

13.908 ——在 pH=0.1 时,与 1.00 mL 硫代硫酸钠标准使用溶液[$c(Na_2S_2O_3)$=1.000 mol/L]相当的以毫克表示的 ClO_3^- 的质量,单位为克每摩尔(g/mol)。

20.1.7 精密度和准确度

4 个实验室在纯水中加入 0.12 mg/L、0.50 mg/L、0.80 m/L、2.00 mg/L 亚氯酸盐,各测定 6 份,回收率在 96.3%~101%之间,平均回收率为 99.5%,相对标准偏差为 0.7%~8.0%。4 个实验室在纯水中加入 0.50 mg/L、1.00 mg/L、3.00 mg/L 氯酸盐,各测定 6 份,回收率为 91.6%~110%,平均为 99.5%,相对标准偏差为 0%~9.8%。

20.2 离子色谱法

20.2.1 最低检测质量浓度

本方法的最低检测质量浓度分别是:ClO_2^- 2.4 μg/L;ClO_3^- 5.0 μg/L;Br^- 4.4 μg/L。

水样中存在高浓度的 ClO_2 对分析有影响,可以通过吹入氮气和加入乙二胺作保护剂消除 ClO_2 对分析的影响。

水样中存在较高浓度的低分子量有机酸时,可能因保留时间相近造成干扰。用加标后测量以帮助鉴别此类干扰。水中 NO_3^- 浓度太大,对 ClO_3^- 测定有严重干扰,可以通过稀释水样及改变淋洗条件来改善此类干扰。

由于进样量很小，操作中应严格防止纯水，器皿在水样预处理过程中的污染，以确保分析的准确性。

为了防止保护柱和分离柱系统堵塞，样品应先经过 0.22 μm 滤膜过滤。为防高硬度水在碳酸盐淋洗液中沉淀，必要时要将水样先经过强酸性阳离子交换柱。

不同浓度离子同时分析时的相互干扰，或存在其他组分干扰时可采取水样预浓缩，梯度淋洗或将流出部分收集后再进样的方法消除干扰，但应对所采取的方法的精密度及偏性进行确认。

20.2.2 原理

水样中待测的阴离子随碳酸盐淋洗液进入离子交换系统中(由保护柱和分离柱组成)，根据分离柱对不同离子的亲和力不同进行分离，已分离的阴离子流经抑制器系统转化成具有高电导度的强酸，而淋洗液则转化成弱电导度的碳酸，由电导检测器测量各种离子组分的电导率，以保留时间定性，峰面积或峰高定量。

20.2.3 试剂或材料

20.2.3.1 亚氯酸盐标准储备溶液[$\rho(ClO_2^-)=1.0$ mg/mL]：亚氯酸盐含量及杂质氯酸盐的含量的测定见 20.2.9。置于干燥器中备用。经计算后，称取适量亚氯酸钠，用纯水溶解，并定容到 100 mL，或使用有证标准物质溶液。0 ℃～4 ℃冷藏保存，保存时间为 1 个月。

20.2.3.2 氯酸盐标准储备溶液[$\rho(ClO_3^-)=1.0$ mg/mL]：使用基准纯试剂，置于干燥器中备用。称取适量氯酸钠，用纯水溶解，并定容到 100 mL。0 ℃～4 ℃冷藏保存，保存时间为 1 个月。

20.2.3.3 溴离子标准储备溶液[$\rho(Br^-)=1.0$ mg/mL]：使用称取 0.128 8 g 溴化钠(基准纯)，用纯水溶解，并定容到 100 mL。0 ℃～4 ℃冷藏保存，保存时间为 1 个月。

20.2.3.4 混合标准储备溶液：分别吸取 1.0 mL 亚氯酸盐标准储备溶液，氯酸盐标准储备溶液，溴离子标准储备溶液，用纯水定容到 100 mL。此混合标准储备溶液分别含亚氯酸盐(以 ClO_2^- 计)，氯酸盐(以 ClO_3^- 计)，溴离子(以 Br^- 计)10.0 mg/L。现配现用。

20.2.3.5 无水碳酸钠：置于干燥器中备用。

20.2.3.6 样品保存液[乙二胺($C_2H_8N_2$)溶液]：取 2.8 mL 乙二胺稀释到 25 mL，0 ℃～4 ℃冷藏保存备用，保存时间为 1 个月。

20.2.3.7 纯水：重蒸水或去离子水，电导率<1 μS/cm，不含目标离子，经 0.22 μm 的滤膜过滤。

20.2.3.8 辅助气体：压缩空气，高纯氮气(小瓶装方便携带)。

20.2.4 仪器设备

20.2.4.1 离子色谱仪：配电导检测器。

20.2.4.2 色谱柱：具有烷基季铵或烷醇季铵官能团的分析柱或性能相当的分析柱，内径 4 mm，填充材料为大孔乙基乙烯基苯/二乙烯基苯高聚合物。

20.2.4.3 采样瓶：500 mL 棕色玻璃或塑料瓶，洗涤干净，并用纯水冲洗，晾干备用。

20.2.4.4 滤器及滤膜：0.2 μm。

20.2.5 样品

用采样瓶采集水样，往水中通入高纯氮气(或其他惰性气体，如氩气)10 min(流速 1.0 L/min)，(对于用二氧化氯消毒的水样应通氮气，对于加游离氯制剂消毒的水样可省略此步骤)，然后加入 0.25 mL 样品保存液(乙二胺溶液)，密封，摇匀，0 ℃～4 ℃冷藏保存。采集后当天测定。

20.2.6 试验步骤

20.2.6.1 仪器参考条件

20.2.6.1.1 电导检测池温度：25 ℃。

20.2.6.1.2 进样器加压:0.5 MPa。
20.2.6.1.3 流动相瓶加压:40 kPa。
20.2.6.1.4 流动相:Na_2CO_3 溶液(8.0 mmol/L)。
20.2.6.1.5 流动相流速:1.3 mL/min。
20.2.6.1.6 进样体积:200 μL。
20.2.6.1.7 抑制器抑制模式:外接纯水模式(循环模式的基线噪声较大)。
20.2.6.1.8 抑制器电流:50 mA。

20.2.6.2 校准

取7个100 mL容量瓶,分别加入混合标准储备溶液0.0 mL、0.50 mL、1.00 mL、2.00 mL、3.00 mL、4.00 mL、5.00 mL,用纯水定容到100 mL。此系列标准溶液质量浓度为0.0 μg/L、50.0 μg/L、100.0 μg/L、200.0 μg/L、300.0 μg/L、400.0 μg/L、500.0 μg/L。现用现配。将配好的系列标准溶液分别进样。以峰高或峰面积(Y)对溶液的质量浓度(X)绘制标准曲线,或计算回归曲线。

20.2.6.3 样品分析

20.2.6.3.1 样品的预处理:将水样经0.2 μm滤膜过滤,对硬度高的水必要时先过阳离子交换树脂柱,然后经0.2 μm滤膜过滤。对含有机物的水先经过 C_{18} 柱过滤。
20.2.6.3.2 将预处理后的水样注入进样系统,记录峰高或峰面积。
20.2.6.3.3 离子色谱图,见图9。

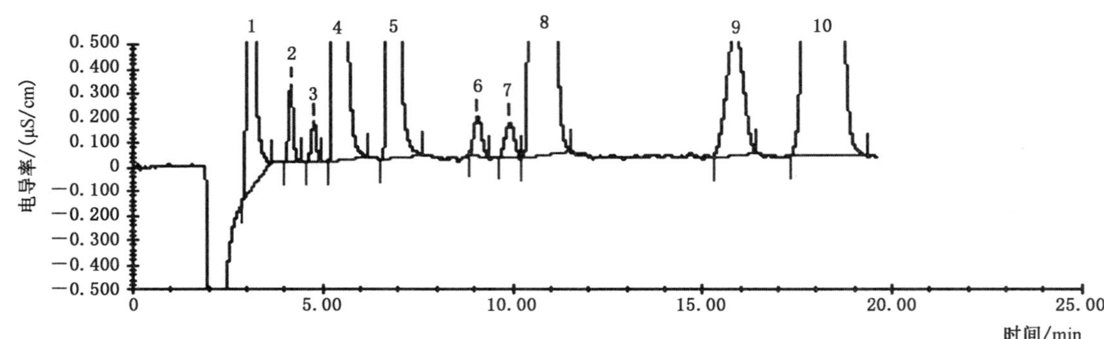

标引序号说明:

1 ——氟离子,3.06 min;
2 ——亚氯酸盐,4.14 min;
3 ——溴酸盐,4.74 min;
4 ——氯离子,5.43 min;
5 ——亚硝酸盐,6.84 min;
6 ——溴离子,9.07 min;
7 ——氯酸盐,9.91 min;
8 ——硝酸盐,10.69 min;
9 ——磷酸盐,15.86 min;
10——硫酸盐,18.17 min。

图9 亚氯酸盐、氯酸盐、溴离子及常见阴离子标准色谱图

20.2.7 试验数据处理

各种分析离子的质量浓度(μg/L),可以直接在标准曲线上查得。

20.2.8 精密度和准确度

亚氯酸盐:经3个实验室测定分别含50 μg/L、200 μg/L、400 μg/L的亚氯酸根离子(ClO_2^-)标准溶液,其相对标准偏差(RSD,n=6)分别为:6.1%、3.2%、1.7%;6.2%、1.7%、1.1%;5.8%、6.9%、4.4%。

对生活饮用水分别加标 50 μg/L、200 μg/L、400 μg/L，其回收率分别为：109%、94.6%、101%；95.5%、99.1%、102%；93.2%、107%、107%。

氯酸盐：经 3 个实验室测定分别含 50 μg/L、200 μg/L、400 μg/L 的氯酸根离子(ClO_3^-)标准溶液，其相对标准偏差(RSD，$n=6$)分别为：5.1%、2.7%、1.2%；2.8%、3.3%、1.7%；5.8%、5.4%、3.9%。对生活饮用水分别加标 50 μg/L、200 μg/L、400 μg/L，其回收率分别为：83.9%、85.5%、92.1%；97.7%、95.6%、95.3%；109%、106%、106%。

溴离子：经 3 个实验室测定分别含 50 μg/L、200 μg/L、400 μg/L 的溴离子(以 Br^- 计)标准溶液，其相对标准偏差(RSD，$n=6$)分别为：6.7%、2.1%、0.8%；5.6%、3.4%、0.9%；8.4%、6.6%、2.4%。对生活饮用水分别加标 50 μg/L、200 μg/L、400 μg/L，其回收率分别为：105%、95.0%、98.5%；113%、102%、105%；101%、105%、106%。

注：高纯度的亚氯酸钠是极易爆炸的，只能用工业 $NaClO_2$ 作为标准品。工业品中 $NaClO_2$ 含量只有 80%左右，而且总是含有少量 ClO_3^-(3%～4%)。因此 $NaClO_2$ 要经过准确标定 $NaClO_2$ 含量和杂质 $NaClO_3$ 含量后才能使用。其中含有的 ClO_3^- 还将影响混合标准溶液中 ClO_3^- 的浓度。

20.2.9 亚氯酸钠含量和亚氯酸钠中氯酸钠含量的测定

20.2.9.1 亚氯酸钠含量的测定

20.2.9.1.1 试剂与溶液

20.2.9.1.1.1 硫酸溶液(1+8)：吸取 20 mL 硫酸，缓缓加入 160 mL 水中，不断搅拌。

20.2.9.1.1.2 碘化钾溶液(100 g/L)：称取 20 g 碘化钾，溶入 200 mL 水中，新配。

20.2.9.1.1.3 淀粉指示液(5 g/L)：称取淀粉 0.5 g，溶入 100 mL 沸水中，新配。

20.2.9.1.1.4 硫代硫酸钠标准溶液[$c(Na_2S_2O_3)=0.100\ 0$ mol/L]：称取 26 g 五水合硫代硫酸钠($Na_2S_2O_3 \cdot 5H_2O$)及 0.2 g 碳酸钠，加入适量的新煮沸的冷水使之溶解，并稀释到 1 000 mL，混匀，转入棕色试剂瓶中，放置 1 个月后过滤，经准确标定后备用。

20.2.9.1.1.5 硫代硫酸钠标准溶液的标定与浓度计算如下。

a) 硫代硫酸钠标准溶液的标定：准确称取约 0.15 g 在 120 ℃干燥至恒量的重铬酸钾(国家标准物质 GBW 06105c)，置于 500 mL 碘量瓶中，加入 50 mL 水使之溶解。加入 2 g 碘化钾，轻轻振摇使之溶解，再加入 20 mL 硫酸溶液(1+8)，密闭，摇匀。放于暗处 10 min 后用 250 mL 水稀释。用硫代硫酸钠标准滴定液[$c(Na_2S_2O_3)=0.100\ 0$ mol/L]滴到溶液呈淡黄色，再加入 3 mL 淀粉指示液，继续滴定到蓝色消失而显亮绿色。反应液及稀释用水的温度不应高于 20 ℃。同时做好试剂空白试验。

b) 硫代硫酸钠标准溶液浓度计算，按式(11)计算：

$$c(Na_2S_2O_3)=\frac{m}{(V-V_0)\times 0.049\ 03} \qquad (11)$$

式中：

$c(Na_2S_2O_3)$——硫代硫酸钠溶液的浓度，单位为摩尔每升(mol/L)；

m——重铬酸钾的质量，单位为克(g)；

V——硫代硫酸钠溶液的体积，单位为毫升(mL)；

V_0——空白试验消耗硫代硫酸钠溶液的体积，单位为毫升(mL)；

0.049 03——与 1.00 mL 硫代硫酸钠标准溶液[$c(Na_2S_2O_3)=1.000$ mol/L]相当的以克(g)表示的重铬酸钾的质量，单位为克每毫摩尔(g/mmol)。

20.2.9.1.2 测定步骤

称量约 3 g 亚氯酸钠，精确到 0.000 2 g，置于 100 mL 烧杯中，加水溶解后，全部移入 500 mL 容量瓶中，用水稀释至刻度，摇匀。

量取 10 mL 亚氯酸钠试液，置于预先加有 20 mL 的碘化钾溶液(100 g/L)的 250 mL 碘量瓶中，加入 20 mL 硫酸溶液(1＋8)，摇匀。于暗处放置 10 min。加 100 mL 水，用硫代硫酸钠标准溶液[$c(Na_2S_2O_3)$=0.100 0 mol/L]滴定至溶液呈浅黄色时，加入约 3 mL 淀粉指示液(5 g/L)，继续滴定至蓝色消失即为终点，同时做空白试验。

20.2.9.1.3 结果的表示和计算

以质量分数表示的亚氯酸钠含量[$w(NaClO_2)$]按式(12)计算：

$$w(NaClO_2)=\frac{(V_1-V_{空白1})\times c_1\times 0.022\,61}{m\times 10/500}\times 100=\frac{113.05\times(V_1-V_{空白1})\times c_1}{m} \quad \cdots(12)$$

式中：

$w(NaClO_2)$——亚氯酸钠的质量分数，%；

V_1 ——测定试样时所消耗的硫代硫酸钠标准溶液的体积，单位为毫升(mL)；

$V_{空白1}$ ——空白试验消耗硫代硫酸钠溶液的体积，单位为毫升(mL)；

c_1 ——硫代硫酸钠标准溶液的浓度，单位为摩尔每升(mol/L)；

0.022 61 ——与 1.00 mL 硫代硫酸钠溶液[$c(Na_2S_2O_3)$=1.000 mol/L]相当的以克表示的亚氯酸钠的质量，单位为克每毫摩尔(g/mmol)；

m ——亚氯酸钠的质量，单位为克(g)。

两次平行测定结果之差不大于 0.2%，取其算术平均值为测定结果。

20.2.9.2 亚氯酸钠中氯酸钠含量的测定

20.2.9.2.1 原理

在酸性介质中，在加热条件下，硫酸亚铁铵被亚氯酸盐和氯酸盐氧化成硫酸铁铵，过量的硫酸亚铁铵用重铬酸钾溶液反滴定，以测定氯酸钠含量。

20.2.9.2.2 试剂

20.2.9.2.2.1 硫酸亚铁铵溶液{$c[(NH_4)_2Fe(SO_4)_2\cdot 6H_2O]\approx 0.1$ mol/L}：称取 40 g 六水合硫酸亚铁铵[$(NH_4)_2Fe(SO_4)_2\cdot 6H_2O$]，溶于 1 000 mL 水中，摇匀备用。

20.2.9.2.2.2 重铬酸钾标准溶液[$c(1/6K_2Cr_2O_7)$=0.100 0 mol/L]：准确称取 4.903 g 在 120 ℃干燥至恒量的重铬酸钾(或使用有证标准物质溶液)，置于小烧杯中，用纯水溶解后转入 1 000 mL 容量瓶，定容。

20.2.9.2.2.3 硫酸溶液(1＋35)。

20.2.9.2.2.4 硫酸-磷酸混合酸：150 mL 磷酸注入 100 mL 水中混合后，再慢慢地注入 150 mL 浓硫酸。

20.2.9.2.2.5 二苯胺磺酸钠($C_6H_5NHC_6H_4SO_3Na$，5 g/L)：称取 0.5 g 二苯胺磺酸钠，溶于 100 mL 水中。

20.2.9.2.3 试验步骤

量取 50 mL 硫酸亚铁铵标准溶液，置于 500 mL 锥形瓶中。量取 10 mL 亚氯酸钠试液，从液下加入锥形瓶中，加入 10 mL 硫酸溶液(1＋35)，置于电炉上加热至沸，维持 1 min，然后取下，用水迅速冷却，再加入 20 mL 硫酸-磷酸混合酸及 5 滴二苯胺磺酸钠指示液(5 g/L)，以重铬酸钾标准溶液[$c(1/6K_2Cr_2O_7)$=0.100 0 mol/L]滴定至紫蓝色即为终点。

空白试验:量取 50 mL 硫酸亚铁铵溶液 $c[(NH_4)_2Fe(SO_4)_2 \cdot 6H_2O]$约 0.1 mol/L 置于 500 mL 锥形瓶中,加入 10 mL 硫酸溶液(1＋35),置于电炉上加热至沸,维持 1 min,然后取下,用水迅速冷却,再加入 20 mL 硫酸-磷酸混合酸及 5 滴二苯胺磺酸钠指示液(5 g/L),以重铬酸钾标准溶液[$c(1/6K_2Cr_2O_7)$＝0.100 0 mol/L]滴定至紫蓝色即为终点。

20.2.9.2.4 试验数据处理

以质量分数表示的氯酸钠的含量[$w(NaClO_3)$]按式(13)计算:

$$w(NaClO_3)=\frac{[(V_{空白2}-V_3)\times c_2-(V_1-V_{空白1})\times c_1]\times 0.017\,74}{m\times 10/500}\times 100$$

$$=\frac{88.7\times[(V_{空白2}-V_3)\times c_2-(V_1-V_{空白1})\times c_1]}{m} \qquad \cdots\cdots(13)$$

式中:

$w(NaClO_3)$——氯酸钠的质量分数,%;

$V_{空白2}$——空白试验所消耗的重铬酸钾标准溶液的体积,单位为毫升(mL);

V_3——测定时所消耗的重铬酸钾标准溶液的体积,单位为毫升(mL);

c_2——重铬酸钾标准溶液的浓度,单位为摩尔每升(mol/L);

V_1——先前测定亚氯酸钠含量时所消耗的硫代硫酸钠标准溶液的体积,单位为毫升(mL);

$V_{空白1}$——先前测定亚氯酸钠含量时所做空白试验所消耗的硫代硫酸钠标准溶液的体积,单位为毫升(mL);

c_1——先前测定试样中亚氯酸钠含量时所用的硫代硫酸钠标准溶液的浓度,单位为摩尔每升(mol/L);

0.017 74——与 1.00 mL 重铬酸钾溶液[$c(1/6K_2Cr_2O_7)$＝1.000 mol/L]相当的以克表示的氯酸钠的质量,单位为克每毫摩尔(g/mmol);

m——亚氯酸钠的质量,单位为克(g)。

两次平行测定结果之差不大于 0.1%,取其算术平均值为测定结果。

20.3 高效液相色谱串联质谱法

按 15.3 描述的方法测定。

21 氯酸盐

21.1 碘量法

按 20.1 描述的方法测定。

21.2 离子色谱法

按 20.2 描述的方法测定。

21.3 高效液相色谱串联质谱法

按 15.3 描述的方法测定。

22 溴酸盐

22.1 离子色谱法—氢氧根系统淋洗液

22.1.1 最低检测质量浓度

本方法最低检测质量为 2.5 ng,若采用直接进样,进样体积为 500 μL,则最低检测质量浓度为 5 μg/L。

22.1.2 原理

水样中的溴酸盐和其他阴离子随氢氧化钾(或氢氧化钠)淋洗液进入阴离子交换分离系统(由保护柱和分析柱组成),根据分析柱对各离子的亲和力不同进行分离,已分离的阴离子流经阴离子抑制系统转化成具有高电导率的强酸,而淋洗液则转化成低电导率的水,由电导检测器测量各种阴离子组分的电导率,以保留时间定性,峰面积或峰高定量。

22.1.3 试剂

22.1.3.1 纯水:重蒸水或去离子水,电阻率≥18.0 MΩ·cm。

22.1.3.2 乙二胺(EDA,$C_2H_8N_2$)。

22.1.3.3 溴酸钠:基准纯或优级纯,或使用有证标准物质。

22.1.3.4 溴酸盐标准储备溶液[$\rho(BrO_3^-)$=1.0 mg/mL]:准确称取 0.118 0 g 溴酸钠(基准纯或优级纯),用纯水溶解,并定容到 100 mL 容量瓶中。0 ℃~4 ℃冷藏备用,可使用 6 个月。

22.1.3.5 溴酸盐标准中间溶液[$\rho(BrO_3^-)$=10.0 mg/L]:吸取 5.00 mL 溴酸盐标准储备溶液,置于 500 mL 容量瓶中,用纯水稀释至刻度。0 ℃~4 ℃冷藏避光密封保存,保存时间为 2 周。

22.1.3.6 溴酸盐标准使用溶液[$\rho(BrO_3^-)$=1.00 mg/L]:吸取 10.0 mL 溴酸盐标准中间溶液,置于 100 mL 容量瓶中,用纯水稀释至刻度,现用现配。

22.1.3.7 乙二胺($C_2H_8N_2$)储备溶液[ρ(EDA)=100 mg/mL]:吸取 2.8 mL 乙二胺,用纯水稀释至 25 mL,可保存 1 个月。

22.1.3.8 氢氧化钾淋洗液:由淋洗液自动电解发生器(或其他能自动产生淋洗液的设备)在线产生或手工配制氢氧化钾(或氢氧化钠)淋洗液。

22.1.4 仪器设备

22.1.4.1 离子色谱仪:配电导检测器。

22.1.4.2 辅助气体:高纯氮气[$\varphi(N_2)$≥99.999%]。

22.1.4.3 进样器:2.5 mL~10 mL 注射器。

22.1.4.4 0.45 μm 微孔滤膜过滤器。

22.1.5 样品

22.1.5.1 水样的采集和预处理:用玻璃或塑料采样瓶采集水样,对于用二氧化氯和臭氧消毒的水样需通入惰性气体(如高纯氮气)5 min(1.0 L/min)以除去二氧化氯和臭氧等活性气体;加氯消毒的水样则可省略此步骤。

22.1.5.2 水样的保存:水样采集后密封,0 ℃~4 ℃冷藏保存,需在 1 周内完成分析。采集水样后加入乙二胺储备溶液[ρ(EDA)=100 mg/mL]至水样中质量浓度为 50 mg/L(相当于 1 L 水样加 0.5 mL 乙二胺储备溶液),密封,摇匀,0 ℃~4 ℃冷藏保存,可保存 28 d。

22.1.6 试验步骤

22.1.6.1 离子色谱仪器参数：阴离子保护柱为具有烷醇季铵官能团的保护柱，填充材料为大孔苯乙烯/二乙烯基苯高聚合物(50 mm×4mm)，或相当的保护柱；阴离子分析柱为具有烷醇季铵官能团的分析柱，填充材料为大孔苯乙烯/二乙烯基苯高聚合物(250 mm×4 mm)，或相当的分析柱；阴离子抑制器电流 75 mA；淋洗液流速 1.0 mL/min。淋洗液梯度淋洗参考程序见表 5。

表 5 淋洗液梯度淋洗参考程序

时间/min	氢氧化钾淋洗液浓度/(mmol/L)
0.0	10.0
10.0	10.0
10.1	35.0
18.0	35.0
18.1	10.0
23.0	10.0

22.1.6.2 校准曲线的绘制：取 6 个 100 mL 容量瓶，分别加入溴酸盐标准使用溶液[$\rho(BrO_3^-)$=1.00 mg/L]0.50 mL、1.00 mL、2.50 mL、5.00 mL、7.50 mL、10.00 mL，用纯水稀释到刻度。此系列标准溶液质量浓度为 5.00 μg/L、10.0 μg/L、25.0 μg/L、50.0 μg/L、75.0 μg/L、100 μg/L，现用现配。将标准系列溶液分别进样，以峰高或峰面积(Y)对溶液的质量浓度(X)绘制校准曲线，或计算回归方程。

22.1.6.3 将水样经 0.45 μm 微孔滤膜过滤器过滤，对含有机物的水先经过 C_{18} 柱过滤。

22.1.6.4 将预处理后的水样直接进样，进样体积 500 μL，记录保留时间、峰高或峰面积。

22.1.6.5 离子色谱图，见图 10。

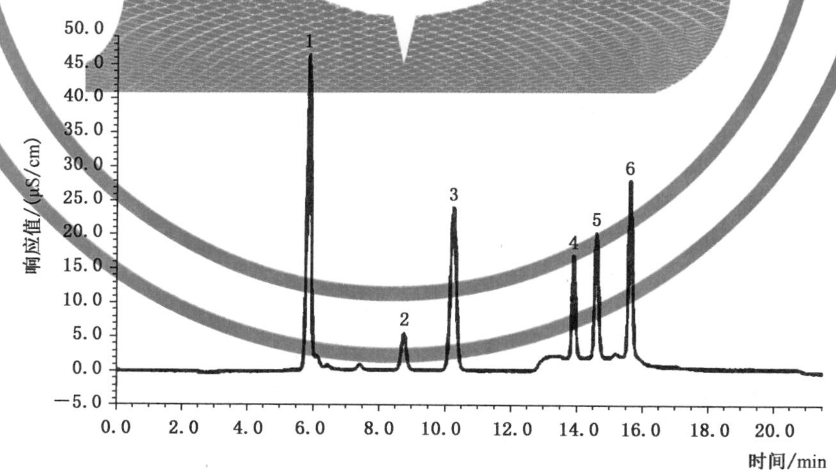

标引序号说明：

1——氟化物，5.87 min；
2——溴酸盐，8.76 min；
3——氯化物，10.25 min；
4——溴化物，13.91 min；
5——硝酸盐，14.60 min；
6——硫酸盐，15.63 min。

图 10 混合标准溶液色谱图

22.1.7 试验数据处理

溴酸盐(以 BrO_3^- 计)的质量浓度(μg/L)可以直接在校准曲线上查得。

22.1.8 精密度和准确度

2 个实验室分别对含 5.0 μg/L、40 μg/L、80 μg/L 的溴酸盐(以 BrO_3^- 计)标准溶液重复测定(n=6),其相对标准偏差为 0.4%~2.2%。2 个实验室对市政自来水分别加标 5.0 μg/L、40 μg/L、80 μg/L,其平均回收率为 92.0%~105%。对纯净水分别加标 5.0 μg/L、40 μg/L、80 μg /L,其平均回收率为 99%~108%。对矿泉水分别加标 5.0 μg/L、40 μg/L、80 μg /L,其平均回收率为 90%~106%。

22.2 离子色谱法—碳酸盐系统淋洗液

22.2.1 最低检测质量浓度

本方法采用 AS9-HC 分析柱,溴酸盐(以 BrO_3^- 计)最低检测质量为 0.5 ng,若采用直接进样,进样体积为 100 μL,则最低检测质量浓度 5.0 μg/L;采用 A Supp 5-250 分析柱,溴酸盐(以 BrO_3^- 计)最低检测质量为 0.2 ng,若采用直接进样,进样体积为 40 μL,则最低检测质量浓度 5.0 μg/L。

22.2.2 原理

水样中的溴酸盐和其他阴离子随碳酸盐系统淋洗液进入阴离子交换分离系统(由保护柱和分析柱组成),根据分析柱对各离子的亲和力不同进行分离,已分离的阴离子流经阴离子抑制系统转化成具有高电导率的强酸,而淋洗液则转化成低电导率的弱酸或水,由电导检测器测量各种阴离子组分的电导率,以保留时间定性,峰面积或峰高定量。

22.2.3 试剂

22.2.3.1 纯水:见 22.1.3.1。
22.2.3.2 乙二胺(EDA,$C_2H_8N_2$):见 22.1.3.2。
22.2.3.3 溴酸钠:见 22.1.3.3。
22.2.3.4 溴酸盐标准储备溶液[$\rho(BrO_3^-)$=1.0 mg/mL]:见 22.1.3.4。
22.2.3.5 溴酸盐标准中间溶液[$\rho(BrO_3^-)$=10.0 mg/L]:见 22.1.3.5。
22.2.3.6 溴酸盐标准使用溶液[$\rho(BrO_3^-)$=1.00 mg/L]:见 22.1.3.6。
22.2.3.7 乙二胺储备溶液[ρ(EDA)=100 mg/mL]:见 22.1.3.7。
22.2.3.8 碳酸钠溶液[$c(CO_3^{2-})$=1.0 mol/L]:准确称取 10.60 g 无水碳酸钠(优级纯),用纯水溶解,于 100 mL 容量瓶中定容。0 ℃~4 ℃冷藏保存备用,可使用 6 个月。
22.2.3.9 氢氧化钠溶液[c(NaOH)=1.0 mol/L]:准确称取 4.00 g 氢氧化钠(优级纯),用纯水溶解,于 100 mL 容量瓶中定容。0 ℃~4 ℃冷藏保存备用,可使用 6 个月。
22.2.3.10 碳酸氢钠溶液[$c(HCO_3^-)$=1.0 mol/L]:准确称取 8.40 g 碳酸氢钠(优级纯),用纯水溶解,于 100 mL 容量瓶中定容。0 ℃~4 ℃冷藏保存备用,可使用 6 个月。
22.2.3.11 淋洗使用溶液:吸取适量的碳酸钠储备溶液和氢氧化钠储备溶液,或碳酸氢钠储备溶液,用纯水稀释,现用现配。
22.2.3.12 硫酸再生液[$c(H_2SO_4)$=50 mmol/L]:吸取 2.80 mL H_2SO_4(ρ=1.84 g/mL),移入装有 800 mL 纯水的 1 000 mL 容量瓶中,定容至刻度(适用于化学抑制器)。

22.2.4 仪器设备

22.2.4.1 离子色谱仪:配有电导检测器。

22.2.4.2 辅助气体：高纯氮气[$\varphi(N_2)\geqslant 99.999\%$]。

22.2.4.3 进样器：2.5 mL～10 mL 注射器。

22.2.4.4 0.45 μm 微孔滤膜过滤器。

22.2.5 样品

22.2.5.1 水样的采集和预处理：见 22.1.5.1。

22.2.5.2 水样的保存：见 22.1.5.2。

22.2.6 试验步骤

22.2.6.1 离子色谱仪器参数(示例)：分析系统 1 为 AG9-HC 阴离子保护柱或相当的保护柱，AS9-HC 阴离子分析柱或相当的分析柱，AAES 阴离子抑制器或相当的抑制器，抑制器电流 53 mA，淋洗使用溶液 7.2 mmol/L Na_2CO_3 ＋2.0 mmol/L NaOH；淋洗使用溶液流速 1.00 mL/min。分析系统 2 为 A Supp4/5 Guard 阴离子保护柱或相当的保护柱，A Supp 5-250 阴离子分析柱或相当的分析柱，阴离子抑制器为 MSMⅡ＋MCS 双抑制系统或相当的抑制器，淋洗使用溶液 3.2 mmol/L Na_2CO_3 ＋1.0 mmol/L $NaHCO_3$，淋洗使用溶液流速 0.65 mL/min。

22.2.6.2 校准曲线的绘制：见 22.1.6.2。

22.2.6.3 水样过滤：见 22.1.6.3。

22.2.6.4 将预处理后的水样直接进样，进样体积 40 μL～100 μL，记录保留时间、峰高或峰面积。

22.2.7 试验数据处理

22.2.7.1 离子色谱图、出峰顺序与保留时间见图 11、图 12。

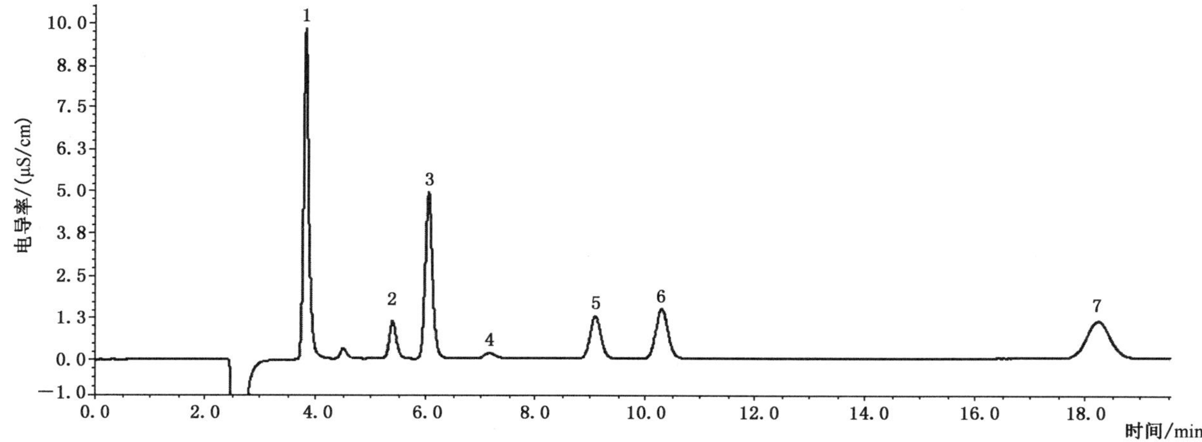

标引序号说明：

1——氟化物，3.817 min；

2——溴酸盐，5.403 min；

3——氯化物，6.053 min；

4——亚硝酸盐，7.147 min；

5——溴化物，9.083 min；

6——硝酸盐，10.290 min；

7——硫酸盐，18.233 min。

图 11 用 AS9-HC 分析柱分离的混合标准溶液的色谱图

(7.2 mmol/L Na_2CO_3 ＋2.0 mmol/L NaOH 淋洗液，进样体积 100 μL)

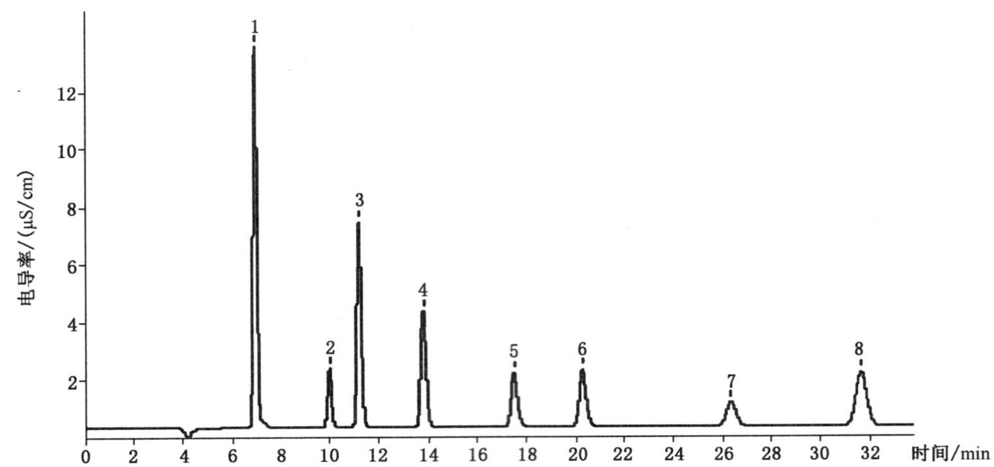

标引序号说明：

1——氟化物，6.96 min；
2——溴酸盐，9.98 min；
3——氯化物，11.18 min；
4——亚硝酸盐，13.79 min；
5——溴化物，17.50 min；
6——硝酸盐，20.29 min；
7——磷酸盐，26.35 min；
8——硫酸盐，31.65 min。

图 12　用 A Supp 5-250 分析柱分离的混合标准溶液的色谱图

(3.2 mmol/L Na_2CO_3 + 1.0 mmol/L $NaHCO_3$ 淋洗液，进样体积 40 μL)

22.2.7.2　计算：溴酸盐(以 BrO_3^- 计)的质量浓度(μg/L)可以直接在校准曲线上查得。

22.2.8　精密度和准确度

22.2.8.1　AG9-HC 分析柱，7.2 mmol/L Na_2CO_3 + 2.0 mmol/L NaOH 淋洗液：单个实验室对含 5.0μg/L、40 μg/L、80 μg/L 的溴酸盐(以 BrO_3^- 计)标准溶液重复测定(n=6)，其相对标准偏差为 0.9%～2.0%。对自来水分别加标 5.0 μg/L、40 μg/L、80 μg/L，其平均回收率为 102%～105%。对纯净水分别加标 5.0 μg/L、40 μg/L、80 μg/L，其平均回收率为 97.0%～104%。对矿泉水分别加标 5.0 μg/L、40 μg/L、80 μg/L，其平均回收率为 97.0%～101%。

22.2.8.2　A Supp 5-250 分析柱，3.2 mmol/L Na_2CO_3 + 1.0 mmol/L$NaHCO_3$ 淋洗液：单个实验室对含 5.0 μg/L、40 μg/L、80 μg/L 的溴酸盐(以 BrO_3^- 计)标准溶液重复测定(n=6)，其相对标准偏差为 0.7%～3.2%。对自来水分别加标 5.0 μg/L、40 μg/L、80 μg/L，其平均回收率为 96.1%～104%。对纯净水分别加标 5.0 μg/L、40 μg/L、80 μg/L，其平均回收率为 98.0%～104%。对矿泉水分别加标 5.0 μg/L、40 μg/L、80 μg/L，其平均回收率为 100%～105%。

22.3　高效液相色谱串联质谱法

按 15.3 描述的方法测定。

23　亚硝基二甲胺

23.1　固相萃取气相色谱质谱法

23.1.1　最低检测质量浓度

本方法测定的亚硝胺类化合物，检出限同仪器和操作条件相关。当水样取样量为 500 mL 时，本方法的最低检测质量浓度分别为:亚硝基二甲胺 9.9 ng/L、*N*-甲基乙基亚硝胺 9.3 ng/L、*N*-二乙基亚硝胺 9.9 ng/L、*N*-二丙基亚硝胺 10 ng/L、*N*-亚硝基吗啉 10 ng/L、*N*-亚硝基吡咯烷 9.0 ng/L、*N*-亚硝基哌啶 8.4 ng/L、*N*-二丁基亚硝胺 10 ng/L。

23.1.2 原理

被测水样中的亚硝基二甲胺等 8 种亚硝胺类化合物及加入的内标化合物,经椰壳炭固相萃取柱吸附后,由二氯甲烷洗脱,洗脱液浓缩后,经气相色谱毛细管色谱柱分离后,用四极杆质谱(MS)检测器检测,对各目标物进行分析。

通过目标组分的质谱图和保留时间,与标准谱图中的质谱图和保留时间对照进行定性;每个目标组分的浓度取决于其定量离子与内标物定量离子的质谱响应值之比。每个样品中含有已知浓度的内标化合物,用内标校正程序进行定量。

23.1.3 试剂或材料

除非另有说明,本方法所用试剂均为分析纯,实验用水为 GB/T 6682 规定的一级水。

23.1.3.1 高纯氦气[$\varphi(He) \geqslant 99.999\%$]。

23.1.3.2 氮气[$\varphi(N_2) \geqslant 99.9\%$]。

23.1.3.3 二氯甲烷(CH_2Cl_2):色谱级。经检验无被测组分。

23.1.3.4 甲醇(CH_3OH):色谱级。经检验无被测组分。

23.1.3.5 硫代硫酸钠($Na_2S_2O_3$)。

23.1.3.6 标准品及内标标准品(纯度>99.5%):亚硝基二甲胺、*N*-甲基乙基亚硝胺、*N*-二乙基亚硝胺、*N*-二丙基亚硝胺、*N*-亚硝基吗啉、*N*-亚硝基吡咯烷、*N*-亚硝基哌啶、*N*-二丁基亚硝胺、氘代亚硝基二甲胺、氘代 *N*-二丙基亚硝胺(基本信息见表 6)。

表 6 亚硝胺类化合物的基本信息

序号	组分	化合物英文名称	化合物英文缩写	分子简式	相对分子质量
1	亚硝基二甲胺	*N*-nitrosodimethylamine	NDMA	$C_2H_6N_2O$	74
2	*N*-甲基乙基亚硝胺	*N*-nitrosomethylethylamine	NMEA	$C_3H_8N_2O$	88
3	*N*-二乙基亚硝胺	*N*-nitrosodiethylamine	NDEA	$C_4H_{10}N_2O$	102
4	*N*-二丙基亚硝胺	*N*-nitrosodi-*n*-propylamine	NDPA	$C_6H_{14}N_2O$	130
5	*N*-亚硝基吗啉	*N*-nitrosomorpholine	NMOR	$C_4H_8N_2O_2$	116
6	*N*-亚硝基吡咯烷	*N*-nitrosopyrrolidine	NPYR	$C_4H_8N_2O$	100
7	*N*-亚硝基哌啶	*N*-nitrosopiperidine	NPIP	$C_5H_{10}N_2O$	114
8	*N*-二丁基亚硝胺	*N*-nitrosodi-*n*-butylamine	NDBA	$C_8H_{18}N_2O$	158
9	氘代亚硝基二甲胺	*N*-nitrosodimethylamine-D_6	NDMA-D_6	$C_2D_6N_2O$	80
10	氘代 *N*-二丙基亚硝胺	*N*-nitrosodi-*n*-propylamine-D_{14}	NDPA-D_{14}	$C_6D_{14}N_2O$	144

23.1.3.7 标准及内标储备溶液:准确称取 10.0 mg 标准品,放置于 10 mL 容量瓶中,加入约 2 mL 二氯甲烷溶解后,定容至刻度。标准及内标储备溶液质量浓度为 1.0 mg/mL,在−20 ℃密封、避光条件下可保存 6 个月。使用时应恢复至室温,并摇匀。也可使用有证标准物质溶液,配制溶剂为二氯甲烷或甲醇。

23.1.3.8 标准使用溶液:将标准储备溶液用二氯甲烷稀释,配制成所需的单一或混合化合物的标准使用溶液，质量浓度为 50 mg/L。标准使用溶液在−20 ℃密封、避光条件下可保存 3 个月。使用时恢复至室温，并摇匀。

23.1.3.9 内标使用溶液：将内标储备溶液用二氯甲烷稀释，配制成所需的单一或混合化合物的内标使用溶液，配制质量浓度分别为 5.0 mg/L 和 50 mg/L。内标工作溶液在−20 ℃密封、避光条件下可保存 3 个月。使用时恢复至室温，并摇匀。

23.1.4 仪器设备

23.1.4.1 具塞磨口棕色玻璃瓶：500 mL、1 000 mL。

23.1.4.2 锥形玻璃收集管：15 mL。

23.1.4.3 聚丙烯锥形离心试管：1.5 mL。

23.1.4.4 滤膜：聚四氟乙烯滤膜或其他等效滤膜，直径 47 mm，孔径小于 2 μm。

23.1.4.5 样品进样瓶：含 250 μL 玻璃内插管的 2 mL 棕色进样瓶，带螺旋盖及聚四氟乙烯垫片。

23.1.4.6 微量注射器：10 μL、100 μL、1 000 μL。

23.1.4.7 天平：分辨力不低于 0.000 01 g。

23.1.4.8 固相萃取装置：能同时萃取多个样品的手动或自动固相萃取装置。

23.1.4.9 固相萃取柱：填料为椰壳炭（规格为 80 目～120 目，填充量为 1 g，容量为 6 mL）。

23.1.4.10 氮吹仪。

23.1.4.11 涡旋混匀仪。

23.1.4.12 气相色谱柱：中等极性石英毛细管色谱柱（固定相为 6%氰丙基苯-94%二甲基硅氧烷，30 m×0.32 mm，1.8 μm），或其他等效色谱柱。

23.1.4.13 气相色谱质谱仪：分流/不分流进样口，EI 源，四极杆质谱。当注射进约 25 ng 的 4-溴氟苯（BFB）时，GC-MS 性能符合表 7 的要求。

表 7 4-溴氟苯（BFB）离子丰度指标

质量数（m/z）	相对丰度指标
50	质量数为 95 的离子丰度的 15%～40%
75	质量数为 95 的离子丰度的 30%～80%
95	基峰，相对丰度为 100%
96	质量数为 95 的离子丰度的 5%～9%
173	小于质量数为 174 的离子丰度的 2%
174	大于质量数为 95 的离子丰度 50%
175	质量数为 174 的离子丰度的 5%～9%
176	介于质量数为 174 的离子丰度的 95%～101%
177	质量数为 176 的离子丰度的 5%～9%

23.1.5 样品

23.1.5.1 样品的采集和保存

所有采样设备中均不含有塑料或橡胶，用硬质磨口玻璃瓶或具聚四氟乙烯材质盖垫的螺纹口玻璃瓶采集样品 1 L。采样时，使水样在瓶中溢出而不留气泡，对于不含余氯的样品，采样后直接加盖密封，对于含余氯的样品，采样后在每升水样中加入 80 mg～100 mg 硫代硫酸钠脱氯后加盖密封，0 ℃～

4 ℃冷藏避光保存和运输,保存时间为 7 d。

23.1.5.2 样品的前处理

23.1.5.2.1 样品检测当天,将样品取出并放至室温,使用量筒准确量取 500 mL 水样,并转移至 500 mL 棕色玻璃瓶中,加入 5.0 μL 内标使用溶液(ρ=5.0 mg/L),充分混匀后备用。

23.1.5.2.2 浑浊水样的预处理:如果水样较为浑浊,可使用滤膜以负压抽滤的方式过滤水样后备用。

23.1.5.2.3 固相萃取柱的活化与除去杂质:固相萃取柱依次使用 6 mL 二氯甲烷、6 mL 甲醇除去杂质,以大约 3 mL/min 的流速缓慢通过萃取柱,加压或抽真空以使溶剂流干;然后再依次使用 6 mL 甲醇、9 mL 纯水活化,此过程需保持固相萃取柱填料始终处于浸润状态。

23.1.5.2.4 上样吸附:取用经预处理的水样上样。适度调节真空泵,使样品以 10 mL/min 流速通过固相萃取柱,此过程需保持固相萃取柱填料处于浸润状态。

23.1.5.2.5 脱水干燥:用真空抽吸固相萃取柱 10 min,以去除水分。

23.1.5.2.6 样品洗脱:首先加入 3 mL 二氯甲烷,在低真空度条件下,将二氯甲烷溶剂抽入固相萃取柱填料中,封闭端口浸泡填料 1 min。然后打开端口,将二氯甲烷以滴状方式通过固相萃取柱,再加入 7 mL 二氯甲烷洗脱,并用锥形玻璃收集管合并收集洗脱液。

23.1.5.2.7 洗脱液浓缩:氮吹将洗脱液浓缩至约 500 μL,转移至 1.5 mL 聚丙烯锥形离心试管中。使用 500 μL 二氯甲烷润洗锥形玻璃收集管内壁,合并二氯甲烷洗脱液。再次氮吹将洗脱液浓缩定容至 0.2 mL,转移至样品进样瓶中,密封备用。

23.1.5.2.8 每批次样品分析前,需开展实验室纯水空白对照试验和纯水加标试验,使用相同的样品处理方法,并定量检测,检测可能由试验试剂和材料带入的污染。样品采集或处理过程中,需避免使用橡胶材质的物品,使用塑料材料时,需选择聚四氟乙烯和聚丙烯材质。

23.1.5.2.9 进样溶液保存:进样溶液于−20 ℃密封、避光条件下可保存 7 d。

23.1.6 试验步骤

23.1.6.1 仪器参考条件

23.1.6.1.1 色谱参考条件

23.1.6.1.1.1 气化室温度:250 ℃。

23.1.6.1.1.2 柱温:初始柱温 50 ℃保持 8 min,以 8 ℃/min 升温至 170 ℃,再以 15 ℃/min 升温至 250 ℃保持 1 min。

23.1.6.1.1.3 柱流量:1.8 mL/min,恒流模式。

23.1.6.1.2 质谱参考条件

23.1.6.1.2.1 离子化方式:EI,70 eV。

23.1.6.1.2.2 溶剂延迟时间:10 min。

23.1.6.1.2.3 传输线温度:250 ℃。

23.1.6.1.2.4 离子源温度:250 ℃。

23.1.6.1.2.5 四极杆温度:150 ℃。

23.1.6.1.2.6 扫描模式:选择离子扫描(SIM)模式。

23.1.6.2 GC-MS 系统性能测试

实验室定期对气相色谱质谱仪的性能进行检查和校准。具体可包括仪器自动调谐全氟三丁胺(PFTBA)校准和 4-溴氟苯(BFB)校准,性能测试要求仪器参数为:电子能量 70 eV,扫描范围 35 u～

500 u，扫描时间为每个峰至少有 5 次扫描，每次扫描不超过 1 s。PFTBA 校准为仪器自动调谐校准方式。BFB 校准，经 GC－MS 检测后，得到背景校正的 BFB 质谱图，确认所有关键质量数（m/z）满足表 7 中的具体要求，否则需要重新调谐质谱仪，直至符合要求。

23.1.6.3 校准

23.1.6.3.1 定量分析中的校准方法：内标法。

23.1.6.3.2 标准曲线的绘制：取 6 个 10 mL 容量瓶，加入 2.0 mL 二氯甲烷，分别加入 5.0 μL、10.0 μL、25.0 μL、50.0 μL、75.0 μL、125.0 μL 标准使用溶液（ρ＝50 mg/L），和 25.0 μL 内标使用溶液（ρ＝50 mg/L）至容量瓶中，再加入二氯甲烷溶剂至刻度。配制成质量浓度分别为 25 μg/L、50 μg/L、125 μg/L、250 μg/L、375 μg/L、625 μg/L，内标质量浓度为 125 μg/L 的标准系列。各取 1 μL 分别注入气相色谱质谱仪，得到不同目标物的标准色谱图。以亚硝胺目标物定量离子峰面积与对应内标物定量离子峰面积的比值为纵坐标，亚硝胺目标物质量浓度（μg/L）与对应内标物质量浓度（μg/L）的比值为横坐标，绘制标准曲线。

23.1.6.3.3 每批（20 个）样品分析后，以标准曲线中间浓度的标准溶液进行校准。各亚硝胺目标物浓度的测定值应控制在标准值的±20％范围内。

23.1.6.4 试验

23.1.6.4.1 进样量为 1 μL。进样模式为分流进样，分流比 5∶1。

23.1.6.4.2 色谱图：见图 13。

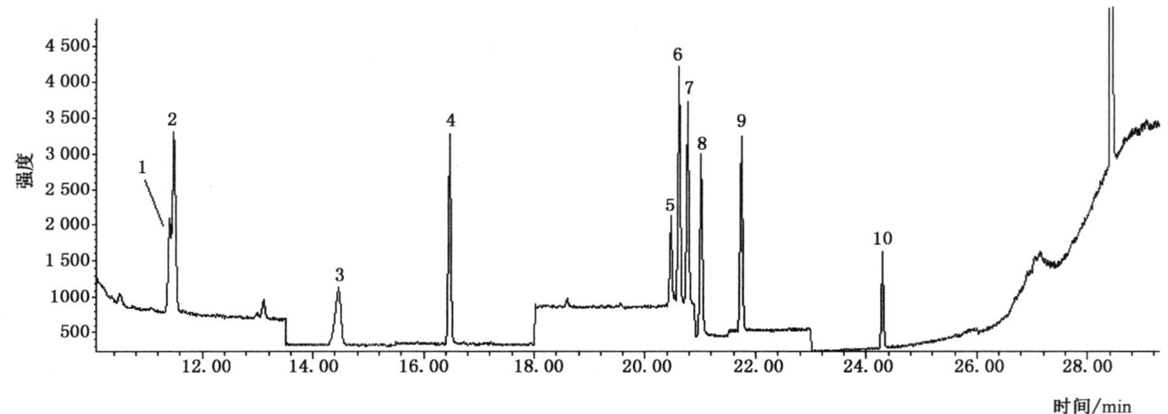

标引序号说明：

1 ——氘代亚硝基二甲胺（NDMA-D_6）；
2 ——亚硝基二甲胺（NDMA）；
3 ——*N*-甲基乙基亚硝胺（NMEA）；
4 ——*N*-二乙基亚硝胺（NDEA）；
5 ——氘代 *N*-二丙基亚硝胺（NDPA-D_{14}）；
6 ——*N*-二丙基亚硝胺（NDPA）；
7 ——*N*-亚硝基吗啉（NMOR）；
8 ——*N*-亚硝基吡咯烷（NPYR）；
9 ——*N*-亚硝基哌啶（NPIP）；
10——*N*-二丁基亚硝胺（NDBA）。

图 13 8 种亚硝胺目标物的混合标准溶液测定选择离子色谱图

23.1.7 试验数据处理

23.1.7.1 定性分析

本方法中测定的各亚硝胺目标物的定性鉴定，根据样品和标准品的特征离子峰保留时间一致，并且表 8 中的特征离子相对丰度与标准品相比，允许的相对偏差在±50％范围内。

表 8 亚硝胺目标物及内标物的定量及定性离子

组分	内标化合物	保留时间/min	定量离子(*m*/*z*)	定性离子(*m*/*z*)
NDMA-D_6	—	11.4	80	46,48
NDMA	NDMA-D_6	11.5	74	42,43
NMEA	NDMA-D_6	14.4	88	56,73
NDEA	NDMA-D_6	16.5	102	56,57
NDPA-D_{14}	—	20.4	144	78,126
NDPA	NDPA-D_{14}	20.5	130	70,113
NMOR	NDPA-D_{14}	20.8	116	56,86
NPYR	NDPA-D_{14}	21.0	100	41,68
NPIP	NDPA-D_{14}	21.7	114	55,84
NDBA	NDPA-D_{14}	24.2	116	141,158

23.1.7.2 定量分析

样品进样后测得亚硝胺目标物定量离子峰面积与内标物定量离子峰面积的比值，由标准曲线得到进样溶液中亚硝胺目标物的质量浓度，根据式(14)计算水样中亚硝胺目标物的质量浓度 ρ。计算结果保留至小数点后一位小数。

$$\rho=\frac{\rho_1\times V_1}{V}\times 1\ 000 \qquad \cdots\cdots(14)$$

式中：

ρ ——水样中亚硝胺目标物的质量浓度，单位为纳克每升(ng/L)；

ρ_1——由标准曲线得到的进样溶液中亚硝胺目标物的质量浓度，单位为微克每升(μg/L)；

V_1——固相萃取浓缩液体积，单位为毫升(mL)；

V ——水样体积，单位为毫升(mL)。

23.1.8 精密度和准确度

6个实验室对各亚硝胺组分，在纯水、生活饮用水和水源水中，分别进行不同浓度的加标回收试验。实验室内日间测定结果($n=6$)和实验室间测定结果的平均回收率范围，及相对标准偏差(RSD)范围结果见表9和表10。

表 9 实验室内方法日间精密度和准确度($n=6$)

组分	加标质量浓度/(ng/L)	纯水		生活饮用水		水源水	
		平均回收率范围/%	RSD/%	平均回收率范围/%	RSD/%	平均回收率范围/%	RSD/%
亚硝基二甲胺	10	92.9～102	3.6	93.1～102	3.4	104～108	1.6
	100	97.4～104	2.3	95.7～102	2.0	97.7～103	2.0
	200	96.8～100	1.4	94.0～98.4	1.7	98.7～102	1.2

表 9　实验室内方法日间精密度和准确度(n=6)(续)

组分	加标质量浓度/(ng/L)	纯水		生活饮用水		水源水	
		平均回收率范围/%	RSD/%	平均回收率范围/%	RSD/%	平均回收率范围/%	RSD/%
N-甲基乙基亚硝胺	10	92.3～110	6.0	94.2～107	4.7	94.6～107	4.3
	100	104～107	1.4	95.7～104	3.2	98.6～107	3.4
	200	101～107	2.0	98.3～102	1.5	95.4～102	2.6
N-二乙基亚硝胺	10	102～117	5.1	100～106	2.2	101～109	2.9
	100	98.6～102	1.3	100～103	1.2	94.4～100	2.4
	200	97.8～106	3.0	96.0～100	1.6	92.8～98.5	2.2
N-二丙基亚硝胺	10	95.5～106	3.8	92.3～108	5.8	89.8～110	8.4
	100	89.2～101	5.2	91.9～101	2.9	88.3～107	8.3
	200	91.6～100	3.1	89.4～98.6	3.2	89.8～104	5.1
N-亚硝基吗啉	10	94.1～109	4.9	97.3～108	3.9	104～111	2.7
	100	94.4～109	5.5	107～110	1.5	105～113	2.4
	200	90.3～105	5.2	105～108	1.2	100～107	2.2
N-亚硝基吡咯烷	10	90.7～95.5	1.9	102～109	3.0	99.7～108	3.1
	100	97.3～107	3.9	108～116	3.0	102～110	2.7
	200	95.6～108	4.5	106～111	1.4	100～111	3.5
N-亚硝基哌啶	10	114～121	2.1	85.7～119	12.3	90.6～112	7.6
	100	95.5～106	4.8	104～115	3.7	100～112	3.8
	200	98.7～105	2.3	105～110	1.5	96.1～107	3.5
N-二丁基亚硝胺	10	107～120	4.0	90.5～110	6.5	94.9～103	3.0
	100	95.4～108	5.1	105～111	2.5	99.1～104	1.6
	200	103～106	1.0	106～112	2.2	85.3～99.8	5.4

表 10　实验室间方法精密度和准确度

组分名称	加标质量浓度/(ng/L)	纯水		生活饮用水		水源水	
		平均回收率范围/%	RSD范围/%	平均回收率范围/%	RSD范围/%	平均回收率范围/%	RSD范围/%
亚硝基二甲胺	10	97.0～112	3.6～5.8	92.4～113	2.6～7.8	84.2～106	1.6～8.1
	100	87.0～99.8	2.3～5.1	92.7～110	2.0～6.7	87.6～110	2.0～6.8
	200	92.5～98.3	1.4～3.1	89.9～113	1.7～5.2	86.9～104	1.2～4.7
N-甲基乙基亚硝胺	10	90.3～114	3.3～7.3	87.5～112	2.6～6.2	95.6～112	4.3～8.6
	100	101～105	1.4～6.6	98.6～115	2.6～7.1	102～112	3.4～6.7
	200	91.8～112	2.0～3.2	91.6～111	1.5～5.6	98.7～113	2.6～5.5

表 10 实验室间方法精密度和准确度(续)

组分名称	加标质量浓度/(ng/L)	纯水		生活饮用水		水源水	
		平均回收率范围/%	RSD范围/%	平均回收率范围/%	RSD范围/%	平均回收率范围/%	RSD范围/%
N-二乙基亚硝胺	10	92.8～116	2.9～8.8	84.0～115	1.7～8.6	86.6～105	2.9～8.7
	100	100～108	1.3～4.9	100～116	1.2～9.1	97.0～115	2.4～5.8
	200	90.9～109	3.0～5.1	90.4～112	1.6～7.0	94.6～113	2.2～4.9
N-二丙基亚硝胺	10	102～110	3.4～6.3	88.1～106	1.4～8.6	82.8～101	2.3～8.4
	100	86.5～101	2.2～5.7	85.9～100	1.4～7.9	90.4～107	2.3～8.3
	200	89.8～97.7	1.3～5.2	84.3～106	1.8～6.2	88.3～105	2.0～5.4
N-亚硝基吗啉	10	87.4～103	4.7～14.1	96.1～112	2.0～7.2	86.8～108	2.7～7.5
	100	87.6～103	3.5～6.2	86.0～109	1.5～7.5	84.4～112	2.4～4.8
	200	92.4～100	2.7～5.2	88.8～106	1.2～7.4	85.0～108	2.2～4.8
N-亚硝基吡咯烷	10	85.6～104	1.9～13.3	83.8～109	3.0～7.7	86.4～115	2.5～6.1
	100	86.4～103	1.3～5.4	83.0～112	1.8～8.8	82.9～107	2.6～8.0
	200	89.6～104	0.6～4.6	86.5～109	1.3～5.4	82.2～106	0.8～6.4
N-亚硝基哌啶	10	86.1～118	2.1～8.2	87.6～109	4.4～12.3	87.8～110	2.2～7.8
	100	89.6～102	1.3～9.4	84.7～112	1.4～7.4	88.3～108	3.8～8.2
	200	80.6～102	0.5～6.5	83.5～107	1.5～6.7	88.8～104	3.5～5.6
N-二丁基亚硝胺	10	100～114	4.0～11.4	83.7～111	2.5～14.8	84.2～107	3.0～8.7
	100	84.9～104	2.4～5.1	84.2～109	1.9～7.2	85.1～112	1.6～6.6
	200	88.6～104	1.0～4.5	87.3～109	1.8～6.0	88.2～112	1.6～5.4

23.2 液液萃取气相色谱质谱法

23.2.1 最低检测质量浓度

本方法仅用于生活饮用水中亚硝基二甲胺的测定,若取 500 mL 水样,则最低检测质量浓度为 0.025 μg/L。

23.2.2 原理

水中的亚硝基二甲胺在 pH 7.5～pH 8.0 范围内,用二氯甲烷萃取,经脱水和浓缩定容后,气相色谱分离,质谱定性,内标法定量。

23.2.3 试剂或材料

警示:亚硝胺类化合物是致癌物,其标准物质和标准储备溶液在使用过程中,避免接触皮肤、眼睛等;应在通风良好的室内通风橱中进行操作;使用二氯甲烷、乙醚、戊烷等试剂时,应佩戴防护器具,避免吸入或接触皮肤和衣物。

除非另有说明,本方法所用试剂均为分析纯,实验用水为 GB/T 6682 规定的一级水。

23.2.3.1 二氯甲烷(CH_2Cl_2):优级纯,色谱检测无被测组分。

23.2.3.2　甲醇(CH_3OH):优级纯,色谱检测无被测组分。

23.2.3.3　无水硫酸钠(Na_2SO_4):使用前,应在马弗炉中于 450 ℃灼烧 4 h,冷却后装入磨口玻璃瓶中密封,置于干燥器中保存。

23.2.3.4　氯化钠(NaCl):使用前,应在马弗炉中于 350 ℃灼烧 4 h,冷却后装入磨口玻璃瓶中密封,置于干燥器中保存。

23.2.3.5　硫酸溶液(1+4):移取 2 mL 浓硫酸溶液逐滴加入到 8 mL 水中,混匀。

23.2.3.6　氢氧化钠溶液[$c(NaOH)=2$ mol/L]:称取 8.0 g 氢氧化钠溶于适量水中,待冷却至室温后稀释定容至 100 mL,混匀,转入塑料试剂瓶中保存。

23.2.3.7　混合磷酸盐标准缓冲溶液:称取 3.4 g 在 105 ℃烘干 2 h 的磷酸二氢钾(KH_2PO_4)和 3.55 g 磷酸氢二钠(Na_2HPO_4),溶于纯水中,并稀释至 1 000 mL。此溶液的 pH 值在 25 ℃时为 6.86。

23.2.3.8　四硼酸钠标准缓冲溶液:称取 3.81 g 十水合四硼酸钠($Na_2B_4O_7 \cdot 10H_2O$),溶于纯水中,并稀释至1 000 mL。此溶液的 pH 值在 25 ℃时为 9.18。

23.2.3.9　氮气[$\varphi(N_2)\geqslant 99.99\%$]。

23.2.3.10　高纯氦[$\varphi(He)\geqslant 99.999\%$]。

23.2.3.11　标准品及内标标准品(纯度>99.5%):亚硝基二甲胺(NDMA,$C_2H_6N_2O$),内标物亚硝基二甲胺-D_6(NDMA-D_6,$C_2D_6N_2O$),或使用有证标准物质溶液。

23.2.3.12　亚硝基二甲胺标准储备溶液[$\rho(C_2H_6N_2O)=1\ 000$ mg/L]:准确称取 0.010 0 g(精确至 0.000 1 g)亚硝基二甲胺,溶于适量的甲醇,全量转入 10 mL 容量瓶中,用甲醇定容至标线,混匀,0 ℃~4 ℃冷藏避光密封保存,保存时间为 6 个月。或使用有证标准物质溶液。

23.2.3.13　亚硝基二甲胺-D_6 同位素内标储备溶液[$\rho(C_2D_6N_2O)=1\ 000$ mg/L]:准确称取 0.010 0 g(精确至 0.000 1 g)亚硝基二甲胺-D_6,溶于适量的甲醇,全量转入 10 mL 容量瓶中,用甲醇定容至标线,0 ℃~4 ℃冷藏避光密封保存,保存时间为 6 个月。或使用有证标准物质溶液。

23.2.3.14　亚硝基二甲胺标准使用溶液[$\rho(C_2H_6N_2O)=10$ mg/L]:准确吸取亚硝基二甲胺标准储备溶液 0.1 mL 于 10 mL 容量瓶中,用甲醇稀释至刻度混匀,0 ℃~4 ℃冷藏避光密封保存,保存时间为 2 个月。

23.2.3.15　亚硝基二甲胺-D_6 同位素内标使用溶液[$\rho(C_2D_6N_2O)=40$ mg/L]:准确移取亚硝基二甲胺-D_6 标准储备溶液 0.4 mL 于 10 mL 容量瓶中,用甲醇稀释至刻度混匀,0 ℃~4 ℃冷藏避光密封保存,保存时间为 2 个月。

23.2.4　仪器设备

23.2.4.1　气相色谱-质谱仪。

23.2.4.2　色谱柱:强极性石英毛细管色谱柱(100%聚乙二醇:30 m×0.32 mm,0.5 μm),或其他等效色谱柱。

23.2.4.3　分液漏斗:1 000 mL,具聚四氟乙烯塞。

23.2.4.4　氮吹浓缩仪。

23.2.4.5　分液漏斗振荡器。

23.2.4.6　pH 计。

23.2.5　样品

23.2.5.1　水样的采集和保存

所有采样设备中均不含有塑料或橡胶,用硬质磨口玻璃瓶或具聚四氟乙烯材质盖垫的螺纹口玻璃瓶采集样品 1 L。采样时,使水样在瓶中溢出而不留气泡,对于不含余氯的样品,采样后直接加盖密封,对于含余氯的样品,采样后在每升水样中加入 80 mg～100 mg 硫代硫酸钠脱氯后加盖密封,0 ℃～4 ℃冷藏避光保存和运输,保存时间为 7 d。

23.2.5.2 水样的萃取和浓缩

量取 500 mL 样品于 1 000 mL 分液漏斗中,加入 12.5 μL 质量浓度为 40 mg/L 的同位素内标使用溶液,加入 10.0 g 氯化钠,溶解完全后,用硫酸溶液(1+4)或氢氧化钠溶液[c(NaOH)=2 mol/L]调节样品,混匀。用 pH 计测定其值在 7.5～8.0。用 90 mL 二氯甲烷,分 3 次(1∶1∶1)提取,充分混合振摇 3 min,静置分层 20 min,合并有机相,经无水硫酸钠干燥,氮吹浓缩后用二氯甲烷定容至 0.5 mL,待测。每批次样品在分析时应同时测定实验室纯水空白,避免由试验试剂或材料带入污染影响试验结果。每批样品 1 个空白或 10 个样品测定一个空白,每批样品需有现场空白。

23.2.6 试验步骤

23.2.6.1 仪器参考条件

23.2.6.1.1 气相条件:柱温 45 ℃,以 5 ℃/min 升温至 150 ℃;分流/不分流进样口温度为 200 ℃,分流比为 10∶1,流速 1.5 mL/min,载气为氦气。进样体积 2.0 μL。

23.2.6.1.2 质谱仪条件:EI 离子源,电子能量 70 eV;离子源温度 230 ℃;传输线温度 250 ℃;采集方式为选择离子模式(SIM);溶剂延迟 2.0 min。根据仪器的灵敏度设定增益因子,满足方法检出限需求。NDMA 及其同位素内标 NDMA-D_6 质谱采集条件参考表 11。

表 11 NDMA 及其同位素内标的质谱采集条件

组分	定量离子(m/z)	定性离子(m/z)
NDMA-D_6	80	46,48
NDMA	74	42,43

23.2.6.2 仪器系统性能测试

实验室应定期对气相色谱-质谱联用仪的性能进行检查和校准。当注射进约 25 ng 的 4-溴氟苯(BFB)时,GC-MS 系统所产生的质谱图应符合表 12 的要求。具体可包括仪器自动调谐全氟三丁胺(PFTBA)校准和 4-溴氟苯(BFB)校准,性能测试要求仪器参数为:电子能量 70 eV,扫描范围 35 u～500 u,扫描时间为每个峰至少有 5 次扫描,每次扫描不超过 1 s。PFTBA 校准为仪器自动调谐校准方式。BFB 校准,经 GC-MS 检测后,得到背景校正的 BFB 质谱图,确认所有关键质量数(m/z)满足表 12 中的具体要求,否则需要重新调谐质谱仪,直至符合要求。

表 12 4-溴氟苯(BFB)离子丰度指标

质量数(m/z)	相对丰度指标
50	质量为 95 的离子丰度的 15%～40%
75	质量为 95 的离子丰度的 30%～80%
95	基峰,相对丰度为 100%
96	质量为 95 的离子丰度的 5%～9%
173	小于质量为 174 的离子丰度的 2%
174	大于质量为 95 的离子丰度的 50%

表 12 4-溴氟苯(BFB)离子丰度指标(续)

质量数(m/z)	相对丰度指标
175	质量为 174 的离子丰度的 5%～9%
176	介于质量为 174 的离子丰度的 95%～101%
177	质量为 176 的离子丰度的 5%～9%

23.2.6.3 校准

23.2.6.3.1 标准曲线的绘制:准确移取亚硝基二甲胺标准使用溶液 25 μL、50 μL、100 μL、150 μL、200 μL、250 μL 至 10 mL 容量瓶中,同时移取亚硝基二甲胺-D_6 同位素内标使用溶液 250 μL 至 10 mL 容量瓶中,用二氯甲烷定容,配制成质量浓度为 0.025 mg/L、0.050 mg/L、0.10 mg/L、0.15 mg/L、0.20 mg/L、0.25 mg/L 的标准系列,各标准点的内标质量浓度均为 1 mg/L。在上述仪器参考条件下测定,以标准与内标的质谱定量离子峰面积或峰高的比值为纵坐标,对应亚硝基二甲胺的质量浓度为横坐标,绘制标准曲线。每批次样品跟一个标准系列中间点以校准标准曲线的准确性,当响应值与上一次响应值偏差>20%时,应重新做标准曲线。

23.2.6.3.2 色谱图:亚硝基二甲胺(NDMA)的定量离子色谱图见图 14,同位素内标亚硝基二甲胺-D_6(NDMA-D_6)的定量离子色谱图见图 15。

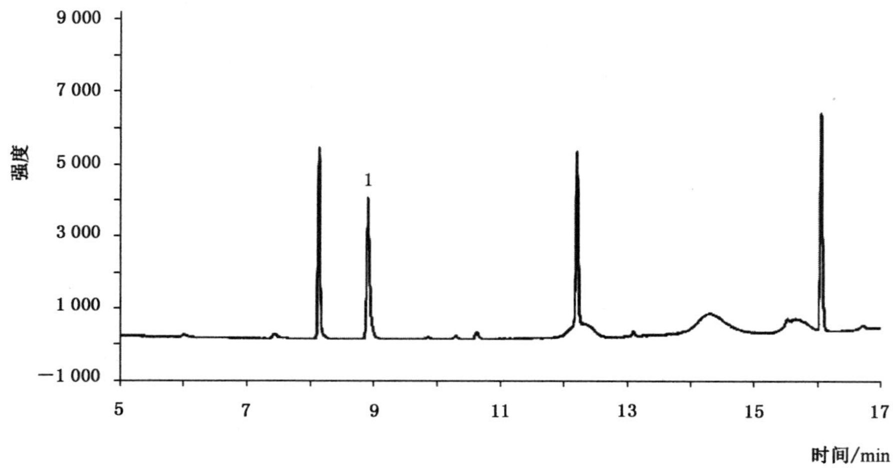

标引序号说明:

1——亚硝基二甲胺。

图 14 亚硝基二甲胺(NDMA)色谱图

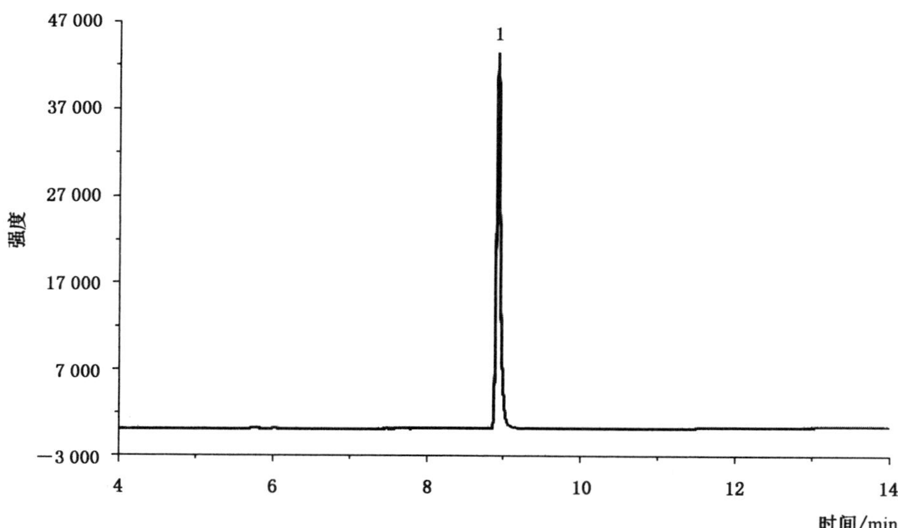

标引序号说明：

1——亚硝基二甲胺-D_6。

图 15　亚硝基二甲胺-D_6（NDMA-D_6）色谱图

23.2.6.4　干扰及消除

23.2.6.4.1　分析过程中，主要的污染来源是试剂。现场空白和实验室试剂空白可提供污染存在的信息。同时宜避免使用橡胶材质的物品。

23.2.6.4.2　高、低浓度的样品交替分析时会产生残留性污染。为避免此类污染，在测定高浓度样品后，应紧随着分析溶剂空白，以保证样品没有交叉污染。

23.2.7　试验数据处理

23.2.7.1　定性分析：以保留时间及特征离子定性。亚硝基二甲胺保留时间为 8.91 min。

23.2.7.2　定量分析：样品测定条件同标准曲线，测得样品和内标的定量离子峰面积或峰高的比值，根据标准曲线查出亚硝基二甲胺的质量浓度，按式(15)计算出水样中亚硝基二甲胺的质量浓度：

$$\rho(C_2H_6N_2O)=\frac{\rho_1 \times V_1}{V} \qquad \cdots\cdots(15)$$

式中：

$\rho(C_2H_6N_2O)$——水样中亚硝基二甲胺的质量浓度，单位为毫克每升(mg/L)；

ρ_1——从标准曲线查出上机溶液中亚硝基二甲胺的质量浓度，单位为毫克每升(mg/L)；

V_1——水样萃取液定容体积，单位为毫升(mL)；

V——所取水样体积，单位为毫升(mL)。

注：计算结果需扣除空白值，测定结果用平行测定的算术平均值表示。

23.2.8　精密度和准确度

5 个实验室对亚硝基二甲胺质量浓度范围为 0.025 μg/L～0.20 μg/L 的生活饮用水重复测定 6 次，其相对标准偏差低浓度为 1.67%～7.20%，中浓度为 0.52%～11.98%，高浓度为 0.74%～9.49%；其回收率低浓度为 92.5%～102.2%，中浓度为 95.0%～115.0%，高浓度为 96.0%～110.7%。

23.3 固相萃取气相色谱串联质谱法

23.3.1 最低检测质量浓度

本方法仅用于生活饮用水中亚硝基二甲胺(NDMA)的测定。取 1 L 水样经处理后测定,最低检测质量为 1.5 pg,最低检测质量浓度为 3.7 ng/L。

在选定的条件下测定亚硝基二甲胺,其他亚硝胺类化合物不干扰测定。

23.3.2 原理

采用椰壳活性炭固相萃取小柱富集水中亚硝基二甲胺,二氯甲烷洗脱,洗脱液氮吹浓缩后经气相色谱分离,电子电离源离子化,三重四极杆质谱检测,保留时间和离子对双重定性,外标法定量。

23.3.3 试剂或材料

除非另有说明,本方法所用试剂均为分析纯,实验用水为 GB/T 6682 规定的一级水。

23.3.3.1 甲醇(CH_3OH):色谱纯。

23.3.3.2 二氯甲烷(CH_2Cl_2):色谱纯。

23.3.3.3 固相萃取柱:填料为椰壳活性炭(规格为 80 目～120 目,填充量为 2 g,容量为 6 mL),可采购商品化产品。

23.3.3.4 无水硫酸钠(Na_2SO_4)。

23.3.3.5 硫代硫酸钠($Na_2S_2O_3$)。

23.3.3.6 亚硝基二甲胺($C_2H_6N_2O$):色谱纯,或使用有证标准物质。

23.3.3.7 亚硝基二甲胺标准储备溶液[$\rho(C_2H_6N_2O)=1.0$ mg/mL]:准确称取 0.025 0 g 亚硝基二甲胺标准品,甲醇溶解后,转移到 25.0 mL 棕色容量瓶中,定容至刻度,得 1.0 mg/mL 标准储备溶液,－20 ℃保存。

23.3.3.8 亚硝基二甲胺标准中间溶液[$\rho(C_2H_6N_2O)=20.0$ mg/L]:移取 200.0 μL 储备溶液至 10.0 mL 棕色容量瓶中,甲醇稀释定容至刻度,得 20.0 mg/L 标准中间溶液。

23.3.3.9 亚硝基二甲胺标准使用溶液[$\rho(C_2H_6N_2O)=1\,000$ μg/L]:移取 500.0 μL 标准中间溶液至 10.0 mL 棕色容量瓶中,二氯甲烷稀释定容至刻度,得 1 000 μg/L 标准使用溶液。

23.3.3.10 氦气(He):[$\varphi(He)\geqslant 99.999\%$]。

23.3.4 仪器设备

23.3.4.1 气相色谱三重四极杆质谱联用仪。

23.3.4.2 石英弹性毛细管柱:固定相为聚乙二醇,柱长 30 m,内径 0.25 mm,膜厚 0.25 μm,或同等极性色谱柱。

23.3.4.3 天平:分辨力不低于 0.000 01 g。

23.3.4.4 大体积上样全自动或半自动固相萃取仪。

23.3.4.5 高速离心机:转速≥10 000 r/min。

23.3.4.6 可控温氮吹仪。

23.3.5 样品

23.3.5.1 水样的采集和保存

所有采样设备中均不含有塑料或橡胶,用硬质磨口玻璃瓶或具聚四氟乙烯材质盖垫的螺纹口玻璃瓶采集样品 1 L。采样时,使水样在瓶中溢出而不留气泡,对于不含余氯的样品,采样后直接加盖密封,对于含余氯的样品,采样后在每升水样中加入 80 mg～100 mg 硫代硫酸钠脱氯后加盖密封,0 ℃～

4 ℃冷藏避光保存和运输,保存时间为 7 d。

23.3.5.2 水样的前处理

用 6 mL 二氯甲烷冲洗椰壳活性炭固相萃取小柱,吹/抽干小柱。依次用 6 mL 甲醇、15 mL 纯水活化平衡小柱,活化平衡过程应连续进行并保证小柱液面不干。将 1.0 L 水样以 15 mL/min 的速度通过小柱,上样结束后将小柱吹/抽干 10 min。然后用 10 mL 二氯甲烷分 2 次(每次 5 mL)洗脱小柱,洗脱液至收集管,洗脱液脱水可以采用高速离心(转速 10 000 r/min)使水层与二氯甲烷层分离或者加入适量无水硫酸钠进行脱水,弃去水层或硫酸钠固体,洗脱液用二氯甲烷补至 10 mL。

取 4.0 mL 洗脱液,在 25 ℃～30 ℃下用氮气流缓缓吹至 0.5 mL～1.0 mL,用二氯甲烷补至 1.0 mL,样品提取液上机分析。

每批次样品分析前采集实验室纯水做空白对照,同水样一起进行前处理,避免由试验试剂和材料带入污染。

样品提取液 0 ℃～4 ℃冷藏避光密封保存,保存时间为 7 d。

23.3.6 试验步骤

23.3.6.1 仪器参考条件

23.3.6.1.1 气相色谱条件

载气为氦气,柱流量 1.0 mL/min。色谱柱程序升温条件:50 ℃保持 1.0 min,以 10 ℃/min 升温至 110 ℃,然后再以 15 ℃/min 升温至 200 ℃,最后以 50 ℃/min 升温至 250 ℃。

进样口温度 250 ℃,不分流进样。

23.3.6.1.2 质谱条件

传输线温度 250 ℃,离子源温度 280 ℃,电子电离(EI)源,电离电压 70 eV,溶剂延迟时间 5.0 min。测定亚硝基二甲胺的质谱参数如表 13 所示。

表 13 亚硝基二甲胺质谱参数

组分	母离子(m/z)	子离子(m/z)	碰撞电压/eV	丰度/%
亚硝基二甲胺	74.0	44.1[a]	7	100
	74.0	42.1	18	53
[a] 定量离子。				

23.3.6.2 标准曲线绘制

分别移取 0.0 μL、15.0 μL、30.0 μL、60.0 μL、150.0 μL、300.0 μL、600.0 μL 标准使用溶液[$\rho(C_2H_6N_2O)$=1 000 μg/L]至 10.0 mL 容量瓶中,二氯甲烷定容至刻度,得到标准线性系列溶液质量浓度为:0.0 μg/L、1.5μg/L、3.0 μg/L、6.0 μg/L、15.0 μg/L、30.0 μg/L、60.0 μg/L。标准系列溶液质量浓度配制表见表 14。对标准系列溶液分别测定,以 NDMA 质量浓度为横坐标,每个质量浓度响应的峰面积为纵坐标,绘制标准曲线。每一批样品跟一个标准系列中间点,响应值与上一次响应偏差>20%时,应重新做线性校准。

表 14　标准系列溶液质量浓度配制

序号	1	2	3	4	5	6	7
体积/μL	0	15.0	30.0	60.0	150.0	300.0	600.0
质量浓度/(μg/L)	0	1.5	3.0	6.0	15.0	30.0	60.0

23.3.6.3　试验

23.3.6.3.1　进样:进样量为 1 μL。

23.3.6.3.2　记录:用仪器工作站采集标样和水样色谱图。

23.3.6.3.3　色谱图:标准物质色谱图见图 16。

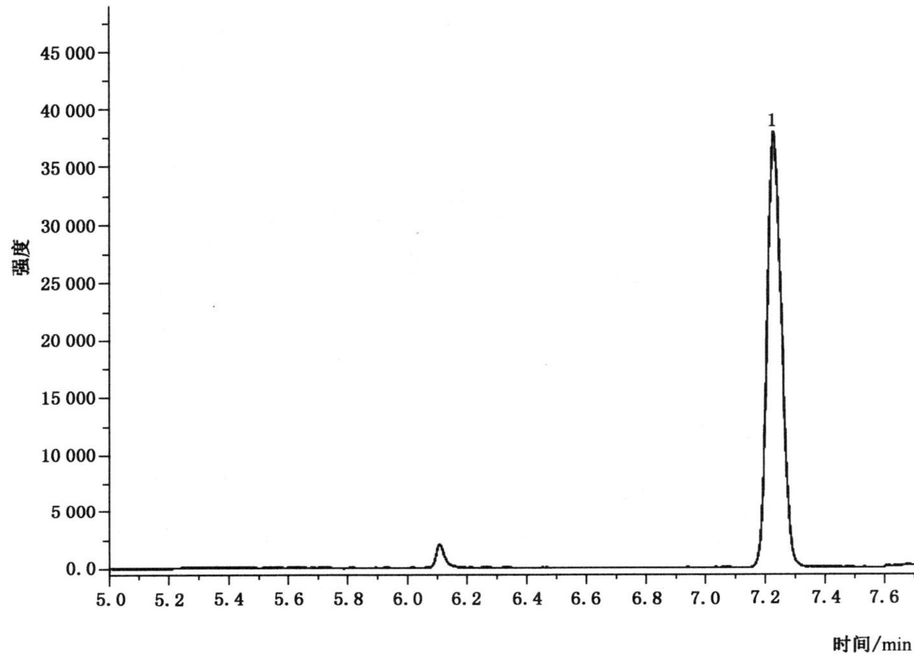

标引序号说明:

1——亚硝基二甲胺。

图 16　亚硝基二甲胺色谱图(质量浓度为 10 μg/L)

23.3.7　试验数据处理

23.3.7.1　定性分析

亚硝基二甲胺保留时间 7.230 min。在相同试验条件下,测定样品提取液中 NDMA 的保留时间与标准溶液一致(允许偏差±0.05 min),且试样定性离子的相对丰度与浓度相当的标准溶液相比,其相对丰度偏差不超过表 15 规定的范围。

表 15　定性离子相对丰度的最大允许相对偏差

相对丰度	>50%	20%~50%	10%~20%	≤10%
允许的相对偏差	±20%	±25%	±30%	±50%

23.3.7.2 定量分析

仪器测得样品提取液中 NDMA 峰面积，依据标准曲线计算样品提取液中 NDMA 的质量浓度。水样中 NDMA 质量浓度按照式(16)计算：

$$\rho(C_2H_6N_2O)=\frac{\rho\times V_1}{n\times V_0} \qquad \cdots\cdots(16)$$

式中：

$\rho(C_2H_6N_2O)$——水样中 NDMA 的质量浓度，单位为纳克每升(ng/L)；

ρ ——由标准曲线算出的样品提取液中 NDMA 的质量浓度，单位为微克每升(μg/L)；

V_1 ——固相萃取洗脱液体积，单位为毫升(mL)；

n ——洗脱液浓缩倍数，取洗脱液 4 mL 浓缩到 1 mL，浓缩倍数为 4；

V_0 ——水样体积，单位为升(L)。

样品测定结果保留小数点后 1 位。

在重复条件下获得的两次独立测定结果的绝对差值不应超过算术平均值的 20%。

23.3.8 精密度和准确度

5 个实验室选择低、中、高浓度分别对生活饮用水进行 6 次加标回收试验，加标质量浓度 4.0 ng/L 时，测定的相对标准偏差为 2.3%～8.3%，加标回收率为 88.3%～115%；加标质量浓度 20.0 ng/L 时，测定的相对标准偏差为 3.6%～7.4%，加标回收率为 94.8%～101%；加标质量浓度 100.0 ng/L 时，测定的相对标准偏差为 3.8%～8.3%，加标回收率为 77.2%～115%。

ICS 13.060
CCS C 51

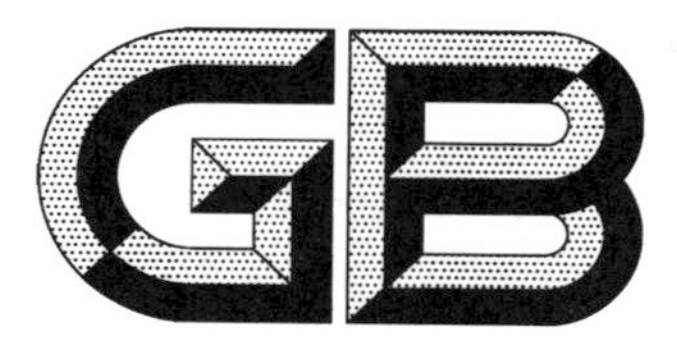

中华人民共和国国家标准

GB/T 5750.11—2023
代替 GB/T 5750.11—2006

生活饮用水标准检验方法 第11部分：消毒剂指标

Standard examination methods for drinking water—Part 11: Disinfectants indices

2023-03-17 发布 2023-10-01 实施

国家市场监督管理总局
国家标准化管理委员会 发布

目　次

前　言

本文件按照GB/T 1.1—2020《标准化工作导则　第1部分：标准化文件的结构和起草规则》的规定起草。

本文件是GB/T 5750《生活饮用水标准检验方法》的第11部分。GB/T 5750已经发布了以下部分：

——第1部分：总则；

——第2部分：水样的采集与保存；

——第3部分：水质分析质量控制；

——第4部分：感官性状和物理指标；

——第5部分：无机非金属指标；

——第6部分：金属和类金属指标；

——第7部分：有机物综合指标；

——第8部分：有机物指标；

——第9部分：农药指标；

——第10部分：消毒副产物指标；

——第11部分：消毒剂指标；

——第12部分：微生物指标；

——第13部分：放射性指标。

本文件代替GB/T 5750.11—2006《生活饮用水标准检验方法　消毒剂指标》，与GB/T 5750.11—2006相比，除结构调整和编辑性改动外，主要技术变化如下：

a) 增加了"术语和定义"(见第3章)；

b) 增加了2个检验方法(见4.3、5.1)；

c) 更改了1个检验方法(见4.1,2006年版的1.1)；

d) 更改了1项指标名称，将"游离余氯"更改为"游离氯"(见第4章，2006年版的第1章)。

请注意本文件的某些内容可能涉及专利。本文件的发布机构不承担识别专利的责任。

本文件由中华人民共和国国家卫生健康委员会提出并归口。

本文件起草单位：中国疾病预防控制中心环境与健康相关产品安全所、北京市疾病预防控制中心。

本文件主要起草人：施小明、姚孝元、张岚、岳银玲、张晓、许志强、陈斌生。

本文件及其所代替文件的历次版本发布情况为：

——1985年首次发布为GB/T 5750—1985，2006年第一次修订为GB/T 5750.11—2006；

——本次为第二次修订。

引　言

GB/T 5750《生活饮用水标准检验方法》作为生活饮用水检验技术的推荐性国家标准，与 GB 5749《生活饮用水卫生标准》配套，是 GB 5749 的重要技术支撑，为贯彻实施 GB 5749、开展生活饮用水卫生安全性评价提供检验方法。

GB/T 5750 由 13 个部分构成。

——第 1 部分：总则。目的在于提供水质检验的基本原则和要求。

——第 2 部分：水样的采集与保存。目的在于提供水样采集、保存、管理、运输和采样质量控制的基本原则、措施和要求。

——第 3 部分：水质分析质量控制。目的在于提供水质检验检测实验室质量控制要求与方法。

——第 4 部分：感官性状和物理指标。目的在于提供感官性状和物理指标的相应检验方法。

——第 5 部分：无机非金属指标。目的在于提供无机非金属指标的相应检验方法。

——第 6 部分：金属和类金属指标。目的在于提供金属和类金属指标的相应检验方法。

——第 7 部分：有机物综合指标。目的在于提供有机物综合指标的相应检验方法。

——第 8 部分：有机物指标。目的在于提供有机物指标的相应检验方法。

——第 9 部分：农药指标。目的在于提供农药指标的相应检验方法。

——第 10 部分：消毒副产物指标。目的在于提供消毒副产物指标的相应检验方法。

——第 11 部分：消毒剂指标。目的在于提供消毒剂指标的相应检验方法。

——第 12 部分：微生物指标。目的在于提供微生物指标的相应检验方法。

——第 13 部分：放射性指标。目的在于提供放射性指标的相应检验方法。

生活饮用水标准检验方法
第11部分:消毒剂指标

1 范围

本文件描述了生活饮用水中游离氯、总氯、氯胺、二氧化氯、臭氧的测定方法和水源水中游离氯[*N*,*N*-二乙基对苯二胺(DPD)分光光度法、3,3′,5,5′-四甲基联苯胺比色法]、氯胺的测定方法,以及含氯消毒剂中有效氯的测定方法。

本文件适用于生活饮用水和(或)水源水中消毒剂指标的测定。

2 规范性引用文件

下列文件中的内容通过文中的规范性引用而构成本文件必不可少的条款。其中,注日期的引用文件,仅该日期对应的版本适用于本文件;不注日期的引用文件,其最新版本(包括所有的修改单)适用于本文件。

GB/T 5750.1 生活饮用水标准检验方法 第1部分:总则

GB/T 5750.3 生活饮用水标准检验方法 第3部分:水质分析质量控制

GB/T 5750.4—2023 生活饮用水标准检验方法 第4部分:感官性状和物理指标

3 术语和定义

GB/T 5750.1、GB/T 5750.3 界定的术语和定义适用于本文件。

4 游离氯

4.1 *N*,*N*-二乙基对苯二胺(DPD)分光光度法

4.1.1 最低检测质量浓度

本方法最低检测质量为0.1 μg,若取10 mL水样测定,则最低检测质量浓度为0.01 mg/L。

本方法适用于经含氯消毒剂消毒后的生活饮用水及水源水中游离氯和各种形态的化合氯的测定。

高浓度的一氯胺对游离氯的测定有干扰,可用亚砷酸盐或硫代乙酰胺控制反应,以除去干扰;氧化态锰的干扰可通过做水样空白扣除;铬酸盐的干扰可用硫代乙酰胺排除。

4.1.2 原理

DPD与水中游离氯迅速反应而产生红色。在碘化物催化下,一氯胺也能与DPD反应显色。若在加入DPD试剂前加入碘化物,一部分三氯胺与游离氯、一氯胺一起显色,通过变换试剂的加入顺序可测得三氯胺的浓度。

4.1.3 试剂

警示——4.1.3.3 中氯化汞、4.1.3.5 中亚砷酸钾为剧毒化学品；4.1.3.6 中硫代乙酰胺是可疑致癌物。

4.1.3.1 碘化钾晶体。

4.1.3.2 碘化钾溶液(5 g/L)：称取 0.50 g 碘化钾(KI)，溶于新煮沸放冷的纯水，并稀释至 100 mL，储存于棕色瓶中，在冰箱中保存，溶液变黄应弃去重配。

4.1.3.3 磷酸盐缓冲溶液(pH 6.5)：称取 24 g 无水磷酸氢二钠(Na_2HPO_4)、46 g 无水磷酸二氢钾(KH_2PO_4)、0.8 g 乙二胺四乙酸二钠(Na_2EDTA)和 0.02 g 氯化汞($HgCl_2$)，依次溶解于纯水中，稀释至 1 000 mL。

注：$HgCl_2$ 具有防止霉菌生长作用，用于消除试剂中微量碘化物对游离氯测定造成的干扰。

4.1.3.4 DPD 溶液(1 g/L)：称取 1.0 g 盐酸 *N*,*N*-二乙基对苯二胺[$H_2N \cdot C_6H_4 \cdot N(C_2H_5)_2 \cdot 2HCl$]，或 1.5 g 硫酸 *N*,*N*-二乙基对苯二胺[$H_2N \cdot C_6H_4 \cdot N(C_2H_5)_2 \cdot H_2SO_4 \cdot 5H_2O$]，溶解于含 8 mL 硫酸溶液(1+3)和 0.2 g Na_2EDTA 的无氯纯水中，并稀释至1 000 mL。储存于棕色瓶中，在冷暗处保存。DPD 溶液不稳定，一次配制不宜过多，储存中如溶液颜色变深或褪色，应重新配制。

4.1.3.5 亚砷酸钾溶液(5.0 g/L)：称取 5.0 g 亚砷酸钾($KAsO_2$)溶于纯水中，并稀释至 1 000 mL。

4.1.3.6 硫代乙酰胺溶液(2.5 g/L)：称取 0.25 g 硫代乙酰胺(CH_3CSNH_2)，溶于 100 mL 纯水中。

4.1.3.7 无需氯水：在无氯纯水中加入少量氯水或漂粉精溶液，使水中总氯质量浓度约为 0.5 mg/L。加热煮沸除氯，冷却后备用。

注：使用前加入碘化钾，用本方法检验其总氯。

4.1.3.8 氯标准储备溶液[$\rho(Cl_2)$=1 000 μg/mL]：称取 0.891 0 g 优级纯高锰酸钾($KMnO_4$)，用纯水溶解并稀释至 1 000 mL。

注：用含氯水配制标准溶液，步骤繁琐且不稳定。经试验，标准溶液中高锰酸钾量与 DPD 和所标示的氯生成的红色相似。

4.1.3.9 氯标准使用溶液[$\rho(Cl_2)$=1 μg/mL]：吸取 10.0 mL 氯标准储备溶液，加纯水稀释至 100 mL。混匀后取 1.00 mL 再稀释至 100 mL。

4.1.4 仪器设备

4.1.4.1 分光光度计。

4.1.4.2 具塞比色管：10 mL。

4.1.5 试验步骤

4.1.5.1 标准曲线绘制：吸取 0 mL、0.5 mL、2.5 mL、10 mL、20 mL 和 40 mL 氯标准使用溶液[$\rho(Cl_2)$=1 μg/mL]置于 6 支 50 mL 容量瓶中，用无需氯水稀释至刻度，混匀备用。另取 6 支 10 mL 具塞比色管，各加入 0.5 mL 磷酸盐缓冲溶液(pH 6.5)、0.5 mL DPD 溶液(1 g/L)，再分别加入 10 mL 不同质量浓度的标准使用溶液，混匀，于 515 nm 波长，1 cm 比色皿，以纯水为参比，测定吸光度，绘制标准曲线。

4.1.5.2 在 10 mL 具塞比色管中依次加入 0.5 mL 磷酸盐缓冲溶液(pH 6.5)、0.5 mL DPD 溶液(1 g/L)和 10 mL 水样，混匀，立即于 515 nm 波长，1 cm 比色皿，以纯水为参比，测量吸光度，记录读数为 *A*，同时测量样品空白值，在读数中扣除。

注：如果样品中一氯胺含量过高，通过加入亚砷酸盐或硫代乙酰胺对样品进行处理。

4.1.5.3 继续向上述试管中加入一小粒碘化钾晶体(约 0.1 mg)，混匀后，再测量吸光度，记录读数

为 B。

注：如果样品中二氯胺含量过高，通过加入 0.1 mL 现用现配的碘化钾溶液（1 g/L）对样品进行处理。

4.1.5.4　再向上述试管加入碘化钾晶体（约 0.1 g），混匀，2 min 后，测量吸光度，记录读数为 C。

4.1.5.5　另取两支 10 mL 比色管，取 10 mL 水样于其中一支比色管中，然后加入一小粒碘化钾晶体（约 0.1 mg），混匀，于第二支比色管中加入 0.5 mL 磷酸盐缓冲溶液（pH 6.5）和 0.5 mL DPD 溶液（1 g/L），然后将第一管中混合液倒入，混匀。测量吸光度，记录读数为 N。

4.1.6　试验数据处理

游离氯和各种氯胺，根据存在的情况计算，见表 1。

表 1　游离氯和各种氯胺

读数	水样
A	游离氯
$B-A$	一氯胺
$C-B$	二氯胺＋50％三氯胺
N	游离氯＋50％三氯胺＋一氯胺
$2(N-B)$	三氯胺
$C-N$	二氯胺
注：在极少数情况下一氯胺与三氯胺共存。	

根据表 1 中读数，从标准曲线查出水样中游离氯和各种化合氯的含量，按式（1）计算水样中游离氯和各种化合氯的含量：

$$\rho(\mathrm{Cl_2})=\frac{m}{V} \qquad \cdots\cdots(1)$$

式中：

$\rho(\mathrm{Cl_2})$——水样中游离氯和各种化合氯的质量浓度，单位为毫克每升（mg/L）；

m　——从标准曲线上查得游离氯和各种化合氯的质量，单位为微克（μg）；

V　——水样体积，单位为毫升（mL）。

4.1.7　精密度和准确度

5 个实验室用本方法测定 0.75 mg/L 及 3.0 mg/L 游离氯样品，相对标准偏差范围分别为 2.5％～17％及 1％～8.5％。以 0.05 mg/L 做加标回收试验，平均回收率为 97.0％～108％；加标质量浓度为 0.3 mg/L～0.5 mg/L 时，平均回收率为 90.0％～103％；加标质量浓度为 1.0 mg/L～3.0 mg/L 时，平均回收率为 94.0％～106％。

4.2　3,3′,5,5′-四甲基联苯胺比色法

4.2.1　最低检测质量浓度

本方法最低检测质量浓度为 0.005 mg/L。

本方法适用于经含氯消毒剂消毒后的生活饮用水及水源水中总氯及游离氯的测定。水样中超过 0.12 mg/L 的铁和 0.05 mg/L 的亚硝酸盐对本方法有干扰。

4.2.2 原理

在 pH 小于 2 的酸性溶液中，游离氯与 3,3′,5,5′-四甲基联苯胺(以下简称四甲基联苯胺)反应，生成黄色的醌式化合物，用目视比色法定量。本方法可用重铬酸钾溶液配制永久性氯标准色列。

4.2.3 试剂

4.2.3.1 氯化钾-盐酸缓冲溶液(pH 2.2)：称取 3.7 g 经 100 ℃～110 ℃干燥至恒量的氯化钾，用纯水溶解，再加 0.56 mL 盐酸(ρ_{20}=1.19 g/mL)，并用纯水稀释至 1 000 mL。

4.2.3.2 盐酸溶液(1+4)。

4.2.3.3 3,3′,5,5′-四甲基联苯胺溶液(0.3 g/L)：称取 0.03 g 3,3′,5,5′-四甲基联苯胺($C_{16}H_{20}N_2$)，用 100 mL 盐酸溶液[c(HCl)=0.1 mol/L]分批加入并搅拌，使试剂溶解(必要时可加温助溶)，混匀，此溶液应无色透明，储存于棕色瓶中，在常温下可保存 6 个月。

4.2.3.4 重铬酸钾-铬酸钾溶液：称取 0.155 0 g 经 120 ℃干燥至恒量的重铬酸钾($K_2Cr_2O_7$)及 0.465 0 g 经 120 ℃干燥至恒量的铬酸钾(K_2CrO_4)，溶解于氯化钾-盐酸缓冲溶液中，并稀释至 1 000 mL。此溶液生成的颜色相当于 1 mg/L 氯与四甲基联苯胺生成的颜色。

4.2.3.5 Na_2EDTA 溶液(20 g/L)。

4.2.4 仪器设备

具塞比色管：50 mL。

4.2.5 试验步骤

4.2.5.1 永久性氯标准比色管(0.005 mg/L～1.0 mg/L)的配制。按表 2 所列用量分别吸取重铬酸钾-铬酸钾溶液，注入 50 mL 具塞比色管中，用氯化钾-盐酸缓冲溶液稀释至 50 mL 刻度，在冷暗处保存，可使用 6 个月。

表 2 0.005 mg/L～1.0 mg/L 永久性氯标准的配制

永久性氯/(mg/L)	重铬酸钾-铬酸钾溶液/mL	永久性氯/(mg/L)	重铬酸钾-铬酸钾溶液/mL
0.005	0.25	0.40	20.0
0.01	0.50	0.50	25.0
0.03	1.50	0.60	30.0
0.05	2.50	0.70	35.0
0.10	5.0	0.80	40.0
0.20	10.0	0.90	45.0
0.30	15.0	1.0	50.0
注：若水样氯质量浓度大于 1 mg/L，可将重铬酸钾-铬酸钾溶液的质量浓度提高 10 倍，配成相当于 10 mg/L 氯的标准色，配制成 1.0 mg/L～10 mg/L 的永久性氯标准色列。			

4.2.5.2 于 50 mL 具塞比色管中，先加入 2.5 mL 四甲基联苯胺溶液，加入澄清水样至 50 mL 刻度，混合后立即比色，所得结果为游离氯；放置 10 min，比色所得结果为总氯，总氯减去游离氯即为化合氯。

注 1：pH 大于 7 的水样先用盐酸溶液调节 pH 为 4 再行测定。

注2：水样中铁离子大于0.12 mg/L时，在每50 mL水样中加1滴～2滴Na_2EDTA溶液，以消除干扰。

注3：水温低于20 ℃时，先温热水样至25 ℃～30 ℃，以加快反应速度。

注4：测试时，如显浅蓝色，表明显色液酸度偏低，多加1 mL试剂，就出现正常颜色。又如加试剂后，出现橘色，表示氯含量过高，改用永久性氯1 mg/L～10 mg/L的标准系列，并多加1 mL试剂进行处理。

4.3 现场N,N-二乙基对苯二胺(DPD)法

4.3.1 最低检测质量浓度

本方法游离氯的最低检测质量浓度为0.02 mg/L。

本方法适用于经含氯消毒剂消毒后的生活饮用水中游离氯的测定，质量浓度为0.02 mg/L～10.0 mg/L的水样直接测定。低量程0.02 mg/L～2.0 mg/L，高量程0.1 mg/L～10 mg/L，超出此范围的水样经稀释后，会造成水中游离氯损失。

4.3.2 原理

DPD与水中游离氯迅速反应产生红色。在一定范围内，游离氯浓度越高，反应产生的红色越深，于特定波长下比色定量。

4.3.3 试剂或材料

游离氯DPD试剂药包[1)]。试剂主要成分包括DPD、磷酸氢二钠、乙二胺四乙酸二钠。

4.3.4 仪器设备

4.3.4.1 分光光度计或比色计。

4.3.4.2 比色杯。

4.3.5 试验步骤

4.3.5.1 游离氯在水中稳定性差，应在现场取样后立即测定。

4.3.5.2 将适量水样加于比色杯中，将比色杯置于比色槽中，盖上杯盖，按下仪器的"ZERO"键，此时显示0.00，作为空白对照。

4.3.5.3 取下比色杯，加入1包游离氯DPD试剂药包，盖上器皿盖，摇匀，立即放入比色槽中，按下仪器"READ"键，直接读数。仪器显示的数值即为水中游离氯的质量浓度(以mg/L为单位)。若有游离氯存在，则溶液呈红色。要严格掌握反应时间，样品静置后的比色测定应在1 min之内完成。

注：根据各比色计不同，严格按照各仪器使用说明书操作。

4.3.6 干扰及消除

警示——亚砷酸钠溶液有剧毒。

应按照不同厂家不同型号仪器的说明书中游离氯检测的干扰消除方法，进行现场检测时干扰的去除。当游离氯反应颜色异常(测定结果异常时)，可能存在下述干扰：

a) 碘、溴、二氧化氯、臭氧、过氧化物均有干扰，氯胺、有机氯胺可能干扰。

b) 氧化态锰或氧化态铬均有干扰，可加入：

  1) 盐酸溶液，调节pH到6～7；

  2) 加3滴碘化钾溶液[$\rho(KI)=30$ g/L]到10 mL样品中；

---

1) 与相应的分光光度计或比色计匹配。

3） 混合并等待 1 min；

4） 加入 3 滴亚砷酸钠溶液[$\rho(NaAsO_2)$＝5 g/L]并混合；

5） 按程序所示，检验处理过的样品；

6） 从原始分析过程中减去上述检验的结果，得到正确的游离氯的质量浓度。

4.3.7 精密度和准确度

4 个实验室分别对含有游离氯低、中、高 3 个不同质量浓度的水样进行了精密度试验。低浓度(0.05 mg/L)精密度测定结果的相对标准偏差为 8.9%～12%；中浓度(1.00 mg/L)精密度测定结果的相对标准偏差为 4.5%～8.0%；高浓度(5.00 mg/L)精密度测定结果的相对标准偏差为 2.9%～4.9%。

5 总氯

5.1 现场 *N*,*N*-二乙基对苯二胺(DPD)法

5.1.1 最低检测质量浓度

本方法最低检测总氯的质量浓度为 0.02 mg/L。

本方法适用于经含氯消毒剂消毒后的生活饮用水中总氯的测定。质量浓度为 0.02 mg/L～2.00 mg/L 的水样直接测定，超出此范围的水样稀释后会造成水中总氯损失。

5.1.2 原理

DPD 与水中游离氯迅速反应产生红色，在碘的催化下各种形态的化合氯(一氯胺、二氯胺、三氯胺等)也能与该试剂反应显色。在一定范围内，总氯浓度越大，反应产生的红色越深，于特定波长下比色定量。

5.1.3 试剂或材料

总氯 DPD 试剂药包[2)]。试剂主要成分包括 DPD、磷酸氢二钠、乙二胺四乙酸二钠、碘化钾。

5.1.4 仪器设备

5.1.4.1 分光光度计或比色计。

5.1.4.2 比色杯。

5.1.5 试验步骤

5.1.5.1 总氯在水中稳定性差，应在现场取样后立即测定。

5.1.5.2 取适量水样于比色杯中，将比色杯置于比色槽中，盖上杯盖，按下仪器的“ZERO”键，此时显示 0.00，作为空白对照。

5.1.5.3 立刻加入 1 包总氯 DPD 试剂药包，盖上杯盖，摇匀，静置片刻后立即放入比色槽中，按下仪器“READ”键，直接读数。仪器显示的数值即为水中总氯的质量浓度(以 mg/L 为单位)。若有总氯存在，则溶液呈红色。要严格掌握反应时间，样品静置后的比色测定应在 3 min 之内完成。

注：根据各比色计不同，严格按照各仪器使用说明书操作。

2） 与相应的分光光度计或比色计匹配。

5.1.6 干扰及消除

警示——亚砷酸钠溶液有剧毒。

当总氯反应颜色异常(测定结果异常时),可能存在下述干扰:

a) 碘、溴、二氧化氯、臭氧、过氧化物均有干扰,氯胺、有机氯胺可能干扰;
b) 氧化态锰或氧化态铬均有干扰,可加入:
   1) 盐酸溶液,调节 pH 到 6~7;
   2) 加 3 滴碘化钾溶液[ρ(KI)=30 g/L]到 10 mL 样品中;
   3) 混合并等待 1 min;
   4) 加入 3 滴亚砷酸钠溶液[$\rho(NaAsO_2)$=5 g/L]并混合;
   5) 按程序所示,检验处理过的样品;
   6) 从原始分析过程中减去上述检验的结果,得到正确的总氯的质量浓度。

5.1.7 精密度

4 个实验室分别对含有总氯低、中、高 3 个不同质量浓度的样品进行了精密度实验。低浓度(0.05 mg/L)精密度测定结果的相对标准偏差为 12%~14%;中浓度(0.40 mg/L)精密度测定结果的相对标准偏差为 4.0%~5.0%;高浓度(1.00 mg/L)精密度测定结果的相对标准偏差为 3.8%~5.7%。

5.2 3,3′,5,5′-四甲基联苯胺比色法

按 4.2 描述的方法测定。

6 含氯消毒剂中有效氯

6.1 碘量法

6.1.1 原理

含氯消毒剂中有效氯在酸性溶液中与碘化钾反应,释放出相当量的碘,用硫代硫酸钠标准溶液滴定,计算有效氯的含量。

本方法适用于固体或液体含氯消毒剂中有效氯的测定。

6.1.2 试剂

6.1.2.1 碘化钾晶体。
6.1.2.2 冰乙酸(ρ_{20}=1.06 g/mL)。
6.1.2.3 硫酸溶液(1+8)。
6.1.2.4 硫代硫酸钠标准溶液[$c(Na_2S_2O_3)$=0.1 mol/L]:称取 26 g 五水合硫代硫酸钠($Na_2S_2O_3 \cdot 5H_2O$)及 0.2 g 无水碳酸钠(Na_2CO_3),溶于新煮沸放冷的纯水中,并稀释至 1 000 mL,摇匀。放置 1 周后过滤并标定浓度。

标定:准确称取 3 份 0.11 g~0.14 g 于 120 ℃干燥至恒量的基准级重铬酸钾($K_2Cr_2O_7$),置于 250 mL 碘量瓶中。于每瓶中加入 25 mL 纯水,溶解后加 2 g 碘化钾晶体及 20 mL 硫酸溶液(1+8),混匀,于暗处放置 10 min。加 150 mL 纯水,用硫代硫酸钠标准溶液[$c(Na_2S_2O_3)$=0.1 mol/L]滴定,至溶液呈淡黄色时,加 3 mL 淀粉溶液(5 g/L)。继续滴定至溶液由蓝色变为亮绿色,记录用量为 V_1。同时做空白试验,记录用量为 V_0。按式(2)计算硫代硫酸钠标准溶液的浓度:

$$c(Na_2S_2O_3)=\frac{m}{(V_1-V_0)\times 0.049\ 03} \qquad \cdots\cdots(2)$$

式中：

$c(Na_2S_2O_3)$——硫代硫酸钠标准溶液的浓度，单位为摩尔每升(mol/L)；

m ——重铬酸钾的质量，单位为克(g)；

V_1 ——滴定重铬酸钾的硫代硫酸钠标准溶液的体积，单位为毫升(mL)；

V_0 ——滴定空白的硫代硫酸钠标准溶液的体积，单位为毫升(mL)；

0.049 03 ——与 1.00 mL 硫代硫酸钠标准溶液[$c(Na_2S_2O_3)=1.000$ mol/L]相当的以克表示的重铬酸钾的质量，单位为克每毫摩尔(g/mmol)。

6.1.2.5 淀粉溶液(5 g/L)：称取 0.5 g 可溶性淀粉，用少许纯水调成糊状，边搅拌边倾入 100 mL 沸水中，继续煮沸 2 min，冷后取上清液备用。

6.1.3 仪器设备

6.1.3.1 滴定管：50 mL。

6.1.3.2 碘量瓶：250 mL。

6.1.4 试验步骤

6.1.4.1 将具有代表性的固体样品于研钵中研匀，用减量法称取 1 g～2 g，置于 100 mL 烧杯中。加入少量纯水，将样品调成糊状。将样品全部转移至 250 mL 容量瓶中，加纯水到刻度，混合均匀。

注：固体样品的取样量一般指常用的漂白粉(有效氯含量 25%～35%)和漂粉精(有效氯含量 60%～70%)的取样量，其他含氯消毒剂的取样量可据此计算。

6.1.4.2 液体样品及可溶性样品可按产品标示的有效氯含量，吸取或称取适量，于 250 mL 容量瓶中稀释至刻度，混合均匀。

6.1.4.3 于 250 mL 碘量瓶中加入 1 g 碘化钾晶体，75 mL 纯水，使碘化钾溶解，加入 2 mL 冰乙酸。从容量瓶中吸取 25.0 mL 样品溶液，注入上述碘量瓶中，密塞，加水封口于暗处放置 5 min。

6.1.4.4 用硫代硫酸钠标准溶液滴定至溶液呈淡黄色时，加入 1 mL 淀粉溶液(5 g/L)，继续滴定至溶液蓝色刚消失为止，记录用量为 V。

6.1.5 试验数据处理

按式(3)计算含氯消毒剂中有效氯含量：

$$w(Cl_2)=\frac{V\times c\times 0.035\,45\times 250}{m\times 25}\times 100 \qquad (3)$$

式中：

$w(Cl_2)$——含氯消毒剂中有效氯含量，%；

V ——硫代硫酸钠标准溶液的用量，单位为毫升(mL)；

c ——硫代硫酸钠标准溶液的浓度，单位为摩尔每升(mol/L)；

m ——含氯消毒剂的用量，单位为克(g)；

0.035 45——与 1.00 mL 硫代硫酸钠标准溶液[$c(Na_2S_2O_3)=1.000$ mol/L]相当的以克表示的有效氯的质量，单位为克每毫摩尔(g/mmol)。

7 氯胺

N，*N*-二乙基对苯二胺(DPD)分光光度法：按 4.1 描述的方法测定。

8 二氧化氯

8.1 *N*,*N*-二乙基对苯二胺-硫酸亚铁铵滴定法

8.1.1 最低检测质量浓度

本方法测定范围为0.025 mg/L～9.5 mg/L,最低检测质量浓度为0.025 mg/L(ClO_2)。

本方法适用于生活饮用水中二氧化氯的测定。本方法要求水样的总有效氯(Cl_2)不高于5 mg/L,高于此值时,样品应稀释。氧化态锰和铬酸盐可使DPD产生颜色,导致测定结果偏高,可向水样中加入亚砷酸钠或硫代乙酰胺校正;由于滴定液进入的铁离子可活化亚氯酸盐而干扰滴定终点,可加入乙二胺四乙酸二钠盐抑制。

8.1.2 原理

水中的二氧化氯与DPD反应呈红色。用硫酸亚铁铵标准溶液滴定。加入磷酸盐缓冲溶液会使水样保持中性,在此条件下,二氧化氯只能得到1 mol电子而被还原为ClO_2^-,从硫酸亚铁铵溶液用量可计算水样中二氧化氯的质量浓度。甘氨酸将水中的游离氯转化为氯化氨基乙酸而不干扰二氧化氯的测定。

8.1.3 试剂

警示——8.1.3.5中DPD草酸盐为有毒化学品;8.1.3.4中$HgCl_2$、8.1.3.8中亚砷酸钠为剧毒化学品;8.1.3.9中硫代乙酰胺为怀疑致癌物。

8.1.3.1 重铬酸钾标准溶液[$c(1/6K_2Cr_2O_7)$=0.100 0 mol/L]:称取干燥的基准重铬酸钾4.904 g,溶于蒸馏水中,定容至1 000 mL,储存于磨口玻璃瓶中。

8.1.3.2 二苯胺磺酸钡溶液(1 g/L):称取0.1 g二苯胺磺酸钡[$(C_6H_5NHC_6H_4\text{-}SO_3)_2Ba$]溶于100 mL蒸馏水中。

8.1.3.3 硫酸亚铁铵标准溶液{$c[(NH_4)_2Fe(SO_4)_2]$=0.003 0 mol/L}:称取六水合硫酸亚铁铵[$(NH_4)_2Fe(SO_4)_2\cdot 6H_2O$] 1.176 g溶于含1 mL硫酸溶液(1+3)的蒸馏水中,用新煮沸放冷的蒸馏水稀释至1 000 mL。用重铬酸钾标准溶液按下述方法标定浓度,此溶液可使用1个月。

吸取100 mL硫酸亚铁铵标准溶液,加入10 mL硫酸溶液(1+5)、5 mL磷酸(ρ_{20}=1.69 g/mL)和2 mL二苯胺磺酸钡溶液(1 g/L),用重铬酸钾标准溶液[$c(1/6K_2Cr_2O_7)$=0.100 0 mol/L]滴定至紫色持续30 s不褪。硫酸亚铁铵标准溶液的浓度可由式(4)算出:

$$c[(NH_4)_2Fe(SO_4)_2]=\frac{c_1\times V_1}{V_2} \qquad \cdots\cdots(4)$$

式中:

$c[(NH_4)_2Fe(SO_4)_2]$——硫酸亚铁铵标准溶液的浓度,单位为摩尔每升(mol/L);

c_1——重铬酸钾标准溶液的浓度,单位为摩尔每升(mol/L);

V_1——滴定硫酸亚铁铵标准溶液消耗的重铬酸钾标准溶液的体积,单位为毫升(mL);

V_2——硫酸亚铁铵标准溶液的体积,单位为毫升(mL)。

8.1.3.4 磷酸盐缓冲溶液:称取24 g无水磷酸氢二钠(Na_2HPO_4)和46 g无水磷酸二氢钾(KH_2PO_4)溶于蒸馏水中。另在100 mL蒸馏水中溶解800 mg Na_2EDTA,合并两种溶液,加蒸馏水至1 000 mL。另加20 mg氯化汞($HgCl_2$),防止溶液长霉。

8.1.3.5 DPD指示剂溶液:称取1 g DPD草酸盐[$(C_2H_5)_2NC_6H_4NH_2\cdot(COOH)_2$],或1.5 g DPD五

水合硫酸盐[$(C_2H_5)_2NC_6H_4NH_2 \cdot H_2SO_4 \cdot 5H_2O$],或 1.1 g DPD 无水硫酸盐[$(C_2H_5)_2NC_6H_4NH_2 \cdot H_2SO_4$]溶于含 8 mL 硫酸溶液(1+3)和 200 mg Na_2EDTA 的无氯蒸馏水中,并用无氯蒸馏水稀释至 1 000 mL,储于具玻塞的棕色玻璃瓶中,置于暗处。如发现溶液褪色,应即弃去。定期检查溶液空白,当其在 515 nm 处吸光度大于 0.002/cm 时,应即弃去。

8.1.3.6 甘氨酸($C_2H_5NO_2$)溶液(100 g/L):称取 10 g 甘氨酸溶于 100 mL 蒸馏水中。

8.1.3.7 乙二胺四乙酸二钠(Na_2EDTA):固体。

8.1.3.8 亚砷酸钠溶液(5 g/L):称取 5.0 g 亚砷酸钠($NaAsO_2$)溶于 1 000 mL 蒸馏水中。

8.1.3.9 硫代乙酰胺溶液(2.5 g/L):称取 250 mg 硫代乙酰胺(CH_3CSNH_2)溶于 100 mL 蒸馏水中。

8.1.4 试验步骤

8.1.4.1 在一个 250 mL 锥形瓶中加入 5 mL 磷酸盐缓冲溶液和 0.5 mL 亚砷酸钠溶液(5 g/L)或 0.5 mL 硫代乙酰胺溶液(2.5 g/L),加入 100 mL 水样混匀。

8.1.4.2 向上述锥形瓶中加入 5 mL DPD 指示剂溶液,混匀,用硫酸亚铁铵标准溶液{$c[(NH_4)_2Fe(SO_4)_2]$=0.003 0 mol/L}滴定至红色消失,记录滴定读数 V_1。

8.1.4.3 另取一个 250 mL 锥形瓶,加入 100 mL 水样和 2 mL 甘氨酸溶液(100 g/L),混匀。

8.1.4.4 再取一个 250 mL 锥形瓶,加入 5 mL 磷酸盐缓冲溶液和 5 mL DPD 指示剂溶液,混匀,加入约 200 mg Na_2EDTA。

8.1.4.5 将经过甘氨酸处理的水样加入混合溶液 8.1.4.4 中,混匀,用硫酸亚铁铵标准溶液{$c[(NH_4)_2Fe(SO_4)_2]$=0.003 0 mol/L}快速滴定至红色消失,记录滴定液读数 V_2。

8.1.5 试验数据处理

按式(5)计算水样中二氧化氯的质量浓度:

$$\rho(ClO_2)=\frac{c\times(V_2-V_1)\times13.49\times5}{V}\times1\ 000 \qquad (5)$$

式中:

$\rho(ClO_2)$ ——水样中二氧化氯的质量浓度,单位为毫克每升(mg/L);

c ——硫酸亚铁铵标准溶液浓度,单位为摩尔每升(mol/L);

V_2 ——水样滴定时消耗硫酸亚铁铵标准溶液的体积,单位为毫升(mL);

V_1 ——水样中氧化态锰和铬酸盐消耗硫酸铁铵标准溶液的体积,单位为毫升(mL);

V ——水样体积,单位为毫升(mL);

13.49×5 ——与 1.00 mL 硫酸亚铁铵标准溶液{$c[(NH_4)_2Fe(SO_4)_2]$=1.000 mol/L}相当的以毫克表示二氧化氯的实际质量,单位为微克每摩尔(μg/mol)。

8.2 碘量法

8.2.1 最低检测质量浓度

本方法最低检测质量为 10 μg(以 ClO_2 计),若取水溶液 500 mL,其最低检测质量浓度为 20 μg/L(以 ClO_2 计)。

本方法适用于纯二氧化氯水溶液中二氧化氯的测定。温度和强光可影响溶液的稳定性,因此二氧化氯储备溶液应避光、密闭,并 0 ℃~4 ℃冷藏保存。为尽量减少二氧化氯的损失,其制备及标定过程要求在室温不超过 20 ℃及非直射光线下进行。

8.2.2 原理

亚氯酸钠($NaClO_2$)溶液与稀硫酸反应,可生成二氧化氯。氯等杂质通过亚氯酸钠溶液除去。用恒定的空气流将所产生的二氧化氯带出，并通入纯水中配制成二氧化氯溶液，其质量浓度以碘量法测定。

8.2.3 试剂

警示——三氧化二砷为剧毒化学品。

8.2.3.1 碘片。

8.2.3.2 冰乙酸（ρ_{20}＝1.06 g/mL）。

8.2.3.3 亚氯酸钠（$NaClO_2$）。

8.2.3.4 碳酸氢钠。

8.2.3.5 三氧化二砷：基准试剂。

8.2.3.6 碘化钾。

8.2.3.7 硫代硫酸钠：优级纯。

8.2.3.8 硫酸（ρ_{20}＝1.84 g/mL）。

8.2.3.9 硫酸溶液（1＋9）。

8.2.3.10 氢氧化钠溶液（150 g/L）。

8.2.3.11 亚氯酸钠饱和溶液：取适量亚氯酸钠（$NaClO_2$）于烧杯内，加少量纯水，搅拌使之成为饱和溶液（亚氯酸钠的溶解度相当高，按所需用量配制）。

8.2.3.12 二氧化氯储备溶液的制备步骤如下。

a) 二氧化氯的发生及吸收装置，见图 1。

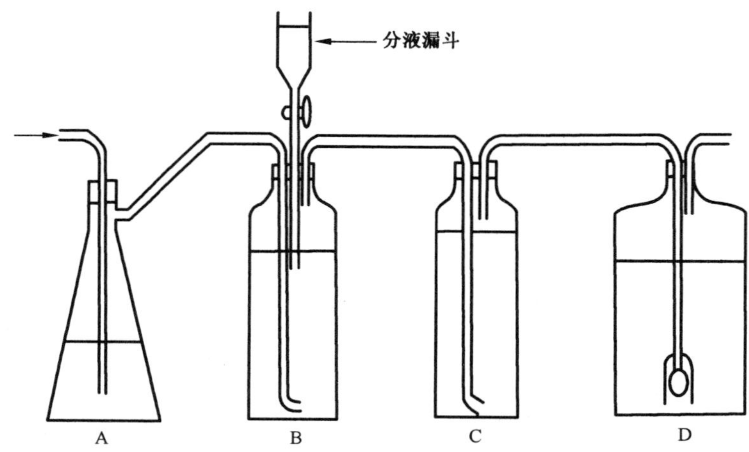

图 1 二氧化氯发生及吸收装置

b) 在 A 瓶中放入 300 mL 纯水，将 A 瓶一端玻璃管与空气压缩机相接，另一玻璃管与 B 瓶相连。B 瓶为高强度硼硅玻璃瓶，瓶口有三根玻璃管；第一根插至离瓶底 5 mm 处，用以引进空气；第二根上接带刻度的圆柱形分液漏斗，下端伸至液面下；第三根下端离开液面，上端与 C 瓶相接。溶解 10 g 亚氯酸钠于 750 mL 纯水中并倒入 B 瓶中；在分液漏斗中装有 20 mL 硫酸溶液（1＋9）。C 瓶为装有亚氯酸钠饱和溶液或片状固体亚氯酸钠的洗气塔。D 瓶为 2 L 硼硅玻璃收集瓶，瓶中装有 1 500 mL 纯水，用以吸收所发生的二氧化氯，余气由排气管排出。整套装置应放入通风橱内。

c) 启动空气压缩机，使空气均匀地通过整个装置。每隔 5 min 由分液漏斗加入 5 mL 硫酸溶液（1＋9），加完最后一次硫酸溶液后，空气流要持续 30 min。

d) 所获得的黄色二氧化氯储备溶液放入棕色瓶中密塞于 0 ℃～4 ℃冷藏箱中保存。其质量浓度约为 250 mg/L～600 mg/L ClO_2，相当于 500 mg/L～1 200 mg/L 有效氯（Cl_2）。

8.2.3.13　二氧化氯标准溶液：临用前，取一定量二氧化氯储备溶液，用无需氯水稀释至所需浓度，用碘量法标定。

8.2.3.14　碘标准储备溶液[$c(1/2I_2)$=0.1 mol/L]：称取 13 g 碘片及 35 g 碘化钾溶于 100 mL 纯水中并稀释至 1 000 mL，保存在棕色瓶中。准确称取 0.15 g 预先在硫酸干燥器中干燥至恒量的三氧化二砷，放入 250 mL 碘量瓶中，加 4 mL 氢氧化钠溶液溶解，再加入 50 mL 纯水，2 滴酚酞指示剂，用硫酸溶液(1+9)中和，再加 3 g 碳酸氢钠及 3 mL 淀粉指示剂，用碘标准储备溶液滴至浅蓝色，同时做空白试验。

8.2.3.15　碘标准使用溶液[$c(1/2I_2)$=0.028 2 mol/L]：溶解 25 g 碘化钾于 1 000 mL 容量瓶中，加少许纯水，按计算量加入经过标定的碘标准储备溶液，用无需氯水稀释至刻度，此液浓度为 0.028 2 mol/L，保存于棕色广口瓶，防止直射光照射，勿与橡皮塞或橡胶管接触。

8.2.3.16　硫代硫酸钠标准溶液[$c(Na_2S_2O_3)$=0.100 0 mol/L]：其配制及标定按 GB/T 5750.4—2023 中 12.1.3.12 描述的方法进行。

8.2.3.17　淀粉指示剂溶液(5 g/L)。

8.2.3.18　酚酞指示剂溶液(5 g/L)。

8.2.4　仪器设备

8.2.4.1　碘量瓶。

8.2.4.2　滴定管。

8.2.5　试验步骤

8.2.5.1　取样体积以终点时所消耗硫代硫酸钠标准溶液[$c(Na_2S_2O_3)$=0.100 0 mol/L]在 0.2 mL～20 mL 之间为宜。

8.2.5.2　用冰乙酸调节所确定体积的样品使其 pH 为 3～4，记录用量。

8.2.5.3　另取一个碘量瓶，放入上述步骤相等冰乙酸的用量及 1 g 碘化钾，再加入所确定体积的样品，摇匀，密塞，置于暗处，反应 5 min。在无直射光下，用硫代硫酸钠标准溶液[$c(Na_2S_2O_3)$=0.100 0 mol/L]滴定至淡黄色，加 1 mL 淀粉指示剂(5 g/L)再滴至浅蓝色消失为止，记录用量。

8.2.5.4　同时测定试剂空白，取与样品用量相同体积的纯水，加入上面确定的冰乙酸用量，1 g 碘化钾和 1 mL 淀粉指示剂溶液(5 g/L)按以下 8.2.5.4 a)或 8.2.5.4 b)测定空白值：

a)　若溶液呈蓝色，用硫代硫酸钠标准溶液[$c(Na_2S_2O_3)$=0.100 0 mol/L]滴定至蓝色刚消失，记录用量；

b)　若溶液不呈蓝色，用碘标准使用溶液[$c(1/2I_2)$=0.028 2 mol/L]滴至蓝色，再用硫代硫酸钠标准溶液[$c(Na_2S_2O_3)$=0.100 0 mol/L]进行反滴定，记录两者之差。

注：在计算二氧化氯含量时，若试剂空白为 8.2.5.4 a)情况，则样品消耗硫代硫酸钠标准溶液[$c(Na_2S_2O_3)$=0.100 0 mol/L]的用量减 8.2.5.4 a)所测值；若试剂空白试验为 8.2.5.4 b)情况，则硫代硫酸钠标准溶液量加上 8.2.5.4 b)所测值。

8.2.6　试验数据处理

二氧化氯(ClO_2)的质量浓度可用二氧化氯(ClO_2)或有效氯(Cl_2)表示。按式(6)计算：

$$\rho(ClO_2)=\frac{c\times(V_1-V_0)\times 13.49}{V}\times 1\ 000 \qquad (6)$$

式中：

$\rho(ClO_2)$——水样中二氧化氯质量浓度，单位为毫克每升(mg/L)；

c　——硫代硫酸钠标准溶液的浓度，单位为摩尔每升(mol/L)；

V_1 ——水样硫代硫酸钠标准溶液的用量,单位为毫升(mL);

V_0 ——空白试验硫代硫酸钠标准溶液的用量,单位为毫升(mL);

V ——水样体积,单位为毫升(mL);

13.49 ——与 1.00 mL 硫代硫酸钠标准溶液[$c(Na_2S_2O_3)=1.000$ mol/L]相当的以毫克表示的二氧化氯的质量,单位为微克每摩尔(μg/mol)。

8.3 甲酚红分光光度法

8.3.1 最低检测质量浓度

本方法最低检测质量为 0.5 μg,若取 25 mL 水样测定,则最低检测质量浓度为 0.02 mg/L。

本方法适用于生活饮用水中二氧化氯含量的测定。

8.3.2 原理

在 pH=3 时,二氧化氯与甲酚红发生氧化还原反应,剩余的甲酚红在碱性条件下显紫红色,于 573 nm 波长下比色定量。

8.3.3 试剂

8.3.3.1 本方法配制试剂及稀释标准溶液所用纯水均为无需二氧化氯的蒸馏水。即取蒸馏水每升加入 2 mg 二氧化氯(或含 5 mg 游离氯的氯水)放置 1 d,用 *N*,*N*-二乙基对苯二胺法检查尚有氯反应。将此蒸馏水让日光照射或煮沸,检查无氯后使用。

8.3.3.2 硫代硫酸钠标准溶液[$c(Na_2S_2O_3)=0.100\ 0$ mol/L]。

8.3.3.3 碘标准溶液[$c(1/2I_2)=0.100\ 0$ mol/L]。

8.3.3.4 淀粉溶液(5 g/L)。

8.3.3.5 甲基橙指示剂溶液。

8.3.3.6 盐酸溶液(1+23)。

8.3.3.7 柠檬酸盐缓冲溶液(pH=3):取 46.5 mL 19.2 g/L 柠檬酸($C_6H_8O_7$)溶液与 3.5 mL 29.4 g/L 柠檬酸钠溶液混合后用纯水稀释为 100 mL(可在 pH 计上用柠檬酸溶液调节)。

8.3.3.8 甲酚红溶液:称取 0.1 g 甲酚红,用 20 mL 99%乙醇溶解后加水至 100 mL 成储备溶液。取 1 mL 用纯水稀释为 50 mL 后使用。

8.3.3.9 氢氧化钠溶液(50 g/L)。

8.3.3.10 二氧化氯标准储备溶液:取 250 mL 曝气瓶 4 个串联,于第一及第二两个瓶中依次加入 50 mL 及 100 mL 亚氯酸钠饱和溶液,第三及第四个瓶中各加入 100 mL 纯水,连接好后向第一个瓶中加入硫酸(1+1)至呈酸性(产生黄橙色气体),用 500 mL/min 的流量抽气,将二氧化氯吸收于纯水中。当第四个瓶纯水吸收液中黄色较深时停止抽气,取第四个瓶中的标准溶液储于棕色瓶内,0 ℃~4 ℃冰箱内保存。按以下步骤准确测定二氧化氯标准储备溶液的质量浓度。

a) 向 250 mL 碘量瓶内加入 100 mL 无需氯纯水、1 g 碘化钾及 5 mL 冰乙酸,摇动碘量瓶,让碘化钾溶完。加入 10.00 mL 二氧化氯标准溶液,在暗处放置 5 min。用 0.100 0 mol/L 硫代硫酸钠标准溶液滴定至溶液呈淡黄色时,加入 1 mL 淀粉溶液(5 g/L),继续滴定至终点。

b) 空白滴定:向碘量瓶内按测定二氧化氯步骤加入相同量的试剂(仅不加二氧化氯),如果加入淀粉溶液后溶液显蓝色,则用硫代硫酸钠标准溶液滴定至蓝色消失,记录用量。如果加入淀粉溶液后不显蓝色,则加入 1.00 mL 0.100 0 mol/L 碘标准溶液,使溶液呈蓝色,再用硫代硫酸钠标准溶液滴定至终点,记录用量。在计算二氧化氯浓度时,应减去空白。如果加有碘标准溶液,则应加入空白(此时空白值为 1 mL 碘标准溶液相当的硫酸钠标准溶液的体积减去滴定的体积)。

c) 按式(7)计算二氧化氯标准储备溶液的质量浓度:

$$\rho(ClO_2)=\frac{c\times(V_1-V_0)\times 13.49}{V_2} \quad \cdots\cdots(7)$$

式中：

$\rho(ClO_2)$——二氧化氯标准储备溶液的质量浓度，单位为毫克每毫升(mg/mL)；

c ——硫代硫酸钠标准溶液的浓度，单位为摩尔每升(mol/L)；

V_1 ——滴定二氧化氯所用硫代硫酸钠标准溶液的体积，单位为毫升(mL)；

V_0 ——滴定空白所用硫代硫酸钠标准溶液的体积，单位为毫升(mL)；

V_2 ——二氧化氯体积，单位为毫升(mL)；

13.49 ——与 1.00 mL 硫代硫酸钠标准溶液[$c(Na_2S_2O_3)=0.100\ 0$ mol/L]相当的以毫克表示的二氧化氯的质量，单位为克每摩尔(g/mol)。

8.3.3.11 二氧化氯标准使用溶液：取二氧化氯标准储备溶液，用纯水稀释为 1 mL 含 5 μg 二氧化氯。

8.3.4 仪器设备

8.3.4.1 具塞比色管：25 mL。

8.3.4.2 分光光度计。

8.3.5 试验步骤

8.3.5.1 量取 100 mL 水样于 250 mL 锥形瓶中，加两滴甲基橙指示剂溶液，用盐酸溶液(1＋23)滴定至浅橙红色，记录用量。

8.3.5.2 取 25 mL 水样于比色管中，根据 8.3.5.1 步骤中盐酸用量加入盐酸(一般地面水需加 2 滴)。

8.3.5.3 取 25 mL 比色管 7 支，分别加入二氧化氯标准使用溶液 0 mL、0.10 mL、0.25 mL、0.50 mL、0.75 mL、1.00 mL 及 1.25 mL，加纯水至标线。再各加 1 滴盐酸溶液(1＋23)。

8.3.5.4 向样品及标准管中各加 0.5 mL 柠檬酸盐缓冲溶液(pH＝3)摇匀。再各加 0.5 mL 甲酚红溶液，摇匀后室温放置 10 min。

8.3.5.5 各加 1 mL 8 g/L 氢氧化钠溶液，摇匀。

8.3.5.6 于 573 nm 波长、用 5 cm 比色皿、以纯水作参比，调透光率 40%，测定水样和标准的吸光度。

8.3.5.7 以吸光度为纵坐标，以二氧化氯质量为横坐标，绘制标准曲线，从标准曲线上查出样品管中二氧化氯的质量。

8.3.6 试验数据处理

水样中二氧化氯的质量浓度按式(8)计算：

$$\rho(ClO_2)=\frac{m}{V} \quad \cdots\cdots(8)$$

式中：

$\rho(ClO_2)$——水中二氧化氯的质量浓度，单位为克每升(g/L)；

m ——从标准曲线上查得的二氧化氯质量，单位为毫克(mg)；

V ——水样体积，单位为毫升(mL)。

8.3.7 精密度和准确度

4 个实验室向天然水中加入 0.05 mg/L、0.10 mg/L、0.20 mg/L 二氧化氯，测定 5 份，回收率为 88.5%～106%，平均为 95.4%，相对标准偏差为 9.3%。

8.4 现场 ***N*****,*****N*****-**二乙基对苯二胺(DPD)法

8.4.1 最低检测质量浓度

本方法最低检测质量浓度为 0.02 mg/L。

本方法适用于经二氧化氯消毒后的生活饮用水中二氧化氯的测定，质量浓度为 0 mg/L～5.50 mg/L 的水样直接测定。超出此范围的水样稀释后会造成水中二氧化氯损失。

8.4.2 原理

水中二氧化氯与 DPD 反应产生粉色，其中二氧化氯中 20%的氯转化成亚氯酸盐，显色反应与水中二氧化氯含量成正比，于特定波长下比色定量。

8.4.3 试剂或材料

8.4.3.1 DPD 试剂或含 DPD 试剂的安瓿[3)]。试剂主要成分包括 DPD、磷酸氢二钠、乙二胺四乙酸二钠。
8.4.3.2 甘氨酸($C_2H_5NO_2$)溶液(100 g/L)。

8.4.4 仪器设备

8.4.4.1 分光光度计或比色计。
8.4.4.2 比色杯。
8.4.4.3 烧杯:50 mL。

8.4.5 试验步骤

警示——亚砷酸钠溶液有剧毒。

8.4.5.1 二氧化氯在水中稳定性差，故最好现场取样，立即测定。
8.4.5.2 按照仪器说明书操作步骤进行测定，也可参考 8.4.5.3～8.4.5.5 步骤进行操作。
8.4.5.3 将待测样品倒入比色杯中，作为空白对照。将此比色杯置于比色池中，盖上器具盖，按下仪器的“ZERO”键，此时显示 0.00。
8.4.5.4 取适量水样于比色杯中，立刻加入甘氨酸试剂(每 10 mL 水样加入 4 滴)，摇匀。加入 1 包 DPD 试剂，轻摇 20 s，静置 30 s 使不溶物沉于底部。

或于 50 mL 烧杯中取 40 mL 水样，加入 16 滴甘氨酸溶液，摇匀。将含有 DPD 试剂的安瓿倒置于待测水样的烧杯中(毛细管部分朝下)，用力将毛细管部分折断，此时水将充满安瓿，待水完全充满后，快速将安瓿颠倒数次混匀，擦去安瓿外部的液体及手印，静置 30 s 使不溶物沉于底部。操作见图 2。

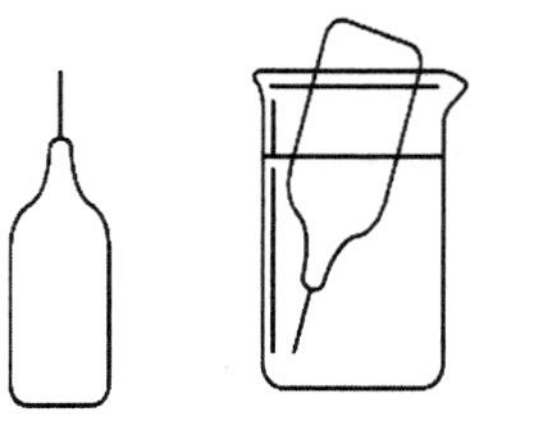
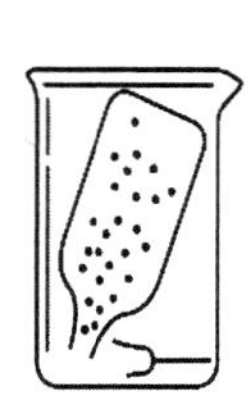
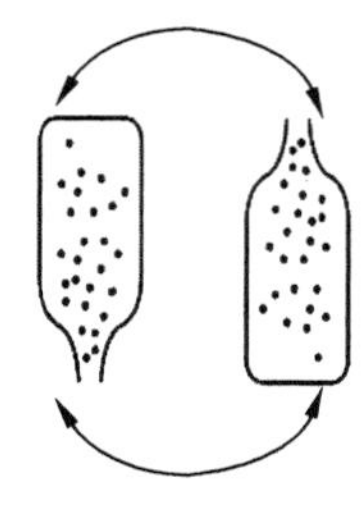

图 2 操作示意图

8.4.5.5 将装有样品的比色杯或安瓿放置于比色池中，盖上器具盖，按下仪器的“READ”键，仪器将显示测定水样中二氧化氯的质量浓度(以 mg/L 为单位)。要严格掌握反应时间，样品静置后的比色测定应在 1 min 内完成。

---

3) 与相应的分光光度计或比色计匹配。

8.4.5.6 存在干扰时，采用以下方式进行去除：

a) 当水样碱度>250 mg/L(以 $CaCO_3$ 计)或酸度>150 mg/L(以 $CaCO_3$ 计)时，可以抑制颜色生成或生成的颜色立即褪色，用 0.5 mol/L 硫酸溶液或 1 mol/L 氢氧化钠溶液将水样调节至 pH 6～7，测定结果要进行体积校正；

b) 一氯胺浓度较高时将干扰二氧化氯测定，加入试剂后 1 min 内 3.0 mg/L 的一氯胺将引起约 0.1 mg/L 二氧化氯的增加；

c) 氧化态的锰和铬干扰测定结果，于 25 mL 水样中加入 3 滴 30 g/L 碘化钾反应 1 min 或通过加入 3 滴 5 g/L 亚砷酸钠去除锰和铬的干扰；某些其他金属与甘氨酸反应也会干扰测定结果，可以通过多加甘氨酸溶液去除此干扰；

d) 溴、氯、碘、臭氧有机胺和过氧化物干扰测定的结果。

8.4.6 精密度

5 个实验室分别对含二氧化氯低、中、高 3 种不同质量浓度的水样进行了精密度试验，低浓度(0.1 mg/L)精密度测定结果平均相对标准偏差(RSD)为 0.1%；中浓度(1.3 mg/L)精密度测定结果平均相对标准偏差(RSD)为 1.1%；高浓度(3.7 mg/L)精密度测定结果平均相对标准偏差(RSD)为 2.0%。

9 臭氧

9.1 碘量法

9.1.1 原理

臭氧能使碘化钾溶液释放出游离碘，再用硫代硫酸钠标准溶液滴定，计算出水样中臭氧含量。

本方法适用于经臭氧消毒后生活饮用水中残留臭氧的测定。

9.1.2 仪器设备

9.1.2.1 1 L 和 500 mL 标准的洗气瓶和吸收瓶，进气支管的末端配有中等孔隙度的玻璃砂芯滤板。

9.1.2.2 纯氮气或纯空气气源：0.2 L/min～1.0 L/min。

9.1.2.3 玻璃管或不锈钢管。

9.1.3 试剂

9.1.3.1 碘化钾溶液：溶解 20 g 不含游离碘、碘酸盐和还原性物质的碘化钾于 1 L 新煮沸并冷却的纯水，贮于棕色瓶中。

9.1.3.2 0.100 0 mol/L 硫代硫酸钠标准溶液。

9.1.3.3 硫代硫酸钠标准使用溶液：将硫代硫酸钠标准溶液临用前稀释为 0.005 0 mol/L，每 1 mL 相当于 120 μg 臭氧。

9.1.3.4 淀粉指示剂溶液(5 g/L)。

9.1.3.5 0.050 0 mol/L 碘标准溶液。

9.1.3.6 0.005 0 mol/L 碘标准使用溶液：取碘标准溶液临用前准确稀释为 0.005 0 mol/L。

9.1.3.7 硫酸溶液(1+35)。

9.1.4 试验步骤

9.1.4.1 样品采集

用 1 L 洗气瓶，在进气支管的出口端配有玻璃砂芯滤板，采集水样 800 mL。

注：水中剩余臭氧很不稳定，因此要在取样后立即测定。在低温和低 pH 值时，剩余臭氧的稳定性相对较高。

9.1.4.2 臭氧吸收

用纯氮气或纯空气由洗气瓶底部的玻璃砂芯滤板通入水样中,洗气瓶与另一只含有 400 mL 碘化钾溶液的吸收瓶相串联,通气至少 5 min,通气流量保持在 0.5 L/min～1.0 L/min,供水中所有的臭氧都被驱出并吸收在碘化钾溶液中。

9.1.4.3 滴定

将吸收臭氧的碘化钾溶液移至 1 L 的碘量瓶中,并用适量的纯水冲洗吸收瓶,洗液合并在碘量瓶中。加入 20 mL 硫酸溶液(1+35),使 pH 降低到 2.0 以下。用硫代硫酸钠标准使用溶液滴定至淡黄色时,再加入 1 mL～2 mL 淀粉指示剂溶液,使溶液变为蓝色,再迅速滴定到终点。

9.1.4.4 空白试验

取 400 mL 碘化钾溶液,加 20 mL 硫酸溶液(1+35)和 1 mL～2 mL 淀粉指示剂溶液(5 g/L),进行下列一种空白滴定:

a) 如出现蓝色,用硫代硫酸钠标准使用溶液(0.005 0 mol/L)滴定至蓝色刚消失;

b) 如不出现蓝色,用碘标准使用溶液(0.005 0 mol/L)滴定至蓝色刚出现。

9.1.5 试验数据处理

水样中臭氧的质量浓度按式(9)计算:

$$\rho(O_3)=\frac{(V_1-V_2)\times c\times 24}{V}\times 1\,000 \qquad (9)$$

式中:

$\rho(O_3)$——水样中臭氧质量浓度,单位为毫克每升(mg/L);

V_1 ——水样滴定时所用硫代硫酸钠标准使用溶液的体积,单位为毫升(mL);

V_2 ——空白滴定时所用硫代硫酸钠标准使用溶液的体积(取正值)或碘标准溶液的体积(取负值),单位为毫升(mL);

c ——硫代硫酸钠标准使用溶液的浓度,单位为摩尔每升(mol/L);

V ——水样体积,单位为毫升(mL);

24 ——与 1 mL 硫代硫酸钠溶液[$c(Na_2S_2O_3)=1.000$ mol/L]相当的以毫克表示的臭氧的质量,单位为毫克每摩尔(mg/mol)。

9.1.6 精密度和准确度

单个实验室向水中分别注入 4 mg/L 及 5 mg/L 臭氧,测定 11 次,剩余臭氧平均值为 0.339 mg/L 及 0.424 mg/L,标准偏差为 0.018 mg/L 与 0.025 mg/L,相对标准偏差为 5.3%及 5.9%。

9.2 靛蓝分光光度法

9.2.1 最低检测质量浓度

本方法最低检测质量浓度为 0.01 mg/L。

本方法适用于经臭氧消毒后生活饮用水中残留臭氧的测定。过氧化氢和有机过氧化物可以使靛蓝缓慢褪色。若加入靛蓝后 6 h 内测定臭氧即可预防过氧化氢的干扰。有机过氧化物可能反应更快。三价铁不会产生干扰,二价锰也不会产生干扰,但会被臭氧氧化,而氧化后的产物会使靛蓝褪色。通过设立对照(事先选择性地去掉臭氧),来消除这些干扰。否则,0.1 mg/L 被氧化的锰即可产生 0.08 mg/L

臭氧的相当的反应。氯会产生干扰，低浓度的氯（<0.1 mg/L）可被丙二酸掩盖。溴被还原成溴离子，可引起干扰（1 mol 的 HBrO 相当于 0.4 mol 臭氧）。若 HBrO 或氯的质量浓度超过 0.1 mg/L，不适合用该法来精确检测臭氧。

9.2.2 原理

在酸性条件下，臭氧可迅速氧化靛蓝，使之褪色，吸光率的下降与臭氧浓度的增加呈线性。

9.2.3 试剂或材料

9.2.3.1 靛蓝三磺酸钾：纯度为 80%～85%。

9.2.3.2 磷酸（ρ_{20}=1.69 g/mL）。

9.2.3.3 磷酸二氢钠。

9.2.3.4 靛蓝储备溶液（0.77 g/L）：于 1 L 的容量瓶中加入约 200 mL 蒸馏水和 1 mL 磷酸（ρ_{20}=1.69 g/mL），摇匀，加入 0.77 g 靛蓝三磺酸钾（$C_{16}H_7K_3N_2O_{11}S_3$），加蒸馏水至刻度。储备溶液避光可保存 4 个月。

注：1∶100 的稀释液在 600 nm 的吸光度是（0.20±0.010）/cm，当吸光度降至 0.16/cm 时，弃掉。

9.2.3.5 靛蓝溶液Ⅰ：在 1 L 的容量瓶中加入 20 mL 靛蓝储备溶液、10 g 磷酸二氢钠、7 mL 磷酸（ρ_{20}=1.69 g/mL），加水稀释至刻度。

注：当吸光度降至原来的 80%时，重新配制溶液。

9.2.3.6 靛蓝溶液Ⅱ：除需加入靛蓝储备溶液（0.77 g/L）100 mL 外，配制过程如靛蓝溶液Ⅰ。

9.2.3.7 丙二酸（$C_3H_4O_4$）溶液（50 g/L）：取 5 g 丙二酸溶于水中，定容至 100 mL。

9.2.3.8 甘氨酸（$C_2H_5NO_2$）溶液（70 g/L）：取 7 g 甘氨酸溶于 100 mL 蒸馏水中。

9.2.4 仪器设备

9.2.4.1 分光光度计。

9.2.4.2 容量瓶：100 mL。

9.2.5 样品

9.2.5.1 样品的稳定性：臭氧在水中稳定性很差（10 min～15 min 即可衰减一半；40 min 后浓度几乎衰减为零），故最好现场取样立即测定。而且对于臭氧质量浓度≥0.60 mg/L 的水样，水样稀释后会造成水中臭氧损失。

9.2.5.2 样品的采集：样品与靛蓝反应越快越好，因为残留物会很快分解掉。在收集样品过程中，要避免因气体处理而损失。不要将样品放置烧瓶的底部。加入样品后，持续摇晃，使得溶液完全反应。

9.2.6 试验步骤

9.2.6.1 臭氧质量浓度为 0.01 mg/L～0.1 mg/L 范围的测定：于 2 个 100 mL 的容量瓶中分别加入靛蓝溶液Ⅰ10 mL，其中一个加入样品 90 mL，而另一个加入蒸馏水 90 mL 作为空白对照，于 600 nm 波长下，5 cm 比色杯，测定两个溶液的吸光度，比色测定应在 4 h 内完成。

9.2.6.2 臭氧质量浓度为 0.05 mg/L～0.5 mg/L 范围的测定：将 9.2.6.1 过程中的 10 mL 靛蓝溶液Ⅰ换成 10 mL 靛蓝溶液Ⅱ，其他步骤相同。

9.2.6.3 存在干扰时，采用以下方式进行去除。

a) 若存在低浓度的氯（<0.1 mg/L），可分别在两个容量瓶中加入 1 mL 的丙二酸溶液（50 g/L），去除氯的干扰，然后再加入样品并定容。尽快测量吸光度，最好在 60 min 内（Br^-、Br_2、HBrO 仅能被丙二酸部分去除）。

b) 若存在锰，则预先将样品经过氨基乙酸处理，破坏掉臭氧。将 0.1 mL 的氨基乙酸溶液加入 100 mL 的容量瓶(作为空白)，另取一个加入 10 mL 的靛蓝溶液Ⅱ(作为样品)。用吸管吸取相同体积的样品加入上述容量瓶中。调整剂量，以至于样品瓶中的褪色反应可肉眼观察又不完全漂白(最大体积 80 mL)。在加入靛蓝前，确定空白瓶中的氨基乙酸和样品混合液的 pH 不低于 6，因为臭氧和氨基乙酸溶液(70 g/L)在低 pH 值下反应非常缓慢。盖好塞子，仔细混匀。加入样品 30 s～60 s 后，加入 10 mL 的靛蓝溶液Ⅱ到空白瓶中。向两个瓶中加入不含臭氧的水定容至刻度，充分混匀。然后在大致相同的时间里 30 min～60 min 内测定吸光度(若超过这个时间，则残留的氧化态锰会缓慢氧化靛蓝使之褪色，空白和样品的吸光度的漂移产生变化)。空白瓶中的吸光度的减少由氧化态锰引起，而样品中的吸光度则是由臭氧和锰氧化物共同作用引起。

9.2.7 试验数据处理

水样中残留臭氧的质量浓度按式(10)计算：

$$\rho(O_3)=\frac{100\times\Delta A}{f\times b\times V} \qquad \cdots\cdots(10)$$

式中：

$\rho(O_3)$——水样中残留臭氧的质量浓度，单位为毫克每升(mg/L)；

ΔA ——样品和空白吸光度之差；

f ——0.42[因子 f 以灵敏度因子 20 000/cm 为基础，即每升水中 1 mol 的臭氧引起的吸光度(600 nm)的变化，由碘滴定法获得]；

b ——比色杯的厚度，单位为厘米(cm)；

V ——样品的体积(一般是 90 mL)，单位为毫升(mL)。

9.2.8 精密度

3 个实验室对臭氧质量浓度为 0.05 mg/L～0.5 mg/L 范围内水样进行了精密度的测定，测定结果相对标准偏差(RSD)在 0.8%～4.7%之间。

9.3 靛蓝现场测定法

9.3.1 最低检测质量浓度

本方法最低检测质量浓度为 0.01 mg/L。

本方法适用于经臭氧消毒后的生活饮用水中臭氧的测定，质量浓度为 0.01 mg/L～0.75 mg/L 的水样直接测定，超出此范围的水样稀释后会造成水中臭氧损失。氯会对结果产生干扰，含靛蓝试剂的安瓿中含抑制干扰的试剂。

9.3.2 原理

在 pH 2.5 的条件下，水中臭氧与靛蓝试剂发生蓝色褪色反应，于特定波长下定量测定。

9.3.3 试剂或材料

含靛蓝试剂的安瓿[4)]。试剂主要成分包括靛蓝三磺酸钾、无水磷酸二氢钠、丙二酸。

9.3.4 仪器设备

9.3.4.1 分光光度计或比色计。

4) 与相应的分光光度计或比色计匹配。

9.3.4.2 烧杯：50 mL。

9.3.5 试验步骤

9.3.5.1 按照仪器说明书操作步骤进行测定，也可参考9.3.5.2～9.3.5.4步骤进行操作。

9.3.5.2 于50 mL烧杯中取40 mL水样，另一个烧杯取至少40 mL空白样(不含臭氧的蒸馏水)，用含有靛蓝试剂的安瓿分别倒置于空白样和待测水样的烧杯中(毛细管部分朝下)，用力将毛细管部分折断，此时水将充满安瓿，待水完全充满后，快速将安瓿颠倒数次混匀，擦去安瓿外部的液体及手印(见图2)。

9.3.5.3 将空白对照的安瓿置于比色池中(空白样颜色为蓝色)，盖上器具盖，按下仪器的"ZERO"键，此时显示0.00。

9.3.5.4 将装有样品的安瓿放置于比色池中，盖上器具盖，按下仪器的"READ"键，仪器将显示测定水样中臭氧的质量浓度(以mg/L为单位)。

注：臭氧在水中稳定性很差(10 min～15 min即可衰减一半；40 min后浓度几乎衰减为零)，故要求现场取样立即测定。

9.3.6 精密度

5个实验室对臭氧质量浓度为0.05 mg/L～0.5 mg/L范围内水样进行了精密度的测定，测定结果相对标准偏差(RSD)在5.5%～11%之间。

ICS 13.060
CCS C 51

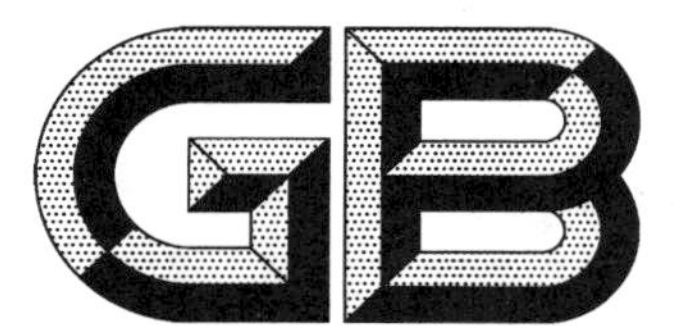

中华人民共和国国家标准

GB/T 5750.12—2023
代替 GB/T 5750.12—2006

生活饮用水标准检验方法 第12部分：微生物指标

Standard examination methods for drinking water—Part 12: Microbiological indices

2023-03-17 发布 2023-10-01 实施

国家市场监督管理总局
国家标准化管理委员会 发布

目　　次

前　言

本文件按照 GB/T 1.1—2020《标准化工作导则　第 1 部分:标准化文件的结构和起草规则》的规定起草。

本文件是 GB/T 5750《生活饮用水标准检验方法》的第 12 部分。GB/T 5750 已经发布了以下部分:

——第 1 部分:总则;

——第 2 部分:水样的采集与保存;

——第 3 部分:水质分析质量控制;

——第 4 部分:感官性状和物理指标;

——第 5 部分:无机非金属指标;

——第 6 部分:金属和类金属指标;

——第 7 部分:有机物综合指标;

——第 8 部分:有机物指标;

——第 9 部分:农药指标;

——第 10 部分:消毒副产物指标;

——第 11 部分:消毒剂指标;

——第 12 部分:微生物指标;

——第 13 部分:放射性指标。

本文件代替 GB/T 5750.12—2006《生活饮用水标准检验方法　微生物指标》,与 GB/T 5750.12—2006 相比,除结构调整和编辑性改动外,主要技术变化如下:

a)　增加了 6 个检验方法(见 4.2、8.2、9.2、10.1、10.2、11.1)。

请注意本文件的某些内容可能涉及专利。本文件的发布机构不承担识别专利的责任。

本文件由中华人民共和国国家卫生健康委员会提出并归口。

本文件起草单位:中国疾病预防控制中心环境与健康相关产品安全所、中国科学院生态环境研究中心、吉林省疾病预防控制中心、北京市科学技术研究院分析测试研究所。

本文件主要起草人:施小明、姚孝元、张岚、唐宋、丁程、李霞、张晓、李红岩、刘思洁、高丽娟、张艳芬、赵薇、马凯。

本文件及其所代替文件的历次版本发布情况为:

——1985 年首次发布为 GB/T 5750—1985,2006 年第一次修订为 GB/T 5750.12—2006;

——本次为第二次修订。

引　言

GB/T 5750《生活饮用水标准检验方法》作为生活饮用水检验技术的推荐性国家标准，与GB 5749《生活饮用水卫生标准》配套，是GB 5749的重要技术支撑，为贯彻实施GB 5749、开展生活饮用水卫生安全性评价提供检验方法。

GB/T 5750由13个部分构成。

——第1部分：总则。目的在于提供水质检验的基本原则和要求。

——第2部分：水样的采集与保存。目的在于提供水样采集、保存、管理、运输和采样质量控制的基本原则、措施和要求。

——第3部分：水质分析质量控制。目的在于提供水质检验检测实验室质量控制要求与方法。

——第4部分：感官性状和物理指标。目的在于提供感官性状和物理指标的相应检验方法。

——第5部分：无机非金属指标。目的在于提供无机非金属指标的相应检验方法。

——第6部分：金属和类金属指标。目的在于提供金属和类金属指标的相应检验方法。

——第7部分：有机物综合指标。目的在于提供有机物综合指标的相应检验方法。

——第8部分：有机物指标。目的在于提供有机物指标的相应检验方法。

——第9部分：农药指标。目的在于提供农药指标的相应检验方法。

——第10部分：消毒副产物指标。目的在于提供消毒副产物指标的相应检验方法。

——第11部分：消毒剂指标。目的在于提供消毒剂指标的相应检验方法。

——第12部分：微生物指标。目的在于提供微生物指标的相应检验方法。

——第13部分：放射性指标。目的在于提供放射性指标的相应检验方法。

生活饮用水标准检验方法
第12部分：微生物指标

1 范围

本文件描述了生活饮用水和水源水中菌落总数、总大肠菌群、耐热大肠菌群、大肠埃希氏菌、贾第鞭毛虫、隐孢子虫、肠球菌和产气荚膜梭状芽孢杆菌的测定方法。

本文件适用于生活饮用水和水源水中微生物指标的测定。

2 规范性引用文件

下列文件中的内容通过文中的规范性引用而构成本文件必不可少的条款。其中，注日期的引用文件，仅该日期对应的版本适用于本文件；不注日期的引用文件，其最新版本（包括所有的修改单）适用于本文件。

GB 4789.28 食品安全国家标准 食品微生物学检验 培养基和试剂的质量要求

GB/T 6682 分析实验室用水规格和试验方法

GB 19489 实验室 生物安全通用要求

3 术语和定义

下列术语和定义适用于本文件。

3.1

菌落总数 standard plate-count bacteria

在一定条件下，经一定时间培养后所得1 mL水样中的微生物菌落个数。

3.2

总大肠菌群 total coliforms

一群在37 ℃培养，24 h内能发酵乳糖、产酸产气、需氧和兼性厌氧的革兰氏阴性无芽孢杆菌。

3.3

耐热大肠菌群 thermotolerant coliform bacteria

一群在44.5 ℃培养，24 h内能发酵乳糖、产酸产气、需氧和兼性厌氧的革兰氏阴性无芽孢杆菌。

3.4

大肠埃希氏菌 *Escherichia coli*

一群能发酵多种糖类、产酸产气、周身鞭毛、能运动、无芽孢的革兰氏阴性短杆菌，通常存在于人和温血动物的肠道以及粪便中。

3.5

贾第鞭毛虫 *Giardia*

一种可在水中或其他介质中发现的原虫类寄生虫，可感染人类致病。

注：贾第鞭毛虫孢囊呈椭圆形，长度为8 μm～14 μm，宽度为7 μm～10 μm，孢囊形成初期内部有2个细胞核，成熟后增加至4个细胞核。

3.6

隐孢子虫　*Cryptosporidium*

一种可在水中或其他介质中发现的原虫类寄生虫，可感染人类致病。

注：隐孢子虫卵囊为稍微椭圆的圆形，直径 4 μm～8 μm，成熟卵囊内部有 4 个细胞核。

3.7

肠球菌　*Enterococcus*

一类成双或呈链状排列、兼性厌氧、无芽孢和荚膜的革兰氏阳性球菌，属 D 族链球菌，通常存在于人和温血动物的肠道以及粪便中。

3.8

产气荚膜梭状芽孢杆菌　*Clostridium perfringens*

一类能还原亚硫酸盐，具有芽孢的革兰氏阳性厌氧杆菌，通常存在于人和温血动物的肠道以及粪便中。

3.9

最可能数　most probable number；MPN

基于泊松分布，利用统计学原理，根据一定体积不同稀释度样品经培养后产生的目标微生物阳性数，估算一定体积样品中目标微生物存在的数量，即单位体积存在目标微生物的最大可能数。

4　菌落总数

4.1　平皿计数法

4.1.1　原理

1 mL 水样在营养琼脂培养基上、在有氧条件下 36 ℃±1 ℃培养 48 h 后，所得 1 mL 水样中的菌落总数的方法。

4.1.2　营养琼脂培养基

4.1.2.1　成分

按如下成分配制：

a)　蛋白胨　　10.0 g
b)　牛肉膏　　3.0 g
c)　氯化钠　　5.0 g
d)　琼脂　　10.0 g～20.0 g
e)　纯水　　1 000 mL

4.1.2.2　制法

将上述成分混合后，加热溶解，调整 pH 为 7.4～7.6，分装于玻璃容器中，经 121 ℃高压蒸汽灭菌 20 min，0 ℃～4 ℃冷藏保存。

4.1.3　仪器设备

4.1.3.1　高压蒸汽灭菌器。

4.1.3.2　培养箱：36 ℃±1 ℃。

4.1.3.3　电炉。

4.1.3.4　电子天平。

4.1.3.5　冰箱。

4.1.3.6 放大镜或菌落计数器。

4.1.3.7 pH 计或精密 pH 试纸。

4.1.3.8 无菌试管、平皿(直径为 9 cm)、无菌吸管或移液器、采样瓶等。

4.1.4 试验步骤

4.1.4.1 生活饮用水

4.1.4.1.1 以无菌操作方法用无菌吸管或移液器吸取 1 mL 充分混匀的水样,注入无菌平皿中,倾注约 15 mL 已融化并冷却到 45 ℃左右的营养琼脂培养基,并立即旋摇平皿,使水样与培养基充分混匀。每次检验时应做一平行接种,同时另用一个平皿只倾注营养琼脂培养基作为空白对照。

4.1.4.1.2 待冷却凝固后,翻转平皿,使底面向上,置于 36 ℃±1 ℃培养箱内培养 48 h±2 h,进行菌落计数,即为 1 mL 水样中的菌落总数。

4.1.4.2 水源水

4.1.4.2.1 以无菌操作方法用无菌吸管或移液器吸取 1 mL 充分混匀的水样,注入盛有 9 mL 无菌生理盐水的试管中,混匀成 1∶10 稀释液。

4.1.4.2.2 用无菌吸管或移液器吸取 1∶10 的稀释液 1 mL 注入盛有 9 mL 无菌生理盐水的试管中,混匀成 1∶100 稀释液。按同法依次稀释成 1∶1 000、1∶10 000 等稀释度的液体备用。每稀释一个稀释度,应更换一次 1 mL 无菌吸管或吸头。

4.1.4.2.3 用无菌吸管或移液器吸取 2 个～3 个适宜稀释度的水样 1 mL,分别注入无菌平皿内。以下操作同生活饮用水的检验步骤。

4.1.5 试验数据处理

4.1.5.1 结果报告

做平皿菌落计数时,可用眼睛直接观察,必要时用放大镜检查,以防遗漏。在记下各平皿的菌落数后,应求出同稀释度的平均菌落数,供下一步计算时使用。在求同稀释度的平均数时,若其中一个平皿有较大片状菌落生长时,则不宜采用,而应以无片状菌落生长的平皿作为该稀释度的平均菌落数。若片状菌落不到平皿的一半,而其余一半菌落数分布又很均匀,则可将此半皿计数后乘 2 以代表全皿菌落数。然后再求得该稀释度的平均菌落数。

4.1.5.2 不同稀释度的选择及报告方法

4.1.5.2.1 选择平均菌落数在 30～300 之间者进行计算,若只有一个稀释度的平均菌落数符合此范围,则将该菌落数乘以稀释倍数报告结果(见表 1 中实例 1)。

4.1.5.2.2 若有两个稀释度,其生长的菌落数均在 30～300 之间,则视两者之比值来决定,若其比值小于 2,应报告两者的平均数(如表 1 中实例 2)。若大于或等于 2,则报告其中稀释度较小的菌落总数(如表 1 中实例 3 和实例 4)。

4.1.5.2.3 若所有稀释度的平均菌落数均大于 300,则应按稀释度最高的平均菌落数乘以稀释倍数报告结果(见表 1 中实例 5)。

4.1.5.2.4 若所有稀释度的平均菌落数均小于 30,则应按稀释度最低的平均菌落数乘以稀释倍数报告结果(见表 1 中实例 6)。

4.1.5.2.5 若所有稀释度的平均菌落数均不在 30～300 之间,则应以最接近 30 或 300 的平均菌落数乘以稀释倍数报告结果(见表 1 中实例 7)。

4.1.5.2.6 若所有稀释度的平板上均无菌落生长,则以未检出报告结果。

4.1.5.2.7 如果所有平板上都菌落密布，不要用“多不可计”报告，而应在稀释度最大的平板上，任意计数其中2个平板1 cm^2 中的菌落数，除2求出每平方厘米内平均菌落数，乘以皿底面积63.6 cm^2，再乘其稀释倍数报告结果。

4.1.5.2.8 菌落计数的报告：菌落数在100以内时按实有数报告，大于100时，采用两位有效数字，在两位有效数字后面的数值，以四舍五入方法计算，为了缩短数字后面零的个数也可用10的指数来表示（见表1）。

表1 稀释度选择及菌落总数报告方式

实例	不同稀释度的平均菌落数			两个稀释度菌落数之比	菌落总数/(CFU/mL)	报告方式/(CFU/mL)
	10^{-1}	10^{-2}	10^{-3}			
1	1 365	164	20	—	16 400	16 000或 1.6×10^4
2	2 760	295	46	1.6	37 750	38 000或 3.8×10^4
3	2 890	271	60	2.2	27 100	27 000或 2.7×10^4
4	150	30	8	2	1 500	1 500或 1.5×10^3
5	多不可计	1 650	513	—	513 000	510 000或 5.1×10^5
6	27	11	5	—	270	270或 2.7×10^2
7	多不可计	305	12	—	30 500	31 000或 3.1×10^4

4.2 酶底物法

4.2.1 原理

利用复合酶技术，在培养基中加入多种独特的酶底物，每一种酶底物都针对不同的细菌酶设计，且包含最常见的介水传播的细菌，所有的酶底物在被分解时均产生相同的信号。水样检测过程中，水样中存在的细菌分解一种或者多种酶底物，之后产生一个相同的信号，在检测菌落总数时，这个信号即为在波长366 nm紫外灯下所产生的荧光。使用基于复合酶底物技术（Multiple Enzyme Technology）的培养基，其中酶底物被微生物的酶水解，在36 ℃±1 ℃下培养48 h后能够最大限度地释放4-甲基伞形酮，4-甲基伞形酮在366 nm紫外灯照射下发出蓝色荧光，对呈现蓝色荧光的培养盘孔槽计数并查阅MPN表，可以确定原始水样中最可能的菌落总数。本方法未稀释水样的检测范围为＜738 MPN/mL。

4.2.2 培养基与试剂

4.2.2.1 复合酶底物培养基

4.2.2.1.1 成分

可根据如下成分配制，也可选用符合质控要求的制品：

a) 葡萄糖　1.25 g
b) 无水硫酸镁　0.2 g
c) 蛋白胨　5.0 g
d) 酵母提取物　3.5 g
e) 4-甲基伞形酮磷酸酯　0.037 5 g
f) 4-甲基伞形酮-β-D-葡萄糖苷　0.03 g
g) 纯水　1 000 mL

4.2.2.1.2　制法

将上述成分溶解于纯水中，调整 pH 为 6.7～7.3，经 0.22 μm 滤膜过滤除菌。制备好的培养基于 2 ℃～8 ℃条件下保存备用。

4.2.2.2　生理盐水

4.2.2.2.1　成分

按如下成分配制：

a）　氯化钠　　8.5 g

b）　纯水　　1 000 mL

4.2.2.2.2　制法

充分溶解后，经 121 ℃高压蒸汽灭菌 20 min。

4.2.3　仪器设备

4.2.3.1　采样容器：100 mL 无菌玻璃瓶、无菌塑料瓶或无菌塑料袋。

4.2.3.2　电子天平。

4.2.3.3　滤膜：孔径 0.22 μm。

4.2.3.4　高压蒸汽灭菌器。

4.2.3.5　无菌吸管：1 mL、5 mL 及 10 mL。

4.2.3.6　移液器。

4.2.3.7　试管：约 15 mm×160 mm。

4.2.3.8　涡旋混合器。

4.2.3.9　培养盘：定量培养用无菌塑料盘，含有 84 个孔槽，每个孔槽容纳 0.06 mL 待测水样。

4.2.3.10　培养箱：36 ℃±1 ℃。

4.2.3.11　紫外灯：波长为 366 nm。

4.2.4　试验步骤

4.2.4.1　水样稀释

检测所需水样为 1 mL。若水样污染严重，可对水样进行稀释。以无菌操作方法用无菌吸管或移液器吸取 1 mL 充分混匀的水样，注入盛有 9 mL 无菌生理盐水的试管中，充分振荡混匀后取 1 mL 进行检测，必要时可加大稀释度，以 10 倍逐级稀释。

4.2.4.2　接种培养

向一无菌试管中加入 9 mL 制备好的液体培养基；如选用符合要求的成品培养基，则向装有 0.1 g 培养基的试管中加入 9 mL 无菌生理盐水。取 1 mL 水样加入上述试管中，涡旋振荡混匀。

将混匀后的水样倒入培养盘中心位置，将培养盘盖好，放置在水平桌面上，紧贴桌面顺时针轻柔晃动培养盘，将待测水样分配到培养盘的所有孔槽中。

将培养盘 90 °～120 °竖起，使多余的水样由盘内海绵条吸收，将培养盘缓慢翻转过来，倒置放于 36 ℃±1 ℃培养箱中，培养 48 h。可叠放培养，不宜超过 10 层。

4.2.4.3 结果计数

将培养后的培养盘取出,倒置于暗处或紫外灯箱内,在 6 W 366 nm 紫外灯下约 13 cm 处观察,记录产生蓝色荧光的孔数。如未放置在紫外灯箱内,观察时需佩戴防紫外线的护目镜。培养盘中的 84 个孔,无论荧光强弱,只要呈现蓝色荧光即为阳性,但海绵条的荧光不计入结果。

4.2.5 试验数据处理

4.2.5.1 结果报告

根据显蓝色荧光的孔数,对照表 2 查出孔数对应的每毫升样品中的菌落总数的 MPN 值。如果样品进行了稀释,读取的结果应乘以稀释倍数并报告之,结果以 MPN/mL 表示。如果所有孔均未显荧光,则可报告为菌落总数未检出。

表 2 菌落总数 MPN 表

阳性孔数	菌落总数/(MPN/mL)	95%置信区间	
		下限	上限
0	<2	<0.3	<14
1	2	0.3	14
2	4	1	16
3	6	2	19
4	8	3	22
5	10	4	25
6	12	6	27
7	15	7	30
8	17	8	33
9	19	10	36
10	21	11	39
11	23	13	42
12	26	15	45
13	28	16	48
14	30	18	51
15	33	20	54
16	35	22	58
17	38	23	61
18	40	25	64
19	43	27	67
20	45	29	70
21	48	31	74
22	51	33	77

表 2 菌落总数 MPN 表(续)

阳性孔数	菌落总数/(MPN/mL)	95%置信区间	
		下限	上限
23	53	35	80
24	56	38	84
25	59	40	87
26	62	42	91
27	65	44	94
28	68	47	98
29	71	49	102
30	74	51	106
31	77	54	109
32	80	56	113
33	83	59	117
34	86	62	121
35	90	64	126
36	93	67	130
37	97	70	134
38	100	73	139
39	104	76	143
40	108	79	148
41	112	82	152
42	116	85	157
43	120	88	162
44	124	91	167
45	128	95	173
46	132	98	178
47	137	102	183
48	141	106	189
49	146	109	195
50	151	113	201
51	156	117	207
52	161	121	213
53	166	125	220
54	171	130	227
55	177	134	234

表 2 菌落总数 MPN 表（续）

阳性孔数	菌落总数/(MPN/mL)	95%置信区间	
		下限	上限
56	183	139	241
57	189	144	249
58	195	149	257
59	202	154	265
60	209	159	273
61	216	165	282
62	223	171	292
63	231	177	302
64	239	183	312
65	248	190	323
66	257	197	335
67	266	204	347
68	276	212	361
69	287	220	375
70	299	229	390
71	311	238	407
72	324	248	425
73	339	258	444
74	355	270	466
75	372	282	491
76	392	296	519
77	414	311	551
78	440	328	589
79	470	348	636
80	507	371	695
81	555	398	775
82	623	432	899
83	738	476	1 146
84	＞738	＞476	＞1 146

4.2.5.2 不同稀释度的选择及报告方法

选择菌落总数在＜738 MPN/mL 范围内的稀释度，如果只有一个稀释度的结果符合此范围，则将结果乘以稀释倍数报告结果。

若有两个或两个以上稀释度的结果均落在<738 MPN/mL 范围内，则选择稀释度最小的结果乘以稀释倍数报告结果。

若所有稀释度的培养盘上均无蓝色荧光，则以未检出报告结果。

4.2.6 质量控制

4.2.6.1 阳性对照

每新购或新配制一批培养基，都应做阳性对照，可选用有证的菌落总数质控标样，按其标准证书要求配制标准样品。接种培养步骤应符合 4.2.4.2 的要求，按照4.2.4.3进行结果计数，试验数据处理应符合 4.2.5 的要求。计数结果与标样的标准值相比，生长率应≥0.7。

4.2.6.2 阴性对照

每新购或新配制一批培养基，都应做阴性对照，用 1 mL 无菌水代替实际水样。接种培养步骤应符合 4.2.4.2 的要求，结果计数应符合 4.2.4.3 的要求，试验数据处理应符合 4.2.5 的要求。如无荧光产生则为阴性。

5 总大肠菌群

5.1 多管发酵法

5.1.1 原理

经 36 ℃±1 ℃ 培养 24 h，发酵乳糖产酸产气、经证实试验和革兰氏染色检测水中总大肠菌群的方法。

5.1.2 培养基与试剂

5.1.2.1 乳糖蛋白胨培养液

5.1.2.1.1 成分

按如下成分配制：

a) 蛋白胨　10.0 g
b) 牛肉膏　3.0 g
c) 乳糖　5.0 g
d) 氯化钠　5.0 g
e) 溴甲酚紫乙醇溶液(16 g/L)　1 mL
f) 纯水　1 000 mL

5.1.2.1.2 制法

将蛋白胨、牛肉膏、乳糖及氯化钠溶于纯水中，调整 pH 为 7.2～7.4，再加入 1 mL 16 g/L 的溴甲酚紫乙醇溶液，充分混匀，分装于装有小倒管的试管中，经 115 ℃高压蒸汽灭菌 20 min 后，于 0 ℃～4 ℃冷藏避光保存。

5.1.2.2 二倍浓缩乳糖蛋白胨培养液

除纯水为 500 mL，其他成分应符合 5.1.2.1 的要求。

5.1.2.3 伊红美蓝培养基

5.1.2.3.1 成分

按如下成分配制：

a) 蛋白胨 10.0 g
b) 乳糖 10.0 g
c) 磷酸氢二钾 2.0 g
d) 琼脂 20.0 g～30.0 g
e) 纯水 1 000 mL
f) 伊红水溶液(20.0 g/L) 20 mL
g) 美蓝水溶液(5.0 g/L) 13 mL

5.1.2.3.2 制法

将蛋白胨、磷酸盐和琼脂溶解于纯水中，校正 pH 为 7.2，加入乳糖，混匀后分装，经 115 ℃高压蒸汽灭菌 20 min。临用时加热融化琼脂，冷至 50 ℃～55 ℃，加入伊红和美蓝水溶液，混匀，倾注平皿。

5.1.2.4 革兰氏染色液

5.1.2.4.1 结晶紫染色液

5.1.2.4.1.1 成分

按如下成分配制：

a) 结晶紫 1.0 g
b) 乙醇[$\varphi(C_2H_5OH)=95\%$] 20 mL
c) 草酸铵溶液(10.0 g/L) 80 mL

5.1.2.4.1.2 制法

将结晶紫溶于乙醇中，然后与草酸铵溶液混合。

注：结晶紫不可用龙胆紫代替，前者是纯品，后者不是单一成分，易出现假阳性。结晶紫溶液放置过久会产生沉淀，不能再用。

5.1.2.4.2 革兰氏碘液

5.1.2.4.2.1 成分

按如下成分配制：

a) 碘片 1.0 g
b) 碘化钾 2.0 g
c) 纯水 300 mL

5.1.2.4.2.2 制法

将碘片和碘化钾混合，再加入纯水少许，充分振摇，待完全溶解后，再加纯水。

5.1.2.4.3 脱色剂

乙醇[$\varphi(C_2H_5OH)=95\%$]。

5.1.2.4.4 沙黄复染液

5.1.2.4.4.1 成分

按如下成分配制：

a） 沙黄 0.25 g

b） 乙醇[$\varphi(C_2H_5OH)=95\%$] 10 mL

c） 纯水 90 mL

5.1.2.4.4.2 制法

将沙黄加入乙醇中，待完全溶解后加入纯水。

5.1.2.4.5 染色法

5.1.2.4.5.1 将培养 18 h～24 h 的培养物涂片。

5.1.2.4.5.2 将涂片在火焰上固定，滴加结晶紫染色液，染 1 min，水洗。

5.1.2.4.5.3 滴加革兰氏碘液，作用 1 min，水洗。

5.1.2.4.5.4 滴加脱色剂，摇动玻片，直至无紫色脱落为止，约 30 s，水洗。

5.1.2.4.5.5 加沙黄复染液，复染 1 min，水洗，待干，镜检。

5.1.3 仪器设备

5.1.3.1 培养箱：36 ℃±1 ℃。

5.1.3.2 冰箱。

5.1.3.3 电子天平。

5.1.3.4 显微镜。

5.1.3.5 平皿：直径 9 cm。

5.1.3.6 试管。

5.1.3.7 无菌吸管：1 mL、10 mL。

5.1.3.8 锥形瓶。

5.1.3.9 小倒管。

5.1.3.10 载玻片。

5.1.4 试验步骤

5.1.4.1 乳糖发酵试验

5.1.4.1.1 用无菌吸管或移液器吸取 10 mL 水样接种到 10 mL 双料乳糖蛋白胨培养液中，取 1 mL 水样接种到 10 mL 单料乳糖蛋白胨培养液中，另取 1 mL 水样注入到 9 mL 无菌生理盐水中，混匀后取 1 mL(即 0.1 mL 水样）注入到 10 mL 单料乳糖蛋白胨培养液中，每一稀释度接种 5 管；对已处理过的出厂自来水，需经常检验或每天检验一次的，可直接接种 5 份 10 mL 水样双料培养基，每份接种 10 mL 水样。

5.1.4.1.2 检验水源水时，如污染较严重，应加大稀释度，可接种 1 mL、0.1 mL、0.01 mL，甚至 0.1 mL、0.01 mL、0.001 mL，每个稀释度接种 5 管单料乳糖蛋白胨培养液，每个水样共接种 15 管。接种 1 mL 以下水样时，应作 10 倍递增稀释后，取 1 mL 接种，每递增稀释一次，换用 1 支 1 mL 无菌吸管。

5.1.4.1.3 将接种管置于 36 ℃ ± 1 ℃培养箱内，培养 24 h±2 h，如所有乳糖蛋白胨培养管都不产气产酸，则可报告为总大肠菌群未检出，如有产酸产气者，则按下列步骤进行。

5.1.4.2 分离培养

将产酸产气的发酵管分别转种在伊红美蓝琼脂平板上，于 36 ℃±1 ℃培养箱内培养 18 h～24 h，观察菌落形态，挑取符合下列特征的菌落进行革兰氏染色镜检：

——深紫黑色、具有金属光泽的菌落；

——紫黑色、不带或略带金属光泽的菌落；

——淡紫红色、中心较深的菌落。

5.1.4.3 证实试验

经上述染色镜检为革兰氏阴性无芽孢杆菌，同时接种乳糖蛋白胨培养液，置 36 ℃±1 ℃培养箱中培养 24 h±2 h，有产酸产气者，即证实有总大肠菌群存在。

5.1.5 试验数据处理

根据证实为总大肠菌群阳性的管数，查 MPN 表（见表 3 和表 4），报告每 100 mL 水样中的总大肠菌群 MPN 值。稀释样品查表后所得结果应乘稀释倍数。如所有乳糖发酵管均为阴性时，可报告总大肠菌群未检出。

表 3 总大肠菌群 5 管法 MPN 表

5 个 10 mL 管中阳性管数	MPN 值
0	<2.2
1	2.2
2	5.1
3	9.2
4	16.0
5	>16.0

表 4 总大肠菌群 15 管法 MPN 表

接种量/mL			总大肠菌群/(MPN/100 mL)	接种量/mL			总大肠菌群/(MPN/100 mL)
10	1	0.1		10	1	0.1	
0	0	0	<2	0	2	0	4
0	0	1	2	0	2	1	6
0	0	2	4	0	2	2	7
0	0	3	5	0	2	3	9
0	0	4	7	0	2	4	11
0	0	5	9	0	2	5	13
0	1	0	2	0	3	0	6
0	1	1	4	0	3	1	7
0	1	2	6	0	3	2	9
0	1	3	7	0	3	3	11
0	1	4	9	0	3	4	13
0	1	5	11	0	3	5	15

表 4 总大肠菌群 15 管法 MPN 表（续）

接种量/mL			总大肠菌群/(MPN/100 mL)	接种量/mL			总大肠菌群/(MPN/100 mL)
10	1	0.1		10	1	0.1	
0	4	0	8	1	4	0	11
0	4	1	9	1	4	1	13
0	4	2	11	1	4	2	15
0	4	3	13	1	4	3	17
0	4	4	15	1	4	4	19
0	4	5	17	1	4	5	22
0	5	0	9	1	5	0	13
0	5	1	11	1	5	1	15
0	5	2	13	1	5	2	17
0	5	3	15	1	5	3	19
0	5	4	17	1	5	4	22
0	5	5	19	1	5	5	24
1	0	0	2	2	0	0	5
1	0	1	4	2	0	1	7
1	0	2	6	2	0	2	9
1	0	3	8	2	0	3	12
1	0	4	10	2	0	4	14
1	0	5	12	2	0	5	16
1	1	0	4	2	1	0	7
1	1	1	6	2	1	1	9
1	1	2	8	2	1	2	12
1	1	3	10	2	1	3	14
1	1	4	12	2	1	4	17
1	1	5	14	2	1	5	19
1	2	0	6	2	2	0	9
1	2	1	8	2	2	1	12
1	2	2	10	2	2	2	14
1	2	3	12	2	2	3	17
1	2	4	15	2	2	4	19
1	2	5	17	2	2	5	22
1	3	0	8	2	3	0	12
1	3	1	10	2	3	1	14
1	3	2	12	2	3	2	17
1	3	3	15	2	3	3	20
1	3	4	17	2	3	4	22
1	3	5	19	2	3	5	25

表 4　总大肠菌群 15 管法 MPN 表（续）

接种量/mL			总大肠菌群/(MPN/100 mL)	接种量/mL			总大肠菌群/(MPN/100 mL)
10	1	0.1		10	1	0.1	
2	4	0	15	3	4	0	21
2	4	1	17	3	4	1	24
2	4	2	20	3	4	2	28
2	4	3	23	3	4	3	32
2	4	4	25	3	4	4	36
2	4	5	28	3	4	5	40
2	5	0	17	3	5	0	25
2	5	1	20	3	5	1	29
2	5	2	23	3	5	2	32
2	5	3	26	3	5	3	37
2	5	4	29	3	5	4	41
2	5	5	32	3	5	5	45
3	0	0	8	4	0	0	13
3	0	1	11	4	0	1	17
3	0	2	13	4	0	2	21
3	0	3	16	4	0	3	25
3	0	4	20	4	0	4	30
3	0	5	23	4	0	5	36
3	1	0	11	4	1	0	17
3	1	1	14	4	1	1	21
3	1	2	17	4	1	2	26
3	1	3	20	4	1	3	31
3	1	4	23	4	1	4	36
3	1	5	27	4	1	5	42
3	2	0	14	4	2	0	22
3	2	1	17	4	2	1	26
3	2	2	20	4	2	2	32
3	2	3	24	4	2	3	38
3	2	4	27	4	2	4	44
3	2	5	31	4	2	5	50
3	3	0	17	4	3	0	27
3	3	1	21	4	3	1	33
3	3	2	24	4	3	2	39
3	3	3	28	4	3	3	45
3	3	4	32	4	3	4	52
3	3	5	36	4	3	5	59

表 4　总大肠菌群 15 管法 MPN 表（续）

接种量/mL			总大肠菌群/(MPN/100 mL)	接种量/mL			总大肠菌群/(MPN/100 mL)
10	1	0.1		10	1	0.1	
4	4	0	34	5	2	0	49
4	4	1	40	5	2	1	70
4	4	2	47	5	2	2	94
4	4	3	54	5	2	3	120
4	4	4	62	5	2	4	150
4	4	5	69	5	2	5	180
4	5	0	41	5	3	0	79
4	5	1	48	5	3	1	110
4	5	2	56	5	3	2	140
4	5	3	64	5	3	3	180
4	5	4	72	5	3	4	210
4	5	5	81	5	3	5	250
5	0	0	23	5	4	0	130
5	0	1	31	5	4	1	170
5	0	2	43	5	4	2	220
5	0	3	58	5	4	3	280
5	0	4	76	5	4	4	350
5	0	5	95	5	4	5	430
5	1	0	33	5	5	0	240
5	1	1	46	5	5	1	350
5	1	2	63	5	5	2	540
5	1	3	84	5	5	3	920
5	1	4	110	5	5	4	1 600
5	1	5	130	5	5	5	>1 600

注：总接种量 55.5 mL，其中 5 份 10 mL 水样，5 份 1 mL 水样，5 份 0.1 mL 水样。

5.2 滤膜法

5.2.1 原理

用孔径为 0.45 μm 的微孔滤膜过滤水样后，将滤膜贴在选择性培养基上培养后，能形成典型菌落，经革兰氏染色和证实试验，来检测水中总大肠菌群的方法。

5.2.2 培养基与试剂

5.2.2.1 品红亚硫酸钠培养基

5.2.2.1.1 成分

按如下成分配制：

a)	蛋白胨	10.0 g
b)	酵母浸膏	5.0 g
c)	牛肉膏	5.0 g
d)	乳糖	10.0 g
e)	琼脂	15.0 g～20.0 g
f)	磷酸氢二钾	3.5 g
g)	无水亚硫酸钠	5.0 g
h)	碱性品红乙醇[$\varphi(C_2H_5OH)=95\%$]溶液(50.0 g/L)	20 mL
i)	纯水	1 000 mL

5.2.2.1.2 制法

5.2.2.1.2.1 储备培养基的制法

先将琼脂加到 500 mL 纯水中，煮沸溶解，于另 500 mL 纯水中加入磷酸氢二钾、蛋白胨、酵母浸膏和牛肉膏，加热溶解，倒入已溶解的琼脂，补足纯水至 1 000 mL，混匀后调 pH 为 7.2～7.4，再加入乳糖，分装，经 115 ℃高压蒸汽灭菌 20 min 后，于 0 ℃～4 ℃冷藏保存。

本培养基也可不加琼脂，制成液体培养基，使用时加 2 mL～3 mL 于灭菌吸收垫上，再将滤膜置于垫上培养。

5.2.2.1.2.2 平皿培养基的制法

将上法制备的储备培养基加热融化，用无菌吸管或移液器按比例吸取一定量的 50.0 g/L 的碱性品红乙醇溶液置于无菌空试管中，再按比例称取所需的无水亚硫酸钠置于另一无菌试管中，加无菌水少许，使其溶解后，置沸水浴中煮沸 10 min 以灭菌。

吸取已灭菌的亚硫酸钠溶液，滴加于碱性品红乙醇溶液至深红色退成淡粉色为止，将此亚硫酸钠与碱性品红的混合液全部加到已融化的储备培养基内，并充分混匀(防止产生气泡)，立即将此种培养基 15 mL 倾入无菌的空平皿内。待冷却凝固后置冰箱内备用。此种已制成的培养基于 0 ℃～4 ℃冷藏保存不宜超过两周。如培养基已由淡粉色变成深红色，则不能再用。

5.2.2.2 乳糖蛋白胨培养液

应符合 5.1.2.1 的要求。

5.2.3 仪器设备

5.2.3.1 过滤设备:配备滤器和抽滤装置。
5.2.3.2 滤膜:孔径 0.45 μm。
5.2.3.3 无齿镊子。
5.2.3.4 其他仪器设备应符合 5.1.3 的要求。

5.2.4 试验步骤

5.2.4.1 准备工作

5.2.4.1.1 滤膜灭菌:将滤膜放入烧杯中,加入纯水,置于沸水浴中煮沸灭菌 3 次,每次 15 min。前两次煮沸后需更换纯水洗涤 2 次～3 次,以除去残留溶剂。或使用符合要求的一次性无菌滤膜。
5.2.4.1.2 滤器灭菌:用点燃的酒精棉球火焰灭菌。也可用高压蒸汽灭菌器 121 ℃高压蒸汽灭菌 20 min。

5.2.4.2 过滤水样

用镊子夹取无菌滤膜边缘部分,将粗糙面向上,贴放在已灭菌的滤床上,固定好滤器,将 100 mL 水样(如水样含菌数较多,可减少过滤水样量,或将水样稀释)注入滤器中,打开滤器阀门,在 -5.07×10^{4} Pa(−0.5大气压)下抽滤。

5.2.4.3 培养

过滤完水样后,再抽气约 5 s,关上滤器阀门,取下滤器,用镊子夹取滤膜边缘部分,移放在品红亚硫酸钠培养基上,滤膜截留细菌面向上,滤膜应与培养基完全贴紧,两者间不应留有气泡,然后将平皿倒置,放入 36 ℃±1 ℃恒温箱内培养 24 h±2 h。

5.2.5 试验数据处理

5.2.5.1 挑取紫红色且具有金属光泽的菌落、深红色不带或略带金属光泽的菌落和淡红中心色较深的菌落进行革兰氏染色、镜检。
5.2.5.2 凡革兰氏染色为阴性的无芽孢杆菌,再接种乳糖蛋白胨培养液,于 36 ℃±1 ℃培养 24 h±2 h,有产酸产气者,则判定为总大肠菌群阳性。
5.2.5.3 按公式(1)计算滤膜上生长的总大肠菌群数,以每 100 mL 水样中的总大肠菌群菌落数(CFU/100 mL)报告结果。

$$\text{总大肠菌群菌落数(CFU/100 mL)}=\frac{\text{数出的总大肠菌群菌落数}\times 100}{\text{过滤的水样体积(mL)}} \qquad\cdots\cdots\cdots\cdots(1)$$

5.3 酶底物法

5.3.1 原理

总大肠菌群在选择性培养基上能产生 β-半乳糖苷酶(β-D-galactosidase),通过分解色原底物释放出色原体使培养基呈现颜色变化,以此原理来检测水中总大肠菌群的方法。

5.3.2 培养基与试剂

5.3.2.1 MMO-MUG 培养基

采用 Minimal Medium ONPG-MUG(MMO-MUG)培养基,可按下述成分配制培养基或选用符合质控要求的制品。每1 000 mL MMO-MUG培养基所含基本成分为：

a) 硫酸铵 5.0 g
b) 无水硫酸锰 0.5 mg
c) 无水硫酸锌 0.5 mg
d) 无水硫酸镁 100 mg
e) 氯化钠 10.0 g
f) 氯化钙 50 mg
g) 亚硫酸钠 40 mg
h) 两性霉素B(Amphotericin B) 1 mg
i) 邻硝基苯-β-D-吡喃半乳糖苷(ONPG) 500 mg
j) 4-甲基伞形酮-β-D-葡萄糖醛酸苷(MUG) 75 mg
k) 茄属植物萃取物(Solanium萃取物) 500 mg
l) *N*-2-羟乙基哌嗪-*N*-2-乙磺酸钠盐(HEPES钠盐) 5.3 g
m) *N*-2-羟乙基哌嗪-*N*-2-乙磺酸(HEPES) 6.9 g
n) 纯水 1 000 mL

5.3.2.2 生理盐水

5.3.2.2.1 成分

按如下成分配制：

a) 氯化钠 8.5 g
b) 纯水 1 000 mL

5.3.2.2.2 制法

溶解后，分装到稀释瓶内，每瓶90 mL，121 ℃高压蒸汽灭菌20 min。

5.3.3 仪器设备

5.3.3.1 量筒：100 mL、500 mL、1 000 mL。

5.3.3.2 无菌吸管：1 mL、5 mL及10 mL管。

5.3.3.3 稀释瓶：100 mL、250 mL、500 mL及1 000 mL。

5.3.3.4 无菌试管：约15 mm×160 mm。

5.3.3.5 培养箱：36 ℃±1 ℃。

5.3.3.6 高压蒸汽灭菌器。

5.3.3.7 定量盘：定量培养用无菌塑料盘，含51个孔穴，每一孔穴可容纳2 mL水样。

5.3.3.8 封口机：用于51孔定量盘。

5.3.4 试验步骤

5.3.4.1 水样稀释

检测所需水样为100 mL。若水样污染严重，可对水样进行稀释，取10 mL水样加入到90 mL无菌生理盐水中，必要时可加大稀释度。

5.3.4.2 定性反应

将 100 mL 水样加入 100 mL 无菌稀释瓶中，加入 2.7 g MMO-MUG 培养基粉末，混合均匀使之完全溶解后，放入 36 ℃±1 ℃的培养箱内培养 24 h。

5.3.4.3 10 管法

5.3.4.3.1 将 100 mL 水样加入 100 mL 无菌稀释瓶中，加入 2.7 g MMO-MUG 培养基粉末，混合均匀使之完全溶解。

5.3.4.3.2 准备 10 支无菌试管，用无菌吸管分别从前述稀释瓶中取 10 mL 水样至各试管中，放入 36 ℃±1 ℃的培养箱中培养 24 h。

5.3.4.4 51 孔定量盘法

5.3.4.4.1 将 100 mL 水样加入 100 mL 无菌稀释瓶中，加入 2.7 g MMO-MUG 培养基粉末，混摇使之完全溶解均匀。

5.3.4.4.2 将前述 100 mL 水样全部倒入 51 孔无菌定量盘内，以手抚平定量盘背面，去除孔穴内气泡，然后用程控定量封口机封口。放入 36 ℃±1 ℃的培养箱中培养 24 h。

5.3.5 试验数据处理

5.3.5.1 结果判读

将水样培养 24 h 后进行结果判读，如果结果为可疑阳性，可延长培养时间到 28 h 进行结果判读，超过 28 h 之后出现的颜色反应不作为阳性结果。

5.3.5.2 定性反应

水样经 24 h 培养之后如果颜色变成黄色，判断为阳性反应，表示水中含有大肠菌群。水样颜色未发生变化，判断为阴性反应。定性反应结果以总大肠菌群检出或未检出报告。

5.3.5.3 10 管法

5.3.5.3.1 将培养 24 h 之后的试管取出观察，如果试管内水样变成黄色则表示该试管含有总大肠菌群。

5.3.5.3.2 计数有黄色反应的试管数，对照表 5 查出其代表的总大肠菌群 MPN 值。结果以 MPN/100 mL表示。如所有管均未产生黄色，则可报告为总大肠菌群未检出。

表 5 总大肠菌群 10 管法 MPN 表

阳性试管数	总大肠菌群/(MPN/100 mL)	95%置信区间	
		下限	上限
0	<1.1	0	3.0
1	1.1	0.03	5.9
2	2.2	0.26	8.1
3	3.6	0.69	10.6
4	5.1	1.3	13.4

表 5　总大肠菌群 10 管法 MPN 表（续）

阳性试管数	总大肠菌群/（MPN/100 mL）	95%置信区间	
		下限	上限
5	6.9	2.1	16.8
6	9.2	3.1	21.1
7	12.0	4.3	27.1
8	16.1	5.9	36.8
9	23.0	8.1	59.5
10	>23.0	13.5	—

5.3.5.4　51 孔定量盘法

5.3.5.4.1　将培养 24 h 之后的定量盘取出观察，如果孔穴内的水样变成黄色则表示该孔穴中含有总大肠菌群。

5.3.5.4.2　计算有黄色反应的孔穴数，对照表 6 查出其代表的总大肠菌群 MPN 值。结果以 MPN/100 mL 表示。如所有孔均未产生黄色，则可报告为总大肠菌群未检出。

表 6　总大肠菌群 51 孔定量盘法 MPN 表

阳性孔数	总大肠菌群/（MPN/100 mL）	95%置信区间	
		上限	上限
0	<1	0	3.7
1	1.0	0.3	5.6
2	2.0	0.6	7.3
3	3.1	1.1	9.0
4	4.2	1.7	10.7
5	5.3	2.3	12.3
6	6.4	3.0	13.9
7	7.5	3.7	15.5
8	8.7	4.5	17.1
9	9.9	5.3	18.8
10	11.1	6.1	20.5
11	12.4	7.0	22.1
12	13.7	7.9	23.9
13	15.0	8.8	25.7
14	16.4	9.8	27.5
15	17.8	10.8	29.4
16	19.2	11.9	31.3

表 6　总大肠菌群 51 孔定量盘法 MPN 表（续）

阳性孔数	总大肠菌群/（MPN/100 mL）	95%置信区间	
		上限	上限
17	20.7	13.0	33.3
18	22.2	14.1	35.2
19	23.8	15.3	37.3
20	25.4	16.5	39.4
21	27.1	17.7	41.6
22	28.8	19.0	43.9
23	30.6	20.4	46.3
24	32.4	21.8	48.7
25	34.4	23.3	51.2
26	36.4	24.7	53.9
27	38.4	26.4	56.6
28	40.6	28.0	59.5
29	42.9	29.7	62.5
30	45.3	31.5	65.6
31	47.8	33.4	69.0
32	50.4	35.4	72.5
33	53.1	37.5	76.2
34	56.0	39.7	80.1
35	59.1	42.0	84.4
36	62.4	44.6	88.8
37	65.9	47.2	93.7
38	69.7	50.0	99.0
39	73.8	53.1	104.8
40	78.2	56.4	111.2
41	83.1	59.9	118.3
42	88.5	63.9	126.2
43	94.5	68.2	135.4
44	101.3	73.1	146.0
45	109.1	78.6	158.7
46	118.4	85.0	174.5
47	129.8	92.7	195.0
48	144.5	102.3	224.1
49	165.2	115.2	272.2
50	200.5	135.8	387.6
51	＞200.5	146.1	—

6 耐热大肠菌群

6.1 多管发酵法

6.1.1 原理

经 44.5 ℃培养 24 h,发酵乳糖产酸产气、经证实试验和革兰氏染色检测水中耐热大肠菌群的方法。

6.1.2 培养基与试剂

6.1.2.1 EC 培养基

6.1.2.1.1 成分

按如下成分配制：

a) 胰蛋白胨 20.0 g

b) 乳糖 5.0 g

c) 3 号胆盐或混合胆盐 1.5 g

d) 磷酸氢二钾 4.0 g

e) 磷酸二氢钾 1.5 g

f) 氯化钠 5.0 g

g) 纯水 1 000 mL

6.1.2.1.2 制法

将上述成分溶解于纯水中,分装到带有小倒管的试管中,115 ℃高压蒸汽灭菌 20 min,最终 pH 为 6.7～7.1。

6.1.2.2 伊红美蓝培养基

应符合 5.1.2.3 的要求。

6.1.3 仪器设备

6.1.3.1 恒温水浴箱或恒温培养箱:44.5 ℃±0.5 ℃。

6.1.3.2 其他仪器设备应符合 5.1.3 的要求。

6.1.4 试验步骤

6.1.4.1 自总大肠菌群乳糖发酵试验中的阳性管(产酸产气)中取 1 滴转种于 EC 培养基中,置 44.5 ℃± 0.5 ℃水浴箱或隔水式恒温培养箱内(水浴箱的水面应高于试管中培养基液面),培养 24 h±2 h,如所有管均不产气,则可报告为未检出,如有产气者,则转种于伊红美蓝琼脂平板上,置 44.5 ℃± 0.5 ℃培养18 h～24 h,凡平板上有典型菌落者,则证实为耐热大肠菌群阳性。

6.1.4.2 如检测未经含氯消毒剂消毒的水,且只想检测耐热大肠菌群时,或调查水源水的耐热大肠菌群污染时,可直接用多管发酵方法,可按照 5.1.4.1 的要求,接种乳糖蛋白胨培养液后直接在 44.5 ℃± 0.5 ℃培养,以下步骤按照 6.1.4.1 的要求进行。

6.1.5 试验数据处理

根据证实为耐热大肠菌群阳性的管数，对照 MPN 表，报告每 100 mL 水样中耐热大肠菌群的 MPN 值。

6.2 滤膜法

6.2.1 原理

用孔径为 0.45 μm 的滤膜过滤水样，细菌被阻留在膜上，将滤膜贴在添加乳糖的选择性培养基上，44.5 ℃培养 24 h 能形成特征性菌落，以此来检测水中耐热大肠菌群的方法。本方法适用于生活饮用水及低浊度水源水中耐热大肠菌群的测定。

6.2.2 培养基与试剂

6.2.2.1 MFC 培养基

6.2.2.1.1 成分

按如下成分配制：

a) 胰胨 10.0 g
b) 多胨 5.0 g
c) 酵母浸膏 3.0 g
d) 氯化钠 5.0 g
e) 乳糖 12.5 g
f) 3 号胆盐或混合胆盐 1.5 g
g) 琼脂 15.0 g
h) 苯胺蓝 0.2 g
i) 纯水 1 000 mL

6.2.2.1.2 制法

在 1 000 mL 纯水中先加入玫红酸(10.0 g/L)的氢氧化钠溶液[c(NaOH)=0.2 mol/L] 10 mL，混匀后，取 500 mL 加入琼脂煮沸溶解，于另外 500 mL 纯水中，加入除苯胺蓝以外的其他试剂，加热溶解，倒入已溶解的琼脂，混匀调 pH 为 7.4，加入苯胺蓝煮沸，迅速离开热源，待冷却至 60 ℃左右，制成平板，不可高压蒸汽灭菌。制好的培养基应存放于 2 ℃～10 ℃，不超过 96 h。

本培养基也可不加琼脂，制成液体培养基，使用时加 2 mL～3 mL 于灭菌吸收垫上，再将滤膜置于垫上培养。

6.2.2.2 EC 培养基

应符合 6.1.2.1 的要求。

6.2.3 仪器设备

6.2.3.1 恒温水浴箱或隔水式恒温培养箱：44.5 ℃ ± 0.5 ℃。

6.2.3.2 玻璃或塑料平皿：直径 6 cm 或 5 cm。

6.2.3.3 其他仪器设备应符合 5.2.3 的要求。

6.2.4 试验步骤

6.2.4.1 准备工作应符合 5.2.4.1 的要求。

6.2.4.2 过滤水样应符合 5.2.4.2 的要求。

6.2.4.3 培养:过滤完水样后,再抽气约 5 s,关上滤器阀门,取下滤器,用灭菌镊子夹取滤膜边缘部分,移放在 MFC 培养基上,滤膜截留细菌面向上,滤膜应与培养基完全贴紧,两者间不应留有气泡,然后将平皿倒置,44.5 ℃±0.5 ℃培养 24 h±2 h。耐热大肠菌群在此培养基上菌落为蓝色,非耐热大肠菌群菌落为灰色至奶油色。

6.2.4.4 对可疑菌落转种 EC 培养基,44.5 ℃±0.5 ℃培养 24 h±2 h,如产气则证实为耐热大肠菌群。

6.2.5 试验数据处理

按公式(2)计算滤膜上生长的耐热大肠菌群数,以每 100 mL 水样中的耐热大肠菌群菌落数(CFU/100 mL)报告结果。

$$\text{耐热大肠菌菌落数(CFU/100 mL)} = \frac{\text{所计得的耐热大肠菌菌落数} \times 100}{\text{过滤的水样体积(mL)}} \qquad \cdots\cdots\cdots(2)$$

7 大肠埃希氏菌

7.1 多管发酵法

7.1.1 原理

将总大肠菌群多管发酵法在初发酵时阳性的培养物,接种在含有荧光底物的培养基上,经培养产生β-葡萄糖醛酸酶(β-glucuronidase),分解荧光底物释放出荧光产物,在紫外光下产生特征性荧光的细菌,以此来检测水中大肠埃希氏菌的方法。

7.1.2 EC-MUG 培养基

7.1.2.1 成分

按如下成分配制:

a)	胰蛋白胨	20.0 g
b)	乳糖	5.0 g
c)	3 号胆盐或混合胆盐	1.5 g
d)	磷酸氢二钾	4.0 g
e)	磷酸二氢钾	1.5 g
f)	氯化钠	5.0 g
g)	4-甲基伞形酮-β-D-葡萄糖醛酸苷(MUG)	0.05 g
h)	纯水	1 000 mL

7.1.2.2 制法

将上述成分加入纯水中,充分混匀,加热溶解,在 366 nm 紫外灯下检查无自发荧光后分装于试管中,115 ℃高压蒸汽灭菌 20 min,最终 pH 为 6.7～7.1。

7.1.3 仪器设备

7.1.3.1 紫外灯:6 W,波长为 366 nm。

7.1.3.2 培养箱。

7.1.3.3 电子天平。

7.1.3.4 平皿:直径 9 cm。

7.1.3.5 无菌试管:约 15 mm×160 mm。

7.1.3.6 无菌吸管:1 mL,10 mL。

7.1.3.7 移液器:1 mL。

7.1.3.8 锥形瓶:1 000 mL。

7.1.3.9 小倒管。

7.1.3.10 接种环。

7.1.3.11 冰箱。

7.1.4 试验步骤

7.1.4.1 接种:用无菌接种环或无菌棉签将总大肠菌群多管发酵法在初发酵时产酸产气的试管中液体接种到 EC-MUG 管中。实验室生物安全要求应依据 GB 19489。

7.1.4.2 培养:将已接种的 EC-MUG 管在培养箱中 44.5 ℃±0.5 ℃培养 24 h±2 h。

7.1.5 试验数据处理

将培养后的 EC-MUG 管在暗处用紫外灯照射,如果有蓝色荧光产生则表示水样中含有大肠埃希氏菌。

计算 EC-MUG 阳性的管数,查对应的 MPN 表得出大肠埃希氏菌的 MPN 值,结果以 MPN/100 mL 报告。

7.2 滤膜法

7.2.1 原理

将总大肠菌群滤膜法检测阳性的滤膜,置于含有荧光底物的培养基上培养,能产生 β-葡萄糖醛酸酶,分解荧光底物释放出荧光产物,使菌落能够在紫外光下产生特征性荧光,以此来检测水中大肠埃希氏菌的方法。

7.2.2 MUG 营养琼脂培养基(NA-MUG)

7.2.2.1 成分

按如下成分配制:

a) 蛋白胨　5.0 g
b) 牛肉浸膏　3.0 g
c) 琼脂　15.0 g
d) 4-甲基伞形酮-β-D-葡萄糖醛酸苷(MUG)　0.1 g
e) 纯水　1 000 mL

7.2.2.2 制法

将上述成分加入纯水中，充分混匀，加热溶解，经 121 ℃高压蒸汽灭菌 15 min，最终 pH 为 6.6～7.0。在无菌操作条件下倾倒平板备用。倾倒好的平板可于 0 ℃～4 ℃冷藏保存 2 周。

7.2.3 仪器设备

7.2.3.1 紫外灯：6 W，波长为 366 nm。

7.2.3.2 其他仪器设备应符合 5.2.3 的要求。

7.2.4 试验步骤

7.2.4.1 接种：在无菌操作条件下将有典型菌落生长的滤膜转移到 NA-MUG 平板上，细菌截留面朝上，进行培养。实验室生物安全要求应符合 GB 19489 的要求。

7.2.4.2 培养：将已接种的 NA-MUG 平板于 36 ℃±1 ℃培养 4 h。

7.2.5 试验数据处理

将培养后的 NA-MUG 平板在暗处用波长为 366 nm 功率为 6 W 的紫外灯照射，如果菌落边缘或菌落背面有蓝色荧光产生则表示该菌落为大肠埃希氏菌。

记录有蓝色荧光产生的菌落数并报告，报告格式按总大肠菌群滤膜法的要求。

7.3 酶底物法

7.3.1 原理

大肠埃希氏菌在选择性培养基上能产生 β-半乳糖苷酶(β-D-galactosidase)，可分解色原底物后释放出色原体使培养基呈现颜色变化，并能产生 β-葡萄糖醛酸酶(β-glucuronidase)，分解荧光底物释放出荧光产物，使菌落能够在紫外光下产生特征性荧光，以此技术来检测大肠埃希氏菌的方法。

7.3.2 培养基与试剂

应符合 5.3.2 的要求。

7.3.3 仪器设备

7.3.3.1 紫外灯：6 W，波长为 366 nm。

7.3.3.2 其他仪器设备应符合 5.3.3 的要求。

7.3.4 试验步骤

应符合 5.3.4 的要求。

7.3.5 试验数据处理

7.3.5.1 结果判读

结果判读应符合 5.3.5.1 的要求，对照表同总大肠菌群酶底物法中表 5 与表 6。水样变为黄色同时有蓝色荧光判断为大肠埃希氏菌阳性，水样未变黄色而有荧光产生不判定为大肠埃希氏菌阳性。

7.3.5.2 定性反应

将经过 24 h 培养颜色变成黄色的水样，在暗处用波长为 366 nm 的紫外灯照射，如果有蓝色荧光产生判断为阳性，表示水中含有大肠埃希氏菌。水样如未产生蓝色荧光，判断为阴性。结果以大肠埃希氏菌检出或未检出报告。

7.3.5.3 10 管法

7.3.5.3.1 将培养 24 h 水样颜色变成黄色的试管，在暗处用波长为 366 nm 的紫外灯照射，如果有蓝色荧光产生，则表示大肠埃希氏菌为阳性。

7.3.5.3.2 计算有荧光反应的试管数，对照表 5 查出其代表的大肠埃希氏菌 MPN 值。结果以 MPN/100 mL 表示。如所有管均未产生荧光，则可报告大肠埃希氏菌未检出。

7.3.5.4 51 孔定量盘法

7.3.5.4.1 将培养 24 h 颜色变成黄色的水样的定量盘在暗处用波长为 366 nm 的紫外灯照射，如果有蓝色荧光产生，则表示该定量盘孔穴中大肠埃希氏菌为阳性。

7.3.5.4.2 计算有荧光反应的孔穴数，对照表 6 查出其代表的大肠埃希氏菌 MPN 值。结果以 MPN/100 mL 表示。如所有孔均未产生荧光，则可报告大肠埃希氏菌未检出。

8 贾第鞭毛虫

8.1 免疫磁分离荧光抗体法

8.1.1 原理

采用过滤和反向冲洗技术从水样中富集贾第鞭毛虫孢囊，借助免疫磁分离技术将贾第鞭毛虫孢囊从其他杂质中分离出来，再经过酸化脱磁、异硫氰酸荧光素酯/4′6-二脒基-2-苯基吲哚（FITC/DAPI）染色，最后经过显微镜检确认和计数的方法。

8.1.2 培养基与试剂

8.1.2.1 磷酸盐缓冲液（PBS 溶液）

8.1.2.1.1 成分

按如下成分配制：

a) 氯化钠　8.0 g

b) 氯化钾　0.2 g

c) 磷酸氢二钠　1.44 g

d) 磷酸二氢钾　0.24 g

e) 纯水　1 000 mL

8.1.2.1.2 制法

上述成分混合溶解于纯水中后，用 1 mol/L 盐酸或氢氧化钠溶液将 pH 调到 7.1～7.3，于 0 ℃～4 ℃冷藏保存可储存 1 周。

8.1.2.2 贾第鞭毛虫/隐孢子虫免疫磁分离试剂盒

所含试剂如下：

a） 抗隐孢子虫单克隆抗体磁微粒；

b） 抗贾第鞭毛虫单克隆抗体磁微粒；

c） 缓冲液 A(15 mL)；

d） 缓冲液 B(10 mL)。

免疫磁分离试剂盒，于 0 ℃～4 ℃冷藏保存。

8.1.2.3 免疫荧光染色试剂盒

抗隐孢子虫/贾第鞭毛虫单克隆抗体-异硫氰酸盐荧光素试剂盒，于 0 ℃～4 ℃冷藏保存。

8.1.2.4 封固剂（2% DABCO/甘油）

8.1.2.4.1 成分

按如下成分配制：

a） 甘油/PBS 缓冲盐溶液(60%/40%)	100 mL
b） DABCO	2.0 g

8.1.2.4.2 保存

室温条件下可储存 12 个月。

8.1.2.5 Tris 溶液（1 mol/L）

在 1 000 mL 纯水中溶解 132.2 g 的 Tris 盐酸（$C_4H_{12}ClNO_3$），然后再加 19.4 g 的 Tris 碱（$C_4H_{11}NO_3$）。用 1 mol/L 盐酸或氢氧化钠溶液将 pH 调到 7.3～7.5。用孔径 0.22 μm 的滤膜过滤灭菌后，移到一个无菌的塑料容器中。在室温条件下可储存 6 个月。

8.1.2.6 Na_2EDTA 二水合物溶液（0.5 mol/L）

将 37.22 g 乙二胺四乙酸二钠盐二水化合物（Na_2EDTA・2H_2O）溶解到 200 mL 的纯水中，然后用 1 mol/L 盐酸或氢氧化钠溶液将 pH 调到 7.9～8.1，室温条件下可储存 6 个月。

8.1.2.7 淘洗缓冲液

8.1.2.7.1 淘洗液 A

按如下成分配制：

a） 月桂醇聚醚-12(Laureth-12)	4.0 g
b） Tris 溶液(1 mol/L)	40 mL
c） Na_2EDTA 二水合物溶液(0.5 mol/L)	8 mL
d） A 型止泡剂	600 μL
e） 纯水	1 000 mL

称取 1.0 g 月桂醇聚醚-12 到玻璃烧杯中，然后加 100 mL 纯水。用电炉将烧杯加热，使月桂醇聚醚-12 溶解，然后再将其转移到 1 000 mL 有刻度的量筒中。用纯水将烧杯冲洗几次，确保所有的冲洗

液都转移到量筒中。加 10 mL pH 为 7.4 的 Tris 溶液、2 mL pH 为 8.0 的 Na_2EDTA 二水合物溶液和 150 μL A 型止泡剂。最后用纯水稀释到 1 000 mL。室温条件下可储存 1 个月。

8.1.2.7.2 淘洗液 B

按如下成分配制：

a) 磷酸氢二钠 1.44 g

b) 磷酸二氢钾 0.2 g

c) 氯化钾 0.2 g

d) 氯化钠 8.0 g

e) 吐温-20 0.1 mL

f) 纯水 1 000 mL

将 1.44 g 磷酸氢二钠、0.2 g 磷酸二氢钾、0.2 g 氯化钾及 8.0 g 氯化钠加入 900 mL 纯水，搅拌 20 min至完全溶解，加入 0.1 mL 吐温-20 并继续搅拌 10 min，然后用纯水稀释至 1 000 mL。

8.1.2.7.3 淘洗液 C

按如下成分配制：

a) 焦磷酸四钠 0.2 g

b) EDTA 柠檬酸三钠 0.3 g

c) Tris-HCl(1 mol/L) 10 mL

d) 吐温-80 0.1 mL

e) 纯水 1 000 mL

将 0.2 g 焦磷酸四钠、0.3 g EDTA 柠檬酸三钠加入 900 mL 纯水，搅拌 10 min 至完全溶解，加入 10 mL Tris-HCl(1 mol/L)并搅拌 5 min 使之混合。再加入 0.1 mL 吐温-80 并继续搅拌 10 min，然后用纯水稀释至 1 000 mL，并调节 pH 为 7.2～7.6。

8.1.2.8 盐酸溶液(0.1 mol/L)

量取 0.1 mol 盐酸，缓慢加入 1 000 mL 纯水中，混匀后备用。

8.1.2.9 氢氧化钠溶液(1 mol/L)

称取 1 mol 氢氧化钠，加入 1 000 mL 纯水中，完全溶解后备用。

8.1.2.10 分析级甲醇

甲醇含量大于 99.5%的分析级甲醇。

8.1.2.11 DAPI 储备溶液

在微型离心管中加入 1 mg DAPI，然后加入 500 μL 的甲醇(2 mg/mL)。可于 0 ℃～4 ℃冷藏避光保存 15 d。

8.1.2.12 DAPI 染色溶液

用 50 mL PBS 稀释 10 μL DAPI 母液，用时配制，于 0 ℃～4 ℃冷藏避光保存。

8.1.2.13 次氯酸钠溶液(50.0 g/L)

称取 50.0 g 次氯酸钠,溶于 1 000 mL 水中,完全溶解后备用。

8.1.3 仪器设备

8.1.3.1 采样仪器设备

8.1.3.1.1 滤囊过滤的仪器设备

该方法所需器材如下。

a) 蠕动泵:流量为 2 L/min。

b) 泵管。

c) 滤囊(醚砜滤膜,有效过滤面积 1 300 cm^2,孔径 1.0 μm)。

d) 夹子。

e) 水表。

f) 流量控制阀:压力为 0.21 MPa(对于处理水可任意选择)。

g) 过滤管。

h) 塑料连接。

8.1.3.1.2 多孔海绵滤膜模块过滤的仪器设备

该方法所需器材如下。

a) 滤芯:压缩后的多孔海绵滤膜模块(600 mm 压缩到 30 mm 的 60 层多孔海绵滤膜,其中单层多孔海绵滤膜厚 10 mm,外径 55 mm,内径 18 mm)。

b) 滤器:带进出水样接口及配套软管和辅助工具。

c) 蠕动泵。

d) 泵管。

e) 夹子。

f) 水表。

g) 流量控制阀(1 L/min~4 L/min)。

8.1.3.2 淘洗/浓缩/纯化仪器设备

8.1.3.2.1 滤囊的淘洗/浓缩/纯化设备

该方法所需器材如下。

a) 水平振荡器:有臂的水平振荡装置,臂上有垂直安装的过滤夹,最大频率 600 r/min。

b) 250 mL 锥形离心管。

c) 离心机:1 500*g* 离心力。

d) 旋涡搅拌器。

e) 塑料洗耳球。

f) 10 mL 吸管。

g) 50 mL 吸管。

h) 100 mL 的量筒。

i) Leighton 管:一侧平面试管,125 mm×16 mm,带管塞,一侧为 60 mm×10 mm 平面。

j) 磁粒浓缩器 1:适合 Leighton 管内液体磁分离。

k) 磁粒浓缩器 2:适合微型离心管内液体磁分离。

l) 锥形具塞 5 mL 微量离心管。

8.1.3.2.2 多孔海绵滤膜模块的淘洗/浓缩/纯化设备

该方法所需器材如下。

a) 手动或自动多孔海绵滤膜模块淘洗主设备及配套装置(浓缩管及底座,洗涤管及不锈钢虹吸管)。

b) 真空泵。

c) 磁力搅拌器和搅拌棒。

d) 滤膜(孔径 3.0 μm,直径 73 mm)。

e) 磁粒浓缩器 1:适合 Leighton 管内液体磁分离。

f) 磁粒浓缩器 2:适合微型离心管内液体磁分离。

8.1.3.2.3 多孔海绵滤膜模块快速淘洗/浓缩/纯化的设备

该方法所需器材如下。

a) 多孔海绵滤膜模块快速淘洗装置:可压缩空气与淘洗液,自动完成 8 次及以上反向冲洗程序。

b) 空气压缩机:压力大于 0.5 MPa,可压缩 15 L 空气。

c) 离心机:2 000*g* 离心力。

d) 锥形离心管:500 mL。

e) 蠕动泵。

f) 磁粒浓缩器 1:适合 Leighton 管内液体磁分离。

g) 磁粒浓缩器 2:适合微型离心管内液体磁分离。

8.1.3.3 染色仪器设备

8.1.3.3.1 三通真空泵。

8.1.3.3.2 湿度孵化盒。

8.1.3.3.3 载玻片。

8.1.3.3.4 盖玻片。

8.1.3.3.5 培养箱。

8.1.3.3.6 荧光显微镜。

8.1.3.3.7 450 nm～480 nm 的蓝色滤光片。

8.1.3.3.8 330 nm～385 nm 的紫外光滤光片。

8.1.3.3.9 测微计。

8.1.3.3.10 移液器:5 μL～20 μL、20 μL～200 μL、200 μL～1 000 μL。

8.1.3.3.11 巴斯德玻璃吸管。

8.1.3.3.12　小口塑料瓶或玻璃瓶:20 L。

所有玻璃器皿和塑料器皿都应在使用后及洗涤前经高压消毒。用热浓洗涤剂溶液清洁器材,然后将它们放到不低于 50.0 g/L 的次氯酸钠溶液中,至少在室温浸泡 30 min。用纯水冲洗器材,然后将其放到没有卵囊的环境中干燥。宜尽可能使用一次性物品。

8.1.4　试验步骤

8.1.4.1　采样/淘洗/浓缩

8.1.4.1.1　采样量

因水样中的卵囊数量很少,因此需要浓缩较大体积的水样,采样的体积取决于水样的类型:水源水可采集 20 L;生活饮用水采集 100 L。

8.1.4.1.2　滤囊采样和淘洗步骤

8.1.4.1.2.1　采样

按以下步骤采样。

a)　连接滤囊以外的采样系统。
b)　打开蠕动泵的开关,并将流量调到 2 L/min。
c)　在作业线上安装滤囊,用适当的夹子将滤囊的进口和出口分别连接固定。
d)　记录水表上指示的体积。
e)　将采样系统连接到自来水龙头或其他水源上。
f)　通过滤囊过滤适当体积的水样。
g)　在过滤结束的时候,记录滤囊过滤的水样体积。
h)　将连接在水源上的采样系统取下。
i)　打开泵,尽快把滤囊放空。

过滤后,可于 0 ℃～4 ℃冷藏避光保存滤囊,一般不要超过 72 h。

8.1.4.1.2.2　淘洗

选用符合技术参数要求的设备,并参考该设备的说明书进行操作。举例说明如下。

a)　取下滤囊进水口的乙烯帽,用量筒加 110 mL 淘洗液 A 到每个滤囊的外腔中。
b)　将滤囊插到有臂的水平振荡器夹子上,滤囊的出水阀在 12 点钟的位置。
c)　打开振荡器的开关,将样本振荡 10 min。
d)　将滤囊中的淘洗液 A 倾注到 250 mL 的锥形离心管中,再将 110 mL 淘洗液 A 加入滤囊的外腔中。
e)　将过滤器插到振荡器的夹钳上,出水阀转到 3 点钟位置。在 80%的功率下,再摇 10 min。
f)　重复操作步骤 d),将乙烯帽小心取下,将滤囊中的淘洗液倾注到 250 mL 的锥形离心管中。

8.1.4.1.2.3　浓缩

按以下步骤浓缩。

a)　将装有淘洗液样本的锥形离心管置于 1 500g 离心 15 min。自然减速,以免搅起沉淀物。
b)　用移液器小心地将上清液吸掉,使上清液刚好到沉淀物的上面(不要搅起沉淀物)。
c)　如果压实的沉淀物体积小于或等于 0.5 mL,加纯水到离心管中,使其总体积为 10 mL。将试管置于旋转式搅拌器上 10 s～15 s,以便使沉淀物再悬浮。

d) 如果压实的沉淀物体积大于 0.5 mL,用公式(3)确定在离心管中需要的总体积:

$$总需要体积(mL)=沉淀物体积\times 10\ mL/0.5\ mL \quad \cdots\cdots(3)$$

将再悬浮的沉淀物调整到一个 0.5 mL 相同压实的沉淀物体积,加纯水到离心管中,使其总体积到上面计算的水平。将试管旋转搅拌 10 s～15 s,以便使沉淀物再悬浮。记录这个再悬浮物的体积。

8.1.4.1.3 多孔海绵滤膜模块采样和淘洗步骤

8.1.4.1.3.1 采样

按以下步骤采样。

a) 将滤芯(螺栓头朝下)安装在支架上,拧紧盖子(盖子即为进样口)。

b) 将滤器连接到需采样的水源进行采样。

注 1:为使液体流经滤芯需在顶部施加 0.05 MPa 的压力。推荐的 0.05 MPa 工作压力形成的液体流速为 3 L/min～4 L/min。工作压力最大不超过 0.8 MPa。

注 2:采样时如使用导流泵、蠕动泵等泵类装置,安装在滤器上游。

注 3:样品采集可在水源现场或实验室完成。过滤后,于 0 ℃～4 ℃冷藏避光保存滤芯,一般不要超过 72 h。

8.1.4.1.3.2 淘洗与浓缩

选用符合技术参数要求的设备,并参考该设备的说明书进行操作。举例说明如下。

a) 手工淘洗

   1) 第一次淘洗。将 3 μm 滤膜放置到浓缩器中,组装好浓缩管和洗涤管。将滤芯从支架上取下,安装到淘洗器的活塞顶部。将淘洗器的狭口与洗涤管用快接头连接。拉下淘洗器的延伸臂至锁住,从滤芯上去除螺栓。再连接上不锈钢虹吸管。向浓缩管注入 600 mL 淘洗液 B,随后连接到快接头上。将活塞上下活动 20 次,以冲洗解压的滤芯。拆下浓缩管,挤压活塞 5 次以清除过滤器中的残留液体。

   2) 第一次淘洗液浓缩。将浓缩管与磁性搅拌棒连接,放置在磁性搅拌盘上,以 60 r/min～120 r/min 搅拌。将真空泵连接到浓缩器上,形成压力为 13.3 kPa～40.0 kPa 的真空。打开活栓,使流出液浓缩到 30 mL～40 mL。将浓缩液轻轻倒入 50 mL 离心管中。

   3) 第二次淘洗。浓缩管中重新加入 600 mL 淘洗液 B,再连接到洗涤管上。重复第一次淘洗过程,只需 10 次。

   4) 第二次淘洗液浓缩。将第一次的浓缩液加入第二次的淘洗液中。按上述方法重复浓缩过程。

   5) 将 3 μm 滤膜转移到提供的袋子中,加入 5 mL 淘洗液 B,隔着袋子用手轻轻摩擦滤膜。清洗 2 次。将清洗液与浓缩液混合。

b) 自动淘洗

   1) 第一次淘洗。将 3 μm 滤膜放置到浓缩器中,组装好浓缩管和洗涤管。打开自动淘洗器电源。将滤芯从支架上取下,安装到淘洗器的活塞顶部。将淘洗器的狭口与淘洗管用快接头连接。卸下滤芯上的螺栓。再连接上不锈钢虹吸管。向浓缩管注入 600 mL 淘洗液 B,随后连接到快接头上。开始初次浸润,然后进行第一次淘洗。拆下浓缩管,清除过滤器中的残留液体。

   2) 第一次淘洗液浓缩。将浓缩管与磁性搅拌棒连接,放置在磁性搅拌盘上,以 60 r/min～120 r/min 搅拌。将真空泵连接到浓缩器上,形成压力为 13.3 kPa～40.0 kPa 的真空。打开活栓,使流出液浓缩到 30 mL～40 mL。将浓缩液轻轻倒入 50 mL 离心管中。

3) 第二次淘洗。浓缩管中重新加入 600 mL 淘洗液 B,再连接到洗涤管上。开始淘洗。拆下浓缩管,清除过滤器中的残留液体。

4) 第二次淘洗液浓缩。将第一次的浓缩液加入第二次的淘洗液中。按上述方法重复浓缩过程。

5) 将 3 μm 滤膜转移到提供的袋子中,加入 5 mL 淘洗液 B,隔着袋子用手轻轻摩擦滤膜。清洗 2 次。将清洗液与浓缩液混合。

8.1.4.1.4 多孔海绵滤膜模块采样及快速淘洗步骤

8.1.4.1.4.1 采样

采样方法如下:

a) 将滤芯(螺栓头朝下)安装在支架上,拧紧盖子(盖子即为进样口);

b) 将滤器连接到需采样的水源进行采样。

注 1:为使液体流经滤芯需在顶部施加 0.05 MPa 的压力。推荐的 0.05 MPa 工作压力形成的液体流速为 3 L/min～4 L/min。工作压力最大不超过 0.8 MPa。

注 2:采样时如使用导流泵、蠕动泵等泵类装置,安装在滤器上游。

注 3:样品采集可在水源现场或实验室完成。过滤后,于 0 ℃～4 ℃冷藏避光保存滤囊,一般不要超过 72 h。

注 4:本方法亦适用于浊度高的水源水的采样。

8.1.4.1.4.2 淘洗

采用符合技术参数要求的多孔海绵滤膜模块快速压力淘洗装置可使淘洗过程全自动完成,将压力淘洗装置准备就绪,向淘洗液瓶中加入足量的淘洗液 C,利用连接锁将淘洗液瓶与压力淘洗装置连接,确保二者之间形成良好密封。连接压缩空气源和压力淘洗装置,保证足够的空气压力和体积。

举例说明如下。

a) 打开压力淘洗设备的舱门。

b) 滤器进样口朝上,移开样品阻留器,连接分流调节器(滤芯仍在滤器内)。

c) 将滤器倒转,用快接头连接到压力淘洗器上。

d) 将 500 mL 锥形离心瓶放置在样品收集器支架上,关闭压力淘洗装置。

e) 开始自动淘洗。

f) 淘洗结束时,打开压力淘洗装置。卸下滤器,再取下分流调节器,打开滤器,弃掉滤芯。

g) 将离心瓶盖好,从样品收集器支架中取出。

8.1.4.1.4.3 浓缩

按以下步骤浓缩。

a) 将装有淘洗液样本的离心瓶置于 2 000*g* 离心 15 min。慢慢减速,以免搅起沉淀物。记录沉淀物体积。

注:勿用制动器!

b) 离心后,用吸气装置将沉淀物上层悬浮液体吸出,保留 8 mL～10 mL 液体(吸气装置的压力应小于 3.3 kPa)。

c) 如果压实的沉淀物体积小于或等于 0.5 mL,将试管置于旋转式搅拌器 20 s,然后将样品转入 Leighton 管中;用 1 mL 纯水冲洗离心瓶二次,清洗液转入同一 Leighton 管中。

d） 如果压实的沉淀物体积大于 0.5 mL，用公式(4)确定在离心管中需要的总体积，以便将再悬浮的沉淀物调整到相当于 0.5 mL 压实沉淀物的体积。

$$需要的总体积(mL)=沉淀物体积\times 10\ mL/0.5\ mL \quad \cdots\cdots(4)$$

加纯水到离心管中，使其总体积到上面计算的水平。将试管旋转搅拌 10 s～15 s，以便使沉淀物再悬浮。记录这个再悬浮物的体积。

8.1.4.2 免疫磁分离

8.1.4.2.1 长时间在 0 ℃～4 ℃冷藏保存后，可能会在缓冲液 A 中形成一些结晶沉淀。为了确保这些沉淀的结晶能够再溶解，使用前应将其置室温(15 ℃～22 ℃)中直至结晶溶解。

8.1.4.2.2 加 1 mL 缓冲液 A 和 1 mL 缓冲液 B 到 Leighton 管中。

8.1.4.2.3 定量转移 10 mL 水样浓缩物到 Leighton 管中。

8.1.4.2.4 将抗隐孢子虫抗体和抗贾第鞭毛虫抗体的磁微粒原液置于漩涡混合器上搅拌，以便使珠粒悬浮。通过倒置试管的方法保证珠粒再悬浮，并确定底部没有残留的小团。

8.1.4.2.5 向含有水样浓缩物和缓冲液样品的 Leighton 管中各加 100 μL 上述悬浮的微粒。

8.1.4.2.6 将含有样品的 Leighton 管固定到旋转式的搅拌器上，25 r/min 旋转 1 h。

8.1.4.2.7 将试管从搅拌器上取下，然后再将其放在磁粒浓缩器 1 上，并将试管有平面的一边朝向磁铁。

8.1.4.2.8 用手柔和地以大约 90 °角头尾相连地摇动试管，使试管的盖顶和基底轮流上下倾斜。以每秒大约倾斜一次的频率持续 2 min。

8.1.4.2.9 如果磁粒浓缩器 1 中的样品静置 10 s 以上，就要在进行下一个步骤之前，重复步骤 8.1.4.2.8。

8.1.4.2.10 立即打开顶端的盖，同时将固定在磁粒浓缩器 1 上的试管中的所有上清液倒到废液器中。做这一步骤时，不要摇动试管，也不要将试管从磁粒浓缩器 1 上取下。

8.1.4.2.11 将试管从磁粒浓缩器 1 上取下，加 1 mL 缓冲液 A。非常柔和地将试管中的所有物质再悬浮。不要形成漩涡。

8.1.4.2.12 将试管中的所有液体定量转移到有标签的 1.5 mL 微量离心管中。

8.1.4.2.13 将微量离心管放到未加磁条的磁粒子浓缩器 2 中，然后加入磁条。

8.1.4.2.14 用手 180 °角轻轻地摇动试管。每秒大约摇动一个 180 °角，持续大约 1 min。在这一步结束时，珠粒和卵囊会在试管的背面形成一个褐色圆点。

8.1.4.2.15 立即将固定在磁粒浓缩器 2 上的离心管和顶盖中的上清液吸出。如果同时处理一个以上的样品，就要在吸去每个离心管的上清液之前，进行 3 个 180 °角的摇动动作，不要扰乱磁铁邻近管壁上的附着物。不要摇动离心管。不要将离心管从磁粒浓缩器 2 上取下。

8.1.4.2.16 将磁条从磁粒浓缩器 2 上取下。

8.1.4.2.17 加 50 μL 0.1 mol/L 的盐酸至上述微量离心管中，涡旋混合 10 s。

8.1.4.2.18 将试管放在磁粒浓缩器 2 上，室温垂直静置 10 min。

8.1.4.2.19 用力涡旋 5 s～10 s。

8.1.4.2.20 保证所有样品都在试管的底部，然后将微量离心管放在磁粒浓缩器 2 上。

8.1.4.2.21 再将磁条放到磁粒浓缩器 2 上，以大约 90 °角头尾相连地轻轻摇动试管。使试管的盖顶和基底轮流上下倾斜，以每秒大约倾斜一次的频率持续 30 s。

8.1.4.2.22 准备一个载玻片，加 5 μL 1 mol/L 的氢氧化钠溶液至样品井中。

8.1.4.2.23 不要将微量离心管从磁粒浓缩器 2 上取下。将所有样品从磁粒浓缩器 2 上的微量离心管中转移到有氢氧化钠的样品井中。不要扰乱试管背壁上的珠粒。

8.1.4.3 染色

8.1.4.3.1 将有样品的载玻片置 37 ℃培养箱中干燥不超过 2 h，或置室温避光自然风干。

8.1.4.3.2 在该玻片上加一滴(50 μL)的纯甲醇，然后让它自然干燥 3 min～5 min。

8.1.4.3.3 用试管准备所需体积(50 μL)的抗隐孢子虫单克隆抗体和抗贾第鞭毛虫单克隆抗体 FITC 工作稀释液(1/1：Cellabs/PBS)。

8.1.4.3.4 加 50 μL 上述 FITC 单克隆抗体工作稀释液至玻片上。将载玻片放到湿盒中于 36 ℃±1 ℃培养 30 min 左右。

8.1.4.3.5 30 min 后，取出载玻片，然后用一个干净的顶端带有真空源的巴斯德玻璃吸管轻轻地吸掉过量的荧光素标记单克隆抗体。

8.1.4.3.6 在每个玻片上加 70 μL 的 PBS，静置 1 min～2 min 后，吸掉多余的 PBS。

8.1.4.3.7 加 50 μL DAPI 溶液(使用时配制，即加 10 μL 2 mg/mL 溶于纯甲醇中的 DAPI 于 50 mL 的 PBS 中)到玻片上，然后让它在室温静置 2 min 左右。

8.1.4.3.8 吸掉过量的 DAPI 溶液。

8.1.4.3.9 加 70 μL 的 PBS 到玻片上，静置 1 min～2 min 后，吸掉多余的 PBS。

8.1.4.3.10 加 70 μL 的纯水到玻片上，静置 1 min 后，吸掉多余的纯水。

8.1.4.3.11 让载玻片在暗处干燥后，加一滴封固剂，盖上盖玻片，然后将它存放在干燥的暗盒中，备查。

注：如使用商用染色试剂盒，可按照试剂盒内说明书要求进行染色。

8.1.4.4 镜检

打开显微镜。预热 15 min 后，在 200 倍的荧光显微镜下检查，再依次在 400 倍的蓝光激发(FITC 模式)、400 倍的紫外激发(DAPI 模式)下进一步证实。若 DAPI 染色结果不能确认时，可以使用 DIC 模式观察孢囊内部结构进行确认。

贾第鞭毛虫的孢囊呈椭圆形，长为 8 μm～14 μm，宽为 7 μm～10 μm。在 FITC 模式下，孢囊壁会发出苹果绿色的荧光。在 DAPI 模式下，当内部呈现亮蓝色或者观察到 1 个～4 个细胞核时，呈 DAPI 阳性，可确认为贾第鞭毛虫孢囊；若呈现边缘绿色，内部浅蓝色时，呈 DAPI 阴性，建议采用 DIC 模式进一步观察，若能看到孢囊的细胞核、中轴等内部结构，可确认为贾第鞭毛虫孢囊。

隐孢子虫的卵囊呈稍微椭圆的圆形，直径为 4 μm～8 μm。在 FITC 模式下，卵囊壁有苹果绿色荧光。在 DAPI 模式下，当内部呈现亮蓝色或者观察到 1 个～4 个细胞核时，呈 DAPI 阳性，可确认为隐孢子虫卵囊；若呈现边缘绿色，内部浅蓝色时，呈 DAPI 阴性，建议采用 DIC 模式进一步观察，若能看到卵囊内有 1 个～4 个月牙形子孢子，可确认为隐孢子虫卵囊。

计数整个玻片染色区域，呈现表 7 特征的可判断为孢(卵)囊。

表 7 贾第鞭毛虫孢囊与隐孢子虫卵囊的特征

标 准	重要性	备 注
苹果绿色荧光的膜	+++	荧光强度可变
大小	+++	贾第鞭毛虫：(8 μm～14 μm)×(7 μm～10 μm)； 隐孢虫：4 μm～8 μm
膜与细胞质的对照	++	膜的荧光强度大于细胞质

表 7　贾第鞭毛虫孢囊与隐孢子虫卵囊的特征（续）

标　准	重要性	备　注
形状	++	贾第鞭毛虫:椭圆形;隐孢虫:圆形
孢囊壁的完整性	+	孢囊壁会因破损而失去形状

注 1：紫外激发光下观察 DAPI 染色结果用于确认是否为孢(卵)囊，因为假的孢(卵)囊(苹果绿色物体)呈 DAPI 阴性(无 4 个亮蓝色核，只有亮蓝色胞浆)，出现 4 个亮蓝色核和亮蓝色胞浆为 DAPI 阳性，为真孢(卵)囊。

注 2：当 DAPI 染色不能确认时，可以使用 DIC 模式观察孢(卵)囊内部结构。

注 3：如 DIC 模式下结构清楚，有助于真孢(卵)囊计数，如结构不清楚且只有囊壁呈苹果绿色荧光时，可能是空的孢(卵)囊，或带有无定形结构的孢(卵)囊，亦可能是有内部结构的孢(卵)囊。

8.1.5　试验数据处理

8.1.5.1　按公式(5)计算每 10 升样本中的孢(卵)囊数：

$$Y=\frac{X\times V}{V_1\times V_2}\times 10 \tag{5}$$

式中：

Y ——每 10 升水中孢囊或卵囊的数目，单位为个每 10 升(个/10 L)；

X ——计数样本的体积中孢囊或卵囊的数目，单位为个(个)；

V ——离心后再悬浮的体积，单位为毫升(mL)；

V_1——计数样品的体积，单位为毫升(mL)；

V_2——过滤后水的体积，单位为升(L)。

8.1.5.2　按公式(6)计算分析的检测限：

$$D=\frac{V}{V_1\times V_2} \tag{6}$$

式中：

D ——每升孢囊或卵囊的检测限；

V ——离心后再悬浮的体积，单位为毫升(mL)；

V_1 ——计数样品的体积，单位为毫升(mL)；

V_2 ——过滤后水的体积，单位为升(L)。

8.1.6　质量控制

8.1.6.1　免疫荧光质量控制

免疫荧光试剂盒的质量控制应每批次试验做一次，由阳性对照和阴性对照组成。

8.1.6.1.1　阴性对照

按以下步骤进行。

a)　准备一个载玻片。

b)　加 50 μL 纯水，然后将它放在培养箱中干燥。

c)　染色步骤应符合 8.1.4.3 的要求。

d)　对整个染色区域进行计数，不应找出任何贾第鞭毛虫孢囊和隐孢子虫的卵囊。

8.1.6.1.2 阳性对照

按以下步骤进行。

a) 准备一个载玻片。

b) 将阳性对照样品涡旋 2 min,以混匀储存的原虫孢(卵)囊。

c) 在玻片上滴加 5 μL 贾第鞭毛虫孢囊和 5 μL 隐孢子虫卵囊阳性样本,然后放在培养箱中干燥。

d) 染色步骤应符合 8.1.4.3 的要求。

e) 对整个染色区域进行计数,应找到表 7 中描述的规则而均匀的染色孢囊和卵囊。

8.1.6.2 试验全程的质量控制

整个步骤(从采样到显微镜检查)的质量控制应每三个月做一次。它由两个试验组成:20 L 加有原虫的水作为阳性对照,20 L 的纯水作为阴性对照。

8.1.6.2.1 阴性对照

按以下步骤进行。

a) 加 20 L 纯水到小口塑料瓶中。

b) 按样品分析步骤分析阴性对照水样。不应找到任何贾第鞭毛虫孢囊和隐孢子虫卵囊。

8.1.6.2.2 阳性对照

8.1.6.2.2.1 原虫接种液的计数

按以下步骤进行。

a) 涡旋 2 min 储存的原虫孢(卵)囊。

b) 在一个有 10 mL 纯水的烧杯中加一些孢囊和卵囊,以便得到一个最终浓度大约每毫升 5×10^4 个孢(卵)囊的溶液。

c) 用磁棒搅拌 30 min。

d) 用载玻片测定这种溶液的浓度 10 次。

e) 用载玻片[加大约 250 个孢(卵)囊到玻片上]测定这种溶液的浓度 5 次。

计数这两种方法的浓度和标准差。如果标准差小于 25%,那么就可以把这个读数看作是正确的。如果标准差大于 25%,就要制备新的原虫接种液,然后再测定它的浓度。

8.1.6.2.2.2 阳性对照的分析

按以下步骤进行。

a) 在装有 10 L 纯水的小口塑料或玻璃瓶中加 500 个贾第鞭毛虫的孢囊和 500 个隐孢子虫的卵囊。

b) 过滤该水样。

c) 用 10 L 纯水冲洗小口塑料瓶,然后继续过滤。

d) 按样品分析步骤分析阳性对照水样。

如回收率在 10%～100%之间,则符合质量控制要求;如不在此范围,需检查所有的设备和试剂,同时再做一个阳性对照。

8.2 滤膜浓缩/密度梯度分离荧光抗体法

8.2.1 原理

首先通过微孔滤膜法过滤水样浓缩样品或加入氯化钙溶液和碳酸氢钠溶液形成碳酸钙沉淀浓缩样品，将浓缩后的样品通过密度梯度离心进行分离纯化，然后将纯化后的样品经免疫荧光染色，通过荧光显微镜对贾第鞭毛虫孢囊进行定性分析和定量检测。具有高藻、高有机质和高絮凝剂含量的水源水样本应先进行前期处理。

8.2.2 培养基与试剂

8.2.2.1 纯水，GB/T 6682，一级。

8.2.2.2 丙酮[$\varphi(CH_3COCH_3)\geqslant 99.5\%$]。

8.2.2.3 乙醇[$\varphi(C_2H_5OH)=75\%$]：乙醇[$\varphi(C_2H_5OH)=75\%$]或通过将 75 mL 无水乙醇用纯水稀释至 100 mL 配制获得。

8.2.2.4 Percoll-蔗糖溶液：称取 17.1 g 蔗糖溶解于 45 mL 纯水中，加入 45 mL 的 Percoll，然后加入纯水至 100 mL，混匀。此溶液的密度在 1.10 g/cm^3～1.15 g/cm^3 之间。于 0 ℃～4 ℃冷藏保存条件下可使用 7 d。

8.2.2.5 磷酸盐缓冲液(PBS)：分别称取 8.0 g 氯化钠、2.9 g 十二水合磷酸氢二钠($Na_2HPO_4\cdot 12H_2O$)、0.2 g 氯化钾、0.2 g 磷酸二氢钾，用纯水溶解至 1 000 mL。用 1 mol/L 盐酸溶液或氢氧化钠溶液调节 pH 值至 7.2～7.4 之间。于 0 ℃～4 ℃冷藏保存条件下可使用 7 d。

8.2.2.6 磷酸盐吐温缓冲液(PBST)：向 100 mL PBS 中加入 0.01 mL 吐温-80，混匀。室温条件下可储存使用 30 d。

8.2.2.7 DABCO-甘油：称取 12.6 g 甘油，边搅拌加热至 60 ℃～70 ℃，然后加入 0.2 g 的 1,4-二偶氮双环(2,2,2)辛烷(DABCO)，搅拌溶解。室温条件下可储存使用 12 个月。

8.2.2.8 牛血清蛋白(BSA)溶液[$\rho(BSA)=1.0$ g/L]：称取 0.1 g 牛血清蛋白(BSA)溶解于 100 mL 纯水中，用 0.45 μm 滤膜过滤备用。于 0 ℃～4 ℃冷藏保存，可使用 1 个月。

8.2.2.9 DAPI 染色液：称取 2 mg 的 DAPI 溶解于 1 mL 甲醇中，作为 DAPI 储备液，于−20 ℃避光保存可使用 1 年。使用时，取 1 μL 的 DAPI 储备液加入到 5 mL 的 PBS 中，混匀后得到 DAPI 染色液，于 0 ℃～4 ℃冷藏避光保存并在当日使用。

8.2.2.10 免疫荧光试剂：抗贾第鞭毛虫单克隆抗体-异硫氰荧光素试剂盒。于 0 ℃～4 ℃冷藏保存。

8.2.2.11 脱水剂 30：向 30 mL 无水乙醇中加入 5 mL 的甘油，然后用纯水定容到 100 mL。于 0 ℃～4 ℃冷藏保存可使用 1 年。

8.2.2.12 脱水剂 70：向 70 mL 无水乙醇中加入 5 mL 的甘油，然后用纯水定容到 100 mL。于 0 ℃～4 ℃冷藏保存可使用 1 年。

8.2.2.13 脱水剂 90：向 90 mL 无水乙醇中加入 5 mL 的甘油，然后用纯水定容到 100 mL。于 0 ℃～4 ℃冷藏保存可使用 1 年。

8.2.2.14 贾第鞭毛虫孢囊：每份溶液中含 100 个贾第鞭毛虫孢囊。于 0 ℃～4 ℃冷藏保存，使用前通过免疫荧光染色确认其浓度。

8.2.2.15 氯化钙溶液[$c(CaCl_2)=1.0$ mol/L]：称取 111.0g 氯化钙，用纯水溶解，稀释至 1 000 mL。

8.2.2.16 碳酸氢钠溶液[$c(NaHCO_3)=1.0$ mol/L]：称取 84.0 g 碳酸氢钠，用纯水溶解，稀释至 1 000 mL。

8.2.2.17 氢氧化钠溶液[$c(NaOH)=10$ mol/L]：称取 40.0 g 氢氧化钠，用纯水溶解，稀释至 100 mL。

8.2.2.18 氨基磺酸溶液[$\rho(NH_2SO_3H)$ = 97.0 g/L]:称取 97.0 g 氨基磺酸,用纯水溶解,稀释至 1 000 mL。

8.2.3 仪器设备

8.2.3.1 富集过滤装置:配置蠕动泵(最大频率 600 r/min)和硅胶管的不锈钢过滤器(直径 142 mm)或同等功能的一体化过滤装置。

8.2.3.2 离心机:可离心 15 mL 锥形离心管和 500 mL 离心杯,离心力可达到 2 000g,可进行刹车挡位选择。

8.2.3.3 pH 计。

8.2.3.4 磁力搅拌器:搅拌容量涵盖 10 L。

8.2.3.5 真空抽滤器。

8.2.3.6 涡旋振荡器。

8.2.3.7 真空泵:压力可调范围为 0 mmHg～5 mmHg。

8.2.3.8 显微镜:荧光装置和微分干涉装置。450 nm～480 nm 蓝色滤光片;330 nm～385 nm 紫外滤光片;20 倍、40 倍、100 倍物镜。

8.2.3.9 采样桶:10 L、50 L。材质为聚乙烯。

8.2.3.10 平底桶:10 L,材质为聚丙烯。

8.2.3.11 无齿镊子。

8.2.3.12 密度计:量程涵盖 1.10 g/cm^3～1.15 g/cm^3。

8.2.3.13 免疫组化笔。

8.2.3.14 电子天平。

8.2.3.15 烧杯:100 mL 和 1 000 mL。

8.2.3.16 容量瓶:1 mL、10 mL、100 mL 和 1 000 mL。

8.2.3.17 混合纤维素酯微孔滤膜:孔径 1 μm,直径 142 mm。

8.2.3.18 醋酸纤维微孔滤膜:孔径 3 μm,直径 25 mm。

8.2.3.19 载玻片。

8.2.3.20 盖玻片。

8.2.3.21 锥形底离心管:15 mL、50 mL。材质为聚丙烯。

8.2.3.22 离心杯:500 mL。

8.2.3.23 巴斯德玻璃吸管。

8.2.4 试验步骤

8.2.4.1 采样

8.2.4.1.1 根据水样类型不同,采集不同体积水样:水源水宜采集 10 L,生活饮用水宜采集 50 L。

8.2.4.1.2 样品采集后若不能立即处理,可于 1 ℃～10 ℃冷藏保存,在 72 h 内进行浓缩处理。

8.2.4.2 样品浓缩

8.2.4.2.1 微孔滤膜过滤法(适用于浑浊度小于 20 NTU 的水样)

8.2.4.2.1.1 将不锈钢过滤器通过软管经蠕动泵和水样相连。将混合纤维素酯微孔滤膜正面向上置于过滤装置上,用纯水淋洗滤膜使滤膜与滤器间无气泡,安装好过滤器。打开蠕动泵过滤水样。若过滤压力过大(流速低于 0.3 L/min 时),可更换新的滤膜重复上述步骤。水样过滤完之后,依次用约200 mL的 PBST、75%乙醇和纯水清洗采样桶,并将清洗液过滤。过滤结束后,打开过滤装置,使用平头镊子将滤膜正面向内多次对折,将折叠好的滤膜置于 50 mL 的锥形底离心管中。若使用多张滤膜,可放置于同一 50 mL 锥形底离心管中。

注:蠕动泵转速设置推荐 300 r/min～600 r/min,在此条件下水样流速为 0.3 L/min～2 L/min。

8.2.4.2.1.2 向上述 50 mL 锥形底离心管中加入丙酮至 40 mL,摇晃混匀使滤膜完全溶解。将溶解液分装进 4 个 15 mL 离心管中,在 1 050*g* 条件下离心 10 min(勿用制动器,减速度为 0)。离心结束后,用吸管吸去上清液,留下沉淀物。再次向 50 mL 锥形底离心管中加入 40 mL 丙酮进行混匀,混合液分装至上述 4 个 15 mL 离心管中,混匀后在 1 050*g*、20 ℃条件下离心 10 min(勿用制动器,减速度为 0)。离心结束后,用吸管吸去上清液至盛水的烧杯中,检查上清液是否因含混合纤维素酯滤膜而遇水后生成白色絮体。如有,再次向有白色絮体的 15 mL 离心管中添加丙酮并离心去上清液,直至上清液遇水无白色絮体生成。

8.2.4.2.1.3 向上述 4 个 15 mL 离心管离心后的沉淀物中分别加入 1.25 mL 75%乙醇,轻轻混匀,再缓慢加入 PBS 至 10 mL。2 000*g*、20 ℃条件下离心 10 min(勿用制动器,减速度为 0)。离心后吸去上清液,保留沉淀物。记录 4 个 15 mL 离心管中沉淀物的总体积为 V。

8.2.4.2.1.4 若沉淀物总体积 V 小于或等于 2 mL,向上述 4 个 15 mL 离心管浓缩后的沉淀物中各加入 2.5 mL 的 PBST,置于涡旋振荡器上振荡 1 min 混匀。并且记录该样品的 $V_1=V$。

8.2.4.2.1.5 若沉淀物总体积 V 大于 2 mL,向上述 4 个 15 mL 离心管浓缩后的沉淀物中需各加入的 PBST 体积为 1.25 倍的 V。置于涡旋振荡器上振荡 1 min 混匀。将 4 个 15 mL 离心管中的混合液分装至多个 15 mL 离心管,保证每个离心管内样品体积不超过 3 mL。该样品用于后续分离纯化和染色镜检的离心管数量最好大于或等于 4 个,V_1 为用于后续分离纯化和染色镜检的液体体积的 1/6。

8.2.4.2.2 碳酸钙沉淀法(适用于浑浊度大于或等于 20 NTU 的水样)

8.2.4.2.2.1 将水样转入 10 L 平底桶,置于磁力搅拌器上,边搅拌边加入 100 mL 氯化钙溶液,待混匀后边搅拌边加入 100 mL 碳酸氢钠溶液。

8.2.4.2.2.2 用氢氧化钠溶液调节 pH 至 10,静置 12 h～16 h 后使用软管通过虹吸效应吸去上清液,余下约 200 mL 沉淀物。

8.2.4.2.2.3 加入 200 mL 的氨基磺酸溶液溶解余下的沉淀物,转移至 500 mL 离心杯中,用少量 PBST 分次洗涤平底桶,将洗涤液均加入上述 500 mL 离心杯中。在 2 000*g*、20 ℃条件下离心 10 min(勿用制动器,减速度为 0),弃去上清液,留下沉淀物。

8.2.4.2.2.4 向离心杯中加入约 15 mL PBST,摇匀后平均分配至 4 个 15 mL 离心管中,再用 15 mL PBST 分 3 次洗涤离心杯,均分别转移至上述 15 mL 离心管中。在 2 000*g*、20℃条件下离心 10 min(勿用制动器,减速度为 0),吸去上清液,保留沉淀物。向上述各 15 mL 离心管的沉淀物中添加 PBS 至 10 mL,混匀,在 2 000*g*、20 ℃条件下离心 10 min(勿用制动器,减速度为 0),吸去上清液,保留沉淀物。记录 4 个 15 mL 离心管中沉淀物的总体积为 V。

8.2.4.2.2.5 若沉淀物总体积 V 小于或等于 2 mL,向上述浓缩后的沉淀物中各加入 2.5 mL 的 PBST,置于涡旋振荡器上振荡 1 min 混匀。并且记录 $V_1=V$。

8.2.4.2.2.6 若沉淀物总体积 V 大于 2 mL,向上述 4 个 15 mL 离心管浓缩后的沉淀物中需各加入的 PBST 体积为 1.25 倍的 V。置于涡旋振荡器上振荡 1 min 混匀。将 4 个 15 mL 离心管中的混合液分装至多个 15 mL 离心管,保证每个离心管内样品体积不超过 3 mL。该样品用于后续分离纯化和染色镜检的离心管数量最好大于或等于 4 个,V_1 为实际用于后续分离纯化和染色镜检的液体体积的 1/6。

8.2.4.2.2.7　水样量大于 10 L 时，根据水样体积重复步骤 8.2.4.2.2.1～8.2.4.2.2.4，并根据 15 mL 离心管中沉淀物的体积选择步骤 8.2.4.2.2.5 或者 8.2.4.2.2.6 进行沉淀物重悬。

8.2.4.3　分离纯化

将每个 15 mL 离心管内溶液混匀，然后用巴斯德玻璃吸管从溶液底部缓慢加入 5 mL Percoll-蔗糖溶液，加入过程中避免搅混两种溶液。在 1 050g、20 ℃条件下离心 10 min(勿用制动器，减速度为 0)。离心结束后，用塑料吸管取中间层(从中间层上部吸取)富含孢囊的混合液于新的 15 mL 离心管中。同一个样品的孢囊混合液可放置于同一离心管中。向离心后的沉淀物中添加 2.5 mL 的 PBST，混匀。再次从溶液底部缓慢加入 5 mL Percoll-蔗糖溶液按照上述步骤进行二次分离纯化，纯化后取中间层混合液。与上述混合液合并。

8.2.4.4　染色

8.2.4.4.1　用免疫组化笔在醋酸纤维滤膜的外周画圆圈，再用镊子将滤膜平移至纯水液面上使其反面湿润。操作时滤膜不要浸入液面。

8.2.4.4.2　将上述醋酸纤维滤膜用平头镊子平移至真空抽滤器上，用吸管吸取上述混合液逐滴加到圆圈内进行抽滤。滴加时避免将混合液溅到圆圈外。抽滤过程中，滤膜上要保持有一薄层液面，以防止滤膜干燥后破损。抽滤液体后，用 3 mL PBS 淋洗 15 mL 离心管，淋洗液用上述方法抽滤。抽滤液体后，在滤膜圆圈内滴加 0.50 mL BSA 溶液，保持 2 min，若圆圈内仍有明显液体残留则继续抽滤。

8.2.4.4.3　用镊子将滤膜平移至载玻片上，在滤膜圆圈内滴加一滴免疫荧光试剂。将载玻片置于潮湿暗环境中，在室温条件下避光静置 30 min。再向滤膜圆圈内滴加 0.10 mL DAPI 染色溶液，室温条件下避光静置 10 min。

8.2.4.4.4　用镊子将滤膜平移至真空抽滤器上进行抽滤，在滤膜圆圈内滴加 4 mL PBS 进行淋洗。抽滤液体后，依次向圆圈内滴加各 3 mL 的脱水剂 30、脱水剂 70 和脱水剂 90 进行抽滤。

8.2.4.4.5　于新的载玻片上滴加 1 滴 DABCO-甘油，用镊子将上述滤膜平行移到有 DABCO-甘油的载玻片上。再在滤膜圆圈内滴加一滴 DABCO-甘油，盖上盖玻片(不要有气泡)并进行固定。于 0 ℃～4 ℃冷藏避光保存，保存期为 7 d。

8.2.4.5　镜检

应符合 8.1.4.4 的要求。对滤膜圆圈内全部样品进行计数。

8.2.5　试验数据处理

8.2.5.1　按公式(7)报告每 10 升样本中的孢囊数(个)：

$$Y=\frac{X\times V}{V_1\times V_2}\times 10 \qquad \cdots\cdots(7)$$

式中：

Y ——每 10 升样本中孢囊的数目，单位为个每 10 升(个/10 L)；

X ——计数样本的体积中孢囊的数目，单位为个(个)；

V ——水样浓缩后所得沉淀物总体积，单位为毫升(mL)；

V_1——用于镜检计数的沉淀物体积，单位为毫升(mL)；

V_2——采集的水样体积，单位为升(L)。

8.2.5.2 按公式(8)计算分析相对标准偏差：

$$RSD=\frac{\sqrt{\frac{\sum_{i=1}^{n}(x_i-\overline{x})^2}{n-1}}}{\overline{x}}\times 100\% \qquad \cdots\cdots(8)$$

式中：

RSD——相对标准偏差；

$\overline{x}$ ——孢囊数目的平均值，单位为个(个)；

x_i ——孢囊的数目，单位为个(个)；

n ——测定次数。

8.2.6 质量控制

8.2.6.1 免疫荧光试剂盒的质量控制

8.2.6.1.1 免疫荧光试剂盒的质量控制组成

免疫荧光试剂盒的质量控制由阴性对照和阳性对照两个试验组成。样品分析时，每周进行一次。

8.2.6.1.2 阴性对照

取 50 μL PBS 作为样品按照 8.2.4.4 进行染色，然后镜检，检测结果不应有任何贾第鞭毛虫孢囊的检出。

8.2.6.1.3 阳性对照

取 10 μL 免疫荧光试剂盒中阳性控制样品滴于滤膜上直接染色，在显微镜下观察，荧光镜检时，保证至少 50%孢囊外形完好、未受损伤，孢囊的形态符合表 7 中描述的特征。

8.2.6.2 试验全程的质量控制

8.2.6.2.1 试验全程的质量控制组成

试验全程的质量控制是对从采样到镜检的全过程进行质量控制，由阴性对照和阳性对照两个试验组成。样品分析时，每批水样检测前进行一次。

8.2.6.2.2 阴性对照

用 10 L 纯水作为空白，进行浓缩、分离纯化和染色后做镜检分析，若未检出任何孢囊，表明试验中未带进污染，可以进行后续操作。

8.2.6.2.3 阳性对照

为确保准确计算阳性对照的回收率，在每次阳性对照试验前对使用的已知浓度的原虫接种液进行质量控制，因此阳性对照分为原虫接种液的质量控制和阳性对照分析两部分内容。

8.2.6.2.3.1 原虫接种液样品的质量控制

按以下步骤进行。

a) 直接购买的已知数量的接种液。遵循说明书进行保存并在保质期内使用。对同批次样品，使用前通过染色镜检确认孢囊数目。

b) 通过流式分选获得的已知孢囊数目的样品。进行染色镜检,统计孢囊数目。该试验进行5次,计算平均浓度和标准差。如果标准差小于25%,那么以此平均浓度值为该批原虫接种液的浓度。如果标准差大于25%,重新准备样品并进行质量控制。

c) 通过稀释获得的原虫接种液:涡旋2 min存储的原虫,在一个有10 mL纯水的烧杯中加一些孢囊,以便得到一个最终浓度大约每毫升5×10^4个孢囊的溶液,用磁棒搅拌30 min。用血球计数器测定这种溶液的浓度10次,通过染色镜检测定这种溶液的浓度5次。计数这两种方法的浓度和标准差。如果标准差小于25%,那么就可以把这个读数看作是正确的。如果标准差大于25%,就要制备新的原虫接种液,然后再测定它的浓度。

注1:根据实际情况选择其中一种方式进行质量控制。

注2:按公式(9)计算平均值:

$$\overline{x}=\frac{1}{N}\sum_{i=1}^{N}x_i \qquad (9)$$

按公式(10)计算标准差:

$$\sigma=\sqrt{\frac{1}{N}\sum_{i=1}^{N}(x_i-\overline{x})^2} \qquad (10)$$

式中:

σ ——标准差;

N——总样本数;

i ——为第i个样本;

$\overline{x}$ ——平均值。

8.2.6.2.3.2 阳性对照分析

在10 L纯水样品中加100个~500个贾第鞭毛虫孢囊,依次进行浓缩、分离纯化、染色和镜检,计算其回收率。在每批水样检测之前进行一次阳性对照试验。此方法的回收率在20%~100%之间。如不在此范围,需检查所有设备和试剂后重做阳性对照试验。

9 隐孢子虫

9.1 免疫磁分离荧光抗体法

9.1.1 原理

采用过滤和反向冲洗技术从水样中富集隐孢子虫卵囊,借助免疫磁分离技术将隐孢子虫卵囊从其他杂质中分离出来,再经过酸化脱磁、FITC/DAPI染色,最后经过显微镜检确认和计数的方法。

9.1.2 培养基与试剂

应符合8.1.2的要求。

9.1.3 仪器设备

应符合8.1.3的要求。

9.1.4 试验步骤

应符合8.1.4的要求。

9.1.5 试验数据处理

应符合 8.1.5 的要求。

9.1.6 质量控制

应符合 8.1.6 的要求。

9.2 滤膜浓缩/密度梯度分离荧光抗体法

9.2.1 原理

滤膜浓缩/密度梯度分离荧光抗体法检测隐孢子虫卵囊的原理同贾第鞭毛虫孢囊，按 8.2.1 描述的方法测定。

9.2.2 培养基与试剂

9.2.2.1 免疫荧光试剂：抗隐孢子虫单克隆抗体-异硫氰荧光素试剂盒。于 0 ℃～4 ℃冷藏保存。

9.2.2.2 隐孢子虫卵囊：每份溶液中含 100 个隐孢子虫卵囊。于 0 ℃～4 ℃冷藏保存。使用前通过免疫荧光染色确认其浓度。

9.2.2.3 其他培养基与试剂应符合 8.2.2 的要求。

9.2.3 仪器设备

应符合 8.2.3 的要求。

9.2.4 试验步骤

应符合 8.2.4 的要求。

9.2.5 试验数据处理

应符合 8.2.5 的要求。

9.2.6 质量控制

应符合 8.2.6 的要求。

10 肠球菌

10.1 多管发酵法

10.1.1 原理

多管发酵法计数基于泊松分布的 MPN 理论，用于估算出样品单位体积中细菌数的 MPN 值。本试验中选择使用肠球菌肉汤，因其中含有叠氮化钠，有利于肠球菌生长的同时抑制革兰氏阴性菌的繁殖。

10.1.2 培养基与试剂

警示：10.1.2.1 和 10.1.2.2 中叠氮化钠属于剧毒化学品，储存及配制过程中需小心谨慎操作，避免高热及剧烈震动引起意外。

10.1.2.1 肠球菌肉汤培养基

10.1.2.1.1 成分

按如下成分配制：

a) 胰蛋白胨 17.0 g
b) 牛肉浸膏 3.0 g
c) 酵母浸膏 5.0 g
d) 牛胆粉 10.0 g
e) 氯化钠 5.0 g
f) 柠檬酸钠（$NaC_6H_5O_7$） 1.0 g
g) 七叶苷 1.0 g
h) 柠檬酸铁铵 0.5 g
i) 叠氮化钠（NaN_3） 0.25 g
j) 纯水 1 000 mL

10.1.2.1.2 制法

将上述各成分加热煮沸至溶解，待冷却后，调节 pH 至 7.0～7.4。每管分装 10 mL，121 ℃高压蒸汽灭菌 15 min。若制备双料浓度的肠球菌肉汤，可将上述配方中纯水改为 500 mL。

10.1.2.2 肠球菌琼脂（胆汁七叶苷叠氮钠琼脂）培养基

10.1.2.2.1 成分

按如下成分配制：

a) 胰蛋白胨 17.0 g
b) 牛肉浸膏 3.0 g
c) 酵母浸膏 5.0 g
d) 牛胆粉 10.0 g
e) 氯化钠 5.0 g
f) 柠檬酸钠 1.0 g
g) 七叶苷 1.0 g
h) 柠檬酸铁铵 0.5 g
i) 叠氮化钠 0.25 g
j) 琼脂 13.5 g
k) 纯水 1 000 mL

10.1.2.2.2 制法

将上述各成分加热煮沸至溶解，待冷却后，调节 pH 至 7.0～7.4，121 ℃高压蒸汽灭菌 15 min，于 45 ℃～50 ℃倾注平板备用。

10.1.2.3 胆汁七叶苷琼脂培养基（BEA）

10.1.2.3.1 成分

按如下成分配制：

a) 蛋白胨 8.0 g
b) 胆盐 20.0 g
c) 柠檬酸铁($FeC_6H_5O_7$) 0.5 g
d) 七叶苷 1.0 g
e) 琼脂 15.0 g
f) 纯水 1 000 mL

10.1.2.3.2 制法

将上述各成分加入纯水中,缓慢加热溶解,121 ℃高压蒸汽灭菌 15 min,于 45 ℃～50 ℃倾注平板备用。

10.1.2.4 脑心浸液肉汤(BHIB)培养基

10.1.2.4.1 成分

按如下成分配制:

a) 牛心粉 5.0 g
b) 胰蛋白胨 10.0 g
c) 葡萄糖 2.0 g
d) 氯化钠 5.0 g
e) 无水磷酸氢二钠 2.5 g
f) 纯水 1 000 mL

10.1.2.4.2 制法

将各成分加入纯水中,加热溶解,冷却后调节 pH 至 7.0～7.4,分装到试管中,121 ℃高压蒸汽灭菌 15 min。

10.1.2.5 含 6.5%氯化钠脑心浸液肉汤培养基

10.1.2.5.1 成分

按如下成分配制:

a) 脑心浸液肉汤(BHIB)培养基 除纯水外,其他成分应符合 10.1.2.4 的要求
b) 氯化钠 65.0 g
c) 纯水 1 000 mL

10.1.2.5.2 制法

将各成分加入纯水中,加热溶解,冷却后调节 pH 至 7.0～7.4,分装到试管中,121 ℃高压蒸汽灭菌 15 min。

10.1.2.6 脑心浸萃琼脂(BHIA)培养基

10.1.2.6.1 成分

按如下成分配制:

a) 幼牛脑浸萃 200.0 g

b) 牛心浸萃 250.0 g
c) 际胨 10.0 g
d) 葡萄糖 2.0 g
e) 氯化钠 5.0 g
f) 无水磷酸氢二钠 2.5 g
g) 琼脂 15.0 g
h) 纯水 1 000 mL

10.1.2.6.2 制法

将各成分加入纯水中,加热溶解,冷却后调节 pH 至 7.0～7.4,121 ℃高压蒸汽灭菌 15 min,于 45 ℃～50 ℃倾注平板备用。

10.1.2.7 革兰氏染色液

应符合 5.1.2.4 的要求。

10.1.3 仪器设备

10.1.3.1 高压蒸汽灭菌器。
10.1.3.2 电炉。
10.1.3.3 恒温培养箱:35 ℃±2 ℃、35 ℃±0.5 ℃、45 ℃±0.5 ℃。
10.1.3.4 冰箱。
10.1.3.5 电子天平。
10.1.3.6 显微镜。
10.1.3.7 pH 计。
10.1.3.8 平皿:直径 9 cm。
10.1.3.9 试管:18 mm×180 mm、15 mm×160 mm。
10.1.3.10 无菌吸管:1 mL、10 mL。
10.1.3.11 锥形瓶:500 mL。
10.1.3.12 酒精灯。
10.1.3.13 接种环。
10.1.3.14 载玻片。

10.1.4 试验步骤

10.1.4.1 增菌液发酵试验

10.1.4.1.1 以无菌操作方法用无菌吸管吸取 10 mL 充分混匀的水样接种到 10 mL 双料肠球菌肉汤培养液中,取 1 mL 水样接种到 10 mL 单料肠球菌肉汤培养液中。另取 1 mL 水样注入到 9 mL 无菌生理盐水中,充分混匀后取 1 mL(即 0.1 mL 水样)注入到 10 mL 单料肠球菌肉汤培养液中。每一稀释度平行接种 3 管。

10.1.4.1.2 当生活饮用水可能处于较为严重的污染时,应加大稀释度,可接种 1 mL、0.1 mL、0.01 mL 或 0.1 mL、0.01 mL、0.001 mL,每个稀释度接种 3 管,每个水样共接种 9 管。宜选择包含阴性反应终点,即含有非 3 管全部发酵最低稀释度的 3 个连续稀释度。接种 1 mL 以下水样时,应作 10 倍递增稀释后,取 1 mL 水样接种到 9 mL 无菌生理盐水中,充分混匀后取 1 mL 再进行稀释。每次更换 1 支

1 mL无菌吸管。

10.1.4.1.3 将肠球菌肉汤管置于 35 ℃±2 ℃培养箱内,培养 24 h±2 h。若肠球菌肉汤无明显黑色沉淀,则可报告肠球菌未检出。如肠球菌肉汤呈现明显黑色沉淀,则按下列步骤进行。

10.1.4.2 分离培养

将带黑色沉淀的肠球菌肉汤增菌液分别接种于肠球菌琼脂平板,于 35 ℃±2 ℃培养 24 h±2 h。观察菌落形态,挑取有棕色菌环的棕黑色大菌落 10 个,进行革兰氏染色、镜检和证实试验。

10.1.4.3 证实试验

挑取 10 个典型菌落,同时接种 BHIB 肉汤和 BHIA 平板,BHIB 肉汤置 35 ℃±0.5 ℃培养 24 h±2 h,BHIA 平板置 35 ℃±0.5 ℃培养 48 h±2 h。纯培养后 BHIB 肉汤分别接种 BEA 平板,6.5%氯化钠 BHIB 肉汤和 BHIB 肉汤。将 BEA 平板和 6.5%氯化钠 BHIB 肉汤置于 35 ℃±0.5 ℃培养 48 h±2 h;BHIB 肉汤置于 45 ℃±0.5 ℃培养 48 h±2 h,观察细菌生长情况。挑取 BHIA 平板上生长菌落进行革兰氏染色。染色镜检为革兰氏染色阳性球菌;BEA 平板上生长并水解七叶苷(形成黑色或棕色沉淀);6.5%氯化钠的 BHIB 肉汤 35 ℃±0.5 ℃生长良好;BHIB 肉汤 45 ℃±0.5 ℃生长;具备以上特征的典型菌落可证实为肠球菌。

10.1.5 试验数据处理

根据证实为肠球菌阳性的管数,对照表 8,报告每 100 mL 水样中的肠球菌 MPN 值,以 MPN/100 mL表示。如所有培养管均为阴性时,可报告肠球菌未检出。

表 8 肠球菌 9 管法 MPN 表

接种量/mL			肠球菌/(MPN/100 mL)	95%置信区间		接种量/mL			肠球菌/(MPN/100 mL)	95%置信区间	
10	1	0.1		下限	上限	10	1	0.1		下限	上限
0	0	0	<3.0	—	9.5	2	0	1	14	3.6	42
0	0	1	3.0	0.15	9.6	2	0	2	20	4.5	42
0	1	0	3.0	0.15	11	2	1	0	15	3.7	42
0	1	1	6.1	1.2	18	2	1	1	20	4.5	42
0	2	0	6.2	1.2	18	2	1	2	27	8.7	94
0	3	0	9.4	3.6	38	2	2	0	21	4.5	42
1	0	0	3.6	0.17	18	2	2	1	28	8.7	94
1	0	1	7.2	1.3	18	2	2	2	35	8.7	94
1	0	2	11	3.6	38	2	3	0	29	8.7	94
1	1	0	7.4	1.3	20	2	3	1	36	8.7	94
1	1	1	11	3.6	38	3	0	0	23	4.6	94
1	2	0	11	3.6	42	3	0	1	38	8.7	110
1	2	1	15	4.5	42	3	0	2	64	17	180
1	3	0	16	4.5	42	3	1	0	43	9	180
2	0	0	9.2	1.4	38	3	1	1	75	17	200

表 8 肠球菌 9 管法 MPN 表（续）

接种量/mL			肠球菌/(MPN/100 mL)	95%置信区间		接种量/mL			肠球菌/(MPN/100 mL)	95%置信区间	
10	1	0.1		下限	上限	10	1	0.1		下限	上限
3	1	2	120	37	420	3	2	3	290	90	1 000
3	1	3	160	40	420	3	3	0	240	42	1 000
3	2	0	93	18	420	3	3	1	460	90	2 000
3	2	1	150	37	420	3	3	2	1 100	180	4 100
3	2	2	210	40	430	3	3	3	>1 100	420	—

注 1：本表采用 3 个稀释度(10 mL、1 mL 和 0.1 mL)，每个稀释度接种 3 管。10 mL 水样需要接种双料增菌液。

注 2：表内所列接种量如改用 1 mL、0.1 mL 和 0.01 mL 时，则表内数字应相应增高 10 倍，其余以此类推。

10.1.6 质量控制

10.1.6.1 培养基检验

更换不同批次培养基时要进行阳性和阴性菌株检验，培养基质量控制参照 GB 4789.28 进行。阳性菌株为粪肠球菌(*Enterococcus faecalis*)标准菌株 ATCC 29212(CICC 23658 或其他等效标准菌株)，阴性菌株为大肠埃希氏菌(*Escherichia coli*)标准菌株 ATCC 25922(CICC 10305 或其他等效标准菌株)。其中，肠球菌肉汤阳性菌株接种浓度为 10 CFU/mL～100 CFU/mL，阴性菌株接种浓度为 1 000 CFU/mL～5 000 CFU/mL，接种量均为 1 mL，若使用的是定量标准菌株，则可按照给定值直接稀释后，按照试验步骤 10.1.4.1 进行操作。阳性菌株经肠球菌肉汤培养液培养后应产生黑色沉淀；阴性菌株不应产生黑色沉淀。肠球菌琼脂平板分别采用阳性和阴性菌株进行验收，其他培养基按照 10.1.4.3 用阳性菌株进行验收。

10.1.6.2 对照试验

定期进行阳性及阴性对照试验。将阳性菌株粪肠球菌和阴性菌株大肠埃希氏菌制成浓度为 100 CFU/100 mL～1 000 CFU/100 mL 的菌悬液，若使用的是定量标准菌株，则可按照给定值直接稀释后使用，按 10.1.4 的要求进行操作。阴性对照试验的肠球菌肉汤培养基中不应产生黑色沉淀；阳性对照试验的肠球菌肉汤培养基中应产生黑色沉淀，再经过 10.1.4.2 和 10.1.4.3 确认检出肠球菌。如阴性对照或阳性对照试验结果不符合，本批次试验结果无效，应查明原因后重新测定。

10.2 滤膜法

10.2.1 原理

用孔径为 0.45 μm 的滤膜过滤水样后，将滤膜置于 CATC 培养基上培养，计数滤膜表面上培养出的红色小菌落数。根据证实试验计算每 100 mL 样品中含有的肠球菌数。

10.2.2 培养基与试剂

警示：10.2.2.1 中叠氮化钠属于剧毒化学品，储存及配制过程中需小心谨慎操作，避免高热及剧烈震动引起意外。

10.2.2.1 CATC 琼脂基础

10.2.2.1.1 成分

琼脂基础按如下成分配制：

a） 酪胨 15.0 g

b） 酵母浸粉 5.0 g

c） 柠檬酸钠 15.0 g

d） 磷酸二氢钾 5.0 g

e） 碳酸钠 2.0 g

f） 吐温-80 1.0 g

g） 琼脂 15.0 g

h） 叠氮化钠 0.4 g

i） 纯水 1 000 mL

10.2.2.1.2 制法

将上述各成分加热煮沸至溶解，冷却到 50 ℃后，每 100 mL 中无菌加入 1% TTC(2,3,5-三苯基四唑氯化物）水溶液 1 mL，混匀后倾注平板备用。

10.2.2.2 1% TTC 水溶液

10.2.2.2.1 成分

按如下成分配制：

a） TTC 1.0 g

b） 纯水 100 mL

10.2.2.2.2 制法

将上述成分充分混匀溶解，用孔径为 0.22 μm 滤膜过滤除菌后，置于无菌棕色容器内，于 0 ℃～4 ℃冷藏避光保存。

10.2.2.3 胆汁七叶苷琼脂培养基（BEA）

应符合 10.1.2.3 的要求。

10.2.2.4 脑心浸液肉汤（BHIB）培养基

应符合 10.1.2.4 的要求。

10.2.2.5 含 6.5%氯化钠脑心浸液肉汤培养基

应符合 10.1.2.5 的要求。

10.2.2.6 脑心浸萃琼脂（BHIA）培养基

应符合 10.1.2.6 的要求。

10.2.2.7 革兰氏染色液

应符合 5.1.2.4 的要求。

10.2.3 仪器设备

10.2.3.1 高压蒸汽灭菌器。

10.2.3.2 电炉。

10.2.3.3 恒温培养箱:35 ℃±2 ℃、35 ℃±0.5 ℃、45 ℃±0.5 ℃。

10.2.3.4 冰箱。

10.2.3.5 电子天平。

10.2.3.6 显微镜。

10.2.3.7 pH 计。

10.2.3.8 过滤设备:配备滤器和抽滤装置。

10.2.3.9 滤膜:孔径 0.45 μm(用于过滤水样)和 0.22 μm(用于 1% TTC 水溶液配制)。

10.2.3.10 平皿:直径 9 cm。

10.2.3.11 无菌吸管:1 mL、10 mL。

10.2.3.12 锥形瓶:容量 500 mL。

10.2.3.13 酒精灯。

10.2.3.14 接种环。

10.2.3.15 无齿镊子。

10.2.3.16 载玻片。

10.2.4 试验步骤

10.2.4.1 准备工作

10.2.4.1.1 滤器灭菌:用点燃的酒精棉球火焰灭菌,或 121 ℃高压蒸汽灭菌 20 min。

10.2.4.1.2 滤膜灭菌:将滤膜放入烧杯中,加入纯水,煮沸灭菌 3 次,15 min/次,前两次煮沸后需更换纯水洗涤 2 次~3 次。或使用符合要求的一次性无菌滤膜。

10.2.4.2 过滤水样

用无菌镊子夹取无菌滤膜边缘部分,将粗糙面向上,贴放在已灭菌的滤床上,固定好滤器,将 100 mL水样注入滤器中,打开滤器阀门,在-5.07×10^4 Pa(−0.5 大气压)下抽滤。如水样处于较为严重的污染状况时,需对水样进行适当稀释。即用无菌吸管吸取水样 25 mL 到 225 mL 无菌生理盐水中,充分混匀,制成 1∶10 的稀释样品。再取 25 mL 的 1∶10 稀释样品加入 225 mL 无菌生理盐水中,充分混匀,制成 1∶100 的稀释样品。稀释至适当的稀释度再进行过滤。每稀释一次,更换无菌吸管。每个稀释度平行过滤 2 个水样,每个水样过滤 100 mL。

10.2.4.3 培养

过滤完水样后,再抽气 5 s,关上滤器阀门,取下滤器,用无菌镊子夹取滤膜边缘部分,分别移放在 2 块CATC 琼脂平板上,即为平板 1 和平板 2,滤膜截留细菌面向上,滤膜应与培养基完全贴紧,两者间不应留有气泡,然后将培养基平板倒置,于 35 ℃±2 ℃培养 48 h±2 h。

10.2.4.4 结果观察

10.2.4.4.1 挑取在 CATC 琼脂上生长的红色小菌落进行革兰氏染色和镜检。

10.2.4.4.2 挑取 10 个典型菌落,同时接种 BHIB 肉汤和 BHIA 平板,之后证实试验应符合 10.1.4.3 的要求。

10.2.5 试验数据处理

对证实为肠球菌菌落的滤膜进行计数,应选取 2 个生长有 20 个～60 个肠球菌的滤膜进行计数。

按公式(11)计算滤膜上生长的肠球菌数,以每 100 mL 水样中的肠球菌数(CFU/100 mL)报告结果。

$$\text{肠球菌数(CFU/100 mL)} = \frac{(A+B)\times C}{2\times D\times d} \qquad (11)$$

式中:

A ——滤过 100 mL 水样中平板 1 表面疑似肠球菌典型菌落数,单位为菌落形成单位每 100 毫升(CFU/100 mL);

B ——滤过 100 mL 水样中平板 2 表面疑似肠球菌典型菌落数,单位为菌落形成单位每 100 毫升(CFU/100 mL);

C ——证实为阳性的肠球菌菌落数,单位为菌落形成单位(CFU);

D ——用于证实试验的肠球菌菌落数,单位为菌落形成单位(CFU);

d ——每 100 mL 过滤水中实际水样的比例。

10.2.6 质量控制

10.2.6.1 培养基检验

更换不同批次培养基时要进行阳性和阴性菌株检验,将阳性菌株粪肠球菌(*Enterococcus faecalis*)标准菌株 ATCC 29212(CICC 23658 或其他等效标准菌株)和阴性菌株大肠埃希氏菌(*Escherichia coli*)标准菌株 ATCC 25922(CICC 10305 或其他等效标准菌株)制成 10 CFU/100 mL～100 CFU/100 mL的菌悬液。若使用的是定量标准菌株,则可按照给定值直接稀释。分别按照试验步骤 10.2.4 进行试验。阳性菌株经过滤在 CATA 琼脂平板培养后应产生红色小菌落;阴性菌株不应产生红色小菌落。针对具有选择性作用的肠球菌肉汤和肠球菌琼脂培养基,应采用阳性及阴性菌株进行验收;其他培养基按照 10.1.4.3 用阳性菌株进行验收。

10.2.6.2 对照试验

定期进行阳性及阴性对照试验。将阳性菌株粪肠球菌和阴性菌株大肠埃希氏菌制成浓度为 10 CFU/100 mL～100 CFU/100 mL 的菌悬液,若使用的是定量标准菌株,则可按照给定值直接稀释后,按照试验步骤 10.2.4 进行操作。阴性对照试验不应产生红色小菌落;阳性对照试验应产生红色小菌落,再经过 10.1.4.3 确认检出肠球菌。如阴性对照或阳性对照试验结果不符合,本批次试验结果无效,应查明原因后重新测定。

11 产气荚膜梭状芽孢杆菌

11.1 滤膜法

11.1.1 原理

采用滤膜过滤器,用孔径为 0.45 μm 的滤膜过滤水样,细菌被阻留在膜上,将滤膜的截留面朝下贴在SPS培养基上,36 ℃厌氧培养18 h～24 h后,计数黑色菌落数,挑选5个可疑菌落进行证实试验。产气荚膜梭状芽孢杆菌是能够分解乳糖产酸产气,产卵磷脂酶,分解卵黄中的卵磷脂,无动力,能将硝酸盐还原为亚硝酸盐的革兰氏阳性杆菌,结合证实试验结果与计数结果,计算得到100 mL样品中产气荚膜梭状芽孢杆菌数的方法。

11.1.2 培养基与试剂

11.1.2.1 0.1%缓冲蛋白胨水

11.1.2.1.1 成分

按如下成分配制:

a) 蛋白胨 1.0 g

b) 纯水 1 000 mL

11.1.2.1.2 制法

加热溶解蛋白胨于纯水中,调节pH至6.8～7.2,121 ℃高压蒸汽灭菌15 min。

11.1.2.2 亚硫酸盐-多黏菌素-磺胺嘧啶(SPS)琼脂

11.1.2.2.1 成分

按如下成分配制:

a) 胰酶消化酪蛋白胨 15.0 g

b) 酵母浸粉 10.0 g

c) 柠檬酸铁铵 1.0 g

d) 琼脂 15.0 g

e) 纯水 1 000 mL

f) 亚硫酸钠溶液(100 g/L) 10 mL

g) 多黏菌素B硫酸盐溶液(1.2 g/L) 10 mL

h) 磺胺嘧啶钠溶液(12.0 g/L) 10 mL

11.1.2.2.2 制法

将基础成分加热煮沸至完全溶解,调节pH至6.8～7.2,分装到500 mL烧瓶中,每瓶250 mL,121 ℃高压蒸汽灭菌15 min,于50 ℃±1 ℃保温备用。临用前每250 mL基础溶液按比例加入亚硫酸钠溶液(新配)、多黏菌素B硫酸盐溶液和磺胺嘧啶钠溶液,摇匀,倾注平板。

11.1.2.3 液体硫乙醇酸盐(FT)培养基

11.1.2.3.1 成分

按如下成分配制:

a) 胰酶消化酪蛋白胨 15.0 g

b) *L*-胱氨酸 0.5 g

c) 酵母浸粉 5.0 g

d) 葡萄糖 5.0 g

e） 氯化钠 2.5 g

f） 硫乙醇酸钠[$CH_2(SH)COONa$] 0.5 g

g） 刃天青 0.001 g

h） 琼脂 0.75 g

i） 纯水 1 000 mL

11.1.2.3.2 制法

将以上成分加热煮沸至完全溶解,冷却后调节 pH 至 6.9～7.3,分装试管,每管 10 mL,121 ℃高压蒸汽灭菌 15 min。临用前煮沸或流动蒸汽加热 15 min,迅速冷却至接种温度。

11.1.2.4 含铁牛乳培养基

11.1.2.4.1 成分

按如下成分配制:

a） 新鲜全脂牛奶 1 000 mL

b） 七水合硫酸亚铁($FeSO_4 \cdot 7H_2O$) 1.0 g

c） 纯水 50.0 mL

11.1.2.4.2 制法

将硫酸亚铁溶于纯水中,不断搅拌,缓慢加入 1 000 mL 牛奶中,混匀。分装试管,每管 10 mL,118 ℃高压蒸汽灭菌 12 min。本培养基应新鲜配制。

11.1.2.5 缓冲动力-硝酸盐培养基

11.1.2.5.1 成分

按如下成分配制:

a） 蛋白胨 5.0 g

b） 牛肉浸粉 3.0 g

c） 硝酸钾 5.0 g

d） 无水磷酸氢二钠 2.5 g

e） 半乳糖 5.0 g

f） 甘油 5.0 mL

g） 琼脂 3.0 g

h） 纯水 1 000 mL

11.1.2.5.2 制法

将以上成分加热煮沸至完全溶解,调节 pH 至 7.1～7.5,分装试管,每管 10 mL,121 ℃高压蒸汽灭菌 15 min。如果当天不用,于 0 ℃～4 ℃冷藏保存。临用前煮沸或流动蒸汽加热 15 min,迅速冷却至接种温度。

11.1.2.6 卵黄琼脂培养基

11.1.2.6.1 成分

按如下成分配制:

a) 肉浸液 1 000 mL
b) 蛋白胨 15.0 g
c) 氯化钠 5.0 g
d) 琼脂 15.0 g～20.0 g
e) 葡萄糖溶液(500 g/L) 20 mL
f) 卵黄盐悬液(500 g/L) 100 mL～150 mL

11.1.2.6.2 制法

制备基础培养基,调节 pH 至 7.4～7.6,分装每瓶 100 mL。121 ℃高压蒸汽灭菌 15 min,于 50 ℃±1 ℃保温备用,临用前每 100 mL 基础溶液按比例加入葡萄糖溶液和卵黄盐悬液,混匀,倾注平皿。

11.1.2.7 硝酸盐还原试剂

11.1.2.7.1 甲液(对氨基苯磺酸溶液)

溶解 8.0 g 对氨基苯磺酸于 1 000 mL 乙酸溶液[$c(CH_3COOH)$=5 mol/L]中。

11.1.2.7.2 乙液(α-萘酚乙酸溶液)

溶解 5.0 g α-萘酚于 1 000 mL 乙酸溶液[$c(CH_3COOH)$=5 mol/L]中。

11.1.2.8 革兰氏染色液

应符合 5.1.2.4 的要求。

11.1.3 仪器设备

11.1.3.1 电子天平。
11.1.3.2 pH 计或精密 pH 试纸。
11.1.3.3 恒温培养箱:36 ℃±1 ℃。
11.1.3.4 冰箱。
11.1.3.5 恒温水浴箱:46 ℃±1 ℃。
11.1.3.6 显微镜。
11.1.3.7 无菌吸管:1 mL、10 mL 或移液器。
11.1.3.8 无菌试管:18 mm×180 mm。
11.1.3.9 无菌平皿:直径 9 cm。
11.1.3.10 厌氧培养装置。
11.1.3.11 过滤设备:配备滤器和抽滤装置。
11.1.3.12 滤膜:孔径为 0.45 μm。
11.1.3.13 无齿镊子。

11.1.4 样品

11.1.4.1 污染较轻的水样,可直接取 100 mL 水样进行检验。
11.1.4.2 污染严重的水样,可使用 0.1%缓冲蛋白胨水将水样按 10 倍系列稀释,取 100 mL 进行检验。

11.1.5 试验步骤

11.1.5.1 产气荚膜梭状芽孢杆菌检验程序

检验程序见图 1。

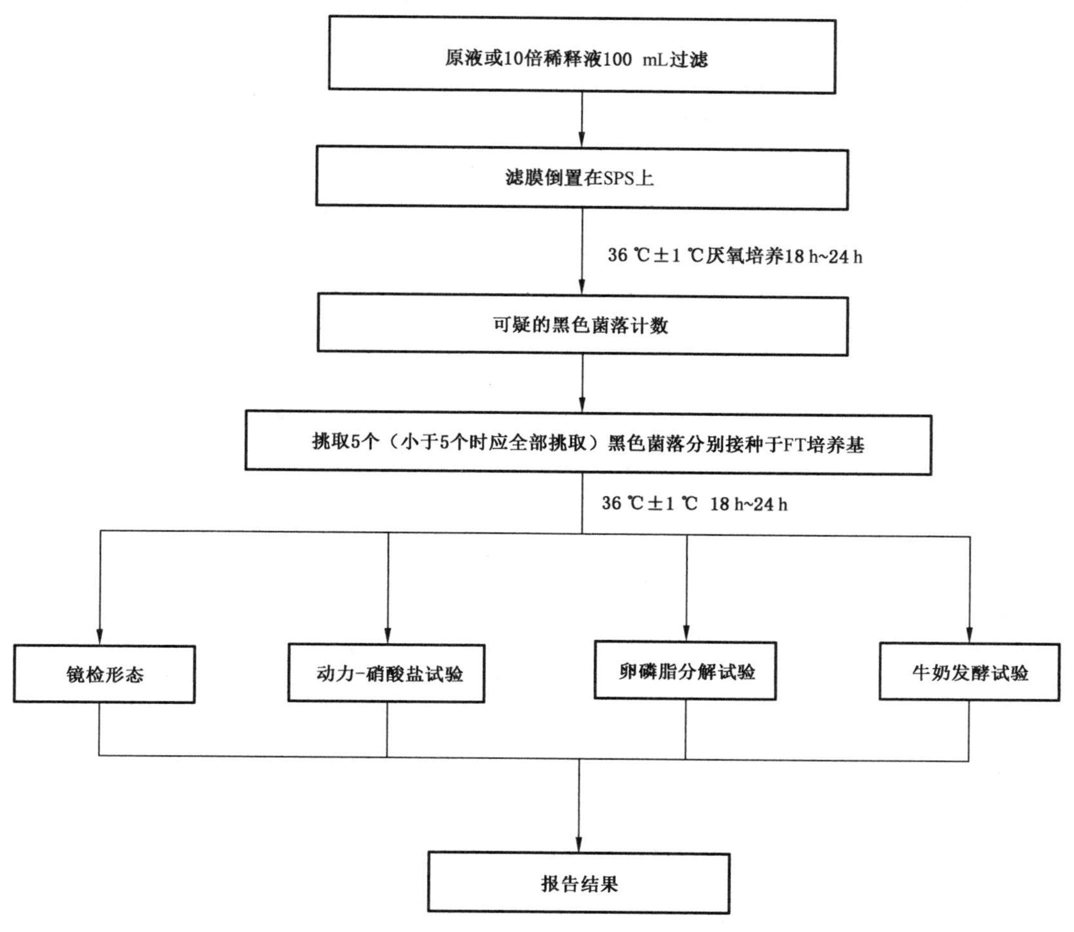

图 1 产气荚膜梭状芽孢杆菌检验程序

11.1.5.2 滤膜灭菌

将滤膜放入烧杯中，加入纯水，煮沸灭菌 3 次，15 min/次，前两次煮沸后需换水洗涤 2 次～3 次。或使用符合要求的商用一次性无菌滤膜。

11.1.5.3 滤器灭菌

滤器经 121 ℃高压蒸汽灭菌 15 min。或使用符合要求的商用一次性无菌滤器。

11.1.5.4 过滤水样

先用无菌镊子夹取无菌滤膜边缘部分，将滤膜正面朝上贴放在已灭菌的滤床上，固定好滤器，将 100 mL 水样注入滤器中，打开滤器阀门，在 -5.07×10^4 Pa（−0.5 大气压）下抽滤。每次试验均需要用 100 mL 0.1%缓冲蛋白胨水进行空白对照。

11.1.5.5 培养

过滤完水样后，关上滤器阀门，取下滤器，用无菌镊子夹取滤膜边缘部分，移滤膜倒置在SPS琼脂培养基上，滤膜截留细菌面与培养基完全贴紧，避免气泡产生，然后将平皿倒置于厌氧培养装置内，于36 ℃±1 ℃ 厌氧培养18 h～24 h，计数黑色菌落数。

11.1.5.6 证实试验

11.1.5.6.1 使用无菌镊子夹住滤膜边缘，缓缓掀起，以免菌落脱落或被蹭花，翻转滤膜，使菌落生长面朝上，从滤膜或培养基上挑取上述平板上生长的5个可疑黑色菌落(小于5个时应全部挑取)，分别接种于FT培养基，于36 ℃±1 ℃培养18 h～24 h，该培养物用于证实试验。

11.1.5.6.2 用上述培养液涂片，革兰氏染色、镜检。产气荚膜梭状芽孢杆菌为革兰氏阳性粗大杆菌，其耐热菌株可能形成卵形芽孢，位于菌体中央或近端，其宽度一般不超过菌体宽度。

11.1.5.6.3 取生长旺盛的FT培养液1 mL，接种于10 mL含铁牛乳培养基底部，加入1 cm～2 cm高液体石蜡，以隔绝氧气，于46 ℃±1 ℃水浴中培养2 h，然后每小时观察一次有无“暴烈发酵”现象，该现象的特点是乳凝结物破碎后快速形成海绵样物质，通常会上升到培养基表面。5 h内不发酵者为阴性。产气荚膜梭状芽孢杆菌发酵乳糖，凝固酪蛋白并大量产气，呈“暴烈发酵”现象，但培养基不变黑。

11.1.5.6.4 用接种针取FT培养液穿刺接种于缓冲动力-硝酸盐培养基，于36 ℃±1 ℃厌氧培养24 h±2 h。在透射光下检查细菌沿穿刺线的生长情况，判定有无动力。有动力的菌株沿穿刺线呈扩散生长，无动力的菌株沿穿刺线生长而无扩散生长。滴加0.5 mL甲液(对氨基苯磺酸液)和0.2 mL乙液(α-萘酚乙酸溶液)以检查亚硝酸盐的存在。15 min内出现红色者，表明硝酸盐被还原为亚硝酸盐；如果不出现颜色变化，则加少许锌粉，放置10 min，出现红色者，表明该菌株不能还原硝酸盐。产气荚膜梭状芽孢杆菌无动力，能将硝酸盐还原为亚硝酸盐。

11.1.5.6.5 用接种针取FT培养液点种于卵黄琼脂平板(每个平板至少可接种10点)，于36 ℃±1 ℃厌氧培养24 h±2 h，观察接种点的变化。产气荚膜梭状芽孢杆菌会产生卵磷脂酶，分解卵黄中的卵磷脂，接种点的底部及周围形成乳白色的浑浊带。

11.1.6 试验数据处理

11.1.6.1 产气荚膜梭状芽孢杆菌的计数

对滤膜上证实为产气荚膜梭状芽孢杆菌的菌落进行计数。

11.1.6.2 产气荚膜梭状芽孢杆菌的计算

根据检验用样品量，按公式(12)计算出每100 mL样品中产气荚膜梭状芽孢杆菌菌落数，结果以CFU/100 mL报告。

$$\text{产气荚膜梭状芽孢杆菌菌落数(CFU/100 mL)} = \frac{A \times B}{C \times d} \qquad (12)$$

式中：

A——过滤100 mL水样中滤膜上可疑的黑色菌落数，单位为菌落形成单位每100毫升(CFU/100 mL)；

B——证实为产气荚膜梭状芽孢杆菌的菌落数，单位为菌落形成单位(CFU)；

C——用于证实试验的产气荚膜梭状芽孢杆菌的菌落数，单位为菌落形成单位(CFU)；

d——每100 mL过滤水中实际水样的比例。

11.1.7 质量控制

11.1.7.1 培养基检验

更换不同批次培养基时要进行阳性和阴性菌株检验，将阳性菌株产气荚膜梭状芽孢杆菌(*Clostridium perfringens*)标准菌株 CICC 22949(或其他等效标准菌株)和阴性菌株生孢梭菌(*Clostridium sporogenes*)标准菌株 CICC 10385(或其他等效标准菌株)制成 5 CFU/100 mL～100 CFU/100 mL 的菌悬液，若使用的是定量标准菌株，则可按照给定值直接稀释后使用，分别按照试验步骤 11.1.5.2～11.1.5.5进行操作。阳性菌株应产生黑色菌落；阴性菌株不应产生黑色菌落。其他培养基和试剂按照 11.1.5.6 采用阳性菌株进行验收。

11.1.7.2 对照试验

定期进行阳性及阴性对照试验。将阳性菌株产气荚膜梭状芽孢杆菌和阴性菌株生孢梭菌制成 5 CFU/100 mL～100 CFU/100 mL 的菌悬液，若使用的是定量标准菌株，则可按照给定值直接稀释后使用，按 11.1.5 的要求进行操作。阴性对照试验不应出现黑色菌落；阳性对照试验应产生黑色菌落，再经过 11.1.5.6 确认检出产气荚膜梭状芽孢杆菌。如阴性对照或阳性对照试验结果不符合，本批次试验结果无效，应查明原因后重新测定。

ICS 13.060
CCS C 51

中华人民共和国国家标准

GB/T 5750.13—2023
代替 GB/T 5750.13—2006

生活饮用水标准检验方法 第13部分：放射性指标

Standard examination methods for drinking water—
Part 13: Radiological indices

2023-03-17 发布 2023-10-01 实施

国家市场监督管理总局
国家标准化管理委员会 发布

目　次

前　言

本文件按照 GB/T 1.1—2020《标准化工作导则　第 1 部分:标准化文件的结构和起草规则》的规定起草。

本文件是 GB/T 5750《生活饮用水标准检验方法》的第 13 部分。GB/T 5750 已经发布了以下部分:

——第 1 部分:总则;

——第 2 部分:水样的采集与保存;

——第 3 部分:水质分析质量控制;

——第 4 部分:感官性状和物理指标;

——第 5 部分:无机非金属指标;

——第 6 部分:金属和类金属指标;

——第 7 部分:有机物综合指标;

——第 8 部分:有机物指标;

——第 9 部分:农药指标;

——第 10 部分:消毒副产物指标;

——第 11 部分:消毒剂指标;

——第 12 部分:微生物指标;

——第 13 部分:放射性指标。

本文件代替 GB/T 5750.13—2006《生活饮用水标准检验方法　放射性指标》,与 GB/T 5750.13—2006 相比,除结构调整和编辑性改动外,主要技术变化如下:

a)　增加了"术语和定义"(见第 3 章);

b)　更改了 2 个检验方法(见 4.1、5.1,2006 年版的 1.1、2.1);

c)　增加了 3 个检验方法(见 6.1、7.1、7.2)。

请注意本文件的某些内容可能涉及专利。本文件的发布机构不承担识别专利的责任。

本文件由中华人民共和国国家卫生健康委员会提出并归口。

本文件起草单位:中国疾病预防控制中心环境与健康相关产品安全所、中国疾病预防控制中心辐射防护与核安全医学所。

本文件主要起草人:施小明、姚孝元、张岚、吉艳琴、尹亮亮、孔祥银、谢雨晗、邵宪章、钱宇欣。

本文件及其所代替文件的历次版本发布情况为:

——1985 年首次发布为 GB/T 5750—1985,2006 年第一次修订为 GB/T 5750.13—2006;

——本次为第二次修订。

引　言

GB/T 5750《生活饮用水标准检验方法》作为生活饮用水检验技术的推荐性国家标准，与 GB 5749《生活饮用水卫生标准》配套，是 GB 5749 的重要技术支撑，为贯彻实施 GB 5749、开展生活饮用水卫生安全性评价提供检验方法。

GB/T 5750 由 13 个部分构成。

——第 1 部分：总则。目的在于提供水质检验的基本原则和要求。

——第 2 部分：水样的采集与保存。目的在于提供水样采集、保存、管理、运输和采样质量控制的基本原则、措施和要求。

——第 3 部分：水质分析质量控制。目的在于提供水质检验检测实验室质量控制要求与方法。

——第 4 部分：感官性状和物理指标。目的在于提供感官性状和物理指标的相应检验方法。

——第 5 部分：无机非金属指标。目的在于提供无机非金属指标的相应检验方法。

——第 6 部分：金属和类金属指标。目的在于提供金属和类金属指标的相应检验方法。

——第 7 部分：有机物综合指标。目的在于提供有机物综合指标的相应检验方法。

——第 8 部分：有机物指标。目的在于提供有机物指标的相应检验方法。

——第 9 部分：农药指标。目的在于提供农药指标的相应检验方法。

——第 10 部分：消毒副产物指标。目的在于提供消毒副产物指标的相应检验方法。

——第 11 部分：消毒剂指标。目的在于提供消毒剂指标的相应检验方法。

——第 12 部分：微生物指标。目的在于提供微生物指标的相应检验方法。

——第 13 部分：放射性指标。目的在于提供放射性指标的相应检验方法。

生活饮用水标准检验方法
第13部分:放射性指标

1 范围

本文件描述了生活饮用水和/或水源水中总α放射性的活度浓度、总β放射性的活度浓度、铀的质量浓度、^{226}Ra的活度浓度测定方法。

本文件适用于测定生活饮用水和/或水源水中α放射性核素(不包括在本文件规定条件下具有挥发性的核素)的总α放射性活度浓度、β放射性核素(不包括在本文件规定条件下具有挥发性的核素)的总β放射性活度浓度、铀的质量浓度和^{226}Ra的活度浓度。测定含盐水和矿化水的总α放射性、总β放射性、铀和^{226}Ra参照使用。

2 规范性引用文件

下列文件中的内容通过文中的规范性引用而构成本文件必不可少的条款。其中,注日期的引用文件,仅该日期对应的版本适用于本文件;不注日期的引用文件,其最新版本(包括所有的修改单)适用于本文件。

GB/T 5750.1 生活饮用水标准检验方法 第1部分:总则

GB/T 5750.2 生活饮用水标准检验方法 第2部分:水样的采集与保存

GB/T 5750.3 生活饮用水标准检验方法 第3部分:水质分析质量控制

GB/T 5750.6—2023 生活饮用水标准检验方法 第6部分:金属和类金属指标

GB/T 11682 低本底α和/或β测量仪

3 术语和定义

GB/T 5750.1、GB/T 5750.2、GB/T 5750.3界定的术语和定义适用于本文件。

4 总α放射性

4.1 低本底总α检测法

4.1.1 方法原理

将水样酸化,蒸发浓缩,转化为硫酸盐,蒸发至硫酸冒烟完毕,于350 ℃灼烧。残渣转移至样品盘中制成样品源后,立即进行α计数测量。通过测量α标准源校准计算水中总α放射性的活度浓度,本方法共有三种测量方法可供选择:有效厚度法、比较法和厚源法,详见4.1.8.1、4.1.8.2和4.1.8.3。

本方法的探测下限取决于水样所含无机盐量、仪器的计数效率、本底计数率、计数时间等多种因素,约为0.02 Bq/L。

4.1.2 试剂

除非另有说明,均使用符合国家标准的分析纯试剂,实验用水为去离子水或蒸馏水。所有试剂的放射性本底计数与仪器的本底计数比较，不应有显著差异。

4.1.2.1 硝酸(HNO_3)：ρ_{20}=1.42 g/mL，[ω (HNO_3)=65%]。

4.1.2.2 硝酸溶液：量取 100 mL 硝酸，稀释至 200 mL。

4.1.2.3 硫酸(H_2SO_4)：ρ_{20}=1.84 g/mL。

4.1.2.4 丙酮(CH_3COCH_3)。

4.1.2.5 无水乙醇(CH_3CH_2OH)。

4.1.2.6 硫酸钙($CaSO_4$)：优级纯。有些钙盐可能含有痕量^{226}Ra 和/或^{210}Pb，应核实钙盐中未含有 α 放射性核素。

4.1.3 标准源

4.1.3.1 电镀源

电镀源活性区面积与样品源面积相同，表面 α 粒子发射率为 2 粒子数/s～20 粒子数/s(2π 方向)。此源用于测定仪器的计数效率和监督测量仪器的稳定性。

4.1.3.2 α 标准溶液

使用^{241}Am 标准溶液(或^{239}Pu 或天然铀标准溶液)，将标准溶液的活度浓度稀释至 5 Bq/mL～10 Bq/mL。

4.1.3.3 α 标准物质粉末

^{241}Am 粉末或天然铀标准物质粉末的基质应与水蒸发残渣具有相同或相近的化学成分及物理状态。

4.1.4 仪器设备

4.1.4.1 低本底 α、β 测量仪器：应符合 GB/T 11682 的规定。

4.1.4.2 样品盘：应是有盘沿的不锈钢盘，质量厚度不小于 250 mg/cm^2。样品盘的直径应与探测器灵敏区直径及仪器内放置测量源的托架相匹配。

4.1.4.3 压样器：应与样品盘尺寸相匹配。

4.1.4.4 分析天平：精度 0.1 mg。

4.1.4.5 马弗炉：0 ℃～500 ℃可调，能在 350 ℃±10 ℃下控温加热。

4.1.4.6 电热板(或沙浴)：1 000 W，可调温。

4.1.4.7 红外线干燥灯：250 W。

4.1.4.8 瓷蒸发皿：150 mL。

4.1.4.9 聚乙烯桶：5 L，带密封盖。

4.1.5 水样的采集与保存

采集样品的代表性、取样方法及水样的保存方法，应符合 GB/T 5750.2 的规定。

在现场采集水样，装入聚乙烯桶，尽快加入 HNO_3 酸化(按每 1 L 水样加 20 mL 硝酸的比例)，记录采样信息；如果条件允许尽量保存在暗处，并尽快分析。

4.1.6 水样处理

4.1.6.1 水样蒸发

4.1.6.1.1 取 1 L 水，加入到 2 000 mL 烧杯中，在可调温电热板(或沙浴)上加热，微沸蒸发，直至全部水样浓缩至大约 50 mL。水样的无机盐含量可通过预试验测定。如果水中无机盐含量很低，可以在水中添加适量 $CaSO_4$ 以增加残渣量。

注：预试验步骤同水样处理过程一致。

4.1.6.1.2 将浓缩液转入已预先在 350 ℃±10 ℃下恒量的瓷蒸发皿，用少量去离子水分次仔细洗涤烧杯,洗涤液并入瓷蒸发皿。

4.1.6.2 硫酸盐化

将 1 mL 硫酸沿器壁缓慢加入瓷蒸发皿,与浓缩液充分混合后,置于沙浴上或红外线干燥灯下缓慢加热、蒸干(防止溅出! 温度不高于 350 ℃±10 ℃),直至将烟雾赶尽。若根据预试验测定结果固体残渣量超过 1 g,应相应增加硫酸用量。

4.1.6.3 灼烧

将瓷蒸发皿连同残渣放入马弗炉,在 350 ℃±10 ℃下灼烧 1 h,取出,置于干燥器中冷却至室温。记录从马弗炉取出样品的日期和时间。

准确称量瓷蒸发皿连同固体残渣的质量,减去瓷蒸发皿质量,计算得出残渣质量(mg)。

4.1.7 样品源制备

用不锈钢样品勺将灼烧后称量过的固体残渣刮下,在瓷蒸发皿内用玻璃杵研细、混匀。取 10A mg(A 为样品盘面积,cm^2)的固体残渣放入已称量的样品盘,滴加丙酮(或无水乙醇)或借助压样器将固体粉末铺设均匀、平整。在红外线干燥灯下烘干,置于干燥器中冷却至室温,准确称量。按照 4.1.8 的方法,进行 α 计数测量。

4.1.8 测量

4.1.8.1 有效厚度法

4.1.8.1.1 定义

有效厚度法是用 α 电镀源测量仪器的计数效率,再用实验测量样品源有效厚度(或称饱和层厚度),计算水样中总 α 放射性活度浓度的方法。使用有效厚度测量法,样品源厚度应大于或等于有效厚度。

4.1.8.1.2 仪器计数效率测定

在 4.1.4.1 仪器上测量已知表面发射率的 α 电镀源的计数率,按式(1)计算仪器计数效率:

$$\eta=\frac{n_x-n_0}{q_{2\pi}} \qquad \cdots\cdots(1)$$

式中:

η ——α 电镀源在仪器 2π 方向的 α 计数效率;

n_x ——α 电镀源的计数率,单位为计数每秒(计数/s);

n_0 ——仪器的 α 本底计数率,单位为计数每秒(计数/s);

$q_{2\pi}$——α 电镀源在 2π 方向的 α 粒子表面发射率,单位为粒子数每秒(粒子数/s)。

4.1.8.1.3 样品源有效厚度 δ 测定

根据灼烧后至少可产生 30A mg 固体残渣量来取水样体积(L),使之分次加入 2 000 mL 烧杯(水样体积不应超过烧杯容积的一半)。准确加入已知量(5 Bq~10 Bq)的 α 标准溶液(见 4.1.3.2),注入同一烧杯,按 4.1.6~4.1.7 操作。

分别称取 0.5A mg、1A mg、2A mg、3A mg、4A mg、5A mg、7A mg、10A mg、20A mg、30A mg 的固体残渣粉末制备成一系列厚度不等的样品源,在仪器(见 4.1.4.1)及与 4.1.8.1.2 相同的几何条件下,分别测量这一系列样品源的 α 净计数率。以 α 净计数率对样品源的质量厚度(mg/cm^2)作图,绘制 α 自吸收曲线。分别延长自吸收曲线的斜线段和水平线段,其交会点所对应的样品源的质量厚度即为由同一水样制备的样品源的有效厚度 δ(mg/cm^2)。

由于样品源的有效厚度与组成它的物质的性质有关,因此当水样性质发生变化时,其样品源的有效厚度应重新测定。

若使用上述试验方法测定 δ 值有困难,可直接引用经验值,即 $\delta=4\ mg/cm^2$。

4.1.8.1.4 本底测量

将清洁的空白样品盘置于仪器中测量 α 本底计数率 n_0。测量时间应足够长(一般1 000 min),以保证测定结果具有足够的精确度。

4.1.8.1.5 样品源测量

将被测水样残渣制成的样品源在与 4.1.8.1.2 相同的几何条件下进行 α 计数测量,测量时间按照水样测量时间控制的要求(见 4.1.9.5)确定。在每测量 2 个～3 个样品源后,应间隔进行本底测量,以确认仪器本底计数率稳定。记录测量的起、止日期和时间。

4.1.8.1.6 计算

按式(2)计算水中总 α 放射性活度浓度:

$$A_\alpha=\frac{4W(n_x-n_0)\times 1.02}{F\eta V\delta S} \quad \cdots\cdots(2)$$

式中:

A_α ——水中总 α 放射性活度浓度,单位为贝可每升(Bq/L);
W ——水样残渣的总质量,单位为毫克(mg);
n_x ——样品源的 α 计数率,单位为计数每秒(计数/s);
n_0 ——仪器的 α 本底计数率,单位为计数每秒(计数/s);
F ——α 放射性回收率;
η ——α 电镀源在仪器 2π 方向的计数效率;
V ——水样的体积,单位为升(L);
δ ——样品源的有效厚度,单位为毫克每平方厘米(mg/cm^2);
S ——样品盘面积,即样品源的活性区面积,单位为平方厘米(cm^2);
4 ——样品源 2π 方向表面逸出的 α 粒子数等于有效厚度层内 α 衰变数的 1/4 的校正系数;
1.02——每 1 L 水样加入 20 mL 硝酸的体积修正系数。

4.1.8.1.7 回收率的测定

取同体积的 2 份水样,其中 1 份加入 2 Bq～3 Bq 的 α 标准溶液(见 4.1.3.2),另 1 份为原水样,按 4.1.6～4.1.7 操作,将 2 份样品源按照 4.1.8.1.5 描述的方法进行测量。

按式(3)计算回收率:

$$F=\frac{A_1-A_2}{A_s} \quad \cdots\cdots(3)$$

式中:

F ——α 放射性回收率;
A_1 ——加标水样的放射性活度浓度[代入式(2)计算,忽略 F],单位为贝可每升(Bq/L);
A_2 ——原水样的放射性活度浓度[代入式(2)计算,忽略 F],单位为贝可每升(Bq/L);
A_s ——加标水样中 α 标准溶液的活度浓度,单位为贝可每升(Bq/L)。

4.1.8.2 比较法

4.1.8.2.1 定义

比较法是指水样与含有 α 标准溶液(见 4.1.3.2)的水样按相同步骤浓集,分别制成样品源和 α 标准源,按相同的几何条件进行比较测量,并计算水样中总 α 放射性活度浓度的方法。由于使用比较测量法计算公式的前提是样品源和 α 标准源的质量厚度应相同，因此要求制备标准源所用的水样应与制备样品源所用水样相同。

4.1.8.2.2 α 标准源制备

准确吸取 5 Bq～10 Bq 的 α 标准溶液（见 4.1.3.2）注入 2 000 mL 烧杯中，加入与制备样品源相同体积的酸化水样，按 4.1.6～4.1.7 操作，制成标准源。

4.1.8.2.3 α 标准源的测量

将制备好的 α 标准源置于仪器（见 4.1.4.1），进行 α 计数测量。测量时间参照水样测量时间控制（见 4.1.9.5）确定。记录测量起、止日期和时间。

4.1.8.2.4 本底测量

见 4.1.8.1.4。

4.1.8.2.5 样品源测量

见 4.1.8.1.5。

4.1.8.2.6 计算

水样中总 α 放射性活度浓度按式（4）计算：

$$A_{\alpha}=\frac{A_{s}V_{s}W(n_{x}-n_{0})}{VW_{s}(n_{s}-n_{x})}\times 1.02 \qquad \cdots\cdots(4)$$

式中：

A_{α} ——水样总 α 放射性活度浓度，单位为贝可每升（Bq/L）；

A_{s} ——α 标准溶液活度浓度，单位为贝可每毫升（Bq/mL）；

V_{s} ——α 标准溶液体积，单位为毫升（mL）；

W ——水样固体残渣的总质量，单位为毫克（mg）；

n_{x} ——样品源的 α 计数率，单位为计数每秒（计数/s）；

n_{0} ——仪器的 α 本底计数率，单位为计数每秒（计数/s）；

V ——水样的体积，单位为升（L）；

W_{s} ——由含 α 标准溶液的水样制得的固体残渣质量，单位为毫克（mg）；

n_{s} ——标准源的 α 计数率，单位为计数每秒（计数/s）；

1.02——每 1 L 水样加入 20 mL 硝酸的体积修正系数。

4.1.8.3 厚源法

4.1.8.3.1 定义

厚源法是直接用 α 标准物质粉末，或者以硫酸钙为载体在其中加入适量的 α 标准溶液，然后将其制备成与样品源质量厚度一致的标准源，测量标准源获得仪器计数效率，从而计算出水样中总 α 放射性活度浓度的方法。

4.1.8.3.2 α 标准物质粉末制备标准源

取一定量 α 标准物质粉末（见 4.1.3.3），烘干后在研钵中研细，于 105 ℃恒量后，准确称取 10A mg 置于测量盘中，按照 4.1.7 制备步骤，制成 α 标准源。

4.1.8.3.3 硫酸钙加标制备标准源

准确称取 2.5 g 硫酸钙于 150 mL 烧杯中，加入 10 mL 硝酸溶液，搅拌后加入 100 mL 的热水（80 ℃

以上)，在电热板上小心加热使固态盐全部溶解。把所有溶液转到已恒量的瓷蒸发皿中，准确加入已知量(5 Bq～10 Bq)的 α 标准溶液(见 4.1.3.2)。置于沙浴上或红外线干燥灯下缓慢加热至蒸干，再置于马弗炉中 350 ℃±10 ℃下灼烧 1 h，取出置于干燥器内冷却至室温后称重，得到硫酸钙标准粉末。将硫酸钙标准粉末研细，准确称取 10A mg 于测量盘中，按照 4.1.7 制备步骤，制成硫酸钙标准源。

4.1.8.3.4 标准源的测量

将制备好的标准源(见 4.1.8.3.2 或 4.1.8.3.3)置于仪器(见 4.1.4.1)进行 α 计数测量，并按式(5)计算标准源在仪器上的计数效率：

$$\varepsilon_{\alpha}=\frac{n_{s}-n_{0}}{A} \qquad \cdots\cdots(5)$$

式中：

ε_{α} ——仪器测量标准源的 α 计数效率，单位为计数每秒贝可[计数/(s·Bq)]；

n_s ——标准源的 α 计数率，单位为计数每秒(计数/s)；

n_0 ——仪器的 α 本底计数率，单位为计数每秒(计数/s)；

A ——样品盘中标准物质粉末或硫酸钙标准粉末的 α 放射性活度(由 α 标准物质的比活度与样品盘中标准物质粉末的质量相乘给出)，单位为贝可(Bq)。

4.1.8.3.5 本底测量

见 4.1.8.1.4。

4.1.8.3.6 样品源测量

见 4.1.8.1.5。

4.1.8.3.7 计算

按式(6)计算水样中总 α 放射性活度浓度：

$$A_{\alpha}=\frac{W(n_{x}-n_{0})\times 1.02}{\varepsilon_{\alpha}FmV} \qquad \cdots\cdots(6)$$

式中：

A_{α} ——水样总 α 放射性活度浓度，单位为贝可每升(Bq/L)；

W ——水样残渣的总量，单位为毫克(mg)；

n_x ——样品源的 α 计数率，单位为计数每秒(计数/s)；

n_0 ——仪器的 α 本底计数率，单位为计数每秒(计数/s)；

ε_{α} ——仪器测量标准源的 α 计数效率，单位为计数每秒贝可[计数/(s·Bq)]；

F ——α 放射性回收率(如果采用硫酸钙标准源，则忽略此因素)；

m ——制备样品源的水样残渣的质量，单位为毫克(mg)；

V ——水样体积，单位为升(L)；

1.02——每 1 L 水样加入 20 mL 硝酸的体积修正系数。

注： α 放射性回收率通过式(3)计算，A_1、A_2 由式(6)忽略 F 计算得出。

4.1.9 不确定度评定

4.1.9.1 合成标准不确定度

合成标准不确定度用式(7)计算：

$$u_{C}=\sqrt{u_{A}^{2}+\sum_{i}u_{B,i}^{2}} \qquad \cdots\cdots(7)$$

式中：

u_C ——合成标准不确定度；

u_A ——测量不确定度 A 类评定；

$u_{B,i}$——i 种影响因素引入的测量不确定度 B 类评定。

4.1.9.2 扩展不确定度 *U*

扩展不确定度用式(8)计算：

$$U = ku_C = k\sqrt{u_A^2 + \sum_i u_{B,i}^2} \quad \cdots\cdots (8)$$

式中：

U ——总 α 放射性活度浓度测量结果的扩展不确定度；

k ——包含因子，一般取 2，相应置信水平约为 95%。

4.1.9.3 总 α 放射性活度浓度的不确定度 A 类评定

水样中总 α 放射性活度浓度的 A 类不确定度主要贡献是计数率统计误差，总 α 计数率的 A 类不确定度 u_A 用式(9)计算：

$$u_A = s = \sqrt{\frac{n_x}{t_x} + \frac{n_0}{t_0}} / (n_x - n_0) \quad \cdots\cdots (9)$$

式中：

u_A ——总 α 放射性活度浓度计数率的不确定度；

s ——样品测量结果的相对标准偏差；

n_x ——水样计数率，单位为计数每秒(计数/s)；

t_x ——水样测量时间，单位为秒(s)；

n_0 ——本底计数率，单位为计数每秒(计数/s)；

t_0 ——本底测量时间，单位为秒(s)。

4.1.9.4 总 α 放射性活度浓度的不确定度 B 类评定

第 i 种影响因素对不确定度 B 类评定的贡献按式(10)计算：

$$u_{B,i} = \frac{a_i}{\sqrt{3}} \quad \cdots\cdots (10)$$

式中：

a_i——第 i 种影响因素可能值区间的半宽度。

不确定度 B 类评定总的结果用式(11)计算：

$$u_B = \sqrt{\sum_i u_{B,i}^2} \quad \cdots\cdots (11)$$

水中总 α 放射性活度浓度测量有三种方法，它们的测量结果计算模型各不相同，因此影响测量结果的因素(测量结果计算公式右边的相关因素)也不一样，除在 A 类不确定度计算已考虑的 n_o、n_x 和 n_s 三个影响因素外，其他均为影响不确定度 B 类评定的因素，因此应基于三种方法各自的测量结果计算公式中的影响因素，分别进行不确定度 B 类评定，再用式(11)进行总的不确定度 B 类评定。

对于有效厚度法，不确定度 B 类评定的主要影响因素包括：残渣的总质量(W)、α 放射性回收率(F)、α 电镀源在仪器 2π 方向的计数效率(η)、水样的体积(V)、水样的有效厚度(δ)和样品盘面积(S)。

对于比较法，不确定度 B 类评定的主要影响因素包括：α 标准溶液的活度浓度(A_s)、α 标准溶液体积(V_s)、由含 α 标准溶液的水样制得的固体残渣质量(W_s)、水样残渣的质量(W)和水样的体积(V)。

对于厚源法，不确定度 B 类评定的主要影响因素包括：水样残渣的总质量(W)、放射性回收率(F)、仪器测量标准粉末源的计数效率(ε_α)、制备样品源所称取的水残渣质量(m)和水样的体积(V)。

4.1.9.5 水样测量时间控制

若已知水样的计数率 n_x 和本底计数率 n_0，及要求控制的相对标准偏差 s，水样的测量时间按式(12)控制：

$$t_x=(n_x+\sqrt{n_x n_0})/[(n_x-n_0)^2 s^2] \quad\cdots\cdots(12)$$

式中：

t_x ——水样的测量时间，单位为秒(s)；

s ——水样测量结果的相对标准偏差，一般不大于15%。

4.1.10 探测下限

当样品源与本底的测量时间相近时，采用泊松分布标准差，若统计置信水平为95%时，最小可探测样品净计数率 LLD_n 可用式(13)计算：

$$\mathrm{LLD}_n=4.65\sqrt{n_0/t_0} \quad\cdots\cdots(13)$$

式中：

n_0 ——α本底平均计数率，单位为计数每秒(计数/s)；

t_0 ——本底的测量时间，单位为秒(s)。

在样品的总α放射性测量中，将式(13)代替样品净计数率代入总α放射性计算公式求得样品的探测下限 L_D。

4.1.11 结果报告

结果报告应包括以下内容：

——使用方法所依据的标准；

——所用电镀源的核素种类及其表面发射率；

——使用放射性标准溶液或标准物质粉末的核素种类、配制方法、基质、活度浓度或比活度；

——水样采集日期，样品源测量的起、止日期和时间；

——水样的总α放射性活度浓度，以测量结果±扩展不确定度的形式表示，见式(14)。对于低于探测下限的活度浓度以“小于 L_D”表示。

$$A_\alpha=x\pm U \quad\cdots\cdots(14)$$

式中：

x ——样品测量结果，单位为贝可每升(Bq/L)；

U ——样品测量结果的扩展不确定度，单位为贝可每升(Bq/L)。

4.1.12 污染检查

4.1.12.1 目的

此项检查不作为常规检测项目。当水样检测结果异常并怀疑由试剂或试验器皿污染所致时，此项可作为污染检查方法使用。

4.1.12.2 试剂污染检查

分别蒸干与本文件使用量相等的各种试剂，放在清洁的样品盘中，测量α计数率。所有试剂的α计数率与仪器的α本底计数率相比，均不应有显著性差异，否则应更换试剂。

4.1.12.3 全程污染检查

取1 L蒸馏水，用20 mL硝酸酸化后，加入20A mg的色谱纯硅胶，溶解后按4.1.6～4.1.7步骤操作，制成样品源；另取一份10A mg已磨成粉末的色谱纯硅胶，按样品源制备方法(见4.1.7)制成样品源，将两者在仪器上测量 α 计数率，两者的计数率比较不应有显著性差异。否则应考虑更换化学器皿以及在操作过程中采取防止引入放射性污染物的措施。

5 总 β 放射性

5.1 低本底总 β 检测法

5.1.1 方法原理

将水样酸化，蒸发浓缩，转化为硫酸盐，蒸发至硫酸冒烟完毕，于 350 ℃灼烧。残渣转移至样品盘中制成样品源后，进行 β 计数测量。

用已知 β 比活度的标准物质粉末，制备成一系列不同质量厚度的标准源，测量给出标准源的计数效率与质量厚度关系，绘制 β 计数效率曲线。由水样残渣制成的样品源在相同几何条件下作相对测量，由样品源的质量厚度在计数效率曲线上查出对应的计数效率值，计算水样的总 β 放射性活度浓度。

本方法的探测下限取决于水样所含无机盐量、存在的放射性核素种类、仪器的计数效率、本底计数率、计数时间等多种因素，约为 0.03 Bq/L。

5.1.2 试剂

除非另有说明，均使用符合国家标准的分析纯试剂，实验用水为去离子水或蒸馏水。所有试剂的放射性本底计数与仪器的本底计数比较，不应有显著性差异。

5.1.2.1 硝酸(HNO_3)：$\rho_{20}=1.42$ g/mL，[ω (HNO_3)=65%]。

5.1.2.2 硝酸溶液：量取 100 mL 硝酸，稀释至 200 mL。

5.1.2.3 硫酸(H_2SO_4)：$\rho_{20}=1.84$ g/mL。

5.1.2.4 丙酮(CH_3COCH_3)。

5.1.2.5 无水乙醇(CH_3CH_2OH)。

5.1.2.6 硫酸钙($CaSO_4$)：优级纯。有些钙盐可能含有痕量^{226}Ra 和/或^{210}Pb，应核实钙盐中未含有 α 放射性核素。

5.1.3 标准源

5.1.3.1 检验源

检验源可以是任何一种半衰期足够长的 β 放射性核素电镀源。其活性区面积不大于探测器灵敏区，2π 方向 β 粒子表面发射率为 5 粒子数/s～50 粒子数/s。

5.1.3.2 ^{40}K 标准物质

优级纯氯化钾(KCl)，已准确标定^{40}K 的活度浓度。

5.1.4 仪器设备

5.1.4.1 低本底 α、β 测量仪器：应符合 GB/T 11682 的规定。

5.1.4.2 样品盘：应是有盘沿的不锈钢盘，质量厚度不小于 250 mg/cm^2。样品盘的直径应与探测器灵敏区直径及仪器内放置待测源的托架相配合。

5.1.4.3 压样器：应与样品盘尺寸相匹配。

5.1.4.4 分析天平：精度 0.1 mg。

5.1.4.5 马弗炉：0 ℃～500 ℃可调，能在 350 ℃±10 ℃下控温加热。

5.1.4.6 电热板(或沙浴)：1 000 W，可调温。

5.1.4.7 红外线干燥灯：250 W。

5.1.4.8 瓷蒸发皿：150 mL。

5.1.4.9 聚乙烯桶:5 L,带密封盖。

5.1.5 水样的采集与保存

采集样品的代表性、取样方法及水样的保存方法,应符合 GB/T 5750.2 的规定。

在现场采集水样,装入聚乙烯桶,尽快加入 HNO_3 酸化(按每 1 L 水样加 20 mL 硝酸的比例),记录采样信息;如果条件允许尽量保存在暗处,并尽快分析。

5.1.6 水样处理

5.1.6.1 水样蒸发

5.1.6.1.1 取 1 L 水,加入到 2 000 mL 烧杯中,在可调温电热板(或沙浴)上加热,微沸蒸发,直至全部水样浓缩至大约 50 mL。水样的无机盐含量可通过预试验测定。如果水中无机盐含量很低,可以在水中添加适量 $CaSO_4$ 以增加残渣量。

注:预试验步骤同水样处理过程一致。

5.1.6.1.2 将浓缩液转入已预先在 350 ℃±10 ℃下恒量的瓷蒸发皿,用少量去离子水分次仔细洗涤烧杯,洗涤液并入瓷蒸发皿。

5.1.6.2 硫酸盐化

将 1 mL 硫酸沿器壁缓慢加入瓷蒸发皿,与浓缩液充分混合后,置于沙浴上或红外线干燥灯下缓慢加热、蒸干(防止溅出! 温度不高于 350 ℃±10 ℃),直至将烟雾赶尽。若根据预试验测定结果固体残渣量超过 1 g,应相应增加硫酸用量。

5.1.6.3 灼烧

将蒸发皿连同残渣放入马弗炉,在 350 ℃±10 ℃下灼烧 1 h,取出,置于干燥器中冷却至室温。记录从马弗炉取出样品的日期和时间。

准确称量蒸发皿连同固体残渣的质量,减去蒸发皿质量,计算得出残渣质量(mg)。

5.1.7 样品源制备

用不锈钢样品勺将灼烧后已称量的固体残渣刮下,在瓷蒸发皿中用玻璃杵研细、混匀。取 $10A$ mg~$20A$ mg(A 为样品盘面积,cm^2)的固体残渣放入已称量的样品盘,滴加丙酮(或无水乙醇)或借助压样器将固体粉末铺设均匀、平整。在红外线干燥灯下烘干,置于干燥器中冷却至室温,准确称量。按照 5.1.8 描述的方法,进行 β 计数测量。

注:铺样量为 10 A mg 时,总 α、总 β 可以同时测量,并考虑仪器的窜道干扰。

5.1.8 测量

5.1.8.1 计数效率曲线的测定

取一定量 KCl(^{40}K)标准物质,在烘干后的研钵中研细,于 105 ℃恒量,粉末保存在干燥器中。

准确称取质量分别为 $5A$ mg、$10A$ mg、$15A$ mg、$20A$ mg、$25A$ mg、$30A$ mg、$40A$ mg、$50A$ mg 的 ^{40}K 标准物质粉末,置于样品盘中,按 5.1.7 操作方法,分别制备成一系列标准源,并由各标准源的质量计算其所含 ^{40}K 的放射性活度。

将制备好的一系列标准源分别置于仪器(见 5.1.4.1)进行 β 计数测量,并按式(15)计算标准源的计数效率:

$$\varepsilon_{\beta}=\frac{n_s-n_0}{A} \quad \cdots\cdots\cdots\cdots (15)$$

式中：

ε_β ——标准源在仪器上的β计数效率，单位为计数每秒贝可[计数/(s·Bq)]；

n_s ——标准源的β计数率，单位为计数每秒(计数/s)；

n_0 ——仪器的β本底计数率，单位为计数每秒(计数/s)；

A ——样品盘中标准物质的β放射性活度(由5.1.3.2已知^{40}K的比活度与样品盘中标准源的质量相乘给出)，单位为贝可(Bq)。

由标准源的计数效率ε_β(纵坐标)与对应的标准源的质量厚度D(mg/cm^2)(横坐标)作图，绘制出仪器的β计数效率曲线(也可用计算机处理给出相应的经验公式)。

测定计数效率曲线时，应测定检验源的计数率，以检验仪器的稳定性。

5.1.8.2 样品源测量

将被测水样残渣制成的样品源在与5.1.8.1相同的几何条件下进行β计数测量，测量时间按照水样测量时间控制(见5.1.9.5)确定。记录测量的起、止日期和时间。

5.1.8.3 本底测量

清洁的空白样品盘置于仪器中，测量β本底计数率n_0。测量时间应足够长(一般1 000 min)，以保证测定结果具有足够的精确度。

5.1.8.4 回收率

取相同体积的2份水样，其中1份加入约2 Bq～3 Bq的^{40}K标准物质溶解，另1份为原水样，按5.1.6～5.1.7操作，取相同质量残渣制备样品源，将2份样品源按照5.1.8.2描述的方法进行测量。按式(16)计算回收率：

$$F=\frac{n}{A\varepsilon_\beta}\times 100\% \qquad \cdots\cdots(16)$$

式中：

F ——β放射性回收率；

n ——加标水样与原水样的β计数率之差，单位为计数每秒(计数/s)；

A ——样品源中加入的^{40}K标准物质的活度，单位为贝可(Bq)；

ε_β ——与样品源质量厚度相对应的仪器β计数效率(由计数效率曲线查出或由经验公式计算给出)，单位为计数每秒贝可[计数/(s·Bq)]。

5.1.8.5 计算

水中总β放射性活度浓度按式(17)计算：

$$A_\beta=\frac{W(n_x-n_0)\times 1.02}{\varepsilon_\beta FmV} \qquad \cdots\cdots(17)$$

式中：

A_β ——水中总β放射性活度浓度，单位为贝可每升(Bq/L)；

W ——水样残渣的总质量，单位为毫克(mg)；

n_x ——样品源的β计数率，单位为计数每秒(计数/s)；

n_0 ——仪器的β本底计数率，单位为计数每秒(计数/s)；

ε_β ——与样品源质量厚度相对应的仪器β计数效率(由计数效率曲线查出或由经验公式计算给出)，单位为计数每秒贝可[计数/(s·Bq)]；

F ——β放射性回收率；

m ——制备样品源的水样残渣的质量，单位为毫克(mg)；

V ——水样体积，单位为升(L)；

1.02——每 1 L 水样加入 20 mL 硝酸的体积修正系数。

5.1.9 不确定度评定

5.1.9.1 合成标准不确定度

合成标准不确定度用式(18)计算：

$$u_C = \sqrt{u_A^2 + \sum_i u_{B,i}^2} \quad \cdots\cdots (18)$$

式中：

u_C ——合成标准不确定度；

u_A ——测量不确定度 A 类评定；

$u_{B,i}$——i 种影响因素引入的测量不确定度 B 类评定。

5.1.9.2 扩展不确定度 *U*

扩展不确定度用式(19)计算：

$$U = ku_C = k\sqrt{u_A^2 + \sum_i u_{B,i}^2} \quad \cdots\cdots (19)$$

式中：

U ——总 β 放射性活度浓度测量结果的扩展不确定度；

k ——包含因子，一般取 2，相应置信水平约为 95%。

5.1.9.3 总 β 放射性活度浓度的不确定度 A 类评定

水样中总 β 放射性活度浓度的 A 类不确定度主要贡献是计数率统计误差，总 β 放射性活度浓度计数率的 A 类不确定度 u_A 通过式(20)计算：

$$u_A = s = \sqrt{\frac{n_x}{t_x} + \frac{n_0}{t_0}} \Big/ (n_x - n_0) \quad \cdots\cdots (20)$$

式中：

u_A ——总 β 放射性活度浓度计数率的不确定度；

s ——样品测量结果的相对标准偏差；

n_x ——水样计数率，单位为计数每秒(计数/s)；

t_x ——水样测量时间，单位为秒(s)；

n_0 ——本底计数率，单位为计数每秒(计数/s)；

t_0 ——本底测量时间，单位为秒(s)。

5.1.9.4 总 β 放射性活度浓度的不确定度 B 类评定

第 i 种影响因素对不确定度 B 类评定的贡献按式(21)计算：

$$u_{B,i} = \frac{a_i}{\sqrt{3}} \quad \cdots\cdots (21)$$

式中：

a_i——第 i 种影响因素可能值区间的半宽度。

不确定度 B 类评定总的结果用式(22)计算：

$$u_B = \sqrt{\sum_i u_{B,i}^2} \quad \cdots\cdots (22)$$

对于水中总 β 放射性活度浓度测量，从式(17)可以看出，应进行不确定度 B 类评定的主要影响因素有：水样残渣的质量(W)、与水样质量厚度相对应的仪器 β 计数效率(ε_β)、β 放射性回收率(F)、制备水样的水残渣的质量(m)和水样体积(V)。

5.1.9.5 水样测量时间控制

若已知水样的计数率 n_x 和本底计数率 n_0，及要求控制的相对标准偏差 s，水样的测量时间按式(23)控制：

$$t_x=(n_x+\sqrt{n_x n_0})/[(n_x-n_0)^2 s^2] \quad\cdots\cdots(23)$$

式中：

t_x ——水样的测量时间，单位为秒(s)；

s ——水样测量结果的相对标准偏差，一般不大于15%。

5.1.10 探测下限

当水样与本底的测量时间相近时，采用泊松分布标准差，若统计置信水平为95%时，最小可探测样品净计数率 LLD_n 可用式(24)计算：

$$LLD_n=4.65\sqrt{n_0/t_0} \quad\cdots\cdots(24)$$

式中：

n_0 ——β本底平均计数率，单位为计数每秒(计数/s)；

t_0 ——本底的测量时间，单位为秒(s)。

在样品总β测量中，将式(24)代替样品净计数率代入β放射性计算公式求得样品的探测下限 L_D。

5.1.11 结果报告

结果报告应包括以下内容：

——使用方法所依据的标准；

——所用检验源的核素种类及其表面发射率；

——使用放射性标准溶液或标准物质粉末的核素种类、配制方法、基质、活度浓度或比活度；

——水样采集日期，样品源测量的起、止日期和时间；

——水样的总β放射性活度浓度，以测量结果±扩展不确定度的形式表达，见式(25)。对于低于探测下限的活度浓度以"小于 L_D"表示。

$$A_\beta=x\pm U \quad\cdots\cdots(25)$$

式中：

x ——样品测量结果，单位为贝可每升(Bq/L)；

U ——样品测量结果的扩展不确定度，单位为贝可每升(Bq/L)。

5.1.12 污染检查

5.1.12.1 目的

此项检查不作为常规检测项目。当水样检测结果异常并怀疑由试剂或试验器皿污染所致时，此项可作为污染检查方法使用。

5.1.12.2 试剂污染检查

分别蒸干与本文件使用量相等的试剂，放在清洁的样品盘中，测量β计数率，所有试剂的β计数率与仪器的本底计数率比较，不应有显著性差异，否则应更换试剂。

5.1.12.3 全程污染检查

取1 L蒸馏水用20 mL硝酸酸化后，加入20A mg的色谱纯硅胶，溶解后按5.1.6～5.1.7步骤操作，制成测量源；另取一份20A mg已研磨成粉末的色谱纯硅胶，按样品源制备操作方法(见5.1.7)制成样品源。将两者在仪器上测量β计数率，两者计数率比较不应有显著性差异。否则应考虑更换化学器皿以及在操作过程中采取防止引入放射性污染物的措施。

6 生活饮用水中的铀

6.1 紫外荧光法

6.1.1 方法原理

水样中加入铀荧光增强剂，其与水样中铀酰离子形成稳定的络合物，在紫外脉冲光源照射下，可被激发产生荧光，其荧光强度在一定范围内与铀质量浓度成正比，通过测量水样和加入铀标准溶液后水样的荧光强度，计算获得水样中铀的质量浓度。

本方法的探测下限取决于水样所含铁离子浓度、锰离子浓度、仪器检出限等多种因素。本方法的测量范围为 0.03 μg/L～20 μg/L，探测下限约为 0.03 μg/L。

6.1.2 试剂

除非另有说明，均使用符合国家标准的分析纯试剂，实验用水为去离子水或蒸馏水。

6.1.2.1 硝酸（HNO_3）：ρ_{20}＝1.42 g/mL，[ω（HNO_3）＝ 65%]。

6.1.2.2 铀荧光增强剂：荧光增强倍数不小于 100 倍。

6.1.2.3 铀标准储备溶液：$\rho_{(U)}$＝100 μg/mL。

6.1.2.4 铀标准溶液 A：$\rho_{(U)}$＝ 1 μg /mL，移液器移取 1.00 mL 铀标准储备溶液于容量瓶中，用 pH＝2 的硝酸溶液定容至 100 mL。

6.1.2.5 铀标准溶液 B：$\rho_{(U)}$＝ 0.1 μg /mL，移液器移取 10.00 mL 铀标准溶液 A 于容量瓶中，用 pH＝2 硝酸定容至 100 mL。

6.1.2.6 铀标准溶液 C：$\rho_{(U)}$＝ 0.025 μg /mL，移液器移取 2.50 mL 铀标准溶液 A 于容量瓶中，用 pH＝2 硝酸定容至 100 mL。

6.1.3 仪器设备与材料

6.1.3.1 微量铀分析仪，量程范围：0.03 μg/L～20 μg/L；仪器线性：相关系数≥0.995。

6.1.3.2 移液器：10 μL～100 μL，100 μL～1 mL，1 mL～5 mL。

6.1.3.3 石英比色皿：1 cm×2 cm×4 cm。

6.1.3.4 聚乙烯瓶：100 mL，带密封盖。

6.1.4 水样的采集与保存

采集样品的代表性、取样方法及水样的保存方法，应符合 GB/T 5750.2 的规定。

6.1.5 试验步骤

6.1.5.1 水样的预处理

将水样静置后取上清液，如水样有悬浮物，需用孔径 0.45 μm 的过滤器过滤，待测水样 pH 为 3～8。

6.1.5.2 线性范围的确定

开启仪器至仪器稳定。用移液器移取 5.00 mL 去离子水，加入石英比色皿中，加入 0.50 mL 荧光增强剂，充分混匀。依次测定一系列不同质量浓度铀标准溶液的荧光强度。以荧光强度为纵坐标，铀质量浓度为横坐标，绘制标准曲线，确定荧光强度-铀质量浓度的线性范围，要求线性范围内，线性相关系数大于 0.995。

实际水样采用标准加入法进行测量，应在线性范围内进行。

本方法可根据实际情况从标准系列中选取5个连续的质量浓度测定，获得标准曲线。本方法不要求每次测定时都重新确定线性范围，若仪器灵敏度调整或者铀荧光增强剂等试剂更换，以及荧光强度测定值在原确定的线性范围边界时，应重新确定线性范围。

6.1.5.3 水样测定

6.1.5.3.1 按照仪器操作规程开机至仪器稳定，并确定仪器使用状态正常。

6.1.5.3.2 移取5.00 mL待测水样于石英比色皿中，置于微量铀分析仪测量室内，测定并记录读数 N_0。

6.1.5.3.3 向水样内加入0.50 mL铀荧光增强剂，充分混匀，测定记录荧光强度 N_1。如产生沉淀，则该水样作废。应将被测水样稀释或进行其他方法处理，直至无沉淀产生，方可进入测量步骤。

6.1.5.3.4 再向水样(见6.1.5.3.3)内加入50 μL铀标准溶液B(铀含量较高时，加入50 μL铀标准溶液A)，充分混匀，测定记录荧光强度 N_2。

6.1.5.3.5 检查 N_2 应处于标准曲线线性范围内，如超出线性范围，应将水样稀释后重新测定。

6.1.6 质量浓度计算

水样中铀质量浓度按式(26)计算：

$$\rho_{(U)}=\frac{(N_1-N_0)\times\rho_1 V_1 J}{(N_2-N_1)\times V_0}\times 1\ 000 \qquad (26)$$

式中：

$\rho_{(U)}$ ——水样中的铀质量浓度，单位为微克每升(μg/L)；

N_1 ——加入荧光增强剂后测得的荧光强度；

N_0 ——未加入荧光增强剂前测得的荧光强度；

ρ_1 ——加入铀标准溶液的浓度，单位为微克每毫升(μg/mL)；

V_1 ——加入铀标准溶液的体积，单位为毫升(mL)；

J ——水样稀释倍数；

N_2 ——加入铀标准溶液后测得的荧光强度；

V_0 ——分析用水样的体积，单位为毫升(mL)；

1 000——体积转换系数。

6.1.7 不确定度评定

6.1.7.1 合成标准不确定度

合成标准不确定度用式(27)计算：

$$u_C=\sqrt{u_A^2+\sum_i u_{B,i}^2} \qquad (27)$$

式中：

u_C ——合成标准不确定度；

u_A ——测量不确定度A类评定；

$u_{B,i}$ ——i 种影响因素引入的测量不确定度B类评定。

6.1.7.2 扩展不确定度 *U*

扩展不确定度用式(28)计算：

$$U=ku_C=k\sqrt{u_A^2+\sum_i u_{B,i}^2} \qquad (28)$$

式中：

U ——水样中铀的质量浓度测量结果的扩展不确定度；

k ——包含因子，一般取2，相应置信水平约为95%。

6.1.7.3 铀质量浓度测量结果的不确定度 A 类评定

A 类不确定度 u_A 按式(29)计算：

$$u_A = s(\overline{x}) = \frac{s(x)}{\sqrt{n}} \qquad \cdots\cdots(29)$$

式中：

u_A ——铀质量浓度测量结果的 A 类不确定度，单位为微克每升(μg/L)；

$s(\overline{x})$——铀质量浓度 n 次测量平均值的标准差(也称为标准误差)，单位为微克每升(μg/L)；

$\overline{x}$ ——铀质量浓度 n 次测量结果的平均值；

$s(x)$——铀质量浓度 n 次测量序列($x_1 \cdots x_i \cdots x_n$)的标准差，单位为微克每升(μg/L)，其值用式(30)计算；

x ——铀质量浓度 n 次测量序列($x_1 \cdots x_i \cdots x_n$)；

n ——铀质量浓度测量总次数。

$$s(x_i) = \sqrt{\frac{\sum_{i=1}^{n}(x_i - \overline{x})^2}{n-1}} \qquad \cdots\cdots(30)$$

6.1.7.4 铀质量浓度测量结果的不确定度 B 类评定

B 类不确定度 u_B 按式(31)计算：

$$u_B = \sqrt{u_{B,v_0}^2 + u_{B,v_1}^2 + u_{B,\omega}^2} \qquad \cdots\cdots(31)$$

式中：

u_{B,v_0} ——标准溶液体积的标准不确定度；

u_{B,v_1} ——被测样品体积的标准不确定度；

$u_{B,\omega}$ ——标准溶液配制的标准不确定度。

6.1.8 结果报告

结果报告应包括以下内容：

——使用方法所依据的标准；

——水样采集日期，样品分析的起、止日期和时间；

——水样中铀的质量浓度，以测量结果±扩展不确定度的形式表示，见式(32)。对于低于探测下限的质量浓度以“小于 L_D”表示。

$$\rho_{(U)} = x \pm U \qquad \cdots\cdots(32)$$

式中：

x ——样品测量结果，单位为微克每升(μg/L)；

U ——样品测量结果的扩展不确定度，单位为微克每升(μg/L)。

6.2 电感耦合等离子体质谱法

按 GB/T 5750.6—2023 中 4.5 描述的方法进行。

7 生活饮用水中的^{226}Ra

7.1 射气法

7.1.1 方法原理

当^{226}Ra 与其子体核素^{222}Rn 达到平衡时，两者放射性活度相等。^{222}Rn 的放射性活度可用射气闪烁法测定，从而间接测定水中^{226}Ra的活度浓度。本方法以硫酸钡作载体，共沉淀水样中的镭，以碱性Na_2EDTA溶解沉淀，封闭于扩散器中积累^{222}Rn。达到放射性平衡后，将^{222}Rn转入闪烁室。闪烁室内壁涂有硫化锌荧光体，其原子受^{222}Rn及其子体核素产生的射线激发产生闪烁荧光，经光电倍增管转换，形成电脉冲输出。单位时间内产生的脉冲数与^{222}Rn的放射性活度成正比。

本方法的探测下限取决于仪器的计数效率、本底计数率、计数时间等多种因素。本方法的探测下限约为 0.003 Bq/L。

7.1.2 试剂

除非另有说明，分析时均使用符合国家标准的分析纯试剂，实验用水为去离子水或蒸馏水。

7.1.2.1 ^{226}Ra标准溶液：活度浓度不低于 10 Bq/mL。

7.1.2.2 氯化钡溶液：ρ=100 mg/mL，称取二水合氯化钡($BaCl_2 \cdot 2H_2O$)11.73 g，用水溶解后稀释至 100 mL。

7.1.2.3 碱性乙二胺四乙酸二钠(碱性Na_2EDTA)溶液：ρ=150 mg/mL，称取 75.00 g 乙二胺四乙酸二钠($C_{10}H_{14}O_8N_2Na_2$)和 22.50 g 氢氧化钠(NaOH)于烧杯中，用水溶解并稀释至 500 mL。

7.1.2.4 硫酸溶液：c=9 mol/L，将 250 mL 硫酸(ρ_{20}=1.84 g/mL)在不断搅拌下缓慢倒入 250 mL 水中，冷却。

7.1.3 仪器设备与材料

7.1.3.1 闪烁室测氡仪：灵敏度≥3 Bq/m^3。

7.1.3.2 真空泵：30 L/min。

7.1.3.3 扩散器：100 mL。

7.1.3.4 干燥管：30 mL～40 mL，内装氯化钙。

7.1.3.5 分析天平：精度 0.1 mg。

7.1.3.6 聚乙烯桶：5 L，带密封盖。

7.1.4 水样的采集与保存

采集样品的代表性、取样方法及水样的保存方法，应符合 GB/T 5750.2 的规定。

7.1.5 分析步骤

7.1.5.1 检查仪器

检查仪器处于正常状态，保证探测器与闪烁室连接部位不应漏光和闪烁室及其进气系统不应漏气。

7.1.5.2 测定闪烁室本底值

在选定的工作条件下，分别测量各待用的闪烁室的本底计数率(见 7.1.5.7)，取多次测量的平均值。

7.1.5.3 测定闪烁室校正因子

7.1.5.3.1 将装有^{226}Ra标准溶液的扩散器，用真空泵抽真空 10 min，驱尽其内部的氡气(^{222}Rn)，旋紧其两口的螺旋夹，积累^{222}Rn。记录镭标准溶液的放射性活度和封闭时间。积累时间依^{226}Ra放射性活度而定，大于 20 Bq，积累 1 d～2 d；1 Bq～20 Bq，积累 3 d～8 d；小于 1 Bq，积累 10 d～15 d。

7.1.5.3.2 将积累的氡气送入已知本底的闪烁室内(见 7.1.5.6)，测量计数率。

7.1.5.3.3 闪烁室的校正因子(K)用式(33)计算：

$$K=\frac{A(1-e^{-\lambda t})}{\bar{n}-\bar{n}_0} \qquad \cdots\cdots(33)$$

式中：

K ——闪烁室的校正因子，单位为贝可秒(Bq·s)；

A ——^{226}Ra 标准溶液的放射性活度，单位为贝可(Bq)；

$1-e^{-\lambda t}$ ——氡的积累函数；

e ——自然对数的底；

λ ——氡的衰变常数，单位为每小时(h^{-1})，其值为 0.007 54 h^{-1}；

t ——氡的积累时间，单位为小时(h)；

$\overline{n}$ ——测得的^{226}Ra 标准溶液的平均计数率，单位为计数每秒(计数/s)；

$\overline{n}_0$ ——闪烁室本底平均计数率，单位为计数每秒(计数/s)。

7.1.5.4 样品的预处理

取 1 L～5 L 澄清水样于烧杯中，加热近沸，加入 1.00 mL～1.50 mL 氯化钡溶液，在不断搅拌下，滴加 5.00 mL 硫酸溶液。放置过夜。虹吸去上层清液。沿烧杯壁加入 30 mL 碱性 Na_2EDTA 溶液，加热溶解沉淀物，使之成为透明液体。蒸发浓缩至 30 mL 左右，冷却至室温。

7.1.5.5 封样

将浓缩液通过小漏斗转入扩散器中，用少量去离子水洗涤烧杯和小漏斗 3 次，洗涤液并入同一扩散器。控制溶液体积为扩散器的三分之一左右。将扩散器的一端通入氮气或抽真空(控制速度，不可使溶液溢出)15 min～20 min，用氮气或空气洗带法清除扩散器中原有的氡气。之后将扩散器两端封闭，积累氡 20 d～30 d，记录封闭时间和扩散器编号。

7.1.5.6 送气

用真空泵将闪烁室 A 和干燥管 B 抽真空 10 min，旋紧螺丝夹 1、2 和 3，按图 1 所示与已封闭好的装有样品的扩散器 C 连接，向闪烁室送气。首先打开螺丝夹 1 和 3，使扩散器中所积累的氡及其子体进入闪烁室。然后打开螺丝夹 4，使进气速度为每分 100 个～120 个气泡。进气 5 min～10 min 后，加快进气速度，在 15 min 内全部进气完毕。旋紧螺丝夹 1 和 3，记录进气时间和闪烁室编号。

扩散器中^{222}Rn 的积累时间为封闭时起至进气结束时止的时间间隔。

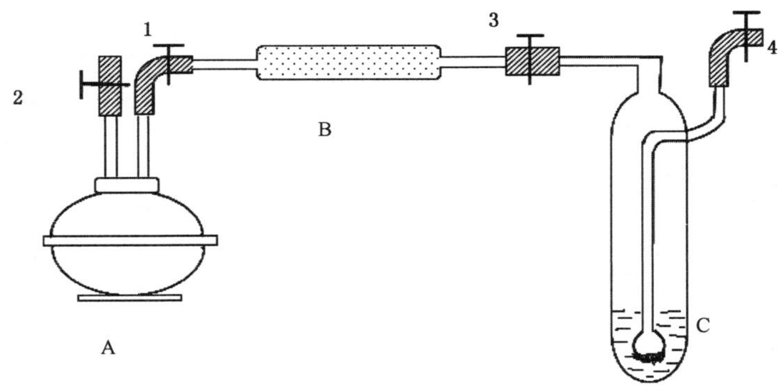

标引序号说明：

1～4——螺丝夹；

A ——闪烁室；

B ——干燥管；

C ——扩散器。

图 1 进气系统连接图

7.1.5.7 测量

进气完毕后，放置 3 h 进行测量。测量时取 5 次读数。根据^{226}Ra 的放射性活度确定每次计数的持续时间，一般为 5 min～10 min。单次测量值(计数率)n_i 应符合 $n_i \leqslant \overline{n} \pm 2/\sqrt{\overline{n}}$，否则将其视为离群值舍去。弃去离群值后取其平均值。

7.1.6 ^{226}Ra 活度浓度计算

水样中^{226}Ra 的放射性活度浓度用式(34)计算：

$$A_{\mathrm{Ra}} = \frac{K(\overline{n} - \overline{n}_0)}{F(1 - \mathrm{e}^{-\lambda t})V} \quad \cdots\cdots(34)$$

式中：

A_{Ra} ——水样中^{226}Ra 的放射性活度浓度，单位为贝可每升(Bq/L)；
K ——闪烁室的校正因子，单位为贝可秒(Bq·s)；
$\overline{n}$ ——水样的平均计数率，单位为计数每秒(计数/s)；
$\overline{n}_0$ ——闪烁室本底平均计数率，单位为计数每秒(计数/s)；
F ——^{226}Ra 的回收率；
$1-\mathrm{e}^{-\lambda t}$ ——氡的积累函数；
λ ——氡的衰变常数，单位为每小时(h^{-1})，其值为 0.007 54 h^{-1}；
t ——氡的积累时间，单位为小时(h)；
V ——水样的体积，单位为升(L)。

7.1.7 探测下限

生活饮用水中的^{226}Ra 射气法的探测下限可通过式(35)计算：

$$L_{\mathrm{D}} = 4.65 \times \sqrt{\frac{n_{\mathrm{b}}}{t_{\mathrm{b}}}} \times \frac{K}{FV(1 - \mathrm{e}^{-\lambda t})} \quad \cdots\cdots(35)$$

式中：

L_{D} ——方法探测下限，单位为贝可每升(Bq/L)；
n_{b} ——本底计数率，单位为计数每秒(计数/s)；
t_{b} ——本底计数时间，单位为秒(s)；
K ——闪烁室的校正因子，单位为贝可秒(Bq·s)；
F ——^{226}Ra 的回收率；
V ——水样的体积，单位为升(L)；
$1-\mathrm{e}^{-\lambda t}$ ——氡的积累函数；
λ ——氡的衰变常数，单位为每小时(h^{-1})，其值为 0.007 54 h^{-1}；
t ——氡的积累时间，单位为小时(h)。

7.1.8 不确定度评定

7.1.8.1 合成标准不确定度

合成标准不确定度用式(36)计算：

$$u_{\mathrm{C}} = \sqrt{u_{\mathrm{A}}^2 + \sum_i u_{\mathrm{B},i}^2} \quad \cdots\cdots(36)$$

式中：

u_{C} ——合成标准不确定度；
u_{A} ——测量不确定度 A 类评定；
$u_{\mathrm{B},i}$ ——i 种影响因素引入的测量不确定度 B 类评定。

7.1.8.2 扩展不确定度 U

扩展不确定度用式(37)计算：

$$U = ku_{C} = k\sqrt{u_{A}^{2} + \sum_{i} u_{B,i}^{2}} \qquad (37)$$

式中：

U ——^{226}Ra 放射性活度浓度测量结果的扩展不确定度；

k ——包含因子，一般取 2，相应置信水平约为 95%。

7.1.8.3 ^{226}Ra 放射性活度浓度不确定度的 A 类评定

^{226}Ra 放射性活度浓度的 A 类不确定度主要贡献是计数率统计误差，^{226}Ra 计数率的 A 类不确定度 u_{A} 通过式(38)计算：

$$u_{A} = \sqrt{\frac{n_{x}}{t_{x}} + \frac{n_{0}}{t_{0}}} \Big/ (n_{x} - n_{0}) \qquad (38)$$

式中：

u_{A} ——^{226}Ra 放射性活度浓度计数率的不确定度；

n_{x} ——水样计数率，单位为计数每秒(计数/s)；

n_{0} ——本底计数率，单位为计数每秒(计数/s)；

t_{x} ——水样测量时间，单位为秒(s)；

t_{0} ——本底测量时间，单位为秒(s)。

7.1.8.4 ^{226}Ra 放射性活度浓度不确定度的 B 类评定

第 i 种影响因素对不确定度 B 类评定的贡献按式(39)计算：

$$u_{B,i} = \frac{a_{i}}{\sqrt{3}} \qquad (39)$$

式中：

a_{i}——第 i 种影响因素可能值区间的半宽度。

不确定度 B 类评定总的结果用式(40)计算：

$$u_{B} = \sqrt{\sum_{i} u_{B,i}^{2}} \qquad (40)$$

对于生活饮用水中的镭-226 射气法，从式(34)可以看出，应进行不确定度 B 类评定的主要影响因素有：闪烁室的校正因子(K)、^{226}Ra 的回收率(F)和水样的体积(V)。

7.1.9 结果报告

结果报告应包括以下内容：

——使用方法所依据的标准；

——水样采集日期，样品分析的起、止日期和时间；

——水样中镭-226 的放射性活度浓度，以测量结果±扩展不确定度的形式表达，见式(41)。对于低于探测下限的活度浓度以“小于 L_{D}”表示。

$$A_{Ra} = x \pm U \qquad (41)$$

式中：

x ——样品测量结果，单位为贝可每升(Bq/L)；

U ——样品测量结果的扩展不确定度，单位为贝可每升(Bq/L)。

7.2 液体闪烁计数法

7.2.1 方法原理

以硫酸钡作载体，共沉淀水样中的镭。纯化沉淀后，$Na_{2}EDTA$ 溶液与硫酸钡镭沉淀形成稳定悬浮液体系，加入闪烁液后，悬浮液中的^{226}Ra 射线能量激发闪烁液，发出一定能量范围的荧光光子，通过液体闪烁谱仪中的光电倍增管转换，形成电脉冲输出。单位时间内产生的脉冲数与^{226}Ra的放射性活度成正比，测量计算获得水样中^{226}Ra的活度浓度。

本方法的探测下限取决于水样体积、方法的总效率、本底计数率、计数时间等多种因素。本方法的探测下限约为0.01 Bq/L。

7.2.2 试剂

除非另有说明，本方法均使用符合国家标准的分析纯试剂，实验用水为去离子水或蒸馏水。所有试剂的放射性本底计数与仪器的本底计数比较，不应有显著性差异。

7.2.2.1 硝酸(HNO_3)：$\rho_{20}=1.42$ g/mL，[ω (HNO_3) = 65%]。

7.2.2.2 铅载体溶液：$\rho=15$ mg/mL，称取硝酸铅[$Pb(NO_3)_2$] 2.40 g，用水溶解后稀释至100 mL。

7.2.2.3 钡载体溶液：$\rho=15$ mg/mL，称取二水合氯化钡($BaCl_2 \cdot 2H_2O$)2.67 g，用水溶解后稀释至100 mL。

7.2.2.4 硫酸铵固体[$(NH_4)_2SO_4$]。

7.2.2.5 硫酸铵溶液：$\rho=100$ mg/mL，称取10.00 g硫酸铵固体[$(NH_4)_2SO_4$]于烧杯中，用水溶解后稀释至100 mL。

7.2.2.6 氨水($NH_3 \cdot H_2O$)：$\omega=25\%$。

7.2.2.7 冰醋酸(CH_3COOH)。

7.2.2.8 无水乙醇(C_2H_5OH)。

7.2.2.9 硫酸溶液：$c=9$ mol/L，将250 mL硫酸($\rho_{20}=1.84$ g/mL)在不断搅拌下缓慢倒入250 mL水中，冷却。

7.2.2.10 乙二胺四乙酸二钠(Na_2EDTA)溶液：$c=0.25$ mol/L，称取46.53 g二水合乙二胺四乙酸二钠($C_{10}H_{14}O_8N_2Na_2 \cdot 2H_2O$)于烧杯中，用水溶解并稀释至500 mL。

7.2.2.11 闪烁液：适用于水相的测量。

7.2.2.12 ^{226}Ra标准溶液：活度浓度不低于10 Bq/mL。

7.2.2.13 α标准溶液(^{241}Am、^{238}U、^{210}Po、^{239}Pu其中之一均可)。

7.2.2.14 β标准溶液(^{40}K、^{90}Sr/^{90}Y、^{137}Cs其中之一均可)。

7.2.3 仪器设备与材料

7.2.3.1 低本底液体闪烁谱仪：带有α/β甄别测量模式，本底计数率小于3计数/min。

7.2.3.2 低钾玻璃瓶：20 mL，使用前应置于暗处保存，不宜直接暴露于阳光或日光灯下。如需重复使用，则应有效清洗。

7.2.3.3 离心管：50 mL，应保证清洁，确保离心时无渗漏。

7.2.3.4 移液器：1 mL～5 mL。

7.2.3.5 离心机：转速不低于3 500 r/min。

7.2.3.6 pH计：pH示值误差≤0.01。

7.2.3.7 分析天平：精度为0.1 mg。

7.2.3.8 恒温水浴振荡器：振荡频率200 r/min，可调。

7.2.3.9 聚乙烯瓶：1 L，带密封盖。

7.2.4 水样的采集与保存

采集样品的代表性、取样方法及水样的保存方法，应符合GB/T 5750.2的规定。

7.2.5 分析步骤

7.2.5.1 水样制备

7.2.5.1.1 取0.5 L澄清水样至烧杯中(对于钡含量超过50 mg的样品，则需减小样品体积进行分析)，加入 2.00 mL 铅载体溶液和 2.00 mL 钡载体溶液，再依次加入 5 g 硫酸铵固体和 4.00 mL 硫酸溶液后，搅拌至固体全部溶解，静置过夜。

7.2.5.1.2 小心倒掉上清液，确保剩余浑浊液不少于 30 mL，将其转移至 100 mL 离心管中。用硫酸溶液(c=0.1 mol/L)洗涤烧杯，一并转入离心管中。3 500 r/min 离心 6 min 后，弃去上清液。

7.2.5.1.3 在离心管沉淀中加入 10.00 mL Na_2EDTA 热溶液和 3.00 mL 氨水，摇荡至沉淀完全溶解(若不能完全溶解，需水浴加热直至溶液澄清)。加入 5.00 mL 硫酸铵溶液后，用冰醋酸调节 pH 至 4.2～4.5 重新生成沉淀，80 ℃水浴加热 2 min，冷却，3 500 r/min 离心 6 min 后，弃去上清液。

7.2.5.1.4 在离心管沉淀中加入 10.00 mL Na_2EDTA 热溶液，摇荡沉淀至无明显肉眼可见的细颗粒物为止，加入 3.00 mL 硫酸铵溶液，摇匀，3 500 r/min 离心 6 min，小心倒掉全部上清液。

7.2.5.1.5 用 20 mL 蒸馏水洗沉淀 2 次，摇匀，3 500 r/min 离心 6 min，弃掉上清液。离心管中加入 4.00 mL Na_2EDTA 热溶液，摇荡使沉淀分散均匀，倒入低钾玻璃瓶中，再用 1.00 mL Na_2EDTA 热溶液清洗离心管，并全部转移到低钾玻璃瓶内。

7.2.5.1.6 将低钾玻璃瓶放置于 40 ℃恒温水浴振荡器中振荡至少 30 min，至无明显可见的颗粒物为止。

7.2.5.1.7 立即加入 15.00 mL 闪烁液，密封，摇荡低钾玻璃瓶，使瓶内物质混合均匀。

7.2.5.1.8 用无水乙醇擦拭低钾玻璃瓶外部以消除静电干扰。设置仪器参数，上机测量，每个样品测量 60 min。

7.2.5.2 仪器参数设置

7.2.5.2.1 α/β 甄别因子设置的标准样品制备

分别在两个 50 mL 的离心管中依次加入 2.00 mL 钡载体溶液、5 g 硫酸铵固体和 4.00 mL 硫酸溶液，搅拌至离心管内固体全部溶解，静置过夜。按照 7.2.5.1.2～7.2.5.1.5 操作，获得硫酸钡镭沉淀。在两份沉淀中，一份加入 10 Bq～50 Bq 的 α 标准溶液，另一份加入 10 Bq～50 Bq 的 β 标准溶液。按照 7.2.5.1.6～7.2.5.1.7 操作并用无水乙醇擦拭低钾玻璃瓶外部，制备成用于低本底液体闪烁谱仪 α/β 甄别因子设置的标准样品。

7.2.5.2.2 α/β 甄别因子设置

标准样品在一系列的甄别因子设置中单独计数，每个标准样品在所选定范围内的甄别因子下测量 60 min，以甄别因子为横坐标，分别以 α 误分到 β 通道的百分比和 β 误分到 α 通道的百分比为纵坐标作图，选择交叉点对应的甄别因子作为最优甄别因子值。不同型号的仪器，甄别因子有所不同，因此每台仪器都应确定最佳甄别因子。

7.2.5.2.3 ^{226}Ra 关注区的设定

利用总效率测定中使用的加标水样设置^{226}Ra 关注区的道址范围。不同型号的仪器，此关注区的上限和下限有区别，需预先设定此关注区。

7.2.5.3 总效率的测定

通过分析已知^{226}Ra 活度(0.5 Bq～1 Bq)的加标水样和本底水样，测定^{226}Ra 的总效率。用式(42)计算^{226}Ra 的总效率：

$$\varepsilon_{all}=\frac{n_s-n_0}{A_s\times 60} \qquad \cdots\cdots(42)$$

式中：

ε_{all}——^{226}Ra 的总效率，单位为计数每秒贝可[计数/(s·Bq)]；

n_s——加标水样对应关注区计数率，单位为计数每分(计数/min)；

n_0——空白水样对应关注区计数率，单位为计数每分(计数/min)；

A_s——^{226}Ra 标准溶液的活度,单位为贝可(Bq);
60——计数/min 转化为计数/s 的转换系数。

7.2.5.4 ^{226}Ra 活度浓度测定

使用带有 α/β 甄别测量模式的液体闪烁谱仪对待测水样进行计数时,应先检查谱峰是否有合理的α峰分辨率和任何可见的淬灭(谱峰在关注区域以外的移动),如果加标水样与待测水样淬灭指数差值小于50,则认为淬灭水平相当,谱峰不会发生明显偏移。为了保证质量,每个待测水样均应与加标水样和本底水样同时分析。

7.2.6 ^{226}Ra 活度浓度计算

水样中^{226}Ra 活度浓度按式(43)计算:

$$A_{Ra}=\frac{n_x-n_0}{\varepsilon_{all}V\times 60} \tag{43}$$

式中:
A_{Ra}——水中^{226}Ra 活度浓度,单位为贝可每升(Bq/L);
n_x——待测水样计数率,单位为计数每分(计数/min);
n_0——仪器本底计数率,单位为计数每分(计数/min);
ε_{all}——^{226}Ra 的总效率,单位为计数每秒贝可[计数/(s·Bq)];
V——水样体积,单位为升(L);
60——计数/min 转化为计数/s 的转换系数。

7.2.7 探测下限

方法的探测下限可通过式(44)进行计算:

$$L_D=4.65\times\sqrt{\frac{n_0}{t_0}}\times\frac{1}{\varepsilon_{all}V\times 60} \tag{44}$$

式中:
L_D——探测下限,单位为贝可每升(Bq/L);
n_0——本底计数率,单位为计数每分(计数/min);
t_0——本底计数时间,单位为分(min);
ε_{all}——^{226}Ra 的总效率,单位为计数每秒贝可[计数/(s·Bq)];
V——水样的体积,单位为升(L)。

7.2.8 不确定度评定

7.2.8.1 合成标准不确定度

合成标准不确定度用式(45)计算:

$$u_C=\sqrt{u_A^2+\sum_i u_{B,i}^2} \tag{45}$$

式中:
u_C——合成标准不确定度;
u_A——测量不确定度 A 类评定;
$u_{B,i}$——i 种影响因素引入的测量不确定度 B 类评定。

7.2.8.2 扩展不确定度 U

扩展不确定度用式(46)计算:

$$U = ku_C = k\sqrt{u_A^2 + \sum_i u_{B,i}^2} \qquad (46)$$

式中：

U ——^{226}Ra 放射性活度浓度测量结果的扩展不确定度；

k ——包含因子，一般取 2，相应置信水平约为 95%。

7.2.8.3 ^{226}Ra 放射性活度浓度的不确定度 A 类评定

^{226}Ra 放射性活度浓度的 A 类不确定度主要贡献是计数率统计误差，^{226}Ra 计数率的 A 类不确定度 u_A 通过式(47)计算：

$$u_A = \sqrt{\frac{n_x}{t_x} + \frac{n_0}{t_0}} \Big/ (n_x - n_0) \qquad (47)$$

式中：

u_A ——^{226}Ra 放射性活度浓度计数率的不确定度；

n_x ——水样计数率，单位为计数每秒(计数/s)；

n_0 ——本底计数率，单位为计数每秒(计数/s)；

t_x ——水样测量时间，单位为秒(s)；

t_0 ——本底测量时间，单位为秒(s)。

7.2.8.4 ^{226}Ra 放射性活度浓度的不确定度 B 类评定

第 i 种影响因素对不确定度 B 类评定的贡献按式(48)计算：

$$u_{B,i} = \frac{a_i}{\sqrt{3}} \qquad (48)$$

式中：

a_i——第 i 种影响因素可能值区间的半宽度。

不确定度 B 类评定总的结果用式(49)计算：

$$u_B = \sqrt{\sum_i u_{B,i}^2} \qquad (49)$$

对于水样中的^{226}Ra 液体闪烁计数法，从式(43)可以看出，进行不确定度 B 类评定的主要影响因素有：^{226}Ra 的总效率(ε_{all})和水样的体积(V)。

7.2.9 结果报告

结果报告应包括以下内容：

——使用方法所依据的标准；

——水样采集日期，样品分析的起、止日期和时间；

——水样中^{226}Ra 的放射性活度浓度，以测量结果±扩展不确定度的形式表达，见式(50)。对于低于探测下限的活度浓度以“小于 L_D”表示。

$$A_{Ra} = x \pm U \qquad (50)$$

式中：

x ——样品测量结果，单位为贝可每升(Bq/L)；

U ——样品测量结果的扩展不确定度，单位为贝可每升(Bq/L)。
